KB267410

토목구조기술사 합격 바이블 제3판 [2권]

철근 콘크리트

이 책은 기본서 위주의 이론과 최신의 KDS 설계기준과 편람, 학회지 등의 주요 내용을 정리하고 있으며, 기존의 기출 문제를 분석하여 최대한 이론을 바탕으로 작성하였다.

토목구조기술사 합격 바이블 제3판 2권

철근 콘크리트

안시준, 최성진 저

머리말

인류의 수명이 지금처럼 길어진 10대 요인 중 가장 중요한 요인이 의학의 발전과 더불어 사회 기반시설의 발전이라고 합니다. 상하수도가 놓이면서 오염으로 인한 전염병 등 질병의 전파가 늦어지고, 험한 지형에 교량과 터널을 이용한 도로가 만들어지면서 사람의 이동이 수월해졌습니다. 인류는 모르는 사이에 인류복지를 실현하는 중요한 역할을 토목기술자가 최일선에서 수행하고 있다는 사실을 잊고 있었는지도 모릅니다.

기술은 빠르게 변하고 있습니다. 그 변화의 중심에는 바로 AI(Artificial Intelligence)가 있습니다. 과거에 인간이 만든 모든 피조물은 인간의 명령에 따라 움직였는데 이 AI는 스스로 생각하고 판단한다고 합니다(유발 하라리). 어떻게 하면 구조기술자가 이 변화하는 흐름 속에서 주도적인 역할을 할까? 업종의 경계가 없어지고 업종 간 융복합되고, 심지어 기획–설계(디자인)–홍보–판매–피드백 순의 시간적 흐름도 순서가 없어지는 시대의 한복판에 서 있습니다. 빅데이터, 사물인터넷(Iot), 인공지능, 공간정보 등을 이용하여 기존의 요소기술을 조합한 새로운 업역을 창출해서 우리 구조기술자가 그것들의 플랫폼 역할을 해야 합니다. 부화뇌동할 필요는 없지만 시작은 하여야 하는 시점입니다.

토목구조기술사는 수치적인 감이 있어야 하고 과목도 다양해서 시험 준비가 만만치 않습니다. 과거와 달리 지금은 학원이 있기는 하나 학원에 다닌다고 공부를 잘하는 것이 아니라는 사실은 잘 알고 계실 것입니다. 최소 하루에 4시간 집중해서 6개월은 하셔야 시험을 볼 수 있습니다. 기술사를 취득한다고 해서 많은 것이 달라지지는 않지만, 자기만족이라는 성취감과 자신감이라는 귀한 선물을 얻어 세상을 사는 데 힘이 될 것입니다.

기술사가 되시면 헬기를 타고 아래를 내려보듯 과업 전체를 보시기 바랍니다. 그리고 복잡하다고 생각되시면 목적물의 기능성, 안전성, 미관, 경제성을 차례로 생각하십시오.

개정판을 준비하면서 안시준 님께서 바쁜 가운데에도 장시간에 걸쳐 자료를 수집하고, 바뀐 기준을 정리하는 등 힘든 과정을 거쳐 애써 주신 덕분에 좋은 책이 세상에 나오게 되었습니다. 이 책이 많은 분에게 도움이 되리라 확신합니다.

기술사가 되는 날까지
Never, Never, Never, Give up

2025년 12월
최 성 진 올림

개정판을 준비하면서

'토목구조기술사'라는 길을 함께 걸어가고자 하는 분들에게 조금이나마 도움이 되고자 하는 마음으로 『토목구조기술사 합격 바이블』을 처음 세상에 선보인 지 벌써 10년이 흘렀습니다.

이 책을 처음 집필하게 된 계기는 방대한 기술사 시험 범위와 자료를 체계적으로 정리한 책이 필요하다는 생각에서 시작되었습니다. 저 또한 수험생 시절, 정리되지 않은 자료 속에서 어려움을 겪으며 '누군가 이 내용을 일목요연하게 정리해 두었더라면 얼마나 좋았을까'라는 생각을 늘 해왔습니다.

이번 3판을 준비하면서 과목별로 정리하다 보니, 과거와 현재의 설계기준이 혼재되어 출제되고 있어 수험생들에게 많은 혼란을 주고 있다는 생각이 들었습니다.그나마 다행스러운 것은 과거 설계기준 변경에 따른 혼선과 허용응력설계법, 강도설계법, 한계상태설계법의 혼용 문제들이 KDS 기준 체계로 정비되면서 체계적이고 명확하게 정리되어 가고 있다는 점입니다.

이론에서부터 실무에 이르기까지, 전문 기술사를 준비하는 수험생들에게 요구되는 지식과 역량은 더욱 폭넓어지고 있습니다. 단순한 공학적 문제뿐만 아니라, 관계 법령과 기술기준, 신기술, 그리고 제도 변화까지도 폭넓은 이해를 필요로 합니다. 실제 최근 기출문제를 분석해 보면, 구조역학 19%, 철근 콘크리트 17%, 프리스트레스트 9%, 강구조 13%, 교량공학 27%, 동역학 및 내진 6%, 가시설 및 지하시설물 등 3%로 구성되어 있으며, 건설기술진흥법, 중대재해처벌법, BIM, CM, 건설사업관리 등 다양한 관계 법령·제도와 관련된 문제도 약 6% 정도 출제되고 있습니다. 특히, 계산문제의 비중은 1교시에서 점차 낮아지고 있으며, 2~4교시 선택 문제로 이동하는 경향을 보이고 있습니다. 또한, KDS 기준의 개정과 새로운 제도 도입에 관련된 문제들도 꾸준히 출제되고 있어, 수험생 여러분께서는 과목별 학습 비중을 잘 조절하여 대비하시기 바랍니다.

기술사라는 길은 언제나 그렇듯 많은 시간과 노력이 필요한 과정입니다. 바쁜 일상과 어려운 환경 속에서도 꿈을 향해 도전하는 모든 수험생께 진심 어린 응원과 찬사를 보냅니다. 지금 흘리고 있는 땀과 노력이 반드시 값진 결실로 돌아오리라 믿습니다. 처음 품었던 목표와 꿈을 끝까지 잊지 마시고, 포기하지 마시기를 바랍니다.

최근의 설계기준에 대한 이론과 출제경향을 반영해 개정한 본 수험서가 부족하나마 수험생 여러분에게 도움이 되기를 바랍니다.

마지막으로, 언제나 저를 인도해주시는 하나님께 감사드리며, 사랑하는 가족의 변함없는 응원에도 이 자리를 빌려 깊은 감사의 마음을 전합니다.

2025년 12월

안 시 준 올림

차 례

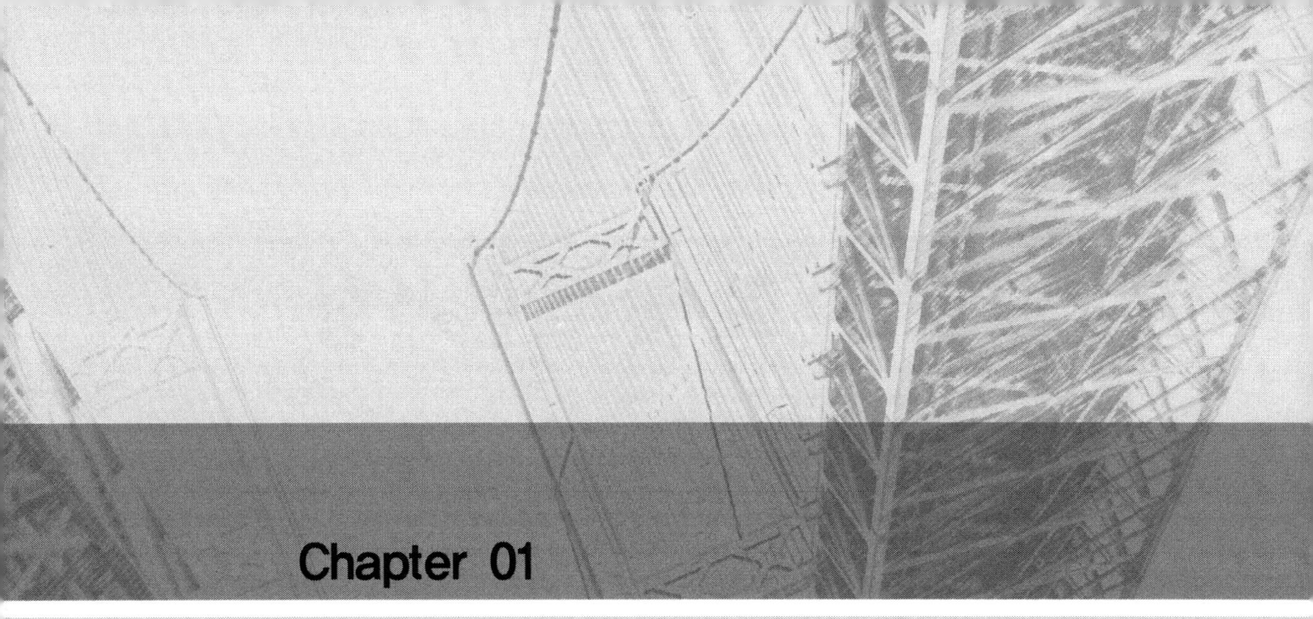

Chapter 01

재료 및 일반사항

재료 및 일반사항

01 RC의 특징 ^{119회}

【 기출유형 ① 】 철근 콘크리트의 성립 이유 설명

1. 철근 콘크리트의 특징(장점)

1) 철근과 콘크리트의 온도팽창률은 서로 비슷하다(0.00001/℃).

2) 콘크리트는 강알칼리성(pH=13)을 띠고 이로 인해 철근 주위에 부동태 피막으로 인해 오랜 시간 철근이 녹슬지 않는다(CO_2 유입 → 콘크리트 중성화 → 철근 녹 발생).

3) 콘크리트 점탄성(viscoelastic) 성질로 건조수축, 크리프 등의 장기거동으로 균열이 발생한다.

4) 철근과 콘크리트 사이의 부착강도가 비교적 크다.

5) 콘크리트는 내화성이 좋고 열전도율이 낮아 내부 철근을 열로부터 보호한다.

6) 내구성이 좋고 유지관리 비용이 적어 경제적이다.

7) 방음효과가 크고 에너지 효율적인 재료이다.

8) 현장타설이 가능하고 원하는 모양으로 제조할 수 있다.

9) 콘크리트 중량이 커서 진동, 지진, 외부하중에 대한 저항성이 크다.

2. 철근 콘크리트의 특징(단점)

1) 인장강도가 낮다(압축강도의 10%).

2) 연성이 낮다.

3) 체적이 안정적으로 유지되지 않는다.

4) 무게에 비해 강도가 낮다.

5) 개조, 보강 등이 어려운 경우가 많고 내부 결함을 검사하기 어렵다.

3. 철근 콘크리트의 장단점 비교

장점	단점
① 구조물의 형상과 치수의 제약이 없다. ② 구조물을 일체적으로 제조할 수 있다. ③ 구조물 제작 시 경제적이다. ④ 내구성/내화성이 좋다. ⑤ 진동이 적고 소음이 덜 난다.	① 중량이 비교적 크다. ② 콘크리트에 균열이 발생한다. ③ 부분적 파손이 일어나기 쉽다. ④ 검사가 어렵다. ⑤ 개조하거나 보강하기 어렵다. ⑥ 시공이 조잡해지기 쉽다.
철근 콘크리트 성립 이유	① 철근과 콘크리트 사이의 부착강도가 크다. ② 콘크리트 속에 묻힌 철근은 녹슬지 않는다. ③ 콘크리트와 강재의 열 팽창계수가 거의 같다.

02 콘크리트

1. 혼화제와 혼화재

혼화제는 화학적 혼화제(chemical admixtures)를 말하고, 혼화재는 주로 부피를 차지하는 무기질 혼화재(mineral admixtures)를 말한다.

1) 화학적 혼화제(chemical admixtures) : 굳지 않은 콘크리트의 초기경화 조절 또는 물의 양을 줄이기 위한 수용성 혼화제

2) 무기질 혼화재(mineral admixtures) : 콘크리트 내구성(durability) 또는 작업성(workability) 증가, 또는 결합력을 높이기 위한 미세분말

2. 배합설계 및 품질관리 ^{95회/115회}

【 기출유형 ① 】 배합강도의 결정방법 및 배합강도 결정식의 통계학적 의미와 표준편차 설명
【 기출유형 ② 】 설계기준강도와 배합강도에 대해 설명

배합강도(f_{cr})는 콘크리트 배합을 정할 때 목표로 하는 압축강도를 말하며, 콘크리트 부재의 설계 시 기준이 되는 압축강도인 설계기준강도(f_{ck})와는 의미가 다르다. 배합설계의 목적은 특정강도 및 필요한 내구성 조건들을 만족하는 콘크리트를 만들 수 있는 배합비를 정하는 데 있으며 이

러한 목적은 구체적으로 다음의 세 가지 서로 다른 목표를 포함하고 있다.

① 필요한 강도와 내구성을 얻는다.

② 충분한 워커빌러티(Workability)를 가지도록 만든다.

③ 배합 재료 중 가장 비싼 시멘트의 양을 최소화한다.

1) 배합강도의 결정에서의 표준편차의 의미

① 강도에 영향을 미치는 요인이 여러 가지이기 때문에 시편의 강도는 통계적으로 상당한 양의 편차를 보인다. 따라서 공시체 시험에서 얻어진 콘크리트의 평균강도가 설계기준강도와 비슷한 정도로는 충분하지 않다. 이는 표본의 반이 설계기준 강도보다 낮은 값이 되기 때문이며 이로서는 충분히 안전하다고 할 수 없다. 평균강도는 설계기준강도보다 확실하게 높아야 한다. 따라서 어떤 주어진 최솟값(설계기준강도)보다 작아도 되는 표본의 수를 단지 일부로 제한함으로써 전체적으로 적절한 강도를 유지하도록 하여야 한다.

② 실제 강도시험에서 얻은 값을 평균소요배합강도(f_{cr})이라고 한다. 다음의 그림에서 빗금 친 부분이 설계기준강도보다 작은 부분에 해당하는 표본 수를 나타내는데 세 경우 모두 그 수가 같으나 편차 s 가 제일 작은 경우가 품질관리가 제일 잘되었다고 할 수 있다.

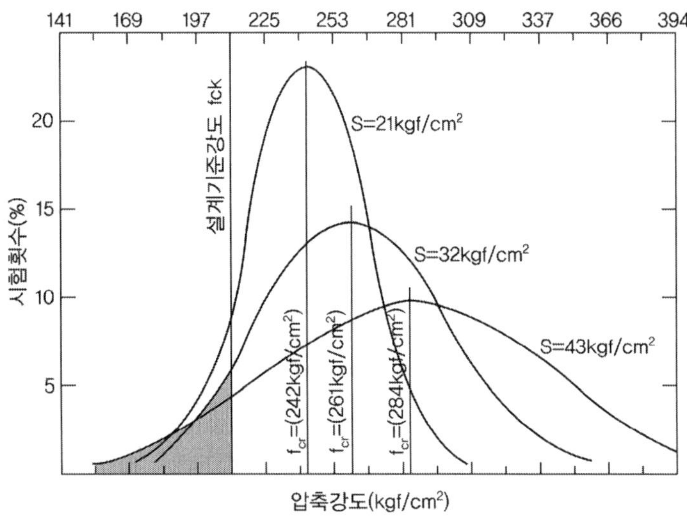

2) 배합강도의 결정(KDS 14 20 01, 2022, 강도설계법)

① 콘크리트 배합을 선정할 때 기초하는 배합강도 f_{cr} 은 다음의 규정에 따라 계산된 표준편차를 이용하여 계산한다. 이때 배합강도는 설계기준압축강도가 35MPa 이하인 경우와 이상인 경우로 구분하여 적용한다.

가. $f_{ck} \leq 35MPa$

$$f_{cr} = \max[f_{ck} + 1.34s, \ (f_{ck} - 3.5) + 2.33s]$$

나. $f_{ck} > 35MPa$

$$f_{cr} = \max[f_{ck} + 1.34s, \ 0.9f_{ck} + 2.33s]$$

② 배합강도 f_{cr} 은 표준편차의 계산을 위한 현장강도 기록자료가 없을 경우나 압축강도 시험횟수가 14회 이하인 경우 다음에 따라 결정하여야 한다.

가. $f_{ck} < 21^{MPa}$ $\qquad\qquad$ $f_{cr} = f_{ck} + 7(MPa)$

나. $21^{MPa} \leq f_{ck} \leq 35^{MPa}$ $\qquad$ $f_{cr} = f_{ck} + 8.5 \ (MPa)$

다. $f_{ck} > 35^{MPa}$ $\qquad\qquad$ $f_{cr} = 1.1f_{ck} + 5.0 \ (MPa)$

3) 배합강도의 결정식의 통계학적 의미와 표준편차

f_{cr} 을 결정하는 위의 두 식은 확률적으로 다음을 의미한다.

$(f_{ck} + 1.34s)$: 연속 3회의 시험의 평균값이 설계기준강도 f_{ck} 이하로 되는 확률이 1%인 조건

ACI 214.
$$f_{cr} = f_{ck} + \frac{ks}{\sqrt{n}} \equiv f_{ck} + \frac{2.33s}{\sqrt{3}} = f_{ck} + 1.34s$$

$(f_{ck} - 3.5) + 2.33s$, 또는 $0.9f_{ck} + 2.33s$: 개개의 시험값$(n = 1)$이 기준강도인 $(f_{ck} - 3.5)$, $0.9f_{ck}$ 이하로 되는 확률이 1%인 조건

여기서 확률적인 조건은 가우스 정규분포(99%)에 의거한 수학적인 값이다.

정규분포식 : $\displaystyle\int_{m-\sigma}^{m+\sigma} \frac{1}{\sqrt{2\pi}} e^{-\frac{(x-m)^2}{2\sigma^2}} dx$

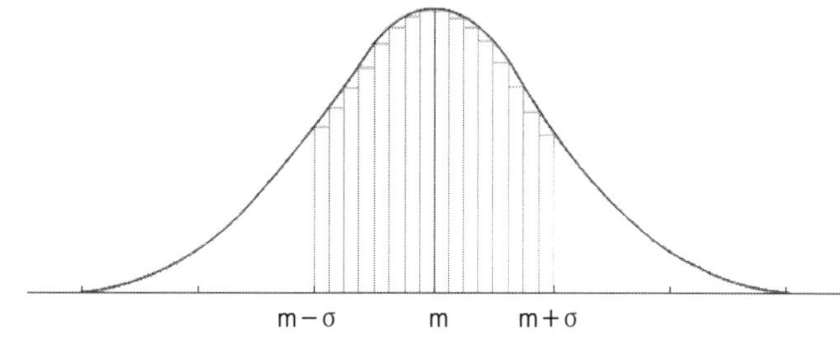

N번 관측하여 얻어지는 M의 표준편차 : $\sigma/\sqrt{n}$

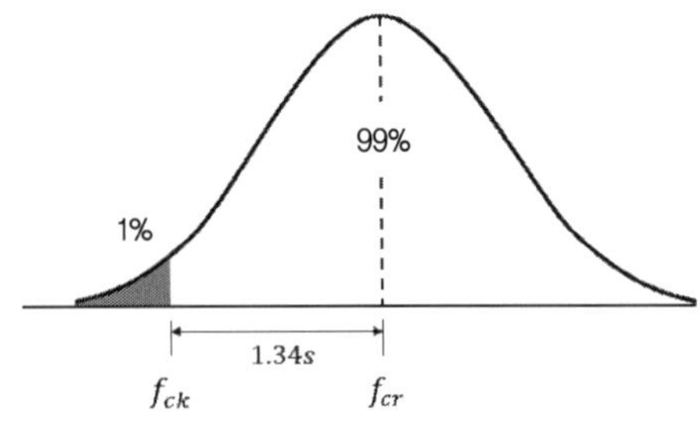

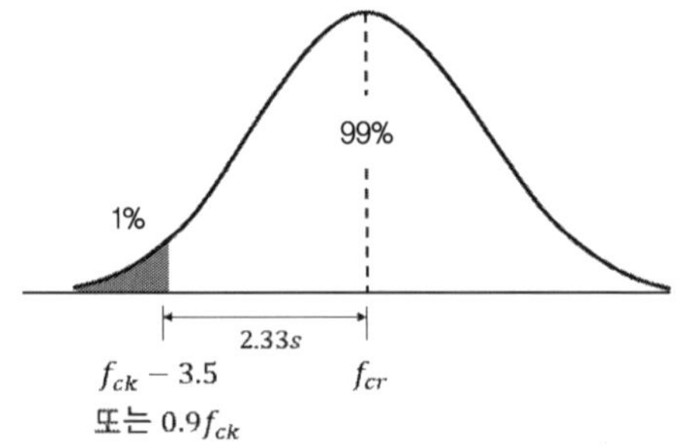

4) 배합설계 영향인자

① W/C비 : W/C비는 가장 큰 영향을 미치며 거의 비례관계에 있다.

② 단위시멘트량 : 단위시멘트량이 증가할수록 강도는 증가하나 반드시 비례관계는 아니다.

③ 골재체적 : 골재량이 40%까지는 강도가 감소하나, 그 이상부터는 오히려 증가한다. 그 이유는 골재가 상당한 사용수량을 흡수하여 W/C비가 감소하기 때문으로 알려져 있다.

④ 공기량 : 공기량이 1% 증가함에 따라 압축강도는 4~6%가 감소한다.

⑤ 모르타르의 강도 : 모르타르의 압축강도는 증가할수록 콘크리트 강도는 증가한다.

⑥ 잔골재율 : 잔골재율이 45~50%까지는 강도가 증가하나 그 이상이 되면 강도가 감소한다.

5) 콘크리트 평균강도 f_{cm}와 설계압축강도 f_{ck}

$$f_{cm} = f_{ck} + \Delta f$$

여기서, Δf = 4MPa ($f_{ck} \leq 40\,\text{MPa}$) ~ 6MPa ($f_{ck} \geq 60\,\text{MPa}$), 중간값은 보정해서 사용

TIP | f_{ck}를 28일 강도로 하는 이유 |

1. 초기재령에서는 매우 빠른 속도로 강도발현하여 점차 강도의 증진이 둔화

2. 실제의 구조물에서는 공시체의 양생조건과 동일한 양생방법을 기대할 수 없다. 따라서 표준공시체 강도를 현저하게 웃도는 강도를 기대할 수 없으므로 실제 사용하는 것이 수개월 후라도 재령 28일 기준의 압축강도로 하는 것이 안전하다.

3. 보통 콘크리트와 달리 구조물의 사용시기, 적용하중 종류, 부재치수를 고려하여 다르게 적용하는 사례도 있다(댐구조물은 91일 기준강도, 공장제품은 14일 기준강도).

4. 28일 강도 측정 시 시간소요 등의 불편함으로 인해서 품질관리를 위해,
   (1) 3일, 7일 조기강도에서 28일 강도 추정하는 방법
   (2) 촉진양생강도에서 28일 강도를 추정하는 방법
   (3) w/c에 의해 콘크리트 품질관리 등의 방법이 제안되고 있다.

1. 콘크리트의 기준강도 f_{ck}

콘크리트의 현장 운반, 타설, 다짐, 양생 과정에서 낮은 강도가 발생될 수 있는 불확실성에 대해 한계상태설계법에서는 콘크리트 압축강도 값을 정해진 실험에 의한 방법(KS F 2403, 2405)에 따라 획득한 자료의 확률 분포도에서 그 값 이하로 강도가 발현될 확률이 0.05(5%)에 해당하는 확률적 특성값에 해당하는 크기의 강도 값으로 정하며, 그 값을 콘크리트의 기준 압축강도 f_{ck}로 정의한다. 충분한 통곗값이 없을 경우에는 평균 압축강도 f_{cm}과 기준압축강도 f_{ck} 간의 관계를 다음과 같이 규정한다.

$$f_{cm} = f_{ck} + \Delta f$$

여기서, $\Delta f = 4\text{MPa} \ (f_{ck} \leq 40\text{MPa}) \sim 6\text{MPa} \ (f_{ck} \geq 60\text{MPa})$, 중간값은 보정해서 사용

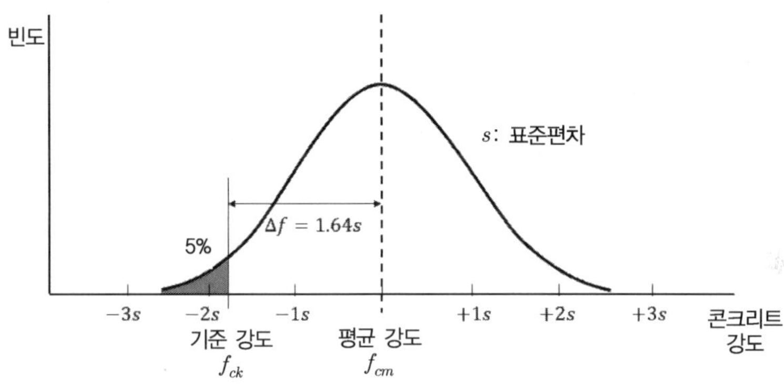

2. 콘크리트의 평균강도 f_{cm}

강도관점에서 평균값보다 낮은 기준값을 사용하기 때문에 결과적으로 안전한 설계가 가능하다. 그러나 문제의 상황에 따라 평균강도 f_{cm}이 사용되는 경우도 있다. 재료 성질이 한계상태 검증에 중요한 변수인 경우에는 강도(strength)와 강성(stiffness)에 관련한 재료 성질을 서로 분리해서 다루어야 할 필요가 있으며 합성 구조물의 경우 해석 시 재료의 강성값에 따라 해석 결과가 불완전하게 왜곡될 수 있기 때문에 일방적인 안전계수로 수정할 수 없으며 이러한 경우 재료 성질들은 평균값으로 정의해야 한다. 대표적으로 콘크리트 재료의 탄성계수나 표준 양생된 콘크리트의 각 재령에서 발현되는 압축 강도 $f_{cm}(t)$, 콘크리트의 평균인장강도 등은 평균압축강도의 함수로 표현된다.

콘크리트 탄성계수	$E_c = 0.077 m_c^{1.5} \sqrt[3]{f_{cm}}$ (MPa)
콘크리트 각 재령에서 발현되는 압축강도	$f_{cm}(t) = \beta_{cc}(t) f_{cm,28}$
콘크리트 인장강도	$f_{ctm} = 0.30 (f_{cm})^{\frac{2}{3}}$

3. 콘크리트의 종류와 특성 ^{104회/110회/123회/126회/130회}

【기출유형 ①】 고성능 콘크리트-고강도, 고유동, 고내구성 콘크리트의 장단점
【기출유형 ②】 슈퍼 콘크리트의 개념과 특성

1) 경량 콘크리트

역학적 측면	내구성 측면
① 고강도인 경우 굵은골재 최대치수의 영향이 크다.	① 보통 콘크리트에 비해 내동해성이 매우 낮다.
② 보통 콘크리트와 역학적 특징이 비슷하다.	② AE제를 사용하여 충분한 내구성을 확보할 수 있다.
③ 압축강도 한계는 60MPa이다.	③ 수밀성은 보통 콘크리트와 비슷하다.
④ 인장 및 전단강도는 보통 콘크리트의 60~80%	④ 사전 수분살포가 반드시 필요하다.
	⑤ 펌프 사용 시 유동화 콘크리트로 하여야 한다.

보통의 골재 대신에 경량의 골재를 사용하여 자중을 줄인 콘크리트로 일반적으로 무게의 감소는 강도의 감소를 가져오므로 주의가 필요하다. 보통의 콘크리트보다 경량 콘크리트에서 크리프 변형이 더 크며 이것은 공극률이 높은 것이 밀도가 낮은 것과 연관이 있기 때문이다.

① f_{sp}가 규정되지 않은 경우 : $\lambda = 0.75$(전경량 콘크리트), $\lambda = 0.85$(모래경량 콘크리트)

② f_{sp}가 규정된 경우 : $\lambda = \dfrac{f_{sp}}{0.56\sqrt{f_{ck}}} \leq 1.0$

2) 섬유보강 콘크리트

물리적 특정	역학적 특징
① 내동해성에 대한 저항성 개선	① 인장강도, 휨강도 및 피로강도 개선
② 내구성 증진	② 포장이나 터널의 라이닝 두께 감소 가능
③ 섬유혼입률이 큰 경우 단위수량, 잔골재율이 크게 되고 블리딩이 일어나기 쉽다.	③ 일단 균열이 발생한 후에도 상당한 내력을 유지하고 점진적 파괴
④ 섬유의 형상, 치수, 혼입률, 배합의 분산, 굵은 골재 최대치수, 잔골재율, 뻬기 방법, 다지기 방법에 따라 콘크리트 품질은 영향을 받는다.	④ 철근 콘크리트와 병행 시 전단내력 증대
	⑤ 내진성 구조물에 효과적
	⑥ 충격력이나 폭발력에 대한 저항 우수

섬유보강 콘크리트는 불연속의 단섬유를 콘크리트 중에 균일하게 분산시킴에 따라 인장강도, 휨강도, 균열저항성, 인성, 전단강도 및 내충격성 등을 개선한 복합재료이다. 섬유는 무기계 섬유(강, 유리, 탄소섬유)나 유기계 섬유(폴리프로필렌, 마라미드, 비닐론, 나일론 섬유) 등을 사용하며 섬유는 다음의 조건을 갖추어야 한다.

① 섬유와 시멘트 결합재 사이의 부착성이 좋을 것
② 섬유의 인장강도가 충분히 클 것
③ 섬유의 탄성계수는 시멘트 결합재 탄성계수의 1/5 이상일 것
④ Aspect Ratio는 50 이상일 것

⑤ 내구성, 내열성, 내후성이 우수할 것
⑥ 시공에 문제가 없고 가격이 저렴할 것

3) 폴리머 콘크리트

콘크리트의 경화지연, 낮은 인장강도, 큰 건조수축, 내약품성 등의 단점을 개선하기 위해 고분자 화학구조를 가지는 폴리머를 결합재의 일부로 대체시킨 콘크리트를 말한다.

① 폴리머 시멘트 콘크리트(Polymer cement concrete) : 일반 시멘트 콘크리트에 수용성 또는 분산형 폴리머를 병행 투입하여 경화과정에서 폴리머 반응이 진행되며 접착성과 내구적 특성이 많이 요구되는 부분(교량상판 덧씌우기, 바닥미장, 콘크리트 패킹)에 많이 사용된다.

② 폴리머 콘크리트(Polymer concrete) : 결합재로 시멘트를 사용하지 않고 폴리머만 골재와 결합하여 콘크리트를 제조한 것으로 휨, 압축, 인장강도가 현저하게 개선 향상되며 조기에 고강도를 발현시켜 단면축소에 따른 경량화, 마모저항, 충격저항, 내약품성, 동결융해 저항성, 내부식성 등 강도특성과 내구성이 우수하여 다양하게 이용

③ 폴리머 함침 콘크리트((Polymer impregnated concrete) : 경화콘크리트의 성질을 개선할 목적으로 콘크리트 부재에 폴리머를 침투시켜 제조된 콘크리트로 폴리머가 침투될 공극에 폴리머를 가압, 감압 및 중력으로 침투시켜 마모저항성, 포장재료의 성능개선, 프리스트레스트 콘크리트의 내구성 개선 등에 보수 보강이나 방수 공사 등에 활용된다.

④ 폴리머 콘크리트의 특징

가. 조기에 고강도(80~100MPa)를 나타내 부재단면을 작게 할 수 있다(경량화 가능).

나. 탄성계수는 일반 시멘트 콘크리트보다 약간 작으며 폴리머 결합재의 종류 및 양과 온도에 따라 다르나 일반 콘크리트와 큰 차이가 없다.

다. 수밀성과 기밀성 면에서 거의 완전한 구조이며 흡수 및 투수에 대한 저항성과 기체의 투과 저항성이 우수하다.

라. 폴리머 결합재의 높은 접착성으로 각종 건설재료와의 접착이 용이하다.

마. 내약품성, 내마모성, 내충격성, 전기절연성이 양호하다.

바. 가연성인 폴리머 결합재를 함유하기 때문에 난연성과 내구성은 불량하다.

4) 고강도 콘크리트(High Strength Concrete, HSC)

40MPa 이상의 압축강도를 갖는 콘크리트를 말하며 높은 강도와 탄성계수 증가, 마모저항성 향상 및 철근부식에 대한 방호효과, 내약품성에 대한 향상 등의 특징을 가진다.

① 고강도 → 부재단면 축소, 자중경감, 장경간화, 고층건물 적용 가능

② 탄성계수 증가 → 강성 증가, 초기처짐 감소, 크리프와 건조수축 감소, PS손실 감소

③ 마모저항성, 부식저항성, 내약품성 → 내구성 향상

④ 고강도 콘크리트 사용 시 문제점

　가. 혼화재료가 고가

　나. 시공 시 : 작업성 확보 필요

　다. 유지관리 시 : 단면손실 발생 시 내하력 감소

⑤ 제조방법

| 구분 | 감수제 | 결합제 | | 활성 골재 | 고온 가압양생 | 가압 다짐 | 섬유 보강재 |
		혼화재	폴리머				
W/C 저감	○					○	
공극률 저감		○	○			○	
시멘트 이외 결합제 사용			○				
시멘트 수화물 개선					○		○
골재 부착증대			○	○			

5) 고성능 콘크리트(Ultra High Performance Concrete, UHPC)

고강도, 고유동성, 고내구성을 가진 콘크리트를 고성능 콘크리트(High Performance Concrete, HPC)라고 하며, 기존의 고성능 콘크리트보다 압축강도 및 인장강도, 유동성, 내구성이 더 크게 향상되고 고인성을 나타내는 콘크리트를 슈퍼 콘크리트 혹은 초고성능 콘크리트(Ultra High Performance Concrete, UHPC)라고 한다. 대표적으로 섬유보강 콘크리트는 강, 유리, 탄소, 나이론, 폴리프로필렌, 석면 등 섬유를 혼입해 균열 발생 시 균열면에 위치한 섬유를 통해 균열 성장을 억제하도록 인성을 부여하는 특징을 가진다.

4. 고강도 재료(콘크리트, 철근)의 장단점 [77회]

【 기출유형 ① 】 고강도재료(콘크리트, 철근)의 장단점

일반적으로 콘크리트의 압축강도가 40MPa 이상, 철근은 항복강도가 500MPa 이상인 철근을 말한다.

| 장점 | 단점 | |
	고강도 콘크리트	고강도 철근
① 부재단면의 치수 감소 ② 탄성계수 증가 ③ 건조수축 및 크리프 감소 ④ 초기처짐 및 장기처짐 감소 ⑤ PSC의 경우 PS 감소 ⑥ 내구성 증진 ⑦ 높은 강도에 대한 저항	① 혼화재료가 고가 ② 시공 시 작업기간과 품질에 대한 인식확보 요구 ③ 단면손실 발생 시 내하력 감소 ④ 내화성능 취약 ⑤ 강도 증가에 따른 단면감소 시 강성감소로 처짐, 진동, 균열 등 사용성 문제 발생	① 취성파괴 유발 ② 소성변형이 작아 급격한 파괴 유발(휨연성 감소) ③ 설계기준상의 RC 설계해석 모델과 상이로 인한 불확실성 ④ 사용성 문제(처짐, 진동, 균열) 취약 등

5. 콘크리트의 응력-변형률 곡선

재령 28일 기준 콘크리트 압축강도곡선에서 응력-변형률 곡선은

① 시작부는 거의 직선에 가깝다(최대 응력점의 40~50% 범위 내).
② 강도가 낮을수록 곡선이 평평하고 강도가 높을수록 뾰족하다.
③ 최대하중 작용 시 변형률의 범위는 0.002~0.003
④ 파괴 시의 변형률의 범위는 0.0025~0.004로 고강도일수록 작은 값을 갖는다.

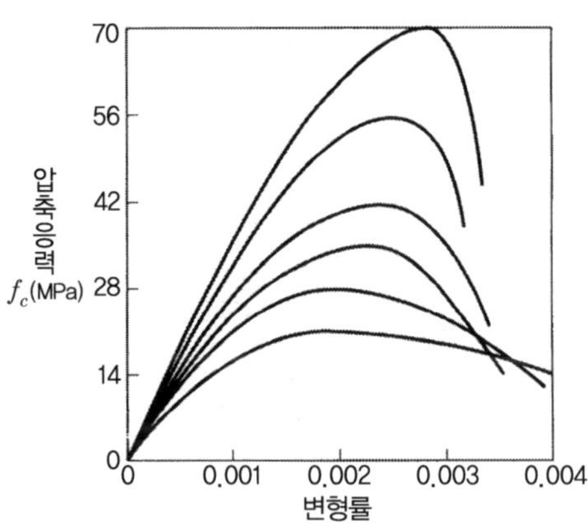

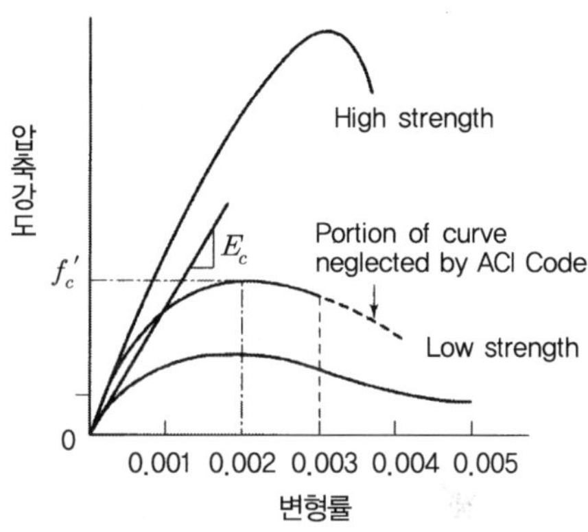

(콘크리트의 응력-변형률 곡선)

저강도 콘크리트	고강도 콘크리트
① 정부가 평평하다.	① 정부가 뾰족하다.
② 최대하중까지의 변형률이 고강도보다 작다.	② 파괴 시의 변형률이 저강도보다 작다.
③ 최댓값 이후 파괴될 때까지 변형률의 변화가 크다.	③ 최대강도 이후 변형률의 증가가 거의 없이 파쇄된다.
④ 취성이 적으므로(Less Brittle) 고강도 콘크리트보다 더 큰 변형률에서 파괴된다(연성파괴).	④ 최대하중 시 변형률의 범위는 0.002~0.003이다.
	⑤ 파괴 시의 변형률의 범위는 0.003~0.004이다.

6. 콘크리트의 탄성계수 ^{81회/115회}

1) 초기접선 탄성계수(균열이나 크리프 계산 시에 이용) : 원점을 기준으로 한 초기 기울기로 가장 크다.

$$E_{ci} = \left(\frac{df_c}{d\epsilon} \right)_{\epsilon = 0} = \tan\,\theta_1 \;\; (E_{ci} = 10{,}000\,\sqrt[3]{f_{cu}})$$

2) 접선 탄성계수 : 임의점 기준으로 한 접선 기울기

$$E_c = \left(\frac{df_c}{d\epsilon} \right)_{\epsilon = \epsilon_A} = \tan\,\theta_2$$

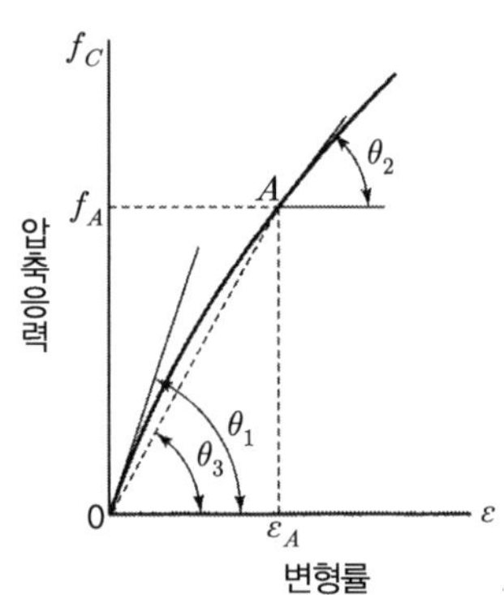

3) 할선 탄성계수(콘크리트 탄성계수에 적용) : 최대강도 50% 내외(대략 $0.4 f_{cm}$)와 원점과의 기울기

$$E_c = \left(\frac{f_A}{\epsilon_A} \right) = \tan\,\theta_3 \quad (E_{ci} = 8{,}500\,\sqrt[3]{f_{cm}})$$

KDS 14 20 10(2021, 강도설계법)에 따라 콘크리트 탄성계수는 할선 탄성계수(secant elastic modulus)로 하며 콘크리트의 단위질량과 평균압축강도에 따라 다음과 같이 산정한다.

$$E_c = 0.077 m_c^{1.5}\,\sqrt[3]{f_{cm}} \;\text{(MPa)}$$

① 보통 중량콘크리트의 경우 $m_c = 2{,}300\,\text{kg/m}^3$를 적용해 $E_c = 8{,}500\,\sqrt[3]{f_{cm}}$ 를 사용한다.

여기서 f_{cm} 은 충분한 시험자료가 없는 경우 다음을 적용한다.

$$f_{cm} = f_{ck} + \Delta f$$

$\Delta f = 4\text{MPa}(f_{ck} \leq 40\,\text{MPa}) \sim 6\text{MPa}(f_{ck} \geq 60\,\text{MPa})$, 중간값은 보정

f_{ck}	18MPa	21MPa	27MPa	30MPa	35MPa	40MPa	50MPa	60MPa	70MPa
f_{cm}	22MPa	25MPa	31MPa	34MPa	39MPa	44MPa	55MPa	66MPa	76MPa
E_c	23.8GPa	24.8GPa	26.7GPa	27.5GPa	28.8GPa	30.0GPa	32.3GPa	34.3GPa	40.0GPa

② 경량 콘크리트는 보통 중량콘크리트의 E_c값에 다음의 계수를 곱하여 산정한다.

$$\eta_E = \left(\frac{\gamma_g}{2{,}200} \right)^2, \quad \text{여기서 } \gamma_g \text{는 절대건조밀도의 상한값}$$

③ 크리프 계산에 사용되는 콘크리트의 초기접선탄성계수와 할선탄성계수의 관계는 다음과 같다.

$$E_{ci} = 1.18E_c$$

7. 콘크리트의 크리프 64회/94회/112회/115회

1) 콘크리트 크리프의 특성

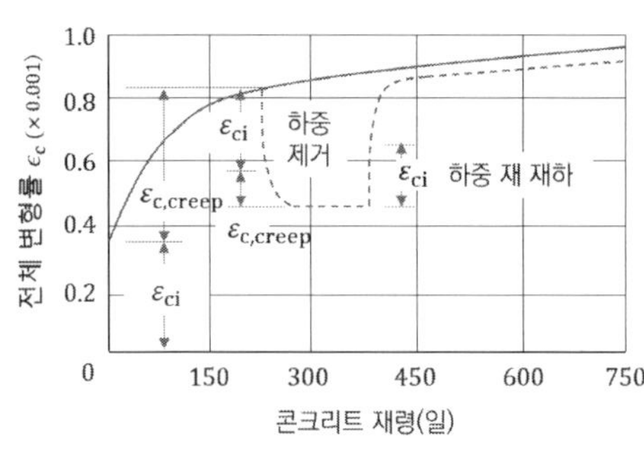

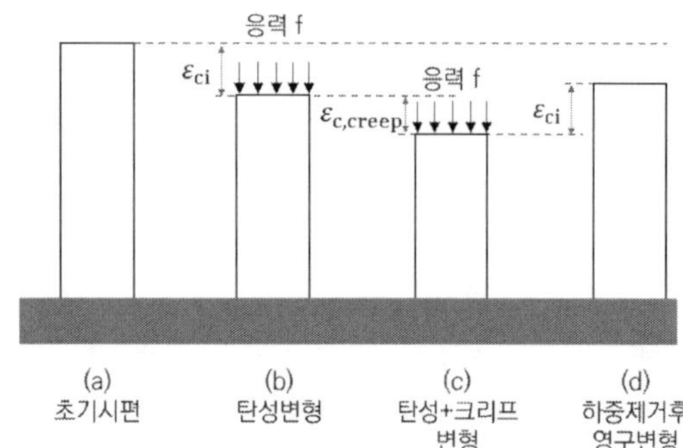

① 크리프(Creep) 변형은 하중의 증가 없이 시간이 경과함에 따라 변형이 계속되는 상태를 말하며, 크리프 변형에 영향을 미치는 요인으로는 w/c가 클수록, 단위시멘트량이 많을수록, 온도가 높을수록, 상대습도가 낮을수록, 콘크리트의 강도와 재령이 작을수록 크게 발생하며, 고온증기양생을 할수록 작게 발생한다. 기타 시멘트의 종류, 골재의 품질, 공시체의 치수의 영향을 받는다.

② 크리프 변형은 초기 28일 동안에 1/2이 발생하며, 이후 3~4개월 이내 3/4, 2~5년 후에 모든 변형이 완료된다.

③ 보통의 RC구조물은 주로 자중에 의해 크리프 현상이 일어나지만, PSC구조물에서는 프리스트레스에 의하여 크리프 현상이 일어난다.

2) 콘크리트 크리프 계수

① Davis-Glanville의 법칙 : 크리프 변형률은 작용응력(또는 그로 인해 일어난 탄성 변형률)에 비례하며, 그 비례상수는 압축응력의 경우나 인장응력의 경우나 모두 같다. 이것을 크리프에 관한 Davis-Glanville의 법칙이라고 한다. 이 법칙은 콘크리트의 작용응력이 압축강도의 60% 이하인 경우에 성립한다.

$$\epsilon_c = C_u \epsilon_e = C_u \frac{f_c}{E_c} \qquad \therefore C_u = \frac{\epsilon_c}{\epsilon_e}$$

② 유효탄성계수법(Effective Modulus Method)

$$\epsilon_{total} = \epsilon_e + \epsilon_{cr}$$
$$= \epsilon_e + C_u\epsilon_e = (1 + C_u)\epsilon_e$$

$$\therefore E_{eff} = \frac{f_c}{\epsilon_{total}} = \frac{f_c}{(1 + C_u)\epsilon_e} = \frac{E_c}{(1 + C_u)}$$

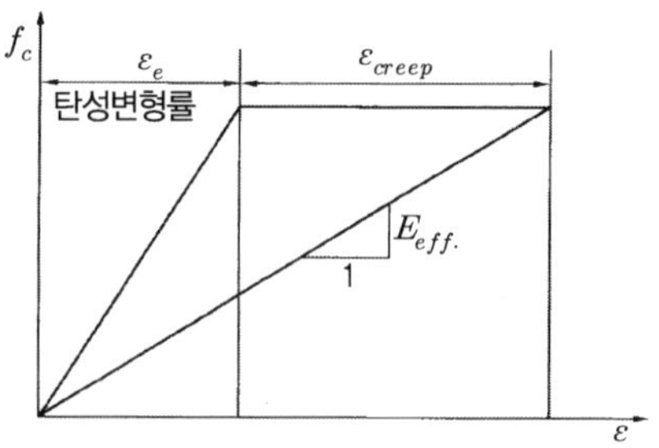

③ Branson의 임의의 시간(t)에서의 크리프 계수(C_t)

$$C_t = \frac{t^{0.60}}{10 + t^{0.60}} C_u, \ C_u(\text{최종 크리프 계수}), \ t(\text{재하 후의 시간(일)})$$

④ Whitney의 법칙

동일한 콘크리트에서 단위응력에 대한 크리프 변형의 진행은 일정불변이다.

시간 t_1에서 t의 크리프 변형도는 $\epsilon_{t-t_1} = \epsilon_t - \epsilon_{t_1} = \epsilon_e(C_t - C_{t1}) = \dfrac{\sigma}{E_c}(C_t - C_{t1})$

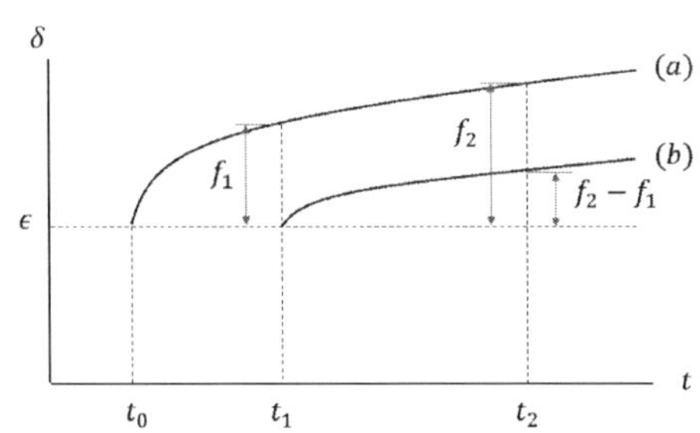

(1) 곡선 (a) : t_0부터 재하될 때의 크리프 곡선, 곡선 (b) : t_1부터 재하될 때의 크리프 곡선→ 곡선 (b)는 곡선 (a)를 f_1만큼 하향이동시킨 곡선

(2) t_0부터 재하시킨 콘크리트의 시간 t에서 총 변형 δ_t, $\delta_t = \epsilon + f_1 = \epsilon(1 + \phi_{t1})$

(3) t_1부터 재하시킨 콘크리트의 시간 t에서 총 변형 δ_t, $\delta_t = \epsilon + f_2 - f_1 = \epsilon(1 + \phi_{t2} - \phi_{t1})$

1. 크리프 계수(creep coefficient, ϕ)의 정의

크리프에 의한 변형률의 크기는 작용하는 지속 응력 크기의 함수로 지속 응력이 클수록 비선형적으로 크게 증가한다. 지속응력이 압축강도의 절반을 초과하지 않은 상태에서 크리프 변형률 ϵ_{cr} 은 지속 응력의 크기에 대략 일정하게 비례한다. 따라서 순간 탄성변형률 ϵ_{el} 은 응력에 비례하므로 다음과 같이 정의한다.

$$\phi = \frac{\epsilon_{cr}}{\epsilon_{el}}$$

2. 도로교 설계기준에서 크리프계수

지속하중 작용 시작 때의 콘크리트 재령을 t_0 라고 하면, 지속하중 재하기간 $t-t_0$ 동안 발생하는 크리프 변형에 대한 크리프 계수 $\phi(t,\ t_0)$ 는 압축강도 f_{cm}, 상대습도 RH, 시멘트의 종류, 양생 온도, 대기 온도 변화에 따라 달라진다. 크리프는 지속하중이 재하되기 시작할 때의 콘크리트 재령과 지속 응력의 크기, 지속기간에 따라 크게 변화된다. 설계기준에서는 크리프 계수를 예측하기 위해 임의의 재하 기간이 경과한 후의 크리프 계수 ϕ_0 와 지속기간에 따른 크리프의 증가율을 나타내는 함수 $\beta_c(t-t_0)$ 와의 곱으로 나타낸다.

$$\phi(t,t_0) = \phi_0 \beta_c(t-t_0)$$

여기서, $\phi_0 = \phi_{RH}\beta(f_{cm})\beta(t_0)$, $\phi_{RH} = 1 + \dfrac{1-0.01RH}{0.10\sqrt[3]{h_m}}$, $\beta(f_{cm}) = \dfrac{16.8}{\sqrt{f_{cm}}}$, $\beta(t_0) = \dfrac{1}{0.1+(t_0)^{0.2}}$

지속하중의 지속 기간에 따른 크리프의 증가율을 나타내는 함수 $\beta_c(t-t_0)$ 는 다음과 같이 산정된다.

$$\beta_c(t-t_0) = \left[\frac{(t-t_0)}{\beta_H+(t-t_0)}\right]^{0.3}$$

여기서, $\beta_H = 1.5\left[1+(0.012RH)^{18}\right]h_m + 250 \leq 1,500\,(일)$, $h_m = 2A_{cp}/p_{cp}$

3) 크리프에 의한 응력 재분배

① 정정구조계에서는 크리프 및 건조수축에 의한 하중변화는 단면 구성요소 내부에서 하중 재분배를 의미하나 부정정 구조계에서는 크리프 및 건조수축으로 인하여 단면력과 반력이 모두 변화하게 된다. 이는 하중의 재분배가 발생하면서 응력의 변화가 발생하기 때문이다.

② 크리프에 의한 구조물의 거동은 구조계의 변화나 타설 시기상의 차이로 인해서 발생한다.

③ 구조계의 변화에 의한 하중 재분배

그림과 같은 단순구조의 캔틸레버가 먼저 가설된 이후 지점 B에 지점을 놓을 경우 점 B에서의 초기 반력은 0이 된다. 크리프에 의해 보가 처짐으로써 반력이 발생되며, 이로 인해 보의 모멘트 분배가 M_i 에서 M_f 로 변하게 된다. 그림에서 M_s 는 최종 구조계에 대한 부정정 해석

으로부터 얻은 모멘트이며 크리프에 의한 모멘트 변화량 $\triangle M_c$는 다음과 같이 표현될 수 있다.

$$\triangle M_c = (M_s - M_i) \times \frac{\phi}{(1+n\phi)}$$

ϕ : 크리프계수($=\epsilon_{cr}/\epsilon_{el}$)

n : 크리프 변형을 산정하기 위한 계수

크리프에 의한 모멘트 재분배는 초기 구조계의 모멘트와 상관없이 항상 최종 구조계의 모멘트에 근접하려는 쪽으로 변화한다.

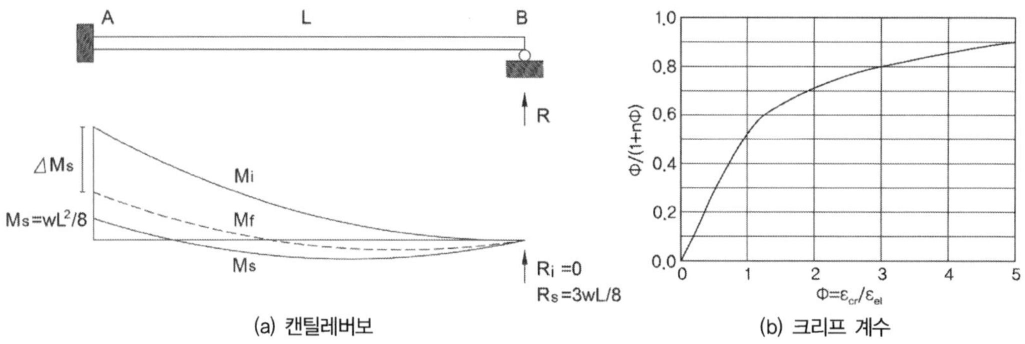

(a) 캔틸레버보   (b) 크리프 계수

④ 타설시기상의 차이로 인한 콘크리트 크리프의 반력 분배(R_ϕ)

타설시기상의 차이로 인한 콘크리트 크리프 부정정력 분배하중, 엄밀해석을 위해서는 구조계별 변화 시마다 콘크리트 재령으로부터 구조계의 각 부분의 크리프 계수를 구하여 단면력을 산출하여야 하나, 계산의 복잡성을 고려하여 근사적으로 반력의 변화를 계산하여 부정정력을 산출할 수 있다.

$$\triangle R_\phi = (R_0 - R_l)(1 - e^{-\phi})$$

R_0 : 최종구조계를 한 번에 시공한다고 할 때의 반력

R_l : 최종구조계 완성되기 전의 구조에서의 반력

⑤ 크리프에 의한 응력변화 검토

(1) 구조계의 변화가 없는 경우

구조물 전체를 한 번에 동바리 상에서 시공하여 시공 중과 시공 후의 구조계의 변화가 없는 경우 콘크리트의 크리프에 의한 영향은 일반적으로 고려하지 않는다. 이는 크리프에 의한 변형만 증가되고 단면력은 발생하지 않기 때문이다. 다만 장경간의 아치교 등에서 부재 축선의 이동을 고려하여 단면력을 계산하는 경우에는 크리프에 의한 변형이 단면력에 영향을 미치므로 주의해야 한다.

(2) 구조계의 변화가 있는 경우

구조물 전체를 한 번에 시공하지 않아 시공 전 후의 구조계에 변화가 있는 경우에는 ④와 같이 부정정력을 검토하여야 한다.

8. 콘크리트의 건조수축 ^{86회/110회}

1) 콘크리트 건조수축

콘크리트의 건조수축은 단위시멘트량과 단위수량의 영향을 크게 받으며, 그 밖에 골재의 종류와 최대치수, 시멘트의 종류와 품질, 다지기 방법과 양생상태, 부재의 단면치수의 영향을 받는다.

$$\epsilon_{sh} \fallingdotseq 800 \times 10^{-6} \ (\text{습윤양생한 최종 건조수축 변형률})$$

습윤양생한 콘크리트의 건조수축량 $\quad \epsilon_{sh.t} = \dfrac{t}{35+t}\epsilon_{sh.u} \qquad$ 여기서, $\ t(day)$

비교 | 도로교설계기준(2016 한계상태설계법) 건조수축 |

1. 건조수축 변형률의 특징

건조수축(shrinkage)은 내부에 있는 수분이 증발하여 콘크리트에 발생하는 체적이 줄어드는 변화로 콘크리트와 주의 상대습도의 차이에서 기인한다. 콘크리트 경화가 시작된 초기에 많이 발생하며 시간의 경과에 따라 서서히 줄어든다. 건조수축에 큰 영향을 주는 인자는 콘크리트 내부 수분함량이며 건조수축과 거의 선형으로 비례한다. 따라서 물-시멘트 비가 낮을수록 골재의 함량이 높을수록 수축률이 적다. 콘크리트 주위의 습도가 높으면 내부에서 표면으로 이동하는 수분의 흐름이 늦어지기 때문에 대기의 상대습도는 건조수축에 크게 영향을 준다.

2. 건조수축 변형률

$$\epsilon_{sh}(t,t_s) = \epsilon_{sho}\beta_s(t-t_s)$$

여기서, t_s 콘크리트 대기 중에 노출되어 건조가 시작될 때의 콘크리트 재령일

$\qquad \epsilon_{sho}$ 개념 건조수축계수로 상대습도, 시멘트 종류, 압축강도, 부재 치수의 영향을 받는다.

$$\epsilon_{sho} = \epsilon_s(f_{cm})\beta_{RH}$$

β_{RH} 습도 영향계수, $\quad 1.55[1-(RH/100)^3]$, 수중의 경우 0.25

$\epsilon_s(f_{cm}) = [160 + 10\beta_{sc}(9 - f_{cm}/10)] \times 10^{-6}, \quad \beta_{sc}$: 1종 시멘트(5), 2종(4), 3종(8)

$$\beta_s(t-t_s) = \sqrt{\dfrac{(t-t_s)}{0.035h_m^2 + (t-t_s)}}$$

2) 건조수축의 영향인자

① 재령에 따른 영향 : 콘크리트의 건조수축은 재령 1년의 수축량이 12년 간의 수축량의 80%임.

② 부재의 치수 : 일반적으로 건조가 이루어지는 부분은 표면으로부터 극히 몇 cm 이내의 부분이고 그 이상의 깊이에서는 건조하지 않는다.

③ W/C비, 단위 시멘트량의 영향

　가. W/C비가 클수록 건조수축량은 증대한다.

　나. 단위 시멘트량이 증가할수록 수축량은 증대한다.

④ 노출면적에 따른 영향

　가. 가상두께 : 콘크리트의 체적/노출표면적으로서 가상두께가 얇다는 것은 공기 중에 노출되는 면적이 크다는 것이다. 공기 중에 노출되는 면적이 클수록 수축량은 증가한다.

　나. 가상두께의 크기에 따라 장기 건조수축량을 보면 가상두께가 두꺼울수록 장기수축량이 증가하고 얇을수록 장기 수축량이 감소하게 된다.

⑤ 상대습도의 영향

　가. 상대습도가 50%와 70%에 있는 건조수축률의 비는 2:1이라는 보고가 있다.

　나. 상대습도가 10% 이하가 되는 경우 건조수축량은 급격히 증가한다.

⑥ 양생 조건에 따른 영향

　가. 습윤 양생기간이 길어질수록 건조 수축량은 감소한다.

　나. 양생 중 풍속이 클수록 증가한다.

⑦ 거푸집 존치기간의 영향 : 존치기간이 길수록 건조수축량은 감소한다.

⑧ 장기하중 작용일수에 의한 영향 : 하중의 지속시간이 길수록 건조수축량은 증가한다.

⑨ 철근구속에 의한 영향 : 철근량이 증가할수록 구속의 효과가 커 건조수축량은 감소한다.

3) 건조수축의 피해

① 콘크리트가 건조할 때 표면에서부터 건조되므로 표면은 인장응력, 내부는 압축응력이 발생되며 표면의 인장응력이 인장강도를 초과하면 균열이 발생한다.

② 건조가 계속되어 철근 주변까지 도달하면 철근이 건조수축을 방해하여 콘크리트에는 인장응력, 철근에는 압축응력을 유발하여 균열이 발생한다.

③ 슬래브와 같은 넓은 면적의 구조체는 대부분 표면 균열로 발생된다.

④ 벽체와 같은 구조물은 대부분 관통균열로 발생된다.

4) 건조수축 방지대책

① 골재 : 될 수 있는 한 굵은골재 최대치수를 크게 하고 입도분포를 양호하게 한다.

② 배합설계 : W/C비, W, C, S/a를 작게 한다.

③ 철근배근 : 이형철근을 등간격으로 하되, 철근개수와 철근량을 증가한다.

④ 양생 : 철저한 습윤양생 기간의 증대, 수분증발을 방지하기 위한 봉함 양생을 실시한다.

9. 다중응력 콘크리트 강도 ^{97회/133회}

다중응력상태란 한쪽 방향으로 하중을 받는 것이 아니라 여러 방향의 구속상태에 있는 콘크리트가 받는 응력상태를 말한다. 일반적으로 다중응력상태에서 압축강도가 일축압축강도보다 높은데, 그 이유는 일축 압축상태에서는 포아송 비에 의해 횡방향으로 인장변형률이 생기고 이에 따라 균열이 발생하나, 다중 압축상태에서는 이러한 인장변형률을 구속하여 균열의 발생이나 파급을 억제하기 때문이다(연성과 강도가 상당량 증가).

$$\epsilon_x = \frac{\sigma_x}{E} - \frac{\mu}{E}(\sigma_y + \sigma_z)$$

1) 2축 응력상태

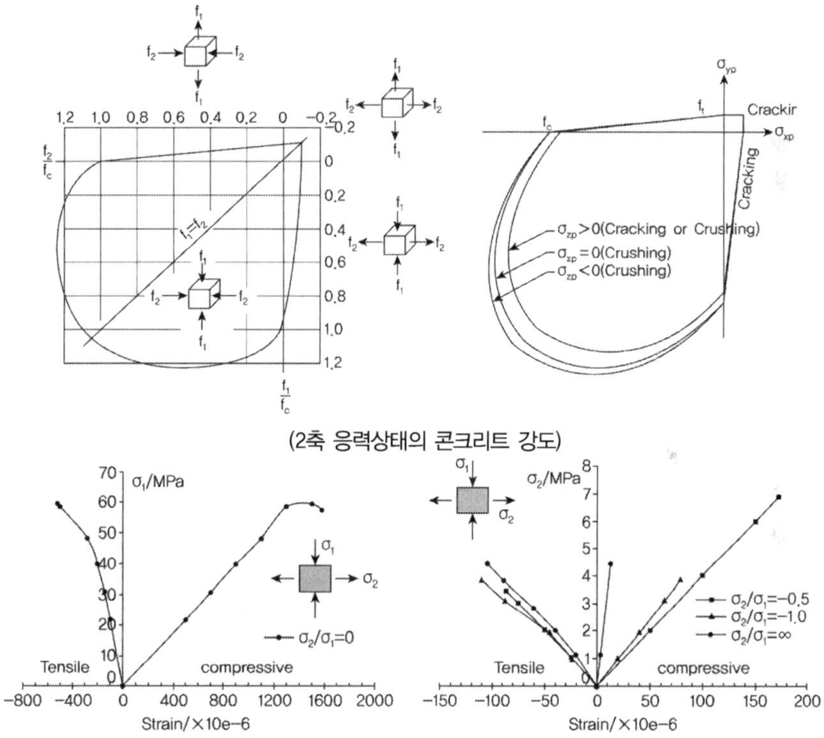

(2축 응력상태의 콘크리트 강도)

(Stress strain relationship at different stress ratios)

실제의 구조물에서는 콘크리트는 여러 방향으로 여러 종류의 응력을 동시에 받는다. RC보는 압축과 전단을, 슬래브나 확대기초는 서로 직교하는 두 방향의 압축과 전단을 받게 된다.

① 2축 응력상태에서의 강도

  (1) 2축 압축에서 콘크리트 강도는 1축 압축강도를 넘어 20% 정도 더 크게 나타난다.

  (2) 2축 인장상태에서 방향 1의 응력과 방향 2의 응력은 서로 연관성이 없다.

  (3) 방향2의 인장이 방향 1의 압축과 결합할 때 압축강도는 거의 직선적으로 감소한다. 즉 1축 인
장강도의 반 정도의 가로방향 인장은 세로방향 압축강도를 1축 압축강도의 반 정도로 감소시
킨다. 이러한 사실은 Deep Beam이나 Shear wall(전단벽)에서 균열 발생 예측 시 중요하다.

  (4) 강도는 $f_1 - f_2$의 세 사분면에서 상당히 다르게 나타난다.

    (ㄱ) 압축–압축 영역에서 응력비가 $f_1/f_2 \approx 0.5$ 일 때 강도의 최대 증가량은 25%이다.

    (ㄴ) 인장–압축 영역에서 강도 포락선이 거의 직선적이다. 압축강도는 수직방향의 인장응력
에 선형함수의 형태로 감소한다.

    (ㄷ) 인장–인장 영역에서 서로 별다른 상관관계를 보이지 않는다.

    (ㄹ) 강도 포락선은 비례하중에만 적용되며 비 비례하중에 대해서는 손상의 누적치는 응력이
가해지는 방법에 영향을 많이 받기 때문에 파괴에 대한 예측이 어렵다(어느 쪽을 먼저
가하는지에 따라 달라진다).

2) 3축 응력상태

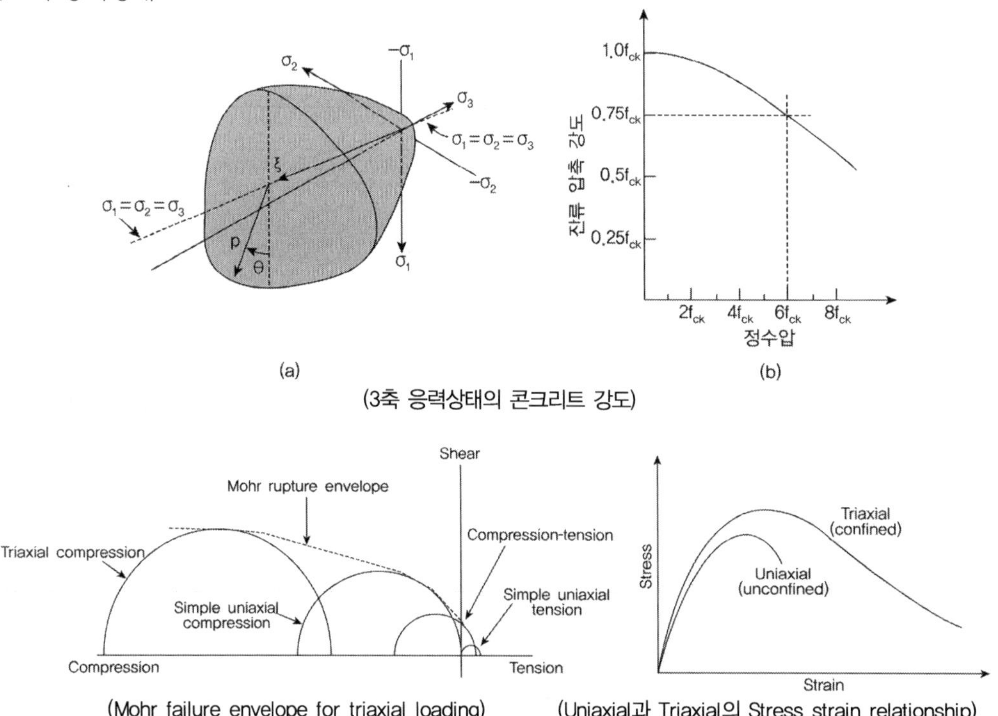

(3축 응력상태의 콘크리트 강도)

(Mohr failure envelope for triaxial loading)　　(Uniaxial과 Triaxial의 Stress strain relationship)

3축 응력상태는 구조체로는 수압을 받는 해양구조물, 띠철근이나 나선철근으로 보강된 기둥부재
등이 해당된다. 축방향으로 압축력이 작용하면 그에 수직한 두 방향으로 인장변형이 생기며, 이

때 띠철근 또는 나선철근은 횡변형에 스프링 계수를 곱한 값만큼 횡방향 구속력으로 작용하여 3축 응력상태가 되며, 압축강도와 연성이 매우 크게 증가하는 특징이 있다. 세 방향 응력에 대한 콘크리트의 파괴강도 이론은 아직 수립되지 않았으며, 모든 경우에 적용될 수 있는 정확한 이론은 개발되어 있지 않은 상태이다.

① 3축응력의 강도
   (1) 3방향의 응력의 크기가 서로 같은 3축 압축응력 상태에서 콘크리트 강도는 1축 압축강도보다 크다.
   (2) 2축 압축응력은 크기가 서로 같고 제3방향 압축응력이 작을 때도 콘크리트 강도는 20% 이상 증가한다.
   (3) 압축이 적어도 하나의 인장과 결합된 응력상태에서는 중간 주응력은 거의 영향을 미치지 않으며 따라서 콘크리트 압축응력은 그림에 따라 예측할 수 있다.
   (4) 삼축 압축상태에서는 콘크리트 강도와 연성이 엄청나게 증가한다. 압력이 충분히 높아서 콘크리트가 압밀되면 모르타르 매트릭스의 미세다공성(microporous)구조로 인해서 파괴가 일어난다. 설계목적으로 2, 3방향으로의 압축강도 f_h에 의한 1방향으로 증가된 강도 f^*는 다음과 같이 추정할 수 있다.

$$f^* = f_{ck} + 4.1f_h \text{ (축방향 압축강도는 구속압력의 4.1배만큼 더 증가된다)}$$

3) 실제로 조합응력을 받는 콘크리트 강도는 아직은 합리적으로 계산할 수 없다. 콘크리트 구조물에 있어서 모든 작용응력과 방향을 계산하는 것은 불가능하다. 따라서 RC구조물의 설계는 해석이론보다는 광범위한 실험결과에 더 근거를 하게 되고 이것은 조합응력이 작용하는 곳에서는 더욱 그러하다.

비교 | 도로교설계기준(2016 한계상태설계법) 다축응력상태의 강도 |

1. 2축 압축–압축 상태의 압축강도

   2축 압축 상태에서 압축강도는 1축 압축 강도보다 약 30% 증대되며, 직각 방향 압축응력의 상대적 크기의 비 f_1/f_2(2축 응력상태의 주응력의 비)에 따라 달라진다.

   2축 압축–압축인 경우 콘크리트 유효압축강도 $f_{c2,max}$는

$$f_{c2,max} = f_{ck} \frac{1 + 3.8(f_1/f_2)}{[1 + (f_1/f_2)]^2}$$

2. 2축 인장–압축 상태의 인장강도

   콘크리트는 압축력이 작용하면 직각 방향으로 팽창하는 인장 변형이 나타난다. 2축 인장–압축 상태의 콘크리트의 인장 변형률은 직각 방향 압축력에 의해 확대되기 때문에 1축 상태의 인장강도 f_{ct}와 다르다. 인장방향과 직각으로 압축 응력이 동반하면 인장강도가 감소하게 되고 동반 압축응력의 크기 f_2에 비례한다. 2축 인장–압축 상태일 때 나타나는 최대 인장강도인 유효인장강도 f_{cte}는

$$f_{cte} = \left(1 - 0.8\frac{f_2}{f_{ck}}\right)f_{ct}$$

3. 구속된 상태의 압축강도

통상 세 방향 압축응력이 동일한 완전 구속된 상태의 콘크리트 압축강도는 1축 강도의 10배 이상 크기가 나타날 수 있다고 알려져 있다. 대표적으로 심부 구속철근이 해당된다. 구속된 콘크리트는 훨씬 높은 강도와 큰 한계변형률을 나타낸다. 극한한계상태에서 구속에 의해서 발생되는 횡방향 압력 p를 $f_3(=f_1)$이라 하면, 구속된 콘크리트의 압축강도 $f_{ck,c}$와 변형률 증가는 다음과 같다.

① $f_3 < 0.05 f_{ck}$ $f_{ck,c} = f_{ck}(1.0 + 5.0 f_c / f_{ck})$

② $f_3 > 0.05 f_{ck}$ $f_{ck,c} = f_{ck}(1.125 + 2.50 f_c / f_{ck})$

③ $\epsilon_{co,c} = \epsilon_{co}(f_{ck,c}/f_{ck})^2$

④ $\epsilon_{cu,c} = \epsilon_{cu} + 0.2 f_3 / f_{ck}$

10. 한계상태설계법에서 콘크리트 강도 등에 관한 정의(2016 도로교 설계기준)

1) 기준압축강도와 평균압축강도

재령 28일에 평가한 원주형 공시체의 압축강도를 기준압축강도 f_{ck}로 정의하며 평균압축강도 f_{cm}은 기준압축강도에 보정강도를 더한 값으로 한다.

평균압축강도 : $f_{cm} = f_{ck} + \Delta f$

여기서, Δf는 ① 4MPa($f_{ck} \leq 40$MPa), ② 6MPa($f_{ck} \geq 60$MPa), ③ 보정(40MPa$< f_{ck} < 60$MPa)

2) 설계압축강도와 설계인장강도

① 설계압축강도(f_{cd}) : 재료계수와 유효계수를 고려하여 산정

$f_{cd} = \phi_c \alpha_{cc} f_{ck}$,   여기서 α_{cc}=0.85(유효계수)

② 설계인장강도(f_{ctd}) : 재료계수와 유효계수를 고려하여 산정

$f_{ctd} = \phi_c \alpha_{ct} f_{ctk}$,   여기서 α_{ct}=0.85(쪼갬인장강도 산정 시), 1.00(그외의 경우)

3) 재령 t일에서의 콘크리트 압축강도

시멘트종류, 온도, 양생조건에 따라 변화

표준양생된 콘크리트의 각 재령에서의 평균압축강도 $f_{cm}(t) = \beta_{cc}(t) f_{cm}$

여기서 $\beta_{cc}(t) = \exp\left[\beta_{sc}\left[1 - \left(\frac{28}{t}\right)^{1/2}\right]\right]$

종류	1종시멘트(습윤양생)	1종시멘트(증기양생)	3종시멘트(습윤양생)	3종시멘트(증기양생)	2종시멘트
β_{cc}	0.35	0.15	0.25	0.12	0.40

4) 평균인장강도 f_{ctm} 의 간접산정 방법

   ① 쪼갬 인장강도 평균값(f_{spm}) 이용 : $f_{ctm} = 0.9 f_{spm}$

   ② 휨인장강도 평균값(f_{rm}) 이용 : $f_{ctm} = 0.5 f_{rm}$

   ③ 평균압축강도(f_{cm}) 이용 : $f_{ctm} = 0.3 (f_{cm})^{2/3}$

5) 기준인장강도(f_{ctk})는 평균인장강도(f_{ctm})의 70% 적용 : $f_{ctk} = 0.7 f_{ctm}$

6) 탄성변형

   ① 보통 콘크리트 탄성계수 E_c ($0.4f_{cm}$ 점에서 구한 할선 탄성계수) : $E_c = 0.077 m_c^{1.5} \sqrt[3]{f_{cm}}$ (MPa)

   ② 경량 콘크리트 탄성계수 $E_c = \eta_E \times 0.077 m_c^{1.5} \sqrt[3]{f_{cm}}$, $\eta_E = (\gamma_g / 2200)^2$

   ③ ν(포아송비) : 비균열 콘크리트(1/6), 균열콘크리트(0)

   ④ 열팽창계수 : $10 \times 10^{-6}/℃$

7) 비선형 해석을 위한 응력-변형률 관계 (1축 압축)

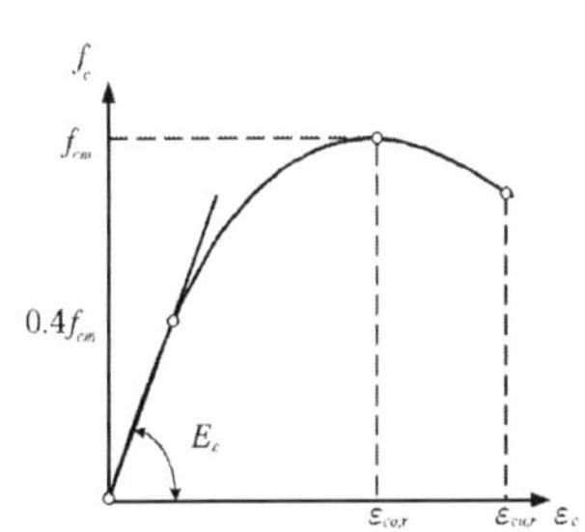

$$f_c = f_{cm} \left[\frac{k(\epsilon_c/\epsilon_{co,r}) - (\epsilon_c/\epsilon_{co,r})^2}{1 + (k-2)(\epsilon_c/\epsilon_{co,r})} \right]$$

여기서, $k = 1.1 E_c \epsilon_{co,r}/f_{cm}$

   $\epsilon_{co,r}$ 은 최대 응력에 도달하였을 때 정점 변형률

   $\epsilon_{cu,r}$ 은 극한한계변형률

8) 횡방향 구속된 콘크리트의 응력-변형률 관계

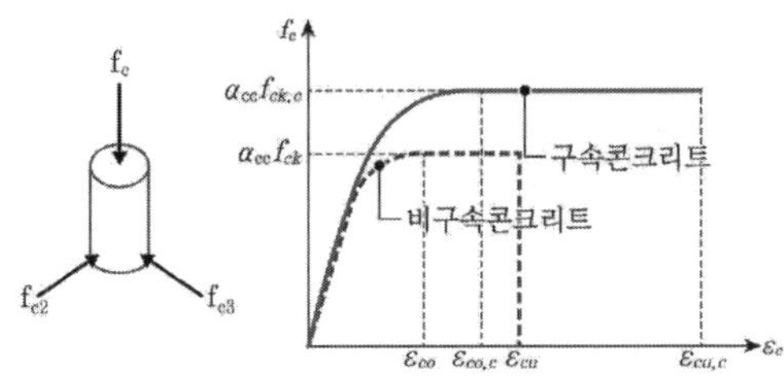

(a) 구속된 콘크리트의 응력-변형률 관계

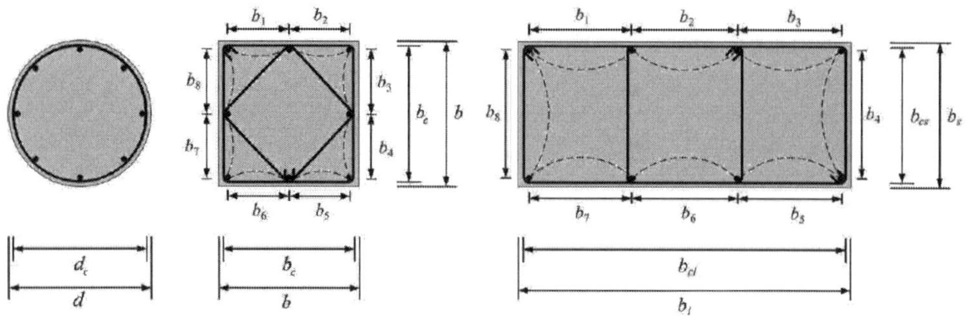

(b) 횡구속된 압축부재

횡방향철근으로 구속된 휨부재는 횡구속 효과를 고려한 응력–변형률 관계를 사용하여 휨강도와 변형성 능을 검증할 수 있으며 이때의 횡구속 철근은 심부콘크리트를 구속할 수 있는 철근상세를 가진 횡방향 철근이어야 한다. 횡방향 구속된 콘크리트의 응력–변형률의 증가된 관계를 다음과 같이 표현할 수 있다.

$$f_{ck,c} = f_{ck} + 3.7f_2, \quad \epsilon_{co,c} = \epsilon_{co}\left(f_{ck,c}/f_{ck}\right)^2, \quad \epsilon_{cu,c} = \epsilon_{cu} + 0.2f_2/f_{ck}$$

여기서, $f_{2,3}$는 극한한계상태에서 구속에 의해서 발생하는 횡방향 유효 압축응력

$$\text{(원형후프, 나선철근)} \quad f_{2,3} = \frac{1}{2}\rho_s f_{yh}\left(1 - \frac{s}{d_s}\right) = \frac{2A_{sp}f_{yh}}{sd_c}\left(1 - \frac{s}{d_c}\right)$$

$$\text{(사각 띠철근)} \quad f_{2,3} = \rho_{r\min}f_{yh}\left(1 - \frac{s}{b_{cl}}\right)\left(1 - \frac{s}{b_{cs}}\right)\left(1 - \frac{\sum b_i^2/6}{b_{cl}b_{cs}}\right)$$

여기서, $\rho_s = \dfrac{4A_{sp}}{sd_c}$: 콘크리트 심부체적에 대한 횡구속 철근의 체적비

f_{yh} : 횡구속 철근의 설계기준 항복강도

s : 부재의 축방향으로 측정한 횡구속 철근의 간격

d_c : 원형단면의 횡구속 철근 외측표면을 기준으로 한 콘크리트 심부의 단면 치수

A_{sp} : 원형 단면의 횡구속 철근 한 개의 단면적

$\rho_{r\min}$: 긴 변 방향과 짧은 변 방향으로 계산한 사각형 횡구속 띠철근의 체적비(ρ_{rl}과 ρ_{rs}) 중 작은 값, $\rho_{rl} = A_{shl}/(sb_{cs})$, $\rho_{rs} = A_{shs}/(sb_{cl})$

A_{shl} : 긴 변 방향으로 배치된 사각형 횡구속 띠철근의 총 단면적

A_{shs} : 짧은 변 방향으로 배치된 사각형 횡구속 띠철근의 총 단면적

b_{cmin} : 사각형 횡구속 띠철근 외측표면을 기준으로 한 콘크리트 심부의 단면치수 중 작은 값

b_{cmax} : 사각형 횡구속 띠철근 외측표면을 기준으로 한 콘크리트 심부의 단면치수 중 큰 값

b_i : 후프띠철근의 모서리나 보강띠철근의 갈골로 구속된 축방향 철근 사이의 중심간격

03 철근

1. 철근의 응력 변형률 [98회]

1) 철근의 탄성계수 $E_s = 2.0 \times 10^5 MPa$

2) 철근의 항복 변형률 : 일반적으로 400MPa 이상의 고강도 철근은 항복고원(항복마루, Yield Plateau) 길이가 점점 짧아지다가 분명하지 않거나 항복고원 없이 변형률 경화를 나타내기도 한다. 이 경우 변형률 0.0035에 해당하는 값을 항복강도로 규정한다.

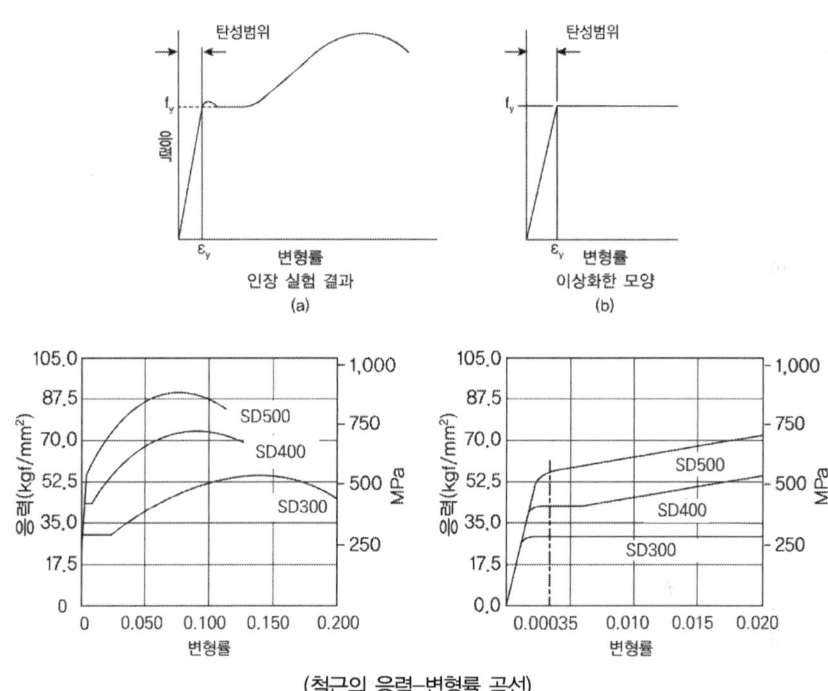

(철근의 응력-변형률 곡선)

3) 저탄소강과 고탄소강의 특성

  ① 저탄소강은 항복고원이 뚜렷이 나타나다가 변형률 경화 후 파괴(연성파괴)

  ② 고탄소강은 몹시 짧은 항복고원을 나타나거나 항복고원이 없이 즉시 변형률 경화 후 파괴(취성파괴)

4) 고강도 철근의 설계기준 항복강도 및 적용 변형률

① 콘크리트 구조설계기준(2007)에서 고강도 철근인 설계기준항복강도 f_y가 400MPa을 초과하여
   항복마루가 없는 경우에 f_y값을 변형률 0.0035에 상응하는 응력의 값으로 사용하도록 규정.
   또한 긴장재를 제외한 철근의 설계기준항복강도 f_y는 550MPa을 초과하지 않도록 규정

② 고강도 철근일수록 항복고원(yield plateau)이 뚜렷하게 나타나지 않고 취성적인 성향을 보여서
   파괴 시 변형률이 저강도 철근보다 작은 변형률에서 파괴되기 때문에 일정한 변형률(0.0035)을
   기준으로 설계기준항복강도를 규정

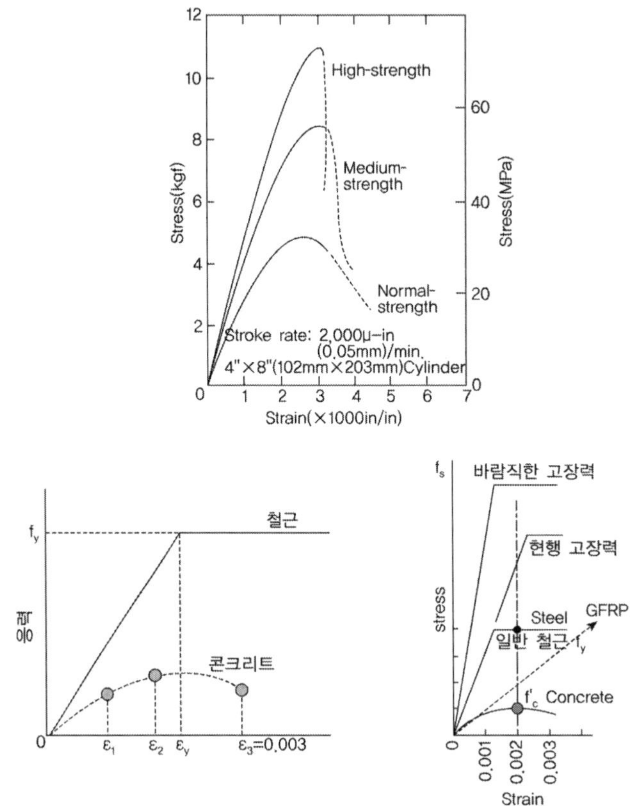

③ 고강도 철근 적용 시 검증사항
   (1) 철근과 콘크리트의 성립가정사항(철근과 콘크리트의 변형률 일치로 동시거동) 성립여부
   (2) 고강도 철근 적용으로 인한 취성거동(철근 항복전 콘크리트 파괴)으로 인한 부재 연성능력
       및 소성힌지 적용부위 등에서의 에너지 소산능력에 대한 검증 필요
   (3) 고강도 철근 사용으로 인한 구조물의 사용성(처짐, 균열, 진동) 검증 필요

2. 고강도 철근 적용 시 유의사항 [108회/119회]

현행 설계기준에서 고강도 철근 적용 시에는 철근이 항복할 때까지 콘크리트가 파괴되지 않도록 설계되는 연성거동의 문제 및 설계수식 상에 고강도 철근 항복강도의 적용성 문제, 철근상세에서의 최대허용간격, 피복두께 겹침이음길이 등의 문제 등의 문제점이 발생할 수 있다.

1) 고강도 재료 설계기준 제한사항

① 콘크리트 압축강도(KDS 14 20 22 전단 및 비틀림 설계기준, ACI 318 : 전단 및 정착길이 규정)

전단설계와 정착길이 규정에 사용되는 $\sqrt{f_{ck}}$ 값은 8.4MPa($f_{ck} \simeq 70\,\text{MPa}$)를 초과하지 않도록 규정하고 있다. 다만, 최소 전단철근이 배치된 콘크리트 또는 프리스트레스트 보와 장선구조에서만 예외적으로 적용하도록 한다.

$$V_n = V_c + V_s = \frac{1}{6}\sqrt{f_{ck}}\,b_w d + \frac{A_v f_y d}{s}\,,\ \ l_d = \frac{0.90 d_b f_y}{\sqrt{f_{ck}}}\,\frac{\alpha\beta\gamma\lambda}{\left(\dfrac{c + K_{tr}}{d_b}\right)} \ \ \text{여기서}\ \sqrt{f_{ck}} \leq 8.4$$

CF) Eurocode 2(90MPa 이하), JSCE(80MPa 이하)

② 철근의 항복강도(KDS 14 20 10 강도설계법, 도로교 설계기준 2016)

긴장재를 제외한 철근의 설계기준항복강도 f_y 는 600 MPa을 초과하지 않아야 한다.

비교 **| 도로교설계기준(2016 한계상태설계법) 철근 관련 정의 |**

내진설계를 제외하고 철근 설계기준항복강도는 600MPa 이하의 철근만 유효한 것으로 본다. 철근의 기준항복강도 f_y(또는 $f_{0.2k}$: 0.2%오프셋 항복강도)와 인장강도 f_u 는 항복하중의 기준값과 직접 1축 인장 최대하중을 공칭단면적으로 나눈 값으로 정의하며, 실제 실험으로 얻어진 항복응력은 기준항복강도의 1.3배를 초과하지 않아야 한다.
① 철근의 설계항복강도 : $f_{yd} = \phi_s f_y$
② 철근의 평균 탄성계수 : E_s=200GPa
③ 철근의 열팽창계수 : $12 \times 10^{-6}/{}^{\circ}\text{C}$

---

2) 실제 철근 항복강도의 문제점

휨부재(보, 슬래브)에서 연성확보 실패 가능성으로 취성파괴 가능성이 있다. 이는 인장철근 단면적 제한 기준(ρ_{max})이 무의미하고 설계와 실제값이 다를 수 있으므로 큰 오차가 유발될 수 있으며 이로 인하여 취성파괴될 수 있다. 또 기둥교각의 내진설계에서 실제 휨강도가 설계에 사용된 것보다 매우 커서 취성의 전단파괴 발생가능성이 있으며 이로 인하여 연성확보가 실패할 수 있다.

3) 고강도 철근 적용 시 문제점

① 휨 연성 : 휨강도는 동일하더라도 고강도 철근 적용 시 연성도가 낮아질 수 있다.

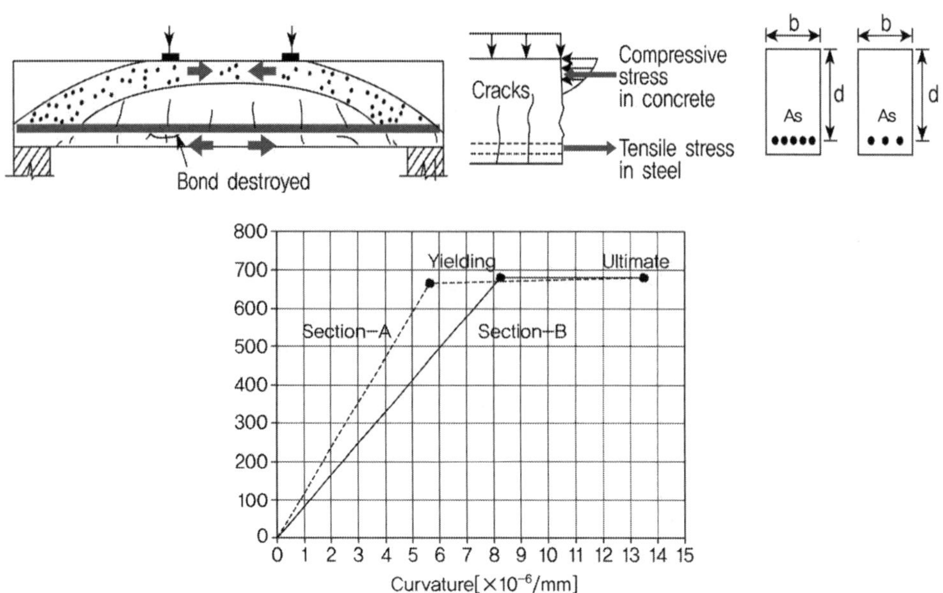

	구분	$\phi_y(\times 10^{-6})$	M_y	$\phi_u(\times 10^{-6})$	M_u	μ_ϕ	μ_ϵ
A.	$f_y = 300 MPa$	5.63	670	13.5	686	2.40	2.95
B.	$f_y = 500 MPa$	8.26	685	13.5	686	1.64	1.77

휨강도는 동일하지만 B Section의 연성도가 더 낮다.

② 사용성 : 고강도 철근을 수평부재 주철근으로 사용하면 사용하중 상태에서 과도한 반응으로 구조물의 성능저하 현상이 발생할 수 있다. 균열은 평균 철근 변형률에 비례

(1) 휨연성 : 일반철근 ≒ 바람직한 고장력 ≫ 현행 고장력 철근
(2) 처 짐 : 일반철근 ≒ 바람직한 고장력 〈 현행 고장력 철근
(3) 균 열 : 일반철근 ≒ 바람직한 고장력 〈〈〈 현행 고장력 철근

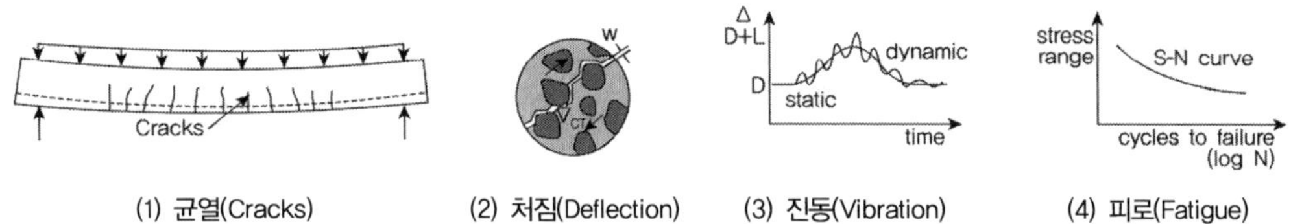

(1) 균열(Cracks)　　(2) 처짐(Deflection)　　(3) 진동(Vibration)　　(4) 피로(Fatigue)

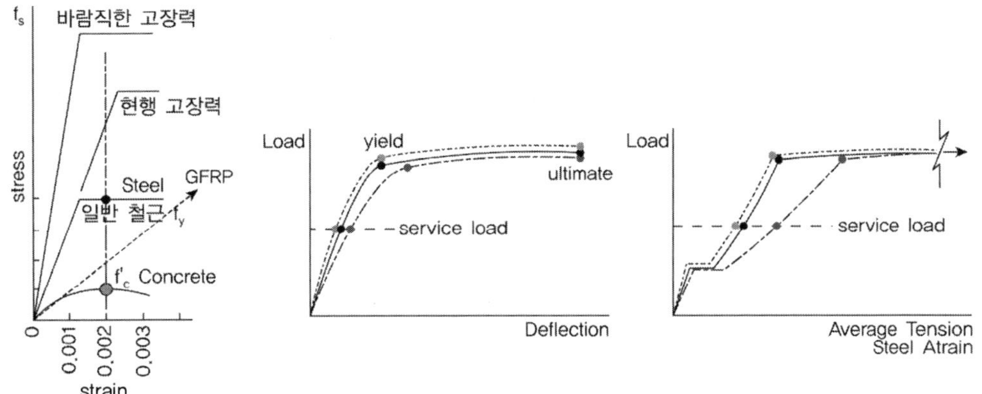

③ 부착 : 고강도 철근을 수평부재 주철근으로 사용하는 경우 부착 및 정착 성능과 철근 상세 규정의 적용성이 불확실하다.

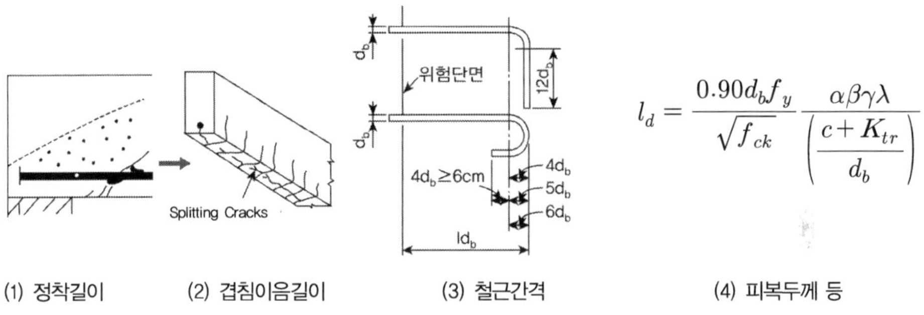

$$l_d = \frac{0.90 d_b f_y}{\sqrt{f_{ck}}} \frac{\alpha\beta\gamma\lambda}{\left(\dfrac{c + K_{tr}}{d_b}\right)}$$

④ 전단 : 고강도 철근을 전단철근으로 사용 시 전단강도 해석 모델의 적용 불확실성

현행 설계기준 전단강도 모델은 45° 트러스 전단 모델과 골재 맞물림 작용을 고려한 전단강도 해석을 수행하므로 45° 트러스 전단 모델이 인장 주철근과도 관계가 있으며 고강도 철근의 항복변형률이 크므로 골재 맞물림 작용 효과가 감소하는 등으로 인하여 현 해석모델과 상이하다.

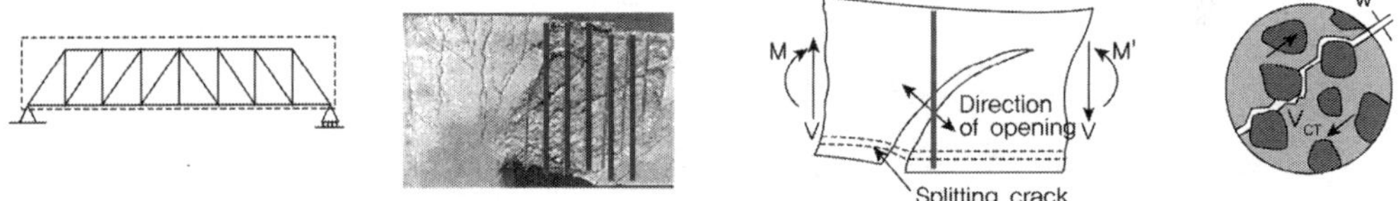

⑤ 축압축 : 순수 축강도 해석 모델 적용의 불확실성

고강도 철근의 항복변형률이 크므로 압축력을 받는 기둥에서 콘크리트가 1축 강도(최대응력)에 도달하였을 때 고강도 철근이 항복하지 않는다면 축강도 계산식을 적용할 수 없다.

$$P_n = P_c + P_s = 0.85 f_{ck}(A_g - A_{st}) + f_y A_{st}$$

⑥ 내진설계 : 교각 주철근과 횡철근 고장력 철근의 역학적 성능의 불확실성

일반적인 내직교각의 파괴형태는 파괴모드1(주철근이 압축좌굴-인장 반복으로 저주파(low-cycle fatigue) 피로 파단), 파괴모드2(횡구속 철근이 반복인장 후 파단)이나 고장력 철근을 사용할 경우 연신율이 작은 고장력 철근의 연성성력 불확실성이나 저주파 피로 저항성의 불확실, 인장강도/항복강도 > 1.25의 안정성 확보 불확실성이 나타난다.

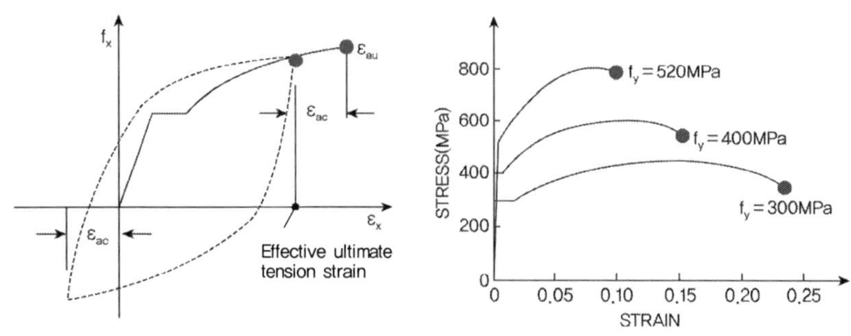

4) 고강도 철근 적용을 위한 방안

고강도 철근을 적용하기 위해서는 실험적이거나 해석적 검증을 통해서 새로운 설계개념의 검토를 통해서 현행 설계기준의 개선이 필요하며, 기존 설계기준의 철근 제한 규정의 상향 조정 및 콘크리트 강도 적용 검토 및 기존 설계기준의 f_y 상향 조정 가능 항목 및 전제조건에 대한 검토가 필요하다.

3. 철근의 피로특성

근래의 강도설계법과 같이 재료의 강도가 설계의 기준이 되고 점차 고강도 철근의 사용이 늘면서 철근의 피로거동에 대한 관심이 증가되고 있다.

① 철근의 S-N선도

MC-90보고서에 따르면

(1) 표면이 매끄러운 철근에 비해 리브나 홈이 있는 철근의 피로강도가 낮다.
(2) 철근의 지름이 증가할수록 피로강도가 감소하는 경향이 있다.
(3) 굽은 철근이 직선철근에 비해 피로강도가 낮으며, 반경이 작을수록 피로강도가 떨어진다.
(4) 철근의 용접이 정적강도에는 영향이 없으나 피로강도는 상당히 감소시킨다.
(5) 유해한 환경에서의 부식은 철근 피로강도 저하를 유발한다.

② 콘크리트의 피로강도 영향

콘크리트에 매립된 철근의 특성피로강도(Characteristic fatigue strength)는 재료의 피로강도

에 비해서 40~70%이며 이는 매립된 철근에 점진적 부식의 영향 때문이다.

③ 피로를 고려하지 않아도 되는 철근과 긴장재의 응력범위(KDS 14 20 26, 2021 강도설계법)

구분	이형철근(MPa)			긴장재	
설계기준항복강도 또는 위치	300	350	400이상	연결부, 정착부	기타
철근 또는 긴장재의 응력범위(MPa)	130	140	150	140	160

4. 콘크리트의 인장 연화, 인장 강화 ^{102회/110회/122회/136회}

1) 콘크리트의 인장연화(tension softening)

상자형 박스단면의 상부구조물과 같은 얇은 면으로 구성된 구조물에서 플랜지와 복부는 전형적인 평면 요소로 간주된다. 이러한 부재 요소는 작용선이 놓이는 축력과 전단력의 조합으로 보는 것이 일반적이며 이는 2축 응력상태로 표현된다. 콘크리트에서 인장강도는 압축강도의 1/10 정도로 매우 작기 때문에 평면요소는 초기 응력 단계에서 인장 주응력의 직각방향으로 균열이 쉽게 발생된다. 균열 발생 후 균열로 구획된 콘크리트 경사 스트럿(strut)이 형성되며 이를 통해 압축력에 저항하는 구조이다. 이러한 구조의 콘크리트의 압축강도는 직각 방향 구속 효과와 달리 직각 방향 인장에 의해 압축강도가 현저히 낮아지는 연화 효과(softening effect)가 나타난다. 균열이 발생된 후 콘크리트 인장응력이 전달되지 않고 철근이 모든 인장력을 담당하게 된다. 반면 균열과 균열 사이 콘크리트에는 배치된 철근의 부착에 의해 인장력과 변형이 전달된다. 특히 철근의 신장에 따라 큰 인장 변형이 유발되어 압축대 콘크리트는 연화된다. 이처럼 연화된 콘크리트는 그 압축 강도가 크게 낮아지며, 이때 나타나는 최개 강도를 콘크리트 유효압축강도(effective compressive strength) $f_{c2,\max}$ 라고 한다.

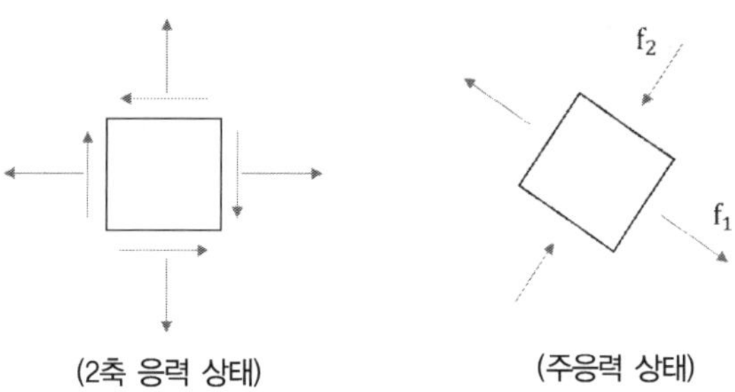

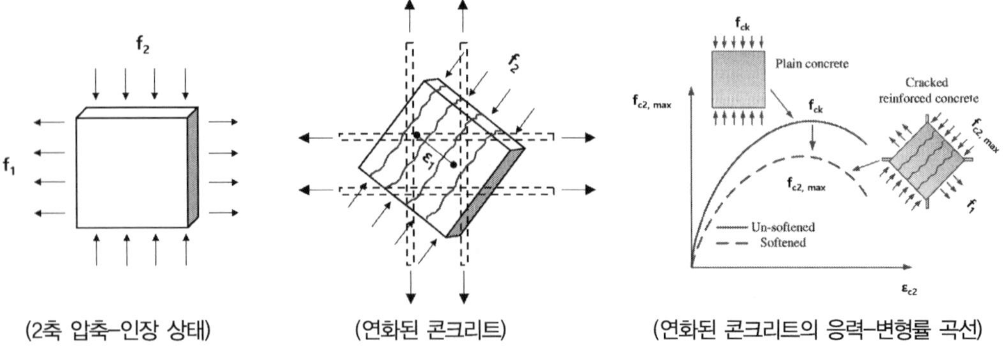

(2축 압축–인장 상태)   (연화된 콘크리트)   (연화된 콘크리트의 응력–변형률 곡선)

유효압축강도 $f_{c2,\max}$의 크기는 연화의 정도에 따라 달라지게 되며, 직각 방향의 주인장 평균 변형률 ϵ_1에 의해 지배된다. Vecchio and Clooins는 실험을 통해 유효압축강도의 특성을 다음과 같이 제안했다.

$$f_{c2,\max} = \frac{f_{ck}}{0.8 + 170\epsilon_1}$$

도로교 설계기준(한계상태설계법)에서는 인장 변형률이 주어져야만 적용가능한 점 등의 현실적인 문제를 고려해 철근의 항복 변형률을 기준으로 항복 전에는 철근의 응력에 반비례하는 직선으로 항복 후에는 일정 값으로 유효강도를 평가하는 근사적인 방법을 적용해 다음과 같이 단순화하였다.

$$f_{c2,\max} = \nu f_{ck} = 0.6\left[1 - \frac{f_{ck}}{250}\right]f_{ck}$$

여기서, ν는 압축강도 유효계수로 실제 보의 복부에서 단면의 전단응력이 등분포 상태에 있다고 가정하고 복부 철근과 콘크리트가 소성상태에 놓일 때 계산한 전단강도와 실제 부재의 실험 전단강도의 상대적 비를 기반으로 한다. 그러나 만약 복부 철근이 한계상태에서 항복하지 않은 경우에는 위의 식을 적용할 수 없다. 직각방향 변형률이 0이면 1축 압축 상태에 해당하는 경우로 유효강도는 $0.85f_{ck}$가 되며, 항복 변형률일 때는 νf_{ck}가 된다. 따라서 철근의 응력 크기에 따라 콘크리트 최대 유효강도를 $0.85f_{ck}$와 νf_{ck}사이에서 선형보간으로 정할 수 있다.

$$f_{c2,\max} = \left[0.85 - \frac{f_s}{f_y}(0.85 - \nu)\right]f_{ck}$$

2) 콘크리트의 인장강화(tension stiffening)

인장요소에 축인장력 N이 작용하면 이 힘은 철근이 저항하는 힘 N_s와 콘크리트가 저항하는 힘 N_c의 합으로 나타낸다.

$$N = N_s + N_c = E_s \epsilon_{sm} A_s + E_c \epsilon_{cm} A_c$$

균열면에서는 작용 인장력을 철근이 모두 저항하므로 $N = E_s \epsilon_{so} A_s$ 이며 ϵ_{sm} 과 ϵ_{cm} 은 철근과 콘크리트의 평균 변형률이고, ϵ_{so} 는 균열면에서 철근 변형률이므로 두 식은 같아야 한다.

$$N = E_s \epsilon_{so} A_s = E_s \epsilon_{sm} A_s + E_c \epsilon_{cm} A_c$$

철근비와 탄성계수비로부터

$$\rho = \frac{A_s}{A_g} = \frac{A_s}{A_c + A_s} \, , \quad n = \frac{E_s}{E_c} \, , \quad \therefore \epsilon_{sm} = \epsilon_{so} - \frac{\epsilon_{cm}}{n\rho}$$

따라서, 콘크리트에 묻힌 철근의 평균 변형률은 인장력을 모두 부담할 때의 변형률보다 작아지며, 이는 철근에 부착되어 있는 콘크리트가 인장력의 일부를 부담하기 때문이다. 이처럼 주변 콘크리트에 의해 철근의 변형률이 $\epsilon_{cm}/n\rho$ 만큼 감소하는 현상을 인장강화효과(tension stiffening effect)라고 한다.

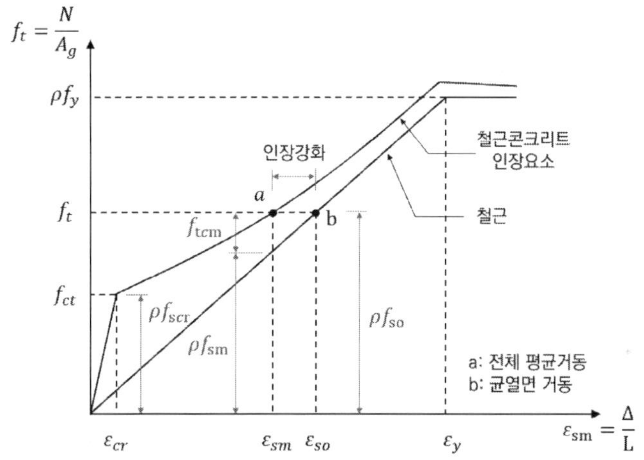

균열이 발생한 후에도 콘크리트가 인장력의 일부를 담당하게 되며 이는 부착을 통해 철근 인장력의 일부가 콘크리트로 전달되어 콘크리트에 인장응력이 존재하기 때문이다. 콘크리트가 부담하는 인장력만큼 철근의 인장력이 감소하기 때문에 철근의 변형률이 작아지는 현상이 인장강화효과이다. 이 효과는 균열 발생 후 작용력이 증가하면 점차 감소하며 철근과 콘크리트 계면의 부착거동에 직접적인 영향을 받는다. 부착은 철근 응력크기, 피복두께, 장기 반복하중 등의 인자에 따라 달라지며 이에 따른 인장강화효과도 변화된다.

소성이론과 파괴역학에 근거한 철근 콘크리트의 거동은

① 철근 콘크리트에서 철근은 균열을 억제하고 균열 발생 후에는 균열 콘크리트의 연결역할 (Bridge effect)을 한다.

② 인장균열이 집중되면서 파괴가 발생하는 무근콘크리트와 달리 철근 콘크리트는 균열이 분산되어 발생한다.

③ 균열 발생 단면에서는 철근이 모든 인장력을 부담하지만 계속적인 균열 발생과 함께 균열 단면사이의 콘크리트는 부착에 의해 철근으로부터 전달되는 인장력의 일부를 부담하게 되며 철근 콘크리트의 응력-변형률 관계에서 인장강성을 증가시키는 콘크리트의 인장강화(tension stiffening) 현상이 발생한다.

④ 인장강화현상은 콘크리트의 인장연화응력(tension softening)과 부착응력의 합으로 정의할 수 있다.

⑤ 철근 콘크리트 부재 내의 국부적인 파괴 및 에너지 소산작용 등을 적절하게 나타내기 위해서는 철근과 콘크리트의 상호작용, 특히 부착(Bond)거동에 대한 모델이 요구된다.

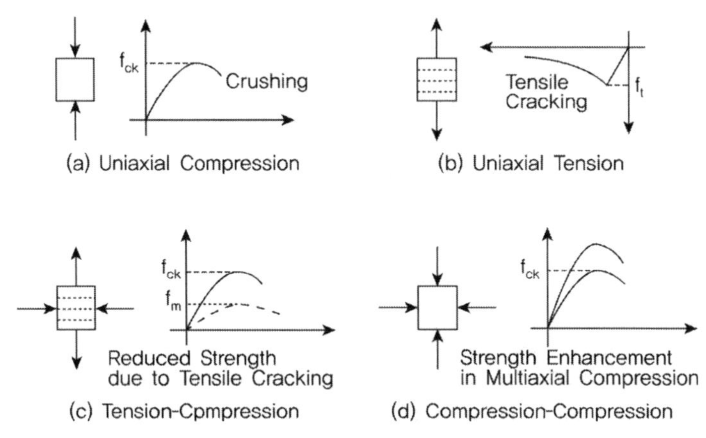

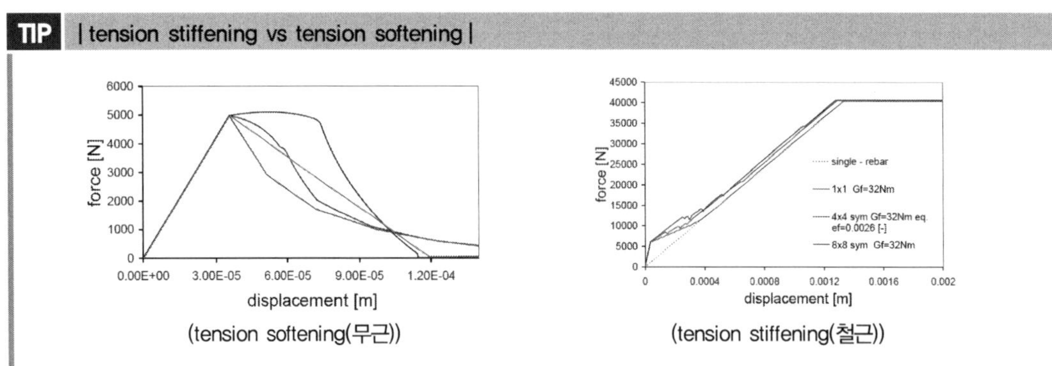

인장강화와 인장연화는 모두 철근 콘크리트의 snap-back 현상을 보여주는 내용이다.

RC 성립 이유

철근 콘크리트의 성립 이유에 대하여 설명하시오.

풀 이

▶ 개요

철근 콘크리트는 철근과 콘크리트가 서로 다른 재료로 다른 특성을 가짐에도 불구하고 서로의 장단점을 보완하여 일체로 거동하는 특성을 가지기 때문에 건설용 재료로 많이 사용되고 있다. 콘크리트의 인장력에 취약한 부분을 철근이 보완하고 강재의 경제성 보완과 강성을 확보할 수 있도록 하기 때문이다. 이러한 철근 콘크리트가 성립될 수 있는 가장 큰 이유는 두 재료가 일체로 거동하면서도 일정한 강성을 확보하기 때문이다.

▶ 철근 콘크리트의 성립 이유

철근 콘크리트의 가장 큰 성립 이유는 ① 철근과 콘크리트 사이의 부착강도가 크고 ② 콘크리트와 강재의 열 팽창계수가 0.00001/°C로 거의 같아서 때문에 일체거동하기 때문이다. 또한 ③ 콘크리트 속에 묻힌 철근은 녹슬지 않기 때문에 철근 부식 등을 방지할 수 있다.

1) 철근 콘크리트의 장점

   ① 철근과 콘크리트의 온도팽창률은 서로 비슷하다 (0.00001/°C).

   ② 콘크리트는 강알칼리성(pH=13)을 띠고 이로 인해 철근 주위에 부동태 피막으로 인해 오랜 시간 철근이 녹슬지 않는다(CO_2 유입 → 콘크리트 중성화 → 철근 녹 발생).

   ③ 콘크리트 점탄성(viscoelastic) 성질로 건조수축, 크리프 등의 장기거동으로 균열이 발생한다.

   ④ 철근과 콘크리트 사이의 부착강도가 비교적 크다.

   ⑤ 콘크리트는 내화성이 좋고 열전도율이 낮아 내부 철근을 열로부터 보호한다.

   ⑥ 내구성이 좋고 유지관리 비용이 적어 경제적이다.

   ⑦ 방음효과가 크고 에너지 효율이 높은 재료이다.

   ⑧ 현장타설이 가능하고 원하는 모양으로 제조할 수 있다.

   ⑨ 콘크리트 중량이 커서 진동, 지진, 외부하중에 대한 저항성이 크다.

2) 철근 콘크리트의 단점

   ① 인장강도가 낮다(압축강도의 10%).

   ② 연성이 낮다.

③ 체적이 안정적으로 유지되지 않는다.

④ 무게에 비해 강도가 낮다.

⑤ 개조, 보강 등이 어려운 경우가 많고 내부 결함을 검사하기 어렵다.

철근 콘크리트의 장단점

장점	단점
① 구조물의 형상과 치수의 제약이 없다.	① 중량이 비교적 크다.
② 구조물을 일체적으로 제조할 수 있다.	② 콘크리트에 균열이 발생한다.
③ 구조물 제작 시 경제적이다.	③ 부분적 파손이 일어나기 쉽다.
④ 내구성/내화성이 좋다.	④ 검사가 어렵다.
⑤ 진동이 적고 소음이 덜 난다.	⑤ 개조하거나 보강하기 어렵다.
	⑥ 시공이 조잡해지기 쉽다.

섬유보강 콘크리트

섬유보강 콘크리트의 특성과 섬유의 조건에 대하여 설명하시오.

풀 이

▶ 개요

섬유보강 콘크리트는 불연속의 단섬유를 콘크리트 중에 균일하게 분산시켜 인장강도, 휨강도, 균열저항성, 인성, 전단강도 및 내충격성 등을 개선한 복합재료의 콘크리트 구조이다.

▶ 섬유보강 콘크리트의 특성

물리적 특정	역학적 특징
① 내동해성에 대한 저항성 개선 ② 내구성 증진 ③ 섬유혼입률이 큰 경우 단위수량, 잔골재율이 크게 되고 블리딩이 일어나기 쉽다. ④ 섬유의 형상, 치수, 혼입률, 배합의 분산, 굵은 골재 최대치수, 잔골재율, 삐기 방법, 다지기 방법에 따라 콘크리트 품질은 영향을 받는다.	① 인장강도, 휨강도 및 피로강도 개선 ② 포장이나 터널의 라이닝 두께 감소 가능 ③ 일단 균열이 발생한 후에도 상당한 내력을 유지하고 점진적 파괴 ④ 철근 콘크리트와 병행 시 전단내력 증대 ⑤ 내진성 구조물에 효과적 ⑥ 충격력이나 폭발력에 대한 저항 우수

▶ 섬유보강 콘크리트 섬유의 조건

섬유는 무기계 섬유(강, 유리, 탄소섬유)나 유기계 섬유(폴리프로필렌, 마라미드, 비닐론, 나일론 섬유) 등을 사용하며 섬유는 다음의 조건을 갖추어야 한다.

① 섬유와 시멘트 결합재 사이의 부착성이 좋을 것
② 섬유의 인장강도가 충분히 클 것
③ 섬유의 탄성계수는 시멘트 결합재 탄성계수의 1/5 이상일 것
④ Aspect Ratio는 50 이상일 것
⑤ 내구성, 내열성, 내후성이 우수할 것
⑥ 시공에 문제가 없고 가격이 저렴할 것

실리카흄

콘크리트 배합 시 사용되는 실리카 흄(Silica fume)의 특징 및 구조적 적용성

풀 이

실리카흄 및 실리카흄 콘크리트의 특성과 이용(김형태, 콘크리트학회지, 1991)
실리카흄을 혼입한 고강도 콘크리트의 파괴특성에 관한 연구(박제선, 대한토목학회, 1995)

▶ 개요

실리카흄은 석탄발전소와 제련소 등에서 발생하는 Flyash나 slag 등의 산업부산물로 원재료는 규사와 석탄이다. 근래에 고강도 콘크리트의 활용을 통해 부재 단면의 축소, 자중의 감소, 시공성 향상, 공기의 단축을 위해 많이 사용되고 있으며 콘크리트의 고강도화를 위해 일반적으로 실리카흄을 적정량 혼입하고 AE감수제와 고성능 유동화제를 사용하여 물-시멘트비를 낮추면서도 소요의 작업성(workability)을 확보하는 콘크리트 제조방법으로 사용되고 있다.

▶ 실리카흄의 특징과 구조적 적용성

실리카흄의 화학조성은 생산되는 합금이나 실리콘 종류에 따라 다르나 통상 90% 이상의 SiO_2를 포함하고 있으며 대부분 비정형이다. 분말도가 높고 실리카량이 많아서 매우 효율적인 포졸란 재료로 콘크리트 배합 시에 사용될 경우 강도 및 내구성 증진을 위한 혼화재로 사용된다.

실리카흄 사용목적에 따른 효과

사용목적	사용량	효과	비고
시멘트 대체	5~10%	• 실리카흄 1kg에 대해 시멘트 3~4kg 감량 • 슬럼프 손실은 고성능 감수제 사용으로 보전	수화역이 적어져 균열방지 효과 있음
혼화제	25%	• 고강도 확보 • 내화학성 증진	수밀성 증진

1) 슬럼프 : 실리카흄은 비표면적이 크고 수산화칼슘과 단시간에 반응하여 겔 상태의 물질을 생성하기 때문에 슬럼프가 나빠지고 시간에 따른 슬럼프 손실이 크게 된다. 따라서 소요의 슬럼프를 얻기 위해서는 필요한 단위 수량을 증가하거나 고성능감수제를 병용해야 한다.
2) 공기연행 : 비표면적이 크고 미연소된 탄소가 함유되어 있어 AE제가 흡착되기 때문에 공기의 연행은 어렵다. 따라서 실리카흄의 사용량이 증가함에 따라 콘크리트 내에 소요의 공기량을 얻기 위해서는 AE제의 사용량이 증가한다.

3) 블리딩 : 실리카흄은 친수성이 높기 때문에 물과 닿은 후 단시간에 반응하여 그 수화물이 시멘트 입자 사이에 겔 층을 형성하여 자유수의 이동이 억제된다. 따라서 이로 인해 블리딩이 현저히 떨어지게 된다.

4) 압축강도 : 실리카흄을 혼입한 몰탈 및 콘크리트의 강도 발현성이 좋다. 실리카흄, 시멘트의 종류, 첨가율, 양생방법 및 재령에 따라 다르나 재령 3~28일 사이에 강도증진 효과가 나타난다. 실리카흄의 사용목적이 시멘트 대체재와 강도 및 내구성 증진을 위한 혼화재로서 대별된다.

5) 탄성계수 : 실리카흄을 혼합할 경우 골재보다 탄성계수가 낮은 시멘트풀의 양이 증가하게 된다. 따라서 동일한 압축강도 수준에서는 실리카흄을 혼입한 경우가 더 낮은 탄성계수를 보인다.

6) 건조수축과 크리프 : 실리카흄 콘크리트의 건조수축은 물시멘트비에 관계없이 보통의 콘크리트와 비슷하며, 크리프의 경우 수중양생 시에는 별 차이가 없으나 기건상태에서는 실리카흄 콘크리트의 단위 크리프량이 크게 나타난다.

7) 내구성 : 실리카흄의 혼입률이 15% 이하에서는 충분한 내동결융해성을 가지며 20% 이상의 경우에는 오히려 내동결융해성이 떨어지는 특성을 가진다. flyash나 천연포졸란처럼 콘크리트 내의 알칼리골재 반응에 의한 유해한 팽창을 방지시킨다. 또한 실리카흄 콘크리트는 수밀성을 증진시키기 때문에 철근 부식에 영향을 미치는 염소이온의 침투가 적게 나타난다.

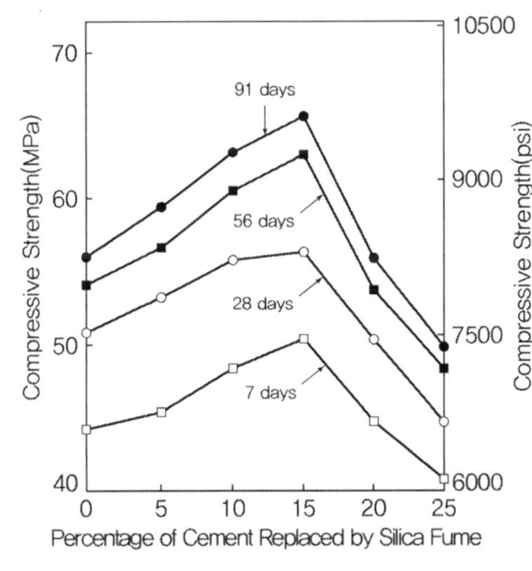

(실리카흄 혼입률에 따른 압축강도, w/c=34%)

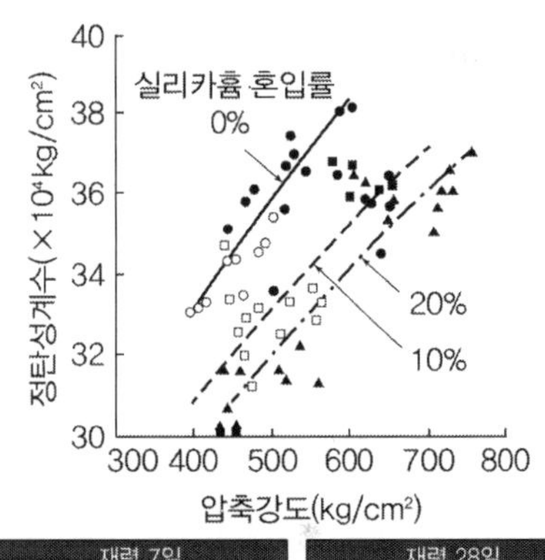

재령 7일		재령 28일	
기호	실리카흄 혼입률	기호	실리카흄 혼입률
-○-	0%	-●-	0%
-□-	10%	-■-	10%
-△-	20%	-▲-	20%

(실리카흄 혼입률에 따른 탄성계수)

▶ 실리카흄 활용 분야

실리카흄의 혼입 콘크리트는 고강도 및 높은 수밀성을 확보할 수 있는 분야에서 활용이 가능하다. 특히 최근의 고강도 콘크리트 개발에서 많이 활용되고 있다.

High strength	Low permeability
• Prefabrication of concrete element	• Bridge Deck construction, repair
• Energy saving(no heat curing)	• Parking structure
• Anchoring : grouting materials	• Waterproof constructions
• Injection mortars	• Corrosion protection
• Fiber reinforced materials	• Encapsulating nuclear waste
• Shotcrete	• Abrasion resistant concrete
• Press tools	• Underwater concrete
• Casting machinery parts	

콘크리트 배합

콘크리트 구조물의 3D프린팅을 위한 콘크리트 배합특성에 대하여 설명하시오.

풀 이

▶ 개요

건설분야에서 주로 활용되어 오고 있는 3D 프린팅 기술은, FDM(Fused Deposition Modeling) 방식이며 콘크리트 또는 시멘트 모르타르를 재료로 활용한다. 이 방식은 콘크리트를 직접 압출하여 거푸집 없이 객체를 생성하는 방법으로 객체의 시공 과정을 간소화하여 노동력과 비용을 절감해 단기간에 기존 건설방식을 대체할 수 있고, 설계의 자유도를 높일 수 있다는 장점을 가진다. 다만, 현재의 기술은 적층방식으로 형상의 자유도가 시장기대치보다 낮으며, 재료의 물성도 수화반응과 같은 재료적 특수성 때문에 실제 사용기준에 도달하지 못하는 한계를 가지고 있다.

▶ 3D 프린팅 콘크리트 배합특성

3D 프린팅 콘크리트의 배합 설계 시 고려되어야 하는 영향요인은 물/결합재 비(W/B), 시멘트, 골재, 혼화재·제, 섬유의 사용량, 프린터 노즐 사이즈, 프린팅 속도 등이 있으며, 외부환경 요인으로 환경조건과 설계강도, 내구성 등을 고려해야 한다.

1) 물-결합재비(W/B) : 3D 프린팅 콘크리트의 유동성, 경화 시간, 압축강도와 높은 상관관계를 가지고 있다. W/B가 증가하면 유동성을 향상시킬 수 있지만 다량으로 물을 사용함으로써 경화시간이 증가하여 콘크리트의 품질이 떨어질 수 있으며, 콘크리트 분리(concrete disintegration) 현상을 촉발시킨다. W/B는 보통 0.25~1 사이의 비율로 사용되어지는데 3D 프린팅 콘크리트는 기존 건축공법과 달리 거푸집과 같은 지지 구조가 없이 자중을 스스로 지지해야 하고, 형태를 그대로 유지해야 하기 때문에 신속한 응결을 위해서는 우선적으로 낮은 W/B를 고려해야 한다. W/B가 낮을수록 경화시간이 단축되고 고강도의 특성을 나타내며 W/B가 높을수록 높은 유동성을 보이나 강도가 낮아지는 특성을 보인다.

2) 시멘트 사용비율 : 시멘트 사용 비율은 레이어 간 접착성에 높은 영향을 주고, 유동성 및 압축성과 경화시간에도 영향을 준다. 시멘트 사용량이 적어지면 배합의 접착성이 떨어지고 모래 분리현상이 발생할 수 있다.

3) 골재 사용량 : 골재는 3D 프린팅 콘크리트의 압축성, 압축강도에 영향을 준다. 적당한 골재 사용량을 선택하는 것은 배합비 설계에서 매우 중요하며, 낮은 B/Sand는 모래 분리 문제를 발생

시키고 3D 프린팅 과정에서 콘크리트 유동성 및 압출을 어렵게 만든다. 골재 최대 크기는 노즐 직경과의 비례관계는 없지만 노즐 직경은 골재 최대 크기보다 세 배 이상 크도록 설계해야 한다.

4) 혼화재 : 혼화재는 3D 프린팅 콘크리트의 경화시간, 접착성 및 압축강도에 영향을 준다. 3D 프린팅 콘크리트에 사용하는 혼화재는 주로 고로슬래그, 실리카흄, 플라이애쉬이다.

　① 고로슬래그는 단독으로 자주 사용되고, 실리카흄과 플라이애쉬는 통상 함께 사용된다. 일반적으로 플라이애쉬를 사용하면 콘크리트 유동성이 증가하며 포졸란 반응에 의해 수화열을 억제하여 장기강도 발현에서 유리하다. 고로슬래그의 경우 콘크리트의 접착성을 증가시키며, 응결속도를 늦추어 유동성을 확보할 수 있는 효과가 있다.

　② 실리카흄은 3D 프린팅 콘크리트의 압축강도를 증가시킬 수 있을 뿐만 아니라 응결시간을 촉진하는 효과가 있다.

　이외에도 감수제, 응결 지연제, 조강제, 증점제, 수지 등이 사용된다.

　③ 감수제는 3D 프린팅 콘크리트의 강도를 증가하기 위해 낮은 W/B를 사용하면서 유동성을 유지할 수 있도록 하는 역할을 한다.

　④ 콘크리트 출력 시 자중이나 응결 속도에 따라 기존 레이어의 변형과 붕괴 현상이 발생하거나, 새로운 레이어의 무게를 지지할수 없는 경우가 있으며 이런 경우 조강제를 결합재의 0~3% 범위 내에서 추가적으로 사용하여 응결속도를 촉진하고 초기 강도를 증가시킨다. 하지만 조강제의 사용량이 증가할수록 초기 수화반응 속도를 증진시켜 콘크리트가 쉽게 굳어지고 유동성이 없어지기 때문에 조강제를 사용하는 것은 유동성과 압축성에 불리할 수 있다.

　⑤ 이와 같이 조강제를 더 이상 사용할 수 없는 경우에는 조강제 대신 증점제를 사용하여 접착성을 높이고, 형태유지 효과를 확보할 수 있다.

　⑥ 반대로 응결 속도가 너무 빨라지면 수화반응을 억제시키는 응결 지연제를 추가해야 한다. 응결 지연제를 추가하면 콘크리트 비빔 후 탱크 내에서 응결을 지연시킬 수 있다. 이를 통해 출력 시 파이프가 막히는 것을 방지하고, 적절한 시공 시간을 확보할 수 있게 된다.

　⑦ 증점제는 점도를 향상시키고 압출 이후에 형태를 유지할 때 필요하지만, 고점도의 재료는 펌프의 압송 과정에서 펌프 압력을 상승시키는 문제를 발생시킬 수 있으므로 혼입량에 주의하여야 한다.

　⑧ 반대로 응결 속도가 너무 빨라지면 수화반응을 억제시키는 응결 지연제를 추가해야 한다. 응결 지연제를 추가하면 콘크리트 비빔 후 탱크 내에서 콘크리트 응결을 지연시킬 수 있다. 이를 통해 출력 시 파이프가 막히는 것을 방지하고, 적절한 시공 시간을 확보할 수 있게 된다. 다만, 응결 지연제를 많이 사용하게 되면 초기강도에 불리하고, 28일 강도도 감소하게 된다.

5) 섬유 : 섬유는 적층면 간의 접착력을 향상시키고 압출 재료의 형태유지 및 균열 억제를 위하여 활용된다. 섬유 사용량은 압축성에 영향을 많이 주기 때문에 다량으로 투입할 경우 노즐이 막힐 수도 있다.

설계기준강도와 배합강도

설계기준강도(f_{ck})와 배합강도(f_{cr})에 대하여 설명하시오.

풀 이

▶ 개요

설계기준강도(f_{ck})는 콘크리트 부재 설계 시 계산하는 기준이 되는 콘크리트 강도를 의미하며, 일반적으로 재령 28일의 압축강도를 기준으로 한다. 그러나 실제 배합 시에는 통계적으로 편차가 발생하기 때문에 설계기준강도에 정당한 계수를 고려하여 할증한 압축강도를 구하고 이를 기준으로 배합 설계 시 소요강도의 물 시멘트비 등을 산정하는데 설계기준강도를 기준으로 배합을 위해 할증한 압축강도를 배합강도라고 한다.

▶ 설계기준강도(f_{ck})와 배합강도(f_{cr})

1) 설계기준강도(f_{ck}) : 부재의 설계를 위한 기준이 되는 콘크리트 강도로 재령 28일 압축강도를 기준으로 한다. 재령 28일 압축강도를 기준으로 하는 이유는 다음과 같다.

① 초기 재령에서는 매우 빠른 속도로 강도 발현하여 점차 강도의 증진이 둔화된다.

② 실제의 구조물에서는 공시체의 양생조건과 동일한 양생방법을 기대할 수 없다. 따라서 표준공시체 강도를 현저하게 웃도는 강도를 기대할 수 없으므로 실제 사용하는 것이 수개월 후라도 재령 28일 기준의 압축강도로 하는 것이 안전하다.

③ 보통 콘크리트와 달리 구조물의 사용 시기, 적용하중 종류, 부재치수를 고려하여 다르게 적용하는 사례도 있다(댐 구조물은 91일 기준강도, 공장제품은 14일 기준강도).

④ 28일 강도 측정 시 시간소요 등의 불편함으로 인해서 품질관리를 위해,
   – 3일, 7일 조기강도에서 28일 강도 추정하는 방법
   – 촉진 양생강도에서 28일 강도를 추정하는 방법
   – w/c에 의해 콘크리트 품질관리 등의 방법이 제안되고 있다.

2) 배합강도(f_{cr}) : 구조물에 사용된 콘크리트 압축강도가 설계기준강도보다 작아지지 않도록 현장 콘크리트 품질변동 등을 고려하여 설계기준강도보다 크게 설정한 배합에 기준이 되는 강도로 일정 기준강도보다 강도가 낮을 확률이 1% 이하가 되도록 결정한다. 콘크리트 구조기준(2012)에서 배합강도의 결정방법은 다음과 같이 규정하고 있다.

① 콘크리트 배합을 선정할 때 기초하는 배합강도 f_{cr}은 다음의 규정에 따라 계산된 표준편차를

이용하여 계산한다. 이때 배합강도는 설계기준압축강도가 35MPa 이하인 경우와 이상인 경우로 구분하여 적용한다.

   가. $f_{ck} \leq 35MPa$

$$f_{cr} = \max[f_{ck}+1.34s, \ (f_{ck}-3.5)+2.33s]$$

   나. $f_{ck} > 35MPa$

$$f_{cr} = \max[f_{ck}+1.34s, \ 0.9f_{ck}+2.33s]$$

② 배합강도 f_{cr} 은 표준편차의 계산을 위한 현장강도 기록자료가 없을 경우나 압축강도 시험횟수가 14회 이하인 경우 다음에 따라 결정하여야 한다.

   가. $f_{ck} < 21^{MPa}$ $f_{cr} = f_{ck}+7(MPa)$

   나. $21^{MPa} \leq f_{ck} \leq 35^{MPa}$ $f_{cr} = f_{ck}+8.5 \ (MPa)$

   다. $f_{ck} > 35^{MPa}$ $f_{cr} = 1.1f_{ck}+5.0 \ (MPa)$

③ 배합강도의 결정에서의 표준편차의 의미 : 강도에 영향을 미치는 요인이 여러 가지이기 때문에 시편의 강도는 통계적으로 상당한 양의 편차를 보인다. 따라서 공시체 시험에서 얻어진 콘크리트의 평균강도가 설계기준강도와 비슷한 정도로는 충분하지 않다. 이는 표본의 반이 설계기준 강도보다 낮은 값이 되기 때문이며 이로서는 충분히 안전하다고 할 수 없다. 평균강도는 설계기준강도보다 확실하게 높아야 한다. 따라서 어떤 주어진 최솟값(설계기준강도)보다 작아도 되는 표본의 수를 단지 일부로 제한함으로써 전체적으로 적절한 강도를 유지하도록 하여야 한다. 실제 강도시험에서 얻은 값을 평균소요배합강도(f_{cr})이라고 한다. 다음의 그림에서 빗금 친 부분이 설계기준강도보다 작은 부분에 해당하는 표본 수를 나타내는데 세 경우 모두 그 수가 같으나 편차 s 가 제일 작은 경우가 품질관리가 제일 잘되었다고 할 수 있다.

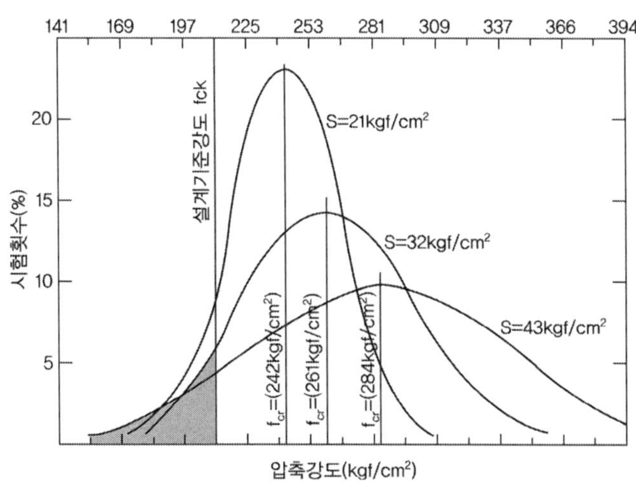

RC의 물-시멘트 비

콘크리트 배합 시 물-시멘트비(w/c)가 콘크리트 압축강도에 미치는 영향에 대하여 설명하시오.

풀 이

> ### 개요

물-시멘트(w/c)비는 콘크리트의 압축강도 및 배합강도, 크리프, 건조수축, 내구성(열화, 탄산화, 염해 등)뿐만 아니라 워커빌러티와 같은 시공성 등 여러 분야의 주요 영향인자이다. 이는 기본적으로 시멘트 페이스트를 구성하는 인자가 물과 시멘트이기 때문에 잔골재, 굵은 골재와의 단단한 결합 등 압축강도에 큰 영향을 미친다.

> ### 콘크리트 압축강도와 물-시멘트비

일반적으로 콘크리트의 강도는 압축강도를 의미하며 설계 시에 중요한 변수로 고려된다. 콘크리트의 압축강도에 영향을 미치는 요인으로는 ① 물-시멘트 비 ② 시멘트의 종류 및 시멘트량 ③ 다짐(진동) ④ 골재의 종류, 강도 및 입도 ⑤ 재령 ⑥ 하중 재해속도 ⑦ 양생방법 및 조건 ⑧ 온도 등이 있다. 일반적으로 물-시멘트 비는 소요의 강도와 내구성을 기준으로 결정하게 되며 콘크리트 표준 시방서에서 제시하는 물-시멘트비와 압축강도간의 관계는 선형으로 다음과 같은 식으로 표현된다. 상황에 따라 내구성 위주의 설계를 할 때에는 55~60%의 W/C를 사용하기도 하며, 수밀성 위주의 설계를 할 때에는 무근 및 철근 콘크리트에 대하여 W/C가 55% 이하가 되게 하는 것이 보통이다.

$$f_{28} = -21 + 21.5(c/w) \ (MPa)$$

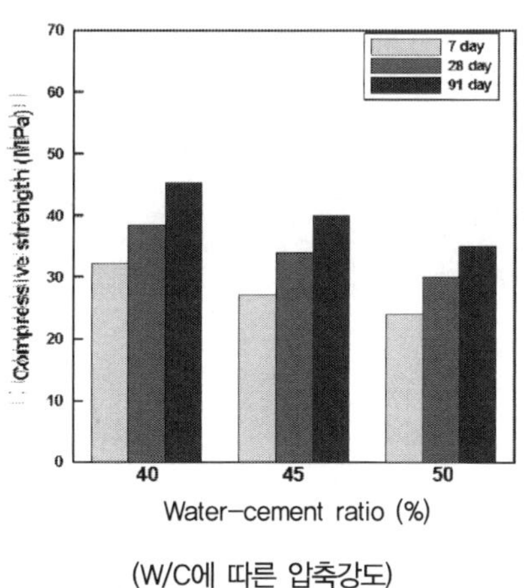

(W/C에 따른 압축강도)

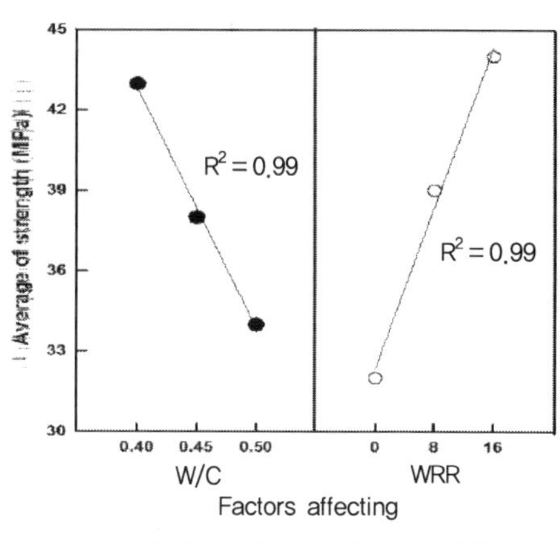

(W/C와 감수율에 따른 압축강도 영향)

고성능 콘크리트

고성능 콘크리트 가운데 고강도 콘크리트, 고유동 콘크리트, 고내구성 콘크리트의 장단점을 설명하시오.

풀 이

▶ 개요

고성능 콘크리트란 보통 콘크리트에 비해 고강도, 고내구성, 고유동성을 가진 콘크리트를 말한다. 고성능 콘크리트는 장대교량이나 초고층 건물에 부응하는 양호한 품질을 발휘하는 반면에 자기수축에 의한 균열, 폭열현상 등을 해결해야 하는 문제가 있다.

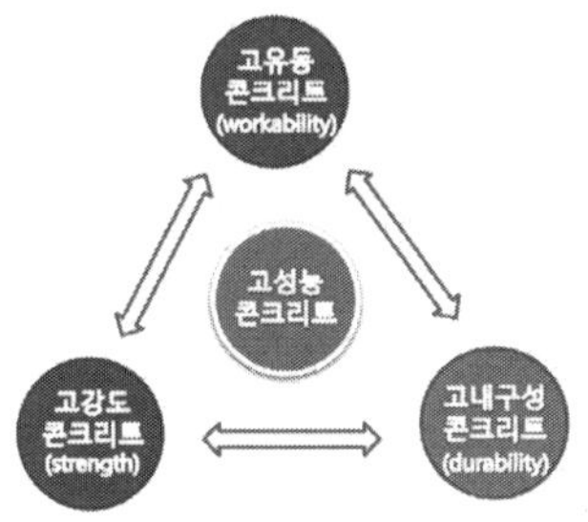

(고성능 콘크리트 개념도)

▶ 고성능 콘크리트의 장단점

장점	단점
① 초장대교량이나 초고층 건물에 사용되며 축력을 효과적으로 제어한다. ② 단면 축소로 사용면적이 증대된다. ③ 진동다짐의 감소로 작업능률이 향상된다. ④ 재료분리가 감소된다. ⑤ Creep현상이 감소된다.	① 내화성이 저하된다(폭열현상 우려). ② 취성파괴가 우려된다. ③ 자기 수축에 의한 균열이 발생된다.

▶ 고성능 콘크리트의 성능평가 방법

① 유동성 평가 : 슬럼프 플로우 시험, 회전날개형 시험 등

② 재료분리저항성 : 슬럼프 플로우 시험, L플로우 철근 통과 시험 등

③ 간극통과성 : 철근 통과시험, 링관입시험 등

④ 충전성 : 과밀배근 충전성 시험

⑤ 기타 : 압축강도, 염화물 시험

팽창콘크리트

팽창콘크리트(Expansion concrete)에 대하여 설명하시오.

풀 이

▶ 개요

팽창콘크리트는 콘크리트의 수축량을 제어하여 원천적으로 인장응력을 줄이는 것을 목적으로 개발된 콘크리트로 자기치유(self-healing) 콘크리트라고도 한다. 팽창재의 사용량 등 팽창되는 정도에 따라 화학적 프리스트레스용과 수축보상용으로 분류되며, 수축보상용은 무수축 콘크리트와 수축저감형 콘크리트로 분류된다.

▶ 팽창콘크리트(Expansion concrete)

일반적으로 콘크리트의 균열은 소성수축, 건조수축, 화학수축, 자기수축, 수화열, 소성침하, 부동침하 및 조기시공하중 등이 원인이며, 이 균열원인 중 콘크리트의 수축 원인에 의한 균열 발생이 약 80% 이상으로, 콘크리트 수축량은 부피의 0.04~0.06%를 차지한다고 보고되고 있다(한국콘크리트학회, 최신콘크리트공학). 팽창콘크리트는 이러한 균열을 원천적으로 제어하는 데 효과적인 콘크리트로 콘크리트 수축저감과 균열제어를 위해 활용이 가능하다.

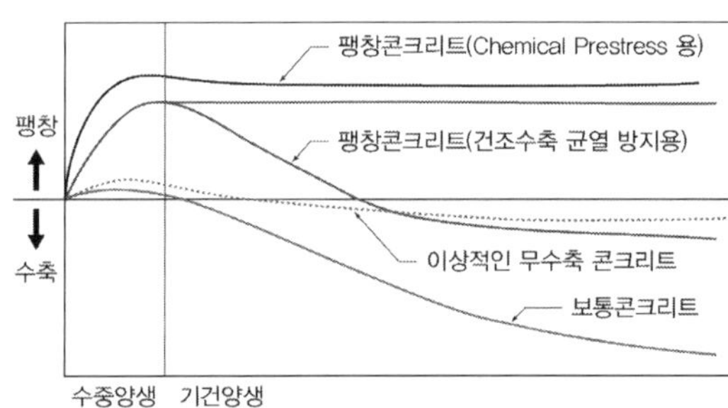

(팽창재의 균열저감 효과)

팽창재의 종류와 구성성분

종류	성분	팽창원	사용방법
K형	• Calcium Sulfa Aluminate($3CaO \cdot Al_2O_3 \cdot CaSO_4$) • CaO • $CaSO_4$	Ettringite	Portland cement에 혼입 10%
M형	• Alumina cement 또는 Calcium aluminate(수화물) • $CaSO_4$	Ettringite	Portland cement에 혼입 10%
S형	• Portland cement의 $3CaO \cdot Al_2O_3$와 $CaSO_4$증량	Ettringite	Cement로 사용
O형	• CaO	Calcium hydroxide $Ca(OH)_2$	Portland cement에 혼입 10%

특수 콘크리트

방사능 차폐용 콘크리트(Radiation Shielding Concrete)

풀 이

▶ 개요

생체방호를 위하여 감마선 및 중성자선 등 방사능 차폐를 목적으로 사용되는 콘크리트로, 일반적으로 콘크리트의 단위 용적 질량에 비례하여 방사선 차폐 효과가 증가되기 때문에, 방사선 차폐용 구조물에는 중량 골재를 사용한 밀도가 매우 높은 고밀도 콘크리트를 방사능 차폐용 콘크리트로 사용한다.

▶ 방사선 차폐용 콘크리트의 배합기준

일반적으로 철광석 등 중량골재를 사용할 경우 일반 골재를 사용할 때보다 차폐율이 더 높으며 이는 단위 용적 중량이 높을수록 방사선 차폐효과가 증가되며 중량골재의 밀도가 상대적으로 높기 때문이다. KCS 14 20 34(방사선 차폐용 콘크리트, 2021)의 배합기준에 따라 방사선 차폐용 콘크리트를 배합할 때는 다음의 기준을 따라야 한다.

① 콘크리트의 슬럼프는 작업에 알맞은 범위 내에서 가능한 한 작은 값이어야 하며, 일반적인 경우 150 mm 이하로 하여야 한다.

② 물-결합재비는 50% 이하를 원칙으로 하고, 워커빌리티 개선을 위하여 품질이 입증된 혼화제를 사용할 수 있다.

UHPC

슈퍼 콘크리트의 개념과 특성에 대하여 설명하시오.

풀 이

▶ 개요

고강도, 고유동성, 고내구성을 가진 콘크리트를 고성능 콘크리트(High Performance Concrete, HPC)라고 하며, 기존의 고성능 콘크리트보다 압축강도 및 인장강도, 유동성, 내구성이 더 크게 향상되고 고인성을 나타내는 콘크리트를 슈퍼 콘크리트 혹은 초고성능 콘크리트(Ultra High Performance Concrete, UHPC)라고 한다.

▶ 슈퍼 콘크리트의 특성

고성능 콘크리트(HPC)의 단점인 압축강도에 비하여 매우 낮은 인장강도와 휨강도에서 기인하는 낮은 연성(ductility)과 에너지 흡수능력(파괴에너지)의 보완을 위해 연성과 인성을 증가시켰다. 대표적으로 섬유보강 콘크리트는 강, 유리, 탄소, 나이론, 폴리프로필렌, 석면 등 섬유를 혼입해 균열 발생 시 균열면에 위치한 섬유를 통해 균열 성장을 억제하도록 인성을 부여하는 특징을 가진다.

1) UHPC의 장점

① 일반 콘크리트에 비해 압축강도, 휨강도, 인장강도가 향상되어 취성파괴를 방지할 수 있다.

② 강섬유가 혼입된 UHPC의 압축강도는 120MPa 이상으로 구조성능이 우수하며 별도의 인장 보강재 없이 연성 능력을 발휘한다.

③ 아주 밀실한 시멘트 조직을 가지고 있어 내구성이 좋고 치밀하여 수분 흡수율이 일반 콘크리트보다 20배 이상 낮다.

④ 일반 콘크리트에 비해 건조수축과 크리프가 작다.

⑤ 타설 후 초결전까지 콘크리트 패널을 균열 없이 변형시킬 수 있는 충분한 시간이 확보된다.

⑥ 염소이온 침투에 대한 내구수명이 200년 이상 확보가능해 해안 등 염분 노출 환경에서 부식 없이 장기간 사용할 수 있다.

⑦ 우수한 유동성으로 성형성이 좋고 디자인 자유도가 높다.

⑧ 뛰어난 자기 충전성으로 10~20mm 두께의 얇은 콘크리트 패널 제조가 가능하다.

⑨ 석재 및 기존 콘크리트(FRC, GFRC, HPFRC 등) 대비 더 얇은 패널을 원하는 형상과 질감으로 성형할 수 있다.

⑩ 높은 강도로 두께를 얇게 할 수 있으므로 단위 면적당 중량이 기존 콘크리트에 비해 가볍다.

⑪ 콘크리트 거푸집의 철근 배근 시간이 줄어 공사기간을 줄일 수 있다.

⑫ UHPC의 시간에 따른 강도 증진이 빨라 일반 콘크리트보다 짧은 시간에 후공정 진행이 가능하다.

2) UHPC의 단점

① 강성유, 실리카 흄 및 고성능 감수제 등 고가의 재료를 대량으로 사용하기 때문에 고가이다.

② 비정형 형상을 갖는 콘크리트 부재의 제작을 위해 별도의 거푸집 기술이 요구된다.

③ 다량의 고성능 감수제를 포함하여 수화현상이 발생될 수 있다.

④ 콘크리트 이어치기 할 경우 구 콘코리트와 신 콘크리트 간의 연결부가 취약할 수 있다.

⑤ UHPC를 적용한 국제적 사례가 적어 시공 노하우가 적다.

자기치유 콘크리트

자기치유 콘크리트의 종류별 기술개념에 대하여 설명하시오.

풀 이

▶ 개요

자기치유 콘크리트는 구조물의 내구성과 수명을 향상시키기 위한 목적으로 환경이나 하중에 의해 균열이 발생했을 때 그 균열을 스스로 치유함으로써 구조물의 유지보수 및 수리비용을 감소시키고 환경적 영향을 최소화할 수 있는 역할을 한다. 자기치유 콘크리트는 자기 치유에 사용하는 소재에 따라 무기계 혼합재료 활용 기술, 박테리아 활용 기술, 고분자 활용 기술로 구분할 수 있다.

▶ 개요

1) 무기계 혼합재료 기반 자기치유 콘크리트

무기계 혼합재료 활용 자기치유 콘크리트는 시멘트 대체재료(SCMs), 팽창제, 팽윤제, 결정촉진제 등 재료들을 콘크리트에 첨가해 자기 치유 성능을 증진하는 기술이다. 콘크리트 내부의 미수화 반응물의 추가 수화반응을 통해 균열을 치유하는 방식이다.

2) 박테리아 활용 자기치유 콘크리트

박테리아 활용 자기 치유 콘크리트는 박테리아가 가지고 있는 생체광물(bio-mineral) 생성 메커니즘을 이용한다. 박테리아의 대사작용 과정에서 세포 외부에 침적되는 탄산칼슘을 이용하는 원리로 콘크리트 내부에서 생존이 가능한 박테리아와, 영양소 박테리아를 콘크리트 배합에 첨가한다. 균열이 발생하면 박테리아는 그 틈으로 활동을 재개하고, 균열 보수가 완료되면 다시 동면에 들어가 지속 가능한 치유 성능을 가질 수 있다.

3) 고분자 활용 자기 치유 콘크리트

고분자 활용 자기 치유 콘크리트는 마이크로 캡슐, 고흡수 폴리머 활용 기술로 자기 치유 메커니즘을 갖는다. 마이크로캡슐의 경우, 치유물질을 담은 캡슐을 콘크리트에 섞어 시공하면 균열이 발생했을 때 캡슐이 같이 깨지면서 내부의 치유 물질이 균열을 메운다. 내부 치유물질로는 에폭시, 폴리머계 재료, 무기계재료 등을 활용된다. 고흡수 폴리머 활용기술(SAP)은 자체 중량의 수십~수백 배까지 물을 흡수할 수 있는 고흡수성 폴리머를 사용한다. 균열 콘크리트의 수소이온농도(pH)에 변화에 따라 균열이 발생한 곳의 물을 흡수하거나, 배출하는 특성이 있어 균열을 보수할 수 있다.

유효탄성계수

콘크리트 유효탄성계수에 대하여 설명하시오.

풀 이

▶ 개요

일반적으로 콘크리트의 탄성계수는 최대강도의 50% 지점과 원점과의 기울기를 나타내는 할선 탄성계수를 이용한다. 그러나 콘크리트는 시간의 경과에 따라 크리프로 인한 변형도 발생되기 때문에 크리프 변형률과 탄성 변형률을 동시에 표현하기 위해서 유효탄성계수를 활용한다.

할선 탄성계수

$$E_c = \left(\frac{f_A}{\epsilon_A} \right) \ = \ \tan \theta_3 \quad (E_{ci} = 8,500 \sqrt[3]{f_{cu}})$$

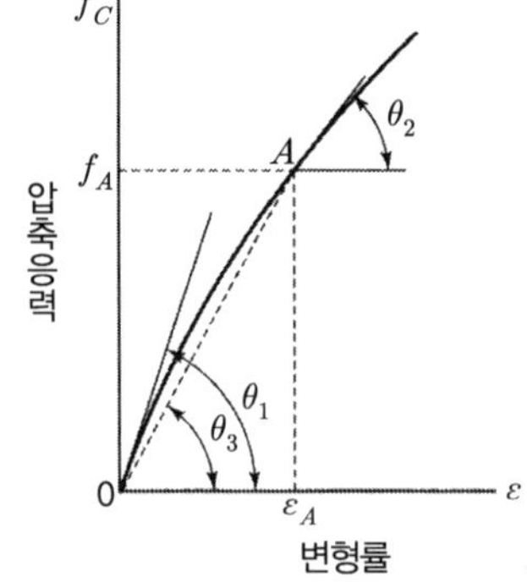

▶ 크리프와 유효탄성계수

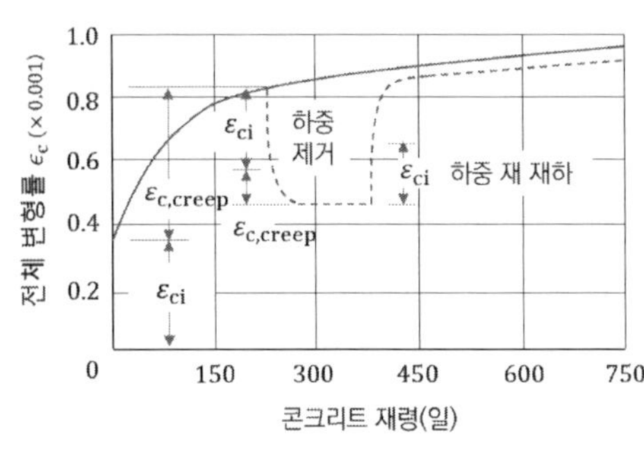

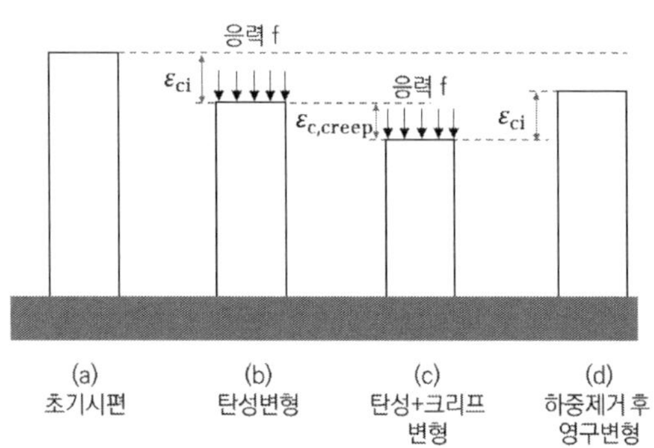

크리프(Creep) 변형은 하중의 증가 없이 시간이 경과함에 따라 변형이 계속되는 상태를 말하며, 크리프 변형에 영향을 미치는 요인으로는 물–시멘트비(w/c)가 클수록, 단위시멘트량이 많을수록, 온도가 높을수록, 상대습도가 낮을수록, 콘크리트의 강도와 재령이 작을수록 크게 발생하며, 고온증기양생을 할수록 작게 발생한다. 기타 시멘트의 종류, 골재의 품질, 공시체의 치수의 영향을 받는다. 크리프 변형률은 작용응력(또는 그로 인해 일어난 탄성 변형률)에 비례하며, 그 비례

상수는 압축응력의 경우나 인장응력의 경우나 모두 같다(Davis-Glanville의 법칙). 따라서 크리프 변형률은 계수를 이용하여 탄성 변형률의 비율로 표현할 수 있다.

$$\epsilon_c = C_u \epsilon_e = C_u \frac{f_c}{E_c} \qquad \therefore \; C_u = \frac{\epsilon_c}{\epsilon_e}$$

콘크리트 유효탄성계수(Effective Modulus Method)는 탄성 변형률이외의 크리프나 건조수축 등을 고려하여 최종 변형률 발생점에서의 유효한 탄성계수를 표현하는 방법으로 다음과 같이 유도된다.

$$\epsilon_{total} = \epsilon_e + \epsilon_{cr}$$
$$= \epsilon_e + C_u \epsilon_e = (1 + C_u)\epsilon_e$$
$$\therefore E_{eff} = \frac{f_c}{\epsilon_{total}} = \frac{f_c}{(1 + C_u)\epsilon_e} = \frac{E_c}{(1 + C_u)}$$

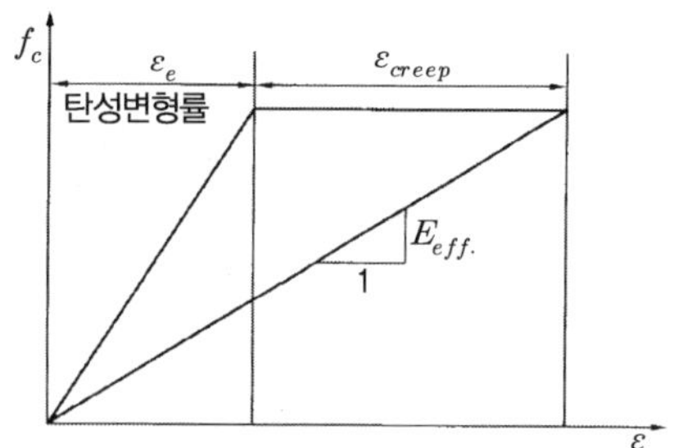

최종적으로 변화된 콘크리트의 탄성계수로 인하여 철근과 콘크리트의 하중분담비율은 초기에 달라지고 각각의 응력은 변화하게 된다.

$$(\text{콘크리트의 응력}) \; f_c = \frac{P_c}{A_c} = \frac{PE_{eff}}{A_c E_{eff} + A_s E_s}$$
$$(\text{철근의 응력}) \quad f_s = \frac{P_s}{A_s} = \frac{PE_s}{A_c E_{eff} + A_s E_s}$$

크리프

콘크리트의 크리프(Creep)에 대하여 설명하시오.

풀 이

▶ 개요

크리프(Creep)는 하중의 증가 없이 시간이 경과함에 따라 변형이 계속되는 상태를 말한다. 크리프 변형에 영향을 미치는 요인으로는 물-시멘트비(w/c)가 클수록, 단위 시멘트량이 많을수록, 온도가 높을수록, 상대습도가 낮을수록, 콘크리트의 강도와 재령이 작을수록 크게 발생하며, 고온 증기양생을 할수록 작게 발생한다. 기타 시멘트의 종류, 골재의 품질, 공시체의 치수의 영향도 받는다.

▶ 콘크리트의 크리프의 특징

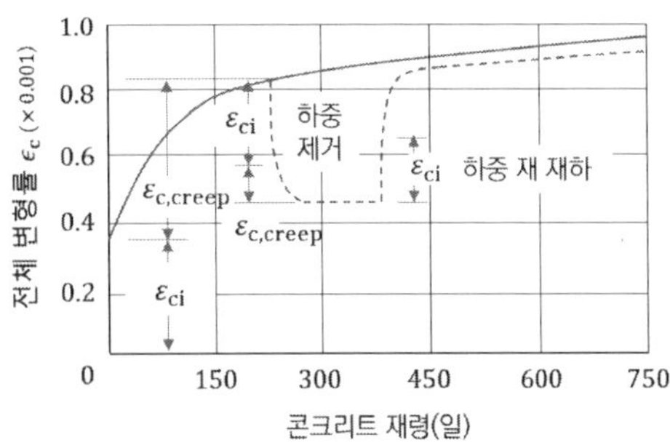

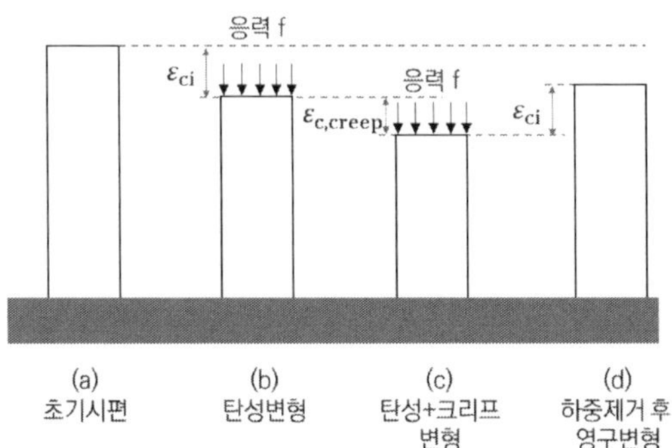

1) 크리프 변형은 초기 28일 동안에 1/2이 발생하며, 이후 3~4개월 이내 3/4, 2~5년 후에 모든 변형이 완료된다.

2) 보통의 RC구조물은 주로 자중에 의해 크리프 현상이 일어나지만, PSC구조물에서는 프리스트레스에 의하여 크리프 현상이 일어난다.

3) 크리프에 의한 응력 재분배 : 시간 경과에 따라 크리프와 건조수축에 의해 변형이 발생되면 부재 내 구성요소 간에 하중이 재분배되게 된다. 정정구조계의 경우 단면 구성요소 내부에서 하중 재분배를 의미하며, 부정정 구조계에서는 크리프 및 건조수축으로 인하여 단면력과 반력이 모두 변화하게 된다. 이는 하중의 재분배가 발생하면서 응력의 변화가 발생하기 때문이다. 크리프에 의한 구조물의 거동은 구조계의 변화나 타설 시기상의 차이로 인해서 발생한다.

① 구조계의 변화에 의한 하중 재분배 : 그림과 같은 단순구조의 캔틸레버가 먼저 가설된 이후 지점 B에 지점을 놓을 경우 점 B에서의 초기 반력은 0이 된다. 크리프에 의해 보가 처짐으로써 반력이 발생되며, 이로 인해 보의 모멘트 분배가 M_i에서 M_f로 변하게 된다. 그림에서 M_s는 최종 구조계에 대한 부정정 해석으로부터 얻은 모멘트이며 크리프에 의한 모멘트 변화량 $\triangle M_c$는 다음과 같이 표현될 수 있다.

$$\triangle M_c = (M_s - M_i) \times \frac{\phi}{(1+n\phi)}$$

ϕ : 크리프계수($=\epsilon_{cr}/\epsilon_{el}$)

n : 크리프 변형을 산정하기 위한 계수

크리프에 의한 모멘트 재분배는 초기 구조계의 모멘트와 상관없이 항상 최종 구조계의 모멘트에 근접하려는 쪽으로 변화한다.

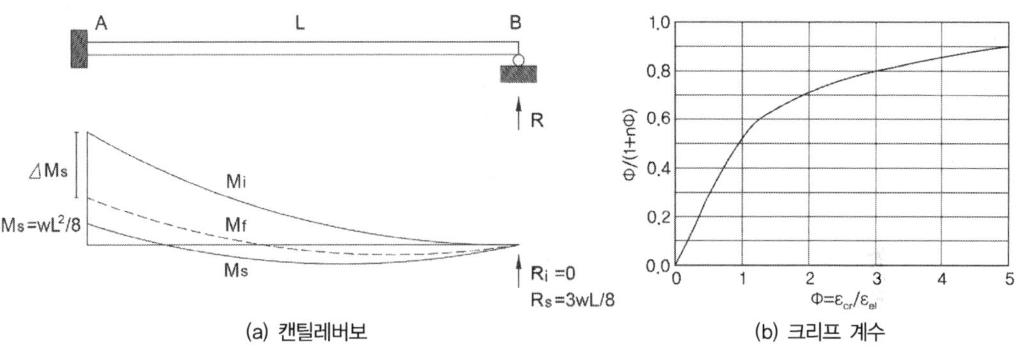

(a) 캔틸레버보   (b) 크리프 계수

② 타설시기상의 차이로 인한 콘크리트 크리프의 반력 분배(R_ϕ) : 타설시기상의 차이로 인한 콘크리트 크리프 부정정력 분배하중, 엄밀해석을 위하여는 구조계별 변화 시마다 콘크리트 재령으로부터 구조계의 각 부분의 크리프 계수를 구하여 단면력을 산출하여야 하나, 계산의 복잡성을 고려하여 근사적으로 반력의 변화를 계산하여 부정정력을 산출할 수 있다.

$$\triangle R_\phi = (R_0 - R_l)(1 - e^{-\phi})$$

R_0 : 최종 구조계를 한 번에 시공한다고 할 때의 반력

R_l : 최종 구조계 완성되기 전의 구조에서의 반력

시간경과에 따른 응력의 변화

다음 그림과 같이 콘크리트 실린더 공시체의 내부에 철근이 보강되어 있으며, 일정한 압축력 P를 받고 있다. 다음 물음에 답하시오. 여기서 재료는 선형탄성거동을 한다고 가정한다(단, 콘크리트 탄성계수 E_c, 철근의 탄성계수 E_s 이며 콘크리트 단면적은 A_c, 철근의 단면적은 A_s 로 한다).

(1) 콘크리트에 발생한 응력(σ_c) 및 철근에 발생한 응력(σ_s)을 구하시오.

(2) 시간이 경과함에 따라 콘크리트에 발생한 응력과 철근에 발생한 응력이 일정한지 아니면 다른지에 대해서 그 이유를 설명하시오.

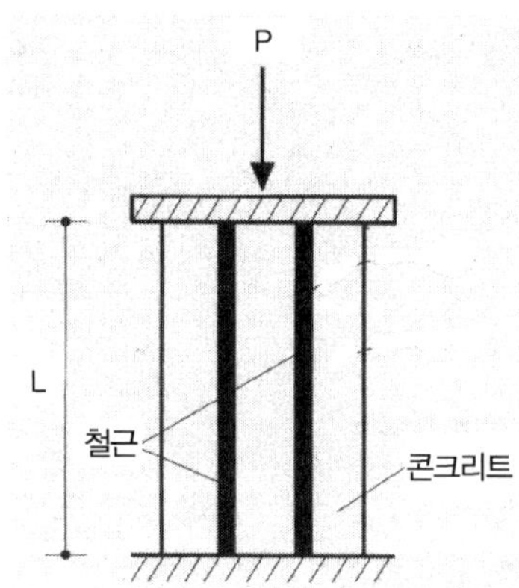

풀 이

▶ **선형탄성거동한다고 가정한다.**

병렬로 연결된 구조물이므로, $\delta = \delta_c = \delta_s$, $P = P_c + P_s$

▶ **부재의 강성도 계수**

$$P = P_c + P_s = \left(\frac{A_c E_c}{L} + \frac{A_s E_s}{L} \right) \delta = k_e \delta$$

$$\therefore k_e = \frac{A_c E_c + A_s E_s}{L}$$

▶ 각 부재의 응력

1) 콘크리트의 응력

$$\delta = \delta_c \;:\; \frac{P}{k_e} = \frac{P_c}{k_c}, \quad P_c = \frac{k_c}{k_e}P = \frac{A_cE_c}{A_cE_c + A_sE_s}P \quad \therefore f_c = \frac{P_c}{A_c} = \frac{PE_c}{A_cE_c + A_sE_s}$$

2) 철근의 응력

$$\delta = \delta_s \;:\; \frac{P}{k_e} = \frac{P_s}{k_s}, \quad P_s = \frac{k_s}{k_e}P = \frac{A_sE_s}{A_cE_c + A_sE_s}P \quad \therefore f_s = \frac{P_s}{A_s} = \frac{PE_s}{A_cE_c + A_sE_s}$$

▶ 시간경과에 따른 응력의 변화

콘크리트는 시간의 경과에 따라서 크리프와 건조수축으로 인하여 응력이 변화하는데, 일반적으로 이를 유효탄성계수법(Effective Modulus Method)으로 표현하여 고려할 수 있다. 유효탄성계수법에 따라 콘크리트의 탄성계수의 변화를 다음과 같이 표현할 수 있다.

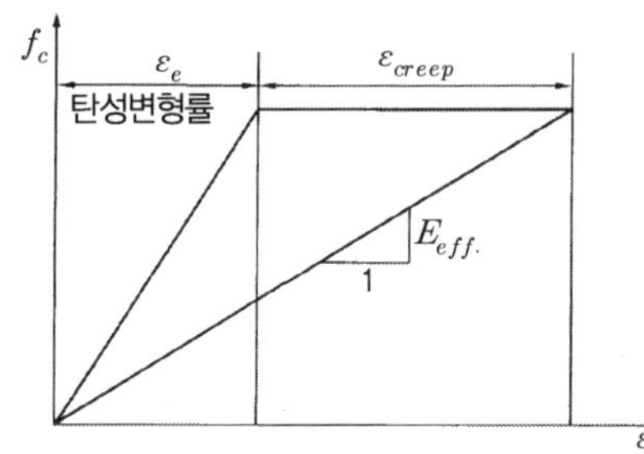

$$\epsilon_{total} = \epsilon_e + \epsilon_{cr}$$
$$= \epsilon_e + C_u\epsilon_e = (1 + C_u)\epsilon_e$$

$$\therefore E_{eff} = \frac{f_c}{\epsilon_{total}} = \frac{f_c}{(1 + C_u)\epsilon_e} = \frac{E_c}{(1 + C_u)}$$

따라서 콘크리트의 탄성계수의 변화로 인하여 철근과 콘크리트의 하중분담비율이 달라지고 각각의 응력이 변화하게 된다.

$$(\text{콘크리트의 응력}) \; f_c = \frac{P_c}{A_c} = \frac{PE_{eff}}{A_cE_{eff} + A_sE_s}$$

$$(\text{철근의 응력}) \quad f_s = \frac{P_s}{A_s} = \frac{PE_s}{A_cE_{eff} + A_sE_s}$$

크리프 응력 재분배

크리프에 의한 응력 재분배에 대하여 설명하시오.

풀 이

▶ 개요

정정 구조계에서는 크리프 및 건조수축에 의한 하중변화는 단면 구성요소 내부에서 하중 재분배
를 의미하나 부정정 구조계에서는 크리프 및 건조수축으로 인하여 단면력과 반력이 모두 변화하
게 된다. 이는 하중의 재분배가 발생하면서 응력의 변화가 발생하기 때문이다. 크리프에 의한 구
조물의 거동은 구조계의 변화나 타설 시기상의 차이로 인해서 발생한다.

▶ 크리프에 의한 응력 재분배

1) 구조계의 변화에 의한 하중 재분배

단순구조의 캔틸레버가 먼저 가설된 이후 지점 B에 지점을 놓을 경우 점 B에서의 초기 반력은 0
이 된다. 크리프에 의해 보가 처짐으로써 반력이 발생되며, 이로 인해 보의 모멘트 분배가 M_i에
서 M_f로 변하게 된다. 그림에서 M_s는 최종 구조계에 대한 부정정 해석으로부터 얻은 모멘트이
며 크리프에 의한 모멘트 변화량 $\triangle M_c$는 다음과 같이 표현될 수 있다.

$$\triangle M_c = (M_s - M_i) \times \frac{\phi}{(1+n\phi)}$$

ϕ : 크리프계수$(=\epsilon_{cr}/\epsilon_{el})$
n : 크리프 변형을 산정하기 위한 계수

크리프에 의한 모멘트 재분배는 초기 구조계의 모멘트와 상관없이 항상 최종 구조계의 모멘트에
근접하려는 쪽으로 변화한다.

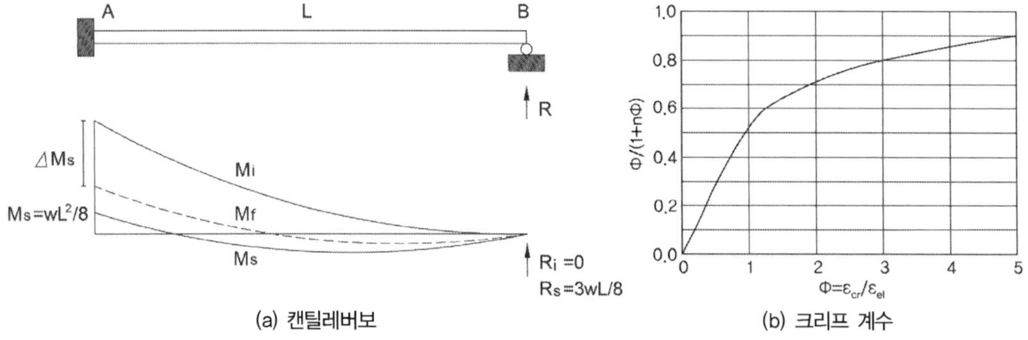

2) 타설 시기의 차이로 인한 콘크리트 크리프의 반력 분배(R_ϕ)

타설 시기상의 차이로 인한 콘크리트 크리프 부정정력 분배하중, 엄밀해석을 위하여는 구조계별 변화 시마다 콘크리트 재령으로부터 구조계의 각 부분의 크리프 계수를 구하여 단면력을 산출하여야 하나, 계산의 복잡성을 고려하여 근사적으로 반력의 변화를 계산하여 부정정력을 산출 할 수 있다.

$$\triangle R_\phi = (R_0 - R_l)(1 - e^{-\phi})$$

R_0 : 최종구조계를 한 번에 시공한다고 할 때의 반력
R_l : 최종구조계 완성되기 전의 구조에서의 반력

▶ 크리프에 의한 응력변화 검토

1) 구조계의 변화가 없는 경우 : 구조물 전체를 한 번에 동바리 상에서 시공하여 시공 중과 시공 후의 구조계의 변화가 없는 경우 콘크리트의 크리프에 의한 영향은 일반적으로 고려하지 않는다. 이는 크리프에 의한 변형만 증가되고 단면력은 발생하지 않기 때문이다. 다만 장경간의 아치교 등에서 부재 축선의 이동을 고려하여 단면력을 계산하는 경우에는 크리프에 의한 변형이 단면력에 영향을 미치므로 주의해야 한다.

2) 구조계의 변화가 있는 경우 : 구조물 전체를 한 번에 시공하지 않아 시공 전후의 구조계에 변화가 있는 경우에는 타설 시기상의 차이로 인한 콘크리트 크리프의 반력 분배와 같이 부정정력을 검토하여야 한다.

건조수축

건조수축의 영향인자와 방지대책에 대하여 설명하시오.

풀 이

▶ 개요

콘크리트는 타설 후 시간이 지남에 따라 표면부터 건조해지면서 수축되는 건조수축이 발생되며, 이로 인해 표면에서는 인장응력, 내부에서는 압축응력이 발생되게 된다. 표면의 인장응력이 인장강도를 초과하게 되면 균열이 발생되게 된다. 이러한 건조수축은 단위 시멘트량과 단위수량의 영향을 크게 받으며, 그 밖에 골재의 종류와 최대치수, 시멘트의 종류와 품질, 다지기 방법과 양생상태, 부재의 단면치수의 영향을 받는다.

▶ 건조수축 영향인자

콘크리트의 건조수축은 단위 시멘트량과 단위수량의 영향을 크게 받으며, 그 밖에 골재의 종류와 최대치수, 시멘트의 종류와 품질, 다지기 방법과 양생상태, 부재의 단면치수의 영향을 받는다.

① 재령에 따른 영향 : 콘크리트의 건조수축은 재령 1년의 수축량이 12년 간의 수축량의 80%임.
② 부재의 치수 : 일반적으로 건조가 이루어지는 부분은 표면으로부터 극히 몇 cm 이내의 부분이고 그 이상의 깊이에서는 건조되지 않는다.
③ 물-시멘트(W/C)비, 단위 시멘트량의 영향
　가. W/C비가 클수록 건조수축량은 증가한다.
　나. 단위 시멘트량이 증가할수록 수축량은 증가한다.
④ 노출면적에 따른 영향
　가. 가상두께 : 콘크리트의 체적/노출표면적으로서 가상 두께가 얇다는 것은 공기 중에 노출되는 면적이 크다는 것이다. 공기 중에 노출되는 면적이 클수록 수축량은 증가한다.
　나. 가상두께의 크기에 따라 장기 건조수축량을 보면 가상두께가 두꺼울수록 장기수축량이 증가하고 얇을수록 장기 수축량이 감소하게 된다.
⑤ 상대습도의 영향
　가. 상대습도가 50%와 70%에 있는 건조수축률의 비는 2:1이라는 보고가 있다.
　나. 상대습도가 10% 이하가 되는 경우 건조수축량은 급격히 증가한다.
⑥ 양생 조건에 따른 영향
　가. 습윤 양생기간이 길어질수록 건조 수축량은 감소한다.

나. 양생 중 풍속이 클수록 증가한다.
⑦ 거푸집 존치기간의 영향 : 존치기간이 길수록 건조수축량은 감소한다.
⑧ 장기하중 작용일수에 의한 영향 : 하중의 지속시간이 길수록 건조수축량은 증가한다.
⑨ 철근구속에 의한 영향 : 철근량이 증가할수록 구속의 효과가 커 건조수축량은 감소한다.

▶ 건조수축의 피해와 방지대책

1) 건조수축의 피해

① 콘크리트가 건조할 때 표면에서부터 건조되므로 표면은 인장응력, 내부는 압축응력이 발생되며 표면의 인장응력이 인장강도를 초과하면 균열이 발생한다.
② 건조가 계속되어 철근 주변까지 도달하면 철근이 건조수축을 방해하여 콘크리트에는 인장응력, 철근에는 압축응력을 유발하여 균열이 발생된다.
③ 슬래브와 같은 넓은 면적의 구조체는 대부분 표면 균열로 발생된다.
④ 벽체와 같은 구조물은 대부분 관통균열로 발생된다.

2) 건조수축의 방지대책

① 골재 : 굵은 골재 최대치수를 크게 하고 입도분포를 양호하게 한다.
② 배합설계 : W/C(물시멘트비), W(단위수량), C(단위시멘트량), S/a(잔골재율)를 작게 한다.
③ 철근배근 : 이형철근을 등간격으로 하되, 철근개수와 철근량을 증가한다.
④ 양생 : 철저한 습윤 양생 기간의 증대, 수분증발을 방지하기 위한 봉함 양생을 실시한다.

건조수축

건조수축 상태의 단면적이 일정하고 길이가 L인 철근 콘크리트 부재가 비 구속 상태와 완전 구속 상태일 때, 각각의 콘크리트 응력 값을 구하고 거동을 비교하여 설명하시오.

단, 콘크리트 면적에 대한 철근 단면적의 비 A_s/A_c는 0.02, 콘크리트 자유건조수축 변형률 ϵ_{sh}는 250×10^{-6}, 철근의 탄성계수 E_s는 200GPa, 콘크리트의 탄성계수 E_c는 28GPa, 콘크리트의 설계기준 압축강도 f_{ck}는 30MPa이다.

풀 이

▶ 개요

철근 콘크리트가 건조수축이 발생되면, 외부적으로 비 구속된 상태에서는 철근에 의해 내부 구속이 발생되어 콘크리트는 내부의 철근에 의해 내부 인장력을 받게 된다. 외부적으로 완전 구속된 경우에는 변형이 제한됨에 따라 내부 콘크리트와 철근이 인장력을 분담해서 받게 된다.

▶ 콘크리트 응력 값

탄성계수 비 $\quad n = \dfrac{E_s}{E_c} = 7.14, \quad A_s = 0.02 A_c \quad \therefore A_s E_s = 0.02 A_c \times 7.14 E_c = 0.143 A_c E_c$

1) 비구속 상태

RC 부재가 내적구속으로 동일하게 하중을 분담한다. $\qquad \therefore P_c = P_s = 0.5P$

$$\therefore f_c = \frac{P_c}{A_c} = 3.5\text{MPa}$$

2) 구속 상태

RC 부재가 선형 탄성 거동한다고 가정하고, 1축 구속된 상태에 대해서 비교하면, 철근과 콘크리트는 병렬로 연결된 구조물로 볼 수 있다.

건조수축으로 인해 콘크리트에 발생하는 응력 $f_{sh} = E_c \epsilon_{sh} = 28 \times 10^3 \times 250 \times 10^{-6} = 7\text{MPa}$

하중으로 환산하면, $P = f_{sh} A_c = 7 A_c$

$$\delta = \delta_c = \delta_s, \quad P = P_c + P_s$$

$$P = P_c + P_s = \left(\frac{A_c E_c}{L} + \frac{A_s E_s}{L} \right)\delta = k_e \delta \qquad \therefore k_e = \frac{A_c E_c + A_s E_s}{L} = 1.143 \frac{A_c E_c}{L}$$

이때, 콘크리트의 응력은

$$\delta = \delta_c \ : \ \frac{P}{k_e} = \frac{P_c}{k_c}, \quad P_c = \frac{k_c}{k_e}P = 1.143P = 8A_c \quad \therefore f_c = \frac{P_c}{A_c} = 8\text{MPa}$$

▶ 구속 여부에 따른 비교

외부적으로 구속되지 않은 상태에서 시간에 따라 콘크리트의 건조수축이 발생하게 되면, 철근으로 보강되어 있는 RC구조에서는 콘크리트는 외부로 수축하려는 성질을 철근이 내부 구속에 의해 인장력을 받게 된다. 그러나 변형에 대한 외부적 제한이 없기 때문에 콘크리트의 건조수축으로 인한 순수 변형량에서 철근의 내부구속으로 인해 변화하지 못한 부분에 대해서만 콘크리트와 철근이 서로 하중을 분담하는 특성을 갖는다.

외부적으로 구속된 상태에서는 변형이 모두 구속되기 때문에 RC부재가 부담하게 되며, 그 값은 구속되지 않을 때의 하중에 비해 크게 된다.

철근 콘크리트에서는 시간의 경과에 따라서 크리프와 건조수축으로 인하여 응력이 변화하는데, 일반적으로 유효탄성계수법(Effective Modulus Method)을 고려하여 산정한다.

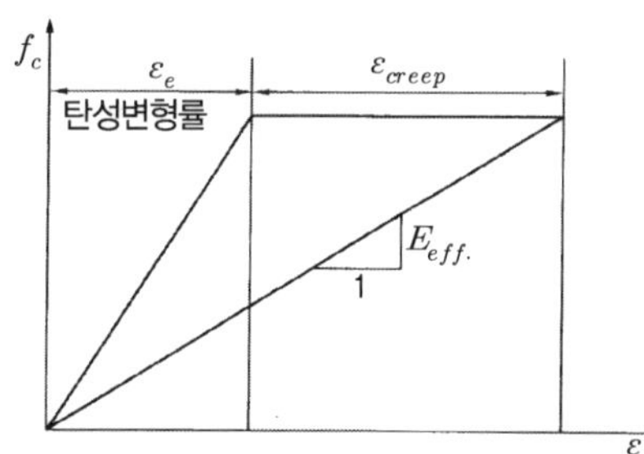

$$\epsilon_{total} = \epsilon_e + \epsilon_{cr}$$
$$= \epsilon_e + C_u \epsilon_e = (1 + C_u)\epsilon_e$$

$$\therefore E_{eff} = \frac{f_c}{\epsilon_{total}} = \frac{f_c}{(1 + C_u)\epsilon_e} = \frac{E_c}{(1 + C_u)}$$

콘크리트의 탄성계수가 시간에 따라 변화하기 때문에 철근과 콘크리트의 하중분담비율도 달라지게 되고 이에 따라서 각각의 응력이 변화하는 특성이 있다.

$$(\text{콘크리트의 응력}) \quad f_c = \frac{P_c}{A_c} = \frac{PE_{eff}}{A_c E_{eff} + A_s E_s}$$

$$(\text{철근의 응력}) \quad f_s = \frac{P_s}{A_s} = \frac{PE_s}{A_c E_{eff} + A_s E_s}$$

자기수축과 건조수축

콘크리트의 자기수축(Autogeneous shrinkage) 발생 메커니즘과 구조물에 미치는 영향, 그리고 건조수축(Dry shrinkage)과의 차이점을 설명하시오.

풀 이

콘크리트 건조수축과 자기수축의 이해(권승희, 김진근, 콘크리트 학회지 2016.11)

▶ 개요

수축(shrinkage)은 사용성과 내구성에 직접 연관되는 균열의 주요 원인이며, 시간에 따라 지속해서 변형을 유발함으로써 구조물에 예기치 못한 문제를 일으키는 경우가 많다. 수축은 발생시기와 기간에 따라서 소성수축, 자기수축, 건조수축, 탄화수축으로 구분될 수 있다.

▶ 콘크리트 수축의 구분

1) 소성수축 : 콘크리트 타설 초기 경화가 완전히 이루어지지 않은 소성상태에서 블리딩 수를 포함한 표면 수가 건조되면서 콘크리트가 수축하는 현상이다.

2) 자기수축 : 물/시멘트비가 낮은(42% 이하) 상황에서 미수화 시멘트의 지속적인 수화로 인해 발생한 내부 수분 손실(자체건조, self-desiccation)이 원인이며, 최근 고강도 콘크리트의 사용이 보편화하면서 중요성이 크게 대두되고 있다.

3) 건조수축 : 내부의 수분이 외부로 빠져나가면서 발생하게 되며, 초기재령부터 매우 장기간에 걸쳐 일어난다. 일반적으로 다른 수축에 비해 발생량이 매우 커 실제 구조물의 사용성 및 내구성에 상당한 영향을 미치게 된다.

4) 탄화수축 : 건조수축에 의해 국부적으로 압축응력을 받는 부분의 수산화칼슘($Ca(OH)_2$)이 수분에 용해된 후 이산화탄소(CO_2)와 반응하여 생성된 탄산칼슘($CaCO_3$)이 응력을 받지 않은 영역으로 이동하여 침전하면서 발생하는 것으로 추정하고 있다.

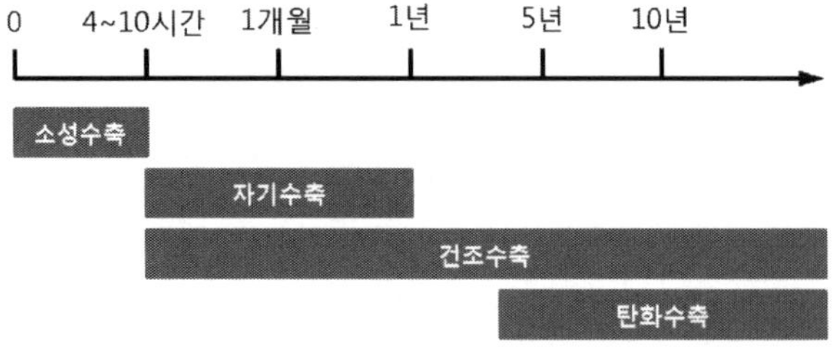

(콘크리트 수축의 종류에 따른 발생시기와 기간)

1) 건조수축과 자기수축의 발생 메커니즘 비교

건조수축은 내부의 수분이 밖으로 빠져나가면서 모세관압력(capillary pressure), 분리압(disjoining pressure), 표면장력(surface tension)의 변화가 발생하여 수축을 유발하는 현상으로 표면부에서 먼저 습도가 감소하기 시작하며, 중심부로 갈수록 수분이 밖으로 빠져나가 외부 습도와 평형을 이루기까지 더 많은 시간이 필요하다. 따라서 전단면이 습도 평형에 이르기 전까지 단면 내 수분 분포의 불균형으로 인해 표면부가 더 많이 수축하려 하고, 외부구속이 없더라도 표면부에 인장응력이 발생한다.

이에 비해 자기수축은 물/시멘트비가 낮을수록 경화 초기에 수화되지 않은 시멘트 입자의 양이 많아 미수화된 시멘트 입자들은 콘크리트 내부의 수분을 소진하면서 수화반응을 점진적으로 일으키며 발생하는 자체건조(self desiccation) 현상이다. 이러한 지연된 수화반응을 통한 내부 수분 손실로 수축이 발생되며, 자기 수축의 경우 건조수축과 달리 전 단면에서 일정한 수분손실이 일어나며 수축 변형률도 모든 위치에서 같게 나타난다.

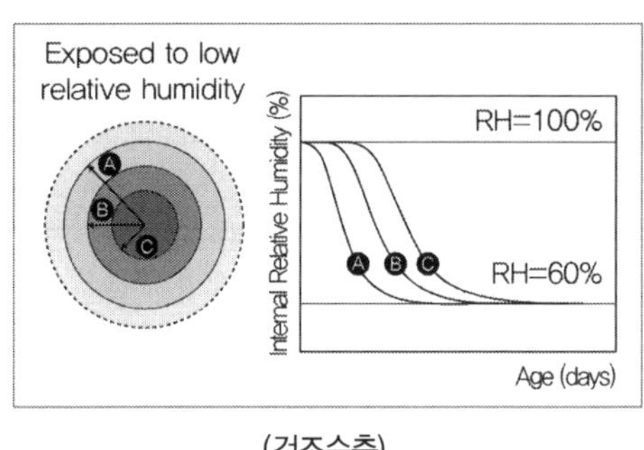

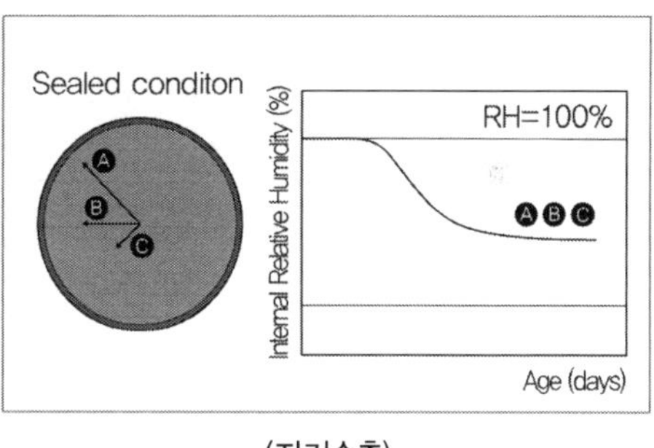

(건조수축)   (자기수축)

2) 영향인자

콘크리트 배합을 구성하는 모든 요소를 영향인자로 볼 수 있다. 일반적으로 건조수축은 강도가 높을수록 물/시멘트비가 낮을수록 작아지는 경향을 보이며, 자기수축은 이와 반대의 경향을 보인다.

건조수축의 경우 재료 외적인 요인이 매우 크게 영향을 미친다. 대표적으로 부재의 크기와 외부 상대습도를 들 수 있다. 건조수축의 최종 발생량은 같지만 부재의 크기가 커질수록 건조수축의 발현속도가 많이 감소한다. 또한 실내 실험에서 측정되는 건조수축에 비해 실제 부재의 건조수축은 매우 느리게 발생되며, 부재 크기에 따라 건조수축 발생곡선이 수평으로 이동하게 된다. 상대습도의 경우 습도가 낮을수록 건조수축 최종 발생량이 증가하며, 건조수축 발현곡선이 상대습도에 따라 수직 방향으로 이동하게 된다.

자기수축은 부재 크기 및 외부 습도에 영향을 받지 않으며, 재료적인 원인에 크게 영향을 받는다. 자기수축은 시멘트 수화와 관련되기 때문에 물/시멘트비와 골재 사용량이 주요 영향인자로 볼 수 있다.

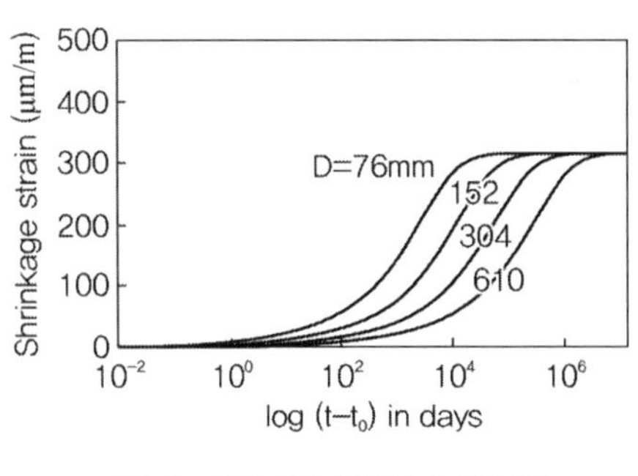

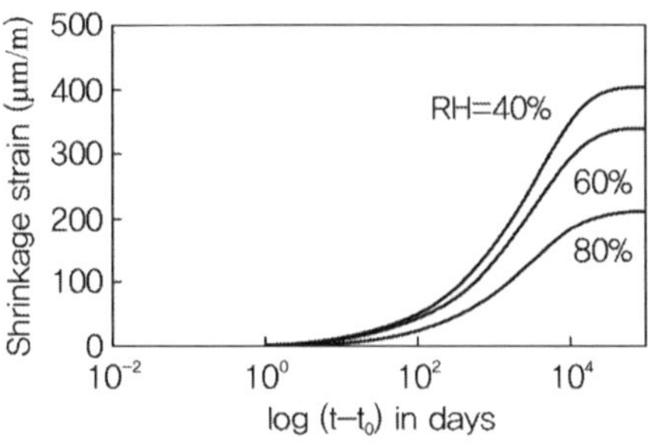

(부재크기에 따른 건조수축 변형률)　(외부 상대습도에 따른 건조수축 변형률)

3) 구조물에 미치는 영향

수축은 장기적인 변형으로 일반적으로 크리프 또는 릴렉세이션과 동시에 발생하게 되며, 구조물에 미치는 영향으로 대표적으로 내·외부 구속에 의한 균열이 있다. 기타 프리스트레스트 부재에서의 장기적인 긴장력 손실, 초고층 건물 기둥의 부등 축소량, 보와 슬래브의 처짐 등에 영향을 준다.

균열과 관련해서 건조수축의 경우 표면부 수분이 먼저 외부로 빠져나가면서 발생하게 되며, 내부 구속으로 인해 표면부에 인장응력이 작용하게 된다. 내부구속만으로도 표면부에 다수의 미세균열이 발생하게 되고, 내부수분의 지속적인 확산으로 균열의 진전이 이루어진다.

자기수축에 의한 균열은 건조수축과 다른 형태로 발생하게 된다. 건조수축에 의한 균열이 주로 표면에서부터 발생하여 진전한다면, 자기수축은 모든 위치에서 같은 수축변형률을 나타내기 때문에 부재 내부에라도 철근과 같이 변형을 구속하는 요소가 있을 때 균열이 발생할 수 있다. 자기수축이 큰 경우 내부로부터 시작된 균열이 표면까지 이어지면서, 균열이 전단면을 통과하는 관통균열이 발생할 수 있으므로 각별한 주의가 필요하다.

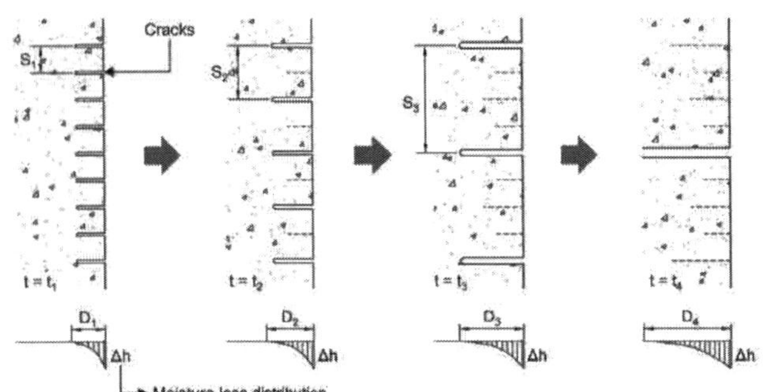

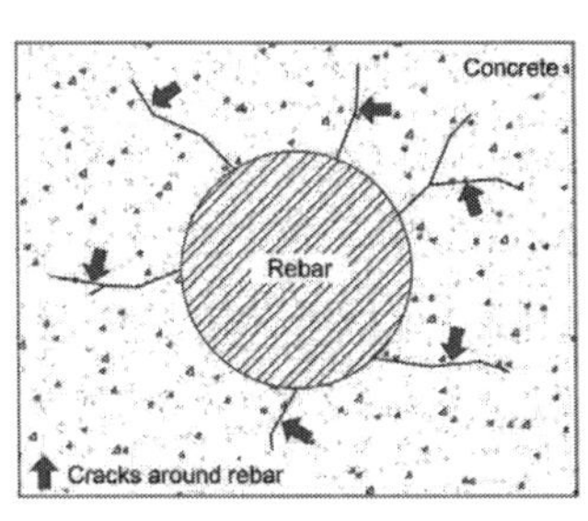

(건조수축에 의한 표면균열 발생 형태)　(자기수축에 의해 발생하는 철근 주변 균열)

건조수축과 철근 상세

도로교설계기준(한계상태설계법, 2016)에서 두께 1,200mm 이하인 부재에 배근되는 건조수축 및 온도변화에 대한 철근 상세

풀 이

▶ 개요

도로교설계기준(2015년)에서는 일상의 온도변화에 노출되는 콘크리트 표면과 매스콘크리트에 대해 건조수축 및 온도변화에 대한 총 철근량의 최솟값에 대해 두께에 따라서 2가지로 구분하여 제시하고 있다.

▶ 건조수축 및 온도 철근

도로교설계기준(2015년)에서는 매스콘크리트의 특성을 반영하기 위해 부재의 두께에 따라 최솟값을 달리 적용하였다. 이로 인해 이전 규정에 비해 건조수축 및 온도철근은 두께가 300mm 이상의 부재에서는 철근량이 상당히 증가되게 되며, 300mm 이하의 부재에서는 감소하는 특성을 갖는다.

부재 두께에 따른 건조수축 및 온도철근 규정(도로교설계기준, 2015)

구분	두께 1200mm 이하 부재	두께 1200mm 초과 부재
철근량	$A_s \geq 0.75 A_g / f_{yd}$ 여기서, A_g 는 부재 총단면적, f_{yd} 는 철근의 설계기준 항복강도	$\sum A_b \geq \dfrac{s(2d_c + d_b)}{100}$ 여기서, A_b 는 최소철근 단면적, s는 철근간격, d_c 는 부재표면에서 가장 근접한 철근의 콘크리트 피복두께, d_b 철근지름 단, $2d_c + d_b < 75$mm
제한규정	① 단면의 양면에 균등배치 (단 두께 150mm 미만은 1열 배치 가능) ② 철근간격 ≤ 부재두께 3배, 450mm ③ 구조물 벽체와 기초에는 양방향 간격 300mm 이하로 배치하되 $\sum A_b \leq 0.0015 A_g$	① 단면의 양면에 균등배치 ② D19 이상 철근 사용 ③ 철근간격 ≤ 450mm

횡구속 콘크리트

횡구속 콘크리트(Confined Concrete)에 대하여 설명하시오.

풀 이

▶ 개요

횡방향 철근 등으로 구속된 횡구속 콘크리트를 휨부재로 사용할 경우 횡구속 효과로 인해 휨강도
와 변형성능이 향상되는 특성을 가진다. 콘크리트 구조기준에서는 이러한 횡구속 효과에 대한 강
도 증가와 변형성능 향상에 대해 별도의 식을 제시하고 있다.

▶ 횡방향 구속된 콘크리트의 응력-변형률 관계

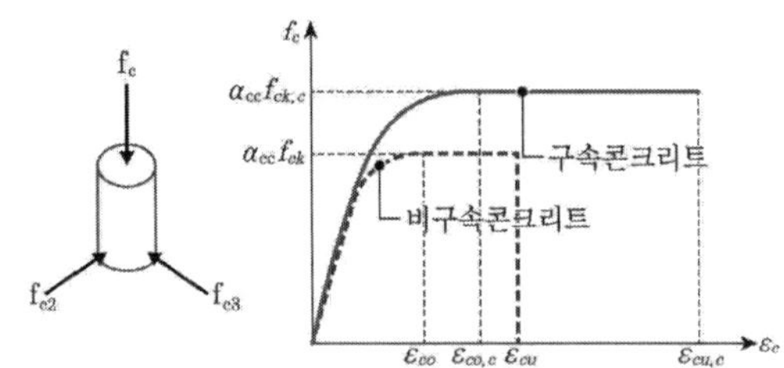

(a) 구속된 콘크리트의 응력-변형률 관계

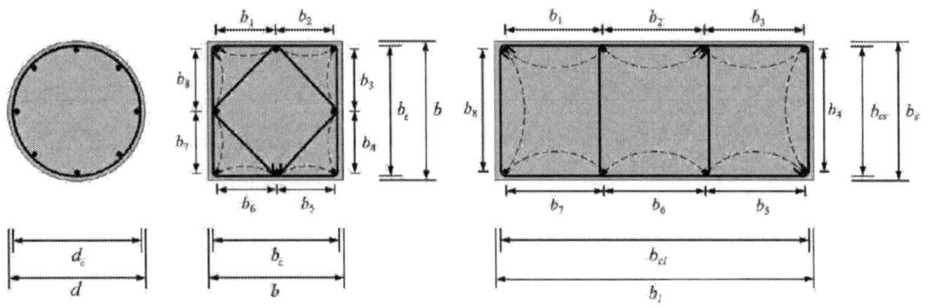

(b) 횡구속된 압축부재

횡방향 철근으로 구속된 휨부재는 횡구속 효과를 고려한 응력-변형률 관계를 사용하여 휨강도와
변형성능을 검증할 수 있으며 이때의 횡구속 철근은 심부콘크리트를 구속할 수 있는 철근상세를
가진 횡방향 철근이어야 한다. 횡방향 구속된 콘크리트의 응력-변형률의 증가된 관계를 다음과
같이 표현할 수 있다.

$$f_{ck,c} = f_{ck} + 3.7 f_2, \quad \epsilon_{co,c} = \epsilon_{co}(f_{ck,c}/f_{ck})^2, \quad \epsilon_{cu,c} = \epsilon_{cu} + 0.2 f_2/f_{ck}$$

여기서, $f_{2,3}$는 극한한계상태에서 구속에 의해서 발생하는 횡방향 유효 압축응력

(원형후프, 나선철근) $f_{2,3} = \dfrac{1}{2}\rho_s f_{yh}\left(1 - \dfrac{s}{d_s}\right) = \dfrac{2A_{sp}f_{yh}}{sd_c}\left(1 - \dfrac{s}{d_c}\right)$

(사각 띠철근) $f_{2,3} = \rho_{r\min}f_{yh}\left(1 - \dfrac{s}{b_d}\right)\left(1 - \dfrac{s}{b_{cs}}\right)\left(1 - \dfrac{\sum b_i^2/6}{b_d b_{cs}}\right)$

여기서, $\rho_s = \dfrac{4A_{sp}}{sd_c}$: 콘크리트 심부체적에 대한 횡구속 철근의 체적비

f_{yh} : 횡구속 철근의 설계기준 항복강도

s : 부재의 축방향으로 측정한 횡구속 철근의 간격

d_c : 원형단면의 횡구속 철근 외측표면을 기준으로 한 콘크리트 심부의 단면 치수

A_{sp} : 원형 단면의 횡구속 철근 한 개의 단면적

$\rho_{r\min}$: 긴 변 방향과 짧은 변 방향으로 계산한 사각형 횡구속 띠철근의 체적비(ρ_{rl}과 ρ_{rs})
　　　중 작은 값, $\rho_{rl} = A_{shl}/(sb_{cs})$, $\rho_{rs} = A_{shs}/(sb_d)$

A_{shl} : 긴 변 방향으로 배치된 사각형 횡구속 띠철근의 총 단면적

A_{shs} : 짧은 변 방향으로 배치된 사각형 횡구속 띠철근의 총 단면적

b_{cmin} : 사각형 횡구속 띠철근 외측표면을 기준으로 한 콘크리트 심부의 단면치수 중 작은 값

b_{cmax} : 사각형 횡구속 띠철근 외측표면을 기준으로 한 콘크리트 심부의 단면치수 중 큰 값

b_i : 후프띠철근의 모서리나 보강띠철근의 갈골로 구속된 축방향 철근 사이의 중심간격

철근의 응력-변형률 곡선

철근의 응력-변형률 곡선에 대하여 설명하시오.

풀 이

▶ 철근의 응력-변형률 곡선

RC구조에서 사용하는 철근은 탄성계수가 일정하고 항복 이후에는 소성으로 거동하는 가정에 따라 이상화된 응력-변형률 곡선을 이용한다. 일반적으로 400MPa 이상의 고강도 철근에 대해서는 항복고원 길이가 점점 짧아지다가 분명하지 않거나 항복고원(항복마루, Yield Plateau) 없이 변형률 경화를 나타내기 때문에 설계기준에서는 변형률 0.0035에 해당하는 값을 항복강도로 규정한다.

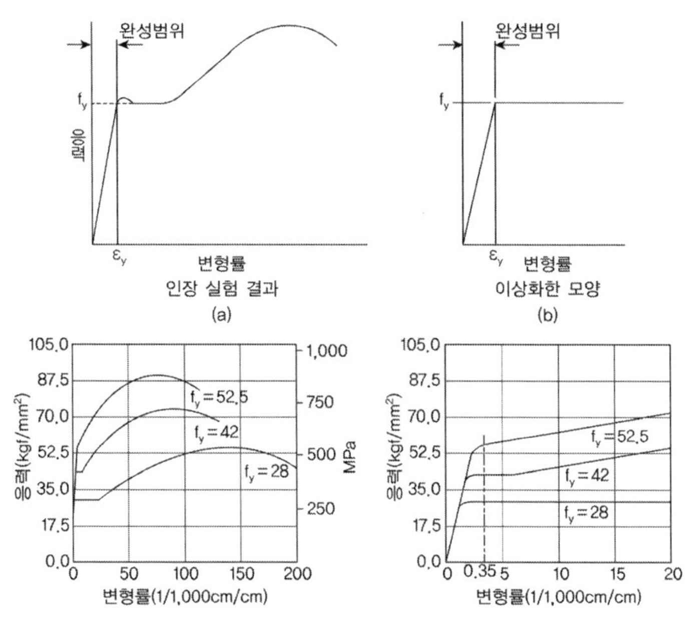

(철근의 응력-변형률 곡선)

▶ 고강도 철근의 강도와 변형률

콘크리트 구조기준(2012)에서 고강도 철근인 설계기준항복강도 f_y가 400MPa을 초과하여 항복마루가 없는 경우에 f_y값을 변형률 0.0035에 상응하는 응력의 값으로 사용하도록 규정하고 있으며, 긴장재를 제외한 철근의 설계기준항복강도 f_y는 600MPa을 초과하지 않도록 규정하였으며 고강선 긴장재 등의 경우에는 변형률 0.007~0.01에 해당하는 응력을 설계기준항복강도로 정하였다. 일반적으로 설계기준항복강도 f_y가 300MPa 이상인 철근이 주로 사용되고 있으며, 고강도 철근을 사용하면 강도상의 문제는 없더라도 균열의 폭이 크게 발생하는 등의 문제가 야기될 수 있고 고강도 철근일수록 항복고원(yield plateau)이 뚜렷하게 나타나지 않고 취성적인 성향을 보여서 파괴 시 변형률이 저강도 철근보다 작은 변형률에서 파괴되기 때문에 일정한 변형률(0.0035)을 기준으로 설계기준항복강도를 규정하였다.

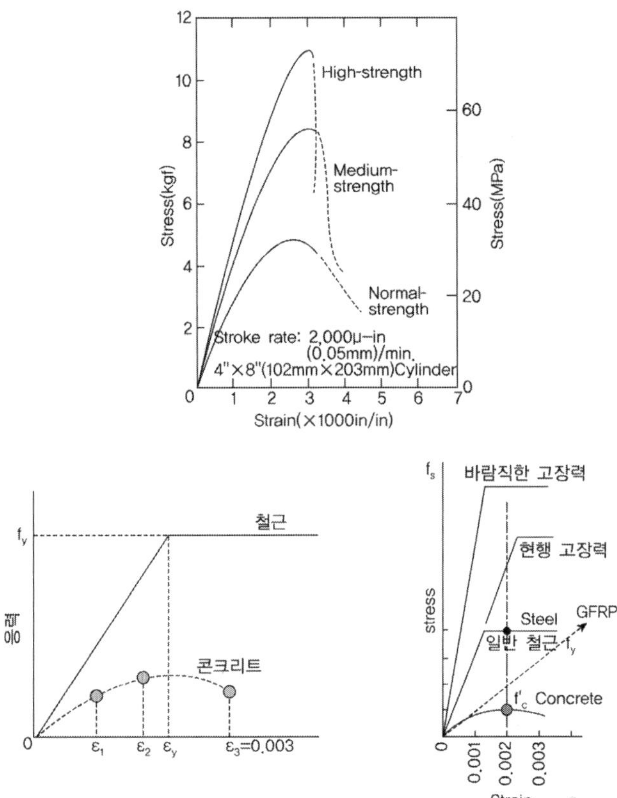

고강도 철근

고강도 철근 사용 시 균열문제에 대하여 설명하시오.

풀 이

▶ 개요

고강도 철근은 항복고원(항복마루, yield plateau) 길이가 점점 짧아지다가 항복고원이 분명하게 나타나지 않거나 항복고원 없이 변형률 경화를 나타내기도 하는 특성을 나타낸다. 이러한 특성은 고강도 철근일수록 취성적인 성향을 보여서 저강도 철근보다 작은 변형률에서 파괴되기 때문에 콘크리트 설계기준에서는 특정한 값의 변형률에서 강재의 탄성계수와 같은 기울기로 직선을 그어서 응력-변형률 곡선과 만나는 점을 항복점으로 결정하는 0.2%오프셋(offset method)을 적용하도록 규정하고 있다. 이전 설계기준에서는 특정한 값의 변형률(0.0035)에서 수직선을 그어서 응력-변형률 곡선과 만나는 점을 항복점으로 결정하는 하중연장법(extension of load method)을 적용하였으나 f_y가 550MPa를 초과하는 철근에 대해서는 합리적이지 않기 때문에 기준을 변경하였다.

▶ 고강도 철근 사용 시 균열문제

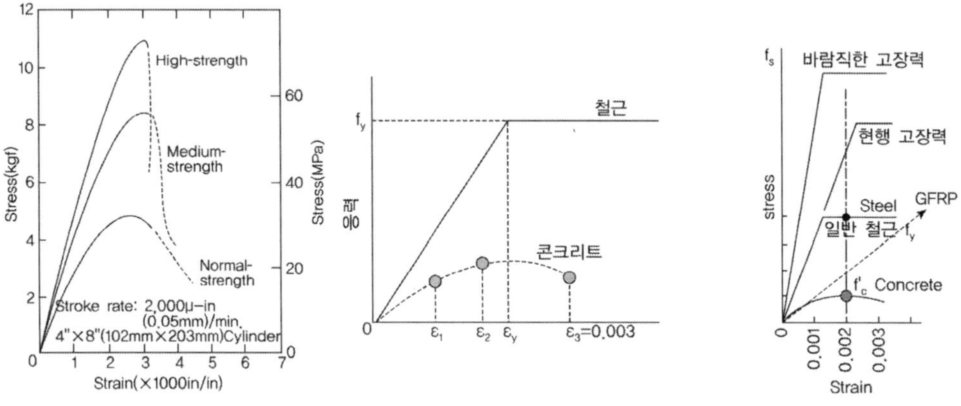

철근의 사용은 인장부에서 하중에 대한 콘크리트 균열 발생 시에 콘크리트에 작용하는 하중이 철근으로 전가되어 콘크리트 구조의 인장부는 철근저항, 압축부는 콘크리트 저항의 메커니즘이 성립되나 고강도 철근의 사용 시에는 극한 변형률이 매우 작아서 콘크리트의 균열이 발생되기 이전에 철근의 파괴 등이 발생할 수 있으며 이로 인한 사전의 파괴징후 등을 관찰하기 어려울 수 있다. 사용성 분야에서도 고강도 철근을 수평부재 주철근으로 사용하면 사용하중 상태에서 과도한 반응으로 구조물의 성능저하 현상이 발생할 수 있다.

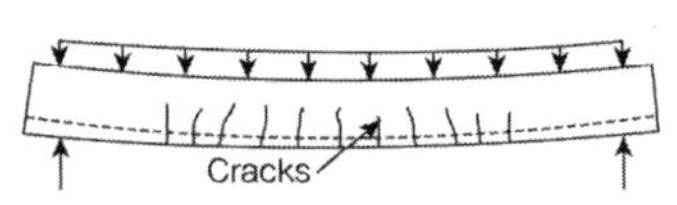

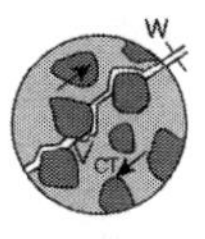

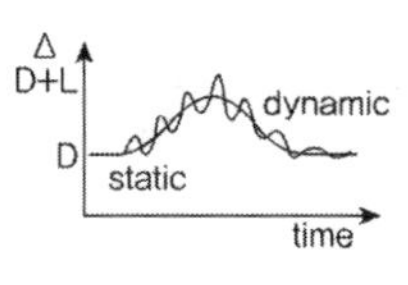

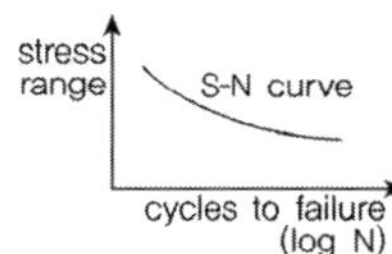

(1) 균열(Cracks)　　　(2) 처짐(Deflection)　　　(3) 진동(Vibration)　　　(4) 피로(Fatigue)

1) 휨연성 : 일반철근 ≒ 바람직한 고장력 〉〉 현행 고장력 철근
2) 처 짐 : 일반철근 ≒ 바람직한 고장력 〈 현행 고장력 철근
3) 균 열 : 일반철근 ≒ 바람직한 고장력 〈〈〈 현행 고장력 철근

고강도 철근의 경우 인장변형률 0.002 이상에서 인장강성의 특성은 기대하기 어렵다. 이는 초기에 발생된 균열 발생 부위에서 인장변형이 집중적으로 유발되고 이로 인하여 해당부위의 균열폭이 급격하게 증가되기 때문이다. 따라서 고강도 철근의 항복강도는 균열 등을 고려하여 제한되거나 또는 높은 균열손상 제어능력이 있는 섬유보강 시멘트 복합재료와의 혼용이 필요하다(2011 한국 콘크리트 학회지, 고강도 철근 콘크리트 인장부재의 인장강성 및 균열거동, 윤현도).

또한 현행 설계기준에서 전단강도 모델은 45°트러스 전단 모델과 골재 맞물림 작용을 고려한 전단강도 해석을 하고 있다. 45°트러스 전단 모델은 인장 주철근과도 관계가 있으며 고강도 철근의 항복변형률과의 차이로 골재 맞물림 작용 효과가 감소하는 등으로 인하여 현 해석모델과 상이하기 때문에 이에 대한 검증이 필요하다.

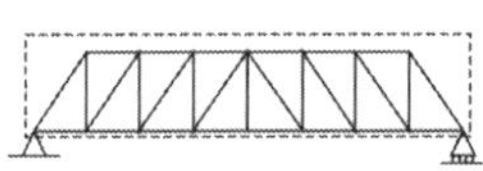

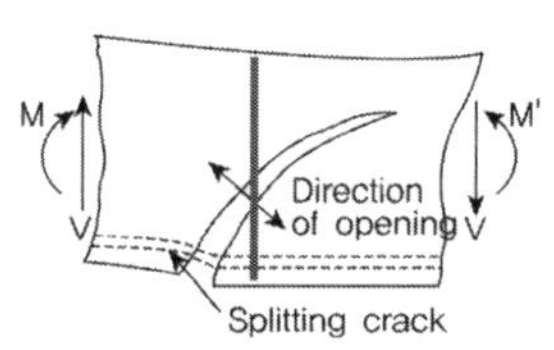

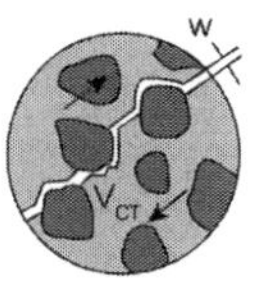

(전단 해석모델과 골재 맞물림)

고강도 철근 항복강도 변형률 검증사항

현행 콘크리트구조설계기준에서 규정하는 고강도 철근(철선 및 용접철망포함)의 설계기준 항복강도 및 적용하는 변형률에 대하여 설명하시오. 상기 설계기준 항복강도보다 높은 고강도 철근 적용 시 검증하여야 할 사항들에 대하여 설명하시오.

풀 이

▶ 고강도 철근의 설계기준 항복강도 및 적용하는 변형률

국내의 콘크리트 구조설계기준(2007)에서는 철근, 철선 및 용접철망 등 고강도 철근인 설계기준 항복강도 f_y가 400MPa을 초과하여 항복마루가 없는 경우에 f_y값을 변형률 0.0035에 상응하는 응력의 값으로 사용하도록 규정하고 있다. 또한 긴장재를 제외한 철근의 설계기준항복강도 f_y는 550MPa을 초과하지 않도록 규정하고 있다.

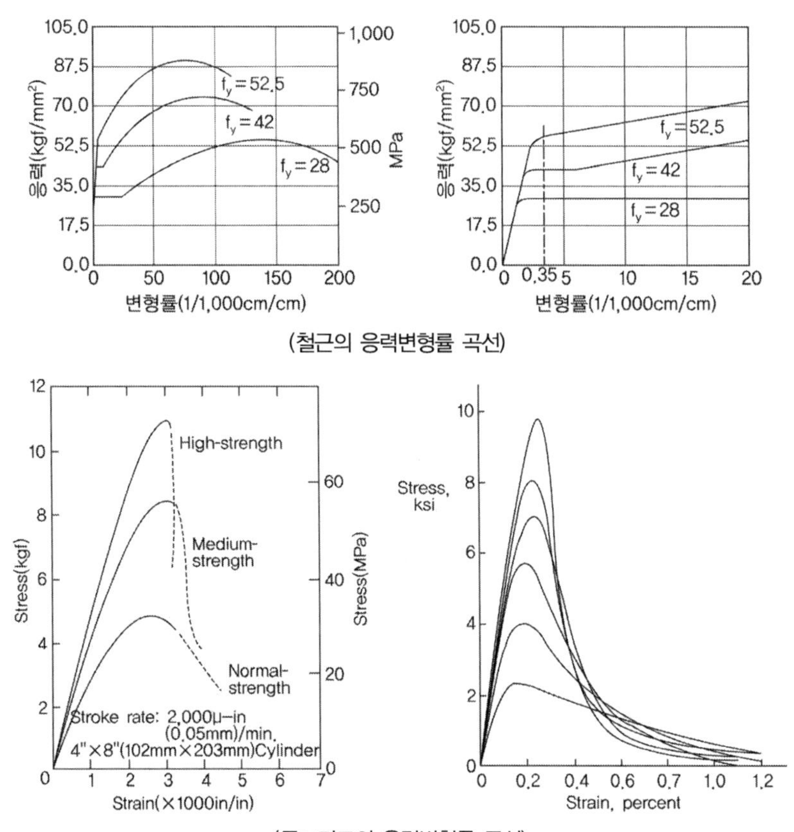

(철근의 응력변형률 곡선)

(콘크리트의 응력변형률 곡선)

고강도 철근일수록 항복고원(yield plateau)이 뚜렷하게 나타나지 않고 취성적인 성향을 보여서 파괴 시 변형률이 저강도 철근보다 작은 변형률에서 파괴되기 때문에 일정한 변형률(0.0035)을 기준으로 설계기준항복강도를 규정하도록 하고 있다.

▶ 고강도 철근 적용 시 검증사항

1) 고강도 철근과 콘크리트의 변형률

철근 콘크리트의 성립이유는 철근과 콘크리트의 변형률이 거의 동일하기 때문에 각각 재료의 응력이 다르더라도 동일한 거동을 할 수 있기 때문이다. 따라서 고강도 철근의 적용 시에는 이러한 기본적인 거동이 동일하게 발생할 수 있는지에 대한 검증이 필요하다.

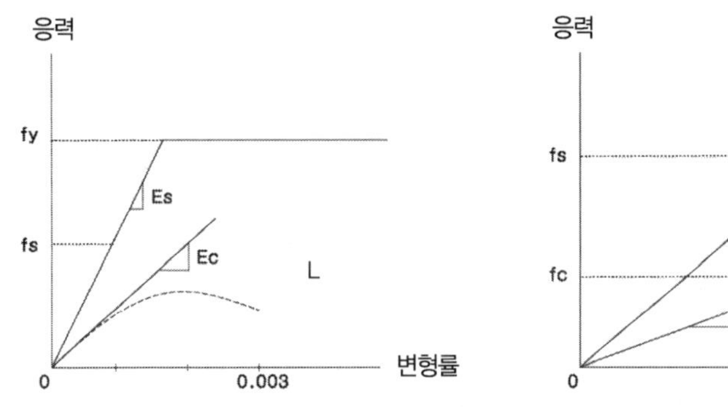

2) 고강도 철근의 파괴 시의 거동

고강도 재료를 사용할 경우 일반적으로 취성적인 거동을 보여서 부재의 파괴에 대한 징후 없이 급작스런 파괴가 발생할 수 있으므로 부재의 연성능력 및 기둥과 같은 소성힌지가 필요한 부분 등에서의 지진력 소산을 위한 에너지 흡수성능에 대한 검토가 필요하다.

3) 콘크리트의 균열폭

인장부에서 하중에 대한 콘크리트 균열 발생 시에 콘크리트에 하중이 철근으로 전가되어 콘크리트 구조의 인장부는 철근 저항, 압축부는 콘크리트 저항의 메커니즘이 성립되나 고강도 철근의 사용 시에는 극한 변형률이 매우 작아서 콘크리트의 균열이 발생되기 이전에 철근의 파괴 등이 발생할 수 있으며 이로 인한 사전의 파괴징후 등을 관찰하기 어려울 수 있다.

복합재료

복합재료(Fiber Reinforced Composite Materials)의 특징

풀 이

▶ 개요

복합재료는 두 가지 이상의 재료가 각각의 재료의 특성을 살려서 상호 결점을 보완할 수 있게 인위적으로 만든 재료로 2가지 이상의 재료를 혼합하여 기존 재료의 약점을 보완하고 새로운 기능을 부여한 재료를 말한다. 섬유로 강화한 복합재료는 고무나 플라스틱을 모재로 한 섬유가 주로 사용되며, 일반적으로 플라스틱을 모재로 사용한 경우 Composite라고 부르며, 섬유의 종류에 따라 Glass와 Carbon으로 구분된다.

1) Fiber Reinforced Ceramic(FRC) : 실용화되지 않음
2) Fiber Reinforced Metal(FRM) : 실용화되지 않음
3) Fiber Reinforced Rubber(FRR) : Tire나 Pressure Hose에 이용
4) Fiber Reinforced Plastic(FRP) : Composite으로 통칭
   − Glass Fiber Reinforced Plastic
   − Carbon Fiber Reinforced Plastic

▶ 복합재료(Fiber Reinforced Composite Materials)의 특징

1) 복합재료의 특징

장점	단점
① 강도가 높다	① 내충격성이 낮다
② 피로강도 특성이 우수하다	② 압축강도가 낮다
③ 내식성이 우수하다	③ 내고온강도가 낮다

2) 거동 특성 : 일반적으로 섬유강화 복합재료는 복합재료 내의 섬유가 전체 복합재료의 복잡한 거동에 상당한 영향을 미치기 때문에 연속성, 등방성, 균질한 재료에 기초를 둔 기존의 연속체 역학으로는 불균질 재료의 거동 예측이 어렵다. 이 때문에 미세역학적인 방법으로 복합재료 내의 문제를 구조적으로 접근하고 미세 구조계와 전체 구조계에서의 관계를 규명하기 위해서 미세역학을 기반으로 한 모델들이 제안되어 탄성거동 예측 및 탄소성 거동 예측에 관한 연구가 많이 수행되고 있다.

FRP / GFRP 보강근

철근의 부식방지를 위해 사용되는 FRP(Fiber Reinforced Polymer) 보강근의 재료적 특성과 이를 활용한 보의 휨 설계 방법에 대하여 설명하시오.

풀 이

▶ 개요

FRP는 중량대비 강도가 우수하고 부식이 없는 특성으로 인해 많은 분야에 적용되고 있다. 특히 철근 대체재로 사용가능한 FRP 보강근은 겨울철에 과도한 제설제가 사용되는 교량 바닥판, 해양 환경 구조물 등 부식 환경에 노출된 구조물을 대상으로 활발히 적용되고 있다.

▶ FRP보강근의 특성

FRP 보강근은 인장에 저항하는 섬유와 결합재 구실을 하는 수지를 인발성형 등의 공법으로 만들어낸 일차원 부재를 말한다. 섬유로는 탄소섬유(Carbon fiber), 아라미드 섬유(Aramid fiber), 유리섬유(Glass fiber) 등을 사용하며 수지로는 에폭시, 비닐에스터, 폴리에스터 등이 적용된다. 적용되는 섬유에 따라 CFRP, AFRP, GFRP 등의 용어로 사용된다. 우리나라에서는 경제적인 이유로 FRP 보강근은 유리섬유가 주로 사용되며, 역학적 성능이 우수한 탄소섬유를 적용한 CFRP는 주로 긴장재로 사용되어 FRP 텐던이라고 불리고 있다.

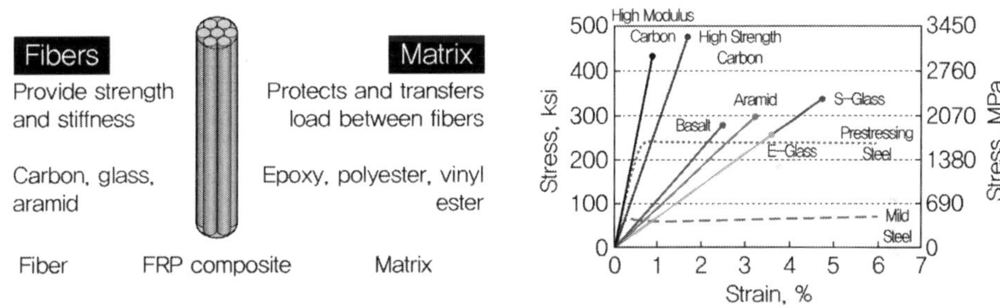

FRP 보강근은 사용되는 섬유와 수지 종류, 배합비율, 제조공정 등의 다양한 원인에 따라 탄성계수와 인장강도가 결정되며, 철근과 달리 파단 시까지 탄성 거동하는 특성을 가지고 있다. 일반적으로 인장강도는 철근에 비해 크나, 탄성계수는 CFRP를 제외하면 철근보다 작은 특성을 가진다.

▶ FRP보강근의 휨 설계

FRP 보강근은 북미 지역을 중심으로 발전되어 왔으며, AASHTO에서는 LRFD설계법에 근거한 설계기준을 2009년에 제시한 바 있다. 국내에서는 GFRP 보강근용 콘크리트교 설계기준(KDS 24

50 05)을 통해 휨 설계기준을 제시하고 있으며 설계 시 가정 사항은 철근과 동일하게 적용된다. 다만, 보강근의 강도를 보강근 파열에 의해 유발되는 경우와 콘크리트의 파쇄에 의한 경우로 구분하고, 적용되는 유효강도는 보강근의 설계인장강도 이내로 하도록 규정하고 있다.

(1) GFRP 휨 설계의 가정

① 콘크리트와 GFRP 보강근의 변형률은 중립축으로부터 떨어진 거리에 선형적으로 비례한다. 즉, 하중재하 이후에도 단면은 하중재하 전의 평면을 유지한다.

② 콘크리트의 최대 압축변형률은 0.003이며 콘크리트의 인장강도는 무시한다.

③ GFRP 보강근의 인장은 파괴될 때까지 선형적으로 탄성 거동한다.

④ 콘크리트와 GFRP 보강근은 완전하게 부착되어 일체로 거동한다.

(2) GFRP 보강근의 공칭 휨 저항

구조물의 파괴가 GFRP 보강근 파열에 의해 유발된 경우 보강근 응력은 설계인장강도 f_{fu} 이며, 콘크리트의 파쇄로 유발된 경우에는 GFRP 보강근의 유효강도 f_f 는 다음을 만족해야 한다.

$$f_f = \left(\sqrt{\frac{(E_f \epsilon cu)^2}{4} + \frac{0.85\beta_1 f_{ck}}{\rho_f} E_f \epsilon_{cu}} - 0.5 E_f \epsilon_{cu} \right) \leq f_{fu}$$

여기서, ϵ_{cu} 는 콘크리트의 극한변형률, β_1 은 등가직사각형 응력블록과 관계된 계수, 그리고 f_{ck} 는 콘크리트 설계기준 압축강도이다.

(3) GFRP 설계 휨 저항

① 설계 휨 저항은 공칭 휨모멘트 M_n 에 저항계수 ϕ 를 곱한 값으로 정의되며, 외력에 의한 저항 모멘트 M_r 은 다음과 같이 계산한다.

$$M_r = \phi M_n$$

② 직사각형 단면에 대하여 $\epsilon_{ft} < \epsilon_{fu}$ 인 경우 한계상태는 콘크리트의 압축파괴로 유발되며, 공칭 휨 저항은 다음의 식을 사용하여 계산한다.

$$M_n = A_f f_f \left(d - \frac{a}{2} \right), \ a = \frac{A_f f_f}{0.85 f_{ck} b}$$

(4) $\epsilon_{ft} = \epsilon_{fu}$ 인 경우 한계상태는 GFRP 보강근 인장파열로 유발되며, 다음의 식을 사용하여 공칭 휨 저항을 계산한다.

$$M_n = A_f f_{fu} \left(d - \frac{\beta 1 c_b}{2} \right), \ c_b = \left(\frac{\epsilon_{cu}}{\epsilon_{cu} + \epsilon_{fu}} \right) d$$

복합소재 RC

복합소재 섬유인 탄소섬유(carbon fiber), 유리섬유(glass fiber)와 일반철근(mild steel)의 개략적인 응력-변형률 선도를 작성하고, 복합소재 섬유의 역학적 특징과 기존 철근 콘크리트 구조물 보강재로 사용 시 고려사항에 대하여 설명하시오.

풀 이

▶ 개요

섬유보강 콘크리트(fiber reinforced concrete)는 보강용 섬유를 혼입하여 주로 인성, 균열 억제, 내충격성 및 내마모성 등을 높인 콘크리트로 탄소섬유(carbon fiber)의 경우 고강도, 초경량성의 특징을 가짐을 이용해 고정하중의 추가없이 휨부재의 구조적 내하력 증진과 철근의 대체용으로 사용될 수 있다. 유리섬유의 경우 강도가 강하고 불에 타지 않으며 우수한 내화학성을 가지고 있어 내화성, 내화학성을 확보하기 위해서 사용된다.

▶ 보강 섬유의 응력-변형률 선도와 역학적 특징

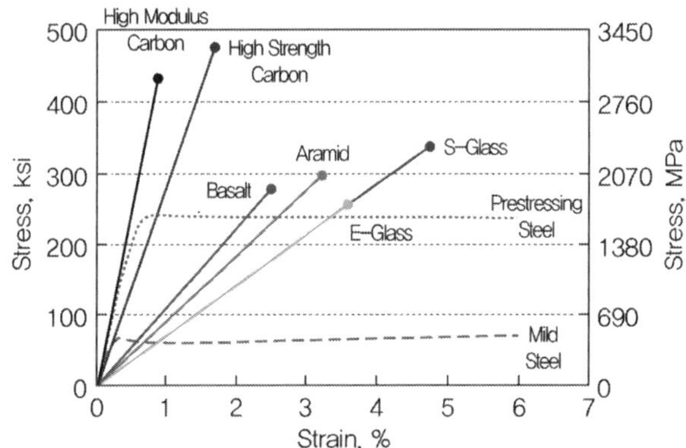

사용되는 섬유와 수지 종류, 배합비율, 제조공정 등의 다양한 원인에 따라 탄성계수와 인장강도가 결정되며, 철근과 달리 파단 시까지 탄성 거동하는 특성을 가지고 있다. 일반적으로 인장강도는 철근에 비해 크나, 탄성계수는 CFRP를 제외하면 철근보다 작은 특성을 가진다.

▶ RC구조물 보강재 사용 시 고려사항

섬유보강 콘크리트는 불연속적이며 짧은 섬유를 콘크리트 속에 분산시켜 넣음으로써 인장강도, 휨강도, 균열에 대한 저항성, 연성, 전단강도, 내충격성 등의 개선을 목적으로 한 복합재료이다.

주로 포장, 터널라이닝, 덧씌우기, 팻칭, 수리구조물, 얇은 쉘, 방파제, 암반의 경사안정, 내화콘크리트(Refractories) 교량의 슬래브 그리고 프리캐스트 제품 등에 널리 이용되고 있다. 섬유보강콘크리트는 소요의 강도, 인성, 내구성, 수밀성, 강재를 보호하는 성능, 작업에 적합한 워커빌리티를 가지며 품질의 변동이 적은 것이어야 한다. 일반적으로 유리섬유의 혼입량은 부피비의 4~5%, 탄소섬유의 경우 4~8%를 적용한다.

콘크리트 연화효과

콘크리트의 연화효과(Softening effect)에 대하여 설명하시오.

풀 이

▶ 인장연화 개요

인장연화(Tension Softening)는 인장력을 받는 부재에서 균열 등으로 인해 강도가 감소하는 현상을 의미하며, 특히, 콘크리트에서의 균열은 인장강도의 감소 등의 인장연화 현상을 유발하는 대표적인 예다. RC구조물은 복합재료로 인하여 그 거동이 압축거동과 인장거동이 상이하며 압축강도에 비해 인장강도가 현저히 작고 횡 압축력의 크기에 따라 다른 파괴 양상(취성 또는 연성파괴)이 발생한다. 2축 응력 상태의 콘크리트에서 한축은 압축을 다른 축은 인장을 받을 때에 콘크리트의 압축강도가 감소하는데, 이를 콘크리트 연화효과(softening effect)라고 한다. 아래 그림과 같이 철근이 배치된 부재에서 f_1의 주인장응력에 의하여 균열이 발생하면 2번 축의 압축강도가 현저하게 감소하는 연화효과가 나타나게 된다.

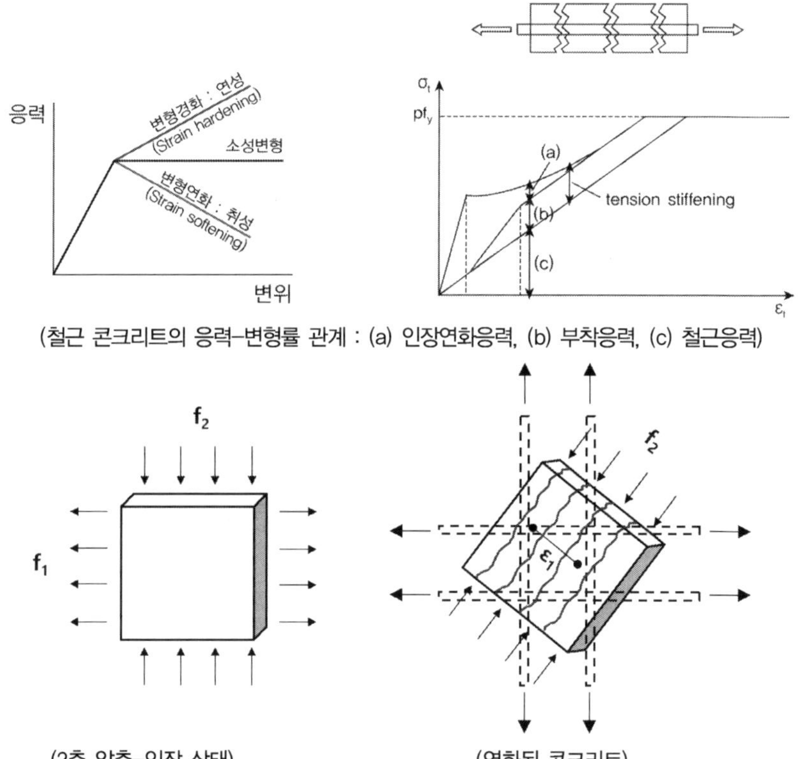

(철근 콘크리트의 응력–변형률 관계 : (a) 인장연화응력, (b) 부착응력, (c) 철근응력)

(2축 압축–인장 상태)   (연화된 콘크리트)

➤ RC구조물의 인장연화

RC구조물의 파괴 거동특성을 나타내기 위해서는 압축파괴, 인장균열, 전단파괴뿐만 아니라 다축 압축에 의한 강도증가, 인장균열에 의한 압축강도의 감소 등의 하중작용조건에 따른 콘크리트의 거동변화를 고려하여야 한다. 인장연화 현상을 표현하는 인장연화곡선은 파괴진행영역에서의 인장응력과 균열폭의 관계로 정의되어지며, 파괴역학적 파라미터의 하나로서 곡선 내 면적으로부터 파괴에너지를 구할 수 있고, 균열 후 거동을 쉽게 확인할 수 있으며, 균열 진전 저항성을 파악할 수 있는 특성을 가진다. 따라서 인장연화곡선은 고강도의 콘크리트나 섬유보강 콘크리트 등의 역학적 성능을 표현하는 데 아주 유용하게 이용된다.

초고성능 콘크리트 등 성능개선을 위한 기술개발을 위해서는 기존의 RC의 콘크리트와 철근은 일체 거동한다는 가정에서 벗어나 각 재료의 특성을 반영하여 구체적인 거동특성에 대한 고찰이 필요하다. 콘크리트의 인장연화는 일반적으로 직접인장 실험방법이나 노치가 있는 보의 3점 재하 휨 인장 실험방법 등을 통해 변화곡선을 산정하여 모델링하는 등의 재료의 특성 고려하는 연구들이 많이 진행되고 있다.

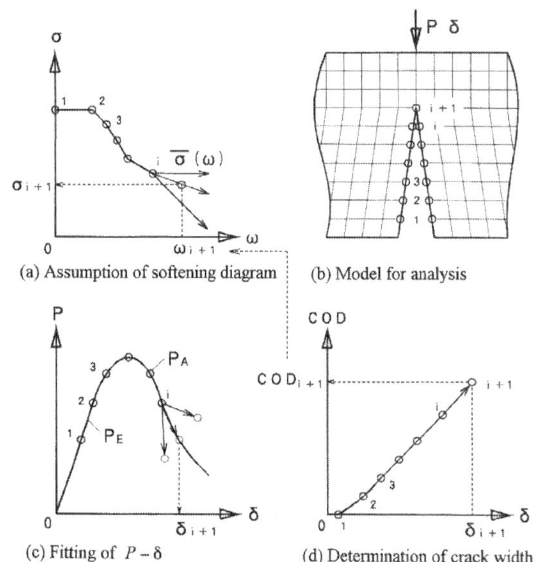

(Tension Softening curve by Poly-linear approximation method)

➤ 철근 콘크리트 부재의 영향

이러한 소성이론과 파괴역학에 근거한 철근 콘크리트의 거동은 다음과 같은 특징이 있다.

① 철근 콘크리트에서 철근은 균열을 억제하고 균열 발생 후에는 균열 콘크리트의 연결역할 (Bridge effect)을 한다.

② 인장균열이 집중되면서 파괴가 발생하는 무근콘크리트와 달리 철근 콘크리트는 균열이 분산되

어 발생한다.

③ 균열 발생 단면에서는 철근이 모든 인장력을 부담하지만 계속적인 균열 발생과 함께 균열 단면사이의 콘크리트는 부착에 의해 철근으로부터 전달되는 인장력의 일부를 부담하게 되며 철근 콘크리트의 응력–변형률 관계에서 인장강성을 증가시키는 콘크리트의 인장강화(tension stiffening) 현상이 발생한다.

④ 인장강화현상은 콘크리트의 인장연화응력(tension softening)과 부착응력의 합으로 정의할 수 있다.

⑤ 철근 콘크리트 부재 내의 국부적인 파괴 및 에너지 소산작용 등을 적절한 나타내기 위해서는 철근과 콘크리트의 상호작용, 특히 부착(Bond)거동에 대한 모델이 요구된다.

▶ 설계기준에서 고려되는 연화효과

철근 콘크리트 부재에서 연화된 콘크리트의 압축강도는 $f_{c2,\max}$로 나타내며 실린더 공시체 1축 압축강도 f_{ck}보다 작은 값을 갖는다. 유효압축강도 $f_{c2,\max}$의 값은 1번 방향의 인장응력 f_1이나 인장변형률 ϵ_1을 변수로 하여 나타낼 수 있으며, KDS 24 14 21 콘크리트교 설계기준(한계상태설계법)에서는 단면 내에 배치된 철근의 항복여부를 구분하여 아래와 같이 연화된 콘크리트의 압축강도를 나타냈다. 극한한계상태에서 두 방향 철근이 모두 항복하기 전인 탄성상태일 때는 철근의 응력의 크기에 따라 콘크리트 스트럿의 최대 유효강도가 νf_{ck}와 $0.85 f_{ck}$ 사이의 값을 갖도록 적용한다.

$$f_{c2,\max} = \left[0.85 - \frac{f_s}{f_y}(0.85 - \nu) \right] f_{ck}$$

극한한계상태에서 두 방향 철근이 모두 항복할 때는 다음 식을 적용한다.

$$f_{c2,\max} = \nu f_{ck} = 0.6\left(1 - \frac{f_{ck}}{250}\right) f_{ck}$$

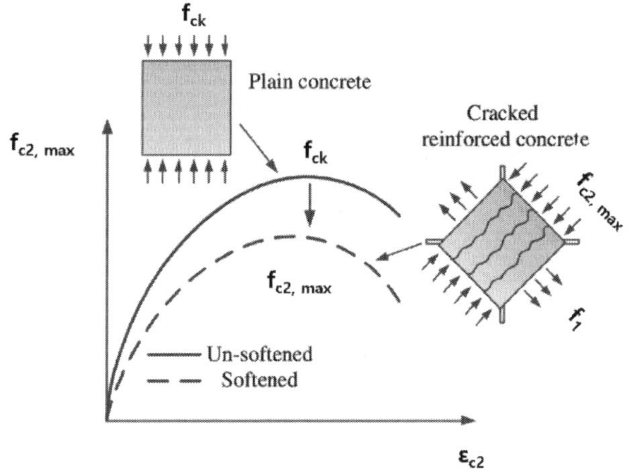

(압축응력–변형률 곡선 비교)

콘크리트 인장강화

철근 콘크리트 부재에서 합성 인장거동의 응력–변형률 분포와 인장강화효과에 대하여 설명하시오.

풀 이

▶ 개요

RC구조물은 복합재료로 인하여 그 거동이 압축거동과 인장거동이 상이하며 압축강도에 비해 인장강도가 현저히 작고 횡 압축력의 크기에 따라 다른 파괴 양상(취성 또는 연성파괴)이 발생한다. 이러한 거동특성을 나타내기 위해서는 압축파괴, 인장균열, 전단파괴뿐만 아니라 다축압축에 의한 강도 증가, 인장균열에 의한 압축강도의 감소 등의 하중작용조건에 따른 콘크리트의 거동변화를 고려하여야 한다. 철근 콘크리트 일축인장 부재에 축인장력 N이 증가함에 따라 콘크리트와 철근이 부착된 상태로 저항하다 콘크리트의 균열변형률 ϵ_{cr} 에 도달하는 축인장력 N_{cr} 이 작용하면 콘크리트에 균열이 발생하기 시작하고, 균열 생성단계에서 첫 균열 이후의 추가 균열들이 발생한다. 축인장력이 더 증가하면 부재는 균열 안정단계에 도달하여 더 이상 새로운 균열은 발생하지 않고 이미 발생한 균열의 폭이 증가한다. 이 단계에서 철근 콘크리트 일축인장 부재의 평균변형률은 단독 철근의 변형률보다 작게 나타나며, 이것은 균열과 균열 사이에서 철근과 부착된 콘크리트가 축인장력에 함께 저항하기 때문으로 이러한 현상을 인장강화효과(Tension stiffening effect)라고 한다.

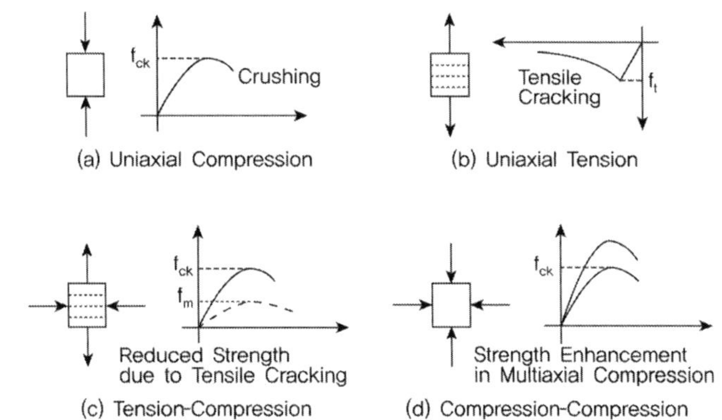

▶ 응력–변형률 분포와 인장강화

1) 응력 변형률 분포와 거동

소성이론과 파괴역학에 근거한 철근 콘크리트의 거동은 다음과 같다.

① 철근 콘크리트에서 철근은 균열을 억제하고 균열 발생 후에는 균열 콘크리트의 연결역할 (Bridge effect)을 한다.

② 인장균열이 집중되면서 파괴가 발생하는 무근콘크리트와 달리 철근 콘크리트는 균열이 분산되

어 발생한다.

③ 균열 발생 단면에서는 철근이 모든 인장력을 부담하지만 계속적인 균열 발생과 함께 균열 단면사이의 콘크리트는 부착에 의해 철근으로부터 전달되는 인장력의 일부를 부담하게 되며 철근 콘크리트의 응력–변형률 관계에서 인장강성을 증가시키는 콘크리트의 인장강화(tension stiffening) 현상이 발생한다.

④ 인장강화현상은 콘크리트의 인장연화응력(tension softening)과 부착응력의 합으로 정의할 수 있다.

⑤ 철근 콘크리트 부재 내의 국부적인 파괴 및 에너지 소산작용 등을 적절한 나타내기 위해서는 철근과 콘크리트의 상호작용, 특히 부착(Bond)거동에 대한 모델이 요구된다.

2) 인장강화 효과

철근 콘크리트 일축인장 부재에 축인장력 N이 증가함에 따라 콘크리트와 철근이 부착된 상태로 저항하다 콘크리트의 균열변형률 ϵ_{cr} 에 도달하는 축인장력 N_{cr} 이 작용하면 콘크리트에 균열이 발생하기 시작하고, 균열 생성단계에서 첫 균열 이후의 추가 균열들이 발생한다. 축인장력이 더 증가하면 부재는 균열 안정단계에 도달하여 더 이상 새로운 균열은 발생하지 않고 이미 발생한 균열의 폭이 증가한다. 이 단계에서 철근 콘크리트 일축인장 부재의 평균변형률은 단독 철근의 변형률보다 작게 나타나며, 이것은 균열과 균열 사이에서 철근과 부착된 콘크리트가 축인장력에 함께 저항하기 때문으로 이러한 현상을 인장강화효과(Tension stiffening effect)라고 한다.

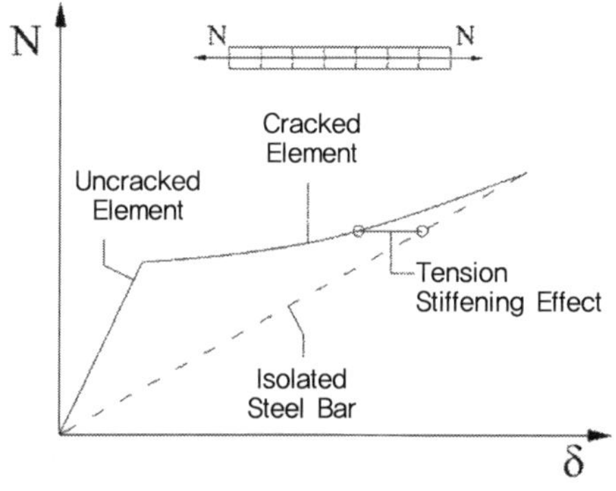

▶ 설계기준에서 고려되는 인장강화현상

설계기준에서는 균열폭 해석 시에 철근과 콘크리트의 인장변형률 차이를 $\Delta\epsilon_{sc}$ 라고 하고 철근의 평균인장변형률 ϵ_{sm} 과 콘크리트의 평균인장변형률 ϵ_{cm} 의 차이로 나타내며 인장강화효과를 고려한 수식을 사용한다.

$$w_{cr} = l_{cs}\Delta\epsilon_{sc}, \quad \Delta\epsilon_{sc} = \epsilon_{sm} - \epsilon_{cm} - \epsilon_{cs}$$

여기서, l_{cs} 는 균열 사이 간격, ϵ_{cs} 는 콘크리트 수축변형률

부착파괴

철근 콘크리트 휨부재에서의 부착파괴

풀 이

▶ 개요

철근 콘크리트는 콘크리트를 철근으로 보강해서 두 이질적 재료가 완전합성거동하여 극한하중에 도달할 때까지 부재가 박락되지 않는다는 가정을 전제로 하는 부재다. 기본적으로 철근 콘크리트의 성립이유는 철근과 콘크리트 사이의 부착강도가 크고, 콘크리트에 매입되는 철근은 녹슬지 않으며, 콘크리트와 철근의 열팽창계수가 거의 유사하다는 전제조건에서 유효하다. 그러나 RC 휨부재에서 지진하중과 같은 반복하중이나 철근의 부식 등의 문제로 인해서 콘크리트 탈락과 함께 부착이 약해지면서 부착강도가 저감될 수 있고 이로 인해서 휨파괴 이전에 재료의 분리로 인한 부착파괴가 발생할 수 있다.

▶ 부착파괴 요인

1) 유효정착길이 부족 시 반복하중으로 인한 부착파괴

지진하중과 같은 반복하중 발생 시 휨 항복 후 부착파괴가 발생할 수 있으며, 반복하중으로 인해서 소성힌지가 확장되고 이와 함께 유효정착길이의 감소로 인해 휨 부착응력은 증가하고 부착내력을 감소하게 된다.

2) 철근 부식에 따른 부착강도 저하

콘크리트의 타설 후 부식률이 증가함에 따라서 급격한 부착강도 감소 현상이 나타나며, 이는 철근의 단면적 감소와 부식물에 의한 팽창으로 부식균열이 발생하여 부식강도가 급격하게 감소되기 때문이다. 이러한 현상으로 RC부재는 부식된 철근의 부산물의 팽창으로 콘크리트에 균열이 발생되며 취성적 거동을 보이게 된다.

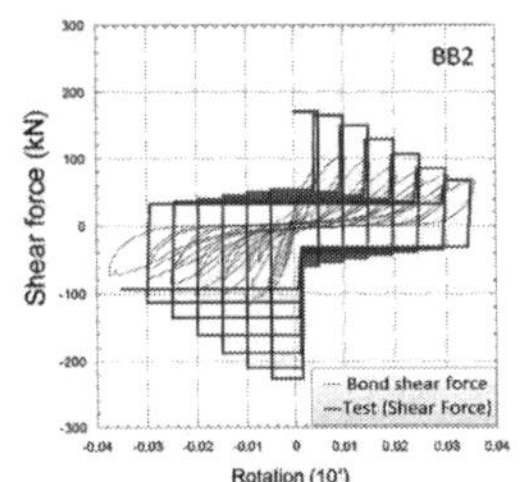

(반복하중에 의한 휨 항복 후 부착파괴 실험)

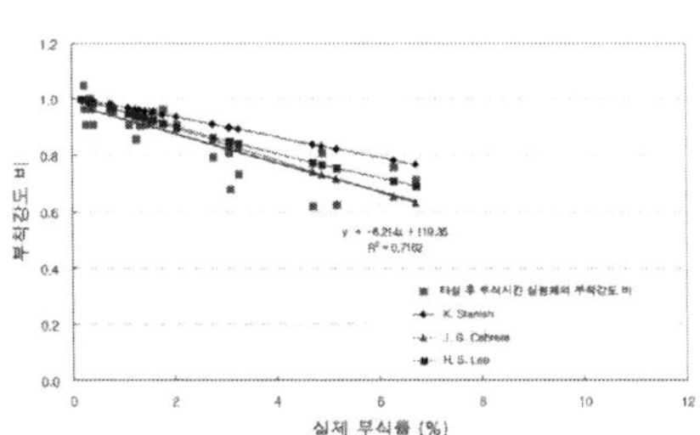

(철근부식에 따른 부착강도)

Chapter 02

설계의 개념

설계의 개념

01 RC 설계법 82회/103회/134회

1. 철근 콘크리트 설계 일반

콘크리트 구조물은 적절할 신뢰도와 경제성을 확보하면서 요구되는 구조물의 수명 동안에 발생되는 하중과 환경에 안전성이 확보되어야 한다. 충분한 구조적 안전성과 사용성, 내구성을 확보하기 위해서는 적합한 재료의 선정, 적절한 설계, 엄격한 시공관리가 중요하다. 실제 구조물에서는 구조물의 시공과 사용 중에 발생 가능한 구조적 불확실성으로 작용하는 하중에 대한 불확실성, 사용하는 재료의 강도와 성질의 불확실성, 시공품질에 대한 불확실성, 거동을 예측하는 이론에 대한 불확실성에 대해 어떻게 합리적인 설계방법을 적용해 필요한 안전성을 확보하느냐가 중요하다. 설계법의 기본적인 이론은 추정하는 구조물의 저항강도가 작용하중에 비해 크게 두는 것으로 한다. 작용하중에 불확실성은 안전계수를 고려해 여유 강도를 확보하도록 한다.

1) 허용응력설계법

탄성이론에 따른 설계법으로 다만, 파괴강도를 평가하지 않기 때문에 재료의 최대응력을 안전계수로 나눈 허용응력(allowable stress)을 구해 하중에 의해 부재에 유발되는 응력이 허용응력 이내에 있는지 검증하는 설계법이다.

$$f_a = \frac{f_R}{S.F} \geq f_Q$$

서로 다른 재료를 사용하는 철근 콘크리트의 각 재료에 대해서 다음과 같이 적용한다.

$$(\text{콘크리트}) \ \frac{f_{ck}}{S.F} = f_{ca} \geq f_c, \quad (\text{철근}) \ \frac{f_y}{S.F} = f_{sa} \geq f_s$$

2) 강도설계법

허용응력설계법은 각 재료가 서로 다른 불확실성을 갖는다는 점을 인식했지만 각기 다른 형태의 하중과 관련된 불확실성을 반영하지 못했다는 단점이 있다. 또한 탄성이론으로 계산된 응력과 파괴 응력 사이에 선형 관계가 성립되지 않는다는 점에서 설계법에서 추구하는 안전율이 실제적인 안전율과 괴리가 발생하는 단점이 있다. 이를 보완하기 위해서 설계 변수마다 부분 안전계수를 별도로 설정하도록 하는 설계법이 개발되었으며 하중의 기본적인 크기를 표준값으로 정의하고 구조물의 설계수명 동안 특정한 발생확률에 상응하는 하중 크기를 정해 보다 합리적으로 접근하고자 하였다. 표준하중을 정의하는 방법과 동일하게 구조재료의 강도를 정의하고 이때 재료의 기준강도는 이 값보다 낮은 강도가 발생할 수 있는 확률이 어떤 특정한 값에 상응하는 강도 크기로 정의하였다. 표준하중과 기준강도를 보다 엄밀하게 정의함으로써 발생확률이 훨씬 낮게 설정된 설곗값인 설계강도와 설계하중을 결정하도록 하는 방법이 강도 설계법 또는 부분안전계수 설계법이라고 한다.

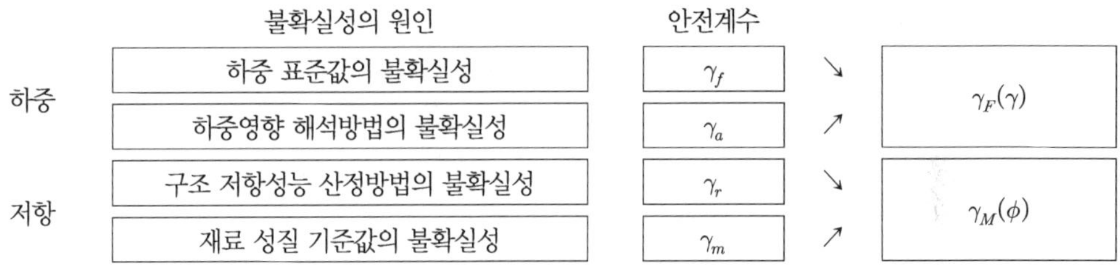

실제 설계에서는 하중 영향 해석방법에 대한 안전계수 γ_a를 별도로 분리하지 않고 하중 크기(표준값)에 대한 안전계수와 곱하여 $\gamma_F = \gamma_f \times \gamma_a$로 산정해 하중계수(load factor)라 하고 γ로 표현한다. 마찬가지로 저항 강도 산정방법도 $\gamma_M = \gamma_r \times \gamma_m$으로 산정되며, 이 값을 역수로 나타내면 1.0보다 작은 값으로 설계에서는 저항계수 혹은 강도감소계수(strength reduction factor) ϕ로 적용한다. 이 저항계수를 부재에 적용하면 부재계수, 재료에 적용하면 재료계수가 된다.

하중계수 γ에 고려된 불확실성	저항계수 ϕ에 고려된 불확실성
(1) 하중 크기에 대한 불확실성 (2) 하중 분포에 대한 불확실성 (3) 하중 영향의 구조 해석법에 대한 불확실성 (4) 하중 영향 추정에 영향을 주는 구조 치수에 대한 불확실성	(1) 실험한 재료 강도의 불확실성 (2) 실험한 재료와 구조물에 사용되는 재료 사이의 차이에 대한 불확실성 (3) 저항 계산에 영향을 주는 구조 치수에 대한 불확실성 (4) 강도 예측법에 대한 불확실성

3) 한계상태설계법

강도설계법에서 설계 기본변수로 구분한 하중, 재료, 기하적 치수에 대해 확률론적으로 안전계수를 결정하도록 한 설계방법으로 한계상태를 정의해 각 한계상태에 대해 초과하지 않는지 검증한다. 한계상태설계법은 기존의 명확하지 못한 파괴확률을 확률론적 신뢰도를 이용해 일정 기간에 지정된 한계상태에 도달하지 않을 확률을 확률과 통계이론을 통해 정립해 신뢰성을 향상시킨다. 신뢰도 해석의 과정은 다음의 4단계를 거쳐 확립된다.

① 각 기본 변수의 불확실성을 하나의 특성값으로 표현한다. 예) 고정하중계수 1.4 활하중계수 1.0
② 각각의 기본변수가 갖는 불확실성을 두 개의 특성값(평균과 변동계수)로 표현한다. 예) 특정하중에 대해 확률적으로 0.9이고 변동계수는 0.1로 표현
③ 각각의 불확실 변수의 분포 함수를 이용해 파괴 확률을 계산
④ 각 변수들의 상호분포함수, 경제성을 고려해 구조물의 신뢰도 계산

 | 철근 콘크리트의 한계상태 |

1. 극한한계상태(ultimate limit state)

붕괴 또는 구조적 파괴와 같은 한계상태로 일반적으로 구조물의 최대 하중 저항능력에 해당하는 상태이다. 사용자의 안전을 위험하게 하는 구조적 손상 또는 붕괴에 관련된 것으로 구조물의 안전에 관련된 극한한계상태는 현실적 단순화를 위해 구조물의 붕괴상황보다는 붕괴 직전의 상태로 간주하며 다음과 같은 상태를 포함한다.

① 구조계나 부재의 정역학적 평형손실 : 구조물의 외적 안전성과 연계되어 전도, 침하, 부상, 활동 등의 한계상태
② 구조계나 부재의 파괴 또는 과도한 변형
③ 지반의 파괴 또는 과도한 변위
④ 구조계나 부재의 피로 파괴

2. 사용한계상태(serviceability limit state)

정상적 사용 중의 구조물 또는 부재의 기능과 사용자의 안녕 그리고 구조물의 외관에 관련된 사항으로 구조물 외관이나 효율적 기능 발휘에 영향을 미치는 변형, 변위, 진동, 내구성 저하 등을 포함한다. 사용한계상태는 구조물에 나타나는 현상의 크기와 관련되기 때문에 정확한 사용한곗값의 정의는 작용하중의 크기와 연관된다. 이를 위해 구조물의 수명 동안 계속해서 나타나는 현상을 기준으로 한곗값을 정하기 위해 지속하중(sustained load) 크기에 대한 검증이 필요하다. 잔류변형과 같은 복원 불가능한 변형으로 규정된 한곗값의 경우에는 수명 동안 흔하게 발생하지 않는 큰 하중에 대해서도 검증해야 한다.

2. 철근 콘크리트 설계 방법의 비교

RC의 설계법 : ASD(WSD), USD, LSD

강구조의 설계법 : ASD, PD, LRFD

구분	허용응력 설계법(ASD, WSD)	강도설계법(USD, PD)	한계상태설계법(LSD, LRFD)
정의	철근 콘크리트를 탄성체로 가정하고 탄성이론에 의해 재료의 허용응력 이내로 설계	철근과 콘크리트의 비탄성 거동인 극한강도를 기초로 설계하중이 단면저항력 이내가 되도록 설계	신뢰성이론에 근거하여 안전성과 사용성을 하나의 개념으로 보고 각각의 한계상태에서 확률론적으로 안전성을 확보하는 설계
기본 가정	① Bernoulli의 정리 성립 ② 변형률은 중립축 거리 비례 ③ 콘크리트 탄성계수는 정수 ④ 콘크리트 휨인장응력 무시	① Bernoulli의 정리 성립 ② 변형률은 중립축 거리 비례 ③ 압축 con 최대변형률은 0.003 ④ 콘크리트 휨인장응력 무시 ⑤ 등가압축응력블록 가정 ⑥ 철근은 선형탄성–완전소성	한계상태 구분 ① 극한한계상태 ② 사용한계상태 ③ 피로 및 파단 한계상태 ④ 극한상황한계상태
설계 개념	① 콘크리트 $f_c \leq f_{ca}$ ② 철근 $f_s \leq f_{sa}$ ③ 안전율 : 극한응력/허용응력	소요강도 $\leq$ 설계강도 $\Sigma \gamma_i L_i \leq \phi S_n$	각각의 한계상태에 대하여 소요강도 $\leq$ 설계강도 $\Sigma \gamma_i Q_i \leq \phi R_n$
장점	전통성, 친근성, 단순성, 경험, 편리성	안전도 확보, 하중특성 반영, 재료특성 반영	신뢰성, 안전율 조정성, 거동 재료무관시방서, 경제성
단점	신뢰도, 임의성, 보유내하력 설계형식	사용성 별도 검토, 경제성, LSD에 비해 비 합리적	변화, S/W, 이론에 치중, 보정

3. 하중계수와 강도감소계수의 안전성 확보 ^{74회}

【 기출유형 ① 】 하중계수와 강도감소계수의 값을 결정할 때 고려하는 요소

1) 하중계수(γ_i) : 구조물에 작용하는 하중은 크게 고정하중, 활하중, 기타하중으로 구분되며, 활하중은 수명기간 동안의 최대하중을 명확히 알 수 없으며 기타하중도 환경조건에 따른 풍하중, 적설하중 토압 등 크기와 분포가 명확하지 않다. 구조물의 수명동안의 최대하중은 불확실하므로 최대하중을 확률변수로 본다. 최대하중은 통계자료를 통해서 확률모델을 통해 도수곡선을 통해서 결정한다.

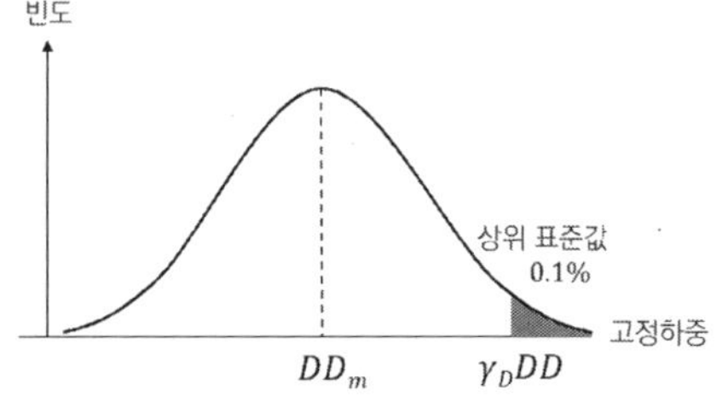

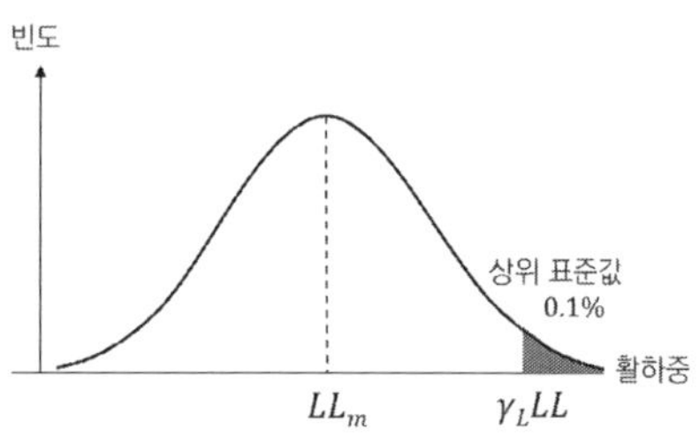

① 하중계수 적용사유 : 과재하 발생가능성 대비

    (1) 부재의 크기변화, 재료 밀도 변화, 구조 및 비구조재의 변경 등에 의한 고정하중 변경

    (2) 하중 영향 계산 시 강성 및 지간길이 가정, 해석 시 모델링의 부정확성 등의 불확실성

    (3) 파괴형태, 파괴경고, 부재수명의 잠재적 감소, 구조물의 구조부재의 중요성, 구조물 교체
       에 따른 비용 등의 요인을 고려하기 위해서 적용

2) 강도감소계수(ϕ_i) : 실제 강도를 정확히 알 수 없으므로 변수로 가정하며 주요 변수는 부재의 치수,
시공정도, 구조적 거동 등으로 실측된 재료와 부재 강도의 통계자료를 이용해 결정한다.

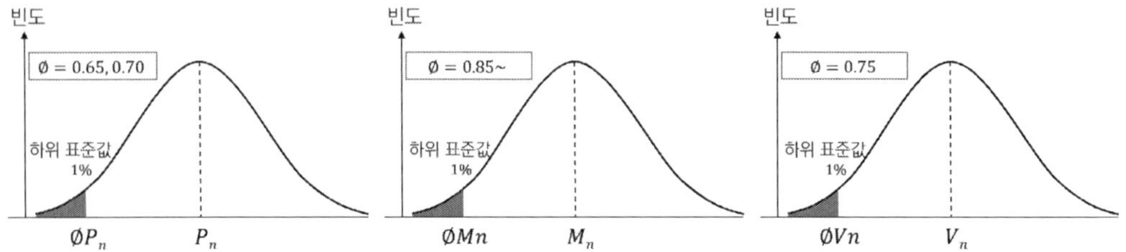

강도설계법 강도감소계수(KDS 14 20 10, 2021)

부재, 단면, 하중의 종류		ϕ
인장지배단면		0.85
압축 지배 단면	나선철근부재	0.70
	띠철근 부재	0.65
	변화구간(인장과 압축 사이) 단면	0.85~0.65(0.70)에서 보정
전단과 비틀림		0.75
콘크리트 지압력		0.65
STM		0.75
무근콘크리트		0.55

한계상태설계법 강도감소(재료)계수(KDS 24 14 21, 2021)

한계상태	하중조합(설계 상황)	콘크리트 ϕ_c	철근, 프리스트래스트 강재 ϕ_s
극한한계상태	극한하중조합 I~V(정상 및 임시 설계상황)	0.65	0.90
	극단하중조합 I~II(극단 및 지진설계상황)	1.0	1.0
사용한계상태	사용하중조합 I~V, 피로하중조합	1.0	1.0

① 강도감소계수 적용사유 : 재료, 부재의 강도가 예상보다 작을 수 있다.

    (1) 재료강도의 가변성, 시험재하 속도의 영향, 현장강도와 공시체 강도의 차이, 건조수축의
       영향에 따른 설계 시 예상값과의 차이

    (2) 철근의 위치, 철근의 휘어짐, 부재의 치수의 오차 등과 같은 제작시의 오차로 예상과 실제
       부재의 차이

(3) 직사각형 응력블록, 최대변형률 0.003 등과 같은 가정과 식의 단순화에 의한 오차

3) 하중계수와 강도감소계수 같은 안전계수를 각각 다르게 적용하는 이유

① 저항성능의 변동성(Variability of resistance) : 보와 기둥과 같은 구조요소의 실제적인 강도 (저항능력)는 설계자의 계산값과 상이할 수 있다.
  (1) 콘크리트와 보강철근의 강도 변동성
  (2) 설계도면 상의 단면과 시공된 단면과의 차이 발생
  (3) 단면 저항능력 계산식의 단순화와 가정사항
② 작용하는 하중의 변동성(Variability of Loading) : 작용하는 모든 하중의 크기는 변동이 가능 하며 특히 환경적인 하중인 활하중, 적설하중, 풍하중, 지진하중 등은 변동가능성이 크다. 따 라서 극한상황에서의 파괴확률을 낮출 수 있도록 하중계수 및 저항계수 산정이 필요하다.
③ 파괴의 결과(Consequence of Failure) : 특정구조물의 안전도 결정 시에는 다음과 같은 주관 적인 요소가 포함되어야 한다.
  (1) 구조물 파괴 시 철거 후 새로 건설하는 비용
  (2) 인명피해 가능성(창고보다 강당의 안전율이 더 높게 설정)
  (3) 구조물의 파괴로 인한 사회적 시간손실, 세입손실, 인명 및 재산의 간접손실
  (4) 파괴의 종류, 파괴에 대한 경고, 대체 하중경로 존재 여부(기둥이 보보다 더 높은 안전율 요구)

4) 파괴확률

RC의 USD(Ultimate Strength Design)와 강구조물의 PD(Plastic Design)은 설계기준형식면에서 는 유사하다. LRFD(또는 LSD)는 USD와 PD와 다르게 하중계수(γ_i)와 강도감소계수(ϕ_i)를 경험에 의해서 확정적으로 결정하는 것이 아니라 하중과 구조저항과 관련된 불확실성을 확률통계적으로 처리하는 구조 신뢰성 이론에 따라 다중 하중계수와 저항계수를 보정함으로써 구조물의 일관성 있는 적정수준의 안전율을 갖도록 하고 있다.
기존 USD 파괴확률 = 초과하중 작용확률(0.1%) × 설계강도 이하일 확률(1%) = 1/100,000
① LRFD의 파괴확률

$$\phi R_n \geq \sum \gamma_i Q_i$$

파괴확률$(P_f) = P(R \leq S) = P(R - S \leq 0)$ 또는 $P_f = P(R/S \leq 1) = P(\ln R - \ln S \leq 0)$

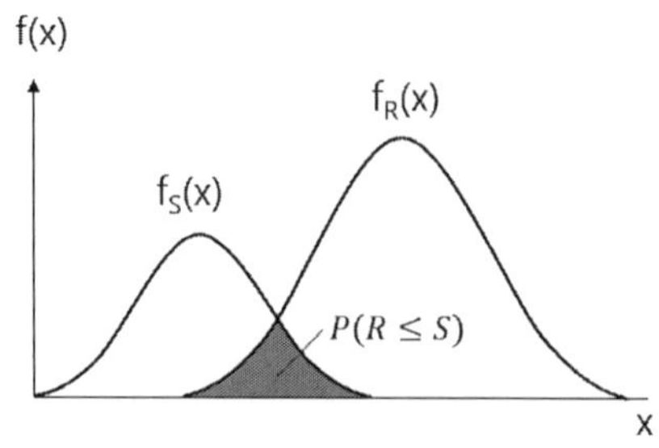

② 신뢰도 지수(Reliability Index, 안전도지수 Safety Index, β)

기지의 작용외력 확률밀도함수($f_S(x)$)와 구조물 저항 확률밀도함수($f_R(x)$)에 대하여 각각의 함수의 평균과 분산을 $\mu_S,\ \mu_R,\ \sigma_S,\ \sigma_R$이라 할 때 신뢰도(안전도) 지수의 정의는 다음과 같다.

$$\beta = \frac{\mu_z}{\sigma_z} = \frac{\mu_R - \mu_S}{\sqrt{\sigma_R^2 + \sigma_S^2}}$$

안전도 $Z = \phi R_n - \sum \gamma_i Q_i \geq \beta \sigma_{\ln(R/S)}$

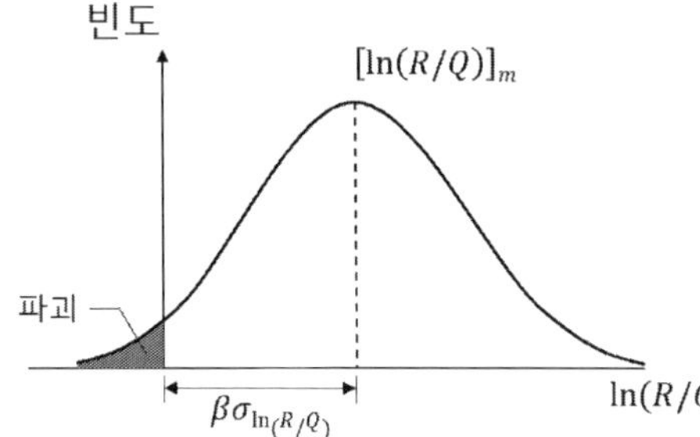

강도설계법에서의 신뢰도 지수는
일반적으로 주요부재에서 β는 3.0
연결부에서는 β는 4.0~5.0

여기서 β=4.0~5.0 정도면

파괴확률은 1% ×0.1%, 즉 $\dfrac{1}{100,000}$ 이다.

③ 한계상태설계법에서 목표 신뢰도 지수와 한계상태 도달 확률

철근 콘크리트 구조물에서 한계상태는 극한한계상태와 사용성에 관련된 사용한계상태로 구분하며, 구조물 안전성에 대한 신뢰도는 수명 동안 한계상태 도달 확률, 즉 파괴확률로 표현한다. 이 기준에 따라 50년 사용기간 동안 구조물이 극한한계상태로 파괴될 확률은 1/20,000이며, 이는 구조물이 50년 동안 붕괴되지 않을 확률이 99.995%라는 의미를 갖는다.

구분	목표 신뢰도 지수	
	1년	50년
극한한계상태	4.7	3.8
사용한계상태	2.9	1.5

파괴확률	10^{-1}	10^{-2}	10^{-3}	10^{-4}	10^{-5}	10^{-6}	10^{-7}
신뢰도지수	1.28	2.32	3.09	3.72	4.27	4.75	5.20

4. 성능기반설계(Performance based design) ^{114회/123회/128회}

【 기출유형 ① 】 성능중심설계법, 성능기반설계기준에 대한 설명
【 기출유형 ② 】 성능저하 한계상태 설명

1) 성능기반설계의 정의

성능중심 또는 성능기반설계(Performance-based Design)는 방법, 수행 절차 등을 제시한 것이 아닌, 의도된 최종 성과물의 요구 성능에 초점에 맞추어 설계하는 것으로 발주자가 콘크리트 구조물의 안전성능, 사용성능, 내구성능 또는 환경성능을 고려하여 필요한 성능지표를 정하고 이들 각각에 대한 정략적 목표 제시하면, 설계자는 콘크리트 구조물은 적절한 정도의 신뢰성과 경제성을 확보하면서 목표하는 사용수명 동안 발생 가능한 모든 하중과 환경에 대하여 요구되는 구조적 안전성능, 사용성능, 내구성능과 환경성능을 갖도록 설계하는 것을 의미한다.

기존의 시방서를 중심으로 사용자의 요구조건을 만족하도록 유도한 방식과 달리 설계단계에서부터 요구조건을 충족하도록 하고 있으며, KDS 14 20 01(콘크리트구조 설계)에서 규정하고 있다. KDS에서 정의하는 성능저하 한계상태(limit deterioration state)는 구조물이 여러 성능저하요인에 대해서 성능저하가 발생하는 기준점에 도달한 상태를 말한다. 성능저하 한계상태는 성능기반설계(Performance based design) 시 내구성능 검증에 주로 활용된다.

구분	성능중심 설계기준	시방중심 설계기준
장점	• 신재료, 신기술, 신공법의 반영으로 기술력 향상 • 생애주기비용 절감 • 국제건설시장의 흐름에 맞는 기준	• 설계 및 시공에서 기준 사용이 용이 • 발주자가 빠르고 쉽게 결과물에 대한 검토 수행 • 법률적 판단 용이
단점	• 설계 및 시공자의 높은 전문지식 요구 • 설계에 소요기간 증가 • 법률적 판단 복잡	• 신재료, 신기술의 반영이 곤란하여 기술개발 한계 • 최적 설계 곤란 • 국제기준 인정받기 어려움

2) 성능기반설계의 원칙

국내 콘크리트 구조설계기준(KDS 14 20 01)에서는 성능기반설계에 대해 부록편을 통해 기본적인 고려사항에 대해 규정하고 있으며 주요 설계원칙은 다음과 같다.

① 콘크리트 구조물의 설계는 의도하는 용도에 적합한 하중조합에 근거하여야 하며, 재료 및 구조물 치수에 대한 적절한 설곗값을 선택한 후 합리적인 거동이론을 적용하여 구한 구조성능이 요구되는 한계기준을 만족한다는 것을 검증하여야 한다.

② 구조물은 적절한 정도의 신뢰성과 경제성을 확보하면서, 목표하는 사용수명 동안 발생 가능한 모든 하중과 환경에 대하여 요구되는 구조적 안전성능, 사용성능, 내구성능과 환경성능을 갖도록 설계하여야 한다.

③ 구조물은 필요에 따라 예측 가능한 폭발 또는 충격 등에 의해 손상되지 않도록 설계하여야 한다.

④ 구조물의 성능검증에 필요한 신뢰도는 발주자가 정할 수 있으며, 적절한 안전계수와 시공 및 품질 관리를 통해 확보하여야 한다.

1. 콘크리트 압축부의 응력 블록 [91회]

【 기출유형 ① 】 등가직사각형 압축응력분포 모델의 β_1 정의, 강도에 따라 다른 이유

1) 단면의 휨강도 계산을 간단히 하기 위해서 Whitney에 의해 제안되었으며 철근의 거동(선형-완전소성)을 알고 있다는 가정하에 콘크리트 압축응력의 크기와 무게중심을 고려한 등가의 직사각형 응력 블록을 이용하여 강도계산이 쉽도록 가정한 내용으로 ACI에서 채택되었다.

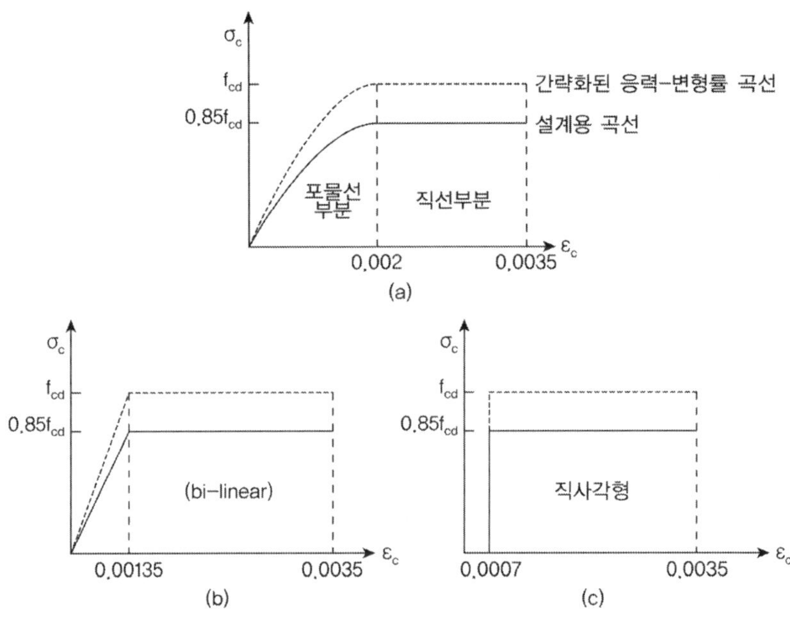

(CEB-FIP 시방서에 적용된 단순화된 응력-변형률 분포)

TIP | RC 휨이론에 대한 기본가정사항(Basic Assumption in flexure theory) |

① Bernoulli-Euler이론의 법칙(변형을 받아 휘어진 단면은 변형 후에도 평면유지, 변형은 중립축 거리비례)

② 철근과 콘크리트의 변형률은 같다.

③ 철근의 응력-변형률 곡선을 알고 있다(탄성-완전소성).

④ 압축강도의 분포와 크기로 정해지는 콘크리트의 응력-변형률 곡선을 알고 있다.

⑤ 휨강도 계산 시에는 콘크리트 인장은 무시한다.

⑥ 콘크리트 압축변형률이 $\epsilon_{cu} = 0.003$에 도달하면 붕괴한다.

⑦ 콘크리트의 압축응력 분포는 임의의 형상으로 가정할 수 있다.

2) 단면의 저항 휨모멘트 값이 변하지 않기 위해서 실제 압축응력에 구한 압축합력 C의 크기와 작용위치가 등가의 직사각형과 서로 동일해야 한다.

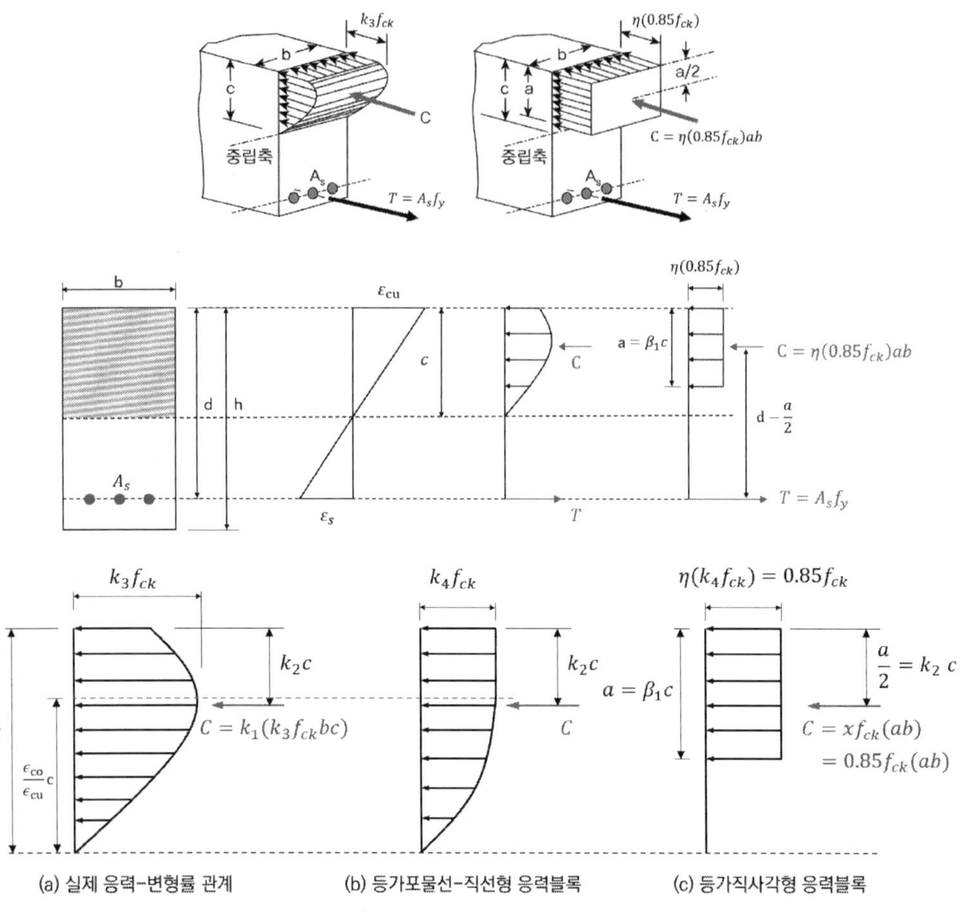

k_1 : 형상계수(Shape factor), k_2 : 도심계수(Centroid factor), k_3 : 품질계수(Quality control constant)

(작용위치 동일) $\quad k_2 c = \dfrac{a}{2} \qquad \therefore a = (2k_2)c = \beta_1 c$

(작용크기 동일) $\quad C = k_1(k_3 f_{ck} bc) = (x f_{ck})ba \quad \therefore x f_{ck} = \dfrac{k_1 k_3 f_{ck} bc}{b(\beta_1 c)} = \dfrac{k_1 k_3}{2k_2} f_{ck}$

(ACI) $\quad k_1 k_3$ 상한값 $= 0.72 \qquad\qquad k_1 k_3 = 0.72 - 0.04\left(\dfrac{f_{ck} - 28}{7}\right)$

$\quad k_2$ 상한값 $= 0.425 \qquad\qquad k_2 = 0.425 - 0.025\left(\dfrac{f_{ck} - 28}{7}\right)$

$\quad x = \dfrac{k_1 k_3}{2k_2} = 0.85 \sim 0.87 \simeq 0.85$

3) KDS 14 20 20 콘크리트 강도설계법(2021) 적용사항

① 휨모멘트 또는 휨모멘트와 축력을 동시에 받는 부재 콘크리트 압축연단의 극한변형률은 설계기준 압축강도가 40MPa 이하인 경우 0.0033으로, 40MPa를 초과하는 경우 10MPa마다 0.0001씩 감소시킨다. 90MPa 초과하는 경우에는 별도 성능실험을 통해 산정한다.

② 콘크리트 압축응력의 분포와 콘크리트 변형률 사이의 관계는 직사각형, 사다리꼴, 포물선형 또는 강도의 예측에서 광범위한 실험의 결과와 실질적으로 일치하는 어떤 형상으로도 가정할 수 있다.

【 등가 직사각형 압축응력 블록 】

③ 등가 직사각형 압축응력블록으로 가정하는 경우

(1) 단면의 가장자리와 최대 압축변형률이 일어나는 연단부터 $a = \beta_1 c$ 거리에 있고 중립축과 평행한 직선에 의해 이루어지는 등가 압축영역에 $\eta(0.85 f_{ck})$인 콘크리트 응력이 등분포하는 것으로 가정한다.

(2) 최대 변형률이 발생하는 압축연단에서 중립축까지 거리 c는 중립축에 대해 직각방향으로 측정한 것으로 한다.

(3) 계수 η와 β_1은 다음 값을 적용한다.

f_{ck}(MPa)	≤40	50	60	70	80	90
ε_{cu}	0.0033	0.0032	0.0031	0.003	0.0029	0.0028
η	1.00	0.97	0.95	0.91	0.87	0.84
β_1	0.80	0.80	0.76	0.74	0.72	0.70

【 포물선-직선 형상 】

④ 포물선-직선형상의 응력-변형률 관계로 나타낼 경우

(1) 원점에서 최대 응력에 처음 도달할 때까지의 상승 곡선부는 다음과 같이 계산한다.

$$f_c = 0.85 f_{ck}\left[1 - \left(1 - \frac{\varepsilon_c}{\varepsilon_{co}}\right)^n\right]$$

이후 극한 변형률 ε_{cu} 까지는 다음 식으로 계산한다.

$$f_c = 0.85 f_{ck}$$

여기서, n은 상승 곡선부의 형상을 나타내는 지수, ε_c는 콘크리트의 압축변형률, ε_{co}는 최대응력에 처음 도달할 때의 변형률

(2) 콘크리트 압축강도가 40 MPa 이하인 경우 n, ε_{co}, ε_{cu}는 각각 2.0, 0.002, 0.0033으로 한다. 콘크리트 압축강도가 40 MPa을 초과하는 경우, n, ε_{co}, ε_{cu}는 다음과 같이 산정한다.

$$n = 1.2 + 1.5\left(\frac{100 - f_{ck}}{60}\right)^4 \leq 2.0 \qquad \varepsilon_{co} = 0.002 + \left(\frac{f_{ck} - 40}{100,000}\right) \geq 0.002$$

$$\varepsilon_{cu} = 0.0033 - \left(\frac{f_{ck} - 40}{100,000}\right) \leq 0.0033$$

(3) 포물선–직선 형상의 응력–변형률 관계에 의하여 콘크리트에 작용하는 압축응력의 평균값은 $\alpha(0.85 f_{ck})$로, 압축연단으로부터 합력의 작용위치는 중립축 깊이 c와 β의 곱으로 나타내며, 응력분포의 각 변수 및 계수는 아래와 같다.

f_{ck}(MPa)	≤40	50	60	70	80	90
n	2.0	1.92	1.50	1.29	1.22	1.20
ε_{co}	0.002	0.0021	0.0022	0.0023	0.0024	0.0025
ε_{cu}	0.0033	0.0032	0.0031	0.003	0.0029	0.0028
α	0.80	0.78	0.72	0.67	0.63	0.59
β	0.40	0.40	0.38	0.37	0.36	0.35

④ 횡방향 철근으로 구속된 휨부재와 압축부재는 호이구속 효과를 고려해 다음의 응력 변형률 관계를 이용하여 단면의 강도와 변형 성능을 검증할 수 있다.

(1) 횡구속 효과를 고려할 때의 횡구속 철근은 심부콘크리트를 구속할 수 있는 철근상세를 가진 횡방향철근이어야 한다.

(2) 별도 자료가 없는 경우 포물선–직선 형상의 응력–변형률 관계를 이용할 수 있다.

원점에서 최대응력 도달 시까지 상승 곡선부 $f_c = 0.85 f_{ck,c}\left[1 - \left(1 - \dfrac{\varepsilon_c}{\varepsilon_{co,c}}\right)^n\right]$

극한변형률 $\varepsilon_{cu,c}$까지 하강 곡선부 $f_c = 0.85 f_{ck,c}$

여기서, $f_{ck,c} = f_{ck} + 3.7 f_{c2}$, $\quad \varepsilon_{co,c} = \varepsilon_{co}\left(\dfrac{f_{ck,c}}{f_{ck}}\right)^2$, $\quad \varepsilon_{cu,c} = \varepsilon_{cu} + \dfrac{0.2 f_{c2}}{f_{ck}}$

f_{c2} 극한한계상태에서 구속에 의해 발생하는 횡방향 유효 압축응력

(원형 후프, 나선철근) $f_2 = \dfrac{1}{2}\rho_s f_{yh}\left(1 - \dfrac{s}{d_s}\right) = \dfrac{2 A_{sp} f_{yh}}{s\, d_c}\left(1 - \dfrac{s}{d_c}\right)$

(사각형 띠철근) $f_2 = \rho_{r\,min} f_{yh}\left(1 - \dfrac{s}{b_{cl}}\right)\left(1 - \dfrac{s}{b_{cs}}\right)\left(1 - \dfrac{\Sigma b_i^2/6}{b_{cl} b_{cs}}\right)$

$\rho_s = \dfrac{4 A_{sp}}{s\, d_c}$, $\quad \rho_{r\,min} = \min[\rho_{rl},\, \rho_{rs}]$, $\quad \rho_{rl} = \dfrac{A_{shl}}{s\, b_{cs}}$, $\quad \rho_{rs} = \dfrac{A_{shs}}{s\, b_{cl}}$

1) 포물-사각형 응력-변형률 곡선(p-r곡선, parabola-rectangular stress-strain curve)

콘크리트 압축 요소에서 균일한 단기 압축응력의 발생은 이상적인 경우이며, 실제부재에서는 상대적으로 넓은 면적을 가지고 있기 때문에 변형률이 직선으로 분포한다는 가정에 오류가 발생할 수 있다. 이는 국부적인 조직결함이나 작은 응력교란, 장기적 관점에서 압축력 재하속도, 크리프에 의한 응력 재분배가 발생하게 된다. 특히 편심 축압축력이 작용하는 경우 변형률 경사(Strain gradient)가 발생된 상태의 콘크리트에는 정점 변형률 이후의 거동이 상당히 다르게 발생된다.

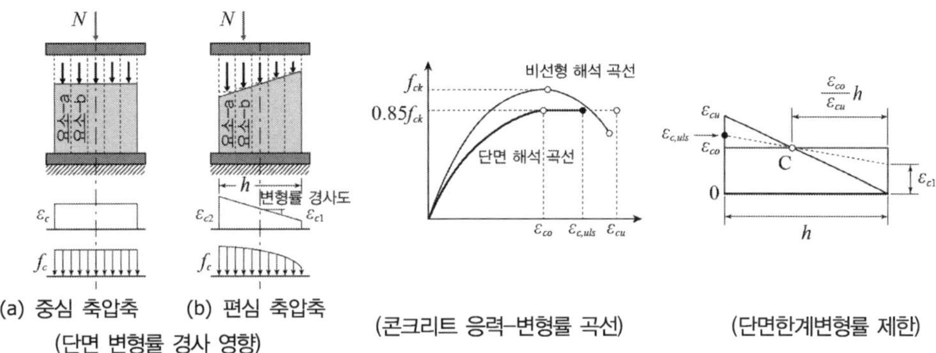

따라서, 실재 부재단면 해석을 위한 응력-변형률 관계는 단기하중에 의한 이상적인 등분포 변형률을 갖는 콘크리트 응력-변형률 곡선과 많이 다르게 되며, 이상적 상태보다 강도가 작게 된다.

도로교 설계기준에서는 포물-사각형 형태로 정점에서 유효응력을 $0.85f_{ck}$로 낮게 설정하여 파괴 변형률까지 일정하게 이상화시킨 곡선이 사용되며, 이 곡선을 포물-사각형응력-변형률 곡선(parabola-rectangular stress-strain curve)라고 한다.

단면 변형률 경사도에 따라 설계에 사용되는 한계변형률을 제한하도록 하고 있으며, 변형률 경사가 충분히 커서 인접 콘크리트 구속효과에 의해 정점 변형률 도달 이후에 순간적으로 파괴되지 않는 경우에는 설계에 사용하는 단면 한계변형률은 ϵ_{cu}가 되며, 반면 변형률 경사가 없는 경우 단면 한계변형률을 정점 변형률 ϵ_{co}로 제한한다. 압축부재의 극한한계상태에서 단면 한계변형률을 $\epsilon_{c,uls}$라 하면, 그 값은 ϵ_{co}와 ϵ_{cu} 사이에서 보간하여 결정한다.

압축부재의 단면 한계변형률 $\epsilon_{c,uls} = \epsilon_{co} + \dfrac{1}{\epsilon_{co}}(\epsilon_{co} - \epsilon_{c1})(\epsilon_{cu} - \epsilon_{co})$

2) 단면의 압축 합력의 크기와 작용점

내부 요소들의 응력을 산정하여 응력 분포도를 산출하며 이것을 적분한 값이 합력이 되고 그 무게 중심이 작용점 위치가 된다.

한쪽 연단의 변형률이 항상 0인 경우 단면 압축응력의 합력 C와 그 작용점 깊이 βh는 다음과 같다.

$$C = \int_0^h f_c(\epsilon)bdx, \quad \beta h = h - \frac{\int_0^h x f_c(\epsilon)bdx}{\int_0^h f_c(\epsilon)bdx}$$

(b : 압축영역 단면 폭, x : 변형률이 0인 연단에서 거리)

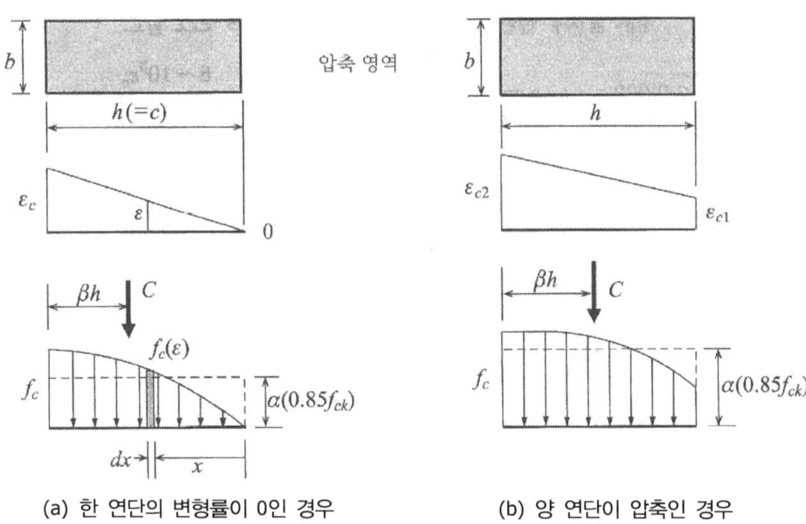

(a) 한 연단의 변형률이 0인 경우   (b) 양 연단이 압축인 경우

(단면 압축 영역에 분포한 응력의 합력크기와 작용점)

이를 다음과 같이 무차원 계수로 나타낼 수 있으며, 무차원 계수 α, β는 압축 영역이 직사각형 단면일 때 압축 연단 변형률 ϵ_c만의 함수로 표현된다.

$\alpha = \dfrac{f_{c,avg}}{0.85f_{ck}}$: 압축 영역의 평균응력 $f_{c,avg}$의 정점강도 $0.85f_{ck}$에 대한 비

β : 큰 압축 연단으로부터 잰 작용점 깊이의 압축 영역 깊이에 대한 비

한쪽 연단의 변형률이 항상 0인 경우 각 콘크리트 강도 등급에 따른 극한 한계상태의 α, β는 정해진 정점 변형률 ϵ_{co}와 한계변형률 ϵ_{cu}를 이용하여 아래 식으로 산정할 수 있다.

$$\alpha = 1 - \frac{1}{1+n}\left(\frac{\epsilon_{co}}{\epsilon_{cu}}\right)$$

$$\beta = 1 - \frac{1}{\alpha}\left[0.5 - \frac{1}{(1+n)(2+n)}\left(\frac{\epsilon_{co}}{\epsilon_{cu}}\right)^2\right]$$

기준압축강도 40MPa 이하인 보통 콘크리트인 경우 극한 한계상태에서 평균응력계수 α=0.80, 작용점 위치계수 β=0.41

3) 한계상태 설계법 극한한계상태에 대한 단면 휨설계

① 응력-변형률 관계

한계상태설계법에서는 단면의 휨설계를 위하여 실제 콘크리트의 압축거동을 이상화한 콘크리트의 응력-변형률 곡선을 사용할 수 있도록 하고 있다. 이는 강도설계법에서 일반적으로 채택하였던 등가 직사각형 모델과는 달리 아래 그림과 같이 포물선과 직선으로 구성되므로 보다 사실적인 거동에 기초한 설계방법을 제안하고 있다. 설계기준에서는 콘크리트의 응력을 변형률의 함수로서 구간에 따라 다음과 같이 구분하여 제시한다.

$$f_c = \phi_c 0.85 f_{ck} \left[1 - \left(1 - \left(\frac{\epsilon_c}{\epsilon_{co}} \right) \right)^n \right] \qquad 0 \leq \epsilon_c \leq \epsilon_{co}$$

$$f_c = \phi_c 0.85 f_{ck} \qquad\qquad\qquad \epsilon_{co} < \epsilon_c \leq \epsilon_{cu}$$

여기서 ϕ_c (콘크리트에 대한 재료계수, 극한하중시 0.65, 극단상황, 사용하중, 피로 시 1.0)

$$n = 2.0 - \left(\frac{f_{ck} - 40}{100} \right) \leq 2.0 \ (상승곡선부의\ 형상을\ 나타내는\ 지수)$$

$$\epsilon_{co} = 0.002 + \left(\frac{f_{ck} - 40}{100,000} \right) \geq 0.002 \ (최대응력에\ 처음\ 도달할\ 때의\ 변형률)$$

$$\epsilon_{cu} = 0.0033 - \left(\frac{f_{ck} - 40}{100,000} \right) \leq 0.0033 \ (극한변형률)$$

단, 콘크리트 강도가 40MPa 이하인 경우 n, ϵ_{co}, ϵ_{cu} 는 주어진 한곗값을 적용한다.

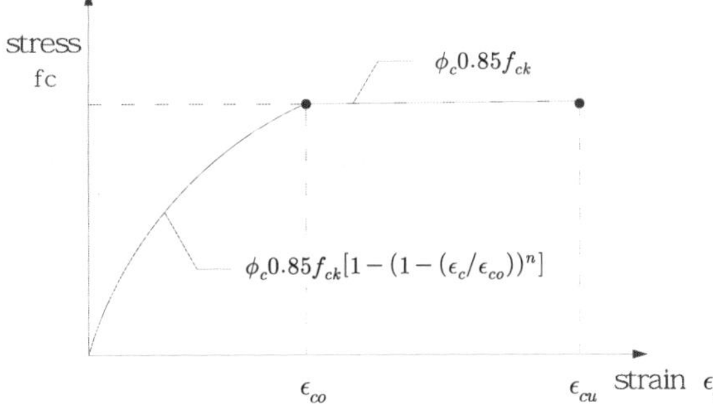

도로교설계기준 한계상태설계법

① 평형조건과 변형적합조건이용
② 콘크리트 한계변형률 0.0033
③ 극한한계상태에서 중립축 깊이 c_{max}

$$c_{max} = \left(\frac{\delta \epsilon_{cu}}{0.0033} - 0.6 \right) d$$

④ 중립축 깊이가 c_{max} 이하가 되도록 인장철근 또는 긴장재의 양을 제한하거나 압축철근 단면적 증가시키도록 요구

단면의 휨해석을 위해 필요한 중립축 상단에 작용하는 압축력의 크기는 f_c 함수를 적분하여 구하고 작용점은 도심을 계산하여 결정할 수 있다.

② 등가직사각형 응력분포로 치환하는 방법

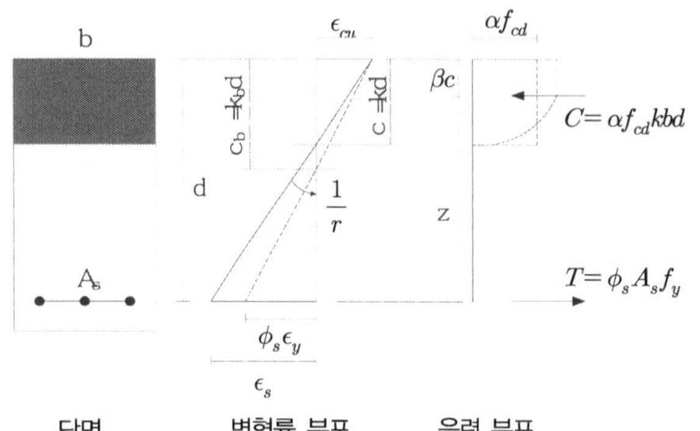

α : 압축영역의 평균응력 $f_{c,avg}$ 과 설계강도 f_{cd}의 비

$$\alpha = 1 - \frac{1}{1+n}\left(\frac{\epsilon_{co}}{\epsilon_{cu}}\right)$$

β : 압축연단으로부터 잰 작용 점 깊이와 중립축 깊이 비

$$\beta = 1 - \frac{0.5 - \dfrac{1}{(1+n)(2+n)}\left(\dfrac{\epsilon_{co}}{\epsilon_{cu}}\right)^2}{1 - \dfrac{1}{1+n}\left(\dfrac{\epsilon_{co}}{\epsilon_{cu}}\right)}$$

휨부재의 극한한계상태에서 한계변형률과 합력 무차원 계수 값

f_{ck}(MPa)	보통강도 콘크리트							고강도 콘크리트				
	18	21	24	27	30	35	40	50	60	70	80	90
ϵ_{cu} (‰)	3.3							3.2	3.1	3.0	2.9	2.8
α	0.80							0.78	0.72	0.67	0.63	0.59
β	0.41 (0.4)							0.40	0.38	0.37	0.36	0.35
γ	0.97 (1.0)							0.97	0.95	0.91	0.87	0.84

4) 구속 콘크리트

콘크리트 압축요소에 축압축력이 작용하면 길이가 줄어들면서 동시에 횡방향으로 팽창하며 횡방향으로 배치된 띠철근이나 나선철근은 콘크리트를 구속하는 기능을 수행한다. 콘크리트가 3축으로 구속될 경우에는 그 강도와 한계변형률이 1축 압축 상태에 비해 10배 이상으로 증가하게 된다. 그림과 같이 띠철근이나 나선철근이 적절히 배치된 압축요소에서는 철근이 파단되기 전까지 심부(core) 콘크리트를 횡방향으로 구속하게 된다. 철근이 항복력을 발휘할 때 횡구속 압력은 다음과 같다.

$$p = \frac{2 A_{sp} f_y}{d_c s}$$ 여기서 A_{sp}, f_y는 횡방향 철근의 단면적과 항복강도, d_c 심부콘크리트의 지름

이때 심부콘크리트 부피에 대한 횡방향 철근 부피 비 ρ_{sp}는 다음과 같이 정의되며

$$\rho_{sp} = \frac{4 A_{sp}}{d_c s} \quad , \quad p = \frac{1}{2}\rho_{sp} f_y$$

나선형 철근이나 사각형 띠철근의 음영이 표시된 부분에는 콘크리트가 구속된 효과를 보이기 때문에 길이방향으로 배치된 철근의 간격 s에 따라 유효 횡방향 압력을 위한 압력이 다음과 같이 보정된다.

$$p = \frac{1}{2}\alpha_c \rho_{sp} f_y$$

여기서 α_c는 횡방향 철근의 형태와 철근 배치간격 s에 따른 구속 요효면적 감소계수이다.

사각형 띠철근 $\alpha_c = \left(1 - \dfrac{s}{a_c}\right)\left(1 - \dfrac{s}{b_c}\right)$ a_c, b_c 심부구속철근의 가로, 세로 길이

원형 나선철근 $\alpha_c = 1 - \dfrac{s}{d_c}$ d_c 원형단면의 심부 콘크리트 지름

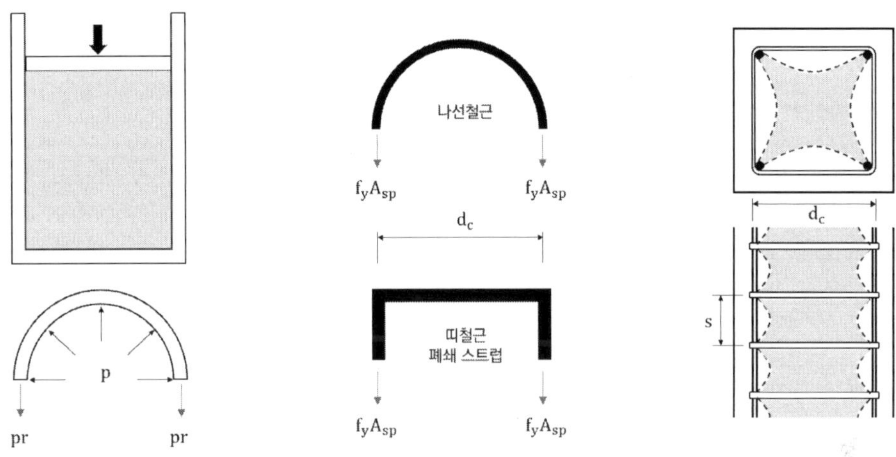

이때 구속압력 p는 주응력 $f_1 = f_3$와 같으므로, 다축응력을 받는 콘크리트 압축강도 식으로부터

$$f_{ck,c} = f_{ck} + 2.5\alpha_c\rho_{sp}f_y \qquad\qquad 0.5\alpha_c\rho_{sp}f_y \leq 0.05f_{ck}$$
$$f_{ck,c} = 1.125f_{ck} + 1.25\alpha_c\rho_{sp}f_y \qquad 0.5\alpha_c\rho_{sp}f_y > 0.05f_{ck}$$

여기서 $f_{ck,c}$는 횡구속을 받는 심부 콘크리트의 증가된 압축강도이며, 심부 콘크리트의 한계변형률 증가식은 다음과 같다.

$$\epsilon_{co,c} = \epsilon_{co}(f_{ck,c}/f_{ck})^2, \qquad \epsilon_{cu,c} = \epsilon_{cu} + 0.1\alpha_c\rho_{sp}f_y/f_{ck}$$

2. 강도 저감계수 ϕ (KDS 14 20 10 강도설계법)

1) 휨-압축 부재별 강도 저감계수

| 인장지배 | 압축지배 | | 전단력
비틀림 | 콘크리트
지압력 | 포스트텐션
정착구역 | STM | | 프리텐션 휨단면 | | 무근
콘크리트 |
	나선철근	그 외 (띠철근)				스트럿, 절점부	타이	전달길이 단부까지	전달~ 정착길이	
0.85	0.70	0.65	0.75	0.65	0.85	0.75	0.85	0.75	0.75~0.85	0.55

2) 지배단면에 따른 강도 저감계수 [85회/101회/112회/118회]

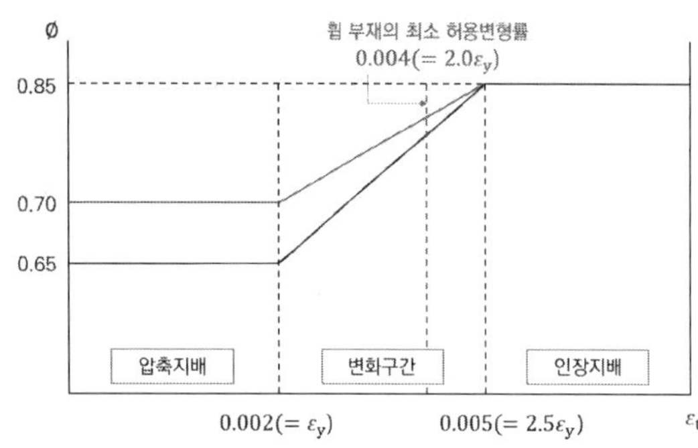

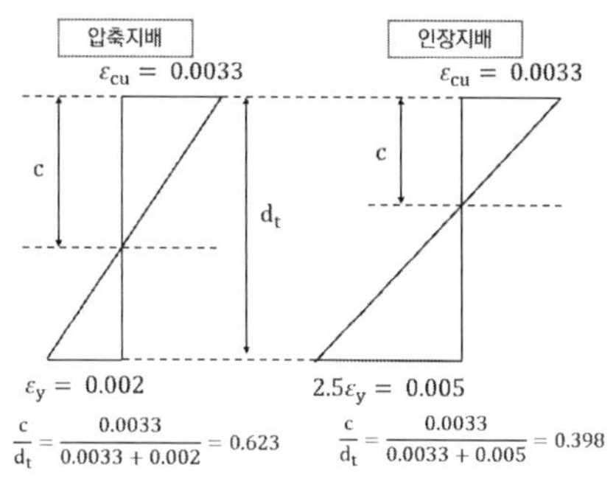

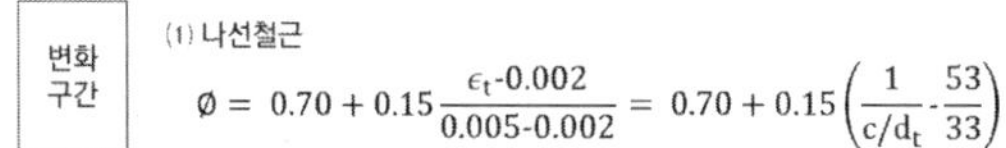

변화구간

(1) 나선철근
$$\phi = 0.70 + 0.15\frac{\varepsilon_t - 0.002}{0.005 - 0.002} = 0.70 + 0.15\left(\frac{1}{c/d_t} - \frac{53}{33}\right)$$

(2) 띠철근
$$\phi = 0.65 + 0.20\frac{\varepsilon_t - 0.002}{0.005 - 0.002} = 0.70 + 0.20\left(\frac{1}{c/d_t} - \frac{53}{33}\right)$$

① 압축지배단면($\varepsilon_{cu} = 0.0033$ 일 때, $\varepsilon_t \leq \varepsilon_y = 0.002$ 인 단면) : 취성파괴

  (1) 압축연단 콘크리트가 가정된 극한변형률에 도달할 때 최외단 인장철근의 순인장변형률 ε_t 가 압축지배변형률 한계 이하인 단면을 압축지배단면이라고 정의한다.

  (2) $\varepsilon_{cu} = 0.0033$ 에 도달할 때, 최외단 인장철근의 순인장변형률 ε_t 가 압축지배 변형률 한계 이하($f_y = 400MPa$ 일 때 $\varepsilon_t < \varepsilon_y = 0.002$)

  (3) 파괴 징후 없이 취성파괴 발생 가능성이 있어 강도를 인장지배단면에 비해 낮게 적용한다.

② 인장지배단면($\varepsilon_{cu} = 0.0033$ 일 때, $\varepsilon_t \geq 2.5\varepsilon_y, \ 0.005$ 인 단면) : 연성파괴

  (1) 압축연단 콘크리트가 가정된 극한변형률에 도달할 때 최외단 인장철근의 순인장변형률 ε_t 가 0.005의 인장지배변형률 한계 이상인 단면을 인장지배단면이라고 정의한다.

  (2) $\varepsilon_{cu} = 0.0033$ 에 도달할 때, 최외단 인장철근의 순인장변형률 ε_t 가 $f_y \leq 400MPa$ 일 때

$\epsilon_t \geq 0.005$, $f_y > 400MPa$일 때 $\epsilon_t \geq 2.5\epsilon_y$, 또는 $\dfrac{c}{d_t}$가 한계이하($f_y = 400MPa$일 때

$$\frac{c}{d_t} \geq \frac{33}{83}\left(= \frac{\epsilon_{cu}}{\epsilon_{cu} + 2.5\epsilon_y}\right)) \text{ 인 단면}$$

(3) 과도한 처짐이나 균열이 발생이 발생하는 연성파괴를 유발해 파괴징후 파악이 쉽다.

③ 변화구간($\epsilon_{cu} = 0.0033$일 때, $\epsilon_y < \epsilon_t < 2.5\epsilon_y$인 단면) : 최소 허용변형률 만족 시 연성확보

　(1) $\epsilon_{cu} = 0.0033$에 도달할 때, 최외단 인장철근의 순인장변형률 ϵ_t가 $\epsilon_y < \epsilon_t < 2.5\epsilon_y$, 또는

$$\frac{c}{d_t} \text{ 가 } \frac{33}{83}\left(= \frac{\epsilon_c}{\epsilon_c + 2.5\epsilon_y}\right) < \frac{c}{d_t} < \frac{33}{53}\left(= \frac{\epsilon_c}{\epsilon_c + \epsilon_y}\right) \text{인 단면}$$

　(2) $\epsilon_{t.min} = 0.004\,(f_y \leq 400MPa), \quad 2.0\epsilon_y\,(f_y > 400MPa)$

　(3) 철근의 최소 허용변형률($\epsilon_{t.min}$) : 프리스트레스되지 않은 RC휨부재와 $0.1f_{ck}A_g$보다 작은
　　계수축하중을 받는 RC휨부재의 순인장변형률 ϵ_t가 최소 허용인장변형률 $\epsilon_{t.min}$ 이상이면 연
　　성파괴를 확보한다고 보고, 축력의 영향을 무시하고 휨부재로 취급해 휨강도를 계산할 수
　　있다.

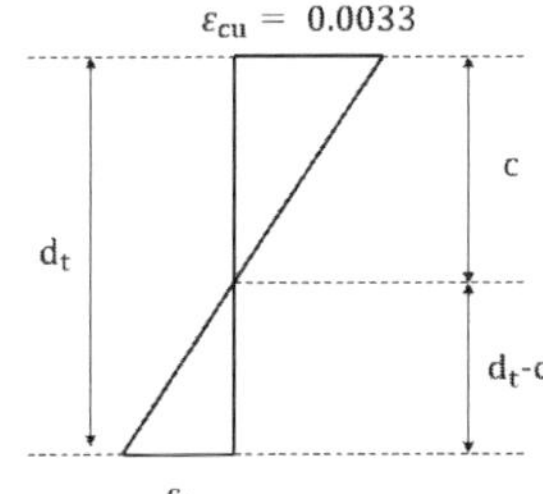

$$\frac{c}{d_t} = \frac{\epsilon_{cu}}{\epsilon_{cu} + \epsilon_t}$$

$$\therefore \epsilon_t = \epsilon_{cu}\left(\frac{d_t - c}{c}\right) = \epsilon_{cu}\left(\frac{d_t}{c} - 1\right)$$

(1) 나선철근

$$\phi = 0.70 + \frac{0.85 - 0.70}{0.005 - 0.002}(\epsilon_t - 0.002) = 0.7 + 50(\epsilon_t - 0.002)$$

$$= 0.7 + 50\left(\epsilon_{cu}\left(\frac{d_t}{c} - 1\right) - 0.002\right) = 0.7 + 0.15\left[\frac{1}{c/d_t} - \frac{53}{33}\right]$$

(2) 띠철근 등

$$\phi = 0.65 + \frac{0.85 - 0.65}{0.005 - 0.002}(\epsilon_t - 0.002) = 0.65 + \frac{200}{3}(\epsilon_t - 0.002)$$

$$= 0.65 + 0.20\left[\frac{1}{c/d_t} - \frac{53}{33}\right]$$

3. 저보강 단면(under-reinforced section)과 인장지배 단면(tension-controlled secton)의 파괴 ^{63회/64회/131회}

【 기출유형 ① 】 과보강보와 저보강보를 비교 설명
【 기출유형 ② 】 RC보의 철근비에 의한 파괴거동
【 기출유형 ③ 】 RC단면에 최소철근을 배치해야 하는 이유

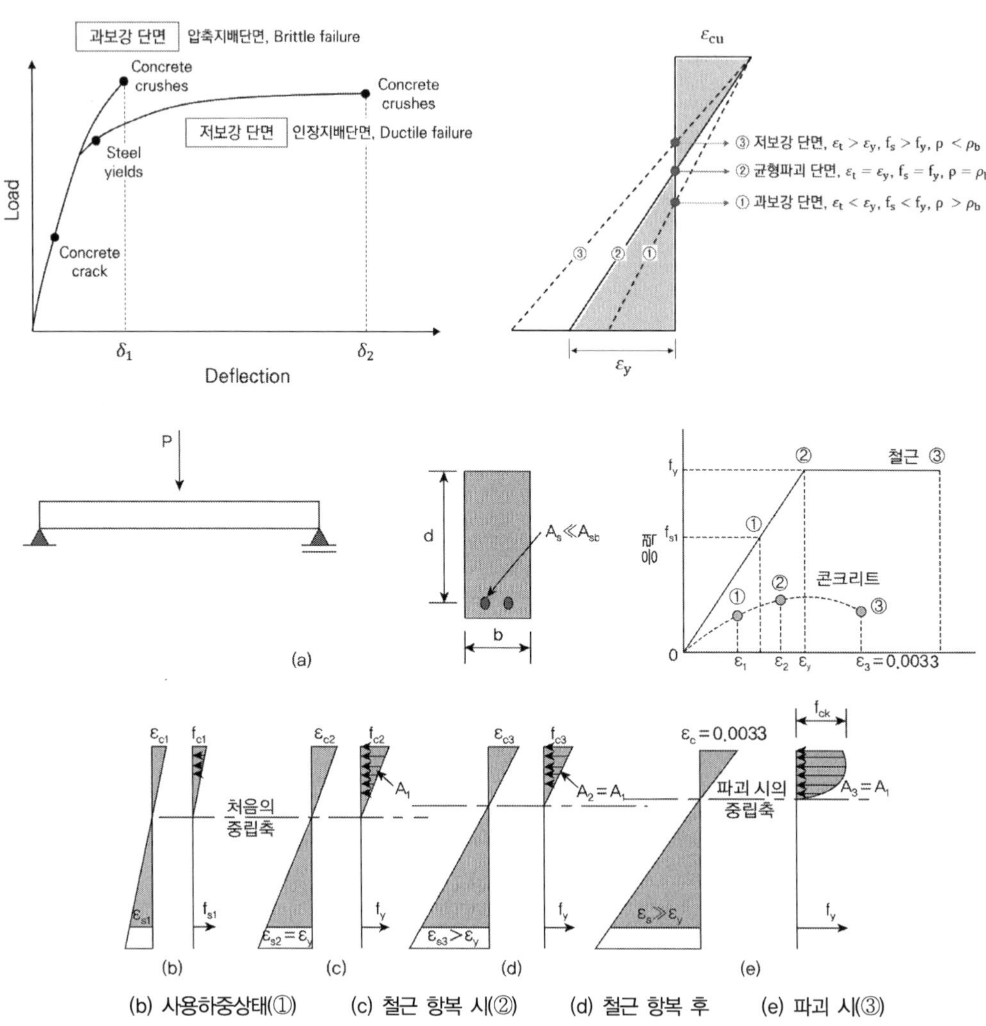

(b) 사용하중상태(①)   (c) 철근 항복 시(②)   (d) 철근 항복 후   (e) 파괴 시(③)

① 인장 지배단면은 콘크리트가 한계변형률($\epsilon_{cu} = 0.0033$) 도달 이전에 철근이 항복에 도달($\epsilon_s \geq \epsilon_y$)하여 철근이 먼저 항복한다.

② 중립축이 최초에 압축측 연단에 가까이 있어 하중증가에 따라 중립축이 위로 상승하며 이로 인하여 철근이 변형률이 빠르게 증가한다(철근 먼저 항복).

③ 철근 먼저 항복하므로 파괴 시 충분한 연성을 가지고 파괴 징후를 알 수 있다.

④ 다만, 아주 저보강 단면(lightly reinforced section)의 경우 분쇄파괴(Brittle failure)가 발생하는데 이는 콘크리트 인장응력이 파괴계수($f_r = 0.63\sqrt{f_{ck}}$) 초과 시 균열이 발생하며 인장응력을 철근에 전가 철근의 단면적이 너무 적으면 인장력에 저항하지 못하고 과다하게 늘어지면서(snap) 파괴가 발생한다. 이러한 파괴를 방지하고 연성파괴를 유도하기 위해서 상한한계인 최외단 순인장변형률($\epsilon_{t.\min}$) 이상 되도록 하고 하한한계로 최소철근비 규정을 준수해야 한다(하한한계 : snapping 방지, 상한한계 : 철근과다 방지, Brittle failure 방지).

4. 철근량의 제한 113회/131회

휨부재에서 철근량 제한은 휨 거동의 연성 확보를 하는 데 목적이 있다. 휨 부재의 연성거동은 인장철근량에 따라 결정되며 철근량이 적거나 일정량 이상을 초과하는 경우에도 취성거동을 보일 수 있다. 매우 적은 양의 인장철근이 배근되어 저항하지 못하거나 무근 콘크리트의 경우 균열 휨모멘트 M_{cr} 에 도달된 후 취성파괴로 급작스럽게 파괴되며, 너무 많은 양의 인장철근이 배근된 경우에도 압축 콘크리트가 한계변형률에 도달되기 전에 항복해 전조없이 파괴될 수 있다.

1) 균형철근비

압축 측 콘크리트가 한계변형률 $\epsilon_{cu} = 0.0033$ 에 도달할 때 철근이 항복해 $\epsilon_s = \epsilon_y$ 가 되는 상태

① 단철근 직사각형보

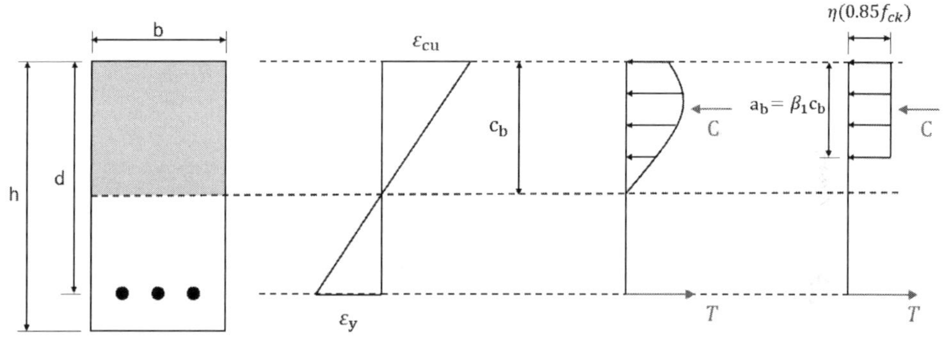

중립축 위치 c_b 관계 $c_b = \dfrac{\epsilon_{cu}}{\epsilon_{cu} + \epsilon_y} d$

힘의 평형조건 C=T $A_s f_y = \eta(0.85f_{ck})a_b b_w = \eta(0.85f_{ck})\beta_1 c_b b_w$

$$\therefore \rho_b = \frac{A_s}{b_w d} = \frac{0.85\eta\beta_1 f_{ck}}{f_y}\frac{\epsilon_{cu}}{\epsilon_{cu} + \epsilon_y}$$

② 복철근 직사각형보

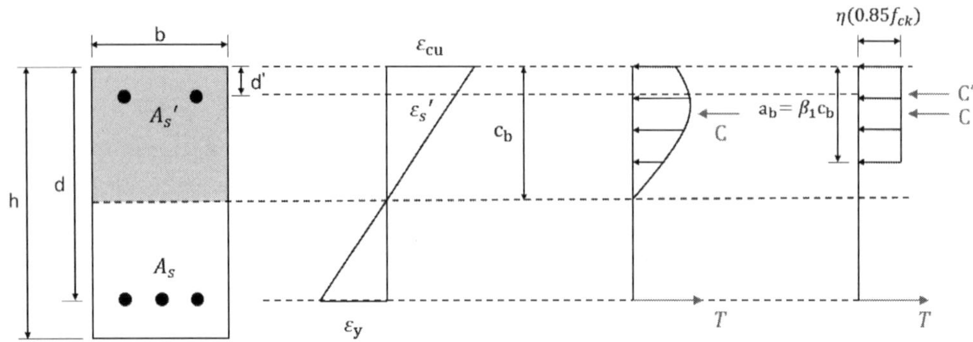

중립축 위치 c_b 관계 $\quad c_b = \dfrac{\epsilon_{cu}}{\epsilon_{cu} + \epsilon_y}d$

압축철근의 변형률 $\quad \epsilon_s{}' = \epsilon_{cu} \times \dfrac{c_b - d'}{c_b}$

힘의 평형조건 C=T $\quad A_s f_y = \eta(0.85 f_{ck})\beta_1 c_b b_w + A_s{}'(f_s{}' - \eta(0.85 f_{ck}))$

$$\simeq \eta(0.85 f_{ck})\beta_1 c_b b_w + A_s{}' f_s{}'$$

$$\therefore \overline{\rho_b} = \frac{A_s}{b_w d} = \frac{0.85\eta\beta_1 f_{ck}}{f_y}\frac{\epsilon_{cu}}{\epsilon_{cu} + \epsilon_y} + \rho'\frac{f_s{}'}{f_y}, \quad \text{여기서 } \rho' = \frac{A_s{}'}{b_w d}$$

③ T형 보

중립축 위치 c_b 관계 $\quad c_b = \dfrac{\epsilon_{cu}}{\epsilon_{cu} + \epsilon_y}d$

힘의 평형조건 C=T $\quad A_s f_y = \eta(0.85 f_{ck})\beta_1 c_b b_w + \eta(0.85 f_{ck})t_f(b - b_w)$

$$\therefore \overline{\rho_b} = \frac{A_s}{bd} = \frac{b_w}{b}\frac{0.85\eta\beta_1 f_{ck}}{f_y}\frac{\epsilon_{cu}}{\epsilon_{cu} + \epsilon_y} + \frac{b_w}{b}\frac{A_{sf}}{b_w d} = \frac{b_w}{b}\rho_b + \frac{b_w}{b}\rho_f$$

여기서, $\rho_f = \dfrac{A_{sf}}{b_w d} = \dfrac{\eta(0.85 f_{ck})t_f(b - b_w)}{b_w d}$ 로 플랜지의 콘크리트를 압축철근으로 배근했다

고 가정했을 때의 철근량을 의미한다. 또한 T형 보의 복부 폭 b_w 에 대한 균형철근비 $\overline{\rho_b}$ 로 산

정하면,

$$\therefore \overline{\rho_b} = \frac{A_s}{b_w d} = \frac{0.85\eta\beta_1 f_{ck}}{f_y}\frac{\epsilon_{cu}}{\epsilon_{cu} + \epsilon_y} + \frac{A_{sf}}{b_w d} = \rho_b + \rho_f$$

2) 분쇄파괴를 방지하기 위한 최소철근비

철근 콘크리트 휨부재의 취성파괴를 방지하기 위한 조치로 균열이 발생한 후에도 즉시 파괴되지 않도록 최소한의 단면적을 갖는 인장철근을 배치하여야 한다. 이러한 목적으로 정의된 인장철근 단면을 최소 인장철근단면적이라고 한다. 최소 인장철근단면적을 규정하는 방법으로는 다음과 같은 직·간접적인 방법이 있다.

  (1) 설계휨강도 M_d가 무근 콘크리트 단면의 균열휨모멘트 M_{cr}보다 크도록 비율을 규정하고 그 조건을 만족하도록 하여 최소 인장철근단면적을 검증하는 방법

  (2) 최소 인장철근 단면적 $A_{s,\min}$을 계산하는 식을 규정하고 인장철근의 단면적이 최소 인장철근단면적 이상임을 검증하는 방법

  (3) 인장부재의 최소 인장철근단면적을 휨부재로 확장한 방법

국내 KDS 설계기준(KDS 14 20)에서는 균열휨모멘트보다 크도록 규정하는 방법을 채택하고 있다. 이 방법은 최소한의 단면적을 갖는 인장철근을 배치하는 목적을 요구성능 형태로 표현하는 방식이다. 설계 휨강도 $M_d(\phi M_n)$이 무근 콘크리트 단면의 균열 휨모멘트 M_{cr}의 $\alpha(\alpha > 1.0)$배 이상 되도록 한다.

$$\phi M_n \geq 1.2 M_{cr}$$

ϕ는 인장지배단면이므로 0.85이므로 $M_n \geq (1.2/0.85)M_{cr}$

$$f_r = 0.63\sqrt{f_{ck}}\,, \quad M_n = A_s f_y\left(d - \frac{a}{2}\right), \quad a = \frac{A_s f_y}{\eta(0.85 f_{ck})b_w}$$

$$\therefore \rho \geq \frac{0.85\eta f_{ck}}{f_y}\left(1 - \sqrt{1 - \frac{0.3488(h/d)^2}{\sqrt{f_{ck}}}}\right)$$

① KDS 14 20 20(강도설계법, 2022)에 따른 휨부재의 최소 철근량 규정

  (1) 휨 설계강도가 다음의 조건을 만족하도록 인장철근을 배치 $\phi M_n \geq 1.2 M_{cr}$

  (2) 필요 철근량의 4/3 이상 배근한 경우 $\phi M_n \geq (4/3)M_u$

  (3) 두께가 균일한 구조용 슬래브와 기초판에 대해 경간방향으로 보강되는 휨철근 단면적은 수축·온도철근량 이상 배치한다.

$$A_s = 0.002bh \;(f_y \leq 400MPa)$$

$$= 0.002bh \times \frac{400}{f_y} \geq 0.0014bh \;(f_y > 400MPa)$$

  (4) 수축온도 철근 단면적이 단위 m당 $A_s/m \leq 1800mm^2/m$를 초과할 필요 없다.

  (5) 설치간격 $s_{\max} \leq [3h,\ 450^{mm}]$

$$A_{s,\min} = \frac{M_{cr}}{z f_{yd}} = \frac{0.26 f_{ctm} bd}{f_{yd}} \geq 0.0013bd$$

여기서, M_{cr} : 단면 연단 콘크리트의 인장응력이 콘크리트의 평균 인장강도 f_{ctm} 일 때 휨모멘트

　　　　z : 최소 철근량으로 배치된 철근이 한계상태 도달할 때 모멘트 팔 길이

－ h=1.2d, z=0.9d로 가정할 경우 위의 식 산정

－ 압축플랜지 갖는 T형 부재는 b는 b_w로 적용

1. 균열휨모멘트 M_{cr}보다 크도록 일정 비율로 규정(2017 콘크리트 구조기준, ACI 기준)

   ACI기준에서 최소철근비($\rho_{s,\min}$)는 소요면적보다 큰 면적을 사용한 경우로, $M_n \geq 2.5 M_{cr}$로 규정

$$M_{cr}(\text{무근}) = T_c\left(\frac{2}{3}h\right) = \left(\frac{1}{2}f_r \frac{h}{2} b_w\right)\left(\frac{2}{3}h\right) = \frac{f_r b_w h^2}{6} \quad (\text{또는}) \quad M_{cr} = f_r \frac{I_g}{y_t} = \frac{f_r b_w h^2}{6}$$

$$M_n = A_s f_y d \simeq M_{cr} = \frac{f_r b_w h^2}{6} \qquad \therefore A_s = \frac{f_r b_w h^2}{6 f_y d}$$

여기서 $f_r = 0.63\sqrt{f_{ck}}$, $h \simeq d$

$$A_s = \frac{0.63\sqrt{f_{ck}}}{6 f_y} b_w d \quad \rightarrow [\times 2.5(\text{S.F})] \qquad\qquad \therefore A_{s,\min} = \frac{0.25\sqrt{f_{ck}}}{f_y} b_w d$$

$$\rightarrow [f_{ck} = 28MPa, \times 2.5(\text{S.F})] \qquad \therefore A_{s,\min} = \frac{1.4}{f_y} b_w d$$

$$\therefore \rho_{s,\min} = \max\left[\frac{1.4}{f_y}, \ \frac{0.25\sqrt{f_{ck}}}{f_y}\right]$$

2. 휨부재의 인장철근 단면적이 최소 인장철근단면적 이상임을 검증하는 방법

$$\phi M_n = \phi A_{s,\min} f_y z$$

$$M_{cr} = f_r \frac{I_g}{y_t} = \frac{f_r b_w h^2}{6} \quad (\text{또는}) \quad M_{cr}(\text{무근}) = T_c\left(\frac{2}{3}h\right) = \left(\frac{1}{2}f_r \frac{h}{2} b_w\right)\left(\frac{2}{3}h\right) = \frac{f_r b_w h^2}{6}$$

$$\phi M_n \approx \alpha M_{cr} \qquad \therefore A_{s,\min} = \frac{0.167 \alpha f_r b_w h^2}{\phi f_y z}$$

3. 인장부재의 최소 인장철근단면적을 휨부재로 확장한 방법

   콘크리트 단면에 균열이 발생하는 균열축 인장력 $N_{cr} = A_{ct} f_{ctm}$, f_{ctm} 콘크리트 평균 인장강도

   최소 인장철근단면적을 갖는 단면의 공칭 축인장강도 $N_n = A_{s,\min} f_y$ $\quad \therefore A_{s,\min} = \frac{f_{ctm}}{f_y} A_{ct}$

3) 최대철근비(최소 허용변형률 기준)

콘크리트와 철근의 한계변형률분포를 기본으로 하여 최대 인장철근 단면적을 규정하는 방법은 다음과 같이 직접적인 방법과 간접적인 방법으로 구분할 수 있다.

① 균형철근비 ρ_b의 비율로 최대 인정철근단면적을 검증하는 방법

② 인장철근의 최소 허용변형률 $\epsilon_{t,\min}$로 최대 인장철근단면적을 검증하는 방법

③ 유효깊이 d의 비율로 규정한 최대 허용중립축 깊이 $c_{\max}$로 최대 인장철근단면적 검증하는 방법

④ 한계변형률분포로 규정한 최대 허용중립축 깊이 $c_{\max}$로 최대 인장철근단면적 검증하는 방법

국내 설계기준에서는 최대 철근비를 직접 제시하지 않고 최소 허용변형률을 통해 규정하고 있다. f_y가 400MPa 이하인 경우 최외단 인장철근의 인장변형률을 0.004 이상, 400MPa 초과할 때는 $2.0\epsilon_y$ 이상이 만족하도록 하고 있다.

$$\epsilon_t \neq \epsilon_y, \quad \frac{c}{d_t} = \frac{\epsilon_{cu}}{\epsilon_{cu} + \epsilon_t}$$

힘의 평형조건 C=T $\quad A_s f_y = \eta(0.85 f_{ck})ab_w = \eta(0.85 f_{ck})\beta_1 c b_w \qquad \therefore A_s = 0.85\beta_1 \frac{\eta f_{ck}}{f_y} bc$

$$\therefore \rho = \frac{A_s}{b_w d} = 0.85\beta_1 \eta \frac{f_{ck}}{f_y} \frac{c}{d} = 0.85\beta_1 \eta \frac{f_{ck}}{f_y} \frac{\epsilon_{cu}}{\epsilon_{cu} + \epsilon_t}$$

비교 | 한계상태설계법(2016도로교설계기준)에 따른 최대철근량 |

너무 많은 철근이 단면에 배치되면 밀집된 철근 사이로 콘크리트 타설이 어려워지는 경우를 방지하기 위해서 다음과 같이 제한

$$A_{s,\max} \leq 0.04 A_c$$

여기서, A_c : 단면의 전체 면적
– 겹침이음부가 놓이는 단면에서는 위 철근량의 두배인 $0.08 A_c$까지 허용한다.

1. 균형철근비 ρ_b의 비율로 최대 인정철근단면적을 검증하는 방법

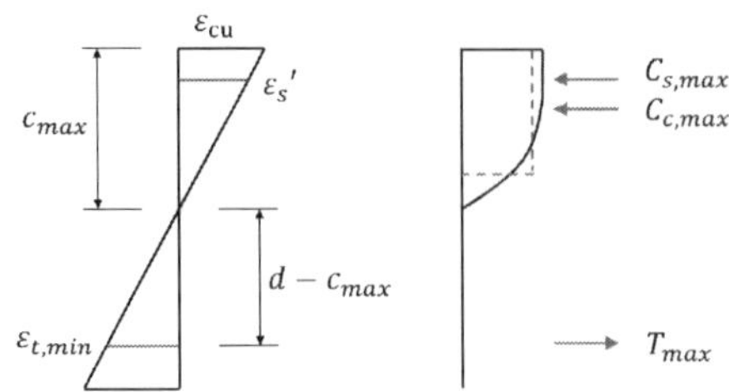

균형철근비 $\rho_b = \dfrac{A_{sb}}{bd}$

단철근 직사각형 단면의 균형철근비 $\rho_b = \dfrac{\alpha(0.85 f_{ck})}{f_y} \dfrac{\epsilon_{cu}}{\epsilon_{cu} + \epsilon_y}$

등가직사각형 응력블록에 적용할 경우 $\rho_b = \dfrac{\eta(0.85 f_{ck})}{f_y} \dfrac{\epsilon_{cu}}{\epsilon_{cu} + \epsilon_y}$

철근 콘크리트 휨부재가 균형철근비 ρ_b보다 작은 인장철근비를 갖게 되면 최소한의 연성을 확보할 수 있다. 예를 들어 최대 인장철근비 ρ_{max}를 ρ_b의 0.75배로 제한할 수 있다(2003년 설계기준). 복철근 직사각형 단면에서는 압축철근 단면적이 증가할수록 연성이 증가하고 압축철근 단면적만큼 인장철근 단면적을 증가시키면 단철근 단면과 동일한 연성이 나타날 수 있으므로 최대 인장철근비 ρ_{max}를 다음과 같이 규정할 수 있다. 이때 ρ'은 압축철근비

$$\rho_{max} = 0.75\rho_b + \rho'$$

2. 유효깊이의 비율로 규정한 최대 허용중립축 깊이로 최대 인장철근단면적을 검증하는 방법

AASHITO–LRFD(1998)에 채택된 방법이며, Eurocode2에 간접적으로 규정된 방법이다. AASHITO–LRFD(1998)는 최대 허용중립축 깊이 c_{max}를 다음과 같이 유효깊이 d의 비율로 규정한다.

$$c_{max} = 0.42d$$

① AASHITO–LRFD(1998)

단철근 직사각형 단면의 최대 철근비 ρ_{max}는 인장철근 항복강도가 400MPa인 철근의 경우 ρ_b의 0.7배가 된다. 이때 콘크리트의 극한변형률로 0.003, 철근의 항복변형률 ϵ_y를 0.002이므로 균형변형률 상태의 중립축 깊이 c_b는 d의 0.6배가 되고 0.6d의 0.7배를 취하면 0.42d가 된다.

② Eurocode2

최대 인장철근단면적을 명시하지 않으나 휨모멘트 재분배 규정을 통해 간접적으로 제한한다. f_{ck}가 50MPa 이하인 부재의 경우 상수의 k_1, 콘크리트 극한변형률 ϵ_{cu}의 함수로 표현된 k_2, 극한상태의 중립축 깊이 x_u, 유효깊이 d를 이용하여 재분배되고 남은 휨모멘트 비율 δ에 대해

$$\delta \geq k_1 + k_2 \frac{x_u}{d}, \qquad \delta \geq 0.44 + 1.25\left(0.6 + \frac{0.0014}{\epsilon_{cy}}\right)\frac{x_u}{d}$$

f_{ck}가 50MPa 이하에서 $\epsilon_{cu}=0.0035$, 휨모멘트를 재분배하지 않을 경우 $\delta = 1.0$이므로

$$c_{\max} = x_u = \frac{\delta - k_1}{k_2}d = \frac{1 - 0.44}{1.25}d = 0.448d$$

3. 한계변형률분포로 규정한 최대 허용중립축 깊이 $c_{\max}$로 최대 인장철근단면적 검증하는 방법

아래와 같이 균형변형률 상태의 한계변형률 분포를 정의하고 재료계수를 적용한 내력으로 최대 인장철근단면적 $A_{s,\max}$를 구하는 방법이다. 인장철근의 한계변형률은 설계항복변형률 ϵ_{yd}로 한다.

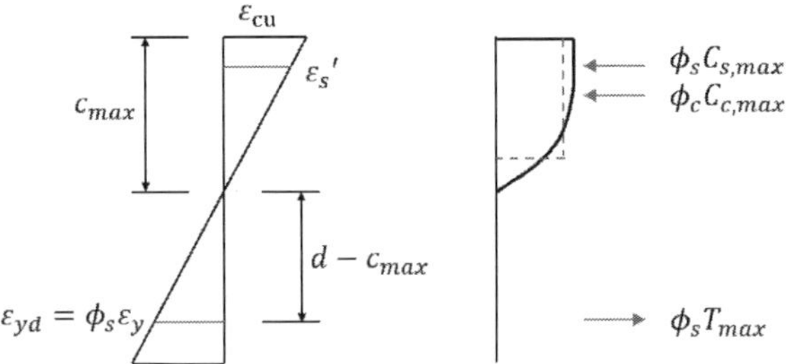

$$\epsilon_{yd} = \phi_s \epsilon_y \qquad \therefore c_{\max} = \frac{\epsilon_{cu}}{\epsilon_{cu} + \epsilon_{yd}}d = \frac{\epsilon_{cu}}{\epsilon_{cu} + \phi_s \epsilon_y}d$$

재료계수를 적용한 내력의 관계로부터

$$\phi_c C_{c,\max} = \phi_c \alpha (0.85 f_{ck}) b c_{\max}$$
$$\phi_s C_{s,\max} = \phi_s A_s{}' (f_s{}' - 0.85 f_{ck})$$
$$\phi_s T_{\max} = \phi_s A_{s,\max} f_y$$
$$\phi_s T_{\max} = \phi_c C_{c,\max} + \phi_s C_{s,\max}$$

단철근 직사각형일 경우

$$\phi_s T_{\max} = \phi_c C_{c,\max}$$
$$\therefore \rho_{\max} = 0.85\alpha \frac{\phi_c}{\phi_s}\frac{f_{ck}}{f_y}\frac{\epsilon_{cu}}{\epsilon_{cu} + \epsilon_{yd}} = 0.85\alpha \frac{\phi_c}{\phi_s}\frac{f_{ck}}{f_y}\frac{\epsilon_{cu}}{\epsilon_{cu} + \phi_s \epsilon_y} \approx \frac{\phi_c}{\phi_s}\left(\frac{\epsilon_{cu} + \epsilon_y}{\epsilon_{cu} + \phi_s \epsilon_y}\right)\rho_b$$

한계상태설계법

한계상태설계법의 장점과 단점에 대하여 설명하시오.

풀 이

▶ 개요

한계상태설계법(LSD, LRFD)은 신뢰성 이론에 근거하여 안전성과 사용성을 하나의 개념으로 보고 각각의 한계상태에서 확률론적으로 안전성을 확보하는 설계 개념으로 기존의 재료의 허용응력 범위 내로 설계하는 허용응력설계법(ASD)과 재료의 비 탄성거동인 극한강도를 기초로 설계하중이 단면 저항력 이내가 되도록 설계하는 강도설계법(USD, PD)와 차이점을 갖는다.

▶ 한계상태설계법의 장점과 단점

한계상태설계법은 기존의 설계법과 다르게 하중계수(γ_i)와 강도감소계수(ϕ_i)를 경험에 의해서 확정적으로 결정하는 것이 아니라 하중과 구조저항과 관련된 불확실성을 확률통계적으로 처리하는 구조 신뢰성 이론에 따라 다중 하중계수와 저항계수를 보정함으로써 구조물의 일관성 있는 적정 수준의 안전율을 갖도록 하고 있다.

구분	허용응력 설계법(ASD, WSD)	강도설계법(USD, PD)	한계상태설계법(LSD, LRFD)
정의	철근 콘크리트를 탄성체로 가정하고 탄성이론에 의해 재료의 허용응력 이내로 설계	철근과 콘크리트의 비탄성 거동인 극한강도를 기초로 설계하중이 단면저항력 이내가 되도록 설계	신뢰성이론에 근거하여 안전성과 사용성을 하나의 개념으로 보고 각각의 한계상태에서 확률론적으로 안전성을 확보하는 설계
기본 가정	① Bernoulli의 정리 성립 ② 변형률은 중립축 거리 비례 ③ 콘크리트 탄성계수는 정수 ④ 콘크리트 휨인장응력 무시	① Bernoulli의 정리 성립 ② 변형률은 중립축 거리 비례 ③ 압축 con 최대변형률은 0.003 ④ 콘크리트 휨인장응력 무시 ⑤ 등가압축응력블록 가정 ⑥ 철근은 선형탄성-완전소성	한계상태 구분 ① 극한한계상태 ② 사용한계상태 ③ 피로 및 파단 한계상태 ④ 극한상황한계상태
설계 개념	① 콘크리트 $f_c \leq f_{ca}$ ② 철근 $f_s \leq f_{sa}$ ③ 안전율 : 극한응력/허용응력	소요강도 $\leq$ 설계강도 $\Sigma \gamma_i L_i \leq \phi S_n$	각각의 한계상태에 대하여 소요강도 $\leq$ 설계강도 $\Sigma \gamma_i Q_i \leq \phi R_n$
장점	전통성, 친근성, 단순성, 경험, 편리성	안전도 확보, 하중특성 반영, 재료특성 반영	신뢰성, 안전율 조정성, 거동 재료무관시방서, 경제성
단점	신뢰도, 임의성, 보유내하력 설계형식	사용성 별도 검토, 경제성, LSD에 비해 비 합리적	변화, S/W, 이론에 치중, 보정

설계기준 구분

설계기준, 설계지침 및 설계편람을 구분하여 설명하고, 2021년도에 개정된 콘크리트 구조설계기준(KDS 14 20 00)의 주요 변경 사항에 대하여 설명하시오.

풀 이

▶ 개요

설계기준과 지침, 편람의 차이는 기본적으로 설계기준의 경우 법적으로 반드시 지켜야 하는 상위의 기준이 된다. 지침의 경우에는 국내의 발주처별로 설계기준 이내에서 세부적으로 수립되는 설계사항을 말하며 설계편람의 경우에는 설계자의 편의를 위해서 설계과정을 풀이한 내용을 말한다. 국내뿐만 아니라 해외에서도 설계기준, 지침, 편람 등이 상존한다.

▶ 설계기준, 설계지침, 설계편람

1) 설계기준

국내의 설계기준에는 콘크리트 설계기준, 강구조설계기준, 도로교설계기준, 철도교설계기준 등의 상위 설계기준이 존재하며, 일반적으로 설계기준간의 상충이 있을 때에는 재료에 대한 설계기준을 우선시하는 것이 원칙이다. 재료에 대한 설계기준과 함께 구조물의 특성별로 구분된 도로교나 철도교의 설계기준이 존재하며 국외에서도 AASHTO LRFD, Eurocode 등의 설계기준이 있다.

2) 설계지침

국내에서는 강도로교 상세부 설계지침, 케이블 강교량설계지침 등의 세부 상세별 설계지침이나 발주청별로 따로 규정한 설계지침 도로공사 설계지침, LH 공사 설계지침 등이 존재하며 각각의 설계지침은 설계기준의 범주 내에서 공사의 특성별로 지정하고 있다.

3) 설계편람

국내에서는 도로설계편람, 도로설계요령 등이 존재하며 해외에서는 AASHTO Guide Specification for Horizontally Curved Steel Girder Highway과 같은 설계편람이 존재한다. 설계편람은 설계기준에 따라 설계자가 이해하기 쉽도록 설계과정을 예와 함께 쉽게 풀어놓은 가이드 북 형식이다.

➤ 콘크리트구조 설계기준(KDS 14 20 00)의 주요 변경 사항

콘크리트구조 설계기준(KDS 14 20 00)은 '21년과 '22년 개정되면서 기존 기준에서 휨·압축, 전단·비틀림, 내구성 설계기준 등이 일부 변경되었다. 설계기준이 변경된 주요 사유는 콘크리트와 강재의 강도가 기술 발전에 따라 점차 증가됨에 따라 고강도 재료가 사용될 때에 실험값 등을 통해 보정해 기존의 20개 기준 중 12개 기준의 27개 항목의 설계기준을 개정하였다.

1) 휨 및 압축 설계기준

① 휨부재의 콘크리트 압축연단 극한 변형률 ϵ_{cu}가 0.003에서 f_{ck}가 40MPa 이하에서는 0.0033, 40MPa 초과 시에는 매 10MPa마다 0.001씩 감소하도록 변경되었다.

② 등가압축영역의 콘크리트 응력 등분포 크기 및 범위를 일괄적으로 크기를 $0.85f_{ck}$, 등분포 범위 분포를 β_1으로 규정하던 것을 f_{ck}값에 따라서 η, β_1이 변경되면서 등분포 응력 크기를 $\eta(0.85f_{ck})$로 변경하고 β_1도 변경되는 것으로 개정되었다.

2) 전단 및 비틀림

① 전단철근의 전단강도 V_s의 최대 한곗값이

$$V_s \leq (2\lambda\sqrt{f_{ck}})b_w d \text{에서 } V_s \leq 0.2(1-f_{ck}/250)f_{ck}b_w d \text{로 변경되었다.}$$

② 벽체 전단설계 수평전단철근의 최소 단면적비 ρ_h가 0.0025 이상에서 전단철근의 항복강도에 따라 변경되도록 조정되었다.

③ 벽체 전단설계 수평전단철근의 간격 s_h, 슬래브와 기초판 전단설계 2방향 휨거동 위험단면 둘레길이 b_0에 대해 일부 변경되었다.

3) 내구성 설계기준 : 노출범주 및 등급, 콘크리트 최소 설계 기준압축강도 등에 대해 일부 변경되었다.

4) 철근상세 및 정착 및 이음 : 철근상세와 관련한 최소피복두께, 확대머리 이형철근 정착길이 l_{dt}, 용접이음과 기계적 이음의 상세 규정이 일부 변경되었다.

5) 앵커 설계기준과 관련해 후설치 앵커 사용의 적절성, 인장력을 받는 부착식 앵커의 부착강도 등이 추가되었으며, 일부 내용이 변경되었다.

RC 구조해석 일반사항

콘크리트교 설계기준(한계상태설계법)(KDS 24 14 21: 2021)의 구조해석에서 고려해야 할 일반사항과 구조물 이상화의 전체 해석을 위한 구조 모델에 대하여 설명하시오.

풀 이

▶ 개요

한계상태설계법에 따른 콘크리트교 설계기준(KDS 24 14 21)에 규정된 적용사항에 대해 논의한다.

▶ 콘크리트교 구조해석에서 고려해야 할 일반사항

① 보, 슬래브, 또는 이와 유사한 휨부재와 기둥과 같이 축력과 휨모멘트가 동시에 작용하는 부재는 일반적으로 평면 유지의 가정이 유효하다고 간주할 수 있다. 다만, 평면 유지의 가정이 유효하지 않은 깊은 보, 브래킷, 내민받침, 벽체 등과 같은 부재와 응력교란영역에 대해서는 스트럿-타이 모델과 같은 추가적인 국부해석이 필요하다.

② 기하학적인 오차 그리고 하중재하 위치에서 발생 가능한 오차는 주요 허용오차와 관계된 기하학적 결함으로써 부재와 구조물의 해석에 포함하여야 한다. 하중이 재하되지 않은 구조물에서의 기하 형상 오차는 구조물에 불리하게 영향을 미치는 경우 극한한계상태에서 고려하여야 하며, 사용한계상태에서는 고려할 필요가 없다.

③ 변형 또는 내부 단면력의 변동과 같은 콘크리트의 시간 의존적 거동에 의한 하중영향은 일반적으로 사용한계상태에서 고려하면 되지만, 2차 효과에 민감하거나 내부 단면력의 재분배가 불가능한 구조물 또는 요소 부재와 같은 특수한 경우에는 극한한계상태에서도 이들의 영향을 고려하여야 한다.

④ 프리캐스트구조물의 해석에서는 각 시공 단계에서 적절한 기하 조건과 역학적 성질, 연결부의 실제 변형 및 강도를 고려해야 한다.

⑤ 지지된 요소의 자중에 의한 마찰로 인해 발생하는 유리한 수평 구속 효과는 아래의 조건을 모두 만족하는 경우 고려할 수 있다.
  (1) 마찰에 의해 구조의 전체 안정성이 좌우되지 않을 때
  (2) 받침의 배치가 요소의 교번 하중하에서 불균등하여 반대방향 미끄러짐이 중첩되는 것을 방해할 때(예를 들어, 단순지지 요소의 접촉 단부의 교번 온도 영향 작용)
  (3) 심각한 충격하중의 가능성이 없을 때
  (4) 비내진 구조 요소

⑥ 구조물의 강도와 접합부의 일체성에 관련하여 설계할 때 수평 이동의 영향을 고려하여야 한다.

➤ 콘크리트교 구조물의 이상화 전체해석을 위한 구조 모델

구조의 요소들은 그들의 특성과 기능을 고려하여 보, 기둥, 슬래브, 판, 아치, 쉘 등으로 분류할 수 있으며, 이러한 요소들의 조합으로 이루어진 구조물의 해석을 위해서 아래의 규칙을 따라야 한다.

① 전체 단면 깊이에 대하여 4배보다 큰 경간을 갖는 부재는 보로 해석하여야 하며 그렇지 않은 경우에는 깊은 보로 해석하여야 한다.

② 전체 단면 깊이에 대하여 5배 이상의 폭을 갖는 부재는 슬래브로 해석하여야 하며, 등분포 하중이 지배적인 슬래브는 다음의 경우 일방향 슬래브로 해석할 수 있다.

  (1) 두 개의 자유단과 평행한 변을 갖는 경우

  (2) 변장비가 2.0 이상인 4변 지지 직사각형 슬래브의 중심 부분

③ 리브 슬래브 또는 와플 슬래브는 플랜지와 횡방향 리브가 다음의 조건을 만족하는 충분한 비틀림 강성을 갖는다면, 분리된 요소로 해석할 필요가 없다.

  (1) 리브 간격이 1,500mm 이하

  (2) 플랜지 아래의 리브 깊이가 리브 폭의 4배 이하

  (3) 횡방향 리브의 순간격은 슬래브 전체 깊이의 10배 이하

  (4) 최소 플랜지 두께가 리브 순간격의 1/10 이상

  (5) 최소 플랜지 두께가 일반적인 경우에는 50mm 이상. 단, 리브 사이를 영구 블록으로 채운 경우에는 40mm 이상

④ 단면 깊이가 폭의 4배 이하이며 높이가 단면 깊이의 3배 이상인 부재로서 축압축력을 주로 받는 부재는 기둥으로 해석하여야 하며, 그렇지 않은 경우에는 벽체로 해석하여야 한다.

콘크리트교 한계상태

도로교설계기준(한계상태설계법, 2016)에 제시된 콘크리트교에서의 한계상태를 정의하고, 각각의 한계상태에서 검토해야 할 사항에 대하여 설명하시오.

풀 이

▶ 개요

개정된 KDS 24 14 21 콘크리트교 설계기준(한계상태설계법, 2021)을 기준으로 정의하고 검토할 사항에 대해 설명한다. 한계상태는 설계에서 요구하는 성능을 더 이상 발휘할 수 없는 한계이다. 이 한계상태는 극한한계, 사용한계와 피로한계상태의 세 종류로 구분하여 검증하여야 한다.

▶ 콘크리트교의 한계상태

1) 극한한계상태 : 휨, 전단, 비틀림 등 부재의 강도 검토

극한한계상태는 붕괴, 사용자의 안전을 위험하게 하는 구조적 손상 또는 파괴에 관련된 것으로, 현실적 단순화를 위하여 붕괴 자체 대신에 붕괴 직전 상태를 극한한계상태로 간주할 수 있다. 극한한계상태에서는 다음의 사항을 검증하여야 한다.

① 극한한계상태는 구조계의 정력학적 평형 한계상태를 검토할 때, 안정화 하중영향 값이 불안정화 하중영향 값보다 크다는 것을 검증하여야 한다.

② 구조물의 단면 또는 연결부의 파괴나 과도한 변형에 대한 한계상태를 검토할 때, 설계저항강도가 계수하중영향보다 크다는 것을 검증하여야 한다.

③ 2차영향에 의해 유발되는 안정성 한계상태를 검토할 때, 작용 하중이 계수하중을 초과하지 않는 한, 불안정이 발생하지 않는다는 것을 검증하여야 한다.

④ 콘크리트교량을 설계할 때, 부재저항계수는 특별한 규정이 없는 한 항상 1.0을 적용한다.

> **비교 | 극한한계상태 하중조합 |**
>
> ① 극한한계상태 I : 일반적인 차량통행을 고려한 기본하중조합. 이때 풍하중은 고려하지 않는다.
>
> ② 극한한계상태 II : 발주자가 규정하는 특수차량이나 통행허가차량을 고려한 하중조합. 풍하중은 고려하지 않는다.
>
> ③ 극한한계상태 III : 거더 높이에서의 풍속 25 m/s를 초과하는 설계. 풍하중을 고려하는 하중조합
>
> ④ 극한한계상태 IV : 활하중에 비하여 고정하중이 매우 큰 경우에 적용하는 하중조합
>
> ⑤ 극한한계상태 V : 차량 통행이 가능한 최대 풍속과 일상적인 차량통행에 의한 하중효과를 고려한 하중조합
>
> ⑥ 극단상황한계상태 I : 지진하중을 고려하는 하중조합
>
> ⑦ 극단상황한계상태 II : 빙하중, 선박 또는 차량의 충돌하중 및 감소된 활하중을 포함한 수리학적 사건에 관계된 하중조합. 이때 차량충돌하중 CT의 일부분인 활하중은 제외된다.

2) 사용한계상태 : 균열, 처짐, 내구성 등 부재의 사용성 검토

사용한계상태는 정상적 사용 중에 구조적 기능과 사용자의 안녕 그리고 구조물의 외관에 관련된 특정한 사용성 요구 성능을 더 이상 만족시키지 않는 한계상태이다. 사용한계상태에서는 다음의 사항을 검증하여야 한다.

① 사용성 요구조건을 만족시키기 위해서는 규정된 사용하중조합에 의한 하중영향이 적합한 사용한계기준을 초과하지 않는다는 것을 검증하여야 한다.

② 사용한계기준은 구조물의 형태와 현장 주변 환경에 따른 사용성 요구조건을 고려하여 정하여야 한다.

③ 적합한 사용하중조합에서 콘크리트 압축응력의 한곗값을 설정하여 콘크리트의 손상이나 과도한 크리프 변형을 방지해야 한다.

④ 적합한 사용하중조합에서 철근의 인장응력 한곗값을 설정하여 비탄성 변형과 과도한 균열을 제한하여야 한다.

⑤ 사용한계상태를 검증하기 위한 간단한 보조 방법이 주어진 경우에는 여러 조합하중에 대한 상세한 계산을 생략할 수 있다.

⑥ 사용한계상태를 검토할 때, 특별히 지정하지 않는 한, 재료계수값은 1.0을 취해야 한다.

 | 사용한계상태 하중조합 |

① 사용한계상태 하중조합 I : 교량의 정상 운용 상태에서 발생 가능한 모든 하중의 표준값과 $25\,\text{m/s}$의 풍하중을 조합한 하중상태이며, 교량의 설계 수명 동안 발생 확률이 매우 낮은 하중조합이다. 이 하중조합은 철근 콘크리트의 사용성 검증에 사용할 수 있다. 또한 옹벽과 사면의 안정성 검증, 매설된 금속 구조물, 터널라이닝판과 열가소성 파이프에서의 변형제어에도 적용한다.

② 사용한계상태 하중조합 II : 차량하중에 의한 강구조물의 항복과 마찰이음부의 미끄러짐에 대한 하중조합

③ 사용한계상태 하중조합 III : 교량의 정상 운용 상태에서 설계 수명 동안 종종 발생 가능한 하중조합이다. 이 조합은 부착된 프리스트레스 강재가 배치된 상부구조의 균열폭과 인장응력 크기를 검증하는 데 사용한다.

④ 사용한계상태 하중조합 IV : 설계수명 동안 종종 발생 가능한 하중조합으로 교량 특성상 하부구조는 연직하중보다 수평하중에 노출될 때 더 위험하기 때문에 연직 활하중 대신에 수평 풍하중을 고려한 하중조합이다. 따라서 이 조합은 부착된 프리스트레스 강재가 배치된 하부구조의 사용성 검증에 사용해야 한다. 물론 하부구조는 사용하중조합 III에서의 사용성 요구조건도 동시에 만족하도록 설계하여야 한다.

⑤ 사용한계상태 하중조합 V : 설계수명 동안 작용하는 고정하중과 수명의 약 50% 기간 동안 지속하여 작용하는 하중을 고려한 하중조합이다.

3) 피로한계상태 : PS강재, 철근 등 피로 검토

피로한계상태는 규칙적으로 반복되는 하중이 작용하는 부재를 구성하고 있는 철근과 콘크리트에 대해서 각각 수행하여야 한다. 피로한계상태에서는 다음의 사항을 검증하여야 한다.

① 규칙적인 교번 하중이 작용하는 구조 요소와 부재에 대하여 피로한계상태를 검증하여야 한다.

② 콘크리트 교량의 피로한계상태의 검증은 설계기준의 규정에 따라 수행하여야 하며 교번 응력이 없거나 현저하지 않은 경우는 피로를 검토하지 않아도 된다.

비교 | **피로한계상태 하중조합** |

① 피로한계상태 하중조합 : 피로설계트럭하중을 이용하여 반복적인 차량하중과 동적응답에 의한 피로파괴를 검토하기 위한 하중조합

▶ 콘크리트교의 한계상태별 재료계수

하중조합	콘크리트 ϕ_c	철근 또는 프리스트레싱 강재 ϕ_s
극한하중조합-I, -II, -III, -IV, -V	0.65	0.90
극단상황하중조합-I, -II	1.0	1.0
사용하중조합-I, -III, -IV, -V	1.0	1.0
피로하중조합	1.0	1.0

피로한계상태

도로교설계기준(한계상태설계법, 2016)에서 콘크리트교의 피로한계상태를 검증할 필요가 없는 구조물과 구조요소에 대하여 설명하시오.

풀 이

➤ 개요

도로교설계기준(한계상태설계법, 2016)에서 콘크리트교는 사용 수명 동안 작용하는 하중에 의해 구조요소에 유발되는 응력으로 활하중에 의해 반복되는 교번응력(repetitive cyclic stress)과 상시하중에 의한 비 교번응력을 받게 된다. 따라서 교번응력을 주로 받는 부재에 대해서는 발생할 수 있는 피로 파괴를 방지하기 위해 피로한계상태를 검토해야 한다. 그러나 교번응력이 없거나 현저하지 않는 경우에는 피로를 검토하지 않아도 되며, 이러한 구조물과 구조요소에 대해 규정하고 있다.

➤ 피로한계상태를 검증할 필요가 없는 구조물과 구조요소

규칙적인 교번하중이 작용하는 구조요소와 부재에 대하여 피로한계상태를 검증하여야 하며 이 검증은 해당 부재를 구성하고 있는 철근에 대해서만 수행하여야 한다. 피로는 다중 거더 구조를 가지는 상부구조의 콘크리트 바닥판에서는 검증할 필요가 없다. 사용 상태에서 교량의 콘크리트 바닥판에서 측정된 응력은 피로를 유발시키는 응력 수준에 비해 아주 작은 크기이다. 조밀한 간격으로 배치된 거더에 지지되는 바닥판에 윤하중이 작용하면 대부분의 윤하중이 바닥판 내부 아치 작용으로 지지되기 때문이다. 피로를 검토하지 않아도 되는 구조물과 구조요소는 다음과 같다.

① 풍하중에 매우 민감한 경우를 제외한 보도교

② 최소 토피 높이가 각각 1.0m와 1.5m인 도로교와 철도교로 쓰이는 묻힌 아치 또는 라멘 구조

③ 기초

④ 상부구조에 강결되지 않은 교각과 기둥

⑤ 도로와 철로로 쓰이는 제방의 옹벽

⑥ 슬래브와 중공 교대를 제외한 상부구조에 강결되지 않은 도로교와 철도교의 교대 등은 피로를 검토할 필요가 없다.

⑦ 자주 작용하는 하중과 $P_{k,\infty}$ 하에서 콘크리트 연단에 압축응력만 작용하는 영역에서 커플러 또는 용접 연결이 있는 PC강선과 철근

⑧ 설계등급 A 또는 B에 따라 설계된 교량에서 커플러 또는 용접 연결이 없는 PC강선과 통상의 종방향 철근

RC 성능저하 한계상태

성능저하 한계상태에 대하여 설명하시오.

풀 이

▶ 개요

KDS 14 20 01(콘크리트구조 설계)에서 정의하는 성능저하 한계상태(limit deterioration state)는 구조물이 여러 성능저하 요인에 대해서 성능저하가 발생하는 기준점에 도달한 상태를 말한다. 성능저하 한계상태는 성능기반설계(Performance based design) 시 내구성능검증에 주로 활용된다.

▶ 성능저하 한계상태

성능저하 한계상태는 콘크리트 구조물이 설계내구수명동안 노출 환경 영향으로 인하여 구조적 일체성을 잃지 않도록 설계되었는지를 검증하기 위하여 적용된다. 발주자가 구조물의 요구내구수명을 결정하면 설계자는 콘크리트 구조물이 실제 건설 여건을 고려해 노출환경조건을 결정하고 구조물이 요구내구수명 동안 최소한의 유지보수로 기능을 유지하도록 설계하여야 한다.

▶ 성능저하인자의 한계상태 설정

① 염해 내구성능 한계상태는 철근부식이 시작되는 때로 할 수 있다.
② 탄산화 내구성능 한계상태는 탄산화 깊이가 최외측 철근의 표면에 도달할 때로 할 수 있다.
③ 동해 내구성능 한계상태는 콘크리트의 표면박리 및 균열이 발생할 때의 최소 상대동탄성계수로 할 수 있다.
④ 황산염 침식 내구성능 한계상태는 황산염 침투가 최외측 철근의 표면에 도달할 때로 할 수 있다.

▶ 성능저하 한계상태에 대한 성능검증

콘크리트 구조물의 내구성능평가를 할 때는 성능저하의 기구와 과정을 반영한 신뢰성 있는 방법으로 수행하여야 한다. 내구성능을 평가할 때는 다음과 같은 성능저하인자들을 고려하여야 한다.
① 염해,　　② 탄산화,　　③ 동결융해,　　④ 알칼리-골재 반응,
⑤ 황산염 침식, ⑥ 기타 철근부식을 유발하는 인자
내구성능을 평가할 때는 각각의 노출환경조건, 성능저하인자에 대한 콘크리트의 저항특성, 피복두께 등을 고려하여야 하며, 구조물의 내구성능은 각각의 성능저하요인에 대하여 평가하는 것을 원칙으로 하되, 필요할 경우 각 성능저하요인의 복합효과를 고려하여야 한다.

성능중심설계

성능중심설계법(Performance-based Design)에 대하여 설명하시오.

풀 이

▶ 개요

성능중심 또는 성능기반설계(Performance-based Design)는 방법, 수행 절차 등을 제시한 것이 아닌, 의도된 최종 성과물의 요구 성능에 초점에 맞추어 설계하는 것으로 발주자가 콘크리트 구조물의 안전성능, 사용성능, 내구성능 또는 환경성능을 고려하여 필요한 성능지표를 정하고 이들 각각에 대한 정략적 목표 제시하면, 설계자는 콘크리트 구조물은 적절한 정도의 신뢰성과 경제성을 확보하면서 목표하는 사용수명 동안 발생 가능한 모든 하중과 환경에 대하여 요구되는 구조적 안전성능, 사용성능, 내구성능과 환경성능을 갖도록 설계하는 것을 의미한다.

▶ 성능기반설계와 기존설계기준과의 장단점 비교

구분	성능중심 설계기준	시방중심 설계기준
장점	• 신재료, 신기술, 신공법의 반영으로 기술력 향상 • 생애주기비용 절감 • 국제건설시장의 흐름에 맞는 기준	• 설계 및 시공에서 기준 사용이 용이 • 발주자가 빠르고 쉽게 결과물에 대한 검토 수행 • 법률적 판단 용이
단점	• 설계 및 시공자의 높은 전문지식 요구 • 설계에 소요기간 증가 • 법률적 판단 복잡	• 신재료, 신기술의 반영이 곤란하여 기술개발 한계 • 최적 설계 곤란 • 국제기준 인정받기 어려움

▶ 성능기반설계(Performance-based Design) 원칙

국내 콘크리트 구조설계기준(KDS 14 20 01)에서는 성능기반설계에 대해 부록편을 통해 기본적인 고려사항에 대해 규정하고 있으며 주요 설계원칙은 다음과 같다.

① 콘크리트 구조물의 설계는 의도하는 용도에 적합한 하중조합에 근거하여야 하며, 재료 및 구조물 치수에 대한 적절한 설곗값을 선택한 후 합리적인 거동이론을 적용하여 구한 구조성능이 요구되는 한계기준을 만족한다는 것을 검증하여야 한다.

② 구조물은 적절한 정도의 신뢰성과 경제성을 확보하면서, 목표하는 사용수명 동안 발생 가능한 모든 하중과 환경에 대하여 요구되는 구조적 안전성능, 사용성능, 내구성능과 환경성능을 갖도록 설계하여야 한다.

③ 구조물은 필요에 따라 예측 가능한 폭발 또는 충격 등에 의해 손상되지 않도록 설계하여야 한다.

④ 구조물의 성능검증에 필요한 신뢰도는 발주자가 정할 수 있으며, 적절한 안전계수와 시공 및 품질 관리를 통해 확보하여야 한다.

성능기반 설계기준

성능기반 설계기준

풀 이

성능기반설계의 개요, 용어 및 기본적 방법(한국강구조학회학술발표논문집, 이학)
성능기반설계에서의 요구성능의 개념 정의 및 필요성(한국콘크리트학회 2008, 이병국)

▶ 개요

ISO 15686에서는 '성능'이란 "일정시점에서 핵심적인 특성에 관한 품질기준"이라고 정의한다. 성능중심설계(PBD, Performance-Based Design)는 구조물의 목적과 그것에 적합한 기능을 명시하고 기능을 갖추기 위해 필요한 성능을 규정하여 규정된 성능을 구조물의 공용기간 중 확보해 그 기능을 만족시키게 하는 설계방법을 말한다.

▶ 성능중심설계

성능중심설계(Performance-Based Design)는 부재의 고강도화, 경량화 및 연성능력의 확보에 따른 경제적인 구조물의 설계를 유도하는 설계법으로 내화, 피로, 처짐, 내풍, 내진, 내구성 등 다양한 분야에 적용할 수 있다. 성능은 구조물의 거동에 관련되기 때문에 일반사람에게 있어서 익숙하지 않을 수 있다. 하지만 공학적 판단, 즉 조사(check, verification)를 시행하는 경우에는 성능 쪽이 더 다루기 쉬워진다. 따라서 구조물이 소정의 기능을 갖추고 있는지 아닌지를 직접 조사하는 대신에 성능을 조사하는 성능중심설계(Performance-Based Design)이 제시되었다.

ATC-40, FEMA-273 지진에 대한 구조물 성능목표

		성능수준			
		완전기능	기능수행	인명안전	붕괴방지
설계지진수준	자주 50%/50년	A	B	C	D
	가끔 20%/50년	E	F	G	H
	드문 10%/50년	I	J	K	L
	아주 드문 5%/50년	M	N	O	P

성능중심설계에서 제시하는 적합한 기능과 성능은 구조물의 기능, 경제적 가치, 역사적 가치, 천재지변 등으로 인한 갑작스런 구조물의 기능 정지 시 손실 발생 정도 등에 의해 제안되고 규정되

게 된다. 이러한 규정에 의해 각 구조물에 대한 성능의 매트릭스로 가정되며 이러한 규정은 각 국가별로 다양하다.

성능 기반설계기준의 반대개념은 사양설계(Prescriptive design)기준이다. 기존 설계개념인 사양설계기준의 장점은 기준에 기술되어 있는 규정에 따르면 되기 때문에 선택에 대해 생각할 필요가 없어 적용이 쉽다는 것이다. 반면 새로운 개념인 성능중심설계는 목적하는 바에 따라 해결책이 달라지며, 여러 가지 방법을 동원하여 목적하는 바를 달성할 수 있고, 기술개발 및 성능평가기술의 우위를 바탕으로 건설시장 개방에 적극적으로 대응할 수 있다는 이점이 있다.

사양설계기준과 성능증심설계 비교

구분	사양설계기준	성능중심설계
장점	• 설계가 용이 • 발주자가 빠르고 쉽게 결과물에 대한 검토 수행 • 법률적인 집행 용이	• 요구 성능과 결합 가능한 설계 • 신기술이 비교적 빨리 반영 가능 • 국제건설시장의 흐름과 맞는 기준
단점	• 신기술·신공법 적용 곤란, 설계자 기술개발의 한계 • 최적 공사비 설계 곤란 • 국제시장 장벽으로 작용하여 문제발생 소지 존재	• 설계자의 위험부담 증가 • 설계에 대한 상세실험 및 검토 등 전문적 접근 필요 • 기준의 정량화 곤란

➤ 국내 사례

국내의 콘크리트구조기준에서도 부록편에 성능기반설계 기본 고려사항을 신설하여 성능기반형으로 설계되는 콘크리트 구조물에 적용 가능한 성능검증 방법의 개념과 설계원칙을 제시하고 있다.

1) 콘크리트구조기준(2012) 성능기반설계 기본 고려사항

① 콘크리트 구조물의 안전성능, 사용성능, 내구성능 또는 환경성능을 고려하여 필요한 성능지표를 정하고 이들 각각에 대한 정략적 목표 제시(발주자)

② 콘크리트 구조물은 적절한 정도의 신뢰성과 경제성을 확보하면서 목표하는 사용수명 동안 발생 가능한 모든 하중과 환경에 대하여 요구되는 구조적 안전성능, 사용성능, 내구성능과 환경성능을 갖도록 설계

③ 안전성능의 한계상태는 하중, 응력 또는 변형과 관련되는 항목으로 표시

④ 사용성능의 한계상태는 응력, 균열, 변형 또는 진동 등의 항목으로 표시

⑤ 내구성능의 한계상태는 환경조건에 따른 성능저하인자가 최외측 철근까지 도달하는 시간 또는 콘크리트 특성이 일정수준 이하로 저하될 때까지의 소요되는 시간으로 정의되는 내구수명으로 표시

⑥ 환경성능의 한계상태는 구조물을 구성하는 재료의 제조, 시공, 유지관리와 폐기 및 재활용 등의 모든 활동으로 인해 발생하는 환경저해요소 등의 항목으로 표시

신뢰성 지수

지간 10 m 단순보에 고정하중으로 등분포하중(w=1 kN/m)이 작용하고 활하중으로 집중하중(P=10 kN)이 작용하고 있다. 보의 중앙부(B)에서 고정하중모멘트(D), 활하중모멘트(L)가 발생할 때 목표신뢰성지수 3.0 (β_T=3.0)을 만족하는 최소 저항모멘트(R)를 구하시오. 단, 파괴모드는 보의 중앙에서 발생하는 최대모멘트가 저항모멘트를 초과하면 파괴된다고 가정한다.

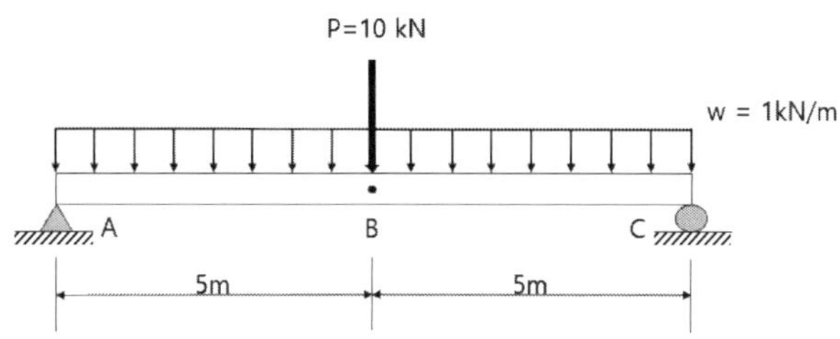

확률변수	고정하중모멘트(D)	활하중모멘트(L)	저항모멘트(R)
분포특성	표준정규분포	표준정규분포	표준정규분포
불확실량 (C.O.V)	0.1	0.25	0.15
평균 공칭비	1.0	1.0	1.0

풀 이

▶ 계수모멘트 산정

활하중에 의한 계수 모멘트는 $M_L = \dfrac{wL^2}{8} = 12.5\,\text{kNm}$

고정하중에 의한 계수 모멘트는 $M_D = \dfrac{PL}{4} = 25\,\text{kNm}$

불확실량(변동계수, Coefficient of Variation)는 $\text{CoV} = \dfrac{\sigma_X}{\mu_X}$ 로 정의되므로,

활하중 분산 $\sigma_L = 0.1 \times 12.5 = 1.25\,\text{kNm}$, 고정하중 분산 $\sigma_D = 0.25 \times 25 = 6.25\,\text{kNm}$

▶ 저항모멘트(R)의 평균(μ_R) 산정

$$\beta = \frac{\mu_z}{\sigma_z} = \frac{\mu_R - \mu_S}{\sqrt{\sigma_R^2 + \sigma_Q^2}} = \frac{\mu_R - 37.5}{\sqrt{(0.15\mu_R)^2 + 1.25^2 + 6.25^2}} = 3.0 \quad \therefore \mu_R = 77.13\,\text{kNm}$$

신뢰성 지수

그림과 같은 지간 10m 단순보에서 고정하중은 등분포하중(w_1=1kN/m)으로 작용하고 있고 활하중은 집중하중(P=10kN)으로 작용하고 있다. 보의 중앙부(B)에서 고정하중모멘트(D), 활하중모멘트(L)가 발생할 때 다음 물음에 답하시오(단, 보의 중앙에서 발생하는 최대모멘트가 저항모멘트를 초과하면 파괴된다고 가정한다).

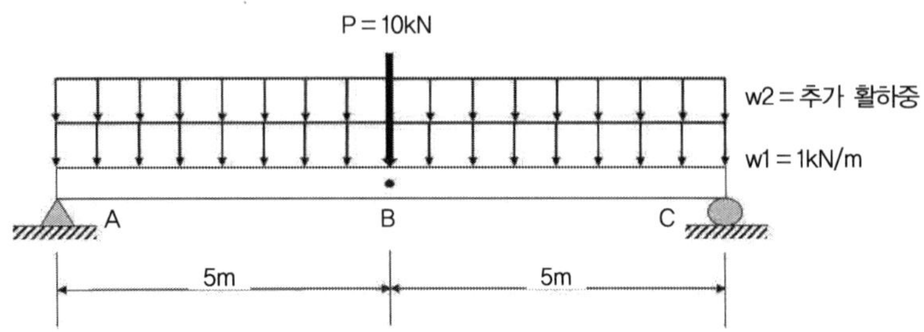

확률변수	고정하중모멘트(D)	활하중 모멘트(L)	저항모멘트(R)
분포특성	표준정규분포	표준정규분포	표준정규분포
불확실량(C.O.V)	0.11	0.25	0.15
평균공칭비	1.05	1.15	1.05

파괴확률(P_f)	신뢰성 지수(β)
1/100	2.33
1/1,000	3.10
1/10,000	3.75
1/100,000	4.25

(1) 보 중앙에서 고정하중모멘트의 평균값과 활하중모멘트의 평균값을 각각 구하시오.
(2) 고정하중모멘트와 활하중모멘트의 표준편차를 각각 구하시오.
(3) 저항모멘트1(R_1)이 80kN·m일 때 신뢰성지수(β)를 구하시오(단, w_2=0).
(4) 구조물의 파괴확률(P_f)이 10^{-4}이 되기 위한 저항모멘트2(R_2)를 구하시오(단, w_2=0).
(5) 저항모멘트2(R_2)로 설계된 보에서 파괴확률(P_f)이 10^{-3}을 만족하는 추가활하중(w_2)을 구하시오.

풀 이

> **개요**

불확실량(변동계수, Coefficient of Variation) : $\text{CoV} = \dfrac{\sigma_X}{\mu_X}$

신뢰성 지수(β) : $\beta = \dfrac{\mu_z}{\sigma_z} = \dfrac{\mu_R - \mu_Q}{\sqrt{\sigma_R^2 + \sigma_Q^2}}$

평균공칭비 : 공칭값과 평균값의 비

▶ 보 중앙의 고정하중 모멘트와 활하중 모멘트의 평균값

활하중에 의한 계수 모멘트는 $M_L = \dfrac{w_2 L^2}{8} + \dfrac{PL}{4} = 12.5w_2 + 25$ kNm

고정하중에 의한 계수 모멘트는 $M_D = \dfrac{w_1 L^2}{8} = 12.5$ kNm

활하중 모멘트의 평균값 $\mu_L = 1.15 \times (12.5w_2 + 25) = 14.375w_2 + 28.75$ kNm

고정하중 모멘트의 평균값 $\mu_D = 1.05 \times 12.5 = 13.125$ kNm

▶ 고정하중 모멘트와 활하중 모멘트의 표준편차

$\sigma_X = \text{COV} \times \mu_X$

$\sigma_L = 0.25 \times (14.375w_2 + 28.75) = 3.594w_2 + 7.188$

$\sigma_D = 0.11 \times 13.125 = 1.444$

▶ 저항모멘트1(R_1)이 80kN·m일 때 신뢰성지수(β), $w_2 = 0$

$\mu_Q = \mu_L + \mu_D = 14.375w_2 + 28.75 + 13.125 = 14.375w_2 + 41.875 = 41.875$ kNm $(\because w_2 = 0)$

$\mu_R = 1.05 \times 80 = 84$ kNm

$\sigma_Q = \sqrt{\sigma_L^2 + \sigma_D^2} = 7.331 \; (\because w_2 = 0)$

$\therefore \beta = \dfrac{\mu_z}{\sigma_z} = \dfrac{\mu_R - \mu_Q}{\sqrt{\sigma_R^2 + \sigma_Q^2}} = \dfrac{84 - 41.875}{\sqrt{(0.15 \times 84)^2 + 7.331^2}} = 2.89$

▶ 구조물의 파괴확률(P_f)이 10^{-4}이 되기 위한 저항모멘트2(R_2), $w_2 = 0$

P_f가 1/10,000일 때 신뢰성 지수(β)는 3.75 이므로

$\beta = \dfrac{\mu_z}{\sigma_z} = \dfrac{\mu_{R2} - \mu_Q}{\sqrt{\sigma_{R2}^2 + \sigma_Q^2}} = \dfrac{\mu_{R2} - 41.875}{\sqrt{(0.15 \times \mu_{R2})^2 + 7.331^2}} = 3.75 \quad \therefore \mu_{R2} = 109.141$ kNm

$\therefore R_2 = \mu_{R2}/1.05 = 103.94$ kNm

➤ **저항모멘트2(R_2)로 설계된 보에서 파괴확률(P_f)이 10^{-3}을 만족하는 추가활하중(w_2)**

P_f가 1/1,000일 때 신뢰성 지수(β)는 3.10 이므로

$$\sigma_Q = \sqrt{\sigma_L^2 + \sigma_D^2} = \sqrt{(3.594w_2 + 7.188)^2 + 1.444^2}$$

$$\mu_Q = \mu_L + \mu_D = 14.375w_2 + 41.875$$

$$\beta = \frac{\mu_z}{\sigma_z} = \frac{\mu_{R2} - \mu_Q}{\sqrt{\sigma_{R2}^2 + \sigma_Q^2}} = \frac{109.141 - 41.875}{\sqrt{(0.15 \times 109.141)^2 + \sigma_Q^2}} = 3.10 \quad \therefore \sigma_Q^2 = 202.819$$

$$\therefore w_2 = 1.942 \text{ kN/m}$$

파괴확률과 안전지수

공항진입교량 설계에 있어 적용할 파괴확률 P_f(probability of failure)와 안전지수 β(safety index)와의 상관관계를 설명하고 아래 교량의 안전지수 β를 구하시오.

대표거더의 휨모멘트 통계자료(지간 30m, 간격 2.4m의 단순 PSC거더)			
하중영향(정규분포로 가정)		저항모멘트(대수정규분포로 가정)	
계수모멘트의 평균값 $\bar{S}$	5000kNm	공칭저항모멘트 R_n	8000kNm
계수모멘트의 표준편차 σ_S	400kNm	저항모멘트에 대한 편심계수 λ_R	1.05
		저항모멘트의 변동계수 V_R	0.075

풀 이

▶ 개요

LRFD에서는 하중계수(γ_i)와 강도감소계수(ϕ_i)를 경험에 의해서 확정적으로 결정하는 것이 아니라 하중과 구조저항과 관련된 불확실성을 확률통계적으로 처리하는 구조 신뢰성 이론에 따라 다중 하중계수와 저항계수를 보정함으로써 구조물의 일관성 있는 적정수준의 안전율을 갖도록 하고 있다. 또한 구조물의 신뢰도는 하중, 재료성질, 해석이론 등의 설계변수가 갖는 불확실성을 확률과 통계이론을 사용하여 구하며, 기본자료의 정확도, 해석의 복잡성 등에 따라 4가지 단계로 나뉜다. 통상적으로 아래의 2단계의 신뢰도 해석방법을 사용하여 설계법에 적용하고 있다.

① 각 기본변수의 불확실성을 하나의 특성값(Characteristic value)으로 표현(예, 하중계수 $D = 1.25$)

② 각각의 기본변수가 갖는 불확실성을 두 개의 특성값(평균과 변동계수)로 표현(예, 하중발생의 확률이 90%, 변동계수가 0.1인 변수로 표현하여 신뢰도 해석하는 단계)

③ 각각의 불확실 변수의 분포함수를 이용하여 파괴확률을 계산

④ 각 변수들의 상호분포함수, 경제성을 고려

▶ 파괴확률과 안전지수(신뢰성 지수, 안전도 지수)의 정의

1) 구조물의 파괴확률(probability of failure)

확률적인 개념에 의한 구조안전도는 구조물의 신뢰도 P_r 또는 한계상태확률 또는 파괴확률 P_f에 의해 정의된다. 작용외력 S와 저항 R은 기지의 확률밀도 함수 $f_S(x)$와 $f_R(x)$라 하면 구조부재의 안전도는 랜덤변량인 안전여유 $Z = R - S$에 의해 좌우되며 $Z \leq 0$일 때 안전성을 상실

한 파손 또는 파괴 상태가 된다.

$$P_f = P(R \le S) = P(R - S \le 0) \quad \text{또는} \quad P_f = P(R/S \le 1) = P(\ln R - \ln S \le 0)$$

$$P_f = P(R - S \le 0) = \iint_D f_{R,S}(r,s)\,drds$$

$f_{R,S}(r,s)drds$: R, S의 결합밀도 함수, D는 파괴영역

R과 S가 독립일 때 $f_{R,S}(r,s)drds = f_R(r)f_S(s)$

$$P_f = P(R - S \le 0) = \int_{-\infty}^{\infty} \int_{-\infty}^{s \ge r} f_R(r)f_S(s)drds = \int_{-\infty}^{\infty} f_R(x)f_S(x)dx$$

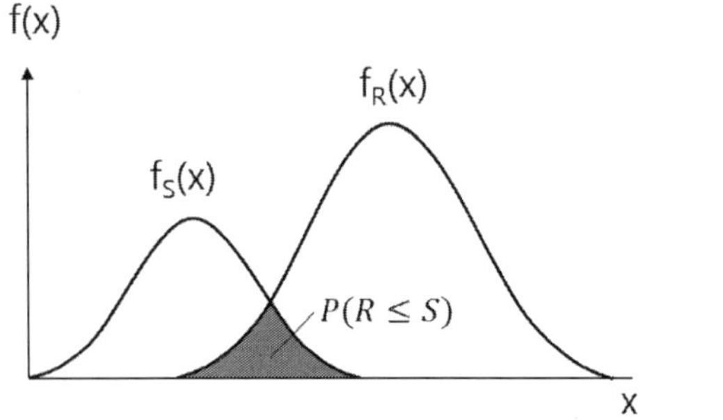

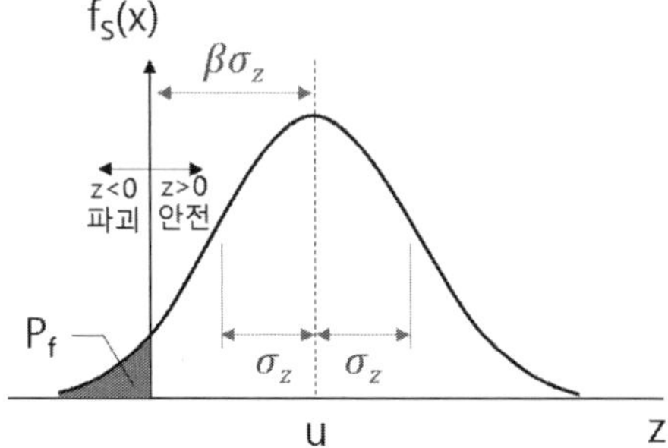

(파괴확률과 안전여유의 분포)

2) 신뢰성 지수(safety index)

확률적인 안전도의 정의로 전술한 파괴확률 대신에 상대적인 안전여유를 나타내는 신뢰성 지수(reliability index), 즉 안전도지수(safety index)를 사용하는데 기본적인 정의는 다음과 같다. R과 S의 각각의 평균 μ_R, μ_S, 분산을 σ_R^2, σ_S^2을 갖는 정규분포일 경우 안전여유 Z =R-S는 다음과 같은 평균과 분산을 가진다.

$$\mu_Z = \mu_R - \mu_S, \; \sigma_Z^2 = \sigma_R^2 + \sigma_S^2, \quad \beta = \frac{\mu_Z}{\sigma_Z} = \frac{(\mu_R - \mu_S)}{\sqrt{\sigma_R^2 + \sigma_S^2}}$$

$$P_f = P(R - S \le 0) = P(Z \le 0) = \phi\left[\frac{-(\mu_R - \mu_S)}{\sqrt{\sigma_R^2 + \sigma_S^2}}\right] = \phi(-\beta), \quad \beta : \text{신뢰성지수}$$

또는 $Z = \ln(R/Q)$ 확률분포도에서 $\ln(R/Q)$의 평균으로부터 한계상태점은 $Z = 0$까지의 거리를 표준편차 $\sigma_{\ln R/Q}$의 β배로 나타내는 경우 β를 신뢰성 지수로 정의한다.

$$P_f = P[Z \leq 0] = P[\ln R / Q \leq 0] \quad \text{이때 } \beta = \frac{\ln R_m - \ln Q_m}{\sqrt{V_R^2 + V_Q^2}}$$

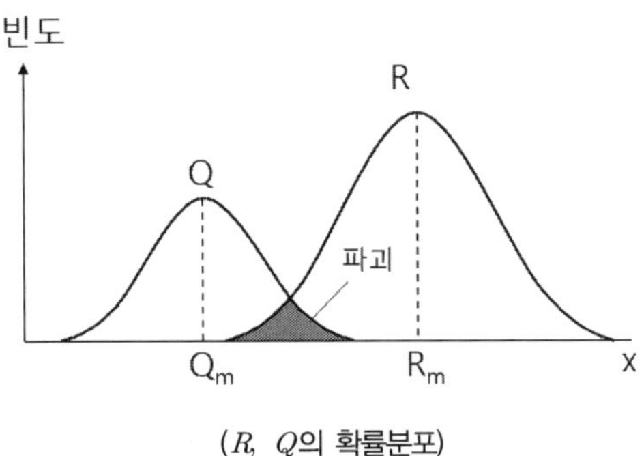

(R, Q의 확률분포)

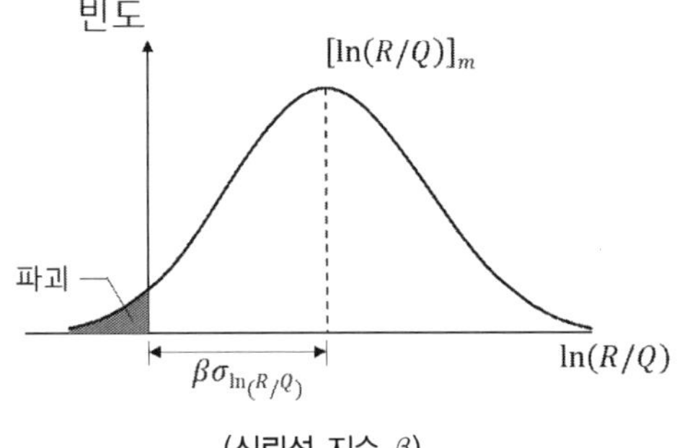

(신뢰성 지수 β)

3) 목표 신뢰성 지수(β)

강구조 부재의 신뢰성 지수 β는 부재 형식별로 상이하지만 통상적으로 전형적인 강재보의 β는 3 내외이며, 전형적인 연결부의 β는 4~5의 범위에 있다. LRFD 설계기준의 보정에 사용된 신뢰성 방법에 기초한 보정방법의 특징은 구 설계기준에 의해 설계된 전형적인 강구조물의 신뢰성지수에 기초를 두고 부재별로 합리적인 대표치를 사용하여 목표 신뢰성지수를 선정함으로써 이들 목표신 뢰성 지수에 맞는 다중하중 및 저항계수를 2차 모멘트 신뢰성 방법에 의해 결정한다.

하중조합	목표신뢰성지수 β_0	비고
고정하중+활하중	3.0	부재
	4.5	연결부
고정하중+활하중+풍하중	2.5	부재
고정하중+활하중+지진	1.75	부재

▶ 안전지수(신뢰성지수, 안전도 지수, β) 산정

저항모멘트의 평균값 $\mu_R = \lambda_R \times R_n = 1.05 \times 8000 = 8400 \ \text{kNm}$

저항모멘트의 표준편차 $\sigma_R = \text{COV(변동계수)} \times \mu_R = 0.075 \times 8400 = 630 \ \text{kNm}$

$$\therefore \ \beta = \frac{\mu_z}{\sigma_z} = \frac{\mu_R - \mu_S}{\sqrt{\sigma_R^2 + \sigma_Q^2}} = \frac{8400 - 5000}{\sqrt{630^2 + 400^2}} = 4.56$$

RC 지배단면

철근 콘크리트 부재의 거동과 관련하여 압축지배단면, 변화구간단면, 인장지배단면에 대한 강도 감소계수에 대하여 설명하시오.

풀 이

▶ 개요

강도 감소계수는 재료 강도와 치수가 변동할 수 있으므로 부재의 강도 저하 확률에 대비한 여유, 부정확한 설계 방정식에 대비한 여유, 주어진 하중조건에 대한 부재의 연성도와 소요 신뢰도, 구조물에서 차지하는 부재의 중요도 등을 반영하기 위해서 적용된다. 도로교설계기준에서는 최외각의 철근의 변형률에 따라서 부재의 거동을 압축지배단면, 변화구간단면, 인장지배단면으로 구분하고 강도감소계수를 다르게 적용하도록 하고 있다. 이때 인장지배단면보다 압축지배단면의 강도감소계수가 더 작은 값을 적용하는데 이는 압축지배단면의 연성이 더 작고 콘크리트 강도의 변동에 보다 민감하며 일반적으로 인장지배단면 부재보다 더 넓은 영역의 하중을 지지하기 때문이다. 또한 나선철근 부재는 띠철근 기둥보다 더 큰 강도감소계수를 가지는 이유도 연성이나 인성이 더 크기 때문이다.

▶ 지배단면별 강도감소계수

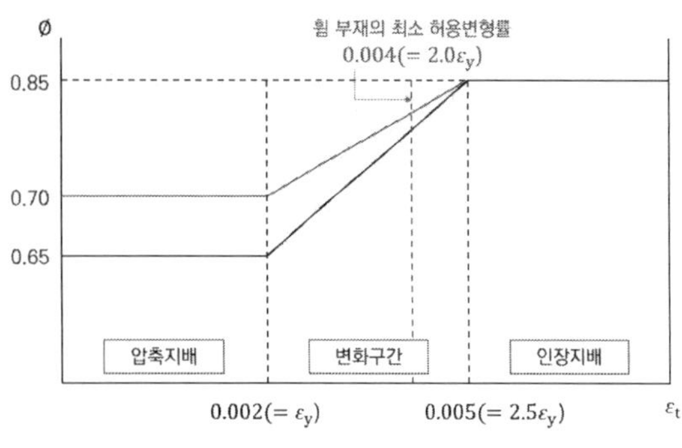

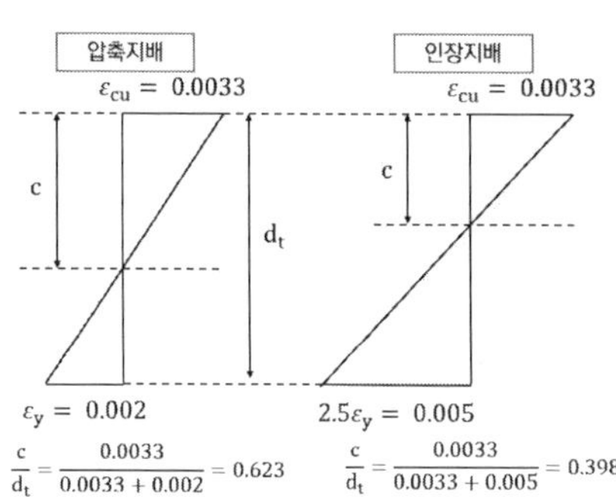

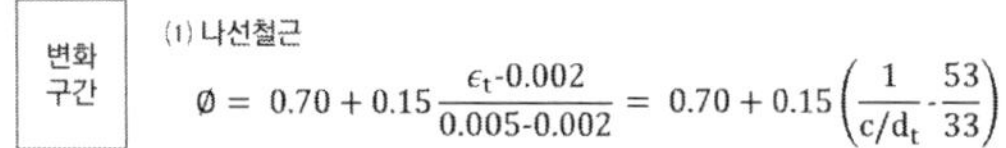

변화 구간

(1) 나선철근

$$\text{Ø} = 0.70 + 0.15\frac{\varepsilon_t\text{-}0.002}{0.005\text{-}0.002} = 0.70 + 0.15\left(\frac{1}{c/d_t} - \frac{53}{33}\right)$$

(2) 띠철근

$$\text{Ø} = 0.65 + 0.20\frac{\varepsilon_t\text{-}0.002}{0.005\text{-}0.002} = 0.70 + 0.20\left(\frac{1}{c/d_t} - \frac{53}{33}\right)$$

1) 압축지배단면($\epsilon_{cu} = 0.0033$일 때, $\epsilon_t \leq \epsilon_y = 0.002$인 단면) : 취성파괴

   (1) 압축연단 콘크리트가 가정된 극한변형률에 도달할 때 최외단 인장철근의 순인장변형률 ε_t가 압축지배변형률 한계 이하인 단면을 압축지배단면이라고 정의한다.

   (2) $\epsilon_{cu} = 0.0033$에 도달할 때, 최외단 인장철근의 순인장변형률 ϵ_t가 압축지배 변형률 한계 이하($f_y = 400MPa$일 때 $\epsilon_t < \epsilon_y = 0.002$)

   (3) 파괴 징후 없이 취성파괴 발생 가능성이 있어 강도를 인장지배단면에 비해 낮게 적용한다.

2) 인장지배단면($\epsilon_{cu} = 0.0033$일 때, $\epsilon_t \geq 2.5\epsilon_y$, 0.005인 단면) : 연성파괴

   (1) 압축연단 콘크리트가 가정된 극한변형률에 도달할 때 최외단 인장철근의 순인장변형률 ε_t가 0.005의 인장지배변형률 한계 이상인 단면을 인장지배단면이라고 정의한다.

   (2) $\epsilon_{cu} = 0.0033$에 도달할 때, 최외단 인장철근의 순인장변형률 ϵ_t가 $f_y \leq 400MPa$일 때 $\epsilon_t \geq 0.005$, $f_y > 400MPa$일 때 $\epsilon_t \geq 2.5\epsilon_y$, 또는 $\dfrac{c}{d_t}$가 한계 이하($f_y = 400MPa$일 때

$$\frac{c}{d_t} \geq \frac{33}{83}\left(= \frac{\epsilon_{cu}}{\epsilon_{cu} + 2.5\epsilon_y}\right)) \text{ 인 단면}$$

   (3) 과도한 처짐이나 균열이 발생이 발생하는 연성파괴를 유발해 파괴징후 파악이 쉽다.

3) 변화구간($\epsilon_{cu} = 0.0033$일 때, $\epsilon_y < \epsilon_t < 2.5\epsilon_y$인 단면) : 최소 허용변형률 만족 시 연성확보

   (1) $\epsilon_{cu} = 0.0033$에 도달할 때, 최외단 인장철근의 순인장변형률 ϵ_t가 $\epsilon_y < \epsilon_t < 2.5\epsilon_y$, 또는

$$\frac{c}{d_t} \text{가} \frac{33}{83}\left(= \frac{\epsilon_c}{\epsilon_c + 2.5\epsilon_y}\right) < \frac{c}{d_t} < \frac{33}{53}\left(= \frac{\epsilon_c}{\epsilon_c + \epsilon_y}\right) \text{인 단면}$$

   (2) $\epsilon_{t.min} = 0.004\,(f_y \leq 400MPa)$, $2.0\epsilon_y\,(f_y > 400MPa)$

   (3) 철근의 최소 허용변형률($\epsilon_{t.min}$) : 프리스트레스되지 않은 RC휨부재와 $0.1f_{ck}A_g$보다 작은 계수축하중을 받는 RC휨부재의 순인장변형률 ϵ_t가 최소 허용인장변형률 $\epsilon_{t.min}$ 이상이면 연성파괴를 확보한다고 보고, 축력의 영향을 무시하고 휨부재로 취급해 휨강도를 계산할 수 있다.

콘크리트 부재 지배단면 변형률 : 2012 콘크리트 설계기준

콘크리트구조기준(2012)에 근거하여, 콘크리트 부재에서 지배단면에 따른 변형률 조건과 강도감소계수에 대하여 설명하시오.

풀 이

▶ 개요

콘크리트구조기준(2012)에서는 압축연단 콘크리트가 극한 변형률인 0.003에 도달할 때 최외단 인정철근의 순인장변형률 ϵ_t 의 변형률에 따라 지배단면을 압축지배단면, 인장지배단면, 변화구간단면의 3가지로 구분하고 있다.

▶ 콘크리트 부재의 지배단면에 따른 변형률 조건

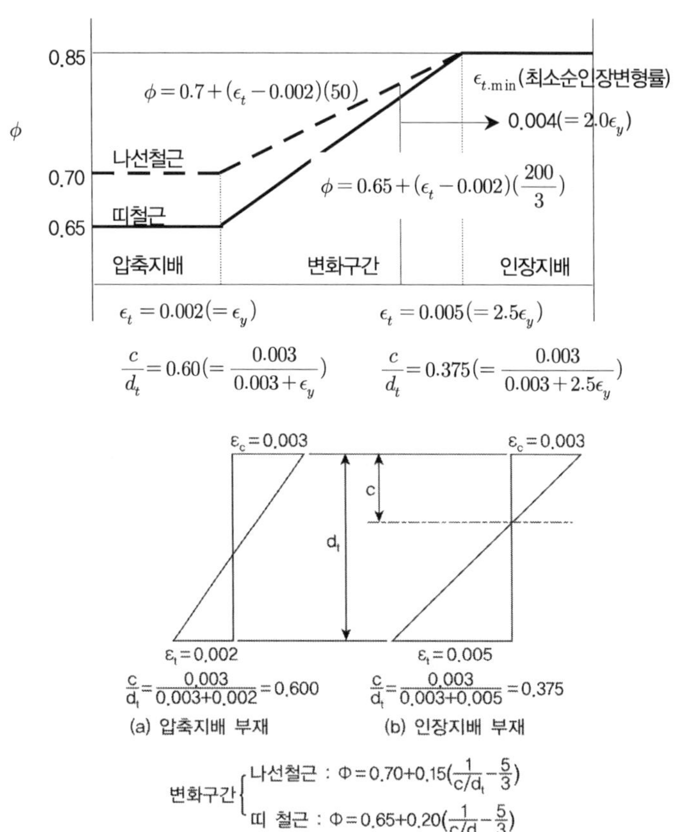

1) 압축지배단면($\epsilon_c = 0.003$ 일 때, $\epsilon_t \leq \epsilon_y$ 인 단면) : 압축연단 콘크리트가 극한변형률인 $\epsilon_c = 0.003$ 에 도달할 때, 최외단 인장철근의 순인장변형률 ϵ_t 가 압축지배 변형률 한계 이하인 단면을 말한다. 압축지배변형률 한계는 균형변형률 상태에서 인장철근의 순인장변형률과 같다. 이 지배단면인 경우 파괴가 임박했음에도 나타내는 징후가 없이 급격히 파괴되는 취성파괴가 발생할 수 있다. 일반적으로 휨부재는 인장지배단면이고 압축부재는 압축지배단면이지만. 휨부재 중에서도 인장철근의 단면적이 상대적으로 큰 경우와 압축부재 중에서도 축력이 작고 휨모멘트가 큰 경우에는 압축지배단면과 인장지배단면의 변화구간에 있게 된다.

$$f_y = 400MPa \text{일 때 } \epsilon_t < \epsilon_y = 0.002,$$

$$\text{또는 } \frac{c}{d_t} \text{가 한계 이상 } f_y = 400MPa \text{일 때 } \frac{c}{d_t} \geq 0.6 \left(= \frac{\epsilon_c}{\epsilon_c + \epsilon_y} \right) \text{인 단면}$$

2) 인장지배단면($\epsilon_c = 0.003$ 일 때, $\epsilon_t \geq 2.5\epsilon_y$, 0.005 인 단면) : 압축연단 콘크리트가 극한변형률인 $\epsilon_c = 0.003$ 에 도달할 때, 최외단 인장철근의 순인장변형률 ϵ_t 가 0.005 의 인장지배변형률 한계 이상인 단면을 말한다. 이때 철근의 항복강도가 400MPa 이상인 경우 인장지배변형률 한계를 철근 항복변형률의 2.5배로 한다. 이 지배단면의 경우 과도한 처짐이나 균열이 발생하여 파괴징후를 사전에 파악할 수 있는 연성파괴가 발생한다.

$$f_y \leq 400MPa \text{일 때 } \epsilon_t \geq 0.005, \ f_y > 400MPa \text{일 때 } \epsilon_t \geq 2.5\epsilon_y,$$

$$\text{또는 } \frac{c}{d_t} \text{가 한계 이하 } f_y = 400MPa \text{일 때 } \frac{c}{d_t} \geq 0.375 \left(= \frac{\epsilon_c}{\epsilon_c + 2.5\epsilon_y} \right) \text{인 단면}$$

3) 변화구간($\epsilon_c = 0.003$ 일 때, $\epsilon_y < \epsilon_t < 2.5\epsilon_y$ 인 단면) : 압축연단 콘크리트가 극한변형률인 $\epsilon_c = 0.003$ 에 도달할 때, 최외단 인장철근의 순인장변형률 ϵ_t 가 압축지배변형률 한계와 인장지배변형률 한계 사이인 단면을 말한다. 다만, 이 경우 최소 허용 인장변형률 이상이어야 연성을 확보할 수 있다.

$$\text{최외단 인장철근의 순인장변형률 } \epsilon_t \text{가}$$
$$0.002 (= \epsilon_y) < \epsilon_t < 0.005 (= 2.5\epsilon_y), \text{ 괄호 안은 } f_y > 400MPa \text{인 경우}$$
$$\text{또는 } \frac{c}{d_t} \text{가 } 0.375 \left(= \frac{\epsilon_c}{\epsilon_c + 2.5\epsilon_y} \right) < \frac{c}{d_t} < 0.6 \left(= \frac{\epsilon_c}{\epsilon_c + \epsilon_y} \right) \text{인 단면}$$

철근의 최소 허용인장변형률($\epsilon_{t.min}$)은 프리스트레스되지 않은 RC휨부재와 $0.1f_{ck}A_g$ 보다 작은 계수 축 하중을 받는 RC휨부재의 순인장변형률 ϵ_t 가 최소 허용인장변형률 $\epsilon_{t.min}$ 이상이면 연성파괴를 확보한다.

$$\epsilon_{t.\min} = 0.004\,(f_y \le 400MPa), \quad 2.0\epsilon_y\,(f_y > 400MPa)$$

▶ 지배단면에 따른 강도감소계수

강도감소계수(ϕ_i)는 재료의 실제 강도를 정확히 알 수 없기 때문에 부재의 치수, 시공정도, 구조적 거동 등의 주요변수를 가정하여 실측된 재료와 부재강도의 통계자료를 이용하여 강도저감계수를 결정한다. 강도감수계수를 적용하는 사유는 다음과 같다.

(1) 재료강도의 가변성, 시험재하 속도의 영향, 현장강도와 공시체 강도의 차이, 건조수축의 영향에 따른 설계 시 예상값과의 차이

(2) 철근의 위치, 철근의 휘어짐, 부재의 치수의 오차 등과 같은 제작 시의 오차로 예상과 실제 부재의 차이

(3) 직사각형 응력블록, 최대변형률 0.003 등과 같은 가정과 식의 단순화에 의한 오차

콘크리트구조기준(2012)에서 규정한 지배단면에 따른 강도감수계수는 다음과 같다.

지배단면 구분	순인장변형률 조건	강도감수계수
압축지배단면	ϵ_y 이하	0.65
변화구간단면	$\epsilon_y \sim 0.005$(또한 $2.5\epsilon_y$)	0.65~0.85
인장지배단면	0.005 이상 (f_y〉400MPa 이상인 경우 $2.5\epsilon_y$ 이상)	0.85

변화구간에서 강도감소계수 ϕ값의 보정

$$\frac{c}{d_t} = \frac{\epsilon_c}{\epsilon_c + \epsilon_t}$$

$$\therefore \ \epsilon_t = \epsilon_c\left(\frac{d_t - c}{c}\right) = \epsilon_c\left(\frac{d_t}{c} - 1\right)$$

(나선철근) $\quad \phi = 0.70 + \dfrac{0.85 - 0.70}{0.005 - 0.002}(\epsilon_t - 0.002) = 0.7 + 50(\epsilon_t - 0.002)$

$$= 0.7 + 50\left(\epsilon_c\left(\frac{d_t}{c} - 1\right) - 0.002\right) = 0.7 + 0.15\left[\frac{1}{c/d_t} - \frac{5}{3}\right]$$

(띠 철근) $\quad \phi = 0.65 + \dfrac{0.85 - 0.65}{0.005 - 0.002}(\epsilon_t - 0.002) = 0.65 + \dfrac{200}{3}(\epsilon_t - 0.002)$

$$= 0.65 + 0.20\left[\frac{1}{c/d_t} - \frac{5}{3}\right]$$

RC 과보강보와 저보강보

철근 콘크리트 보에서 과보강보와 저보강보에 대하여 비교 설명하시오.

풀 이

▶ 개요

인장철근이 상대적으로 적어서 압축연단 콘크리트가 극한변형률 ϵ_{cu} 에 도달하여 파괴될 때 인장철근의 변형률 ϵ_s 가 항복변형률 ϵ_y 를 이미 초과하면 저보강보라고 하며, 반대로 인장철근량이 상대적으로 많아서 인장철근이 항복변형률에 도달하기 전에 압축연단 콘크리트가 극한변형률에 도달하는 RC보를 과보강보라고 한다.

▶ 과보강보와 저보강보의 비교

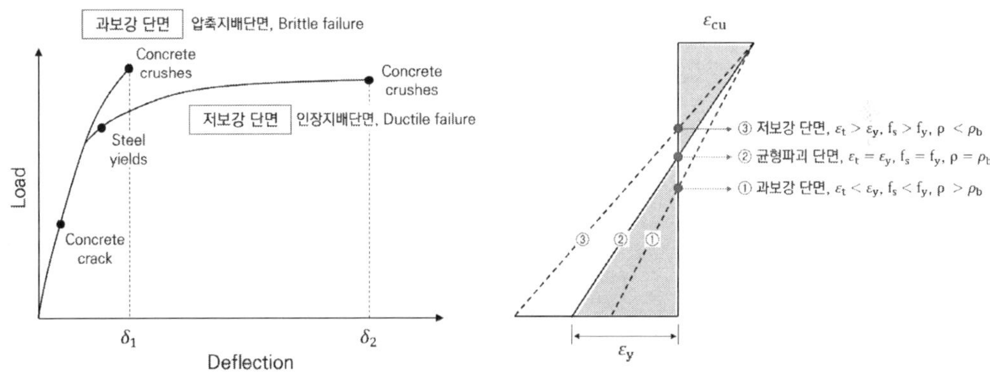

1) 과보강보(Over-reinforced section)

과보강보는 인장철근의 응력이 항복응력 f_y 보다 작은 탄성상태에서 압축연단 콘크리트가 파괴되며, 파괴 시 곡률이 상대적으로 작은 변형률 분포를 나타낸다. 인장철근의 양이 상대적으로 많기 때문에 인장력 T도 매우 큰 값을 가지므로 이와 평형을 이루기 위해 압축력 C도 큰 값을 가지게 되고 이로 인해서 중립축의 위치가 압축연단에서 멀어지게 된다. 또한 인장철근의 변형률이 매우 작기 때문에 휨 파괴가 발생할 때까지 균열과 처짐이 육안으로 관찰되지 않기 때문에 취성파괴 (Brittle failure) 유형을 보인다.

2) 저보강보(Under-reinforced section)

저보강보는 인장철근의 응력이 항복응력 f_y 로 일정한 상태에서 압축연단 콘크리트가 파괴되며,

변형 전과 변형 후의 평면이 이루는 각도인 곡률이 상대적으로 큰 변형률분포를 보인다. 인장철근의 단면적이 적기 때문에 인장부의 T값과 압축부의 C값이 모두 작고 때문에 압축부의 면적이 작아야 하므로 중립축의 위치가 압축연단에 가깝게 된다. 이로 인해 인장철근의 변형률은 매우 크고 휨 파괴가 발생되기 전에 균열과 처짐이 육안으로 쉽게 관찰될 정도로 발생하는 연성파괴(ductile failure)유형을 보인다. 다만, 아주 저보강 단면(lightly reinforced section)의 경우 분쇄파괴(Brittle failure)가 발생하는데 이는 콘크리트 인장응력이 파괴계수($f_r = 0.63\sqrt{f_{ck}}$) 초과 시 균열이 발생하며 인장응력을 철근에 전가 철근의 단면적이 너무 적으면 인장력에 저항하지 못하고 과다하게 늘어지면서(snap) 파괴가 발생한다. 이러한 파괴를 방지하고 연성파괴를 유도하기 위해서 상한한계인 최외단 순인장변형률($\epsilon_{t.min}$) 이상 되도록 하고 하한한계로 최소철근비 규정을 준수해야 한다(하한한계 : snapping 방지, 상한한계 : 철근과다 방지, Brittle failure 방지).

연성파괴

휨을 받는 콘크리트 보에서 보의 급작스런 파괴, 즉 취성파괴를 방지하고 연성파괴를 유도하기 위해 두고 있는 규정을 철근 콘크리트(RC) 보와 프리스트레스트 콘크리트(PSC) 보로 나누어 설명하시오.

풀 이

▶ 개요

휨을 받는 콘크리트 보에서 급작스럽게 파괴되는 취성파괴는 사전인지나 확인이 불가하기 때문에 바람직하지 않은 설계로, 콘크리트 부재에서는 취성파괴를 방지하고 연성파괴를 유도하기 위해서 철근이나 프리스트레스트의 강재량을 제한하는 규정을 두고 있다.

▶ 연성파괴 유도

강재가 과보강되면 강재가 파괴되기 전에 콘크리트가 먼저 파괴되게 되며 이로 인해 취성파괴가 발생한다. 연성파괴를 위해서는 콘크리트 단면이 극한변형률 $\epsilon_c = 0.003$에 도달할 때 강재로 보강된 인장부분에서도 강재가 항복하도록 균형파괴를 유도한다.

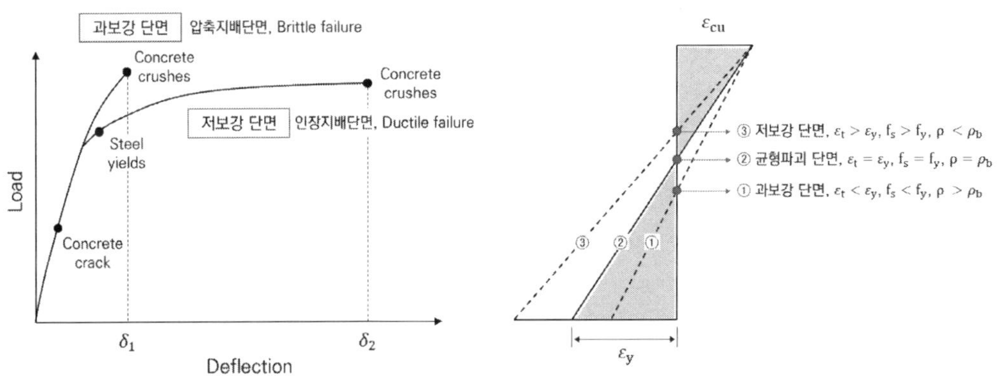

1) 철근 콘크리트(RC) 보

철근 콘크리트(RC) 보에서는 압축지배단면, 인장지배단면, 변화구간의 3가지 구간으로 구분하여 강도수정계수를 달리 적용하고 연성파괴를 유도한다. 연성파괴를 유도하기 위해 저보강된 경우에는 일정부분 강도 발현을 위한 최소철근비 규정을 두고 있으며, 과보강된 경우에는 콘크리트가 먼저 급속하게 파괴되는 것을 방지하기 위해 최대 철근비 규정을 두고 있다.

① 인장지배단면은 콘크리트가 한계변형률(ϵ_{cu}) 도달 이전에 철근이 항복에 도달($\epsilon_s \geq \epsilon_y$)하여

철근이 먼저 항복한다.

② 중립축이 최초에 압축측 연단에 가까이 있어 하중 증가에 따라 중립축이 위로 상승하며 이로 인하여 철근이 변형률이 빠르게 증가한다(철근 먼저 항복).

③ 철근 먼저 항복하므로 파괴 시 충분한 연선을 가지고 파괴 징후를 알 수 있다.

④ 다만, 아주 저보강 단면(lightly reinforced section)의 경우 분쇄파괴(Brittle failure)가 발생하는데 이는 콘크리트 인장응력이 파괴계수($f_r = 0.63\sqrt{f_{ck}}$) 초과 시 균열이 발생하며 인장응력을 철근에 전가 철근의 단면적이 너무 적으면 인장력에 저항하지 못하고 과다하게 늘어지면서(snap) 파괴가 발생한다. 이러한 파괴를 방지하고 연성파괴를 유도하기 위해서 상한한계인 최외단 순인장변형률($\epsilon_{t.min}$) 이상 되도록 하고 하한한계로 최소철근비 규정을 준수해야 한다(하한한계 : snapping 방지, 상한한계 : 철근과다 방지, Brittle failure 방지).

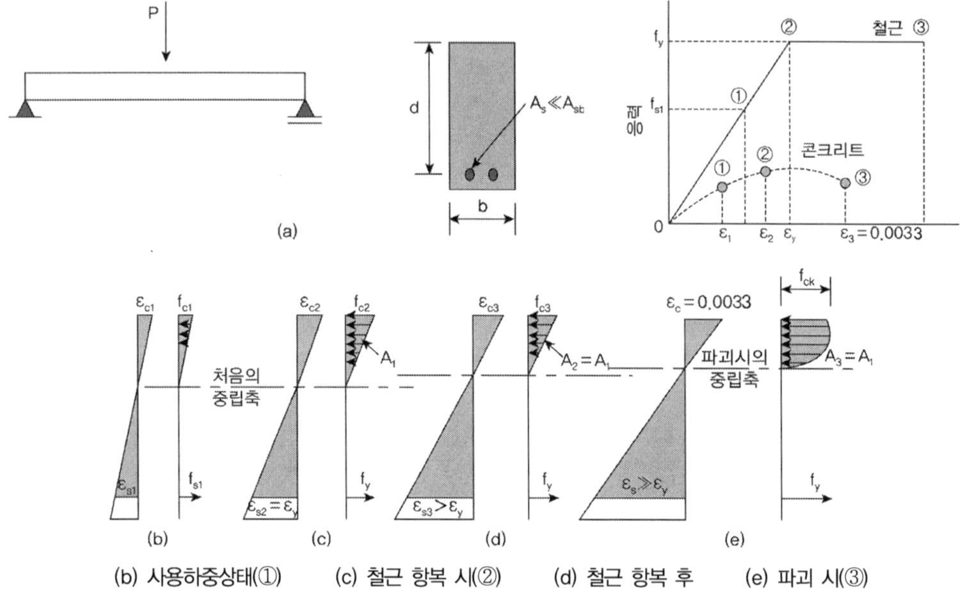

(b) 사용하중상태(①)　　(c) 철근 항복 시(②)　　(d) 철근 항복 후　　(e) 파괴 시(③)

⑤ 분쇄파괴를 방지하기 위한 최소철근비

(1) 최소철근비 산정 : 개정된 KDS 기준에 따른 최소철근비 규정은 다음을 기준으로 한다.

$$\phi M_n \geq 1.2 M_{cr}$$

ϕ는 인장지배단면이므로 0.85이므로 $M_n \geq (1.2/0.85)M_{cr}$

$$f_r = 0.63\sqrt{f_{ck}}, \quad M_n = A_s f_y\left(d - \frac{a}{2}\right), \quad a = \frac{A_s f_y}{\eta(0.85 f_{ck})b_w}$$

$$\therefore \rho \geq \frac{0.85\eta f_{ck}}{f_y}\left(1 - \sqrt{1 - \frac{0.3488(h/d)^2}{\sqrt{f_{ck}}}}\right)$$

⑥ 최대철근비(최소허용 인장 변형률)

국내 설계기준에서는 최대 철근비를 직접 제시하지 않고 최소 허용변형률을 통해 규정하고 있다. f_y가 400MPa 이하인 경우 최외단 인장철근의 인장변형률을 0.004 이상, 400MPa 초과할 때는 $2.0\epsilon_y$ 이상이 만족하도록 하고 있다.

$$\epsilon_t \neq \epsilon_y, \quad \frac{c}{d_t} = \frac{\epsilon_{cu}}{\epsilon_{cu} + \epsilon_t}$$

힘의 평형조건 C=T $\quad A_s f_y = \eta(0.85 f_{ck})ab_w = \eta(0.85 f_{ck})\beta_1 c b_w \quad\quad \therefore A_s = 0.85\beta_1 \frac{\eta f_{ck}}{f_y}bc$

$$\therefore \rho = \frac{A_s}{b_w d} = 0.85\beta_1 \eta \frac{f_{ck}}{f_y}\frac{c}{d} = 0.85\beta_1 \eta \frac{f_{ck}}{f_y}\frac{\epsilon_{cu}}{\epsilon_{cu} + \epsilon_t}$$

2) 프리스트레스트 콘크리트(PSC) 보

PSC의 휨 파괴는 철근 콘크리트(RC) 보와 마찬가지로 균열과 동시에 PS강재가 파단하는 균형파괴, PS강재응력이 항복강도 도달 후 콘크리트가 압축파괴되는 저보강 PSC파괴, PS강재응력이 항복강도 도달 이전에 콘크리트가 압축파괴되는 과보강 PSC파괴로 구분되며, 과보강 PSC일수록 콘크리트가 먼저 파괴되기 때문에 취성파괴가 현상이 발생된다. RC와 마찬가지로 저보강 PSC의 경우에도 PS강재량이 매우 적을 경우에 급격하게 파단이 발생될 수 있어 최소강재량 규정을 두고 있으며, 과보강으로 인한 취성파괴 방지를 위해 최대강재량 규정을 두고 있다.

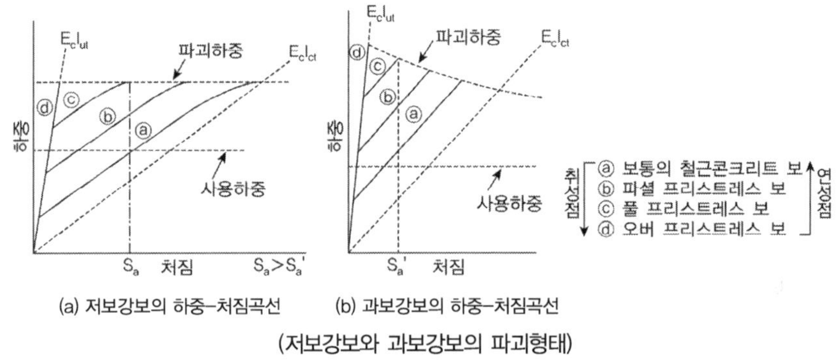

(저보강보와 과보강보의 파괴형태)

① PS강재 응력이 항복강도보다 큰 경우에도 콘크리트가 압축파괴에 도달하여 연성파괴가 발생되는 보를 저보강보라 하며, 균열 발생 후 균열 환산단면적의 휨강성과 평행하게 휨강성이 변하다가 파괴되는 특성이 있다.

② PS강선량이 매우 작은 경우 균열이 발생하며 보가 급격히 파괴될 수 있다. 적당량의 PS강선을 사용하는 경우 PS강재가 항복 후에도 소정의 변형이 발생한 후 파괴된다.

③ PS강재가 항복강도에 이르기 전에 콘크리트가 먼저 파괴되어 취성파괴 현상을 보이는 보를

과보강보라 하며 파괴하중에 이르기까지 비균열 환산단면적의 휨강성을 유지하다가 사전 징조 없이 갑자기 취성파괴를 일으키는 특징이 있다.

④ 과보강보의 경우 파괴를 야기하는 하중의 크기가 변한다. 균열이 발생된 후 균열환산단면적의 휨강성과 평행하게 휨강성이 변하다가 파괴되는 경향을 보여 파괴의 전조가 나타나지 않는 취성파괴를 한다.

⑤ PSC 휨부재의 최소강재량 : 강재량이 단면에 비하여 너무 작으면 갑작스러운 파괴를 야기시킨다. 이는 균열이 발생하자마자 갑작스러운 파괴를 야기할 수 있어 바람직하지 못하기 때문에 균열이 발생하더라도 일정구간 하중에 견딜 수 있도록 하여 처짐을 수반한 후 파괴의 징후를 보이도록 연성파괴 유도를 위해 필요하다.

『PS강재와 철근의 전체 강재량이 계수 모멘트 M_u를 전달하는 데 필요로 하는 양보다 작아서는 안 된다 → 균열하중의 1.2배 이상의 계수하중에 견디도록 설계』

$$M_u\,(=\phi M_n) \geq 1.2 M_{cr}$$

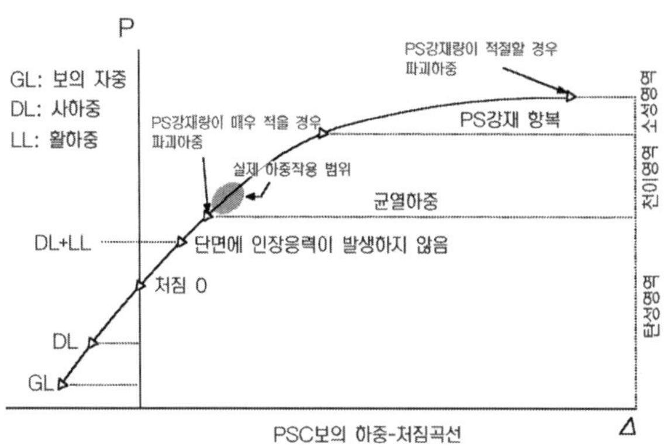

PSC보의 하중-처짐곡선

⑥ PSC 휨부재의 최대강재량 : 연성파괴를 유도하기 위한 목적으로 콘크리트 단면에 대한 강재비(Percentage of reinforcement)를 규정한다. 최대강재량 이내인 경우 저보강 PSC로 분류하고 최대강재량 이상인 경우 과보강 PSC로 분류한다.

(1) 긴장재만 가지는 보
$$\omega_p \leq 0.32\beta_1 \ \left(\omega_p = \rho_p \frac{f_{ps}}{f_{ck}},\ \rho_p = \frac{A_p}{bd_p}\right)$$

(2) 긴장재와 철근을 가지는 직사각형 단면 보
$$\omega_p + \frac{d}{d_p}(\omega - \omega') \leq 0.36\beta_1$$

(3) 긴장재와 철근을 가지는 I형, T형 보
$$\omega_{pw} + \frac{d}{d_p}(\omega_w - \omega_w') \leq 0.36\beta_1$$

최소 철근량

콘크리트 구조 휨 및 압축 설계기준(KDS 14 20 20)에 규정된 휨부재의 최소 철근량에 대하여 설명하시오.

풀 이

▶ 개요

철근 콘크리트 휨 및 압축 설계기준에서는 압축철근 유무에 관계없이 최소 및 최대 철근비 규정을 두고 있다. 이는 휨균열 발생으로 콘크리트 인장강도 소멸에 의해 유발되는 휨 부재의 취성붕괴를 방지하기 위해서 충분한 휨인장 철근을 배치하도록 최소 철근량을 배치하며 그 양은 균열휨모멘트에 저항할 수 있도록 균혈휨모멘트를 기준으로 산정하도록 하고 있다.

▶ 휨부재의 최소 철근량

1) 강도설계법(KDS 14 20 20)

국내 설계기준은 설계휨강도와 균열휨모멘트의 비율 조건으로 최소 인장철근단면적을 결정하도록 하는 방법으로 최소한의 단면적을 갖는 인장철근을 배치하는 목적을 요구성능(demand)의 형태로 표현하였다. 즉, 설계휨강도(M_d 또는 ϕM_n)가 무근 콘크리트 단면의 균열휨모멘트(M_{cr})의 일정배수($\alpha = 1.2$) 이상 인장철근을 배정하도록 규정한다.

$$M_d (= \phi A_{s,\min} f_y z) \geq 1.2 M_{cr} \left(= 1.2 \frac{f_{ct} I_g}{y_t} \right)$$

여기서, $\alpha = 1.0$, $f_{ct} = f_r (= 0.63 \sqrt{f_{ck}})$, $h/d = 1.05 \sim 1.2$ 등의 일반적인 값을 대입하면

(직사각형 단면) $A_{s,\min} = (0.135 \sim 0.177) \dfrac{\sqrt{f_{ck}}}{f_y} b_w d$, (T형단면) $A_{s,\min} = (0.474 \sim 0.619) \dfrac{\sqrt{f_{ck}}}{f_y} b_w d$

예외적인 조항으로 국내 설계기준에서는 부재의 모든 단면에서 해석에 의해 필요한 철근량보다 1/3 이상 인장철근이 더 배치할 경우에는 최소철근량 배근 규정을 적용하지 않을 수 있다.

2) 한계상태설계법(KDS 24 14 21)

한계상태설계법에서도 마찬가지로 균열휨모멘트를 기준으로 다음과 같은 최소 철근량 규정을 두고 있다.

$$A_{s,\min} = \frac{M_{cr}}{z f_{yd}} = \frac{0.26 f_{ctm} bd}{f_{yd}} \geq 0.0013 bd$$

① $M_{cr}(무근) = T_c\left(\dfrac{2}{3}h\right) = \left(\dfrac{1}{2}f_r\dfrac{h}{2}b_w\right)\left(\dfrac{2}{3}h\right) = \dfrac{f_rb_wh^2}{6}$ (또는) $M_{cr} = f_r\dfrac{I_g}{y_t} = \dfrac{f_rb_wh^2}{6}$

② $M_n = A_sf_yd \simeq M_{cr} = \dfrac{f_rb_wh^2}{6}$ $\quad \therefore A_s = \dfrac{f_rb_wh^2}{6f_yd}$

③ 여기서 $f_r = 0.63\sqrt{f_{ck}}$, $h \simeq d$

$$A_s = \dfrac{0.63\sqrt{f_{ck}}}{6f_y}b_wd \quad \rightarrow [\times2.5(\text{S.F})] \qquad\qquad \therefore A_{s.min} = \dfrac{0.25\sqrt{f_{ck}}}{f_y}b_wd$$

$$\rightarrow [f_{ck} = 28MPa, \times2.5(\text{S.F})] \quad \therefore A_{s.min} = \dfrac{1.4}{f_y}b_wd$$

$$\therefore \rho_{s.min} = \max\left[\dfrac{1.4}{f_y}, \quad \dfrac{0.25\sqrt{f_{ck}}}{f_y}\right]$$

앞선 (사각단면) $A_{s,min} = (0.135 \sim 0.177)\dfrac{\sqrt{f_{ck}}}{f_y}b_wd$, (T형단면) $A_{s,min} = (0.474 \sim 0.619)\dfrac{\sqrt{f_{ck}}}{f_y}b_wd$ 값

과 비교할 때 α가 1.41~1.85을 갖는 보수적인 결과를 갖는다.

공칭휨모멘트-균열모멘트

직사각형 단면(폭b×높이h)의 단철근 철근 콘크리트 보에 최소철근만이 배근되어 있는 상태이다. 콘크리트구조기준(2012)에 따라, 이 보의 공칭휨모멘트(M_n)와 균열모멘트(M_{cr}) 간의 관계를 설명하시오. 단, f_{ck}=40MPa, 경량콘크리트계수 λ=1.0, 유효깊이 d는 높이의 0.9배로 가정한다.

풀 이

▶ 개요

콘크리트구조기준(2012)에서는 철근 콘크리트 부재는 부재의 연성파괴를 보장하기 위해서 무근 콘크리트 부재의 휨강도 이상이 되도록 최소철근의 양을 규정하고 있다. 무근콘크리트의 보의 휨강도를 균열모멘트 M_{cr} 로 정의하며 최소철근량이 배근된 철근 콘크리트의 보의 공칭휨강도 M_n 은 균열모멘트보다는 커야 한다.

▶ 공칭휨모멘트(M_n)와 균열모멘트(M_{cr}) 관계

1) 공칭휨모멘트 M_n

최소철근이 배근된 단철근 철근 콘크리트는 철근이 먼저 항복하므로 철근량에 의해 결정된다.

$$\therefore M_n = A_s f_y \left(d - \frac{a}{2} \right)$$

2) 균열모멘트 M_{cr}

외부에서 모멘트 M이 작용하고 있을 때 중립축에서 인장 측까지의 거리를 y_t 라 하고, 이 지점의 콘크리트의 응력을 f_t 라고 하면, $f_t = \dfrac{M}{I} y_t$ 로 정의된다. 이때 콘크리트의 응력 f_t 가 휨인장강도(파괴계수) f_r 을 초과하면 균열이 발생한다.

$$\therefore M_{cr} = f_r \frac{I}{y_t} = \frac{0.63\lambda \sqrt{f_{ck}}\, bh^3/12}{h/2} = \frac{0.63\sqrt{f_{ck}}\, bh^2}{6} \quad (\because \lambda = 1.0)$$

3) 공칭휨모멘트 $M_n \geq$ 균열모멘트 M_{cr}

$$M_n = A_s f_y \left(d - \frac{a}{2} \right) \geq M_{cr} = \frac{0.63\sqrt{f_{ck}}\, bh^2}{6} \qquad \therefore A_s \geq \frac{0.63\sqrt{f_{ck}}\, h^2}{6d f_y (d - a/2)} bd = K \frac{bd}{f_y}$$

$$\text{여기서, } K = \frac{0.63\sqrt{f_{ck}}\, h^2}{6d(d - a/2)} = \frac{0.63\sqrt{40}\times h^2}{6 \times 0.8h(0.8h - 0.5a)} = \frac{1.6602h}{(1.6h - a)}$$

$$(\because d = 0.8h, \ f_{ck} = 40\text{MPa})$$

콘크리트 구조기준에서는 최소 철근값 규정을 다음과 같이 규정하고 있다.

$$A_{s,\min} \geq Max\left[\frac{1.4}{f_y}bd, \ \frac{0.25\sqrt{f_{ck}}}{f_y}bd\right]$$

여기서, a≒0.41h인 경우 콘크리트 구조기준에서 제시하고 있는 $\frac{1.4}{f_y}bd$ 규정이 산출되는 것을 알 수 있다. 즉, 콘크리트 구조기준에서는 최소철근량 규정을 무근 콘크리트 부재의 휨강도 이상이 되도록 유도되었다.

그러나 실제 철근 콘크리트 부재에서는 충분한 양의 인장철근을 배근하고 있어 부재의 단면적에 비례하는 최소 철근량 규정 이상이 배치되며, 해석에 의해 필요한 철근량의 4/3 인장철근을 배치할 경우에는 최소 철근량 규정을 적용하지 않을 수도 있다.

설계압축강도

도로교설계기준(한계상태설계법)에서 규정하고 있는 설계압축강도

풀 이

▶ 개요

도로교설계기준(한계상태설계법)에서는 기존의 콘크리트의 압축강도에 재료의 계수 ϕ_c를 고려하여 설계압축강도를 정하도록 하고 있다.

▶ 도로교설계기준(한계상태설계법) 설계압축강도

휨 부재의 극한한계상태에서 압축응력의 분포를 등가의 압축응력블록으로 환산할 때 사용되며, ϵ_{cu}에 해당하는 설계압축강도를 f_{cd}로 한다. 이때 콘크리트의 설계압축강도는 콘크리트의 재료계수 ϕ_c를 고려하여 정하도록 하고 있다.

$$f_{cd} = 0.85\phi_c f_{ck}$$

여기서 ϕ_c는 재료계수(정상설계상황에서 0.65, 지진 등 극단상황에서 1.0 적용)
　　　　0.85는 유효계수(RC휨부재에 적용 0.85, 무근콘크리트 또는 경량보강콘크리트는 0.80)

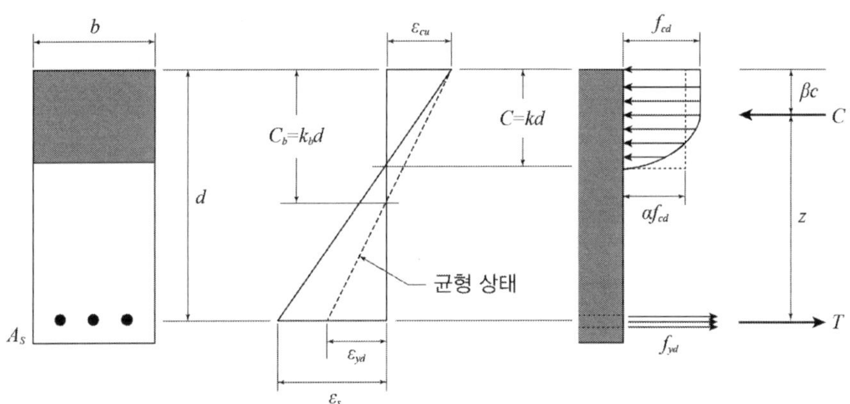

(휨부재의 극한한계상태 단면 변형률과 응력분포)

따라서, 극한한계상태에서 연단응력이 설계압축강도 f_{cd}일 때 압축합력 크기 C는 다음과 같이 산정된다.

$$C = \alpha f_{cd} kbd \quad \text{(여기서 } k = c/d, \text{ 중립축 깊이 비)}$$

휨부재의 극한한계상태에서 한계변형률과 합력 무차원 계수 값

f_{ck} (MPa)	보통강도 콘크리트							고강도 콘크리트				
	18	21	24	27	30	35	40	50	60	70	80	90
ϵ_{cu} (‰)			3.3					3.2	3.1	3.0	2.9	2.8
α			0.80					0.78	0.72	0.67	0.63	0.59
β			0.41 (0.4)					0.40	0.38	0.37	0.36	0.35
γ			0.97 (1.0)					0.97	0.95	0.91	0.87	0.84

내부 모멘트 팔길이 z는 $\quad z = d - \beta c = d - \beta kd = (1 - \beta k)d$

따라서 설계휨강도 M_d는

$$M_d = Cz = \alpha f_{cd} k(1 - \beta k)bd^2 = \alpha(0.85\phi_c f_{ck})k(1 - \beta k)bd^2$$

Chapter 03

휨설계

휨설계

01 단철근 직사각형보

1. 등가 직사각형 응력블록에 의한 단면 해석

인장철근비가 균형철근비 이하이면 보가 휨 파괴가 일어나기 전에 인장철근이 먼저 항복하고, 균형철근비를 초과하면 인장철근은 항복하지 않는다. 따라서 인정철근이 먼저 항복한다고 가정하여 해석하고 이후 항복여부를 검토한다.

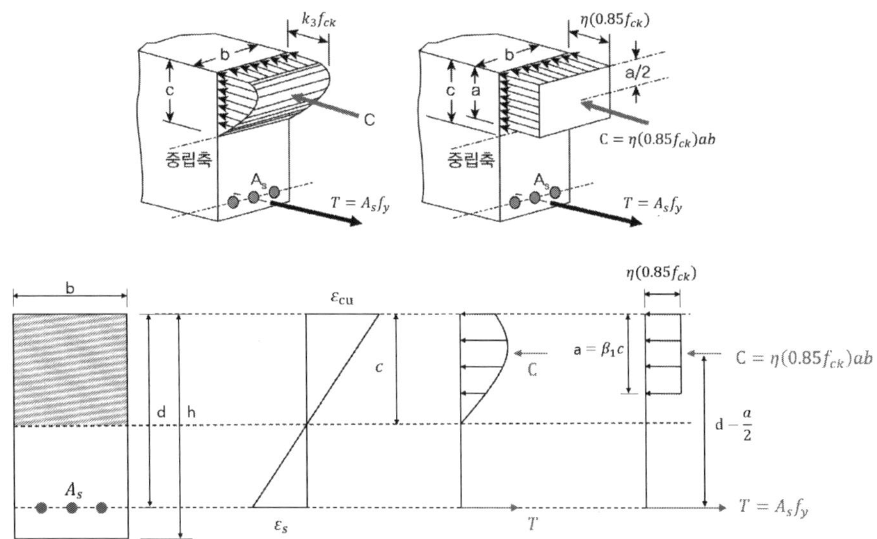

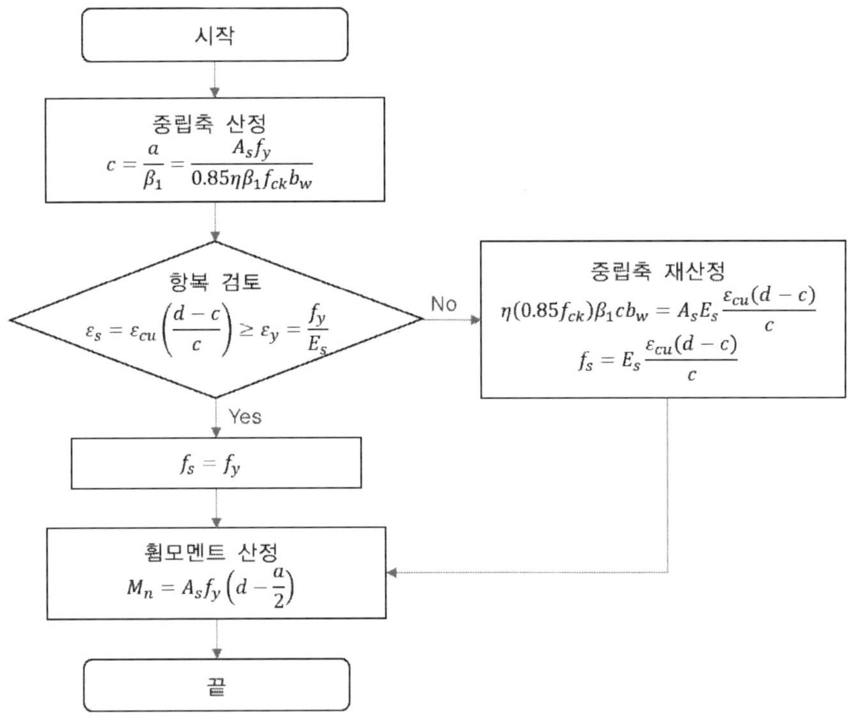

1) 중립축 위치 c

From C=T : $\eta(0.85f_{ck})\beta_1 cb_w = A_s f_y$
$\qquad\qquad \therefore c = \dfrac{A_s f_y}{0.85\eta\beta_1 b_w f_{ck}}$

f_{ck}(MPa)	≤40	50	60	70	80	90
ε_{cu}	0.0033	0.0032	0.0031	0.003	0.0029	0.0028
η	1.00	0.97	0.95	0.91	0.87	0.84
β_1	0.80	0.80	0.76	0.74	0.72	0.70

2) Check ϵ_t

$$\epsilon_t = \epsilon_{cu}\left(\dfrac{d_t}{c} - 1\right) \geq \epsilon_y$$

3) 철근의 응력 및 휨강도 산정

① 항복한 경우 $\qquad\qquad \therefore M_n = A_s f_y\left(d - \dfrac{a}{2}\right) = A_s f_y\left(d - \dfrac{1}{2}\dfrac{A_s f_y}{0.85\eta\beta_1 b_w f_{ck}}\right)$

② 항복하지 않은 경우

$$\text{From C=T} : \eta(0.85f_{ck})\beta_1 c b_w = A_s f_s = A_s E_s \epsilon_s = A_s E_s \frac{\epsilon_{cu}(d-c)}{c} \quad \text{find c}$$

$$f_s = E_s \frac{\epsilon_{cu}(d-c)}{c}, \quad \therefore M_n = A_s f_s \left(d - \frac{a}{2}\right)$$

4) ϕ 검증

$$\epsilon_t = \epsilon_{cu}\left(\frac{d_t}{c} - 1\right) \geq 0.005\,(\text{or} \quad 2.5\epsilon_y) \qquad \phi = 0.65\sim0.85(\text{띠철근}),\ 0.75\sim0.85(\text{나선철근})$$

5) 최대·최소 철근량 검증

① 2012년 콘크리트 설계기준

$$\rho_{s.\min} = \max\left[\frac{1.4}{f_y},\ \frac{0.25\sqrt{f_{ck}}}{f_y}\right], \quad \rho_{\max} = 0.85\beta_1 \frac{f_{ck}}{f_y}\left(\frac{\epsilon_c}{\epsilon_c + \epsilon_t}\right)$$

② KDS 14 20 20 (강도설계법, 2022)

　(1) 최소 철근량 : 다음의 철근값 중 가장 큰 값 이상

　　① $\phi M_n \geq 1.2 M_{cr}$, ② $\phi M_n \geq (4/3)M_u$, ③ $A_s = 0.002bh$

$$\rho_{\min} \geq \frac{0.85\eta f_{ck}}{f_y}\left(1 - \sqrt{1 - \frac{0.3488(h/d)^2}{\sqrt{f_{ck}}}}\right)$$

　　여기서, 설치간격 $s_{\max} \leq [3h,\ 450^{mm}]$ 으로 한다.

　(2) 최대 철근량 : 최외단 인장철근의 인장변형률 $0.004(2.0\epsilon_y)$ 이상

$$\rho = \frac{A_s}{b_w d} = 0.85\beta_1 \eta \frac{f_{ck}}{f_y}\frac{c}{d} = 0.85\beta_1 \eta \frac{f_{ck}}{f_y}\frac{\epsilon_{cu}}{\epsilon_{cu} + \epsilon_t}$$

③ 도로교설계기준 한계상태설계법(2016)

　(1) 최소 철근량 : $A_{s,\min} = \dfrac{M_{cr}}{z f_{yd}} = \dfrac{0.26 f_{ctm} bd}{f_{yd}} \geq 0.0013bd$

　　여기서, 평균압축강도 $f_{cm} = f_{ck} + \Delta f$, 평균인장강도 $f_{ctm} = 0.3(f_{cm})^{2/3}$

　(2) 최대 철근량 : $A_{s,\max} \leq 0.04 A_c$

2. 등가 포물선–직선형 응력블록에 의한 해석

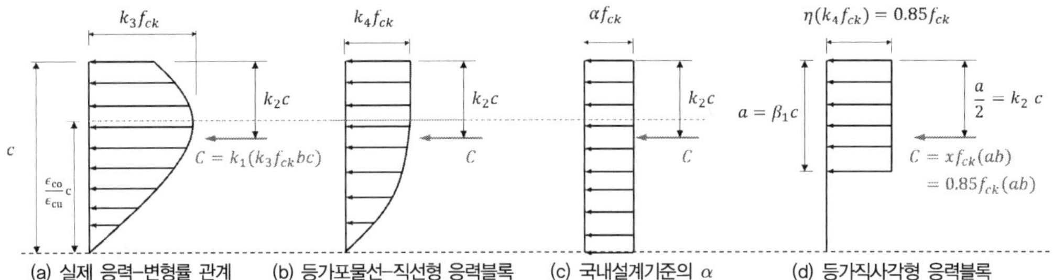

KDS 설계기준에 따라 처음 상승부 곡선은 ε_{co} 까지는 $\;f_c = 0.85 f_{ck}\left[1 - \left(1 - \dfrac{\varepsilon_c}{\varepsilon_{co}}\right)^n\right]$

이후 극한 변형률 ε_{cu} 까지는 $\;f_c = 0.85 f_{ck}$ 로 나타내므로, 단면 폭을 b_w 라고 하면

$$C = \int_0^{\epsilon_{co}} k_4 f_{ck}\left[1 - \left(1 - \dfrac{\varepsilon_c}{\varepsilon_{co}}\right)^n\right]\dfrac{b_w c}{\epsilon_{cu}} d\epsilon_c + \int_{\epsilon_{co}}^{\epsilon_{cu}} k_4 f_{ck}(\epsilon_c - \epsilon_{co})\dfrac{b_w c}{\epsilon_{cu}} d\epsilon_c$$

$$= \left(1 - \dfrac{\epsilon}{n+1}\right) k_4 f_{ck} b_w c = \alpha f_{ck} b_w c$$

합력의 작용점은

$$k_2 c = \dfrac{1}{C}\left[\int_0^{\epsilon_{co}} k_4 f_{ck}\left(1 - \left(1 - \dfrac{\varepsilon_c}{\varepsilon_{co}}\right)^n\right)(\epsilon_{cu} - \epsilon_c) b_w \dfrac{c}{\epsilon_{cu}} d\epsilon_c + \int_{\epsilon_{co}}^{\epsilon_{cu}} k_4 f_{ck}(\epsilon_{cu} - \epsilon_c) b_w \dfrac{c}{\epsilon_{cu}} d\epsilon_c\right]$$

$$= \left[\left(\dfrac{1}{2} - \dfrac{\epsilon}{n+1} + \dfrac{\epsilon^2}{(n+1)(n+2)}\right)\Big/\left(1 - \dfrac{\epsilon}{n+1}\right)\right]c \qquad \text{여기서, } \epsilon = \dfrac{\epsilon_{co}}{\epsilon_{cu}}$$

따라서, 합력 C는 다음과 같다.

$$C = \alpha f_{ck} b_w c = \left(1 - \dfrac{\epsilon}{n+1}\right) k_4 f_{ck} b_w c = \eta(k_4 f_{ck}) \times 2 k_2 c b_w$$

$$= \eta(k_4 f_{ck})\left[\left(\dfrac{1}{2} - \dfrac{\epsilon}{n+1} + \dfrac{\epsilon^2}{(n+1)(n+2)}\right)\Big/\left(1 - \dfrac{\epsilon}{n+1}\right)\right] \times 2 b_w c$$

등가응력크기계수 $\eta = \dfrac{\left(1 - \dfrac{\epsilon}{n+1}\right)^2}{2\left(\dfrac{1}{2} - \dfrac{\epsilon}{n+1} + \dfrac{\epsilon^2}{(n+1)(n+2)}\right)}$

(b)의 등가포물선–직선 응력블록을 치환한 (d)의 등가직사각형 응력블록에서 응력블록의 깊이 계

수 $\beta_1 = 2k_2$로 다음과 같다.

$$\beta_1 = 2k_2 = 2\left(\frac{1}{2} - \frac{\epsilon}{n+1} + \frac{\epsilon^2}{(n+1)(n+2)}\right)\bigg/\left(1 - \frac{\epsilon}{n+1}\right)$$

1) KDS 14 20 20 (강도설계법)

국내설계기준(KDS)에서는 이를 토대로 등가포물선-직선형 응력블록에 대해 콘크리트 압축응력의 평균값은 $\alpha(0.85f_{ck})$로, 압축연단으로부터 합력의 작용위치는 중립축 깊이 c와 β의 곱으로 나타내며 아래와 같이 η와 β_1의 값을 콘크리트 강도에 따라 제시하고 있다.

f_{ck}(MPa)	≤40	50	60	70	80	90
n	2.0	1.92	1.50	1.29	1.22	1.20
ε_{co}	0.002	0.0021	0.0022	0.0023	0.0024	0.0025
ε_{cu}	0.0033	0.0032	0.0031	0.003	0.0029	0.0028
α	0.80	0.78	0.72	0.67	0.63	0.59
β	0.40	0.40	0.38	0.37	0.36	0.35

2) KDS 24 14 21 (한계상태설계법)

한계상태설계법의 포물선-직선형 형상, 직사각형 분포의 응력 변형률 관계를 동일하게 이용한다. 다만, 각 재료 계수(콘크리트 $\phi_c = 0.65$, 철근 $\phi_s = 0.90$)를 고려하도록 규정하고 있다.

① $0 \leq \varepsilon_c \leq \varepsilon_{co}$ 구간, $\quad f_c = \phi_c(0.85f_{ck})\left[1 - \left(1 - \frac{\varepsilon_c}{\varepsilon_{co}}\right)^n\right]$

② $\varepsilon_{co} < \varepsilon_c \leq \varepsilon_{cu}$ 구간, $\quad f_c = \phi_c(0.85f_{ck})$

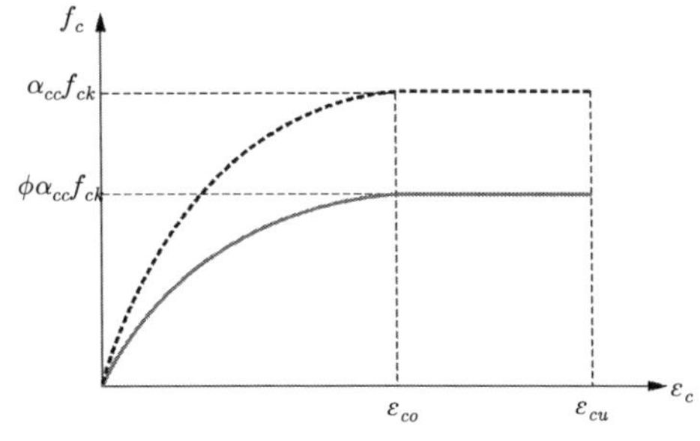

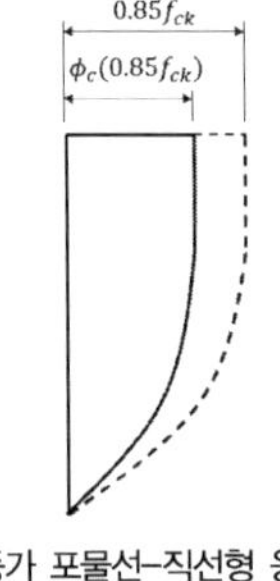

(a) 등가 포물선-직선형 응력 블록

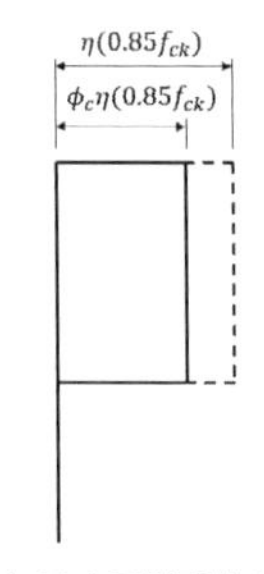

(b) 등가 직사각형 응력 블록

1. 단철근 사각형 단면의 휨강도

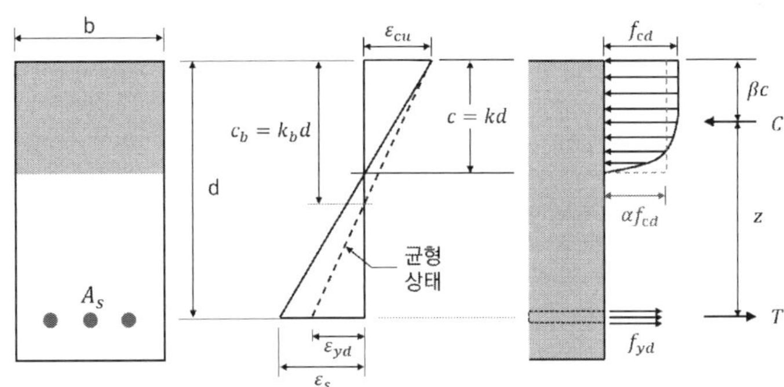

(휨부재의 극한한계상태 단면 변형률과 응력분포)

휨부재의 극한한계상태에서 한계변형률과 합력 무차원 계수 값

f_{ck}(MPa)	보통강도 콘크리트							고강도 콘크리트				
	18	21	24	27	30	35	40	50	60	70	80	90
ϵ_{cu} (‰)			3.3					3.2	3.1	3.0	2.9	2.8
α			0.80					0.78	0.72	0.67	0.63	0.59
β			0.41 (0.4)					0.40	0.38	0.37	0.36	0.35
γ			0.97 (1.0)					0.97	0.95	0.91	0.87	0.84

휨 부재의 극한한계상태일 때 단면 압축응력 분포 그림으로부터 각 재료계수를 고려한 설계강도 값 $f_{cd}(=0.85\phi_c f_{ck})$와 $f_{yd}(=\phi_s f_y)$를 기준으로 계산한다.

극한한계상태에서 연단응력이 설계압축강도 f_{cd}일 때 압축합력 크기 C는

$C = \alpha f_{cd} kbd$ (여기서 $k = c/d$, 중립축 깊이 비)

내부 모멘트 팔길이 z는

$z = d - \beta c = d - \beta kd = (1 - \beta k)d$

따라서 설계휨강도 M_d는

$M_d = Cz = \alpha f_{cd} k(1 - \beta k)bd^2 = \alpha(0.85\phi_c f_{ck})k(1 - \beta k)bd^2$

여기서 ϕ_c는 재료계수 (정상설계상황에서 0.65, 지진 등 극단상황에서 1.0 적용)

0.85는 유효계수 (RC휨부재에 적용 0.85, 무근콘크리트 또는 경량보강콘크리트는 0.80 적용)

설계휨강도를 무차원 휨모멘트 세기(intensity)로 표현할 경우 단위 휨강도 m_d로 사용할 수 있다.

$m_d = \dfrac{M_d}{f_{cd}bd^2} = \alpha k(1 - \beta k)$

2. 균형파괴

압축연단 콘크리트가 극한한계변형률 ϵ_{cu} 에 도달함과 동시에 인장철근이 설계항복점에 도달하는 상태인 균형파괴(balanced failure)에서의 조건은

$$\epsilon_s = \epsilon_{cu}\left(\frac{1-k}{k}\right) \geq \epsilon_{yd}$$

이때의 중립축 깊이비를 k_b 라고 하면, 철근이 항복하기 위한 중립축 깊이비 k 는 k_b 보다 작아야 하므로,

$$k \leq k_b = \frac{\epsilon_{cu}}{\epsilon_{yd}+\epsilon_{cu}}$$

SD400철근의 경우, $\epsilon_{yd} = \phi_s\epsilon_y = 0.9 \times 0.002$, $k_b = 0.0033/(0.0018+0.0033) = 0.647$

3. 인장파괴

중립축 깊이 c 가 c_b 보다 작으면 극한한계상태에서 철근은 항상 설계항복강도 $f_{yd}(=\phi_s f_y)$ 에 도달하므로, 인장철근량이 A_s 일 때 인장력 T는

$$T = f_{yd}A_s = \rho f_{yd}bd = \phi_s f_y A_s = \phi_s \rho f_y bd \quad \text{(여기서, } \rho = A_s/bd \text{ : 인장철근비, 기하학적 철근비)}$$

$$\text{C=T : } \alpha f_{cd}kbd = \rho f_{yd}bd \quad \therefore k = \frac{\rho f_{yd}}{\alpha f_{cd}} = \frac{\omega}{\alpha} \quad \text{(여기서, } \omega = \rho\frac{f_{yd}}{f_{cd}} = \frac{A_s f_{yd}}{bd f_{cd}} \text{ : 역학적 철근비)}$$

극한한계상태에서 철근이 항복했을 때 설계휨강도는

$$M_d = Tz = \rho f_{yd}(1-\beta k)bd^2 = \omega\left(1-\frac{\beta}{\alpha}\omega\right)f_{cd}bd^2$$

단위 휨강도는 β/α 값이 콘크리트 강도에 따라 0.50~0.59변화하며, 보통콘크리트일 때 0.5로 사용하면

$$m_d = \frac{M_d}{f_{cd}bd^2} = \omega(1-0.5\omega)$$

4. 압축파괴

중립축 깊이비가 균형값 k_b 보다 크면 극한한계상태에서 콘크리트가 압축파괴할 때 인장철근은 설계항복강도 f_{yd} 에 도달하지 않는다. 이때의 철근응력 f_s 는 변형적합조건에 의한 변형률 ϵ_s 에 따라 달라진다.

$$f_s = E_s\epsilon_s = E_s\epsilon_{cu}\left(\frac{1-k}{k}\right), \qquad \text{C=T : } \alpha f_{cd}kbd = f_s A_s = A_s E_s\epsilon_{cu}\left(\frac{1-k}{k}\right)$$

이는 k에 관한 2차방정식이므로 산술적으로 산정할 수 있다.

$$(ak^2+bk+c=0 \text{ : } k = \frac{-b \pm \sqrt{b^2-4ac}}{2a})$$

5. 등가사각형 응력블록

휨부재의 극한한계상태에서 p-r곡선에 의한 응력분포를 간편한 등가 사각형 응력블록(equivalent rectangular stress block)으로 가정하여 간편하게 계산할 수 있다.

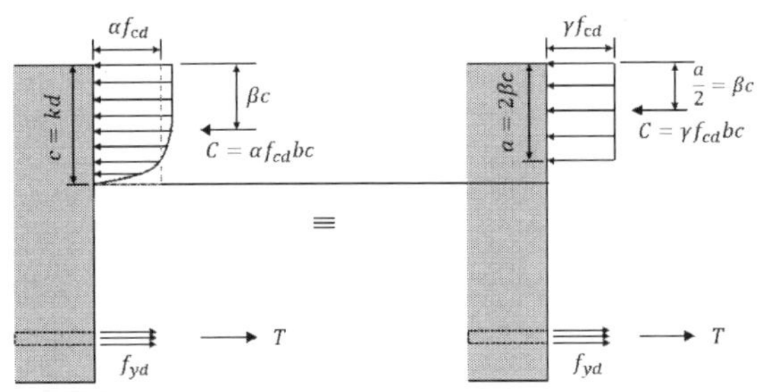

(극한한계상태 단면해석을 위한 등가 사각형 응력블록)

등가사각형 응력블록의 깊이는 $a = 2\beta c$이므로 이에 따른 등가의 합력 크기를 갖기 위해 사각형 블록의 응력크기를 γf_{cd}로 나타내면 합력 $C = a \times \gamma f_{cd} = 2\beta\gamma f_{cd}bc$. 이때 이 값은 $C = \alpha f_{cd}kbd = \alpha f_{cd}bc$ 이므로

$$\gamma = \frac{\alpha}{2\beta}$$

보정계수 γ는 1.0에 가까운 값으로 콘크리트 강도가 클수록 작아진다.

극한한계상태에서 휨인장 철근이 항복한 경우 응력블록의 깊이 a는

$$C{=}T : \gamma f_{cd}ab = f_{yd}A_s \qquad \therefore\ a = \frac{f_{yd}A_s}{\gamma f_{cd}b}$$

$$z = d - \frac{a}{2} \text{이므로,} \qquad \therefore\ M_d = f_{yd}A_s\left(d - \frac{a}{2}\right)$$

여기서 $A_s = \rho bd$이므로 $M_d = \rho f_{yd}bd^2\left(1 - 0.5\rho\dfrac{f_{yd}}{\gamma f_{cd}}\right)$로 표현할 수 있다.

6. 콘크리트 구조기준과 비교

한계상태설계법의 휨강도에 $\phi_c = \phi_s = 1.0$, $\gamma = 1$로 대입할 경우 콘크리트 구조기준의 공칭휨강도에 부재강도 감소계수 ϕ_f를 곱하면 동일한 식으로 나타내어진다.

$$M_d = \phi_f M_n = \phi_f \rho f_y bd^2\left(1 - 0.59\rho\frac{f_y}{f_{ck}}\right)$$

여기서 ϕ_f는 최외단 인장철근의 인장변형률 ϵ_t에 따라 정의되며 ϵ_t가 0.005 이상이면 0.85, ϵ_t가 ϵ_y이 하면 0.65, ϵ_t가 ϵ_y와 0.005사이인 경우 0.65~0.85에서 직선 보간한다.

등가 사각형 응력블록의 경우 응력크기가 $0.85f_{ck}$이고 작용점의 깊이는 $\beta = 0.425 - 0.0035(f_{ck} - 28)$ 이므로 f_{ck}가 28~42MPa 사이에서 β는 0.425~0.376으로 변화하나 보통강도 콘크리트인 경우 한계상 태설계법에서는 이들의 평균값인 0.40에 해당하는 값을 사용한다.

1. 콘크리트의 극한변형률 $\epsilon_{cu} = 0.003$ 으로 일정하다고 가정한다.

2. 콘크리트 등가압축응력 블록의 크기를 $(0.85f_{ck})ab$ 로 가정하고 그 높이를 a 로 가정한다.

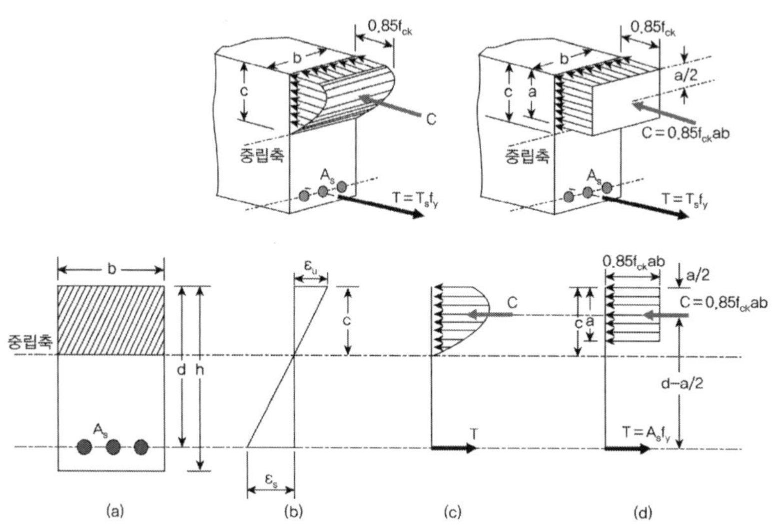

3. 최외각 철근량의 변형률에 따라 ϕ 를 결정한다.

4. 최소·최대 철근량은 다음의 식을 이용해 검토한다. 이때 최대철근량은 균형철근비로부터 유도되어 최소허용인장 변형률일 때를 산정한다.

$$\rho_{s.min} = \max\left[\frac{1.4}{f_y}, \quad \frac{0.25\sqrt{f_{ck}}}{f_y} \right], \quad \rho_{max} = 0.85\beta_1 \frac{f_{ck}}{f_y}\left(\frac{\epsilon_c}{\epsilon_c + \epsilon_t} \right)$$

5. 휨강도 산정

1) 단철근 직사각형 보 $\phi M_n = \phi A_s f_y\left(d - \dfrac{a}{2}\right)$

2) 복철근 직사각형 보   ① 압축·인장 모두 항복 $\phi M_n = \phi\left[A_s' f_y (d - d') + (A_s - A_s') f_y\left(d - \dfrac{a}{2}\right) \right]$

② 인장만 항복 $\phi M_n = \phi\left[A_s' f_s (d - d') + (A_s - A_s') f_y\left(d - \dfrac{a}{2}\right) \right]$

3) T형 보   ① 직사각형 거동 $(a \le h_f)$ $\phi M_n = \phi A_s f_y\left(d - \dfrac{a}{2}\right)$

② T형 보 거동 $(a > h_f)$ $\phi M_n = \phi\left[A_{sf} f_y\left(d - \dfrac{t_f}{2}\right) + (A_s - A_{sf}) f_y\left(d - \dfrac{a}{2}\right) \right]$

③ 압축철근 배치된 경우

$$\phi M_n = \phi\left(\left[(A_s - A_{sf})f_y - f_s' A_s'\right]\left(d - \dfrac{a}{2}\right) + A_{sf} f_y\left(d - \dfrac{t_f}{2}\right) + A_s' f_s' (d - d') \right)$$

한계상태설계법 단철근보의 휨강도 산정

$A_s = 2,323\text{mm}^2$, $f_{ck} = 30\text{MPa}$, $f_y = 400\text{MPa}$, $\phi_c = 0.65$, $\phi_s = 0.90$일 때 단철근 직사각형 보(b = 250mm, d = 550mm, h = 650mm)의 설계 휨강도 M_d를 한계상태설계법에 따라 산정하라.

풀 이

▶ 강도산정(p–r응력분포 이용)

$$f_{cd} = 0.85\phi_c f_{ck} = 0.85 \times 0.65 \times 30 = 16.6\text{MPa}$$

$$f_{yd} = \phi_s f_y = 0.90 \times 400 = 360\text{MPa}$$

압축력 $C = \alpha f_{cd} bc = 0.8 \times 16.6 \times 250 \times c$

인장력 $T = f_{yd} A_s = 360 \times 2323 = 836,280 \text{ N}$

C=T ; $c = \dfrac{836,280}{0.8 \times 16.6 \times 250} = 251.9\,\text{mm}$

내부 모멘트 팔길이 : z = d$-\beta c$ = 550$-$0.41×251.9 = 446.7mm

$$\therefore M_d = Tz = 836,280 \times 446.7 = 373.6 kNm$$

▶ 강도산정(등가 사각형 응력블록 이용)

압축력 $C = f_{cd} ab = 16.6 \times 250 \times a$

인장력 $T = f_{yd} A_s = 360 \times 2323 = 836,280 \text{ N}$

C=T ; $a = \dfrac{836,280}{16.6 \times 250} = 202\,\text{mm}$

내부 모멘트 팔길이 z=d$-$a/2=550$-$202/2=449mm

$$\therefore M_d = Tz = 836,280 \times 449 = 375.4 kNm$$

p-r 곡선이용 설계휨강도 산정

그림의 철근 콘크리트 단면에 극한한계상태의 휨모멘트 M_u=1,709.252kN·m가 작용하는 경우, 콘크리트의 응력-변형률 관계를 나타내는 포물선-사각형 곡선(Parabola-Rectangle Diagram, p-r곡선)으로부터 이 단면의 필요철근량을 산정하고, 최소철근량, 중립축 및 설계휨강도를 검토하시오.

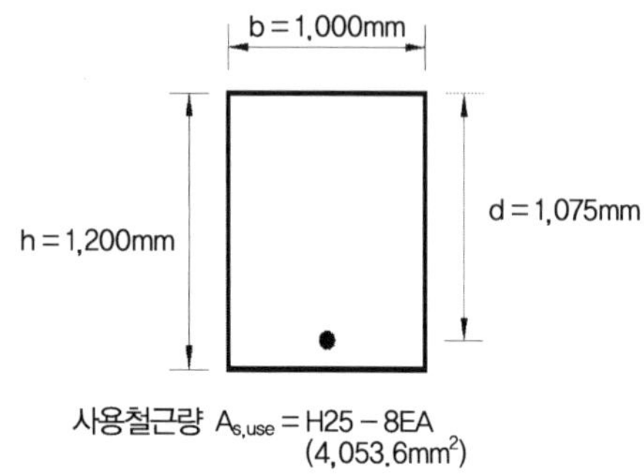

콘크리트 재료상수	기준압축강도	f_{ck}=35.0MPa
	기준인장강도	f_{ctk}=2.415MPa
	탄성계수	E_c=29,747.0MPa
	재료계수	ϕ_c=0.65
	상승곡선부의 형상지수	n=2.0
	최대응력에 최초 도달 시 변형률	ϵ_{co}=0.0020
	극한변형률	ϵ_{cu}=0.0033
	유효계수	α_{cc}=0.85
	압축합력의 평균 응력계수	α=0.8
	압축합력의 작용점 위치계수	β=0.4
	등가 직사각형 압축응력블록의 크기 계수	η=1.0
	등가 직사각형 압축응력블록의 깊이 계수	β_1=0.8
철근 재료상수	기준인장강도	f_y=500.0MPa
	탄성계수	E_s=200,000.0MPa
	재료계수	ϕ_s=0.9

풀 이

▶ p-r곡선 이용 필요철근량 산정

$$f_{cd} = 0.85\phi_c f_{ck} = 0.85 \times 0.65 \times 35 = 19.34\,\text{MPa}$$

$$f_{yd} = \phi_s f_y = 0.9 \times 500 = 450\,\text{MPa}$$

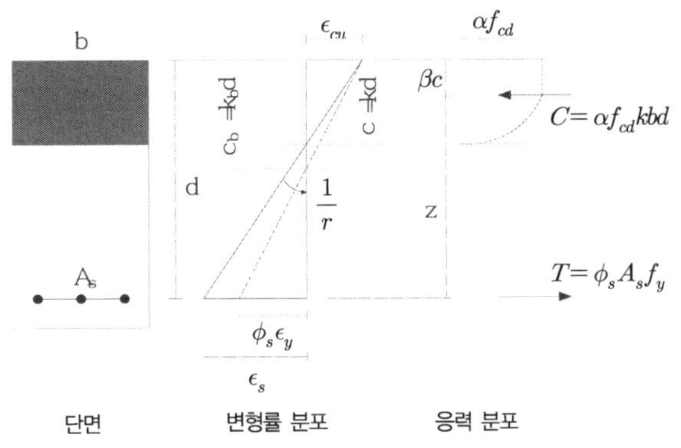

α : 압축영역의 평균응력 $f_{c,avg}$ 과 설계강도 f_{cd}의 비

$$\alpha = 1 - \frac{1}{1+n}\left(\frac{\epsilon_{co}}{\epsilon_{cu}}\right)$$

β : 압축연단으로부터 잰 작용점 깊이와 중립축 깊이 비

$$\beta = 1 - \frac{0.5 - \dfrac{1}{(1+n)(2+n)}\left(\dfrac{\epsilon_{co}}{\epsilon_{cu}}\right)^2}{1 - \dfrac{1}{1+n}\left(\dfrac{\epsilon_{co}}{\epsilon_{cu}}\right)}$$

휨부재의 극한한계상태에서 한계변형률과 합력 무차원 계수 값

f_{ck}(MPa)	보통강도 콘크리트							고강도 콘크리트				
	18	21	24	27	30	35	40	50	60	70	80	90
ϵ_{cu} (‰)				3.3				3.2	3.1	3.0	2.9	2.8
α				0.80				0.78	0.72	0.67	0.63	0.59
β				0.41 (0.4)				0.40	0.38	0.37	0.36	0.35
$\gamma(\eta)$				0.97 (1.0)				0.97	0.95	0.91	0.87	0.84

$$C = \alpha f_{cd} bc = 0.8 \times 19.34 \times 1{,}000 \times c = 15{,}470c$$

$$C = T : f_{yd} A_s = 15{,}470c \quad \therefore c = \frac{450}{15{,}470} A_s$$

$$z = d - \beta c = 1{,}075 - 0.4c$$

$$M_d = Tz = A_s f_{yd} z = 450 A_s \left(1{,}075 - 0.4 \times \frac{450}{15{,}470} A_s\right) \geq M_u \,(= 1{,}709.252 \times 10^6)$$

$$\therefore A_{s(req)} \geq 3{,}679.91$$

▶ 최소철근량과 중립축, 설계 휨강도를 검토

1) 최소철근량

$$A_{s(\min)} = \frac{M_{cr}}{z f_{yd}} = \frac{0.26 f_{ctm} bd}{f_{yd}} \geq 0.0013 bd \qquad \text{여기서, } f_{ctm} : \text{평균인장강도}$$

$f_{ck} = 35\,\text{MPa}$일 때, $f_{ctm} = 3.45\,\text{MPa}$ 이므로,

$$\therefore A_{s(\min)} = 2{,}142.8\,\text{mm}^2 \geq 1397.5\,\text{mm}^2$$

2) 중립축

$$A_s = 4,053.6\text{mm}^2$$

$$C = T : f_{yd}A_s = 15,470c \quad \therefore c = \frac{450}{15,470} \times 4,053.6 = 117.9\,\text{mm}$$

3) 설계 휨강도

$$M_d = Tz = f_{yd}A_sz = 450 \times 4,053.6 \times (1,075 - 0.4 \times 117.9) \times 10^{-6} = 1,874.9\ \text{kNm}$$

RC 휨강도

폭 b=1,000mm, 높이 h=700mm인 직사각형 철근 콘크리트 단면에서 극한한계상태의 휨강도를 계산하시오.

〈설계 조건〉

1) 재료의 강도 및 극한한계상태 단면력
   - 콘크리트 설계기준강도 f_{ck}=30N/mm²
   - 유효깊이 d=600mm
   - 철근의 항복강도 f_y=400N/mm²
   - 휨모멘트 M_u=5.0×10⁷ Nmm
2) 한계상태설계법에 의한 재료의 저항계수(극한한계상태)
   - 콘크리트 ϕ_c=0.65
   - 철근 ϕ_s=0.95
3) 콘크리트 강도에 따른 응력-변형률 곡선계수
   - 상승곡선부의 형상지수 η=2.0
   - 최대응력에 처음 도달 시 변형률 ϵ_{co}=0.002
   - 극한변형률 ϵ_{cu}=0.0033
   - 압축합력 크기계수 α=0.798
   - 합력작용점 위치계수 β=0.412
4) 모멘트 재분배 후 계수 휨모멘트 / 탄성 휨모멘트의 비율 δ=1.0
5) 단위 m당 철근 간격에 따른 철근 단면적(mm²)

철근종류	철근간격(mm)	
	200	250
H13	633.5	506.8
H16	993.0	794.4

풀 이

▶ 철근량 산정 검토

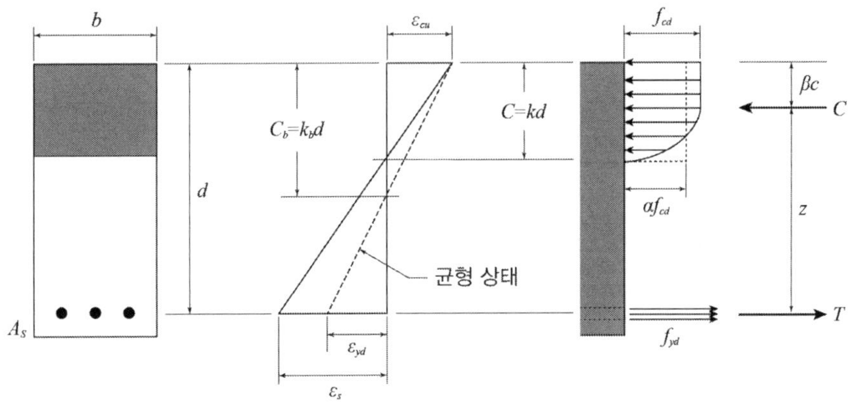

f_{cd}=0.85$\phi_c f_{ck}$= 0.85×0.65×30=16.6MPa

∴ 압축력 $C = \alpha f_{cd} bc$ = 0.798 × 16.6 × 1000 × c =13,246.8×c

$f_{yd} = \phi_s f_y$=0.95×400=380MPa

∴ 인장력 $T = f_{yd} A_s = 380 A_s$

C=T ; c= $380 A_s$/13,246.8=0.0287A_s

내부 모멘트 팔길이 : z=d−βc=600−0.412×0.0287c=600−0.0118A_s

$M_u = T \times z = 380 A_s \times (600-0.0118 A_s) = -4.49 A_s^2 + 228000 A_s = 50\text{kNm}$

$\therefore A_s = 220\text{mm}^2$

Use H13@250, A_s=506.8mm^2

➤ 휨강도 산정

c= 0.0287A_s=14.54mm

$$\epsilon_s = \epsilon_{cu} \times \frac{d-c}{c} = 0.0033 \times \frac{600-14.54}{14.54} = 0.1329 \; > \; \epsilon_s = \frac{f_y}{E} = 0.002 \quad \therefore \text{ 항복한다.}$$

최소철근량 검토

$$\text{Min}\,[4/3 A_{s.req}, \; \text{Max}(0.25\frac{\sqrt{f_{ck}}\,bd}{f_y}, \; \frac{1.4bd}{f_y})]=293.7\text{mm}^2 \leq A_{s_{use}}=506.8\text{mm}^2 \quad \therefore \text{O.K}$$

$$\therefore M_r = \phi_s A_s f_y (d-\beta c)=0.95 \times 506.8 \times 400 \times (600-0.412 \times 14.54)=114.40\text{kNm} > M_u$$

한계상태설계법 : 캔틸레버부 휨철근량

다음 그림과 같은 교량의 설계조건을 고려할 때, 한계상태설계법에 의한 하중조합 극한한계상태 I, IV에 대한 캔틸레버부의 필요 휨 철근량을 구하시오.

〈설계 조건〉

$f_{ck} = 27\text{MPa}$, $f_y = 400\text{MPa}$, 폭 b=1,000mm, 유효깊이 d=470mm

(1),(2),(3)의 콘크리트 단위중량 = 25kN/m³, (4)의 포장 단위중량 = 23kN/m³, (5)의 난간중량 = 1kN/m³, 보도부 군중하중 = 5.00×10^{-3} MPa,

극한한계상태 I, $M_u = 1.25M_{dc} + 1.5M_{dw} + 1.8M_l$

극한한계상태 IV, $M_u = 1.50M_{dc} + 1.5M_{dw}$

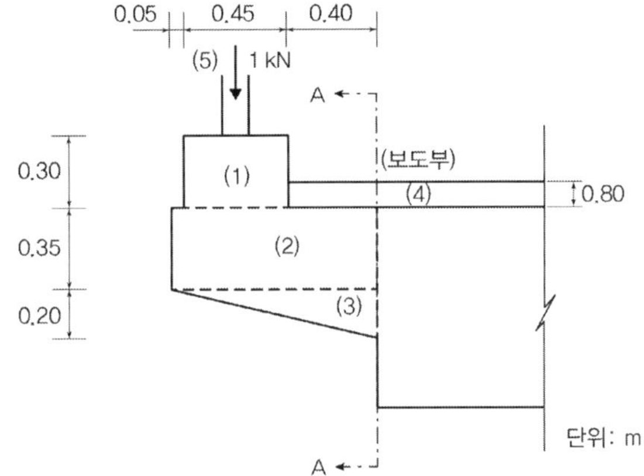

풀 이

▶ 하중의 산정

1) 고정하중 산정(A–A단면)

구분	작용하중(kN)		거리(m)		모멘트(kNm)
(1)	0.30×0.45×25 =	3.375	0.45/2+0.40 = 0.625		2.109
(2)	0.35×0.90×25 =	7.875	0.90/2 = 0.45		3.544
(3)	0.20×0.90×1/2×25 =	2.250	0.90/3 = 0.30		0.675
(4)	0.80×0.40×23 =	7.360	0.40/2 = 0.20		1.472
(5)	1.0 =	1.000	0.45/2+0.40 = 0.625		0.625
계		21.860			8.425

구조부재와 비구조적 부착물(슬래브) 고정하중((1)~(3), M_{dc}) = 6.328 kNm (단위 m당)

포장과 시설물 2차 고정하중((4)~(5), M_{dw}) = 2.097 kNm (단위 m당)

2) 활하중 산정

보도부 군중하중 = 5.00×10^{-3} N/mm^2 = 5.00 kN/m^2

M_l = 5.00kN/m$^2 \times 0.4 \times 0.2$ = 0.4 kNm (단위 m당) 단, 충격계수는 고려하지 않음

3) 주어진 조건에 따라 차량 충돌하중 및 방호벽 풍하중 등에 대해서는 적용하지 않음

➤ 하중조합

구분	DC	DW	LL	WS	CT	비고
극한한계상태 I	1.25	1.50	1.80	–	–	✔
극한한계상태 II	1.25	1.50	1.40	–	–	
극한한계상태 III	1.25	1.50	–	1.40	–	
극한한계상태 IV	1.50	1.50	–	–	–	✔
극한한계상태 V	1.25	1.50	1.40	0.40	–	
극단상황한계상태 I	1.25	1.50	0.00	–		
극단상황한계상태 II	1.25	1.50	0.50	–	1.00	
사용한계상태 I	1.00	1.00	1.00	0.30	–	
사용한계상태 II	1.00	1.00	1.30	–	–	
사용한계상태 III	1.00	1.00	0.80	–	–	
사용한계상태 IV	1.00	1.00	–	0.70	–	
피로한계상태	–		0.75	–	–	

1) 극한한계상태 I

$$M_u = 1.25M_{dc} + 1.5M_{dw} + 1.8M_l = 1.25 \times 6.328 + 1.5 \times 2.097 + 1.8 \times 0.40 = 11.78 \text{ kN} \cdot \text{m}$$

2) 극한한계상태 IV

$$M_u = 1.50M_{dc} + 1.50M_{dw} = 1.50 \times 6.328 + 1.50 \times 2.097 = 12.64 \text{ kN} \cdot \text{m}$$

➤ 필요 휨철근량 산정

1) 재료강도 및 단면의 형상

f_{ck} = 27MPa, f_y = 400MPa, M_u = 12.64 kN · m

b=1,000mm, d=470mm, h=550mm

2) 재료 계수(도로교설계기준 5.4.2.3)

ϕ_c(콘크리트) = 0.65, ϕ_s(철근)=0.90

3) 단면설계를 위한 응력-변형률 곡선의 콘크리트 강도변화에 따른 계수 산정(도로교설계기준 5.5.1.6)

  콘크리트 강도가 40MPa 이하일 경우 n, ϵ_{co}, ϵ_{cu} 는 각각 2.0, 0.002, 0.0033으로 한다.

상승곡선부의 형상을 나타내는 지수 $n = 2.0 - \left(\dfrac{f_{ck}-40}{100}\right) = 2.13 \leq 2.0 \quad \therefore n=2.0$

최대응력에 처음 도달할 때의 변형률 $\epsilon_{co} = 0.002 + \left(\dfrac{f_{ck}-40}{100,000}\right) = 0.00187 \geq 0.002 \quad \therefore \epsilon_{co}=0.002$

극한변형률 $\epsilon_{cu} = 0.0033 - \left(\dfrac{f_{ck}-40}{100,000}\right) = 0.00343 \leq 0.0033 \quad \therefore \epsilon_{cu}=0.0033$

압축영역의 평균응력 $f_{c,avg}$ 과 설계강도 f_{cd}의 비 $\alpha = 1 - \dfrac{1}{1+n}\left(\dfrac{\epsilon_{co}}{\epsilon_{cu}}\right) = 0.80$ (도설해5.5.1.6)

압축연단으로부터 잰 작용점 깊이와 중립축 깊이 비 $\beta = 1 - \dfrac{0.5 - \dfrac{1}{(1+n)(2+n)}\left(\dfrac{\epsilon_{co}}{\epsilon_{cu}}\right)^2}{1 - \dfrac{1}{1+n}\left(\dfrac{\epsilon_{co}}{\epsilon_{cu}}\right)} = 0.40$

4) 필요휨철근량 산정

$$C=T \;;\; \phi_c(0.85\alpha f_{ck})bc = \phi_s A_s f_y \quad \therefore c = \frac{\phi_s A_s f_y}{\phi_c(0.85\alpha f_{ck})b} = 0.0302 A_s$$

$$M_r = \phi_s A_s f_y (d - \beta c) = \phi_s A_s f_y (d - \beta \times 0.03 A_s) \quad \leftarrow A_s \text{의 2차 방정식}$$

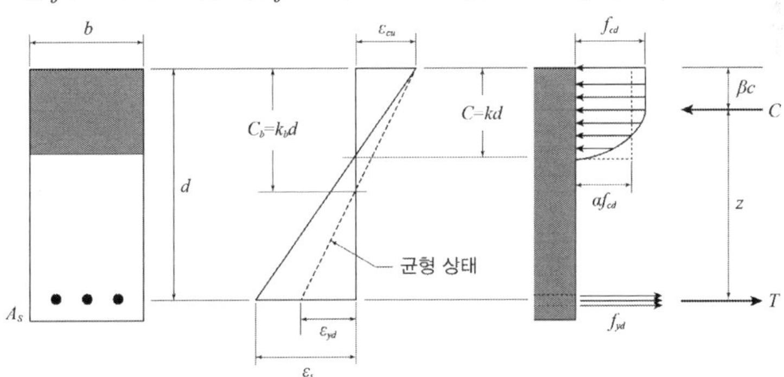

① 극한한계상태 I

$$M_r = M_u \;;\; \phi_s A_s f_y (d - \beta \times 0.0302 A_s) = 11.78 \times 10^6 \qquad \therefore A_{s.req} = 1,060\,\text{mm}^2$$

$$c = \frac{\phi_s A_s f_y}{\phi_c(0.85\alpha f_{ck})b} = 31.98\,\text{mm}, \qquad \epsilon_s = (d-c)/c \times \epsilon_{cu} = 0.045 > 0.002 \quad \text{O.K}$$

② 극한한계상태 IV

$$M_r = M_u \;;\; \phi_s A_s f_y (d - \beta \times 0.0302 A_s) = 12.64 \times 10^6 \qquad \therefore A_{s.req} = 1,140\,\text{mm}^2$$

$$c = \frac{\phi_s A_s f_y}{\phi_c(0.85\alpha f_{ck})b} = 34.39\,\text{mm}, \qquad \epsilon_s = (d-c)/c \times \epsilon_{cu} = 0.042 > 0.002 \quad \text{O.K}$$

한계상태설계법 : 캔틸레버부 바닥판 설계

다음과 같은 그림에서 두께가 얇고 플랜지가 넓은 개량형 PSC 거더에 지지된 캔틸레버부에 고정하중과 활하중(Pr)이 작용하고 있다. 현행 한계상태설계법으로 제정된 교량설계기준에 근거하여 콘크리트 바닥판에 대하여 다음의 항목을 검토하시오(단, f_{ck}=35MPa, f_y=400MPa이다).

1) 극한한계상태 I, 사용한계상태 I, 사용한계상태 V에 대한 휨모멘트
2) 극한한계상태 I에 대한 안전성

바닥판 두께		240mm
포장 두께		50mm
바닥판 상면에서 상면철근 중심까지 거리		60mm
바닥판 단부에서 외측거더 중심까지 거리		1,300mm
PSC 거더	플랜지 폭	1,200mm
	복부 폭	200mm
H13철근 1EA 단면적		126.7mm^2

※ (검토조건) 극한한계상태 : 콘크리트 변형률과 극한한계상태의 휨압축 합력의 계수

	구분	계수값
n	상승 곡선부 형상지수	2.000
ϵ_{co}	최대 응력에 처음 도달할 때의 변형률	0.0020
ϵ_{cu}	극한변형률	0.0033
α	압축합력 크기 계수	0.800
β	작용점 위치 계수	0.400
η	응력블록의 크기 계수	1.000

풀 이

▶ 캔틸레버부 설계단면 검토

1) 유효지간장 산정(한.설 4.6.2.3)

$$\frac{상부플랜지폭}{바닥판두께} = \frac{1200}{240} = 5 > 4$$

∴ 4 이상이므로 유효경간은 상부플랜지 돌출폭 중앙점에서 캔틸레버 끝단까지의 거리로 산정

2) 캔틸레버 바닥판의 최소두께(한.설 5.12.5)

∴ 바닥판 두께 240mm > 220mm　　　　　　　　O.K

➤ **하중 산정**

1) 고정하중

① 슬래브(DC) : $(1.3 - 1.2/2 + 0.5/2) \times 0.24 \times 24.5 = 0.95 \times 0.24 \times 24.5 = 5.586$ kN

    $M_{d1} = 5.586 \times 0.95/2 = 2.6534 \text{kNm}$

② 방호벽(DC) : $0.45 \times 1.05 \times 24.5 = 11.576 \text{kN}$

    $M_{d2} = 11.576 \times (0.95 - 0.45/2) = 8.3926 \text{kNm}$

    $\therefore M_{DC} = 2.6534 + 8.3926 = 11.046 \text{kNm}$

③ 포장(DW) : $(0.95 - 0.45) \times 0.05 \times 22.6 = 0.565 \text{kN}$ (포장의 단위중량 22.6kN/m^3로 가정)

    $M_{d3} = 0.565 \times (0.5/2) = 0.14125 \text{kNm}$

    $\therefore M_{DW} = 0.141 \text{kNm}$

2) 활하중(LL) (한.설 3.6.1)

① 차량하중(P_r) : KL-510 후륜하중 $= 96.00$ kN

② 윤하중 분포폭(E) : $0.8L + 1.14 = 0.8 \times (0.95 - 0.45 - 0.3) + 1.14 = 1.3$

③ 충격계수(IM) : 피로한계상태를 제외한 모든 한계상태 $= 0.25$

    $\therefore M_{LL} = PX/E = 96 \times 0.2/1.3 = 14.769 \text{kNm}$

    $\therefore M_{LL+IM} = 14.769 \times 1.25 = 18.462 \text{kNm}$

3) 원심하중(CF) (한.설 3.18)

주어진 조건에서 도로의 설계속도와 회전반경은 주어지지 않았으므로
설계속도는 60km/h(=16.667m/s), 회전반경은 0으로 가정한다.

$$C = \frac{4}{3} \times \frac{v^2}{gR} = 0 \quad \therefore M_{CF} = 0$$

4) 풍하중(WS) (한.설 3.13.2)

벽형 강성 방호울타리가 설치되었으므로 부재에 작용하는 풍하중은 3.0kN/m^2을 적용한다.

    $\therefore M_W = 3.0 \times 1.05 \times (1.05 + 0.24)/2 = 2.1$ kNm

➤ **부재력 산정**

구분	1차 고정하중 (DC)	2차 고정하중 (DW)	활하중 (LL+HM)	원심하중 (CF)	풍하중 (WS)	부재력
	11.046	0.141	18.462	0	2.1	
극한 I	1.25	1.50	1.80	1.80	–	47.251
사용 I	1.00	1.00	1.00	1.00	0.30	30.279
사용 V	1.00	1.00	–	–	–	11.187

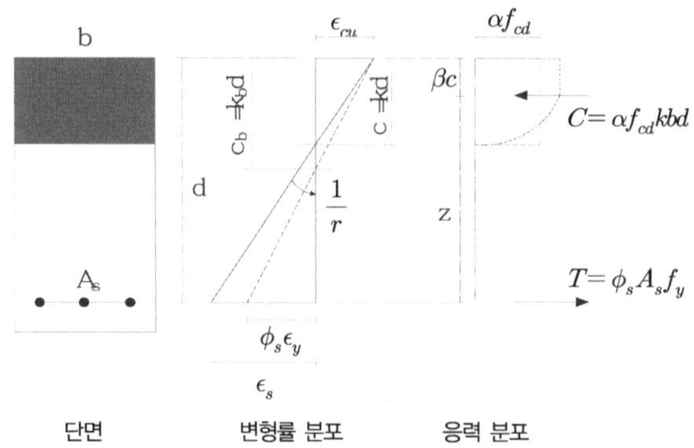

1) 필요철근량 산정

① 압축력

$$f_{cd} = 0.85\phi_c f_{ck} = 0.85 \times 0.65 \times 35 = 19.34\,\text{MPa}$$
$$C = \alpha f_{cd} bc = 0.8 \times 19.34 \times 1{,}000 \times c = 15{,}470c$$

② 인장력

$$T = \phi_s f_y A_s = 0.9 \times 400 \times A_s = 360 A_s$$

③ C=T ; $c = 360 A_s / 15470 = 0.023 A_s$

④ $z = d - \beta c = (240 - 60) - 0.4c$

$$M_u = T \times z = 360 A_s (180 - 0.4 \times 0.023 A_s)$$

필요 철근량에 관한 2차 방정식 $-3.312 A_s^2 + 64800 A_s - 47{,}251{,}000 = 0$을 풀이하면

$$\therefore A_{s(req)} = 758.59\,\text{mm}^2$$

2) 최소철근량 검토

$$A_{s(min1)} = 0.25 \frac{\sqrt{f_{ck}}}{f_y} bd = 665.6\,\text{mm}^2, \quad A_{s(min2)} = \frac{1.4}{f_y} bd = 630\,\text{mm}^2$$

3) 사용철근량 검토

$$A_s = 845\,\text{mm}^2 \qquad \therefore c = 0.023 A_s = 19.435\,\text{mm}$$
$$\therefore M_d = Tz = 360 \times 845 \times (180 - 0.4 \times 19.435)$$
$$= 52.39\ \text{kNm} > M_u (= 47.251\ \text{kNm}) \qquad\qquad \text{O.K}$$

한계상태설계법 : 단순보 해석

그림과 같이 폭 b=300mm, 유효깊이 d=450mm를 가진 보에 3-D29(d_b=28.6mm)인장 철근으로 보강되어 있을 때 단철근 직사각형 단면 보의 설계 휨강도를 도로교설계기준(한계상태설계법, 2016)에 의해 구하시오. 단, f_{ck}=30MPa, f_y=400MPa, ϕ_c=0.65, ϕ_s=0.95, 압축 합력의 크기를 나타내는 계수 α=0.80, 작용점 위치를 나타내는 계수 β=0.41이다.

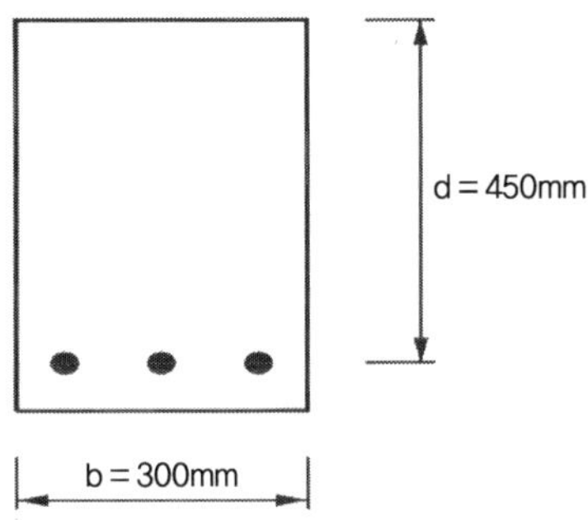

풀 이

➤ 설계 휨 강도 산정

$$f_{cd} = 0.85\phi_c f_{ck} = 0.85 \times 0.65 \times 30 = 16.6\text{MPa}$$
$$f_{yd} = \phi_s f_y = 0.95 \times 400 = 380\text{MPa}$$

압축력 $C = \alpha f_{cd} bc = 0.8 \times 16.6 \times 300 \times c$

인장력 $T = f_{yd} A_s = 380 \times \dfrac{\pi}{4} \times 28.6^2 \times 3 = 731,992.4$ N

C=T ; $c = \dfrac{731992.4}{0.8 \times 16.6 \times 300} = 183.73$mm

내부 모멘트 팔길이 : z = d$-\beta c$ = 450 $-$ 0.41 $\times$ 183.73 = 374.67mm

$$\therefore M_d = Tz = 731,992.4 \times 374.67 = 274.26\text{kNm}$$

RC 휨 설계 : 2012 콘크리트 구조기준

다음 그림과 같은 단면에서

1) RC보의 파괴상태

2) 강도감소계수 ϕ_f

3) 설계모멘트의 적정여부를 검토하시오(강도설계법).

단, f_{ck}=21MPa, f_y=350MPa, A_s=31.5cm^2, E_s=200,000MPa, n=7, M_u=370kNm, ϵ_c=0.003

으로 가정

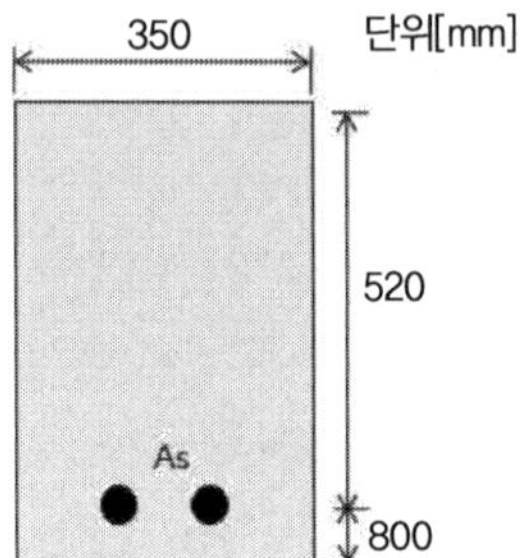

풀 이

➤ 개요

콘크리트가 ϵ_c=0.003일 때 철근이 항복한다고 가정한다.

➤ RC보의 파괴상태

$$C=T : 0.85f_{ck}ab = A_s f_y \quad 0.85 \times 21 \times a \times 350 = 3150 \times 350$$

$$\therefore a = 176.471mm \rightarrow c = 207.612mm$$

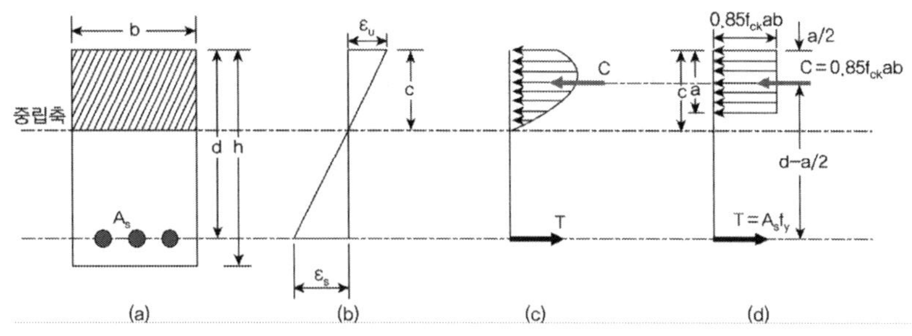

$$\epsilon_t = 0.003\left(\frac{d_t}{c} - 1\right) = 0.004514 > \epsilon_y = 0.00175 \quad \therefore \text{가정 O.K}$$

$f_y \le 400MPa$ 이고, $\epsilon_c = 0.003$ 에 도달할 때 최외단 인장철근의 순인장변형률 ϵ_t 가 $0.002 < \epsilon_t < 0.005$ 이므로 지배단면은 변화구간 단면이다.

▶ 강도감소계수 ϕ_f

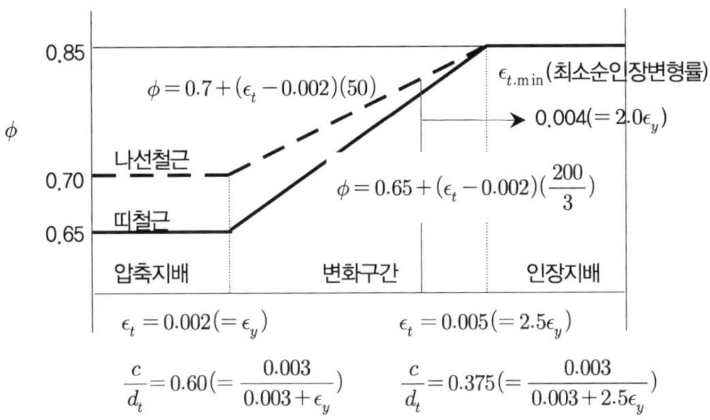

$$\phi_f = 0.65 + (\epsilon_t - 0.002)(\frac{200}{3}) = 0.8176$$

▶ 설계모멘트 산정

$$M_d = \phi_f M_n = \phi_f A_s f_y\left(d - \frac{a}{2}\right) = 389.194 \text{ kNm} > M_u = 370\text{kNm} \quad \text{O.K}$$

02 복철근 직사각형 보

1. 압축철근을 배치하는 이유 [123회/135회]

【 기출유형 ① 】 철근 콘크리트 보에서 압축철근의 역할

1) 지속하중에 의한 처짐감소(Reduced sustained load deflections)

압축철근 배치는 콘크리트의 크리프 응력이 압축철근에 전달되어 콘크리트 압축응력이 분산되므로, 크리프가 감소되고 이로 인해 크리프로 인한 장기처짐(long term deflection)이 감소한다.

$$\delta_{long} = \lambda\delta_{i(sus)}, \quad \lambda = \frac{\xi}{1 + 50\rho'}$$

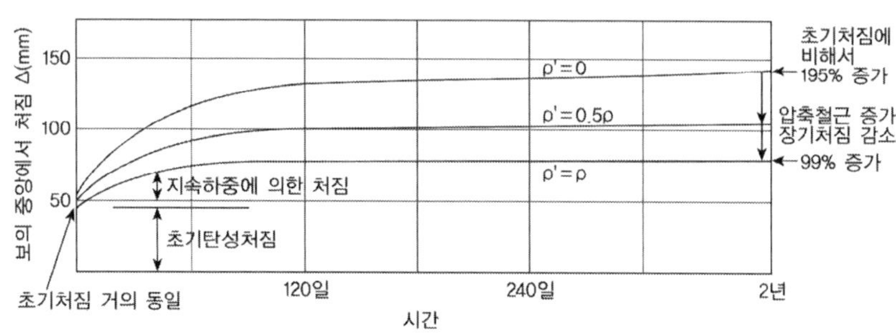

(지속하중 처짐에 대한 압축철근의 효과)

2) 연성의 증가(Increased ductility)

동일한 인장철근 배치한 단철근 보에 비해 압축철근 배치 시의 압축영역의 깊이 a가 작아지므로 파괴 시의 인장철근의 항복변형률이 증가하게 되어 큰 연성을 갖는다.

지진 다발지역이나 모멘트 재분배가 필요한 설계에서는 이 연성이 매우 중요하여 지진구역의 휨부재 설계 시에는 최소압축철근을 배치하도록 규정하고 있다.

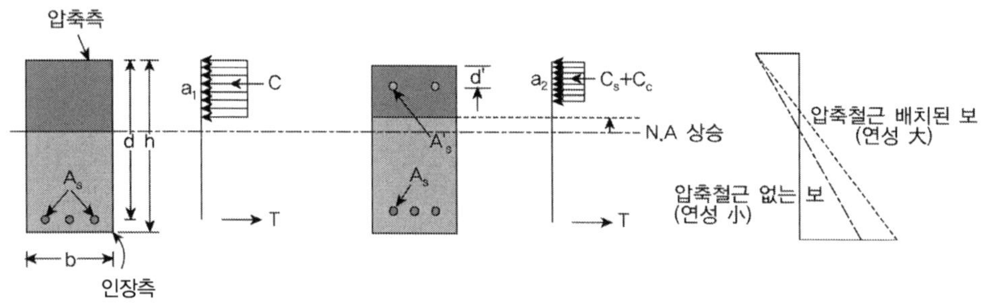

$$a_2 < a_1, \quad C_s \text{로 인해서} \quad C_c < C \; (= C_s + C_c)$$

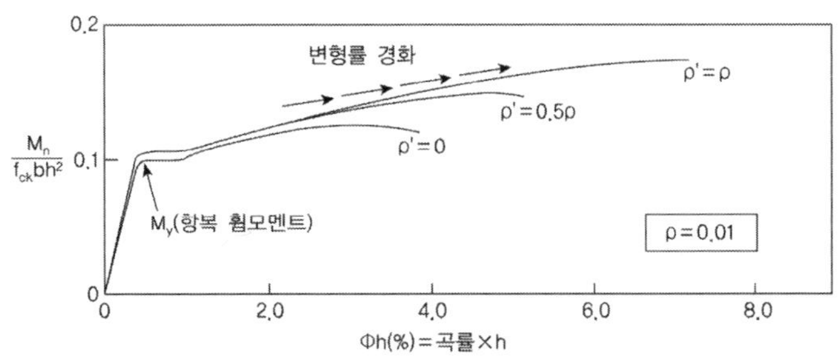

(저보강보의 강도와 연성에 대한 압축철근의 효과)

3) 과보강보에서 파괴모드를 압축파괴에서 인장파괴로 전환

$\rho > \rho_b$인 경우 인장철근 항복 전에 압축영역의 콘크리트가 파괴되는 취성파괴(brittle failure)가 되는데 압축영역을 보강하면 콘크리트 파괴 전 인장철근이 항복하는 연성파괴로 전환할 수 있다.

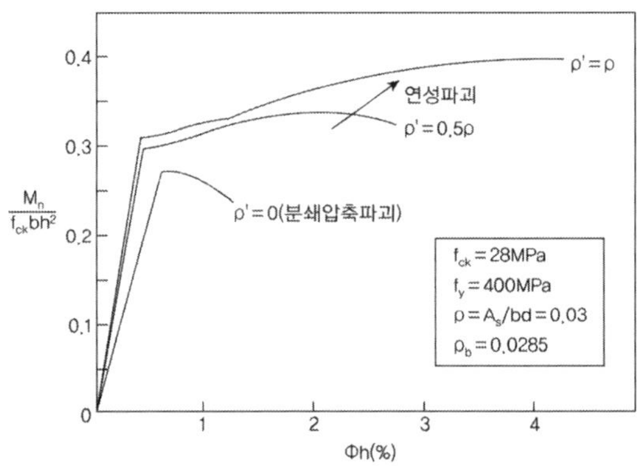

(과보강보($A_s > A_b$)에서 압축철근이 배치된 경우와 안 된 경우의 모멘트 곡률관계)

4) 철근의 배치가 용이

철근 조립 시 전단보강 스트럽을 거푸집 내의 제자리에 고정시킬 뿐만 아니라 정착시키기 위해서 모서리에 철근 배치가 필요하며 이러한 철근에 의한 휨강도 증가는 미미하여 설계에서는 무시하지만 적절하게 배치되는 경우 압축철근으로서의 역할을 하게 된다.

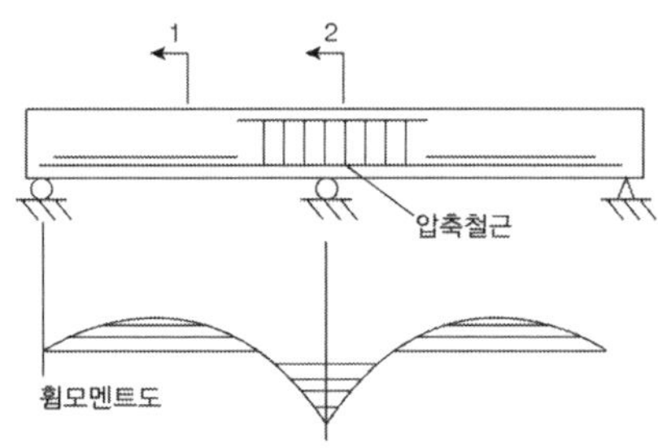

2. 복철근 보의 해석

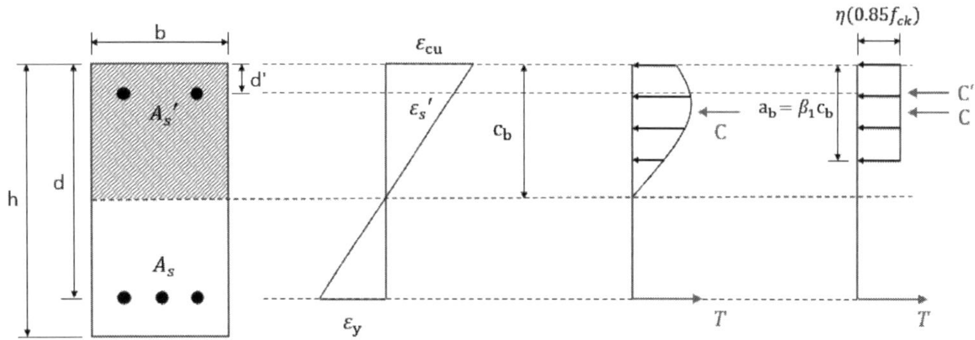

1) 중립축 위치 c

From C=T : $\eta(0.85f_{ck})(\beta_1 cb_w - A_s{}') + A_s{}'f_y \simeq \eta(0.85f_{ck})\beta_1 cb_w + A_s{}'f_y = A_s f_y$

$$\therefore c = \frac{(A_s - A_s{}')f_y}{0.85\eta\beta_1 b_w f_{ck}}$$

2) Check ϵ_s

$$\epsilon_t = \epsilon_{cu}\left(\frac{d_t}{c} - 1\right) \geq \epsilon_y, \qquad \epsilon_s{}' = \epsilon_{cu}\left(1 - \frac{d'}{c}\right) \geq \epsilon_y$$

3) 철근의 응력 및 휨강도 산정

① 항복한 경우 $\qquad\qquad \therefore M_n = A_s{}'f_y(d-d) + \eta(0.85f_{ck})ab_w\left(d - \frac{a}{2}\right)$

② 항복하지 않은 경우

단철근 직사각형 보와 같이 f_s 또는 $f_s{}'$ 을 $A_s E_s \epsilon_s$ 의 관계식으로부터 산정하고 C = T로부터 2차 방정식의 해 c값을 재산정한다.

From C = T : $\eta(0.85f_{ck})\beta_1 cb_w + A_s{}'E_s \epsilon_{cu}\left(1 - \frac{d'}{c}\right) = A_s f_y$ find c

$$\therefore M_n = A_s{}'f_s{}'(d-d) + \eta(0.85f_{ck})ab_w\left(d - \frac{a}{2}\right)$$

4) ϕ 검증 및 최대·최소 철근량 검토

$$\epsilon_t = \epsilon_{cu}\left(\frac{d_t}{c} - 1\right) \geq 0.005\,(\text{or}\quad 2.5\epsilon_y) \qquad\qquad \phi = 0.65{\sim}0.85(\text{띠철근}),\ 0.75{\sim}0.85(\text{나선철근})$$

복철근 보의 해석

다음 그림과 같은 복철근 보의 휨강도를 산정하라.

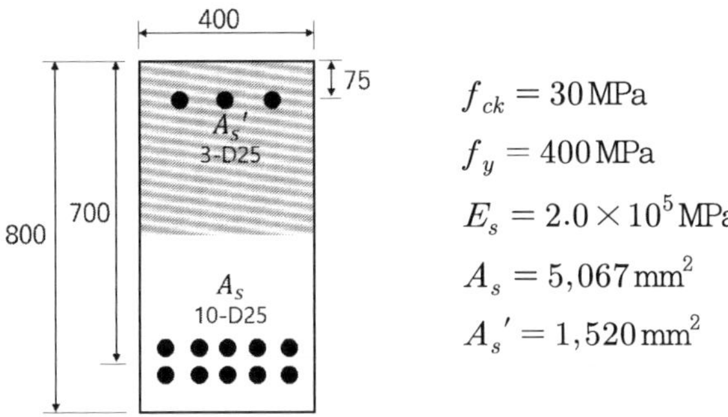

▶ 개요

등가 직사각형 응력블록을 이용하고, 최외각 철근의 거리 $d_t = 700\,\mathrm{mm}$, 인장철근과 압축철근의 항복한다고 가정한다.

▶ 콘크리트 관련계수 산정

$f_{ck} \leq 40\,\mathrm{MPa}$이므로 $\eta = 1.0$, $\beta_1 = 0.80$, $\epsilon_{cu} = 0.0033$

▶ 철근의 응력 및 휨강도 산정

1) 중립축 위치 c

From C=T : $\eta(0.85 f_{ck})(\beta_1 c b_w - A_s{}') + A_s{}' f_y \simeq \eta(0.85 f_{ck})\beta_1 c b_w + A_s{}' f_y = A_s f_y$

$$\therefore c = \frac{(A_s - A_s{}')f_y}{0.85\eta\beta_1 b_w f_{ck}} = \frac{(5067 - 1520)\times 400}{0.85 \times 1.0 \times 0.8 \times 400 \times 30} = 173.8\,\mathrm{mm}$$

2) Check ϵ_s

$$\epsilon_t = \epsilon_{cu}\left(\frac{d_t}{c} - 1\right) = 0.0033 \times \left(\frac{700}{173.8} - 1\right) = 0.0099 \geq \epsilon_y = 0.002 \quad \therefore \text{항복한다.}$$

$$\epsilon_s{}' = \epsilon_{cu}\left(1 - \frac{d'}{c}\right) = 0.0033\left(1 - \frac{75}{173.8}\right) = 0.00188 < \epsilon_y = 0.002 \quad \therefore \text{압축철근은 항복 안 한다.}$$

3) 압축철근의 응력 산정

$$f_s' = E_s \epsilon_s' = E_s \epsilon_{cu}\left(1 - \frac{d'}{c}\right)$$

From C=T : $\eta(0.85f_{ck})\beta_1 cb_w + A_s'E_s\epsilon_{cu}\left(1 - \frac{d'}{c}\right) = A_sf_y$ find c

$$1.0(0.85 \times 30) \times 0.85c \times 400 + 1520 \times 2.0 \times 10^5 \times 0.0033\left(1 - \frac{75}{c}\right) - 5,067 \times 400 = 0$$

$$8,160c^2 - 1,023,534c - 75,244,950 = 0 \qquad \therefore c = 177\,\text{mm}$$

$$\epsilon_s' = \epsilon_{cu}\left(1 - \frac{d'}{c}\right) = 0.0033\left(1 - \frac{75}{177}\right) = 0.0019 \quad \therefore f_s' = E_s\epsilon_s' = 380\,\text{MPa}$$

4) 휨강도 산정

$$M_n = A_s'f_s'(d - d) + \eta(0.85f_{ck})ab_w\left(d - \frac{a}{2}\right)$$

$$= 1520 \times 380 \times (700 - 75) + 1.0(0.85 \times 30) \times 0.8 \times 177 \times 400 \times \left(700 - \frac{0.8 \times 177}{2}\right)$$

$$= 1,270\,\text{kNm}$$

 | 한계상태설계법(2016도로교설계기준)에 따른 복철근 직사각형 보 |

1) 복철근 직사각형 단면 부재

부재의 단면치수의 제한이나 장기적인 처짐을 적게 할 목적 또는 정부모멘트가 교번작용하는 구간에 압축철근을 배치한다. 만약 휨 부재의 단면 인장 영역에 철근을 과다하게 배치하게 되면 극한한계상태에서 철근이 항복하지 않게 되며 이로 인해 단면의 깊이가 커지고 결과적으로 비경제적이며 중립축 깊이비 k가 매우 커져서 부재의 연성(ductility)능력이 크게 제약된다. 이러한 경우에 압축철근을 배치하면 단면의 중립축 깊이가 작게 되어 인정철근이 더 유효하게 설계될 수 있다.

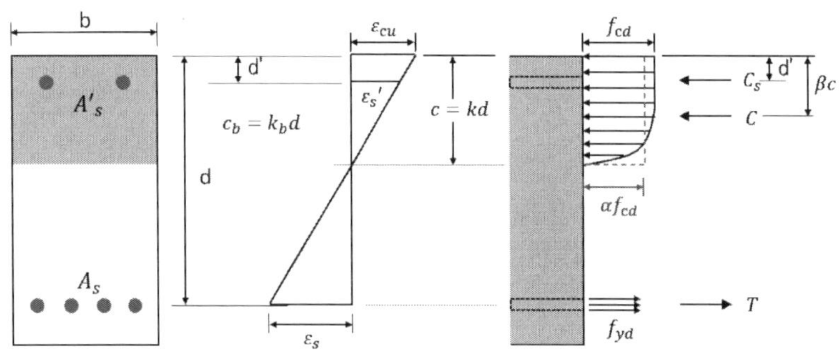

(복철근 휨 부재 극한한계상태의 단면 변형률과 응력분포)

평형방정식 $C + C_s = T$: $\alpha f_{cd} bc + f_{yd} A_s{}' = f_{yd} A_s$ $\therefore c = \dfrac{f_{yd}(A_s - A_s{}')}{\alpha f_{cd} b}$

소요 압축 철근량 $A_s{}' = A_s - \dfrac{\alpha f_{cd} bc}{f_{yd}}$

이때의 인장철근과 함께 압축철근도 항복하기 위해서는 $\epsilon_s{}'$ 가 ϵ_{yd} 보다 크게 되어야 한다.

따라서, $c \geq \left(\dfrac{\epsilon_{cu}}{\epsilon_{cu} - \epsilon_{yd}} \right) d'$

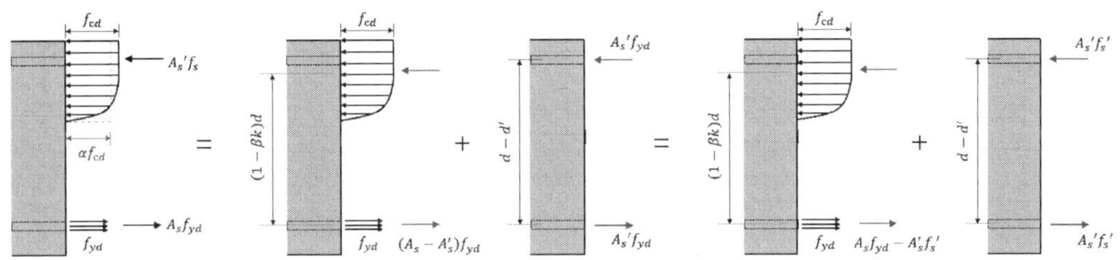

(a) 단면력 전체　　　　　(b) 압축철근이 항복할 경우　　　　　(c) 압축철근이 항복 안 할 경우

(복철근 보의 휨강도)

압축철근 $A_s{}'$ 과 인장철근의 짝힘과 나머지 인장철근과 콘크리트 압축합력의 짝힘으로 구분한다.

따라서 복철근의 설계 휨강도는 $M_d = f_{yd}(A_s - A_s{}')(1 - \beta k)d + f_{yd} A_s{}'(d - d')$, 여기서, k=c/d

이때, 압축철근이 항복하지 않을 경우 압축철근의 변형률을 구하여 이에 상응하는 응력으로 산정해야
한다. 압축철근의 응력을 미지수인 중립축 깊이 c로 표현하면,

$f_s{}' = E_s \epsilon_{cu} \dfrac{c - d'}{c}$

평형조건으로부터, $f_{yd} A_s = \alpha f_{cd} bc + A_s{}' E_c \epsilon_{cu} \dfrac{c - d'}{c}$ (c에 대한 2차 방정식)

$\therefore M_d = f_{yd} \left(A_s - A_s{}' \dfrac{f_s{}'}{f_{yd}} \right)(1 - \beta k)d + f_s{}' A_s{}'(d - d')$, 여기서, k=c/d

압축철근의 효과

철근 콘크리트 휨 단면에 배치하는 압축철근의 구조적 효과에 대하여 설명하시오.

풀 이

▶ 개요

압축철근은 단면의 크기를 증가시키지 않는 범위에서 부재의 연성을 증가시키고 파괴모드를 인장파괴의 역할로 전환시키는 역할을 수행한다. 또한 압축철근의 배치는 지속하중에 의한 처짐감소에 철근배치가 용이하게 한다는 점에서도 그 역할을 수행한다.

▶ RC부재 압축철근의 역할

1) 지속하중에 의한 처짐감소(Reduced sustained load deflections)

압축철근의 배치로 인하여 콘크리트의 크리프 응력이 압축철근에 전달되어 콘크리트 압축응력이 감소되므로 크리프가 감소되고 이로 인하여 크리프로 인한 장기처짐(long term deflection)이 감소한다.

$$\delta_{long} = \lambda \delta_{i(sus)}, \quad \lambda = \frac{\xi}{1 + 50\rho'}$$

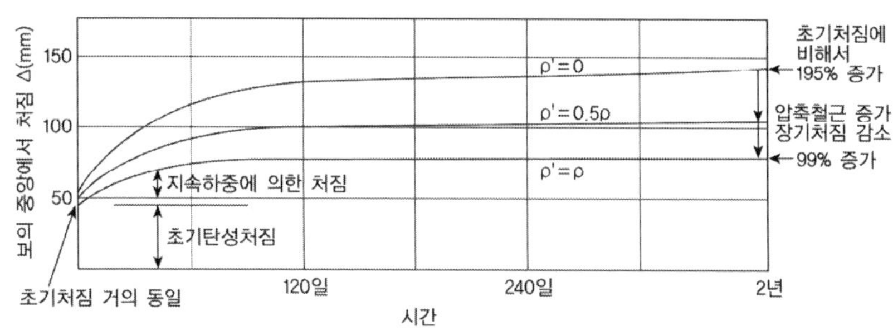

(지속하중 처짐에 대한 압축철근의 효과)

2) 연성의 증가(Increased ductility)

동일한 인장철근 배치한 단철근 보에 비해 압축철근 배치 시의 압축영역의 깊이 a가 작아지므로 파괴 시의 인장철근의 항복변형률이 증가하게 되어 큰 연성을 갖는다.

지진 다발지역이나 모멘트 재분배가 필요한 설계에서는 이 연성이 매우 중요하여 지진구역의 휨부재 설계 시에는 최소압축철근을 배치하도록 규정하고 있다.

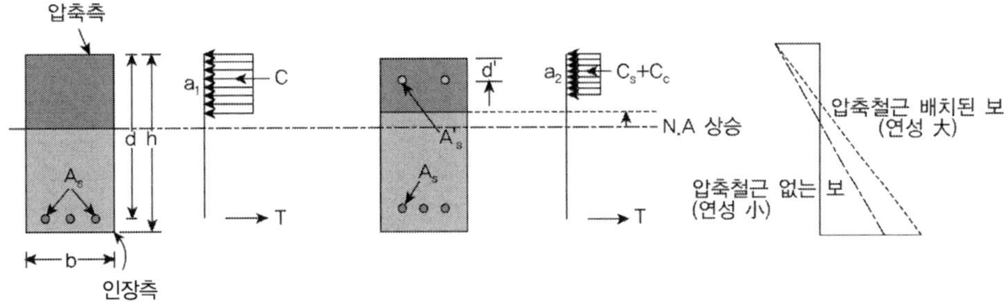

$$a_2 < a_1, \quad C_s \text{로 인해서} \quad C_c < C \ (= C_s + C_c)$$

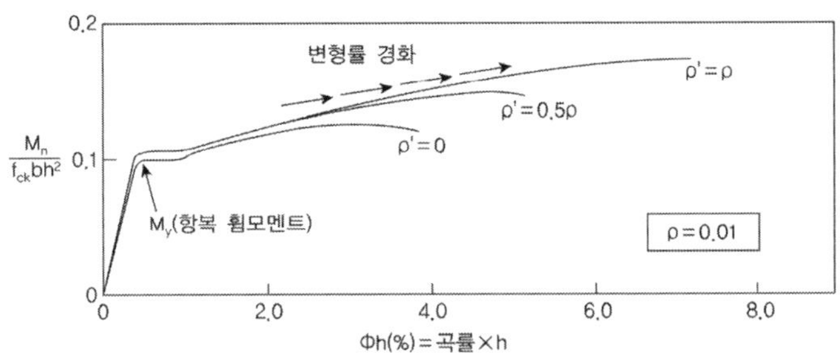

(저보강보의 강도와 연성에 대한 압축철근의 효과)

3) 과보강보에서 파괴모드를 압축파괴에서 인장파괴로 전환

$\rho > \rho_b$인 경우 인장철근 항복 전에 압축영역의 콘크리트가 파괴되는 취성파괴(brittle failure)가 되는데 압축영역을 보강하면 콘크리트 파괴 전 인장철근이 항복하는 연성파괴로 전환할 수 있다.

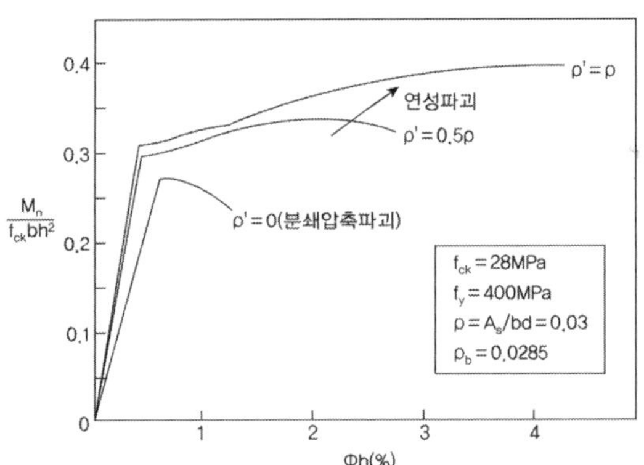

(과보강보($A_s > A_b$)에서 압축철근이 배치된 경우와 안 된 경우의 모멘트 곡률관계)

4) 철근의 배치가 용이

철근 조립 시 전단보강 스트럽을 거푸집 내의 제자리에 고정시킬 뿐만 아니라 정착시키기 위해서 모서리에 철근 배치가 필요하며 이러한 철근에 의한 휨강도 증가는 미미하여 설계에서는 무시하지만 적절하게 배치되는 경우 압축철근으로서의 역할을 하게 된다.

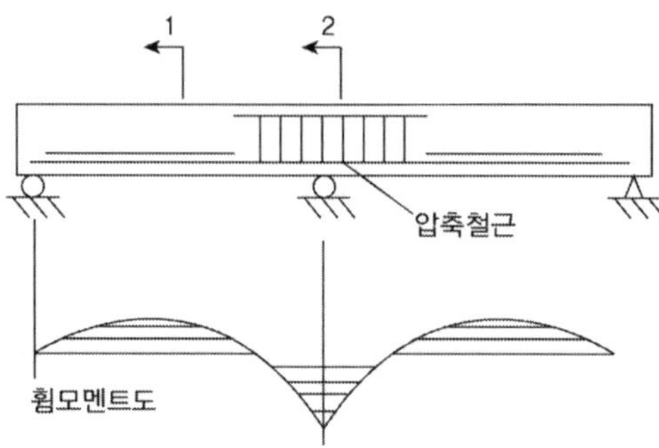

RC 복철근 보의 필요성

복철근 직사각형 보의 필요성에 대해 설명하시오.

풀 이

▶ 복철근 직사각형보의 특징

부재의 단면치수의 제한이나 장기적인 처짐을 적게 할 목적 또는 정부모멘트가 교번작용하는 구간에 압축철근을 배치한다. 만약 휨 부재의 단면 인장 영역에 철근을 과다하게 배치하게 되면 극한한계상태에서 철근이 항복하지 않게 되며 이로 인해 단면의 깊이가 커지고 결과적으로 비경제적이며 중립축 깊이비 k 가 매우 커져서 부재의 연성(ductility)능력이 크게 제약된다. 이러한 경우에 압축철근을 배치하면 단면의 중립축 깊이가 작게 되어 인장철근이 더 유효하게 설계될 수 있다.

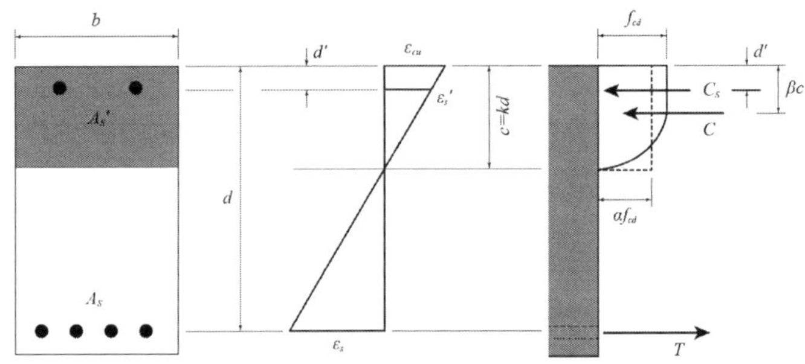

(복철근 휨 부재 극한한계상태의 단면 변형률과 응력분포)

평형방정식 $C + C_s = T$: $\alpha f_{cd} bc + f_{yd} A_s' = f_{yd} A_s$ $\qquad \therefore c = \dfrac{f_{yd}(A_s - A_s')}{\alpha f_{cd} b}$

소요 압축 철근량 $\quad A_s' = A_s - \dfrac{\alpha f_{cd} bc}{f_{yd}}$

이때의 인장철근과 함께 압축철근도 항복하기 위해서는 ϵ_s' 가 ϵ_{yd} 보다 크게 되어야 한다.

따라서, $\quad c \geq \left(\dfrac{\epsilon_{cu}}{\epsilon_{cu} - \epsilon_{yd}} \right) d'$

압축철근 A_s' 과 인장철근의 짝힘과 나머지 인장철근과 콘크리트 압축합력의 짝힘으로 구분한다.

따라서 복철근의 설계 휨강도는 $M_d = f_{yd}(A_s - A_s')(1 - \beta k)d + f_{yd} A_s'(d - d')$, 여기서, k=c/d

이때, 압축철근이 항복하지 않을 경우 압축철근의 변형률을 구하여 이에 상응하는 응력으로 산정해야 한다. 압축철근의 응력을 미지수인 중립축 깊이 c로 표현하면,

$$f_s' = E_s \epsilon_{cu} \frac{c - d'}{c}$$

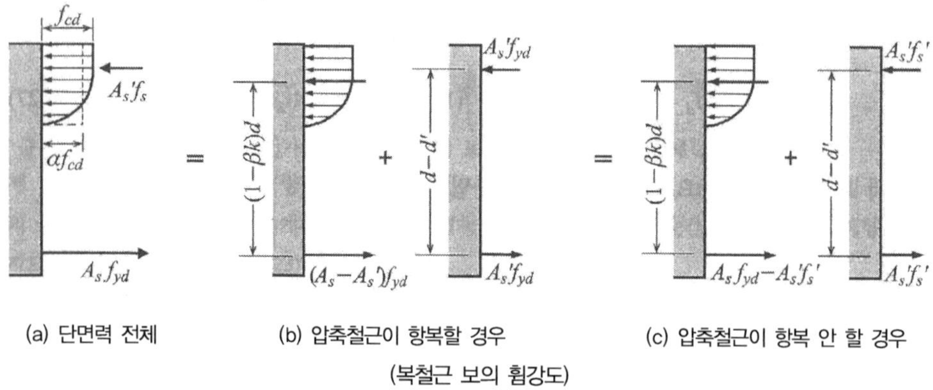

(a) 단면력 전체	(b) 압축철근이 항복할 경우	(c) 압축철근이 항복 안 할 경우
	(복철근 보의 휨강도)	

평형조건으로부터, $f_{yd}A_s = \alpha f_{cd}bc + A_s' E_c \epsilon_{cu} \dfrac{c-d'}{c}$ (c에 대한 2차 방정식)

$$\therefore M_d = f_{yd}\left(A_s - A_s'\frac{f_s'}{f_{yd}}\right)(1-\beta k)d + f_s'A_s'(d-d'),\ \text{여기서, k=c/d}$$

▶ 복철근 보의 필요성

1) 지속하중에 의한 처짐감소(Reduced sustained load deflections) : 압축철근의 배치로 인하여 콘크리트의 크리프 응력이 압축철근에 전달되어 콘크리트 압축응력이 감소되므로 크리프가 감소되고 이로 인하여 크리프로 인한 장기처짐(long term deflection)이 감소한다.

2) 연성의 증가(Increased ductility) : 동일한 인장철근 배치한 단철근 보에 비해 압축철근 배치 시의 압축영역의 깊이 a가 작아지므로 파괴 시의 인장철근의 항복변형률이 증가하게 되어 큰 연성을 갖는다. 지진 다발지역이나 모멘트 재분배가 필요한 설계에서는 이 연성이 매우 중요하여 지진구역의 휨 부재 설계 시에는 최소압축철근을 배치하도록 규정하고 있다.

3) 과보강보에서 파괴모드를 압축파괴에서 인장파괴로 전환 : $\rho > \rho_b$인 경우 인장철근 항복 전에 압축영역의 콘크리트가 파괴되는 취성파괴(brittle failure)가 되는데 압축영역을 보강하면 콘크리트 파괴 전 인장철근이 항복하는 연성파괴로 전환할 수 있다.

4) 철근의 배치가 용이 : 철근 조립 시 전단보강 스트럽을 거푸집 내의 제자리에 고정시킬 뿐만 아니라 정착시키기 위해서 모서리에 철근 배치가 필요하며 이러한 철근에 의한 휨강도 증가는 미미하여 설계에서는 무시하지만 적절하게 배치되는 경우 압축철근으로서의 역할을 하게 된다.

복철근보의 휨강도

다음과 같은 조건의 복철근 보의 설계모멘트(ϕM_n)를 강도설계법으로 구하시오.

> 재료조건 : f_{ck}=30MPa, f_y=500MPa, E_s=200,000MPa
>
> 단면조건 : b=300mm, h=600mm, d=512.5mm, d_t=537.5mm, d'=62.5mm
>
> 철근량 : $A_s{'}$=3-D25 = 1,521mm², A_s=6-D25=3,042mm²
>
> ※ d : 유효깊이, d_t : 콘크리트 압축연단에서 최외단 인장철근의 중심까지의 거리

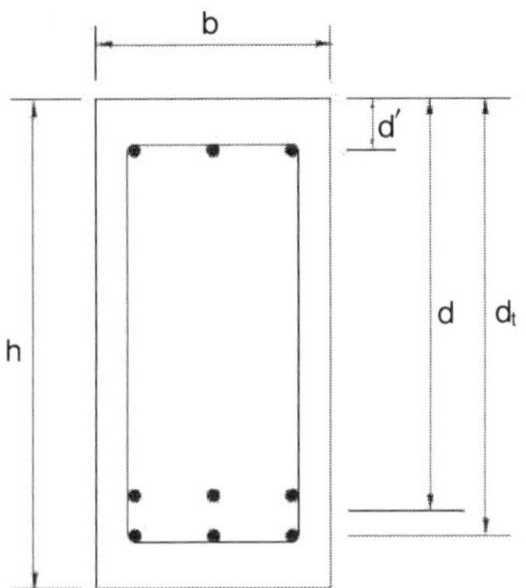

풀 이

> ### ▶ 중립축 산정

인장철근은 항복하고 압축철근은 항복하지 않는다고 가정한다.

f_{ck}=30MPa이므로, $\beta_1 = 0.85-0.007(f_{ck}-28)=0.85-0.007(30-28)=0.836$

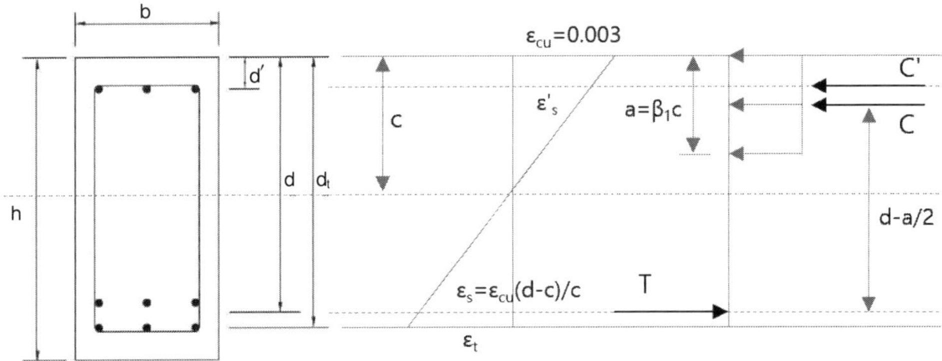

$$C=T : 0.85f_{ck}ab + A_s'f_s' = A_sf_y, \quad f_s' = E_s\epsilon_s', \quad \epsilon_s' = \epsilon_{cu}\left(1 - \frac{d'}{c}\right)$$

$0.85f_{ck}(\beta_1 c)b + A_s'E_s\epsilon_{cu}\left(1 - \frac{d'}{c}\right) = A_sf_y$ c에 관한 2차 방정식에 대하여 풀이하면,

$$\therefore c = 189.34\text{mm}, \quad a = 158.29\text{mm}$$

$$\epsilon_s' = \epsilon_{cu}\left(1 - \frac{d'}{c}\right) = 0.00201 \; < \; \epsilon_y = \frac{f_y}{E_s} = 0.0025 \quad \text{O.K}$$

$$\epsilon_s = \epsilon_{cu}\left(\frac{d}{c} - 1\right) = 0.0051 \; > \; \epsilon_y = \frac{f_y}{E_s} = 0.0025 \quad \text{O.K}$$

$\therefore$ 인장철근은 항복하고 압축철근 항복하지 않는 가정 만족한다.

▶ 설계 모멘트 산정

$$f_s' = E_s\epsilon_s' = 401.94\,\text{MPa}$$

$$\epsilon_t = \epsilon_{cu}\left(\frac{d_t}{c} - 1\right) = 0.005517 > 2\epsilon_y\,(= 0.005) \quad \therefore \; \phi = 0.85$$

따라서 설계모멘트 ϕM_n은

$$\phi M_n = \phi\left[(A_s - A_s')f_y\left(d - \frac{a}{2}\right) + A_s'f_s'(d - d')\right]$$

$$= 0.85 \times \left[(3042 - 1521) \times 500 \times \left(512.5 - \frac{158.29}{2}\right) + 1521 \times 401.94 \times (512.5 - 62.5)\right]$$

$$= 513.97 \text{ kNm}$$

RC 강도설계법 : 2012 콘크리트 구조기준

다음의 복철근 직사각형보의 설계휨모멘트(ϕM_n)를 강도설계법으로 구하시오.

f_{ck}=21MPa, f_y=300MPa, A_s=6-D25(3040mm²), $A_s{}'$=3-D19(860mm²), d'=65mm

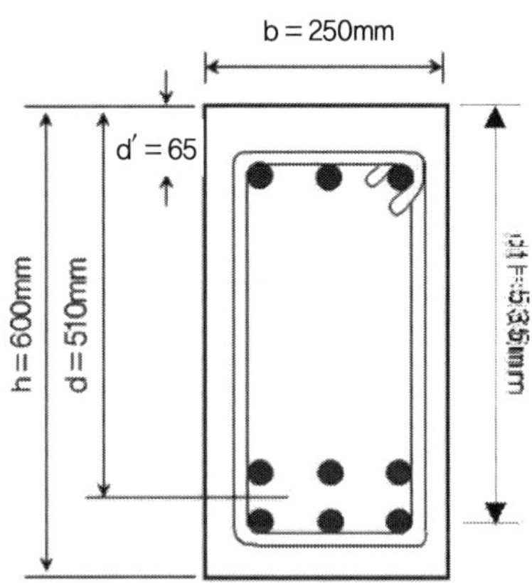

풀   이

▶ 항복여부 검토

압축, 인장철근 모두 항복한다고 가정한다.

$$C=T : Cc + Cs = T \quad \therefore a = \frac{(A_s - A_s{}')f_y}{0.85 f_{ck} b} = \frac{(3040-860) \times 300}{0.85 \times 21 \times 250} = 146.55mm, \quad c=172.4mm$$

1) 인장 철근

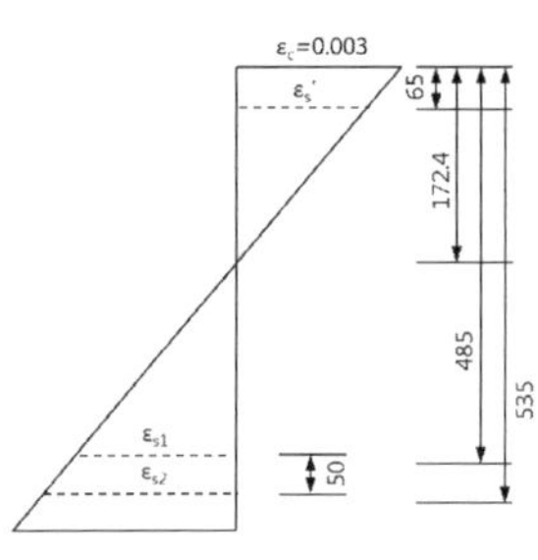

① 최외각철근

   c : 0.003 = (535-172.4) : ϵ_{s2}　$\therefore \epsilon_{s2} = 0.0063 > \epsilon_y$

② 상단철근

   c : 0.003 = (485-172.4) : ϵ_{s1}　$\therefore \epsilon_{s1} = 0.0054 > \epsilon_y$

   $\therefore$ 인장철근 모두 항복한다.

2) 압축 철근

c : 0.003 = (172.4-65) : $\epsilon_s{}'$　$\therefore \epsilon_s{}' = 0.00189 > \epsilon_y(=0.0015)$　$\therefore$ 압축철근 항복한다.

➤ **설계휨모멘트 ϕM_n 산정**

$$\epsilon_t = \epsilon_{s2} = 0.0063, \quad \epsilon_t \geq 0.005 \qquad \therefore \phi = 0.85$$

$$M_n = A_s{}'f_y(d-d') + (A_s - A_s{}')f_y\left(d - \frac{a}{2}\right)$$

$$= 860 \times 300 \times (510-65) + (3040-860) \times 300 \times (510 - 146.55/2) = 400.428 \text{ kNm}$$

$$\therefore \phi M_n = 340.36 \text{ kNm}$$

➤ **철근비 검토**

1) 최대 철근비 검토

$$\rho_s = \frac{A_s}{bd} = \frac{3040}{250 \times 510} = 0.02384, \qquad \rho_s{}' = \frac{A_s{}'}{bd} = 0.006745$$

$$\overline{\rho_{\max}} = 0.85\beta_1 \frac{f_{ck}}{f_y}\left(\frac{\epsilon_{cu}}{\epsilon_{cu} + \epsilon_{t.\min}}\right) + \rho' = 0.85^2 \times \frac{21}{300}\left(\frac{0.003}{0.007}\right) + 0.006745 = 0.02842$$

$$\therefore \rho < \overline{\rho_{\max}}$$

2) 최소 철근량 검토

$$A_{s,\min} = \max\left[\frac{1.4}{f_y}b_w d, \ \frac{0.25\sqrt{f_{ck}}}{f_y}b_w d\right] = \max[595, \ 486.9] = 595 \text{ mm}^2 < A_s$$

$$\therefore A_s > A_{s,\min}$$

RC 강도설계법 : 2012 콘크리트 구조기준

아래 조건의 복철근 직사각형 단면의 설계모멘트를 구하시오.

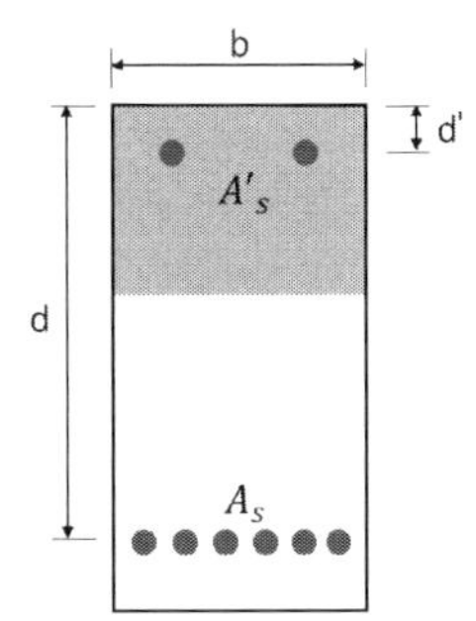

- b=300mm, d=460mm, d'=60mm
- $A_s = 6 - D32 = 4765\,mm^2$, $A_s{'} = 2 - D29 = 1284\,mm^2$
- $f_{ck} = 35MPa$, $f_y = 350MPa$, $E_s = 2.0 \times 10^5 MPa$

풀 이

▶ $\beta_1 = 0.85 - 0.007(f_{ck} - 28) = 0.801 > 0.65$, $\epsilon_y = \dfrac{f_y}{E_s} = 0.00175$

▶ 철근비 검토

$$\rho = \frac{A_s}{bd} = 0.034529, \quad \rho' = \frac{A_s{'}}{bd} = 0.009304$$

$$\overline{\rho_{max}} = 0.85\beta_1 \frac{f_{ck}}{f_y} \frac{\epsilon_c}{\epsilon_c + \epsilon_y} + \rho' = 0.052305 > \rho(= 0.034529) \qquad \text{O.K}$$

$$\overline{\rho_{min}} = 0.85\beta_1 \frac{f_{ck}}{f_y} \frac{d'}{d} \frac{\epsilon_c}{\epsilon_c - \epsilon_y} + \rho' = 0.030618 < \rho(= 0.034529) \qquad \text{O.K}$$

$$\therefore \overline{\rho_{min}} < \rho < \overline{\rho_{max}} \text{ 이므로, 압축 및 인장철근 모두 항복한다.}$$

▶ a, ϕ 산정

$$a = \frac{(A_s - A_s{'})F_y}{0.85 f_{ck} b} = 136.51\,mm, \quad \therefore c = \frac{a}{\beta_1} = 170.4\,mm$$

$$\epsilon_s = 0.003 \times \frac{d - c}{c} = 0.00509 > 2.5\epsilon_y \quad \therefore \phi = 0.85$$

▶ ϕM_n 산정

$$\phi M_n = \phi\left[(A_s - A_s{'})f_y\left(d - \frac{a}{2}\right) + A_s{'}f_y(d - d')\right] = 558.49 kNm$$

RC 강도설계법 : 2012 콘크리트 구조기준, 압축철근이 항복하는 경우

설계 휨강도 ϕM_n 을 계산하라.

$$f_{ck} = 21 MPa$$
$$f_y = 400 MPa$$
$$A_s{}' = 860 mm^2$$
$$A_s = 3040 mm^2$$

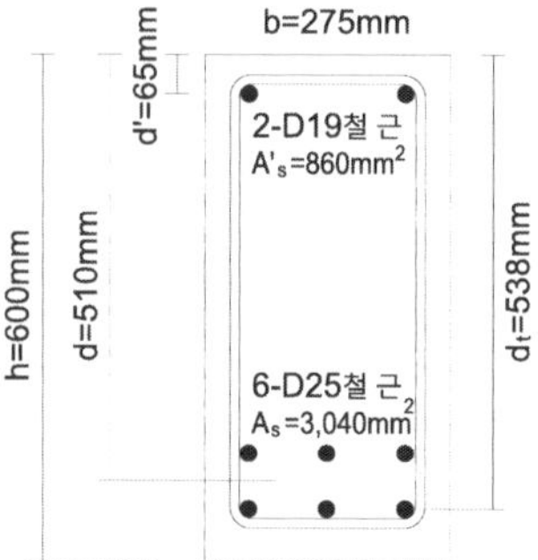

풀 이

▶ 압축철근 항복여부 검토

$$\rho_s = \frac{A_s}{bd} = \frac{3040}{275 \times 538} = 0.020547, \quad \rho_s{}' = \frac{A_s{}'}{bd} = 0.005813$$

$$\overline{\rho_{max}} = 0.85\beta_1 \frac{f_{ck}}{f_y}\left(\frac{\epsilon_{cu}}{\epsilon_{cu} + \epsilon_{t.min}}\right) + \rho' = 0.85^2 \times \frac{21}{400}\left(\frac{0.003}{0.007}\right) + 0.005813 = 0.022069$$

$$\overline{\rho_{min}} = 0.85\beta_1 \frac{f_{ck}}{f_y}\frac{d'}{d}\left(\frac{\epsilon_{cu}}{\epsilon_{cu} - \epsilon_y}\right) + \rho' = 0.85^2 \frac{21}{400}\frac{65}{538}\left(\frac{0.003}{0.001}\right) + 0.005813 = 0.019561$$

$$\therefore \overline{\rho_{min}} < \rho_s < \overline{\rho_{max}} \text{ 압축철근, 인장철근 둘 다 항복한다.}$$

▶ a, ϕ 산정

$$\text{C=T} : a = \frac{(A_s - A_s{}')f_y}{0.85f_{ck}b} = 177.642^{mm} \quad \therefore c = 208.991^{mm}$$

$$\epsilon_t = \epsilon_{cu}\left(\frac{d_t}{c} - 1\right) = 0.00472 < 0.005$$

$$\therefore \phi = 0.65 + \frac{0.85 - 0.65}{0.005 - 0.002}(0.00472 - 0.002) = 0.832$$

▶ M_d

$$\phi M_n = \phi\left[(A_s - A_s{}')f_y\left(d - \frac{a}{2}\right) + A_s{}'f_y(d - d')\right] = 460.993^{kNm}$$

$$\epsilon_s{}' = \epsilon_c(1 - d'/c) = 0.002067 > \epsilon_y \quad \text{O.K}$$

RC 강도설계법 : 2012 콘크리트 구조기준, 압축철근이 항복하지 않는 경우

설계 휨강도 ϕM_n 을 계산하라.

$$f_{ck} = 21\,MPa$$
$$f_y = 400\,MPa$$
$$A_s{}' = 1520\,mm^2$$
$$A_s = 3040\,mm^2$$

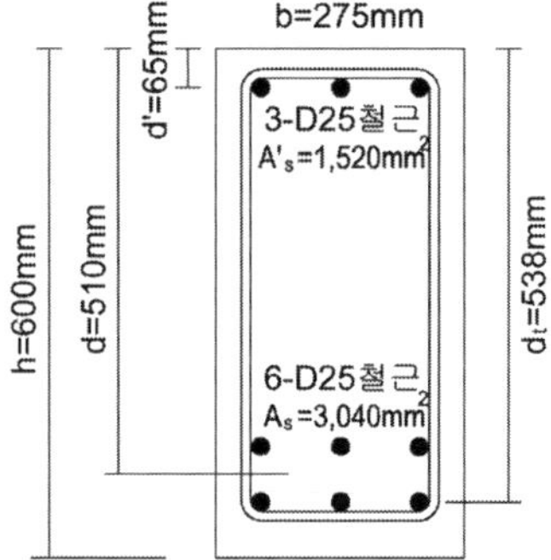

▶ 압축철근 항복여부 검토

$$\rho_s = \frac{A_s}{bd} = 0.021676, \quad \rho_s{}' = \frac{A_s{}'}{bd} = 0.010838$$

$$\overline{\rho_{\max}} = 0.85\beta_1 \frac{f_{ck}}{f_y}\left(\frac{\epsilon_{cu}}{\epsilon_{cu}+\epsilon_{t.\min}}\right) + \rho' = 0.027094,$$

$$\overline{\rho_{\min}} = 0.85\beta_1 \frac{f_{ck}}{f_y}\frac{d'}{d}\left(\frac{\epsilon_{cu}}{\epsilon_{cu}-\epsilon_y}\right) + \rho' = 0.025341$$

$$\therefore\ \rho_s < \overline{\rho_{\max}},\quad \overline{\rho_{\min}}\ \text{인장철근은 항복하지만 압축철근은 항복하지 않는다.}$$

▶ a 산정

$$C{=}T : 0.85 f_{ck}ab + A_s{}'f_s{}' = A_s f_y, \quad f_s{}' = E_s \epsilon_s{}', \quad \epsilon_s{}' = \epsilon_{cu}\left(1 - \frac{d'}{c}\right)$$

$$0.85 f_{ck}(\beta_1 c)b + A_s{}'E_s\epsilon_{cu}\left(1 - \frac{d'}{c}\right) = A_s f_y \quad c\text{에 관한 2차 방정식에 대하여 풀이하면,}$$

$$c = 161.068^{mm} \therefore a = 136.908^{mm}$$

➤ $f_s{}'$ 산정

$$\epsilon_t = \epsilon_{cu}\left(\frac{d_t}{c} - 1\right) = 0.006499 > 0.005 \qquad \therefore \ \phi = 0.85$$

$$\epsilon_s{}' = \epsilon_{cu}\left(1 - \frac{d'}{c}\right) = 0.001789 < \epsilon_y, \quad f_s{}' = E_s\epsilon_s{}' = 357.866^{MPa}$$

➤ M_d 산정

$$\phi M_n = \phi\left[(A_s - A_s{}')f_y\left(d - \frac{a}{2}\right) + A_s{}'f_s{}'(d - d')\right] = 433.942^{kNm}$$

RC 강도설계법 : 2012 콘크리트 구조기준

다음 그림과 같이 단면의 크기가 제한되었다. 단순지지된 보의 중앙에 최대 고정하중 휨모멘트 $M_D = 580kNm$와 활하중 $M_L = 240kNm$이 작용할 때 소요 보강철근의 단면적을 결정하고 설계하라(단, $f_{ck} = 27MPa$, $f_y = 400MPa$).

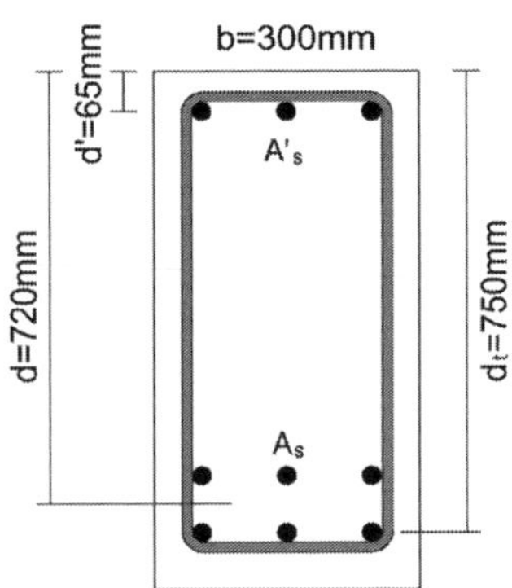

풀 이

▶ 하중산정

$$M_u = 1.2M_d + 1.6M_l = 1,080^{kNm}$$

▶ 단철근보 검토

$$M_u = \phi A_s f_y \left(d - \frac{a}{2} \right) = \phi A_s f_y \left(d - \frac{1}{2} \frac{A_s f_y}{0.85 f_{ck} b} \right)$$

$\phi = 0.85$로 가정하면,

$$1080 \times 10^6 = 0.85 \times A_s \times 400 \times \left(720 - \frac{1}{2} \frac{400 \times A_s}{0.85 \times 27 \times 300} \right) \quad \therefore A_s = 5741.95^{mm^2}$$

$$\rho_{max} = 0.85 \beta_1 \frac{f_{ck}}{f_y} \left(\frac{\epsilon_{cu}}{\epsilon_{cu} + \epsilon_{t.min}} \right) = 0.020901$$

$$\rho_s = \frac{A_s}{bd} = 0.0265 > \rho_{max} \quad \therefore \text{복철근 보로 설계한다.}$$

$\epsilon_t = 0.005$ 로 가정하면

$$\rho_{\max} = 0.85^2 \times \frac{27}{400} \times \left(\frac{0.003}{0.008} \right) = 0.018288$$

$$\rho_{\max}{}' = \rho_{\max} \times \left(\frac{d_t}{d} \right) = 0.019 \qquad \therefore A_s = \rho_{\max}{}'bd = 0.019 \times 300 \times 720 = 4,104^{mm^2}$$

$$M_{n1} = A_s f_y \left(d - \frac{a}{2} \right) = A_s f_y \left(d - \frac{1}{2} \frac{A_s f_y}{0.85 f_{ck} b} \right) = 986.25^{kNm}$$

➤ 압축철근량 검토

$$\phi = 0.85, \qquad \frac{M_u}{\phi} = 1270.59^{kNm}, \qquad M_{n2} = \frac{M_u}{\phi} - M_{n1} = 284.342^{kNm}$$

Assume 압축철근이 항복

$$M_{n2} = A_s{}' f_y{}' (d_t - d') = 284.342^{kNm} \qquad \therefore A_s{}' = 1,085.28^{mm^2}$$

$$C=T : 0.85 f_{ck} ab = (A_s - A_s{}') f_y \qquad \therefore a = 175.38^{mm}, \ c = 206.329^{mm}$$

$$\frac{\epsilon_{cu}}{c} = \frac{\epsilon_s{}'}{c - d'}$$

$$\therefore \epsilon_s{}' = \epsilon_{cu} \left(1 - \frac{d'}{c} \right) = 0.00206 > \epsilon_y \qquad \text{O.K}$$

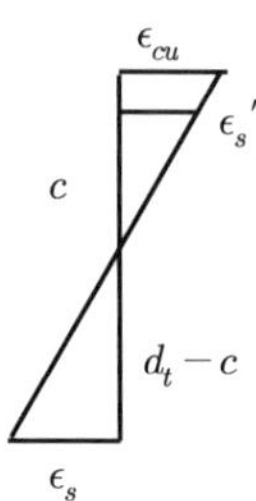

Check

$$\epsilon_t = \epsilon_{cu} \left(\frac{d_t}{c} - 1 \right) = 0.0079 > 0.005 \qquad \text{O.K}$$

$$\therefore A_s = A_{s(\max)} + A_s{}' = 4,104 + 1,085.28 = 5,189.28^{mm^2}$$

$$A_s{}' = 1,085.28^{mm^2}$$

RC 강도설계법 : 2012 콘크리트 구조기준

그림과 같은 복근 직사각형 보의 설계휨강도(ϕM_n)을 산정하시오(단, 압축철근 항복여부를 검토하고 콘크리트 강도 $f_{ck} = 27MPa$, 철근강도 $f_y = 400MPa$, 스트럽 HD10@200, $E_s = 200,000MPa$이다).

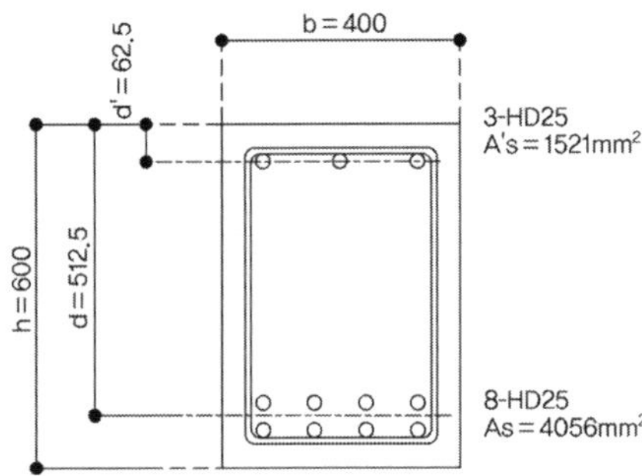

풀 이

▶ 압축철근 항복여부 검토

$$\rho_s = \frac{A_s}{bd} = 0.019785, \qquad \rho_s{}' = \frac{A_s{}'}{bd} = 0.00742$$

$$\overline{\rho_{max}} = 0.85\beta_1 \frac{f_{ck}}{f_y}\left(\frac{\epsilon_{cu}}{\epsilon_{cu} + \epsilon_{t.min}}\right) + \rho' = 0.02832,$$

$$\overline{\rho_{min}} = 0.85\beta_1 \frac{f_{ck}}{f_y}\frac{d'}{d}\left(\frac{\epsilon_{cu}}{\epsilon_{cu} - \epsilon_y}\right) + \rho' = 0.025262$$

$\therefore \rho_s < \overline{\rho_{max,}} \quad \overline{\rho_{min}}$ 인장철근은 항복하지만 압축철근은 항복하지 않는다.

▶ a 산정

$$C=T : 0.85f_{ck}ab + A_s{}'f_s{}' = A_s f_y, \quad f_s{}' = E_s\epsilon_s{}', \quad \epsilon_s{}' = \epsilon_{cu}\left(1 - \frac{d'}{c}\right)$$

$$0.85f_{ck}(\beta_1 c)b + A_s{}'E_s\epsilon_{cu}\left(1 - \frac{d'}{c}\right) = A_s f_y \quad c$$에 관한 2차 방정식에 대하여 풀이하면,

$$\therefore c = 142.324^{mm}, \ a = 120.975^{mm}$$

➤ $f_s{}'$ **산정**

이때 인장측 철근은 2열배치로 8-HD25로 배치된 것으로 볼 때 $d_t > d$ 이나 주어진 조건에서 별도의 피복두께가 주어지지 않았으므로 $d_t = d$로 가정하여 안전측으로 검토할 경우

$$\epsilon_t = \epsilon_{cu}\left(\frac{d_t}{c} - 1\right) = 0.007803 > 0.005 \quad \therefore \; \phi = 0.85$$

피복두께를 40mm로 가정할 경우 $d_t = H - 10^{mm}\,(\text{띠 철근}) - \dfrac{25}{2} = 577.5^{mm}$

$$\epsilon_t = \epsilon_{cu}\left(\frac{d_t}{c} - 1\right) = 0.00917 > 0.005 \quad \text{O.K}$$

압축측의 변형률은

$$\epsilon_s{}' = \epsilon_{cu}\left(1 - \frac{d'}{c}\right) = 0.001683 < \epsilon_y \quad \text{O.K}$$

$$\therefore \; f_s{}' = E_s\epsilon_s{}' = 336.517^{MPa}$$

➤ M_d **산정**

$$\therefore \; \phi M_n = \phi\left[(A_s - A_s{}')f_y\left(d - \frac{a}{2}\right) + A_s{}'f_s{}'(d - d')\right] = 411.125^{kNm}$$

03 T형 보

1. 유효폭(b_e) ^{70회/75회}

직사각형 단면 봉에서 압축영역은 보의 폭에 걸쳐 균등하다고 가정하였으나 두께가 얇고 길이가 긴 플랜지를 갖는 T형 보에서는 플랜지의 전단변형 때문에 플랜지의 폭을 따라 압축응력이 변하게 된다. T형 보에서는 전단지연(Shear leg) 효과 때문에 복부에 가까운 플랜지 부분은 복부에서 멀리 떨어진 부분에 비해서 높은 응력을 받게 되는데, T형 보 설계에서는 이를 간단히 하기 위해서 플랜지 폭을 따라 압축응력의 변화를 등가의 균등한 응력분포로 대체하여 유효폭 b_e에 작용한다고 가정하여 계산한 값이 플랜지 전체 폭이 받는 실제의 압축응력의 합과 같도록 하였다.

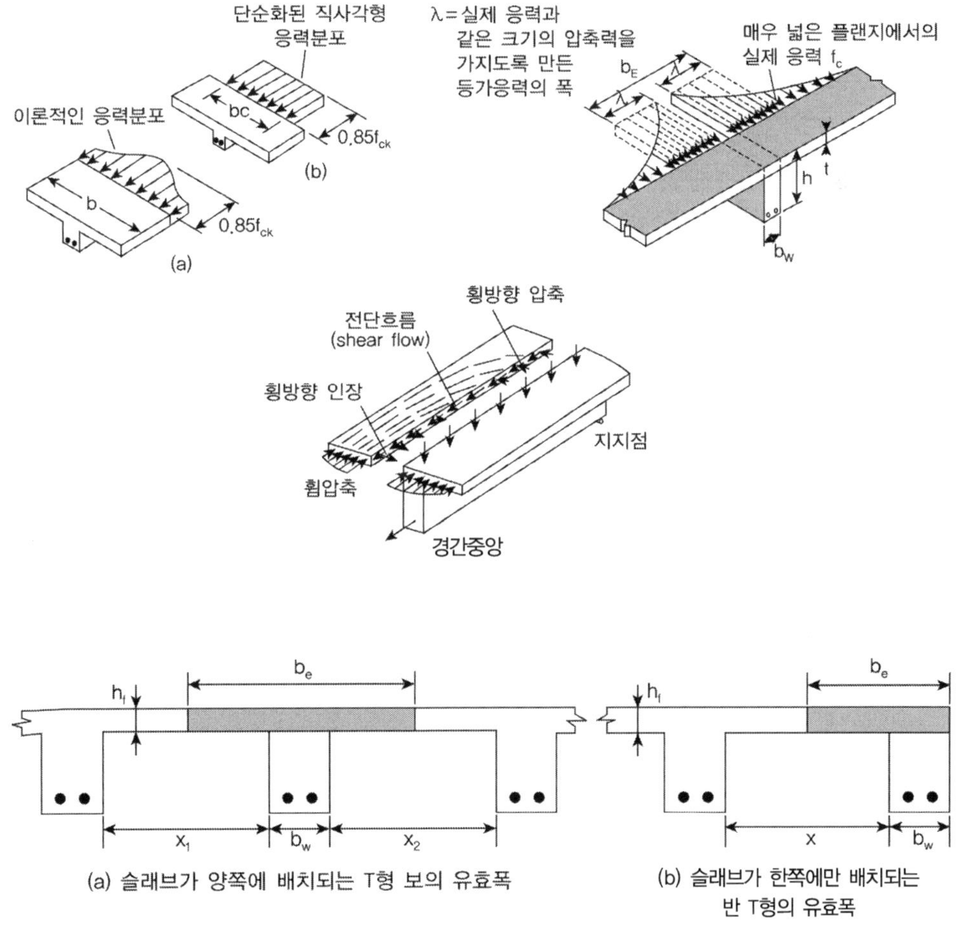

(a) 슬래브가 양쪽에 배치되는 T형 보의 유효폭   (b) 슬래브가 한쪽에만 배치되는 반 T형의 유효폭

대칭 T형 보	비대칭 T형 보
$b_e = \min[①, ②, ③]$	$b_e = \min[①, ②, ③]$
① 양측 내민플랜지 두께의 8배 $+ b_w$, $16h_f + b_w$	① 내민플랜지 두께의 6배 $+ b_w$, $6h_f + b_w$
② 양쪽 슬래브 중심간 거리, $(x_1 + x_2)/2 + b_w$	② 인접보와의 내측거리, $x/2 + b_w$
③ 보경간의 1/4, $l/4$	③ 보의 경간의 1/12 $+ b_w$, $l/12 + b_w$

 | 독립 T형 보 여부 확인 | (ACI 8.10.4 규정)

압축영역의 면적을 증가시키기 위해 T형 플랜지가 사용되는 독립 T형 보 여부 확인하기 위한 조건
(독립 T형 보 조건). $t_f \geq b_w/2, b_e < 4b_w$

2. 플랜지의 휨철근 분배(Distribution of flexural reinforcement in the flange)

1) 축방향 철근

T형 보 구조의 플랜지가 인장을 받는 경우에는 휨인장 철근을 유효플랜지 폭이나 경간의 1/10의
폭 중에서 작은 폭에 걸쳐서 분포시켜야 한다. 만일 유효플랜지 폭이 경간의 1/10을 넘는 경우에
는 추가로 축방향 철근을 플랜지 바깥부분에 배치하여야 한다. (수축 및 온도철근) → 슬래브 상
부에 폭이 넓은 몇 개의 균열보다는 가늘고 고은 균열이 발생하도록 유도

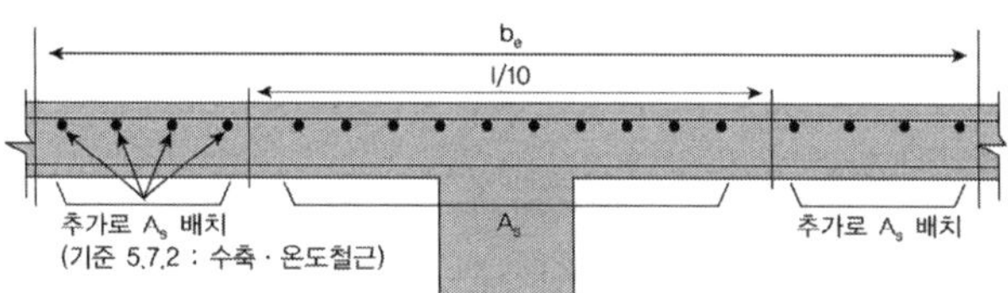

2) 횡방향 철근

장선구조를 제외한 T형의 플랜지의 주철근이 보의 방향과 같을 때에는 다음의 조건에 따라 보의
직각방향으로 슬래브 상부에 철근을 배근해야 한다.

① 횡방향 철근은 T형 보의 내민 플랜지를 캔틸레버로 보고 설계

② 횡방향 철근 간격은 $5t_{slab}$, 450^{mm} 이하

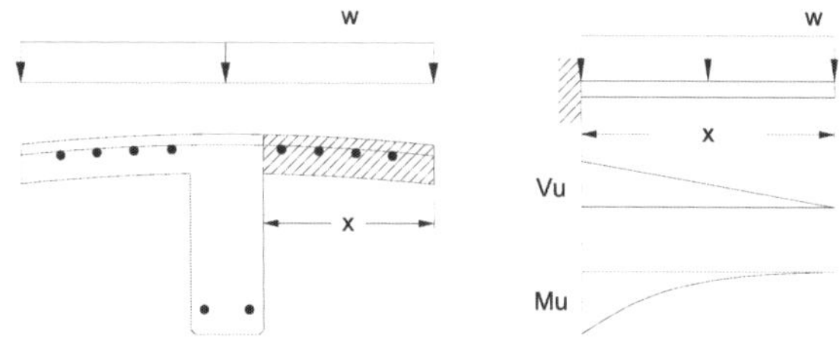

3. T형 보의 해석

T형 보에서는 일반적으로 인장철근이 항복한다. 따라서 인장철근이 항복하는 것으로 가정하여 단면해석을 하고 그 후 항복 여부를 검토하는 것이 바람직하다. 등가 응력블록의 깊이에 따라 해석방법을 T형 보로 보고 해석할 것인지, 직사각형 보로 볼 것인지 결정한다.

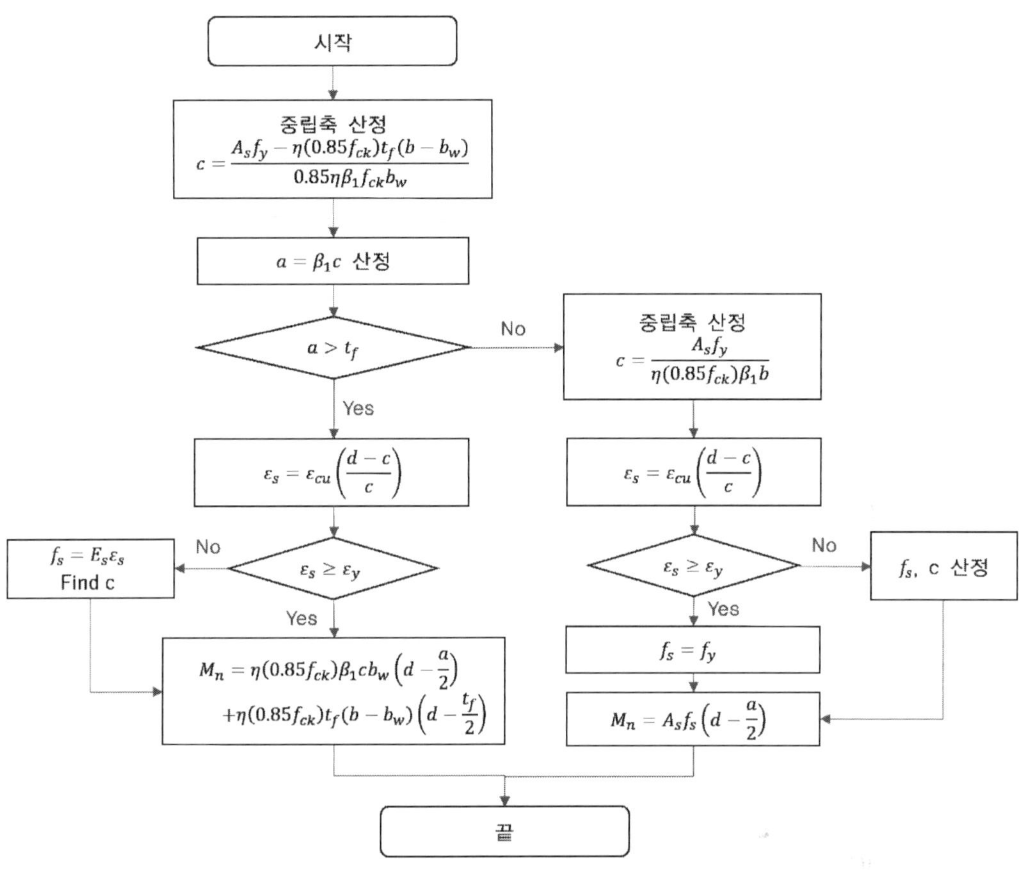

1) 중립축 위치 결정을 위해 c값 산정

중립축의 위치가 웨브에 있다고 보고 먼저 c값을 산정하고 플랜지의 두께 t_f와 a값을 비교한다.

$$C = \eta(0.85 f_{ck}) t_f (b - b_w) + \eta(0.85 f_{ck})(\beta_1 c) b_w$$

$$T = A_s f_y$$

$$\therefore\ C = T : c = \frac{A_s f_y - \eta(0.85 f_{ck}) t_f (b - b_w)}{\eta(0.85 f_{ck}) \beta_1 b_w}$$

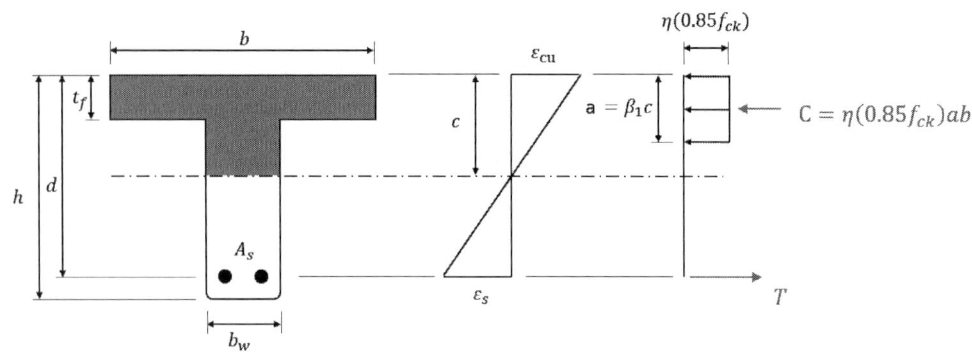

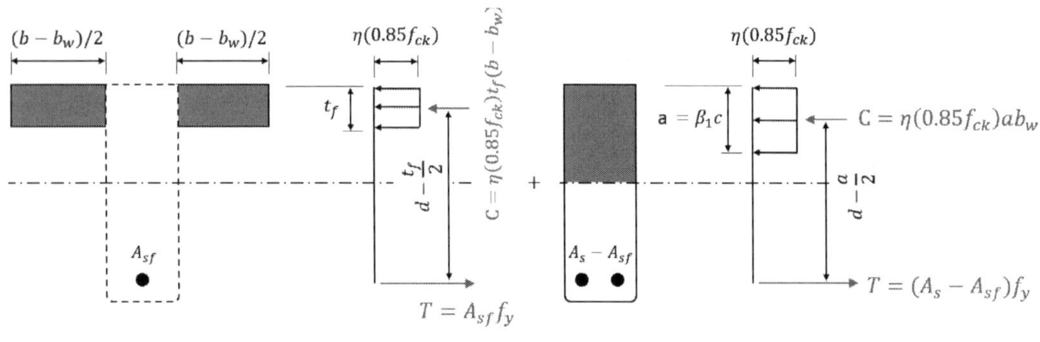

2) 압축응력 블록이 복부에 있는 경우($a=\beta_1 c > t_f$) : T형 단면으로 거동

① Check ϵ_t $\quad\quad \epsilon_t = \epsilon_{cu}\left(\dfrac{d_t}{c} - 1\right) \geq \epsilon_y$

② 철근의 항복 여부에 따른 휨 강도 산정

  (1) 항복한 경우 $\epsilon_t \geq \epsilon_y$

$$M_n = \eta(0.85f_{ck})\beta_1 cb_w\left(d - \frac{a}{2}\right) + \eta(0.85f_{ck})t_f(b - b_w)\left(d - \frac{t_f}{2}\right)$$

  (2) 항복하지 않은 경우 $\epsilon_t < \epsilon_y$

$$f_s = E_s\epsilon_s$$

From C=T, find c

$$\eta(0.85f_{ck})t_f(b - b_w) + \eta(0.85f_{ck})(\beta_1 c)b_w = A_s f_s = A_s E_s \epsilon_s = A_s E_s \epsilon_{cu}\left(\frac{d}{c} - 1\right)$$

From c, $\quad f_s = E_s\epsilon_s = E_s\epsilon_{cu}\left(\dfrac{d}{c} - 1\right)$ $\quad$ Check $a = \beta_1 c \geq t_f$

$$M_n = \eta(0.85f_{ck})\beta_1 c b_w\left(d - \frac{a}{2}\right) + \eta(0.85f_{ck})t_f(b - b_w)\left(d - \frac{t_f}{2}\right)$$

3) 압축응력 블록이 플랜지 내에 있는 경우($a=\beta_1 c \leq t_f$) : 직사각형 단면으로 거동

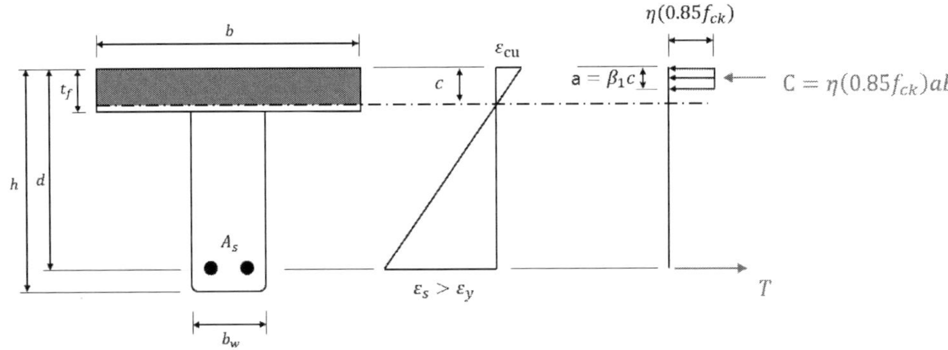

① Find c

    From C=T $\eta(0.85f_{ck})(\beta_1 c)b = A_s f_y$ $\therefore c = \dfrac{A_s f_y}{\eta(0.85f_{ck})\beta_1 b_w}$

② Check ϵ_t $\epsilon_t = \epsilon_{cu}\left(\dfrac{d_t}{c} - 1\right) \geq \epsilon_y$

③ 철근의 항복 여부에 따른 휨 강도 산정

  (1) 항복한 경우 $\epsilon_t \geq \epsilon_y$ $M_n = A_s f_y\left(d - \dfrac{a}{2}\right)$

  (2) 항복하지 않은 경우 $\epsilon_t < \epsilon_y$

    $f_s = E_s \epsilon_s$

    From C=T, find c

    $\eta(0.85f_{ck})(\beta_1 c)b = A_s f_s = A_s E_s \epsilon_s = A_s E_s \epsilon_{cu}\left(\dfrac{d}{c} - 1\right)$ Find c

    $f_s = E_s\dfrac{\epsilon_{cu}(d - c)}{c}$, $\therefore M_n = A_s f_s\left(d - \dfrac{a}{2}\right)$

④ ϕ 검증 및 최대·최소 철근량 검토

    $\epsilon_t = \epsilon_{cu}\left(\dfrac{d_t}{c} - 1\right) \geq 0.005\,(\text{or}\quad 2.5\epsilon_y)$ $\phi = 0.65{\sim}0.85$(띠철근), $0.75{\sim}0.85$(나선철근)

4) 압축철근이 배치된 T형 보

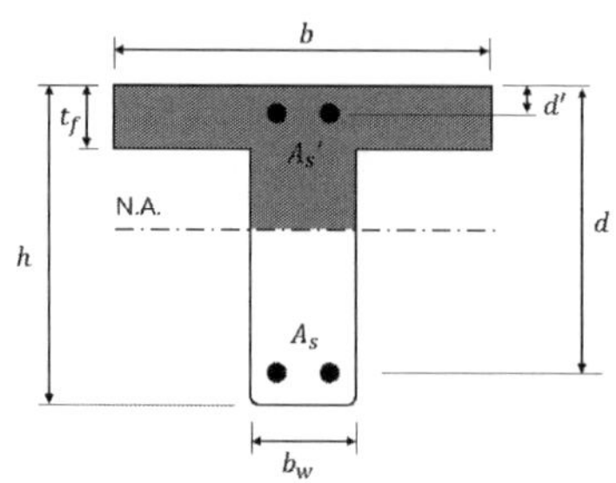

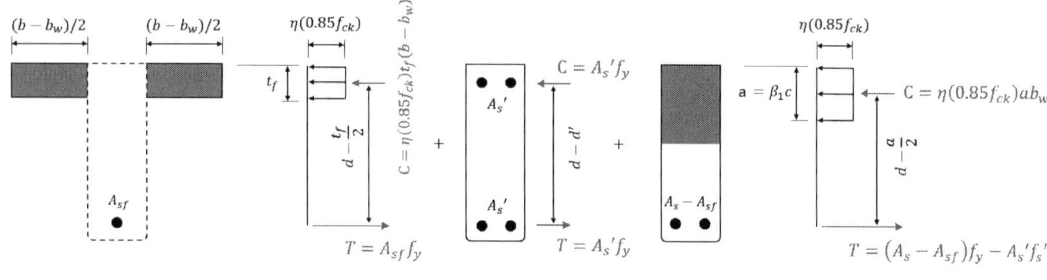

(a) 플랜지의 휨강도   (b) 압축철근의 휨강도   (c) 웨브의 휨강도

$$A_s = A_{sf} + A_s{'} + A_{sw}$$

① 압축철근이 항복하는 경우

$$A_{sf} = \frac{\eta(0.85 f_{ck})(b - b_w)t_f}{f_y} \rightarrow \quad f_y(A_s - A_{sf} - A_s{'}) = \eta(0.85 f_{ck})(\beta_1 c)b_w$$

$$\therefore c = \frac{(A_s - A_{sf} - A_s{'})f_y}{\eta(0.85 f_{ck})\beta_1 b_w}$$

Check $a > t_f$, $\epsilon_s{'} = \epsilon_c\left(1 - \dfrac{d'}{c}\right) \geq \epsilon_y$

$$\therefore M_n = (A_s - A_{sf} - A_s{'})f_y\left(d - \frac{a}{2}\right) + A_{sf}f_y\left(d - \frac{t_f}{2}\right) + A_s{'}f_y(d - d')$$

② 압축철근이 항복하지 않는 경우

(1) 변형률 조건 $\qquad \epsilon_s{'} = \dfrac{c - d'}{c} \times \epsilon_c = \epsilon_c\left(1 - \dfrac{d'}{c}\right)$

(2) 철근의 응력 변형률 조건 $\qquad f_s{'} = E_s\epsilon_s{'}$

(3) 힘의 평형조건

$$\eta(0.85f_{ck})ab_w = A_s f_y - A_{sf}f_y - A_s{}'f_s = A_s f_y - A_{sf}f_y - A_s{}'E_s\epsilon_s{}'$$

$$\eta(0.85f_{ck})(\beta_1 c)b_w = A_s f_y - A_{sf}f_y - A_s{}'E_s\epsilon_c\left(1 - \frac{d'}{c}\right) \quad \text{Find c}$$

$$\therefore M_n = [(A_s - A_{sf})f_y - f_s{}'A_s{}']\left(d - \frac{a}{2}\right) + A_{sf}f_y\left(d - \frac{t_f}{2}\right) + A_s{}'f_s{}'(d - d')$$

③ ϕ 검증 및 최대·최소 철근량 검토

$$\epsilon_t = \epsilon_{cu}\left(\frac{d_t}{c} - 1\right) \geq 0.005\,(\text{or}\quad 2.5\epsilon_y) \qquad \phi = 0.65 \sim 0.85(\text{띠철근}),\ 0.75 \sim 0.85(\text{나선철근})$$

  | 한계상태설계법(2016도로교설계기준)에 따른 T형 보 해석 |

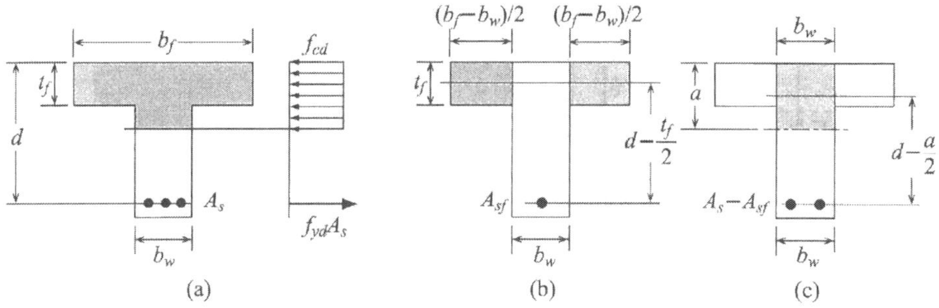

등가 사각형 응력블록을 이용한 해석이 주로 사용된다. 극한한계상태에서 등가 사각형 응력블록을 적용하여 설계할 때 응력 블록의 깊이 a가 플랜지 두께 t_f보다 같거나 적을 경우에도 사각형 단면으로 간주하여 설계할 수 있다. 응력블록의 깊이 a를 콘크리트 압축 합력 C와 철근의 인장력 T가 같다는 평형조건으로부터,

$$a = \frac{f_{yd}A_s}{f_{cd}b_f}, \quad a \leq t_f : b_f\text{의 폭을 같는 사각단면으로 해석}, \quad a > t_f : \text{T형단면으로 해석}$$

T형 단면 해석 시

① 플랜지 콘크리트에 상응하는 철근 A_{sf} $\qquad A_{sf} = \dfrac{f_{cd}(b_f - b_w)t_f}{f_{yd}} \qquad \therefore M_{d1} = f_{yd}A_{sf}\left(d - \dfrac{t_f}{2}\right)$

② 사각형 단면부분 $A_s - A_{sf}$ $\qquad a = \dfrac{f_{yd}(A_s - A_{sf})}{f_{cd}b_w} \qquad \therefore M_{d2} = f_{yd}(A_s - A_{sf})\left(d - \dfrac{a}{2}\right)$

③ 전체 설계휨강도

$$M_d = M_{d1} + M_{d2} = f_{yd}A_{sf}\left(d - \frac{t_f}{2}\right) + f_{yd}(A_s - A_{sf})\left(d - \frac{a}{2}\right)$$

5) 독립 T형 보 여부 확인(KDS 14 20 10 강도설계법, ACI 8.10.4)

압축영역의 면적을 증가시키기 위해 T형 플랜지가 사용되는 독립 T형 보 여부 확인

조건. $t_f \geq b_w/2 \, , b_e < 4b_w$

4. 비정형 단면 형상의 보

응력상태가 특별히 복잡해지는 경우가 아니면 다음의 일반적인 직사각형 단면과 같은 방식으로 강도를 예측한다.

① 과소철근보인지 판단한다.

② 단면의 모양을 고려하여 평형조건식을 결정한다.

③ 중립축의 위치를 계산하고 휨모멘트 강도를 결정한다.

단순해석을 적용하지 못하는 경우에는 단면을 층으로 분할하는 해법(layered method)을 적용할 수 있다. 층의 형상을 선택할 때는 직사각형이나 사다리꼴을 선택하는 것이 간편하다.

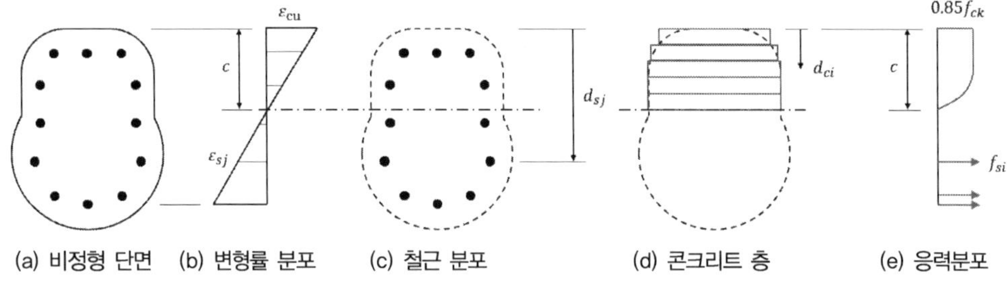

(a) 비정형 단면　(b) 변형률 분포　(c) 철근 분포　(d) 콘크리트 층　(e) 응력분포

5. 변형률 적합을 이용한 모멘트 강도(Analysis of Moment capacity based on strain compatibility)

철근이 여러 층으로 배치되어 응력의 차이가 커서 정확한 해석이 필요하거나 철근의 항복응력이 뚜렷하게 나타나지 않는 경우에는 철근의 변형률 경화 구간의 영향을 포함한 정밀한 휨강도 계산이 요구된다. 이러한 단면해석을 위해서는 평형방정식과 변형률 적합성을 만족하도록 반복계산을 통해서 휨강도 계산을 수행하여야 한다.

① 변형률 적합조건

$$\frac{\epsilon_{cu}}{c} = \frac{\epsilon_{s1}}{d_1 - c} = \frac{\epsilon_{s2}}{d_2 - c} \qquad \therefore \epsilon_{s1} = \epsilon_{cu} \times \frac{d_1 - c}{c}, \quad \epsilon_{s2} = \epsilon_{cu} \times \frac{d_2 - c}{c}$$

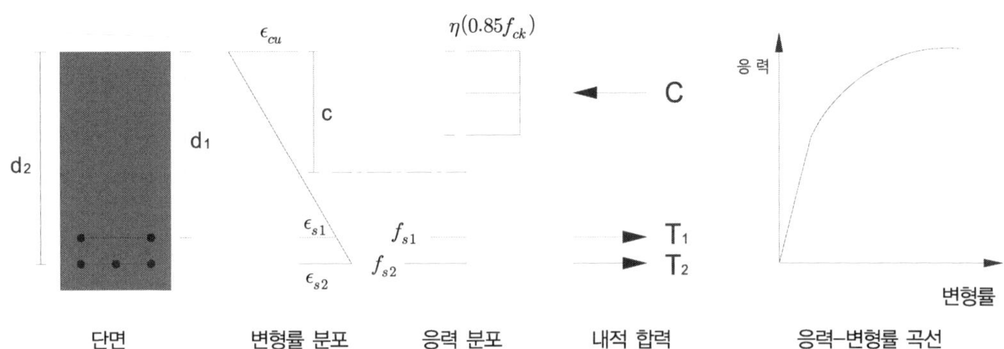

② 힘의 평형방정식

$$C = T_1 + T_2 : \eta(0.85f_{ck})ab = A_{s1}f_{s1} + A_{s2}f_{s2}$$

③ 단면해석(Method I. Trial & Error)

  (1) c값을 가정

  (2) 적합조건을 이용하여 ϵ_{s1}, ϵ_{s2} 계산 → 응력-변형률 곡선에서 f_{s1}, f_{s2} 결정

  (3) 힘의 평형방정식 만족 여부 검토

  (4) 반복계산 $\qquad C > T_1 + T_2 \to$ c값 감소, $\quad C < T_1 + T_2 \to$ c값 증가

  (5) 압축합력 도심에서 모멘트(휨강도)

$$\phi M_n = \phi\left[A_{s1}f_{s1}\left(d_1 - \frac{a}{2}\right) + A_{s2}f_{s2}\left(d_2 - \frac{a}{2}\right) \right]$$

④ 단면해석(Method II. 방정식을 이용하는 방법)

  ①, ②로부터

$$\eta(0.85f_{ck})(\beta_1 c)b = A_{s1}E_{s1}\left(\epsilon_{cu} \times \frac{d_1 - c}{c}\right) + A_{s2}E_{s2}\left(\epsilon_{cu} \times \frac{d_2 - c}{c}\right) \quad \text{find c !!}$$

6. 휨모멘트 곡률 해석방법

휨모멘트–곡률 해석(moment–curvature analysis)은 휨부재가 휨모멘트를 받아 파괴될 때까지 나타나는 곡률, 즉 변형을 구하는 해석이다. 휨모멘트–곡률 해석 결과로 수평축을 곡률로 하고 수직축을 휨모멘트로 하여 휨모멘트와 곡률이 0인 초기상태부터 극한상태인 파괴까지의 변화를 나타낸 곡선을 휨모멘트–곡률 곡선이라고 하며, 휨모멘트–곡률 해석은 다음과 같은 가정과 원칙에 따라 수행한다.

① 휨모멘트–곡률 해석은 힘의 평형조건과 변형률 적합조건을 만족해야 한다.

② 베르누이 가정에 따라 변형 전 평면은 변형 후에도 평면을 유지한다.

③ 철근과 콘크리트는 완전히 부착되어 미끄러짐이 발생하지 않으며, 중립축으로부터의 거리가 같은 철근의 변형률은 콘크리트의 변형률과 같다.

④ 콘크리트의 압축응력–변형률 관계는 실제 응력분포를 나타내는 곡선을 적용한다.

⑤ 콘크리트의 인장응력–변형률 관계는 실제 응력분포를 나타내는 곡선을 적용하거나 콘크리트 인장응력은 무시한다.

⑥ 균열면에서는 인장응력이 전달되지 않는다.

⑦ 철근의 응력–변형률 관계는 소성상태에서의 변형률 경화를 무시하고 선형탄성–완전소성으로 가정하거나 변형률 경화까지 고려한 응력–변형률 곡선을 적용한다.

⑧ 극한상태는 단면의 압축연단 변형률이 콘크리트의 극한변형률에 도달하거나 인장철근의 변형률이 극한변형률에 도달할 때로 정의한다.

압축연단의 변형률을 증가시키는 변수로 선택하는 방법을 변형평면 회전법(ratating deformed plane method), 증가시키는 변수를 곡률로 선택할 경우를 변형평면 이동법(sliding deformed plane method)이라고 한다. 일반적으로 변형평면 회전법을 사용하며 이는 압축 연단의 변형률 ϵ_c 에 대해 변형평면을 회전해 가며 평형조건과 적합조건을 만족하는 중립축을 찾는 방법이다.

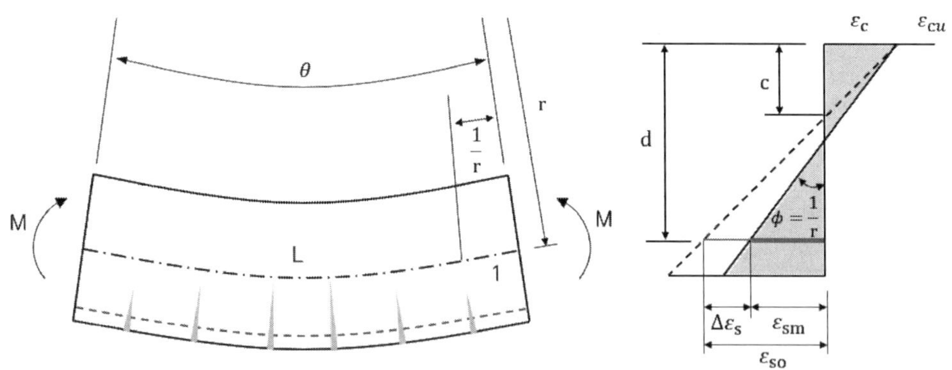

(변형평면 회전법에 의한 휨모멘트–곡률 해석)

T형 보의 해석

다음 그림과 같은 T형 보의 휨강도를 산정하라.

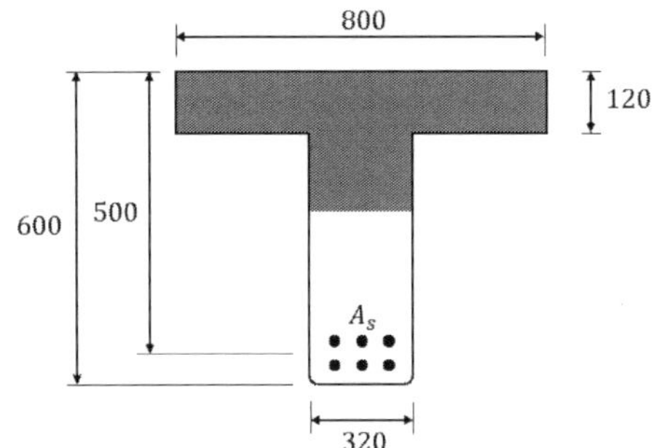

(1) 콘크리트 설계기준 압축강도 24MPa
(2) SD400 6-D32 ($A_s = 4{,}765\,\mathrm{mm}^2$)
(3) 인장철근과 압축철근의 실제 항복강도는 492MPa, 콘크리트 실린더 공시체의 압축강도는 26MPa
(4) 등가직사각형 응력블록 적용

▶ **개요**

실제 재료강도를 이용하여 휨강도 해석을 수행한다.

$$\epsilon_y = \frac{f_y}{E_s} = \frac{463}{200{,}000} = 0.00246$$

▶ **T형 보 거동여부 확인**

1) 중립축 산정

중립축의 위치가 웨브에 있다고 보고 먼저 c값을 산정하고 플랜지의 두께 t_f와 a값을 비교한다.

$$C = \eta(0.85f_{ck})t_f(b - b_w) + \eta(0.85f_{ck})(\beta_1 c)b_w,$$

$$T = A_s f_y$$

$$\therefore C{=}T : c = \frac{A_s f_y - \eta(0.85f_{ck})t_f(b - b_w)}{\eta(0.85f_{ck})\beta_1 b_w}$$

$$= \frac{4765 \times 492 - 1.0 \times (0.85 \times 26) \times 120 \times (800 - 320)}{1.0 \times (0.85 \times 26) \times 0.8 \times 320} = 189.38\,\mathrm{mm}$$

2) 철근의 항복여부 판별

$$\epsilon_t = \epsilon_{cu}\left(\frac{d_t}{c} - 1\right) \geq \epsilon_y = 0.0033 \times \left(\frac{500}{189.38} - 1\right) = 0.0054 > \epsilon_y \qquad \therefore \text{T형 보 거동}$$

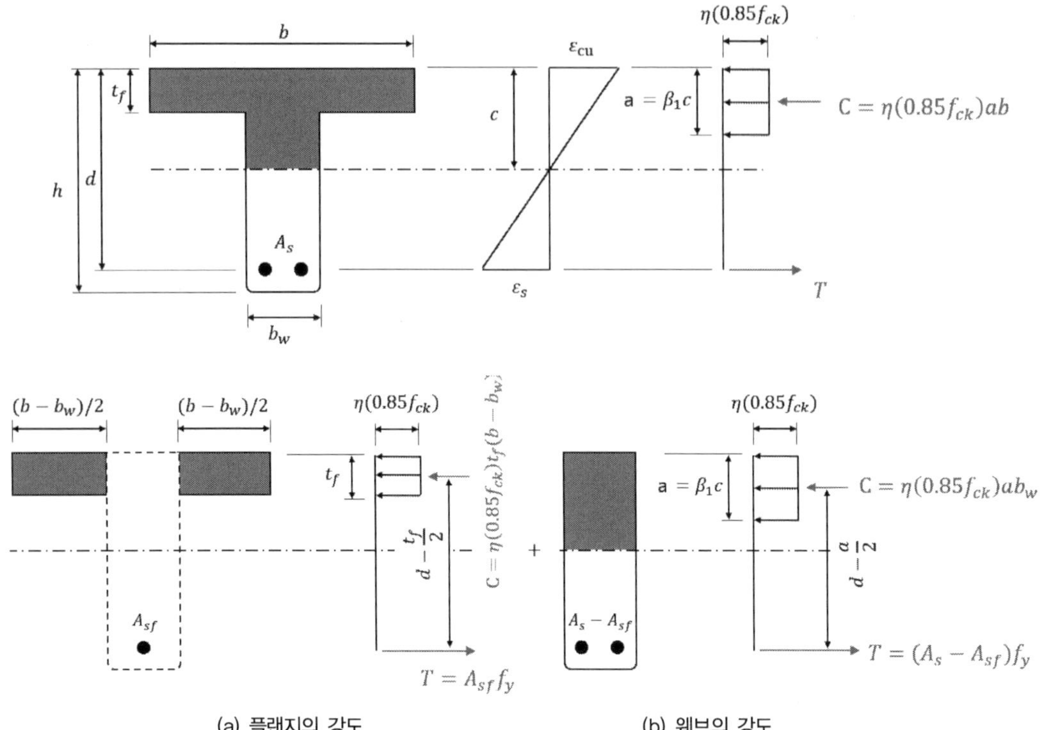

$$a = \beta_1 c = 0.8 \times 189.38 = 151.5\,\text{mm}$$

$$\therefore M_n = \eta(0.85f_{ck})\beta_1 cb_w\left(d - \frac{a}{2}\right) + \eta(0.85f_{ck})t_f(b - b_w)\left(d - \frac{t_f}{2}\right)$$

$$= \left[1.0 \times (0.85 \times 26) \times 151.5 \times 320 \times \left(500 - \frac{151.5}{2}\right)\right.$$

$$\left. + 1.0 \times (0.85 \times 26) \times 120 \times (800 - 320) \times \left(500 - \frac{120}{2}\right)\right] \times 10^{-6} = 1,014.7\,\text{kNm}$$

3) ϕ 검증 및 설계 휨강도

$$\epsilon_t = \epsilon_{cu}\left(\frac{d_t}{c} - 1\right) \geq 0.005\,(\text{or}\quad 2.5\epsilon_y)\ \text{이므로},\qquad \therefore \phi = 0.85$$

$$\therefore \phi M_n = 0.85 \times 1,014.7 = 862.5\,\text{kNm}$$

T형 보의 설계휨강도 : 한계상태설계법

그림과 같은 T형 단면 보의 설계휨강도 M_d를 한계상태설계법으로 구하시오.

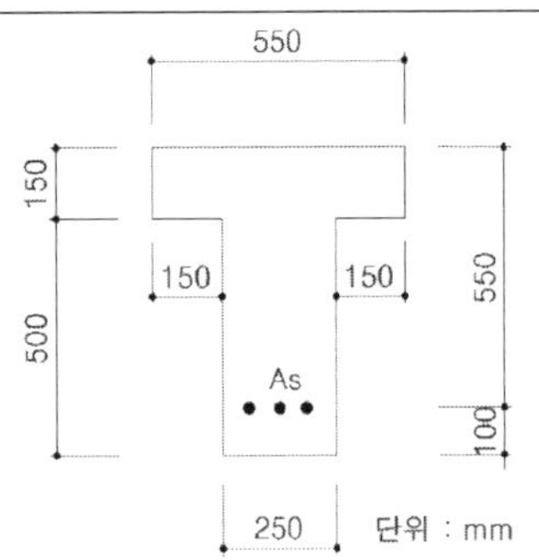

〈조건〉
- 콘크리트 설계기준압축강도 $f_{ck} = 300MPa$
- 철근 항복강도 $f_y = 400MPa$
- 철근량 $A_s = 4,000mm^2$
- 콘크리트 재료계수 $\phi_c = 0.65$
- 철근 재료계수 $\phi_c = 0.9$

풀 이

▶ 개요

한계상태설계법에서 T형 보의 설계휨강도를 구하는 방법은 ① 등가 사각형 응력 블록을 이용한 해석이나 ② p-r 응력-변형률 곡선을 이용한 해석의 두 가지 방법을 사용할 수 있다. 전자의 경우에는 강도설계법에서 사용하는 방식과 유사하며 약간의 오차가 발생될 수 있다. 후자의 경우 압축 영역의 응력분포를 실제에 가깝게 나타낼 수 있으나 압축응력의 응력분포를 등분포 상태로 가정하고 해석하는 전자와 달리 응력분포가 비선형 형태가 되므로 해석이 훨씬 복잡해지는 단점이 있다. 본 문제에서는 등가 사각형 응력 블록을 이용해 풀이한다.

▶ 재료의 강도 및 T형 보의 중립위치

1) 콘크리트 설계강도 $f_{cd} = \phi_c(0.85f_{ck}) = 0.65 \times 0.85 \times 30 = 16.575$ MPa

2) 철근 설계항복강도 $f_{cd} = \phi_s f_y = 0.9 \times 400 = 360MPa$

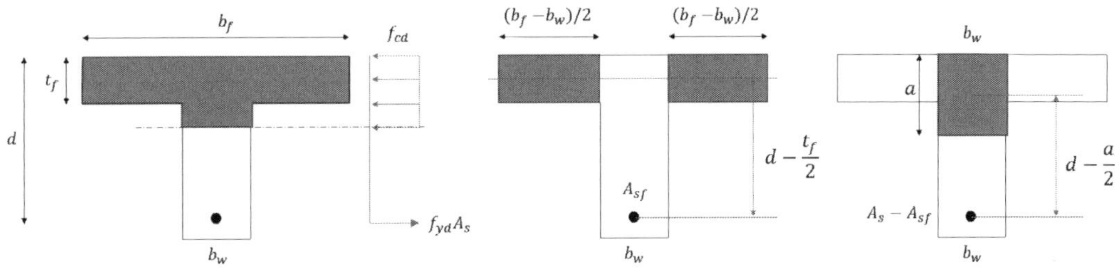

$$a = \frac{450 \times 4000}{16.575 \times 550} = 197.45\text{mm} > t_f$$

따라서 T형 보로 보고 계산한다.

▶ 등가 사각형 응력 블록을 이용한 설계휨강도 산정

1) 내민부에 작용하는 압축 합력

$$C_f = f_{cd}A_f = 16.575 \times (550 - 250) \times 150 = 745{,}875 \text{ N}$$

등가철근량은

$$A_{sf} = \frac{C_f}{\phi_s f_y} = 2{,}071.875\text{mm}^2$$

2) 복부 압축영역의 등가응력 블록 깊이

이 플랜지 등가 철근량과 짝힘을 구성하는 데 필요한 동일한 양의 철근량을 제외한 나머지 인장 철근량 $A_s - A_{sf}$은 복부의 압축 영역의 합력과 짝힘을 구성하는 단철근 보와 동일한 휨강도를 발휘한다. 이때의 복부 압축영역의 등가 응력 블록 깊이는

$$a = \frac{\phi_s f_y (A_s - A_{sf})}{f_{cd}b_w} = \frac{0.9 \times 400 \times (4000 - 2071.875)}{16.575 \times 250} = 167.51\text{mm}$$

3) 설계휨강도 산정

$$\therefore \; M_d = \phi_s f_y A_{sf}\left(d - \frac{t_f}{2}\right) + \phi_s f_y (A_s - A_{sf})\left(d - \frac{a}{2}\right)$$

$$= 0.9 \times 400 \times 2071.875 \times \left(550 - \frac{150}{2}\right) + 0.9 \times 400 \times (4000 - 2071.875) \times \left(550 - \frac{167.51}{2}\right)$$

$$= 677.922 \times 10^6 \text{ Nmm} = 677.922 \text{ kNm}$$

T형 보 단면강도 : 한계상태설계법

한계상태설계법에서 아래 콘크리트 T형 단면에 대한 극한한계상태 단면강도를 산출하시오.
(단, f_{ck}=30MPa, f_y=350MPa, A_s=3,096mm^2, E_s=200GPa, Φ_s=0.90, Φ_c=0.65)

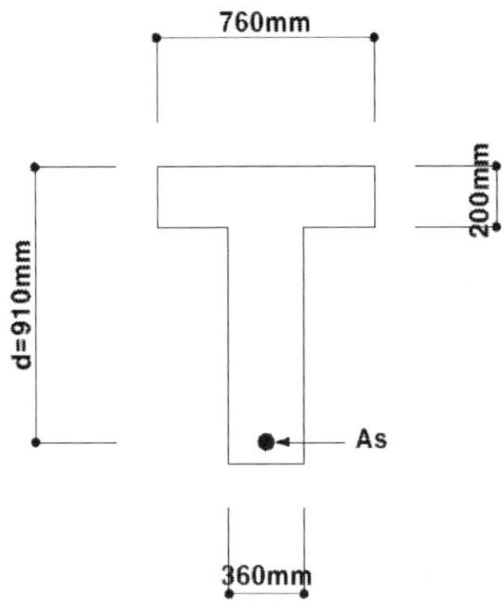

풀 이

▶ 개요

극한한계상태에서 등가 사각형 응력블록을 적용하여 설계할 때 응력 블록의 깊이 a가 플랜지 두께 t_f보다 같거나 적을 경우에도 사각형 단면으로 간주하여 설계할 수 있다.

▶ 응력블록 깊이 산정

응력블록의 깊이 a를 콘크리트 압축 합력 C와 철근의 인장력 T가 같다는 평형조건으로부터,

$$a = \frac{f_{yd}A_s}{f_{cd}b_f}, \quad a \leq t_f : b_f 의\ 폭을\ 같는\ 사각단면으로\ 해석, \quad a > t_f : T형단면으로\ 해석$$

$$f_{cd} = 0.85\phi_c f_{ck} = 0.85 \times 0.65 \times 30 = 16.6\text{MPa}$$

$$f_{yd} = \phi_s f_y = 0.90 \times 350 = 315\text{MPa}$$

$$a = \frac{f_{yd}A_s}{f_{cd}b_f} = \frac{315 \times 3096}{16.6 \times 760} = 77.3\text{mm} < t_f = 200\text{mm} \quad \therefore\ 사각단면으로\ 해석$$

f_{ck} = 30MPa이므로 $\alpha = 0.8$, $\beta = 0.4$을 적용한다.

압축력 $\quad C = \alpha f_{cd} bc = 0.8 \times 16.6 \times 760 \times c$

인장력 $\quad T = f_{yd} A_s = 315 \times 3{,}096 = 975{,}240$ N

$$C = T \;;\; c = \frac{975240}{0.8 \times 16.6 \times 760} = 96.627\text{mm}$$

내부 모멘트 팔길이 : z=d−βc=910−0.4×96.627=871.349mm

$\therefore M_d = Tz = 975{,}240 \times 871.349 = 849.774\text{kNm}$

T형 보의 설계 : 2012 콘크리트 구조기준

철근 콘크리트 T형 보에서 플랜지의 유효폭 b=1,400mm, 복부폭 b_w=400mm, 플랜지 두께 t_f=100mm, 유효깊이 d=640mm, h=750mm인 단면에 M=1,460kNm가 작용할 때 T형 보를 설계하시오.

단, f_{ck}=21MPa, f_y=420MPa

풀 이

▶T형 보의 설계

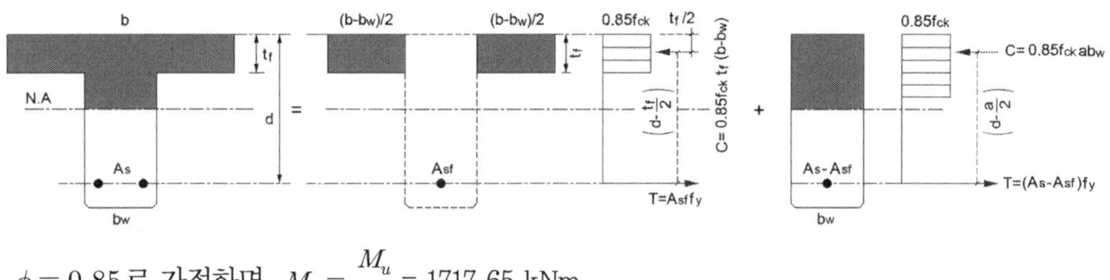

$\phi = 0.85$로 가정하면, $M_n = \dfrac{M_u}{\phi} = 1717.65$ kNm

1) T형 보 적용여부 검토

Assume a = 100mm, 등가 응력사각형의 깊이 a를 플랜지 두께 t_f와 같다고 가정하면,

$$A_s f_y\left(d - \frac{a}{2}\right) = \frac{M_u}{\phi} \quad \therefore A_s = 6931.6\text{mm}^2$$

$$a = \frac{A_s f_y}{0.85 f_{ck} b} = 116.497\text{mm} > t_f \quad \therefore \text{T형 보로 계산한다.}$$

2) T형 보 플랜지 부담 모멘트

$$0.85 f_{ck} t_f (b_e - b_w) = A_{sf} f_y$$

$$\therefore A_{sf} = \frac{0.85 f_{ck} t_f (b_e - b_w)}{f_y} = \frac{0.85 \times 21 \times 100 \times (1400 - 400)}{420} = 4250\text{mm}^2$$

$$\therefore M_{nf} = A_{sf} f_y\left(d - \frac{t_f}{2}\right) = 4250 \times 420 \times (640 - 50) = 1053.15 \text{ kNm} < M_n \ (\therefore \text{T형 보})$$

3) 철근량 산정 : $M_{nw} = M_n - M_{nf} = 664.5$ kNm

$$a = \frac{(A_s - A_{sf})f_y}{0.85f_{ck}b_w} \text{ 이므로,}$$

$$M_{nw} = (A_s - A_{sf})f_y\left(d - \frac{a}{2}\right) = (A_s - A_{sf})f_y\left(d - \frac{1}{2}\left(\frac{(A_s - A_{sf})f_y}{0.85f_{ck}b_w}\right)\right)$$

2차 방정식에 대해 풀이하면, $\therefore A_s = 7093.74\text{mm}^2$

4) Check

$$0.85f_{ck}ab_w = (A_s - A_{sf})f_y \qquad \therefore a = \frac{(A_s - A_{sf})f_y}{0.85f_{ck}b_w} = 167.279\text{mm}$$

$$c = 196.80\text{mm}, \qquad \epsilon_t = \epsilon_{cu}\left(\frac{d_t}{c} - 1\right) = 0.0067 > 0.005 \therefore \phi = 0.85 \qquad \text{O.K}$$

$\therefore$ 철근량 $A_s = 7093.74\text{mm}^2$로 배근된 T형 보로 설계한다.

T형 보의 설계 : 2012 콘크리트 구조기준

계수 휨모멘트 $M_u = 490kNm$가 작용하고 있을 때 T형 보에서 보강철근을 설계하라(단, $f_{ck} = 27MPa$, $f_y = 400MPa$, 굵은 골재 최대치수는 19mm).

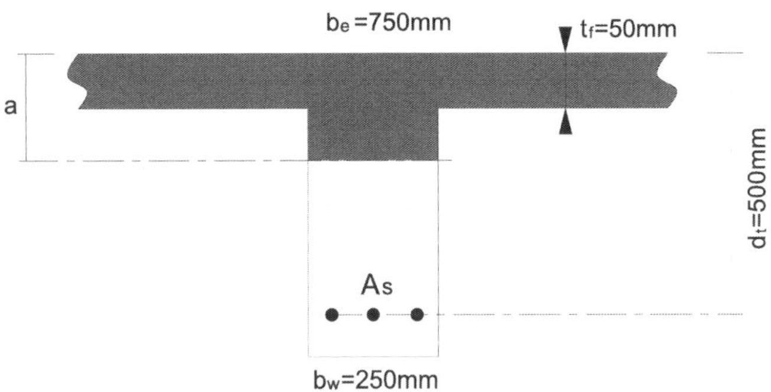

▶ **T형 보로 가정할 경우에** M_n

$$M_n = (A_s - A_{sf})f_y\left(d - \frac{a}{2}\right) + A_{sf}f_y\left(d - \frac{t_f}{2}\right)$$

▶ **Flange의** A_{sf}**와** M_{nf} **산정**

$$0.85f_{ck}t_f(b_e - b_w) = A_{sf}f_y$$

$$\therefore A_{sf} = \frac{0.85f_{ck}t_f(b_e - b_w)}{f_y} = \frac{0.85 \times 27 \times 50 \times (750 - 250)}{400} = 1434.38^{mm^2}$$

$$\therefore M_{nf} = A_{sf}f_y\left(d - \frac{t_f}{2}\right) = 272.53^{kNm}$$

▶ **Web의** A_{sw}**와** M_{nw} **산정**

$\phi = 0.85$라고 가정하면

$$M_{nw} = \frac{M_u}{\phi} - M_{nf} = 303.939^{kNm}, \quad 0.85f_{ck}b_w = A_{sw}f_y$$

$$M_{nw} = A_{sw}f_y\left(d - \frac{a}{2}\right) = A_{sw}f_y\left(d - \frac{1}{2}\frac{A_{sw}f_y}{0.85f_{ck}b_w}\right) = 303.939 \times 10^{6\,(Nmm)}$$

A_{sw}의 2차 방정식에 대하여 풀이하면,

$$A_{sw} = 1727.83^{mm^2}$$

$$a = \frac{A_{sw}f_y}{0.85f_{ck}b_w} = 120.459^{mm} > t_f \quad \text{(T형 보 가정 O.K)} \qquad \therefore c = 141.716^{mm}$$

$$\frac{c}{d_t} = \frac{\epsilon_{cu}}{\epsilon_{cu} + \epsilon_t} \quad \therefore \epsilon_t = \epsilon_{cu}\left(\frac{d_t}{c} - 1\right) = 0.0075 > 0.005 \quad (\phi = 0.85 \text{ 가정 O.K})$$

$$\therefore A_s = A_{sf} + A_{sw} = 3162.21^{mm^2}$$

➤ **Check** ϕM_n

$$\phi M_n = \phi\left[A_{sw}f_y\left(d - \frac{a}{2}\right) + A_{sf}f_y\left(d - \frac{t_f}{2}\right)\right]$$

$$= 0.85 \times \left[1727.83 \times 400 \times \left(500 - \frac{120.459}{2}\right) + 1434.38 \times 400 \times \left(500 - \frac{150}{2}\right)\right] = 490^{kNm} \quad \text{O.K}$$

Use $A_s > 3162.21^{mm^2}$

➤ **최소철근비 검토**

$$A_{s.\min} = \max\left[\frac{1.4}{f_y},\ 0.25\frac{\sqrt{f_{ck}}}{f_y}\right] \times b_w d = 437.5^{mm^2} < A_{sw} \quad \text{O.K}$$

➤ **최대철근비 검토**

$$\overline{\rho_{\max.w}} = 0.85\beta_1\frac{f_{ck}}{f_y}\left(\frac{\epsilon_{cu}}{\epsilon_{cu} + \epsilon_t}\right) + \rho_f = 0.85^2 \times \frac{27}{400} \times \frac{3}{7} + \frac{1434.38}{250 \times 500} = 0.0324$$

$$\therefore \rho_w = \frac{1727.83}{250 \times 500} = 0.013823 < \overline{\rho_{\max.w}} \quad \text{O.K}$$

Double T형 보의 설계 : 2012 콘크리트 구조기준

그림의 더블 T형 보에서(1) 현행 구조설계기준에서 제시하는 $\epsilon_t \geq 0.005$를 만족시키는 최대 철근 단면적이 배치되었을 때 설계휨모멘트 ϕM_n을 구하고(2) $A_s = 6{,}000mm^2$과 압축철근 $A_s{'} = 1{,}000mm^2 (d' = 50mm)$이 배치되었을 때 ϕM_n을 구하라. 단, $f_{ck} = 24MPa$, $f_y = 400MPa$

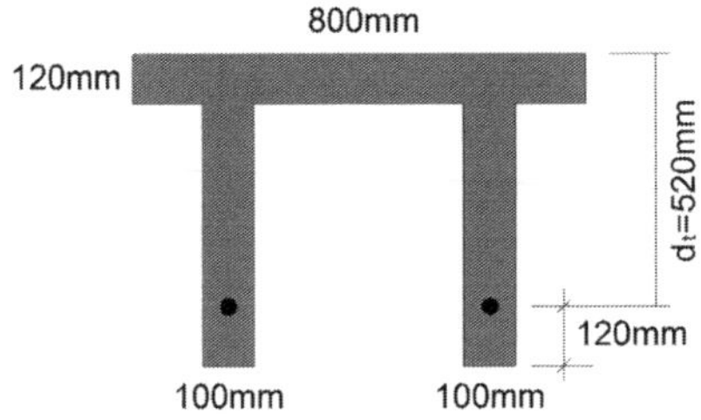

▶독립 T형 보 확인

$$t_f \geq \frac{b_w}{2}, \ b_e \geq 4b_w \quad \text{O.K}$$

▶$\epsilon_t \geq 0.005$을 만족시키는 최대 철근 ϕM_n

1) A_{sf}

$$b_w = 200^{mm}, \quad A_{sf}f_y = 0.85f_{ck}t_f(b - b_w) \quad \therefore A_{sf} = 3672^{mm^2}$$

2) a

$$\frac{c}{d_t} = \frac{\epsilon_{cu}}{\epsilon_{cu} + \epsilon_t} \quad \therefore c = \frac{0.003}{0.008} \times 520 = 195^{mm}, \quad a = 165.75^{mm}$$

3) A_s

$$0.85f_{ck}ab_w = A_{sw}f_y \quad \therefore A_{sw} = 1690.65^{mm^2}$$
$$\therefore A_s = A_{sf} + A_{sw} = 5363^{mm^2}$$

4) ϕM_n

$$\therefore \phi M_n = \phi\left[A_{sw}f_y\left(d-\frac{a}{2}\right)+A_{sf}f_y\left(d-\frac{t_f}{2}\right)\right]=825.57^{kNm}$$

➤ 압축철근 배치 시 ϕM_n

1) 압축철근 항복 여부 검토

$$A_s = A_{sf}+A_{sw}+A_s{}'$$

① T형 보 Check

$$a=\frac{(A_s-A_s{}')f_y}{0.85f_{ck}b_e}=122.549^{mm}>t_f(=120^{mm})$$

② $\overline{\rho_{\min}}$

$$\overline{\rho_{\min}}=0.85\beta_1\frac{f_{ck}}{f_y}\left(\frac{d'}{d}\right)\left(\frac{\epsilon_{cu}}{\epsilon_{cu}-\epsilon_y}\right)=0.85^2\times\frac{24}{400}\times\frac{50}{520}\times3=0.012505$$

③ $\overline{\rho_{\max}}$

$$\overline{\rho_{\max}}=0.85\beta_1\frac{f_{ck}}{f_y}\left(\frac{\epsilon_{cu}}{\epsilon_{cu}+\epsilon_{t.\min}}\right)=0.018579$$

④ ρ

$$\rho=\frac{A_s-A_s{}'-A_{sf}}{b_wd}=0.01276$$

$$\therefore \overline{\rho_{\min}} < \rho < \overline{\rho_{\max}} \ \text{압축, 인장 철근 모두 항복한다.}$$

2) ϕ산정

$$0.85f_{ck}ab_w=(A_s-A_s{}'-A_{sf})f_y \quad \therefore a=130.20^{mm},\ c=110.67^{mm}$$

$$\epsilon_t=\epsilon_{cu}\left(\frac{d_t}{c}-1\right)=0.0111>0.005 \quad \therefore \phi=0.85$$

3) ϕM_n

$$\phi M_n=\phi\left[(A_s-A_{sf}-A_s{}')f_y\left(d-\frac{a}{2}\right)+A_{sf}f_y\left(d-\frac{t_f}{2}\right)+A_s{}'f_y(d-d')\right]$$

$$=0.85[241.64+675.65+188]=939.5^{kNm}$$

T형 보의 설계 : 2012 콘크리트 구조기준

그림과 같은 T형 보의 경간 중간 C점과 지지점 B점에서의 휨보강 철근을 설계하라. 모든 단면에서 유효깊이 d=400mm, h=460mm이고 콘크리트 단위질량 $\rho_c = 2,350 kg/m^3$이고 $f_{ck} = 21 MPa$, $f_y = 400 MPa$이다.

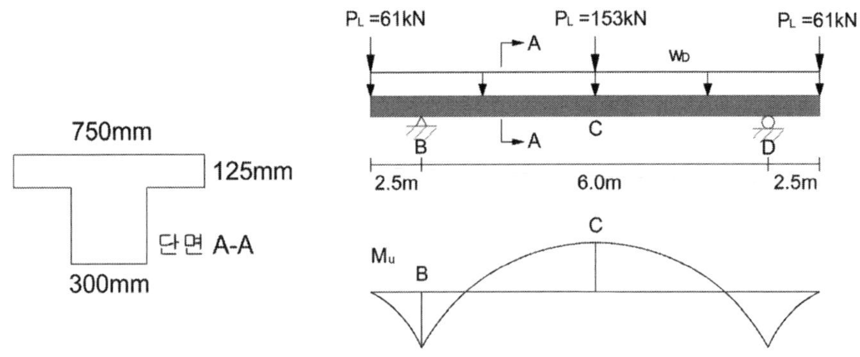

▶ 극한하중 산정

$$w_d = 2350^{kg/m^3} \times 9.81 \times (750 \times 125 + 300 \times 335) \times 10^{-6} = 4.478^{kN/m}$$

$$R_{D(B)} = 24.629^{kN}$$

$$R_{L(B)} = 137.5^{kN}$$

1) B점

$$M_{D(B)} = \frac{w_d l^2}{2} = 13.99^{kNm}, \quad M_{L(B)} = P_L \times 2.5^m = 152.5^{kNm}$$

2) C점

$$M_{D(C)} = \frac{w_d l^2}{2} - R_{D(B)} \times 3 = -6.157^{kNm}, \quad M_{L(C)} = P_L \times 2.5^m - R_{L(B)} \times 3 = -77^{kNm}$$

3) M_u

$$M_{u(B)} = 1.2M_{D(B)} + 1.6M_{L(B)} = 260.8^{kNm}$$

$$M_{u(C)} = 1.2M_{D(C)} + 1.6M_{L(C)} = -130.59^{kNm}$$

▶ C점에서의 휨 보강철근 설계

$\phi = 0.85$로 가정하면 $M_n = M_u/\phi = -153.64^{kNm}$

1) Flange의 휨저항능력 검토

$$C_f = 0.85f_{ck}t_f(b_e - b_w), \qquad M_{n1} = C_f\left(d - \frac{t_f}{2}\right) = 338.87^{kNm} > M_n$$

$\therefore$ 직사각형 보로 설계한다.

2) 직사각형 보의 휨 보강 철근 산정

$$0.85f_{ck}ab_e = A_sf_y \quad \therefore a = \frac{A_sf_y}{0.85f_{ck}b_e}$$

$$M_n = A_sf_y\left(d - \frac{a}{2}\right) = A_sf_y\left(d - \frac{1}{2}\frac{A_sf_y}{0.85f_{ck}b_e}\right) = 153.64 \times 10^6$$

A_s에 관한 2차 방정식을 연립해서 풀면, $\quad \therefore A_s = 997.4mm^2$

$$a = \frac{A_sf_y}{0.85f_{ck}b_e} = 29.8^{mm}, \quad c = 35.06^{mm}$$

$$\epsilon_t = \epsilon_{cu}\left(\frac{d_t}{c} - 1\right) = 0.0312 > 0.005 \quad \therefore \phi = 0.85 \ (\text{가정사항 O.K})$$

$\therefore$ C점 하부에 $A_s = 997.4mm^2$의 인장철근을 배치한다.

▶ B점에서의 휨 보강철근 설계

$\phi = 0.85$로 가정하면 $M_n = M_u/\phi = 306.8^{kNm}$

상부철근에 인장철근을 배치하여야 하므로 직사각형 보로 설계

$$0.85f_{ck}ab_e = A_sf_y \quad \therefore a = \frac{A_sf_y}{0.85f_{ck}b_e}$$

1) A_s 산정

$$M_n = A_s f_y\left(d - \frac{a}{2}\right) = A_s f_y\left(d - \frac{1}{2}\frac{A_s f_y}{0.85 f_{ck} b_e}\right) = 306.8 \times 10^6$$

A_s 에 관한 2차 방정식을 연립해서 풀면, $\therefore A_s = 2502 mm^2$

2) 철근비 검토

$$\rho_{\max} = 0.85\beta_1 \frac{f_{ck}}{f_y}\left(\frac{\epsilon_{cu}}{\epsilon_{cu} + \epsilon_{t.\min}}\right) = 0.01625, \quad A_{s.\max} = \rho_{\max} bd = 1950.75 mm^2 < A_s$$

$\therefore$ 복철근 보로 설계한다.

3) 복철근 보의 인장철근량 산정

$\phi = 0.85$ 로 가정하였으므로 $\epsilon_t \geq 0.005$ 이어야 한다. 따라서 $\epsilon_t = 0.005$ 로 가정하면,

$$A_s = \rho_{\max} bd = 0.85^2 \frac{f_{ck}}{f_y}\left(\frac{0.003}{0.003 + 0.005}\right) bd = 1706.9 mm^2$$

$$M_{n1} = A_s f_y\left(d - \frac{1}{2}\frac{A_s f_y}{0.85 f_{ck} b}\right) = 229.58^{kNm}$$

4) 복철근 보의 압축철근량 산정($d' = 60mm$ 로 가정한다)

$$M_{n2} = M_n - M_{n1} = 77.22^{kNm}$$

$$a = \frac{(A_s - A_s{}')f_y}{0.85 f_{ck} b} = 127.5^{mm}, \quad c = 150^{mm}$$

Check

$$\epsilon_s{}' = \epsilon_{cu}\left(\frac{c - d'}{c}\right) = 0.0018 < \epsilon_y \text{ 압축철근이 항복하지 않는다.}$$

(반복계산을 통해 a 와 c 값의 재산정은 그 차가 미미하므로 생략)

$$f_s{}' = E_s \epsilon_s{}' = 360^{MPa}$$

$$M_{n2} = A_s{}' E_s \epsilon_s{}'(d - d') \quad \therefore A_s{}' = 630.88 mm^2$$

$\therefore$ B점 상부에 $A_s = 1706.9 + 630.88 = 2337.8 mm^2$ 의 인장철근을 배치하고,

하부에 $A_s{}' = 630.9 mm^2$ 의 압축철근을 배치한다.

T형 보의 설계 : 2012 콘크리트 구조기준

다음 그림과 같은 T형 보의 설계휨강도를 산정하시오($f_{ck} = 24MPa$, $f_y = 400MPa$).

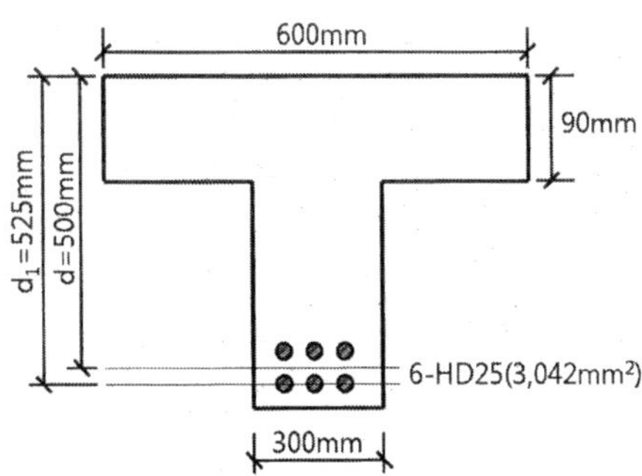

풀 이

▶ T형 보 확인

$$0.85 f_{ck} t_f b_e = 0.85 \times 24 \times 90 \times 600 = 1101.6 < A_s f_y = 3042 \times 400 = 1216.8$$

$\therefore$ T형 보로 거동

TIP | T형 보 여부 확인 방법 |

압축영역의 중립축이 T형 보의 플랜지 하부에 있음을 확인하는 방법으로 T형 보임을 보인다.

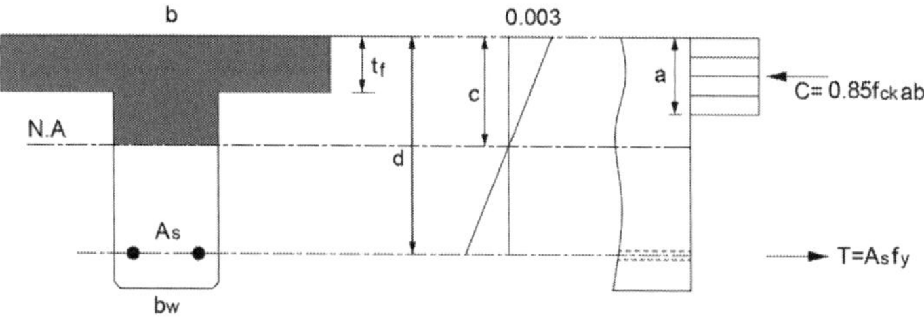

① T형 보 플랜지의 압축영역강도($C = 0.85 f_{ck} t_f b_e$)가 인장강도($T = A_s f_y$)보다 큼을 보이는 방법

② 유효폭(b_e)을 가지는 직사각형 보로 가정할 때 등가압축블록의 크기(a)가 t_f보다 큼을 보이는 방법

$$0.85 f_{ck} a b_e = A_s f_y \quad \therefore a = \frac{A_s f_y}{0.85 f_{ck} b_e} = 99.41 > t_f$$

➤ **플랜지의 A_{sf}와 M_{nf} 산정**

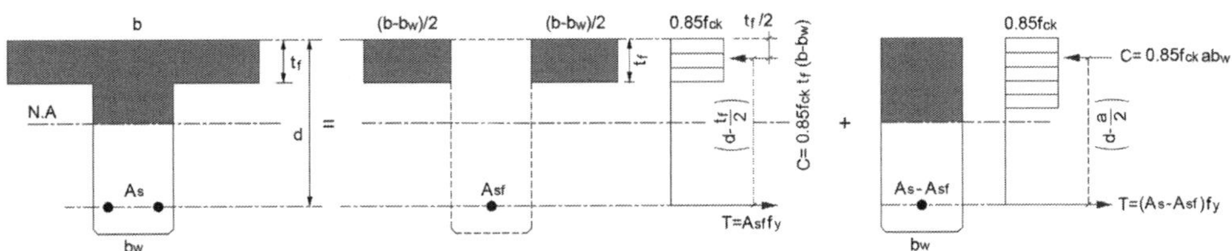

$$0.85 f_{ck} t_f (b_e - b_w) = A_{sf} f_y$$

$$\therefore A_{sf} = \frac{0.85 f_{ck} t_f (b_e - b_w)}{f_y} = \frac{0.85 \times 24 \times 90 \times (600 - 300)}{400} = 1377^{mm^2}$$

$$\therefore M_{nf} = A_{sf} f_y \left(d - \frac{t_f}{2} \right) = 250.614^{kNm}$$

➤ **ϕM_n의 산정**

1) ϕ의 산정

$$0.85 f_{ck} a (b_e - b_w) = (A_s - A_{sf}) f_y \qquad \therefore a = \frac{(A_s - A_{sf}) f_y}{0.85 f_{ck} (b_e - b_w)} = 108.824^{mm}$$

$$c = 128.028^{mm}, \quad \epsilon_t = \epsilon_{cu} \left(\frac{d_t}{c} - 1 \right) = 0.0093 > 0.005 \qquad \therefore \phi = 0.85$$

2) ϕM_n의 산정

$$\phi M_n = \phi \left[A_{sw} f_y \left(d - \frac{a}{2} \right) + A_{sf} f_y \left(d - \frac{t_f}{2} \right) \right]$$

$$= 0.85 \times \left[1665 \times 400 \times \left(500 - \frac{108.824}{2} \right) + 1377 \times 400 \times \left(500 - \frac{90}{2} \right) \right] = 465.27^{kNm}$$

➤ **최소철근비 검토**

$$A_{s.min} = \max \left[\frac{1.4}{f_y}, \ 0.25 \frac{\sqrt{f_{ck}}}{f_y} \right] \times b_w d = 525^{mm^2} < A_{sw} \qquad \text{O.K}$$

➤ **최대철근비 검토**

$$\overline{\rho_{max.w}} = 0.85 \beta_1 \frac{f_{ck}}{f_y} \left(\frac{\epsilon_{cu}}{\epsilon_{cu} + \epsilon_{t.min}} \right) + \rho_f = 0.85^2 \times \frac{24}{400} \times \frac{3}{7} + \frac{1377}{300 \times 500} = 0.02776$$

$$\therefore \rho_w = \frac{1655}{300 \times 500} = 0.011033 < \overline{\rho_{max.w}} \qquad \text{O.K}$$

비정형 보의 휨강도 : 2012 콘크리트 구조기준

다음 그림과 같은 b=600mm, d=840mm, h=900mm인 이등변삼각형 단면에 인장철근이 1열 배근된 철근 콘크리트 단면의 휨 부재 상한한계 휨모멘트 강도(M_n)를 구하시오(단, 콘크리트의 설계기준 압축강도 $f_{ck} = 28MPa$, 철근의 상복강도 $f_y = 300MPa$, 철근의 탄성계수 $E_s = 200GPa$ 이고, 철근이 최초 항복할 때까지 콘크리트는 탄성거동하며, 콘크리트의 극한변형률은 $\epsilon_c = 0.003$ 으로 가정한다).

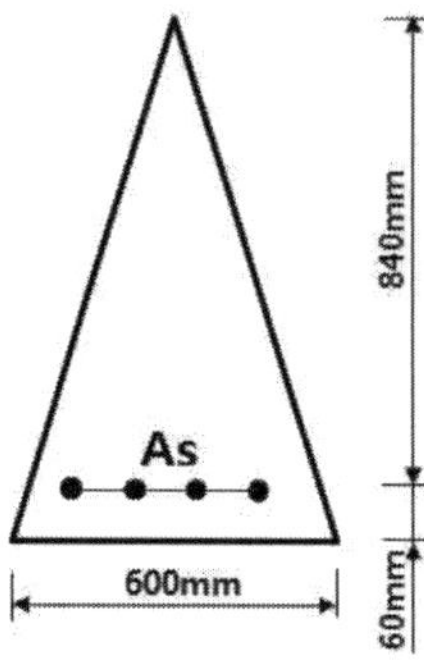

풀 이

▶ 상한한계 철근량 산정

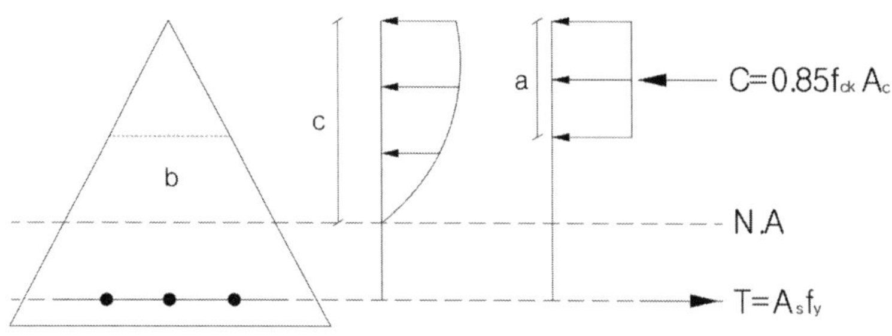

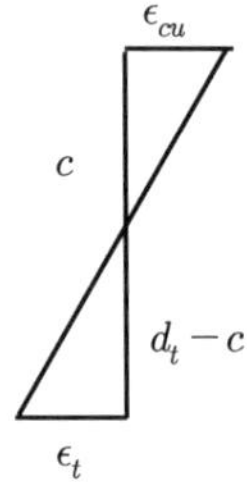

최외각 철근의 순인장변형률 ϵ_t 의 최소 순인장변형률은($f_y \leq 400MPa$ 일 때의 휨부재의 초소허용인장변형률) 0.004이므로,

$$\epsilon_t = \frac{d_t - c}{c} \times \epsilon_{cu} = \frac{840 - c}{c} \times \epsilon_{cu} = 0.004 \qquad \therefore c=360mm$$

여기서 $f_{ck} = 28MPa$ 이므로 $\qquad\qquad\qquad \therefore a=0.85c=306mm$

$$\text{C= T} : 0.85 f_{ck} A_c = A_s f_y \qquad A_s = 0.85 \frac{f_{ck}}{f_y} A_c = 0.85 \frac{f_{ck}}{f_y}\left(\frac{1}{2}ab\right)$$

여기서 $b = \dfrac{600}{900}a$ 이므로, $\qquad \therefore A_s = 2476.2\,\text{mm}^2$

▶ 상한한계 강도 산정

$\epsilon_t > \epsilon_y$ 이므로 항복상태이므로

$$\therefore M_n = A_s f_y\left(d - \frac{2}{3}a\right) = 2476.2 \times 300\left(840 - \frac{2}{3} \times 306\right) = 472.45\ \text{kN} \cdot \text{m}$$

비정형 보의 해석 : 2012 콘크리트 구조기준

다음 단면에 대해서 최대 인장철근량을 구하라(단, $f_{ck} = 28MPa$, $f_y = 420MPa$, $E_s = 2.04 \times 10^5 MPa$).

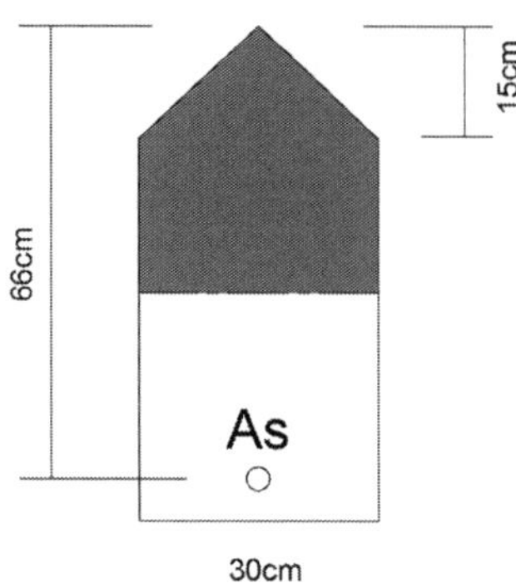

풀 이

▶ $\epsilon_{t.\min} = 0.004$로 **가정**

$$\frac{c}{d_t} = \frac{\epsilon_{cu}}{\epsilon_{cu} + \epsilon_{t.\min}} \quad \therefore c = \frac{3}{7} \times 660 = 282.86^{mm}, \quad a = \beta_1 c = 240.43^{mm} > 150^{mm}$$

▶ $C = 0.85 f_{ck} A_c = 0.85 \times 28 \times \left[\frac{1}{2} \times 300 \times 150 + 300 \times (240.43 - 150) \right] = 1181170.2^{N}$

$$C = T = A_s f_y$$

$$\therefore A_{s_{\max}} = \frac{C}{f_y} = 2952.9^{mm^2}$$

비정형 보의 해석 : 2012 콘크리트 구조기준

다음 삼각형 단면에 계수 휨모멘트 $M_u = 196kNm$ 가 작용할 때,

1) 필요한 소요 철근량을 구하라.

2) 균형철근량을 구하라.

단, $f_{ck} = 21MPa$, $f_y = 400MPa$

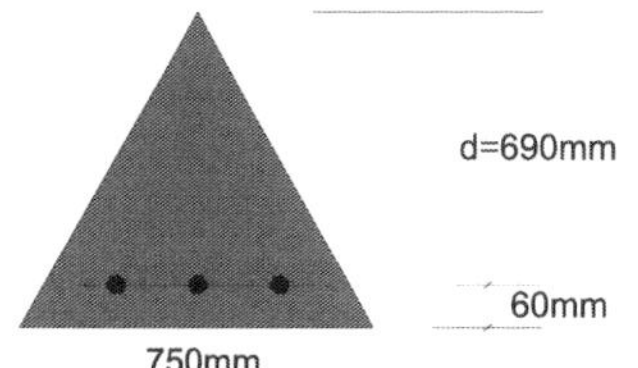

풀 이

▶ 개요

특수단면의 a, c값 산정

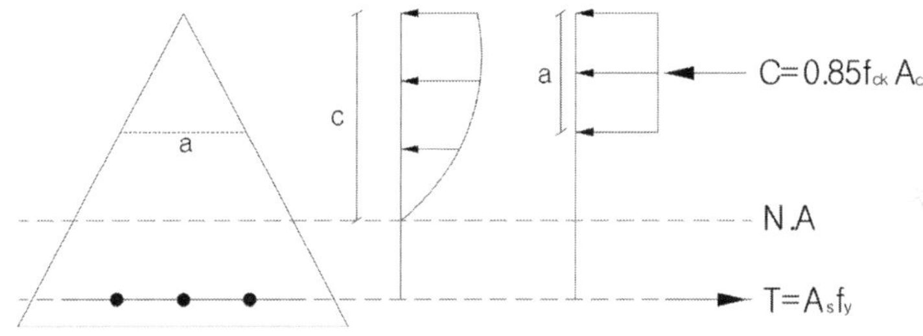

$$\therefore A_c = \frac{1}{2}a^2$$

▶ $A_{s(req)}$

① C= T : $0.85 f_{ck} A_c = A_s f_y$ $\quad \therefore A_s = 0.85 \frac{f_{ck}}{f_y} A_c$

② $M_u = \phi M_n = \phi A_s f_y \left(d - \frac{a}{2}\right)$

$\left(0.85 \frac{f_{ck}}{f_y} A_c\right) f_y \left(d - \frac{a}{2}\right) = \frac{M_u}{\phi}$ $\qquad$ Assume $\phi = 0.85$

$0.85 f_{ck} \left(\frac{1}{2}a^2\right)\left(d - \frac{a}{2}\right) = \frac{196 \times 10^6}{0.85}$ $\qquad \therefore a = 183.43^{mm}$, $c = 215.8^{mm}$

$\dfrac{c}{d_t} = \dfrac{\epsilon_{cu}}{\epsilon_{cu} + \epsilon_s}$

$$\therefore \epsilon_s = \frac{\epsilon_{cu}}{c} \times (d_t - c) = \epsilon_{cu}\left(\frac{d_t}{c} - 1\right) = 0.0065 > 0.005$$

$$\therefore \phi = 0.85 \qquad \text{O.K}$$

$$\therefore A_{s(req)} = 0.85\frac{f_{ck}}{f_y}A_c = 0.85 \times \frac{21}{400} \times \left(\frac{1}{2} \times 183.43^2\right) = 750.74^{mm^2}$$

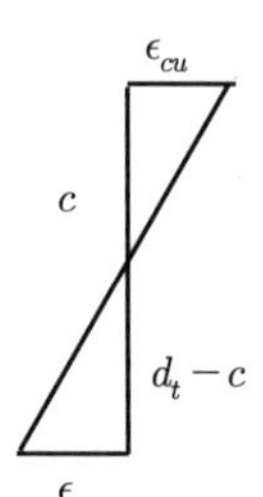

➤ A_{sb}

$$\epsilon_{cu} = 0.003, \ \epsilon_y = 0.002$$

$$\frac{c_b}{d_t} = \frac{\epsilon_{cu}}{\epsilon_{cu} + \epsilon_y} \qquad \therefore c_b = 414^{mm}, \ a_b = \beta_1 c_b = 351.9^{mm}$$

$$\text{C=T} : 0.85 f_{ck}\left(\frac{1}{2}a^2\right) = A_s f_y \qquad \therefore A_{sb} = 0.85 \times \frac{21}{400} \times \left(\frac{1}{2} \times 351.9^2\right) = 2{,}763.04^{mm^2}$$

비정형 보의 해석 : 2012 콘크리트 구조기준

그림과 같이 계수 이동하중(150kN, 90kN)이 단순보 위를 이동할 때 A점 기준으로 절대 최대 휨모멘트가 일어나는 위치 X 및 절대 최대 휨모멘트($M_{u\,(\max)}$)를 산정한 후 단순보의 콘크리트 단면이 아래와 같을 때 필요 철근량(A_s)을 산정하시오(단, $f_{ck} = 21MPa$, $f_y = 400MPa$).

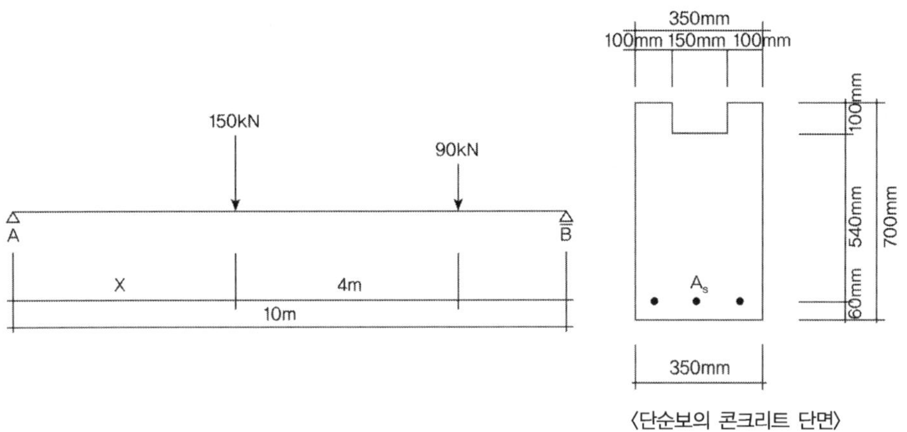

〈단순보의 콘크리트 단면〉

풀 이

> **절대 최대 휨모멘트의 산정**

이동하중에 의해 생길 수 있는 최대 모멘트를 절대최대 모멘트라고 하며, 발생 위치는 이동하중의 합력과 가까운 쪽 하중과의 중점이 보의 중앙과 일치할 때 가까운 하중 밑에서 발생한다.

$$Px = 90 \times 4$$
$$\therefore x = 1.5^m$$

$$\therefore R_A = 150 \times \frac{5.75}{10} + 90 \times \frac{1.75}{10} = 102^{kN}$$

따라서, 이동하중의 합력과 가까운 쪽 하중과의 중점이 보의 중앙과 일치할 때 가까운 하중 밑에서의 모멘트 영향선으로부터

$$M_{u\,(\max)} = R_A \times 4.25^m = 433.5^{kNm}$$

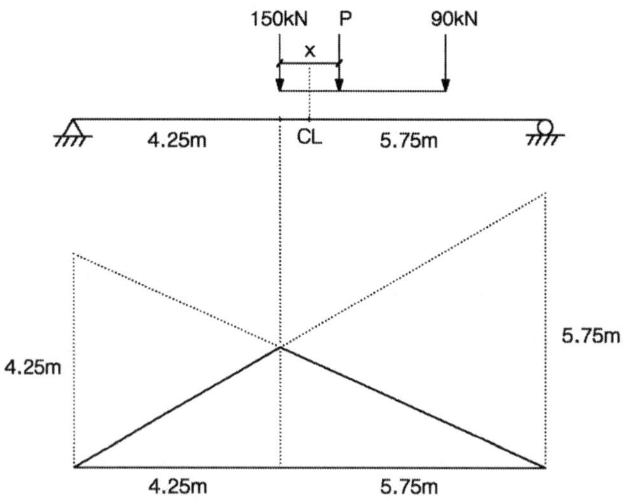

▶ 소요 철근량 산정

① 중립축 가정

$a > 100^{mm}$ 라고 가정하면,

상부블록에 의한 압축력 $C_1 = 0.85 f_{ck} A_c = 0.85 \times 21 \times 200 = 357,000$

상부록을 제외한 압축력 $C_2 = 0.85 \times 21 \times (a - 100) \times 350$

철근에 의한 인장력 $\qquad T = A_s f_y = 400 A_s$

$\therefore C_1 + C_2 = T : 357,000 + 6247.5(a - 100) = 400 A_s$

② 설계강도 산정

$\phi = 0.85$ 로 가정

$$M_u = \phi \left[C_1 \times \left(640 - \frac{100}{2} \right) + C_2 \times \left(540 - \frac{a - 100}{2} \right) \right] = 433.5 \times 10^6 Nmm$$

$$\therefore M_u = 0.85 \left[357,000 \times \left(640 - \frac{100}{2} \right) + 6247.5(a - 100) \times \left(540 - \frac{a - 100}{2} \right) \right] = 433.5 \times 10^6 Nmm$$

a에 관한 2차 방정식으로부터,

$\therefore a = 197.55mm > 100mm$ O.K

$\quad c = 232.41mm$

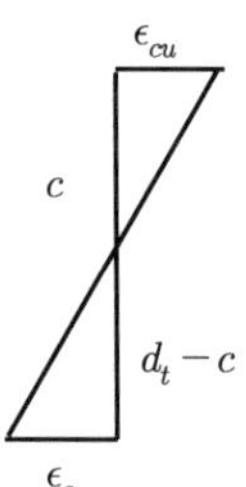

$$\frac{c}{d_t} = \frac{\epsilon_{cu}}{\epsilon_{cu} + \epsilon_s}$$

$$\therefore \ \epsilon_s = \frac{\epsilon_{cu}}{c} \times (d_t - c) = \epsilon_{cu}\left(\frac{d_t}{c} - 1\right) = 0.00526 > 0.005$$

$$\therefore \ \phi = 0.85 \qquad \text{O.K}$$

③ 소요철근량 산정

$$357,000 + 6247.5(a - 100) = 400A_s \text{ 으로부터,}$$

$$\therefore \ A_s = 2416.11mm^2$$

▶ Check 철근비

$$A_{s.\min} = \max\left[\frac{1.4}{f_y}, \ 0.25\frac{\sqrt{f_{ck}}}{f_y}\right] \times b_w d = 784^{mm^2} < A_s \qquad \text{O.K}$$

비정형 보의 해석 : 2012 콘크리트 구조기준

다음 그림과 같은 단면에서 1) 보의 파괴상태, 2) 단면의 휨 공칭강도를 구하고 적정여부를 판단하시오. 단, 콘크리트의 설계기준강도 f_{ck}=21MPa, 철근의 항복강도 f_y=350MPa, 사용철근량 A_s= 2570mm², 철근의 탄성계수 E_s=200,000MPa, n=7, 극한모멘트 M_u=350kN·m, 콘크리트의 극한변형률 ϵ_c=0.003으로 가정한다.

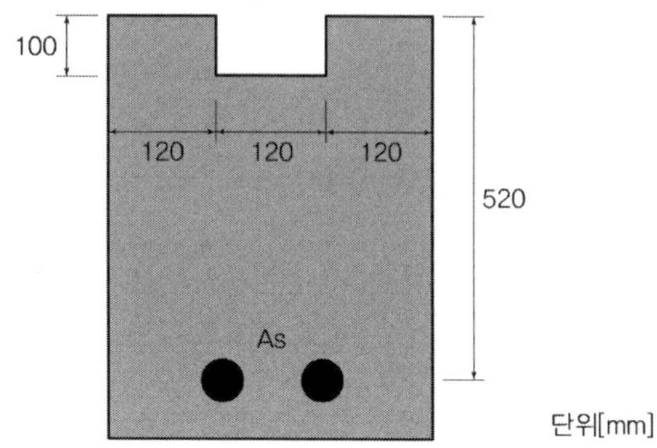

풀 이

▶ 개요

상부블록에 의한 압축력을 C1, 상부블록을 제외한 압축력을 C2, 철근의 인장력을 T라고 하면,

$$C_1 = 0.85 f_{ck} A_c = 0.85 \times 21 \times 100 \times 240 = 428,400\text{N} \,\langle\, T = A_s f_y = 2570 \times 350 = 899,500\text{N}$$

∴ 콘크리트 가상 압축블록의 깊이 a > 100mm

▶ 콘크리트 보의 파괴상태와 공칭 휨강도 산정

1) 인장부 철근 항복 가정

인장부 철근이 항복한다고 가정하면,

상부블록에 의한 압축력	$C_1 = 0.85 f_{ck} A_c = 0.85 \times 21 \times 100 \times 240 = 428400$
상부블록을 제외한 압축력	$C_2 = 0.85 \times 21 \times (a-100) \times 360$
철근에 의한 인장력	$T = A_s f_y = 2570 \times 350 = 899500$

$$C_1 + C_2 = T : 428,400 + 6,426(a-100) = 899,500 \quad \therefore \text{a1} = 173.312\text{mm}, \ c = 203.896\text{mm}$$

$$\frac{c}{d_t} = \frac{\epsilon_{cu}}{\epsilon_{cu}+\epsilon_s} \quad \therefore \epsilon_s = \frac{\epsilon_{cu}}{c}\times(d_t-c) = \epsilon_{cu}\left(\frac{d_t}{c}-1\right)=0.004651 > 2.5\epsilon_y=2.5\times0.00175$$

∴ 가정 O.K, 인장지배 단면

2) 보의 공칭 휨강도 산정

인장지배단면이므로 $\phi = 0.85$

$$\phi M_n = \phi A_s f_y\left(d-\frac{a}{2}\right)=0.85\times2570\times350\times(520-173.312/2)=331.324 \text{ kNm} < M_u =350\text{kN·m}$$

∴ 극한모멘트에 비해 보의 공칭 휨강도가 부족하므로 부재단면을 키우거나 철근량을 늘려야 한다.

변형률 적합조건 이용 : 2012 콘크리트 구조기준

폭이 200mm인 직사각형 단면에는 2층으로 D19철근이 배치되어 있다. 사용된 철근은 냉간 가공한 강으로 만들어졌으며, 응력-변형률 곡선은 아래와 같다. 콘크리트 설계기준강도 $f_{ck} = 28MPa$일 때, 단면의 휨강도를 구하라.

$$A_{s1} = 2 \times 286.5 = 573mm^2, \quad A_{s2} = 3 \times 286.5 = 860mm^2$$

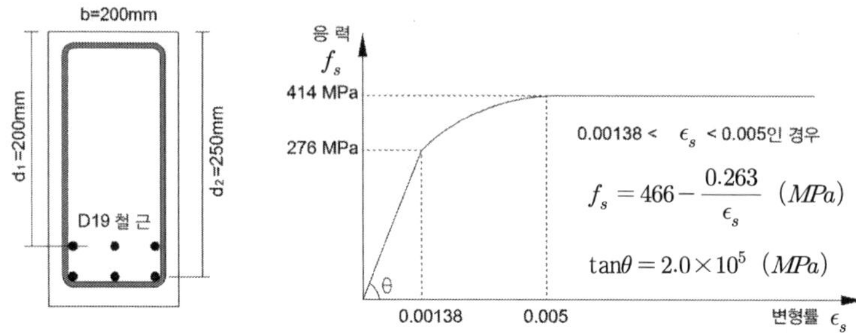

▶ c값의 범위 확인

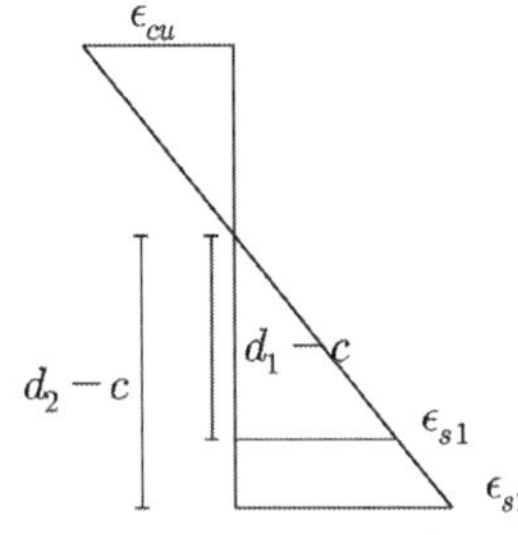

$$\epsilon_{s1} = \frac{d_1 - c}{c}\epsilon_{cu}, \quad \epsilon_{s2} = \frac{d_2 - c}{c}\epsilon_{cu}$$

$\epsilon_s = 0.00138$일 때, $c = 136.98^{mm}$

$\epsilon_s = 0.005$일 때, $c = 75^{mm}$

▶ c값의 가정

1) Assume $c = 75^{mm}$

$$\epsilon_{s1} = \frac{d_1 - c}{c}\epsilon_{cu} = 0.005, \quad \epsilon_{s2} = \frac{d_2 - c}{c}\epsilon_{cu} = 0.007 \qquad \therefore f_{s1} = f_{s2} = 414^{MPa}$$

$$T_1 = A_{s1}f_{s1} = 573 \times 414 = 237.22^{kN}, \quad T_2 = A_{s2}f_{s2} = 860 \times 414 = 356.04^{kN}$$

$$C = 0.85f_{ck}ab = 0.85 \times 28 \times (0.85 \times 75) \times 200 = 303.45^{kN}$$

$$\therefore T_1 + T_2 \gg C \text{이므로} \ c > 75^{mm}$$

2) Assume $c = 136.98^{mm}$

$$\epsilon_{s1} = \frac{d_1 - c}{c}\epsilon_{cu} = 0.00138, \quad \epsilon_{s2} = \frac{d_2 - c}{c}\epsilon_{cu} = 0.002475$$

$$\therefore f_{s1} = 276^{MPa}, \quad f_{s2} = 466 - \frac{0.263}{0.002475} = 359.75^{MPa}$$

$$T_1 + T_2 = 573 \times 276 + 860 \times 359.75 = 467.53^{kN}$$

$$C = 0.85 f_{ck} ab = 554.221^{kN} \qquad \therefore T_1 + T_2 < C \text{이므로 } c < 136.98^{mm}$$

▶ c값의 산정

$$75^{mm} < c < 136.98^{mm} \text{이므로 } 0.00138 < \epsilon_{s1}, \ \epsilon_{s2} < 0.005$$

$$T_1 = A_{s1}\left(466 - \frac{0.263}{0.003}\frac{c}{d_1 - c}\right), \quad T_2 = A_{s2}\left(466 - \frac{0.263}{0.003}\frac{c}{d_2 - c}\right), \quad C = 0.85 f_{ck}(\beta_1 c)b$$

$$T_1 + T_2 = C$$

$$573 \times \left(466 - \frac{0.263}{0.003}\frac{c}{200 - c}\right) + 860 \times \left(466 - \frac{0.263}{0.003}\frac{c}{250 - c}\right) = 0.85 \times 28 \times 0.85 \times 200c$$

c에 관한 2차 방정식을 연립하여 풀면, $c = 121.279^{mm}, \quad a = 103.087^{mm}$

▶ Check

$$\epsilon_{s1} = \frac{d_1 - c}{c}\epsilon_{cu} = 0.001947, \quad \epsilon_{s2} = \frac{d_2 - c}{c}\epsilon_{cu} = 0.003184$$

$$0.00138 < \epsilon_{s1}, \ \epsilon_{s2} < 0.005 \quad \text{O.K}$$

$$\therefore f_{s1} = 330.92^{MPa}, \quad f_{s2} = 383.399^{MPa}$$

▶ ϕM_n의 산정

$\epsilon_t = \epsilon_{s2} = 0.003184$, f_y는 0.0035에 해당하는 f_s값이므로

$$f_s = \frac{446 - 0.263}{0.0035} = 370.857^{MPa}, \quad \epsilon_y = \frac{f_s}{E_s} = 0.001854$$

$$\phi = 0.65 + \frac{0.85 - 0.65}{0.005 - 0.001854} \times (0.003184 - 0.001854) = 0.734$$

$$\therefore \phi M_n = \phi\left[A_{s1} f_{s1}\left(d_1 - \frac{a}{2}\right) + A_{s2} f_{s2}\left(d_2 - \frac{a}{2}\right)\right] = 68.69^{kNm}$$

휨모멘트–곡률 해석

그림과 같이 단철근 직사각형 보가 SD400 4-D29($A_s = 2{,}570\,\text{mm}^2$)의 인장철근으로 설계되어 있다. 재료시험 결과 철근의 실제 항복강도는 463MPa이고, 콘크리트 공시체의 압축강도는 39MPa이었다. 콘크리트의 압축응력–변형률 관계가 다음의 함수식 $f_c(\epsilon)$과 같고, 콘크리트의 균열 변형률이 $\epsilon_{ct} = 0.00009$이며, 인장강도 $f_{ct} = 3.51\,\text{MPa}$일 때 의미 있는 응력상태를 대상으로 직접 적분법으로 휨모멘트–곡률 해석을 수행하고 휨모멘트–곡률관계를 구하시오. 또한 이를 국내 설계기준에 따른 압축응력분포를 적용한 휨강도 해석결과와 비교하시오.

$$f_c(\epsilon) = f_{ck}\left[\frac{2\epsilon}{\epsilon_{co}} - \left(\frac{\epsilon}{\epsilon_{co}}\right)^2\right] = f_{ck}\left[\frac{2\epsilon}{0.002} - \left(\frac{\epsilon}{0.002}\right)^2\right]$$

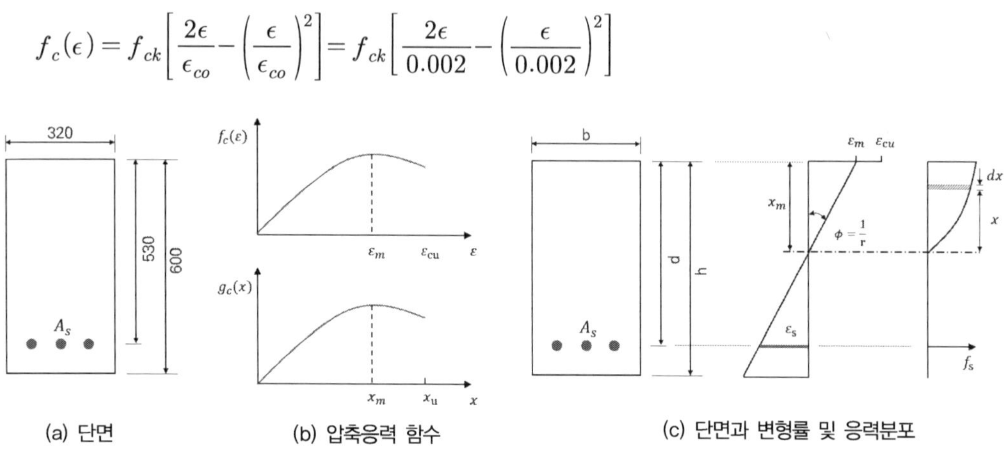

(a) 단면　　　　(b) 압축응력 함수　　　　(c) 단면과 변형률 및 응력분포

▶ 개요

재료의 실제강도 f_{ck}=39MPa, f_y=463MPa를 이용해서 휨모멘트–곡률 해석을 수행한다.

$$\epsilon_y = \frac{f_y}{E_s} = \frac{463}{200{,}000} = 0.00232$$

▶ 철근 콘크리트에 발생하는 압축력과 인장력

1) 콘크리트의 압축력

콘크리트의 압축응력–변형률 곡선으로부터 변형률을 변수로 한 함수 $f_c(\epsilon)$로 정의하였고, 단면에 작용하는 압축응력분포는 중립축 x를 변수로 한 함수 $g_c(x)$로 정의하였으므로, 중립축 x_m에 대해 압축연단 콘크리트의 변형률을 ϵ_m으로 표현하면,

$$\frac{x}{x_m} = \frac{\epsilon}{\epsilon_m} \qquad x = \frac{x_m}{\epsilon_m}\epsilon \qquad \therefore\ dx = \frac{x_m}{\epsilon_m}d\epsilon$$

중립축의 깊이 x_m 일 때 콘크리트 단면의 압축부에 작용하는 압축력 C는

$$C = b\int_0^{x_m} g_c(x)dx = b\int_0^{x_m} f_c(x)\frac{x_m}{\epsilon_m}dx = \frac{bx_m}{\epsilon_m}\int_0^{\epsilon_m} f_c(x)d\epsilon$$

$$= \frac{bx_m}{\epsilon_m}\int_0^{\epsilon_m} f_{ck}\left[\frac{2\epsilon}{0.002} - \left(\frac{\epsilon}{0.002}\right)^2\right]d\epsilon = f_{ck}b\left[\frac{\epsilon_m}{0.002} - \frac{\epsilon_m^2}{0.000012}\right]x_m$$

중립축을 중심으로 압축력 C에 의한 휨모멘트 M_c는

$$M_c = b\int_0^{x_m} g_c(x)xdx = b\int_0^{x_m} f_c(\epsilon)\left(\frac{x_m}{\epsilon_m}\epsilon\right)\left(\frac{x_m}{\epsilon_m}d\epsilon\right)$$

$$= \frac{bx_m^2}{\epsilon_m^2}\int_0^{\epsilon_m} \epsilon f_{ck}\left[\frac{2\epsilon}{0.002} - \left(\frac{\epsilon}{0.002}\right)^2\right]d\epsilon = f_{ck}b\left[\frac{\epsilon_m}{0.003} - \frac{\epsilon_m^2}{0.000016}\right]x_m^2$$

2) 철근의 인장력

$$T_s = A_s\epsilon_s E_s = A_s E_s\left(\frac{d - x_m}{x_m}\epsilon_m\right) \le A_s f_y$$

$$M_s = T_s(d - x_m)$$

▶ 균열 발생 직전 휨모멘트와 곡률

1) 균열 직전의 중립축 산정

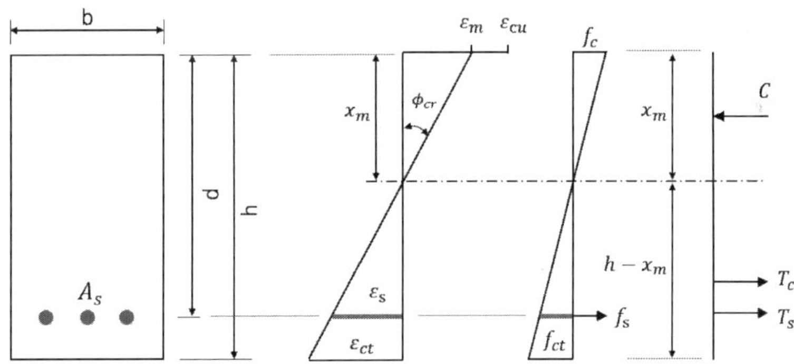

콘크리트의 균열 변형률이 $\epsilon_{ct} = 0.00009$ 일 때의 압축연단 변형률 ϵ_m 과 중립축 x_m

$$\frac{\epsilon_m}{x_m} = \frac{\epsilon_{ct}}{h - x_m}, \quad \therefore \ \epsilon_m = \left(\frac{\epsilon_{ct}}{h - x_m}\right)x_m$$

$T_c = \dfrac{1}{2}f_{ct}b(h - x_m)$ 이므로, $C = T_s + T_c$ 로부터,

$$f_{ck}b\left[\frac{\epsilon_m}{0.002} - \frac{\epsilon_m^2}{0.000012}\right]x_m = A_s E_s\left(\frac{d - x_m}{x_m}\epsilon_m\right) + \frac{1}{2}f_{ct}b(h - x_m)$$

$$\frac{f_{ck}bx_m}{0.002}\left(\frac{\epsilon_{ct}x_m}{h - x_m}\right) - \frac{f_{ck}bx_m}{0.000012}\left(\frac{\epsilon_{ct}x_m}{h - x_m}\right)^2 = \left(\frac{d - x_m}{x_m}\right)A_s E_s\left(\frac{\epsilon_{ct}x_m}{h - x_m}\right) + \frac{1}{2}f_{ct}b(h - x_m)$$

f_{ck}=39MPa, b=320mm, $\epsilon_{ct} = 0.00009$, h=600mm, d=530mm, $A_s = 2{,}570\mathrm{mm}^2$, $E_s = 200{,}000$MPa, $f_{ct} = 3.51$MPa를 대입하고 x_m에 대한 3차 방정식을 풀이하면,

$$\therefore \ x_m = 316\mathrm{mm},$$

$$\epsilon_m = \left(\frac{\epsilon_{ct}}{h - x_m}\right)x_m = 0.0001, \quad \epsilon_s = \left(\frac{d - x_m}{x_m}\right)\epsilon_m = 0.0000677 < \epsilon_y \quad \therefore \ \text{탄성상태}$$

2) 균열 직전의 휨모멘트와 곡률

$$\phi_{cr} = \frac{\epsilon_m}{x_m} = \frac{0.0001}{316} = 0.32 \times 10^{-6}/\mathrm{mm}$$

단면에 작용하는 압축력과 인장력

$$C = f_{ck}b\left[\frac{\epsilon_m}{0.002} - \frac{\epsilon_m^2}{0.000012}\right]x_m = 39 \times 320 \times \left[\frac{0.0001}{0.002} - \frac{(0.0001)^2}{0.000012}\right] \times 316$$
$$= 193{,}900\mathrm{N}$$

$$T_s = A_s \epsilon_s E_s = 2{,}570 \times 67.7 \times 10^{-6} \times 200{,}000 = 34{,}700\mathrm{N}$$

$$T_c = \frac{1}{2}f_{ct}b(h - x_m) = \frac{1}{2} \times 3.51 \times 320 \times (600 - 316) = 159{,}500\mathrm{N}$$

$$\therefore \ T_s + T_c = 194{,}200\ \mathrm{N} \approx C = 193{,}900\ \mathrm{N} \quad \mathrm{O.K}$$

중립축을 중심으로 콘크리트 압축력에 의한 휨모멘트

$$M_c = f_{ck}b\left[\frac{\epsilon_m}{0.003} - \frac{\epsilon_m^2}{0.000016}\right]x_m^2 = 39 \times 320 \times \left[\frac{0.0001}{0.002} - \frac{(0.0001)^2}{0.000012}\right] \times 316^2$$
$$= 40{,}761{,}000\mathrm{Nmm}$$

중립축을 중심으로 철근의 인장력에 의한 휨모멘트

$$M_s = T_s(d - x_m) = 34,700 \times (530 - 316) = 7,426,000 \text{Nmm}$$

중립축을 중심으로 콘크리트의 인장력에 의한 휨모멘트

$$M_{ct} = \frac{2}{3}(h - x_m)T_c = \frac{2}{3} \times (600 - 316) \times 159,500 = 30,199,000 \text{Nmm}$$

따라서 전체 휨모멘트의 합력은

$$\therefore M_{cr} = M_c + M_s + M_{ct} = 78,386,000 \text{Nmm} = 78.4 \text{kNm}$$

▶ 균열 발생 이후 인장철근이 항복하기 이전 휨모멘트와 곡률

압축연단의 변형률 ϵ_m 이 0.0005일 때 인장철근이 항복하지 않는다고 가정하고 해석을 수행한다. 콘크리트의 인장응력은 영향이 미미하므로 해석 시 무시한다.

1) 균열 이후 인장철근 항복 전 중립축 산정

$$C = T_s : f_{ck}b\left[\frac{\epsilon_m}{0.002} - \frac{\epsilon_m^2}{0.000012}\right]x_m = A_s\epsilon_s E_s = A_s\left(\frac{d - x_m}{x_m}\right)\epsilon_m E_s$$

x_m 에 대해 정리하면,

$$f_{ck}b\left(\frac{\epsilon_m}{0.002} - \frac{\epsilon_m^2}{0.000012}\right)x_m^2 + (A_s E_s \epsilon_m)x_m - A_s E_s \epsilon_m d = 0$$

$\epsilon_m = 0.0005$, f_{ck}=39MPa, b=320mm, $A_s = 2,570\text{mm}^2$, $E_s = 200,000$MPa, d=530mm를 대입해 x_m 에 대한 방정식을 풀이하면,

$$x_m^2 + 89.86x_m - 47,626 = 0 \qquad \therefore x_m = 178\text{mm}$$

$$\epsilon_s = \left(\frac{d - x_m}{x_m}\right)\epsilon_m = \frac{530 - 178}{178} \times 0.0005 = 0.000989 < \epsilon_y(=0.00232) \quad \therefore \text{탄성상태}$$

2) 균열 이후 인장철근 항복 전 휨모멘트와 곡률

$$\phi_{cr} = \frac{\epsilon_m}{x_m} = \frac{0.0005}{178} = 2.81 \times 10^{-6}/\text{mm}$$

단면에 작용하는 압축력과 인장력

$$C = f_{ck}b\left[\frac{\epsilon_m}{0.002} - \frac{\epsilon_m^2}{0.000012}\right]x_m = 39 \times 320 \times \left[\frac{0.0005}{0.002} - \frac{(0.0005)^2}{0.000012}\right] \times 178$$

$$= 509,080\text{N}$$

$$T_s = A_s\epsilon_s E_s = 2,570 \times 989 \times 10^{-6} \times 200,000 = 508,300\text{N} \qquad \therefore T_s \approx C \quad \text{O.K}$$

중립축을 중심으로 콘크리트 압축력에 의한 휨모멘트

$$M_c = f_{ck}b\left[\frac{\epsilon_m}{0.003} - \frac{\epsilon_m^2}{0.000016}\right]x_m^2 = 39 \times 320 \times \left[\frac{0.0005}{0.002} - \frac{(0.0005)^2}{0.000012}\right] \times 178^2$$

$$= 59,724,000\text{Nmm}$$

중립축을 중심으로 철근의 인장력에 의한 휨모멘트

$$M_s = T_s(d - x_m) = 508,300 \times (530 - 178) = 178,922,000\text{Nmm}$$

따라서 전체 휨모멘트의 합력은

$$\therefore M_{cr} = M_c + M_s = 238,646,000\text{Nmm} = 239\text{kNm}$$

➤ 인장철근 항복상태에서 휨모멘트와 곡률

1) 인장철근 항복할 때 중립축 산정

인장철근이 항복할 때 평형조건에 따라 평형방정식을 구성하면

$$C = T_y : f_{ck}b\left[\frac{\epsilon_m}{0.002} - \frac{\epsilon_m^2}{0.000012}\right]x_m = A_s f_y$$

$$\epsilon_s = \frac{f_y}{E_s} = \left(\frac{d - x_m}{x_m}\right)\epsilon_m \qquad \therefore \epsilon_m = \frac{x_m f_y}{E_s(d - x_m)}$$

x_m에 대해 정리하면,

$$\left(\frac{f_{ck}bf_y E_s}{0.002} + \frac{f_{ck}bf_y^2}{0.000012}\right)x_m^3 - \left(\frac{f_{ck}bf_y E_s d}{0.002} - A_s f_y E_s^2\right)x_m^2 - (2A_s f_y E_s^2 d)x_m + A_s f_y E_s^2 d^2 = 0$$

f_{ck}=39MPa, b=320mm, f_y=463MPa, A_s=2,570mm^2, E_s=200,000MPa, d=530mm를 대입하면,

$$x_m^3 - 324.4x_m^2 - 63,081x_m + 16,716,000 = 0 \qquad \therefore x_m = 189\text{mm}$$

$$\epsilon_m = \frac{x_m f_y}{E_s(d-x_m)} = \frac{189 \times 463}{200,000(530-189)} = 0.001283$$

2) 균열 이후 인장철근 항복 전 휨모멘트와 곡률

$$\phi_{cr} = \frac{\epsilon_m}{x_m} = \frac{0.001283}{189} = 6.79 \times 10^{-6}/\text{mm}$$

단면에 작용하는 압축력과 인장력

$$C = f_{ck}b\left[\frac{\epsilon_m}{0.002} - \frac{\epsilon_m^2}{0.000012}\right]x_m = 39 \times 320 \times \left[\frac{0.001283}{0.002} - \frac{(0.001283)^2}{0.000012}\right] \times 189$$
$$= 1,189,600\text{N}$$
$$T_s = A_s f_y = 2,570 \times 463 = 1,189,000\text{N} \qquad \therefore \ T_s \approx C \quad \text{O.K}$$

중립축을 중심으로 콘크리트 압축력에 의한 휨모멘트

$$M_c = f_{ck}b\left[\frac{\epsilon_m}{0.003} - \frac{\epsilon_m^2}{0.000016}\right]x_m^2 = 39 \times 320 \times \left[\frac{0.001283}{0.002} - \frac{(0.001283)^2}{0.000012}\right] \times 189^2$$
$$= 144,789,000\text{Nmm}$$

중립축을 중심으로 철근의 인장력에 의한 휨모멘트

$$M_s = T_y(d-x_m) = 1,189,900 \times (530-189) = 405,756,000\text{Nmm}$$

따라서 전체 휨모멘트의 합력은
$$\therefore \ M_{cr} = M_c + M_s = 550,545,000\text{Nmm} = 551\text{kNm}$$

➤ 압축연단이 극한상태에서 휨모멘트와 곡률

1) 압축연단이 극한상태에서 중립축 산정

압축연단 변형률이 0.0033인 극한상태에서 인장철근은 항복한 이후이므로

$$C = T_y : f_{ck}b\left[\frac{\epsilon_m}{0.002} - \frac{\epsilon_m^2}{0.000012}\right]x_m = A_s f_y$$

$\epsilon_m = 0.0033$, $f_{ck}=39$MPa, b=320mm, $f_y = 463$MPa, $A_s = 2,570$mm^2 을 대입하면,

$$39 \times 320 \times \left[\frac{0.0033}{0.002} - \frac{0.0033^2}{0.000012}\right]x_m = 2,570 \times 463 \qquad \therefore \ x_m = 128\text{mm}$$

2) 균열 이후 인장철근 항복 전 휨모멘트와 곡률

$$\phi_{cr} = \frac{\epsilon_m}{x_m} = \frac{0.0033}{128} = 25.79 \times 10^{-6}/\text{mm}$$

중립축을 중심으로 콘크리트 압축력에 의한 휨모멘트

$$M_c = f_{ck}b\left[\frac{\epsilon_m}{0.003} - \frac{\epsilon_m^2}{0.000016}\right]x_m^2 = 39 \times 320 \times \left[\frac{0.0033}{0.002} - \frac{(0.0033)^2}{0.000012}\right] \times 128^2$$
$$= 85,751,000\text{Nmm}$$

중립축을 중심으로 철근의 인장력에 의한 휨모멘트
$$M_s = T_y(d - x_m) = 1,189,900 \times (530 - 128) = 478,340,000\text{Nmm}$$

따라서 전체 휨모멘트의 합력은
$$\therefore M_{cr} = M_c + M_s = 564,091,000\text{Nmm} = 564\text{kNm}$$

▶ 휨모멘트와 곡률 해석 결과

상태	압축연단 변형률 ϵ_m	중립축 x_m (mm)	곡률 ϕ (1/mm)	휨모멘트 M (kNm)
균열 발생 직전	0.0001	316	0.32×10^{-6}	78.4
균열 후 인장철근 항복 전	0.0005	178	2.81×10^{-6}	239
균열 후 인장철근 항복 후	0.001283	189	6.79×10^{-6}	551
압축연단 극한상태	0.0033	128	25.78×10^{-6}	564

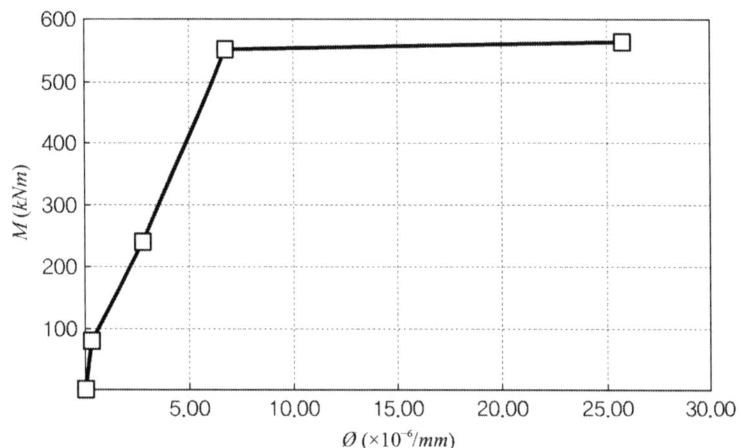

04 유리섬유 보강 콘크리트 설계

1. 2021년 이전 설계기준에 따른 강도 추정방법

(탄소섬유시트에 의해 휨보강된 RC보의 휨강도 추정, 박종섭 외, 콘크리트 학회지 2005)

부착파괴와 같은 조기파괴가 없다면 FRP로 보강된 RC보의 휨파괴 모드는 극한상태에서의 콘크리트, 인장철근, FRP 복합재료의 변형률에 따라 콘크리트 압축파괴와 FRP 복합재료 파단에 의한 인장파괴로 대별될 수 있다. 보다 파괴모드를 세분화하면 다음의 5가지 파괴모드로 나타낼 수 있으며 FRP 복합재료의 보강량에 따라 파괴모드가 결정된다.

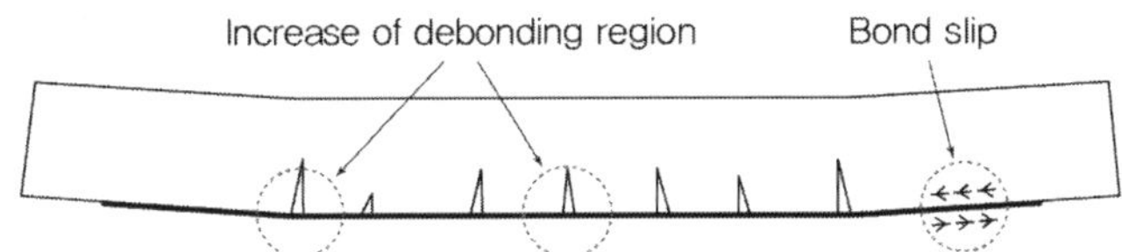

① 철근항복 → FRP 파단 → 콘크리트 압축파괴
② 철근항복 → FRP 파단 및 콘크리트 압축파괴(균형보강량 상태)
③ 철근항복 → 콘크리트 압축파괴 → FRP 파단
④ 철근 항복 및 콘크리트 압축파괴 → FRP 파단(최대보강량)
⑤ 콘크리트 압축파괴 → 철근항복 → FRP파단

FRP 복합재료의 보강량이 ③번 파괴모드를 유도하는 범위 내에 있는 경우, 극한 상태에서의 보강된 단면에서의 변형률 분포 및 응력상태는 다음과 같이 나타낼 수 있다.

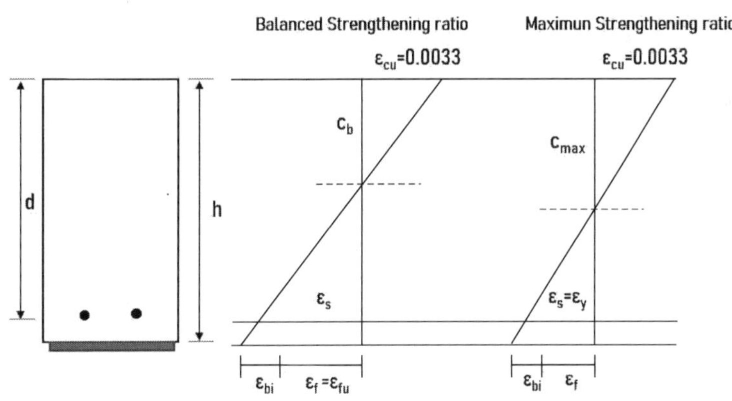

FRP 복합재료의 변형률 $\epsilon_f = \epsilon_{cu}\left(\dfrac{h}{c} - 1\right) - \epsilon_{bi}$

인장철근의 변형률 $\epsilon_s = \epsilon_{cu}\left(\dfrac{d_s}{c} - 1\right)$

여기서, $\epsilon_{bi} = \dfrac{M(h - kd)}{I_{cr}E_c}$ 보강전 하중에 의해 발생한 콘크리트 하면의 변형률

$$\therefore\ 0.85f_{ck}\beta_1 bc = A_s E_s \epsilon_s + A_f E_f \epsilon_f$$

이때 철근의 변형률은 항복 변형률보다 크므로 ϵ_y를 대입하여

$\therefore\ 0.85f_{ck}\beta_1 bc = A_s f_y + A_f E_f \epsilon_f$ c에 관한 이차방정식을 통해 풀이한다.

$$\therefore\ M_n = A_s f_y\left(d_s - \dfrac{\beta_1 c}{2}\right) + A_f E_f \epsilon_f\left(h - \dfrac{\beta_1 c}{2}\right)$$

2. KDS 설계기준(강도설계법)에 따른 강도 추정방법

(탄소섬유시트 보강 RC 보의 공칭 휨모멘트 산정에 관한 연구, 김영갑, 2003)

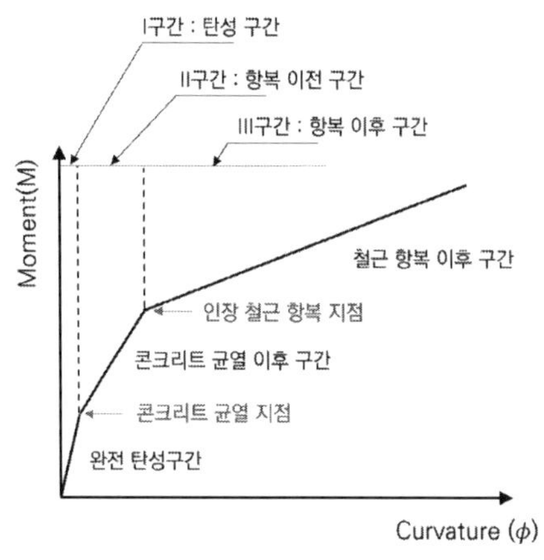

직사각형 보에 인장측 탄소섬유시트가 보강된 경우를 다음의 3가지 구간으로 구분

① I구간(탄성구간) : 보강보에 균열이 전혀 없어 보강보를 구성하는 재료들은 탄성거동한다.

② II구간(항복 이전 구간) : 인장 측 콘크리트는 인장강도에 도달해 균열이 발생하고 철근과 보강
재인 탄소섬유시트는 탄성구간 내에 있으므로 탄성거동한다.

③ III구간(항복 이후 구간) : 보강보가 항복에 도달한 이후로 보강보의 항복은 인장철근의 항복에
의해 지배된다. 철근의 변형률 경화를 무시하면 철근의 응력은 항복강도 f_y로 일정하나 탄소
섬유시트는 파단에 이를 때까지 계속적인 탄성거동한다.

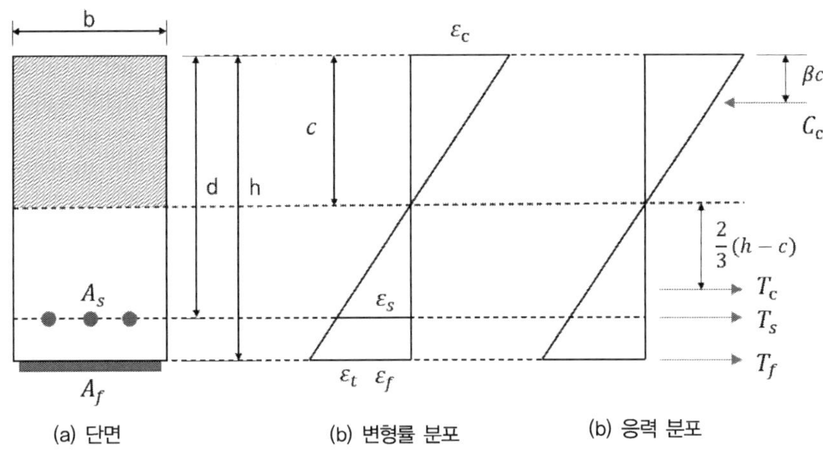

(I구간(탄성구간)에서 응력-변형률 분포도)

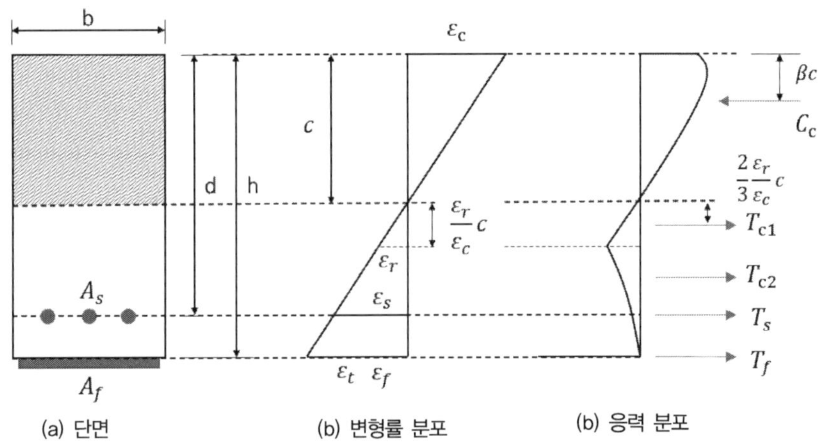

(II구간(항복 이전 구간)과 III구간(항복 이후 구간)에서 응력-변형률 분포도)

1) 구간별 중립축 산정

  ① I구간(탄성 구간)

    콘크리트 압축력 $C_c = \alpha f_{ck} bc$

    콘크리트 인장력 $T_c = \dfrac{1}{2}b(h-c)E_c\epsilon_t$

    철근 인장력 $T_s = A_s E_s \epsilon_s$

    탄소섬유시트 인장력 $T_f = A_f E_f \epsilon_f$

    변형률 적합조건으로부터 $\epsilon_t = \epsilon_f = \epsilon_c\left(\dfrac{h}{c}-1\right),\ \ \epsilon_s = \epsilon_c\left(\dfrac{d}{c}-1\right)$

    C=T : $\alpha f_{ck}bc - \dfrac{b(h-c)^2}{2c}E_c\epsilon_c - A_s E_s\left(\dfrac{d}{c}-1\right)\epsilon_c - A_f E_f\left(\dfrac{h}{c}-1\right)\epsilon_c = 0$ find c !

② II-구간(항복 이전 구간)

콘크리트 인장측 보의 하단에서 균열이 발생한 직후부터 인장철근이 항복에 도달할 때까지이므로 콘크리트 인장변형률 ϵ_c 가 인장파괴 변형률 ϵ_r 에 도달할 때를 기준으로 콘크리트 인장력을 응력 증가구간과 응력 감소구간으로 구분해 다음과 같이 나타낸다.

$$T_{c1} = \frac{1}{2}\frac{\epsilon_r}{\epsilon_c}bcf_r \quad (\epsilon_t \leq \epsilon_r,\ \text{응력 증가 구간})$$

$$T_{c2} = \overline{\alpha}f_r b \quad\quad (\epsilon_t \geq \epsilon_r,\ \text{응력 감소 구간}), \quad \overline{\alpha} : \text{응력 감소구간의 평균 인장강도 상수}$$

마찬가지로 C=T로부터 c값에 관한 다음의 2차 방정식을 풀이해 산정한다.

$$\left(\alpha f_{ck}b - \frac{bf_r\epsilon_r}{2\epsilon_c} + \overline{\alpha}f_r b\left(1+\frac{\epsilon_r}{\epsilon_c}\right)\right)c^2 + (A_s E_s + A_f E_f + \overline{\alpha}f_r bh)\epsilon_c c - (A_s E_s d + A_f E_f h)\epsilon_c = 0$$

③ III-구간(항복 이후 구간)

보강보의 콘크리트 인장변형률 ϵ_t 가 인장변형률 ϵ_r 을 훨씬 초과하며 철근은 항복한 이후의 상태이다. 그러나 탄소섬유시트 인장력 T_f 는 파단될 때까지 계속해서 탄성 거동한다.

마찬가지로 C=T로부터 c값에 관한 다음의 2차 방정식을 풀이해 산정한다.

$$\left(\alpha f_{ck}b - \frac{bf_r\epsilon_r}{2\epsilon_c} + \overline{\alpha}f_r b\left(1+\frac{\epsilon_r}{\epsilon_c}\right)\right)c^2 + (A_f E_f \epsilon_c - A_s f_y - \overline{\alpha}f_r bh)c - A_f E_f h\epsilon_c = 0$$

2) 구간별 저항모멘트 산정

① I-구간

$$M = T_c\left(\frac{2}{3}(h-c) + (c-\beta c)\right) + T_s(d-\beta c) + T_f(h-\beta c)$$

② II, III-구간

$$M = T_{c1}\left(\frac{2\epsilon_r}{3\epsilon_c}+1-\beta\right)c + T_{c2}\left[c-\beta c + \frac{\epsilon_r}{\epsilon_c}c + \overline{\beta}\left(h-\left(1+\frac{\epsilon_r}{\epsilon_c}\right)c\right)\right] + T_s(d-\beta c) + T_f(h-\beta c)$$

여기서, $\overline{\beta}$ 는 인장측 콘크리트 응력 감소구간의 인장력 T_{c2} 의 작용점 거리를 나타내는 상수

탄소섬유시트 휨강도

아래 그림과 같은 철근 콘크리트 보에서 800kNm의 휨모멘트가 작용하는 경우 안전성을 검토하고, 필요시 설계조건에서 제시한 탄소섬유시트를 사용하여 보강설계를 하시오.

〈조건〉

(가) 콘크리트
- 설계기준강도 $f_{ck} = 24MPa$
- 탄성계수 $E_c = 21 \times 10^3 MPa$

(나) 철근
- 인장철근 $A_s = 3,042\,mm^2$
- 압축철근량 $A_s{}' = 1,521\,mm^2$
- 항복강도 $f_y = 400MPa$
- 탄성계수 $E_s = 210 \times 10^3 MPa$
- $j = 0.875$

(다) 탄소섬유시트(FTS-C5-30)
(보강은 짝수 겹으로 설계 : 2겹, 4겹 등)
- $t = 0.165\,mm$,
- $f_{y(cf)} = 1,000MPa$
- $E_{cf} = 3.78 \times 10^5 MPa$

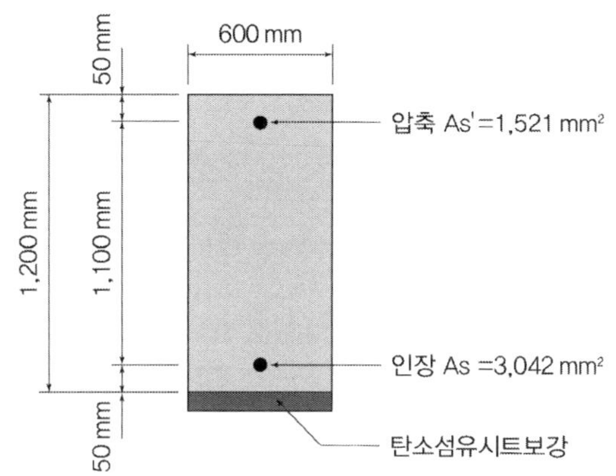

풀 이

▶ 보강 전 휨 안전성 검토

인장철근은 항복하고 압축철근은 항복하지 않는다고 가정한다.
f_{ck}=24MPa이므로, $\beta_1 = 0.85$

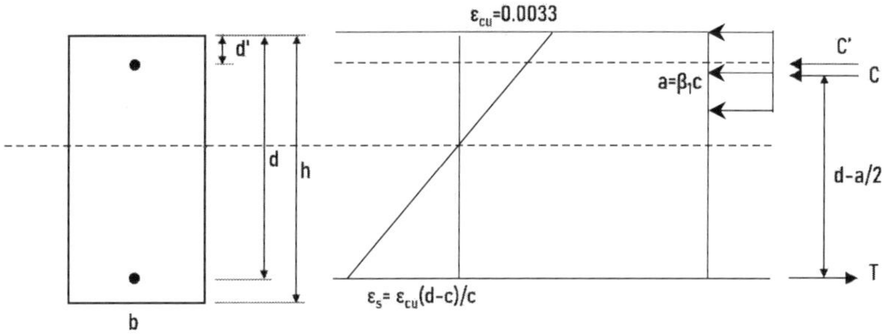

$$C{=}T : 0.85f_{ck}ab + A_s'f_s' = A_sf_y, \quad f_s' = E_s\epsilon_s', \quad \epsilon_s' = \epsilon_{cu}\left(1 - \frac{d'}{c}\right)$$

$0.85f_{ck}(\beta_1 c)b + A_s'E_s\epsilon_{cu}\left(1 - \dfrac{d'}{c}\right) = A_sf_y$ c에 관한 2차 방정식에 대하여 풀이하면,

$$\therefore c = 79.42\text{mm}, \quad a = 67.507\text{mm}$$

$$\epsilon_s' = \epsilon_{cu}\left(1 - \frac{d'}{c}\right) = 0.00122 < \epsilon_y = \frac{f_y}{E_s} = 0.0019 \quad \text{O.K}$$

$$\epsilon_s = \epsilon_{cu}\left(\frac{d}{c} - 1\right) = 0.044 > \epsilon_y = \frac{f_y}{E_s} = 0.0025 \quad \text{O.K}$$

$\therefore$ 인장철근은 항복하고 압축철근 항복하지 않는 가정을 만족한다.

➤ 설계 모멘트 산정

$$f_s' = E_s\epsilon_s' = 256.7\,\text{MPa}$$

$$\epsilon_t = \epsilon_{cu}\left(\frac{d_t}{c} - 1\right) = 0.044 > 2\epsilon_y (= 0.005) \quad \therefore \phi = 0.85$$

따라서 설계모멘트 ϕM_n은

$$\phi M_n = \phi\left[(A_s - A_s')f_y\left(d - \frac{a}{2}\right) + A_s'f_s'(d - d')\right]$$

$$= 0.85 \times \left[(3042 - 1521) \times 400 \times \left(1150 - \frac{67.507}{2}\right) + 1521 \times 256.7 \times (1150 - 50)\right]$$

$$= 942.32\ \text{kNm} > M_u \qquad \text{O.K}$$

➤ 탄소섬유시트 보강 시 설계 휨강도 추정방법

(탄소섬유시트에 의해 휨보강된 RC보의 휨강도 추정, 박종섭외, 콘크리트 학회지 2005)

부착파괴와 같은 조기파괴가 없다면 FRP로 보강된 RC보의 휨파괴 모드는 극한상태에서의 콘크리트, 인장철근, FRP 복합재료의 변형률에 따라 콘크리트 압축파괴와 FRP 복합재료 파단에 의한 인장파괴로 대별될 수 있다. 파괴모드를 보다 세분화하면 다음의 5가지 파괴모드로 나타낼 수 있으며 FRP 복합재료의 보강량에 따라 파괴모드가 결정된다.

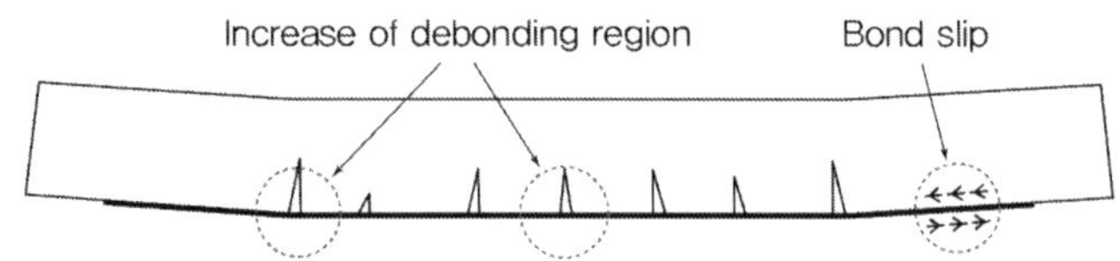

① 철근항복 → FRP 파단 → 콘크리트 압축파괴

② 철근항복 → FRP 파단 및 콘크리트 압축파괴(균형보강량 상태)

③ 철근항복 → 콘크리트 압축파괴 → FRP 파단

④ 철근항복 및 콘크리트 압축파괴 → FRP 파단(최대보강량)

⑤ 콘크리트 압축파괴 → 철근항복 → FRP 파단

FRP 복합재료의 보강량이 ③번 파괴모드를 유도하는 범위 내에 있는 경우, 극한 상태에서의 보강된 단면에서의 변형률 분포 및 응력상태는 다음과 같이 나타낼 수 있다.

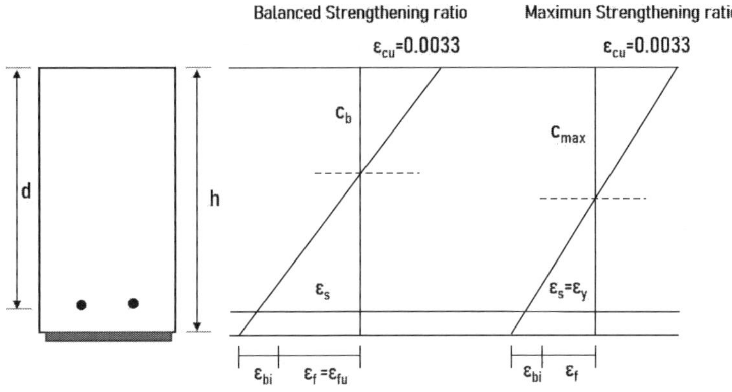

FRP 복합재료의 변형률 $\epsilon_f = \epsilon_{cu}\left(\dfrac{h}{c} - 1\right) - \epsilon_{bi}$

인장철근의 변형률 $\epsilon_s = \epsilon_{cu}\left(\dfrac{d_s}{c} - 1\right)$

　여기서, $\epsilon_{bi} = \dfrac{M(h - kd)}{I_{cr} E_c}$　보강 전 하중에 의해 발생한 콘크리트 하면의 변형률

$\therefore 0.85 f_{ck}\beta_1 bc = A_s E_s \epsilon_s + A_f E_f \epsilon_f$

이때 철근의 변형률은 항복 변형률보다 크므로 ϵ_y를 대입하여

$\therefore 0.85 f_{ck}\beta_1 bc = A_s f_y + A_f E_f \epsilon_f$　　c에 관한 이차방정식을 통해 풀이한다.

$$\therefore M_n = A_s f_y\left(d_s - \frac{\beta_1 c}{2}\right) + A_f E_f \epsilon_f\left(h - \frac{\beta_1 c}{2}\right)$$

탄소섬유 보강 바닥판 설계

아래 그림과 같은 플레이트거더 합성형교의 연속 바닥판 하면에 다음 설계조건과 같이 교축직각방향으로 두께 0.143mm의 탄소섬유 시트를 보강한 경우 보강 전과 보강 후의 휨응력을 검토하시오.

(단, 휨모멘트 산정은 고정하중에 대해서는 $\dfrac{w_d \times L^2}{10}$ 적용, 활하중에 대해서는

$\dfrac{(L+0.6) \times P_{24} \times (1+I)}{9.6}$ 식에 연속보 효과를 적용하고, 압축철근 효과는 무시한다.)

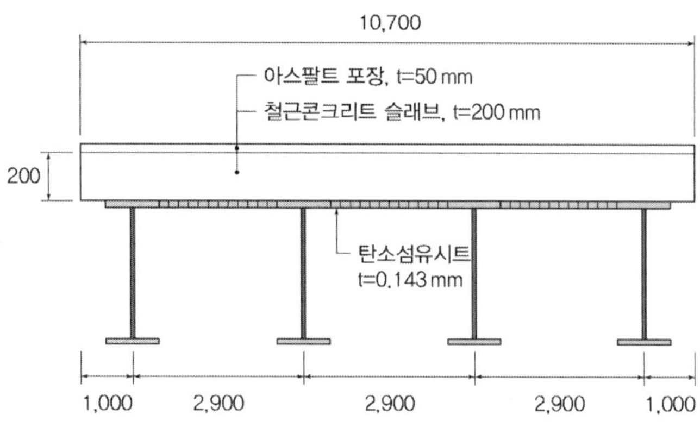

〈조건〉

1) 작용하중
   ① 자중 : 포장 단위중량 23 kN/m³, 철근 콘크리트 슬래브 단위중량 25 kN/m³
   ② 활하중 : DB24 후륜하중, 충격계수 I=0.3
2) 재료상수 및 허용응력
   ① 콘크리트
   – 설계기준 압축강도 f_{ck} =24MPa
   – 허용휨축응력 f_{ca} = 9.8MPa
   – 탄성계수 E_c=20,000MPa
   ② 철근(SD30)
   – 주철근 직경 및 간격 : D16(A_s =198mm²) @ 100mm
   – 허용인장응력 f_{sa} =150MPa
   – 탄성계수 E_s = 200,000MPa
   – 사용피복 40mm (주철근 도심부터 콘크리트 최외측까지 거리)
   ③ 탄소섬유
   – 인장강도 f_{pu} =1,900MPa
   – 탄성계수 E_p = 640,000MPa
   – 허용인장응력 f_{pa} = 633MPa
   ④ 탄성계수비 : 재료별 탄성계수 적용

▶ 하중산정

1) 고정하중

① 포장 하중 : 23 kN/m^3 × 0.05 = 1.15 kN/m^2

② 철근 콘크리트 하중 : 25 kN/m^3 × 0.2 = 5 kN/m^2 ∴ 단위 길이당 $w_d = 6.15$ kN/m

$$\therefore M_d = \frac{w_d \times L^2}{10} = \frac{6.15 \times 2.9^2}{10} = 5.17 \text{ kNm}$$

2) 활하중

하중등급	중량 W(kN)	총하중 1.8W(kN)	전륜하중 0.1W(kN)	후륜하중 0.4 W(kN)
DB24	240	432	24	96

$W_c = 10.7$m이므로 차선수는 3차선으로 본다.

$$W = \frac{W_c}{N} = \frac{10.7}{3} = 3.56 \leq 3.6$$

바닥판이 3개 이상의 지점을 가진 연속 슬래브의 정·부의 휨모멘트의 크기는 주어진 식의 값의

0.8배를 취하므로, $M_l = \dfrac{(L+0.6) \times P_{24} \times (1+I)}{9.6} \times 0.8 = 36.4$ kNm

3) 설계 휨모멘트

허용응력설계법이므로 발생 휨모멘트를 설계휨모멘트로 보고 풀이한다. $M = 41.57$ kNm

▶ 보강 전 응력

1) 중립축 산정

주어진 조건에 따라 허용응력설계법으로 검토한다.

$$n_s = \frac{E_s}{E_c} = \frac{2.0 \times 10^5}{2.0 \times 10^4} = 10, \quad 주철근 \text{ D16@100mm} : A_s = 198 \times 10 = 1980 \text{mm}^2$$

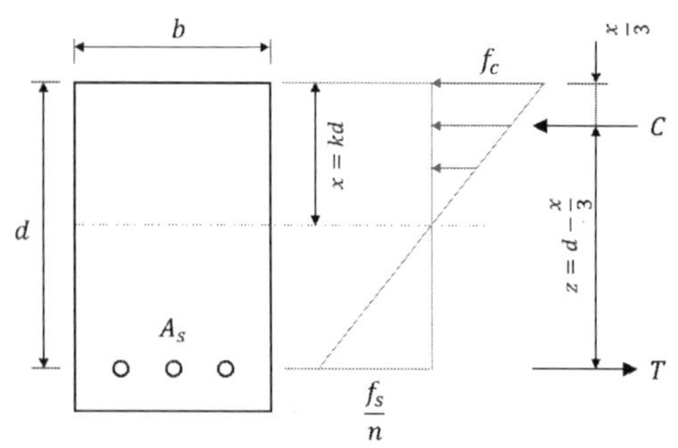

$$C = \frac{1}{2}f_c bx, \qquad T = f_s A_s$$

$$C = T \; ; \; \frac{1}{2}f_c bx - f_s A_s = 0$$

응력도에서의 삼각형 닮음비로부터,

$$f_s = nf_c \frac{d-x}{x}$$

$$\therefore \frac{1}{2}bx^2 - nA_s(d-x) = 0$$

$$\therefore \text{중립축 } x = 62.22\text{mm}$$

2) 응력산정

단면이 평형을 유지하기 위해서는 내력에 의한 우력 모멘트 Cz 또는 Tz가 외력에 의한 휨모멘트 M과 같아야 하므로,

$$Cz = \frac{1}{2}f_c bx\left(d - \frac{x}{3}\right) = M$$

$$\therefore \text{콘크리트 압축응력 } f_c = \frac{2M}{bx\left(d - \dfrac{x}{3}\right)} = \frac{2 \times 41.57 \times 10^6}{1000 \times 62.22 \times (160 - 62.22/3)} = 9.6\text{MPa} < f_{ca}$$

$$Tz = f_s A_s\left(d - \frac{x}{3}\right) = M$$

$$\therefore \text{철근의 인장응력 } f_s = \frac{M}{A_s\left(d - \dfrac{x}{3}\right)} = \frac{41.57 \times 10^6}{1980 \times (160 - 62.22/3)} = 150.76 \text{ MPa} > f_{sa}$$

$$\therefore \text{철근의 허용응력을 초과하므로 보강이 필요하다.}$$

▶ 보강 후 응력

1) 중립축 산정

$$n_p = \frac{E_p}{E_c} = \frac{6.4 \times 10^5}{2.0 \times 10^4} = 32, \quad \text{주철근 D16@100mm} : A_s = 198 \times 10 = 1980\text{mm}^2$$

탄소섬유시트 두께 0.143mm $\qquad A_p = 0.143 \times 1000 = 143\text{mm}^2$

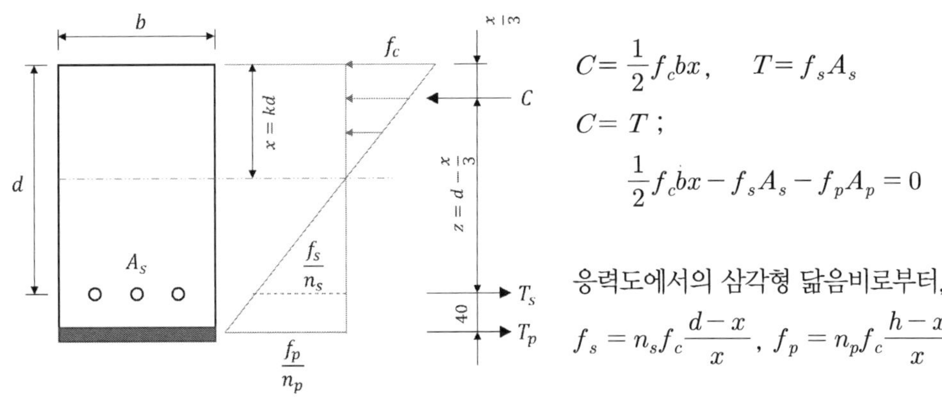

$$\therefore \; \frac{1}{2}bx^2 - n_s A_s (d-x) - n_p A_p (h-x) = 0 \qquad \therefore \; \text{중립축 } x = 69.22\text{mm}$$

2) 응력산정

단면이 평형을 유지하가 위해서는 내력에 의한 우력 모멘트 Cz 또는 Tz가 외력에 의한 휨모멘트 M과 같아야 하므로,

$$Cz = \frac{1}{2}f_c bx\left(d - \frac{x}{3}\right) = M$$

$$f_c = \frac{2M}{bx\left(d - \dfrac{x}{3}\right)} = \frac{2 \times 41.57 \times 10^6}{1000 \times 69.22 \times (160 - 69.22/3)} = 8.8\text{MPa}$$

$$\therefore \; \text{콘크리트 압축응력 } f_c = 8.8 \text{ MPa} < f_{ca} \qquad\qquad \text{O.K}$$

$$f_s = n_s f_c \frac{d-x}{x} = 10 \times 8.8 \times \frac{160 - 69.22}{69.22} = 115.04 \text{ MPa}$$

$$\therefore \; \text{철근의 인장응력 } f_s = 115.04 \text{ MPa} < f_{sa} \qquad\qquad \text{O.K}$$

$$f_p = n_p f_c \frac{h-x}{x} = 32 \times 8.8 \times \frac{200 - 69.22}{69.22} = 532.04 \text{ MPa}$$

$$\therefore \; \text{탄소섬유시트의 인장응력 } f_p = 532.04 \text{ MPa} < f_{pa} \qquad\qquad \text{O.K}$$

탄소섬유시트 보강 : 허용응력설계법

다음과 같은 복철근보에서 850kNm의 휨모멘트가 작용한다. 인장 철근량이 부족할 경우 탄소 섬유시트를 보강하고자 할 때 탄소섬유 시트 매수와 응력을 검토하시오(단, 유효계수는 정수로 하며, 단위길이는 mm임).

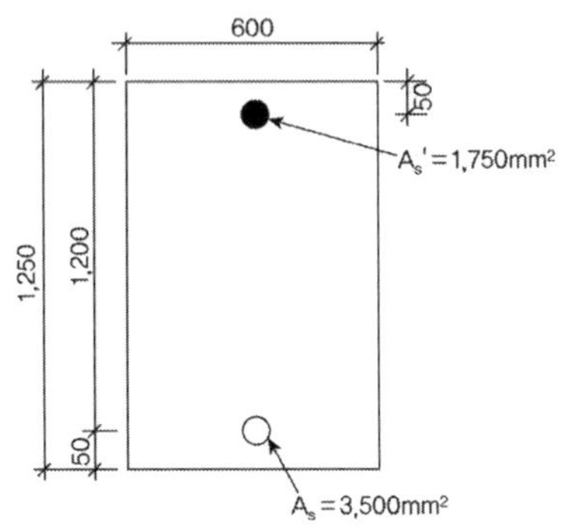

〈조건〉

콘크리트 : $f_{ck} = 24MPa$　$E_c = 2.5 \times 10^4 MPa$

$f_{ca} = 9.6MPa$

철 근 : $f_y = 400MPa$　$E_s = 2.0 \times 10^5 MPa$　$f_a = 180MPa$

탄소섬유시트 : $t_f = 0.15mm$　$E_f = 3.8 \times 10^5 MPa$

$f_{fy} = 3,000MPa,\ f_{fa} = 1,000MPa$

풀 이

▶ 개요

허용응력 설계에서 콘크리트 연단부의 응력과 인장철근 또는 탄소섬유시트의 응력이 동시에 허용응력에 도달하면 합리적으로 보고 단면의 크기를 결정한다.

인장철근의 허용 변형률 : $\epsilon_{ta} = f_a/E_s = 180/(2.0 \times 10^5) = 0.0009$

탄소시트의 허용 변형률 : $\epsilon_{fa} = f_{fa}/E_f = 1000/(3.8 \times 10^5) = 0.0026$

탄소섬유시트의 위치는 두께가 작으므로 h=1,250mm로 가정한다.

▶ n값 산정

$$n_s = \frac{E_s}{E_c} = \frac{2.0 \times 10^5}{2.5 \times 10^4} = 8 , n_f = \frac{E_f}{E_c} = \frac{3.8 \times 10^5}{2.5 \times 10^4} = 15.2$$

▶ 콘크리트 연단이 허용응력에 도달했다고 가정

$$C_c = \frac{1}{2} \times f_{ca} \times c \times b = 2880c$$

$$C_s = \frac{c-50}{c} \times f_{ca} \times n_s \times A_s{}' = \frac{c-50}{c} \times 134400$$

$$T_s = \frac{1200-c}{c} \times f_{ca} \times n_s \times A_s = \frac{1200-c}{c} \times 268800$$

$$T_f = \frac{1250-c}{c} \times f_{ca} \times n_f \times A_{cf} = \frac{1200-c}{c} \times 145.9 A_{cf}$$

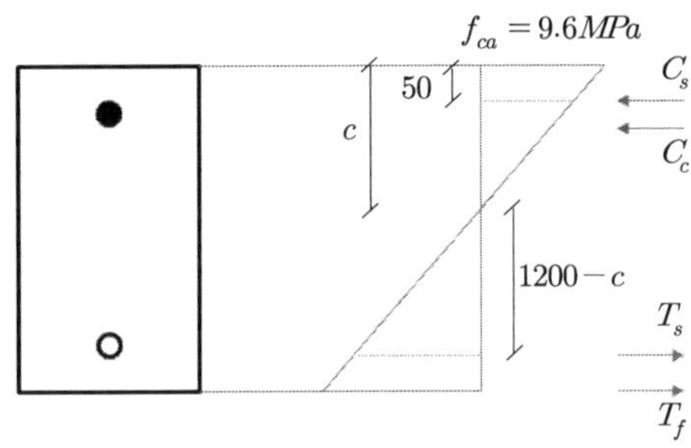

$$\sum M_{bottom} = M_{\max} : \quad C_c \times \left(1250 - \frac{c}{3}\right) + C_s \times (1250 - 50) - T_s \times 50 = 850 \times 10^6$$

$$\therefore c = 214.35 mm$$

▶ 응력검토

$$f_{cs} = \frac{c-50}{c} \times f_{ca} \times n_s = 58.88 MPa < f_a (= 180 MPa) \qquad \text{O.K}$$

$$f_s = \frac{1200-c}{c} \times f_{ca} \times n_s = 353.1 MPa > f_a (= 180 MPa) \qquad \text{N.G}$$

$$f_f = \frac{1250-c}{c} \times f_{ca} \times n_f = 705.02 MPa < f_{fa} (= 1000 MPa) \qquad \text{O.K}$$

▶ 인장철근이 허용응력에 도달한다고 가정

$$C_c = \frac{1}{2} \times \left(\frac{c}{1200-c} \times \frac{f_a}{n_s}\right) \times c \times b = \frac{6750 c^2}{1200-c}$$

$$C_s = \frac{c-50}{1200-c} \times \frac{f_a}{n_s} \times n_s \times A_s{}' = \frac{c-50}{1200-c} \times 315000$$

$$T_s = \frac{f_a}{n_s} \times n_s \times A_s = 630000$$

$$T_f = \frac{1250-c}{1200-c} \times \frac{f_a}{n_s} \times n_f \times A_{cf} = \frac{1250-c}{1200-c} \times 342 A_{cf}$$

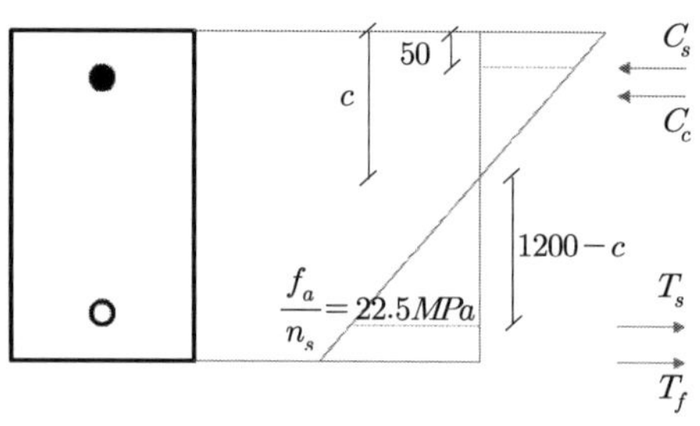

$$\Sigma M_{bottom} = M_{\max} :$$

$$C_c \times \left(1250 - \frac{c}{3}\right) + C_s \times (1250 - 50) - T_s \times 50 = 850 \times 10^6 \qquad \therefore c = 300mm$$

▶ 응력검토

$$f_c = \frac{c}{1200 - c} \times \frac{f_a}{n_s} = 7.5MPa < f_{ca}(= 9.6MPa) \qquad \text{O.K}$$

$$f_{cs} = \frac{c - 50}{1200 - c} \times \frac{f_a}{n_s} \times n_s = 50MPa < f_a(= 180MPa) \qquad \text{O.K}$$

$$f_s = 180MPa$$

$$f_f = \frac{1250 - c}{1200 - c} \times \frac{f_a}{n_s} \times n_f = 361MPa < f_{fa}(= 1000MPa) \qquad \text{O.K}$$

▶ $\Sigma F = 0 : C_c + C_s = T_s + T_f$

$$\frac{6750c^2}{1200 - c} + \frac{c - 50}{1200 - c} \times 315000 = 630000 + \frac{1250 - c}{1200 - c} \times 342 A_{cf} \qquad \therefore A_{cf} = 367.03mm^2$$

탄소섬유시트의 폭이 콘크리트 폭과 동일하다고 가정하면,

$$n = \frac{367.03}{600 \times 0.15} = 4.078 \qquad \therefore n \geq 5 \text{ 이상으로 한다.}$$

1. 모멘트 재분배 ^{68회/83회/101회/118회/124회/130회}

【 기출유형 ① 】 철근 콘크리트 연속 휨부재의 부모멘트 재분배

철근 콘크리트에서는 콘크리트의 크리프나 건조수축에 의해서 정정구조물의 경우에는 단면 구성 요소의 내부에서 하중의 재분배가 발생하며 부정정 구조물의 경우에는 크리프와 건조수축에 의해서 단면력과 반력의 변화가 발생하게 된다.

부정정 보나 라멘, 연속교 등 RC구조물에서의 하나의 단면의 항복은 곧 붕괴(Collapse)를 가져오는 것이 아니며 항복과 붕괴 사이에는 상당한 강도의 여유가 있다. 즉 파괴에 이르기 전까지 하중이 증가하면 높은 응력을 받는 단면에서 소성힌지(Plastic hinge)가 발생되고 이로 인하여 모멘트가 재분배되는 현상이 발생하게 된다.

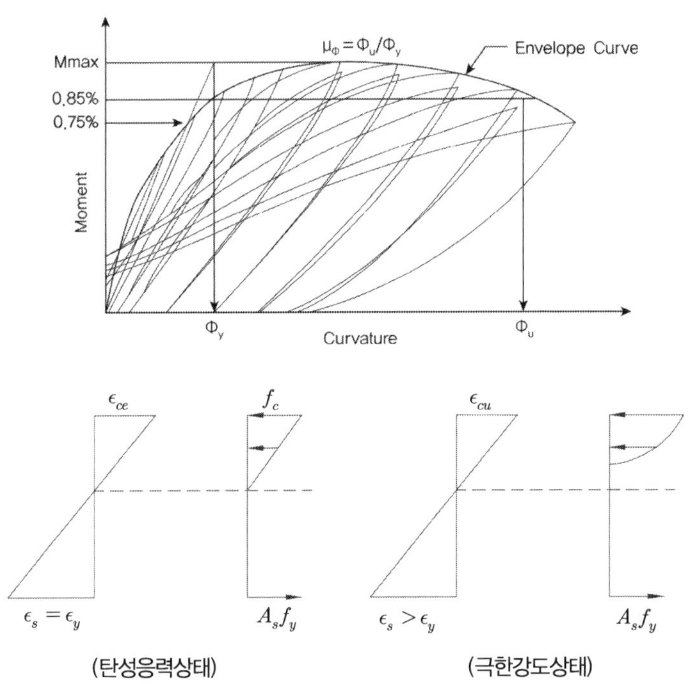

1) 소성힌지 발생 시 모멘트 재분배 예

① 일체로 시공된 3경간 연속 RC보에서 보강철근이 보의 바닥에만 배치된 경우
균열이 발생되기 전에는 3경간 연속보로 거동하지만 내부 경간에 균열 발생 후에는 모멘트 재분배에 의해 마치 3경간 단순지지 보와 같이 거동한다.

② 캔틸레버 부정정 보

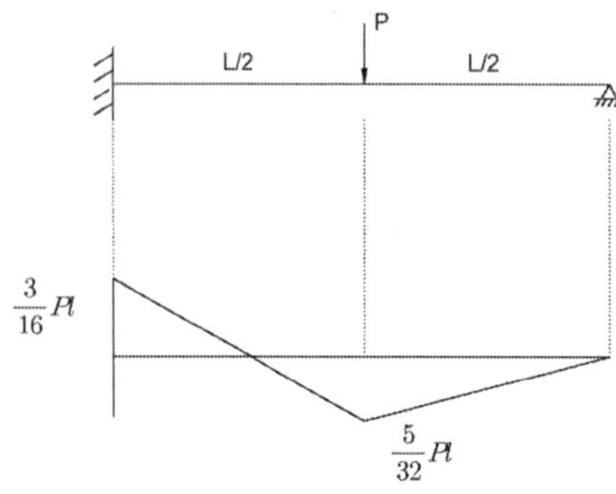

(탄성해석)

$$M_A = C_{AB} + \frac{1}{2}C_{BA} = \frac{3}{2}\frac{Pab^2}{l^2} = \frac{3}{16}Pl$$

$$\therefore P_{elastic} = \frac{16}{3}\frac{M_y}{l}$$

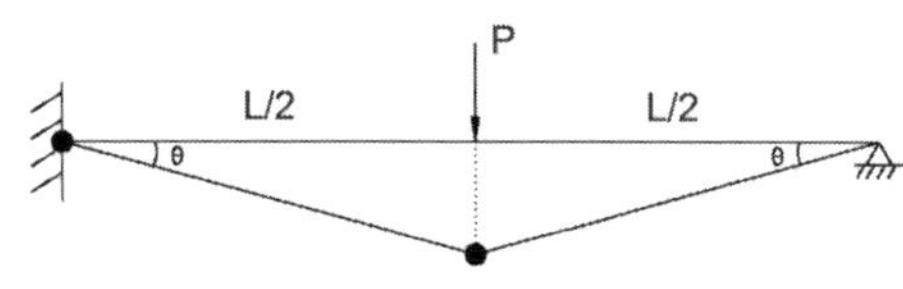

(소성해석)

$$M_p(\theta + 2\theta) = P\frac{l\theta}{2}$$

$$\therefore P_{plastic} = \frac{6M_p}{l}$$

소성힌지 발생 후 제2의 소성힌지 발생 시까지 하중(P)는 12.5% 정도 증가한다. 소성힌지 형성으로 모멘트 재분배는 붕괴 시 +모멘트와 −모멘트 비가 고정지점과 지간중앙의 철근량의 비가 같도록 재분배한다.

2. 모멘트 재분배의 적용

콘크리트 설계기준 및 ACI기준에 따르면 연성이 충분한 경우에 연속 휨부재에서 부모멘트를 재분배할 수 있도록 제시하고 있다(Redistribution of negative moment). 최대의 부모멘트가 발생하는 하중조합을 고려하는 경우에 이 규정은 설계에서 초대의 부모멘트 값을 감소시키거나 또는 증가시킬 수 있도록 하고 이런 최대 부모멘트의 감소나 증가는 동시에 경간 중앙에서의 정모멘트를 증가 또는 감소되도록 한다. 이를 통해서 경제적인 설계가 되도록 한다.

3. 모멘트 재분배 제한사항

① PS가 도입되거나 안 된 연속 휨부재에 적용
② 근사해법으로 구한 휨모멘트에는 적용 불가
③ 최외단 인장철근의 순인장 변형률 $\epsilon_t \geq 0.0075$ 인 경우에만 적용
④ 부모멘트의 조정은 고려하는 각 하중조합에 대하여 수행하고 설계는 모든 하중조합에서 최댓

값에 대해 수행한다.

⑤ 부모멘트를 재분배한 경우 그 경간의 정모멘트도 조정

⑥ 모멘트 재분배가 수행되기 전후에 모든 절점에서 정적인 평형이 유지되어야 한다.

⑦ 받침부를 사이에 두고 경간의 길이가 서로 달라서 부모멘트가 양면에서 다른 경우에 한쪽 또는 양쪽의 부모멘트를 모두 재분배하여야 하고 이를 받침부 설계에 고려한다.

⑧ 부모멘트의 증가나 감소에 대한 최대 허용 재분배율은 $\delta = 1000\epsilon_t\,(\%) \leq 20\%$이다.

5.4 연속휨부재의 부모멘트 재분배

① 근사해법에 의한 휨모멘트를 계산하는 경우를 제외하고 어떠한 가정의 하중을 적용하여 탄성이론에 의하여 산정된 연속 휨부재 받침부의 부모멘트는 20% 이내에서 $1000\epsilon_t\,(\%)$만큼 증가 또는 감소시킬 수 있다.

② 경간 내의 단면에 대한 휨모멘트의 계산은 수정된 부모멘트를 사용하여야 하며, 휨모멘트 재분배 이후에도 정적 평형은 유지되어야 한다.

③ 휨모멘트 재분배는 휨모멘트를 감소시킬 단면에서 최외단 인장철근의 순인장 변형률 ϵ_t가 0.0075 이상인 경우에만 가능하다.

4. 모멘트 재분배 비율 산정 예

① 탄성해석을 이용하여 받침부 계수 휨모멘트 계산, $\epsilon_t \geq 0.0075$로 가정하므로 $\phi = 0.85$

② ϵ_t의 산정

$\epsilon_t \geq 0.0075$이면 모멘트 재분배율 $\delta = 1000\epsilon_t\% \leq 20\%$로 계산

$$\epsilon_t = 0.003\left(\frac{d_t}{c} - 1\right)$$

$$C = 0.85f_{ck}ab = 0.85f_{ck}b(\beta_1 c),\ M_n = C\left(d - \frac{a}{2}\right) = 0.85f_{ck}b\beta_1 c\left(d - \frac{\beta_1 c}{2}\right)$$

c에 관한 2차 방정식으로부터 c값을 찾아내고 그로부터

모멘트 재분배율 $\delta = 1000\epsilon_t\% \leq 20\%$이므로,

$$\therefore \delta = 1000\epsilon_t = 3\left(\frac{d_t}{c} - 1\right) \leq 20\%$$

③ 받침부의 부모멘트를 조정하고 평형을 이룰 수 있도록 정모멘트도 조절

② ϵ_t의 산정

$\epsilon_t \geq 0.0075$이면 모멘트 재분배율 $\delta = 1000\epsilon_t\% \leq 20\%$로 계산

$$\epsilon_t = 0.003\left(\frac{d_t}{c} - 1\right), \ \gamma = \frac{c}{d_t} \ \therefore \ c = \gamma d_t$$

$$C = 0.85f_{ck}ab = 0.85f_{ck}b(\beta_1 c) = 0.85f_{ck}b(\beta_1 \gamma d_t)$$

$$M_n = C\left(d - \frac{a}{2}\right) = 0.85f_{ck}b\beta_1\gamma d_t\left(d - \frac{a}{2}\right) = 0.85f_{ck}b\beta_1\gamma d_t\left(d - \frac{\beta_1\gamma d_t}{2}\right)$$

인장철근이 한층으로 배치되었다고 하면 $d = d_t$이고, $\dfrac{M_n}{bd^2} = R_n$로 치환하면

$$\frac{M_n}{f_{ck}bd^2} = \frac{R_n}{f_{ck}} = 0.85\beta_1\gamma\left(1 - \frac{\beta_1\gamma}{2}\right) = 0.85\beta_1\gamma - (0.85/2)\beta_1^2\gamma^2$$

$$\gamma^2 - \frac{2}{\beta_1}\gamma + \frac{40}{17}\frac{1}{\beta_1^2}\frac{R_n}{f_{ck}} = 0 \ \therefore \ \gamma = \frac{1 - \sqrt{1 - \dfrac{40}{17}\dfrac{R_n}{f_{ck}}}}{\beta_1} = \frac{c}{d_t}$$

$$\epsilon_t = 0.003\left(\frac{d_t}{c} - 1\right) = 0.003\left(\frac{\beta_1}{1 - \sqrt{1 - \dfrac{40}{17}\dfrac{R_n}{f_{ck}}}} - 1\right)$$

여기서, 모멘트 재분배율 $\delta = 1000\epsilon_t\% \leq 20\%$이므로,

$$\therefore \ \delta = 1000\epsilon_t = 3\left(\frac{\beta_1}{1 - \sqrt{1 - \dfrac{40}{17}\dfrac{R_n}{f_{ck}}}} - 1\right)\% \leq 20\%$$

RC 휨모멘트 재분배

철근 콘크리트 연속보 구조의 휨모멘트 재분배에 대하여 설명하고, 콘크리트구조기준(2012)과 도로교설계기준(한계상태설계법, 2016)을 비교 설명하시오.

풀 이

▶ 하중의 산정

철근 콘크리트에서는 콘크리트의 크리프나 건조수축에 의해서 정정구조물의 경우에는 단면 구성요소의 내부에서 하중의 재분배가 발생하며 부정정 구조물의 경우에는 크리프와 건조수축에 의해서 단면력과 반력의 변화가 발생하게 된다. 부정정보나 라멘, 연속교 등 RC구조물에서의 하나의 단면의 항복은 곧 붕괴(Collapse)를 가져오는 것이 아니며 항복과 붕괴 사이에는 상당한 강도의 여유가 있다. 즉 파괴에 이르기 전까지 하중이 증가하면 높은 응력을 받는 단면에서 소성힌지(Plastic hinge)가 발생되고 이로 인하여 모멘트가 재분배되는 현상이 발생하게 된다.

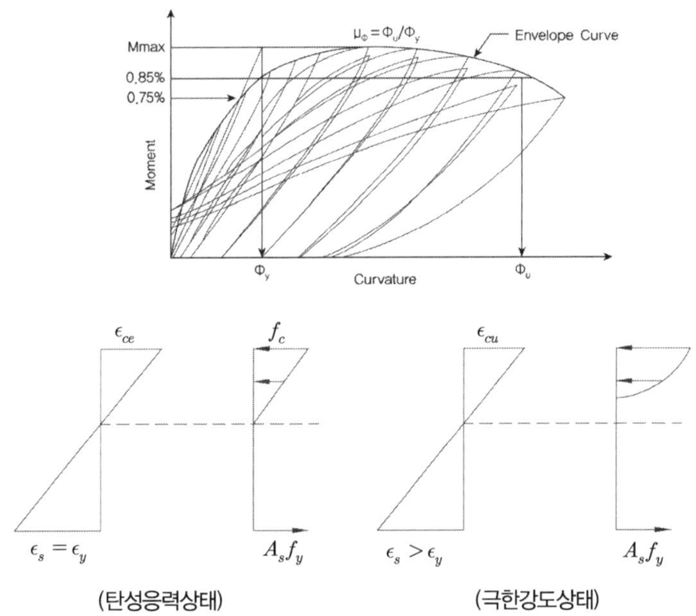

▶ 설계기준의 휨모멘트 재분배

우리나라 설계기준 및 ACI기준에 따르면 연성이 충분한 경우에 연속 휨부재에서 부모멘트를 재분배할 수 있도록 제시하고 있다(Redistribution of negative moment). 최대의 부모멘트가 발생하는 하중조합을 고려하는 경우에 이 규정은 설계에서 초대의 부모멘트 값을 감소시키거나 또는 증가시킬 수 있도록 하고 이런 최대 부모멘트의 감소나 증가는 동시에 경간 중앙에서의 정모멘트를 증가 또는 감소되도록 한다. 이를 통해서 경제적인 설계가 되도록 한다.

1) 콘크리트 구조기준

근사해법에 의한 휨모멘트를 계산하는 경우를 제외하고 어떠한 가정의 하중을 적용하여 탄성이론에 의하여 산정된 연속 휨부재 받침부의 부모멘트는 20% 이내에서 $1000\epsilon_t$(%)만큼 증가 또는 감소시킬 수 있도록 규정하고 있다. 이때 경간 내의 단면에 대한 휨모멘트의 계산은 수정된 부모멘트를 사용하여야 하며, 부모멘트의 재분배는 휨모멘트를 감소시킬 단면에서 최외단 인장철근의 순인장 변형률 ϵ_t가 0.0075 이상인 경우에만 가능하다. 프리스트레스트 콘크리트 휨부재의 경우에는 최소 부착철근량($A_s = 0.004A_{ct}$) 이상이 받침부에 배치된 경우 가정된 하중배치에 따라 탄성이론으로 계산된 부모멘트는 증가시키거나 감소시킬 수 있다. 콘크리트 구조기준에 따라 모멘트 재분배를 실시할 경우에는 다음의 제한사항을 만족하여야 한다.

① PS가 도입되거나 안 된 연속 휨부재에 적용

② 근사해법으로 구한 휨모멘트에는 적용 불가

③ 최외단 인장철근의 순인장 변형률 $\epsilon_t \geq 0.0075$인 경우에만 적용

④ 부모멘트의 조정은 고려하는 각 하중조합에 대하여 수행하고 설계는 모든 하중조합에서 최댓값에 대해 수행한다.

⑤ 부모멘트를 재분배한 경우 그 경간의 정모멘트도 조정

⑥ 모멘트 재분배가 수행되기 전후에 모든 절점에서 정적인 평형이 유지되어야 한다.

⑦ 받침부를 사이에 두고 경간의 길이가 서로 달라서 부모멘트가 양면에서 다른 경우에 한쪽 또는 양쪽의 부모멘트를 모두 재분배하여야 하고 이를 받침부 설계에 고려한다.

⑧ 부모멘트의 증가나 감소에 대한 최대 허용 재분배율은 $\delta = 1000\epsilon_t$(%) $\leq$ 20%이다.

2) 도로교설계기준

연속 거더교에서 비탄성 휨 거동에 의하여 발생하는 하중영향의 재분배를 고려할 수 있도록 규정하고 있다. 보와 거더의 휨에 대한 비탄성 거동만을 고려할 수 있으며, 전단 및 좌굴 거동에 대한 비탄성 해석은 허용되지 않는다. 하중영향의 횡방향 재분배를 고려하지 않는다. RC구조물의 경우 극한한계상태의 검증에서 한정된 재분배를 하는 선형해석을 구조물 부재 해석에 적용할 수 있으며 휨이 지배적이며, 인접한 부재와의 지간비가 0.5와 2.0 범위 안에 있을 때 다음의 비율로 휨모멘트 재분배를 할 수 있도록 규정하고 있다.

$$\eta \leq 1 - \frac{0.0033}{\epsilon_{cu}}\left(0.6 + \frac{c}{d}\right) \leq 0.15$$

여기서, $\eta = 1 - \delta$ (탄성해석으로 구한 휨모멘트에서 재분배할 수 있는 휨모멘트의 비율)

δ : 모멘트 재분배 후의 계수휨모멘트/탄성휨모멘트 비율, 모멘트를 재분배하지 않는 경우에는 1.0

c : 극한 한계상태에서의 중립축의 깊이

d : 단면의 유효깊이

ϵ_{cu} : 단면의 극한한계변형률

연속 휨부재의 부모멘트 재분배

연속 휨부재의 부모멘트 재분배에 대하여 설명하시오.

풀 이

➤ 개요

부정정 보나 라멘, 연속교 등 RC구조물에서의 하나의 단면의 항복은 곧 붕괴(Collapse)를 가져오는 것이 아니며 항복과 붕괴 사이에는 상당한 강도의 여유가 있다. 즉 파괴에 이르기 전까지 하중이 증가하면 높은 응력을 받는 단면에서 소성힌지(Plastic hinge)가 발생되고 이로 인하여 모멘트가 재분배되는 현상이 발생하게 된다.

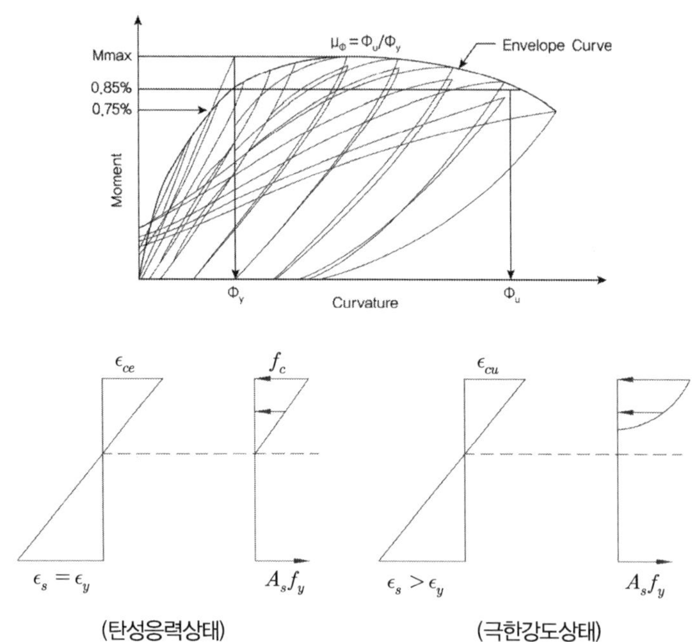

➤ 연속보의 부모멘트 재분배

콘크리트 설계기준 및 ACI기준에 따르면 연성이 충분한 경우에 연속 휨부재에서 부모멘트를 재분배할 수 있도록 제시하고 있다(Redistribution of negative moment). 최대의 부모멘트가 발생하는 하중조합을 고려하는 경우에 이 규정은 설계에서 초대의 부모멘트 값을 감소시키거나 또는 증가시킬 수 있도록 하고 이런 최대 부모멘트의 감소나 증가는 동시에 경간 중앙에서의 정모멘트를 증가 또는 감소되도록 한다. 이를 통해서 경제적인 설계가 되도록 한다.

1) 콘크리트 구조기준 연속휨부재의 부모멘트 재분배 규정

① 근사해법에 의한 휨모멘트를 계산하는 경우를 제외하고 어떠한 가정의 하중을 적용하여 탄성이론에 의하여 산정된 연속 휨부재 받침부의 부모멘트는 20% 이내에서 $1000\epsilon_t$ (%)만큼 증가 또는 감소시킬 수 있다.

② 경간 내의 단면에 대한 휨모멘트의 계산은 수정된 부모멘트를 사용하여야 한다.

③ 부모멘트의 재분배는 휨모멘트를 감소시킬 단면에서 최외단 인장철근의 순인장 변형률 ϵ_t 가 0.0075 이상인 경우에만 가능하다.

TIP | 도로교설계기준(2016 한계상태설계법) 휨모멘트 재분배 규정 |

5.6.3 휨모멘트 재분배

① 극한한계상태의 검증에서 한정된 재분배를 하는 선형해석을 구조물의 부재해석에 적용할 수 있다.

② 휨모멘트 재분배의 영향은 설계의 모든 관점에서 고려하여야 한다.

③ 연속보 또는 슬래브에 대하여 회전능력에 대한 명확한 검토가 없어도 다음의 조건을 만족할 경우에는 다음의 식의 비율로 휨모멘트를 재분배할 수 있다.

(1) 휨이 지배적이며

(2) 인접한 부재와의 지간의 비가 0.5와 2의 범위 안에 있을 때

$$\eta \leq \frac{1-0.0033}{\epsilon_{cu}}\left(0.6+\frac{c}{d}\right) \leq 0.15$$

여기서, η = 탄성해석으로 구한 휨모멘트에서 재분배할 수 있는 휨모멘트의 비율($\eta = 1 - \delta$)

c = 극한한계상태에서의 중립축의 깊이, d = 단면의 유효깊이, ϵ_{cu} = 극한한계변형률

---

2) 모멘트 재분배 제한사항

① PS가 도입되거나 안 된 연속 휨부재에 적용

② 근사해법으로 구한 휨모멘트에는 적용 불가

③ 최외단 인장철근의 순인장 변형률 $\epsilon_t \geq 0.0075$ 인 경우에만 적용

④ 부모멘트의 조정은 고려하는 각 하중조합에 대하여 수행하고 설계는 모든 하중조합에서 최댓값에 대해 수행한다.

⑤ 부모멘트를 재분배한 경우 그 경간의 정모멘트도 조정

⑥ 모멘트 재분배가 수행되기 전·후에 모든 절점에서 정적인 평형이 유지되어야 한다.

⑦ 받침부를 사이에 두고 경간의 길이가 서로 달라서 부모멘트가 양면에서 다른 경우에 한쪽 또는 양쪽의 부모멘트를 모두 재분배하여야 하고 이를 받침부 설계에 고려한다.

⑧ 부모멘트의 증가나 감소에 대한 최대 허용 재분배율은 $\delta = 1000\epsilon_t$ (%) $\leq$ 20%이다.

RC 휨모멘트 재분배 고려한 탄성해석

철근 콘크리트 구조물의 성능기반 설계 시 휨모멘트 재분배를 고려한 선형탄성 해석에 대하여 설명하시오.

풀 이

▶ 개요

성능기반 구조설계(performance-based design for structures)는 콘크리트 구조물의 다단계 요구성능에 기반한 구조설계로 발주자가 콘크리트 구조물의 안전성능, 사용성능, 내구성능 또는 환경성능을 고려하여 필요한 성능지표를 정해 정량적으로 제시된 목표에 맞게 설계하는 방법을 말한다.

▶ 성능기반 설계 시 휨모멘트 재분배를 고려한 선형탄성 해석

① 제한된 휨모멘트 재분배를 고려한 선형탄성 해석은 극한한계상태의 구조 부재 해석에 적용할 수 있다.

② 선형탄성 해석을 사용하여 구한 극한한계상태의 휨모멘트를 재분배하는 경우, 재분배된 휨모멘트는 구조물에 작용하는 하중과 정적평형조건을 만족시켜야 한다.

③ 선형탄성해석에 대한 제한된 휨모멘트 재분배는 중력하중 또는 지진하중을 받는 연속보와 슬래브에 적용할 수 있다. 다만, 재분배에 필요한 부재의 비탄성 회전변형능력에 대하여 검증하여야 한다.

④ 프리스트레스트콘크리트 골조의 모서리와 같이 부재의 비탄성 회전변형능력을 정확히 검증하지 못하는 곳에는 선형탄성 해석에 의한 휨모멘트 재분배를 허용할 수 없다.

⑤ 기둥의 경우 휨모멘트 재분배를 허용할 수 없다.

모멘트 재분배 : 2012 콘크리트 구조기준

그림과 같이 d=160mm인 2경간 연속 1방향 슬래브에는 등분포 고정하중 $w_D = 7.0kPa$과 등분포 활하중 $w_L = 14.0kPa$이 작용하고, 보통중량 콘크리트 $f_{ck} = 27^{MPa}$와 $f_y = 500^{MPa}$인 보강철근을 사용하였다. 모멘트 재분배를 이용하여 중앙받침부에서 계수 휨모멘트를 감소시키거나 증가시켜서 최소의 소요철근량을 결정하라. 다음의 전단력 및 모멘트 값을 참고하고 최대 정 휨모멘트 위치가 하중유형에 따라 변화하나 그림과 같이 c의 중심인 $x = 0.4l$에서 나타난다고 가정하고 간략화를 하기 위해서 벽체의 연속성은 고려하지 않는다. 슬래브의 설계 시 $jd = 0.925d$로 시작하고 수렴은 0.5% 이하면 만족한다.

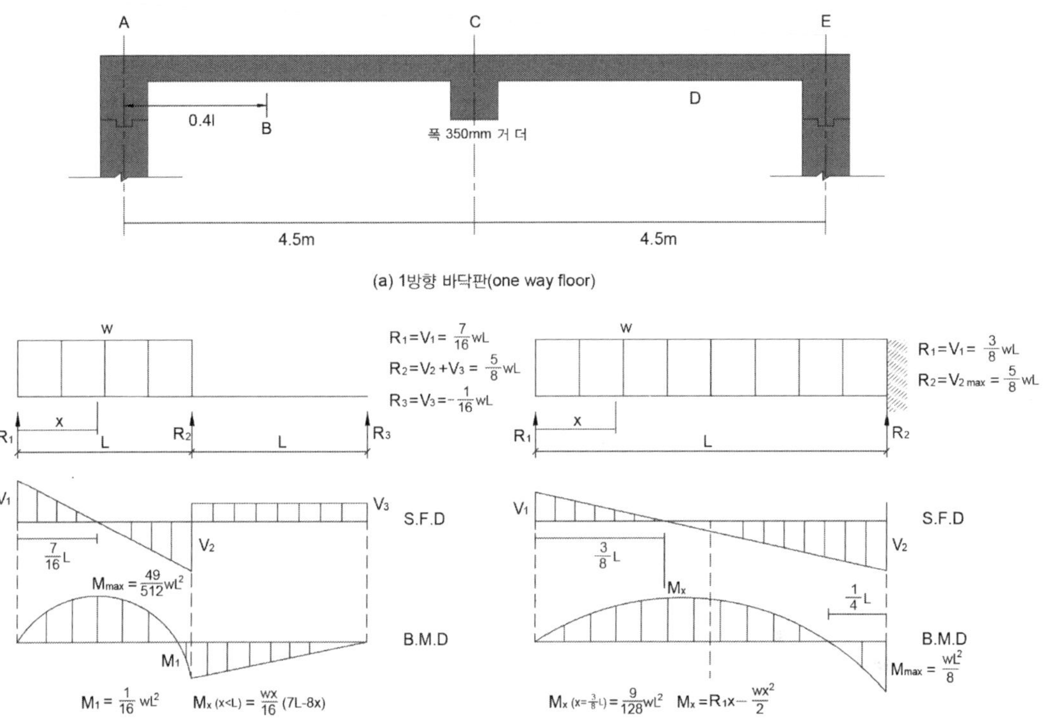

▶ SFD, BMD

1) 편측재하 시

$$3\text{연 모멘트법 } 2M_B(L+L) = -\frac{wL^3}{4} \qquad \therefore M_B = -\frac{wL^2}{16}$$

$$R_C = \frac{1}{L}\left(\frac{wL^2}{16}\right) = \frac{wL}{16}\,(\downarrow),\ R_A = \frac{1}{L}\left(\frac{wL^2}{2} - \frac{wL^2}{16}\right) = \frac{7}{16}wL\,(\uparrow) \qquad \text{O.K}$$

2) 전면재하 시

대칭구조물이므로 AB에 대해서 검토하면,

$$M_B{'} = C_{BA} + \frac{1}{2}C_{AB} = -\frac{3}{2}\frac{wL^2}{12} = -\frac{wL^2}{8}, \qquad \therefore M_B = 2M_B{'} = -\frac{wL^2}{4}\,(\downarrow) \qquad \text{O.K}$$

(3연모멘트 방정식 이용 시에도 동일)

▶ 계수하중 및 휨모멘트 산정

$$w_u = 1.2w_D + 1.6w_L = 30.8^{kN/m} > 1.4w_D$$

1) 편측재하 시

$$M_C(\text{받침부}) = \frac{w_D L^2}{8} + \frac{w_L L^2}{16} = -49.6^{kNm}$$

$$M_m\,(\text{경간 중앙부근 최대 정모멘트}) = \frac{9}{128}w_D L^2 + \frac{49}{512}w_L L^2 = 55.4^{kNm}$$

2) 전면재하 시

$$M_C(\text{받침부}) = \frac{w_u L^2}{8} = -78.0^{kNm}$$

$$M_m\,(\text{경간 중앙부근 최대 정모멘트}) = \frac{9}{128}w_u L^2 = 43.9^{kNm}$$

▶ 모멘트 재분배 검토

전면재하 시의 최대 휨모멘트는 받침부에서 −78.0kNm가 발생하므로 이 값을 기준으로 최외단 인장철근의 순인장변형률 ϵ_t를 산정한다. 2경간 하중이 대칭으로 작용하므로 받침부 C 우측면에서 동일한 최댓값이 발생한다.

1) 받침부 C의 거더면에서의 계수 휨모멘트 산정

받침부 A로부터 떨어진 거리를 x라고 하면,

$$x = 4.5 - 0.35/2 = 4.325^{m}$$

$$M_C(\text{거더면}) = \frac{3}{8}w_u Lx - \frac{w_u x^2}{2} = -63.3^{kNm}$$

$\epsilon_t \geq 0.0075$ 로 가정하므로 $\phi = 0.85$

$$M_n = \frac{63.3}{0.85} = 74.5^{kNm}$$

2) ϵ_t 의 산정

$$f_{ck} = 27^{MPa} \quad \therefore \ \beta_1 = 0.85$$

$$M_n = 0.85 f_{ck}(\beta_1 c)b\left(d - \frac{\beta_1 c}{2}\right) = 74.5 \times 10^6 \quad c\text{에 관한 2차 방정식}$$

$$\therefore \ c = 25.61^{mm}, \epsilon_t = 0.003\left(\frac{d_t}{c} - 1\right) = 0.0157 > 0.0075 \quad \text{O.K}$$

3) $\delta = 1000\epsilon_t$ 의 계산

$$\delta = 1000\epsilon_t = 15.7\% \leq 20\% \quad \text{O.K}$$

$$\therefore \ \delta = 15.7\% \text{의 부모멘트를 증가 또는 감소시켜서 재분배할 수 있다.}$$

4) 받침부 C의 부모멘트 감소

$$M_C = -78.0 \times (1 - 0.157) = -65.7^{kNm}$$

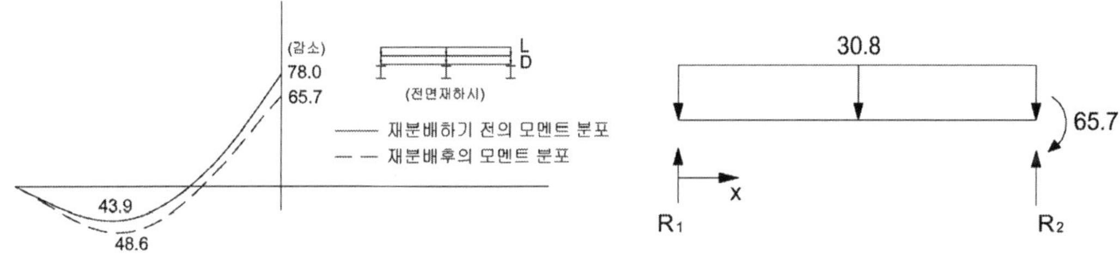

$$R_2 = \frac{1}{4.5}\left(\frac{1}{2} \times 30.8 \times 4.5^2 + 65.7\right) = 83.9^{kN}, \quad R_1 = 30.8 \times 4.5 - R_2 = 54.7^{kN}$$

$$V = 0 \text{일 때 } x = 54.7/30.8 = 1.78 (\fallingdotseq 0.4L)$$

$$\therefore \ M_B = 54.7 \times 1.78 - 30.8 \times 1.78^2/2 = 48.6^{kNm}$$

5) 편측재하 형식에 대해 모멘트 재분배 : 단면 B의 정모멘트를 감소시키기 위해 받침부 C 좌측면의 부

모멘트를 증가시킨다.

$$M_C = -49.6.0 \times (1 + 0.157) = -57.4^{kNm}$$

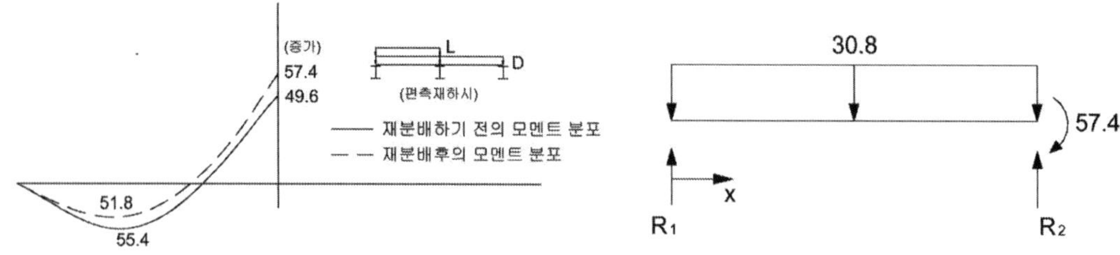

$$R_2 = \frac{1}{4.5}\left(\frac{1}{2} \times 30.8 \times 4.5^2 + 57.4\right) = 82.1^{kN}, \quad R_1 = 30.8 \times 4.5 - R_2 = 56.5^{kN}$$

$$V = 0 \text{일 때 } x = 56.5/30.8 = 1.834(\fallingdotseq 0.4L) \quad \therefore M_B = 51.8^{kNm}$$

6) 지점부 철근량 검토

받침부 거더 좌측면 $M_C' = -63.3 \times (1 - 0.157) = -53.3^{kNm}$

$$A_s f_y\left(d - \frac{1}{2}\frac{A_s f_y}{0.85 f_{ck} b}\right) = \frac{M_c'}{\phi} \quad A_s \text{에 관한 2차 방정식}$$

$$\therefore A_s = 830.8^{mm^2} \left(> A_{s_{\min}} = \frac{1.4}{f_y} b_w d\right)$$

$$a = \frac{A_s f_y}{0.85 f_{ck} b} = 18.1^{mm}, \quad c = 21.3^{mm}, \quad \epsilon_t = 0.003\left(\frac{d_t}{c} - 1\right) = 0.0195 > 0.0075 \quad \text{O.K}$$

$$\rho_{\max} = 0.85\beta_1 \frac{f_{ck}}{f_y}\frac{\epsilon_{cu}}{\epsilon_{cu} + \epsilon_{t.\min}} = 0.85^2 \times \frac{27}{500} \times \frac{6}{11} = 0.02128$$

$$\rho = \frac{A_s}{bd} = 0.00519, \quad \rho_{\min} = \frac{1.4}{f_y} = 0.0028$$

$$\therefore \rho_{\min} < \rho < \rho_{\max} \quad \text{O.K}$$

7) 정모멘트부 철근량

$$M_{u(B)} = 51.8^{kNm}$$

$$A_s f_y\left(d - \frac{1}{2}\frac{A_s f_y}{0.85 f_{ck} b}\right) = \frac{M_{u(B)}}{\phi} \quad A_s \text{에 관한 2차 방정식}$$

$$\therefore A_s = 805.99^{mm^2} \left(> A_{s_{\min}} = \frac{1.4}{f_y} b_w d\right)$$

$$a = \frac{A_s f_y}{0.85 f_{ck} b} = 17.6^{mm}, \quad c = 20.7^{mm}, \quad \epsilon_t = 0.003\left(\frac{d_t}{c} - 1\right) = 0.0202 > 0.0075 \quad \text{O.K}$$

$$\therefore \rho_{\min} < \rho < \rho_{\max} \quad \text{O.K}$$

▶ 철근량 산정

① 받침부(C) : $A_s = 831^{mm^2}$

② 단면(B)　 : $A_s = 806^{mm^2}$ 　　 $\therefore A_{s(}$

▶ 철근량 비교

모멘트 재분배를 수행하지 않는 경우 철근량 산정
① 받침부(C)

$$A_s = \frac{63.3 \times 10^6}{0.85 \times 500 \times 149.1} = 998^{mm^2}$$

② 단면(B)

$$A_s = \frac{55.4 \times 10^6}{0.85 \times 500 \times 150.6} = 865^{mm^2}$$

$$\therefore A_{s(total)} = 1864^{mm^2}$$

모멘트 재분배로 인하여 철근량이 $1 - 1637/1864 = 12.2\%$ 감소한다.

곡률연성비

철근 콘크리트 부재에서 콘크리트와 철근이 곡률연성비(curvature ductility ratio)에 미치는 영향에 대하여 설명하고, 다음 그림과 같이 폭 b=300mm, 유효깊이 d=450mm, 사용철근량 A_s =1200mm^2 인 단철근 직사각형 보의 곡률연성비를 구하시오.
단, 콘크리트(보통골재 사용)의 설계기준압축강도 f_{ck} =24MPa, 철근의 항복강도는 f_y =300MPa, 철근의 탄성계수 E_s =2.0×10^{5}MPa이며, 철근이 최초 항복할 때까지 콘크리트는 탄성거동하며, 콘크리트의 극한변형률은 $\epsilon_c = 0.003$ 으로 가정한다.

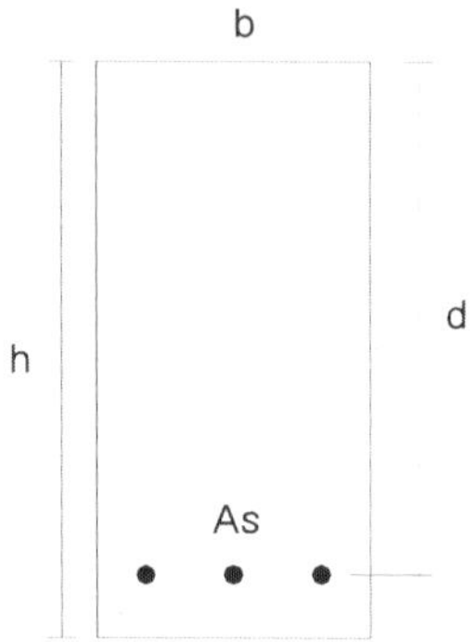

풀 이

▶ 곡률연성비(curvature ductility Ratio)

기둥에서 곡률연성비(Curvature Ductility Ratio, ϕ_u/ϕ_y =소성영력 종단의 곡률/항복점에 이른 상태의 곡률) RC단면의 연성을 표현하는 수단이다. 내진해석 시 곡률연성비는 소성힌지가 발생되는 구간에 소성영역의 곡률이 극대화되므로 곡률연성비가 커지게 된다. 이 비율은 에너지를 흡수할 수 있는 능력을 의미하기도 한다.

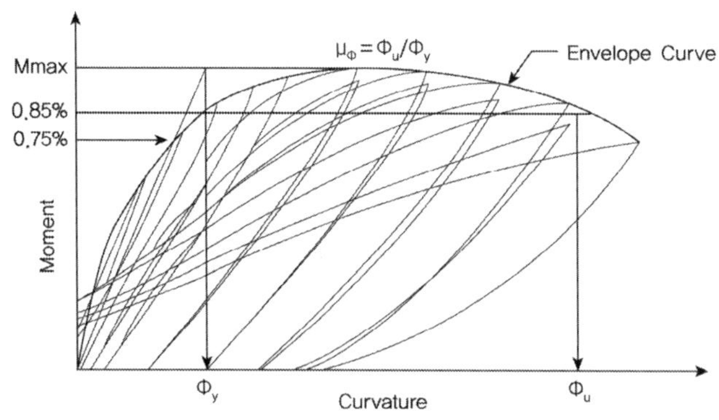

주어진 문제에서 보의 곡률연성계수(curvature ductility factor)는 인장되는 최외각 철근의 극한 변형률과 항복변형률의 비를 의미한다.

▶ 콘크리트와 철근이 곡률연성비에 미치는 영향

철근과 콘크리트의 강도에 따라서 휨강도는 동일하더라도 고강도의 재료를 사용할 시에는 연성도가 달라질 수 있다. 이는 고강도 재료일수록 취성적인 특성을 가지기 때문에 전체적인 구조물에 연성도에 차이가 발생하기 때문이다. 일반적으로 고강도의 재료를 사용하게 될 경우에는 변형률이 기존에 설계기준에서 제시하고 있는 변형 내에서 거동하는지에 대한 검증이 필요하게 되며, 이로 인해서 국내설계기준에서는 고강도 철근을 사용할 경우 항복고원(yield plateau)이 뚜렷하게 나타나지 않고 취성적인 성향을 보여서 파괴 시 변형률이 저강도 철근보다 작은 변형률에서 파괴되기 때문에 일정한 변형률(0.0035)을 기준으로 설계기준항복강도를 규정하도록 하고 있으며 긴장재를 제외한 철근의 설계기준항복강도 f_y는 550MPa을 초과하지 않도록 규정하고 있다.

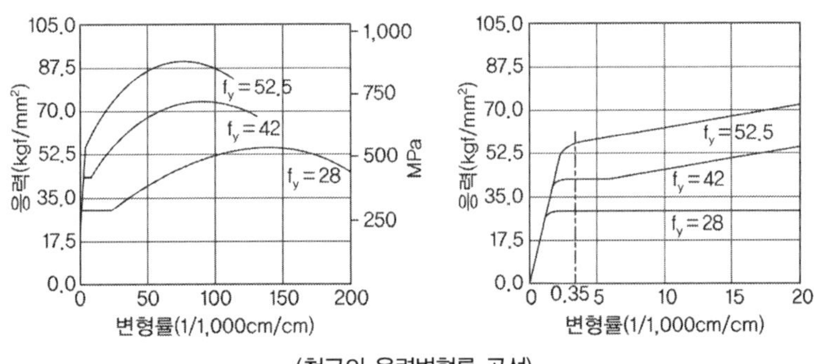

(철근의 응력변형률 곡선)

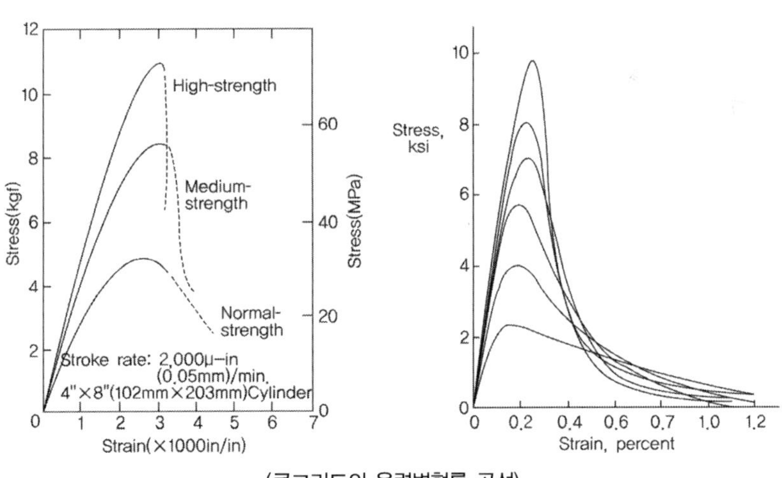

(콘크리트의 응력변형률 곡선)

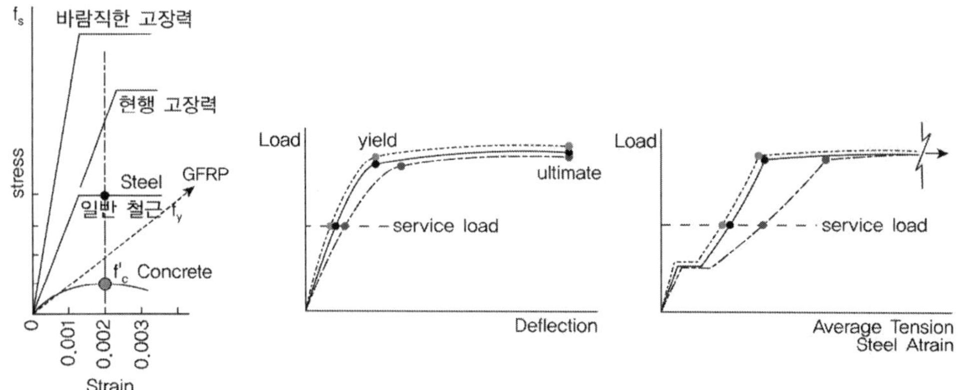

실제 철근 항복강도의 문제점은 휨부재(보, 슬래브)에서 연성확보 실패 가능성으로 취성파괴 가능성이 있다. 이는 인장철근 단면적 제한 기준(ρ_{max})이 무의미하고 설계와 실제값이 다를 수 있으므로 큰 오차가 유발될 수 있으며 이로 인하여 취성파괴 발생 가능성이 있다. 또한 기둥교각의 내진설계에서 실제 휨강도가 설계에 사용된 것보다 매우 커서 취성의 전단파괴 발생가능성이 있으며 이로 인하여 연성확보가 실패할 수 있다.

고강도 철근을 적용 시에는 휨 연성에서 휨강도는 동일하더라도 고강도 철근 적용 시 연성도가 낮아질 수 있다.

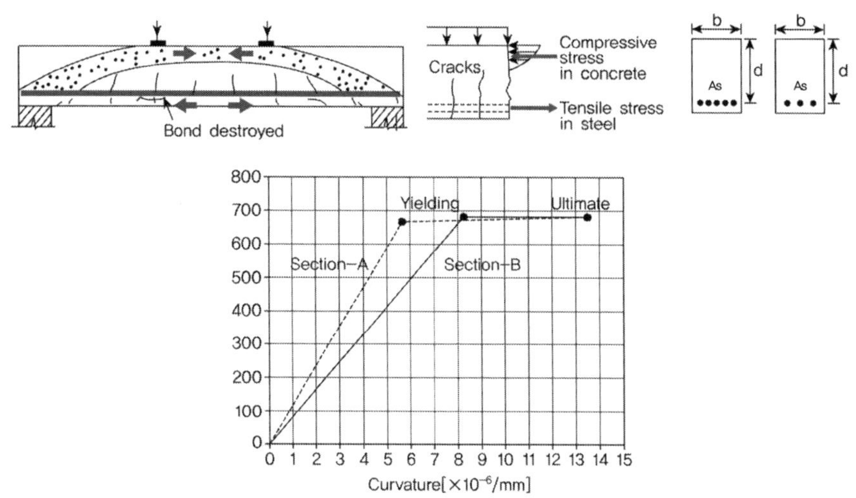

구분		$\phi_y (\times 10^{-6})$	M_y	$\phi_u (\times 10^{-6})$	M_u	μ_ϕ	μ_ϵ
A.	$f_y = 300 MPa$	5.63	670	13.5	686	2.40	2.95
B.	$f_y = 500 MPa$	8.26	685	13.5	686	1.64	1.77

휨강도는 동일하지만 B Section의 연성도가 더 낮다.

또한 내진설계 시 교각 주철근과 횡철근 고장력 철근의 역학적 성능의 불확실성으로 인해 일반적인 내직교각의 파괴형태는 파괴모드1(주철근이 압축좌굴-인장 반복으로 저주파(low-cycle fatigue) 피로 파단), 파괴모드2(횡구속 철근이 반복인장 후 파단)이나 고장력 철근을 사용할 경우 연신율이 작은 고장력 철근의 연성성력 불확실성이나 저주파피로 저항성의 불확실, 인장강도/항복강도 > 1.25의 안정성 확보 불확실성이 나타날 수 있다.

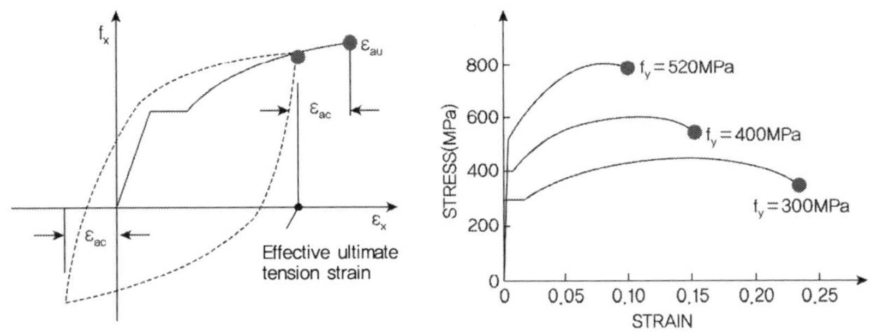

▶ 단철근 직사각형 보의 곡률연성비

f_{ck}=24MPa, f_y=300MPa, E_s=2.0×10⁵MPa, 콘크리트의 극한변형률은 $\epsilon_c = 0.003$
폭 b=300mm, 유표깊이 d=450mm, 사용철근량 A_s=1200mm²

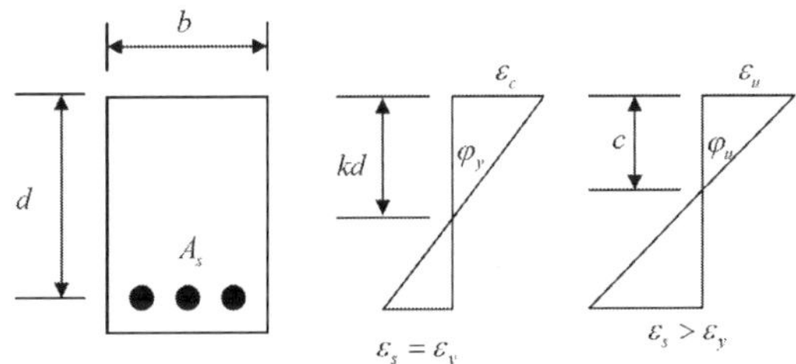

$$\epsilon_y = f_y / E_s = 300/2.0 \times 10^5 = 0.0015 \quad k = \frac{0.0015}{0.0045} = \frac{1}{3}$$

1) 항복변형률 $\quad \phi_y = \frac{f_y}{E_s} \frac{1}{d(1-k)} = 0.000005$

2) 극한변형률

콘크리트가 극한변형률 0.003에 도달했을 때 철근의 변형률을 극한상태의 변형률로 본다면,

$$C = T : \quad a = \frac{A_s f_y}{0.85 f_{ck} b} = \frac{1200 \times 300}{0.85 \times 24 \times 300} = 58.824mm \quad c = \frac{a}{\beta_1} = 69.20mm$$

$$\therefore \phi_u = \epsilon_u / c = 0.00004335$$

3) 곡률연성계수 $\quad \mu_\phi = \frac{\phi_u}{\phi_y} = \frac{\epsilon_u}{f_y/E_s} \frac{d(1-k)}{a/\beta_1} = 8.671$

곡률연성계수

단면특성에 따른 곡률연성계수(curvature ductility factor)의 증감에 대하여 설명하고 그림과 같이 폭 b=300mm, 유효깊이 d=450mm, 사용철근량 $A_s = 1200mm^2$인 단철근 직사각형 보의 곡률연성계수를 구하시오(단, 콘크리트(보통골재)의 설계기준압축강도 $f_{ck} = 24MPa$, 철근의 항복강도는 $f_y = 300MPa$, 철근의 탄성계수 $E_s = 2.0 \times 10^5 MPa$이며, 철근이 최초 항복할 때까지 콘크리트는 탄성거동하며 콘크리트의 극한변형률 $\epsilon_c = 0.003$으로 가정한다).

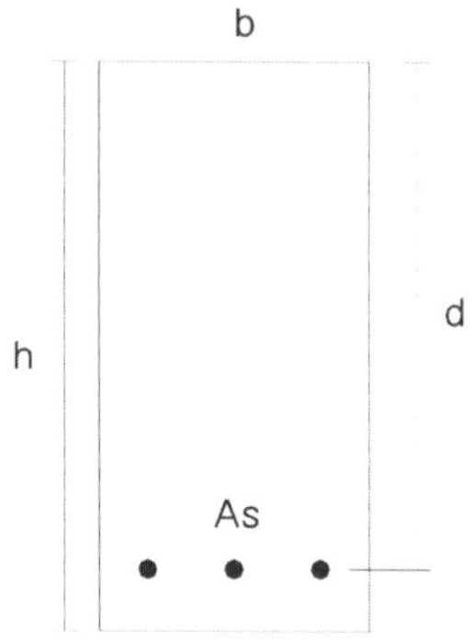

풀 이

▶ 곡률연성계수(curvature ductility factor)

기둥에서 곡률연성비(Curvature Ductility Ratio, ϕ_u/ϕ_y=소성영역 종단의 곡률/항복점에 이른 상태의 곡률) RC단면의 연성을 표현하는 수단이다. 내진해석 시 곡률연성비는 소성힌지가 발생되는 구간에 소성영역의 곡률이 극대화되므로 곡률연성비가 커지게 된다. 이 비율은 에너지를 흡수할 수 있는 능력을 의미하기도 한다.

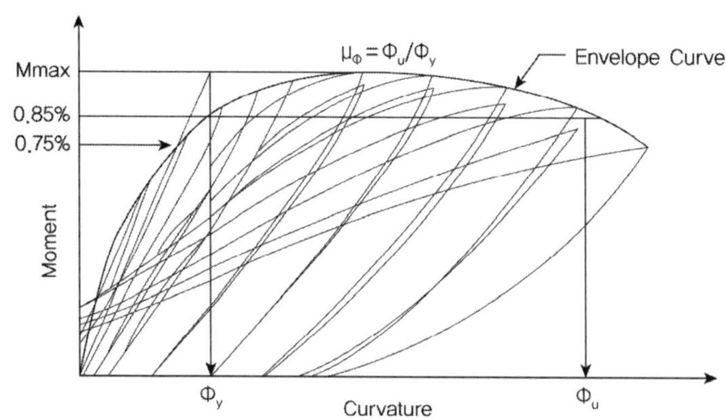

주어진 문제에서 보의 곡률연성계수(curvature ductility factor)는 인장되는 최외각 철근의 극한
변형률과 항복변형률의 비를 의미한다.

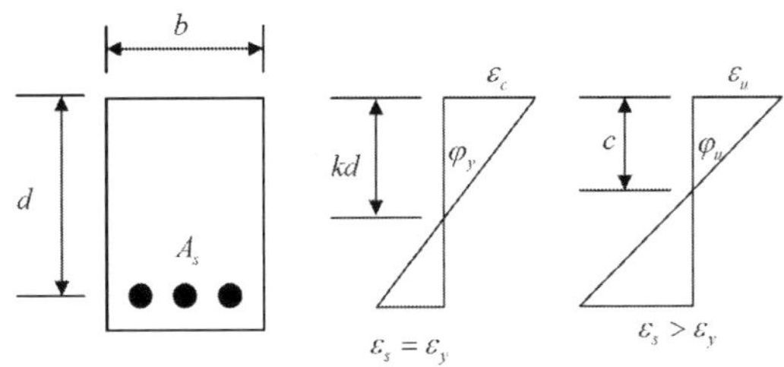

$$\epsilon_y = f_y/E_s = 300/2.0 \times 10^5 = 0.0015 \quad k = \frac{0.0015}{0.0045} = \frac{1}{3}$$

1) 항복변형률 $\quad \phi_y = \dfrac{f_y}{E_s} \dfrac{1}{d(1-k)} = 0.000005$

2) 극한변형률

콘크리트가 극한변형률 0.003에 도달했을 때 철근의 변형률을 극한상태의 변형률로 본다면,

$$C = T : \quad a = \frac{A_s f_y}{0.85 f_{ck} b} = \frac{1200 \times 300}{0.85 \times 24 \times 300} = 58.824mm \quad\quad c = \frac{a}{\beta_1} = 69.20mm$$

$$\therefore \ \phi_u = \epsilon_u/c = 0.00004335$$

3) 곡률연성계수 $\quad \mu_\phi = \dfrac{\phi_u}{\phi_y} = \dfrac{\epsilon_u}{f_y/E_s} \dfrac{d(1-k)}{a/\beta_1} = 8.671$

슬래브 하중분담

단변의 길이 S, 장변의 길이 L, 두께 t인 2방향 철근 콘크리트 슬래브가 4변 모두 단순지지되어 있다. 이 슬래브의 중앙에 집중하중 P가 작용할 때, 장변 및 단변으로의 하중분담 비를 설명하시오(단, 장변 : 단변 =1.5 : 1).

풀 이

▶ 개요

1방향 슬래브의 구조적 거동은 표면에 연직 분포 하중이 작용하면 원통형처럼 휘며, 곡률은 한 방향으로 동일한 반면에 장변 방향으로는 곡률이 발생하지 않는 특징이 있다. 곡률이 발생하지 않으면 휨 모멘트도 없기 때문에 장변 방향의 휨모멘트는 발생되지 않고 단변 방향으로만 휨모멘트가 발생하게 된다. 따라서, 폭이 매우 넓고 깊이가 있는 사각형 단면과 동일한 거동을 하며, 1방향 슬래브는 나란한 단변 방향 보들의 집합으로 구성되어 있다고 간주할 수 있다.

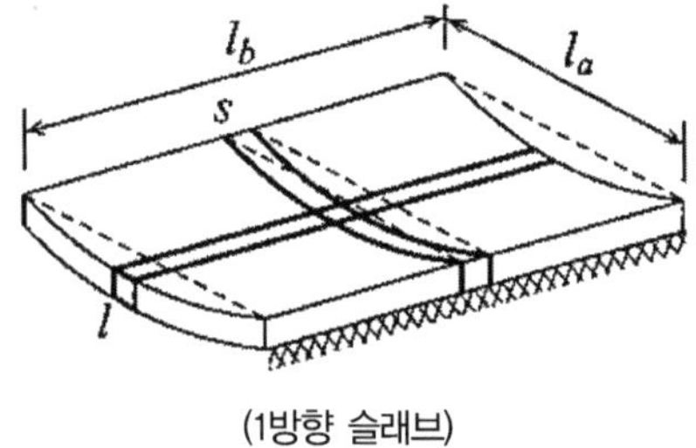
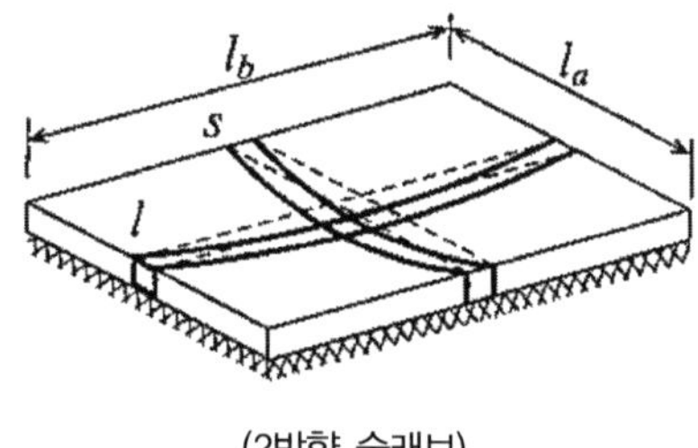

(1방향 슬래브)   (2방향 슬래브)

▶ 2방향 RC 슬래브의 하중 분담비

2방향 슬래브를 서로 직교하는 2개의 띠로 고려하면 하중은 각 띠를 통해 받침으로 전달된다. 이 가상의 띠는 실제 일체로 타설된 슬래브의 일부이기 때문에 교차점의 처짐량은 반드시 같아야 한다. 집중하중 P가 작용하는 경우 각 방향 띠의 중앙 처짐이 동일하므로 다음과 같은 관계가 성립된다.

$$\frac{P_a L_a^3}{48EI} = \frac{P_b L_b^3}{48EI}, \quad P_a + P_b = P, \qquad \therefore \frac{P_a}{P_b} = \left(\frac{L_b}{L_a}\right)^3$$

여기서 장변과 단변의 비가 1.5 : 1일 경우 $P_a = 3.375 P_b$이므로 다음과 같이 하중을 분담한다.

$$\therefore P_a = 0.7714\text{P}, \ P_b = 0.2286\text{P}$$

등분포 하중을 받는 경우에는 다음과 같다.

$$\frac{5w_a l_a^4}{384EI} = \frac{5w_b l_b^4}{384EI}, \quad w_a + w_b = w, \quad \therefore \frac{w_a}{w_b} = \left(\frac{L_b}{L_a}\right)^4$$

$$\therefore w_a = 0.835P, \quad w_b = 0.165P$$

▶ 콘크리트 구조기준 고찰

주어진 조건에서 장변과 단변의 비가 1.5:1일 경우 집중하중은 약 77%, 등분포하중은 84%가 단변 방향으로 집중되는 것을 알 수 있다. 만약 장변과 단변의 비가 2.0일 경우에는 그 집중도가 더 커지게 되는데, 집중하중은 약 89%, 등분포하중은 약 94%가 단변에 하중분담이 집중되게 된다. 이것은 단변방향으로 모든 하중이 전달되는 1방향 슬래브와 거의 동일하게 거동한다고 가정할 수 있으며, 이러한 하중 집중 때문에 콘크리트 구조기준(2012)에서는 1방향 슬래브는 장변의 길이가 단변의 길이의 2배를 초과하는 경우로 정의하고 있다.

TIP | 2016 도로교설계기준 한계상태설계법 : 콘크리트교 주요내용 |

1. 재료계수 ϕ

하중조합	콘크리트 ϕ_c	철근 또는 프리스트레싱 강재 ϕ_s
극한하중조합 I, II, III, IV, V	0.65	0.90
극단상황하중조합 I, II	1.0	1.0
사용하중조합 I, III, IV, V	1.0	1.0
피로하중조합	1.0	1.0

2. 재료 : 콘크리트

1) 기준압축강도와 평균압축강도 : 재령 28일에 평가한 원주형 공시체의 압축강도를 기준압축강도 f_{ck} 로 정의하며 평균압축강도 f_{cm} 은 기준압축강도에 보정강도를 더한 값으로 한다.

평균압축강도 : $f_{cm} = f_{ck} + \Delta f$

($\Delta f : f_{ck} \leq 40MPa$ (4MPa), $f_{ck} \geq 60MPa$ (6MPa), $40MPa < f_{ck} < 60MPa$ (4~6MPa 사이 보정))

2) 재령 t일에서의 콘크리트 압축강도 : 시멘트종류, 온도, 양생조건에 따라 변화

표준양생된 콘크리트의 각 재령에서의 평균압축강도 $f_{cm}(t) = \beta_{cc}(t)f_{cm}$

여기서 $\beta_{cc}(t) = \exp\left[\beta_{sc}\left[1 - \left(\frac{28}{t}\right)^{1/2}\right]\right]$

종류	1종시멘트(습윤양생)	1종시멘트(증기양생)	3종시멘트(습윤양생)	3종시멘트(증기양생)	2종시멘트
β_{cc}	0.35	0.15	0.25	0.12	0.40

3) 평균인장강도 f_{ctm} 의 간접산정 방법

  ① 쪼갬 인장강도 평균값(f_{spm}) 이용 : $f_{ctm} = 0.9 f_{spm}$

  ② 휨인장강도 평균값(f_{rm}) 이용 : $f_{ctm} = 0.5 f_{rm}$

  ③ 평균압축강도(f_{cm}) 이용 : $f_{ctm} = 0.3 (f_{cm})^{2/3}$

4) 기준인장강도(f_{ctk})는 평균인장강도(f_{ctm})의 70% 적용 : $f_{ctk} = 0.7 f_{ctm}$

5) 탄성변형

  ① 보통 콘크리트 탄성계수 E_c ($0.4 f_{cm}$ 점에서 구한 할선 탄성계수) : $E_c = 0.077 m_c^{1.5}\sqrt[3]{f_{cm}}$ (MPa)

  ② 경량 콘크리트 탄성계수 $E_c = \eta_E \times 0.077 m_c^{1.5}\sqrt[3]{f_{cm}}$, $\eta_E = (\gamma_g / 2200)^2$

  ③ ν(포아송비) : 비균열 콘크리트(1/6), 균열콘크리트(0)

  ④ 열팽창계수 : $10 \times 10^{-6} / ^\circ\mathrm{C}$

3. 응력과 변형률 관계

1) 극한한계상태에 대한 단면 설계(응력-변형률 관계)

한계상태설계법에서는 단면의 휨설계를 위하여 실제 콘크리트의 압축거동을 이상화한 콘크리트의 응력-변형률 곡선을 사용할 수 있도록 하고 있다. 이는 강도설계법에서 일반적으로 채택하였던 등가 직사각형 모델과는 달리 아래 그림과 같이 포물선과 직선으로 구성되므로 보다 사실적인 거동에 기초한 설계방법을 제안하고 있다. 설계기준에서는 콘크리트의 응력을 변형률의 함수로서 구간에 따라 다음과 같이 구분하여 제시한다.

$$f_c = \phi_c 0.85 f_{ck}\left[1 - \left(1 - \left(\frac{\epsilon_c}{\epsilon_{co}}\right)\right)^n\right] \qquad 0 \leq \epsilon_c \leq \epsilon_{co}$$

$$f_c = \phi_c 0.85 f_{ck} \qquad\qquad\qquad \epsilon_{co} < \epsilon_c \leq \epsilon_{cu}$$

여기서 ϕ_c (콘크리트에 대한 재료계수, 극한하중 시 0.65, 극단상황, 사용하중, 피로 시 1.0)

$$n = 2.0 - \left(\frac{f_{ck} - 40}{100}\right) \leq 2.0 \text{ (상승곡선부의 형상을 나타내는 지수)}$$

$$\epsilon_{co} = 0.002 + \left(\frac{f_{ck} - 40}{100,000}\right) \geq 0.002 \text{ (최대응력에 처음 도달할 때의 변형률)}$$

$$\epsilon_{cu} = 0.0033 - \left(\frac{f_{ck} - 40}{100,000}\right) \leq 0.0033 \text{ (극한변형률)}$$

단, 콘크리트 강도가 40MPa 이하인 경우 n, ϵ_{co}, ϵ_{cu} 는 주어진 한곗값을 적용한다.

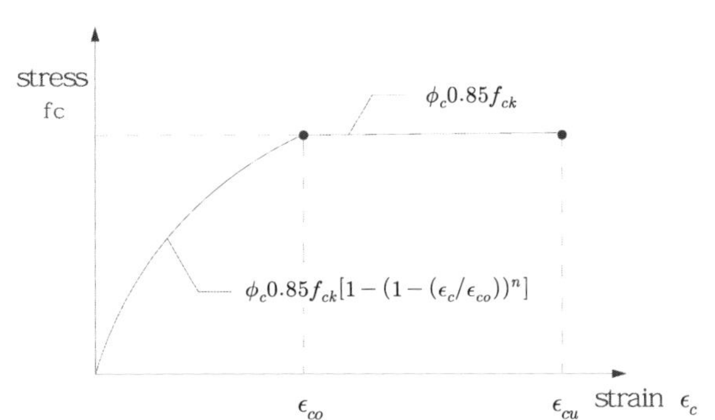

도로교설계기준 한계상태설계법

① 평형조건과 변형적합조건이용

② 콘크리트 한계변형률 0.0033

③ 극한한계상태에서 중립축 깊이 c_{max}

$$c_{max} = \left(\frac{\delta\epsilon_{cu}}{0.0033} - 0.6 \right)d$$

④ 중립축 깊이가 c_{max} 이하가 되도록 인장철근 또는 긴장재의 양을 제한하거나 압축철근 단면적 증가시키도록 요구

단면의 휨해석을 위해 필요한 중립축 상단에 작용하는 압축력의 크기는 f_c 함수를 적분하여 구하고 작용점은 도심을 계산하여 결정할 수 있다.

2) 등가직사각형 응력분포로 치환하는 방법

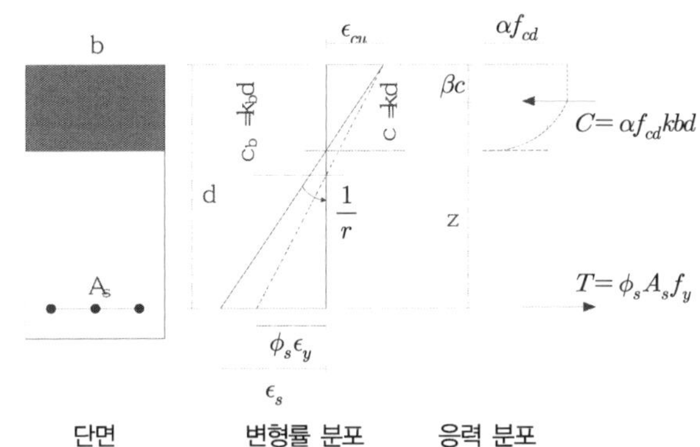

α : 압축영역의 평균응력 $f_{c,avg}$ 과 설계강도 f_{cd}의 비

$$\alpha = 1 - \frac{1}{1+n}\left(\frac{\epsilon_{co}}{\epsilon_{cu}} \right)$$

β : 압축연단으로부터 잰 작용점 깊이와 중립축 깊이 비

$$\beta = 1 - \frac{0.5 - \dfrac{1}{(1+n)(2+n)}\left(\dfrac{\epsilon_{co}}{\epsilon_{cu}}\right)^2}{1 - \dfrac{1}{1+n}\left(\dfrac{\epsilon_{co}}{\epsilon_{cu}}\right)}$$

휨부재의 극한한계상태에서 한계변형률과 합력 무차원 계수 값

f_{ck}(MPa)	보통강도 콘크리트							고강도 콘크리트				
	18	21	24	27	30	35	40	50	60	70	80	90
ϵ_{cu} (‰)				3.3				3.2	3.1	3.0	2.9	2.8
α				0.80				0.78	0.72	0.67	0.63	0.59
β				0.41 (0.4)				0.40	0.38	0.37	0.36	0.35
γ				0.97 (1.0)				0.97	0.95	0.91	0.87	0.84

3) 비선형 해석을 위한 응력–변형률 관계(1축 압축)

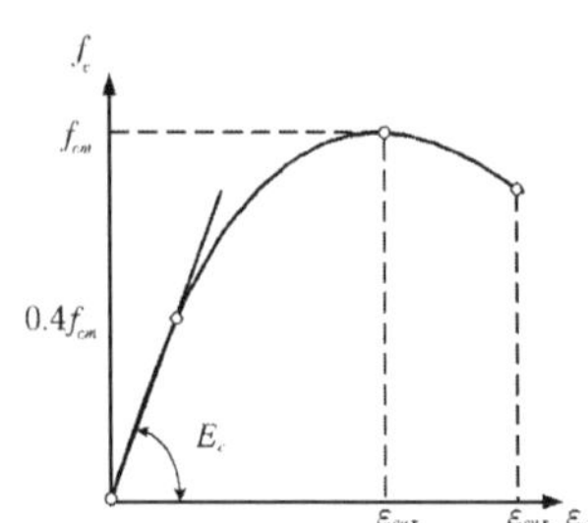

$$f_c = f_{cm}\left[\frac{k(\epsilon_c/\epsilon_{co,r}) - (\epsilon_c/\epsilon_{co,r})^2}{1 + (k-2)(\epsilon_c/\epsilon_{co,r})}\right]$$

여기서, $k = 1.1E_c\epsilon_{co,r}/f_{cm}$

$\epsilon_{co,r}$은 최대 응력에 도달하였을 때 정점 변형률

$\epsilon_{cu,r}$은 극한한계변형률

4) 횡방향 구속된 콘크리트의 응력–변형률 관계

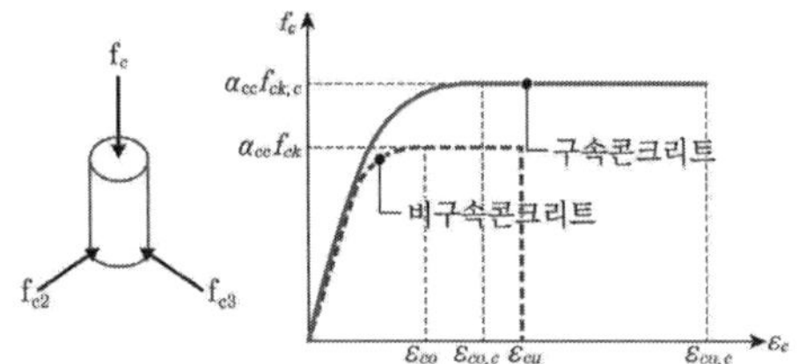

(a) 구속된 콘크리트의 응력–변형률 관계

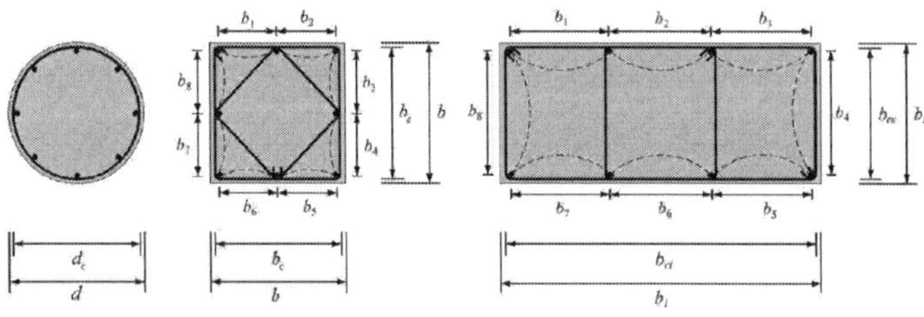

(b) 횡구속된 압축부재

횡방향철근으로 구속된 휨부재는 횡구속 효과를 고려한 응력–변형률 관계를 사용하여 휨강도와 변형성능을 검증할 수 있으며 이때의 횡구속 철근은 심부콘크리트를 구솔할 수 있는 철근상세를 가진 횡방향 철근이어야 한다. 횡방향 구속된 콘크리트의 응력–변형률의 증가된 관계를 다음과 같이 표현할 수 있다.

$$f_{ck,c} = f_{ck} + 3.7f_2, \quad \epsilon_{co,c} = \epsilon_{co}(f_{ck,c}/f_{ck})^2, \quad \epsilon_{cu,c} = \epsilon_{cu} + 0.2f_2/f_{ck}$$

여기서, $f_{2,3}$는 극한한계상태에서 구속에 의해서 발생하는 횡방향 유효 압축응력

(원형후프, 나선철근) $f_{2,3} = \dfrac{1}{2}\rho_s f_{yh}\left(1 - \dfrac{s}{d_s}\right) = \dfrac{2A_{sp}f_{yh}}{sd_c}\left(1 - \dfrac{s}{d_c}\right)$

(사각 띠철근) $f_{2,3} = \rho_{r\,min}f_{yh}\left(1 - \dfrac{s}{b_d}\right)\left(1 - \dfrac{s}{b_{cs}}\right)\left(1 - \dfrac{\sum b_i^2/6}{b_d b_{cs}}\right)$

여기서, $\rho_s = \dfrac{4A_{sp}}{sd_c}$: 콘크리트 심부체적에 대한 횡구속 철근의 체적비

f_{yh} : 횡구속 철근의 설계기준 항복강도

s : 부재의 축방향으로 측정한 횡구속 철근의 간격

d_c : 원형단면의 횡구속 철근 외측표면을 기준으로 한 콘크리트 심부의 단면 치수

A_{sp} : 원형 단면의 횡구속 철근 한 개의 단면적

$\rho_{r\,min}$: 긴 변 방향과 짧은 변 방향으로 계산한 사각형 횡구속 띠철근의 체적비(ρ_{rl}과 ρ_{rs}) 중 작은 값, $\rho_{rl} = A_{shl}/(sb_{cs})$, $\rho_{rs} = A_{shs}/(sb_{cl})$

A_{shl} : 긴 변 방향으로 배치된 사각형 횡구속 띠철근의 총 단면적

A_{shs} : 짧은 변 방향으로 배치된 사각형 횡구속 띠철근의 총 단면적

b_{cmin} : 사각형 횡구속 띠철근 외측표면을 기준으로 한 콘크리트 심부의 단면치수 중 작은 값

b_{cmax} : 사각형 횡구속 띠철근 외측표면을 기준으로 한 콘크리트 심부의 단면치수 중 큰 값

b_i : 후프띠철근의 모서리나 보강띠철근의 갈골로 구속된 축방향 철근 사이의 중심간격

5) 설계압축강도와 설계인장강도

① 설계압축강도(f_{cd}) : 재료계수와 유효계수를 고려하여 산정

$f_{cd} = \phi_c\alpha_{cc}f_{ck}$, 여기서 α_{cc}=0.85(유효계수)

② 설계인장강도(f_{ctd}) : 재료계수와 유효계수를 고려하여 산정

$f_{ctd} = \phi_c\alpha_{ct}f_{ctk}$, 여기서 α_{ct}=0.85(쪼갬인장강도 산정 시), 1.00(그 외의 경우)

4. 철근

내진설계를 제외하고 철근 설계기준항복강도는 600MPa 이하의 철근만 유효한 것으로 본다. 철근의 기준항복강도 f_y(또는 $f_{0.2k}$: 0.2% 오프셋 항복강도)와 인장강도 f_u는 항복하중의 기준값과 직접 1축 인장 최대하중을 공칭단면적으로 나눈 값으로 정의하며, 실제 실험으로 얻어진 항복응력은 기준항복강도의 1.3배를 초과하지 않아야 한다.

① 철근의 설계항복강도 : $f_{yd} = \phi_s f_y$

② 철근의 평균 탄성계수 : E_s=200GPa

③ 철근의 열팽창계수 : $12\times10^{-6}/{}^\circ C$

Chapter 04

기둥설계

기둥설계

01 축력과 휨모멘트가 작용하는 부재

1. 철근 콘크리트 부재의 축력과 휨모멘트 작용

축압축력만 작용하는 경우에는 전체 단면에 동일한 크기의 압축응력이 균일하게 작용하여 콘크리트 압축강도에 도달하는 변형률에서 파괴되므로 (a)와 같이 정점변형률 ϵ_{co}를 콘크리트 한계변형률로 하고 $0.85f_{ck}$를 최대 응력으로 설정한다. 축압축력에 휨모멘트가 추가되면 압축연단의 변형률이 최대이고 중립축 위치의 변형률이 0인 변형률 경사 영향(strain gradient effect)에 따라 극한변형률이 증가된다. 이를 반영하여 중립축의 위치에 따라 한계변형률을 설정한다. 극한상태의 중립축이 단면의 내부에 존재하는 경우에도 휨강도를 구할 때와 마찬가지로 (b)와 같이 ϵ_{cu}를 콘크리트의 한계변형률로 하는 응력분포를 적용한다.

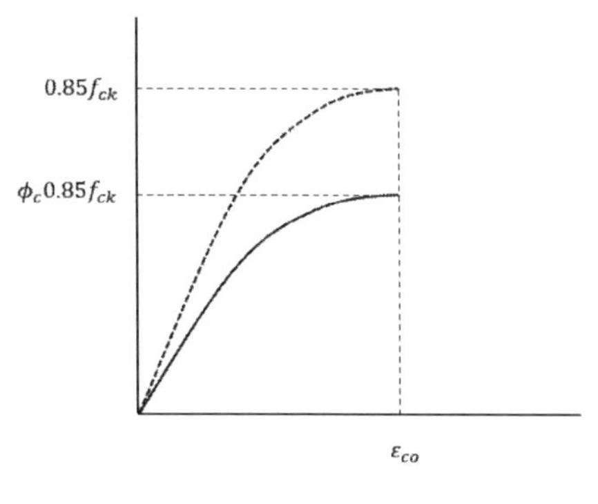

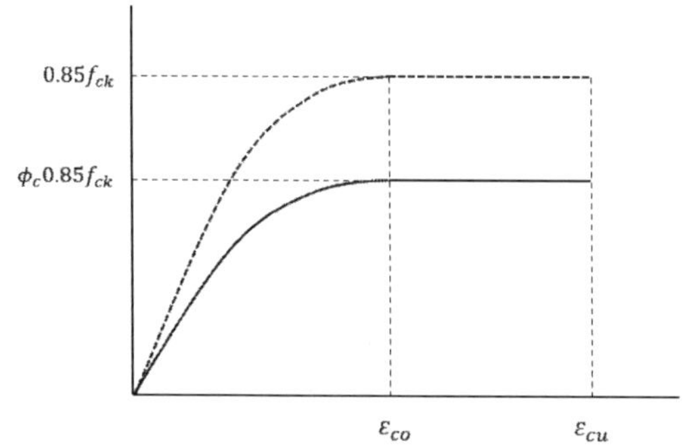

(a) 축 압축강도 해석 응력분포	(b) 휨 강도 해석 응력분포

축인장력의 크기가 작을 때에는 콘크리트 압축연단이 한계변형률 ϵ_{cu}에 도달하는 상태에서 파괴되며 이때 중립축은 단면 내부에 존재한다. 축인장력이 커지면 콘크리트 압축연단이 한계변형률

ϵ_{cu}에 도달하지 않은 상태에서 균열단면의 인장철근이 한계변형률 ϵ_{ud}에 도달하는 극한한계상태가 된다. 축인장력이 매우 큰 경우에는 단면전체가 인장변형률이 발생하는 상태로 중립축이 단면의 외부에 존재하게 되며 중립축에서 가장 멀리 위치한 인장철근이 한계변형률 ϵ_{ud}에 도달하는 극한한계상태가 된다.

2. 축-휨강도 해석범주와 지배영역

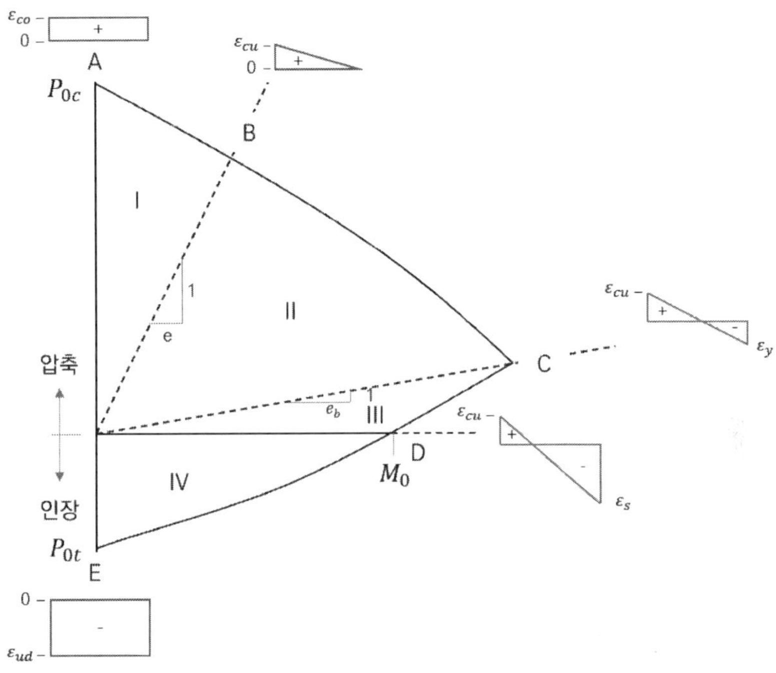

1) 해석 범주에 따른 축-휨강도 해석

① 범주 I : 중립축이 단면 내부에 존재하여 단면 전체에 압축변형률이 발생하는 상태로 극한상태에 도달해 파괴하는 범주로 A-B 사이의 강도를 갖는다. 이때의 강도검증은 횡방향 철근의 구속효과, 축방향 철근의 항복 여부, 콘크리트 크리프의 영향, 시공오차로 인한 최소편심 등을 고려해야 한다.

② 범주 II : 중립축이 단면 내부에 존재하여 단면에 압축응력과 인장응력이 작용하며 인장력을 받는 인장철근이 항복하지 않은 탄성상태에서 압축연단 콘크리트가 극한변형률에 도달하여 파괴되는 범주로 B-C 사이의 강도를 갖는다.

③ 범주 III : 중립축이 단면 내부에 존재하여 단면에 압축응력과 인장응력이 작용하며 인장력을

받는 인장철근이 항복하는 소성상태에서 압축연단 콘크리트가 극한변형률에 도달하여 파괴되는 범주로 C–D 사이의 강도를 갖는다.

④ 범주 IV : 축인장력의 크기에 따라 중립축이 단면의 내부 또는 외부에 존재하여 단면에 압축응력과 인장응력이 작용하거나 또는 단면 전체에 인장변형률이 발생하는 상태로 극한상태에 도달하는 범주로 D–E 사이의 강도를 갖는다.

2) 압축력이 작용하는 경우의 지배영역

축력이 압축으로 작용하는 경우 균형변형률의 상태를 기준으로 다음의 두 가지 지배영역으로 구분한다.

① 압축지배영역(compression-controlled region, 해석범주 I, II) : A–C영역에 해당하며, 단면전체가 압축응력을 받거나 단면의 일부가 인장응력을 받더라도 인장철근이 항복하지 않는 상태로 콘크리트가 압축파괴 거동을 보이는 영역이다. 일반적으로 철근 콘크리트 부재는 축압축파괴보다는 휨 파괴가 연성파괴로 나타나지만, 해석범주 II에 해당하는 부재라도 인장철근이 항복하지 않은 상태에서 파괴되므로 과보강 단면(over-reinforced section)과 같은 취성파괴를 보인다.

② 인장지배영역(tension-controlled region, 해석범주 III) : C–D영역에 해당하며, 단면에 압축응력과 인장응력이 작용하며 인장력을 받는 인장철근이 항복하는 소성상태에서 압축연단 콘크리트가 극한변형률에 도달하여 파괴되는 연성거동을 보인다.

균형변형률 상태를 나타내는 C에서는 곡률연성도(curvatuer ductility factor, 곡률연성지수) $\mu_\phi = 1.0$이며, 축압축력이 감소할수록 곡률연성도 μ_ϕ가 증가하여 연성능력이 커진다. KDS 14 20 콘크리트구조 설계기준(강도설계법)에서는 인장지배영역을 연성능력이 상대적으로 작은 변화구간단면(transition section)과 연성능력이 상대적으로 큰 인장지배단면(tension-controlled section)으로 구분하며, KDS 24 14 21 콘크리트교 설계기준(한계상태설계법)에서는 이러한 구분이 없다.

$$\phi P_n, \ \phi M_n \geq P_u, \ M_u$$

단주의 설계는 일반적으로 P–M상관도를 통해서 수행하며 강도 상관곡선을 그리는데 다음의 두 가지 기본조건을 이용한다.
① 적합조건 : 철근과 콘크리트의 변형률 관계
② 평형조건 : 축방향하중과 모멘트에 대한 평형조건

이때 압축구간 파괴 또는 인장파괴 구간의 곡선에 해당하는 점들을 구하기 위해서는 다음의 방법을 이용할 수 있다.
① 중립축 c를 선택하는 방법
② 인장철근 변형률 ϵ_t를 선택하는 방법
③ 편심 e를 선택하는 방법

1. 축하중만 작용하는 경우

$$P_n = \alpha P_0 = \alpha\left[0.85 f_{ck}(A_g - A_{st}) + f_y A_{st}\right] \quad \alpha : 0.85(나선철근기둥), \ 0.80(띠철근 \ 기둥)$$

$$\phi P_n = \phi \alpha P_0 \quad \phi : 0.70(나선철근기둥), \ 0.65(띠철근 \ 기둥)$$

TIP | 기둥과 휨 부재의 안전율 차이 |

1. 강도감소계수 ϕ

축방향 압축부재의 강도는 콘크리트의 지배를 받아 휨부재의 철근 인장강도에 지배되는 것에 비해 콘크리트의 품질변동, 시공 시 품질저하(하향타설로 타설시 재료분리 등) 등을 고려하여 안전성을 위해서 휨부재보다 ϕ를 낮게 취한다. 부재적 측면에서도 기둥이 보에 비해 파괴 시 야기되는 손실이 더 크기 때문에 안전율을 높게 취한다.

2. 최소편심의 영향 α

부재를 도면과 정확히 일치하게 시공하는 것은 어려우며 해석상의 소성중심에 축압축력이 가해지더라도 전체 단면의 변형률이 완정히 동일한 상태가 되기가 어렵기 때문에 이러한 이유로 시공오차에 의한 최소편심 $e_{\min}$을 설계 시 고려한다.

- KDS 14 20 콘크리트 구조설계기준(강도설계법) : $e_{\min} = 15 + 0.03h$
- KDS 24 14 21 콘크리트교 설계기준(한계상태설계법) : $e_{\min} = h/30$

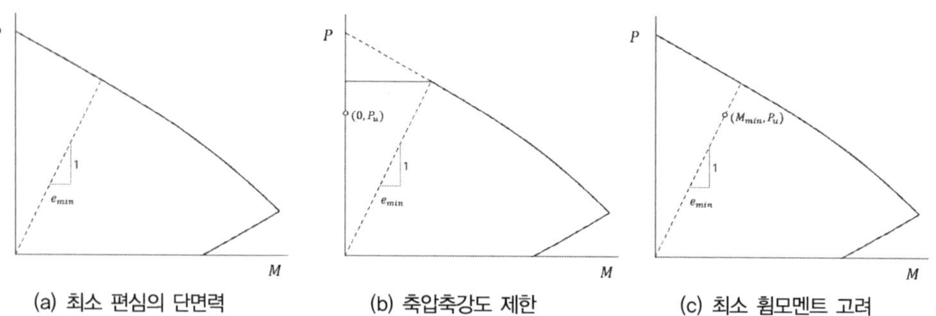

최소편심을 고려한 강도성능 검증은 ① 강도설계법(KDS 14 20)에서 적용하는 최소편심에 해당하는 축 압축강도로 제한하는 방법(αP_{oc}, 띠철근 0.8, 나선철근 0.85), ② 한계상태설계법(KDS 24 14 21)에서 적용하는 최소편심으로 인하여 발생할 수 있는 휨모멘트를 구해 이를 최소 휨모멘트 $M_{\min}$으로 제한하는 방법으로 구분된다.

2. 강도감소계수와 지배단면에 따른 하중과 모멘트 [101회]

【 기출유형 ① 】 축력과 휨모멘트 작용 RC부재의 압축, 인장지배, 변화구간 정의, 강도감소계수

1) 강도감소계수(ϕ)

구분			ϕ
압축부재(기둥)	$P_u = \phi P_n \geq 0.1 f_{ck} A_g$ 인 경우		띠철근 = 0.65
압축지배단면	$\epsilon_t \leq \epsilon_y$		나선철근 = 0.70
변화구간	$f_y \leq 400MPa$	압축부재 : $\epsilon_y < \epsilon_t < 0.004$	띠철근 = 0.65~0.85
		보의 한계 : $0.004 \leq \epsilon_t < 0.005$	나선철근 = 0.70~0.85
	$f_y > 400MPa$	압축부재 : $\epsilon_y < \epsilon_t < 2.0\epsilon_y$	
		보의 한계 : $0.004 \leq \epsilon_t < 2.5\epsilon_y$	
인장지배단면	휨부재	$f_y \leq 400MPa$ $\epsilon_t \geq 0.005$	0.85
		$f_y > 400MPa$ $\epsilon_t \geq 2.5\epsilon_y$	

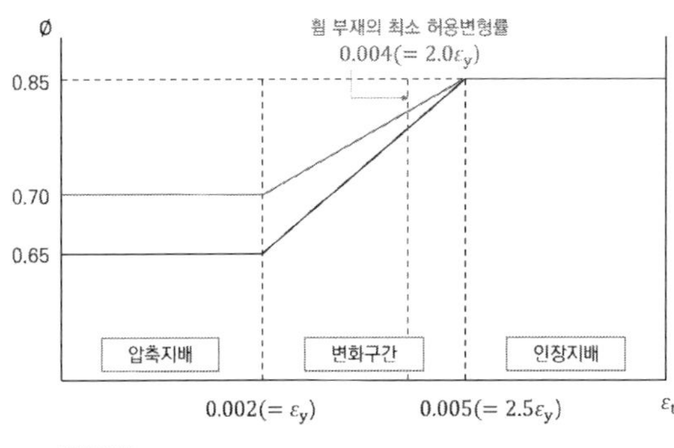

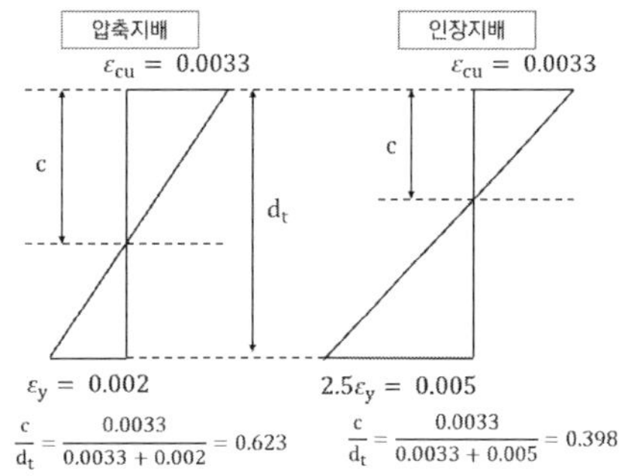

압축지배:
$$\frac{c}{d_t} = \frac{0.0033}{0.0033 + 0.002} = 0.623$$

인장지배:
$$\frac{c}{d_t} = \frac{0.0033}{0.0033 + 0.005} = 0.398$$

변화구간

(1) 나선철근
$$\emptyset = 0.70 + 0.15\frac{\epsilon_t - 0.002}{0.005 - 0.002} = 0.70 + 0.15\left(\frac{1}{c/d_t} - \frac{53}{33}\right)$$

(2) 띠철근
$$\emptyset = 0.65 + 0.20\frac{\epsilon_t - 0.002}{0.005 - 0.002} = 0.70 + 0.20\left(\frac{1}{c/d_t} - \frac{53}{33}\right)$$

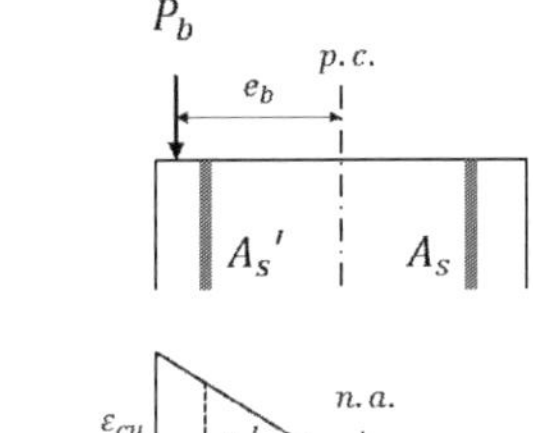
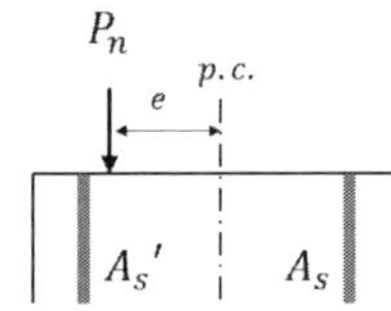
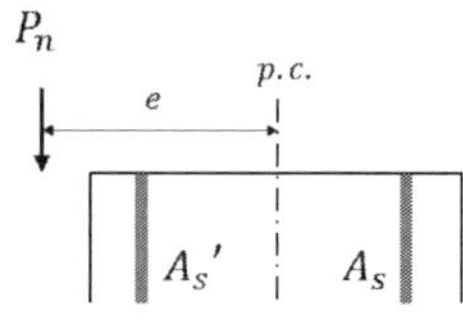
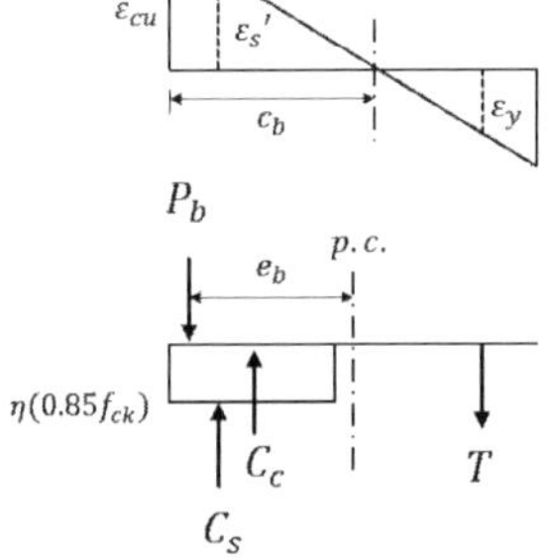
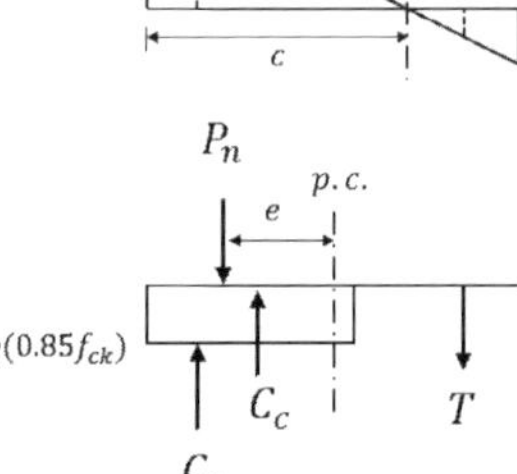
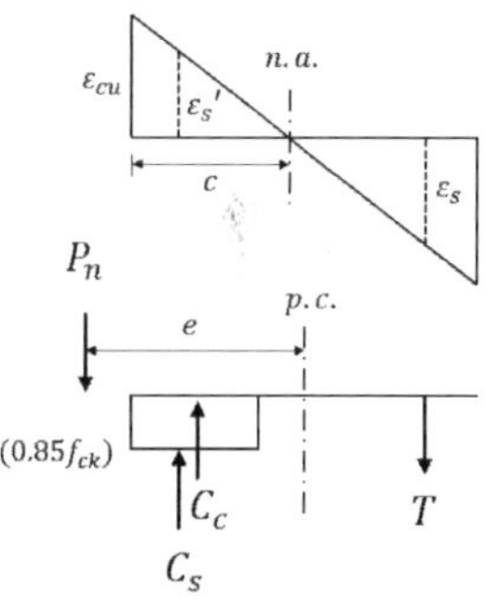

(a) 균형 변형률 상태의 강도해석   (b) 압축지배영역의 강도해석   (c) 인장지배영역의 강도해석

2) 균형 변형률 상태(균형 파괴)

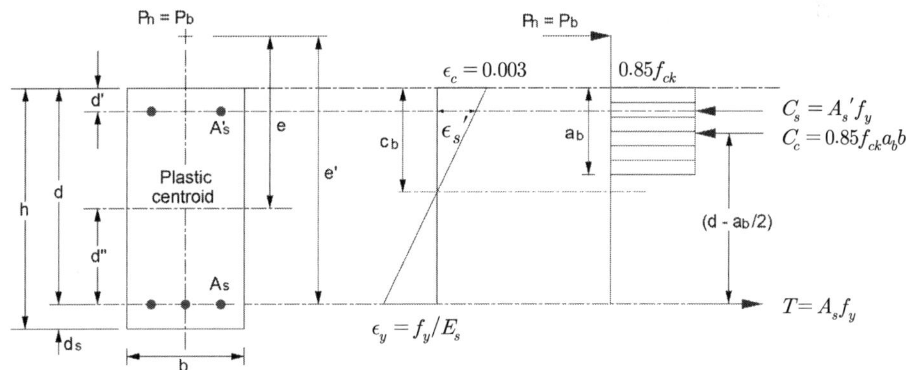

압축파괴는 $\epsilon_{cu} = 0.0033$ 일 때, $\epsilon_t = \epsilon_y$ 인 경우로 다음과 같이 계산할 수 있다.

변형률 관계로부터 $c_b : \epsilon_{cu} = d : \epsilon_{cu} + \epsilon_y$ $\quad \therefore c_b = \dfrac{\epsilon_{cu}}{\epsilon_{cu} + \epsilon_y} d$

① $C_s = A_s{}'[f_s{}' - \eta(0.85f_{ck})]$

  (1) $\epsilon_s{}' \geq \epsilon_y$ $\qquad f_s{}' = f_y$

  (2) $\epsilon_s{}' < \epsilon_y$ $\qquad f_s{}' = E_s\epsilon_s{}'$

$$\therefore C_s = A_s{}'[E_s\epsilon_s{}' - \eta(0.85f_{ck})] = A_s{}'\left[E_s\epsilon_{cu}\frac{c-d'}{c} - \eta(0.85f_{ck})\right]$$

② $C_c = \eta(0.85f_{ck})\beta_1 c_b b$

③ $T = A_s f_y$

따라서,

균형 변형률 상태의 축력 $\qquad P_b = C_c + C_s - T$

균형 변형률 상태의 모멘트 $\qquad M_b = \Sigma Fz = C_c z_{cc} + C_s z_{cs} + T z_{ts}$ (부재 중심 기준)

$$\text{(또는)} \quad M_b = P_b e_b = C_c\left(d - d'' - \frac{a_b}{2}\right) + C_s(d - d'' - d') + Td''$$

$$e_b = \frac{M_b}{P_b}$$

3) 압축지배 영역(압축 파괴)

압축파괴는 $\epsilon_{cu} = 0.0033$ 일 때, $\epsilon_t < \epsilon_y$ 인 경우로 다음과 같이 계산할 수 있다.

$c > c_b$, $e < e_b$

$$\epsilon_s = \epsilon_{cu} \times \frac{(d-c)}{c}, \quad \epsilon_s{}' = \epsilon_{cu} \times \frac{(c-d')}{c}$$

① $C_s = A_s{}'[f_s{}' - \eta(0.85f_{ck})]$

② $C_c = \eta(0.85f_{ck})ab$

③ $T = A_s f_s = A_s E_s \epsilon_s$ (압축파괴에서 $\epsilon_s < \epsilon_y$)

$$\therefore P_n = C_c + C_s - T$$

$$M_n = P_n e = C_c\left(d - d'' - \frac{a}{2}\right) + C_s(d - d'' - d') + Td'' \text{ (소성중심 기준)}$$

$$e < e_b, \ \epsilon_s = \epsilon_{cu} \times \frac{(d-c)}{c} \ , \epsilon_s' = \epsilon_{cu} \times \frac{(c-d')}{c}$$

평형조건으로부터

$$P_n = \eta(0.85f_{ck})\beta_1 cb + A_s' E_s \epsilon_s' - A_s E_s \epsilon_s$$

$$M_n = \eta(0.85f_{ck})\beta_1 cb\left(d - d'' - \frac{\beta_1 c}{2}\right) + A_s' E_s \epsilon_s'(d - d'' - d') + A_s E_s f_s d'' \ : c\text{에 관한 3차 방정식}$$

$$M_n = P_n e \ : \text{find } e$$

4) 인장파괴 영역

인장파괴는 $\epsilon_{cu} = 0.0033$ 일 때, $\epsilon_t > \epsilon_y$ 인 경우로 다음과 같이 계산할 수 있다.

$$c < c_b, \ e > e_b \qquad \epsilon_s' = \epsilon_{cu} \times \frac{(c-d')}{c}$$

① $C_s = A_s'\left[f_s' - \eta(0.85f_{ck})\right]$

② $C_c = \eta(0.85f_{ck})ab$

③ $T = A_s f_y$

$$\therefore P_n = C_c + C_s - T$$

$$M_n = P_n e = C_c\left(d - d'' - \frac{a}{2}\right) + C_s(d - d'' - d') + Td'' \ (\text{소성중심 기준})$$

$$e > e_b, \ \epsilon_s' = \epsilon_{cu} \times \frac{(c-d')}{c}$$

평형조건으로부터

$$P_n = 0.85f_{ck}\beta_1 cb + A_s' f_y - A_s f_y \ (\text{if } \epsilon_s' \geq \epsilon_y)$$

$$M_n = 0.85f_{ck}\beta_1 cb\left(d - d'' - \frac{\beta_1 c}{2}\right) + A_s' f_y(d - d'' - d') + A_s f_y d'' \ : c\text{에 관한 2차 방정식}$$

$$M_n = P_n e \ : \text{find } e$$

5) 휨모멘트만 작용하는 경우

휨부재(보)의 거동과 동일하며 복철근보의 공칭강도 계산과 동일하다. 압축철근량이 인장철근량과 같은 경우는 압축철근이 항복하지 않는다.

압축철근의 항복 여부 확인 : $\overline{\rho_{\min}} < \overline{\rho_s}$

$$\overline{\rho_{\min}} = 0.85\eta\beta_1\frac{f_{ck}}{f_y}\frac{d'}{d}\left(\frac{\epsilon_c}{\epsilon_c-\epsilon_y}\right)+\rho'$$

압축철근의 변형률 산정 : $\epsilon_s' = \epsilon_{cu}\times\dfrac{(c-d')}{c} = \epsilon_{cu}\left(1-\dfrac{d'}{c}\right)$

축력이 없으므로 평형조건에 의해서 중립축의 위치를 산정한다.

$$P_n = 0\,(C = T) : \eta(0.85f_{ck})ab = A_sf_y - A_s'f_s = A_sf_y - A_s'E_s\epsilon_s' \quad (f_s \neq f_y)$$

$$\eta(0.85f_{ck})\beta_1cb = A_sf_y - A_s'E_s\epsilon_c\left(1-\frac{d'}{c}\right) \quad \rightarrow \quad c\text{에 관한 2차 방정식}$$

중립축의 위치를 구하면 공칭 휨강도를 구할 수 있다.

$$M_n = M_0 \ (\rho < \rho_{\max}\text{이면 처음부터 압축철근을 무시하고 공칭강도 산정해도 큰 차이가 없다})$$

$$\therefore M_n = A_s'f_s'(d-d') + (A_s - A_s')f_y\left(d-\frac{a}{2}\right)$$

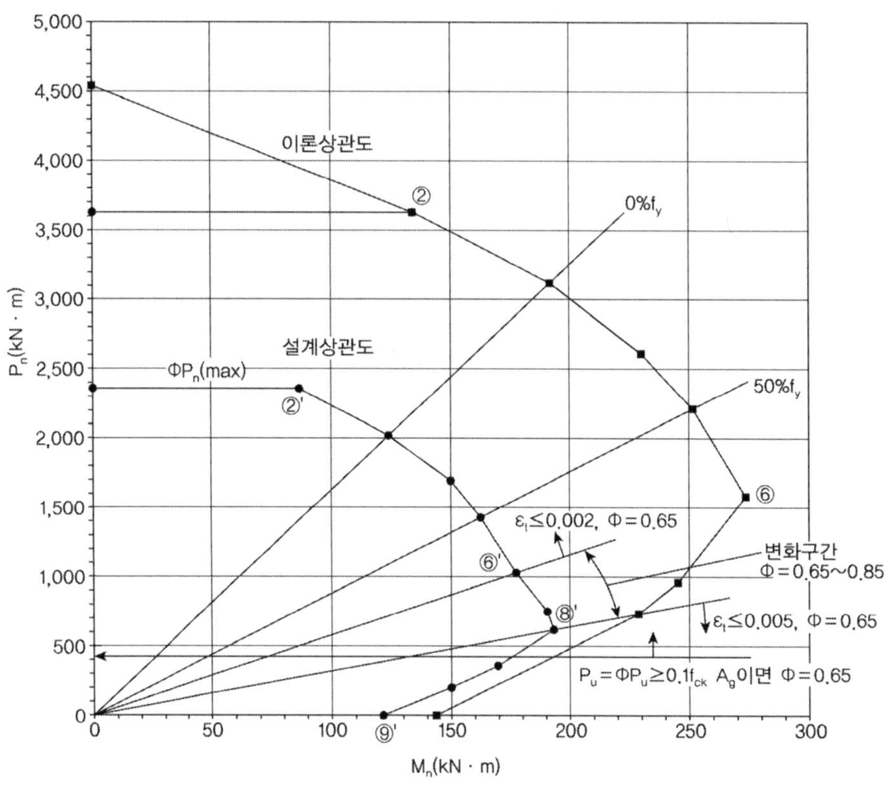

3. 기둥상관도(P–M상관도) ^{77회}

임의의 기둥에서 소성 중심으로부터 e만큼의 편심거리에서 축하중 P가 작용할 때, e의 변화에 따라 기둥의 공칭축방향 하중강도 P_n의 값이 달라지게 된다. 이와 같이 e의 변화에 따른 P_n의 값, 즉 P_n과 M_n과의 상관관계를 나타낸 그림을 기둥상관도라 한다.

1) 중심축하중을 받는 압축파괴기둥($e < e_{\min}$)

작용편심이 최소편심 $e_{\min}$보다 작을 경우 기둥의 파괴는 단면 전체의 압축파괴에 지배되며 상관도상의 영역 I에 해당된다. 이때 최소편심이라 함은 모멘트의 작용을 무시하고 극한변형률의 균등 분포하는 것으로 볼 수 있는 편심거리를 말한다.

$$\phi P_{n,\max} = 0.85\,\phi\left[\,0.85\,f_{ck}\left(A_g - A_{st}\right) + f_y\,A_{st}\,\right] \text{ : 나선철근의 경우}$$
$$\phi P_{n,\max} = 0.80\,\phi\left[\,0.85\,f_{ck}\left(A_g - A_{st}\right) + f_y\,A_{st}\,\right] \text{ : 띠철근의 경우}$$

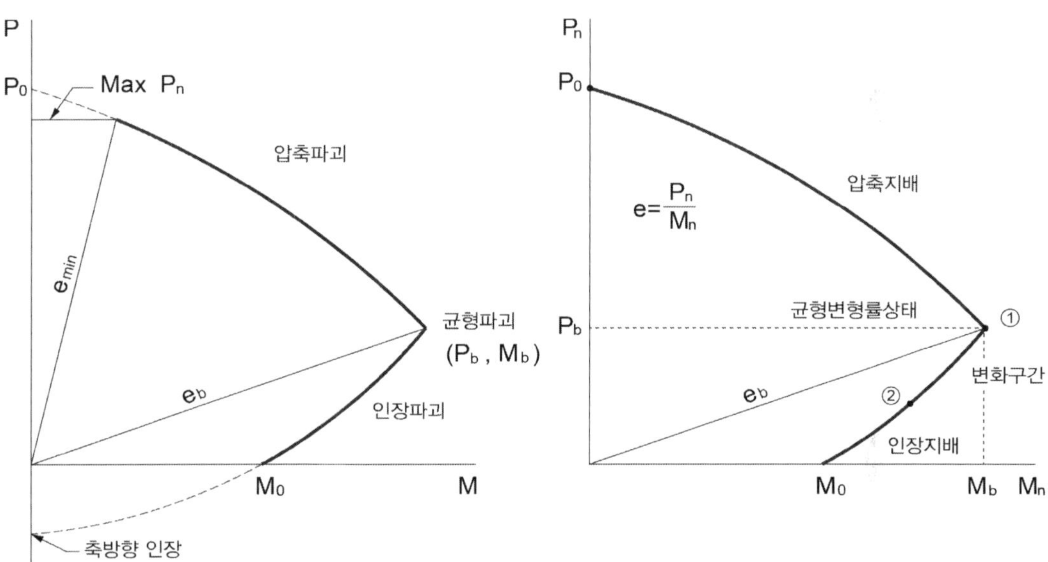

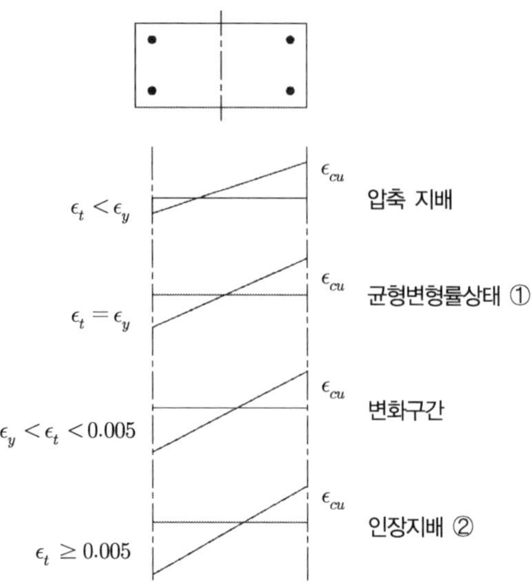

(콘크리트 기둥의 P–M 상관도 및 파괴별 변형률도)

2) 편심하중을 받는 압축파괴기둥($e_{min} < e < e_b$, $\epsilon_s < \epsilon_y$, $c > c_b$)

작용편심이 최소편심 e_{min}과 평형편심 e_b 사이에 놓일 경우 기둥의 파괴는 인장측 철근이 파괴되기 전에 압축측 콘크리트가 파괴되는 압축파괴에 지배되며 기둥상관도상의 영역II에 해당된다.

3) 균형하중을 받는 파괴기둥($e = e_b$, $\epsilon_s = \epsilon_y$, $c = c_b$)

작용편심이 평형편심과 일치할 때의 파괴형태로, 이때 평형편심이라 함은 압축측 콘크리트의 극한 변형률이 0.003이 됨과 동시에 인장측 철근의 변형률이 ϵ_y가 되는 평형파괴 시의 편심거리를 말한다.

4) 편심하중을 받는 인장파괴기둥($e > e_b$, $\epsilon_s > \epsilon_y$, $c < c_b$)

작용편심이 평형편심보다 클 경우 기둥의 파괴는 인장측 철근의 인장파괴에 지배되며 기둥상관도상의 영역III에 해당한다. 이때의 강도감소계수는 1)에 따라 적용한다.

4. 원형기둥의 상관도

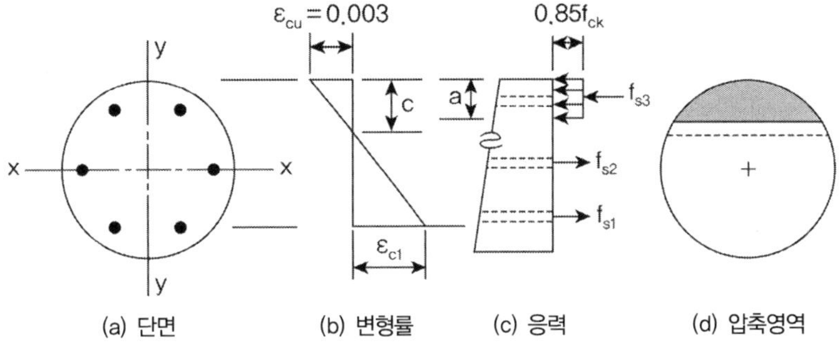

원형기둥은 중립축의 깊이 c는 가정된 변형률 분포를 닮은 삼각형으로부터 구할 수 있다. 등가의 직사각형 응력의 깊이 $a = \beta_1 c$로 구하면 된다. 압축력과 기둥의 도심에 대한 모멘트를 계산하기 위해서 빗금친 부분의 면적과 도심을 계산하여야 하며, θ의 함수로 표현될 수 있다.

$$A = \left(\frac{h}{2}\right)^2 \theta - \left(\frac{h}{2}\sin\theta\right)\left(\frac{h}{2}\cos\theta\right) = \frac{h^2}{4}(\theta - \sin\theta\cos\theta)$$

끼인각이 2θ인 원호의 중심으로부터 도심의 거리는 $h\sin\theta/3\theta$이므로,

$$\text{도심 } \overline{y} = \frac{\left(\frac{h^2}{4}\theta\right)\frac{h\sin\theta}{3\theta} - \frac{h^2}{4}\sin\theta\cos\theta\left(\frac{h}{3}\cos\theta\right)}{\frac{h^2}{4}(\theta - \sin\theta\cos\theta)} = \frac{\frac{h^3}{12}\sin^3\theta}{\frac{h^2}{4}(\theta - \sin\theta\cos\theta)}$$

$$A\overline{y} = h^3\left(\frac{\sin^3\theta}{12}\right)$$

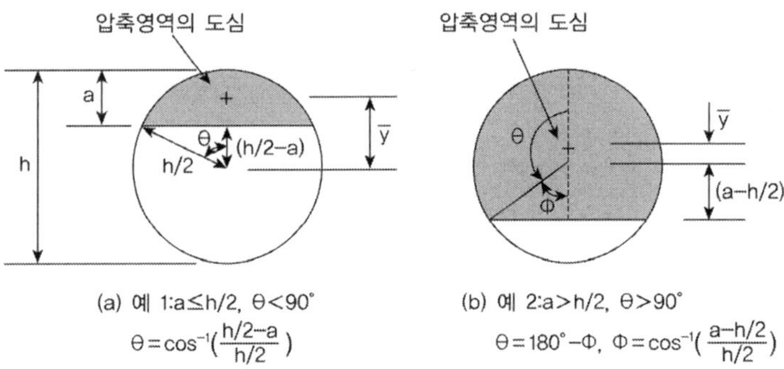

1) 근사적 해석법

① 기둥강도가 압축으로 지배되는 경우$(e < e_b)$: 직사각형 단면으로 환산

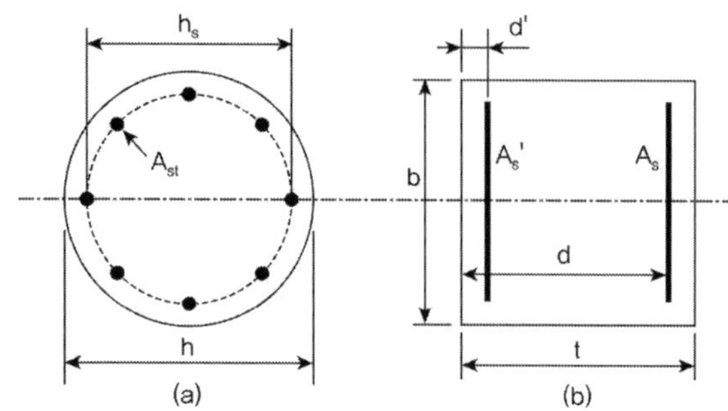

직사각형 단면으로 환산

$$A = A_s{}' = \frac{A_{st}}{2}, \quad d - d' = \frac{2}{3}h_s, \quad t = 0.8h, \quad d = 0.4h + \frac{h_s}{3}, \quad bt = A_g$$

② 기둥강도가 인장으로 지배되는 경우$(e > e_b)$: 인장철근과 압축철근 모두 f_y

$A = A_s{}' = 0.4A_{st}$, A_s와 $A_s{}'$의 거리를 h_s, 단면 압축부의 면적 A_{seg}에 $0.85f_{ck}$가 고르게 작용한다고 가정하면,

$$\Sigma V = 0 \; : \; P_n = 0.85f_{ck}A_{seg} + 0.4A_{st}f_y - 0.4A_{st}f_y$$

$$\therefore \; A_{seg} = \frac{P_n}{0.85f_{ck}}$$

원의 중심에서 A_{seg}도심까지의 거리 $x = 0.212t + 0.576\left(0.393 - \frac{A_{seg}}{t^2}\right)t$

A_{seg}도심에서의 모멘트

$$\Sigma M = 0 \; : \; P_n[e - x] = 0.3A_{st}f_yh_s \;\rightarrow\; P_n \;\; \text{find}$$

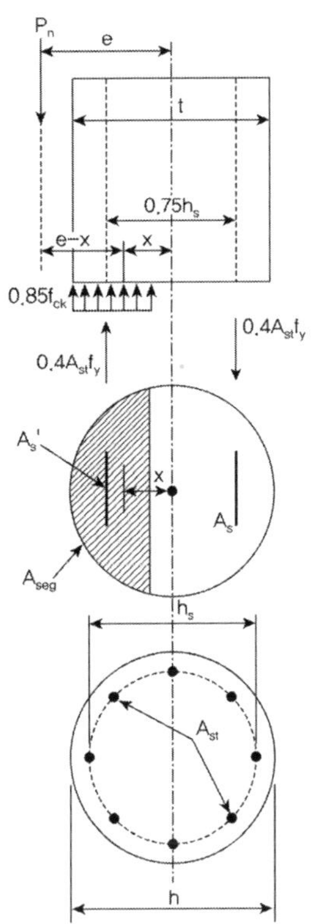

5. 축방향 철근 [130회]

축방향 철근의 양은 기둥 전체단면적에 대한 축방향 철근의 단면적 비율($\rho = A_{st}/A_g$)로 정의한다. KDS 14 20 콘크리트구조 설계기준에서는 기둥의 축방향 철근 단면적이 전체 단면적의 1~8% 범위에서 배치하도록 규정하고 있으며, 겹침이음되는 경우의 철근비는 4%를 초과하지 않도록 규정하고 있다.

① 최소 축방향 철근비(1%) : 지속하중 상태에서 축방향 철근이 항복하지 않도록 제한한다. 압축 응력을 받는 축방향 철근이 콘크리트의 크리프와 수축으로 인한 변형률 증가로 항복할 수 있다. 즉, 고정하중과 장기적으로 존재하는 낮은 수준의 활하중이 추가된 지속하중 상태에서 크리프와 건조수축으로 축방향철근이 항복하여 추가의 활하중이나 예측 못한 하중이 작용할 때 축방향 철근이 저항하지 못하는 현상을 막기 위해서 제한한다.

② 최대 축방향 철근비(8%) : 축방향 철근을 단면의 표면에 가까이 배치하기 때문에 8% 이상의 철근비는 시공이 어려우며, 실제 높은 철근비에 대한 기둥 실험결과는 대부분 6% 이하가 대부

분으로 휨모멘트가 동시에 작용하는 기둥에서는 8%까지 허용해도 문제없을 것이라는 판단을
반영하였다.
③ 겹이음부 철근비(4%) : 모든 축방향 철근을 한군데에서 겹침이음되는 가장 불리한 경우를 고
려하여 4%를 초과하지 않도록 규정하였다. 그러나 모든 축방향 철근을 한군데에서 겹침이음
하는 것을 허용하는 것은 아니며 인접철근과 엇갈리게 겹침이음 위치를 정하여야 한다.
④ 최소 순간격 : Max [40mm, 철근 공칭 지름의 1.5배, 굵은 골재 최대치수의 4/3배]

6. 횡방향 철근 [74회]

심부구속 철근(콘크리트로 인해서 심부에서 구속된 철근)은 최종적인 파괴에 이르기 전까지 상당
한 추가의 하중에 저항하는 커다란 연성을 지닌다. 이때문에 설계기준에서는 심부구속철근량을
규정하도록 하고 있다(내진설계 참조).

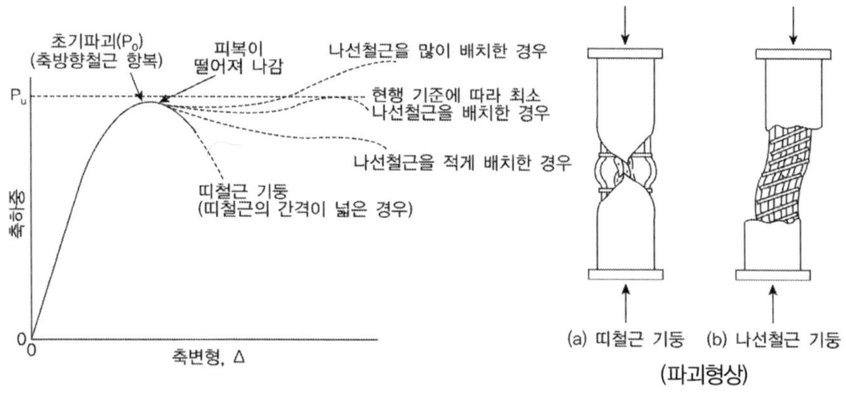

지진하중에 대해 실험결과 띠철근보다 나선철근이 콘크리트를 구속해서 강도와 연성의 증가가 뛰
어남이 나타났으며, 이는 직사각형 모양의 띠철근은 띠철근의 모서리 부분에만 구속력을 주고 모
서리 이외의 직선부분에서는 콘크리트가 팽창하면 밖으로 휘기 때문이며, 나선철근의 경우 원형
으로 균등한 구속력을 전체 기둥에 주기 때문에 효과적이다.
(띠철근과 나선철근의 강도저감계수 차이의 이유)

1) 횡방향 철근의 역할

　① 주철근의 간격 유지
　② 지진 시 내부 콘크리트의 탈락 방지

③ 콘크리트의 3축응력 상태를 유지시킴.

④ 연성확보(심부구속)

2) 횡방향 철근의 파괴 형태

① 띠철근 기둥의 파괴 형태

(1) 콘크리트와 축방향 철근과의 공동작용에 의해 균열을 일으키는 하중 증대

(2) 최대 하중에 도달하면 축방향 철근의 외곽부 콘크리트가 깨어지게 되며 이로 인해 심부의 콘크리트 여유강도가 하중보다 작아지게 되어 심부 내 콘크리트가 부스러지면 띠철근 사이에서 축방향 철근이 좌굴하면서 취성파괴에 도달

② 나선철근이 기둥의 파괴 형태

(1) 하중이 증가하여 나선철근 외곽부의 콘크리트가 떨어져 나가면 나선철근의 효과로 인해 심부의 콘크리트는 3축 응력상태에 놓이게 된다.

(2) 기둥의 변형이 점차적으로 증가하여 축방향 철근과 나선철근이 모두 항복점에 도달하면 큰 변형을 수반하면서 최대하중에 이르게 되고 파괴에 이른다.

3) 띠철근 상세

기둥의 횡방향 철근은 피복 콘크리트가 파괴되어 탈락한 후 발생하는 축방향 철근의 좌굴을 저지하는 역할을 수행한다.

① 최소 크기 : 축방향 철근이 D32 이하인 경우 D10 이상, 축방향 철근이 D32 이상인 경우 D13 이상

② 최대 수직간격 : Min [축방향 철근의 16배, 띠철근이나 철선의 48배, 기둥의 최소치수]

③ 형상 : 사각형 후프띠철근은 모서리에 배치된 축방향 철근을 감싸도록 양끝을 135°로 구부린 후 소정의 연장길이를 갖는 표준갈고리로 정착되어야 한다.

④ 기초판 또는 슬래브의 윗면에 연결되는 기둥의 첫 번째 띠철근 간격은 다른 띠철근 간격의 1/2 이하로 하여야 하며, 슬래브나 지판, 기둥 전단머리에 배치된 최하단 수평철근 아래에 배치되는 첫 번째 띠철근도 다른 띠철근 각격의 1/2 이하로 한다.

4) 나선철근 상세

① 최소 나선 철근비

나선철근비 ρ_s 는 콘크리트 심부 체적에 대한 나선철근 체적의 비로 정의하고, 심부체적은 나선철근 바깥으로 측정한 지름으로 한다.

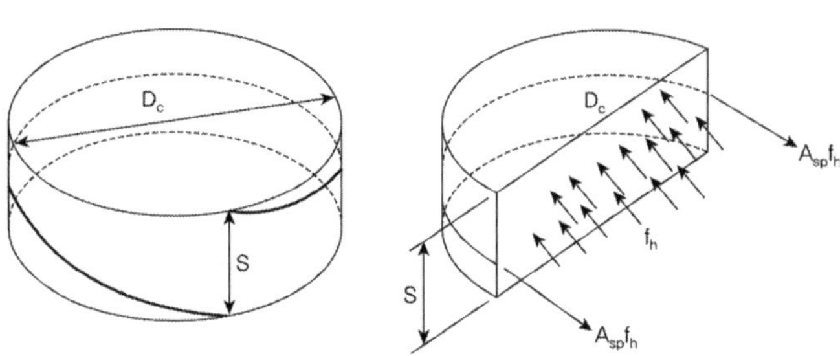

$$2A_{sp}f_y = f_h D_c s$$

$$\frac{A_{sp}}{D_c s} = \frac{f_h}{2f_y} \tag{1}$$

기둥 심부에서의 콘크리트의 압축강도 증가량(실험식) $f_1 = f_{ck} + 4.1f_h$

피복파괴로 인해서 없어진 지지력을 구속효과에 의한 강도증진으로 보상한다는 조건은 다음과 같이 표현된다. A_c는 심부 콘크리트 단면적(나선철근의 중심선 기준 안쪽 면적)

피복이 떨어져 나가기 전의 피복부분의 압축강도 $0.85f_{ck}(A_g - A_c)$

피복이 떨어져 나간 후 나선철근 구속력으로 증가한 심부강도 $A_c(4.1f_h)$

$$\therefore 0.85f_{ck}(A_g - A_c) = A_c(4.1f_h) \tag{2}$$

$$\rho_s = \frac{V_{spiral}}{V_{core}} = \frac{A_{sp}\pi D_c}{\dfrac{\pi D_c^2}{4}s} = \frac{4A_{sp}}{sD_c}$$

From (1), (2)

$$\rho_s = \frac{2f_h}{f_y} = \frac{2}{f_y}\frac{0.85f_{ck}(A_g - A_c)}{4.1A_c} = 0.425\frac{f_{ck}}{f_y}\left(\frac{A_g}{A_c} - 1\right) \approx 0.45\frac{f_{ck}}{f_y}\left(\frac{A_g}{A_c} - 1\right)$$

KDS 14 20 콘크리트구조 설계기준에서는 이 식에서의 계수 0.425를 0.45로 상향해 다음의 나선철근비 이상의 나선철근을 배치하도록 규정하고 이때 나선철근의 설계기준항복강도 f_{yt}는 최대 700MPa까지 허용하고 있다.

$$\rho_s = 0.45\left(\frac{A_g}{A_{ch}} - 1\right)\frac{f_{ck}}{f_{yt}}$$

② 나선 철근의 간격

나선철근의 순간격은 25~75mm 이내에서 굵은 골재 최대치수의 4/3배 이상으로 한다.

1. 재료계수

콘크리트의 재료계수 $\phi_c = 0.65$, 철근과 프리스트레싱 강재 재료계수 $\phi_s = 0.90$ 적용한다.

① 콘크리트 설계압축강도 $f_{cd} = \phi_c \alpha_{co} f_{ck} = \phi_c(0.85 f_{ck})$

② 철근의 설계항복강도 $f_{yd} = \phi_s f_y$ ③ 철근의 설계항복변형률 $\epsilon_{yd} = \phi_s \epsilon_y$

2. 설계 강도

① 설계 축 압축강도

  (1) 축방향 철근이 항복하는 경우 $P_{d0} = \phi_c(0.85 f_{ck})(A_g - A_{st}) + \phi_s f_y A_{st}$

  (2) 축방향 철근이 항복하지 않는 경우 $P_{d0} = \phi_c(0.85 f_{ck})(A_g - A_{st}) + \phi_s \epsilon_{co} E_s A_{st}$

② 최소 휨모멘트

  (1) 시공오차로 인한 최소편심 $e_{min} = \max\left[\dfrac{h}{30},\ 20\text{mm}\right]$

  (2) 최소 휨모멘트 $M_{min} = P_u e_{min}$

3. 균형상태 직사각형 단면의 설계 축-휨강도

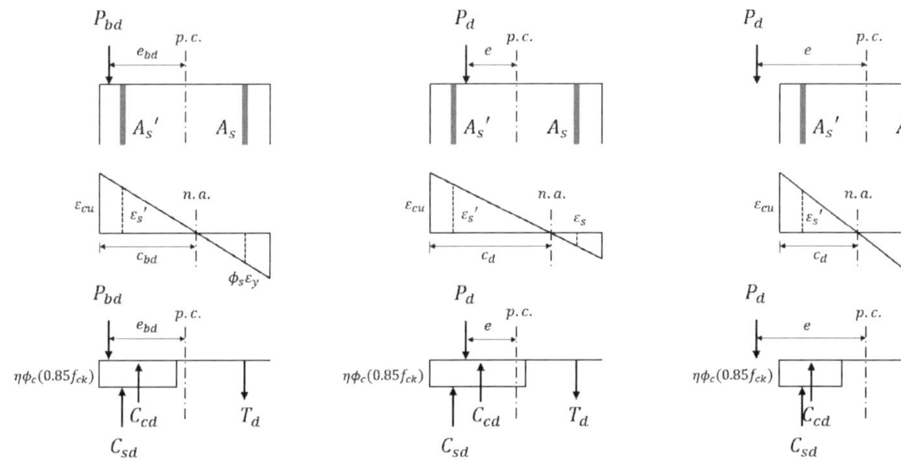

(a) 균형 변형률 상태의 강도해석   (b) 압축지배영역의 강도해석   (c) 인장지배영역의 강도해석

① 중립축의 깊이 $c_{bd} = \dfrac{\epsilon_{cu}}{\phi_s \epsilon_y + \epsilon_{cu}} d$

② 콘크리트 설계압축력 $C_{cd} = \eta \phi_c(0.85 f_{ck}) \beta_1 c_{bd} b$

③ 압축철근의 설계압축력 $C_{sd} = \phi_s A_s'[f_s' - \phi_c(0.85 f_{ck})]$

  (1) $\epsilon_s' < \phi_s \epsilon_y\ :\ f_s' = \phi_s E_s \epsilon_s'$ (2) $\epsilon_s' \geq \phi_s \epsilon_y\ :\ f_s' = \phi_s f_y$

④ 인장철근의 설계인장력 $T_d = \phi_s A_s f_y$

  $\therefore\ P_{bd} = C_{cd} + C_{sd} - T_d,\quad M_{bd} = \sum Fz = C_{cd} z_{cc} + C_{sd} z_{cs} + T_d z_{ts},\quad e_{bd} = M_{bd}/P_{bd}$

4. 압축지배와 인장지배 직사각형 단면의 설계 축–휨강도

① 콘크리트 설계압축력 $\qquad C_{cd} = \eta \phi_c (0.85 f_{ck}) \beta_1 c_d b$

② 압축철근의 설계압축력 $\qquad C_{sd} = \phi_s A_s{}' [f_s{}' - \phi_c (0.85 f_{ck})]$

(1) Check $\quad \epsilon_s{}' = \epsilon_{cu} \dfrac{c_d - d'}{c_d}$ and ϵ_y

(2) $\epsilon_s{}' < \phi_s \epsilon_y$: $f_s{}' = \phi_s E_s \epsilon_s{}'$ $\qquad C_{sd} = \phi_s A_s{}' \left[E_s \epsilon_{cu} \dfrac{c_d - d'}{c_d} - \phi_c (0.85 f_{ck}) \right]$

(3) $\epsilon_s{}' \geq \phi_s \epsilon_y$: $f_s{}' = \phi_s f_y$ $\qquad C_{sd} = \phi_s A_s{}' [f_y - \phi_c (0.85 f_{ck})]$

③ 인장철근의 설계인장력 $\qquad T_d = \phi_s A_s f_s$

(1) Check $\quad \epsilon_s = \epsilon_{cu} \dfrac{d - c_d}{c_d}$ and ϵ_y

(2) $\epsilon_s < \phi_s \epsilon_y$: $f_s = E_s \epsilon_s$ $\qquad T_d = \phi_s A_s f_s = \phi_s A_s E_s \epsilon_{cu} \dfrac{d - c_d}{c_d}$

(3) $\epsilon_s{}' \geq \phi_s \epsilon_y$: $f_s = f_y$ $\qquad T_d = \phi_s A_s f_y$

$$\therefore P_d = C_{cd} + C_{sd} - T_d, \quad M_d = \Sigma F z = C_{cd} z_{cc} + C_{sd} z_{cs} + T_d z_{ts}, \quad e_d = M_d / P_d$$

5. 축방향 철근의 제한

다각형 단면을 가진 기둥은 단면의 각 모서리에 최소 1개 이상의 축방향 철근을 배치해야 한다.

① 최대 단면적 : 축방향 철근과 프리스트레싱 긴장재를 포함해 다음을 만족해야 한다.

$$\frac{A_{st}}{A_g} + \frac{A_{ps} f_{pu}}{A_g f_y} \leq 0.08, \qquad \frac{A_{ps} f_{pe}}{A_g f_y} \leq 0.3$$

② 최소 단면적 : 축방향 철근과 긴장재는 다음을 만족하는 최소단면적 이상 배치해야 한다.

$$\frac{A_{st} f_y}{A_g f_{ck}} + \frac{A_{ps} f_{pu}}{A_g f_{ck}} \geq 0.135$$

압축부재 최소 · 최대 철근량

철근 콘크리트 압축부재의 최소 · 최대 철근량 제한 사유에 대하여 설명하시오.

풀 이

▶ 개요

국내 콘크리트구조기준에서는 비합성 압축부재의 축방향 주철근의 단면적은 전체 단면적의 1~8% 이내로 배근하도록 제한하고 있다.

▶ 압축부재의 철근량 제한

1) 비합성 압축부재의 축방향 주철근 단면적은 전체 단면적 A_g의 0.01배 이상, 0.08배 이하로 하여야 한다. 축방향 주철근이 겹침이음되는 경우의 철근비는 0.04를 초과하지 않도록 하여야 한다.

2) 압축부재의 축방향 주철근의 최소 개수는 사각형이나 원형 띠철근으로 둘러싸인 경우 4개, 삼각형 띠철근으로 둘러싸인 경우 3개, 다음 규정하는 나선철근으로 둘러싸인 철근의 경우 6개로 하여야 한다.

3) 나선철근비 ρ_s 는 다음 값 이상으로 하여야 한다.

$$\rho_s = 0.45\left(\frac{A_g}{A_{ch}} - 1\right)\frac{f_{ck}}{f_{yt}}$$

여기서, 나선철근의 설계기준항복강도 f_{yt} 는 700 MPa 이하로 하여야 하며, 400 MPa을 초과하는 경우에는 겹침이음을 할 수 없다.

▶ 압축부재 철근량 제한 사유

1) 최소철근 적용 사유

① 크리프 건조수축에 의한 영향 저감
② 시공불량으로 인한 강도 감소 보완
③ 예측하지 못한 휨의 저항

2) 최대철근 적용 사유

① 콘크리트 타설 작업에 지장 방지 : 겹침이음부 4%, 그 외 구간 8%
② 비경제적

강도감소계수

휨모멘트와 축력을 동시에 받는 콘크리트 부재에서 압축지배단면, 인장지배단면, 변화구간 단면의 정의와 강도감소계수 적용방법에 대해 설명하시오.

풀 이

▶ 개요

휨과 축하중을 동시에 받을 때 단면의 강도설계는 힘의 평형조건식과 변형률의 적합조건을 만족시켜야 하며 다음과 같은 기본조건을 만족시키도록 설계하여야 한다.

$$\phi M_n \geq M_u, \ \phi P_n \geq P_u$$

▶ 부재별 지배단면의 정의

1) 압축지배단면 : 인장측 철근이 파괴되기 전에 압축측 콘크리트가 파괴되는 압축파괴에 지배되는 단면으로 압축측 콘크리트의 극한 변형률이 0.003에 도달했을 때 인장측 철근의 변형률이 ϵ_y 보다 작은 경우에 해당된다. 이 경우 작용편심과 중립축의 거리와의 관계는 평형편심(e_b)과 평형중립축(c_b)과 다음과 같은 관계가 성립된다.

$$e_{\min} < e < e_b, \ \epsilon_s < \epsilon_y, \ c > c_b$$

2) 인장지배단면 : 작용편심이 평형편심보다 클 경우 기둥의 파괴는 인장측 철근의 인장파괴에 지배되는 단면으로 압축측 콘크리트의 극한 변형률이 0.003에 도달할 때 인장측 철근의 변형률이 ϵ_y 보다 큰 경우로 인장철근의 항복강도에 따라 최외각 철근의 변형률이 $\epsilon_t \geq 2.5\epsilon_y$ 인 경우에 해당된다. 이 경우 작용편심과 중립축의 거리와의 관계는 평형편심(e_b)과 평형중립축(c_b)과 다음과 같은 관계가 성립된다.

$$e > e_b, \ \epsilon_s > \epsilon_y, \ c < c_b$$

3) 변화구간 : 압축지배단면과 인장지배단면 사이의 구간을 의미하며, 극한 변형률이 0.003에 도달할 때 인장측 최외각 철근의 변형률이 $\epsilon_y < \epsilon_t < 2\epsilon_y$ 인 경우에 해당된다.

P-M 상관도

편심하중에 따른 구조적 특징을 고려한 기둥의 P-M상관도에 대하여 설명하시오.

풀 이

▶ 개요

기둥 구조물에 초기변형(Initially bent columns)이 있거나 하중작용 시에 편심을 가지고 작용할 경우 편심으로 인한 추가적인 모멘트가 발생되며 이는 부재의 강도를 저하시킨다. 일반적으로 2차 모멘트(Secondary moment)를 고려할 때에는 축방향 부재는 압축강도를 저하시키고, 휨 부재의 경우에는 MMF를 통해 고려되어진다. P-M 상관도는 콘크리트 기둥에 주로 사용되며 이를 통해 부재가 축력에 지배되는 구조인지 휨에 지배되는 구조인지 판단할 수 있다.

▶ 편심하중의 영향

기둥 작용하중에 편심이 있는 경우 Scant Formula에 의해 최대처짐은 $\delta = e\left[\sec\dfrac{kL}{2} - 1\right]$ 만큼 발생하고, 모멘트도 $M_{\max} = P(\delta + e) = Pe\sec\dfrac{kL}{2}$ 만큼 발생하게 된다.

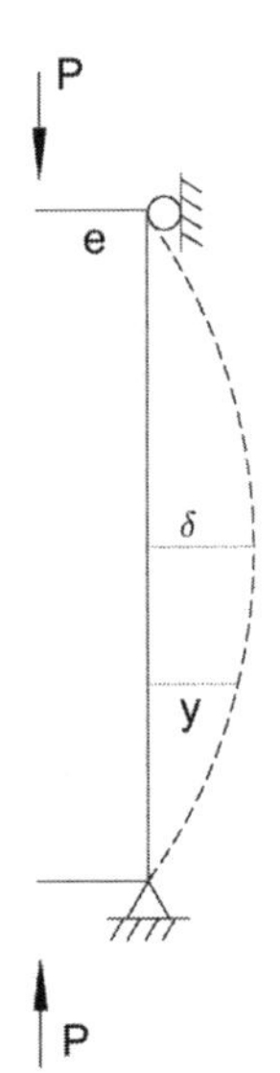

$$M = P(y+e), \quad EIy'' = -P(y+e)$$

$$y'' + k^2 y = -k^2 e, \quad k^2 = \frac{P}{EI}$$

General(Homogeneous) Solution $y_h = A\sin kx + B\cos kx$

Particular Solution $y_p = -e$

$$\therefore y = e\cos kx + e\tan\frac{kL}{2}\sin kx - e$$

$x = \dfrac{L}{2}$ 일 때,

$$\delta = e\cos\frac{kL}{2} + e\tan\frac{kL}{2}\sin\frac{kL}{2} - e = e\left[\frac{\cos^2\frac{kL}{2} + \sin^2\frac{kL}{2}}{\cos\frac{kL}{2}} - 1\right] = e\left[\sec\frac{kL}{2} - 1\right]$$

$$\therefore M_{\max} = P(\delta + e) = Pe\sec\frac{kL}{2}$$

임의의 기둥에서 소성 중심으로부터 e만큼의 편심거리에서 축하중 P가 작용할 때, e의 변화에 따라 기둥의 공칭축방향 하중강도 P_n의 값이 달라지게 된다. 이와 같이 e의 변화에 따른 P_n의 값, 즉 P_n과 M_n과의 상관관계를 나타낸 그림을 기둥상관도라 한다.

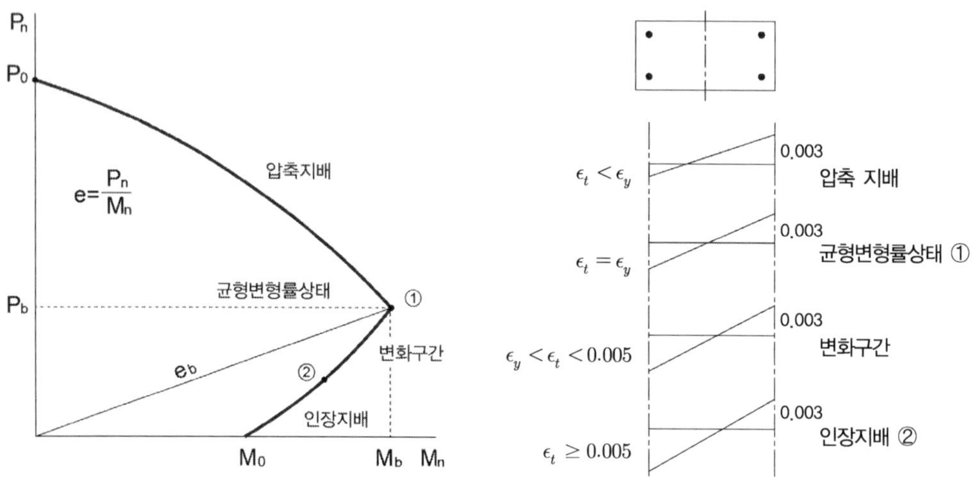

1) 중심축하중을 받는 압축파괴기둥($e < e_{min}$)

작용편심이 최소편심 e_{min}보다 작을 경우 기둥의 파괴는 단면 전체의 압축파괴에 지배된다. 이때 최소편심이라 함은 모멘트의 작용을 무시하고 극한변형률의 균등 분포하는 것으로 볼 수 있는 편심거리를 말한다.

2) 편심하중을 받는 압축파괴기둥($e_{min} < e < e_b$, $\epsilon_s < \epsilon_y$, $c > c_b$)

작용편심이 최소편심 e_{min}과 평형편심 e_b 사이에 놓일 경우 기둥의 파괴는 인장 측 철근이 파괴되기 전에 압축측 콘크리트가 파괴되는 압축파괴에 지배된다.

3) 균형하중을 받는 파괴기둥($e = e_b$, $\epsilon_s = \epsilon_y$, $c = c_b$)

작용편심이 평형편심과 일치할 때의 파괴형태로, 이때 평형편심이라 함은 압축측 콘크리트의 극한 변형률이 0.003이 됨과 동시에 인장측 철근의 변형률이 ϵ_y가 되는 평형파괴 시의 편심거리를 말한다.

4) 편심하중을 받는 인장파괴기둥($e > e_b$, $\epsilon_s > \epsilon_y$, $c < c_b$)

작용편심이 평형편심보다 클 경우 기둥의 파괴는 인장측 철근의 인장파괴에 지배된다.

➤ 강도감소계수 적용방법

축력과 휨을 동시에 받는 부재에 대하여, P_n과 M_n에 적절한 단일 ϕ값을 곱하여 설계강도를 구한다. 공칭강도에서 최외단 인장철근의 순인장변형률 ϵ_t가 압축지배 변형률 한계 ϵ_y와 인장지배 변형률 한계 0.005 사이에 있는 단면의 경우 그림과 같이 ϕ값 직선보간하여 구한다. 순인장변형률 한계는 c/d_t 비율로도 나타낼 수 있으며 c는 공칭강도에서 중립축 깊이이며, d_t는 최외단 압축연단에서 최외단 인장철근까지의 거리이다. 인장지배단면에 대한 순인장변형률 한계는 ρ/ρ_b로도 나타낼 수 있으며, SD400 철근의 직사각형 단면에 대하여 순인장변형률 0.005는 ρ/ρ_b 비율로 0.625에 해당한다.

구분			ϕ
압축부재(기둥)	$P_u = \phi P_n \geq 0.1 f_{ck} A_g$ 인 경우		띠철근 = 0.65 나선철근 = 0.70
압축지배단면	$\epsilon_t \leq \epsilon_y$		
변화구간	$f_y \leq 400MPa$	압축부재 : $\epsilon_y < \epsilon_t < 0.004$	띠철근 = 0.65~0.85 나선철근 = 0.70~0.85
		보의 한계 : $0.004 \leq \epsilon_t < 0.005$	
	$f_y > 400MPa$	압축부재 : $\epsilon_y < \epsilon_t < 2.0\epsilon_y$	
		보의 한계 : $0.004 \leq \epsilon_t < 2.5\epsilon_y$	
인장지배단면	휨부재	$f_y \leq 400MPa$ $\epsilon_t \geq 0.005$	0.85
		$f_y > 400MPa$ $\epsilon_t \geq 2.5\epsilon_y$	

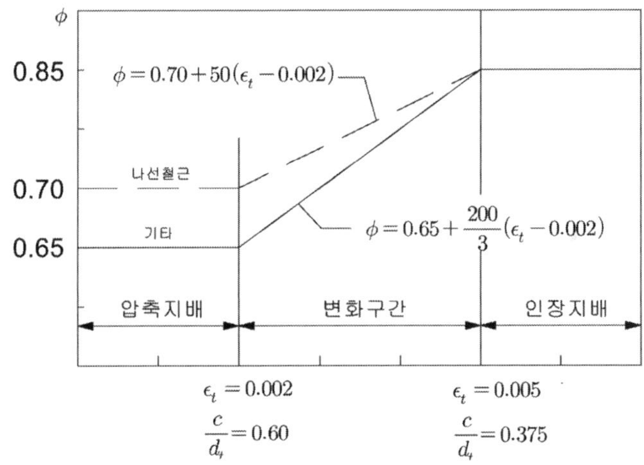

단주 기둥 설계 : KDS 14 20 콘크리트구조 설계기준(강도설계법)

그림과 같이 b=400mm, h=600mm인 직사각형 단면을 가진 띠철근 기둥에 SD400 D32철근 8개 (f_y=400MPa, A_{st}=6,354mm²)개가 4개씩($A_s = A_s{}' = 3,177$mm²) 대칭으로 배치되어 있다. 콘크리트 설계기준압축강도 f_{ck}는 30MPa이고, d=530mm, d'=70mm이다. KDS 14 20 콘크리트구조 설계기준에 따라 다음의 사항을 검토하라.

1) 축방향 철근비, 공칭 축압축강도, 설계 축 압축강도를 구하고 계수축압축강도 $P_u = 4,000$kN 가 작용할 때 안전성을 검토하라.

2) 균형변형률 상태의 균형편심, 공칭강도, 설계강도를 구하라.

3) 계수 휨모멘트 $M_u = 450$kNm와 계수 축압축력 $P_u = 3,000$kN이 작용할 때 공칭강도와 설계강도를 구하고 강도성능을 검증하라.

4) 계수 휨모멘트 $M_u = 600$kNm와 계수 축압축력 $P_u = 1,200$kN이 작용할 때 공칭강도와 설계강도를 구하고 강도성능을 검증하라.

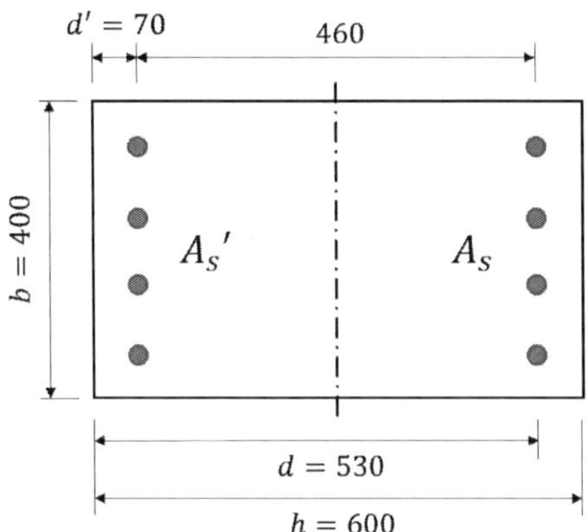

▶ 축방향 철근비와 축 압축강도

기둥의 단면적 $A_g = 400 \times 600 = 240,000\,\text{mm}^2$

축방향 철근비 $\rho_s = \dfrac{A_{st}}{A_g} = \dfrac{6,354}{240,000} = 0.0265$

∴ 축압축강도 $P_0 = 0.85f_{ck}(A_g - A_{st}) + f_y A_{st}$
$$= [0.85 \times 300 \times (240,000 - 6,354) + 400 \times 6,354] \times 10^{-3} = 8,500\,\text{kN}$$

띠철근이므로 최대 공칭 축압축강도 $P_{n,\max} = 0.8 P_0 = 6,800\,\text{kN}$

따라서, 설계 축 압축강도 $\phi P_{n,\max} = 0.65 P_{n,\max} = 4,420\,\text{kN} > P_u\,(=4,000\,\text{kN})$ O.K

▶ 균형상태의 편심, 축, 휨강도

1) 균형상태의 중립축

$$\epsilon_y = \frac{f_y}{E_s} = \frac{400}{200,000} = 0.002 \qquad \therefore\ c_b = \frac{\epsilon_{cu}}{\epsilon_{cu} + \epsilon_y} d = \frac{0.0033}{0.0053} \times 530 = 330\,\text{mm}$$

2) 균형상태의 축강도와 휨강도

$$\epsilon_s' = \epsilon_{cu} \times \frac{c - d'}{c} = 0.0033 \times \frac{330 - 70}{330} = 0.00236\ > \ \epsilon_y$$

$$C_c = \eta(0.85 f_{ck})\beta_1 c_b b = 1.0 \times (0.85 \times 30) \times 0.8 \times 330 \times 400 \times 10^{-3} = 2,692.8\,\text{kN}$$
$$C_s = A_s'[f_y' - \eta(0.85 f_{ck})] = 3,177(400 - 0.85 \times 30) \times 10^{-3} = 1,189.8\,\text{kN}$$
$$T = A_s f_y = 3,177 \times 400 \times 10^{-3} = 1,270.8\,\text{kN}$$

내력의 합력으로부터 축강도는
$$\therefore\ P_b = C_c + C_s - T = 2,611.8\,\text{kN}$$

소성중심으로부터의 거리를 산정하면,
$$z_{cc} = \frac{h}{2} - \frac{\beta_1 c_b}{2} = \frac{600}{2} - \frac{0.8 \times 300}{2} = 168\,\text{mm}$$

$$z_{cs} = \frac{h}{2} - d' = 300 - 70 = 230\,\text{mm}$$

$$z_{ts} = d - \frac{h}{2} = 530 - \frac{600}{2} = 230\,\text{mm}$$

내력의 합력으로부터 휨강도는
$$\therefore\ M_b = \Sigma Fz = C_c z_{cc} + C_s z_{cs} + T z_{ts}$$
$$= [2,692.8 \times 168 + 1,189.8 \times 230 + 1,270.8 \times 230] \times 10^{-3} = 1,018\,\text{kNm}$$

$$\therefore\ 균형편심\ e_b = \frac{M_b}{P_b} = 390\,\text{mm}$$

3) 균형상태의 설계강도

$$\therefore\ \phi M_n = 0.65 \times 1,018 = 662\,\text{kNm},\ \ \phi P_n = 0.65 \times 2,611.8 = 1,700\,\text{kN}$$

계수 휨모멘트 $M_u = 450\,\text{kNm}$는 균형상태보다 작고, 계수 축압축력 $P_u = 3,000\,\text{kN}$는 균형상태보다 크므로 압축지배영역에 해당된다.

$$e = \frac{M_u}{P_u} = \frac{450 \times 1,000}{3,000} = 150\,\text{mm} < e_b(=390\text{mm})$$

1) 중립축 산정

① 내력산정

$$C_c = \eta(0.85f_{ck})\beta_1 cb = 1.0 \times (0.85 \times 30) \times 0.8 \times c \times 400 = 8,160c\,\text{N}$$

$$C_s = A_s{'}[f_y{'} - \eta(0.85f_{ck})] = 3,177(400 - 0.85 \times 30) = 1,189,787\,\text{N}$$

$$T = A_s f_s = A_s E_s \epsilon_s = A_s E_s \epsilon_{cu}\frac{d-c}{c} = 2,096,820 \times \frac{530-c}{c}\,\text{N}$$

② P_n 중심으로부터의 거리

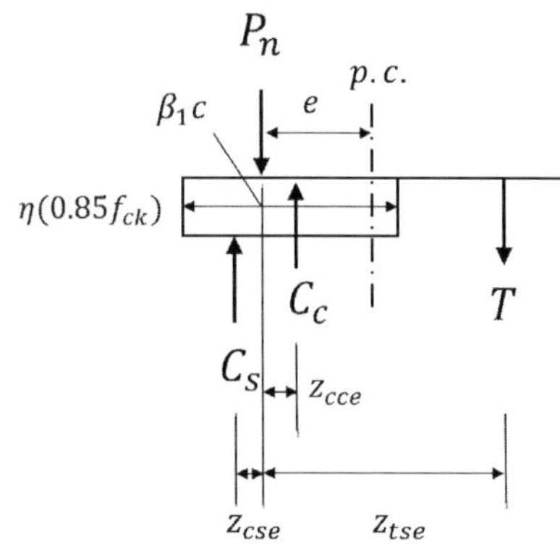

$$z_{cce} = \frac{\beta_1 c}{2} - e = 0.4c - 150\,\text{mm}$$

$$z_{cse} = e - d' = 150 - 70 = 80\,\text{mm}$$

$$z_{tse} = d - e = 530 - 150 = 380\,\text{mm}$$

P_n을 중심으로 회전하는 합력은 0

$$Tz_{tse} + C_s z_{cse} - C_c z_{cce} = 0$$

$$c^3 - 375c^2 + 215,000c - 129.38 \times 10^6 = 0$$

$$\therefore c = 484\,\text{mm}$$

2) 축강도와 휨강도

$$\epsilon_s{'} = \epsilon_{cu} \times \frac{c-d'}{c} = 0.0033 \times \frac{484-70}{484} = 0.00282 > \epsilon_y$$

$$\epsilon_s = \epsilon_{cu} \times \frac{d-c}{c} = 0.0033 \times \frac{530-484}{484} = 0.00031 < \epsilon_y$$

$$C_c = \eta(0.85f_{ck})\beta_1 cb = 8,160c \times 10^{-3} = 3,949.4\,\text{kN}$$

$$C_s = A_s{'}[f_y{'} - \eta(0.85f_{ck})] = 1,189.8\,\text{kN}$$

$$T = A_s f_s = 2,096,820 \times \frac{530-c}{c} \times 10^{-3} = 199.28\,\text{kN}$$

$$\therefore P_n = C_c + C_s - T = 4,940\,\text{kN}, \quad M_n = P_n e = 4,940 \times 0.15 = 741\,\text{kN}$$

3) 설계강도와 강도성능 검증

$$\therefore \ \phi M_n = 0.65 \times 741 = 481\,\text{kNm} > M_u\,(=450\text{kNm}) \quad \text{O.K}$$

$$\therefore \ \phi P_n = 0.65 \times 4,940 = 3,210\,\text{kN} > P_u\,(=3,000\text{kN}) \quad \text{O.K}$$

▶ 인장지배영역의 검증

계수 휨모멘트 $M_u = 600\text{kNm}$는 균형상태보다 크고, 계수 축압축력 $P_u = 1,200\text{kN}$는 균형상태보다 작므로 인장지배영역에 해당된다.

$$e = \frac{M_u}{P_u} = \frac{600 \times 1,000}{1,200} = 500\,\text{mm} > e_b\,(=390\text{mm})$$

1) 중립축 산정

① 내력산정

$$C_c = \eta(0.85 f_{ck})\beta_1 cb = 1.0 \times (0.85 \times 30) \times 0.8 \times c \times 400 = 8,160c\,\text{N}$$

$$C_s = A_s{}'[f_y{}' - \eta(0.85 f_{ck})] = 3,177(400 - 0.85 \times 30) = 1,189,787\,\text{N}$$

$$T = A_s f_y = 3,177 \times 400 = 1,270,800\,\text{N}$$

② P_n 중심으로부터의 거리

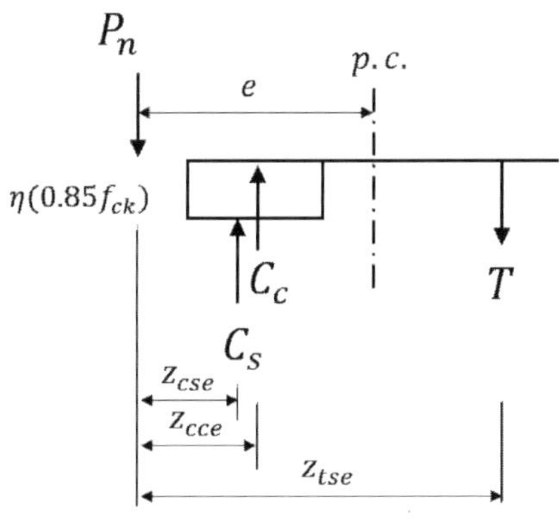

$$z_{cce} = e - \frac{h}{2} + \frac{\beta_1 c}{2} = 200 + 0.4c\,\text{mm}$$

$$z_{cse} = e - \frac{h}{2} + d' = 270\,\text{mm}$$

$$z_{tse} = e + \frac{h}{2} - d' = 730\,\text{mm}$$

P_n을 중심으로 회전하는 합력은 0

$$Tz_{tse} - C_s z_{cse} - C_c z_{cce} = 0$$

$$c^2 + 500c - 185,797 = 0$$

$$\therefore c = 248\,\text{mm}$$

2) 축강도와 휨강도

$$\epsilon_s{}' = \epsilon_{cu} \times \frac{c - d'}{c} = 0.0033 \times \frac{248 - 70}{248} = 0.00237 > \epsilon_y$$

$$\epsilon_s = \epsilon_{cu} \times \frac{d-c}{c} = 0.0033 \times \frac{530-248}{248} = 0.00375 \; > \; \epsilon_y$$

$$C_c = \eta(0.85f_{ck})\beta_1 cb = 8,160c \times 10^{-3} = 2,023.7\,\text{kN}$$
$$C_s = A_s{}'[f_y{}' - \eta(0.85f_{ck})] = 1,189.8\,\text{kN}$$
$$T = A_s f_y = 1,270.8\,\text{kN}$$

$$\therefore P_n = C_c + C_s - T = 1,943\,\text{kN}, \quad M_n = P_n e = 1,943 \times 0.5 = 970\,\text{kN}$$

3) 설계강도와 강도성능 검증

인장철근부의 ϵ_s 가 0.002~0.005 사이의 값을 가지므로

$$\phi = 0.65 + \frac{0.85-0.65}{0.005-0.002}(0.00375-0.002) = 0.767$$

$$\therefore \; \phi M_n = 0.767 \times 970 = 744\,\text{kNm} \; > \; M_u\,(=600\text{kNm}) \quad \text{O.K}$$
$$\therefore \; \phi P_n = 0.767 \times 1,943 = 1,490\,\text{kN} \; > \; P_u\,(=1,200\text{kN}) \quad \text{O.K}$$

단주 설계

그림과 같은 대칭단면을 갖는 사각기둥(단주)이 축하중과 휨모멘트를 동시에 받을 때 주어진 조건에 따라 균형파괴 시의 ϕP_n, ϕM_n을 구하시오.

〈설계 조건〉

ϕP_n : 설계축력, ϕM_n : 설계모멘트

$\phi = 0.65$, $f_{ck} = 30\,\mathrm{MPa}$, $f_y = 400\,\mathrm{MPa}$

$E_s = 200,000\,\mathrm{MPa}$

$A_s = 506.7\,\mathrm{mm}^2$ (H25철근 1개), $\epsilon_{cu} = 0.0033$

포물선–직선형 등가응력분포 적용 시

$\alpha = 0.8$, $\beta = 0.4$

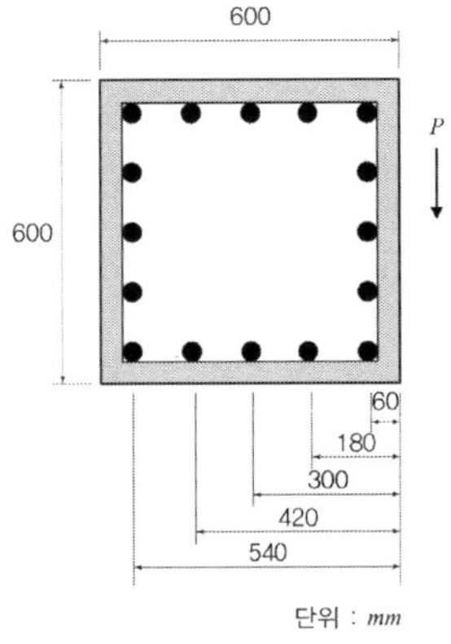

풀 이

> **개요**

균형파괴 시에는 압축부의 $\epsilon_{cu} = 0.0033$일 때, $\epsilon_t = \epsilon_y$인 경우이다.

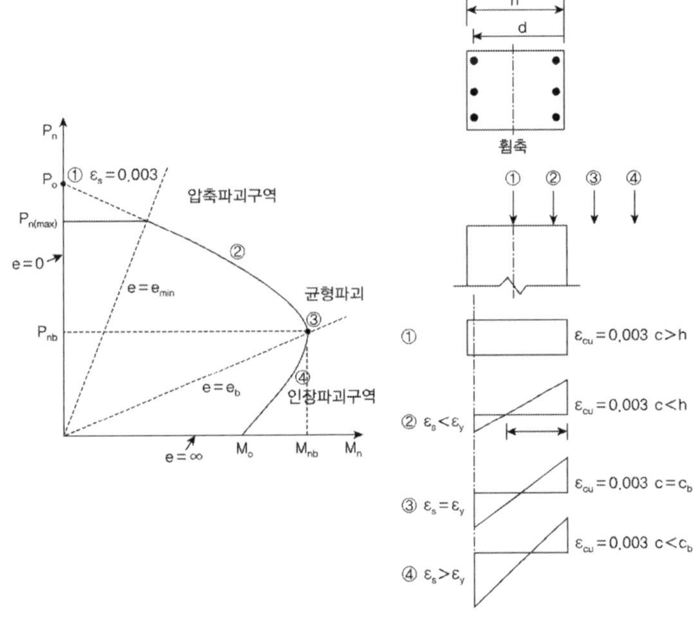

▶ 설계강도와 변형률 산정

1) 설계강도

콘크리트의 설계강도 $f_{cd} = \phi_c(0.85 f_{ck}) = 0.65 \times 0.85 \times 30 = 16.6$ MPa

철근의 설계항복강도 $f_{yd} = \phi_s f_y = 0.9 \times 400 = 360$ MPa

2) 변형률

균형상태일 때 중립축은 $\epsilon_{cu} = 0.0033$, $\epsilon_{yd} = 0.9 \times 400/200{,}000 = 0.0018$, d=540mm이므로,

$$\epsilon_s = \epsilon_{cu}\frac{d-c}{c} \text{ 로부터, } c_b = d \times \frac{\epsilon_{cu}}{\epsilon_{yd}+\epsilon_{cu}} = 540 \times \frac{0.0033}{0.0018+0.0033} = 349.41\text{mm}$$

각 철근의 변형률을 산정하면,

① 최외각 인장철근

$$\epsilon_{s1} = \epsilon_{cu}\frac{d_1-c}{c} = 0.0033 \times \frac{540-349.41}{349.41} = 0.0018$$

$$\therefore f_{s1} = \phi_s f_y = 0.9 \times 400 = 360 \text{ MPa}$$

② 2열 인장철근

$$\epsilon_{s2} = \epsilon_{cu}\frac{d_2-c}{c} = 0.0033 \times \frac{420-349.41}{349.41} = 0.00067$$

$$\therefore f_{s2} = \phi_s E_s \epsilon_{s2} = 0.9 \times 200{,}000 \times 0.00067 = 120.1 \text{ MPa}$$

③ 최외각 압축철근

$$\epsilon_{s1}' = \epsilon_{cu}\frac{c-d_1'}{c} = 0.0033 \times \frac{349.41-60}{349.41} = 0.00273$$

최외각 압축철근의 변형률 $\epsilon_{s1}' > \epsilon_{yd}$ 이므로 최외각 압축철근도 항복했다.

$$\therefore f_{s1}' = \phi_s f_y = 0.9 \times 400 = 360 \text{ MPa}$$

④ 2열 압축철근

$$\epsilon_{s2}' = \epsilon_{cu}\frac{c-d_2'}{c} = 0.0033 \times \frac{349.41-180}{349.41} = 0.00159$$

$$\therefore f_{s2}' = \phi_s E_s \epsilon_{s2}' = 0.9 \times 200{,}000 \times 0.00159 = 286.2 \text{ MPa}$$

⑤ 3열 압축철근

$$\epsilon_{s3}' = \epsilon_{cu}\frac{c - d_3'}{c} = 0.0033 \times \frac{349.41 - 300}{349.41} = 0.00047$$

$$\therefore f_{s3}' = \phi_s E_s \epsilon_{s3}' = 0.9 \times 200{,}000 \times 0.00047 = 84.06 \text{ MPa}$$

▶ 균형 파괴 시 강도 산정

1) 콘크리트 압축력

$$C = \alpha f_{cd} b c_b = 0.8 \times 16.6 \times 600 \times 349.41 \times 10^{-3} = 2784.1 \text{ kN}$$

2) 압축철근 압축력

$$C_{s1} = f_{s1}' A_s' = 360 \times 506.7 \times 10^{-3} = 182.41 \text{ kN}$$

$$C_{s2} = f_{s2}' A_s' = 286.2 \times 506.7 \times 10^{-3} = 145.01 \text{ kN}$$

$$C_{s3} = f_{s3}' A_s' = 84.06 \times 506.7 \times 10^{-3} = 42.59 \text{ kN}$$

$$C_s = C_{s1} + C_{s2} + C_{s3} = 370.01 \text{ kN}$$

3) 인장철근 인장력

$$T_1 = f_{s1} A_s = 360 \times 506.7 \times 10^{-3} = 182.41 \text{ kN}$$

$$T_2 = f_{s2} A_s = 120.1 \times 506.7 \times 10^{-3} = 60.85 \text{ kN}$$

4) 균형파괴 시 강도

균형파괴 시 설계 압축강도는

$$P_n = C + C_{s1} + C_{s2} + C_{s3} - T_1 - T_2 = 2910.85 \text{ kN} \qquad \therefore \phi P_n = 1{,}892.05 \text{ kN}$$

균형파괴 시 설계 휨강도

$$M_n = C\left(\frac{h}{2} - \beta c\right) + C_{s1}\left(\frac{h}{2} - d_1'\right) + C_{s2}\left(\frac{h}{2} - d_2'\right) + C_{s3}\left(\frac{h}{2} - d_3'\right) + T_1\left(d_1 - \frac{h}{2}\right) + T_2\left(d_2 - \frac{h}{2}\right)$$

$$= 2784.1(300 - 0.4 \times 349.41) + 182.41(300 - 60) + 145.01(300 - 180)$$

$$+ 42.59(300 - 300) + 182.41(540 - 300) + 60.85(420 - 300)$$

$$= 558{,}373 \text{ kNmm} = 558.4 \text{ kNm}$$

$$\therefore \phi M_n = 362.9 \text{ kNm}$$

단주 설계

다음과 같은 사각기둥(단주)에서 다음 사항들을 계산하시오.

여기서, $f_{ck} = 24MPa$, $f_y = 300MPa$, $E_s = 2.0 \times 10^5 MPa$, $As = 3,000mm^2$,

$\quad\quad As' = 1,000mm^2$

가. 균형하중 P_b 와 M_b, e_b

나. 인장파괴영역(중립축 C = 200mm일 때)의 P_n 과 M_n, e

다. 압축파괴영역(중립축 C = 500mm일 때)의 P_n 과 M_n, e

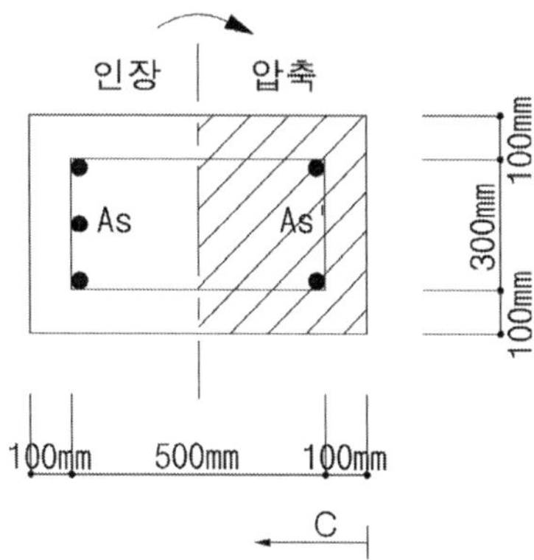

풀 이

▶ 균형상태

$$\epsilon_y = \frac{f_y}{E_s} = 0.0015, \quad c_b = \frac{0.003}{0.003 + \epsilon_y}d = 400^{mm}, \quad a_b = \beta_1 c_b = 0.85 \times 400 = 340^{mm}$$

$$\epsilon_s' = \epsilon_{cu} \times \frac{(c - d')}{c} = 0.00225 > \epsilon_y(= 0.0015)$$

$$C_s = A_s' f_y = 1000 \times 300 = 300^{kN}$$

$$C_c = 0.85 f_{ck} ab = 0.85 \times 24 \times 500 \times 340 = 3468^{kN}$$

$$T = A_s f_y = 3000 \times 300 = 900^{kN}$$

$$\therefore P_b = C_c + C_s - T = 3468 + 300 - 900 = 2868^{kN}$$

소성중심이 단면의 도심과 같다고 가정하면,

$$M_b = P_b e_b = C_c\left(d - d'' - \frac{a_b}{2}\right) + C_s(d - d'' - d') + Td'' \text{ (소성중심 기준)}$$

$$= 3468 \times \left(600 - 250 - \frac{340}{2}\right) + 300 \times (600 - 250 - 100) + 900 \times 250 = 924.240^{kNm}$$

$$e_b = \frac{M_b}{P_b} = 322.26^{mm}$$

➤ $c = 200^{mm}$ 일 경우(인장파괴영역)

$$\epsilon_s{}' = \epsilon_{cu} \times \frac{(c - d')}{c} = 0.0015 = \epsilon_y, \qquad \epsilon_s = \epsilon_{cu} \times \frac{(d - c)}{c} = 0.006 > \epsilon_y$$

$$a = \beta_1 c = 170^{mm}$$

$$C_s = A_s{}'f_y = 1000 \times 300 = 300^{kN}, \quad T = A_s f_y = 3000 \times 300 = 900^{kN}$$

$$C_c = 0.85 f_{ck} ab = 0.85 \times 24 \times 500 \times 170 = 1734^{kN}$$

$$\therefore P = C_c + C_s - T = 1734 + 300 - 900 = 1134^{kN}$$

$$M = P e_b = C_c\left(d - d'' - \frac{a}{2}\right) + C_s(d - d'' - d') + Td'' \quad \text{(소성중심 기준)}$$

$$= 1734 \times \left(600 - 250 - \frac{170}{2}\right) + 300 \times (600 - 250 - 100) + 900 \times 250 = 759.51^{kNm}$$

$$e = \frac{M}{P} = 669.76^{mm}$$

➤ $c = 500^{mm}$ 일 경우(압축파괴영역)

$$\epsilon_s{}' = \epsilon_{cu} \times \frac{(c - d')}{c} = 0.0024 > \epsilon_y, \qquad \epsilon_s = \epsilon_{cu} \times \frac{(d - c)}{c} = 0.0006 < \epsilon_y$$

$$a = \beta_1 c = 425^{mm}$$

$$C_s = A_s{}'f_y = 1000 \times 300 = 300^{kN}$$

$$T = A_s f_s = A_s E_s \epsilon_s = 3000 \times 2 \times 10^5 \times 0.0006 = 360^{kN}$$

$$C_c = 0.85 f_{ck} ab = 0.85 \times 24 \times 500 \times 425 = 4335^{kN}$$

$$\therefore P = C_c + C_s - T = 4335 + 300 - 360 = 4275^{kN}$$

$$M = P e_b = C_c\left(d - d'' - \frac{a}{2}\right) + C_s(d - d'' - d') + Td'' \quad \text{(소성중심 기준)}$$

$$= 4335 \times \left(600 - 250 - \frac{425}{2}\right) + 300 \times (600 - 250 - 100) + 360 \times 250 = 761.063^{kNm}$$

$$e = \frac{M}{P} = 178.026^{mm}$$

단주 설계 : 균형파괴, 압축·인장파괴

그림과 같은 직사각형 기둥(단주)에 대해 다음사항을 계산하고 P–M상관도를 그리시오.

1) 편심이 없는 경우 축하중

2) 균형하중 P_b, M_b

3) 압축파괴구역의 임의의 점에 대한 축력과 모멘트

4) 인장파괴 구역의 임의의 점에 대한 축력과 모멘트

5) 축력없이 모멘트만 작용하는 경우

$$E_s = 2.0 \times 10^5 MPa, \ 철근 \ 8-D29(8 \times 642.4mm^2), \ f_{ck} = 28MPa, \ f_y = 400MPa$$

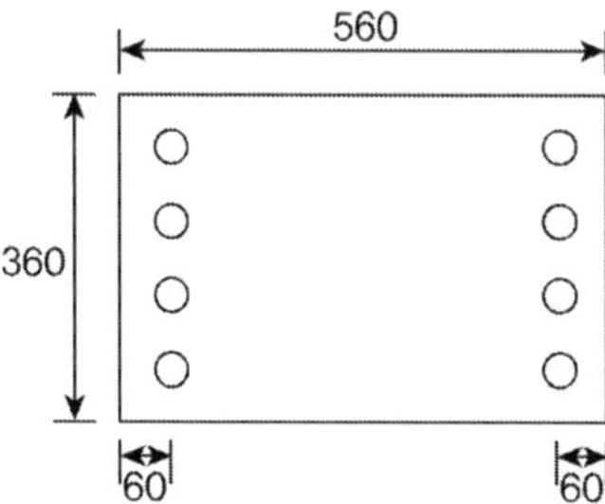

풀 이

▶ 편심이 없는 경우 축하중 산정($e < e_{\min}$)

사각기둥이므로 띠철근을 사용한다고 가정하면,

$$A_g = 560 \times 360 = 201600^{mm^2}, \ A_{st} = 5139.2^{mm^2}$$

$$P_{n,\max} = 0.80 \times \left[\ 0.85 f_{ck}(A_g - A_{st}) + f_y A_{st}\ \right]$$
$$= 0.8\left[0.85 \times 28(201600 - 5139.2) + 400 \times 5139.2\right] = 5385.16^{kN}$$

▶ 균형하중($e = e_b$, $\epsilon_s = \epsilon_y$, $c = c_b$)

$$\epsilon_y = \frac{f_y}{E_s} = 0.002, \quad c_b = \frac{0.003}{0.003 + \epsilon_y}d = 300^{mm}, \quad a_b = \beta_1 c_b = 0.85 \times 300 = 255^{mm}$$

$$\epsilon_s' = \epsilon_{cu} \times \frac{(c-d')}{c} = 0.0024 > \epsilon_y(= 0.002)$$

$$C_s = A_s' f_y = 4 \times 642.4 \times 400 = 1027.84^{kN}$$

$$C_c = 0.85 f_{ck} ab = 0.85 \times 28 \times 255 \times 360 = 2184.84^{kN}$$

$$T = A_s f_y = 4 \times 642.4 \times 400 = 1027.84^{kN}$$

$$\therefore P_b = C_c + C_s - T = 1027.84 + 2184.84 - 1027.84 = 2184.84^{kN}$$

소성중심이 단면의 도심과 같다고 가정하면,

$$M_b = P_b e_b = C_c\left(d - d'' - \frac{a_b}{2}\right) + C_s(d - d'' - d') + Td'' \quad \text{(소성중심 기준)}$$

$$= 2184.84 \times \left(500 - 280 - \frac{255}{2}\right) + 1027.84 \times (500 - 280 - 60) + 1027.84 \times 280$$

$$= 657.347^{kNm}$$

$$e_b = \frac{M_b}{P_b} = 299.494^{mm}$$

▶ **압축파괴구역의 임의의 점에 대한 축력과 모멘트**($e_{\min} < e < e_b,\ \epsilon_s < \epsilon_y,\ c > c_b$)

$c_b = 300^{mm}$ 이므로 압축파괴영역에 대해서는 $c > c_b$ 이다. 따라서 $c = 400^{mm}$ 인 점에 대해서 검토한다.

$$a = \beta_1 c = 340^{mm}$$

$$\epsilon_s = \epsilon_{cu} \times \frac{(d - c)}{c} = 0.00075 < \epsilon_y,\ f_s = E_s \epsilon_s = 150^{MPa}$$

$$\epsilon_s' = \epsilon_{cu} \times \frac{(c - d')}{c} = 0.00255 > \epsilon_y\,(= 0.002)$$

$$C_s = A_s' f_y = 4 \times 642.4 \times 400 = 1027.84^{kN}$$

$$C_c = 0.85 f_{ck} ab = 0.85 \times 28 \times 340 \times 360 = 2913.12^{kN}$$

$$T = A_s f_s = 4 \times 642.4 \times 150 = 385.44^{kN}$$

$$\therefore P = C_c + C_s - T = 3555.52^{kN}$$

$$M = P e_b = C_c\left(d - d'' - \frac{a}{2}\right) + C_s(d - d'' - d') + Td'' \quad \text{(소성 중심 기준)}$$

$$= 2913.12 \times \left(500 - 280 - \frac{340}{2}\right) + 1027.84 \times (500 - 280 - 60) + 385.44 \times 280$$

$$= 418.034^{kNm}$$

$$e = \frac{M}{P} = 117.573^{mm}$$

➤ **인장파괴 구역의 임의의 점에 대한 축력과 모멘트**$(e > e_b,\ \epsilon_s > \epsilon_y,\ c < c_b)$

$c_b = 300^{mm}$ 이므로 인장파괴영역에 대해서는 $c < c_b$ 이다. 따라서 $c = 200^{mm}$ 인 점에 대해서 검토한다.

$$a = \beta_1 c = 170^{mm}$$

$$\epsilon_s = \epsilon_{cu} \times \frac{(d-c)}{c} = 0.0045 > \epsilon_y$$

$$\epsilon_s{}' = \epsilon_{cu} \times \frac{(c-d')}{c} = 0.0021 > \epsilon_y (= 0.002)$$

$$C_s = A_s{}'f_y = 4 \times 642.4 \times 400 = 1027.84^{kN}$$

$$C_c = 0.85 f_{ck} ab = 0.85 \times 28 \times 170 \times 360 = 1456.56^{kN}$$

$$T = A_s f_y = 4 \times 642.4 \times 400 = 1027.84^{kN}$$

$$\therefore\ P = C_c + C_s - T = 1456.56^{kN}$$

$$M = Pe_b = C_c\left(d - d'' - \frac{a}{2}\right) + C_s(d - d'' - d') + Td''\ (\text{소성 중심 기준})$$

$$= 1456.56 \times \left(500 - 280 - \frac{170}{2}\right) + 1027.84 \times (500 - 280 - 60) + 1027.84 \times 280$$

$$= 648.885^{kNm}$$

$$e = \frac{M}{P} = 445.492^{mm}$$

➤ **모멘트만 작용할 경우**

휨부재의 거동과 동일하므로 복철근보의 공칭강도 계산과 동일하다. 압축철근량이 인장철근량과 같으므로 압축철근은 항복하지 않는다.

$$\rho_s = \rho' = \frac{A_s}{bd} = \frac{2569.6}{360 \times 500} = 0.014276$$

$$\overline{\rho_{\min}} = 0.85 \beta_1 \frac{f_{ck}}{f_y} \frac{d'}{d} \left(\frac{\epsilon_c}{\epsilon_c - \epsilon_y}\right) + \rho' = 0.032483 > \rho_s \qquad \therefore\ \text{압축철근 항복하지 않는다.}$$

$$C = T:$$

$$0.85 f_{ck} ab = A_s f_y - A_s{}'f_s = A_s f_y - A_s{}'E_s \epsilon_s{}', \qquad \epsilon_s{}' = \frac{c-d'}{c} \times \epsilon_c = \epsilon_c\left(1 - \frac{d'}{c}\right)$$

$$0.85 f_{ck}(\beta_1 c)b = A_s f_y - A_s{}'E_s \epsilon_c\left(1 - \frac{d'}{c}\right) \rightarrow c \text{에 관한 2차 방정식}$$

$$\therefore\ c = 82.814^{mm},\ a = \beta_1 c = 70.392^{mm}$$

$$\epsilon_s{}' = \epsilon_{cu} \times \frac{(c-d')}{c} = 0.000826 \qquad f_s{}' = E_s \epsilon_s{}' = 165.291^{MPa}$$

$$\overline{\rho_{max}} = \rho_{max} + \rho' \frac{f_s{}'}{f_y} = 0.85\beta_1 \frac{f_{ck}}{f_y}\left(\frac{\epsilon_c}{\epsilon_c + \epsilon_{t.min}}\right) + \rho' \frac{f_s{}'}{f_y} = 0.027574 > \rho_s$$

$$M_n = A_s{}' f_s{}'(d-d') + 0.85 f_{ck} ab\left(d - \frac{a}{2}\right)$$

$$= 2569.6 \times 165.291 \times (500-60) + 0.85 \times 28 \times 70.392 \times 360 \times \left(500 - \frac{70.392}{2}\right)$$

$$= 467.21^{kNm}$$

➤ P–M 상관도

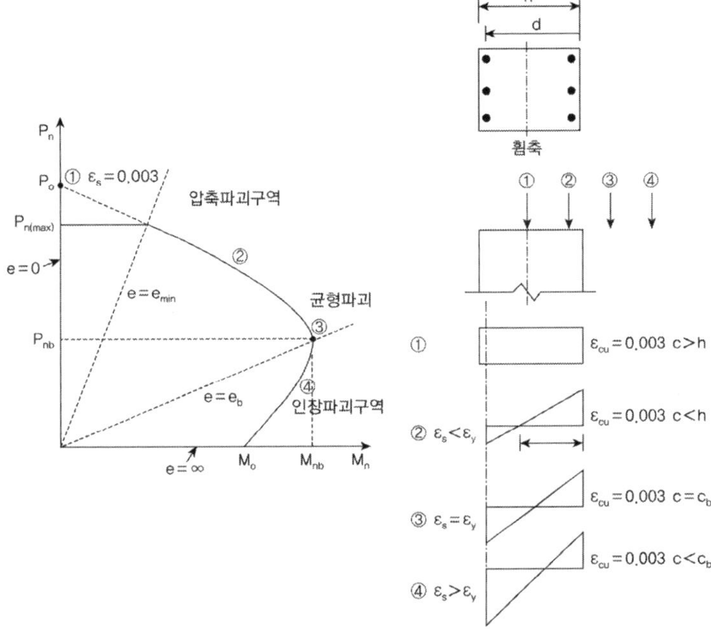

구분	P_n (kN)	M_n (kNm)
1) 축하중	5385.16	0
2) 균형하중	2184.84	657.35
3) 압축파괴	3555.52	418.03
4) 인장파괴	1456.56	648.89
5) 휨파괴	0	467.21

단주 설계

다음과 같은 사각기둥(단주)이 균형상태일 때, P_b, M_b 및 e_b를 강도설계법으로 구하시오.

f_{ck}=24MPa, f_y=300MPa, A_s=3000mm^2, $A_s{}'$=1000mm^2, E_s=200,000MPa, ϵ_c=0.003

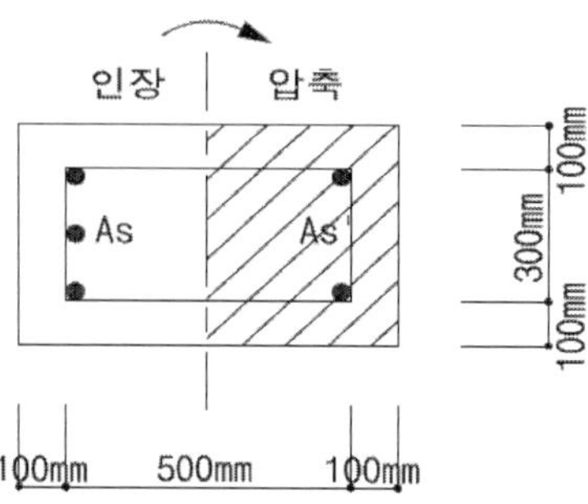

풀 이

▶ **균형상태 : 소성중심이 도심과 같다고 가정할 경우**

$$\epsilon_y = \frac{f_y}{E_s} = 0.0015, \quad c_b = \frac{0.003}{0.003 + \epsilon_y} d = 400^{mm}, \quad a_b = \beta_1 c_b = 0.85 \times 400 = 340^{mm}$$

$$\epsilon_s{}' = \epsilon_{cu} \times \frac{(c-d')}{c} = 0.00225 > \epsilon_y (= 0.0015)$$

$$C_s = A_s' f_y = 1000 \times 300 = 300^{kN}$$

$$C_c = 0.85 f_{ck} ab = 0.85 \times 24 \times 500 \times 340 = 3468^{kN}$$

$$T = A_s f_y = 3000 \times 300 = 900^{kN}$$

$$\therefore P_b = C_c + C_s - T = 3468 + 300 - 900 = 2868^{kN}$$

소성중심이 단면의 도심과 같다고 가정하면,

$$M_b = P_b e_b = C_c \left(d - d'' - \frac{a_b}{2} \right) + C_s (d - d'' - d') + Td'' \text{ (소성중심 기준)}$$

$$= 3468 \times \left(600 - 250 - \frac{340}{2} \right) + 300 \times (600 - 250 - 100) + 900 \times 250 = 924.240^{kNm}$$

$$e_b = \frac{M_b}{P_b} = 322.26^{mm}$$

▶ 균형상태 : 소성중심을 별도로 산정할 경우

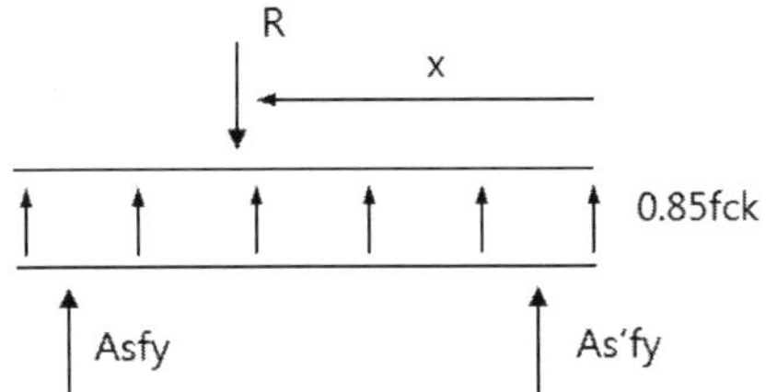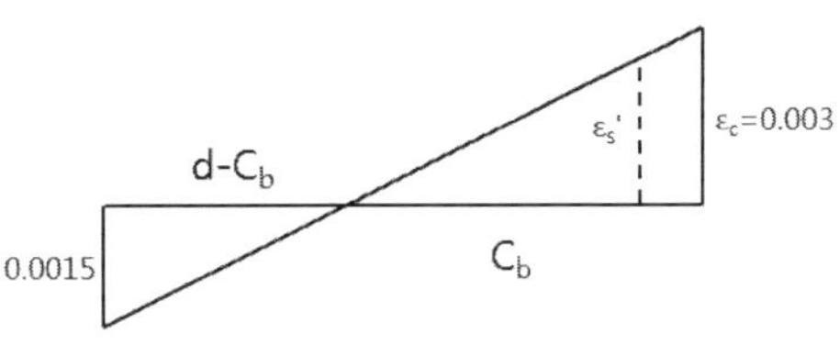

$$\overline{x} = \frac{0.85f_{ck} \times 700 \times 500 \times 350 + A_s\left(f_y - 0.85f_{ck}\right) \times 600 + A_s'\left(f_y - 0.85f_{ck}\right) \times 100}{0.85f_{ck}700 \times 500 + A_s\left(f_y - 0.85f_{ck}\right) + A_s'\left(f_y - 0.85f_{ck}\right)}$$

$$= 366.9\text{mm}$$

$$0.003 : c_b = 0.0015 : d-c_b \qquad \therefore c_b = 400\text{mm}, \quad a_b = 340\text{mm}$$

$$\therefore \epsilon_s' = \frac{0.003}{400} \times 300 = 0.00225 > \epsilon_y = \frac{f_y}{E_s} = 0.0015$$

$$C_c = 0.85f_{ck}ab = 0.85 \times 24 \times 500 \times 340 = 3,468 \text{ kN}$$
$$C_s = A_s'\left(f_y - 0.85f_{ck}\right) = 1000 \times (300 - 0.85 \times 24) = 279.6 \text{ kN}$$
$$T_s = A_s f_y = 3000 \times 300 = 900 \text{ kN}$$

$$\therefore P_b = C_c + C_s - T = 2,847.6 \text{ kN}$$

$$\therefore M_b = P_b e_b = C_c\left(\overline{x} - \frac{a_b}{2}\right) + C_s\left(\overline{x} - d'\right) + T(d - \overline{x}) \quad (\text{소성중심 기준})$$

$$= 3468 \times \left(366.9 - \frac{340}{2}\right) + 279.6 \times (339.6 - 100) + 900 \times (600 - 366.9)$$

$$= 959634.4 \text{ kN} \cdot \text{mm} = 959.6 \text{ kN} \cdot \text{m}$$

$$\therefore e_b = \frac{M_b}{P_b} = 337.0\text{mm}$$

단주 설계 : 2012 도로교 한계상태설계법

그림과 같은 단면의 철근 콘크리트 띠철근 기둥(단주)에 축하중 P_u가 편심거리 e_x=360mm인 위치에 작용할 경우, 이 기둥의 설계 축강도 P_d 및 설계휨강도 M_d를 도로교설계기준 한계상태설계법(2012)에 의해 구하시오. 단, f_{ck}=30MPa, f_y=400MPa, D29의 철근 1개의 단면적 A_s=642.4mm², E_s=2.0×10⁵ MPa, ϕ_c=0.65, ϕ_s=0.95, α=0.8, β=0.40이다.

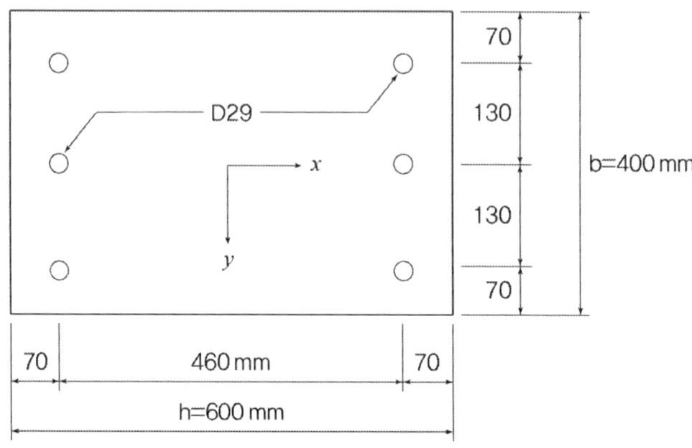

풀 이

➤ 개요

압축과 인장철근 모두 항복한다고 가정한다.

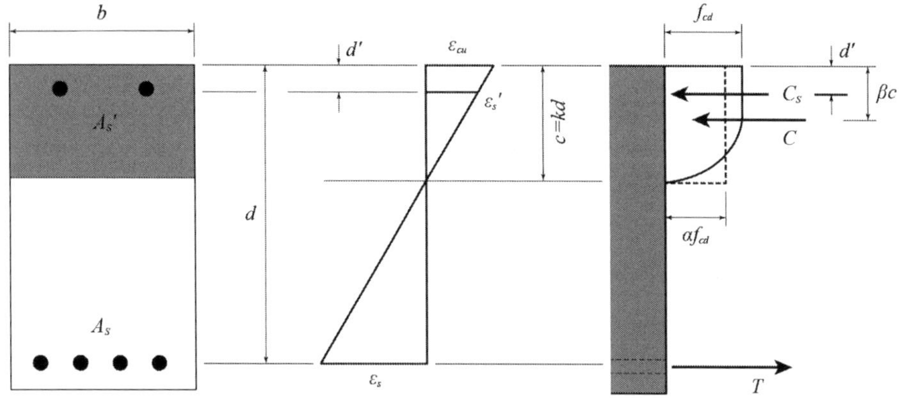

➤ **설계강도 산정**

$$C_c = \phi_c \alpha_{cc} f_{ck} ab = 0.65 \times 0.85 \times 30 \times (2 \times 0.4 \times c) \times 400 = 5304c \text{ N}$$

$$C_s = \phi_s A_s' f_y = 0.95 \times (3 \times 642.4) \times 400 = 732336 \text{ N}$$

$$T = \phi_s A_s f_y = 732336 \text{ N}$$

$$P_d = C_c + C_s - T = C_c = 5304c \text{ N}$$

$$M_d = C_c \times (300 - 0.4c) + C_s \times (300 - 70) + T \times (530 - 300)$$

$$\therefore e = \frac{M_d}{P_d} = 360 \;\; ; \;\; c = 330.473 \text{mm}$$

$$\epsilon_s = \frac{530 - c}{c} \times 0.0033 = 0.001992 \fallingdotseq \epsilon_y = 0.002 \qquad \text{O.K}$$

$$\epsilon_s' = \frac{c - 70}{c} \times 0.0033 = 0.002601 > \epsilon_y = 0.002 \qquad \text{O.K}$$

$$\therefore P_d = 1752.8 \text{ kN}, \quad M_d = P_d \times e_x = 631.379 \text{kNm}$$

단주 설계

그림의 철근 콘크리트 기둥단면에서 작용하중이 편심(e=250 mm)을 가지고 있을 때 주어진 단면의 균형단면력을 산정하고 공칭압축강도 P_n을 강도설계법에 따라 구하시오. 단, $f_{ck} = 28MPa$, $f_y = 420MPa$이다.

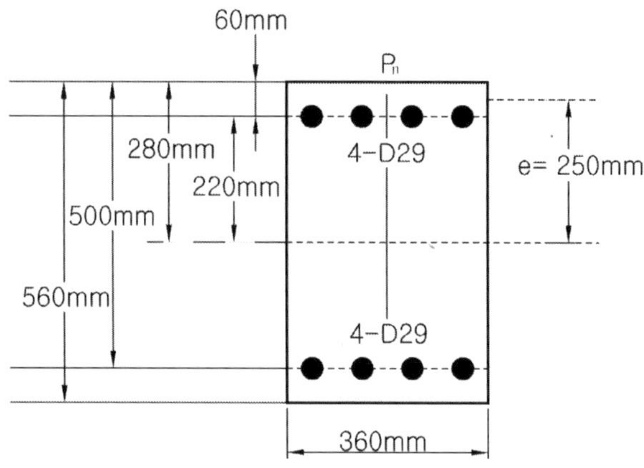

풀 이

▶ 균형단면력

균형단면력은 콘크리트가 극한변형률에 도달할 때 인장부 철근도 극한 변형률에 도달하므로 변형률 관계식을 이용한다.

$$\epsilon_y = f_y/E_s = 0.0021$$

$$\frac{\epsilon_{cu}}{c_b} = \frac{\epsilon_s{'}}{c_b - d'} = \frac{\epsilon_{cu} + \epsilon_y}{d}$$

$$\therefore c_b = 294.118\text{mm}, \ \epsilon_s{'} = 0.00239 > \epsilon_y$$

$$a_b = 0.85 \times c_b = 250\text{mm}$$

$$C_c = 0.85 f_{ck}ab = 0.85 \times 28 \times 250 \times 360 = 2142\text{kN}$$

$$C_s = A_s{'}f_y = \pi \times 29^2/4 \times 4 \times 420 = 1109.67\text{kN} \ (\because \epsilon_s{'} \geq \epsilon_y) \quad A_s{'} = 2642.08\text{mm}^2$$

$$T = A_s f_y = \pi \times 29^2/4 \times 4 \times 420 = 1109.67\text{kN}$$

$$\therefore P_b = C_c + C_s - T = 2142 \text{ kN}$$

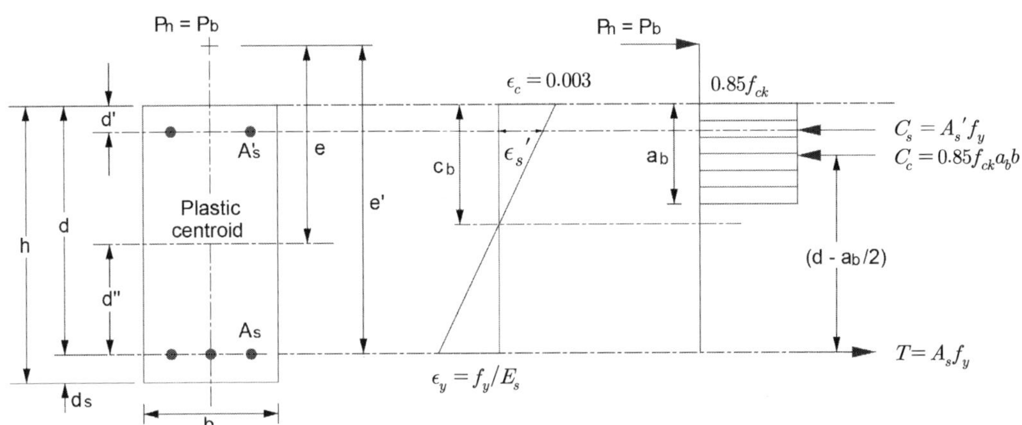

$$M_b = P_b e_b = C_c \times \left(500 - 220 - \frac{250}{2}\right) + C_s \times (500 - 220 - 60) + T \times 60 = 698.201$$

$$e_b = \frac{M_b}{P_b} = 325.96\text{mm}$$

▶ 공칭 압축강도 산정

$e < e_b$ 이므로 압축파괴 발생

$$\epsilon_s = \epsilon_{cu} \times \frac{(d-c)}{c} = \frac{500-c}{c} \times 0.003, \qquad \epsilon_s' = \epsilon_{cu} \times \frac{(c-d')}{c} = \frac{c-60}{c} \times 0.003$$

평형조건으로부터

$$P_n = 0.85 f_{ck}\beta_1 cb + A_s' E_s \epsilon_s' - A_s E_s \epsilon_s = 7282.8c + 1585248 \times \frac{500-c}{c} - 1585248 \times \frac{c-60}{c}$$

$$M_n = 7282.8c \times \left(500 - 220 - \frac{0.85c}{2}\right) + 1585248 \times \frac{500-c}{c} \times (500-220-60) + 1585248 \times \frac{c-60}{c} \times 60$$

$M_n = P_n e$ 의 3차 방정식으로부터 $\therefore$ c=398.952mm ($\because$ 압축파괴 $c > c_b$, $e < e_b$)

$$\epsilon_s = \epsilon_{cu} \times \frac{(d-c)}{c} = 0.00076 < \epsilon_y, \qquad \epsilon_s' = \epsilon_{cu} \times \frac{(c-d')}{c} = 0.002549 > \epsilon_y \qquad \text{O.K}$$

$$\therefore P_n = 1960.17\text{kN}, \quad M_n = 490.042\text{kNm}$$

그림과 같이 지름 h=420mm인 원형 나선철근 기둥에 축방향 철근 6-D25(d_b=25.4mm)으로 보강되어 있다. 기둥의 설계강도 ϕP_n 및 소요 나선철근간격 s를 구하시오. 단, 나선철근 D13(d_b=12.7mm). f_{ck}=30MPa, f_{yt}=400MPa 및 나선철근 심부의 지름 d_c=340mm, ϕ=0.7이다.

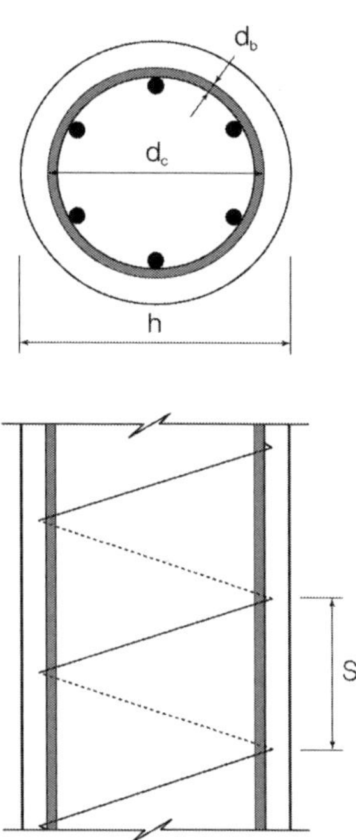

풀 이

▶ 기둥의 설계 강도

$$A_{st} = 6 \times \frac{\pi}{4} d_b^2 = 3{,}040.24\,\text{mm}^2, \quad A_g = \frac{\pi}{4} h^2 = 138{,}544\,\text{mm}^2, \quad A_c = A_g - A_{st} = 135{,}504\,\text{mm}^2$$

$$P_n = 0.85 f_{ck} A_c + A_s f_y = 0.85 \times 30 \times 135{,}504 + 3{,}040.24 \times 400 = 4671.45\ \text{kN}$$

$$\therefore\ \phi P_n = 0.7 \times 4671.45 = 3{,}270\ \text{kN}$$

$$\rho = \frac{A_{st}}{A_g} = 0.022 \qquad \therefore\ 0.01 \leq \rho \leq 0.08 \qquad O.K$$

➤ 나선철근 간격 검토

심부구속 철근(콘크리트로 인해서 심부에서 구속된 철근)은 최종적인 파괴에 이르기 전까지 상당한 추가의 하중에 저항하는 커다란 연성을 지닌다. 이 때문에 설계기준에서는 심부구속철근량을 규정하도록 하고 있다.

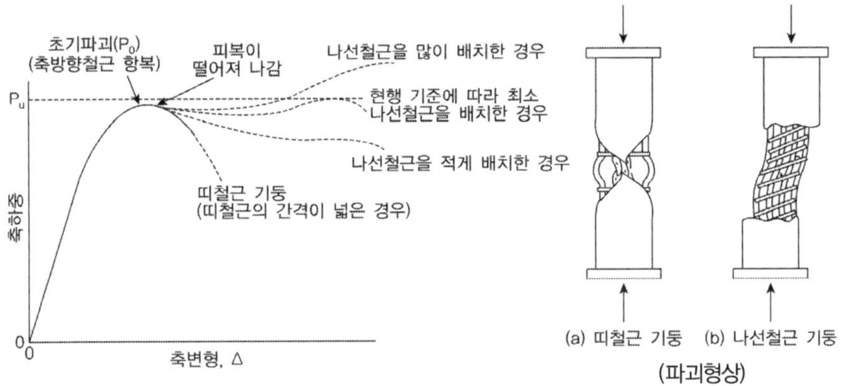

지진하중에 대해 실험결과 띠철근보다 나선철근이 콘크리트를 구속해서 강도와 연성의 증가가 뛰어남이 나타났으며, 이는 직사각형 모양의 띠철근은 띠철근의 모서리 부분에만 구속력을 주고 모서리 이외의 직선부분에서는 콘크리트가 팽창하면 밖으로 휘기 때문이며, 나선철근의 경우 원형으로 균등한 구속력을 전체 기둥에 주기 때문에 효과적이다(띠철근과 나선철근의 강도저감계수 차이의 이유).

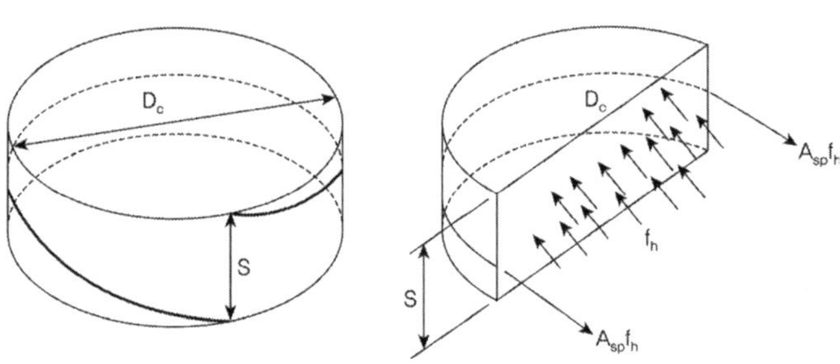

$$2A_{sp}f_y = f_h D_c s$$

$$\frac{A_{sp}}{D_c s} = \frac{f_h}{2f_y} \tag{1}$$

기둥 심부에서의 콘크리리트의 압축강도 증가량(실험식) $f_1 = f_{ck} + 4.1 f_h$

피복파괴로 인해서 없어진 지지력을 구속효과에 의한 강도증진으로 보상한다는 조건은 다음과 같이 표현된다. A_c는 심부 콘크리트 단면적(나선철근의 중심선 기준 안쪽 면적)

피복이 떨어져 나가기 전의 피복부분의 압축강도 $0.85 f_{ck}(A_g - A_c)$

피복이 떨어져 나간 후 나선철근 구속력으로 증가한 심부강도 $A_c(4.1 f_h)$

$$\therefore \ 0.85 f_{ck}(A_g - A_c) = A_c(4.1 f_h) \tag{2}$$

$$\rho_s = \frac{V_{spiral}}{V_{core}} = \frac{A_{sp}\pi D_c}{\dfrac{\pi D_c^2}{4} s} = \frac{4 A_{sp}}{s D_c}$$

From (1), (2)

$$\rho_s = \frac{2 f_h}{f_y} = \frac{2}{f_y} \frac{0.85 f_{ck}(A_g - A_c)}{4.1 A_c} = 0.425 \frac{f_{ck}}{f_y}\left(\frac{A_g}{A_c} - 1\right) \approx 0.45 \frac{f_{ck}}{f_y}\left(\frac{A_g}{A_c} - 1\right)$$

1) 최소철근량 산정

$$A_c = \frac{\pi D_c^2}{4} = 90792\,\text{mm}^2$$

$$\rho_{s,\min} \geq 0.45\left(\frac{A_g}{A_c} - 1\right)\frac{f_{ck}}{f_y} = 0.45 \times \left(\frac{138544}{90792} - 1\right)\frac{30}{400} = 0.017751$$

$$\rho_s = \frac{V_{spiral}}{V_{core}} = \frac{A_{sp}\pi D_c}{\dfrac{\pi D_c^2}{4} s} = \frac{4 A_{sp}}{s D_c} \qquad \therefore s \leq \frac{4 A_{sp}}{\rho_{\min} D_c} = \frac{4 \times \dfrac{\pi \times 12.7^2}{4}}{0.017751 \times 340} = 83.9578\,\text{mm}$$

$\therefore$ 나선철근의 중심 간격을 80mm로 검토한다.

2) 나선철근 제한규정

① 나선철근은 지름이 9mm 이상으로 그 간격이 균일하고 연속된 철근이나 철선으로 구성되어야 한다.   O.K

② 나선철근비 ρ_s 는 아래 식에 의해 계산된 값 이상이어야 한다.

$$\rho_s = 0.45\left(\frac{A_g}{A_c} - 1\right)\frac{f_{ck}}{f_y}$$

여기서 f_y 는 나선철근의 설계기준 항복강도로 400 MPa 이하이어야 한다.   O.K

③ 나선철근의 순 간격은 25mm 이상 또는 굵은 골재 최대치수의 4/3배 이상이어야 하며, 중심 간격은 주철근 직경의 6배 이하로 하여야 한다.

    $25\text{mm} \leq (80-12.7) \leq 7 \times 25$ O.K

④ 나선철근의 정착은 나선철근의 끝에서 추가로 심부 주위를 1.5회전시켜 확보한다.

⑤ 나선철근은 확대기초 또는 다른 받침부의 상면에서 그 위에 지지된 부재의 최하단 수평철근까지 연장되어야 한다.

⑥ 나선철근의 이음은 철근 또는 철선지름의 48배 이상, 300mm 이상의 겹침이음이거나 용접이음 또는 기계적 연결이어야 한다.

⑦ 나선철근은 설계된 치수로부터 벗어남이 없이 다룰 수 있고 배치할 수 있도록 그 크기가 확보되어야 하고 또한 이에 맞게 조립되어야 한다.

파괴거동

소성힌지 보강철근이 없는 철근 콘크리트 기둥과 충전식 강관기둥에서 압축하중 재하 시와 휨모멘트 재하 시의 파괴거동에 대하여 설명하시오.

풀 이

원형 콘크리트 충전 강관(CFT) 기둥의 P-M상관 곡선 평가(대한토목학회, 문지호, 2014)

▶ 개요

RC교각은 축방향 철근량과 횡방향 철근량의 비율, 축력의 크기, 전단지간과 두께의 비율(M/VD, 또는 형상비)에 따라 파괴거동이 다르게 나타난다. 지진하중과 같이 수평하중으로 인한 휨모멘트 등이 증가하는 경우의 교각과 같은 기둥에서는 소성힌지구간에 심부구속철근을 보강하도록 하고 있으며, 심부구속철근이 배근됨으로 인해 콘크리트의 단면 손실을 적게 함으로써 강도와 연성을 증가시키는 역할을 수행하게 된다. 충전식 강관기둥의 경우 외부에 감싸진 강관으로 인해 단면손실이 거의 없기 때문에 충분한 연성효과를 가질 수 있다.

▶ 기둥의 파괴거동

1) 소성힌지 보강철근이 없는 철근 콘크리트 기둥의 압축하중 : 보강철근이 없거나 적은 경우 RC구조의 기둥에서는 축하중이 파괴하중 이상으로 증가하게 되면 콘크리트의 외부 피복이 파열되면서 떨어져 나가게 되고 이로 인해서 단면손실로 인해 급격한 파괴 형상이 진행된다. 따라서 소성힌지 발생구간과 같이 파괴가 우려되는 구간에는 심부구속철근과 같은 보강철근을 배치하여야 일부 피복이 떨어져도 내부 콘크리트를 구속해서 충분한 강도와 연성을 발휘할 수 있다.

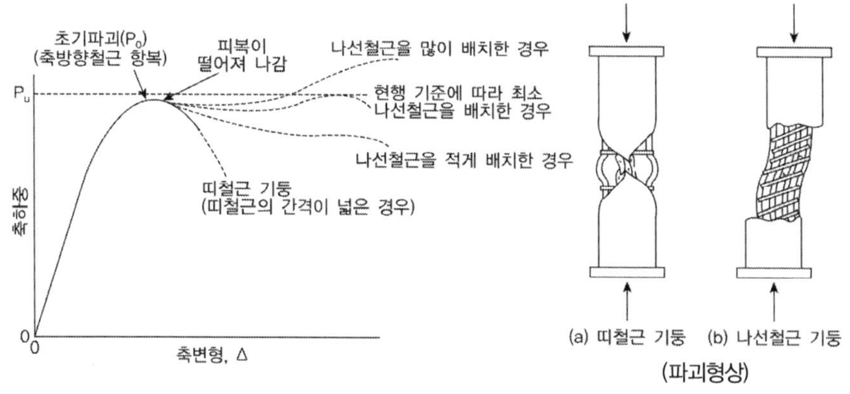

2) 소성힌지 보강철근이 없는 철근 콘크리트 기둥의 휨하중 : 기둥에서 편심하중이나 상·하부 강결로 인해 휨모멘트가 전달될 수 있으며, 이 경우 압축과 휨모멘트의 상관관계에 따라 파괴형상이 달라진다. 모멘트의 크기에 따라 균형파괴(압축부 콘크리트가 $\epsilon_{cu} = 0.003$일 때, 인장부 $\epsilon_t = \epsilon_y$인 경우) 이상으로 모멘트의 영향을 더 받는 경우 인장지배를 받으며 휨파괴와 유사한 파괴 형태를 띠게 된다. 압축지배를 받을 경우 압축하중으로 인한 기둥파괴형상을 보이게 된다.

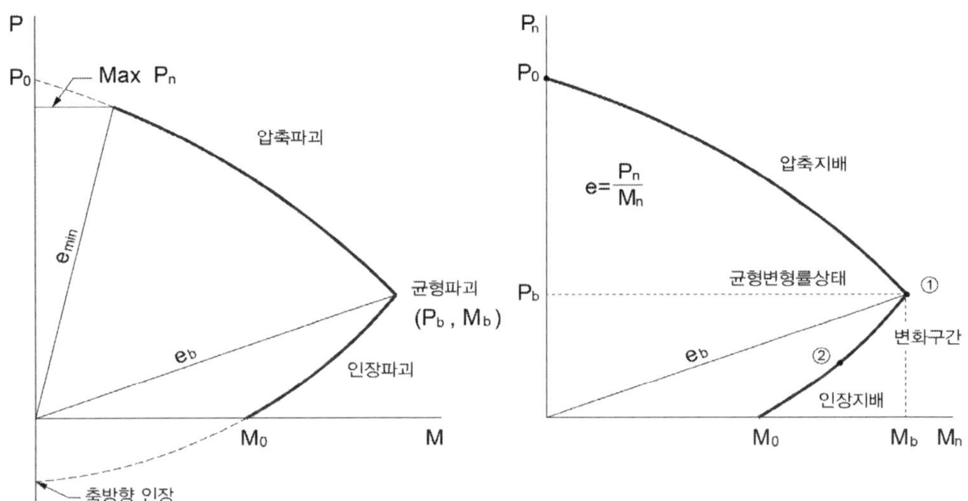

3) 충전식 강관기둥에서 압축하중 재하 시 : 충전식 강관기둥으로 외부가 구속된 콘크리트는 구속으로 인해서 압축강도가 현격히 증가된다. 이러한 특성을 고려해 교각의 내진보강 시에도 외부 강판피복 등의 보강공법에도 많이 이용된다. 충전된 강관기둥의 파괴형태는 외부의 강판이 부풀어 오르며 면외 좌굴이 발생하게 되고 이에 따라 강관 내벽에서 콘크리트 슬립현상을 수반해 45° 방향의 사인장 파괴가 발생된다.

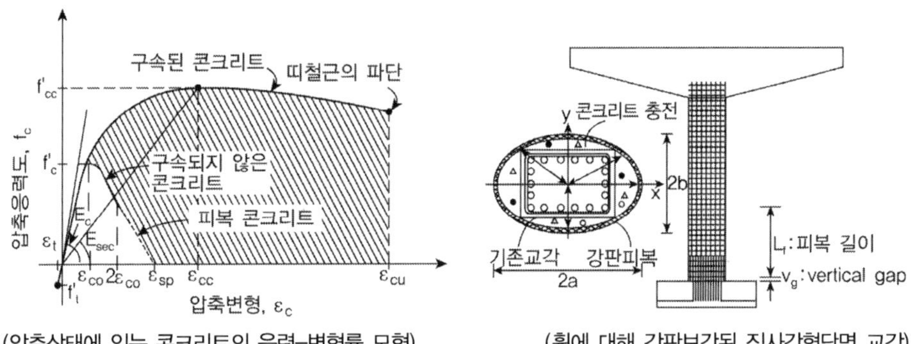

(압축상태에 있는 콘크리트의 응력–변형률 모형)   (휨에 대해 강판보강된 직사각형단면 교각)

4) 충전식 강관기둥에서 휨모멘트 재하 시 : 소성응력분배법에 따라 충전식 강관기둥의 휨과 압축력이 동시에 작용할 때 AISC와 EC4에서 콘크리트의 압축력은 $0.95f_c'$ 과 $1.0f_c'$ 의 값으로 평가된다. 외부강관 구속효과에 따라 콘크리트의 강도가 0.85보다 큰 값으로 평가되며, 강관은 전 구간에 걸쳐 항복응력 f_y 에 도달한다고 가정하기 때문에 강도가 RC에 비해 크게 됨을 알 수 있다. 강재의 항복응력을 f_y 로 제한하여 평가하나 실제로는 강재의 항복 이후에도 변형률 경화로 인해 응력이 증가하게 되며 이에 따라 휨모멘트에 대한 강성이 증가한다. 파괴의 거동은 RC보와 유사한 P–M 상관도와 같은 파괴 형상을 보이며, 강관의 파괴특성상 세장비에 따라 휨모멘트로 국부좌굴과 전체좌굴의 형상에 의해 파괴된다. 강관의 좌굴이 발생된 이후에는 콘크리트에도 휨과 전단파괴가 발생된다.

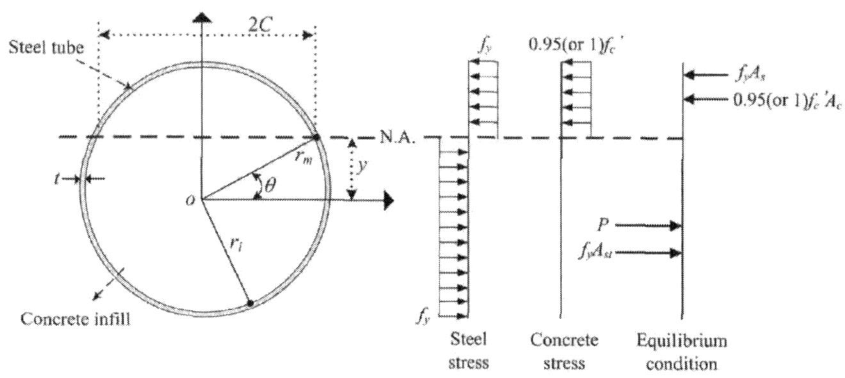

(CFT기둥의 소성응력분배법에 따른 하중분담)

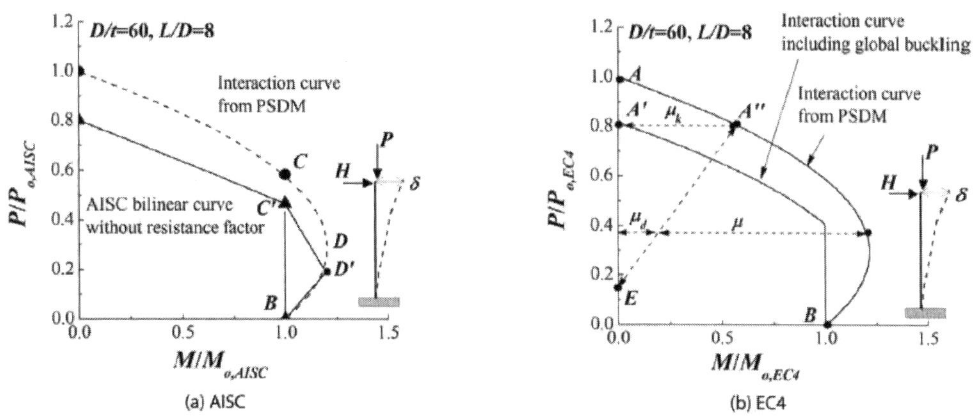

(a) AISC

(b) EC4

(CFT기둥의 P–M상관도)

연성보강 적용범위   개정판 2권 제4편 강구조 p. 1558

내진설계가 적용되지 않은 지중구조물(2련박스)의 중앙기둥부에 적용하는 콘크리트 구조기준의 특별고려사항에 대하여 설명하고 연성보강(띠철근) 적용범위를 설명하시오.

풀 이

▶ 개요

콘크리트 구조기준 특별고려사항에서는 지진력에 저항하지 않을 것으로 가정하여 내진설계가 적용되지 않은 지중구조물의 중앙기둥부와 같은 골조부재에 대하여 설계변위가 발생할 때 부재에서 계산한 휨모멘트에 대해 검토하고 설계 부재력과 단면력을 비교하여 띠철근 등을 보강하도록 규정하고 있다.

▶ 개요지중구조물(2련박스) 중앙기둥부의 연성보강

1) 설계변위 때의 단면력이 설계 부재력 이내인 경우 : 설계변위와 함께 중력 휨모멘트와 전단력에 따른 조합력이 골조부재의 설계 휨강도와 설계전단강도를 초과하지 않는 경우에는 다음에 따라 연성보강을 실시한다.

  ① 계수 축력이 $A_g f_{ck}/10$을 초과하지 않는 부재들 : 스트럽의 간격은 부재의 전 길이에 걸쳐서 d/2 이하가 되도록 한다.

  ② 계수 축력이 $A_g f_{ck}/10$을 초과하는 부재들 : 띠철근의 최대 간격은 기둥의 전 높이에 걸쳐서 s_o가 되도록 하고, 간격 s_o는 띠철근으로 둘러싸인 종방향 철근 중 가장 작은 지름의 6배 이하, 또는 150mm 이하이어야 한다.

  ③ 계수 축력이 $0.35P_o$를 초과하는 부재의 횡방향 철근량은 아래에 규정된 값의 1/2이어야 하고, 기둥의 전체 높이에 걸쳐 간격은 s_o를 초과하지 않아야 한다.

  (1) 나선 또는 원형후프철근의 용적 철근비 $\rho_s = 0.12 f_{ck}/f_{yh}$

  (2) 사각형 후프철근의 전체 단면적은 다음의 값 중 큰 값 이상으로 한다.
   $A_{sh} = 0.3(sh_c f_{ck}/f_{yh})[(A_g/A_{ch})-1], \quad A_{sh} = 0.09 sh_c f_{ck}/f_{yh}$

  (3) 횡방향 철근 간격은 부재의 최소 단면치수의 1/4, 축방향 철근 지름의 6배, 또는 다음의 s_x의 값 중 작은 값 이하로 한다.
   $s_x = 100+[(350-h_x)/3]$

2) 설계변위 때의 단면력이 설계 부재력을 초과하는 경우 : 설계변위와 함께 중력 휨모멘트와 전단력에 따른 조합력이 골조부재의 설계 휨강도와 설계전단강도를 초과하거나 휨모멘트 계산을 하지 않을

경우에는 다음에 따라 연성보강을 실시한다.

① 철근의 기계적 또는 용접이음은 설계기준에서 요구하는 조건에 만족하여야 한다.

② 계수 축력이 $A_g f_{ck}/10$을 초과하지 않는 부재들 : 스트럽의 간격은 부재의 전 길이에 걸쳐서 d/2 이하가 되도록 한다.

③ 계수 축력이 $A_g f_{ck}/10$을 초과하는 부재들

  (1) 나선 또는 원형후프철근의 용적 철근비 $\rho_s = 0.12 f_{ck}/f_{yh}$

  (2) 사각형 후프철근의 전체 단면적은 다음의 값 중 큰 값 이상으로 한다.

$$A_{sh} = 0.3(s h_c f_{ck}/f_{yh})[(A_g/A_{ch})-1], \quad A_{sh} = 0.09 s h_c f_{ck}/f_{yh}$$

  (3) 횡방향 철근 간격은 부재의 최소 단면치수의 1/4, 축방향 철근 지름의 6배, 또는 다음의 s_x의 값 중 작은 값 이하로 한다.

$$s_x = 100 + [(350 - h_x)/3]$$

여기서 A_g : 전체단면적

       A_{ch} : 횡방향 철근의 외곽으로 측정한 구조부재의 단면적

       f_{yh} : 횡방향 철근의 설계기준 항복강도

       h_c : 구속보강철근 중심간의 거리로 측정한 기둥 내부의 단면치수

       h_x : 후프철근이나 기둥 띠철근의 최대 수평간격

       s_o : 횡방향 철근의 최대간격

 ## 2축 하중이 작용하는 기둥

기둥의 단면이 직사각형 단면처럼 방향에 따라서 다른 강성을 지닌 경우엔 하중에 작용하는 방향을 고려하여 해석을 한다. 원형단면은 방향성이 없으므로 2축 하중에 대해서 따로 고려할 필요가 없다.

1) 변형률 적합조건을 이용한 정확한 해석방법

압축력을 받는 부분의 면적은 다음의 4가지 정도로 나누어 변형률 적합조건과 힘의 평형조건을 이용하여 풀 수 있다.

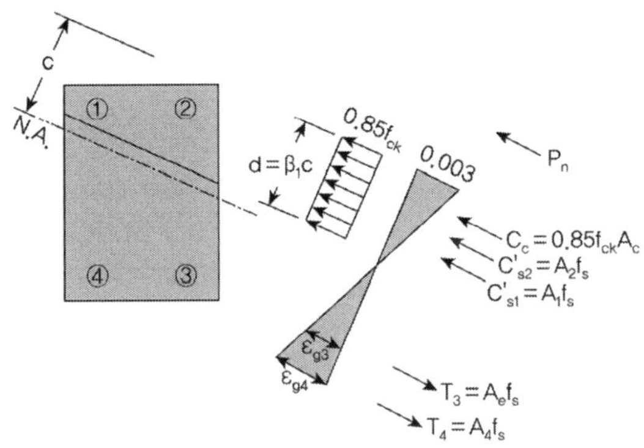

$$P_n = 0.85 f_{ck} A_c + C_s - T$$
$$P_n e_x = 0.85 f_{ck} A_c x_c + C_s x_{sc} + T x_{st}$$
$$P_n e_y = 0.85 f_{ck} A_c y_c + C_s y_{sc} + T y_{st}$$

세 가지의 미지수 c, θ, P_n 의 반복계산으로 해석

2) 강도상관도를 단순화한 근사해법

① 등하중선법(Bresler load contour method, 하중곡선법) : 모멘트에 대해서 표현한 근사식

2축 방향에 대한 파괴면을 일정하중 P_n 으로 자르면 M_{nx} 와 M_{ny} 사이의 관계를 얻을 수 있다. 즉 임의의 하중 P_n 에 대응하는 각 방향으로 기둥이 받을 수 있는 공칭 모멘트 M_{nx0}, M_{ny0}는 1축을 기준으로 한 기둥강도상관도에서 각각 계산된다. 이를 바탕으로 M_{nx}, M_{ny}가 동시에 2축으로 작용하는 경우는 근사적으로 다음 관계를 만족한다.

$$\left(\frac{\phi M_{nx}}{\phi M_{nx0}}\right)_1^\alpha + \left(\frac{\phi M_{ny}}{\phi M_{ny0}}\right)_2^\alpha = 1.0 \quad \text{여기서, } M_{nx} = P_n e_y \quad M_{ny} = P_n e_x$$

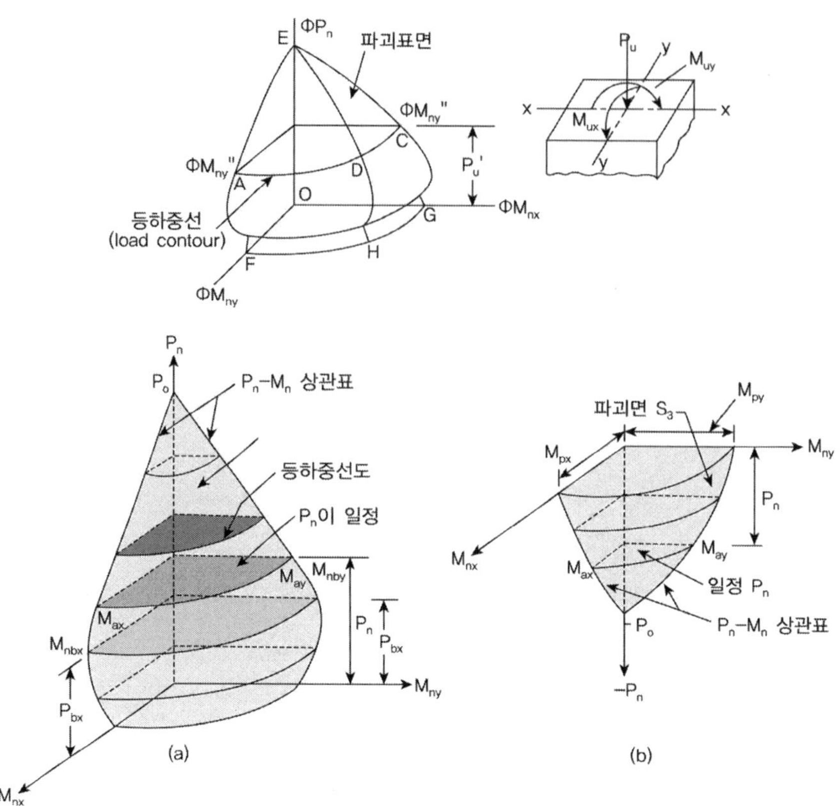

여기서 지수 α는 기둥의 단면크기, 철근량 및 분포위치, 콘크리트와 철근의 재료적 거동, 피복두께 등에 따라 달라진다. 위의 식을 이용해서 계수모멘트(M_{ux}, M_{uy})에 대해서 기둥이 안전한지를 검토할 수 있다(ϕM_{nx} 대신 M_{ux} 대입 → 결과가 타원의 안쪽에 들어오도록 설계).

PCA 등하중선 방법(PCA Load contour method)

Bresler의 등하중선 방법을 변화시킨 방법으로 파괴표면(P_n, M_{nx}, M_{ny})에서 높이가 P_n인 수평평면에서 자른 면을 기본적인 강도의 기준으로 하고 있다.

PCA 방법은 등하중선에서 2축 모멘트 강도, M_{nx}와 M_{ny}의 비가 1축 모멘트 강도, M_{nx0}와 M_{ny0}의 비와 같다고 보아 점B를 정의하였다.

$$\text{점 B} : \frac{M_{nx}}{M_{ny}} = \frac{M_{nx0}}{M_{ny0}} \text{ or } M_{nx} = \beta M_{nx0}, \ M_{ny} = \beta M_{ny0}$$

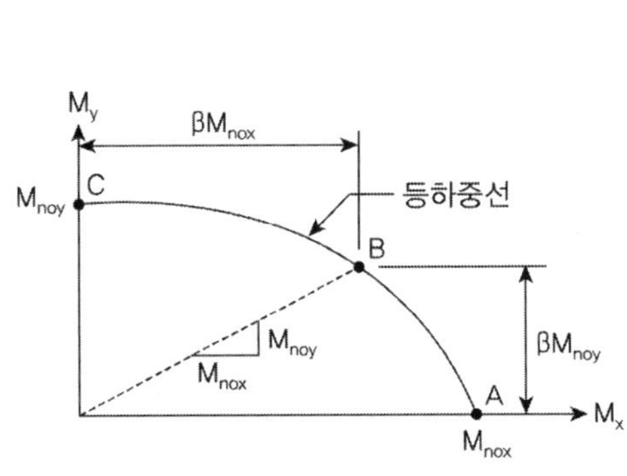

(고정하중 P_n 값의 평면으로 자른 등하중선)

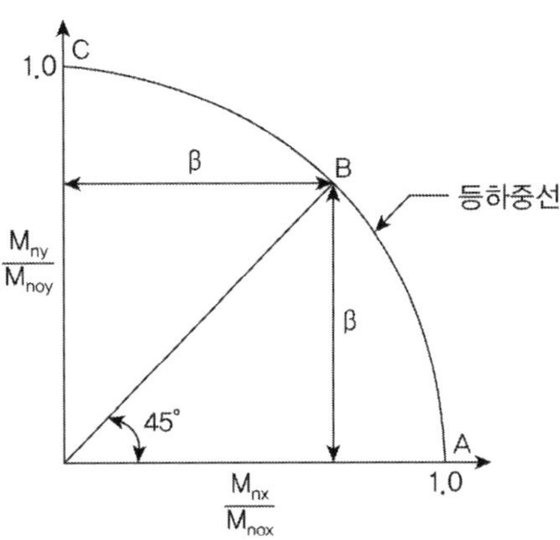

(고정하중 P_n 에 대한 무차원 등하중선)

개념적으로 β비는 기둥단면에 동시에 작용하는 것이 허용될 수 있는 1축 모멘트 강도의 일정한 부분이나 실제의 β비는 P_n과 P_0의 비에 따라, 재료와 단면의 특성에 따라 좌우되며 일반적으로 0.55~0.70의 범위에 있다. 설계 시에는 통상 $\beta = 0.65$를 사용한다.

α와 점 B의 좌푯값으로 구한 β값의 관계는 다음과 같이 구할 수 있다.

$$\left(\frac{\beta M_{nx0}}{M_{nx0}}\right)^{\alpha} + \left(\frac{\beta M_{ny0}}{M_{ny0}}\right)^{\alpha} = 2\beta^{\alpha} = 1.0 \qquad \therefore \alpha \log\beta = \log 0.5, \qquad \alpha = \frac{\log 0.5}{\log\beta}$$

$$\therefore \left(\frac{M_{nx}}{M_{nx0}}\right)^{\left(\frac{\log 0.5}{\log\beta}\right)} + \left(\frac{M_{ny}}{M_{ny0}}\right)^{\left(\frac{\log 0.5}{\log\beta}\right)} = 1.0$$

설계에 이용하는 방법

$$\frac{M_{ny}}{M_{nx}} > \frac{M_{ny0}}{M_{nx0}}\left(\approx \frac{b}{h}\right):$$

$$M_{nx}\frac{b}{h}\left(\frac{1-\beta}{\beta}\right) + M_{ny} \approx M_{ny0}, \quad \left(\frac{M_{nx}}{M_{nx0}}\right)\left(\frac{1-\beta}{\beta}\right) + \left(\frac{M_{ny}}{M_{ny0}}\right) \leq 1.0$$

$$\frac{M_{ny}}{M_{nx}} < \frac{M_{ny0}}{M_{nx0}}\left(\approx \frac{b}{h}\right):$$

$$M_{nx} + M_{ny}\frac{h}{b}\left(\frac{1-\beta}{\beta}\right) \approx M_{nx0}, \quad \left(\frac{M_{nx}}{M_{nx0}}\right) + \left(\frac{M_{ny}}{M_{ny0}}\right)\left(\frac{1-\beta}{\beta}\right) \leq 1.0$$

【한계상태설계법에 따른 상관관계 검증】

$$\left(\frac{M_{ux}}{M_{dx}}\right)^{\alpha} + \left(\frac{M_{uy}}{M_{dy}}\right)^{\alpha} \leq 1.0$$

N_u/N_{od}	≤ 0.1	0.7	1.0
α	1.0	1.5	2.0

② 상반하중법(Bresler reciprocal load method, 역하중법) : 축방향 하중을 기준으로 표현한 근사식

강도상관곡선을 e와 $1/P_n$에 대해 그리면 다음 그림과 같은 곡선이 생긴다. 실제 파괴면은 곡면으로 생겼으나 아랫부분을 근사적으로 곡면 대신 세 점($1/P_{nx0}$, $1/P_{ny0}$, $1/P_0$)을 지나는 평면으로 가정한다.

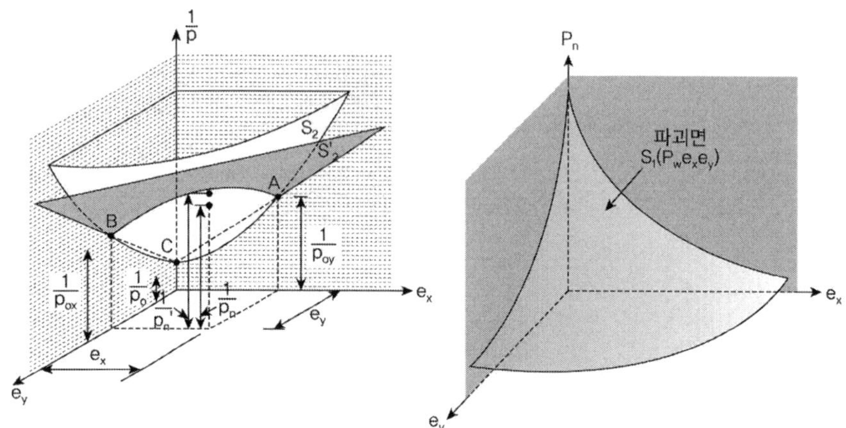

이 근사평면 위에서 P_n을 구해서 정해 대신에 사용하는 것이 상반하중법이다.

직사각형을 이루는 바닥의 좌푯값은 $(0,\ 0), (e_x,\ 0), (0,\ e_y), (e_x,\ e_y)$이며, 이에 대응하는 P_n은

$$\frac{1}{P_n},\ \frac{1}{P_{nx0}},\ \frac{1}{P_{ny0}},\ \frac{1}{P_0}\ \text{이다.}$$

$P_0(e_x = e_y = 0,$ 모멘트 없을 때 공칭 축강도)

$P_{nx0},\ P_{ny0}$(1축 휨이 작용하는 경우의 값)

파괴면을 평면으로 가정했기 때문에 각 대각선 방향에 마주 놓인 두 값의 평균은 서로 같아야 한다.

$$\frac{1}{P_n} + \frac{1}{P_0} = \frac{1}{P_{nx0}} + \frac{1}{P_{ny0}}$$

$$\therefore\ \frac{1}{P_n} = \frac{1}{P_{nx0}} + \frac{1}{P_{ny0}} - \frac{1}{P_0} \rightarrow \frac{1}{\phi P_n} = \frac{1}{\phi P_{nx0}} + \frac{1}{\phi P_{ny0}} - \frac{1}{\phi P_0}$$

여기서 ϕP_0는 α값을 적용하기 전의 값 ϕP_0를 사용한다.

(1) $P_n \geq 0.1 P_0$의 범위에서는 거의 정확하다.

(2) 이렇게 근사적으로 구한 값은 실제 값보다 더 작으므로 안전측이다. 이는 곡면의 모양과 평면의 모양을 비교해 보면 알 수 있다.

(3) 1축으로 극한하중을 계산할 때는 α값을 적용하지 않은 ϕP_n을 그냥 사용하고 2축에 해당하는 ϕP_n을 계산한 후 $\alpha \phi P_n$값보다 작게 강도를 제한한다.

단주 : 2축 압축

다음 그림과 같은 단주기둥에서
1) 중립축 위치를 도시하고, 2) 최대압축/인장응력을 구하시오. 단, e_x =9cm, e_y =5cm

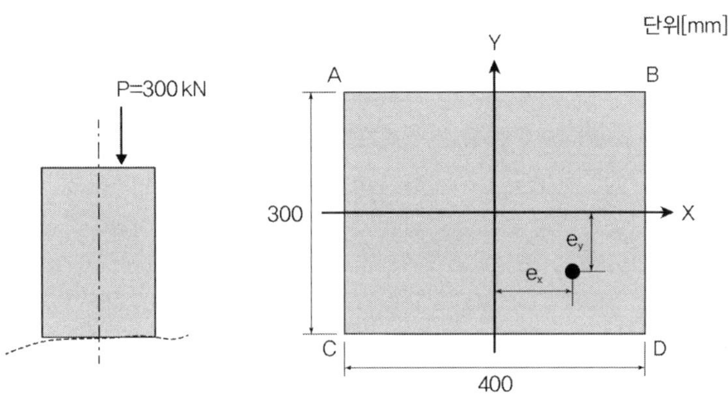

풀 이

▶ 개요

압축력과 x, y축 편심에 의한 휨모멘트의 합력을 고려한 응력이 0이 되는 중립축을 산정하고 이에 따라 최대 응력을 산정한다.

▶ 단면계수 및 편심모멘트 산정

$A = 300 \times 400 = 120{,}000\text{mm}^2$,

$I_x = 300^3 \times 400 / 12 = 9 \times 10^8 \text{mm}^4$, $I_y = 300 \times 400^3 / 12 = 16 \times 10^8 \text{mm}^4$

$M_x = \text{P} \times e_y = 300 \times 50 = 15{,}000\text{kNmm}$

$M_y = \text{P} \times e_x = 300 \times 90 = 27{,}000\text{kNmm}$

▶ 중립축 산정

$$\sigma_z = \frac{P}{A} + \frac{M_x}{I_x}y - \frac{M_y}{I_y}x = 0 \; ; \; \frac{-300{,}000}{120{,}000} + \frac{15000 \times 1000}{9 \times 10^8}y - \frac{27{,}000 \times 1000}{16 \times 10^8}x = 0$$

$$\therefore y = \frac{81}{80}x + 150$$

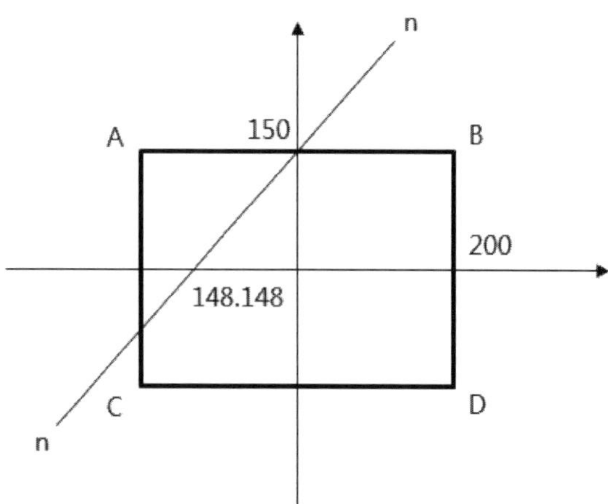

> **최대 압축 · 인장 응력**

1) A점

$$\sigma_A = \frac{-300,000}{120,000} + \frac{15000 \times 1000}{9 \times 10^8}(150) - \frac{27,000 \times 1000}{16 \times 10^8}(-200) = 3.375 \text{ MPa (T)}$$

2) B점

$$\sigma_B = \frac{-300,000}{120,000} + \frac{15000 \times 1000}{9 \times 10^8}(150) - \frac{27,000 \times 1000}{16 \times 10^8}(200) = -3.375 \text{ MPa (C)}$$

3) C점

$$\sigma_C = \frac{-300,000}{120,000} + \frac{15000 \times 1000}{9 \times 10^8}(-150) - \frac{27,000 \times 1000}{16 \times 10^8}(-200) = -1.625 \text{ MPa (C)}$$

4) D점

$$\sigma_D = \frac{-300,000}{120,000} + \frac{15000 \times 1000}{9 \times 10^8}(-150) - \frac{27,000 \times 1000}{16 \times 10^8}(200) = -8.375 \text{ MPa (C)}$$

∴ 최대압축 D점 8.375 MPa, 최대인장 A점 3.375 MPa

단주 : 2축 휨모멘트 작용하는 기둥, 한계상태설계법

다음 그림과 같이 8개의 D29철근으로 보강된 단주기둥에 계수축력 N_u =1,700kN이 작용하고 있다. 이 하중의 편심 e_x =150mm, e_y =75mm일 때 등하중법(등축력선법, 강도상관도 이용)을 이용하여 기둥의 안전성을 검토하라. 단, f_{ck} =27MPa, f_y = 400MPa이다.

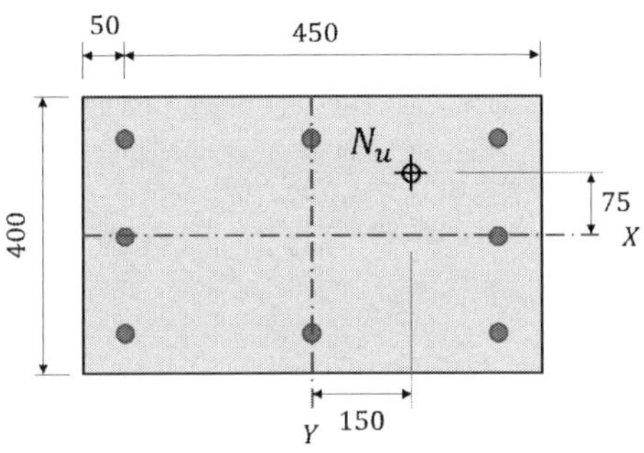

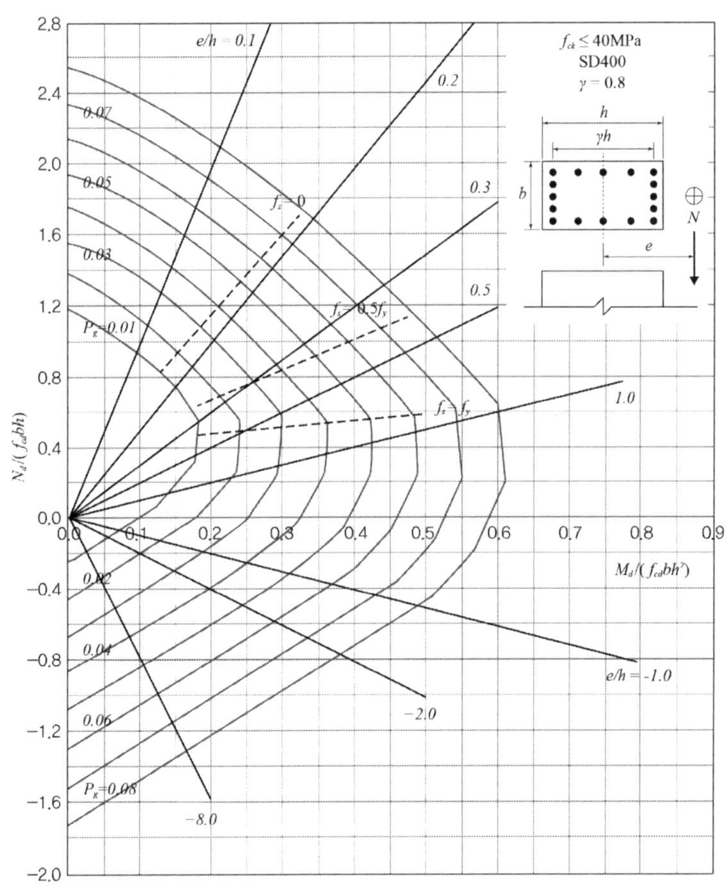

(기둥의 강도 상관도)

▶ 설계강도

콘크리트 설계강도 $\quad f_{cd} = \phi_c(0.85f_{ck}) = 0.65(0.85 \times 27) = 14.9\,\text{MPa}$

철근 설계항복강도 $\quad f_{yd} = \phi_s f_y) = 0.9 \times 400 = 360\,\text{MPa}$

▶ 강축에 대한 휨

1) 계수 휨모멘트

$$M_{uy} = N_u e_x = 1{,}700 \times 150 \times 10^{-3} = 255\,\text{kNm}$$

2) 휨 강도

$$A_s = 8 \times 642.4 = 5{,}140\,\text{mm}^2,\ h = 500\,\text{mm},\ b = 400\,\text{mm},\ e_x = 150$$

$$\therefore \gamma = \frac{b}{h} = \frac{400}{500} = 0.8,\ \frac{e}{h} = \frac{150}{500} = 0.3,\ \rho_g = \frac{5{,}140}{400 \times 500} = 0.0257$$

$$\text{From Graph} \ \frac{M_d}{f_{cd}bh^2} = 0.24 \qquad \therefore M_{dy} = 0.24 \times 14.9 \times 400 \times 500^2 \times 10^{-6} = 342\,\text{kNm}$$

▶ 약축에 대한 휨

1) 계수 휨모멘트

$$M_{ux} = N_u e_y = 1{,}700 \times 75 \times 10^{-3} = 127.5\,\text{kNm}$$

2) 휨 강도

$$A_s = 8 \times 642.4 = 5{,}140\,\text{mm}^2,\ h = 500\,\text{mm},\ b = 400\,\text{mm},\ e_y = 75$$

$$\therefore \gamma = \frac{b}{h} = \frac{400}{500} = 0.8,\ \frac{e}{b} = \frac{75}{400} = 0.189,\ \rho_g = \frac{5{,}140}{400 \times 500} = 0.0257$$

$$\text{From Graph} \ \frac{M_d}{f_{cd}bh^2} = 0.18 \qquad \therefore M_{dx} = 0.18 \times 14.9 \times 500 \times 400^2 \times 10^{-6} = 214\,\text{kNm}$$

▶ 상관관계에 따른 검증

편심비가 0이고, $\rho_g = 0.0257$ 에 해당하는 압축력 무차원 계수는 1.36이므로

$$N_{od} = 1.36(14.9)(500)(400) \times 10^{-3} = 4{,}053\,\text{kN}$$

$$N_u/N_{od} = 1{,}700/4{,}053 = 0.42$$

선형 보간법에 의해 $\alpha = 1 + 0.5(0.42/0.6) = 1.35$

$$\left(\frac{M_{ux}}{M_{dx}}\right)^{\alpha} + \left(\frac{M_{uy}}{M_{dy}}\right)^{\alpha} = \left(\frac{127.5}{214}\right)^{1.35} + \left(\frac{255}{342}\right)^{1.35} = 1.17 > 1.0 \quad \text{N.G}$$

따라서, 주어진 기둥은 불안전 상태이다.

1. 장주의 기본이론

장주는 기둥의 길이가 길다는 의미보다는 단면의 크기 또는 강성에 비해서 길이가 상대적으로 긴 압축부재를 말하며, 주로 세장비를 기준으로 장주로 구분한다. 길이가 긴 압축부재는 변형이 크게 발생하고 그로 인해 축방향력이 추가로 모멘트를 발생시켜서 좌굴의 위험이 있으므로 이를 고려해야 한다.

1) 모멘트와 곡률과의 관계

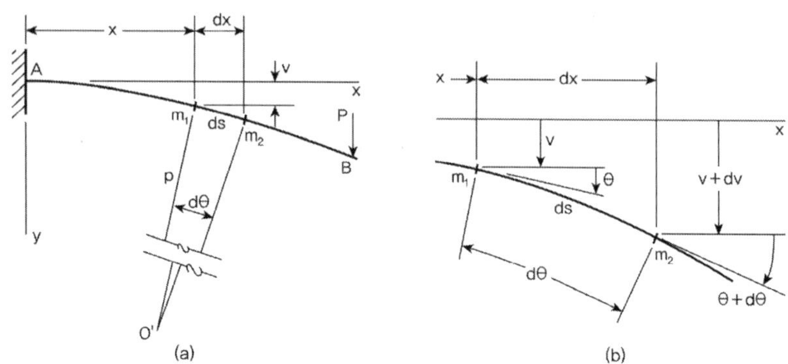

$$\text{Let, } \kappa = \frac{1}{\rho}\,dx \approx ds = \rho d\theta \quad \therefore \; \kappa = \frac{1}{\rho} = \frac{d\theta}{dx}$$

중립축에서 y만큼 떨어진 임의의 위치에서 부재의 원래길이를 l_1, 변형 후의 길이를 l_2 라 하면,

$$l_1 = dx$$

$$l_2 = (\rho - y)d\theta = \rho d\theta - y d\theta = dx - y\left(\frac{dx}{\rho}\right)$$

$$\therefore \; \epsilon_x = \frac{l_2 - l_1}{l_1} = -y\left(\frac{dx}{\rho}\right)\frac{1}{dx} = -\frac{y}{\rho} = -\kappa y$$

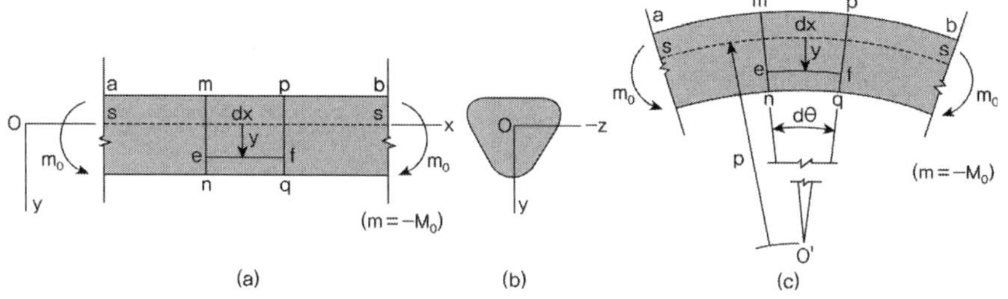

$\sigma_x = E\epsilon_x = -E\kappa y$ 이므로,

$$\therefore M = \int \sigma_x y \, dA = \int y(-E\kappa y)dA = -\kappa E \int y^2 dA = -\kappa EI = -\frac{EL}{\rho}$$

$\theta \approx \tan\theta = \dfrac{dv}{dx}$ 이므로,

$$\kappa = \frac{1}{\rho} = \frac{d\theta}{dx} = \frac{d^2 v}{dx^2} \ (\text{여기서 } v \text{는 처짐})$$

$$\therefore M = -EI\frac{d^2 v}{dx^2} = -EIv'' \ (\text{보의 처짐곡선의 기본 미분방정식})$$

2) Euler의 좌굴하중

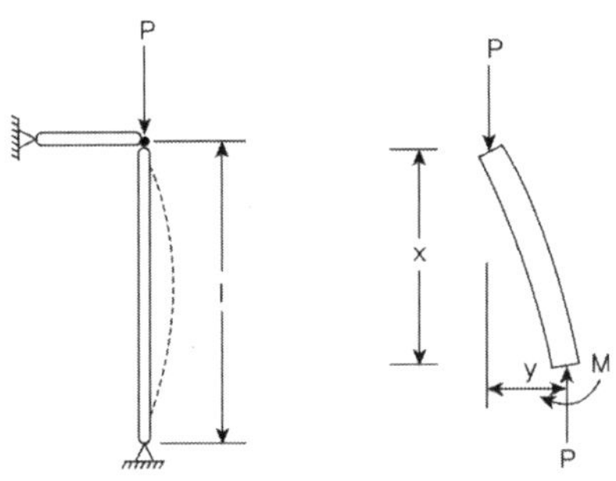

$$M = -EIy'' = Py$$

$$EIy'' + Py = 0 \quad \text{let } \lambda^2 = \frac{P}{EI}$$

General solution $y = A\sin\lambda x + B\cos\lambda x$

From B.C

$$y(0) = 0 \ : \ B = 0$$

$$y(l) = 0 \ : \ A\sin\lambda l = 0$$

if $A = 0 \rightarrow$ trivial solution(무용해)

$$\therefore A \neq 0, \quad \sin\lambda l = 0 \quad \lambda l = n\pi \quad \lambda = \frac{n\pi}{l} \qquad P_{cr} = \frac{\pi^2 EI}{l_e^2} = \frac{\pi^2 EI}{(kl)^2} = \frac{\pi^2 EA}{(kl/r)^2}$$

$$\lambda = kl/r = \sqrt{\frac{\pi^2 E}{f_y}} \ : \ \text{세장비}$$

3) 유효길이

여러 가지 경우의 단부조건을 가진 기둥에 대한 임계하중을 양단이 힌지로 된 기둥의 임계하중 (즉, 좌굴의 기본형에 대한 좌굴하중)으로 나타낼 때 각 단부조건이 양단 힌지로 된 기둥과 같은 처짐 형상을 갖는 기둥의 길이를 유효길이라 하며, 양단 힌지인 기둥 길이 L에 대해 상수값을 곱 하여 구해지며, 이때 양단힌지인 기둥 길이 L에 곱해지는 상수값을 기둥의 유효길이 계수 (Effective Length Factor, k)라 한다. 다시 말하면, 기둥의 유효길이는 변곡점(Inflection Points) 사이에서 좌굴의 기본 형상을 나타내는 기둥의 길이이다.

기둥의 유효좌굴 길이계수

좌굴 모양이 점선과 같은 경우	1	2	3	4	5	6
k의 이론값	0.50	0.7	1.0	1.0	2.0	2.0
k의 설곗값	0.65	0.8	1.2	1.0	2.1	2.0

4) 구속조건에 따른 좌굴길이

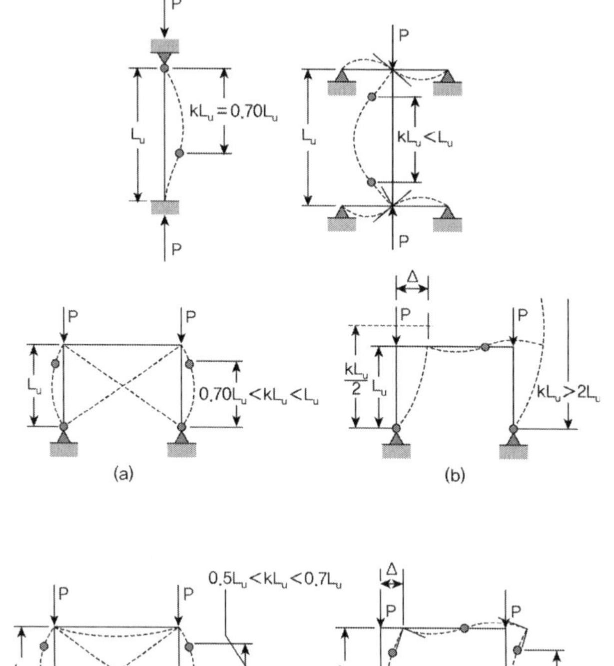

5) 도표를 이용한 유효좌굴 길이 산정

① 유효좌굴길이 kl_u 는 양단의 B.C에 따라 결정하도록 되어 있어 실제 설계에서는 다음의 방식으로 구하도록 하고 있다.

$$\Psi_A = \frac{\left[\Sigma \dfrac{EI}{l}\right]_{column}}{\left[\Sigma \dfrac{EI}{l}\right]_{beam}} \text{ (상단)}, \quad \Psi_B = \frac{\left[\Sigma \dfrac{EI}{l}\right]_{column}}{\left[\Sigma \dfrac{EI}{l}\right]_{beam}} \text{ (하단)} \quad \text{Find } k \text{ by } \Psi_A,\ \Psi_B\ \&\ \text{직선연결}$$

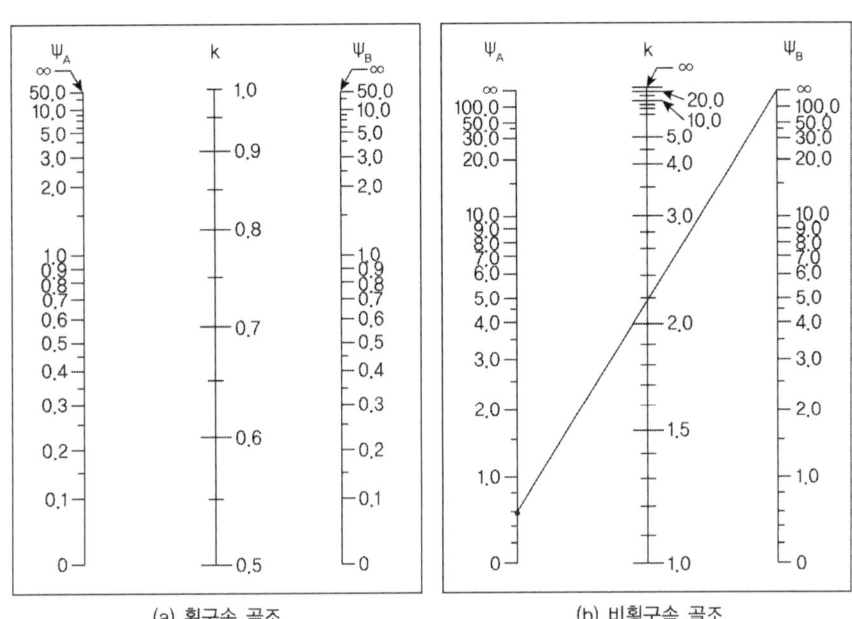

(Jackson–Moreland의 유효길이계수 k를 구하는 도표)

$\Psi =$ 압축부재 단부의 강성도비 $= \Sigma(EI/l_c)_{(기둥)} / \Sigma(EI/l)_{(보)}$

② 도표를 이용한 해석상의 문제점

   (1) 횡구속 여부의 판단이 명확하지 않다. Q(안정지수, stability index)를 통해서 횡구속 여부를 판별하거나 또는 자율적으로 결정하도록 되어 있어 이로 인하여 유효좌굴길이(kl_u)가 실제와 다를 수 있다.

   (2) 휨부재의 B.C도 기둥의 유효좌굴길이에 영향을 미치지만 설계 계산 시 휨부재의 강성만 고려하도록 되어 있어 휨부재의 실제거동이 반영되지 않은 문제점이 있다.

   (3) 기둥 상, 하단의 강성산정에서 기둥과 휨부재의 재료가 다를 경우 강성비의 변화로 지점 경계조건에서 발생하는 실제 거동과 해석상의 거동이 다를 수 있다. 특히 기둥과 slab가 이종자재인 기둥과 두께가 얇은 slab에서는 횡구속 효과를 보지 못하는 경우가 있다.

6) 하중 변위 곡선

   (i) 완벽하게 직선인 기둥   (iia) 작은 초기의 휨변형이 있는 경우

   (iib) 초기의 휨변형이 큰 경우   (iii) 편심을 가진 하중이 가해진 경우

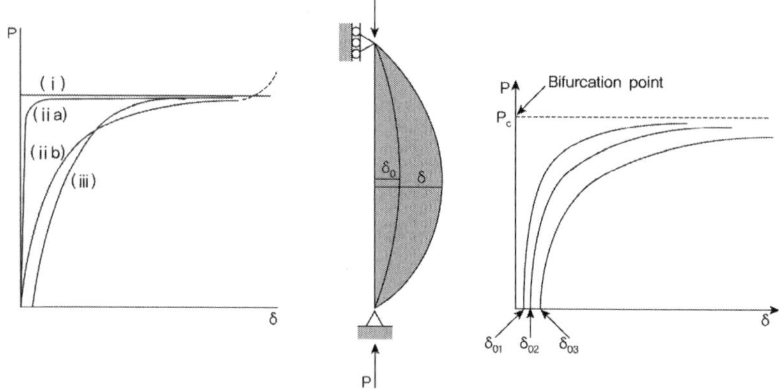

7) 휨모멘트와 압축력이 동시에 작용하는 경우의 확대모멘트(모멘트 확대계수 유도)

① Beam Column with concentrated lateral load

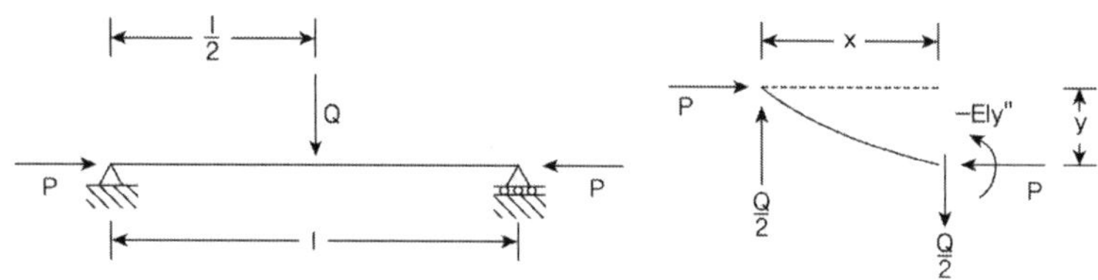

$$M_x = Py + \frac{Qx}{2}, \quad EIy'' = -M_x = -\left(Py + \frac{Q}{2}x\right)$$

$$EIy'' + Py = -\frac{Q}{2}x, \quad k^2 = \frac{P}{EI} \qquad y'' + k^2y = -\frac{Q}{2EI}x = -k^2\frac{Q}{2P}x$$

$$\therefore y = A\cos kx + B\sin kx - \frac{Qx}{2P} \quad \rightarrow \quad y' = -Ak\sin kx + Bk\cos kx - \frac{Q}{2P}$$

From B.C

$$x = 0, \ y = 0 : A = 0$$

$$x = \frac{l}{2}, \ y' = 0 : Bk\cos\frac{kl}{2} - \frac{Q}{2P} = 0, \quad B = \frac{Q}{2Pk}\frac{1}{\cos\left(\frac{kl}{2}\right)}$$

$$\therefore y = \frac{Q}{2Pk}\frac{1}{\cos\left(\frac{kl}{2}\right)}\sin kx - \frac{Qx}{2P} = \frac{Q}{2kP}\left[\frac{\sin kx}{\cos\left(\frac{kl}{2}\right)} - kx\right]$$

$$\delta_{y=\frac{l}{2}} = \frac{Q}{2kP}\left(\tan\frac{kl}{2} - \frac{kl}{2}\right) \tag{1}$$

$$\delta_0 = \frac{Ql^3}{48EI} \text{이므로}, \delta = \frac{Ql^3}{48EI}\frac{24EI}{kPl^3}\left(\tan\frac{kl}{2}-\frac{kl}{2}\right) = \frac{Ql^3}{48EI}\frac{3}{\left(\frac{kl}{2}\right)^3}\left(\tan\frac{kl}{2}-\frac{kl}{2}\right)$$

Let $u = \dfrac{kl}{2}$, $\delta_0 = \dfrac{Ql^3}{48EI}$

$$\therefore \delta = \delta_0 \circ \frac{3(\tan u - u)}{u^3}, \text{여기서 } u^2 = \left(\frac{kl}{2}\right)^2 = \frac{P}{EI}\left(\frac{l}{2}\right)^2 = \frac{P}{\dfrac{\pi^2 EI}{l^2}}\frac{\pi^2}{4} = 2.46\frac{P}{P_{cr}}$$

$\tan u$의 무한급수 전개는

$$\tan u = u + \frac{u^3}{3} + \frac{2}{15}u^5 + \frac{17}{315}u^7 + \cdots$$

$$\therefore \delta = \delta_0\left(1 + \frac{2}{5}u^2 + \frac{17}{315}u^4 + \cdots\right) = \delta_0\left(1 + 0.984\frac{P}{P_{cr}} + 0.998\left(\frac{P}{P_{cr}}\right)^2 + \cdots\right)$$

$$\approx \delta_0\left(1 + \frac{P}{P_{cr}} + \left(\frac{P}{P_{cr}}\right)^2 + \cdots\right) = \delta_0 \cdot \frac{1}{1-\left(\dfrac{P}{P_{cr}}\right)}$$

이때, 중앙에서의 최대 모멘트는 $M_{\max} = \dfrac{QL}{4} + P\delta$로 표현될 수 있으므로,

$$M_{\max} = \frac{QL}{4} + \frac{PQL^3}{48EI}\frac{1}{1-(P/P_{cr})} = \frac{QL}{4}\left(1 + \frac{PL^2}{12EI}\frac{1}{1-(P/P_{cr})}\right)$$

$$= \frac{QL}{4}\left(1 + 0.82\frac{P}{P_{cr}}\frac{1}{1-(P/P_{cr})}\right) = \frac{QL}{4}\frac{1-(0.18P/P_{cr})}{1-(P/P_{cr})}$$

$$= M_0\frac{1-(0.18P/P_{cr})}{1-(P/P_{cr})}, \quad \text{여기서 } M_0 = \frac{QL}{4} \text{(집중하중 단순보의 최대 모멘트)}$$

② Beam Column with distributed lateral load

(1) Assume deflection shape mode by Rayleigh & Ritz method

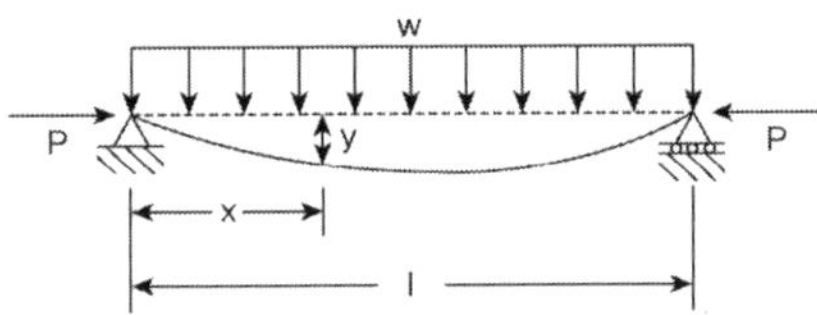

Assume $y_0 = e\sin\dfrac{\pi x}{l}$ 　　　　$M = P(y_0 + y)$

$EIy'' = -M = -P(y_0 + y)$ 　　$y'' + k^2 y = k^2 y_0 = k^2 e\sin\dfrac{\pi x}{l}$

$$\therefore\ y = A\sin\frac{\pi x}{l} + B\cos\frac{\pi x}{l}$$

$$y' = \frac{A\pi}{l}\cos\frac{\pi x}{l} - \frac{B\pi}{l}\sin\frac{\pi x}{l}, \qquad y'' = -A\left(\frac{\pi}{l}\right)^2\sin\frac{\pi x}{l} - B\left(\frac{\pi}{l}\right)^2\cos\frac{\pi x}{l}$$

원식에 대입하면,

$$-A\left(\frac{\pi}{l}\right)^2\sin\frac{\pi x}{l} - B\left(\frac{\pi}{l}\right)^2\cos\frac{\pi x}{l} + k^2\left[A\sin\frac{\pi x}{l} + B\cos\frac{\pi x}{l}\right] = k^2 e\sin\frac{\pi x}{l}$$

$$\left[Ak^2 - A\left(\frac{\pi}{l}\right)^2 + k^2 e\right]\sin\frac{\pi x}{l} + \left[k^2 B - B\left(\frac{\pi}{l}\right)^2\right]\cos\frac{\pi x}{l} = 0$$

$$\therefore\ B = 0, \quad A = \frac{k^2 e}{\left(\dfrac{\pi}{l}\right)^2 - k^2} = \frac{\dfrac{P}{EI}e}{\dfrac{\pi^2 EI}{Pl^2} - 1} = \frac{e}{\dfrac{P_{cr}}{P} - 1}$$

$$\therefore\ y = A\sin\frac{\pi x}{l} + B\cos\frac{\pi x}{l} = A\sin\frac{\pi x}{l} = \left(\frac{e}{\dfrac{P_{cr}}{P} - 1}\right)\sin\frac{\pi x}{l}$$

$$M = P(y_0 + y) = P\left(e + \frac{e}{\dfrac{P_{cr}}{P} - 1}\right)\sin\frac{\pi x}{l} \qquad M_{\max}\text{는 } x = \frac{l}{2}\text{ 이므로,}$$

$$\therefore\ M_{\max\left(x = \frac{l}{2}\right)} = Pe\left(\frac{\dfrac{P_{cr}}{P}}{\dfrac{P_{cr}}{P} - 1}\right) = Pe\cdot\frac{1}{1 - \left(\dfrac{P}{P_{cr}}\right)}$$

(2) Energy Method

Deflection shape Assumption $\qquad\qquad y = \delta\sin\dfrac{\pi x}{l}$

Strain Energy $\qquad\qquad U = \dfrac{EI}{2}\displaystyle\int_0^l\left(\dfrac{d^2 y}{dx^2}\right)^2 dx$

Potential Energy $\qquad\qquad V = -w\displaystyle\int_0^l y\,dx - \dfrac{P}{2}\displaystyle\int_0^l\left(\dfrac{dy}{dx}\right)^2 dx$

Total Energy

$$U + V = \frac{EI}{2}\int_0^l\left(\frac{d^2 y}{dx^2}\right)^2 dx - w\int_0^l y\,dx - \frac{P}{2}\int_0^l\left(\frac{dy}{dx}\right)^2 dx$$

$$= \frac{EI\delta^2\pi^4}{2l^4}\int_0^l\sin^2\frac{\pi x}{l}\,dx - w\delta\int_0^l\sin\frac{\pi x}{l}\,dx - \frac{P\delta^2\pi^2}{2l^2}\int_0^l\cos^2\frac{\pi x}{l}\,dx$$

여기서, $\displaystyle\int_0^l \sin^2\frac{\pi x}{l}\,dx \;=\; \int_0^l \cos^2\frac{\pi x}{l}\,dx \;=\; \frac{l}{2}, \qquad \int_0^l \sin\frac{\pi x}{l}\,dx = \frac{2l}{\pi}$

$$\therefore\; U+V = \frac{EI}{4}\frac{\delta^2\pi^4}{l^3} - \frac{2w\delta l}{\pi} - \frac{P\delta^2\pi^2}{4l}$$

$$\frac{\partial(U+V)}{\partial\delta} = \frac{EI\delta\pi^4}{2l^3} - \frac{2wl}{\pi} - \frac{P\delta\pi^2}{2l} = 0 \; : \qquad \delta = \frac{4wl^4}{\pi}\frac{1}{EI\pi^4 - P\pi^2 l^2}$$

Let, $\delta_0 = \dfrac{5wl^4}{384EI}$

$$\therefore\; \delta = \frac{5wl^4}{384EI}\frac{1536EI}{5\pi}\frac{1}{EI\pi^4 - P\pi^2 l^2} = \frac{5wl^4}{384EI}\frac{1536}{5\pi^5}\frac{1}{1-(P/P_{cr})}$$

$$\approx \delta_0 \cdot \frac{1}{1-(P/P_{cr})}$$

$$M_{\max} = \frac{wl^2}{8} + P\delta = \frac{wl^2}{8} + \frac{5Pwl^4}{384EI}\frac{1}{1-(P/P_{cr})} = \frac{wl^2}{8}\left[1 + \frac{5Pl^2}{48EI}\frac{1}{1-(P/P_{cr})}\right]$$

$$= \frac{wl^2}{8}\left[1 + 1.03 P/P_{cr}\frac{1}{1-(P/P_{cr})}\right] = \frac{wl^2}{8}\left[\frac{1+(0.03P/P_{cr})}{1-(P/P_{cr})}\right]$$

$$= M_0\left[\frac{1+(0.03P/P_{cr})}{1-(P/P_{cr})}\right]$$

모멘트 확대계수(Moment magnification factor) $: \dfrac{1}{1-(P/P_{cr})}$

8) 장주의 P–M상관도

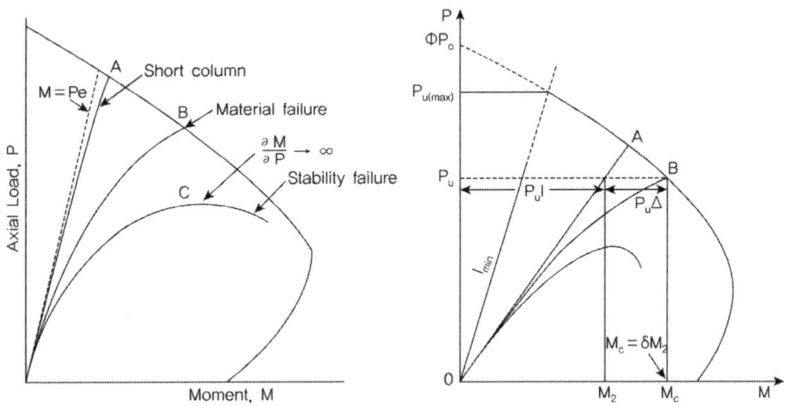

(A(단주) : 단주 재료파괴, B(장주) : 장주 재료파괴, C(장주) : 장주 좌굴파괴)

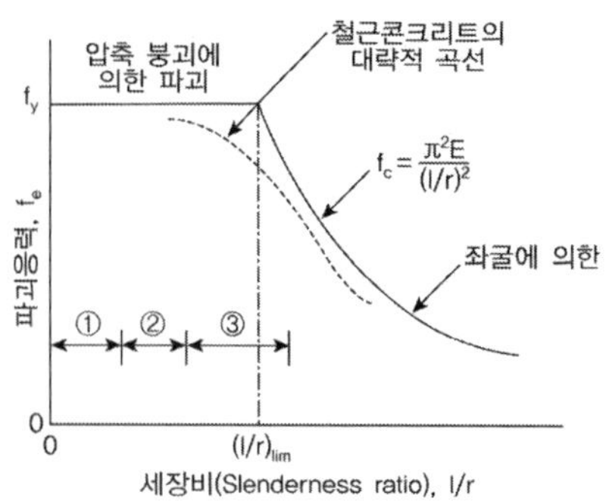

① 아주 짧은 압축블록 또는 교각. 높이가 단면
최소치수의 3배 이상인 압축재
② 단주(Short Column). 강성이 크고 길이가 짧
은 대부분의 기둥으로 2차 모멘트가 작다.
③ 장주(세장기둥, Slender Column). 길이가 짧
더라도 세장비가 커서 휨변형에 의한 상당한
2차 모멘트가 발생하는 기둥

2. 장주(횡구속과 비횡구속 골조)의 설계

장주에서 발생하는 모멘트는 단모멘트나 횡방향 하중에 의해서 발생하는 1차 모멘트와 1차 모멘
트가 작용해서 기둥에 추가로 발생하는 2차 모멘트를 합하여 표현된다.

$$M_i = M + P\Delta = P(e + \Delta)$$

1) 횡구속(Braced or No-side sway Frame)과 비횡구속(Unbraced or side sway Frame) 구분

① 육안으로 구분

전단벽이나 엘리베이터 통로, 벽돌벽, 버팀재 등으로 횡방향 변위 구속되었는지 여부

② 2계 해석(2nd order analysis)에 의한 기둥 단부 휨모멘트의 증가량(2차 모멘트)이 1차 탄성해
석에 의한 단부 휨모멘트의 5%를 초과하지 않는 경우에 기둥은 횡구속으로 가정할 수 있다.

③ 층 안정성 지수에 따라 횡구속 구조물로 간주할 수 있다.

$$\text{층 안정성 지수 } Q = \frac{\sum P_u \Delta_0}{V_u l_c} \quad Q \leq 0.05\,(\text{횡구속}), \quad Q > 0.05\,(\text{비횡구속})$$

$\sum P_u$: 선택된 층의 모든 기둥과 벽체의 계수 수직력

V_u : 그 층에서 작용하는 횡력에 의한 계수 전단력

Δ_0 : V_u로 인한 층의 상부와 하부 사이의 상대변위(1계 탄성해석)

l_c : 라멘 절점의 중심과 중심 사이 거리

2) MMF를 고려한 해석 구분

현행 기준에서는 장주의 모멘트는 재료의 비선형성, 균열, 부재곡률, 횡방향 변위, 재하기간, 건
조수축과 크리프, 지지 기초와의 상호작용 등의 영향을 고려하는 2계 비선형 해석으로 구해야 한
다고 제시하고 있으며, 또한 근사해법을 통해서 장주를 설계할 수 있도록 하고 있다. 확대휨모멘
트 방법(moment magnification method)은 최대 1차 모멘트에 확대계수를 곱해서 근사적으로 계

산하는 방식이다.

sideway(비횡구속)	구분	Non-sideway(횡구속)
$\dfrac{kl_u}{r} \leq 22$	단주 (장주효과 무시)	$\dfrac{kl_u}{r} \leq 34 - 12\dfrac{M_1}{M_2}$
$100 \geq \dfrac{kl_u}{r} > 22$	장주 (MMF 고려)	$100 \geq \dfrac{kl_u}{r} > 34 - 12\dfrac{M_1}{M_2}$
$100 < \dfrac{kl_u}{r}$	장주 (비선형해석, $P-\delta$ 해석)	$100 < \dfrac{kl_u}{r}$

3) 횡구속 압축부재의 확대 휨모멘트

횡구속으로 부재 끝단에 서로 크기가 다른 모멘트가 작용할 때 최대모멘트는 2차 모멘트의 크기에 따라 좌우된다. 만약 2차 모멘트가 작으면 최대모멘트는 한쪽 단부에 나타나고 2차 모멘트가 크면 단일곡률이나 복곡률일 때 최대모멘트는 단부의 사이에 나타난다. 최대 단부모멘트 M_2는 등가 휨모멘트 보정계수(Equivalent-moment correction factor) C_m을 곱해서 확대모멘트를 구한다.

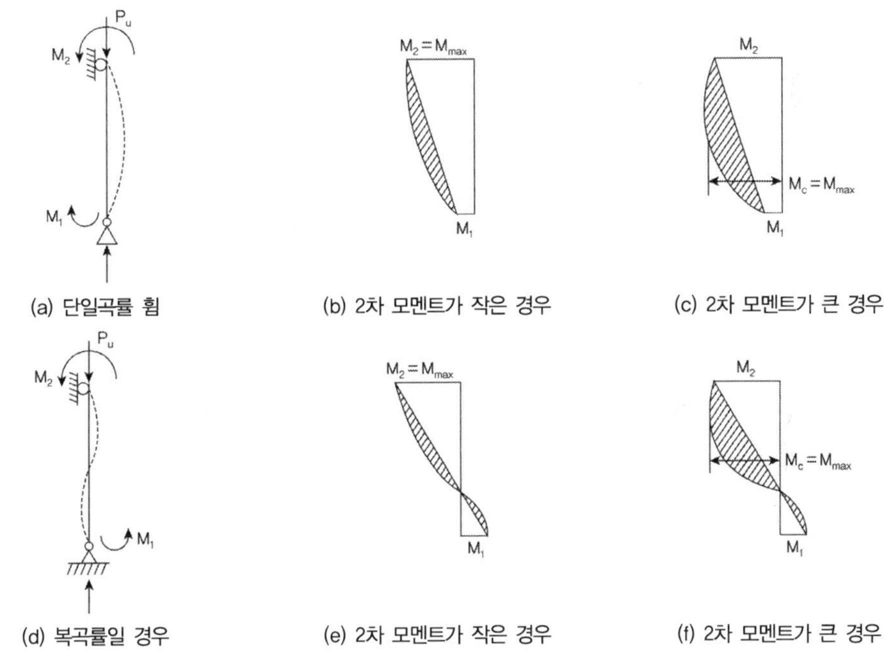

(a) 단일곡률 휨   (b) 2차 모멘트가 작은 경우   (c) 2차 모멘트가 큰 경우

(d) 복곡률일 경우   (e) 2차 모멘트가 작은 경우   (f) 2차 모멘트가 큰 경우

(비대칭 단모멘트가 작용하는 구속된 기둥에서 최대 휨모멘트가 발생하는 위치에 대한 2차 모멘트의 영향)

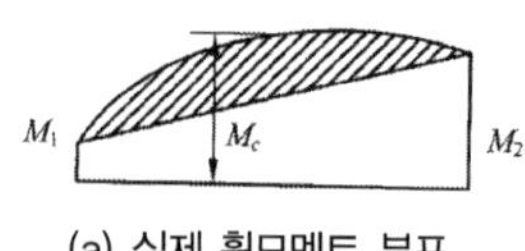

(a) 실제 휨모멘트 분포   (b) 등가의 균등한 휨모멘트 분포

(등가휨모멘트 보정계수 C_m)

확대 계수 모멘트 : $M_c = \delta_{ns}M_2$

수정확대계수(modified magnification factor) δ_{ns}

$$\delta_{ns} = \frac{C_m}{1 - \dfrac{P_u}{0.75P_{cr}}} \geq 1.0, \qquad P_{cr} = \frac{\pi^2 EI}{(kl_u)^2}, \text{ 여기서 } EI \text{는 균열과 크리프 고려}$$

$$EI = EI_{simplified}$$

$$EI_{simplified} = \frac{0.4E_cI_g}{1+\beta_d}, \qquad \beta_d = \frac{\sum(\gamma_d P_d)}{\sum(\gamma_d P_d + \gamma_l P_l)} = \frac{\text{계수 축방향 고정하중}}{\text{총 계수 축방향 하중}}$$

$$C_m = 0.6 + 0.4\frac{M_1}{M_2} \geq 0.4 \quad (\frac{M_1}{M_2} \text{는 단곡률인 경우 } \oplus, \text{ 복곡률인 경우 } \ominus, |M_1| < |M_2|)$$

4) 횡구속 장주의 설계과정

① 기둥의 비지지길이 l_u 결정

② 부재의 휨강성 EI 결정

$$EI_{simplified} = \max\left[\frac{0.2E_cI_g + E_sI_{se}}{1+\beta_d}, \ \frac{0.4E_cI_g}{1+\beta_d}\right]$$

③ 유효길이계수 k 결정 $\qquad\qquad \Psi = \dfrac{\left[\sum\dfrac{EI}{l}\right]_{column}}{\left[\sum\dfrac{EI}{l}\right]_{beam}}$

④ 횡구속 여부 판단 : 육안, 2계해석결과와의 차이(5%), 층안정성 지수 Q

⑤ 회전반경 r 결정 : 직사각형 단면 $r = 0.3h$, 원형단면 $r = 0.25h$

⑥ 시공오차를 고려한 최소편심 e_{min} : $e_{min} = 15 + 0.03h$

⑦ MMF 적용여부 검토 : $\qquad\qquad 34 - 12\dfrac{M_1}{M_2} \leq \dfrac{kl_u}{r} < 100$

⑧ Euler 하중 P_{cr} 결정

⑨ 등가 휨모멘트 보정 계수(C_m) 및 수정 모멘트 확대계수(δ_{ns}) 산정

횡방향 하중이 없는 경우 $\qquad\qquad C_m = 0.6 + 0.4\dfrac{M_1}{M_2} \geq 0.4$

여기서 $\dfrac{M_1}{M_2}$ 는 단곡률인 경우 $\oplus$, 복곡률인 경우 $\ominus$, $|M_1| < |M_2|$

횡방향 하중이 있는 경우 $\qquad\qquad C_m = 1.0$

$$\delta_{ns} = \frac{C_m}{1 - P_u/0.75P_{cr}} \geq 1.0 \;\rightarrow\; M_c = \delta_{ns}M_2$$

5) 비횡구속 장주의 설계과정

$$M_1 = M_{1ns} + \delta_s M_{1s}$$
$$M_2 = M_{2ns} + \delta_s M_{2s}$$

M_1 : 압축부재의 단부 계수 휨모멘트 중 작은 값. 단일곡률이면 +, 복곡률이면 −

M_2 : 압축부재의 단부 계수 휨모멘트 중 큰 값, 항상 +

$M_{1ns},\ M_{2ns}$: 단부에서 횡변위를 일으키지 않는 하중에 대해서 1계 탄성 골조해석으로 계산된
압축부재의 단부 계수 휨모멘트, $Q \leq 0.05$ 인 경우

δ_s : 비횡구속 압축재에 대한 휨모멘트 확대계수

$M_{1s},\ M_{2s}$: 단부에서 상당한 횡변위를 일으키는 하중에 대해서 1계 탄성 골조해석으로 계산된
압축부재의 단부 계수 휨모멘트, $Q > 0.05$ 인 경우

① δ_s 의 계산

$\delta_s \leq 1.5 \qquad\qquad \delta_s = \dfrac{1}{1-Q} = \dfrac{1}{1 - \dfrac{\sum P_u \triangle_0}{V_u l_c}} \leq 1.5, \qquad Q = \dfrac{\sum P_u \triangle_0}{V_u l_c}$

$\delta_s > 1.5 \qquad\qquad \delta_s = \dfrac{1}{1 - \dfrac{\sum P_u}{0.75\sum P_{cr}}} \geq 1.0$

② 기둥의 비지지길이 l_u 결정

③ 부재의 휨강성 EI 결정 $\qquad EI_{simplified} = \max\left[\dfrac{0.2E_cI_g + E_sI_{se}}{1+\beta_d},\ \dfrac{0.4E_cI_g}{1+\beta_d}\right]$

④ 유효길이계수 k 결정 $\qquad \Psi = \dfrac{\left[\sum \dfrac{EI}{l}\right]_{column}}{\left[\sum \dfrac{EI}{l}\right]_{beam}}$

⑤ 횡구속 여부 판단 : 육안, 2계해석결과와의 차이(5%), 층안정성 지수 Q

⑥ 회전반경 r 결정 : 직사각형 단면 $r = 0.3h$, 원형단면 $r = 0.25h$

⑦ 시공오차를 고려한 최소편심 e_{min} : e_{min}=15+0.03h

⑧ MMF 적용 여부 검토 : $\quad 22 \leq \dfrac{kl_u}{r} < 100$

⑨ Euler 하중 P_{cr} 결정

⑩ 수정 모멘트 확대계수(δ_s) 산정

$$\delta_s \leq 1.5 \qquad \delta_s = \frac{1}{1-Q} = \frac{1}{1-\dfrac{\sum P_u \triangle_0}{V_u l_c}} \leq 1.5, \qquad Q = \frac{\sum P_u \triangle_0}{V_u l_c}$$

$$\delta_s > 1.5 \qquad \delta_s = \frac{1}{1-\dfrac{\sum P_u}{0.75 \sum P_{cr}}} \geq 1.0$$

⑪ 양단 모멘트 계산

$$M_1 = M_{1ns} + \delta_s M_{1s}, \ M_2 = M_{2ns} + \delta_s M_{2s}$$

강도설계를 위한 탄성해석에서 강성 EI는 파괴 직전 부재의 강성을 나타내므로 다음의 강성변수들은 계수하중에 대한 탄성해석에 적용한다(MacGregor and Hage).

① 기둥, 비균열벽체 $0.7I_g$

② 보, 균열 벽체 $0.35I_g$

③ 플랫 플레이트 및 플랫 슬래브 $0.25I_g$

장주 : 모멘트 확대계수

다음 그림과 같이 상단이 고정단에 연결된 기둥에 750kN의 고정하중 P_D와 620kN의 활하중 P_L 이 150mm의 편심 e로 작용한다. 확대기초 위의 기둥은 한 변이 500mm인 정사각형으로 SD400 12-D19의 축방향 철근이 한 변에 4개씩 배치되어 있다. 콘크리트 설계기준 압축강도 $f_{ck} = 30$ MPa일 때 이 기둥에 적용할 계수 축압축력과 계수 휨모멘트를 구하라.

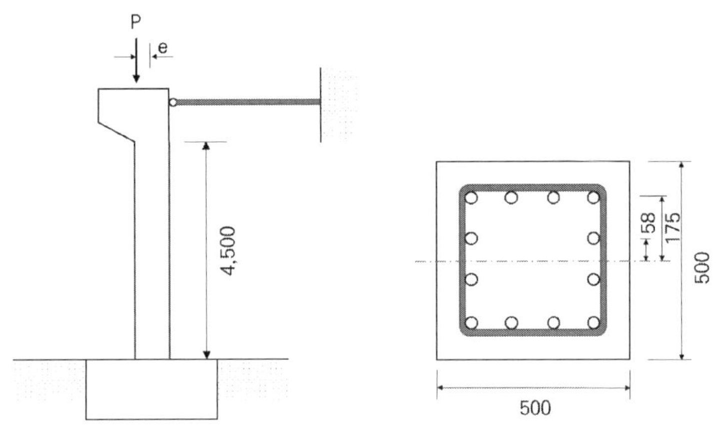

▶ 1차 단면력 산정

KDS 14 20 콘크리트구조 설계기준(강도설계법)에 따라 하중조합하면

$$P_u = 1.2P_D + 1.6P_L = 1.2 \times 750 + 1.6 \times 620 = 1{,}892\,\text{kN}$$

$$\therefore M_1 = M_2 = P_u e = 1892 \times 0.15 = 284\,\text{kNm}$$

▶ 장주여부 판단

자유단-고정 구조로 보면 $k = 2.0$

직사각형 단면이므로 $r = 0.3h = 0.3 \times 0.5 = 0.15\,\text{m}$

$$\frac{kl_u}{3} = \frac{2.0 \times 4.5}{0.15} = 60 \; > \; 34 - 12\frac{M_1}{M_2} = 22 \qquad \therefore \text{장주로 거동한다.}$$

▶ 최소휨모멘트를 고려한 탄성 1차 계수 휨모멘트

시공오차를 고려한 최소편심 $e_{\min} = 15 + 0.03h = 15 + 0.03 \times 500 = 30\,\text{mm} \; < \; 150\text{mm}$

따라서, 편심 150mm로 인한 모멘트를 적용한다.

▶ 휨모멘트 확대계수와 확대 모멘트 산정

1) 장기거동계수 β_d

$$\beta_d = \frac{\sum(\gamma_d P_d)}{\sum(\gamma_d P_d + \gamma_l P_l)} = \frac{1.2 P_D}{1.2 P_D + 1.6 P_L} = \frac{900}{1,892} = 0.496$$

2) 강성도 산정

콘크리트의 평균압축강도 $f_{cm} = f_{ck} + \Delta f = 30 + 4 = 34\,\mathrm{MPa}$

콘크리트의 탄성계수 $E_c = 8500\sqrt[3]{f_{cm}} = 27,500\,\mathrm{MPa}$

축방향 철근에 의한 단면2차 모멘트 I_{se}

$$I_{se} = \sum A_s y^2 = 2 \times 286.5 \times (4 \times 175^2 + 2 \times 58^2) = 74.05 \times 10^6\,\mathrm{mm}^4$$

단면 전체의 단면2차 모멘트 I_g

$$I_g = \frac{bh^3}{12} = \frac{500^4}{12} = 5.208 \times 10^9\,\mathrm{mm}^4$$

단면의 강성 EI

$$\frac{0.2 E_c I_g + E_s I_{se}}{1 + \beta_d} = \frac{0.2 \times 27,500 \times 5.208 \times 10^9 + 200,000 \times 74.05 \times 10^6}{1 + 0.496}$$

$$= 29.05 \times 10^{12}\,\mathrm{Nmm}^2$$

$$\frac{0.4 E_c I_g}{1 + \beta_d} = \frac{0.4 \times 27,500 \times 5.208 \times 10^9}{1.496} = 38.29 \times 10^{12}\,\mathrm{Nmm}^2$$

$$\therefore\ EI_{simplified} = \max\left[\frac{0.2 E_c I_g + E_s I_{se}}{1 + \beta_d},\ \frac{0.4 E_c I_g}{1 + \beta_d}\right] = 38.29 \times 10^{12}\,\mathrm{Nmm}^2$$

3) 좌굴하중

$$P_{cr} = \frac{\pi^2 EI}{(kl_u)^2} = \frac{\pi^2 \times 38.29 \times 10^{12}}{(2 \times 4.5)^2} \times 10^{-3} = 4,665.5\,\mathrm{kN}$$

4) 확대모멘트 산정

$$C_m = 0.6 + 0.4\frac{M_1}{M_2} = 1.0 \geq 0.4,$$

$$\delta_{ns} = \frac{C_m}{1 - P_u/0.75 P_{cr}} = \frac{1.0}{1 - 1,892/(0.75 \times 4,665.5)} = 2.18 \geq 1.0$$

$$\therefore\ P_u = 1,892\,\mathrm{kN}, \quad M_u = \delta_{ns} M_2 = 2.18 \times 284 = 618.3\,\mathrm{kNm}$$

장주 : P–Δ해석법

다음 그림과 같이 콘크리트 설계기준압축강도 $f_{ck} = 35$MPa, 지름 D=1.8m, 길이 $l_c = 12$m인 캔틸레버 원형 교각에 계수축압축력 $P_u = 8,800$kN과 계수횡하중 $V_u = 640$kN이 작용한다. 반복 P–Δ해석법을 적용하여 교각 하단지점에 작용하는 총 계수전단력과 총 계수 휨모멘트, 모멘트 확대계수를 구하라.

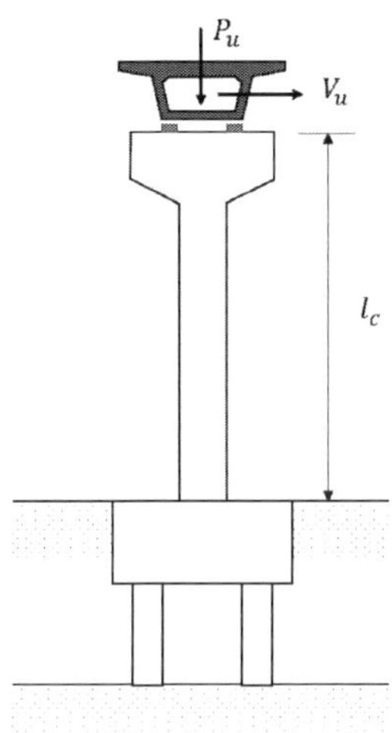

▶ 장주 여부 판단

콘크리트의 평균압축강도 $f_{cm} = f_{ck} + \Delta f = 35 + 4 = 39\,\text{MPa}$

콘크리트의 탄성계수 $E_c = 8500 \sqrt[3]{f_{cm}} = 28,800\,\text{MPa}$

지름 D인 원형기둥의 단면2차 모멘트와 회전반지름은

$$I_g = \frac{\pi D^4}{64} = \frac{\pi \times (1800)^4}{64} = 515.3 \times 10^9\,\text{mm}^4$$

$$r = 0.25D = 0.45\,\text{m}$$

free-fixed B.C이므로 $k = 2.0$ $\qquad \therefore\ \dfrac{kl_c}{r} = \dfrac{2.0 \times 12.0}{0.45} = 53.3 > 22$

따라서, 장주효과를 고려한다.

1) 1차 모멘트와 교각상단의 횡변위 산정

기둥의 단면2차 모멘트로 MacGregor and Hage가 제시한 $0.7I_g$를 적용한다.

$$EI_{col} = E_c(0.7I_g) = 27,500 \times 0.7 \times 515.3 \times 10^9 = 10.39 \times 10^{15} \ \text{Nmm}^2$$

2) 1차 모멘트와 교각상단의 횡변위 산정(1차)

① 1차 모멘트

$$M_e = V_u l_c = 640 \times 12 = 7,680 \,\text{kNm}$$

② V_u로 인한 횡변위

$$\Delta_{1st} = \frac{V_u l_c^3}{3EI_{col}} = \frac{640 \times 10^3 \times (12 \times 10^3)^3}{3 \times 10.39 \times 10^{15}} = 35.5 \,\text{mm}$$

③ 횡변위로 인한 추가 횡하중

$$dV_1 = \frac{P_u \Delta_{1st}}{l_c} = \frac{8,800 \times 35.5}{12,000} = 26.0 \,\text{kN}$$

④ 횡변위 Δ_{1st}와 계수축압축력 P_u에 의해 증가된 횡하중

$$V_2 = V_u + dV_1 = 640 + 26 = 666.0 \,\text{kN}$$

3) 1차 모멘트와 교각상단의 횡변위 산정(2차)

① V_2로 인한 횡변위

$$\Delta_{2nd} = \frac{V_2 l_c^3}{3EI_{col}} = \frac{663 \times 10^3 \times (12 \times 10^3)^3}{3 \times 10.39 \times 10^{15}} = 36.9 \,\text{mm}$$

② 횡변위로 인한 추가 횡하중

$$dV_2 = \frac{P_u \Delta_{2st}}{l_c} = \frac{8,800 \times 36.9}{12,000} = 27.1 \,\text{kN}$$

③ 횡변위 Δ_{2nd}와 계수축압축력 P_u에 의해 증가된 횡하중

$$V_3 = V_u + dV_2 = 640 + 27.1 = 667.1 \,\text{kN}$$

4) 1차 모멘트와 교각상단의 횡변위 산정(3차)

① V_3로 인한 횡변위

$$\Delta_{3rd} = \frac{V_3 l_c^3}{3EI_{col}} = \frac{667.1 \times 10^3 \times (12 \times 10^3)^3}{3 \times 10.39 \times 10^{15}} = 37.0 \, \text{mm}$$

② 횡변위로 인한 추가 횡하중

$$dV_3 = \frac{P_u \Delta_{3rd}}{l_c} = \frac{8,800 \times 37.0}{12,000} = 27.1 \, \text{kN} = dV_2 \qquad \text{O.K(수렴)}$$

③ 증가된 총 계수전단력 $\delta_s V_u$와 총 계수 휨모멘트 $\delta_s M_u$

$$\delta_s V_u = V_3 = 667 \, \text{kN}$$

$$\delta_s M_u = (\delta_s V_u) \times l_c = 667.1 \times 12 = 7,890 \, \text{kNm}$$

$$\therefore \ \delta_s = \frac{\delta_s M_u}{M_e} = \frac{7,890}{7,680} = 1.03$$

05 합성 기둥(SRC) ^{95회}

SRC구조는 철근 콘크리트와 철골의 각기 단점을 보충하여 장점을 살린 일종의 합성구조로서 철골둘레에 철근을 배치하고 콘크리트를 타설한 것으로 역학적으로 일체로 작용토록 한 구조물이다. SRC의 종류로는 원형강관과 각형강관이 많이 사용되고 강관 내부에 콘크리트를 친 충전형, 외부를 콘크리트로 감싼 피복형, 내외부 모두 콘크리트를 친 충전피복형 등이 있다.

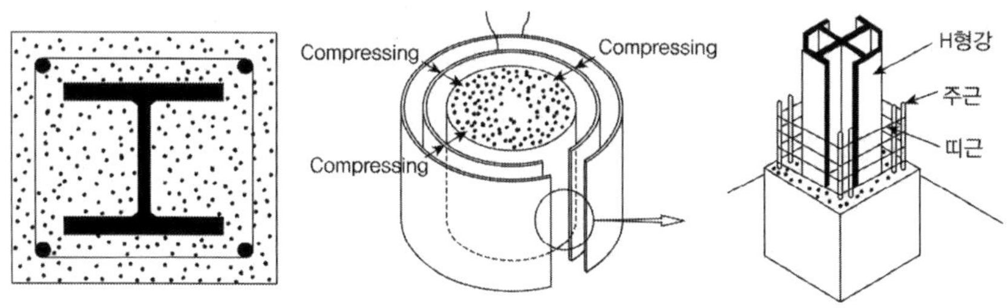

1) SRC 구조의 특징

① RC구조에 비해 변위 및 내진성능 향상 : RC에 비하여 인성이 대단히 크다.

② 강관으로 인한 내부 콘크리트 구속으로 변위에너지 증가 : 강관의 구속효과에 따라 내부 콘크리트의 강도 상승(내진보강개념 → 소성힌지 형성)

③ 국부좌굴방지 및 연성도 증가 : 강관의 국부좌굴 방지를 위하는데 내부 콘크리트는 효과적이고 변형성능도 좋아진다.

④ 내화성능 향상 : 충전형의 경우 내부에 콘크리트가 충전되어 있음으로써 내화피복이 일반 강구조에 비하여 경제적으로 할 수도 있다.

⑤ 시공성 개선 : 충전형에서는 콘크리트 치기용 기둥 거푸집이 필요 없다.

⑥ 부착강도와 균열의 문제점 해결이 관건 : 철골과 콘크리트의 부착강도 저하로 인하여 균열 및 부착성능이 저하될 수 있다.

⑦ 합리적인 설계법의 개발 필요 : 섬유요소(Fiber element)를 이용한 프레임요소 비선형 해석이 대안이 될 수 있을 것으로 생각된다.

2) SRC 구조의 내진특성

① 부재의 연성능력(Ductility capacity)이 RC부재보다 크다.

→ RC부재의 내진성능개선, RC부재의 전단파괴 가능성이 있는 부재의 보강용

② 부재의 감쇠력이 RC부재보다 크다.

$\rightarrow$ SRC $\xi = 5\sim7\%$, RC $\xi = 3\sim5\%$ (감쇠증가로 변위응답이 작다, 내진에 유리)

3) 사용용도

① RC구조에서 강도와 내진성이 부족한 경우

② 강구조물에서 강성이 부족하거나 진동예상 경우(노후화된 강구조물의 유효단면의 증가)

③ 장기간 보를 지지하는 기둥(고층 건물의 하층 기둥, Slender 단면 요구)

④ 전단파괴가 예상되는 기둥

⑤ 응력과 변형집중이 예상되는 경우

구분	RC구조물과 비교	강구조물과 비교
장 점	① 단면치수의 감소로 경제적이다. ② 인성이 증가되어 내진성이 우수하다. ③ 자중감소가 기대된다. ④ 철근량이 감소된다(다단배근 불필요). ⑤ 극한하중 작용 시 철골의 소성저항능력으로 안전성이 확보된다. ⑥ 구조체의 신뢰성이 향상 ⑦ 철골 우선시공(거푸집 이용)으로 시공성 향상 ⑧ 강관구속효과로 내부 콘크리트 강도 상승 ⑨ 강관 국부좌굴 방지(내부 콘크리트)	① 방청, 방화 등 유지관리 불필요하다. ② 강성이 커서 변형량이 작아진다. ③ 소음, 진동이 경감된다. ④ 공사비가 감소한다. ⑤ 내화, 내진, 내수성 우수
단 점	① 콘크리트와 부착력이 낮아 분리 가능 ② 철골비율이 높으면 콘크리트 균열폭 증가 ③ RC구조에 비해 고가 ④ 강재비율이 높으면 콘크리트 타설 곤란 ⑤ 철근 설계가 복잡하다.	① 자중의 증대(사하중 증가) ② 철근 조립 후 콘크리트 타설로 공사기간 증가 ③ 시공이 복잡하고 설계방법이 다소 복잡

4) 설계방법

① 철근 콘크리트(RC) 방식 : SRC의 휨에 대한 극한모멘트는 철골을 이것과 동량의 철근으로 바꾸어 놓은 철근 콘크리트 보와 거의 같다고 보고, 철골을 철근의 일부로 간주하여 SRC 부재단면을 RC단면으로 가정하여 설계하는 방식. 부재단면에 비해 작은 단면의 형강을 사용한 SRC 또는 부착응력에 별 문제가 없을 때 사용한다.

<u>(기본 가정사항)</u>

(1) 철골과 철근, 콘크리트는 일체로 거동한다.

(2) 평면 유지 가정과 탄성법칙이 성립한다.

(3) 콘크리트는 압축력만 부담한다.

(4) 철골과 철근은 인장 압축 모두에서 유효하며 좌굴되지 않는다.

② 철골방식 : 철근을 철골의 일부로 대치하여 콘크리트 부분을 계산상 무시하는 것이며, 따라서 경제적 측면에서 불리하다.

(기본 가정사항)

(1) 철골과 철근, 콘크리트는 일체로 거동한다.

(2) 평면 유지 가정과 탄성법칙이 성립한다.

(3) 콘크리트는 압축, 인장 모두 무시한다.

(4) 철골과 철근은 인장 압축 모두에서 유효하며 좌굴되지 않는다.

③ 누가강도방식 : 누가강도방식은 재료의 허용응력에 기준을 둔 것으로 종국강도방식과는 차이가 있으며 RC의 허용단면력과 철골의 허용단면력을 합산하여 SRC구조의 단면력으로 한다. 즉, RC의 허용단면력과 철골의 허용단면력을 합산하여 SRC구조의 단면력으로 하는 방식이다. RC와 철골이 각각 허용응력에 도달하는 것으로 가정되어 중립축이 일치하지 않는다(평면유지, 탄성가정에 모순). 그러나 부재의 종국강도에 대한 일정한 안전율을 갖는 것을 목표로 한 편의적인 설계법이다.

(기본 가정사항)

(1) 철골과 철근, 콘크리트는 일체로 거동한다.

(2) 평면 유지 가정과 탄성법칙은 철골과 RC에서 각각 따로 성립한다.

(3) 콘크리트는 인장응력은 무시한다.

(4) 철골과 철근은 인장 압축 모두에서 유효하며 좌굴되지 않는다.

(누가강도방식의 이점)

(1) RC방식에 비해 철골강도를 유효하게 이용한다.

(2) 극한강도에 대한 안전율이 균등하다.

(3) 철골없는 경우 RC의 허용내력과 일치한다.

(4) 설계계산이 간편하다.

(누가강도방식이 적용 어려운 경우)

(1) 철골 flange가 현저하게 비대칭인 경우

(2) 철골단면 도심이 부재중심에서 현저히 이탈한 경우(편심이 큰 경우)

(3) 최대 균열폭, 변형량에 제한이 있는 경우

(4) 철골의 콘크리트 피복이 많을 경우

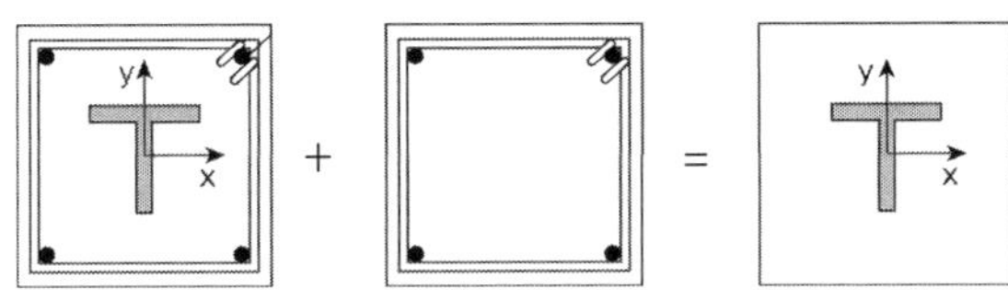

$$M = M_R + M_S \rightarrow M_R = M - M_S$$

④ 해석 시 유의사항

SRC의 극한 내하력은 누가강도방식으로 적용하여 해결하였으나 구조물의 변형문제에 대하여
는 다음과 같은 검토가 필요하다(RC는 극한강도개념설계로 중립축에 비례하여 응력계산하는
데 반해 철골은 허용응력을 기준으로 하기 때문에 변위 및 변형 등의 상관관계에 중립축이 일
치하지 않아 주의가 요구된다).

(1) 기둥의 축압축력과 변형의 상관관계

(2) 철골단면과 변형의 상관관계

(3) 횡방향 구속척근과 변형의 상관관계

5) 시공상 주의점과 문제점

① 주의사항

(1) 철골과 콘크리트 사이의 부착에 대하여 검토할 필요가 있다.

(2) 띠철근, 축방향 철근을 배치하는 것이 바람직하다.

(3) 철골 판요소의 폭두께비를 제한치보다 크게 잡지 말아야 한다.

② 문제점

(1) 기둥, 보의 접속에서 주근의 정착길이를 다루기 어렵다.

(2) 폐쇄형 전단보강 철근을 넣기 어렵다.

(3) HooK, 걸쇠를 구부리기가 어렵다.

(4) 유공보의 보강철근을 배근하기 어렵다.

(5) 상하층 벽근을 통하기 어렵다.

SRC 구조물은 일본 관동대지진 때에 큰 내진성을 보여주었고 지진이 많은 일본에서 발달한 구조
물이다. 일반적으로 단면력 계산은 누가 강도 방식에 의하고 응력, 균형넓이, 변형량 산정은 철근
콘크리트 방식에 의한다.

SRC

철골철근(鐵骨鐵筋) 콘크리트(SRC, Steel framed Reinforced Concrete) 구조의 특징을 강구조 및 철근 콘크리트 구조와 각각 비교하고 부재의 단면설계방법에 대하여 설명하시오.

풀 이

▶ 개요

SRC구조는 철근 콘크리트와 철골의 각기 단점을 보충하여 장점을 살린 일종의 합성구조로서 철골둘레에 철근을 배치하고 콘크리트를 타설한 것으로 역학적으로 일체로 작용토록 한 구조물이다. SRC의 종류로는 원형강관과 각형강관이 많이 사용되고 강관 내부에 콘크리트를 친 충전형, 외부를 콘크리트로 감싼 피복형, 내외부 모두 콘크리트를 친 충전피복형 등이 있다.

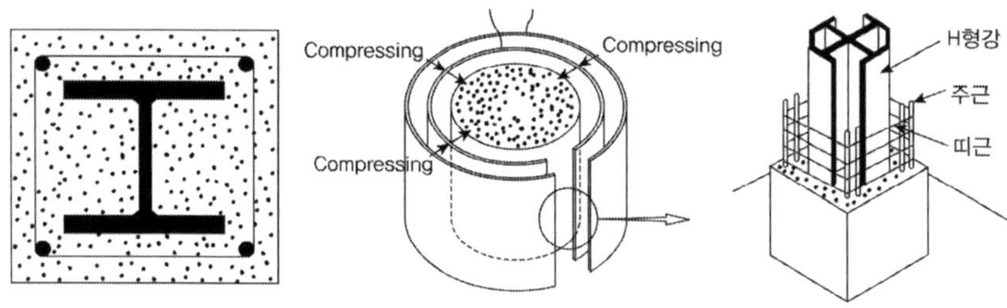

▶ 철골철근 콘크리트(SRC) 구조의 특징

① RC구조에 비해 변위 및 내진성능 향상 : RC에 비하여 인성이 대단히 크다.

② 강관으로 인한 내부 콘크리트 구속으로 변위에너지 증가 : 강관의 구속효과에 따라 내부 콘크리트의 강도 상승(내진보강개념 → 소성힌지 형성)

③ 국부좌굴방지 및 연성도 증가 : 내부 콘크리트를 채움으로써 강관의 국부좌굴방지에 효과적이며, 부재 전체의 변형성능도 좋아진다.

④ 내화성능 향상 : 충전형의 경우 내부에 콘크리트가 충전되어 있음으로써 내화피복이 일반 강구조에 비하여 경제적으로 할 수도 있다.

⑤ 시공성 개선 : 충전형에서는 콘크리트 치기용 기둥 거푸집이 필요 없다.

⑥ 부착강도와 균열의 문제점 해결이 관건 : 철골과 콘크리트의 부착강도 저하로 인하여 균열 및 부착성능이 저하될 수 있다.

⑦ 합리적인 설계법의 개발 필요 : 섬유요소(Fiber element)를 이용한 프레임요소 비선형 해석이 대안이 될 수 있을 것으로 생각된다.

구분	RC구조물과 비교	강구조물과 비교
장점	① 단면치수의 감소로 경제적이다. ② 인성이 증가되어 내진성이 우수하다. ③ 자중감소가 기대된다. ④ 철근량이 감소된다(다단배근 불필요). ⑤ 극한하중 작용 시 철골의 소성저항능력으로 안전성이 확보된다. ⑥ 구조체의 신뢰성이 향상 ⑦ 철골 우선시공(거푸집 이용)으로 시공성 향상 ⑧ 강관구속효과로 내부 콘크리트 강도 상승 ⑨ 강관 국부좌굴 방지(내부 콘크리트)	① 방청, 방화 등 유지관리 불필요하다. ② 강성이 커서 변형량이 작아진다. ③ 소음, 진동이 경감된다. ④ 공사비가 감소한다. ⑤ 내화, 내진, 내수성 우수
단점	① 콘크리트와 부착력이 낮아 분리 가능 ② 철골비율이 높으면 콘크리트 균열폭 증가 ③ RC구조에 비해 고가 ④ 강재비율이 높으면 콘크리트 타설 곤란 ⑤ 철근 설계가 복잡하다.	① 자중의 증대(사하중 증가) ② 철근 조립 후 콘크리트 타설로 공사기간 증가 ③ 시공이 복잡하고 설계방법이 다소 복잡

➤ 부재의 단면설계방법

1) 철근 콘크리트(RC) 방식

SRC의 휨에 대한 극한모멘트는 철골을 이것과 동량의 철근으로 바꾸어 놓은 철근 콘크리트 보와 거의 같다고 보고, 철골을 철근의 일부로 간주하여 SRC 부재단면을 RC단면으로 가정하여 설계하는 방식. 부재단면에 비해 작은 단면의 형강을 사용한 SRC 또는 부착응력에 별 문제가 없을 때 사용한다.

<u>(기본 가정사항)</u>

(1) 철골과 철근, 콘크리트는 일체로 거동한다.

(2) 평면 유지 가정과 탄성법칙이 성립한다.

(3) 콘크리트는 압축력만 부담한다.

(4) 철골과 철근은 인장 압축 모두에서 유효하며 좌굴되지 않는다.

2) 철골방식

철근을 철골의 일부로 대치하여 콘크리트 부분을 계산상 무시하는 것이며, 따라서 경제적 측면에서 불리하다.

<u>(기본 가정사항)</u>

(1) 철골과 철근, 콘크리트는 일체로 거동한다.

(2) 평면 유지 가정과 탄성법칙이 성립한다.

(3) 콘크리트는 압축, 인장 모두 무시한다.

(4) 철골과 철근은 인장 압축 모두에서 유효하며 좌굴되지 않는다.

3) 누가강도방식

누가강도방식은 재료의 허용응력에 기준을 둔 것으로 종국강도방식과는 차이가 있으며 RC의 허용단면력과 철골의 허용단면력을 합산하여 SRC구조의 단면력으로 한다. 즉, RC의 허용단면력과 철골의 허용단면력을 합산하여 SRC구조의 단면력으로 하는 방식이다. RC와 철골이 각각 허용응력에 도달하는 것으로 가정되어 중립축이 일치하지 않는다(평면유지, 탄성가정에 모순). 그러나 부재의 종국강도에 대한 일정한 안전율을 갖는 것을 목표로 한 편의적인 설계법이다.

(기본 가정사항)

(1) 철골과 철근, 콘크리트는 일체로 거동한다.

(2) 평면 유지 가정과 탄성법칙은 철골과 RC에서 각각 따로 성립한다.

(3) 콘크리트는 인장응력은 무시한다.

(4) 철골과 철근은 인장 압축 모두에서 유효하며 좌굴되지 않는다.

(누가강도방식의 이점)

(1) RC방식에 비해 철골강도를 유효하게 이용한다.

(2) 극한강도에 대한 안전율이 균등하다.

(3) 철골 없는 경우 RC의 허용내력과 일치한다.

(4) 설계계산이 간편하다.

(누가강도방식이 적용 어려운 경우)

(1) 철골 flange가 현저하게 비대칭인 경우

(2) 철골단면 도심이 부재중심에서 현저히 이탈한 경우(편심이 큰 경우)

(3) 최대 균열폭, 변형량에 제한이 있는 경우

(4) 철골의 콘크리트 피복이 많을 경우

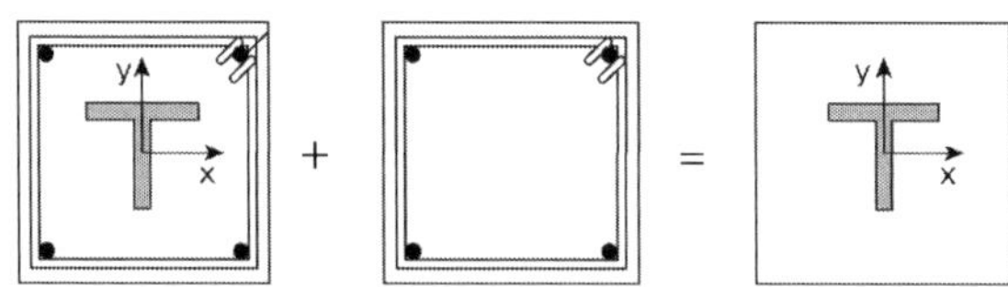

$$M = M_R + M_S \rightarrow M_R = M - M_S$$

전단과 비틀림, STM

전단과 비틀림, STM

01 RC 전단 일반

1. RC보에서의 전단

RC보에서는 철근의 영향으로 인하여 다음과 같은 전단응력 분포를 가진다.

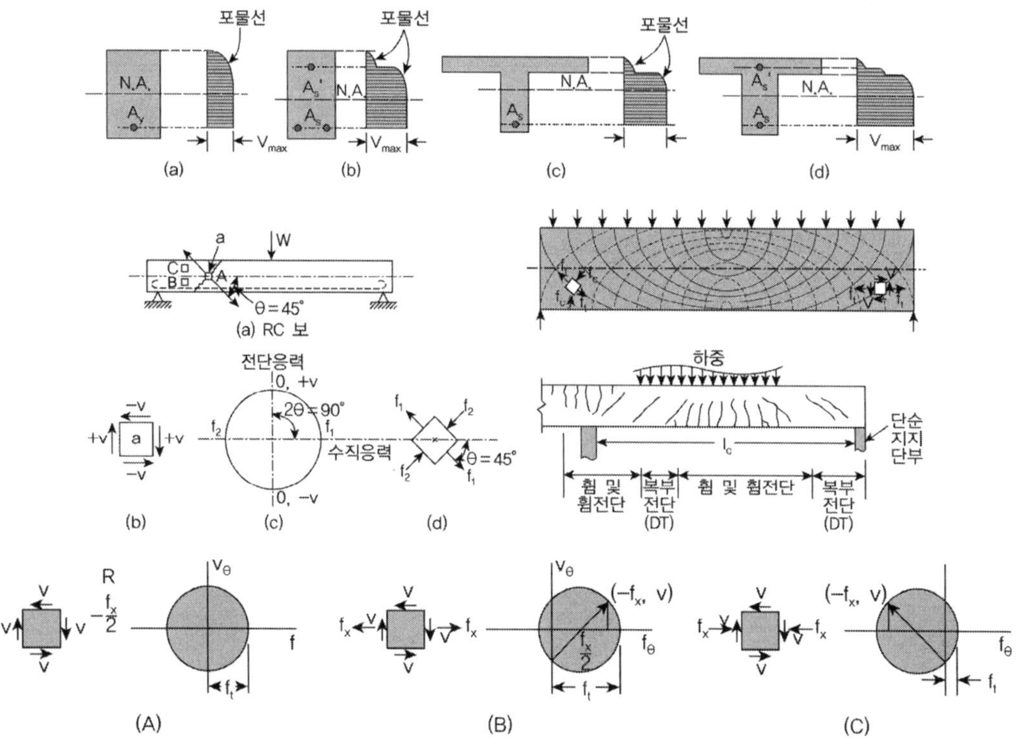

$$f_{1,2} = \frac{f}{2} \pm \sqrt{\left(\frac{f}{2}\right)^2 + v^2}\ ,\ \tan 2\theta = -\frac{2v}{f}\left(=\frac{2\tau_{xy}}{f_x - f_y}\right)$$

1) A점(전단응력)

중립축에서 RC보는 45°로 작용하는 주인장응력(f_1)에 의해서 45° 방향의 균열이 발생한다.

$$f = 0, \quad \tau = v_{\max} = \frac{VQ}{Ib}, \quad f_{1,2} = \pm v_{\max},\ \tan 2\theta = \infty, \quad \theta = 45°,\ 135°$$

2) B점(전단응력 + 인장응력)

중립축 아래에서 최대 주응력이 인장응력으로 파괴계수보다 커지면 균열 발생, 보의 받침부에 가깝게 접근할수록 인장응력은 작아지나 전단응력은 커지며 순수전단응력상태와 비슷하게 되어 45° 방향의 균열이 발생한다.

$$f_{1,2} = \frac{f}{2} \pm \sqrt{\left(\frac{f}{2}\right)^2 + v^2}, \quad |f_1| > |f_2|,\ \text{인장균열 발생 시}\ f = 0\text{으로 A점과 같게 된다.}$$

3) C점(전단응력 + 압축응력)

주인장응력이 상당히 감소하여 균열은 발생하지 않는다. 압축응력 f_x의 크기가 커지면 2θ값이 작아져서 주압축응력의 방향이 보축에 연직한 방향에 가깝게 되고 보의 상연에서 압축응력이 최대가 되므로 콘크리트 분쇄파괴가 발생할 수 있다.

4) 콘크리트의 전단파괴

균열은 먼저 휨응력이 최대인 보의 바닥에서 연직한 방향으로 일어나는 휨균열(flexural crack)이 나타나고 이어서 지지점 부근에서 휨과 전단에 의해서 사인장균열(diagonal tension crack)이 나타난다. 사인장균열은 균열이 휨에서 시작해서 복부의 경사균열로 발전하는 균열을 휨-전단균열(flexural-shear crack)이라 하고, 복보의 중립축 부근에서 전단에 의해서 발생하는 균열을 복부전단균열(web-shear crack)이라고 한다.

5) 휨-전단균열(flexural-shear crack)

하부플랜지가 없어 복부의 두께가 인장연단까지 일정한 직사각형 단면이나 T형 단면에 주로 발생한다. 하중이 작용하는 초기에는 휨모멘트에 의하여 부재축의 직각방향으로 인장연단부터 균열이 시작된다. 하중이 증가하면 균열이 진전되는데 단면의 인장연단 외에는 휨응력과 전단응력과의 합성작용으로 사인장응력이 작용하게 되어 경사진 방향으로 균열이 진전된다.
① 주로 V도 크고 M도 큰 경우에 발생한다.

② 휨균열로 인해서 단면이 줄어들어 전단저항능력이 복부전단균열이 일어날 때보다 떨어진다.

③ 휨전단균열 전단강도 식

$$v_{cr} = 0.16\sqrt{f_{ck}} + \left(17.6\,\frac{\rho\,Vd}{M}\right) \le 0.29\sqrt{f_{ck}} \,,\, v_{cr} \fallingdotseq 0.16\sqrt{f_{ck}}$$

6) 복부전단균열(web-shear crack)

복부의 두께가 얇은 I형 단면에 주로 나타난다. 하중이 작용하면 단면의 도심에 큰 전단응력이 작용하여 복부 중간에서 45° 방향으로 복부전단 균열이 발생한다.

① 주로 V가 크고 M이 작은 경우로 지점부에서 많이 발생한다.

② 전단응력이 콘크리트 인장강도보다 작은 것은 2축 응력으로 작용하기 때문이다.

③ 복부 전단균열이 발생한 후에는 인장철근의 부착파괴가 이어지는 것이 보통이다.

$$v_{cr} = 0.29\sqrt{f_{ck}} \ \text{(실험식)}$$

④ 휨전단균열을 일으키는 전단력이 복부전단균열을 일으키는 전단력보다 작기 때문에 항상 휨전단균열이 먼저 발생하는 것은 아니다. 휨전단균열이 발생하는 경우 전단력의 크기가 그렇다는 의미이며, 어떤 전단균열이 발생하느냐는 전단력뿐만 아니라 모멘트의 크기도 중요하다.

2. 전단스팬비(a/d)에 따른 전단거동 78회/79회/81회/91회/98회/102회

【 기출유형 ① 】 RC보의 전단지간/유효깊이 비(a/d)에 따른 파괴거동
【 기출유형 ② 】 스트럽이 배치되지 않은 RC부재의 전단거동(Beam Action과 Arch Action)
【 기출유형 ③ 】 RC보에서 전단파괴 형태를 그림으로 설명하고 수정압축장 이론에 대해 설명

보는 하중위치와 보의 높이 간의 비(전단스팬비 a/d)에 따라 보의 파괴형태가 달라진다. 보의 파괴거동은 전단스팬비에 따라서 Deep beam, Short beam, Usual beam, Long beam으로 구분되며, 각각의 거동 및 파괴특성이 달라진다.

일반적으로 전단지간이 작은 보에서는 Arch Action으로 인해서 그 특성이 달라지게 된다.

1) 전단지간비

전단력과 모멘트 간의 비로서 유도된다.

$$v = k_1\frac{V}{bd}, \quad f = k_2\frac{M}{bd^2} = k_2\frac{Va}{bd^2}, \quad a = \frac{M}{V}, \quad \frac{f}{v} \approx \frac{a}{d}$$

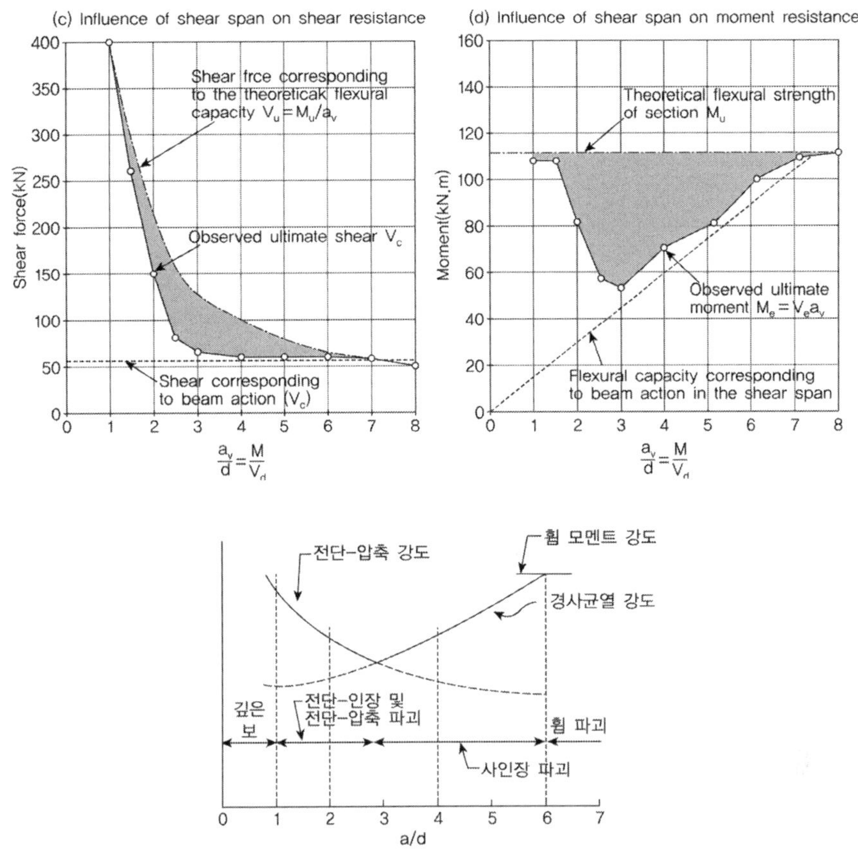

2) 전단지간비(a/d)에 따른 파괴거동

① $a/d < 1$ (Deep Beam, Arch Action) : Strut Tie Model 해석, 전단마찰 해석

(1) 보의 강도가 전단력에 의해 지배되며 수직에 가까운 균열이 발생된다.

(2) 전단 균열 발생 후 타이드 아치와 같이 거동한다.

(3) 하중점과 받침부 사이에 형성되는 압축대에 의해 직접전단이 발생하므로 사인장 균열은 발생하지 않으며 전단강도가 매우 높게 나타난다. 이러한 상태에서의 파괴는 단부 콘크리트의 마찰저항이 작은 경우에는 쪼갬파괴가 되고 그렇지 않은 경우에는 받침부에서의 압축파괴가 나타난다.

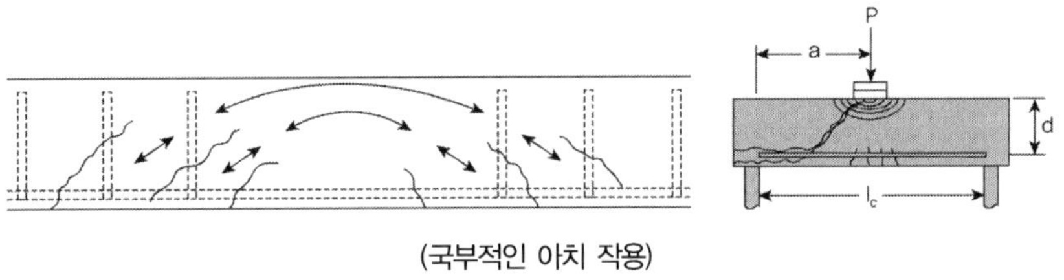

(국부적인 아치 작용)

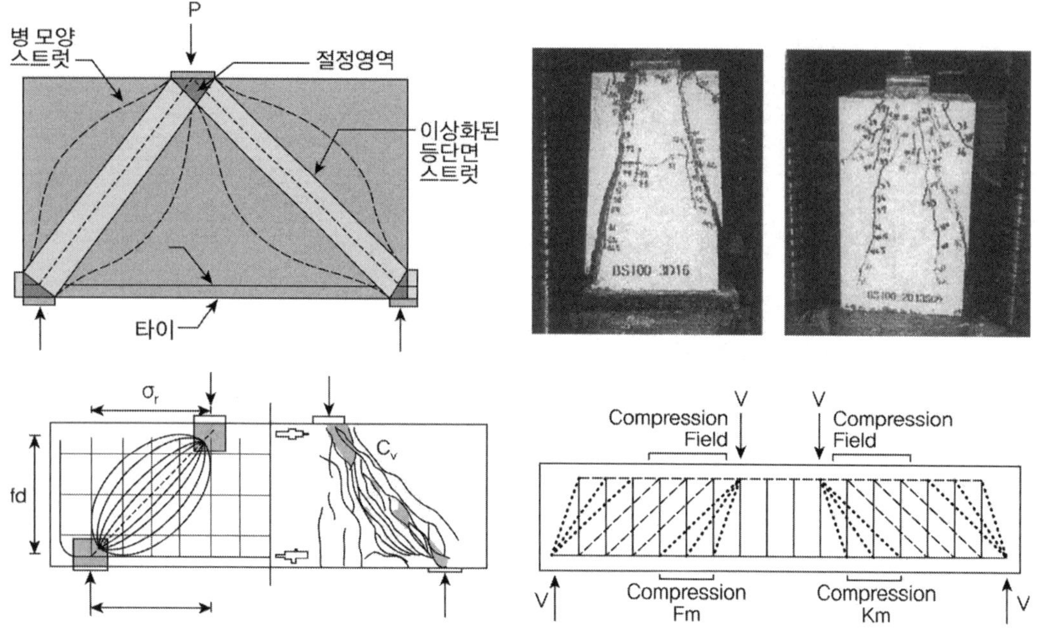

② $a/d = 1 \sim 2.5$(Short Beam) : 전단강도 ≥ 사인장강도

  (1) 보의 전단강도가 사인장강도보다 커서 전단 압축(인장)파괴가 발생된다.

  (2) 파괴형태가 압축 분쇄파괴 형태로 발생한다.

  (3) 균열은 보 경간의 중간부분에서 약간의 휨균열이 발생하며 받침부 부분에서 콘크리트와 주
    근의 부착파괴에 의해 휨균열은 멈춘다. 그 후 사인장 균열보다 가파른 균열이 갑자기 발
    생하고 중립축을 향해 진행된다. 이때 하중점 부근에는 집중하중에 의한 압축파괴가 동반
    되어 갑작스럽게 파괴된다.

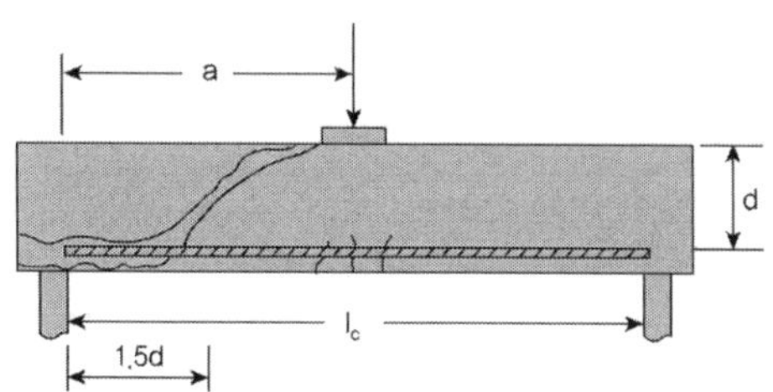

③ $a/d = 2.5 \sim 6.0$(Usual Beam) : 전단강도 ≒ 사인장강도

  (1) 보의 전단강도가 사인장강도와 동일하여 사인장 파괴가 발생된다.

  (2) 휨전단 균열강도($v_{cr} = 0.16\sqrt{f_{ck}}$)가 복부전단 균열강도($v_{cr} = 0.29\sqrt{f_{ck}}$)보다 작아서
    휨전단 균열이 먼저 발생되며 이후 복부전단 균열과 함께 발생되어 사인장 파괴에 이른다.

(3) 외력이 증가함에 따라 사인장 균열의 폭은 넓어지고 상부 압축부까지 진행된다. 사인장 균열은 일반적으로 단부 가까이에서 발생한 휨균열로 시작되어 중립축 부분에서는 45° 가까운 경사로 진행되고 압축영역에 들어서면 압축응력의 저항을 받아 거의 평탄한 진행을 보이면서 파괴된다.

(4) 중앙부의 휨균열은 중립축까지는 진행되지 않으며 파괴 시 비교적 작은 처짐이 발생한다.

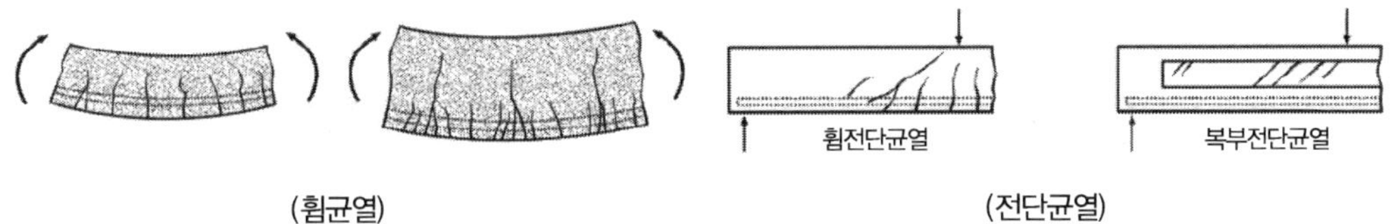

④ $a/d > 6.0$(Long Beam) : 휨강도에 지배

(1) 전단보다는 휨강도에 지배되어 휨파괴가 발생된다.

(2) 균열은 보 경간의 중간부터 2/3 정도의 주응력 선의 직각방향으로 발생하며 파괴형태는 매우 미세한 균열이 휨강도 50% 정도에서 보경간의 중간지점에서 발생, 외력이 증가함에 따라 휨균열은 경간 중앙에서 바깥쪽으로 점점 진전한다.

(3) 초기균열은 중립축 이상으로 깊어지고 넓어지며 보의 처짐은 증가되며 연성적인 거동을 한다.

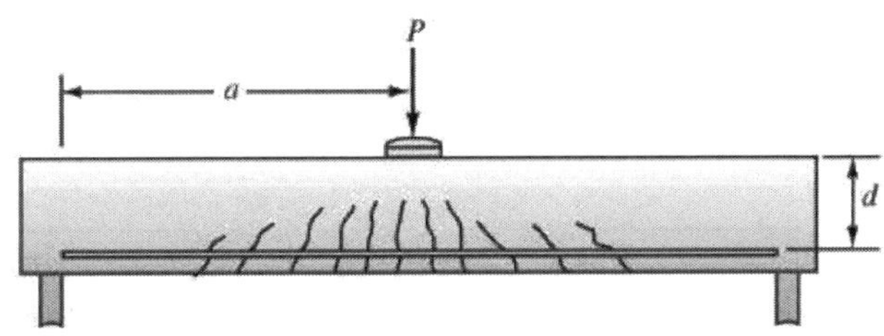

3) 전단 위험단면 선정 ^{건축90회}

【 기출유형 ① 】 하중조건과 받침부 조건시 RC보 전단 위험단면

① 사인장 균열은 휨전단 균열강도($v_{cr} = 0.16 \sqrt{f_{ck}}$)가 복부전단 균열강도($v_{cr} = 0.29 \sqrt{f_{ck}}$)보다 작아서 휨전단 균열이 먼저 발생되며, 휨전단 균열이 발생하는 조건은 전단균열이 수직으로 발생되는 Deep Beam 거동조건(a/d=1)을 제외한 지점에서 발생하므로 전단에 대한 위험단면의 선정을 RC보에서는 d만큼 떨어진 지점을 위험단면으로 선정하였다.

② 구조해석에서 보의 전단력의 크기를 계산해서 이를 근거로 설계를 수행하게 된다. 이때 설계의 기준이 되는 위치, 즉 최대 전단력을 계산하는 위치를 전단에 대한 위험단면(Critical section)이라고 한다. 받침부로부터 수직 압축력이 보의 단부로 전달되는 일반적인 경우에서

는 보의 단부에서의 사인장 균열의 발생이 억제된다. 따라서 받침부 쪽에서 전단력이 더 크더라도 이를 무시하고 받침부에서 d만큼 떨어진 위치의 전단력을 최대로 보고 설계한다. 즉 위험단면에 받침부의 전면에서부터 유효깊이 d만큼 떨어진 위치가 되는 것이다. 받침부 전면에서 d 위치 사이에서의 전단력은 d위치에서의 전단력과 같다고 본다.

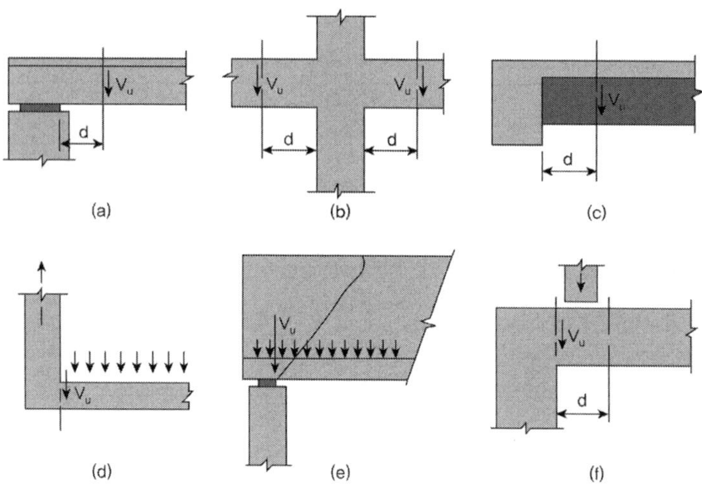

③ 지점부에 압축이 아니라 인장이 작용하거나(그림 (d)), 지점부 가까이 집중하중이 작용하는 경우(그림 (e), (f))에는 받침부의 전면을 위험단면으로 설정해서 설계수행하여야 한다.

1. 해석모델

1) 트러스 모델

콘크리트와 강재가 트러스를 구성하여 콘크리트가 압축력을 받는 상현재와 경사재의 역할을 하고 강재가 인장력을 받는 수직재와 하연재의 역할을 한다. 하현재로 배치된 강재는 휨모멘트를 저항하도록 배치된 철근이나 프리스트레싱 강재가 그 역할을 하고 수직재로 배치된 강재는 전단력을 저항하도록 배치된 철근이 그 역할을 한다. 전단철근은 전단력에 저항하는 역할 외에도 다음과 같은 추가의 기능을 발휘한다.

① 전단력에 저항하여 콘크리트 부재의 전단강도를 증가시킨다.

② 콘크리트에 사인장 균열이 진전될 때 균열폭의 증가를 억제하고 골재 맞물림 작용에 의한 균열면의 전단강도를 증가시킨다.

③ 인장 주철근을 감싸서 인장 주철근과 인장연단의 콘크리트 피복에 의하여 전단력을 장부작용(dowel action)의 성능을 증가시킨다.

④ 폐합된 형태의 전단철근은 피복을 제외한 단면 내부의 콘크리트를 감싸서 압축응력을 받는 부분의 콘크리트 압축강도를 증가시키는 횡구속 효과를 제공한다.

2) 45° 트러스 모델

균질한 재료의 부재에 휨모멘트가 작용하지 않은 상태에서 전단력만 작용하면 주응력은 부재 축에 45°의 각도로 작용한다. 국내 설계기준(2017 콘크리트 구조기준, 2022 KDS 14 20 콘크리트 구조기준)과 ACI 318에서는 이 모델을 채택해 적용하고 있다. 그러나 실제 콘크리트 부재에 작용하는 주응력과 균열의 각도는 45°보다 작은 것이 일반적이므로 45° 트러스 모델은 실제의 전단강도를 과소평가하여 실험으로 구한 값보다 작은 값의 전단강도가 계산된다. 따라서 설계기준에서는 이 차이를 콘크리트가 부담하는 전단강도의 항으로 추가하여 콘크리트가 부담하는 전단강도와 전단철근이 부담하는 전단강도의 합으로 부재의 전단강도를 결정한다.

> **TIP** | 트러스 모델의 해석방법 |
>
> 1. 경사 전단철근 배치된 경우
> 인장력 T와 압축력 C 사이의 거리를 jd(=z)이라고 하면, 균열면 내에 배치된 전단철근의 수 n은
> $$n = \frac{jd(\cot\theta + \cot\alpha)}{s}$$
> 전단철근에 작용하는 인장력에 의하여 전단철근의 배치방향으로 균열면에 작용하는 평균응력 v_{scm}과 경사진 균열면의 길이 $jd/\sin\theta$로부터

$$v_{scm} = \frac{nA_v f_v}{b_w(jd/\sin\theta)} = \frac{jd(\cot\theta+\cot\alpha)A_v f_v}{sb_w(jd/\sin\theta)} = \frac{A_v f_v(\cot\theta+\cot\alpha)\sin\theta}{b_w s}$$

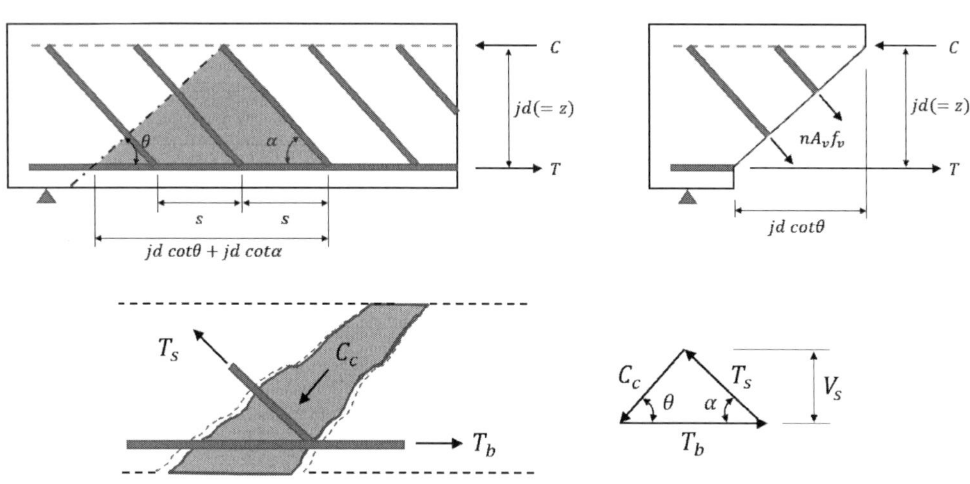

경사진 전단철근의 인장력 T_s, 콘크리트 스트럿 압축력 C_c, 주철근의 인장력 T_b로부터

$$V_s = T_s\sin\alpha = A_v f_v\sin\alpha \qquad \therefore A_v f_v = \frac{V_s}{\sin\alpha}$$

n=1일 때, $s = jd(\cot\theta+\cot\alpha)$ 이며, 전단력의 인장력을 전단철근의 간격으로 나누면 단위길이당 인장력이므로

$$\frac{A_v f_v}{s} = \frac{V_s}{\sin\alpha(jd)(\cot\theta+\cot\alpha)} \qquad \therefore V_s = \frac{A_v f_v}{s}(\cot\theta+\cot\alpha)\sin\alpha(jd)$$

유효깊이 jd가 d와 같고, 균열의 각도가 45°이면

$$V_s = \frac{A_v f_v d}{s}(1+\cot\alpha)\sin\alpha = \frac{A_v f_v d}{s}(\sin\alpha+\cos\alpha)$$

2. 수직 전단철근 배치된 경우

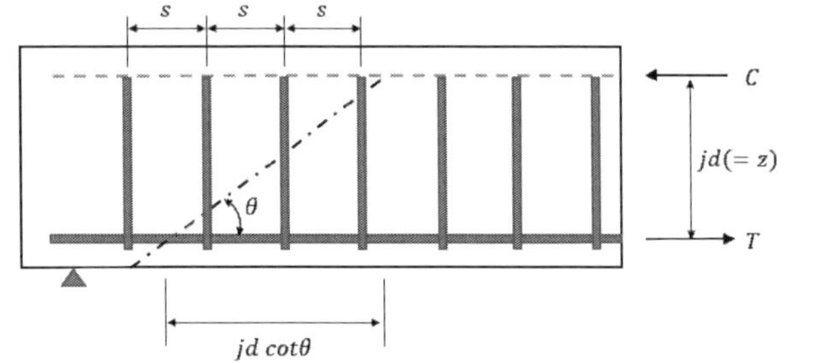

전단철근이 수직으로 배치되면 α가 90°이므로

$$V_s = \frac{A_v f_v (jd)}{s} \cot\theta$$

유효깊이 jd가 d와 같고, 균열의 각도가 45°이면

$$V_s = \frac{A_v f_v d}{s}$$

3) 변각 트러스 모델(variable angle truss model)

실제 콘크리트에서는 탄성계수가 매우 큰 철근을 보강하므로 철근이 배치된 방향으로 강성이 증가한다. 만일 휨철근이 전단철근보다 상대적으로 많은 양이 배치되면 균열의 각도는 작아지고 전단철근이 휨철근보다 많으면 균열의 각도는 커지게 된다. 따라서 전단력만 작용하는 경우도 주응력 각도가 항상 45°라고 할 수 없는데 이는 휨모멘트도 같이 작용하기 때문이다. 콘크리트 부재를 트러스로 이상화하면 위치와 조건에 따라 각기 다른 각도를 가진 변각트러스 모델로 이상화할 수 있다. 그러나 이는 해석과 설계가 복잡해지므로 하나의 대푯값의 각도로 트러스를 모델링하는 것이 간편하다.

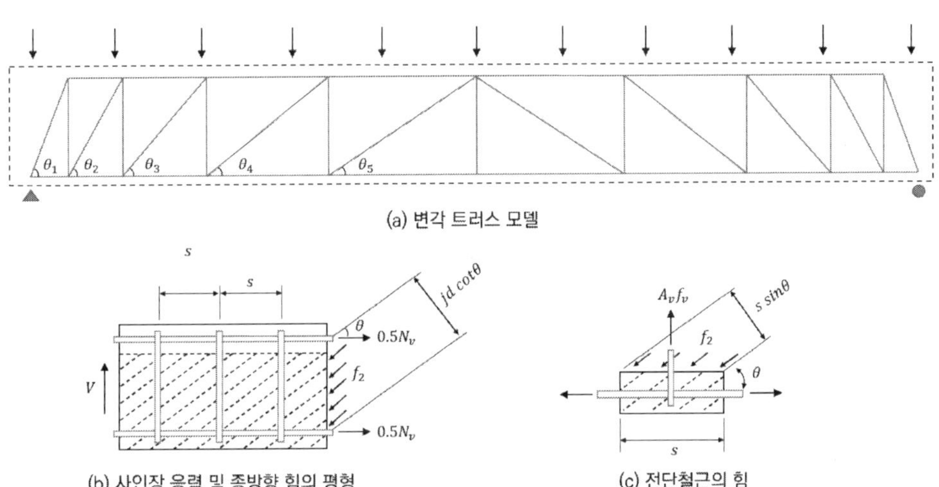

(a) 변각 트러스 모델

(b) 사인장 응력 및 종방향 힘의 평형

(c) 전단철근의 힘

힘의 평형관계로부터

$$\sum F_y = 0 \; ; \; V = f_2 (b_w jd \cos\theta)\sin\theta \qquad \therefore f_2 = \frac{V}{b_w jd} \frac{1}{\sin\theta\cos\theta} = \frac{V}{b_w jd}(\tan\theta + \cot\theta)$$

$$\sum F_x = 0 \; ; \; N_v = f_2 (b_w jd \cos\theta)\cos\theta$$

$$\therefore N_v = V\cos^2\theta\left(\frac{\sin\theta}{\cos\theta} + \frac{\cos\theta}{\sin\theta}\right) = V\left(\sin\theta\cos\theta + \frac{\cos\theta}{\sin\theta}(1 - \sin^2\theta)\right) = V\cot\theta$$

여기서 인장력 N_v는 트러스 모델의 상·하현재에 1/2씩 작용한다고 가정하므로 휨모멘트에 의한 인장철근의 인장력이 전단작용으로 $0.5N_v$인 $V\cot\theta$만큼 감소한다.

전단위험단면(Shear critical section)에서 지점으로 갈수록 전단력에 의한 인장력이 감소한다. 연속부재의 지점에서 전단위험단면 사이의 균열 형상이 부챗살 상태로 전단위험단면에서 지점으로 갈수록 균열의 각도가 커지는데 이는 전단력에 의한 인장력 $0.5N_v$는 $\cot\theta$와 비례하므로 전단위험단면에서 지점으로 갈수록 θ가 90°에 가까워져 $N_v \to 0$이 된다.

4) 소성 변각 트러스 모델

전단철근이 항복하는 경우 f_v는 f_y로 상수화시키고 연립방정식의 해를 구할 수 있다. 재료조건에 의해 영향을 받는 사인장 균열 각도 θ를 예측하기 위해 소성트러스 이론(plasticity truss theory)을 적용한다. 소성트러스 이론은 부재가 파괴에 도달했을 때 재료가 소성상태에 도달한다고 가정한다. 즉 전단철근과 콘크리트가 모두 소성상태로 각각의 최대 응력에 도달한다고 가정하여 균열의 각도를 산정한다. Eurocode 2, KDS 24 14 21 콘크리트교 설계기준(한계상태설계법) 등이 이 전단설계모델을 채택하고 있다.

5) 수정 압축장 모델(modified compression field theory)

45° 트러스 모델과 소성 변각 트러스 모델은 힘의 평형조건으로 전단력을 간편하게 계산한다. 그러나 균열각도를 45°로 가정하고 콘크리트 인장강도를 고려하지 않아서 실제 전단강도를 과소평가하는 경향이 있다. 소성 변각트러스 모델은 균열의 각도를 구하기는 하지만 콘크리트의 인장강도를 고려하지 않고 단순화한 것이다. 콘크리트 부재의 전단거동을 역학적으로 설명하기 위해서는 힘의 평형뿐 아니라 변형률 적합조건과 재료의 응력-변형률 관계를 고려해야 한다. 수정 압축장 이론은 이러한 관계를 고려해 제안된 이론으로 설계에 이용하기 위해서 단순화된 모델이 제안되었다. 부재에 발생하는 축방향 변형률을 구하고 이에 따라 균열의 각도와 전단강도를 구하는 방식이다. 캐나다 CSA-A23.3, CSA-S6과 미국의 AASHTO-LRFD 등 교량설계기준에 수정 압축장 모델이 전단설계 모델로 채택되어 있다.

모델	균열(스트럿) 각도	평형 조건	적합 조건	콘크리트 인장	적용 설계기준
45° 트러스 모델	$\theta = 45°$	반영	무시	무시	KDS 14 20 콘크리트구조 설계기준 2017 콘크리트 구조기준, ACI 318
소성 변각 트러스 모델	$22° \leq \theta \leq 45°$	반영	무시	무시	KDS 24 14 21 콘크리트교 설계기준 (한계상태설계법), Eurocode 2
수정 압축장 모델	$27.6° \leq \theta \leq 50°$	반영	반영	반영	캐나다 설계기준 미국 AASHTO-LRFD

수정 압축장 이론은 Mitchell과 Collins가 제안한 압축장 이론을 수정한 이론이다. 강구조 I형 플레이트 거더의 후좌굴 거동을 설명하면서 제시된 인장장(tension field) 이론과 유사 개념 이론으로 I형 플레이트 거더의 얇은 복부판에 인장 응력장이 나타내는데 중간 수직보강재 사이의 복부판이 주 압축응력의 작용으로 좌굴된 후 인장장이 형성되어 인장응력만으로 추가의 하중에 저항한다는 개념이다.

1. 압축장 이론(compression field theory)

   압축장 이론은 인장장 이론과 반대로 압축 응력만으로 하중에 저항한다. 철근 콘크리트 부재에 사인장 균열이 발생한 후에는 균열에 평행한 방향으로 압축 응력장이 형성되어 트러스 작용으로 하중에 저항한다고 가정한다.

2. 수정 압축장 이론(modified compression field theory)

   압축장 이론의 가정에 균열면의 직각 방향으로 콘크리트가 인장응력에 저항한다는 개념을 추가한 트러스 모델 개념이다. 사인장 균열이 발생한 콘크리트 스트럿에서 압축응력의 직각방향으로 작용하는 인장응력 f_1을 콘크리트가 저항한다고 가정한다. 모어원을 통해 축방향과 직각방향 응력, 전단력에 따라 스트럿의 경사각 θ가 결정되고 주인장응력 f_1, 주압축응력 f_2가 결정되고, 부재단면의 전단강도가 결정된다. 응력의 관계는 변형률의 관계로 변환될 수 있으며 변형률 ϵ_x, ϵ_y, γ_{xy}는 축방향 철근과 횡방향 철근에 따라 각 방향으로 강성에 영향을 받고 따라서 변형률 ϵ_1, ϵ_2도 영향을 받게 된다.

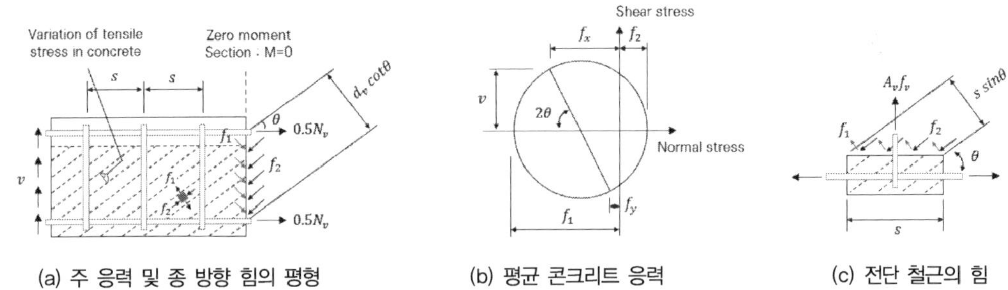

(a) 주 응력 및 종 방향 힘의 평형   (b) 평균 콘크리트 응력   (c) 전단 철근의 힘

2. 45도 트러스 모델의 전단저항 메커니즘 ^{95회/108회}

1) 전단 보강이 없는 경우 사인장 균열은 매우 취성적인 파괴를 가져온다. 따라서 일부의 경우를 제외하고는 최소전단철근을 배근하여야 한다. 경간에 비해 보의 깊이가 큰 깊은 보(Deep Beam)에서는 갑작스런 파괴가 일어나지 않는다.

2) 하중에 의해 전단균열이 발생하면 전단력은 크게 네 가지 내부저항력과 평형을 이룬다.

   ① 균열이 생기지 않은 콘크리트가 분담하는 전단력(V_{cz})

   ② 균열이 생긴 콘크리트 단면에서의 골재의 맞물림(aggregate interlocking : 골재연동)에 의한 전단저항(V_{iy})

   ③ 휨철근의 다웰작용(dowel action)에 의한 전단저항(V_d)

   ④ 전단철근에 의한 전단저항(V_s)

$$V_{int} = V_{cz} + V_d + V_{iy} + V_s, \quad V_{ext} = V_{int}$$

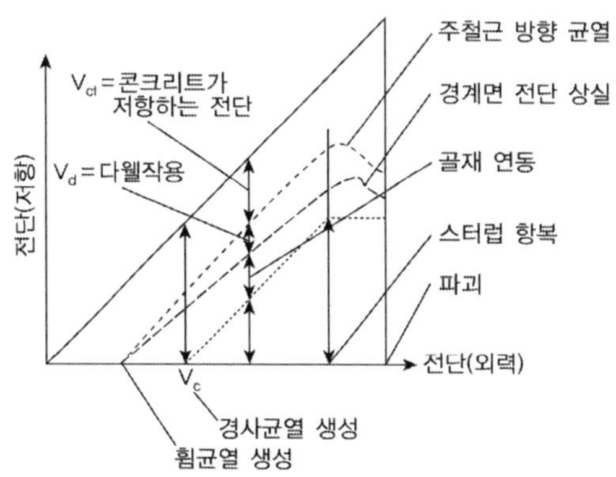

   ⑤ 사인장 균열 발생 이전 콘크리트만 전단력 부담 → 사인장 균열 발생 이후 콘크리트 인장철근 Dowel action, 맞물림 분담력은 일정, 전단철근 부담력은 직선적으로 증가 → 전단철근 항복하면 V_d, V_{iy}는 급격히 떨어지나 V_{cz}, V_s는 일정하게 유지 → 균열이 보 전체에 이르면 스트럽이 항복하고 V_d, $V_{iy} = 0$, V_{cz}와 V_s로 설계한다.

3) 전단철근(Shear reinforcement, 복부철근 web reinforcement)은 시공의 편의성 때문에 수직스트럽을 가장 많이 사용하며 전단균열이 발생한 후에 전단에 저항한다. 주로 D10~D16철근을 사용한다.

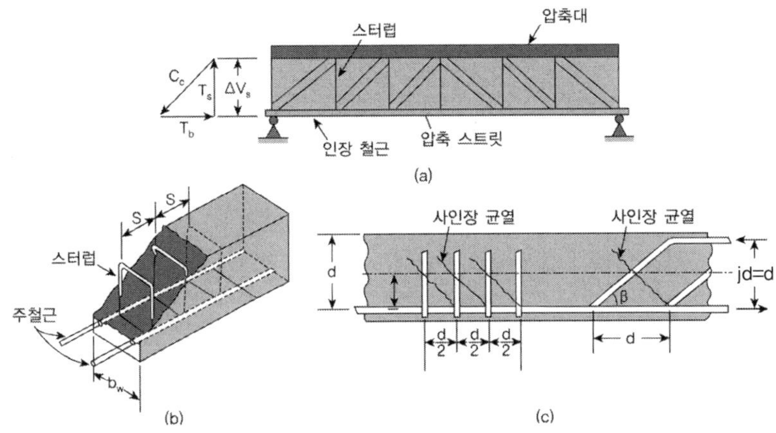

참고자료

높이가 변하는 보의 전단설계

1. 보의 상하면이 이루는 각이 10~15°의 범위에서 모멘트에 미치는 영향은 크지 않으나 전단에 미치는 영향은 상대적으로 크다.
2. 통상 10°에 대해 30% 정도의 전단 증감이 발생한다.
3. α와 β의 합의 30° 이내에서는 계수 전단강도를 다음의 값을 사용할 수 있다.

$$V_1 = V_u - \frac{M_u}{d}(\tan\alpha + \tan\beta)$$

V_u, M_u : 단면의 계수 전단력과 모멘트

α, β : 상하면의 기울기

M_u의 절댓값이 증가하면서 d가 증가하면 (+)

M_u의 절댓값이 증가하면서 d가 감소하면 (−)

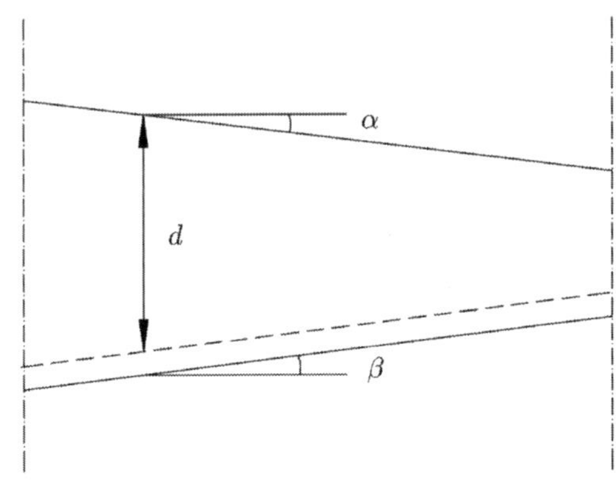

3. 콘크리트의 전단강도

콘크리트의 공칭전단강도 V_c를 결정할 때에는 V_{cz}(비균열 콘크리트 분담), V_{iy}(골재 맞물림 저항), V_d(휨철근 다웰작용)의 크기를 계산하고 합산하는 방식은 현실적으로 어렵기 때문에 시험결과를 통해 하나의 수식으로 사용하고 있다. KDS 14 20 설계기준에서는 축력의 발생 여부에 따라서 엄밀식과 간편식으로 구분해 산정할 수 있도록 규정하고 있다.

1) KDS 14 20 콘크리트구조 설계기준(강도설계법)에 따른 콘크리트 전단강도

조건	엄밀식	단순식
휨모멘트만 작용하는 경우	다음의 식 중 작은 값 ① $V_c = \left(0.16\lambda\sqrt{f_{ck}} + 17.6\rho_w \dfrac{V_u d}{M_u}\right) b_w d$ ② $V_c = 0.29\lambda\sqrt{f_{ck}}\, b_w d$ 여기서 $\dfrac{V_u d}{M_u} \leq 1.0$	$V_c = \dfrac{1}{6}\lambda\sqrt{f_{ck}}\, b_w d$
휨모멘트와 축압축력이 작용하는 경우	다음의 식 중 작은 값 ① $V_c = \left(0.16\lambda\sqrt{f_{ck}} + 17.6\rho_w \dfrac{V_u d}{M_m}\right) b_w d$ ② $V_c = 0.29\lambda\sqrt{f_{ck}}\, b_w d\sqrt{1 + \dfrac{N_u}{3.5A_g}}$ 여기서 $M_m = M_u - N_u\left(\dfrac{4h-d}{8}\right),\ N_u \geq 0$	$V_c = \dfrac{1}{6}\lambda\sqrt{f_{ck}}\left(1 + \dfrac{N_u}{14A_g}\right) b_w d$
휨모멘트와 축인장력이 작용하는 경우	$V_c = \dfrac{1}{6}\lambda\sqrt{f_{ck}}\left(1 + \dfrac{N_u}{3.5A_g}\right) b_w d$ 여기서 $N_u \leq 0$	$V_c = 0$

4. 전단철근의 전단강도

KDS 14 20 콘크리트구조 설계기준(강도설계법)에서는 45° 트러스모델에서 균열 각도 θ를 45°로 가정하여 부재의 축과 α의 각도를 갖는 경사전단철근에 의한 공칭전단강도 V_s를 다음과 같이 규정한다.

$$V_s = \frac{A_v f_{yt} d}{s}(\sin\alpha + \cos\alpha)$$

전단철근이 수직으로 배치된 경우($\alpha = 90°$)

$$V_s = \frac{A_v f_{yt} d}{s}$$

KDS 14 20 기준은 전단철근에 대하여 500MPa, 용접 이형철망에 대하여 600MPa를 최대 설계기준항복강도로 규정하고 있다.

1) 최소 전단철근

계수전단력 V_u 가 콘크리트 $\frac{1}{2}\phi V_c$ 초과하는 경우에는 최소 전단철근을 배치하여야 한다.

$$A_{v.\min} = 0.0625 \frac{\sqrt{f_{ck}}}{f_y} b_w s \geq 0.35 \frac{b_w s}{f_y}$$

2) 최대 전단철근

전단철근이 부담하는 공칭단면력이 다음값을 초과하지 않도록 최대 전단철근량을 제한한다. 최대 전단철근량을 고려한 최대 계수전단력 $V_{u,\max}$ 이 계수전단력 V_u 보다 클 경우에는 주어진 단면이 너무 작은 상태이므로 부재의 단면을 증가시켜야 한다.

$$V_{s,\max} = 0.2\left(1 - \frac{f_{ck}}{250}\right) f_{ck} b_w d$$

$$V_{u,\max} = \phi(V_c + V_{s,\max}) = \phi\left[\left(\frac{1}{6}\lambda\sqrt{f_{ck}} + 0.2\left(1 - \frac{f_{ck}}{250}\right)f_{ck}\right] b_w d \leq V_u$$

TIP |최소 전단철근 배치 예외규정 |

폭이 넓고 깊이가 낮은 부재는 1/2로 강도를 감소시켜서 최소전단보강철근의 배치를 할 필요없이 단면의 모든 전단강도가 유효하다고 보아 판별하도록 하였다. 실험에 의하면 깊이가 낮은 보에서 휨파괴가 일어나기 이전에 전단파괴는 거의 일어나지 않는다.

『사인장파괴(전단파괴)는 보의 완전한 붕괴로 취성파괴되며 현행기준에서 보의 연성파괴를 유도하기 위해서 전단파괴 이전에 휨에 의해 인장철근이 항복하여 파괴되도록 규정하고 있다. 이를 위해 강도감소계수를 휨에 대해 0.85, 전단에 대해 0.75를 적용하여 전단보다는 휨에 의해 파괴되도록 유도한다.』

① 슬래브와 기초판
② 계수전단력이 $0.5\phi V_{cw}$ 를 초과하지 않는 속빈 단면부재로 순 단면 깊이가 31mm 이하인 경우
③ 작은 크기의 보를 촘촘히 배치하여 일방향 슬래브를 이루는 장선구조(Joist)
④ $h \leq 250\,\text{mm}$ 인 부재
⑤ $h \leq \max[2.5t_f,\ 1/2b_w,\ 600^{mm}]$ 인 플랜지를 가진 보(T형, I형)
⑥ 설계기준압축강도가 40MPa 이하인 강섬유 콘크리트 보로 $h \leq 600\text{mm}$ 이고 $V_u \leq \phi(1/6)\sqrt{f_{ck}}b_w d$
⑦ 휨이 주 거동인 판부재(교대벽체, 날개벽, 옹벽, 암거 등)

5. 전단철근의 간격

전단철근의 설계에서 전단철근의 크기를 먼저 선택 후 소요전단철근량에 따라 간격을 결정하는 과정을 거친다. 이때 대부분의 설계기준에서는 철근 콘크리트 휨부재의 의도하지 않은 취성파괴 방지를 위해 전단철근의 최대간격을 제한하는 규정을 두고 있다. KDS 14 20 콘크리트구조 설계기준(강도설계법)에서는 45° 각도의 균열이 발생한다고 가정하기 때문에 설계기준에서는 균열면에서 하나 이상의 전단철근이 존재하도록 d/2를 기본적인 최대허용간격으로 규정하고 몇 가지 규정을 추가하고 있다. 반면 KDS 24 14 21 콘크리트교 설계기준(한계상태설계법)에서는 균열의 각도가 45°보다 작은 경우로 전단철근의 간격이 d/2를 초과하더라도 최소한 하나의 전단철근이 전단균열을 가로지르게 된다. 따라서 소성 변각트러스 모델을 전단설계모델로 채택한 설계기준에서는 0.75d를 기본적인 최대허용간격으로 규정하고 있다.

1) KDS 14 20 강도설계법에 따른 간격 결정

계수전단력 V_u가 콘크리트에 의한 설계전단강도 ϕV_c보다 클 때에는 콘크리트 설계강도를 제외한 전단력에 대해 전단철근으로 보강하여야 한다. 이때 전단철근의 간격은 최소 전단철근으로부터 유도된 최대간격 $s_{\max}$ 이하로 설계해야 한다.

$$\phi V_{s,req} = V_u - \phi V_c \quad \therefore \; s_{req} = \frac{\phi A_v f_{yt} d}{V_u - \phi V_c} < s_{\max} = \min\left[\frac{A_v f_{yt}}{0.0625\sqrt{f_{ck}}\,b_w},\; \frac{A_v f_{yt}}{0.35 b_w}\right]$$

조건	전단철근 설계와 간격
$V_u \leq \dfrac{1}{2}\phi V_c$	전단철근이 필요하지 않음
$\dfrac{1}{2}\phi V_c < V_u \leq \phi V_c$	① 최소 전단철근 배치 $A_{v.\min} = 0.0625\dfrac{\sqrt{f_{ck}}}{f_y} b_w s \geq 0.35\dfrac{b_w s}{f_y}$ ② 간격(s) $s \leq s_{\max} = \min\left[\dfrac{d}{2},\; 600mm,\; \dfrac{A_v f_{yt}}{0.0625\sqrt{f_{ck}}\,b_w},\; \dfrac{A_v f_{yt}}{0.35 b_w}\right]$
$\phi V_c < V_u \leq \phi V_{s,\max}$	① 전단철근 $\phi V_{s,req} = V_u - \phi V_c$ ② 간격(s) $s_{req}\left(=\dfrac{\phi A_v f_{yt} d}{V_u - \phi V_c}\right) \leq s \leq s_{\max}$ (1) $\phi V_c < V_u \leq 3(\phi V_c)$인 경우 $s_{\max} = \min\left[\dfrac{d}{2},\; 600mm,\; \dfrac{A_v f_{yt}}{0.0625\sqrt{f_{ck}}\,b_w},\; \dfrac{A_v f_{yt}}{0.35 b_w}\right]$ (2) $3(\phi V_c) < V_u < V_{s,\max}$인 경우 $s_{\max} = \min\left[\dfrac{d}{4},\; 300mm,\; \dfrac{A_v f_{yt}}{0.0625\sqrt{f_{ck}}\,b_w},\; \dfrac{A_v f_{yt}}{0.35 b_w}\right]$
$V_u > \phi V_{s,\max}$	단면의 크기를 증가시켜야 한다.

1. 전단 무보강 부재의 전단강도

전단철근이 보강되지 않은 콘크리트 부재에 휨균열이 발생한 경우에 대해 다음의 경험식을 통해 설계 전단강도 V_{cd}를 결정하도록 규정하고 있다. 이때 V_{cd}는 휨균열이 이미 발생한 상태에서 극한한계상태에 도달할 때 콘크리트에 의해 저항하는 전단력을 의미하며, 최솟값 $V_{cd,\min}$ 이상이어야 한다.

1) 일반 콘크리트

$$V_{cd} = \left[0.85\phi_c\chi\left(\rho f_{ck}\right)^{1/3} + 0.15f_n\right]b_w d \geq V_{cd,\min} = \left(0.035\chi^{3/2}f_{ck}^{1/2} + 0.15f_n\right)b_w d$$

여기서, $\chi = 1 + \sqrt{\dfrac{200}{d}} \leq 2.0$, $\rho = \dfrac{A_s}{b_w d} \leq 2.0$, $f_n = \dfrac{N_u}{A_c} \leq 2.0\phi_c f_{ck}$, $\phi_c = 0.65$

2) 경량 콘크리트

$$V_{cd} = \left[0.70\eta_l\phi_c\chi\left(\rho f_{ck}\right)^{1/3} + 0.15f_n\right]b_w d \geq V_{cd,\min} = \left(0.030\chi^{3/2}f_{ck}^{1/2} + 0.15f_n\right)b_w d$$

여기서, $\eta_l = 0.4 + \dfrac{0.6\gamma_g}{2{,}200}$, γ_g는 절대건조밀도의 상한값

2. 전단 보강 부재의 전단강도

KDS 24 14 21 콘크리트 설계기준(한계상태설계법)에서는 전단철근의 종류에 따라 보강된 부재의 설계전단강도를 다음과 같이 산정한다. 여기서 α는 경사전단철근과 주인장철근 사이의 경사각이고, θ는 복수 스트럿의 경사각으로 $1 \leq \cot\theta \leq 2.5$의 범위에서 선택하여야 한다.

1) 수직스트럽

$$V_{sd} = \frac{\phi_s f_{vy} A_v z}{s}\cot\theta \leq \frac{\nu\phi_c f_{ck} b_w z}{\cot\theta + \tan\theta}$$

여기서, ϕ_s는 철근의 재료저항계수 　　$\phi_s = 0.90$(극한하중조합 I, II, III, IV, V)

f_{vy}=전단철근의 항복강도 　　A_v=전단철근량

z=단면 내부 팔길이, 0.9d 　　s= 전단철근 간격

$$\nu = 0.6\left(1 - \frac{f_{ck}}{250}\right)$$ 콘크리트 압축강도 유효계수

최대 허용 전단철근량　$\dfrac{\phi_s f_y A_{v.\max}}{b_w s} \leq 0.5\nu\phi_c f_{ck}$

2) 경사스트럽

$$V_{sd} = \frac{\phi_s f_{vy} A_v z}{s}(\cot\theta + \cot\alpha)\sin\alpha \leq \nu\phi_c f_{ck} b_w z\frac{\cot\theta + \cot\alpha}{1 + \cot^2\theta}$$

최대 허용 전단철근량　$\dfrac{\phi_s f_y A_{v.\max}}{b_w s} \leq 0.5\nu\phi_c f_{ck}\dfrac{\sin\alpha}{1 - \cos\alpha}$

3) 최소 전단철근량　$\rho_v = \dfrac{A_s}{sb_w\sin\alpha} \geq \rho_{v,\min} = \dfrac{0.08\sqrt{f_{ck}}}{f_{vy}}$　$\therefore s_{\max} = \dfrac{A_v}{\rho_{v,\min}b_w\sin\alpha} \leq 600\text{mm}$

전단설계 : 강도설계법, 한계상태설계법

T형 연속보의 외측경간(받침부 내면 사이의 순경간 12m)에 대한 극한전단력이 아래와 같을 때 SD400의 D13철근을 U형 수직전단철근을 사용하여 각각의 기준에 따라 전단설계를 수행하시오. 콘크리트 설계기준 압축강도 f_{ck} =30MPa, 복부폭 b_w =420mm, 유효깊이 d=800mm이다.
1) KDS 14 20 콘크리트구조 설계기준(강도설계법)
2) KDS 24 14 21 콘크리트교 설계기준(한계상태설계법)

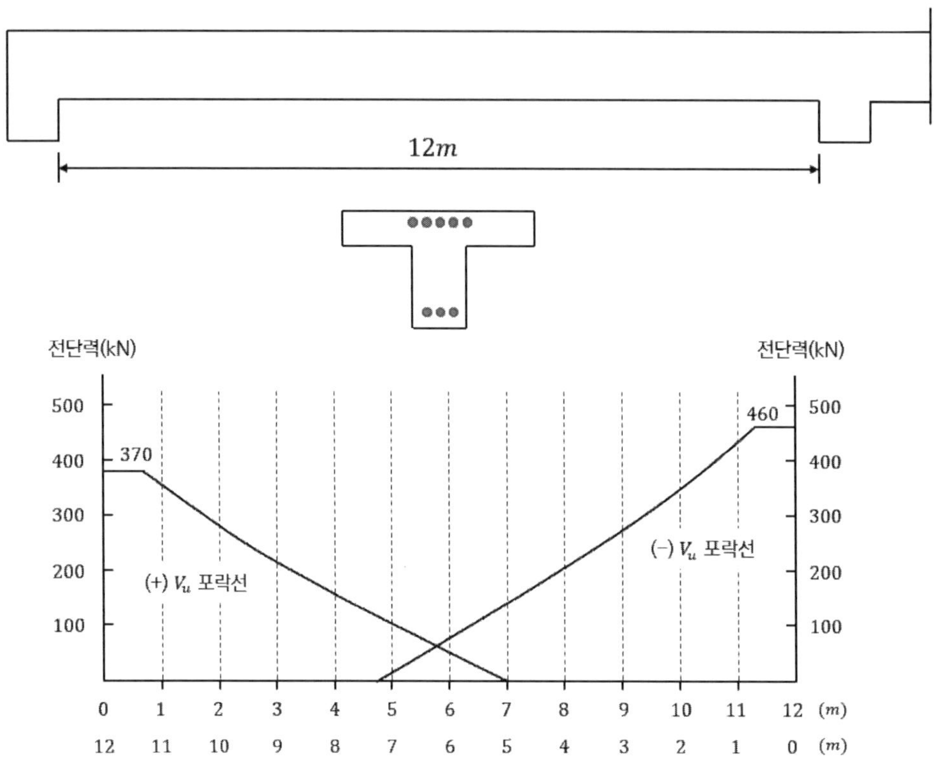

▶ KDS 14 20 강도설계법

극한전단력 포락선에서 오른쪽에 나타낸 첫 번째 경간 첫 내부지점의 위험단면 위치에 최대 전단력 460kN을 기준으로 한다.

$$V_{u,\max} = 460\text{kN}$$

1) 콘크리트 전단강도 산정

간편식을 적용하면,

$$\phi V_c = \frac{1}{6}\phi\lambda\sqrt{f_{ck}}\,b_w d = \frac{1}{6}\times 0.75\times 1.0\sqrt{30}\times 420\times 800\times 10^{-3} = 230\,\text{kN}$$

$$\frac{1}{2}\phi V_c = 115\,\text{kN}, \quad 3(\phi V_c) = 690\text{kN}$$

$$\therefore \ \phi V_c < V_u < 3(\phi V_c)$$

2) 전단철근 및 간격 산정

전단철근 D13 $A_v = 126.7\times 2(\text{leg}) = 253\text{mm}^2, \quad f_{yt} = 400\text{MPa}$

① 최대 전단철근 배치 간격 검토

$$\frac{A_v f_{yt}}{0.0625\sqrt{f_{ck}}\,b_w} = \frac{253\times 400}{0.0625\sqrt{30}\times 420} = 704$$

$$\frac{A_v f_{yt}}{0.35 b_w} = \frac{253\times 400}{0.35\times 320} = 688\text{mm}$$

$$\therefore \ s_{\max} = \min\left[\frac{d}{2}(=400mm),\ \ 600mm,\ \ \frac{A_v f_{yt}}{0.0625\sqrt{f_{ck}}\,b_w},\ \ \frac{A_v f_{yt}}{0.35 b_w}\right] = 400\text{mm}$$

② 소요 전단철근 배치 간격

(1) 경간 왼쪽 외측 지점부

$$\phi V_{s,req} = V_u - \phi V_c = 370 - 230 = 140\,\text{kN}$$

$$s_{req} = \frac{\phi A_v f_{yt} d}{V_u - \phi V_c} = \frac{0.75\times 253\times 400\times 800}{140\times 10^3} = 433\,\text{mm} > s_{\max}$$

∴ 첫 번째 전단철근을 받침부 내면에서 200mm(=400/2) 떨어진 위치에 배치하고 그 다음부터는 400mm 간격으로 $(1/2)\phi V_c$인 위치까지 배근한다.

400mm 간격으로 배치할 때 설계전단강도는

$$\phi V_s = \frac{\phi A_v f_{yt} d}{s} = \frac{0.75\times 253\times 400\times 800}{400}\times 10^{-3} = 152\,\text{kN}$$

$$\therefore \ \phi V_n = \phi V_c + \phi V_s = 230 + 152 = 382\text{kN}$$

200mm 간격으로 배치할 때 설계전단강도는 $\phi V_n = \phi V_c + \phi V_s = 230 + 152\times 2 = 534\text{kN}$

그래프로부터 $(1/2)\phi V_c = 115\,\mathrm{kN}$일 때 위치는 받침부 내면으로부터 4.4m 떨어진 지점이므로, 배치될 전단철근 개수 n은

$$n = \frac{4400 - 200}{400} + 1 = 11.5 \qquad \therefore\ 12개의 전단철근을 4.60\mathrm{m}(=200+11\times400)\ 배치한다.$$

(2) 경간 오른쪽 내측 지점부

$$\phi V_{s,req} = V_u - \phi V_c = 460 - 230 = 230\,\mathrm{kN}$$

$$s_{req} = \frac{\phi A_v f_{yt} d}{V_u - \phi V_c} = \frac{0.75 \times 253 \times 400 \times 800}{230 \times 10^3} = 264\,\mathrm{mm} < s_{\max}$$

∴ 200mm 간격으로 배근한다.

200mm 간격으로 배치할 때 설계전단강도는

$$\phi V_s = \frac{\phi A_v f_{yt} d}{s} = \frac{0.75 \times 253 \times 400 \times 800}{200} \times 10^{-3} = 304\,\mathrm{kN}$$

$$\therefore\ \phi V_n = \phi V_c + \phi V_s = 304 + 152 = 534\,\mathrm{kN}$$

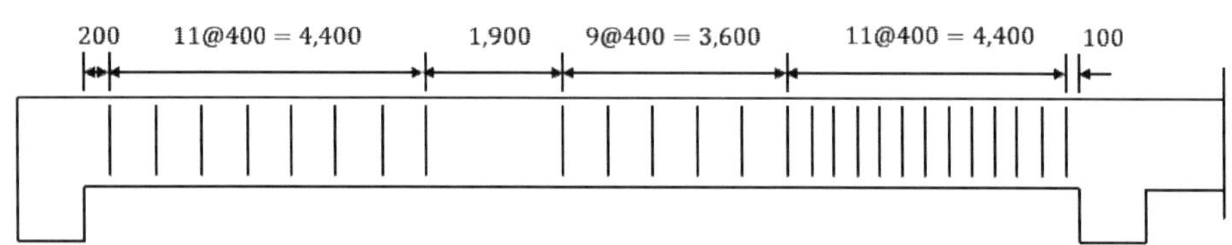

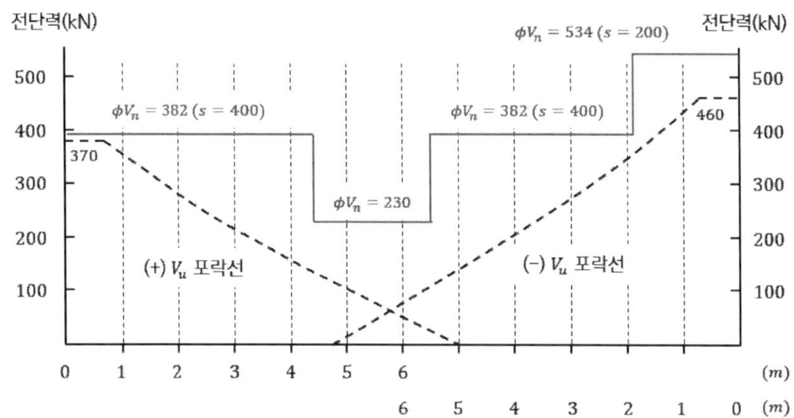

1) 전단철근의 최대 간격

$$\rho_{v,\min} = \frac{0.08\sqrt{f_{ck}}}{f_{vy}} = \frac{0.08\sqrt{30}}{400} = 0.001095$$

$$\therefore s_{\max} = \frac{A_v}{\rho_{v,\min}b_w\sin\alpha} = \frac{253}{0.001095 \times 420} = 550\,\text{mm} < 0.75d(=600\text{mm})$$

2) 스트럿 경사각와 간격 설정

$$\nu = 0.6\left(1 - \frac{f_{ck}}{250}\right) = 0.528, \quad z = 0.9d = 0.9 \times 800 = 720\,\text{mm}$$

오른쪽 최대 전단력을 $V_{d,\max}$ 와 같다고 보면,

$$V_{d,\max} = \frac{\nu\phi_c f_{ck}b_w z}{\cot\theta + \tan\theta} = V_u\,(= 460kN)$$

삼각함수 관계식으로부터 $\dfrac{1}{\cot\theta + \tan\theta} = \dfrac{1}{2}\sin2\theta$ 이므로,

$$\therefore \theta = \frac{1}{2}\sin^{-1}\left(\frac{2V_u}{\nu\phi_c f_{ck}b_w z}\right) = \frac{1}{2}\sin^{-1}\left(\frac{2 \times 460 \times 10^3}{0.528 \times 0.65 \times 30 \times 420 \times 720}\right) = 8.6° < 22°$$

$1 \leq \cot\theta \leq 2.5$ 이어야 하므로 $\theta = 22°$ 로 가정한다.

전단강도 식으로부터

$$V_{sd} = \frac{\phi_s f_{vy} A_v z}{s}\cot\theta$$

$$\therefore s_{req} = \frac{\phi_s f_{vy} A_v z}{V_{u,R}}\cot\theta = \frac{0.9 \times 400 \times 253 \times 720}{460 \times 10^3} \times 2.5 = 356\,\text{mm}$$

U형 수직전단철근을 300mm 간격으로 배치한다고 하면,

$$\cot\theta_d = \sqrt{\frac{\nu\phi_c f_{ck}b_w s}{\phi_s f_{vy} A_v} - 1} = \sqrt{\frac{0.528 \times 0.65 \times 30 \times 420 \times 300}{0.9 \times 400 \times 253} - 1} = 3.64 > 2.5$$

∴ 300mm 간격으로 배치하더라도 스트럿 경사각은 22°로 한다.

3) 전단강도 검토

① s=300mm로 배치할 때 전단강도

$$V_{sd} = \frac{\phi_s f_{vy} A_v z}{s}\cot\theta = \frac{0.9\times400\times253\times720}{300}\times2.5\times10^{-3} = 546\ \text{kN}$$

$$V_{d,\max} = \frac{\nu\phi_c f_{ck} b_w z}{\cot\theta+\tan\theta} = \frac{0.528\times0.65\times30\times420\times720}{2.5+0.4}\times10^{-3} = 1070\ \text{kN} > V_{sd}\ \ \text{O.K}$$

② s=500mm로 배치할 때 전단강도

$$V_{sd} = \frac{\phi_s f_{vy} A_v z}{s}\cot\theta = \frac{0.9\times400\times253\times720}{500}\times2.5\times10^{-3} = 328\ \text{kN} < V_{d,\max}\ \ \text{O.K}$$

4) 전단철근의 배치

주어진 전단력 그래프로부터 500mm로 배치할 때 전단강도 328kN에 해당하는 위치는 1.3m와 2.3m이므로

① 첫 번째 전단철근은 받침부 내면에서 전단철근 간격의 1/2 이하인 위치에 배치(150mm)
② 두 번째 전단철근부터는 300mm 간격으로 배치하되, 왼쪽은 1.3m를 넘도록 5개를 1.65m까지 배치하고, 오른쪽은 마지막 전단철근 위치가 2.3m를 넘도록 9개를 2.85m까지 배치
③ 왼쪽 1.65m부터 오른쪽 2.85m 사이는 500mm 간격으로 15개 배치

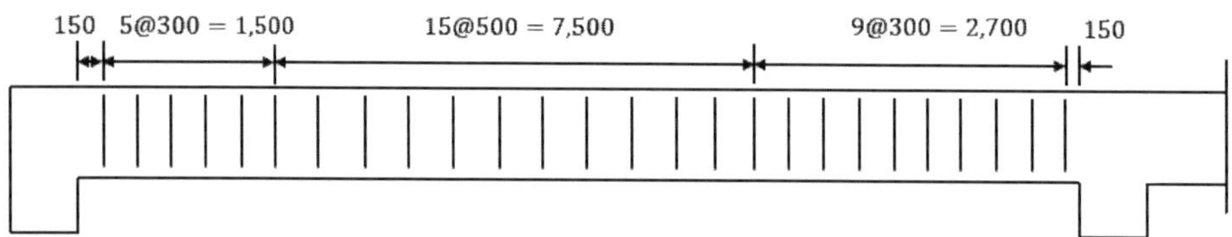

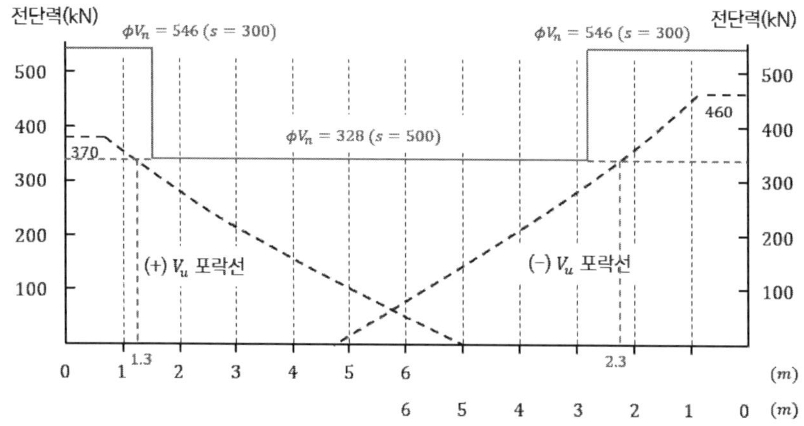

6. Deep Beam ^{66회/68회/74회}

보의 높이가 지간에 비하여 보통의 경우보다 높고, 보의 폭이 지간이나 높이보다 매우 작은 보로 하중은 부재면 내에 작용하고 부재가 평면응력상태에 놓이는 높이가 큰 보를 Deep Beam이라고 한다. 『$l_n/h \leq 4,\ a/h \leq 2$』

1) 깊은 보의 거동은 일반적인 보의 거동과 많이 달라서 전단강도는 일반적인 보에 적용되는 예측치보다 훨씬 크다. 이러한 큰 전단응력 때문에 뒤틀림(Warping)이 발생하며 부재의 단면은 하중이 가해진 후는 더 이상 평면을 유지하지 않는다.

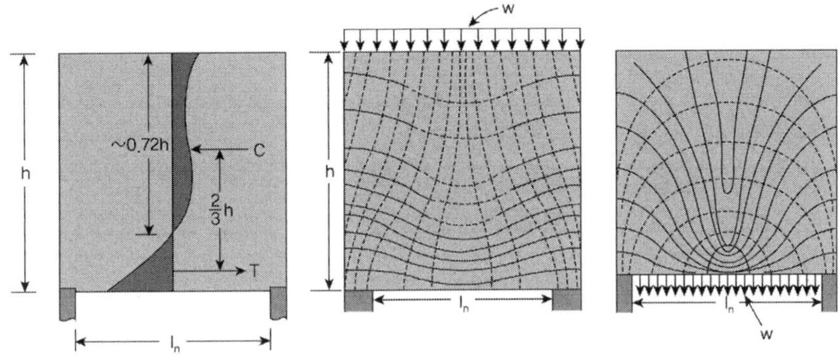

2) 높이가 큰 보의 강도는 전단에 의해 지배된다. 또 그 전단강도는 보통의 식으로 계산되는 값보다 크게 된다. 이것은 파괴 전에 내력의 재분배가 일어나고 균열의 기울기가 45°보다 크고 수직에 가깝게 나타난다. 따라서 높이가 큰 보에서는 수직 스터럽을 배치하는 것 외에 수평 전단철근을 배치하여야 한다.

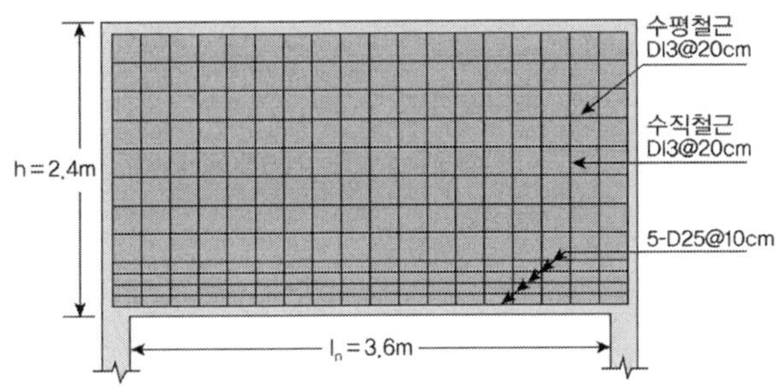

3) 설계 방법은 스터럿 타이 모델 해석(STM)이나 비선형 해석을 이용한다.

집중하중이 지점에 가까운 위치에 작용하는 경우에는 받침점 근처 구간이 깊은 보와 같이 거동하여 다른 구간보다 전단강도가 증가한다. KDS 24 14 21 콘크리트 설계기준(한계상태설계법)과 Eurocode2는 이와 같은 깊은 보 거동구간에 전단강도증진 효과를 고려하여 다음과 같이 전단성능을 검증하거나 STM 모델을 적용하도록 규정하고 있다.

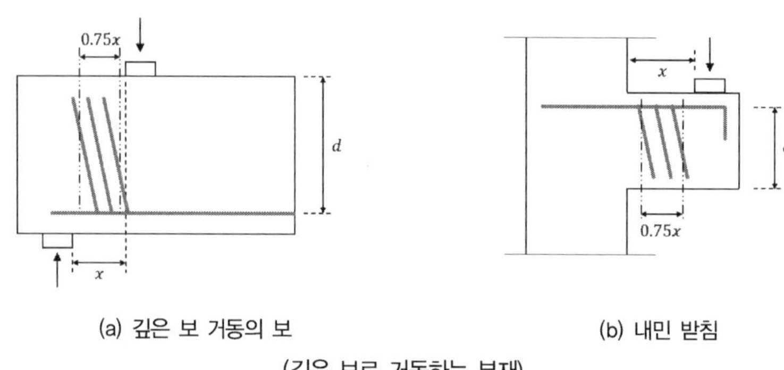

(a) 깊은 보 거동의 보   (b) 내민 받침

(깊은 보로 거동하는 부재)

1. 깊은 보 거동 구간의 전단강도 : 전단철근이 배치되지 않은 경우

 전단철근이 배치되지 않은 경우에는 다음의 증가된 V_{cd}를 설계전단강도 V_d로 하며, 이 값은 최대 전단철근강도 $V_{cd,max}$를 초과할 수 없다.

$$V_{cd} = \left[0.85\phi_c \chi \left(\rho f_{ck}\right)^{1/3}\left(\frac{2d}{x}\right)+0.15f_n\right]b_w d \geq \left[0.035\chi^{3/2}f_{ck}^{1/2}\left(\frac{2d}{x}\right)+0.15f_n\right]b_w d$$

$$V_{cd} \leq V_{cd,max} = 0.5\phi_c \nu f_{ck}b_w d$$

 여기서, $\chi = 1 + \sqrt{\dfrac{200}{d}} \leq 2.0$, $\rho = \dfrac{A_s}{b_w d} \leq 0.02$, $f_n = \dfrac{N_u}{A_c} \leq 0.02\phi_c f_{ck}$, $\nu = 0.6\left(1-\dfrac{f_{ck}}{250}\right)$

2. 깊은 보 거동 구간의 전단강도 : 전단철근이 배치된 경우

 전단철근이 배치된 경우에는 설계전단강도 V_d는 다음과 같다. 이때 전단철근은 전단경간 중앙부 $0.75x$의 구간 안에 배치된 전단철근만을 고려해야 한다. 이는 부재가 전단으로 파괴될 때 하중 작용 근처에 배치된 전단철근과 받침 근처에 배치된 전단철근이 항복하지 않은 실험결과에 따른 것이다.

$$V_d = \phi_s f_{vy}A_v \sin\alpha\left(\frac{2d}{x}\right) \rightarrow \phi_s f_{vy}A_v\left(\frac{2d}{x}\right) \; ; \text{ 수직전단철근 배치 시}$$

【비교】2017 콘크리트 구조기준

① 깊은 보의 전단강도는 $V_n \leq \dfrac{5}{6}\sqrt{f_{ck}}\,b_w d$

② 최소 전단철근량

$$A_v \geq 0.0025b_w s, \; A_{vh} \geq 0.0015b_w s \qquad\qquad s \leq 1/5d, \quad 300^{mm}$$

7. 뚫림 전단

두께가 얇은 콘크리트 판에 좁은 면적으로 집중하중이나 반력이 작용하면 사인장 균열이 각뿔 (pyramid)이나 원뿔(cone) 형상으로 발생하면서 판이 뚫린 형태로 전단파괴가 발생될 수 있다. 이때의 균열형상은 하중 또는 반력으로 작용하는 접촉면의 형상에 따라 달라진다. 사각형 기둥의 경우 각뿔 형상으로, 원형 기둥의 경우 원뿔 형태로 나타난다. 이러한 거동을 뚫림전단(punching shear) 또는 2방향 전단(2-way shear)이라고 하며, 이때의 파괴를 뚫림전단파괴 또는 펀칭전단 파괴라고 한다.

뚫림전단파괴가 발생할 수 있는 경우는 플랫슬래브와 같이 두께가 얇은 2방향 슬래브가 기둥에 지지되는 경우나 교량의 바닥판에 차량에 의하여 집중하중이 작용할 때, 확대기초에 기둥을 통하여 집중하중이 작용할 때 발생될 수 있다.

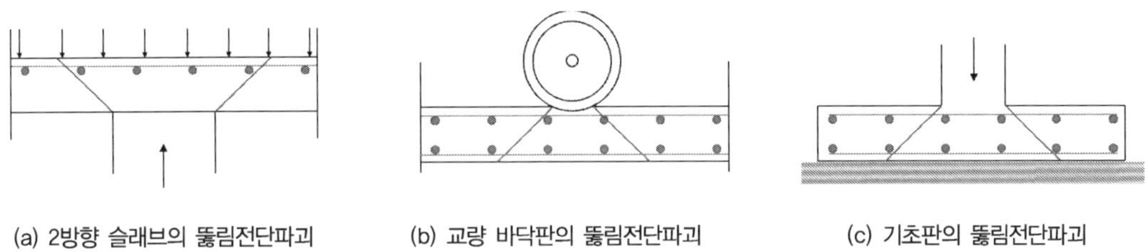

(a) 2방향 슬래브의 뚫림전단파괴   (b) 교량 바닥판의 뚫림전단파괴   (c) 기초판의 뚫림전단파괴

뚫림전단강도의 설계검증은 위험단면(critical section)에서 수행된다. 위험단면은 보나 기둥과 같은 선부재(linear member)의 전단위험단면과 달리 뚫림전단응력이 위치에 따라 달라지기 때문에 설계기준별로 다른 위치로 정의되어 있다.

KDS 14 20 콘크리트구조 설계기준(강도설계법)을 포함한 대부분 설계기준에서는 등분포하중이 작용하는 경우 1방향 전단에 대한 위험단면의 위치는 받침부 내면에서 부재의 유효깊이 d만큼 떨어진 위치로 규정되며, 2방향 전단인 뚫림전단의 경우 0.5d 떨어진 위치로 위험단면을 정의한다. 그러나 KDS 24 14 21 콘크리트교 설계기준(한계상태설계법)과 Eurocode 2에서는 2방향 슬래브를 지지하는 기둥의 크기와 관계없이 전단응력이 일정한 크기로 분포되는 위치가 2d만큼 떨어진 위치라는 사실을 반영해 위험단면을 2d만큼 떨어진 위치로 규정한다.

1) KDS 14 20 콘크리트구조 설계기준(강도설계법)

① 뚫림전단강도 검증 위험단면과 계수전단력 산정 위치

구분	위험단면 위치	계수전단력(V_u) 산정 위치
2방향 슬래브	집중하중, 반력구역, 기둥, 기둥머리 등의 경계에서 0.5d	집중하중, 반력구역, 기둥, 기둥머리 등의 경계에서 0.5d
기초판	집중하중이나 기둥의 경계에서 0.5d	집중하중이나 기둥의 경계에서 0.75d

② 공칭전단강도의 산정

계수전단력을 V_u, 위험단면의 둘레길이를 b_0, 부재의 유효깊이를 d라고 하면

$$v_u = \frac{V_u}{b_0 d}, \qquad V_d = \phi V_n = \phi v_c b_0 d$$

$$V_n = V_c + V_s, \quad \phi V_n \geq V_u \qquad \text{이때 강도감소계수 } \phi = 0.75$$

③ 콘크리트에 의한 공칭전단강도

KDS 14 20 콘크리트구조 설계기준(강도설계법)에서는 콘크리트가 부담하는 뚫림전단강도를 산정할 때 인장철근비와 크기효과를 고려한다. 2방향 전단 거동부재는 휨모멘트도 같이 작용하기 때문에 휨 인장철근이 항상 배치되어 있고 이로 인해 압축연단과 중립축 c_u 사이의 압축응력 작용 면적이 커져서 V_c가 증가하는 경향을 보이며, 부재 두께가 증가하면 응력단위의 전단강도가 감소하는 경향이 있기 때문에 이를 인장철근비와 유효깊이 d를 변수로 고려하였다.

$$V_c = v_c b_0 d$$

$$v_c = \lambda k_s k_{bo} f_{te} \cot\psi \left(\frac{c_u}{d} \right)$$

여기서, λ : 경량 콘크리트 계수 (일반콘크리트 1.0)

$$k_s = (300/d)^{0.25} \leq 1.1$$

$$k_{bo} = \frac{4}{\sqrt{\alpha_s (b_0/d)}} \leq 1.25$$

$$f_{te} = 0.2\sqrt{f_{ck}}$$

$$\cot\psi = \frac{\sqrt{f_{te}(f_{te} + f_{cc})}}{f_{te}}$$

$$c_u = d\left[25\sqrt{\frac{\rho}{f_{ck}}} - 300\left(\frac{\rho}{f_{ck}}\right) \right]$$

$$f_{cc} = \frac{2}{3}f_{ck},$$

$\alpha_s = 1.0(\text{내부기둥}), 1.33(\text{외부기둥}), 2.0(\text{모서리기둥})$

$\rho \geq 0.005$

④ 전단철근에 의한 공칭전단강도

콘크리트 설계전단강도로 계수전단력 V_u에 저항하지 못하는 경우에는 전단철근을 배치하여야 한다. 전단철근 보강 시에는 단일가닥 전단철근, 다중가닥 전단철근, 폐쇄형 스터럽, 확대머리 전단스터드(headed shear stud)나 I형강 또는 ㄷ형강 전단머리(shear head)로 보강할 수 있다.

전단철근을 배치한 2방향 슬래브의 경우 전단철근의 설계기준항복강도는 400MPa를 초과할 수 없으며 다음의 전단철근 공칭전단강도를 사용한다. 이때 전단철근의 응력 f_s로 $0.5f_{yt}$를 적용하는 것은 슬래브-기둥 접합부의 경우 접합주가 최대강도에 도달할 때 뚫림전단파괴 면 이내에 배치된 전단철근이 항복하지 않는 것이 일반적이므로 안전측 설계로 적용한 것이다.

$$V_s = \frac{A_v f_s d}{s} = \frac{1}{2}\frac{A_v f_{yt} d}{s}$$

$$V_n = V_c + V_s \leq 0.58 f_{ck} b_0 c_u$$

공칭전단강도 최댓값에 대한 규정은 전단철근이 배치된 경우라도 압축대 콘크리트의 압축파괴로 뚫림전단파괴가 발생할 수 있기 때문이다. 전단철근을 배치하더라도 전단강도가 부족한 경우에는 기둥 단면의 증가, 슬래브 두께의 증가, 콘크리트 압축강도의 증가, 주철근비의 증가 등의 방법으로 요구조건을 만족시켜야 한다.

TIP | 한계상태설계법(KDS 24 14 21 콘크리트교 설계기준)의 뚫림 전단강도 |

KDS 24 14 21 콘크리트교 설계기준(한계상태설계법)의 뚫림전단 설계기준은 응력단위로 성능을 검증하도록 규정하고 있다. 계수전단응력 v_u가 전단 무보강 슬래브 또는 기초판의 설계뚫림전단강도 v_{cd}보다 작을 경우에는 전단철근을 배치할 필요가 없다. 전단철근을 배치하여야 할 경우에는 설계전단뚫림강도 v_{csd}가 v_u 이상이 되도록 하여야 한다.

1. 위험단면과 계수전단응력 산정 위치

구분	원형	사각형	L형
위험단면			
위험단면 둘레길이, u_1	$\pi(D+4d)$	$2(c_1+c_2)+4\pi d$	2d가 표시된 두 꼭짓점을 연결한 선과 평행하게 위험단면을 정정

2. 계수전단응력의 산정

불균형 휨모멘트에 의한 편심전단을 고려해 한계상태설계법에서는 계수전단응력 v_u를 다음의 식을 이용해 산정하도록 규정하고 있다.

$$v_u = \beta \frac{V_u}{u_1 d} \qquad \text{사격형 기둥 } \beta = 1 + k\frac{M_u}{V_u}\frac{u_1}{W_1}, \quad \text{원형기둥 } \beta = 1 + \frac{0.6\pi(M_u/V_u)}{D+4d}$$

$$W_1 = \frac{c_1^2}{2} + c_1 c_2 + 2c_2(2d) + 4(2d)^2 + \pi c_1(2d) = \frac{c_1^2}{2} + c_1 c_2 + 4c_2 d + 16d^2 + 2\pi c_1 d$$

c_1 : 하중 편심방향과 평행한 방향의 기둥 치수

c_2 : 하중 편심방향과 직각인 방향의 기둥 치수

c_1/c_2	0.5 이하	1.0	2.0	3.0 이상
k	0.45	0.60	0.70	0.80

3. 전단 무보강 구조물의 설계뚫림전단강도 v_{cd}

 1) 무보강 슬래브

$$v_{cd} = 0.85\phi_c \chi (\rho f_{ck})^{1/3} + 0.10 f_n \geq 0.035 \chi^{3/2} f_{ck}^{1/2} + 0.10 f_n$$

 여기서, $\chi = 1 + \sqrt{\dfrac{200}{d}} \leq 2.0$, $\rho = \sqrt{\rho_{ly}\rho_{lz}} \leq 0.02$, $f_n = \dfrac{f_{ny} + f_{nz}}{2}$

 2) 무보강 기둥 기초판

$$v_{cd} = 0.85\phi_c \chi (\rho f_{ck})^{1/3}\left(\frac{2d}{a}\right) \geq 0.035 \chi^{3/2} f_{ck}^{1/2}\left(\frac{2d}{a}\right), \quad v_{cd} \leq v_{d,\max} = 0.5\phi_c \nu f_{ck}$$

 여기서, $\nu f_{ck} = f_{c2,\max} = 0.6\left(1 - \dfrac{f_{ck}}{250}\right)f_{ck}$, $\nu = 0.6\left(1 - \dfrac{f_{ck}}{250}\right)$

4. 전단 보강 구조물의 설계뚫림전단강도

 전단 보강 슬래브 또는 기초판의 설계뚫림전단강도 v_{csd}는 $\cos\theta = 2$가 되도록 뚫림전단 파괴면의 경사각 θ를 26.5°로 가정한 소성트러스 모델을 바탕으로 다음과 같이 결정한다.

$$v_{csd} = 0.75 v_{cd} + \left(\frac{1.5d}{s_r}\right)A_v \phi_s f_{vy,ef}\left(\frac{1}{u_1 d}\right)\sin\alpha, \quad \phi_s f_{vy,ef} = 250 + 0.25d \leq \phi_s f_{vy}$$

 여기서, s_r 전단철근의 방사방향 수평간격, A_v 기둥 주변 각 위험단면의 전단철근 총 단면적
 α 전단철근과 슬래브 평면 사이의 각, 수직전단철근은 90°

최소 전단철근량 $A_{v,\min}$은 다음의 조건을 만족해야 한다. 여기서 s_r은 방사방향 전단철근 간격이고 s_l은 원주방향의 전단철근 간격이다.

$$\frac{A_{v,\min}(1.5\sin\alpha + \cos\alpha)}{s_r s_l} \geq 0.08\frac{\sqrt{f_{ck}}}{f_{vy}}$$

뚫림 전단설계 : 강도설계법

4.4×3.8m 크기의 직사각형 확대기초가 지지하고 있는 0.8×0.6m 크기의 직사각형 단면 기둥에 계수축압축력 4,000kN이 작용하고 있다. 확대 기초판에는 양쪽방향으로 SD400 D32(A_b=794.2 mm²) 인장철근이 250mm 간격으로 배치되어 있다. 콘크리트 설계기준압축강도 f_{ck}가 30MPa일 때 KDS 14 20 콘크리트구조 설계기준에 따라 기초판의 뚫림전단 강도성능을 검증하시오. 단, 피복두께는 75mm로 가정한다.

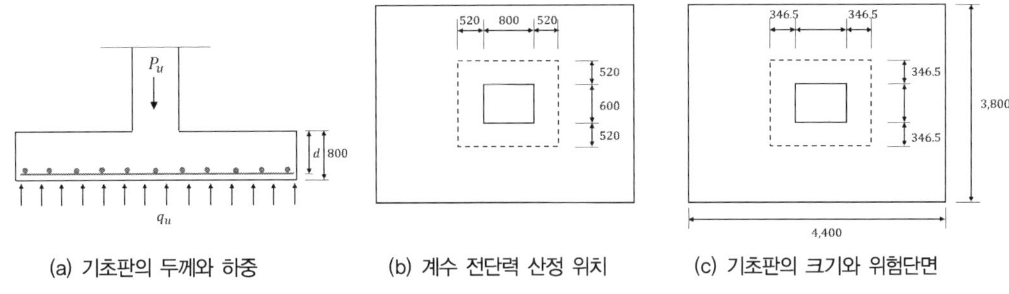

(a) 기초판의 두께와 하중   (b) 계수 전단력 산정 위치   (c) 기초판의 크기와 위험단면

풀 이

▶ 개요

확대기초에 기둥을 통해 집중하중이 작용하는 경우이므로 2방향 전단파괴 또는 뚫림전단파괴에 대해 검토한다.

▶ 지반반력과 계수 전단력

1) 지반반력 q_u

$$q_u = \frac{P_u}{l_l \times l_s} = \frac{4,000}{4.4 \times 3.8} = 239.2\,\text{kN/m}^2$$

2) 작용하는 계수 전단력 산정

장변 방향 인장철근을 바닥에 가까이 배치하고 그 위헤 단변 방향의 인장철근을 배치한다고 가정한다. 장변과 단변 방향의 유효깊이를 각각 d_l, d_s, 각 방향의 주철근비를 ρ_l, ρ_s 라고 하면,

$$d_l = 800 - 75 - 32/2 = 709\,\text{mm} \qquad \rho_l = \frac{A_b}{s d_l} = \frac{794.2}{250 \times 709} = 0.00488$$

$$d_2 = 800 - 75 - 32 - 32/2 = 677\,\text{mm} \qquad \rho_s = \frac{A_b}{s d_{s=}} \frac{794.2}{250 \times 677} = 0.00469$$

뚫림전단 검증을 위한 유효픽이를 두 방향 유효깊이의 평균값으로 보면

$$d = \frac{d_l + d_s}{2} = \frac{709 + 677}{2} = 693\,\text{mm}$$

기초판에서 계수전단력 산정위치는 기둥 경계로부터 0.75d(=0.75×693=520mm) 떨어져 있으므로

$$b_{cl} = c_l + 2 \times (0.75d) = 800 + 2 \times 520 = 1{,}840 < l_l\,(= 4{,}400)$$

$$b_{cs} = c_s + 2 \times (0.75d) = 600 + 2 \times 520 = 1{,}640 < l_s\,(= 3{,}800)$$

계수전단력 산정 위치 둘레 내부의 면적 A_0

$$A_0 = b_{cl} \times b_{cs} = 1{,}840 \times 1{,}640 \times 10^{-6} = 3.018\,\text{m}^2$$

따라서, 계수전단력 산정 위치 둘레에 작용하는 계수 전단력은 토압 작용을 제외한 힘이므로

$$V_u = V\,\text{kN}$$

▶ 위험단면에서 뚫림전단 강도 비교

기둥 경계에서 위험단면까지의 거리 0.5d와 위험단면 둘레길이 b_0를 구하면

$$0.5d = 0.5 \times 693 = 346.5\,\text{mm}$$

$$b_0 = 2[c_l + 2 \times (0.5d)] + 2[c_s + 2 \times (0.5d)] = 2(c_l + c_s + 2d)$$

$$= 2(800 + 600 + 2 \times 693) = 5{,}572\,\text{mm}$$

평균인장철근비 $\rho = \dfrac{\rho_l + \rho_s}{2} = \dfrac{0.00488 + 0.00469}{2} = 0.004785 < 0.005$

∴ 인장철근비가 0.005보다 작으므로, c_u 산정 시에 ρ는 0.005를 적용한다.

보통콘크리트이고 기둥이 내부에 있으므로, $\lambda = 1.0,\ \ \alpha_s = 1.0$

$$k_s = \left(\frac{300}{d}\right)^{0.25} = \left(\frac{300}{693}\right)^{0.25} = 0.811 < 1.1 \quad \text{O.K}$$

$$k_{bo} = \frac{4}{\sqrt{\alpha_s(b_0/d)}} = \frac{4}{\sqrt{1.0(5{,}572/693)}} = 1.41 > 1.25 \quad \therefore k_{b0} = 1.25$$

$$f_{te} = 0.2\sqrt{f_{ck}} = 0.2\sqrt{30} = 1.1\,\text{MPa}$$

$$f_{cc} = \frac{2}{3}f_{ck} = \frac{2}{3} \times 30 = 20\,\text{MPa}$$

$$\cot\psi = \frac{\sqrt{f_{te}(f_{te} + f_{cc})}}{f_{te}} = \frac{\sqrt{1.1 \times (1.1 + 20)}}{1.1} = 4.59$$

따라서, 압축단면 압축 깊이의 평균값 c_u 는

$$c_u = d\left[25\sqrt{\frac{\rho}{f_{ck}}} - 300\left(\frac{\rho}{f_{ck}}\right)\right] = 693\left[25\sqrt{\frac{0.005}{30}} - 300\left(\frac{0.005}{30}\right)\right] = 189\,\mathrm{mm}$$

콘크리트 공칭전단강도는

$$v_c = \lambda k_s k_{bo} f_{te} \cot\psi\left(\frac{c_u}{d}\right) = 1.0(0.811)(1.25)(1.1)(4.59)\left(\frac{189}{693}\right) = 1.27\,\mathrm{MPa}$$

$$\therefore\ V_d = \phi V_n = \phi v_c b_0 d = 0.75 \times 1.27 \times 5,572 \times 693 \times 10^{-3} = 3,678\,\mathrm{kN} > V_u \quad \mathrm{O.K}$$

8. 전단마찰 설계 ^{67회/80회}

직접전단이 균열을 발생시키는 경우엔 전단마찰설계법을 이용하여 전단철근을 배근할 수 있다. 직접전단(direct shear)은 프리캐스트 부재의 연결부에서 자주 볼 수 있다. 전단력이 작용하는 위치에 가깝게 전단력의 작용방향으로 생기는 균열에 적용한다. 일반적으로 전단마찰 설계는 $a/d < 1.0$인 경우에 적용한다. 기본적으로 콘크리트가 부담하는 전단력은 0으로 가정한다.

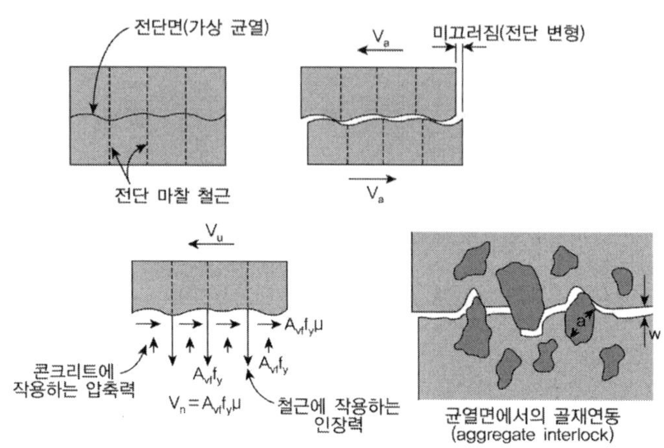

1) 전단마찰 설계

① $V_u = \phi(V_c + V_n) = \phi V_n$: 철근의 다웰작용과 콘크리트 전단 무시 $V_c = 0$

② 영구적으로 압축력 P가 작용할 때에는 이를 고려하여 다음의 식을 이용한다.

$$V_n = [\mu A_{vf}f_y + P] \leq \min[0.2f_{ck}A_c,\ (3.3+0.08f_{ck})A_c,\ 11A_c,\ 5.5A_c]$$

③ 마찰계수 μ

조건	μ	최대 공칭전단강도 $V_{n,max}$
일체로 친 콘크리트	1.4λ	$\min[①,\ ②,\ ③]$
일부러 표면을 거칠게 만든 굳은 콘크리트에 새로 친 콘크리트	1.0λ	① $0.2f_{ck}A_c$, ②$(3.3+0.08f_{ck})A_c$, ③ $11A_c$
일부러 거칠게 하지 않은 굳은 콘크리트에 새로 친 콘크리트	0.6λ	$\min[①,\ ④]$
스터드에 의하거나 철근에 의해 강구조에 정착된 콘크리트	0.7λ	① $0.2f_{ck}A_c$, ④ $5.5A_c$
λ : 일반콘크리트(1.0), 모래경량콘크리트(0.85), 전경량 콘크리트(0.75)		

④ 전단철근이 균열과 경사지게 만나는 경우

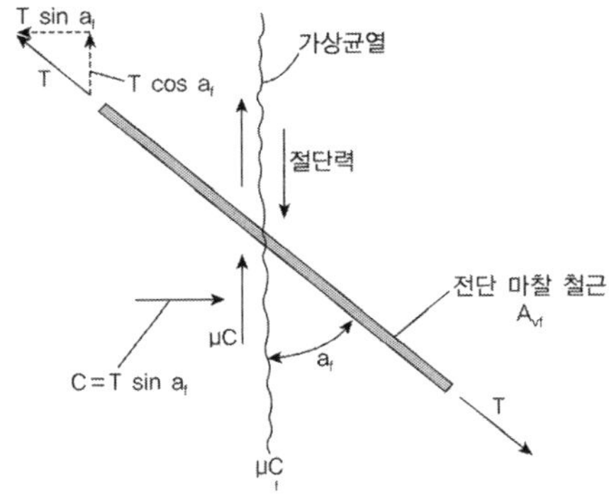

$$V_n = A_{vf}f_y(\mu\sin\alpha_f + \cos\alpha_f)$$

$$A_{vf} = \frac{V_u}{\phi f_y(\mu\sin\alpha_f + \cos\alpha_f)}$$

α_f : 균열과 전단마찰철근 사잇각

⑤ 전단마찰설계법의 개념이 적용될 수 있는 부분은 브래킷, 코벨, 보의 단부 등이다.

　(1) 서로 다른 시기에 타설된 콘크리트 접촉면

　(2) 내민받침이나 브라켓 접촉면

　(3) precast구조에서 부재 요소 접합면

　(4) 기둥에 정착된 강재브래킷과 콘크리트

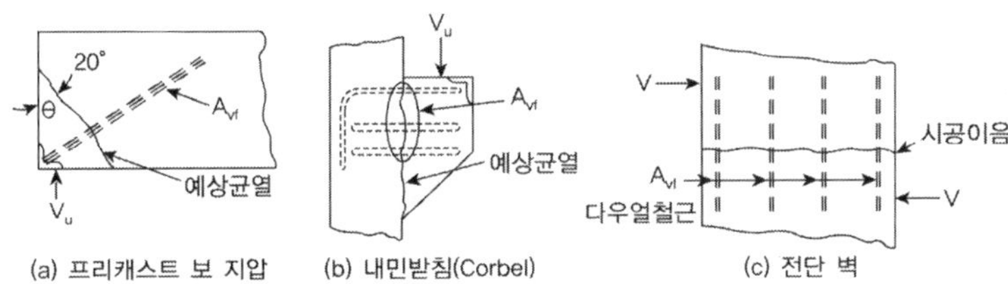

2) 휨과 수평력을 고려한 전단마찰 설계

① 휨철근량(A_f) 산정

$$M_u = V_u \times d_1 + N_{uc} \times d_2, \quad M_n = A_f f_y\left(d - \frac{a}{2}\right), \quad a = \frac{A_f f_y}{\eta(0.85 f_{ck})b}$$

$$M_n = A_f f_y\left(d - \frac{1}{2} \times \frac{A_f f_y}{\eta(0.85 f_{ck})b}\right) \qquad \text{find } A_f$$

② 인장철근량(A_n) 산정

$$\phi A_n f_y = N_{uc} \qquad \text{find } A_n$$

③ 전단마찰철근량(A_{vf}) 산정

$$V_n = [\mu A_{vf}f_y + P] \leq V_{n,\max}, \qquad \therefore A_{vf,req} = \frac{V_u}{\phi\mu f_y}$$

④ 철근량 산정

(1) 주철근량 $A_s = Max\left[A_f + A_n,\ A_n + \dfrac{2}{3}A_{vf}\right]$ (2) 수평철근량 $A_h = \dfrac{1}{2}\left[A_s - A_n\right]$

(3) 수평철근은 $\dfrac{2}{3}d$ 내에 배근한다.

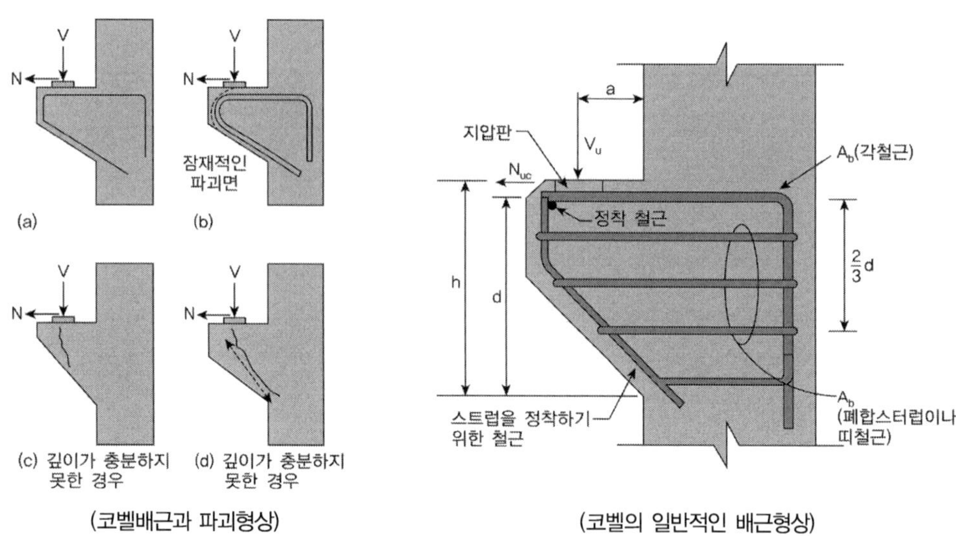

(코벨배근과 파괴형상)

(코벨의 일반적인 배근형상)

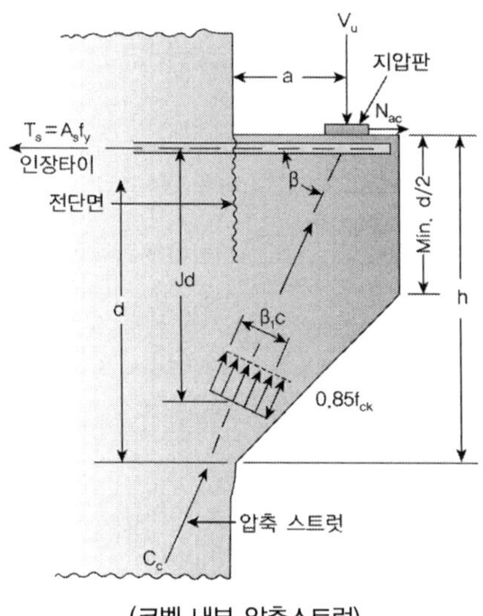

(코벨 내부 압축스트럿)

브래킷(bracket) : 프리캐스트 보를 지지하기 위해 기둥부분을 튀어나오게 만든 부분

코벨(corbel) : 브래킷 형상을 벽에 설치하면 코벨이라 한다. 통상 혼용되어 사용한다.

1. 시공이음의 계면전단

KDS 24 14 21 콘크리트교 설계기준(한계상태설계법)은 응력단위의 설계전단강도 v_d와 계면에 작용하는 계수전단응력 v_u를 비교 검증한다.

$$v_d \geq v_u$$

$$v_u = \frac{\beta V_u}{zb}$$ 여기서, z는 합성단면의 내부 모멘트 팔길이, b는 계면 폭(=복부폭)

$$\beta = \frac{C_f}{C_f + C_w}$$ 새로 친 콘크리트에 작용하는 종방향력과 총 종방향력의 비

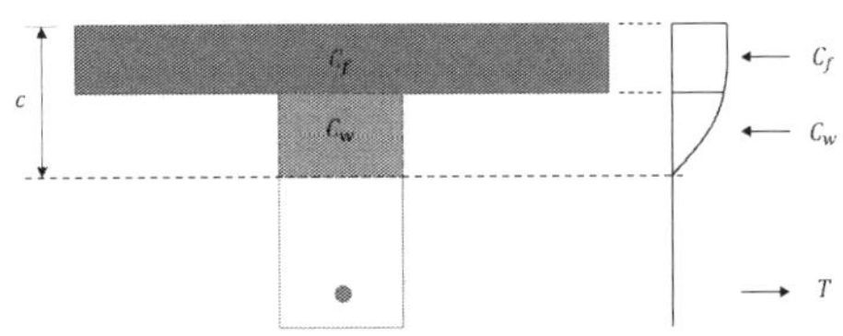

$$v_u = \frac{V_u}{A_c}$$

설계전단강도 $v_d \leq v_{d,\max}$

$$v_d = \phi_c \mu_1 f_{ctk} + \mu_2 f_n + \phi_s \rho f_y (\mu_2 \sin\alpha + \cos\alpha)$$

$$A_{s,req} = \frac{A_c(v_u - \phi_c \mu_1 f_{ctk} - \mu_2 f_n)}{\phi_s \mu_2 f_y}$$

여기서, μ_1, μ_2는 계면 거칠기에 따른 계수

표면 구분	표면상태	μ_1	μ_2
매우 매끄러움	강재, 플라스틱 또는 특별히 제작된 목제 거푸집에 타설한 표면	0.25	0.5
매끄러움	슬립폼이나 사출 성형 거푸집에 타설한 표면 및 진동 다짐 후 더 이상의 표면처리를 하지 않은 자유 표면	0.35	0.6
거침	표면을 긁어 거칠게 하거나 고재를 노출시키거나 또는 기타 방법으로 약 40mm 간격에 적어도 3mm 거침이 있는 표면	0.45	0.7
요철 표면	5mm 이상의 깊은 요철을 가지며 표면의 형상과 크기가 규정에 맞게 사전 제작된 표면	0.50	0.9

$\phi_c = 0.65$, $\phi_s = 0.90$

f_{ctk} : 콘크리트의 0.05분위 기준 인장강도

f_n : 계면에 전단력과 동시에 작용하는 최소 법선응력, 압축 (+), $f_n = \dfrac{N_u}{A_c} \leq 0.6\phi_c f_{ck}$

ρ : 계면을 가로지르는 철근에 대한 철근비, $\rho = \dfrac{A_s}{A_c}$

α : 계면을 가로지르는 철근과 계면 사이의 각도, 45~90°

$$v_{d,\max} = \frac{1}{2}\phi_c \nu f_{ck} = \frac{1}{2}\phi_c\left(0.6\left(1 - \frac{f_{ck}}{250}\right)\right)f_{ck}$$

2. 플랜지와 복부 사이의 계면전단

T형 단면이나 상자형 단면과 같이 두께가 얇은 여러 판이 조합된 부재는 복부와 플랜지가 만나는 계면에서 전단응력이 작용할 수 있다. 이 전단응력은 부재의 축방향으로 휨모멘트가 변화하는 경우에 발생된다. 휨모멘트가 변화하면 Δx 구간에서 ΔC 만큼의 압축력의 차이가 발생되며 전단응력의 합은 이 차이와 같아야 하므로

$$v_{uf} = \frac{\Delta C}{t_f \Delta x}$$

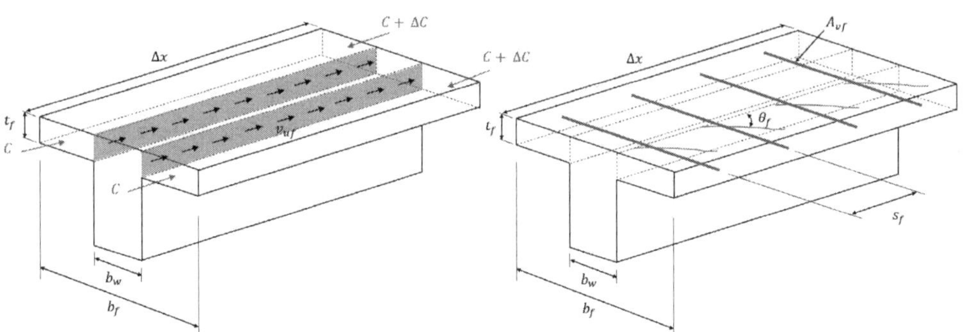

계면에 전단응력 v_{uf} 로 인해 플랜지가 면내력을 받는 평면요소가 되므로 플랜지에 작용하는 주인장 응력이 콘크리트의 인장강도를 초과하면 θ_f 의 각도를 갖는 균열이 발생한다. KDS 24 14 21 콘크리트교 설계기준(한계상태설계법)에서는 다음의 조건을 만족할 경우 플랜지에 횡방향으로 작용하는 휨모멘트를 저항할 휨철근량 이상의 추가적인 횡방향 철근은 배치할 필요없다고 규정하고 있다.

$$v_{uf} \leq 0.4\phi_o f_{ctk}$$

만족하지 않을 경우 부재축에 직각방향으로 철근을 배치하고 트러스 모델을 적용하여 검증한다.

$$v_{sd,t} t_f s_f \tan\theta_f = \phi_s A_{vf} f_y \qquad v_{sd,t} = \frac{\phi_s A_{vf} f_y}{t_f s_f \tan\theta_f}$$

$$v_{sd,t} \geq v_{uf} \;;\quad \frac{\phi_s A_{vf} f_y}{t_f s_f \tan\theta_f} \geq \frac{\Delta C}{t_f \Delta x}$$

KDS 24 14 21에서는 위의 식을 변형해 다음의 플랜지의 단위길이당 횡방향 철근량의 조건을 만족하도록 규정하고 있다.

$$\frac{A_{vf}}{s_f} \geq \frac{v_{uf} t_f}{\phi_s f_y \cot\theta_f}, \qquad v_{uf} \leq \phi_c \nu f_{ck} \sin\theta_f \cos\theta_f$$

여기서, 압축플랜지는 $1.0 \leq \cot\theta_f \leq 2.0$ $(26.5° \leq \theta_f \leq 45°)$

인장플랜지는 $1.0 \leq \cot\theta_f \leq 1.25$ $(38.5° \leq \theta_f \leq 45°)$

9. 벽체 설계

벽체는 가로·세로 비율이 큰 직사각형 단면의 판이 수직방향으로 세워진 면부재(plane member)로 수직방향 하중과 수평병향 하중을 직접 받거나 연결된 부재를 통하여 단면력이 전달되어 축력, 휨모멘트, 전단력이 함께 작용되는 구조다. 일반적으로 큰 치수가 작은 치수의 4배를 초과하는 부재를 벽체로 분류한다. 부재의 형상비(aspect ratio)가 클수록 휨작용이 전단작용보다 크게 나타나서 전단파괴가 발생하기 전에 휨파괴가 나타나며, 형상비가 작으면 전단작용이 휨작용보다 크게 나타나서 전단파괴를 나타낸다. 벽체의 경우에는 두 가지 모두 다 발생 가능하다.

1) 벽체 설계(강도설계법)

KDS 14 20 콘크리트구조 설계기준에서는 계수연직축력이 $0.4A_g f_{ck}$ 이하이고 총 수직철근량이 단면적의 0.01배 이하인 부재를 벽체로 구분한다. 벽체 면의 직각방향으로 작용하는 전단력에 대한 설계는 슬래브와 기초판의 전단관련 규정을 따르고 벽체의 높이가 벽체 길이의 2배를 초과하지 않는 경우($h_w \leq 2l_w$)에는 스트럿-타이 모델을 적용해 설계할 수 있다. 다만 최소철근 규정은 반영하여야 한다.

$$\phi V_n \geq V_u, \qquad V_n \leq V_{n,\max} = \frac{5}{6}\lambda\sqrt{f_{ck}}\,hd$$

① 콘크리트 공칭전단강도 V_c (간략식)

$$V_c = \frac{1}{6}\lambda\sqrt{f_{ck}}\,hd$$

$$V_c = \frac{1}{6}\left(1 + \frac{N_u}{3.5A_g}\right)\lambda\sqrt{f_{ck}}\,hd \quad \text{축력을 받을 때}$$

② 전단철근 공징청잔강도

$$V_s = \frac{A_v f_y d}{s_h}, \quad \text{여기서 } f_y \leq 600\text{MPa}$$

구분	조건	최소전단철근비	최대간격
수평	$f_y \leq 400$MPa	$\rho_{h,\min} = 0.0025$	$\min[l_w/5,\ 3h,\ 450mm]$
	$f_y > 400$MPa	$\rho_{h,\min} = 0.0025 \times \dfrac{400}{f_y}$	
수직	—	$\rho_{l,\min 1} = \rho_{h,\min} + 0.5\left(2.5 - \dfrac{h_w}{l_w}\right)(\rho_h - \rho_{h,\min})$ $\rho_{l,\min 1} = r = \rho_{h,\min}$	$\min[l_w/3,\ 3h,\ 450mm]$

10. Bracket & Corbel ^{102회}

1) 브라켓과 내민받침은 길이가 짧은 캔틸래버로 외력에 대해 휨 저항보다는 단순한 트러스가 깊은 보로 거동한다. 따라서 STM이 합리적인 설계방법이다. 지지되는 보의 장기 건조수축과 크리프에 의해서 상당한 수평력이 전달된다.

2) 응력궤적으로부터 하중작용점과 내민받침의 상면에서 인장응력은 거의 일정하며 궤적도의 간격도 거의 균등하므로 총 인장력도 거의 일정하다. 내민 받침의 경사면을 따른 압축력도 대략 일정하여 경사 압축대가 발달함을 알 수 있다. 내민 받침의 모양은 응력상태에 영향을 미치지 않는다. 따라서 선형 아치 메커니즘을 근거로 간단하게 설계가 가능하며 전단력은 주로 strut의 연직성분에 의해 지지된다.

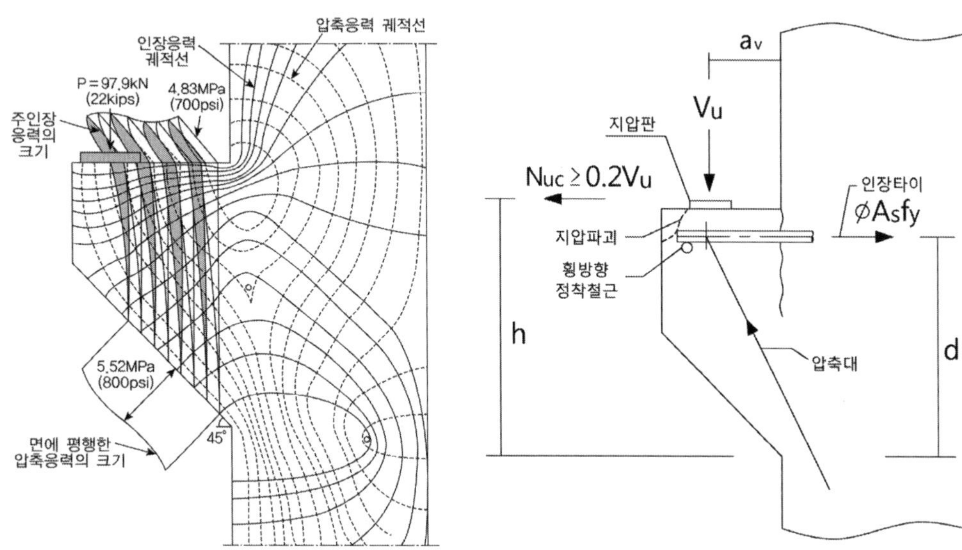

3) 파괴 메커니즘

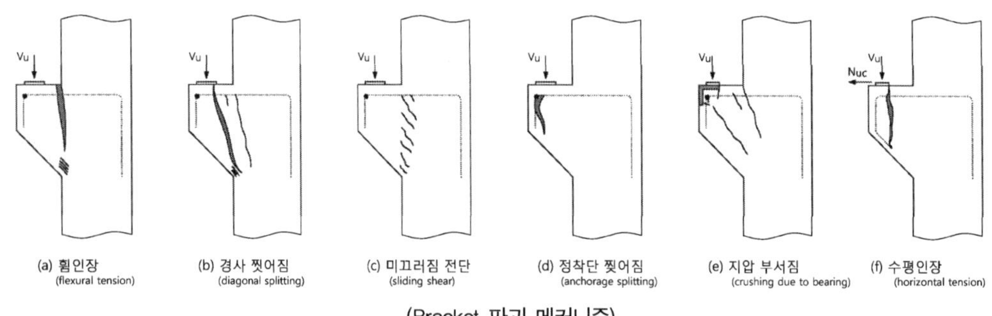

(Bracket 파괴 메커니즘)

① 휨 인장 파괴 : 휨보강 철근의 큰 변형과 함께 압축대 끝부분의 콘크리트가 분쇄

② 경사 찢어짐 파괴 : 전단압축 때문에 휨 균열이 형성된 뒤에 경사 압축대를 따라 경사 찢어짐 파괴발생

③ 미끄러짐 전단 파괴 : 길이가 짧고 경사가 급한 일렬의 경사균열이 발달하여 내민받침과 기둥면이 분리

④ 정착단 찢어짐 파괴 : 하중의 자유단이 너무 가까이 작용할 경우 적절히 정착되지 않은 휨보강 철근을 따라 찢어짐 파괴 발생, 예기치 않은 편심이 이유인 경우가 많음

⑤ 지압 부서짐 : 너무 작거나 강성이 작은 지압판 또는 내민받침의 폭이 너무 좁을 때 지압판 밑의 콘크리트가 지압파괴

⑥ 수평인장파괴 : 내민받침의 바깥면이 너무 얇고 예기치 않은 수평하중이 작용할 때

⑦ 파괴메커니즘을 고려해보면 지압판 바로 밑에서 휨인장 철근의 전체강도가 발휘되어야 하며 내민받침의 주된 파괴 원인이 정착된 파괴임을 알 수 있다. 경사 스트럿의 수평력이 내민받침의 외측단에 있는 주철근에 적절히 전달되어야 스트럿이 발달할 수 있다.

⑧ 콘크리트 설계기준(2007) 내민받침 설계기준

『$a/d \leq 1 \to$ 전단마찰 설계, $a/d \leq 2 \to$ STM 설계』

4) 내민받침의 STM 설계

① 유효깊이 d의 결정

$$V_n = \mu A_{vf} f_y \quad \leq \quad \min[0.2 f_{ck} A_c, \quad 5.6 A_c] \qquad \therefore d \geq \frac{V_u/\phi}{0.2 f_{ck} b_w [\text{or } 5.6 b_w]}$$

② 지압면의 외측단 깊이는 0.5d 이상으로 한다.

③ 크리프, 건조수축, 온도변화 등 수평 인장력을 고려하여야 한다($N_{uc} \geq 0.2 V_u$).

④ 폐쇄스트럽이나 띠철근의 전체 단면적 $A_h \geq 0.5(A_{sc} - A_n)$

A_{sc} : 내민받침의 주인장 철근의 단면적

A_n : 수평력 N_{uc}에 저항하는 철근 단면적

여기서 A_h는 2d/3 거리 내에서 균등 배치한다.

⑤ 휨모멘트와 바깥방향으로의 수평력으로 인한 균열로 갑작스런 파괴방지하기 위한 주 인장철근의 최소철근비 $\rho_{\min} = \dfrac{A_s}{bd} \geq 0.04 \dfrac{f_{ck}}{f_y}$

⑥ 주 인장철근의 정착

  (1) 인장타이를 앵글에 용접

  (2) 직경이 동일한 수평철근에 용접

  (3) 수평으로 구부린 고리를 배치

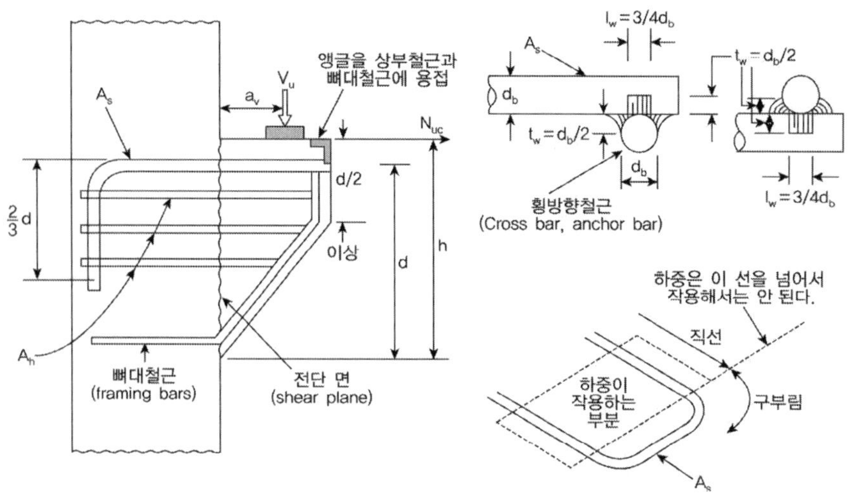

11. 폐쇄 스터럽(Closed stirrup)이 꼭 필요한 이유 [74회]

【 기출유형 ① 】 폐쇄 스터럽이 꼭 필요한 예

1) 전단력 저항을 위한 폐쇄 스터럽

① 철근 콘크리트 보에는 여러 원인에 의하여 사인장 균열이 발생하게 되며, 이 사인장 균열은 보통의 사용상태에서 보에 직각으로 발생하는 휨균열과 달라서 보의 갑작스러운 파괴를 유발하게 된다. 보에 직각으로 발생되는 휨균열에 저항하는 주철근 이외에 사인장 균열에 의한 파괴를 방지하기 위하여 별도의 철근을 배치할 필요가 있다. 이러한 철근들을 전단철근이라고 하며 대표적으로 폐쇄 스터럽을 들 수 있다.

② 폐쇄 스터럽의 종류

  (1) 부재축에 직각인 수직 스터럽

  (2) 주인장 철근에 45° 이상의 각도로 배치되는 경사 스터럽

  (3) 경사 스터럽은 사인장 응력의 작용방향에 거의 평행하기 때문에 응력상 유리하지만, 시공이 번거로워 별로 쓰이지 않는다.

③ 스터럽의 구조상세

  (1) 전단철근의 설계기준 항복강도는 400MPa를 초과할 수 없다.

  (2) 전단철근은 압축연단에서 d 거리까지 연장되어야 하며, 철근의 설계항복강도를 발휘할 수 있도록 정착되어야 한다.

2) 전단마찰에 대한 저항

① a/d<1인 조건에서 전단력에 의해 전단력 방향으로 균열이 발생되면 균열부위를 따라 미끄럼

을 일으켜 서로 분리되려고 한다. 이때 균열을 가로질러 배치된 철근에는 인장응력이 일어나고 철근이 파괴되는 시점에서는 철근의 인장력은 Avf x fy에 달하게 된다.

② 균열면에는 철근의 인장력과 상응하는 압축력이 작용되어 전단력에 저항하는 마찰력이 발생한다. 결국 균열면에서 전단에 대한 저항은 압축력에 의해 균열면 사이에서 발생되는 마찰력에 의하는 것으로 가정하는 것이 전단마찰이다.

③ 따라서 a/d<1인 사인장보다 순수전단에 의해 연직에 가까운 균열이 발생되어 균열면을 따라 활동이 발생되므로 이러한 경우는 전단마찰 개념을 이용하여 설계하여야 한다.

④ 전단마찰에 의한 설계 대상 구조물

   (1) 서로 다른 시기에 친 두 콘크리트 사이의 접촉면

   (2) 기둥에 부착된 내민 받침이나 브라켓의 접촉면

   (3) 프리캐스트 부재에 대한 단지압 부분의 가상균열면

   (4) 기둥에 부착된 강재 브라켓의 강재와 콘크리트 사이

3) 비틀림에 대한 저항

① 휨과 전단을 받는 부재에서 비틀림을 받는 경우, 균열 발생 전에는 전단력과 비틀림모멘트가 전단응력을 일으킨다. 이는 비틀림 응력이 부재축에 대하여 45°의 방향으로 사인장응력을 일으킨다. 즉, 전단응력과 같게 된다.

② 이 비틀림 응력에 의한 사인장 응력이 콘크리트의 인장강도를 초과하게 되면 사인장 균열이 발생하여 파괴를 유발하게 된다.

③ 비틀림 응력에 의한 사인장파괴를 피하기 위해서는 폐합스터럽과 종방향 철근을 촘촘히 배치하여야 하며, 이러한 철근들을 비틀림 철근이라고 한다.

④ 전단과 비틀림의 상호작용

   (1) 비틀림만을 받도록 설계되는 부재는 거의 없으며, 휨과 전단을 받는 보가 비틀림에 견디어야 하는 것이 보통의 경우이다.

   (2) 균열 발생 전의 부재에 있어서 전단력은 비틀림 모멘트와 마찬가지로 전단응력을 일으킨다. 그러므로 전단력과 비틀림 모멘트의 동시 작용은 그들이 각자 단독으로 작용할 때에 비하여 부재의 강도를 감소시키는 상호작용을 일으키게 된다.

   (3) 비틀림 철근량은 콘크리트가 부담하고 남는 비틀림 모멘트는 철근에 부담시키되, 그 철근량은 비틀림이 단독으로 작용한다고 생각하고 구한다. 이 비틀림 철근을 휨철근과 전단철근에 추가하게 된다.

사인장 균열

전단철근이 없는 철근 콘크리트 보의 사인장 균열에 대하여 설명하시오.

풀 이

▶ 개요(사인장 균열의 정의)

전단철근이 없는 RC보에서는 휨 철근의 영향으로 인하여 다음과 같은 전단응력 분포를 가진다.

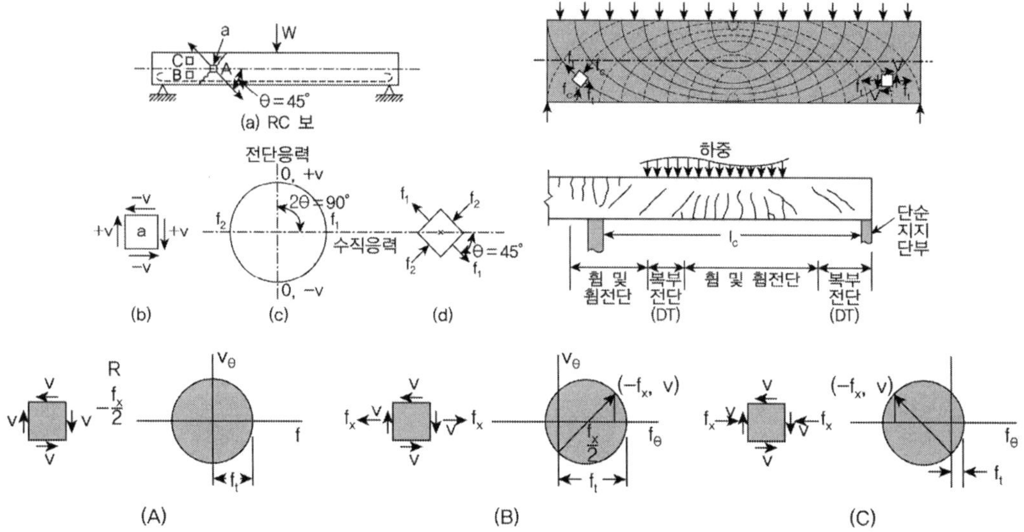

이때의 주응력과 주응력의 방향은 $f_{1,2} = \dfrac{f}{2} \pm \sqrt{\left(\dfrac{f}{2}\right)^2 + v^2}$, $\tan 2\theta = -\dfrac{2v}{f}\left(=\dfrac{2\tau_{xy}}{f_x - f_y}\right)$ 이고, 인장 주응력 f_1을 사인장 응력(diagonal tensile stress)이라고 부르며, 인장강도가 취약한 콘크리트 구조에서 사인장 응력은 부재의 거동에 큰 영향을 미친다. 사인장 응력이 콘크리트의 유효 인장강도에 도달하면 그 직각방향으로 균열이 발생하게 되며, 이 균열을 사인장 균열(diagonal tensile crack)이라고 한다.

▶ 사인장 균열의 특징

균열은 먼저 휨응력이 최대인 보의 바닥에서 연직한 방향으로 일어나는 휨균열(flexural crack)이 나타나고 이어서 지지점 부근에서 휨과 전단에 의해서 사인장 균열(diagonal tension crack)이 나타난다. 사인장 균열은 균열이 휨에서 시작해서 복부의 경사균열로 발전하는 균열을 휨-전단균열(flexural-shear crack)이라 하고, 복부의 중립축 부근에서 전단에 의해서 발생하는 균열을 복부전단균열(web-shear crack)이라고 한다.

① 사인장 균열은 휨전단 균열강도($v_{cr} = 0.16\sqrt{f_{ck}}$)가 복부전단 균열강도($v_{cr} = 0.29\sqrt{f_{ck}}$)보다 작아서 휨전단 균열이 먼저 발생되며, 휨전단 균열이 발생하는 조건은 전단균열이 수직으로 발생되는 Deep Beam 거동조건(a/d=1)을 제외한 지점에서 발생하므로 전단에 대한 위험단면의 선정을 RC보에서는 d만큼 떨어진 지점을 위험단면으로 선정한다.
   ※ 여기서 a는 전단지간, d는 보의 유효높이

② 구조해석에서 보의 전단력의 크기를 계산해서 이를 근거로 설계를 수행하게 된다. 이때 설계의 기준이 되는 위치, 즉 최대 전단력을 계산하는 위치를 전단에 대한 위험단면(critical section)이라고 한다. 받침부로부터 수직 압축력이 보의 단부로 전달되는 일반적인 경우에서는 보의 단부에서의 사인장 균열의 발생이 억제된다. 따라서 받침부 쪽에서 전단력이 더 크더라도 이를 무시하고 받침부에서 d만큼 떨어진 위치의 전단력을 최대로 보고 설계한다.

휨에 대하여 안전하도록 설계된 철근 콘크리트 보가 전단력이 크게 작용하는 단면에서 사인장 균열(diagonal tension crack)이 발생하여 파괴되는 경우가 있다. 이러한 전단파괴(shear failure)는 휨 파괴와는 달리 돌발적으로 파괴되는 취성파괴이다. 따라서 전단파괴에 대해 설계 시 면밀히 검토가 이루어져야 한다.

전단 경간비

보의 전단 경간비(Shear Span Ratio)

풀 이

▶ 개요

RC보는 하중위치와 보의 높이 간의 비(전단 스팬비, 전단 경간비 a/d)에 따라 보의 파괴형태가 달라진다. 보의 파괴거동은 전단 경간비에 따라서 Deep beam, Short beam, Usual beam, Long beam으로 구분되며, 각각의 거동 및 파괴특성이 달라진다. 일반적으로 전단지간이 작은 보에서는 Arch Action으로 인해서 그 특성이 달라지게 된다.

▶ 전단지간비에 따른 거동

1) 전단 경간비 : 전단력과 모멘트 간의 비로서 유도된다.

$$v = k_1 \frac{V}{bd}, \qquad f = k_2 \frac{M}{bd^2} = k_2 \frac{Va}{bd^2}, \qquad a = \frac{M}{V},$$

$$\frac{f}{v} \approx \frac{a}{d}$$

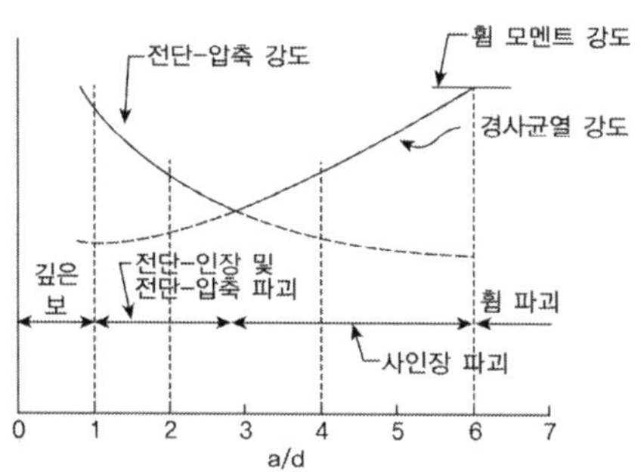

2) 전단경간비(a/d)에 따른 파괴거동

① $a/d < 1$ (Deep Beam, Arch Action) : Strut Tie Model 해석, 전단마찰 해석

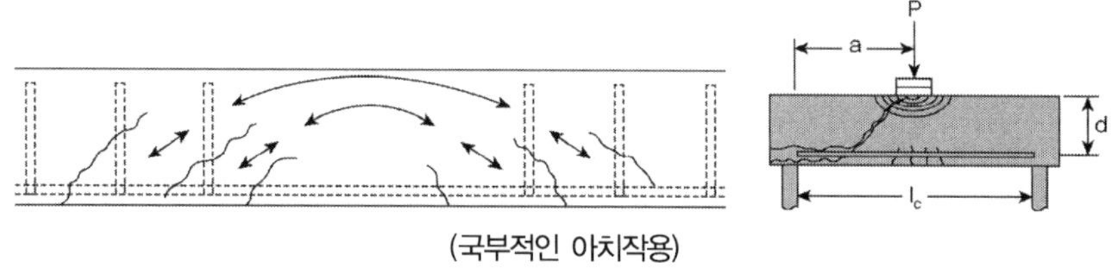

(1) 보의 강도가 전단력에 의해 지배되며 수직에 가까운 균열이 발생된다.

(2) 전단 균열 발생 후 타이드 아치와 같이 거동한다.

(3) 하중점과 받침부 사이에 형성되는 압축대에 의해 직접전단이 발생하므로 사인장 균열은

발생하지 않으며 전단강도가 매우 높게 나타난다. 이러한 상태에서의 파괴는 단부 콘크리트의 마찰저항이 작은 경우에는 쪼갬파괴가 되고 그렇지 않은 경우에는 받침부에서의 압축파괴가 나타난다.

② $a/d = 1 \sim 2.5$ (Short Beam) : 전단강도 $\geq$ 사인장강도

(1) 보의 전단강도가 사인장강도보다 커서 전단 압축(인장)파괴가 발생된다.

(2) 파괴형태가 압축 분쇄파괴 형태로 발생한다.

(3) 균열은 보 경간의 중간부분에서 약간의 휨균열이 발생하며 받침부 부분에서 콘크리트와 주근의 부착파괴에 의해 휨균열은 멈춘다. 그 후 사인장 균열보다 가파른 균열이 갑자기 발생하고 중립축을 향해 진행된다. 이때 하중점 부근에는 집중하중에 의한 압축파괴가 동반되어 갑작스럽게 파괴된다.

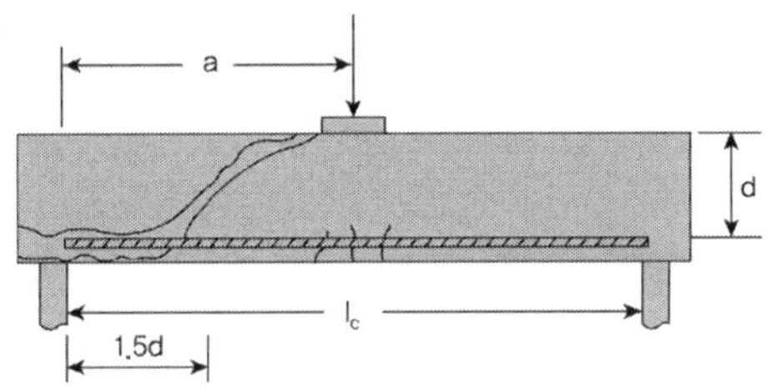

③ $a/d = 2.5 \sim 6.0$ (Usual Beam) : 전단강도 $\fallingdotseq$ 사인장강도

(1) 보의 전단강도가 사인장강도와 동일하여 사인장 파괴가 발생된다.

(2) 휨전단 균열강도($v_{cr} = 0.16\sqrt{f_{ck}}$)가 복부전단 균열강도($v_{cr} = 0.29\sqrt{f_{ck}}$)보다 작아서 휨전단 균열이 먼저 발생되며 이후 복부전단 균열과 함께 발생되어 사인장 파괴에 이른다.

(3) 외력이 증가함에 따라 사인장 균열의 폭은 넓어지고 상부 압축부까지 진행된다. 사인장 균열은 일반적으로 단부 가까이에서 발생한 휨균열로 시작되어 중립축 부분에서는 45° 가까운 경사로 진행되고 압축영역에 들어서면 압축응력의 저항을 받아 거의 평탄한 진행을 보이면서 파괴된다.

(4) 중앙부의 휨균열은 중립축까지는 진행되지 않으며 파괴 시 비교적 작은 처짐이 발생한다.

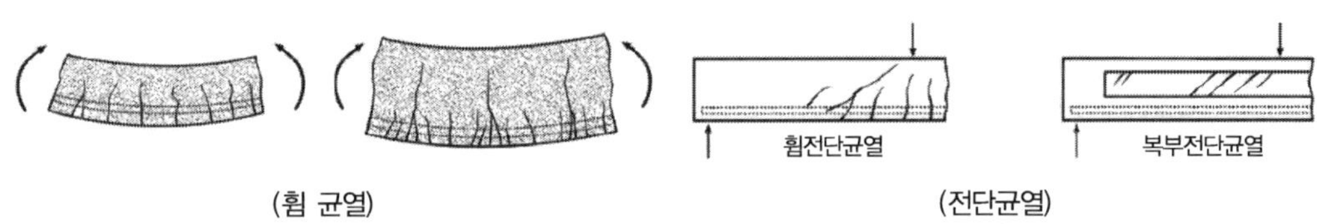

④ $a/d > 6.0$ (Long Beam) : 휨강도에 지배

(1) 전단보다는 휨강도에 지배되어 휨파괴가 발생된다.

(2) 균열은 보 경간의 중간부터 2/3 정도의 주응력 선의 직각방향으로 발생하며 파괴형태는
    매우 미세한 균열이 휨강도 50% 정도에서 보경간의 중간지점에서 발생, 외력이 증가함에
    따라 휨균열은 경간 중앙에서 바깥쪽으로 점점 진전한다.

(3) 초기균열은 중립축 이상으로 깊어지고 넓어지며 보의 처짐은 증가된다. 매우 연성적인 거
    동을 한다.

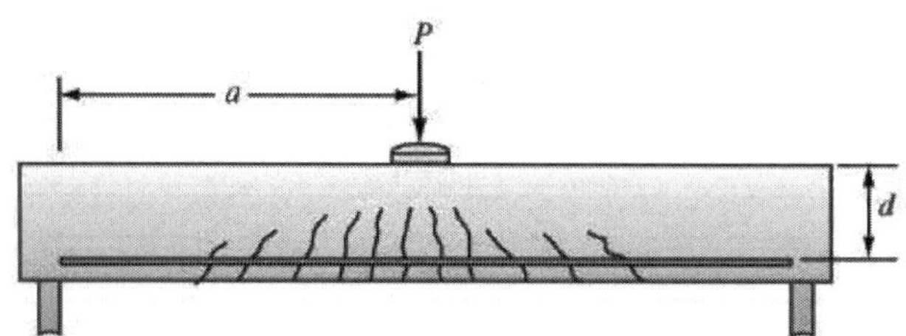

설계법에 따른 RC 전단설계 차이점

콘크리트 교량의 전단설계 시 강도설계법과 한계상태설계법의 차이점을 설명하시오.

풀 이

> **개요**

한계상태설계법에서는 기존의 강도설계법과 다르게 균열의 각도를 일정한 값으로 가정하지 않고 부재 전체를 하나의 트러스로 취급하는 소성 변각트러스 모델을 채택하였다. 소성 변각트러스 모델을 전단설계모델로 채택한 설계기준은 KDS 24 14 21 콘크리트교 설계기준(한계상태설계법) 외에도 Eurocode 2가 대표적이다.

> **강도설계법의 45° 트러스 모델**

강도설계법에서 채택한 전단설계 모델은 주응력 방향과 균열의 각도가 45°인 것으로 가정하고 콘크리트가 부담하는 전단강도와 전단철근이 부담하는 전단강도의 합으로 부재의 전단강도를 결정하는 모델로 KDS 14 20 콘크리트구조 설계기준, ACI318code 등이 대표적으로 채택하였다. 계수전단력 V_u는 부재에 가장 불리한 조건이 되는 계수 하중조합이며, 부재 각 위치의 최대 계수전단력이 소요전단강도가 된다. 설계전단강도 ϕV_n은 V_u 이상이어야 하며 V_n은 콘크리트가 부담하는 V_c와 전단철근이 부담하는 V_s의 합으로 표현된다.

$$\phi V_n = \phi(V_c + V_s) \geq V_u$$

① 콘크리트 전단강도 : $\dfrac{1}{6}\lambda\sqrt{f_{ck}}\,b_w d$

② 전단철근 전단강도 : $V_s = \dfrac{A_v f_{yt} d}{s}(\sin\alpha + \cos\alpha)$

전단철근의 응력으로는 설계기준항복강도 f_{yt}를 사용해 전단파괴가 발생할 때 콘크리트 스트럿의 압축파괴보다 전단철근이 먼저 항복하도록 유도한다. 이를 위해서 강도설계법에서는 최대 전단철근량 규정을 두고 있다. 또한 철근 항복변형률은 항복강도에 비례하므로 항복강도가 매우 높은 철근을 전단철근으로 사용하면 전단철근이 항복할 때 전단 균열폭이 커져서 균열면에서 골재 맞물림 작용으로 인한 저항성능이 낮아질 수 있다. 따라서 KDS 14 20 콘크리트구조 설계기준에서는 f_{yt}를 500MPa까지만 허용한다. 전단철근 배치와 관련해서도 콘크리트에 의한 설계전단강도만으로 계수전단력을 지지할 수 있는 부분에는 전단철근을 배치하지 않아도 된다. 다만, 이상적인 거동을 하지 않을 확률에 대해 최소 전단철근 배치구간을 두도록 하고 있다.

소성 변각트러스 모델은 균열의 각도를 일정한 값으로 가정하지 않기 때문에 균열의 각도를 결정하여 전단강도를 계산하여야 한다. 또 부재 전체를 하나의 트러스 모델로 취급하여 전단강도를 검증하는 개념이므로 전단철근 없이 계수 전단력을 지지할 수 있는 부분이 존재하더라도 부재 전체에 최소 전단철근을 배치해야 한다. 강도설계법에서 콘크리트 설계전단강도만으로 지지가 가능하면 전단철근을 배치하지 않아도 되는 반면 소성 변경트러스 모델은 부재 전체를 하나의 트러스로 취급하여 설계하더라도 전단강도의 검증은 각 단면에서의 전단강도 및 전단력으로 이루어진다. 즉, 각 단면의 설계전단강도 V_d는 다음과 같이 계수전단력 V_u 이상이 되도록 설계하여야 한다. 여기서 V_d는 부재의 설계전단강도로 계수전단력 V_u를 저항하는 데에 있어서 전단철근의 필요여부에 따라 결정한다. 즉 계수전단력 V_u를 콘크리트만으로 저항할 수 있는 경우는 전단무보강 부재로 설계할 수 있으며, 콘크리트만으로는 전단강도가 부족한 경우는 필요한 만큼의 전단철근을 배치한 전단보강부재로 설계한다. 다만, 무보강부재라도 최소 전단철근은 배치해야 한다. 전단보강부재의 설계전단강도 V_d는 균열의 각도를 고려하여 전단철근의 항으로 계산되는 설계전단강도 V_{sd}로 결정한다. V_{sd}는 전단보강철근의 항복을 전제로 하여 결정한 값이며, 이때 설계전단강도는 최대설계전단강도 $V_{d,\max}$를 초과하지 않아야 한다. 최대설계전단강도 $V_{d,\max}$는 콘크리트 스트럿의 압축 파괴를 대상으로 하여 결정하는 값으로 콘크리트 스트럿의 파괴에 따른 전단강도를 $V_{cd,strut}$이라고 하면, $V_{d,\max}$는 $V_{cd,strut}$와 같은 의미를 갖는다.

① 전단 무보강 부재의 설계전단강도 : $V_d = V_{cd} = \left[0.85\phi_c\kappa(\rho f_{ck})^{1/3} + 0.15f_n\right]b_w d$

② 전단 보강 부재의 설계전단강도 : $V_d = V_{sd} = \dfrac{\phi_s f_{vy} A_v z}{s}\cot\theta \leq V_{d,\max}$

$$V_{d,\max} = \dfrac{\nu\phi_c f_{ck} b_w z}{\cot\theta + \tan\theta}$$

전단설계 : 수정 압축장이론

전단설계 시 유효 전단철근의 개념을 설명하고, 현행 전단강도식의 개선방안에 대하여 설명하시오.

풀 이

▶ 유효 전단철근의 정의

유효 전단철근(유효 스트럽)은 전단균열이 통과하고 정착길이가 확보되어 철근의 항복응력까지 충분히 저항할 수 있도록 배치된 철근을 의미한다.

▶ 전단철근의 개념과 개선 방안

1) 기존 전단철근 강도산정방식의 문제점

기존 설계기준에서는 전단철근의 강도를 45° 경사의 트러스 모델을 기초로 예측되어 마련되었다 ($V_s = A_v f_y d/s$). 그러나 현재 전단철근의 강도 예측방법은 전단철근의 실제 거동특성과 배근 상태 등을 충분히 고려하지 못하여 상당히 비보수적이며 불안전한 설계를 유도한다.

① 전단력에 저항하는 전단철근의 수를 의미하는 d/s는 실수 값으로 전단철근의 간격과 유효 깊이 비가 정수가 아닐 경우에는 소수점 아래 부분이 반영되어 전단철근의 일부분도 균열에 저항하는 것으로 정의된다. 그러나 실제 스트럽은 일정한 간격을 가지고 불연속적으로 배치되어 있기 때문에 스트럽의 일부분만 전단력에 저항할 수 없다. 또한 정수 값이라도 전단철근이 배근된 부분부터 발생하기 쉬운 전단균열의 특성 균열이 지나는 스트럽의 개수를 효과적으로 모사하지 못한다.

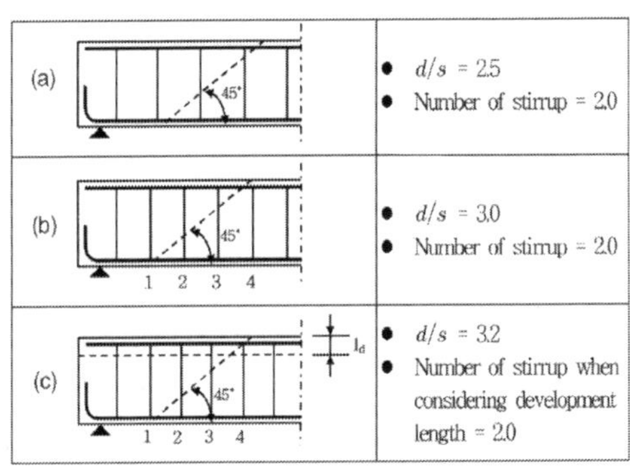

(d/s와 실제 전단철근의 수)

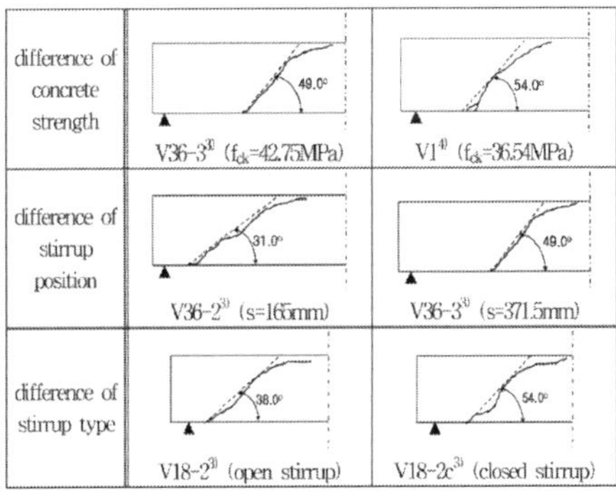

(실제 전단균열과 경사)

② 기존 전단철근의 강도에서는 d/s만큼의 모든 전단철근은 철근의 항복응력까지 저항할 수 있다고 가정한다. 하지만 실제 철근은 소정의 정착길이가 확보되었을 때만 항복응력까지 저항할

수 있다. 전단균열은 부재의 아래 부분에서 하중이 가해지는 쪽으로 대각선으로 발생하게 되므로 균열은 통과하나 정착길이가 충분히 확보되지 못한 전단철근(그림의 4번 스터럽)이 존재하게 되며 이러한 전단철근은 항복응력까지 충분히 저항하지 못한다.

③ 실제 부재의 전단 균열각이 콘크리트 강도(f_{ck}f), 전단지간–유효깊이 비(a/d), 스터럽의 종류 등에 따라 달라진다는 것은 이미 확인된 사실이므로 이를 감안하지 않고 45° 균열각을 일괄 적용하는 것은 불합리하다.

2) 개선방법

전단철근 강도산정 시 앞선 기존 문제점에서 제시된 설계기준에서 d/s를 전단철근의 정착길이, 불연속적인 배근 상태 그리고 MCFT(Modified compression field theory, 수정압축장이론)를 이용한 전단 균열각의 변화를 고려해 유효 스터럽 개수로 대체하는 방법이 제시된 바 있다(유효스터럽 개념을 이용한 전단보강근의 강도예측, 콘크리트학회지, 2008). 제시된 방법은 다음과 같다.

$$V_s = A_v f_y N_v$$

여기서, N_v는 유효 스터럽 개수 $= INT\left[\dfrac{(d-l_d)\cot\theta}{s}\right]$, θ는 전단 균열각

① 부재의 공칭전단응력을 계산하고 콘크리트 강도로 나누어 전단응력비(ν/f_{ck})를 얻는다.

$$\frac{\nu}{f_{ck}} = \frac{V_u - \phi V_p}{\phi bd} \times \frac{1}{f_{ck}}$$

② θ값을 가정하여 주인장 철근의 종방향 변형률 ϵ_x를 계산한다.

$$\epsilon_x = \frac{M_u/d + 0.5 V_u \cot\theta}{E_s A_s}$$

③ 계산된 값들을 이용하여 아래 표를 이용해 θ을 구하고 종방향 변형률 산정 시 가정했던 θ값과 비교해 두 값이 일치할 때까지 반복한다.

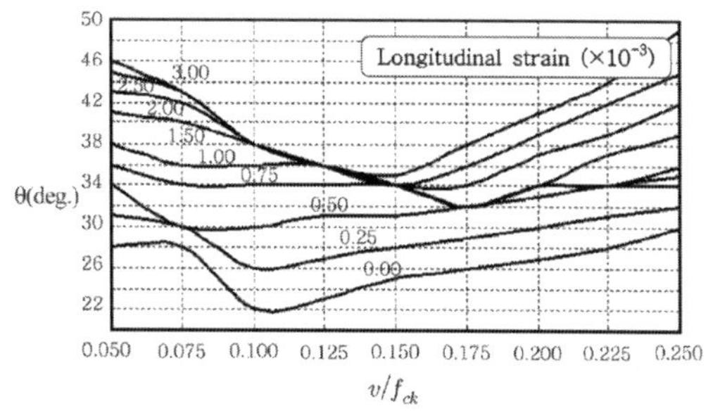

RC 최소전단철근 : 2022 콘크리트구조 설계기준(강도설계법)

콘크리트구조 전단 및 비틀림 설계기준(KDS 14 20 22)에 따른 콘크리트 구조의 최소전단철근 기준에 대하여 설명하시오.

풀 이

▶ 강도설계법에 따른 전단설계 개요

콘크리트구조설계기준 강도설계법(KDS 14 20 22)의 전단설계 모델은 주응력 방향과 균열의 각도가 45°인 것으로 가정하고 콘크리트가 부담하는 전단강도와 전단철근이 부담하는 전단강도의 합으로 부재의 전단강도를 결정하는 모델로 계수전단력 V_u는 부재에 가장 불리한 조건이 되는 계수 하중조합이며, 부재 각 위치의 최대 계수전단력이 소요전단강도가 된다. 설계전단강도 ϕV_n은 V_u 이상이어야 하며 V_n은 콘크리트가 부담하는 V_c와 전단철근이 부담하는 V_s의 합으로 표현된다.

$$\phi V_n = \phi(V_c + V_s) \geq V_u$$

① 콘크리트 전단강도 : $\dfrac{1}{6}\lambda\sqrt{f_{ck}}\,b_w d$

② 전단철근 전단강도 : $V_s = \dfrac{A_v f_{yt} d}{s}(\sin\alpha + \cos\alpha)$

▶ 최소전단철근

1) 최소전단철근의 결정

전단철근의 양이 매우 적은 부재가 전단작용으로 파괴되는 경우에는 예고없이 취성파괴가 발생될 수 있다. 콘크리트구조 설계기준은 이런 가능성에 대해 다음의 두 식으로 계산된 값 중 큰 값으로 단면적으로 배치하도록 최소전단철근 $A_{v,\min}$ 규정을 두고 있다.

① $A_{v,\min} = 0.0625\sqrt{f_{ck}}\,\dfrac{b_w s}{f_{yt}}$

② $A_{v,\min} = 0.35\dfrac{b_w s}{f_{yt}}$

2) 최소전단철근 배치구간

45° 트러스 모델은 콘크리트가 부담하는 전단강도와 전단철근이 부담하는 전단강도를 합하는 개념이므로 콘크리트에 의한 설계전단강도가 계수전단력 이상이면 이론적으로 전단철근을 배치하지 않아도 된다. 그러나 이는 계수 전단력 포락선이 설계자가 가정한 이상적인 상태로 거동할 때

의 결과이며, 실제 구조물은 연속보 각 부분의 콘크리트 탄성계수나 단면 2차 모멘트가 완전히 동일하지 않을 경우 구조해석상의 강성비와 달라 휨모멘트 분포와 전단력의 분포가 달라지거나, 힌지나 이동단 받침이 불순물로 인해 이상적인 작동을 하지 않거나, 압밀로 인해 구조물의 부등 침하로 전단력 분포가 구조해석과 달라지는 등 이상적인 거동을 하지 않을 수 있다. 따라서 설계에서는 이러한 변동성을 고려하고 정밀성과 안전성을 보장하기 위해서 계수전단력 ϕV_cdml 1/2 위치까지 최소전단철근을 배치하도록 규정하고 있다.

다만, 전단철근이 없어도 계수 휨모멘트와 계수전단력에 저항할 수 있다는 것이 실험에 의해 확인된다면 최소 전단철근 규정을 적용하지 않을 수 있다. 또한 계수전단력의 이동은 부재가 두꺼운 경우에는 영향이 크지만 두께가 얇은 부재에는 영향이 크지 않아서 KDS 14 20 22 규정에서는 다음의 경우 최소 전단철근을 배치할 필요가 없다고 규정하고 있다.

① 슬래브와 기초판

② 작은 크기의 보를 촘촘히 배치하여 일방향 슬래브를 이루는 콘크리트 장선구조

③ 전체 깊이가 250mm 이하이거나 I형 보, T형 보에서 그 깊이가 플랜지 두께의 2.5배 또는 복부 폭의 1/2 중 큰 값 이하인 보

④ 교대 벽체 및 날개벽, 옹벽의 벽체, 암거 등과 같이 휨이 주거동인 판부재

⑤ 순 단면의 깊이가 315mm를 초과하지 않는 속빈 부재에 작용하는 계수전단력이 $0.5\phi V_{cw}$를 초과하지 않는 경우

⑥ 보의 깊이가 600mm를 초과하지 않고 설계기준압축강도가 40MPa을 초과하지 않는 강섬유 콘크리트 보에 작용하는 계수전단력이 $\phi(1/6)\lambda \sqrt{f_{ck}} b_w d$를 초과하지 않는 경우

RC 전단강도 : 강도설계법과 한계상태설계법

다음 설계조건을 갖는 단면의 전단강도를 한계상태설계법과 강도설계법으로 각각 구하고 두 설계 방법의 차이점을 비교 설명하시오.

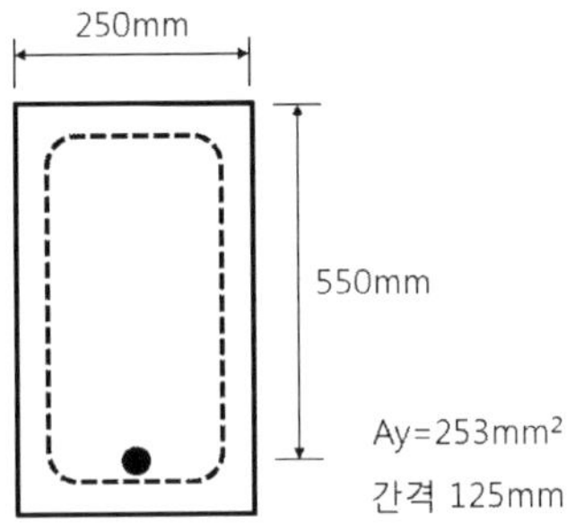

〈설계 조건〉

f_{ck}=30MPa, f_y=400MPa

b=250mm, d=550mm(z=0.9d)

전단철근 A_v=253mm², 간격 125mm

전단에 의한 균열 발생 상태

축방향 압축력은 없음(a_{cw}=1)

풀 이

▶ 강도설계법에 따른 전단강도

1) 콘크리트의 전단강도

$$V_c = \frac{1}{6}\sqrt{f_{ck}}\,b_w d = \frac{1}{6}\times\sqrt{30}\times250\times550 = 125.52\text{kN}$$

2) 전단철근의 강도

$$V_s = A_v f_y \frac{d}{s} = 253\times400\times\frac{500}{125} = 404.8\text{kN} \ \le\ \frac{2}{3}\sqrt{f_{ck}}\,b_w d \ (=502.079\text{kN})$$

3) 강도설계법에 따른 전단강도 $\ V_n = V_c + V_s = 530.32\text{kN}$

▶ 한계상태설계법에 따른 전단강도

전단보강철근이 배치된 부재의 설계전단강도 V_d는 전단보강철근의 항복을 기준으로 정한 다음의 설계전단강도 V_{sd}값으로 정한다.

$$V_{sd} = \frac{f_{vy}A_v z}{s}\cot\theta = \frac{400\times253\times0.9\times550}{125} = 400.75\text{kN} \le V_{d,\max} = \frac{\nu f_{ck} b_w z}{\cot\theta + \tan\theta}$$

RC보의 전단강도 : 한계상태설계법

축방향 인장을 받는 보의 부재 축에 대하여 수직인 U형 전단철근의 간격을 구하시오. 여기서, f_{ck}=24MPa(모래 경량콘크리트), f_{yt}= 500MPa, M_d=60.0kN·m, M_l=45.0kN·m, V_d=55.0kN, V_l=40.0kN, N_d=-10.0kN(인장), N_l=-70.0kN(인장), 고정하중 계수: 1.2, 활하중 계수: 1.6, 철근 단면적: D10=71.33mm^2

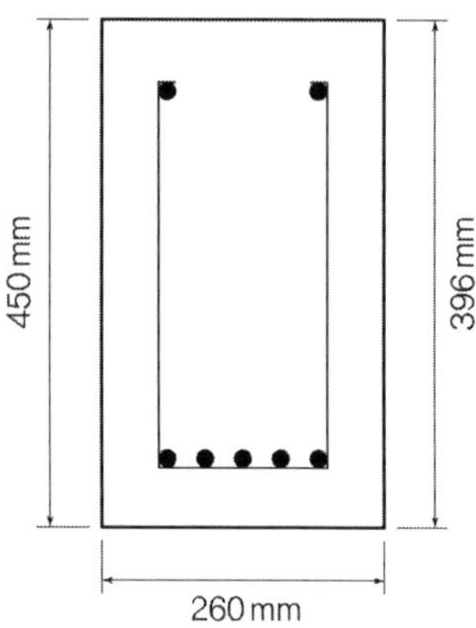

풀 이

▶ 상수값 산정

1) 부재력

$$M_u = 1.2M_d + 1.6M_l = 1.2 \times 60 + 1.6 \times 45 = 144 \text{ kNm}$$

$$V_u = 1.2V_d + 1.6V_l = 1.2 \times 55 + 1.6 \times 40 = 130 \text{ kN}$$

$$N_u = 1.2N_d + 1.6N_l = 1.2 \times 10 + 1.6 \times 70 = 124 \text{ kN}$$

2) 단면 계수값

콘크리트 평균압축강도 $f_{cm} = f_{ck} + \Delta f = 24 + 4 = 28\text{MPa}$

  ※ 여기서, Δf는 f_{ck}가 40MPa 이하에서 4MPa, 60MPa 이상에서는 6MPa이며 사이값은 직선보간

콘크리트 평균인장강도 $f_{ctm} = 0.30(f_{cm})^{2/3} = 2.77\text{MPa}$

(여기서, 경량콘크리트의 인장강도는 f_{ctm}값에 $\eta_l = 0.40 + 0.60\gamma_g/2200$을 곱하여 산정하여야 하나, 조건에서 절대건조 밀도 상한값이 주어지지 않았으므로 평균인장강도를 f_{ctm}로 본다.)

콘크리트 기준인장강도 $f_{ctk} = 0.70f_{ctm} = 1.94\text{MPa}$

$$\kappa = 1 + \sqrt{200/d} = 1.711 \leq 2.0$$

$$f_n = N_u / A_c = 1.06 \leq 0.2\phi_c f_{ck} (= 0.2 \times 0.65 \times 24 = 3.12 \ \text{MPa})$$

➤ 휨철근 산정

1) 필요 철근량

$$f_{cd} = 0.85\phi_c f_{ck} = 0.85 \times 0.65 \times 24 = 13.26 \ \text{MPa}$$

$$f_{yd} = \phi_s f_y = 0.9 \times 500 = 450 \ \text{MPa}$$

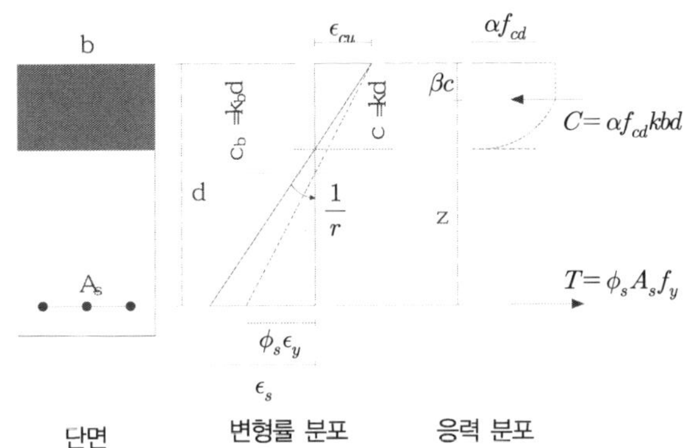

α : 압축영역의 평균응력 $f_{c,avg}$ 과 설계강도 f_{cd}의 비

$$\alpha = 1 - \frac{1}{1+n}\left(\frac{\epsilon_{co}}{\epsilon_{cu}}\right)$$

β : 압축연단으로부터 잰 작용점 깊이와 중립축 깊이 비

$$\beta = 1 - \frac{0.5 - \dfrac{1}{(1+n)(2+n)}\left(\dfrac{\epsilon_{co}}{\epsilon_{cu}}\right)^2}{1 - \dfrac{1}{1+n}\left(\dfrac{\epsilon_{co}}{\epsilon_{cu}}\right)}$$

휨부재의 극한한계상태에서 한계변형률과 합력 무차원 계수값

f_{ck}(MPa)	보통강도 콘크리트							고강도 콘크리트				
	18	21	24	27	30	35	40	50	60	70	80	90
ϵ_{cu} (‰)				3.3				3.2	3.1	3.0	2.9	2.8
α				0.80				0.78	0.72	0.67	0.63	0.59
β				0.41 (0.4)				0.40	0.38	0.37	0.36	0.35
$\gamma(\eta)$				0.97 (1.0)				0.97	0.95	0.91	0.87	0.84

$$C = \alpha f_{cd} bc = 0.8 \times 13.26 \times 260 \times c = 2{,}758.1c$$

$$C = T : f_{yd} A_s = 2{,}758.1c \quad \therefore c = \frac{450}{2{,}758.1} A_s$$

$$z = d - \beta c = 396 - 0.4c$$

$$M_d = Tz = A_s f_{yd} z = 450 A_s \left(396 - 0.4 \times \frac{450}{2{,}758.1} A_s\right) \geq M_u (= 144 \times 10^6)$$

$$\therefore A_{s(req)} \geq 959.9 \text{mm}^2$$

2) 최소철근량

$$A_{s(\min)} = \frac{M_{cr}}{zf_{yd}} = \frac{0.26f_{ctm}bd}{f_{yd}} \geq 0.0013bd \qquad \text{여기서, } f_{ctm} : \text{평균인장강도}$$

$$\therefore A_{s(\min)} = 148.3\,\text{mm}^2 \geq 133.85\,\text{mm}^2$$

$$\therefore A_s = 1005.3\,\text{mm}^2 \ \ (\text{Use D16}-\text{5EA})$$

3) 최소철근비

$$\rho = \frac{A_s}{b_w d} = \frac{1005.3}{260 \times 396} = 0.00976$$

▶ 전단철근 필요 검토

$$V_{cd} = \left[0.85\phi_c \kappa (\rho f_{ck})^{1/3} + 0.15f_n\right]b_w d \qquad \phi_c = 0.65(\text{극한하중조합 I, II, III, IV, V})$$

$$V_{cd} = \left[0.85 \times 0.65 \times 1.711 \times (0.00976 \times 24)^{1/3} + 0.15 \times 1.06\right] \times 260 \times 396 \times 10^{-3}$$

$$= 76.37 \ \text{kN}$$

$$V_{cd.\min} = (0.4\phi_c f_{ctk} + 0.15f_n)b_w d = 68.30\text{kN}$$

$$\therefore V_c = 76.37 \ \text{kN} < V_u = 130 \ \text{kN} \qquad \text{전단철근 보강이 필요하다.}$$

▶ 전단철근 배치 검토

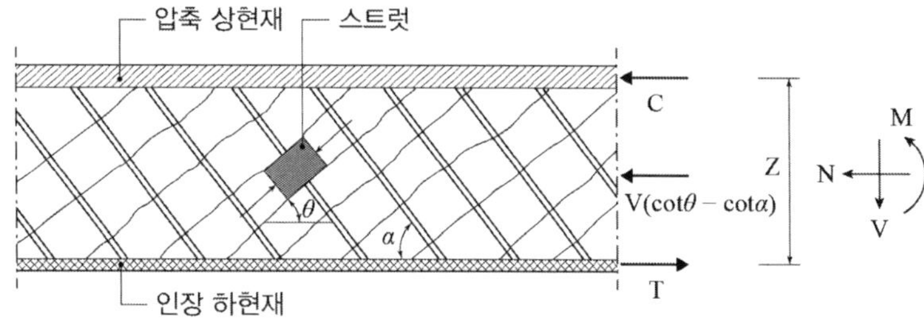

① 스트럿 경사각 $\theta = 30°$으로 가정한다.

$$1 \leq \cot\theta = \cot 30° = \sqrt{3} \leq 2.5 \qquad \text{O.K}$$

② 전단철근 배치 적정성 검토

   (1) 필요전단철근 강도 $V_{sd} \geq V_u = 130$ kN

    Use D10 $\therefore A_v = 71.33 \times 2 = 142.66 \text{mm}^2$

콘크리트 압축강도 유효계수 $\nu = 0.6\left(1 - \dfrac{f_{ck}}{250}\right) = 0.542$

$$V_{sd} = \frac{\phi_s f_{vy} A_v z}{s} \cot\theta \geq 130 \times 10^3 \,\text{N}$$

$$\therefore s \leq \frac{\phi_s f_{vy} A_v z \cot\theta}{130 \times 10^3} = \frac{0.9 \times 500 \times 142.66 \times (0.9 \times 396) \times \cot30°}{130 \times 10^3} = 304.8\,\text{mm}$$

$\therefore$ D10 U형 수직스트럽을 250mm 간격으로 배치한다.

$$V_{sd} = \frac{\phi_s f_{vy} A_v z}{s} \cot\theta = \frac{0.90 \times 500 \times 142.66 \times 0.9 \times 396}{250} \times \cot30° \times 10^{-3} = 158.5 \text{ kN}$$

$$V_{d,\max} = \frac{\nu \phi_c f_{ck} b_w z}{\cot\theta + \tan\theta} = \frac{0.542 \times 0.65 \times 24 \times 260 \times 0.9 \times 396}{\cot(30) + \tan(30)} \times 10^{-3} = 339.3 \text{ kN}$$

$$\therefore V_{sd} = \frac{\phi_s f_{vy} A_v z}{s} \cot\theta \leq V_{d,\max} = \frac{\nu \phi_c f_{ck} b_w z}{\cot\theta + \tan\theta} \qquad \text{O.K}$$

RC 전단강도와 휨강도 설계 : 한계상태설계법

아래 그림과 같은 철근 콘크리트 직사각형 보에서 다음 사항들을 검토하시오(단, 도로교설계기준
(한계상태설계법, 2016)을 적용한다).

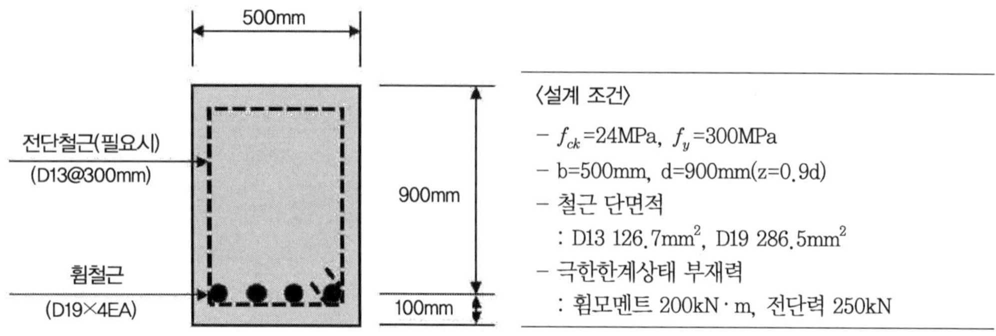

1) 단면의 전단철근 필요여부를 검토하고, 전단철근이 필요한 경우 전단강도와 전단철근 간격의
   적정성을 검토하시오(단, 복부 스트럿 경사각 θ=30°로 가정하며, 축력의 영향은 무시한다).
2) 단면의 설계 휨강도 M_r=271kNm일 때, 전단력에 의한 추가 인장력의 영향을 고려하여 배치된
   휨철근의 적정성을 검토하시오.

풀 이

▶ 단면 상수값 산정

콘크리트 평균압축강도 $f_{cm} = f_{ck} + \Delta f = 24 + 4 = 28\text{MPa}$

※ 여기서, Δf는 f_{ck}가 40MPa 이하에서 4MPa, 60MPa 이상에서는 6MPa이며 사이값은 직선보간

콘크리트 평균인장강도 $f_{ctm} = 0.30 (f_{cm})^{2/3} = 2.77\text{MPa}$

콘크리트 기준인장강도 $f_{ctk} = 0.70 f_{ctm} = 1.94\text{MPa}$

철근비 $\rho = \dfrac{A_s}{b_w d} = \dfrac{286.5 \times 4}{500 \times 900} = 0.002547$

$\kappa = 1 + \sqrt{200/d} = 1.471 \leq 2.0$

$f_n = N_u / A_c = 0 \leq 0.2\phi_c f_{ck}$

➤ 콘크리트의 전단강도

$$V_{cd} = \left[0.85\phi_c \kappa (\rho f_{ck})^{1/3} + 0.15f_n\right]b_w d \qquad \phi_c = 0.65(\text{극한하중조합 I, II, III, IV, V})$$

$$V_{cd} = \left[0.85 \times 0.65 \times 1.471 \times (0.00254 \times 24)^{1/3}\right] \times 500 \times 900 \times 10^{-3} = 7.453 \text{ kN}$$

$$V_{cd.\min} = (0.4\phi_c f_{ctk} + 0.15f_n)b_w d = 226.5 \text{kN}$$

$$\therefore V_c = 226.5 \text{ kN} < V_u = 250 \text{ kN} \qquad \text{전단철근 보강이 필요하다.}$$

➤ 전단철근 배치 적정성 검토

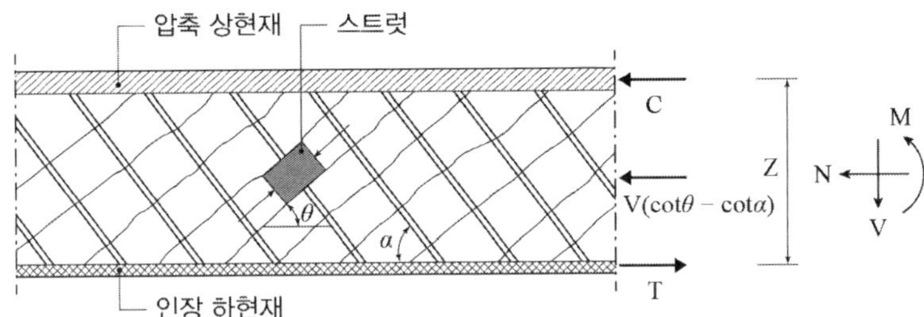

① 스트럿 경사각 $\theta = 30°$으로 가정한다.

$$1 \leq \cot\theta = \cot 30° = \sqrt{3} \leq 2.5 \qquad \text{O.K}$$

② 전단철근 배치 적정성 검토

    Use D13@300 $\qquad \therefore A_v = 126.7 \times 2^{\text{leg}} = 253.4 \text{mm}^2$

    콘크리트 압축강도 유효계수 $\quad \nu = 0.6\left(1 - \dfrac{f_{ck}}{250}\right) = 0.542$

$$\therefore V_{sd} = \frac{\phi_s f_{vy} A_v z}{s}\cot\theta = \frac{0.90 \times 300 \times 253.4 \times 810}{300} \times \cot 30° \times 10^{-3} = 320.0 \text{ kN}$$

$$\therefore V_{sd}(= 320kN) > V_u(= 250kN) \qquad \text{O.K}$$

$$V_{d,\max} = \frac{\nu\phi_c f_{ck} b_w z}{\cot\theta + \tan\theta} = \frac{0.542 \times 0.65 \times 24 \times 500 \times 810}{\cot(30) + \tan(30)} \times 10^{-3} = 1482.8 \text{kN}$$

$$V_{sd} = \frac{\phi_s f_{vy} A_v z}{s}\cot\theta \leq V_{d,\max} = \frac{\nu\phi_c f_{ck} b_w z}{\cot\theta + \tan\theta} \qquad \text{O.K}$$

$$\text{전단철근비 } \rho_v = \frac{A_v}{s b_w \sin\alpha} = \frac{253.4}{300 \times 500 \times \sin 90°} = 0.00169$$

최소전단철근비 $\rho_{v,\min} = \dfrac{0.08\sqrt{f_{ck}}}{f_y} = \dfrac{0.08\sqrt{24}}{300} = 0.00131 < \rho_v$ O.K

부재 종방향 전단철근의 최대간격 $s_{\max 1} = 0.75d(1+\cot\alpha) = 675\,\text{mm} > s$ O.K

한 단면 내에 배치되는 전단철근의 최대 폭방향 간격

$$s_{\max 2} = \min[0.75d,\ 600] = 600\,\text{mm} > s \qquad \text{O.K}$$

∴ D13 수직스트럽을 300mm 간격으로 배치한다.

▶ 전단력에 의한 추가 인장력 고려 휨철근 적정성 검토

도로교설계기준 한계상태법에 따라 작용 전단력 V_u에 의해 종방향 철근에 발생하는 추가 인장력 ΔT는 다음과 같다.

$$\Delta T = 0.5\,V_u(\cot\theta - \cot\alpha) = 0.5 \times 250 \times (\cot(30°) - \cot(90°)) = 216\ \text{kN}$$

$$\therefore\ M' = (T + \Delta T)z = Tz + \Delta Tz = 200 + 216 \times 0.9 \times 900 \times 10^{-3} = 375.37\ \text{kNm}$$

따라서, $M' > M_u$이므로 적정하다.

RC의 휨과 전단 설계 : 2022 콘크리트구조 설계기준(강도설계법)

다음 그림과 같이 길이 6m인 철근 콘크리트 단순보에 고정하중 w_D=30kN/m, 활하중 w_L= 25kN/m 가 작용할 때 강도설계법을 적용하여 다음 사항을 구하시오.

1) 계수모멘트(M_u)에 의한 단철근 직사각형 단면 보의 휨 철근량과 사용철근

2) 전단력 분포에 따른 최소 전단철근 배치구간을 구하고 위험단면에서 수직 전단 철근과 간격

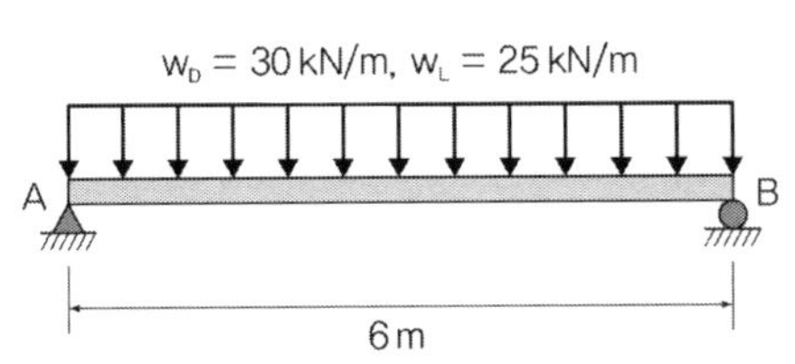

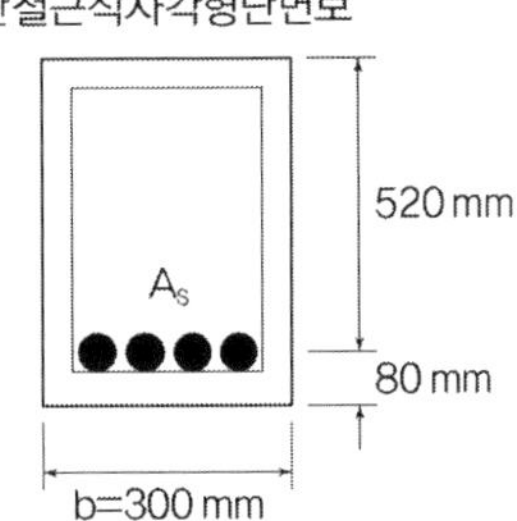

〈조건〉

- 보통콘크리트(f_{ck}=27MPa)
- 사용철근 SD400(f_y=400MPa)
- 철근의 개당 단면직 H29(A_s=642.4mm^2), H13(A_s=126.7mm^2)
- 강도감소계수(ϕ)는 휨에 대하여 0.85와 전단에 대하여 0.75를 적용한다.
- 콘크리트 단위중량 24kN/m^3
- 하중계수는 1.2D와 1.6L

풀 이

▶ 개요

콘크리트 구조설계(KDS 14 20 01 : 2022 강도설계법)에 따라 풀이한다.

▶ 계수하중과 철근량 산정

1) 하중 산정

콘크리트 자중 0.3×0.6×24=4.32kN/m

$$w_u = 1.2w_D + 1.6w_L = 1.2 \times (30 + 4.32) + 1.6 \times 25 = 81.184\,\text{kN/m}$$

중앙부에 작용하는 최대 모멘트 $M_u = \dfrac{wL^2}{8} = \dfrac{81.184 \times 6^2}{8} = 365.328\,\text{kNm}$

2) 철근량 산정

$$\phi = 0.85 \text{로 가정하면, } M_n = \frac{M_u}{\phi} = 429.80 \text{ kNm}$$

$$a = \frac{A_s f_y}{0.85 f_{ck} b} \text{ 이므로, } M_n = A_s f_y \left(d - \frac{a}{2}\right) = A_s f_y \left(d - \frac{1}{2}\frac{A_s f_y}{0.85 f_{ck} b}\right) = 429.80 \text{ kNm}$$

A_s 에 관한 2차 방정식으로부터,

$$A_s \times 400 \times \left(520 - \frac{1}{2}\frac{400 A_s}{0.85 \times 27 \times 300}\right) = 429.80 \times 10^6 \quad \therefore A_{s(req)} = 2383.8 \text{mm}^2$$

$\therefore$ H29 철근 4개(A_s =2569.6mm²)를 사용한다.

Check ϕ

a=149.29mm, c=175.63mm

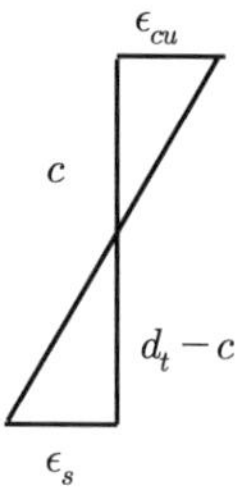

$$\frac{c}{d_t} = \frac{\epsilon_{cu}}{\epsilon_{cu} + \epsilon_s}$$

$$\therefore \epsilon_s = \frac{\epsilon_{cu}}{c} \times (d_t - c) = \epsilon_{cu}\left(\frac{d_t}{c} - 1\right) = 0.0059 > 0.005$$

$$\therefore \phi = 0.85 \qquad \text{O.K}$$

Check 최소철근량

$$A_{s.min} = \min\left[\max\left[\frac{1.4}{f_y}b_w d, \ \frac{0.25\sqrt{f_{ck}}}{f_y}b_w d\right], \ \frac{4}{3}A_{req}\right]$$
$$= \min\left[\max\left[546, \ 506.6\right], \ 3178.4\right] = 546 \text{mm}^2 \ < \ A_s (=2569.6 \text{mm}^2) \qquad \text{O.K}$$

▶ 최소 전단철근 배치구간과 위험단면에서 수직전단철근과 간격

$$w_u = 81.184 \text{ kN/m}, \quad R_A = R_B = 81.814 \times 3 = 245.442 \text{ kN}$$

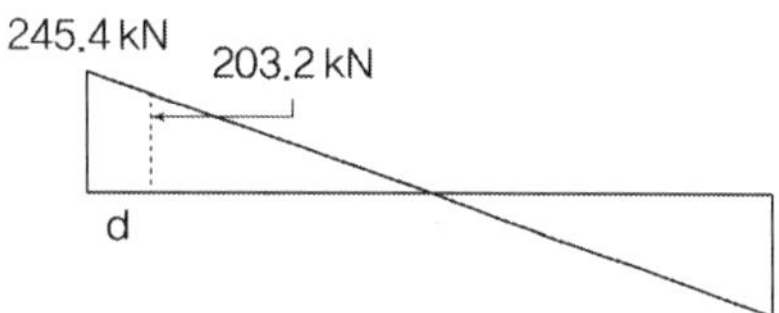

지점에서부터 d만큼 떨어진 위험단면에서의
전단력은 $R_A - w_u \times d = 203.22$ kN

➤ **콘크리트 전단강도**

$$\phi V_c = \phi \frac{1}{6} \sqrt{f_{ck}} \, b_w d = 101.32 \ \text{kN} < \ V_u \therefore \text{전단철근 보강 필요}$$

➤ **전단철근 검토**

$$\phi V_s = V_u - \phi V_c = 100.9 \, \text{kN} < \phi \frac{2}{3} \sqrt{f_{ck}} \, b_w d \,(=405.30\text{kN}), \quad \phi \frac{1}{3} \sqrt{f_{ck}} \, b_w d \,(=202.65\text{kN})$$

1) 최대 철근 간격

$$s_{\max} = \min\left[\frac{d}{2}, \ 600^{mm} \right] = 260\text{mm}$$

Use H13(A_s=126.7mm^2) :   2-leg $A_v = 253.4\text{mm}^2$

$$s_{req} \leq \frac{\phi A_v f_y d}{V_u - \phi V_c} = \frac{0.75 \times 253.4 \times 400 \times 520}{100.9 \times 10^3} = 391.78\text{mm} \therefore s_{use} = 250\text{mm} < s_{\max}$$

2) 전단철근 배치 구간 검토

$\phi V_c = 101.32 \, \text{kN}$일 때의 거리는 좌측 지점으로부터

$$\phi V_c = R_A - w_u \times x^m \qquad \therefore x = 1.77\text{m}$$

∴ 좌측(우측)지점으로부터 1.77m 구간까지는 전단철근을 250mm 간격으로 D13철근 배근

3) 최소전단철근의 배근 검토

$\phi \dfrac{1}{2} V_c = 50.66 \, \text{kN}$일 때의 거리는 지점 A로부터

$$\phi \frac{1}{2} V_c = R_A - w_u \times x^m \qquad \therefore \ x = 2.40\text{m}$$

$\phi \dfrac{1}{2} V_c < V < \phi V_c$인 구간인

좌측(우측)지점으로부터 거리 $1.77\text{m} < x \leq 2.40\text{m}$인 구간은 최소전단철근 배근

$$A_{v.\min} = 0.0625 \frac{\sqrt{f_{ck}}}{f_y} b_w s \,(=60.89\text{mm}^2) \ < \ 0.35 \frac{b_w s}{f_y} \,(=65.625\text{mm}^2)$$

최소전단철근을 동일하게 전단철근을 250mm 간격으로 D13철근 배근

$$A_{v.use} \geq A_{v.\min} \qquad \text{O.K}$$

전단설계 : 한계상태설계법

아래 그림과 같은 광폭 프리스트레스트 콘크리트(PSC) 박스거더교에 대해서 다음 사항을 계산하시오.

1) B점의 극한한계상태 시 전단력을 구하시오(단, 프리스트레스트 콘크리트 박스거더 단면을 제외한 기타 부재의 자중 및 비틀림의 영향은 무시한다).

2) B점의 극한한계상태 전단에 대해서 설계하시오.

   (단, ① 복부트러스 각도는 45°로 가정, ② 전단철근검토 시 횡방향 해석의 복부 휨강도에 필요한 주철근은 고려하지 않음, ③ 철근단면적 (Av) : D25 = 506.7mm², ④ 철근배치간격 (S) : 150mm)

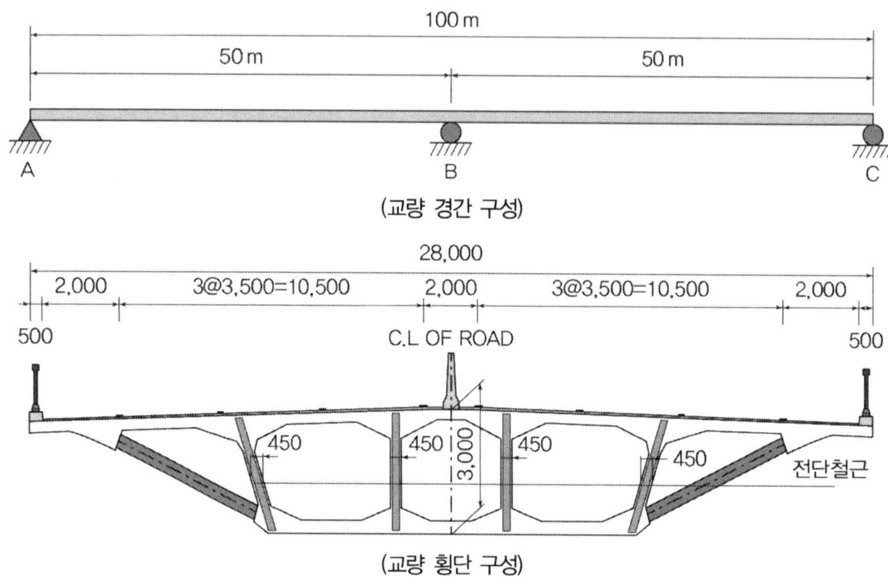

광폭 PSC 박스거더	단면적	21,856,000mm²	형고	3,000mm
	단면 2차모멘트	2.9×10^{13}mm⁴	철근 콘크리트 단위중량	25 kN/m³
	$f_y(=f_{vy})$	400MPa	f_{ck}	40MPa
활하중	KL-510의 표준차로 하중만 교량 전구간에 만재하(왕복 6차로)			
하중계수	고정하중계수 1.25, 활하중 계수 1.8			

풀 이

▶ 하중산정

1) 활하중 : KL-510 표준차로 하중

① 재하차로수 $N = \dfrac{W_C}{W_P} = \dfrac{28000 - 1000}{3500} = 7.7$　　∴ 재하차로수는 7차로로 한다.

② 표준차로하중

지간이 60m 이하에서 표준차로하중은 12.7 kN/m이므로,　$w_L = 12.7 \times 7 = 88.9$ kN/m

2) 고정하중

$A_c = 21,856,000 \text{mm}^2,\ \gamma_c = 25 \text{kN/m}^3,\ \ \ \therefore w_D = 546.4$ kN/m

3) 극단한계상태 하중 산정

$w_u = 1.25 w_D + 1.8 w_L = 1.25 \times 546.4 + 1.8 \times 88.9 = 843.02$ kN/m

▶ 교량의 단면력 및 B점의 전단력 산정

① B점의 반력을 부정정력을 보고 AC단순보에서 등분포 하중이 작용할 때 B점의 처짐 δ_1은

$$\delta_1 = \frac{5wL^4}{384EI}$$

② AC단순보에서 B점의 부정정력으로 인한 B점의 상향 처짐 δ_2는

$$\delta_2 = \frac{RL^3}{48EI}$$

③ 적합조건

$$\delta_1 = \delta_2 : R_B = \frac{5 \times 48}{384} wL = 52,688.75 \text{ kN}$$

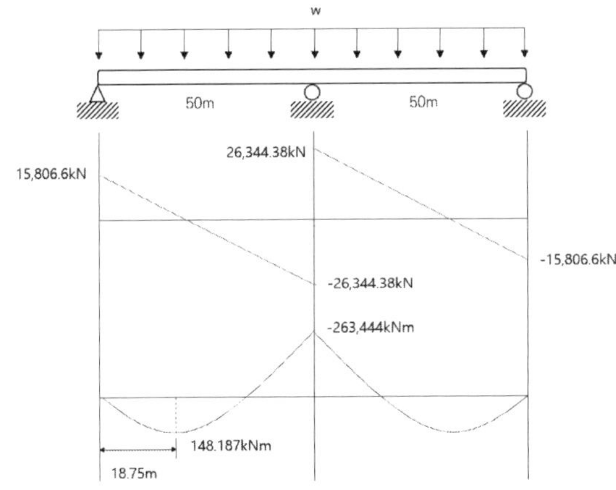

$R_A = R_C = 15,806.6$ kN

$\therefore V_B = R_A - wL = -26,344.38$ kN

A점으로부터 18.75m떨어진 지점에서 최대 모멘트 148,187 kNm 발생

$$M_x = R_A x - \frac{wx^2}{2}$$

$$\frac{\partial M_x}{\partial x} = 0 \ ; \ x = 18.75$$

$$\therefore M_{x = 18.75} = 148,187 \text{ kNm}$$

▶ 휨부재 설계

$$f_{cd} = 0.85\phi_c f_{ck} = 0.85 \times 0.65 \times 40 = 22.1 \text{ MPa}$$

$$f_{yd} = \phi_s f_y = 0.9 \times 400 = 360 \text{ MPa}$$

휨부재의 극한한계상태에서 한계변형률과 합력 무차원 계수 값

f_{ck}(MPa)	보통강도 콘크리트							고강도 콘크리트				
	18	21	24	27	30	35	40	50	60	70	80	90
ϵ_{cu} (‰)				3.3				3.2	3.1	3.0	2.9	2.8
α				0.80				0.78	0.72	0.67	0.63	0.59
β				0.41 (0.4)				0.40	0.38	0.37	0.36	0.35
$\gamma(\eta)$				0.97 (1.0)				0.97	0.95	0.91	0.87	0.84

$$C = \alpha f_{cd}bc = 0.8 \times 22.1 \times 450 \times c = 7956c$$

$$C = T : f_{yd}A_s = 7956c \quad \therefore c = \frac{360}{7956}A_s$$

$$z = d - \beta c = 2700 - 0.4c \quad \text{(Assume d=0.9h)}$$

$$M_d = Tz = A_s f_{yd}z = 360A_s\left(2700 - 0.4 \times \frac{360}{7956}A_s\right) \geq M_u\left(= \frac{148,187}{4} \times 10^6\right)$$

$$\therefore A_{s(req)} \geq 149,175\text{mm}^2 \quad \rho_{req} = 0.122 > 0.02$$

$\therefore$ 전단철근 검토 시 콘크리트 전단강도 검토에 사용되는 $\rho = 0.02$를 사용한다.

▶ 전단 설계

콘크리트 웨브 4개에 의해서만 전단력이 지지된다고 가정하면, 1개의 콘크리트 웨브가 지지해야 할 전단력 $V_u{'} = 6,586.1 \text{ kN}$

콘크리트 평균압축강도 $\quad f_{cm} = f_{ck} + \Delta f = 40 + 4 = 44\text{MPa}$

  ※ 여기서, Δf는 f_{ck}가 40MPa 이하에서 4MPa, 60MPa 이상에서는 6MPa이며 사이값은 직선보간

콘크리트 평균인장강도 $\quad f_{ctm} = 0.30(f_{cm})^{2/3} = 3.739\text{MPa}$

콘크리트 기준인장강도 $\quad f_{ctk} = 0.70f_{ctm} = 2.617\text{MPa}$

철근비 $\rho = 0.02$

$$\kappa = 1 + \sqrt{200/d} = 1.036 \leq 2.0$$

1) 전단보강철근 필요여부 검토(콘크리트 전단강도 검토)

$$V_{cd} = \left[0.85\phi_c \kappa (\rho f_{ck})^{1/3} + 0.15f_n\right]b_w d \qquad \phi_c = 0.65(\text{극한하중조합 I, II, III, IV, V})$$

$$V_{cd} = \left[0.85 \times 0.65 \times 1.036 \times (0.02 \times 40)^{1/3}\right] \times 450 \times 2700 \times 10^{-3} = 645.84 \text{ kN}$$

$$V_{cd.\min} = (0.4\phi_c f_{ctk} + 0.15f_n)b_w d = 826.7 \text{ kN}$$

$$\therefore V_c = 826.7 \text{ kN} < V_u = 6,586.1 \text{ kN} \qquad\qquad \text{전단철근 보강이 필요하다.}$$

2) 전단보강철근 검토

① 스트럿 경사각 $\theta = 45°$으로 가정한다.

$$1 \leq \cot\theta = \cot 45° = 1 \leq 2.5 \qquad\qquad \text{O.K}$$

② 전단철근 배치 적정성 검토

　　Use D25@150　　　　$\therefore A_v = 506.7 \times 2^{\text{leg}} = 1,013.4 \text{mm}^2$

콘크리트 압축강도 유효계수　　$\nu = 0.6\left(1 - \dfrac{f_{ck}}{250}\right) = 0.504$

$$V_{sd} = \frac{\phi_s f_{vy} A_v z}{s}\cot\theta = \frac{0.90 \times 400 \times 1013.4 \times 0.9 \times 2700}{150} \times 10^{-3} = 5,910.2 \text{ kN} < V_u \qquad \text{N.G}$$

전단철근 배치 재검토

　　Use D25@125　　　　$\therefore A_v = 506.7 \times 2^{\text{leg}} = 1,013.4 \text{mm}^2$

$$V_{sd} = \frac{\phi_s f_{vy} A_v z}{s}\cot\theta = \frac{0.90 \times 400 \times 1013.4 \times 0.9 \times 2700}{125} \times 10^{-3} = 7092.2 \text{ kN} > V_u \qquad \text{O.K}$$

$$V_{d,\max} = \frac{\nu\phi_c f_{ck} b_w z}{\cot\theta + \tan\theta} = \frac{0.504 \times 0.65 \times 40 \times 450 \times 0.9 \times 2700}{\cot(45) + \tan(45)} \times 10^{-3} = 7,164.6 \text{ kN}$$

$$V_{sd} = \frac{\phi_s f_{vy} A_v z}{s}\cot\theta \leq V_{d,\max} = \frac{\nu\phi_c f_{ck} b_w z}{\cot\theta + \tan\theta} \qquad\qquad \text{O.K}$$

$\therefore$ D25 U형 수직스터럽을 125mm 간격으로 배치한다.

③ 전단철근 배치 적정성 검토

Use D13@300　　　∴ $A_v = 126.7 \times 2^{\text{leg}} = 253.4 \, \text{mm}^2$

콘크리트 압축강도 유효계수　$\nu = 0.6\left(1 - \dfrac{f_{ck}}{250}\right) = 0.542$

$$\therefore \ V_{sd} = \frac{\phi_s f_{vy} A_v z}{s}\cot\theta = \frac{0.90 \times 300 \times 253.4 \times 810}{300} \times \cot 30° \times 10^{-3} = 320.0 \, \text{kN}$$

$$\therefore \ V_{sd}(= 320kN) > V_u(= 250kN) \qquad\qquad \text{O.K}$$

$$V_{d,\max} = \frac{\nu \phi_c f_{ck} b_w z}{\cot\theta + \tan\theta} = \frac{0.542 \times 0.65 \times 24 \times 500 \times 810}{\cot(30) + \tan(30)} \times 10^{-3} = 1482.8 \, \text{kN}$$

$$V_{sd} = \frac{\phi_s f_{vy} A_v z}{s}\cot\theta \leq V_{d,\max} = \frac{\nu \phi_c f_{ck} b_w z}{\cot\theta + \tan\theta} \qquad\qquad \text{O.K}$$

전단철근비 $\rho_v = \dfrac{A_v}{s b_w \sin\alpha} = \dfrac{253.4}{300 \times 500 \times \sin 90°} = 0.00169$

최소전단철근비 $\rho_{v,\min} = \dfrac{0.08\sqrt{f_{ck}}}{f_y} = \dfrac{0.08\sqrt{24}}{300} = 0.00131 < \rho_v$　　O.K

부재 종방향 전단철근의 최대간격 $s_{\max 1} = 0.75d(1 + \cot\alpha) = 675 \, \text{mm} > s$　　　O.K

한 단면 내에 배치되는 전단철근의 최대 폭방향 간격

$$s_{\max 2} = \min[0.75d, \ 600] = 600 \, \text{mm} > s \qquad\qquad \text{O.K}$$

∴ D13 수직스트럽을 300mm 간격으로 배치한다.

▶ 전단력에 의한 추가 인장력 고려 휨철근 적정성 검토

도로교설계기준 한계상태법에 따라 작용 전단력 V_u 에 의해 종방향 철근에 발생하는 추가 인장력 ΔT는 다음과 같다.

$$\Delta T = 0.5 V_u(\cot\theta - \cot\alpha) = 0.5 \times 250 \times (\cot(30°) - \cot(90°)) = 216 \, \text{kN}$$

$$\therefore \ M' = (T + \Delta T)z = Tz + \Delta Tz = 200 + 216 \times 0.9 \times 900 \times 10^{-3} = 375.37 \, \text{kNm}$$

따라서, $M' > M_u$ 이므로 적정하다.

박스형 보의 전단설계 : 2017 콘크리트 구조기준

박스형 보의 경간 $l = 9.0m$ 에 보가 U형 D10스트럽(다리 2개의 면적 $A_v = 143mm^2$)으로 전단 보강되었다면 스트럽을 배치하지 않아도 되는 구간과 스트럽의 간격을 $d/2$로 배치해도 되는 구간을 결정하라. $f_{ck} = 21MPa$ 이고, $f_y = 400MPa$ 이다.

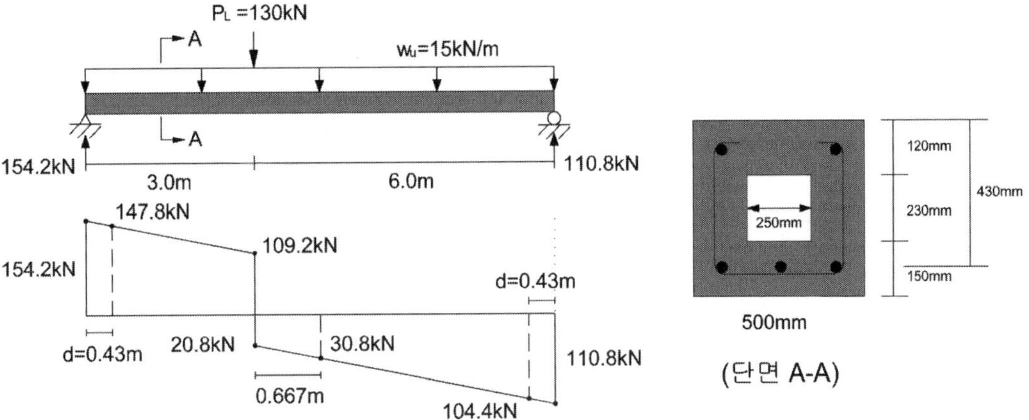

풀 이

➤ SFD

$$\text{(좌측 반력)} \quad R_1 = \frac{1}{2} \times 15 \times 9 + \frac{6}{9} \times 130 = 154.2^{kN}$$

$$\text{(우측 반력)} \quad R_2 = 15 \times 9 + 130 - R_1 = 110.8^{kN}$$

$$\text{(좌측 전단위험단면)} \quad V_{u(x=d)} = R_1 - w_u d = 147.8^{kN}$$

$$\text{(우측 전단위험단면)} \quad V_{u(x=d)} = R_2 - w_u d = 104.4^{kN}$$

➤ V_c

$$V_c = \frac{1}{6}\sqrt{f_{ck}}\, b_w d = \frac{1}{6} \times \sqrt{21} \times 250 \times 430 = 82.1^{kN}$$

$$\therefore \phi V_c = 61.6^{kN}, \qquad \frac{1}{2}\phi V_c = 30.8^{kN}$$

▶ 스트럽 배치가 필요없는 구간

$$20.8 + 15x = 30.8 \quad \therefore x = 0.667^m \text{ (집중하중이 작용하는 지점에서부터 우측으로 0.667m)}$$

▶ 위험단면에서의 V_u

1) 보의 우측에서 d만큼 떨어진 지점

$$V_u = 104.4^{kN}$$

$$\phi V_s = V_u - \phi V_c = 42.8^{kN} < \phi \frac{2}{3}\sqrt{f_{ck}}\, b_w d (= 246.3^{kN})$$

$$< \phi \frac{1}{3}\sqrt{f_{ck}}\, b_w d (= 123.2^{kN})$$

$$\text{Use } s = \frac{d}{2} = 215^{mm}, \quad \phi V_s{}' = \phi A_v f_y \frac{d}{s} = 0.75 \times 143 \times 400 \times 2 = 85.8 > \phi V_s \quad \text{O.K}$$

2) 보의 좌측에서 d만큼 떨어진 지점

$$V_u = 147.8^{kN}$$

$$\phi V_s = V_u - \phi V_c = 86.2^{kN} < \phi \frac{2}{3}\sqrt{f_{ck}}\, b_w d (= 246.3^{kN})$$

$$< \phi \frac{1}{3}\sqrt{f_{ck}}\, b_w d (= 123.2^{kN})$$

$$\text{Use } s = \frac{d}{2} = 215^{mm}, \quad \phi V_s{}' = \phi A_v f_y \frac{d}{s} = 0.75 \times 143 \times 400 \times 2 = 85.8 < \phi V_s \quad \text{N.G}$$

$$\phi A_v f_y \frac{d}{s} = V_u - \phi V_c$$

$$\therefore s_{req} \leq \frac{\phi A_v f_y d}{V_u - \phi V_c} = 214^{mm} \qquad \text{Use } s = 200^{mm}$$

$$s_{\max} = \min \left[\frac{d}{2},\ 600^{mm} \right] = 215^{mm} > s_{use} \qquad \text{O.K}$$

사인장균열 진행방향의 예측 : 2017 콘크리트 구조기준

다음 그림과 같은 내민보의 지점 B에서 인장균열 발생 시 균열진행방향을 예측하시오.

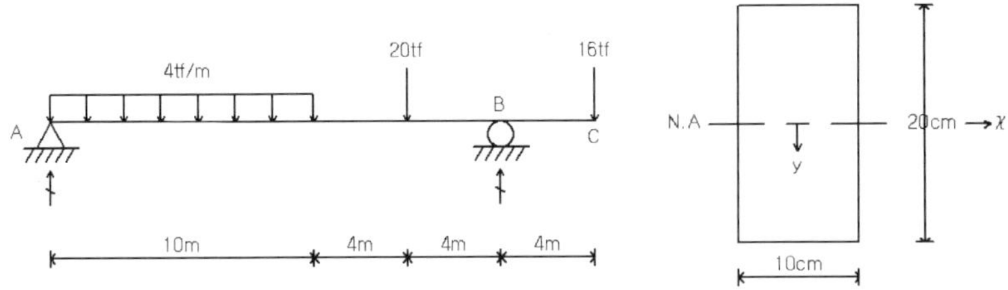

풀 이

▶ 개요

정정구조물

▶ 반력산정

$$\sum M_A = 0 \ : \ R_B = \frac{1}{18}(4 \times 10 \times 5 + 20 \times 14 + 16 \times 22) = 46.22tf, \quad R_A = 29.78tf$$

▶ SFD, BMD 작성

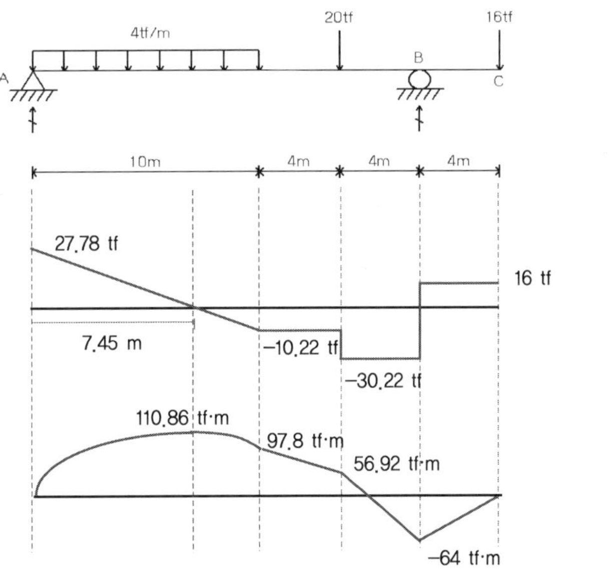

$$M_B = 64tfm$$

▶ **단면의 상수**

$$I = \frac{0.1 \times 0.2^3}{12} = 6.66 \times 10^{-5} m^4, \qquad S_t = 0.00067 m^3$$

▶ **B점의 응력산정**

(상연 휨응력) $f_t = \dfrac{M_B}{S_t} = 96 kgf/mm^2$

(도심에서 전단응력) $\tau_{\max} = \dfrac{VQ}{Ib} = \dfrac{16 \times 0.1 \times 0.1 \times 0.05}{6.66 \times 10^{-5} \times 0.1} = 1.2 kgf/mm^2$

▶ **B점에서의 인장균열 예측**

① B점에서의 SFD로부터 V(우측) > V(좌측) 이므로 $\quad \tau_{\max}$ (우측) > $\tau_{\max}$ (좌측)

$\tau_{\max}$ (우측) $= \dfrac{30.22}{16} \times 1.2 = 2.27 kgf/m^2$

② B점의 휨에 의한 상연응력이 인장균열이 발생($f_t > f_r (= 0.63 \sqrt{f_{ck}})$)하였으므로 인장균열 발생 이후 콘크리트 구조물이 부담하는 인장응력 $f_t = 0$

③ 주응력상에서 전단응력만 존재하므로 $f_{1,2} = \tau_{\max}$, 이때의 $\theta = 45°$

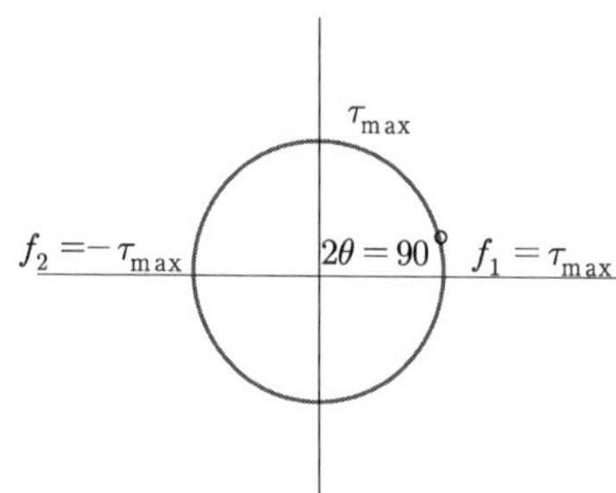

④ B점상단에서 휨전단균열($0.16 \sqrt{f_{ck}}$) 발생 이후 전단력이 큰 우측으로 45° 방향으로 복부전단균열($0.29 \sqrt{f_{ck}}$) 발생 예상됨.

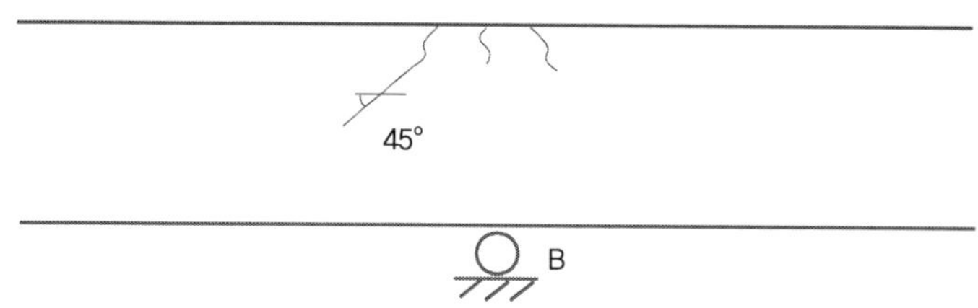

RC와 PSC의 전단 : 2017 콘크리트 구조기준

다음 그림과 같은 단순보 중앙에 집중하중 P만 작용하는 철근 콘크리트(RC) 보와 집중하중 P와 단면의 도심에 압축력 P_e가 작용하고 있는 프리스트레스트 콘크리트(PSC) 보가 있다. 지점 A로 부터 1m 떨어진 도심축 상에 있는 C점의 평면응력 상태를 각각 그리고, Mohr 원을 통하여 주응 력의 크기와 인장균열(tension crack)의 방향을 결정하여 어떤 차이가 있는지 서로 비교 설명하 라. 또한 이러한 현상을 반영하기 위하여 콘크리트구조기준(KCI 2012)에서 두고 있는 규정에 대 하여 설명하시오(단, 전단응력은 평균전단응력을 사용한다).

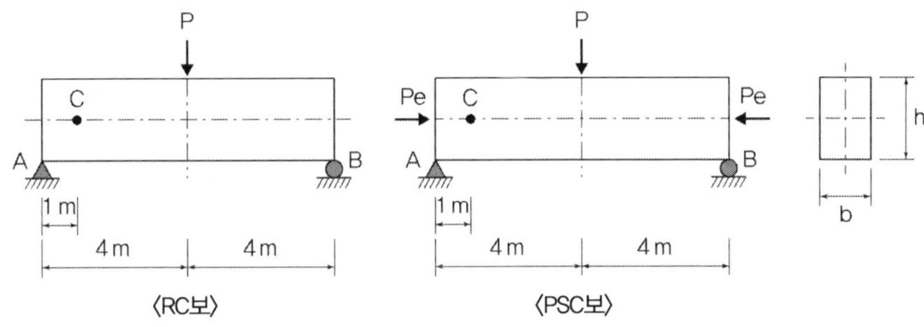

〈조건〉 지간 L=8m, 집중하중 P=1000kN, 압축력 P_e=2000kN, 보의 폭 b=30cm, 보의 높이 h=60cm

풀 이

▶ 구조물의 해석 개요

구조물의 자중은 25kN/m로 가정한다.

$$A = 0.3 \times 0.6 = 0.18m^2, \; w_d = 25kN/m^3 \times 0.18m^2 = 4.5N/mm$$

▶ RC구조물과 PSC구조물의 응력 산정

단순보의 집중하중으로 인한 A점에서 1m 떨어진 지점 C의 전단력은

$R_{AL} = V_{CL} = 500kN$ (중립축에서의 응력 산정이므로 휨응력은 무시)

단순보의 자중으로 인한 A점에서 1m 떨어진 지점 C의 전단력은

$R_{AD} = V_{CD} = 13.5kN$ (중립축에서의 응력 산정이므로 휨응력은 무시)

1) RC구조물

$$f_R = 0, \; f_v = \frac{513.5 \times 10^3}{0.18 \times 10^6} = 2.85MPa$$

주응력 산정 $\quad f_{\max(\min)} = \dfrac{f_R + f_v}{2} + \sqrt{\left(\dfrac{f_R}{2}\right)^2 + f_v^2} = \pm 2.85 \text{ MPa}$

2) PSC구조물

프리스트레스력 $P_e = 2000\text{kN}$를 고려하면,

$$f_R = \frac{P_e}{A} = -11.11 \text{ MPa(C)}, \quad f_v = \frac{513.5 \times 10^3}{0.18 \times 10^6} = 2.85 \text{ MPa}$$

주응력 산정 $\quad f_{\max(\min)} = \dfrac{f_R + f_v}{2} + \sqrt{\left(\dfrac{f_R}{2}\right)^2 + f_v^2} = -11.79\text{MPa}, \; 0.69\text{MPa}$

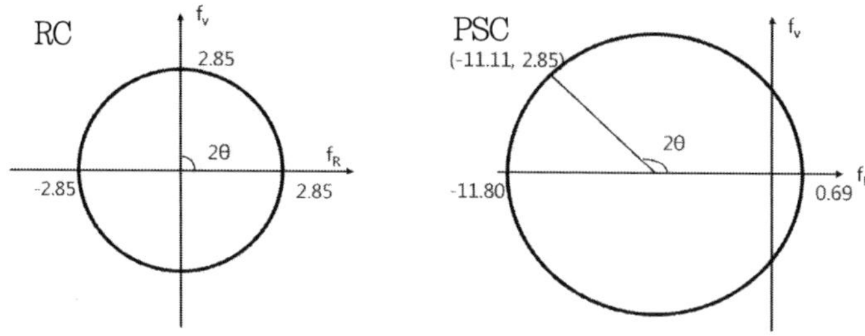

▶ 주응력의 크기와 인장균열(tension crack)의 방향

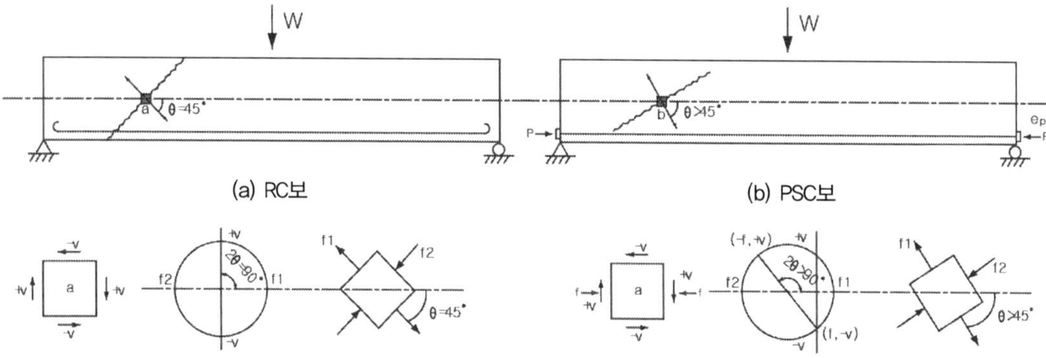

RC보는 45°로 작용하는 주인장응력(f_1)에 의해서 45° 방향의 균열이 발생하는 데 비하여, PSC보에서는 주인장응력(f_1)이 RC의 주인장응력보다 훨씬 작고 따라서 45°보다 큰 각에서 작용하며 이로 인하여 균열이 RC보다 더 뉘여서 발달하게 된다. 따라서 PSC보에서는 사인장 균열이 RC보다 더 옆으로 뉘이며 전단철근으로 스트럽을 사용할 경우 RC보다 더 많은 Stirrup이 균열과 교차하기 때문에 더 효과적이다. 콘크리트구조기준에서는 이를 고려하여 전단철근의 최대 간격을 RC보에서는 0.5d, PSC에서는 0.75h로 고려하도록 하고 있다.

전단설계 : 2017 콘크리트 구조기준

그림과 같은 단순보의 A–A 단면에 배치해야 할 수직스터럽 간격을 설계기준의 규정에 따라 구하시오. 이때 전단력은 포락전단력선도를 작도하여 구한다(단, fck = 27 MPa, fy = 350 MPa이다).

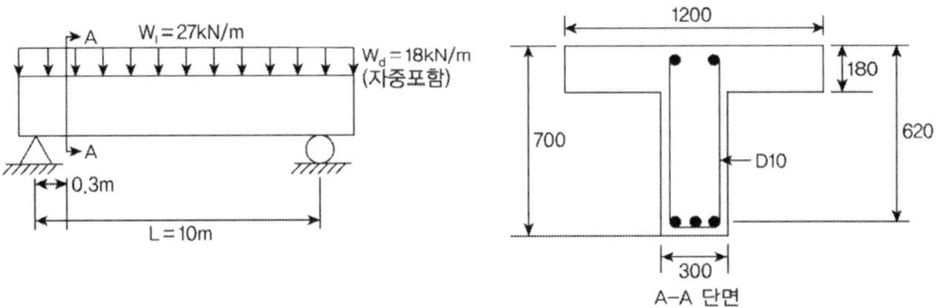

(단, D10의 단면적 $A_b = 71.3mm^2$ 이고, A–A 단면에 있는 치수는 mm이다.)

풀 이

➤ 하중 및 반력산정

$$w_u = 1.2w_d + 1.6w_l = 1.2 \times 18 + 1.6 \times 29 = 64.8^{kN/m}$$

$$R_A = R_B = 64.8^{kN/m} \times 5 = 324^{kN}$$

➤ 전단력도

RC구조물의 위험단면 $d = 0.62^m$ 이나 주어진 조건에서 A–A단면에 대해 검토하라고 하였으므로 위험단면을 A–A단면을 기준으로 검토한다.

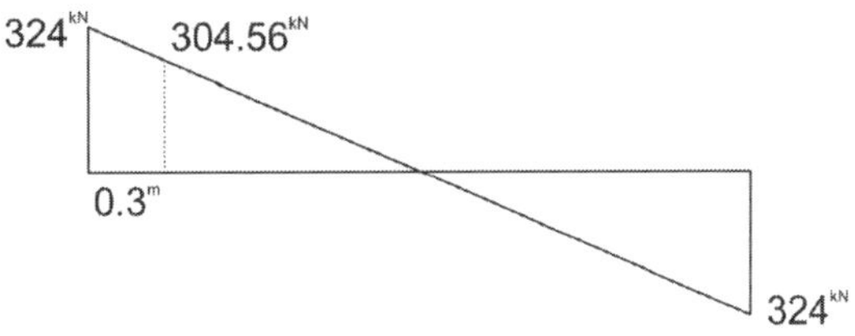

$$V_u = R_A - w_u \times 0.3^m = 304.56^{kN}$$

▶ 콘크리트 전단강도

$$\phi V_c = \phi \frac{1}{6} \sqrt{f_{ck}} \, b_w d = 120.8^{kN} < V_u \quad \therefore \text{전단철근 보강 필요}$$

▶ 전단철근 검토

$$\phi V_s = V_u - \phi V_c = 183.76^{kN} < \phi \frac{2}{3} \sqrt{f_{ck}} \, b_w d (= 483.2^{kN}), \quad \phi \frac{1}{3} \sqrt{f_{ck}} \, b_w d (= 241.6^{kN})$$

1) 최대 철근 간격

$$s_{\max} = \min \left[\frac{d}{2}, \ 600^{mm} \right] = 310^{mm}$$

Use D10($A_b = 71.3 mm^2$) : 2-leg $A_v = 142.6^{mm^2}$

$$s_{req} \leq \frac{\phi A_v f_y d}{V_u - \phi V_c} = 142.37^{mm} \quad \therefore \ s_{use} = 125^{mm} < s_{\max}$$

2) 전단철근 배치 구간 검토

$\phi V_c = 120.8^{kN}$ 일 때의 거리는 좌측 지점으로부터

$$\phi V_c = R_A - w_u \times x^m \qquad \therefore \ x = 2.84^m$$

$\therefore$ 좌측(우측) 지점으로부터 2.84^m 구간까지는 전단철근을 125^{mm} 간격으로 D10철근 배근

3) 최소전단철근의 배근 검토

$\phi \dfrac{1}{2} V_c = 60.4^{kN}$ 일 때의 거리는 지점 A로부터

$$\phi \frac{1}{2} V_c = R_A - w_u \times x^m \qquad \therefore \ x = 3.77^m$$

$\phi \dfrac{1}{2} V_c < V < \phi V_c$ 인 구간인

좌측(우측)지점으로부터 거리 $2.84^m < x \leq 3.77^m$ 인 구간은 최소전단철근 배근

$$A_{v.\min} = 0.0625 \frac{\sqrt{f_{ck}}}{f_y} b_w s (= 34.796^{mm^2}) \geq 0.35 \frac{b_w s}{f_y} (= 37.5^{mm^2})$$

최소전단철근을 동일하게 전단철근을 125^{mm} 간격으로 D10철근 배근

$$A_{v.use} \geq A_{v.\min} \qquad \text{O.K}$$

전단설계(장선구조) : 2017 콘크리트 구조기준

다음 그림과 같은 균등한 하중을 받는 장선구조 바닥판에서 콘크리트의 전단강도를 계산하고 전단에 대하여 검토하시오. 장선복부의 평균폭 b_w 는 160mm로 한다(상부폭 170mm, 하부폭은 150mm). 단, $f_{ck} = 24MPa$, $f_y = 400MPa$, $w_d = 4.2kN/m^2$, $w_l = 6.0kN/m^2$.

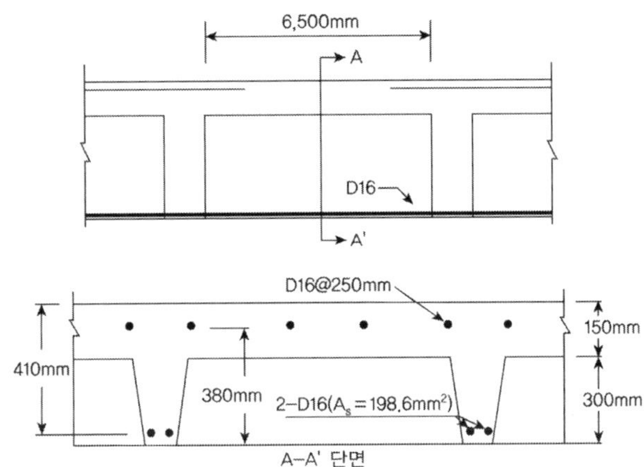

풀 이

▶ 하중산정

폭원 = D16@250×3+하부폭 = 250+250+250+150 = 900mm

$$w_u = 1.2w_d + 1.6w_l = 14.64^{kN/m^2}$$

$$\therefore w_u{}' = 0.9^m \times w_u = 13.176^{kN/m}$$

▶ 장선조건 검토(콘크리트 구조기준 3.4.9(3))

「$b_w \geq 100^{mm}$, $h \leq 3.5b_w (= 350^{mm})$, 순간격$\leq 750^{mm}$ → 전단강도 10% 증가$(1.1\,V_c)$」

① 장선의 폭 $b_w (= 160^{mm}) > 100^{mm}$ O.K

② $h (= 410^{mm} - t_{slab} = 260^{mm}) < 3.5 \times 150 (= 525^{mm})$ O.K

③ 순간격$(= 900 - 150 = 750^{mm}) \leq 750^{mm}$ O.K

∴ 콘크리트의 전단강도 10% 증가시킬 수 있다.

▶ 콘크리트의 전단강도 계산

1) 콘크리트 장선구조의 전단강도

$$\phi V_n = \phi(1.1\,V_c) = \phi \times 1.1 \times \left(\frac{1}{6}\sqrt{f_{ck}}\,b_w d\right) = 44.189^{kN}$$

2) 위험단면(d)에서의 계수 전단력 산정

$$V_u = 13.176 \times \frac{6.5}{2} - 13.176 \times 0.41 = 37.42^{kN} < \phi V_n \qquad \text{O.K}$$

장선구조에서는 최소전단철근이 필요하지 않으므로 최소전단철근 검토는 생략한다.

RC 전단설계 : 2017 콘크리트 구조기준

그림과 같은 단면제원과 철근이 배치된 철근 콘크리트 보를 설계하고자 한다.

1) 사용하중 상태에서 지점으로부터 1.0m 떨어진 위치의 a와 b점의 미소 평면요소에 대한 주응력과 주응력면을 각각 구하고,

2) 강도설계법에 따라 상기 요소들에 발생하는 전단응력을 구하여 균열 발생여부를 판단하시오.

〈조건〉

- 철근 콘크리트 단위중량은 $25kN/m^3$
- 탄성계수비 n=7, 콘크리트 설계기준압축강도 f_{ck}=21MPa
- 중립축 이하는 균열이 발생하였다고 가정
- 고정하중 하중계수=1.4, 활하중 하중계수=1.7

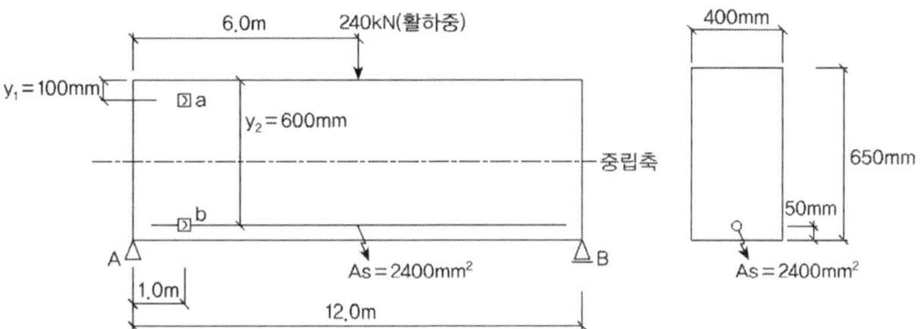

풀 이

▶ 개요

주어진 조건에서 중립축 이하는 균열이 발생하였다고 가정하였으므로 중립축 이하 콘크리트는 무시하고 설계한다.

▶ 중립축 산정

$$bx \times \frac{x}{2} = nA_s(d_t - x)$$

$$\frac{1}{2} \times 400 \times x^2 - 7 \times 2400 \times (600 - x) = 0 \quad \therefore x = 186.39^{mm}$$

▶ 균열단면 2차 모멘트 산정

$$I_{cr} = \frac{1}{3}bx^3 + nA_s(d_t - x)^2 = \frac{1}{3} \times 400 \times 186.39^3 + 7 \times 2400 \times (600 - 186.39)^2$$

$$= 3.737 \times 10^{9(mm^4)}$$

▶ 하중 산정

1) 고정하중 $w_d = 0.4 \times 0.65 \times 25^{kN/m^3} = 6.5^{kN/m}$

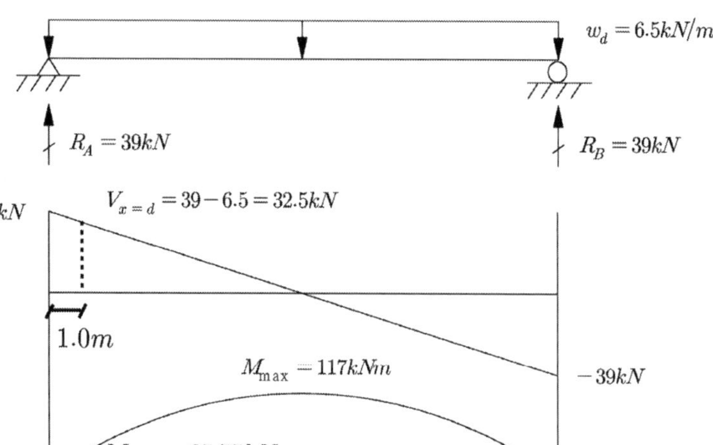

지점 A에서 1.0m 떨어진 지점에서 $V_d = 32.5kN$, $M_d = 39 \times 1.0 - 6.5 \times \dfrac{1.0^2}{2} = 35.75kNm$

2) 활하중 $P_L = 240^{kN}$

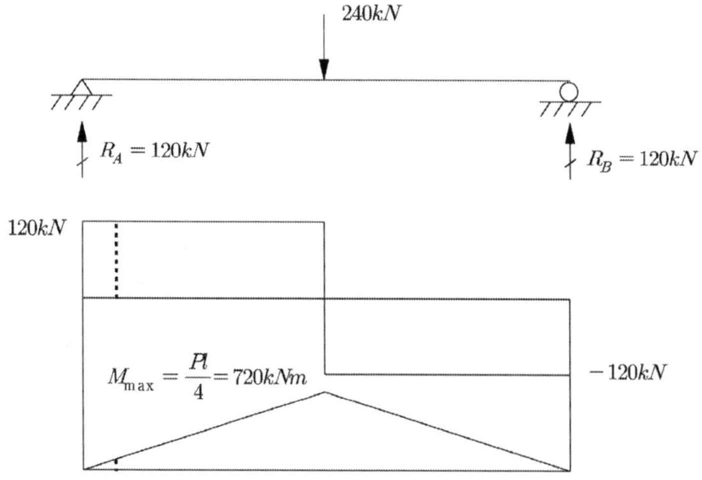

지점 A에서 1.0m 떨어진 지점에서 $V_l = 120kN, \quad M_l = 120 \times 1 = 120kNm$

3) 사용하중 산정

$$V = V_d + V_l = 152.5kN, \quad M = M_d + M_l = 155.75kNm$$

4) 극한하중 산정

$$V_u = 1.4V_d + 1.7V_l = 249.5kN, \quad M_u = 1.4M_d + 1.7M_l = 254.05kNm$$

▶ a, b점에서의 주응력과 주응력면(사용하중 기준)

1) a점

중립축에서 a점까지의 거리를 y_1 이라고 하면, $y_1 = x - 100 = 86.39mm$

$$f_x = \frac{M}{I_{cr}}y_1 = \frac{155.75 \times 10^{6(Nmm)}}{3.737 \times 10^{9(mm^4)}} \times 86.39^{mm} = 3.6^{N/mm^2} = 3.6^{MPa}, \quad f_y = 0$$

A점에서의 단면1차 모멘트 $Q_1 = 400 \times 100 \times (50 + 86.39) = 5.456 \times 10^6 mm^3$

$$\tau = \frac{VQ_1}{I_{cr}b} = \frac{152.5 \times 10^3 \times 5.456 \times 10^6}{3.737 \times 10^9 \times 400} = 0.56^{MPa}$$

$\therefore$ 주응력

$$f_{1,2} = \frac{f_x + f_y}{2} \pm \sqrt{\left(\frac{f_x + f_y}{2}\right)^2 + \tau^2} = 1.8 \pm 1.88 \quad \therefore f_1 = 3.68^{MPa}, \ f_2 = -0.08^{MPa}$$

$\therefore$ 주응력면

$$\tan 2\theta_p = \frac{2\tau}{f_x - f_y} = 1.489 \quad \therefore \ \theta_p = 28.05°$$

2) b점

b점에서는 균열이 발생하였으므로 $f_x = f_y = 0$

축방향 압축력이 작용하는 부재의 전단설계 : 2017 콘크리트 구조기준

전단철근이 배치된 압축부재가 주어진 하중조건에 대하여 설계되어 있다. 초기 설계에서 횡방향 풍하중과 축방향 압축력의 조합에 의한 효과가 반영되어 있지 않았고 축력이 $P_u = 45kN$이 되었을 때에도 M_u와 V_u는 변하지 않는다고 가정한다. 다음 설계하중과 계수축력 P_u가 45kN으로 감소되었을 때 기둥의 전단에 대한 안전성을 검토하라.

$$M_u = 117kNm, \ P_u = 711.7kN, \ V_u = 89kN, \ f_{ck} = 27MPa, \ f_y = 500MPa$$

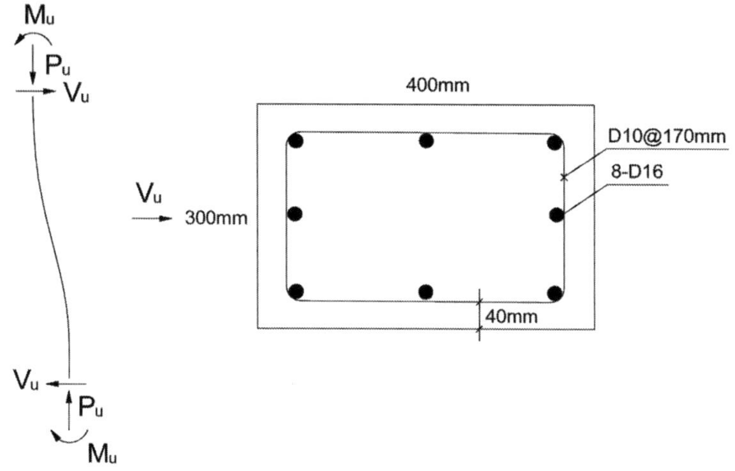

➤ 설계하중

$$P_u = N_u = 711.7kN$$

➤ 콘크리트의 전단강도(V_c) 산정

$$d = 400 - \left[40 + 9.53 + \frac{15.9}{2} \right] = 343mm$$

$$\phi V_c = \phi \frac{1}{6} \left[1 + \frac{N_u}{14A_g} \right] \sqrt{f_{ck}} \, b_w d = 0.75 \times \frac{1}{6} \left[1 + \frac{711.7 \times 10^3}{14 \times (300 \times 400)} \right] \sqrt{27} \times 300 \times 343$$

$$= 95.1kN$$

$$\therefore \ \phi V_c > V_u (= 89kN)$$

➤ **최소전단철근**

$$\phi \frac{1}{2} V_c (= 47.6kN) < V_u \text{이므로 최소전단철근 배근}$$

$$A_{v.\min} = 0.0625 \sqrt{f_{ck}} \frac{b_w s}{f_y} \geq 0.35 \frac{b_w s}{f_y}$$

전단철근(D10)을 사용할 경우 $A_v = 142.7mm^2$

$$s_{\max} = \frac{A_v f_y}{0.0625 \sqrt{f_{ck}} b_w} = \frac{142.7 \times 500}{0.0625 \times \sqrt{27} \times 300} = 732mm$$

$$s_{\max} = \frac{A_v f_y}{0.35 b_w} = 680mm$$

$$s_{\max} = \frac{d}{2} = 172mm$$

$$\therefore s_{\max} = 172mm \qquad \text{Use } s = 170mm$$

➤ **계수축력이 감소된 경우($P_u = 45kN$)**

$$\phi V_c = \phi \frac{1}{6} \left[1 + \frac{N_u}{14 A_g} \right] \sqrt{f_{ck}} b_w d = 0.75 \times \frac{1}{6} \left[1 + \frac{45 \times 10^3}{14 \times (300 \times 400)} \right] \sqrt{27} \times 300 \times 343$$

$$= 68.6kN$$

$$\therefore \phi V_c < V_u (= 89kN) \rightarrow \text{전단철근 배치 필요}$$

➤ **필요전단철근 산정**

$$s_{\max} = \frac{d}{2} = 172mm \text{ 로부터 배치간격은 동일하게 } s = 170mm \text{ 사용}$$

$$\phi V_s = \frac{\phi A_v f_y d}{s} = \frac{0.75 \times 142.7 \times 500 \times 343}{170} = 108kN$$

$$\phi(V_c + V_s) = 68.6 + 108 = 176.6kN > V_u = 88.96kN \qquad \therefore \text{O.K}$$

∴D10 전단철근을 170mm 간격으로 배치할 경우에 안전하다.

전단마찰 : 2017 콘크리트 구조기준

계수하중 $V_u = 556kN$이 지지대 역할을 하는 $75 \times 75 \times 9.5mm$ L형 앵글에 작용하고 있다. 체적변화를 구속하는 것을 고려하기 위해 수평력은 연직력의 20%를 고려하여 인장력 $N_{uc} = 0.2 \times 556 = 111.2kN$이 작용하는 것으로 고려한다. 항복강도 400MPa인 철근을 사용할 때 요구되는 전단마찰 철근을 설계하라. 보통중량 콘크리트의 설계기준강도 $f_{ck} = 35MPa$

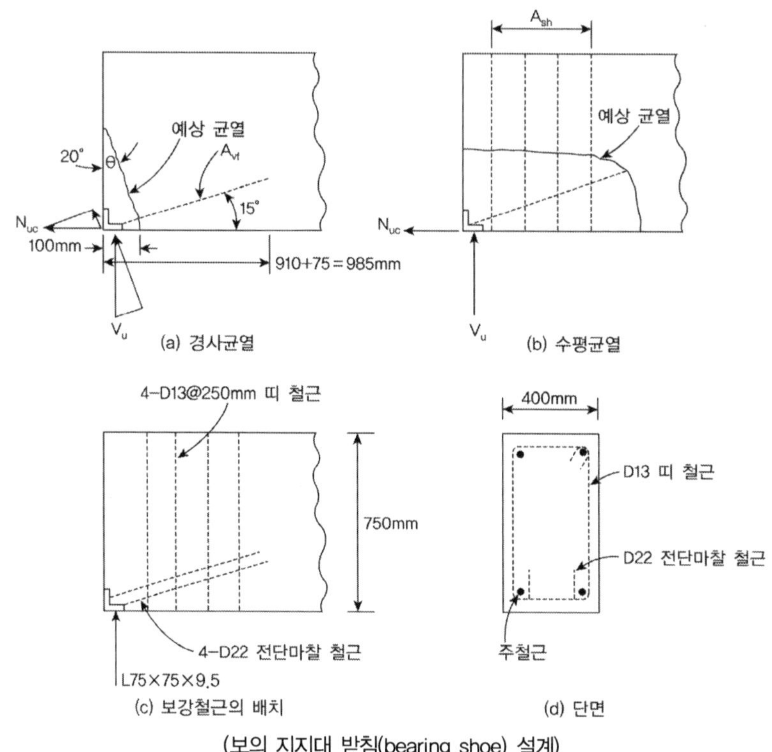

(보의 지지대 받침(bearing shoe) 설계)

▶ 전단마찰 철근 A_{vf} 설계

보의 끝단에서 100^{mm} 떨어진 위치에서 $20°$ 각도로 예상균열이 발생 시

1) 균열면의 $V_{u(crack)}$

$$V_{u(crack)} = V_u \cos 20° + N_u \sin 20° = 560.5^{kN}$$

2) $\mu = 1.4$(보통중량, 일체로 친 콘크리트)

$$V_u \le \phi\mu A_{vf}f_y$$

$$\therefore A_{vf} \ge \frac{560.5\times10^3}{0.75\times1.4\times400} = 1334.5^{mm^2}$$

3) 정착길이 계산

$$l_d = \frac{0.6d_bf_y}{\sqrt{f_{ck}}}\alpha\beta\lambda = \frac{0.6\times22.2\times400}{\sqrt{35}} = 901^{mm} \qquad \text{Use } l_d = 910^{mm}$$

4) 전단마찰철근 경사배치 시($\alpha = 15°$)

$$V_u \le \phi A_{vf}f_y(\mu\sin85° + \cos85°)$$

$$\therefore A_{vf} \ge 1260.83^{mm^2}$$

5) Check V_n

$$A_c = 400\times100/\sin20° = 116.95\times10^3 mm^2$$

$$\min[0.2f_{ck}A_c, \ 5.6A_c] = 5.6A_c = 654.9^{kN}$$

$$V_n = \frac{V_u}{\phi} = 747.3^{kN} > 5.6A_c \qquad \text{N.G}$$

주어진 파괴면 20° 가정이 잘못되었으므로 파괴면의 변경이 필요하다.

$$V_n = 5.6A_c = 5.6\times400\times100/\sin\alpha$$

$$\sin\alpha = \frac{5.6\times400\times100}{747.3\times10^3} = 0.2997 \qquad \therefore \alpha = 17.44°$$

6) 연직 보강 철근량 산정

$$A_{vf}f_y\cos15° = \mu A_{sh}f_y \qquad \therefore A_{sh} = 921^{mm^2}$$

브래킷 : 2017 콘크리트 구조기준

브래킷(bracket)의 파괴유형과 설계방법에 대하여 설명하시오.

풀 이

➤ 개요

브래킷과 내민 받침은 전단경간-깊이의 비(a/d)가 1을 넘지 않는 캔틸레버로 전단 설계된 휨 부재보다는 오히려 단순트러스나 깊은 보의 거동을 나타낸다. 따라서 전단경간-깊이의 비가 1보다 큰 캔트레버와는 다른 파괴 양상에 의해 지배될 수 있다. 일반적으로 브래킷과 내민 받침은 전단마찰이론이나 Strut Tie Model 방식을 통해 설계한다. 브래킷과 내민 받침은 지지되는 보의 장기 건조 수축과 크리프에 의해서 상당한 수평력이 전달된다. 응력궤적으로부터 하중 작용점과 내민 받침의 상면에서 인장응력은 거의 일정하며 궤적도의 간격도 거의 균등하므로 총 인장력도 거의 일정하다. 내민 받침의 경사면을 따른 압축력도 대략 일정하여 경사 압축대가 발달함을 알 수 있다. 내민 받침의 모양은 응력상태에 영향을 미치지 않는다. 따라서 선형 아치 메커니즘을 근거로 간단하게 설계가 가능하며 전단력은 주로 스트럿(strut)의 연직성분에 의해 지지된다.

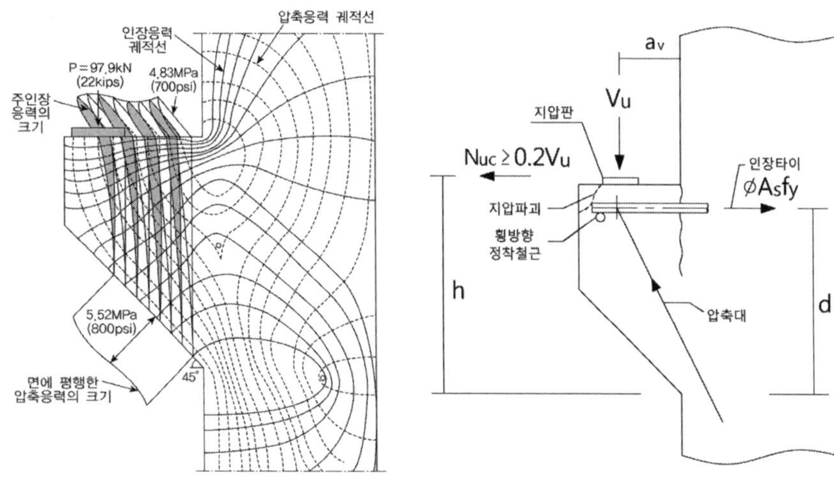

➤ 파괴유형

브래킷과 내민 받침은 기둥과의 사이의 경계면에 전단과 주인장철근의 항복, 압축대에서의 파쇄 및 쪼갬 또는 지압판 밑에서 국부적인 지압이나 전단에 의한 파괴 등이 나타날 수 있다. 따라서, 지압판 바로 밑에서 휨 인장 철근의 전체강도가 발휘되어야 하며, 경사 스트럿의 수평력이 브래킷의 외측단에 있는 주 철근에 적절히 전달되어야 스트럿이 발달할 수 있다.

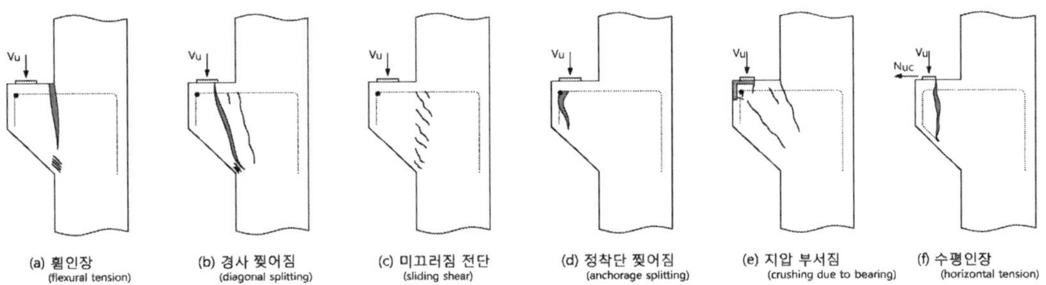

(Bracket 파괴 메커니즘)

① 휨 인장 파괴 : 휨 보강 철근의 큰 변형과 함께 압축대 끝부분의 콘크리트가 분쇄

② 경사 찢어짐 파괴 : 전단압축 때문에 휨 균열이 형성된 뒤에 경사 압축대를 따라 경사 찢어짐 파괴 발생

③ 미끄러짐 전단 파괴 : 길이가 짧고 경사가 급한 일렬의 경사균열이 발달하여 내민 받침과 기둥 면이 분리

④ 정착단 찢어짐 파괴 : 하중의 자유단이 너무 가까이 작용할 경우 적절히 정착되지 않은 휨보강 철근을 따라 찢어짐 파괴 발생, 예기치 않은 편심이 이유인 경우가 많음

⑤ 지압 부서짐 : 너무 작거나 강성이 작은 지압판 또는 내민 받침의 폭이 너무 좁을 때 지압판 밑의 콘크리트가 지압파괴

⑥ 수평인장파괴 : 내민 받침의 바깥면이 너무 얇고 예기치 않은 수평하중이 작용할 때

▶ 설계방법

콘크리트 구조기준에서는 브래킷과 내민 받침의 설계를 전단경간–깊이의 비(a/d)에 따라서 구분해서 할 수 있도록 하고 있다. $a/d \leq 1$인 경우 전단마찰로 설계하고, $a/d \leq 2$인 경우에는 STM으로 설계할 수 있도록 하였다. 이는 a/d가 1을 넘을 때에는 사인장 균열의 경사가 덜 급하기 때문에 수평스트럽만 사용하는 것이 적절하지 못하기 때문에 a/d가 1 이하인 경우에 대해 실험적으로 확인해 별도의 규정을 마련하였기 때문이다. 받침부 면의 단면이 계수 전단력 V_u와 계수 휨모멘트 $V_u a_v + N_{uc}(h-d)$, 계수 수평인장력 N_{uc}에 동시에 견디도록, STM설계법이나 전단마찰 설계기준에 따라 띠철근이나 폐쇄 스트럽, 주 인장철근을 배치해 정착시킨다.

1) 휨과 수평력을 고려한 전단마찰 설계

① 휨철근량(A_f) 산정

$$M_u = V_u \times d_1 + N_{uc} \times d_2 = V_u a_v + N_{uc}(h-d)$$

$$M_n = A_f f_y \left(d - \frac{a}{2}\right), \quad a = \frac{A_f f_y}{0.85 f_{ck} b}, \quad M_n = A_f f_y \left(d - \frac{1}{2} \times \frac{A_f f_y}{0.85 f_{ck} b}\right) \qquad \text{find } A_f$$

② 인장철근량(A_n) 산정

$$\phi A_n f_y = N_{uc} \qquad \text{find } A_n$$

이때, 크리프, 건조수축, 온도변화 등 수평 인장력을 고려하여 $N_{uc} \geq 0.2 V_u$으로 한다.

③ 전단마찰철근량(A_{vf}) 산정과 유효깊이 d의 결정

$$V_n = \mu A_{vf} f_y \quad \leq \quad \min\left[0.2 f_{ck} A_c, \ (3.3 + 0.08 f_{ck}) A_c, \ 11 A_c\right] \qquad \text{(보통중량)}$$
$$\leq \quad \min\left[(0.2 - 0.07 a_v/d) f_{ck} A_c, \ (5.6 - 2.0 a_v/d) f_{ck} A_c\right] \quad \text{(전경량·모래경량)}$$

$$\therefore d \geq \frac{V_u/\phi}{0.2 f_{ck} b_w [\text{or } etc]}, \quad \phi = 0.75$$

④ 철근량 산정

(1) 주철근량 $A_s = Max\left[A_f + A_n, \ A_n + \frac{2}{3} A_{vf}\right]$

(2) 수평철근량 $A_h = \frac{1}{2}[A_s - A_n]$

(3) 수평철근은 $\frac{2}{3}d$ 내에 균등하게 배근한다.

⑤ 지압면의 외측단 깊이는 0.5d 이상으로 한다. 이는 지압면 밑에서 내민받침이나 브래킷의 바깥쪽 경사면으로 파급되는 사인장균열 때문에 파괴가 일찍 일어나지 않도록 하기 위함이다.

⑥ 폐쇄스트럽이나 띠철근의 전체 단면적 $A_h \geq 0.5(A_{sc} - A_n)$

A_{sc} : 내민받침의 주인장 철근의 단면적

A_n : 수평력 N_{uc}에 저항하는 철근 단면적

여기서 A_h는 2d/3 거리 내에서 균등 배치한다.

⑦ 휨모멘트와 바깥방향으로의 수평력으로 인한 균열로 갑작스런 파괴방지하기 위한 주인장철근의 최소철근비 $\rho_{\min} = \dfrac{A_s}{bd} \geq 0.04 \dfrac{f_{ck}}{f_y}$

⑧ 주인장 철근의 정착

  (1) 인장타이를 앵글에 용접

  (2) 직경이 동일한 수평철근에 용접

  (3) 수평으로 구부린 고리를 배치

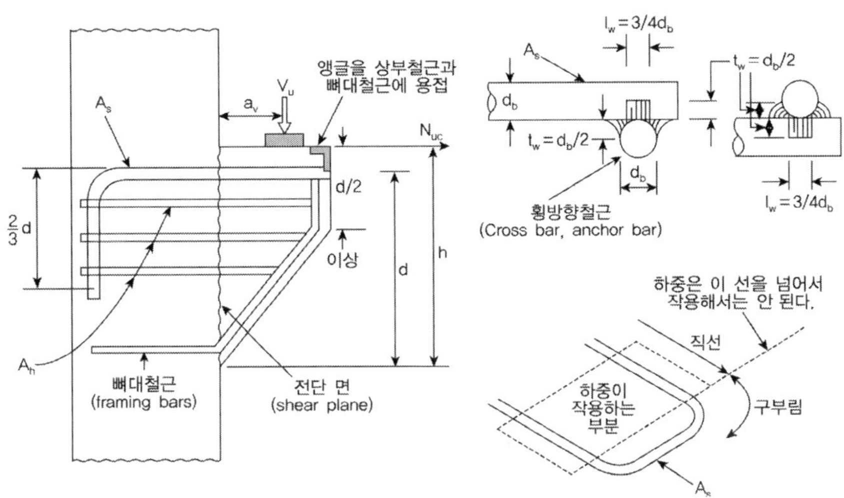

Bracket설계(전단마찰) : 2017 콘크리트 구조기준

다음그림과 같은 라멘교에 접속슬래브 설치를 위한 브라켓을 설계하시오(단, STM 모델 제외).

- 고정하중 D = 40kN, 활하중 L = 70kN
- 계수하중 U = 1.3D + 2.15L
- 콘크리트 설계기준강도 $f_{ck} = 27MPa$, 철근의 항복강도 $f_y = 400MPa$
- 콘크리트 피복두께 : 80mm

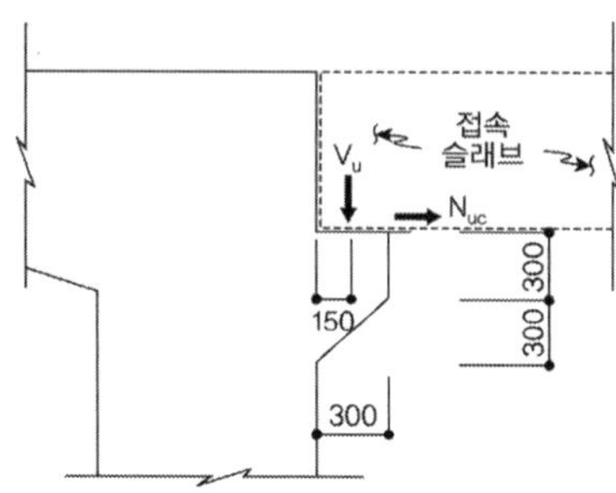

풀 이

(전단마찰 이론에 의한 풀이)

▶ 전단마찰 검토조건

$$\frac{a}{d} = \frac{150}{(600 - 80)} < 1.0 \qquad O.K$$

▶ 하중 산정

$$V_u = 1.3D + 2.15L = 1.3 \times 40 + 2.15 \times 70 = 202.5kN$$

$$N_{uc} = 0.2\,V_u = 40.5kN \,(V_u 의\ 20\%로\ 가정)$$

▶ d값 산정

$$d = 600 - 피복두께\,(80mm) - \frac{1}{2}주철근\,(D25) - 스트럽\,(D10) ≒ 500mm$$

$$\frac{V_u}{\phi} = 270^{kN} = V_n \leq \min\left[0.2f_{ck}A_c,\ 5.6A_c\right] = 5.4A_c = 5.4 \times 1000 \times d$$

$$\therefore\ d \geq 50^{mm} \qquad O.K$$

➤ **휨철근량(A_f) 산정**

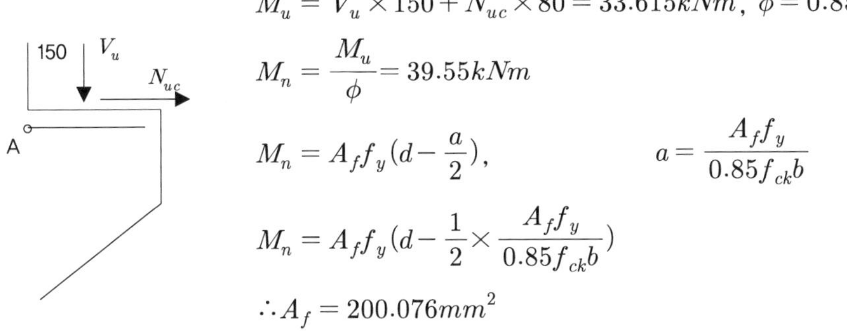

$$M_u = V_u \times 150 + N_{uc} \times 80 = 33.615 kNm, \quad \phi = 0.85 로 \ 가정$$

$$M_n = \frac{M_u}{\phi} = 39.55 kNm$$

$$M_n = A_f f_y \left(d - \frac{a}{2}\right), \qquad a = \frac{A_f f_y}{0.85 f_{ck} b}$$

$$M_n = A_f f_y \left(d - \frac{1}{2} \times \frac{A_f f_y}{0.85 f_{ck} b}\right)$$

$$\therefore A_f = 200.076 mm^2$$

➤ **인장철근(A_n) 산정**

$$\phi A_n f_y = N_{uc} \qquad \therefore A_n = 119.12 mm^2$$

➤ **전단마찰철근(A_v) 산정**

$$V_u = \phi(\mu A_{vf} f_y) = 202.5^{kN} \quad (\mu : 일체로 \ 친 \ 경우로 \ 가정(=1.4))$$

$$\therefore \ A_{vf} = 482.14^{mm^2}$$

➤ **철근량 산정**

주철근량 $A_s = Max\left[A_f + A_n, \ A_n + \dfrac{2}{3} A_{vf}\right] = Max\left[319.22, 440.549\right] = 440.549^{mm^2}$

$$\therefore \ d_b \geq 23.68^{mm}$$

수평철근량

$$A_h = \frac{1}{2}\left[A_s - A_n\right] = 160.714^{mm^2}$$

주철근 : D25 철근 사용 시

$$A_s = \frac{\pi \times 25.4^2}{4} = 506.71 mm^2 \quad \text{Use D25}$$

수평철근 : D10 철근 사용 시

$$A_s = \frac{\pi \times 9.53^2}{4} \times 3 = 214^{mm^2} \quad \text{Use 3@D13}$$

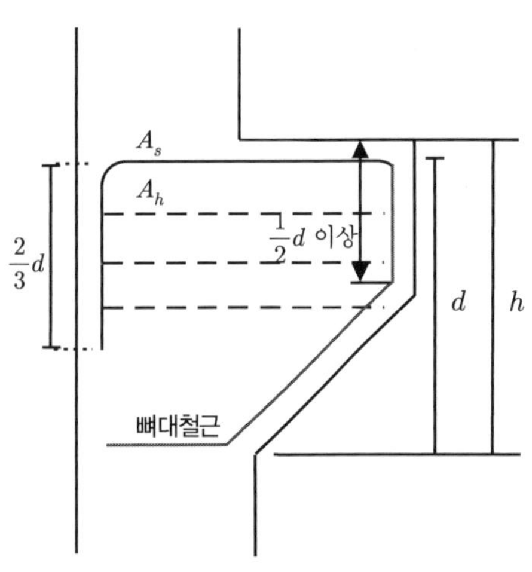

Bracket설계 : 2017 콘크리트 구조기준

아래 그림과 같이 보를 지지하는 500mm×500mm기둥에서 돌출된 브래킷(Bracket)에 다음과 같은 하중이 작용할 때 이 브래킷을 설계하시오(KBC2009).

① 지점에 작용하는 하중

수직하중 : 고정하중 $P_D = 150kN$, 활하중 $P_L = 200kN$

수평하중 : 인장력 $T = 120kN$

② 콘크리트 강도 $f_{ck} = 24MPa$

③ 철근의 강도 $f_y = 400MPa$

④ 마찰계수 $\mu = 1.4$

⑤ 콘크리트의 종류 : 일반콘크리트

⑥ 브래킷 인장 주철근 : HD22 사용($A_s = 387\,mm^2$)

⑦ 철근의 피복두께 : 40mm

⑧ 브래킷 띠철근 : HD10 사용($A_s = 71\,mm^2$)

⑨ a는 전단경간

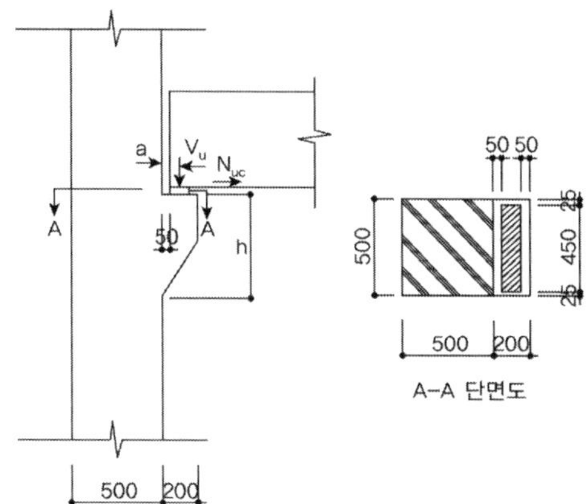

풀 이

▶ 개요

브라켓의 설계는 전단마찰 이론에 의한 풀이방법이나 STM모델 방식을 통해 풀이할 수 있다. 주어진 조건에서 마찰계수 등을 활용하기 위해서 전단마찰 이론을 이용하여 풀이한다.

▶ 계수하중산정

$$V_u = 1.2\,P_D + 1.6\,P_L = 1.2 \times 150 + 1.6 \times 200 = 500kN$$

$$N_{uc} = 1.6\,T = 192kN > 0.2\,V_u \qquad\qquad \text{O.K}$$

(계수인장력에 대한 특별한 규정이 없으면 $N_{uc} > 0.2\,V_u$ 로 한다)

▶ 지압판의 소요단면적 (A_{req}) 산정

$$V_u \ \le\ \phi P_{nb} = \phi(0.85\,f_{ck}\,A_{req})$$

$$A_{req} = \frac{V_u}{\phi(0.85\,f_{ck})} = \frac{500 \times 10^3}{0.65 \times 0.85 \times 24} = 3.77 \times 10^4 \,\mathrm{mm}^2$$

지압판의 면적 $A = 450 \times 100 = 4.5 \times 10^4\,\mathrm{mm}^2 > A_{req} \qquad$ O.K

▶ 전단경간 a 결정

전단력 V_u 의 작용점을 지압판의 외측 1/3로 가정하고, 기둥면과 지압판 사이의 간격이 $50\,\mathrm{mm}$
이므로, $a = 50 + 100 \times (2/3) = 117\,\mathrm{mm}$

▶ 공칭전단강도 V_n 을 기준으로 한 브래킷의 소요깊이 h 산정

브래킷 콘크리트 단면의 전단강도

$$V_n \ \le\ \min[0.2f_{ck}A_c,\ 5.6A_c] = 4.8A_c = 4.8b_w d$$
$$V_u \le \phi V_n = \phi(4.8b_w d)$$
$$d = \frac{V_u}{\phi(4.8b_w)} = \frac{500 \times 10^3}{0.75 \times 4.8 \times 500} = 277.78\,\mathrm{mm}$$

브래킷의 높의 h 는 주인장철근을 $D22$ 를 사용하므로

$$h = d + 22/2 + 40(\text{피 복}) = 328.7\,\mathrm{mm} \qquad \therefore\ h = 400\,\mathrm{mm}\text{로 설계한다.}$$
$$d = 400 - (40 + 22/2) = 349\,\mathrm{mm}$$

$$\therefore\ a/d = 0.335 < 1.0 \qquad \text{O.K}$$

▶ 전단마찰 철근 A_{vf}

$$V_u = \phi(\mu A_{vf} f_y) = 500^{kN} \qquad (\mu : \text{일체로 친 경우}(=1.4))$$

$$A_{vf} = \frac{V_u}{\phi f_y \mu} = \frac{500 \times 10^3}{0.75 \times 400 \times 1.4} = 1190.48\,\mathrm{mm}^2$$

► **휨모멘트에 대한 보강철근 A_f**

$$M_u = V_u a + N_{uc}(h-d)$$
$$= 500 \times 0.117 + 192(400-349) \times 10^{-3} = 68.292^{kNm}$$

$\phi = 0.85$ 로 가정하면 $M_n = M_u/\phi = 80.34^{kNm}$

$$M_n = A_f f_y \left(d - \frac{a}{2}\right), \ a = \frac{A_f f_y}{0.85 f_{ck} b}$$

$$M_n = A_f f_y \left(d - \frac{1}{2} \times \frac{A_f f_y}{0.85 f_{ck} b}\right) = A_f \times 400 \times \left(349 - \frac{1}{2} \frac{A_f \times 400}{0.85 \times 24 \times 500}\right) = 80.34^{kNm}$$

$$\therefore A_f = 595.42 mm^2$$

► **수평인장철근(A_n) 산정**

$$\phi A_n f_y = N_{uc} \qquad \therefore A_n = 564.71 \, mm^2$$

► **주인장철근량 산정**

주철근량 $A_s = Max\left[A_f + A_n, \ A_n + \frac{2}{3} A_{vf}\right] = Max[1160.13, \ 1358.36] = 1358.36^{mm^2}$

$\therefore 4 - D22 \, (A_s = 4 \times 387 = 1548 \, mm^2)$ 를 사용한다.

주인장 철근의 최소철근비 검토

$$A_{s.min} = \max\left[\frac{1.4}{f_y}, \ 0.25 \frac{\sqrt{f_{ck}}}{f_y}\right] \times b_w d = \frac{1.4}{400} ties 500 \times 349 = 610.75 < A_s \qquad O.K$$

► **수평 철근량(A_h) 산정**

수평철근량 $A_h = \frac{1}{2}[A_s - A_n] = \frac{1}{2}[1358.36 - 564.71] = 396.825^{mm^2}$

수평철근 D10 철근 사용 시 $A_s = 71^{mm^2}$

$\therefore 4 - D10 \, (A_s = 6 \times 71 = 426 \, mm^2)$ 를 사용한다.

(2/3)d 이내 등간격 배치하므로 $\frac{2}{3}d = 233 \, mm$, $\frac{233}{6} = 38.7 \, mm$ 간격으로 배근한다.

➤ 브래킷의 내민길이 및 자유단의 깊이

내민길이 = 50+100+50 = 200mm

자유단의 깊이 $\geq$ 0.5d = 174.5mm $\therefore$ 200mm로 한다.

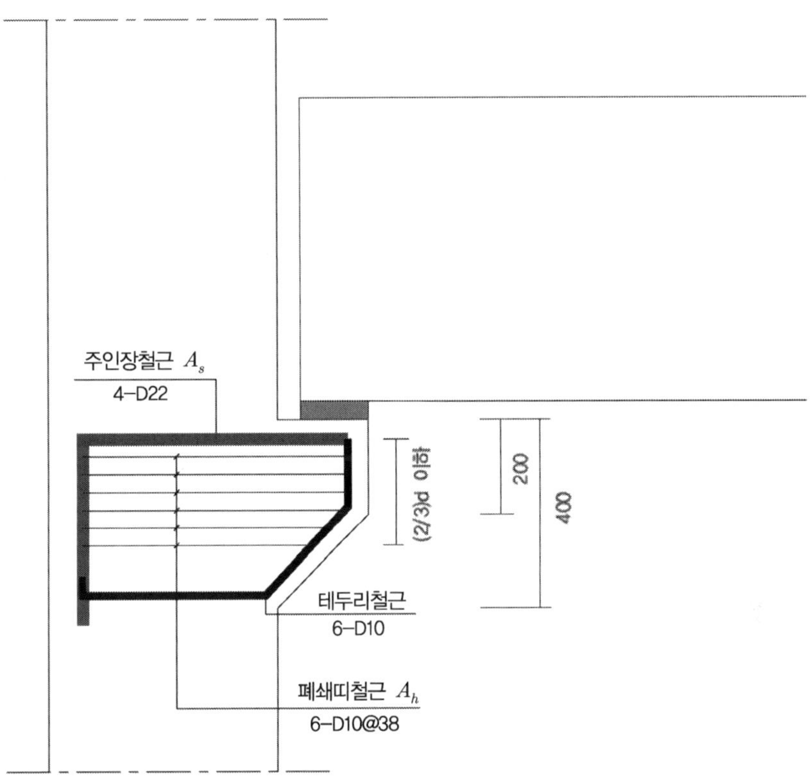

뚫림전단 : 무량판 구조

공항 랜드 사이드의 건물 등에 적용되는 무량판 구조의 특징과 설계 시 고려해야 할 사항에 대하여 설명하시오.

풀 이

▶ 무량판 구조의 개요

공항지역에서 랜드사이드(Land side, L/S)는 활주로, 착륙대, 유도로 등 항공기 이착륙이 직접 진행되는 에어사이드(Air side, A/S)와 구분되게 여객 및 화물 처리시설, 주차장 등 기타 부대시설이 포함된 항공기 이착륙 지역과 차별되는 지역을 말한다. 이 지역에 설치되는 무량판 구조는 기존의 격자 보 형식이나 벽식 구조와 차별화된 구조로 기둥이 직접 상부 슬래브 하중을 지지한다. 공간 효율성이 높고 상대적으로 층고가 낮으며 시공성이 용이하여 적용성이 높은 구조이다.

벽식구조	기둥식 구조	무량판 구조
• 슬래브 + 벽체 • 층간소음에 취약하고 가변적 평면 구성에 제약이 있음 • 시공이 복잡하고 공사기간 長	• 슬래브 + 보 + 기둥 • 벽식 대비 소음이 적으나 상대적으로 공사비가 높고 보 높이만큼 형고 증가 • 거푸집 공사가 복잡	• 슬래브 + 기둥 • 공간 효율성이 높고 층간 소음이 적으며, 층고가 상대적으로 낮음 • 시공이 용이하나 펀칭파괴에 취약

▶ 무량판 구조의 특징과 설계 시 고려사항

1) 무량판 구조의 형식

무량판 구조는 구조적 특성상 상부 슬래브 하중을 직접 기둥에 전달하는 구조이기 때문에 기둥부 인근에 하중이 집중되며 이로 인한 펀칭 전단파괴에 취약한 특징을 가진다. 이러한 특성 때문에 무량판 구조는 기둥부의 보강여부와 보강방식에 따라 크게 3가지 구조형식으로 구분할 수 있다. 단순무량판 구조(Simple flat slab)는 슬래브와 기둥만을 둔 형태로 단순 기둥으로 지지되는 형식이며, 시공비가 적게 들고 공사기간이 짧은 특징을 가진다. 통상 기둥 간의 거리가 6~9m 간격을 두게 되며 다른 두 구조형식에 비해 기둥 간격이 짧은 특성을 가진다. 드롭패널 구조(Drop panel)

의 경우 기둥 상단부의 두께를 증가시킬 수 있는 패널을 설치하여 펀칭전단 저항을 향상시킨 구조를 말하며, 기둥과 슬래브 연결부에 휨모멘트 저항성을 높여 안전성을 향상시킴은 물론 처짐을 크게 줄이면서 슬래브의 전체 강성을 향상시킬 수 있는 구조형식이다. 마지막으로 컬럼헤드 구조(Column head)형식은 패널형식이 아닌 헌치형식과 같은 경사형 보강체를 기둥 상단에 설치한 형태로 전단파괴에 가장 효과적인 구조형식이나 거푸집 시공이 다소 까다로운 특성을 가진다.

2) 무량판 구조의 장단점

장점	단점
• 보 거푸집 공사 생략으로 시공기간 단축 • 보와 벽의 제약이 없기 때문에 공간활용성 높음 • 보 구조의 생략으로 층 높이 감소	• 슬래브철근량과 콘크리트 증가로 슬래브 두께 증가 • 슬래브 하중의 직접전달 구조로 경간장 제한 • 풍하중, 지진하중 등 횡(수평)하중에 취약해 추가적인 전단철근 배근 등 필요

3) 무량판 구조 사고 사례

<u>1995년 서울 삼풍백화점 붕괴 사고</u>

무량판 구조임에도 콘크리트의 직경의 크기가 설계보다 작게 설치(80 → 60cm)되고, 기둥 철근의 개수와 위치가 잘못 설치되어 구조물의 강도 저하되었다. 방화벽 등을 설치하기 위해서 지지기둥을 절단하고 상부하중이 설계보다 크게 적용되면서 펀칭전단파괴로 인해 붕괴되었다.

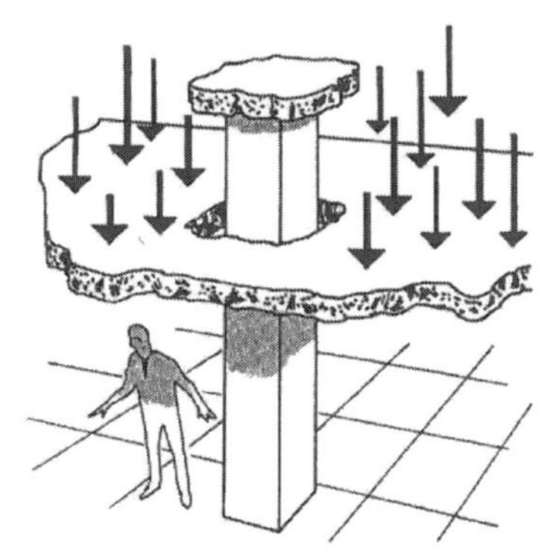

4) 무량판 구조 설계 시 고려사항

무량판 구조 설계 시 가장 중요한 고려요소는 펀칭전단 파괴로 극심한 국부 전단응력에 의해 파손이 발생할 수 있다. 펀칭 전단 파괴는 하중이 가해지는 모든 부분에 균열이 발생하여 슬래브가 파손되며 구조물의 붕괴를 직접적으로 유발하는 원인이 되기 때문에 설계 시 다음과 같은 고려가 필요하다.

① 기둥에 컬럼헤드 또는 드롭패널을 추가해 하중 집중을 분산시킬 수 있는 구조형식 고려

② 기둥의 직경을 늘려 전단 응력을 감소하는 형식 고려

③ 기둥과 슬래브 연결부에 전단 보강을 통해 슬래브 펀칭 전단 저항력 향상 고려

④ 슬래브의 자중을 감소시키고 수평하중에 대한 저항성 향상을 위해 증공슬래브 적용 등 고려

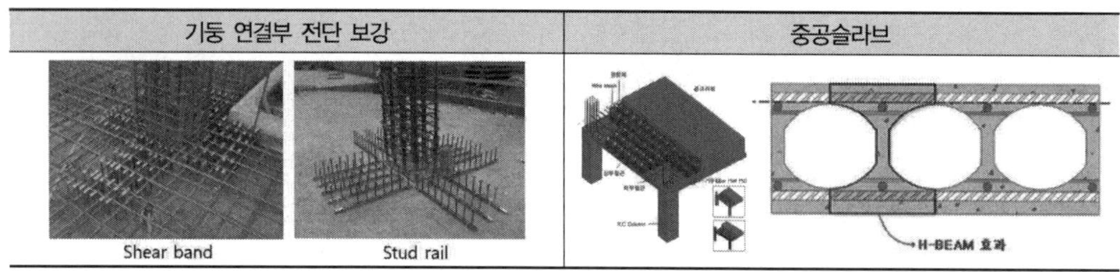

슬래브 경간

1방향 슬래브의 경간 결정

풀 이

▶ 개요

콘크리트 구조기준(2012)에서는 1방향 슬래브는 대응하는 두 변으로만 지지된 경우와 4변이 지지되고 장변의 길이가 단변의 길이의 2배를 초과하는 경우로 정의한다.

1방향 슬래브의 구조적 거동은 표면에 연직 분포 하중이 작용하면 원통형처럼 휘며, 곡률은 한 방향으로 동일한 반면에 장변 방향으로는 곡률이 발생하지 않는 특징이 있다. 곡률이 발생하지 않으면 휨모멘트도 없기 때문에 장변 방향의 휨모멘트는 발생되지 않고 단변 방향으로만 휨모멘트가 발생하게 된다. 따라서, 폭이 매우 넓고 깊이가 있는 사각형 단면과 동일한 거동을 하며, 1방향 슬래브는 나란한 단변 방향 보들의 집합으로 구성되어 있다고 간주할 수 있다.

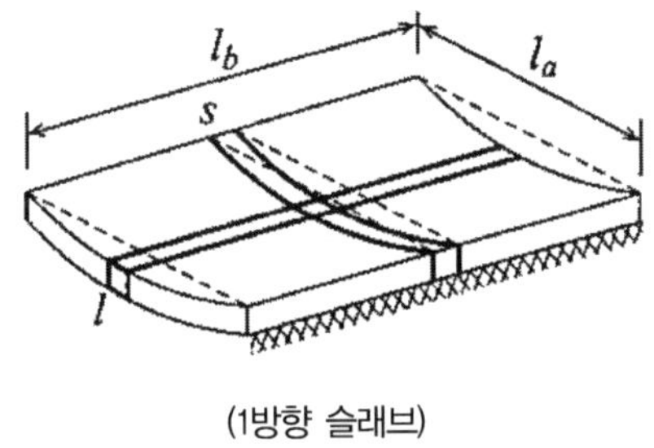
(1방향 슬래브)

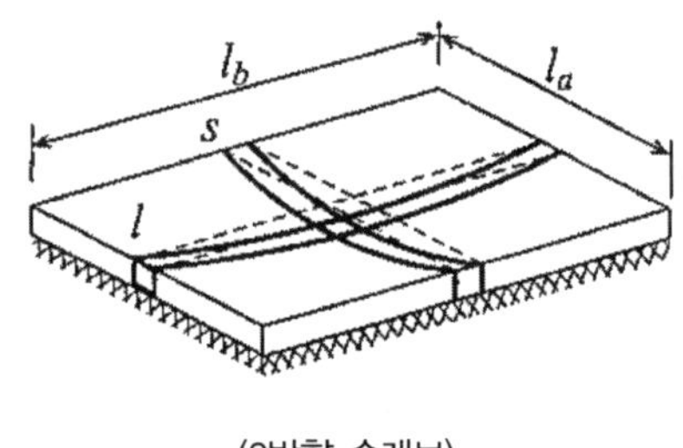
(2방향 슬래브)

▶ 1방향 슬래브의 경간

1방향 슬래브는 수평부재인 슬래브에서 받침 지압판이나 일체로 연결된 보의 폭의 영향을 고려한 유효경간을 사용해 부재력을 결정해야 한다. 회전 구속이 없는 지압판으로 지지된 슬래브의 유효경간은 지압판 중심선 사이 거리로 하고, 보와 일체로 된 슬래브의 유효경간은 받침보의 폭 b_w 의 1/2과 슬래브 두께 t_f 의 1/2 중 작은 값에 해당하는 거리만큼 순 경간을 지난 점에 받침점이 있다고 간주한 경간 길이가 된다. 유효 경간을 사용하여 해석한 결과가 슬래브의 부재력이 되지만 단면설계를 위한 부 모멘트는 최대 휨모멘트 대신에 보와 일체로 된 경우에는 보 측면에서 취하며, 폭이 t인 단순 지압판인 경우에는 최대 휨모멘트에서 Vt/8만큼 감소시킨 값으로 설계할 수 있다.

1) 콘크리트 구조기준(2012)

① 받침부와 일체로 되어 있지 않은 부재는 순 경간에 보나 슬래브의 두께를 더한 값을 경간으로 하고 그 값이 받침부 중심간 거리를 초과하지 않아야 한다.

② 골조 또는 연속 구조물의 해석에서 휨모멘트를 구할 때 사용하는 경간은 받침부의 중심간 거리로 한다.

③ 받침부와 일체로 된 3m 이하의 순 경간을 갖는 슬래브는 그 지지 보의 폭을 무시하고 순 경간을 경간으로 하는 연속보로 해석한다.

2) 도로교설계기준(한계상태설계법, 2016) : 도로교설계기준 한계상태설계법에서는 Eurocode2 (EN 1992 : 2004)의 구조 해석 시의 부재의 유효경간 식을 준용해 보와 슬래브의 유효경간 l_{eff}를 다음 식과 같이 규정하고 있다.

$$l_{eff} = l_n + a_1 + a_2$$

l_n ; 받침점 면 사이의 순경간

$a_1,\ a_2$; 지지조건에 따라 정해지는 값

구속조건	비연속부재	연속부재	완전구속지지
형태			
$a_1,\ a_2$	$a_i = \min[0.5h,\ 0.5t]$		

구속조건	독립캔틸레버	연속캔틸레버	받침지지
형태			
$a_1,\ a_2$	$a_i = 0$	$a_i = \min[0.5h,\ 0.5t]$	$a_i =$ 받침중심선에서 내측 지지선

03 스트럿 타이 모델(STM, Strut-Tie Model)

구조물의 모든 부분을 B영역과 D영역으로 구분하여 트러스 모델을 일반화한 해석방법

B영역(Beam or Bernoulli Zone) : 선형변형률과 보이론이 적용될 수 있는 영역

D영역(Discontinuity or Distributed Zone) : 집중하중이 작용하거나 단면이 불연속이어서 보이론이 적용되지 않는 영역. D영역에서는 하중의 상당한 부분이 면내력(in-plane force)으로 지지된다. 「집중하중이나 반력 작용부, 내민받침(corbel), 깊은보(deep beam), 접합부(joint), 따낸 부분(dapped end), 단면급변부, 개구부 등」

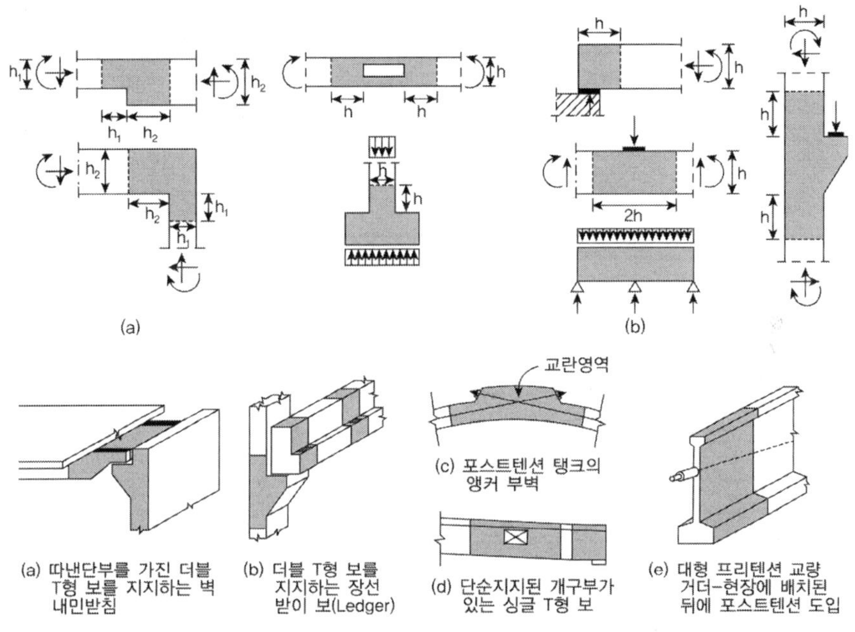

1. STM 일반

1) STM의 타당성

균열 전의 탄성상태에서 균열이 일어난 뒤에 탄성상태 그리고 소성 균열상태로 변하면서 콘크리트에는 제한된 내적힘의 재분배(redistribution of internal forces)가 나타난다.

① 작용하중이 지지점에 가까워져서 전단경간-유효깊이의 비(a/d)가 감소할수록 보의 전단강도는 급격히 증가한다.

② 그래프의 실험결과와 파괴양상을 비교하여 보에서 하중을 지지하는 2개의 서로 다른 메커니즘이 있다는 것을 보여준다.

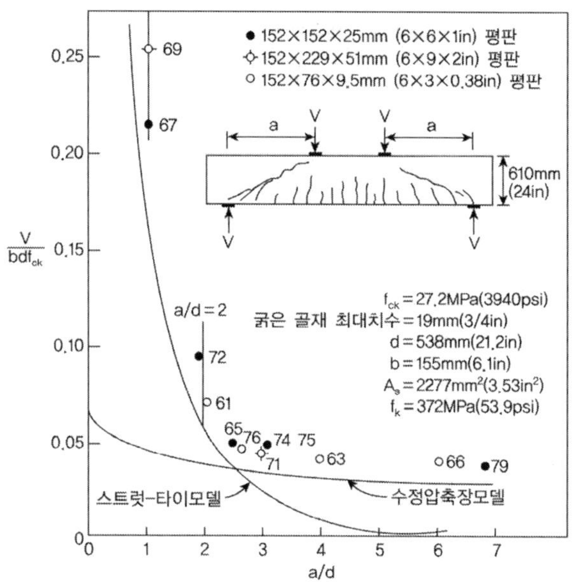

(1979년 Kani 등에 의해서 실험한 값과 예측한 값과의 전단강도 비교)

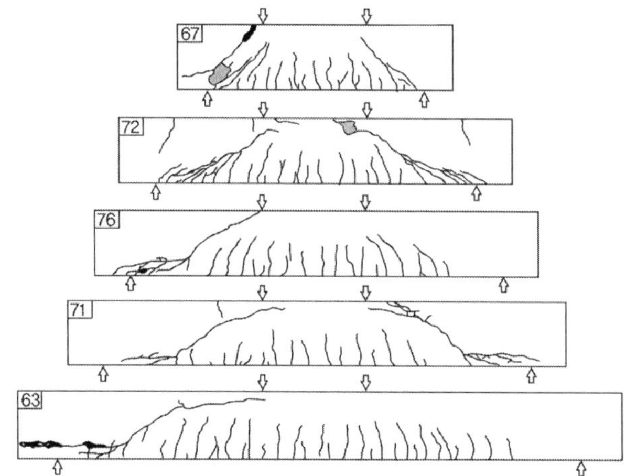

(1979년 Toronto 대학의 Kani 등에 의해서 수행된 실험체의 전형적인 파괴형상)

(1) $a/d < 2.5$ 일 때 하중을 스트럿-타이 작용(또는 아치작용)으로 지지하며 이 범위에서 보의 전단강도는 전단경간(a)이 증가함에 따라서 급격히 감소하고 강도는 지압판의 크기와 같은 설계상쇄에 민감하다. 보의 파괴는 분쇄파괴(crushing)로 나타났다.

(2) $a/d > 2.5$ 일 때는 받침부나 하중이 작용하는 부분인 교란영역으로부터 떨어진 압축장 부분의 상태에 큰 영향을 받았다. 이는 수정압축장 이론(MCFT)의 단면모델을 이용해서 계산할 수 있다.

2) D영역의 거동

균열이 발생 전에는 탄성응력장(elastic stress field)이 존재하고 이는 유한요소해석과 같은 해석법을 통해 구할 수 있다. 균열이 발생된 후에는 이 응력장은 교란되어 주요한 내부 힘들의 방향을 변화시키게 된다. 균열 후에 내부 힘들은 콘크리트 압축대(Strut)와 인장철근 타이(Tie)와 절점영역(Nodal zone)으로 구성된 STM으로 모델링할 수 있다.

3) 스트럿(Strut)

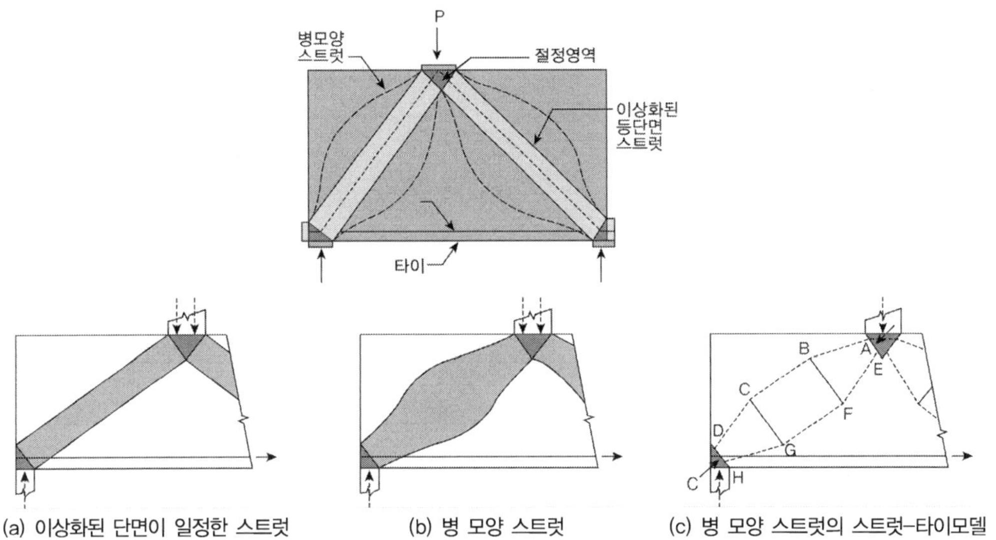

① 스트럿(compression strut)은 압축대 방향으로 압축을 받는 콘크리트 압축응력장을 표현하며 다음의 3가지로 표현한다.
 (1) 단면적일 일정한 이상화된 단면(prismatic section)
 (2) 병 모양 스트럿(bottle-shaped strut)
 (3) 국부적 트러스 모델

② 스트럿의 종방향 대 횡방향으로 2:1로 분산되어 전달된다고 가정한다.
③ 압축력이 작용 시 횡방향으로 인장이 발생해서 압축대의 축을 따라 균열이 발생할 수 있으며 이에 대해 횡방향 철근을 배치하여 균열로 인한 파괴를 방지해야 한다.

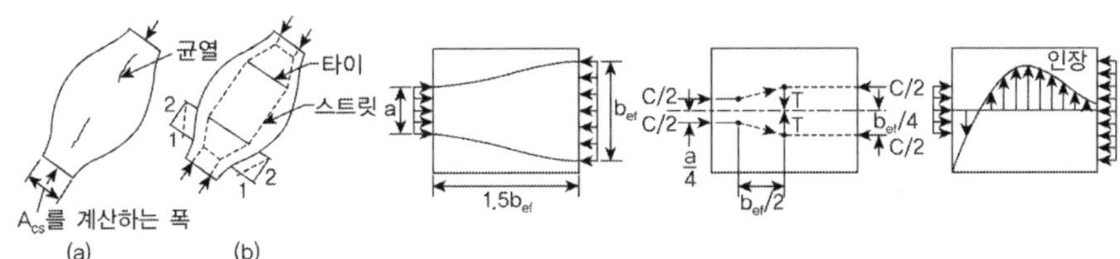

④ 스트럿의 설계(Design of compression strut)

(1) $\phi F_{ns} = \phi f_{ce} A_{cs} = \phi(0.85\beta_s f_{ck})(b_s w_s),\ \phi(0.85\beta_n f_{ck})(b_s w_s) \geq F_u$

(2) $f_{ce} = 0.85\beta_s f_{ck}$ 또는 $0.85\beta_n f_{ck},\ A_{cs} = b_s w_s$

(3) $\beta_s,\ \beta_n$

압축대 $f_{ce} = 0.85\beta_s f_{ck}$	전길이에 걸쳐 스트럿이 일정한 경우		$\beta_s = 1.00$
	병 모양 스트럿	횡방향 보강철근 배치된 경우	$\beta_s = 0.75$
		보강철근이 배치되지 않은 경우	$\beta_s = 0.60\lambda$
	인장요소 또는 부재의 인장플랜지에서 스트럿인 경우		$\beta_s = 0.40$
	기타의 경우		$\beta_s = 0.60$
절점영역 $f_{ce} = 0.85\beta_n f_{ck}$	C–C–C절점		$\beta_n = 1.00$
	C–C–T절점		$\beta_n = 0.80$
	C–T–T, T–T–T절점		$\beta_n = 0.60$

(4) 스트럿 타이모델에 필요한 구속철근

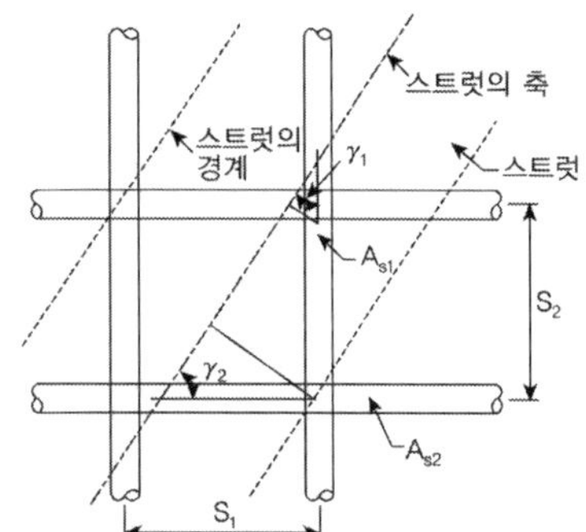

$$\sum \frac{A_{si}}{b_s s_i}\sin^2\gamma_i \geq 0.003$$

A_{si} : 스트럿의 축과 각 γ_i이고 간격 s_i로 배치된 균열조절철근의 총 단면적

$i = 1,\ 2 : 1(수직철근),\ 2(수평방향 구속철근)$

4) 인장타이(Tension tie)

① 인장타이의 설계(Design of tension tie)

(1) $\phi F_{nt} = \phi\left[A_{st}f_y + A_{pt}(f_{pe} + \triangle f_p)\right] \geq F_u,\ \triangle f_p : 42^{MPa}(부착강선),\ 70^{MPa}(비부착강선)$

(2) $(f_{pe} + \triangle f_p) \leq f_{py}$

(3) 보강철근이 연결되는 삼각형 모양의 콘크리트 폭을 타이의 유효폭 w_t

　(a) 인장철근이 1열로 배치된 경우 : 유효폭 w_t는 타이 철근의 도심에서 콘크리트 표면까지 거리의 2배

　(b) 다열철근이 배치된 경우 : 절점영역의 응력을 정수압상태로 고려할 경우 유효폭의 상한값은 다음 값으로 본다.

$$w_{t.\max} = F_{nt}/(f_{ce}b_s) = F_{nt}/(0.85\beta_n f_{ck}b_s)$$

(c) 철근 타이를 둘러싸고 있는 콘크리트는 인장강화(tension stiffening)에 의해서 타이의 축력을 증가시키므로 사용성 해석에서 타이의 축력을 모델링할 때 포함시킬 수 있다.

(d) D영역 설계 시 절점영역에서 인장타이의 정착은 매우 중요하며, 실선으로 표시되어 있다. 타이가 연결된 절점영역에서 타이는 자유단에서 확장절점영역과 철근타이 도심과 만나는 점 A에서 부착력, 표준갈고리 또는 기계적 장치에 의해서 정착되어야 하고 절점을 기준으로 서로 맞은편에 있는 타이력의 차이는 절점영역에서 정착시켜야 한다.

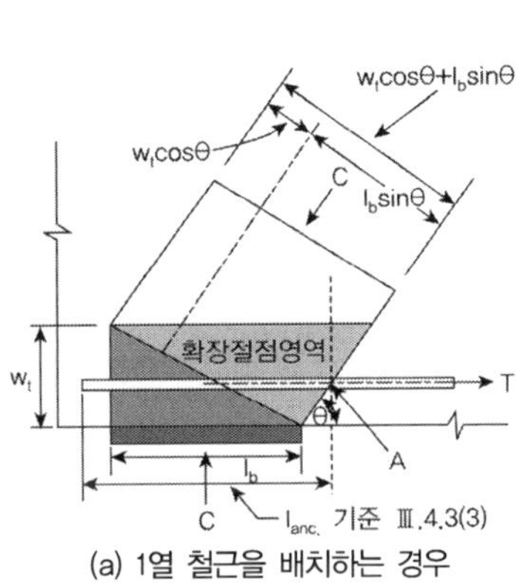

(a) 1열 철근을 배치하는 경우

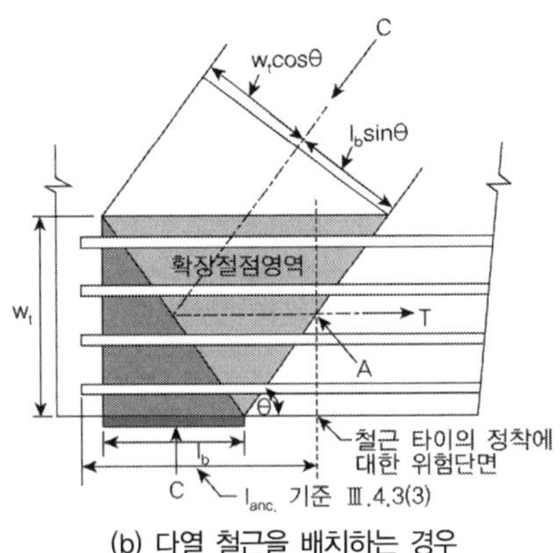

(b) 다열 철근을 배치하는 경우

5) 절점과 절점영역(Nodes and Nodal Zone)

① 절점에서 힘은 평형방정식을 만족해야 한다.

$$\Sigma F_x = 0, \ \Sigma F_y = 0, \ \Sigma M = 0$$

② 정수압 절점영역(hydrostatic nodal zone) : 절점의 면이 스트럿이나 인장타이 축에 연직하게 배치해서 절점의 모든 면에 동일한 지압응력이 발생하도록 하는 방법으로 만약 CCC절점에서 이렇게 하면 절점 각 면의 길이 비는 $w_{n1} : w_{n2} : w_{n3}$ 이고 이때 만나는 3개의 압축력의 비는 $C_1 : C_2 : C_3$ 와 같게 된다. 이렇게 절점을 배치하면 모든 방향에서 절점에 작용하는 면내응력(in-plane stresses)이 동일하게 되고 따라서 이런 방식으로 배치하는 것을 정수압 절점영역이라 부른다.

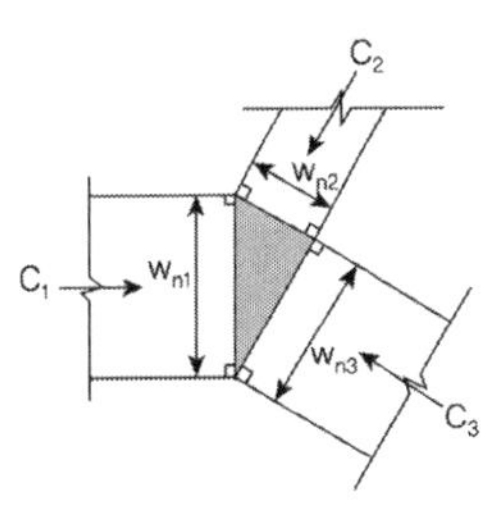

(a) 기하학적 형상

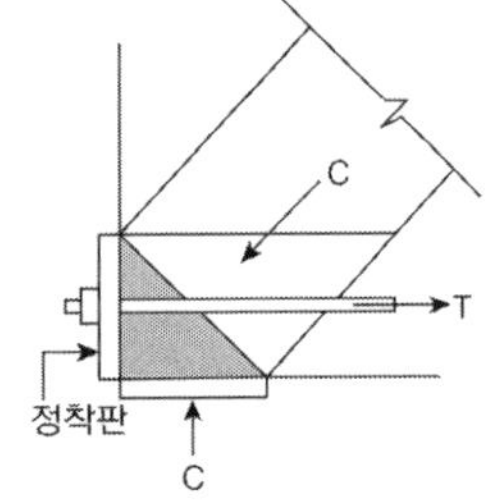

(b) 판에 의해서 정착된 인장력
(정수압 절점영역)

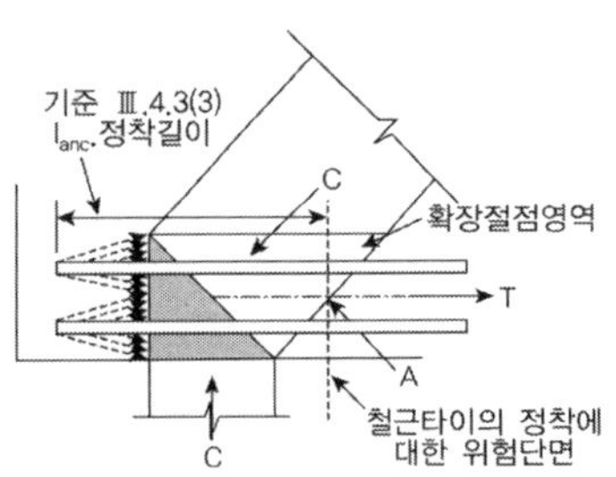

(c) 부착에 의해 정착된 인장력

$$w_s = w_t \cos\theta + l_b \sin\theta$$

③ 확장절점영역(extended nodal zone) : 절점과 스트럿, 지압영역 또는 타이부분을 연장한 콘크리트를 포함한다. 그림과 같이 반력위의 압축응력이 작용하는 대부분의 콘크리트를 포함하는 진한 음영부분이 확장절점영역이다. 이러한 절점영역의 장점은 철근타이의 정착은 자압판 끝 B가 아니라 A점으로 할 수 있다. 이렇게 철근타이의 정착에서 확장된 정착길이를 인정하는 것은 반력이나 스트럿에 의한 압축력이 콘크리트와 철근타이의 부착력을 증진시키는 것을 고려한 것이다.

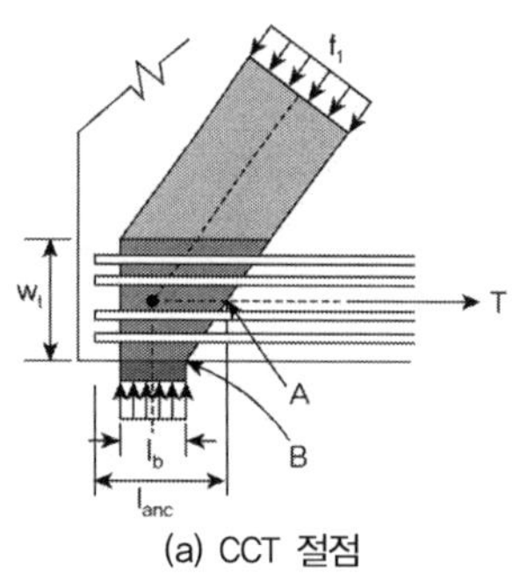

(a) CCT 절점

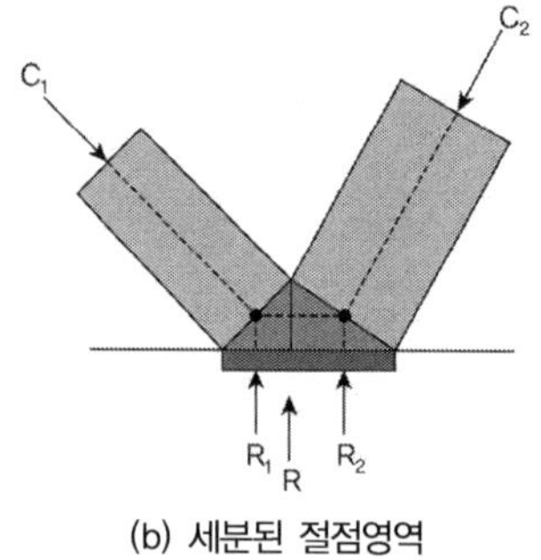

(b) 세분된 절점영역

④ 절점영역의 설계

$$\phi F_{nn} = \phi f_{ce} A_{nz} = \phi(0.85\beta_n f_{ck})(b_s w_{nz}) \geq F_u$$

6) 스트럿 타이 모델의 배치

① D영역 경계에서 작용외력과 평형을 이루어야 한다.

② 비대칭 집중하중하는 단순지지 깊은보는 직선부재로 구성된 아치나 휨모멘트도와 같은 형상의 매달린 케이블로 구성할 수 있다. 등분포 하중 작용 시 휨모멘트도나 STM모델이 포물선 형상을 한다.

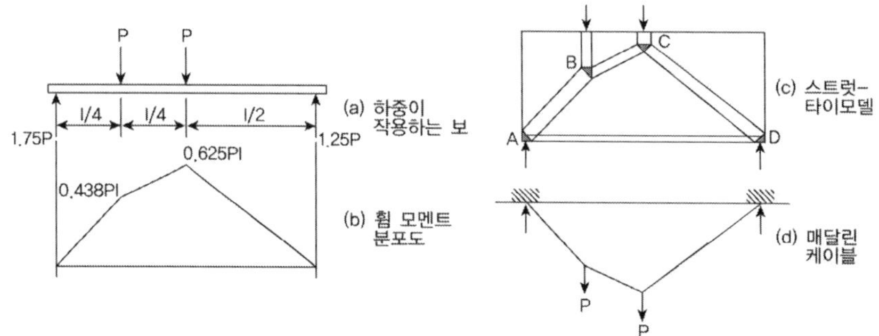

③ 탄성해석을 이용하여 균열 전 D영역의 응력궤적도에서 주 압축력은 압축력 궤적선에 평행하게 작용하고 주 인장력은 인장응력 궤적선에 평행하게 작용한다. 일반적으로 스트럿의 방향은

압축응력 궤적선 방향에서 ±15° 이내이며 인장타이는 서로 연직하게 배치되는 철근으로 구성되므로 스트럿과 같이 인장응력 궤적도와 탕의 방향이 꼭 일치하지 않아도 되나 대략 인장응력 궤적과 같은 방향으로 배치하는 것이 좋다.

④ 스트럿은 서로 가로지르거나 중복배치될 수 없으나 타이는 스트럿을 가로지를 수 있다.

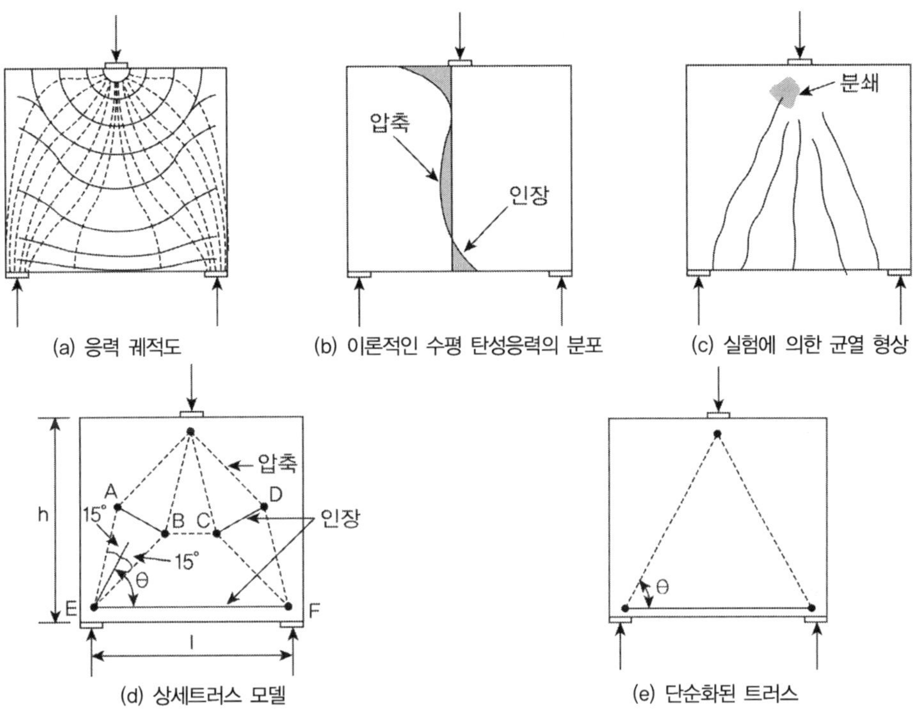

(a) 응력 궤적도　　　(b) 이론적인 수평 탄성응력의 분포　　　(c) 실험에 의한 균열 형상

(d) 상세트러스 모델　　　(e) 단순화된 트러스

7) 일반적인 스트럿 타이 모델의 설계 절차

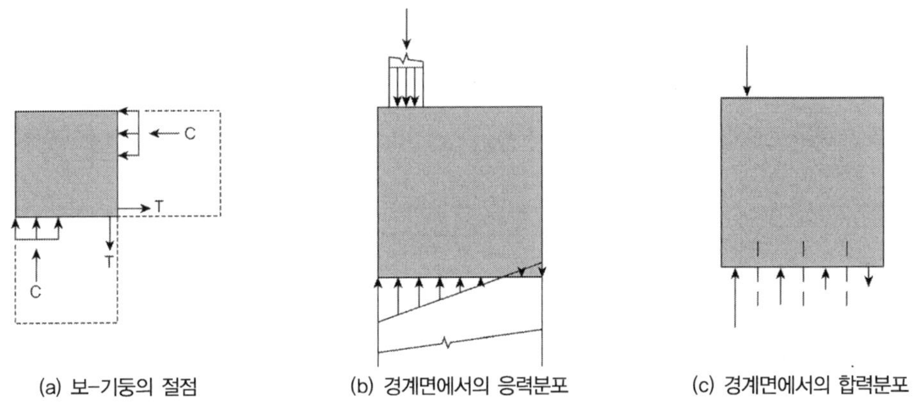

(a) 보-기둥의 절점　　　(b) 경계면에서의 응력분포　　　(c) 경계면에서의 합력분포

① D영역을 결정하고 분리시킨다. 불연속 구간은 St. Venant의 법칙에 따라 불연속 단에서 거리 h만큼 연장되어 있다고 생각한다.

② 각 D영역의 경계에서 합력을 계산한다.

③ D영역을 통과하여 합력이 전달될 수 있도록 트러스 모델을 구성한다. 스트럿이나 타이의 축은 대략적으로 각각 압축장과 인장응력장의 축과 일치시킨다.

④ 트러스의 부재력을 계산한다.

⑤ 부재력과 유효압축강도를 이용하여 스트럿이나 절점영역의 유효폭을 결정한다.

⑥ 타이에 대해서 보강철근 단면적을 결정하고 절점영역에서 적절히 정착시킨다.

⑦ 사용성 검토를 수행한다.

2. 깊은 보(Deep Beam)의 STM

깊은 보는 한쪽 면이 하중을 받고 반대쪽 면이 지지되어 하중과 받침부 사이에 스트럿이 형성되는 구조요소로, $l_n/h \leq 4.0$, $a/h \leq 2.0$의 형상을 가진다.

깊은 보는 비선형 변형률 분포(nonlinear distribution of strain)를 고려하여 설계하거나 또는 STM에 따라 설계하여야 하고 횡좌굴을 고려해야 한다.

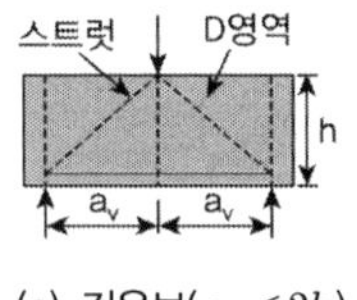

(a) 깊은보($a_v < 2h$)

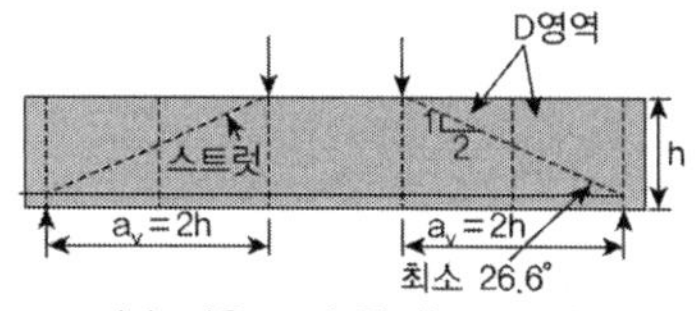

(b) 깊은 보의 한계($a_v = 2h$)

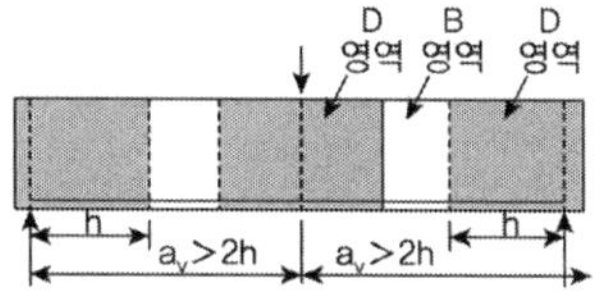

(c) 얕은 보의 한계($a_v > 2h$)

1) 깊은 보의 STM 설계

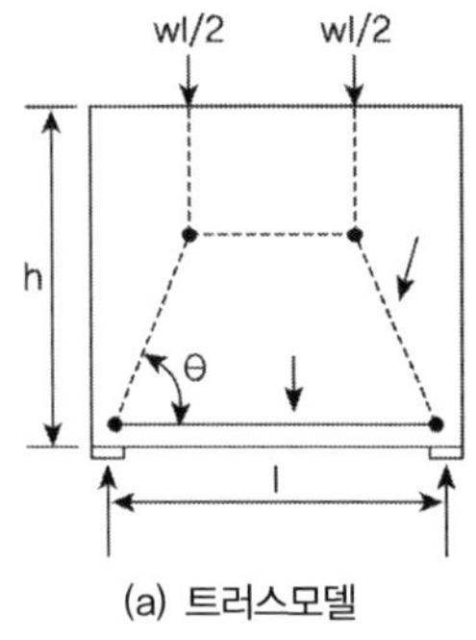

(a) 트러스모델

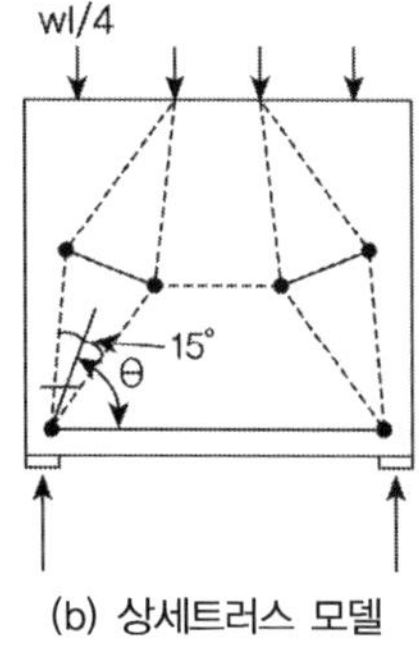

(b) 상세트러스 모델

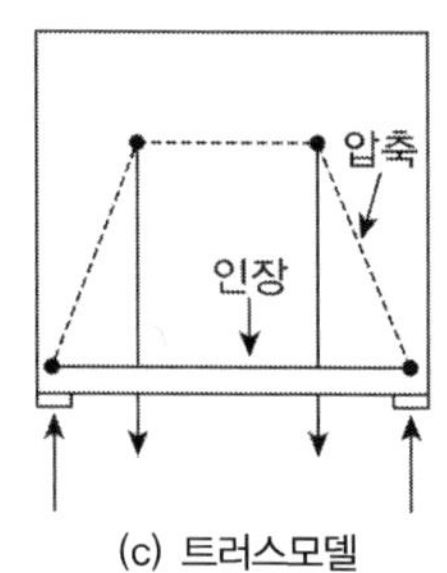

(c) 트러스모델

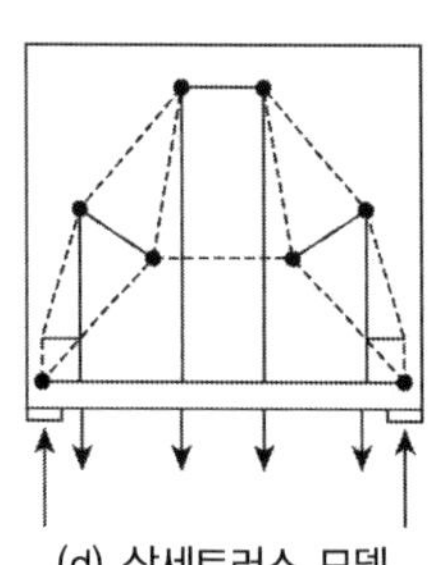

(d) 상세트러스 모델

① 횡 좌굴 고려

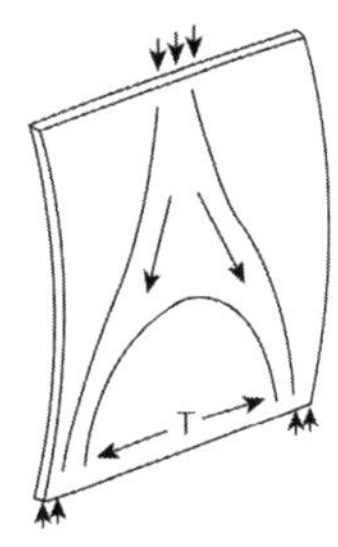 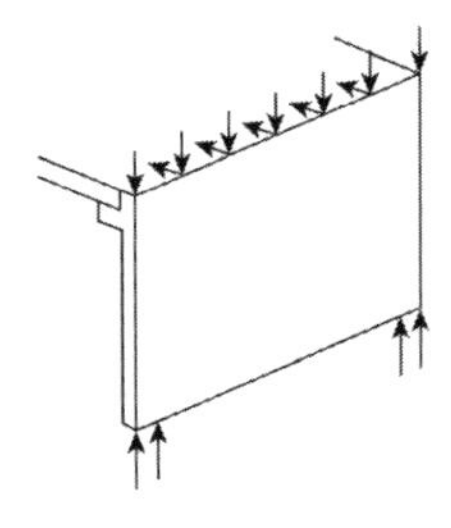 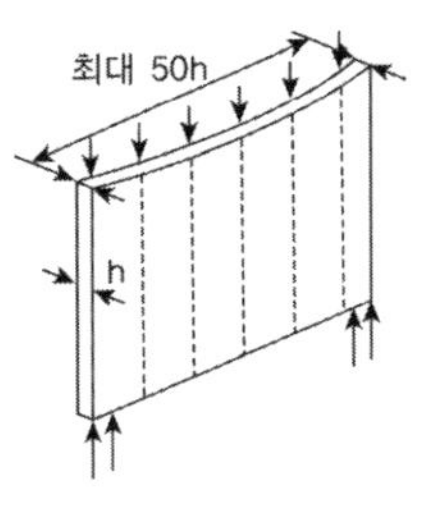 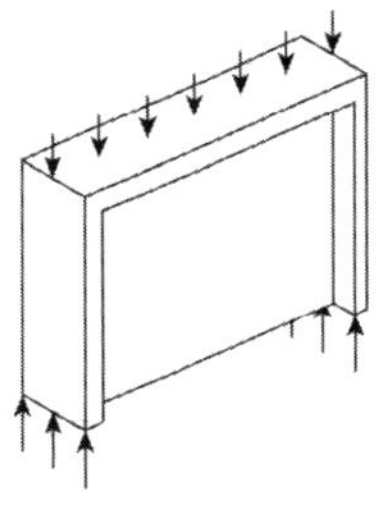

(a) 지붕이나 바닥판에 의한 횡방향 구속　　(b) 최소 횡방향 구속　　(c) 플랜지에 의한 횡방향 구속

② 단면크기의 적정성 검토

$$V_u \leq \phi\left(\frac{5}{6}\lambda\sqrt{f_{ck}}\right)b_w d$$

③ 최소 휨 인장 철근량 : 휨에 대한 최소철근량 이상 배치

$$A_{s.min} = \frac{0.25\sqrt{f_{ck}}}{f_y}b_w d \geq \frac{1.4}{f_y}b_w d$$

④ 최소 수직전단철근량 A_v

$$A_{v.min} \geq 0.0025b_w s \qquad s \leq d/5 \quad \text{또는} \quad 300mm$$

⑤ 최소 수평전단철근량 A_v

$$A_{vh.min} \geq 0.0015b_w s \qquad s \leq d/5 \quad \text{또는} \quad 300mm$$

⑥ 최소 수직, 수평 전단철근 대신 다음 식에 따라 철근을 배치할 수 있다.

$$\sum \frac{A_{si}}{b_s s_i}\sin^2\gamma_i = \frac{A_{s1}}{b_s s_1}\sin^2\gamma_1 + \frac{A_{s2}}{b_s s_2}\sin^2\gamma_2 \geq 0.003$$

⑦ 정착검토

3. 라멘 절점부 또는 접합부의 STM

(4) 접합부의 설계는 다음의 방법을 적용하며 설계방법에 상관없이 구조상세규정에 적합하도록 설계하여야 한다.

   (1) 스트럿–타이 모델에 의한 해석

   (2) 비선형 유한요소 해석

(5) 스트럿–타이 모델에 의한 접합부 설계는 다음에 따라야 한다.

   (1) 부모멘트가 최외측 접합부에 작용하는 경우에 대각선방향의 단면에 유발되는 계수인장응력 f_t 가 $\sqrt{f_{ck}}/3$ 을 넘을 경우는 보강철근을 배치하여야 한다.

   (2) 접합부에 정모멘트가 작용하면 접합부 대각선 방향과 대각선 직각방향의 단면에 인장응력이 작용하므로 경사방향으로 철근을 배치하여 보강하여야 한다.

1) 라멘단절점부에 외측인장 휨모멘트가 작용하는 경우

외측인장 휨모멘트가 단절점부에 작용하는 경우에는 대각선 방향의 단면에 인장응력 f_t 가 발생하므로 이 인장응력에 대하여 그림과 같이 보강철근을 배치하여야 한다.

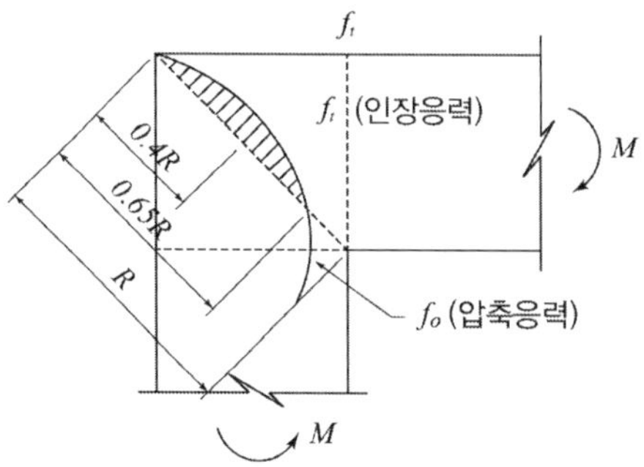

(외측인장 휨모멘트가 작용한 경우의 응력분포)

① 인장응력의 최댓값 $f_{t,\max}$ 는

$$f_{t \cdot \max} = \frac{5M_0}{R^2 \cdot w}$$

여기서, $f_{t,\max}$: 인장응력의 최댓값(MPa)

     M_0 : 절점휨모멘트(N–mm)

     R : 절점부 대각선 길이(mm)

     $R^2 = a^2 + b^2$ (a : 연직방향부재의 폭(mm), b : 수평방향부재의 높이(mm))

     w : 절점부의 구조물 폭(mm)

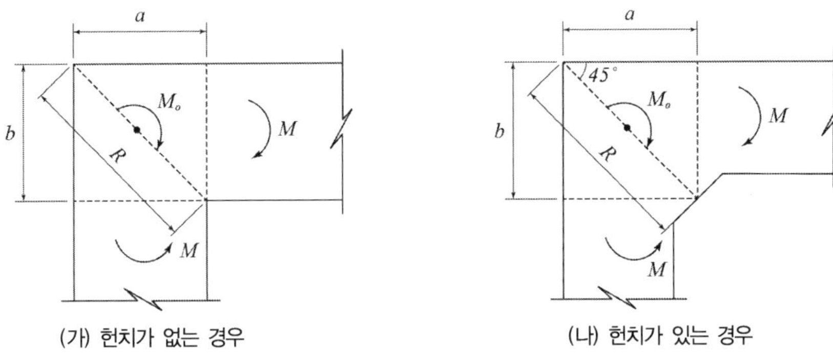

(가) 헌치가 없는 경우 　　　　　　　　(나) 헌치가 있는 경우

(단절점부의 응력의 검사를 위한 단면)

② 인장응력 f_t 에 대한 보강철근량은 위의 식에 의해 구해도 좋다.

$$A_s = \frac{2 \cdot M_0}{R \cdot f_{sa}}$$

여기서, A_s : 외측인장에 대한 보강철근량(mm^2)

　　　　　f_{sa} : 보강철근의 허용응력(MPa)

③ 갈고리를 붙인 주철근 및 절점부에 접합하는 부재의 주철근 중에서 외측에 연하여 배치한 주철근 이외의 구부린 주철근으로 위의 휨모멘트가 작용한 경우 응력분포 그림에 표시된 0.65R 범위에 배치된 철근은 보강철근의 일부로 보아도 좋다.

④ STM 설계(예제 참조)

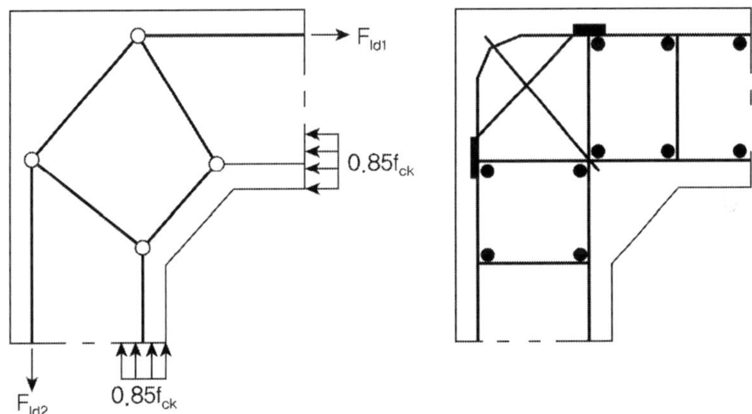

(Eurocode 2 : 보와 기둥의 높이가 유사할 경우 STM, 보의 깊이/기둥 깊이<1.5)

2) 라멘 단절점부에 내측인장 휨모멘트가 작용하는 경우

단절점부에 내측인장 휨모멘트가 작용하는 경우에는 대각선 방향으로 그림과 같은 응력상태가 되어, 압축응력의 합력의 작용에 의해 균열이 발생하므로 대각선 방향으로 철근을 배치하여 보강하여야 한다.

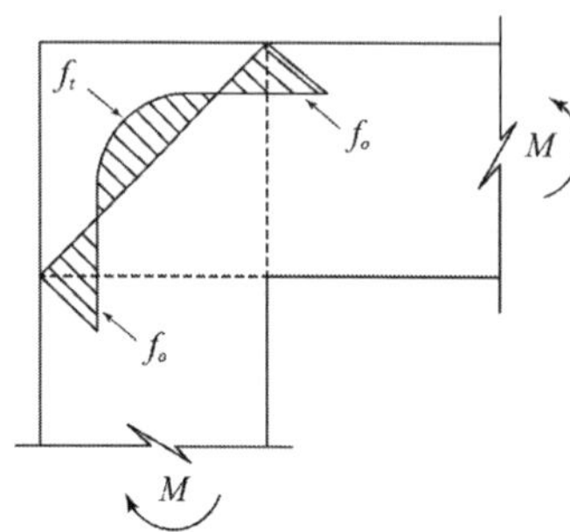

(내측인장 휨모멘트가 작용하는 경우의 응력분포)

M : 작용휨모멘트(N–mm)
f_c : 압축응력(MPa)
f_t : 인장응력(MPa)

① 이 경우 인장력의 합력 T는 다음의 식에 의해 구해도 좋다.

$$T = \sqrt{2} \cdot T_H$$

여기서, T : 그림에 나타난 대각선방향의 인장응력의 합력(N)
  T_H : 수평부재 또는 연직부재에 작용하는 인장응력의 합력(N)

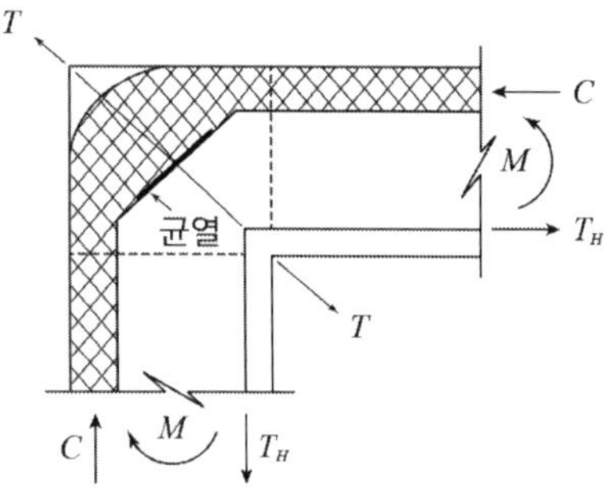

(내측인장 휨모멘트에 의한 절점부의 균열)

C : 압축응력의 합력(N)
$T,\ T_H$: 인장응력의 합력(N)

② STM설계(예제 참조)

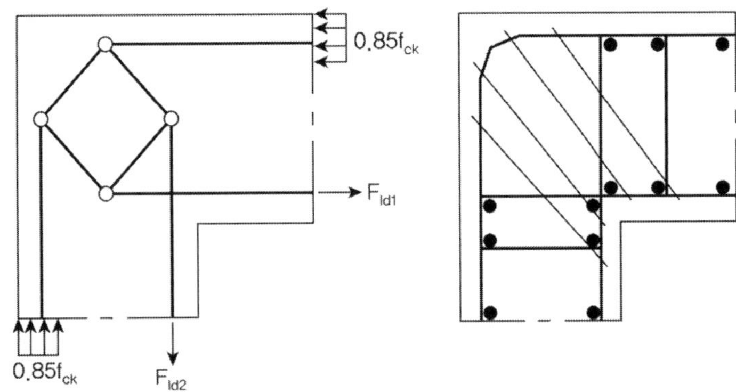

(Eurocode 2 : 중간 크기의 모멘트 작용 시 STM, 주철근비 < 2% 이하)

3) 단절점부의 철근의 배치

단절점부에서는 그림에서 보여주는 바와 같이 절점부에서 결합하는 부재의 주철근량의 적어도 1/2은 외측에 연해서 배치하는 것이 좋다. 그림에서 파선으로 표시된 철근은 외측인장 및 내측인장 휨모멘트에 의해 발생하는 인장응력에 대하여 필요한 경우 배치하는 철근이다.

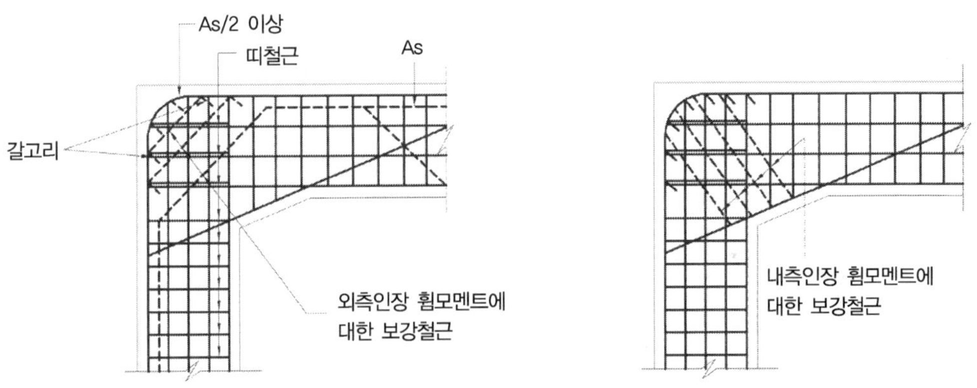

(라멘 단절점부의 철근의 배치)

1. 압축 스트럿

설계압축강도 F_{cd}가 계수 압축력 F_u 이상이 되도록 한다.

$$F_{cd} = f_{cd,\max} A_c \geq F_u$$

① 횡방향 응력이 작용하지 않거나 압축응력이 작용하는 경우 $\quad f_{cd,\max} = 0.85\phi_c f_{ck}$

② 횡방향 인장응력이 작용하여 균열이 발생한 것으로 가정하는 경우

$\quad$ (1) 횡방향 인정철근비가 0.4% 미만 $\quad f_{cd,\max} = 0.6\left(1 - \dfrac{f_{ck}}{250}\right)\phi_c f_{ck}$

$\quad$ (2) 횡방향 인정철근비가 0.4% 이상 $\quad \theta > 75°$ $\qquad f_{cd,\max} = 0.85\left(1 - \dfrac{f_{ck}}{250}\right)\phi_c f_{ck}$

$\qquad\qquad\qquad\qquad\qquad\qquad\quad 60° < \theta \leq 75°$ $\qquad f_{cd,\max} = 0.70\left(1 - \dfrac{f_{ck}}{250}\right)\phi_c f_{ck}$

$\qquad\qquad\qquad\qquad\qquad\qquad\quad \theta \leq 60°$ $\qquad\qquad f_{cd,\max} = 0.60\left(1 - \dfrac{f_{ck}}{250}\right)\phi_c f_{ck}$

2. 인장 타이

인장타이는 설계인장강도 F_{td}가 계수 인장력 F_u 이상이 되도록 한다. KDS 24 14 21 콘크리트교 설계기준(한계상태설계법)은 철근 응력이 300MPa 이하이면 균열에 대한 검토를 생략할 수 있도록 규정하고 있다.

$$F_{td} = \phi_s A_s f_y \geq F_u, \quad \phi_s = 0.90$$

3. 절점영역

절점영역의 크기와 상세는 지압강도의 결정에 크게 영향을 미치므로 스트럿과 타이와 함께 외력의 기하학적 특성을 고려하여 결정하여야 한다. 절점영역의 설계압축강도 $F_{nd,i}$가 계수압축력 $F_{u,i}$ 이상 되도록 하여야 한다.

$$F_{nd,i} = f_{cd,\max} w_i t \geq F_u$$

① C–C–C절점 : $f_{cd,\max} = \left(1 - \dfrac{f_{ck}}{250}\right)\phi_c f_{ck}$ $\qquad$ ② C–C–T절점 : $f_{cd,\max} = 0.85\left(1 - \dfrac{f_{ck}}{250}\right)\phi_c f_{ck}$

③ C–T–T절점 : $f_{cd,\max} = 0.75\left(1 - \dfrac{f_{ck}}{250}\right)\phi_c f_{ck}$

절점영역 설계압축강도는 다음 조건 중 적어도 1개 이상에 해당될 경우 10%까지 증가시킬 수 있다.
① 절점이 3축 압축상태인 경우
② 스트럿과 타이 사이의 모든 사이각이 55°보다 큰 경우
③ 지점과 집중하중에 작용하는 하중이 등분포로 작용하며 절점이 스트럽으로 구속된 경우
④ 여러 층의 철근이 배치되어 인장력이 분산되는 효과가 발휘되는 경우
⑤ 절점이 지압응력이나 마찰력에 의하여 안정적으로 구속된 경우

콘크리트 교각의 STM : 한계상태설계법

그림과 같이 단면의 폭이 1m인 피어캡에 대하여 KDS 24 14 21 콘크리트교 설계기준(한계상태설계법)에 따라 스트럿–타이 모델을 이용해 STM 모델을 구성하고 설계하시오. 교각은 직사각형 단면의 기둥 형식으로 크기는 $1,000 \times 2,400$mm이며, 교량받침은 500×700mm 크기로 그림에 보이는 폭이 500mm이다. $f_{ck} = 30$MPa, SD500 철근을 이용

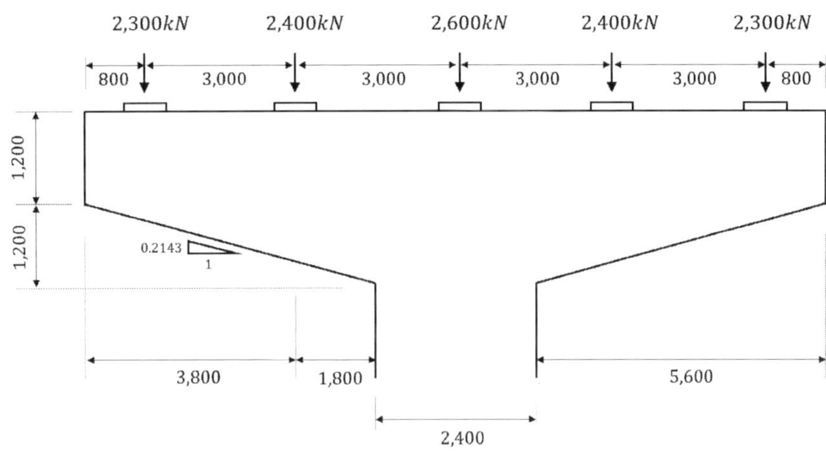

➤ 지압강도 검토

KDS 24 14 21에 따라 지압강도 검토하면 수직방향 하중을 받치는 교량받침은 피어캡의 폭 방향으로 700mm이므로 교량받침 양측면에서 150mm를 확장하면 피어캡의 폭은 1,000mm와 같다.

TIP | 한계상태설계법(KDS 24 14 21 콘크리트교 설계기준)에 따른 지압강도 |

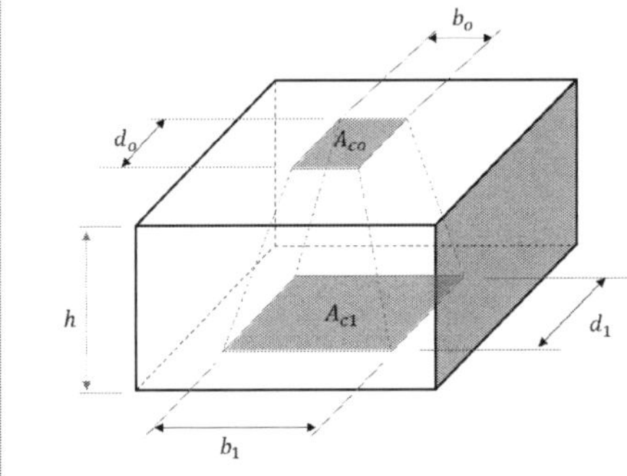

$$F_d = \phi_c (0.85 f_{ck}) A_{co} \sqrt{\frac{A_{c1}}{A_{co}}}$$

$$F_d \leq F_{d,\max} = 3.0 \phi_c (0.85 f_{ck}) A_{co}$$

$$b_1 \leq 3b_0, \; d_1 \leq 3d_0$$
$$h \geq b_1 - b_0, \; h \geq d_1 - d_0$$

$$A_{co} = 500 \times 700 = 350,000\,\text{mm}^2$$

$$A_{c1} = (500 + 300)(700 + 300) = 800,000\,\text{mm}^2$$

$$F_d = \phi_c (0.85 f_{ck}) A_{co} \sqrt{\frac{A_{c1}}{A_{co}}} = 0.65 \times 0.85 \times 30 \times 350,000 \times \sqrt{\frac{800,000}{350,000}} \times 10^{-3}$$

$$= 8,770\,\text{kN} \; < F_{d,\max} = 3.0 \phi_c (0.85 f_{ck}) A_{co} = 17,400\,\text{kN}$$

$$\therefore \; F_d > P_u (= 2,600\,\text{kN}) \qquad \text{O.K}$$

➤ STM 구성

단면 상단 수평타이에 대한 인장철근이 2단으로 배치될 것으로 예상해 수평 타이의 중심선을 단면 상단에서 150mm 떨어진 위치로 선정하고 단면 하단에서 0.2143/1.0의 기울기로 단면 하단에 평행한 스트럿은 계수전단력을 전달하기 위한 영역을 확보하기 위하여 스트럿의 중심선을 단면하단에서 200mm 떨어진 위치로 선정한다.

절점 D위에 하중은 스트럿 DH를 통해 직접 지반에 전달된다고 가정하고, A와 C절점의 하중은 CG와 FG를 통해 G절점에 전달된다고 가정한다.

절점 G의 위치를 구하기 위해 기둥에 작용하는 단위 폭 1m당 축방향 응력을 구하면, 피어캡의 단위 폭이 1m이므로,

$$f_{u,col} = \frac{2(2300 + 2400) + 2600}{2400 \times 1.0} = 5.0\,\text{kN/mm/m}$$

따라서, 수직스트럿 HK와 GJ의 폭은

$$w_{s,HK} = \frac{2600}{5.0} = 520\,\text{mm}, \quad w_{s,GJ} = \frac{2300 + 2400}{5.0} = 940\,\text{mm}$$

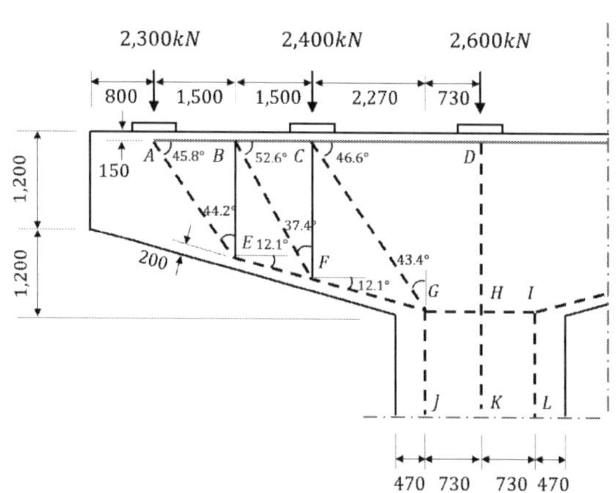

① 절점 A

$$F_{u,AE} = \frac{2,300}{\sin 45.8°} = 3,208\,\text{kN}, \quad F_{u,AB} = F_{u,AE}\cos 45.8° = 2,237\,\text{kN}$$

② 절점 E

$$F_{u,EF} = \frac{F_{u,AE}\sin 44.2°}{\cos 12.1°} = 2,287\,\text{kN}$$

$$F_{u,BE} = F_{u,AE}\cos 44.2° - F_{u,EF}\sin 12.1° = 1,820\,\text{kN}$$

③ 절점 B

$$F_{u,BF} = \frac{F_{u,BE}}{\sin 52.6°} = 2,291\,\text{kN}, \quad F_{u,BC} = F_{u,AB} + F_{u,BF}\cos 52.6° = 3,628\,\text{kN}$$

④ 절점 F

$$F_{u,FG} = \frac{F_{u,EF}\cos 12.1° + F_{u,BF}\sin 37.4°}{\cos 12.1°} = 3,710\,\text{kN}$$

$$F_{u,CF} = F_{u,EF}\sin 12.1° + F_{u,BF}\cos 37.4° - F_{u,FG}\sin 12.1° = 1,522\,\text{kN}$$

⑤ 절점 C

$$F_{u,CG} = \frac{2,400 + F_{u,CF}}{\sin 46.6°} = 5,398\,\text{kN}, \quad F_{u,CD} = F_{u,BC} + F_{u,CG}\cos 46.6° = 7,337\,\text{kN}$$

⑥ 절점 G

$$F_{u,GH} = F_{u,FG}\cos 12.1° + F_{u,CG}\sin 43.4° = 7,336\,\text{kN}$$

$$F_{u,GH} = F_{u,FG}\sin 12.1° + F_{u,CG}\cos 43.4° = 4,700\,\text{kN}$$

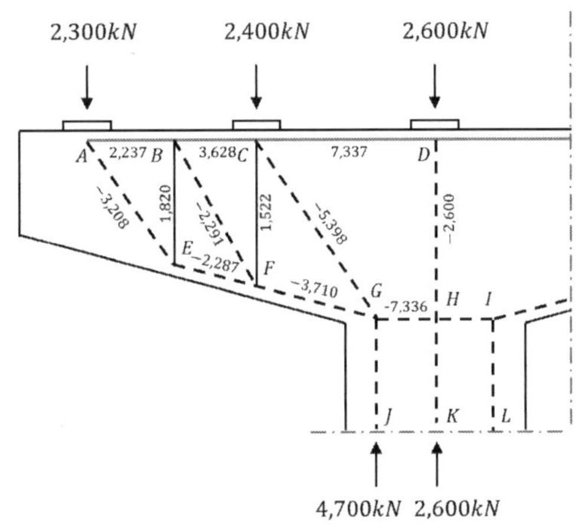

▶ 필요 철근 배치 검토

1) 휨 철근

휨모멘트에 저항하는 AB, BC, CD 타이 중 인장력이 가장 큰 CD(7,337kN)에 대해서만 인장철근을 검토한다.

$$A_{st,req} = \frac{F_{u,CD}}{\phi_s f_y} = \frac{7337 \times 10^3}{0.9 \times 500} = 16,304 \, \text{mm}^2$$

따라서 D32($A_b = 794.2 \, \text{mm}^2$)철근 22개를 배치($A_s = 794.2 \times 22 = 17,472 \text{mm}^2$)한다.

2) 전단 철근

① 타이 BE

$$A_{st,req} = \frac{F_{u,BE}}{\phi_s f_y} = \frac{1820 \times 10^3}{0.9 \times 500} = 4,044 \, \text{mm}^2$$

D16 U형 전단철근을 2중으로 배치하면 $A_v = 198.5 \times 4 = 794 \text{mm}^2$, $n_{req} = 5.1$

타이 BE의 최대 유효폭은 절점 A와 C 간 거리 3000mm의 1/2이므로

$$s_{req} = \frac{1500}{5.1} = 294.1 \, \text{mm} \quad \therefore \text{D16 U형 전단철근을 2중으로 250mm 간격으로 7개 배치한다.}$$

② 타이 CF

$$A_{st,req} = \frac{F_{u,BE}}{\phi_s f_y} = \frac{1522 \times 10^3}{0.9 \times 500} = 3,333 \, \text{mm}^2$$

D16 U형 전단철근을 2중으로 배치하면 $A_v = 198.5 \times 4 = 794 \text{mm}^2$, $n_{req} = 4.2$

$$s_{req} = \frac{1500}{4.2} = 357.1 \, \text{mm} \quad \therefore \text{D16 U형 전단철근을 2중으로 300mm 간격으로 6개 배치한다.}$$

3) 최소철근량 검토

최소 수직철근과 최소수평철근은 양면에 각각 콘크리트 단면적의 0.1% 이상 배치하여야 하므로

$$A_{sv,\min} = 0.001 \times 1,000 \times 1,000 = 1,000 \text{mm}^2$$

① 수직철근

타이 CF에 전단철근 D16을 2중 U형 전단철근으로 300mm 간격으로 배치하고 나머지 구간에도 동일하게 배치할 때 단위 길이 1m당 한쪽 면에 배치되는 수직철근의 양은 다음과 같이 최소 수

직철근 단면적 이상으로 기준을 만족한다.

$$A_{sv} = \frac{1}{2} \times \frac{794 \times 1000}{300} = 1,323\,\text{mm}^2 > A_{sv,\text{min}} = 1,000\text{mm}^2 \quad \text{O.K}$$

② 수평철근

전체 길이에 걸쳐 수직철근과 동일한 양이 되도록 4개의 D16 수평철근을 300mm 간격으로 배치하면 기준에 만족한다.

$$A_{sh} = \frac{1}{2} \times \frac{794 \times 1000}{300} = 1,323\,\text{mm}^2 > A_{sv,\text{min}} = 1,000\text{mm}^2 \quad \text{O.K}$$

▶ STM 요소의 강도 검증

1) 휨모멘트 저항 타이

$$F_{tdCD} = \phi_s f_y A_{st} = 0.9 \times 500 \times 17,427 \times 10^{-3} = 7,862\,\text{kN} > F_{u,CD}(= 7,337\text{kN}) \quad \text{O.K}$$

2) 스트럿의 폭 결정

① 절점 A

경사 스트럿 AE $w_{s,AE}$는 타이 AB의 폭 w_t=300mm이고, 수직하중 작용점 $l_b = 500\,\text{mm}$이므로,

$$w_{s,AE} = w_t\cos\theta + l_b\sin\theta = 300 \times \cos45.8° + 500 \times \sin45.8° = 568\,\text{mm}$$

② 절점 E

경사 스트럿 AE의 폭 $w_{s,AE}$를 구하면, 스트럿 EF의 폭 $w_{s,EF}$= 400mm이므로,

$$w_{s,EA} = \frac{w_{s,EF}}{\sin(44.2° + 12.1°)} = 481\,\text{mm}$$

③ 절점 B

타이 BE $w_{t,BE}$는 1,500mm이고, 타이 BC는 $w_{t,BE}$=300mm이므로,

$$w_{s,BF} = w_{tBE}\cos\theta + w_{t,BC}\sin\theta = 1500 \times \cos52.6° + 300 \times \sin52.6° = 1149\,\text{mm}$$

④ 절점 F

경사 스트럿 BF의 폭 $w_{s,BF}$를 구하면, 스트럿 FG의 폭 $w_{s,FG}$= 400mm이므로,

$$w_{s,FB} = \frac{w_{s,FG}}{\sin(37.4° + 12.1°)} = 526\,\text{mm}$$

⑤ 절점 C

경사 스트럿 CG $w_{s,CG}$는 타이 CD의 폭 w_t=300mm이고, 수직하중 작용점 $l_b = 500\,\text{mm}$이므로,

$$w_{s,CG} = w_t\cos\theta + l_b\sin\theta = 300 \times \cos46.6° + 500 \times \sin46.6° = 485\,\text{mm}$$

⑥ 절점 G

경사 스트럿 G의 폭 $w_{s,CG}$을 구하면, 스트럿 FG의 폭 $w_{s,FG}$= 400mm이므로,

$$w_{s,CG} = \frac{w_{s,FG}}{\sin(43.4° + 12.1°)} = 485\,\text{mm}$$

⑦ 절점 D

수직 스트럿 DH의 폭 $w_{s,DH}$는 수직하중의 폭 l_b와 같다.

$$w_{s,DH} = 500\text{mm}$$

3) 스트럿과 절점영역의 강도

스트럿 설계강도 $f_{cd,\max}$는 스트럿 축을 가로지르는 횡방향 인장철근의 철근비의 0.4%를 기준으로 구분하여 결정하므로,

① 스트럿 AE : 수직철근이 250mm 간격이고 수평철근이 300mm 간격이므로

$$\rho_{vh,AE} = \sum \frac{A_{si}}{bs_i}\sin^2\gamma_i = \frac{794}{1000\times250}\times\sin^2 45.8° + \frac{794}{1000\times300}\times\sin^2 44.2°$$
$$= 0.00292 < 0.004$$

횡방향 철근비가 0.4% 미만이므로 스트럿 설계강도

$$f_{cd,\max} = 0.6\left(1 - \frac{f_{ck}}{250}\right)\phi_c f_{ck} = 0.6\left(1 - \frac{30}{250}\right)\times 0.65\times 30 = 10.3\,\text{MPa}$$

이때 절점영역의 설계강도 $f_{cd,\max}$의 계수는 각각 1.0, 0.85, 0.75이므로 스트럿 설계강도가 지배적이다.

$$\therefore F_{cd,AE} = f_{cd,\max}A_c = f_{cd,\max}w_{s,AE}b_w = 10.3\times568\times1000\times10^{-3}$$
$$= 5{,}850\,\text{kN} > F_{u,AC}(=3208\text{kN}) \quad \text{O.K}$$

② 스트럿 BF

$$\rho_{vh,BF} = \sum \frac{A_{si}}{bs_i}\sin^2\gamma_i = \frac{794}{1000\times250}\times\sin^2 52.6° + \frac{794}{1000\times300}\times\sin^2 37.4°$$
$$= 0.00265 < 0.004$$

횡방향 철근비가 0.4% 미만이므로 스트럿 설계강도

$$f_{cd,\max} = 0.6\left(1 - \frac{f_{ck}}{250}\right)\phi_c f_{ck} = 0.6\left(1 - \frac{30}{250}\right)\times 0.65\times 30 = 10.3\,\text{MPa}$$

$$\therefore F_{cd,BF} = f_{cd,\max}A_c = f_{cd,\max}w_{s,BF}b_w = 10.3\times1149\times1000\times10^{-3}$$
$$= 11{,}830\,\text{kN} > F_{u,BF}(=2291\text{kN}) \quad \text{O.K}$$

응력 교란구역

철근 콘크리트 보의 응력 교란구역

풀 이

▶ 개요

휨부재의 응력 교란구역은 집중하중이 작용하거나 단면이 불연속인 구간에서 주로 발생되며, 이 구역에서는 보 이론이 적용되지 않는다. 주로 집중하중이나 반력 작용부, 깊은보(Deep beam), 접합부(Joint), 따낸 단부(Dapped end), 단면급변부 등에서 발생될 수 있다.

▶ 대표적 RC보의 예 ; 깊은 보(Deep beam)

응력 교란구역이 발생하는 대표적인 RC보 유형으로 깊은 보는 한쪽 면이 하중을 받고 반대쪽 면이 지지되어 하중과 받침부 사이에 스트럿이 형성대는 구조 형식을 갖는다. $l_n/h \leq 4.0$, $a/h \leq 2.0$인 경우가 깊은 보의 조건에 해당되며, 비선형 변형률 분포(nonlinear distribution of strain)를 고려하여 설계하거나 또는 STM에 따라 설계하여야 하고 횡좌굴을 고려해야 한다.

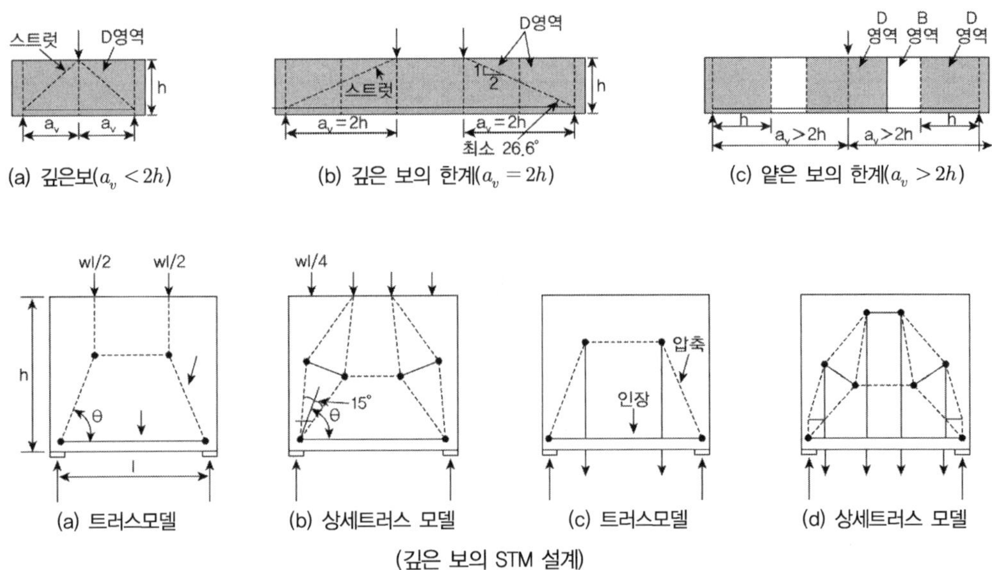

RC구조 응력교란구역에서 보 이론이 적용되지 않는 단점을 보완하기 위해서 STM(Strut-Tie Model)모델이 주로 사용된다. 구조물의 모든 부분을 B영역(Beam or Bernoulli Zone, 선형변형률과 보이론이 적용될 수 있는 영역)과 D영역(Discontinuity or Distributed Zone, 집중하중이 작용하거나 단면이 불연속이어서 보이론이 적용되지 않는 영역)으로 구분한 트러스 모델을 일반화한 해석방법이다.

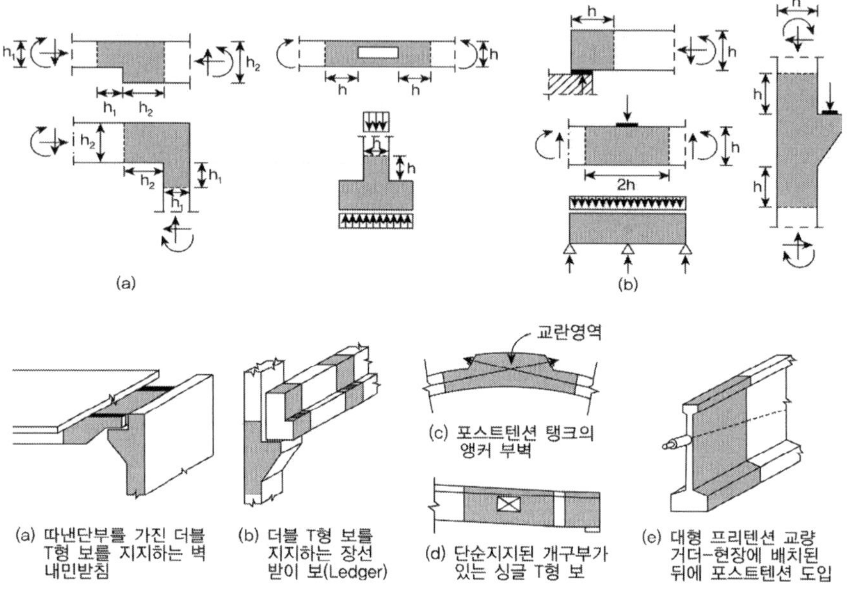

스트럿 타이

도로교설계기준(한계상태설계법, 2016)에서 콘크리트교의 스트럿–타이 모델 이용 시 균열이 발생한 압축영역 콘크리트 스트럿의 설계강도(횡방향 인장철근 0.4% 미만)

풀 이

▶ 개요

횡방향 인장변형의 크기에 따라서 콘크리트의 압축강도가 비선형적으로 감소한다. 도로교 설계기준(2016)에서는 횡방향 인장철근의 양이 횡방향 인장응력의 크기에 비례하여 정해진 것으로 가정하여 횡방향 인장 철근의 양에 따라 균열이 발생한 압축영역의 스트럿 설계강도를 감소하도록 규정하고 있다.

▶ 압축영역 콘크리트 스트럿의 설계강도

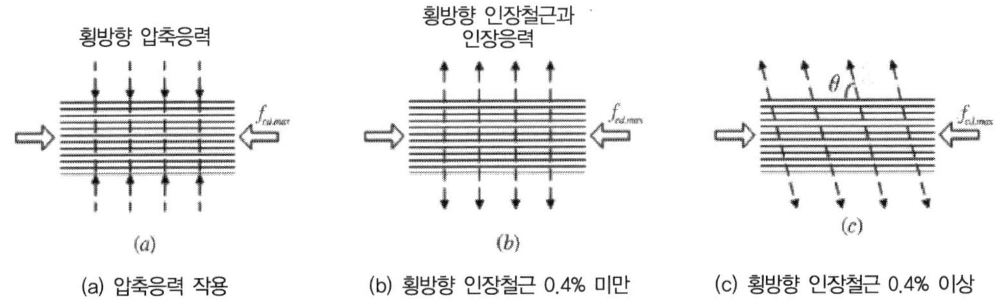

(a) 압축응력 작용　　　(b) 횡방향 인장철근 0.4% 미만　　　(c) 횡방향 인장철근 0.4% 이상

1) 횡 방향 압축응력이 작용하거나 횡 방향 응력이 작용하지 않는 콘크리트 스트럿

$$f_{cd,\max} = 0.85\phi_c f_{ck}$$

2) 균열이 발생한 압축영역의 가상의 횡 방향 인장철근이 0.4% 미만인 압축영역

$$f_{cd,\max} = 0.6(1 - f_{ck}/250)\phi_c f_{ck}$$

3) 균열이 발생한 압축영역의 가상의 횡 방향 인장철근이 0.4% 이상인 압축영역

$$\theta > 75° \quad : \quad f_{cd,\max} = 0.85(1 - f_{ck}/250)\phi_c f_{ck}$$
$$60 < \theta \leq 75° \quad : \quad f_{cd,\max} = 0.70(1 - f_{ck}/250)\phi_c f_{ck}$$
$$\theta \leq 60° \quad : \quad f_{cd,\max} = 0.60(1 - f_{ck}/250)\phi_c f_{ck}$$

내민받침 STM

교량의 내민받침(전단경간(a_v)/깊이(d)가 1.0 이하)에서 발생되는 파괴유형을 제시하고, 스트럿-타이모델과 철근배근 개념도를 제시하시오.

풀 이

▶ 개요

브라켓과 내민받침은 길이가 짧은 캔틸래버로 외력에 대해 휨 저항보다는 단순한 트러스가 깊은 보로 거동하기 때문에 STM이 합리적인 설계방법이다.

▶ 내민받침의 파괴유형

응력궤적으로부터 하중작용점과 내민받침의 상면에서 인장응력은 거의 일정하며 궤적도의 간격도 거의 균등하므로 총 인장력도 거의 일정하다. 내민 받침의 경사면을 따른 압축력도 대략 일정하여 경사 압축대가 발달함을 알 수 있다. 내민 받침의 모양은 응력상태에 영향을 미치지 않는다. 따라서 선형 아치 메커니즘을 근거로 간단하게 설계가 가능하며 전단력은 주로 strut의 연직성분에 의해 지지된다.

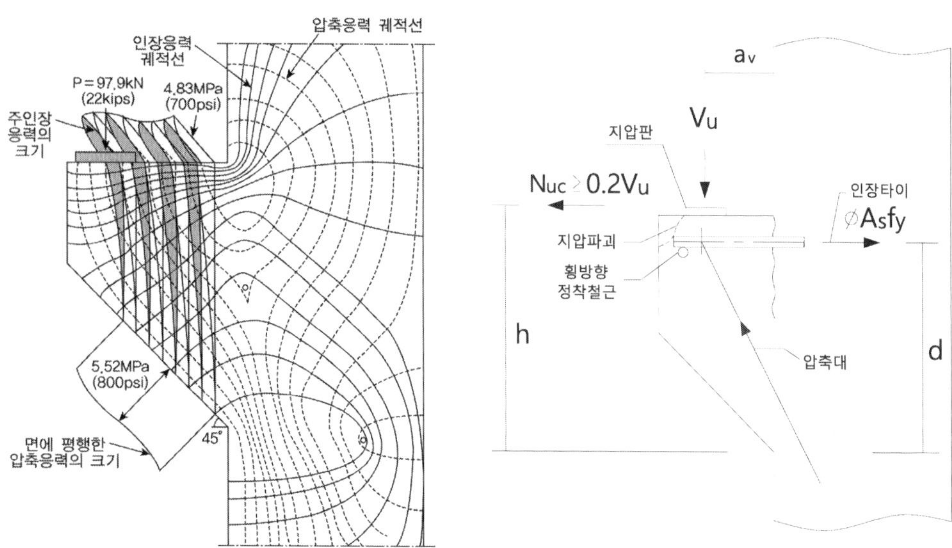

① 휨 인장 파괴 : 휨보강 철근의 큰 변형과 함께 압축대 끝부분의 콘크리트가 분쇄
② 경사 찢어짐 파괴 : 전단압축 때문에 휨 균열이 형성된 뒤에 경사 압축대를 따라 경사 찢어짐 파괴 발생

③ 미끄러짐 전단 파괴 : 길이가 짧고 경사가 급한 일렬의 경사균열이 발달하여 내민받침과 기둥면이 분리

④ 정착단 찢어짐 파괴 : 하중의 자유단이 너무 가까이 작용할 경우 적절히 정착되지 않은 휨보강철근을 따라 찢어짐 파괴 발생, 예기치 않은 편심이 이유인 경우가 많음

⑤ 지압 부서짐 : 너무 작거나 강성이 작은 지압판 또는 내민받침의 폭이 너무 좁을 때 지압판 밑의 콘크리트가 지압파괴

⑥ 수평인장파괴 : 내민받침의 바깥면이 너무 얇고 예기치 않은 수평하중이 작용할 때

⑦ 파괴메커니즘을 고려해보면 지압판 바로 밑에서 휨인장 철근의 전체강도가 발휘되어야 하며 내민받침의 주된 파괴 원인이 정착된 파괴임을 알 수 있다. 경사 스트럿의 수평력이 내민받침의 외측단에 있는 주철근에 적절히 전달되어야 스트럿이 발달할 수 있다.

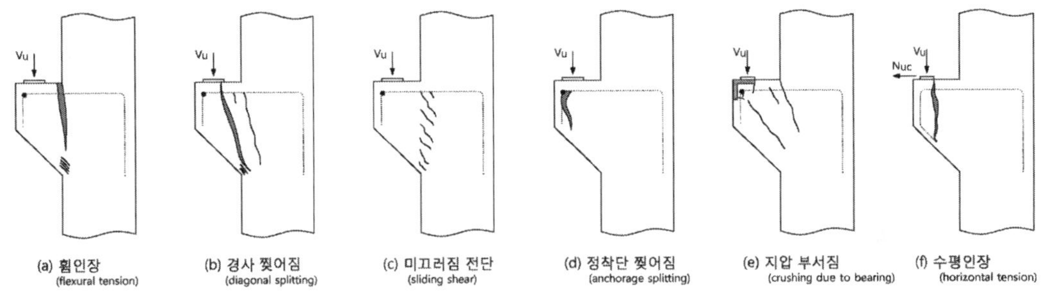

(Bracket 파괴 메커니즘)

➤ STM과 철근배근 개념도

1) Bracket STM 개념도

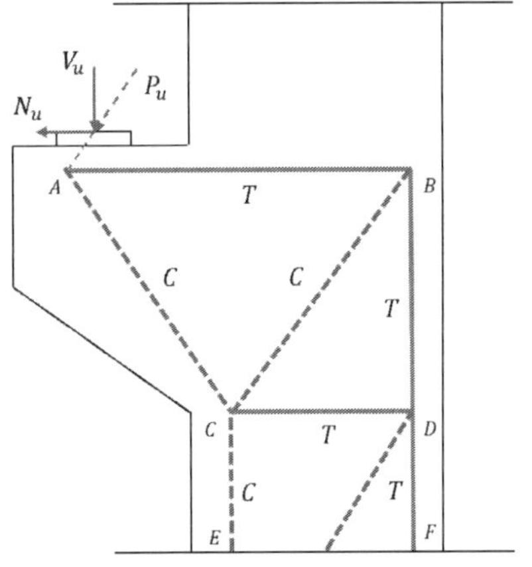

(Bracket의 STM 모델 개념도)

2) 철근 배근 개념도

① 유효깊이 d의 결정

$$V_n = \mu A_{vf} f_y \le \min\left[0.2 f_{ck} A_c, \quad 5.6 A_c\right] \qquad \therefore d \ge \frac{V_u/\phi}{0.2 f_{ck} b_w\left[\text{or } 5.6 b_w\right]}$$

② 지압면의 외측단 깊이는 0.5d 이상으로 한다.

③ 크리프, 건조수축, 온도변화 등 수평 인장력을 고려하여야 한다($N_{uc} \ge 0.2 V_u$).

④ 폐쇄스트럽이나 띠철근의 전체 단면적 $A_h \ge 0.5(A_{sc} - A_n)$

　　A_{sc} : 내민받침의 주인장 철근의 단면적

　　A_n : 수평력 N_{uc}에 저항하는 철근 단면적

　　여기서 A_h는 2d/3 거리 내에서 균등 배치한다.

⑤ 휨모멘트와 바깥방향으로의 수평력으로 인한 균열로 갑작스러운 파괴를 방지하기 위한 주인장

　　철근의 최소철근비 $\rho_{\min} = \dfrac{A_s}{bd} \ge 0.04\dfrac{f_{ck}}{f_y}$

⑥ 주인장 철근의 정착

　　(1) 인장타이를 앵글에 용접

　　(2) 직경이 동일한 수평철근에 용접

　　(3) 수평으로 구부린 고리를 배치

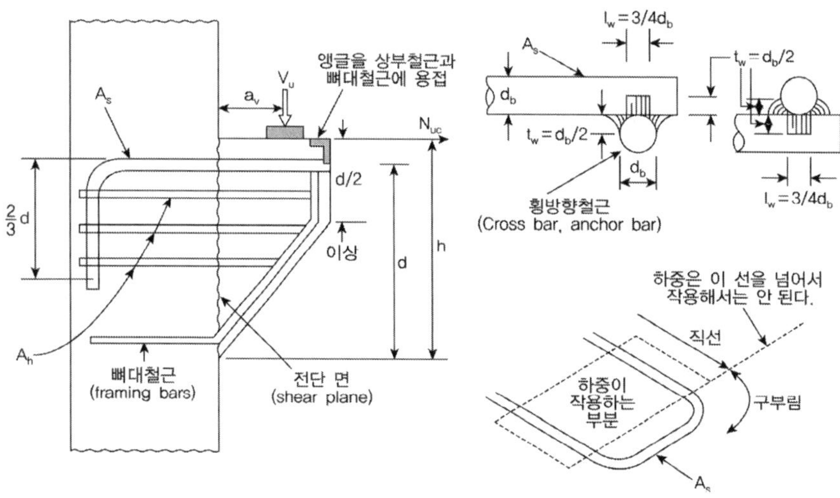

Bracket STM : 2017 콘크리트 구조기준

350mm×350mm의 기둥에 부착되어 기둥면에서 100mm 떨어져서 프리캐스트 보를 지지하는 내민반침을 설계하라. 내민반침에는 계수전단력 $V_u = 250kN$이 작용하고 내민받침에서 크리프나 건조수축을 고려하기 위해서 계수전단력의 20%인 수평방향 인장력 $N_{uc} = 50kN$이 작용한다고 가정한다. $f_{ck} = 35MPa$, $f_y = 500MPa$이다.

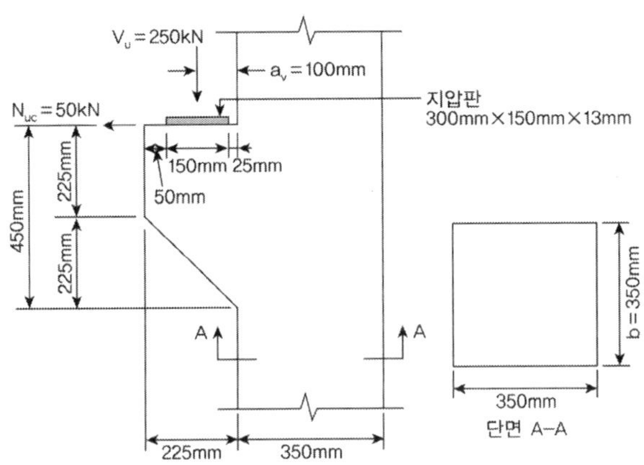

▶ 지압판의 크기

지압판 아래는 CCT절점으로 인장타이가 존재하므로 $\beta_n = 0.8$

$$\phi F_{nn} = \phi\left(0.85\beta_n f_{ck}\right)A_c = 0.75 \times 0.85 \times 0.8 \times 35 \times 300 \times 150 = 803.25^{kN} > V_u\left(= 250^{kN}\right) \qquad \text{O.K}$$

∴ 지압판의 크기는 적절하다.

▶ 내민받침의 치수 결정

$$V_n = \frac{V_u}{\phi} = 333.33^{kN} \leq \min\left[0.2f_{ck}A_c,\ 5.6A_c\right] = 5.6b_w d$$

$$d_{req} \geq \frac{333.33 \times 10^3}{5.6 \times 350} = 170.1^{mm} \qquad \text{Use } d = h - 50(\text{표면두께}) = 450^{mm}$$

▶ STM의 구성

절점 C (CCCT) : $\beta_n = 0.8$

$$F_{CE} = \phi F_{nn} = \phi(0.85\beta_n f_{ck})A_c = 0.75 \times 0.85 \times 0.8 \times 35 \times 350 \times w_{CE} = 6247.5 w_{CE}$$

$$\sum M_D = 0 \ : \ -250 \times 10^3 \times (100 + 300) - 50 \times 10^3 \times 450 + 6247.5 w_{CE}\left(300 - \frac{w_{CE}}{2}\right) = 0$$

$$\therefore \ w_{CE} = 74.65^{mm}$$

$$\theta_{AC} = \tan^{-1}\left(\frac{400}{\dfrac{110 + w_{CE}}{2}}\right) = 69.8°, \quad \theta_{BC} = 56.7°$$

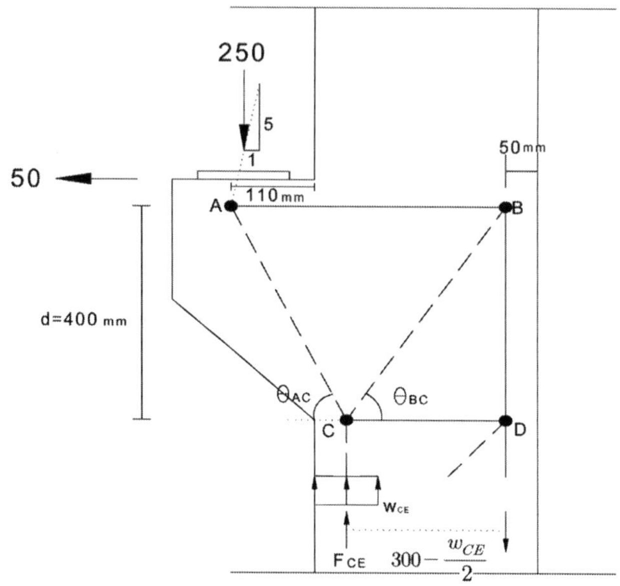

▶ 부재력 계산

① at A

$$F_{AC}\sin 69.8° = 250 \qquad \therefore \ F_{AC} = 266.38^{kN}(C)$$

$$F_{AB} = 50 + F_{AC}\cos 69.8° \qquad \therefore \ F_{AB} = 141.98^{kN}(T)$$

② at B

$$F_{BC}\cos 56.7° = 141.98 \qquad \therefore \ F_{BC} = 258.6^{kN}(C)$$

$$F_{BD} = F_{BC}\sin 56.7° \qquad \therefore \ F_{BD} = 216.14^{kN}(T)$$

③ at C

$$F_{CE} = 266.38\sin 69.8° + 258.6\sin 56.7° = 466.14^{kN}(C)$$

$$F_{CD} = -266.38\cos 69.8° + 258.6\cos 56.7° = 50^{kN}(T)$$

▶ Strut 및 Tie 폭원 검토

$$\phi F_{ns} = \phi\left(0.85\beta_{s(n)}f_{ck}\right)\left(w_s b_s\right)$$

① Strut AC

· Nodal Zone A $(\beta_s = 0.75,\ \beta_n = 0.8)$: $w_{AC} = \dfrac{266.38 \times 10^3}{0.75 \times 0.85 \times 0.75 \times 35 \times 350} = 45.5^{mm}$

· Nodal Zone C $(\beta_s = 0.75,\ \beta_n = 0.8)$: $w_{CA} = 45.5^{mm}$

② Strut BC

· Nodal Zone B $(\beta_s = 0.75,\ \beta_n = 0.6)$: $w_{BC} = 55.2^{mm}$

· Nodal Zone C $(\beta_s = 0.75,\ \beta_n = 0.8)$: $w_{BC} = 44.2^{mm}$

③ Strut CE

$$w_{CE} = 74.6^{mm}$$

④ Tie AB

· Nodal Zone A $(\beta_{n(s)} = 0.8)$: $w_{AB} = 22.7^{mm}$

· Nodal Zone B $(\beta_{n(s)} = 0.6)$: $w_{BA} = 30.3^{mm}$

⑤ Tie BD

· Nodal Zone B $(\beta_{n(s)} = 0.6)$: $w_{BD} = 46.1^{mm}$

· Nodal Zone D $(\beta_{n(s)} = 0.6)$: $w_{DB} = 46.1^{mm}$

⑥ Tie CD

· Nodal Zone C $(\beta_{n(s)} = 0.8)$: $w_{CD} = 8.0^{mm}$

· Nodal Zone D $(\beta_{n(s)} = 0.6)$: $w_{DC} = 10.7^{mm}$

▶ Tie의 설계

① Tie AB

$$A_{s,AB} = \frac{F_{AB}}{\phi f_y} = \frac{141.98 \times 10^3}{0.85 \times 500} = 334.1^{mm^2}$$

$$A_{s.\min} = \left[\frac{1.4}{f_{y,}} \quad \frac{0.25\sqrt{f_{ck}}}{f_y}\right] \times b_w d = 414.12^{mm^2} > A_s$$

$$\therefore A_{s.AB} = 414.12^{mm^2} \qquad \text{Use 4-D13}(A_s = 506.8^{mm^2})$$

② Tie BD

$$A_{s,AB} = \frac{F_{BD}}{\phi f_y} = \frac{216.14 \times 10^3}{0.85 \times 500} = 508.565^{mm^2}$$

$$A_{s.\min} = \left[\frac{1.4}{f_{y,}} \quad \frac{0.25\sqrt{f_{ck}}}{f_y}\right] \times b_w d = 414.12^{mm^2} < A_s$$

∴ 타이 BD의 부재력은 기둥의 종방향 철근에 의해 지지되므로 $A_{s.BD} - A_{sAB}$의 양만큼 종방향 철근을 증가시킨다.

③ Tie CD

$$A_{s,CD} = \frac{F_{CD}}{\phi f_y} = \frac{50 \times 10^3}{0.85 \times 500} = 117.6^{mm^2}$$

$$\therefore A_{s.AB} = 117.6^{mm^2} \qquad \text{Use 2-D10}(A_s = 142.6^{mm^2})$$

▶ **D10($A_s = 71.3mm^2$) 철근 사용 시 균열 조절 철근량 산정**

$$\sum \frac{A_{si}}{b_s s_i} \sin^2 \gamma_i \geq 0.003$$

Strut BC가 지배적이므로

$$\min \ s_i = \frac{2 \times 71.3}{350 \times 0.003} \sin^2 56.7° = 94.87$$

$$\text{배치구간 } \frac{2}{3}d = 267^{mm} \qquad \therefore s = \frac{267}{4} = 67^{mm}$$

∴ 3개의 D10 hoop를 65mm 간격으로 배치한다.

$$A_s = 2 \times 3 \times 71.3 = 213.9^{mm^2} > A_h$$

$$A_h = \frac{1}{2}(A_{sc} - A_n) = \frac{1}{2}\left(A_{sc} - \frac{N_{uc}}{\phi f_y}\right) = \frac{1}{2}\left(506.8 - \frac{50 \times 10^3}{0.85 \times 500}\right) = 194.6mm^2$$

Deep beam STM : 2017 콘크리트 구조기준

스트럿-타이 모델에서 다음 사항에 대하여 설명하시오.

(1) 스트럿-타이 모델의 구성요소

(2) 아래 그림과 같은 깊은 보를 스트럿-타이 모델에 의해 설계할 때, 콘크리트 압축경사 스트럿의 안전성과 철근량(As) (단, 압축경사 스트럿의 폭은 460mm로 가정하며, 콘크리트의 설계기준압축강도 fck=30MPa, 철근의 항복강도 fy=400MPa, 콘크리트의 유효강도계수 βc=0.75)

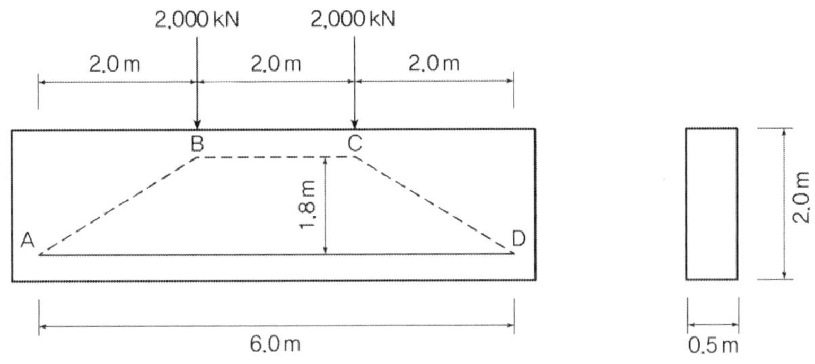

풀 이

▶ 개요

깊은 보는 보의 높이가 지간에 비하여 보통의 경우보다 높고, 보의 폭이 지간이나 높이보다 매우 작은 보로 하중은 부재면 내에 작용하고 부재가 평면응력상태에 놓이는 높이가 큰 보를 말한다. 이러한 보는 하중을 스트럿-타이 작용(또는 아치작용)으로 지지하며 이 범위에서 보의 전단강도는 전단경간이 증가함에 따라서 급격히 감소하고 강도는 지압판의 크기와 같은 설계상쇄에 민감하다. 보의 파괴는 분쇄파괴(crushing)로 나타난다. 균열이 발생 전에는 탄성응력장(elastic stress field)이 존재하고 이는 유한요소해석과 같은 해석법을 통해 구할 수 있다. 균열이 발생된 후에는 이 응력장은 교란되어 주요한 내부 힘들의 방향을 변화시키게 된다. 균열 후에 내부 힘들은 콘크리트 압축대(Strut)와 인장철근 타이(Tie)와 절점영역(Nodal zone)으로 구성된 STM으로 모델링할 수 있다.

▶ 스트럿-타이 모델의 구성요소

1) 스트럿(Strut)

스트럿(compression strut)은 압축대 방향으로 압축을 받는 콘크리트 압축응력장을 표현하며 다음의 3가지로 표현한다. 이때 스트럿의 종방향 대 횡방향으로 2:1로 분산되어 전달된다고 가정하며, 압축력이 작용 시 횡방향으로 인장이 발생해서 압축대의 축을 따라 균열이 발생할 수 있으며 이에 대해 횡방향 철근을 배치하여 균열로 인한 파괴를 방지해야 한다.

① 단면적일 일정한 이상화된 단면(prismatic section)

② 병 모양 스트럿(bottle-shaped strut)

③ 국부적 트러스 모델

2) 인장타이(Tension tie)

철근부를 중심으로 인장을 받는 영역으로 인장타이와 같은 역할을 수행한다. 인장타이의 보강철근이 연결되는 삼각형 모양의 콘크리트 폭을 타이의 유효폭 w_t으로 한다.

3) 절점과 절점영역(Nodes and Nodal Zone)

스터럿과 인장타이가 만나는 절점에서 힘은 평형방정식을 만족해야 한다. 절점의 면이 스트럿이나 인장타이 축에 연직하게 배치해서 절점의 모든 면에 동일한 지압응력이 발생하도록 하는 방법으로 만약 CCC절점에서 이렇게 하면 절점 각 면의 길이 비는 $w_{n1} : w_{n2} : w_{n3}$이고 이때 만나는 3개의 압축력의 비는 $C_1 : C_2 : C_3$와 같게 된다. 이렇게 절점을 배치하면 모든 방향에서 절점에 작용하는 면내응력(in-plane stresses)이 동일하게 되고, 따라서 이런 방식으로 배치하는 것을 정수압 절점영역이라 부른다.

▶ 스트럿-타이 모델 설계

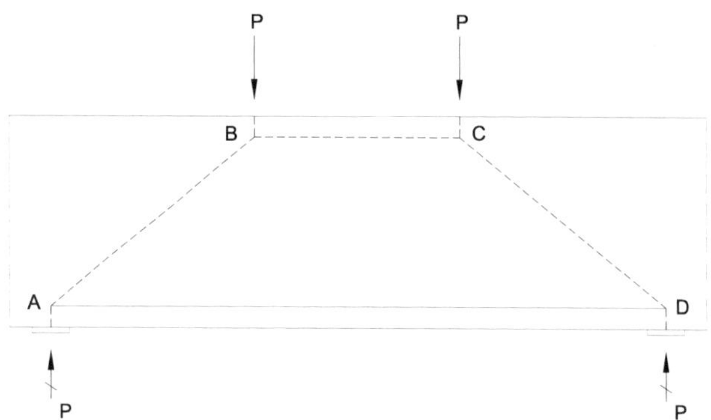

1) 단면의 최대 전단강도

$$\phi V_n = \phi \frac{5}{6} \sqrt{f_{ck}} \, b_w d = 0.75 \times \frac{5}{6} \times \sqrt{30} \times 500 \times 2000 \times 10^{-3} = 3,423 \, \text{kN} > V_u \quad \text{O.K}$$

➤ 콘크리트 압축경사 스트럿의 안전성 검토

1) Strut BC와 Tie AD 강도

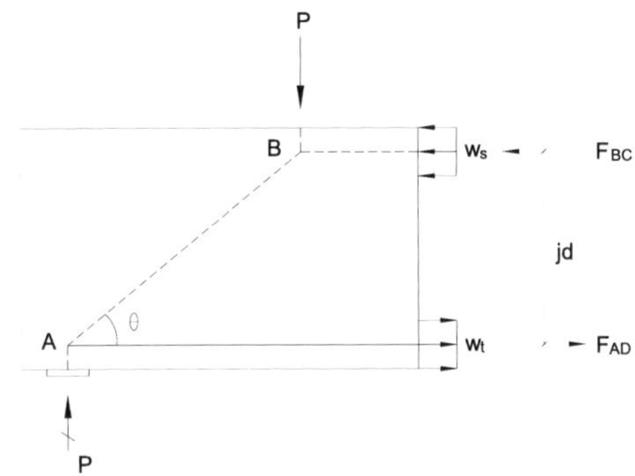

① Strut BC ($\beta_s = 1.0, \ \beta_n = 1.0$)

$$F_{BC} = \phi F_{ns} = \phi(0.85\beta_{s(n)}f_{ck})(w_s b_s)$$
$$= 0.75 \times 0.85 \times 1.0 \times 30 \times 500 w_s$$
$$= 9562.5 w_s$$

② Tie AD ($\beta_n = 0.8$)

$$F_{AD} = \phi(0.85\beta_n f_{ck})(w_t b_s)$$
$$= 0.75 \times 0.85 \times 0.8 \times 30 \times 500 w_t$$
$$= 7650 w_t$$

평형방정식으로부터

$$F_{BC} = F_{AD} : 9562.5 w_s = 7650 w_t \qquad \therefore \ w_t = 1.25 w_s$$

$$jd = h - \frac{w_s}{2} - \frac{w_t}{2} = 2000 - 1.125 w_s$$

$$\sum M_A = 0 : \ P \times 2000 - F_{BC}(jd) = 0$$

$$2000 \times 10^3 \times 2000 - (9562.5 w_s)(2000 - 1.125 w_s) = 0$$

$$\therefore \ w_s = 242\,\text{mm}, \ w_t = 302\,\text{mm} \ \ \text{Use} \ w_s = 250\,\text{mm}, \ w_t = 310\,\text{mm}$$

그러나 주어진 조건에서 $jd = 1800\,\text{mm}$이므로 $jd = h - \dfrac{w_s}{2} - \dfrac{w_t}{2} = 2000 - 1.125 w_s = 1800$

$$\therefore \ w_s = 178\,\text{mm}, \ w_t = 222\,\text{mm} \quad \text{Use} \ w_s = 200\,\text{mm}, \ w_t = 230\,\text{mm}$$

$$\therefore \ F_{BC} = F_{AD} = \frac{1}{jd} \times P \times 2000 = 2222.2\,\text{kN}$$

2) Strut AB 폭과 강도

$$\sum F_y = 0 : \ F_{AB} = \frac{P}{\sin\theta} = 1338 \ \text{kN}$$

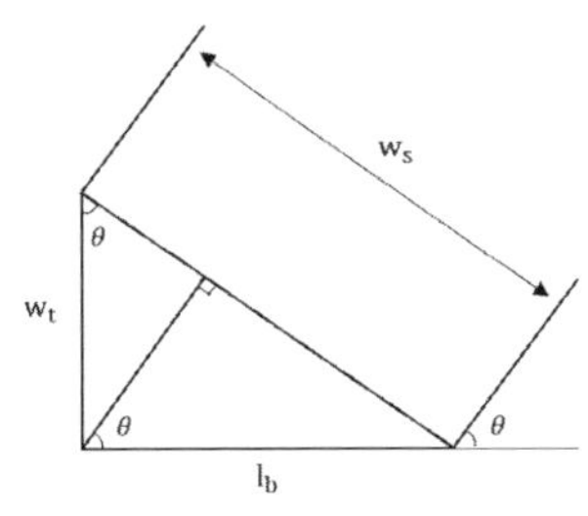

B점에서 $w_s = w_t \cos\theta + l_b \sin\theta$

주어진 조건으로부터 $w_s = 460\,\text{mm}$

$$\phi F_{ns} = \phi(0.85\beta_s f_{ck})(w_s b_s)$$
$$= 0.75 \times 0.85 \times 0.75 \times 30 \times 460 \times 500 \times 10^{-3}$$
$$= 3299.06\,\text{kN} > F_{AB} \qquad \text{O.K (안전하다)}$$

➤ 인장 타이의 철근량

1) 필요철근량 산정

$$F_{AD} = \frac{1}{jd} \times P \times 2000 = 2222.2\,\text{kN},$$

$$F_{AD} = \phi F_{nt} = \phi\big(A_s f_y + A_{pt}\,(f_{pe} + \Delta f_p)\big) = \phi A_s f_y$$

$$\therefore A_s = \frac{2222.2 \times 10^3}{0.85 \times 400} = 6535.9\,\text{mm}^2$$

2) 최소철근량 검토

$$A_{s.\min} = \max\left[\frac{1.4}{f_y} b_w d, \;\; \frac{0.25\sqrt{f_{ck}}}{f_y} b_w d\right] = 3325\,\text{mm}^2 \;\; < \;\; A_s \qquad \text{O.K}$$

$$\therefore A_s = 6535.9\,\text{mm}^2$$

상자형 구조물 접합부 STM : 2017 콘크리트 구조기준

설계대상 구조물의 기하학적 형상과 설계하중은 그림과 같다. 콘크리트 기준압축강도는 28MPa 이고 철근의 기준항복강도는 400MPa이다. 이때 자중과 전단력은 무시하고 우각부의 휨모멘트만 고려한다. STM모델을 구성하고 단면력을 산정하라. 단, 휨철근비는 0.68%이다. $\epsilon_t \geq 0.005$ 인장 지배 : $\phi = 0.85$ 적용.

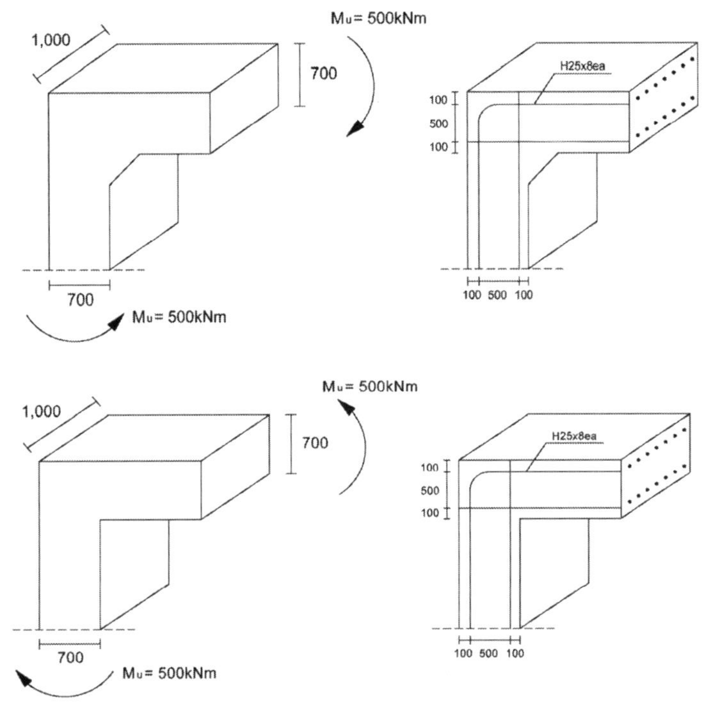

▶ 라멘단절점부에 외측인장 휨모멘트가 작용하는 경우

1) 외측인장 휨모멘트 STM 모델

① 스트럿의 θ값은 가급적 25~65° 범위 내로 한다(CEB-FIP MC90).

② 닫힘모멘트를 받는 우각부의 절점구성은 도로교 설계기준에 근거하여 스트럿과 타이의 간격이 $0.5R$이 되도록 구성한다.

③ 기존 휨 주철근의 회전반경에 인장타이가 위치하지 않기 때문에 보강효과가 없는 것으로 간주 하고 휨철근의 인장 보강효과를 고려하기 위해서는 별도의 절점구성을 해야 한다.

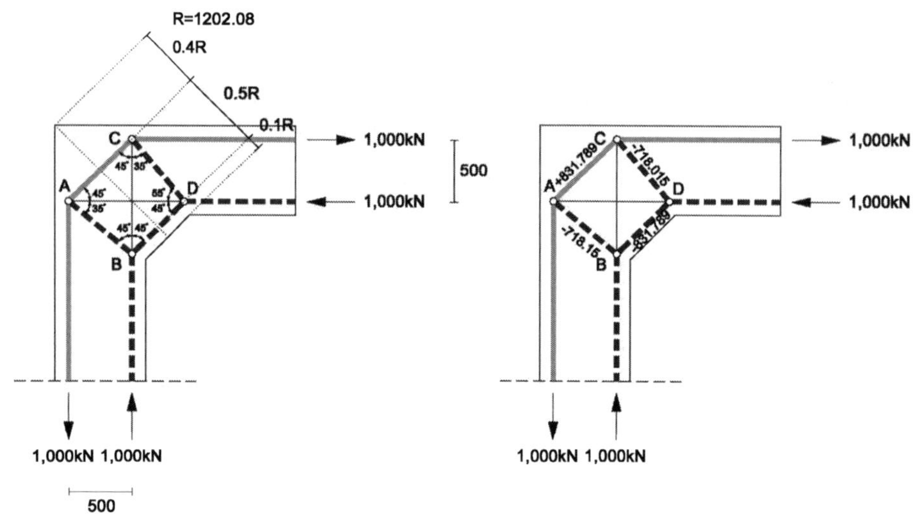

2) 인장타이 필요철근량 산정(AC타이)

$$A_{st} = \frac{F_u}{\phi f_u} = \frac{832 \times 10^3}{0.9 \times 400} = 2{,}311mm^2 \qquad \text{Use } H29@4^{ea} \ A_{use} = 2{,}570mm^2$$

3) 스트럿과 절점영역의 강도 검토

$$w_{req} = \frac{F_u}{\phi 0.85 \beta_{s.\mathrm{mod}} f_{ck} b}$$

$$\text{AB 스트럿} : w_{req} = \frac{F_u}{\phi 0.85 \beta_{s.\mathrm{mod}} f_{ck} b} = \frac{7.18 \times 10^3}{0.75 \times 0.85 \times 0.60 \times 28 \times 1000} = 67.1mm$$

요소	요소 종류	β_s or β_n	$\beta_{s.\mathrm{mod}}$	$0.85\beta_{s.\mathrm{mod}}f_{ck}$	F_u (kN)	w_{req} (mm)	비고
AB	스트럿 AB	0.60	0.60	14.28	718.15	67.1	만족
	NZ A(CTT)	0.60					
	NZ B(CCC)	1.00					
BD	스트럿 BD	0.60	0.60	14.28	831.789	77.7	만족
	NZ B(CCC)	1.00					
	NZ D(CCC)	1.00					
CD	스트럿 CD	0.60	0.60	14.28	718.15	67.1	만족
	NZ C(CTT)	0.60					
	NZ D(CCC)	1.00					

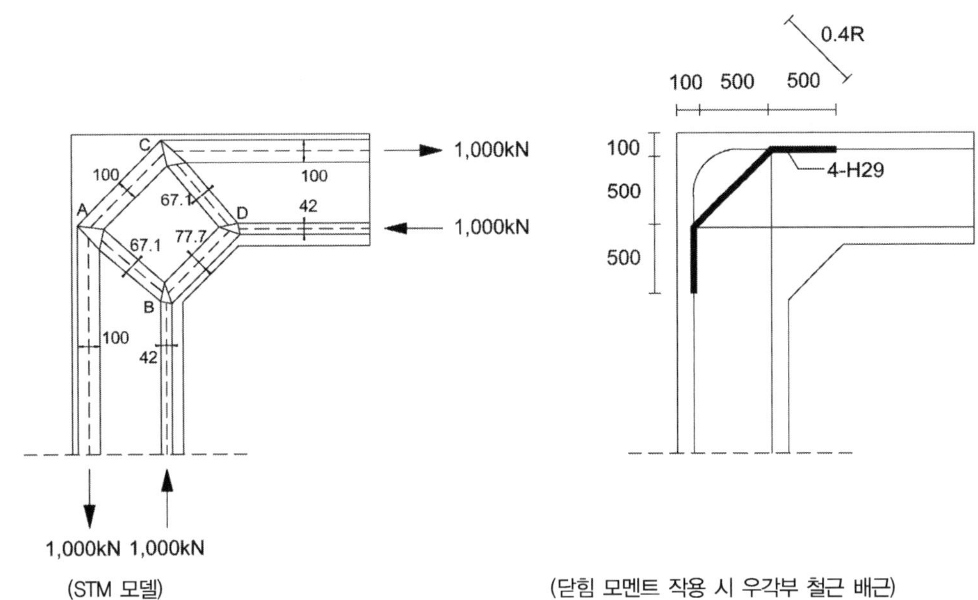

(STM 모델)   (닫힘 모멘트 작용 시 우각부 철근 배근)

▶ 라멘단절점부에 내측인장 휨모멘트가 작용하는 경우

1) 내측인장 휨모멘트 STM 모델

스트럿의 θ값은 가급적 25~65° 범위 내로 한다(CEB–FIP MC90).

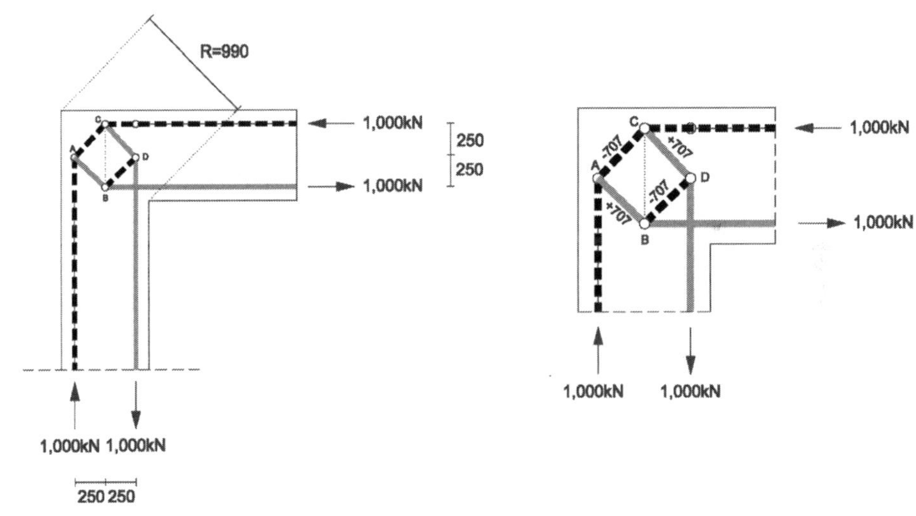

2) 인장타이 필요철근량 산정(AB타이)

$$A_{st} = \frac{F_u}{\phi f_u} = \frac{707 \times 10^3}{0.9 \times 400} = 1,965 mm^2$$

인장력 전달을 위한 AB타이의 707kN의 단면력 전달을 위해 필요한 경사철근 배근

인장력을 전달하는 타이의 최대 유효폭 내에 넓게 분포된 스트럽의 배근형태를 가지며 H16 폐쇄
스트럽을 사용하여 경사타이에 필요한 스트럽 수(n)를 구하면,

$$n = \frac{F_u}{\phi A_{st} f_u} = \frac{707 \times 10^3}{0.9 \times (4 \times 198.7) \times 400} \approx 3$$

결정한 스트럽 수를 이용하여 경사타이의 유효폭 354($= 500 \times \sin 45°$)mm 내에서 필요배근간격
(s)는, $354/3 = 108mm$

∴ AB 경사타이 방향으로 H16폐쇄스트럽(종방향 1000mm 내 스트럽 다리수 $n = 4$)을 100mm
간격으로 배근한다.

$$A_{used} = 2383.2mm^2 (H16 \times 4^{ea}(종) \times 3^{ea}(횡))$$

3) 스트럿과 절점영역의 강도 검토

$$w_{req} = \frac{F_u}{\phi 0.85 \beta_{s.mod} f_{ck} b}$$

AC 스트럿 : $w_{req} = \dfrac{F_u}{\phi 0.85 \beta_{s.mod} f_{ck} b} = \dfrac{707.107 \times 10^3}{0.75 \times 0.85 \times 0.60 \times 28 \times 1000} = 66mm$

요소	요소 종류	β_s or β_n	$\beta_{s.mod}$	$0.85\beta_{s.mod}f_{ck}$	F_u(kN)	w_{req}(mm)	비고
	스트럿 AC	0.60					
AC	NZ A(CCT)	0.80	0.60	14.28	707	66	만족
	NZ C(CCT)	0.80					
	스트럿 BD	0.60					
BD	NZ B(CTT)	0.60	0.60	14.28	707	66	만족
	NZ D(CTT)	0.60					

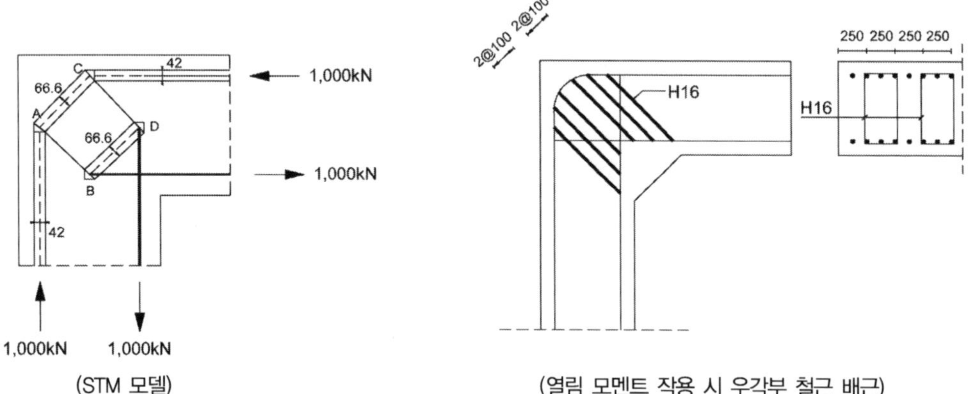

(STM 모델)

(열림 모멘트 작용 시 우각부 철근 배근)

4) 타이의 정착을 기계적 장치, 포스트텐션 정착 장치, 표준갈고리 또는 철근 연장이 필요하므로, 가장 큰 인장력을 받는 AB타이의 정착을 위해 90° 표준갈고리 정착길이 l_{dh} 는,

$$l_{dh} = 100 \frac{d_b}{\sqrt{f_{ck}}} \times 보정 계수 = 100 \times \frac{16}{\sqrt{28}} \times 0.7 \times \frac{1965}{2383.2} = 175mm$$

∴ AB 경사타이를 종방향 250mm를 폭으로 폐쇄스트럽으로 배근한다.

1. 평형비틀림(Equilibrium torsion)과 적합비틀림(Compatibility torsion) [110회]

【 기출유형 ① 】 적합 비틀림과 평형 비틀림

구조물에서 비틀림 모멘트를 받을 때 다음의 두 경우로 나누어 생각할 수 있다. 비틀림 모멘트가 힘의 평형조건을 유지해야 하는 경우(평형비틀림, 정정비틀림, 1차 비틀림)와 부정정 구조물의 경우에서처럼 변형의 적합조건을 만족시켜야 하는 경우(적합비틀림, 부정정비틀림, 2차 비틀림)이다.

평형비틀림은 비틀림 모멘트 전체가 평형을 유지해야 하고 적합비틀림의 경우는 균열이 생긴 후에 내부에서 힘의 재분배를 통해서 비틀림 모멘트가 줄어들 수 있다. 또한 주변의 다른 부재가 충분한 강도를 가지고 있다면 설계부재의 비틀림 모멘트 크기가 줄어들 수 있다.

① 평형비틀림(정정비틀림) : 편심효과에 의하여 구조물에 작용하는 비틀림모멘트는 내부력의 재분배에 의하여 감소될 수 없는 비틀림모멘트로 구조물이 힘의 평형을 유지하기 위하여 발생하는 비틀림 모멘트이다.

② 적합비틀림(부정정비틀림) : 부정정 구조물에 작용하는 비틀림은 부재의 강성 비율에 따라 비틀림 효과가 달라진다. 하중이 작용하는 부재의 휨 작용으로 연결된 부재에 비틀림 모멘트가 유발되는데 비틀림을 받는 부재에 균열이 발생하기 전에는 상대적으로 큰 비틀림모멘트가 작용하게 된다. 그러나 비틀림을 받는 부재에 균열이 발생하게 되면 비틀림 강성이 급격히 감소하여 전달되는 비틀림모멘트가 더 이상 증가하지 않고 힘이 재분배된다. 이러한 거동을 보이는 비틀림을 적합비틀림이라고 한다.

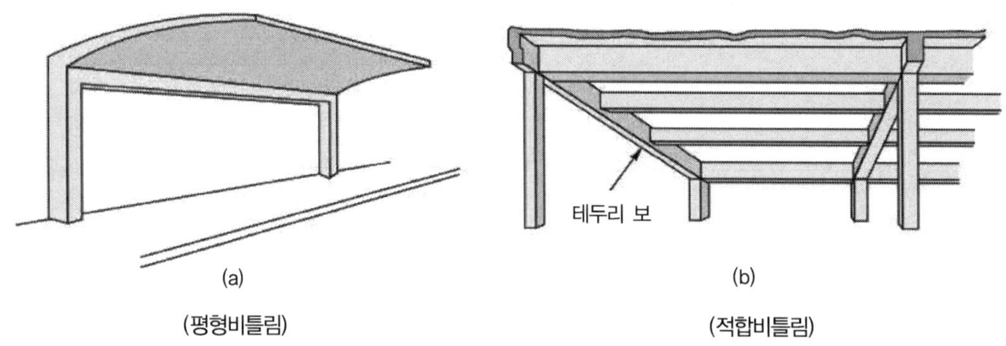

닫힌 단면(closed section)이나 속이 찬 단면(solid section)에서는 순환형 전단류(circulatory shear)에 의한 순수비틀림(pure torsion)이 발생되며, 열린 단면(open section)에서는 뒤틀림(warping torsion)이 발생될 수 있다.

비틀림 철근이 배치되지 않은 콘크리트 부재는 비틀림 균열이 발생함과 동시에 취성으로 파괴된다. 이때에는 비틀림 회전각이 작고 비틀림 균열의 수도 적다. 비틀림 철근이 배치된 부재는 사인 장 비틀림 균열이 발생한 이후에도 급격한 파괴에 이르지 않고 비틀림 철근이 항복한 이후 콘크리트 스트럿이 압축파괴에 도달할 때까지 비틀림 강도를 발휘한다.

2. RC부재의 비틀림 설계 67회/71회/72회

【 기출유형 ① 】 RC부재 비틀림 해석에서 입체 트러스 이론(Space truss analogy)
【 기출유형 ② 】 RC구조 비틀림 설계중 종방향 철근 계산방법과 비틀림 기본이론
【 기출유형 ③ 】 전단과 비틀림을 동시에 받는 RC부재의 설계과정

복부보강이 없는 경우의 비틀림은 박벽관이론(thin-walled tube analogy)을 이용하고 복부보강이 있는 부재의 비틀림은 공간 트러스 이론(space truss analogy)을 이용하여 해석하는 것이 일반적이다. 공간 트러스 이론도 속 빈 튜브 형태이므로 박벽관이론이 반영되어 있다고 할 수 있다.

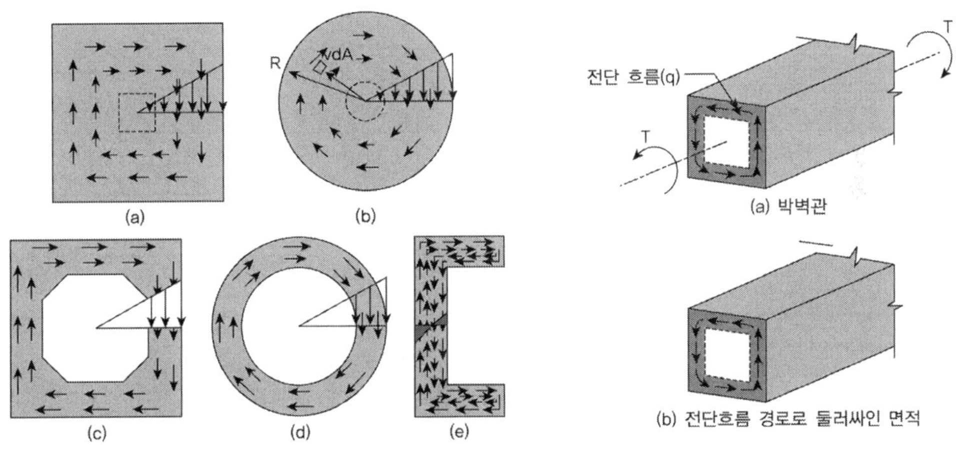

1) 박벽관 입체 트러스 이론의 가정사항

① 휨, 전단, 비틀림 사이의 상호작용은 없다.

② 전단과 비틀림이 동시작용 시 콘크리트 전단강도(V_c)에 비틀림이 영향을 주지 않는다.

　→ 비틀림에서 $V_c = 0$

③ 전단과 비틀림에 대한 스터럽 철근은 각각 설계하여 합산한다.

④ 비틀림 응력은 보가 박벽관이라고 가정하여 구한다.

⑤ 비틀림 철근 설계는 가상적이고 3차원적인 공간 트러스에 의해 힘이 전달된다고 가정한다.

⑥ 경사콘크리트(압축대)는 압축력에 저항하고 보강철근은 인장부재 역할을 한다고 가정한다.

⑦ 일정한 비틀림 모멘트가 작용할 때 얇은 벽을 따라 균일한 전단흐름 q가 발생하여 저항한다고

가정한다.

⑧ 콘크리트 경사균열각은 RC는 45°, PSC는 37.5°를 취한다.

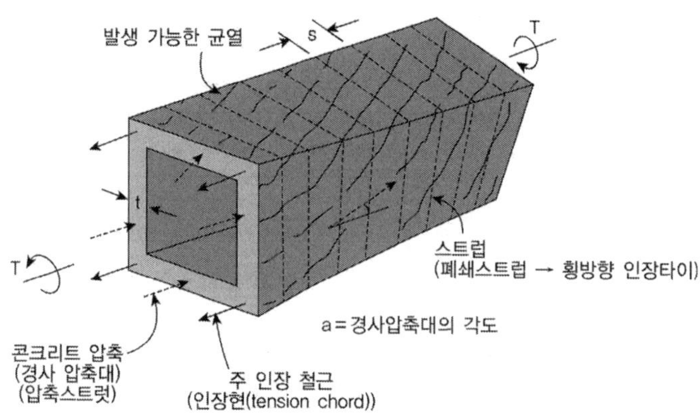

2) 무근 콘크리트 부재의 비틀림 강도 산정

복부철근이 없고 PS힘의 작용도 없는 콘크리트 보에서 비틀림 모멘트 T를 받을 경우 콘크리트가 탄성을 나타내는 동안에는 비틀림 전단응력은 그림과 같은 분포를 나타낸다. 이때 최대전단응력은 긴 변의 중앙에서 발생하며 콘크리트가 비탄성 변형을 나타내면 응력은 파선으로 나타낸 분포를 보인다.

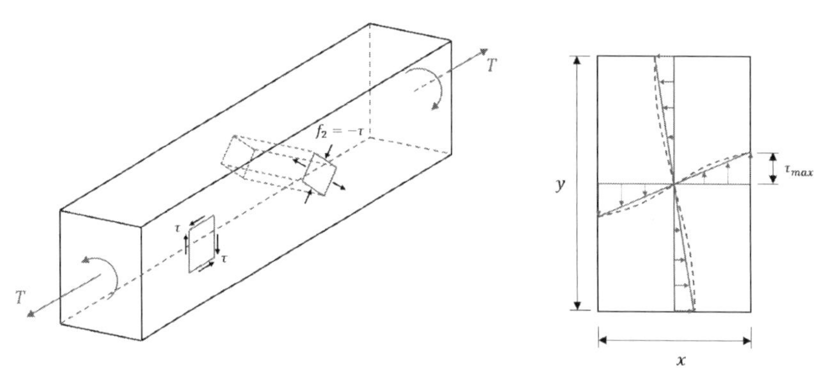

사인장 응력이 콘크리트의 인장강도를 초과하면 균열이 발생하며 이때의 비틀림모멘트를 균열 비틀림 모멘트라 하고 T_{cr}로 나타낸다.

3) 박벽관 입체 트러스 이론(Thin-walled tube, space truss analogy)

전단응력은 부재 둘레를 둘러감은 두께 t에 걸쳐서 일정한 것으로 보고 그림과 같은 박벽관으로 되어 있다고 본다. 관의 벽 안에서 비틀림 모멘트는 전단흐름(shear flow) q에 의해 저항된다. 이 때의 q는 관의 둘레 길이에 따라 일정한 것으로 본다.

비틀림 모멘트 T_{cr}에 의해서 나선형 균열이 발생하며 발생된 균열을 따라 나선형 콘크리트를 사재(Spiral concrete diagonal)로 보고 폐쇄스트럽은 횡방향 인장타이(tension tie), 종방향 철근은 인장현(tension chord)으로 이루어진 입체트러스(space truss)로 취급하는 이론이다.

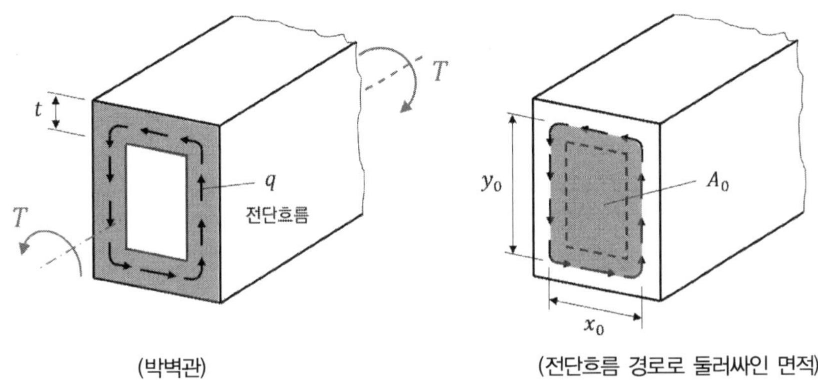

(박벽관)   (전단흐름 경로로 둘러싸인 면적)

$$T = 2qx_0y_0/2 + 2qx_0y_0/2 = 2qx_0y_0 = 2qA_0, \ (\because A_0 = x_0y_0)$$

$$\tau = \frac{q}{t} = \frac{T}{2A_0t}$$

4) 균열 비틀림 모멘트

$$T_{cr} = \frac{1}{3}\lambda\sqrt{f_{ck}}\frac{A_{cp}^2}{p_{cp}} \qquad (f_{pc} : P_e \text{에 의한 단면 도심에서 콘크리트 압축응력})$$

5) RC 비틀림 설계

① $T_u \le \phi T_n \ (\phi = 0.75)$

② 비틀림 영향 고려여부 확인

$$T_u < \phi\frac{1}{4}T_{cr} = \phi\frac{1}{12}\lambda\sqrt{f_{ck}}\frac{A_{cp}^2}{p_{cp}} \quad \text{이면 비틀림 영향을 무시한다.}$$

$(A_{cp} = xy\,(\text{전체면적}),\ p_{cp} = 2(x+y)\,(\text{둘레길이}))$

위의 값 이상인 경우에는 콘크리트의 비틀림 강도의 영향은 무시하고 스트럽만 비틀림에 저항하는 것으로 보고 설계한다.

(1) A_{cp} (Hollow)는 $A_g/A_{cp} < 0.95$ 이면 A_g 를 사용한다.

(2) 독립된 보에서 A_{cp} 는 주변장 p_{cp} 로 둘러싸인 면적이다(속이 빈 단면면적 포함).

(3) 내민플랜지에서 보와 일체로 되거나 완전한 합성구조로 시공 시 슬래브의 위와 아래에서 슬래브가 접합되는 두께(h_f)를 제외한 보의 각각의 위쪽과 아래쪽 남은 높이(h_b)만큼의 플랜지 길이를 A_{cp} 와 p_{cp} 의 계산에 포함시킬 수 있다(ACI 13.7.5.1).

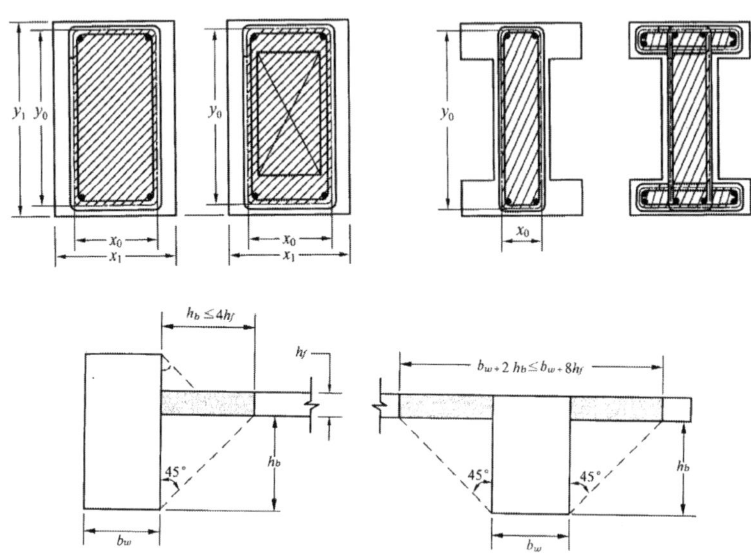

③ 비틀림 강도 산정

$$T_n = \frac{2A_0 A_t f_{yv}}{s}\cot\theta \ (A_0 = 0.85A_{oh}) \qquad \therefore \ \frac{2A_t}{s} = \frac{T_n}{A_0 f_{yt}\cot\theta}$$

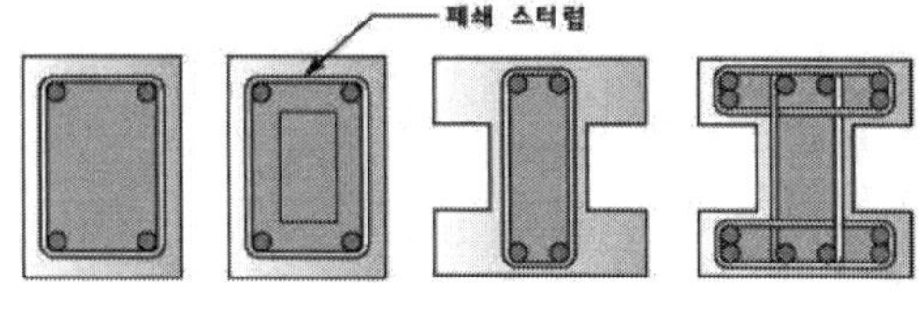

A_{cp} : 외부둘레로 둘러싸인 전체 면적

p_{cp} : A_{cp} 의 둘레면적

A_{oh} : 스트럽의 중심선으로 둘러싸인 면적

$A_0 = 0.85A_{oh}$

p_h : A_{oh} 의 둘레면적

④ 전단철근량 산정 $\qquad V_s = \dfrac{A_v f_y d}{s}$

⑤ 스트럽 철근량 및 간격 결정 $\qquad \dfrac{A_{v+t}}{s} = \dfrac{A_v}{s} + \dfrac{2A_t}{s}, \qquad s \le \min[p_h/8,\ 300mm]$

(최소 횡방향 철근량) $A_v + 2A_t \geq 0.0625\sqrt{f_{ck}}\dfrac{b_w s}{f_{yv}} \geq 0.35\dfrac{b_w s}{f_{yv}}$

단, 비틀림철근은 $b_t + d$ 이상 연장배치

⑥ 종방향 철근량 결정

$$A_l = \left(\frac{A_t}{s}\right)p_h\left(\frac{f_{yt}}{f_{tl}}\right)\cot^2\theta \qquad s \leq 300mm, \qquad D_l > (1/24)s \text{ 또는 D10 이상}$$

(최소 종방향 철근량) $A_l \geq 0.42\dfrac{\sqrt{f_{ck}}}{f_{yl}}A_{cp} - \left(\dfrac{A_t}{s}\right)p_h\dfrac{f_{yv}}{f_{yl}}, \qquad$ 단, $\dfrac{A_t}{s} \geq 0.175\dfrac{b_w}{f_{yv}}$

⑦ 사용성 검토

사용하중하에서 전단과 비틀림의 조합작용으로 인한 경사균열의 폭은 계수 전단력 및 계수 비틀림 모멘트로 계산된 전단응력 $\tau_{\max}$ 를 다음과 같이 제한함으로써 규제한다.

$$\tau_{\max} \leq \phi\left(\frac{V_c}{b_w d} + \frac{2}{3}\sqrt{f_{ck}}\right)$$

(Hollow Section)	(Solid Section)
$\dfrac{V_u}{b_w d} + \dfrac{T_u p_h}{1.7A_{oh}^2} \leq \phi\left(\dfrac{V_c}{b_w d} + \dfrac{2}{3}\sqrt{f_{ck}}\right)$	$\sqrt{\left(\dfrac{V_u}{b_w d}\right)^2 + \left(\dfrac{T_u p_h}{1.7A_{oh}^2}\right)^2} \leq \phi\left(\dfrac{V_c}{b_w d} + \dfrac{2}{3}\sqrt{f_{ck}}\right)$

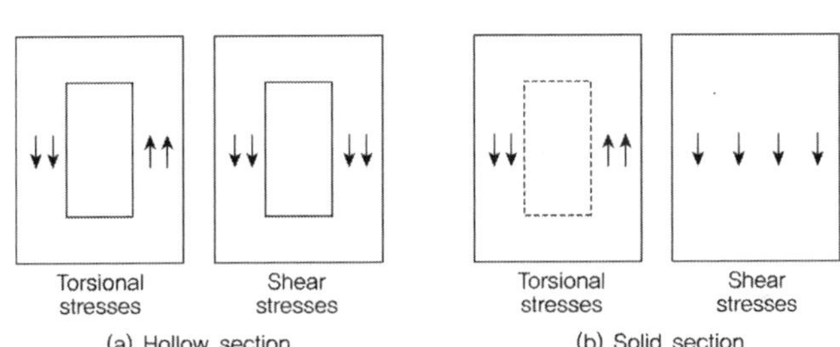

(전단과 비틀림 조합을 받는 부재의 전단응력)

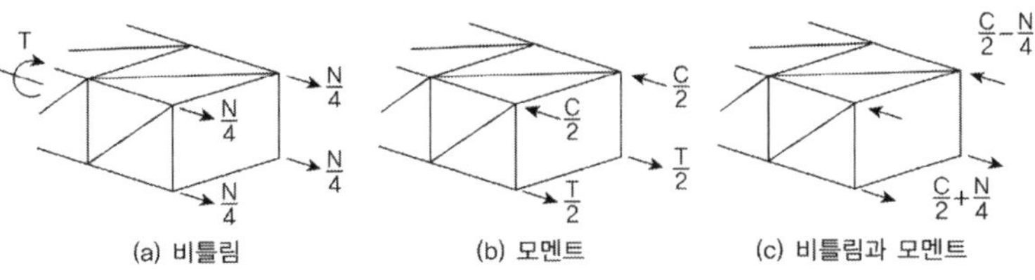

(비틀림모멘트와 휨모멘트 조합에 의한 내력)

KDS 24 14 21 콘크리트교 설계기준(한계상태설계법)의 비틀림 설계기준은 기본적으로 강도설계법의 비틀림설계기준과 유사하나, 표현방법에 있어서 다소 차이가 있다. 비틀림 작용을 유효 벽두께 t_i에 작용하는 전단력으로 변환한 후 유효 벽두께 부분에 작용하는 전단력과 합하여 계수 전단력 $V_{u,i}$를 결정하고 이 계수 전단력을 대상으로 강도를 검증하여 설계한다. 이때 전단철근이 보강되지 않은 균열 단면의 설계전단강도 $V_{cd,i}$이상일 경우 소요 전단철근량 이상의 횡방향철근을 배치하도록 한다.

$$V_{cd,i} < V_{u,i} \leq V_{d,\max,i}$$

1. 전단철근이 보강되지 않은 균열 단면의 설계전단강도 $V_{cd,i} = [0.85\phi_c\chi(\rho f_{ck})^{1/3} + 0.15f_n]t_i d$

2. 계수전단력 $V_{u,i}$: 비틀림 계수전단력 $V_{u,ti}$ + 전단력 작용 계수전단력 $V_{u,vi}$

① 비틀림 계수 전단력 : $V_{u,ti} = qy_i = v_{t,i}t_i y_i = \left(\dfrac{q}{t_i}\right)t_i y_i = \left(\dfrac{T}{2A_0 t_i}\right)t_i y_i$, $t_i = \dfrac{A_{cp}}{p_{cp}}$,

$\qquad$ Hollow 단면의 경우 $t_i \leq t$,   Solid 단면의 경우 $2t_c \leq t_i \leq A_{cp}/p_{cp}$

② 계수 전단력 : $V_{u,ti} = v_{v,i}t_i y_i = \left(\dfrac{V_u}{b_w d}\right)t_i y_i$

③ 합력 $V_{u,i} = V_{u,ti} + V_{u,vi} = (v_{t,i} + v_{v,i})t_i y_i$

3. 유효 벽두께의 최대설계전단강도 $V_{d,\max,i}$

$V_{d,\max,i} = \dfrac{\alpha_{cw}\nu\phi_c f_{ck}t_i z}{\cot\theta + \tan\theta}$ $\qquad$ α_{cw} : $1 + f_n/\phi_o f_{ck}(0 \leq f_n \leq 0.25\phi_o f_{ck})$, $1.25(0.25\phi_o f_{ck} \leq f_n \leq 0.5\phi_o f_{ck})$,

$$2.5\left(1 - f_n/\phi_o f_{ck}\right)\left(0.5\phi_o f_{ck} \leq f_n \leq 1.0\phi_o f_{ck}\right)$$

4. 소요 횡방향 철근량 $s_{\max} = \min[p_{cp}/8,\ 0.75d,\ 단면치수 중 제일 작은 값]$

① 비틀림만 작용하는 경우 $T_d = 2\phi_s f_{vy}A_v A_0 \dfrac{\cot\theta}{s} \leq T_{d,\max} = 2\alpha_{cw}\nu\phi_c f_{ck}t_i A_0 \sin\theta\cos\theta$

$$\left(\dfrac{A_{v,i}}{s}\right)_{req} = \dfrac{T_u}{\phi_s(2A_0)f_{vy}}\tan\theta$$

② 전단력과 비틀림 모두 작용하는 경우 $\quad \left(\dfrac{A_{v,i}}{s}\right)_{req} = \dfrac{V_{u,i}}{\phi_s f_{vy}z}\tan\theta$, $\qquad \rho_{v,\min} = \dfrac{0.08\sqrt{f_{ck}}}{f_{vy}}$

5. 부재의 최대 강도 검증

① 속찬(solid) 단면 $\quad \left(\dfrac{T_u}{T_{d,\max}}\right)^2 + \left(\dfrac{V_u}{V_{d,\max}}\right)^2 \leq 1.0$, $\quad$ 여기서 $T_u \leq \dfrac{V_u b_w}{4.5}$, $V_u\left(1 + \dfrac{4.5\,T_u}{V_u b_w}\right) \leq V_{cd}$

$V_{d,\max,i} = \dfrac{\alpha_{cw}\nu\phi_c f_{ck}b_w z}{\cot\theta + \tan\theta}$, $\quad T_{d,\max} = 2\alpha_{cw}\nu f_{cd}A_k t_i \sin\theta\cos\theta$, $\quad V_{cd} = [0.85\phi_c\chi(\rho f_{ck})^{1/3} + 0.15f_n]b_w d$

② 속빈(hollow) 단면 $\quad \left(\dfrac{T_u}{T_{d,\max}}\right) + \left(\dfrac{V_u}{V_{d,\max}}\right) \leq 1.0$

6. 종방향 비틀림 철근 $\quad \Sigma A_{sl} = \dfrac{T_u p_0}{2\phi_s f_y A_0}\cot\theta$

비틀림 설계 : 한계상태설계법

다음 그림과 같이 철근 콘크리트 L형보의 단면에 최대 계수전단력 250kN과 최대 계수비틀림모멘트 87.5kNm가 작용할 때 KDS 24 14 21 콘크리트교 설계기준(한계상태설계법)에 따라 비틀림 철근 설계를 수행하라. 단, f_{ck}는 35MPa, 폐합 횡방향 철근의 설계기준항복강도 f_{yt}는 400MPa, 종방향 철근의 설계기준 항복강도 f_{yl}은 500MPa이며, 휨모멘트에 대한 인장철근의 유효깊이 520mm인 위치에 배치된 6개의 D29 철근 중 3개가 복부폭 400mm 내에 배치된다.

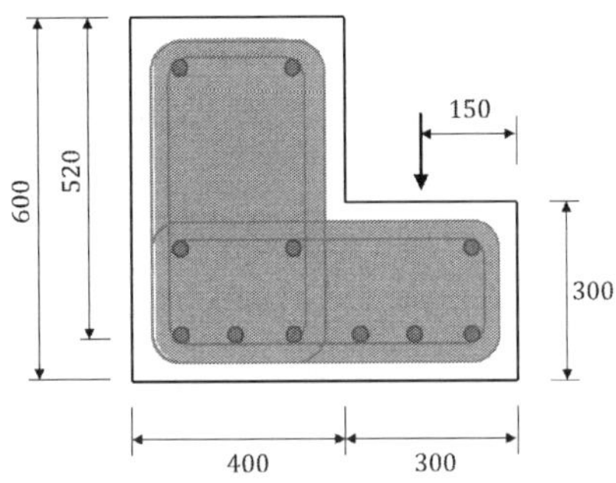

▶ 유효 두께 t_i, 면적 A_o, 둘레길이 p_0

1) 유효 두께

$$A_{cp} = 600 \times 400 + 300 \times 300 = 330,000 \, \text{mm}^2$$

$$p_{cp} = 2 \times (600 + 700) = 2,600 \, \text{mm}$$

$$\therefore \ t_i = \frac{A_{cp}}{p_{cp}} = \frac{330,000}{2,600} = 127 \, \text{mm}$$

2) 유효 면적과 둘레길이

지름이 15.9mm인 D16철근을 폐합횡방향철근으로 사용하고 횡방향 철근 중심에서 측정한 피복두께 t_c와 피복두께의 2배인 $2t_c$를 구하면,

$$t_c = 50 + \frac{15.9}{2} = 58 \, \text{mm}, \ 2t_c = 116 \, \text{mm}$$

계산된 유효 두께 127mm가 $2t_c$가 크므로 유효 두께 t_i는 127mmmm로 한다. 유효두께의 중심으로 둘러싸인 면적과 둘레길이는

$$A_0 = \left(600 - 2 \times \frac{127}{2}\right)\left(400 - 2 \times \frac{127}{2}\right) + \left(300 - 2 \times \frac{127}{2}\right) \times 300 = 181,000\,\text{mm}^2$$

$$p_0 = 2 \times \left(600 - 2 \times \frac{127}{2}\right) + 2 \times \left(700 - 2 \times \frac{127}{2}\right) = 2,092\,\text{mm}$$

▶ 계수 전단력 산정

1) 비틀림에 의한 전단응력

$$v_{t,i} = \frac{T_u}{2A_o t_i} = \frac{87.5 \times 10^6}{2 \times 181,000 \times 127} = 1.90\,\text{MPa}$$

2) 전단력에 의한 전단응력

$$v_{v,i} = \frac{V_u}{b_w d} = \frac{250 \times 10^3}{400 \times 520} = 1.20\,\text{MPa}$$

3) 합력

인접 가상 벽체와의 교차점 사이의 거리로 정의된 i번 가상 벽의 측면 길이 y_i는

$$y_i = 600 - 2 \times \frac{127}{2} = 473\,\text{mm}$$

$$\therefore V_{u,i} = V_{u,ti} + V_{u,vi} = (v_{t,i} + v_{v,i})t_i y_i = (1.90 + 1.20) \times 127 \times 473 \times 10^{-3} = 186\,\text{kN}$$

▶ 횡방향 철근량 필요성 검증

$$\chi = 1 + \sqrt{\frac{200}{d}} = 1 + \sqrt{\frac{200}{520}} = 1.62 < 2.0$$

400mm 복부폭 b_w에 배치된 D29 인장철근의 $A_{s,w} = 3 \times 642.4 = 1,927\,\text{mm}^2$

$$\rho = \frac{A_{s,w}}{b_w d} = \frac{1927}{400 \times 520} = 000926 < 0.02$$

축력은 없으므로 $f_n = 0$

1) 최소 공칭강도 $V_{cd,\min,i}$

$$V_{cd,\min,i} = [0.035\chi^{3/2}f_{ck}^{1/2} + 0.15f_n]b_w d = [0.035\chi^{3/2}f_{ck}^{1/2} + 0.15f_n]t_i d$$
$$= [0.035 \times 1.62^{3/2} \times 35^{1/2} + 0] \times 127 \times 520 \times 10^{-3} = 28.2\,\text{kN}$$

2) 전단철근이 보강되지 않은 균열 단면의 설계전단강도 $V_{cd,i}$

$$V_{cd,i} = [0.85\phi_c\chi(\rho f_{ck})^{1/3} + 0.15f_n]t_i d$$
$$= [0.85 \times 0.65 \times 1.62 \times (0.00926 \times 35)^{1/3} + 0] \times 127 \times 520 \times 10^{-3} = 40.6\,\text{kN}$$

$\therefore$ 최소철근량 $V_{cd,i} = 40.6\,\text{kN} < V_{u,i}(=186\text{kN})$ 　　전단철근 배근 필요

3) 비틀림과 전단 상호작용에 따른 콘크리트 스트럿 압축파괴 검증

$$f_n = 0\,\text{이므로}\;\; \alpha_{cw} = 1 + \frac{f_n}{\phi_c f_{ck}} = 1 + 0 = 1.0$$

콘크리트 압축강도 유효계수 $\nu = 0.6\left(1 - \dfrac{f_{ck}}{250}\right) = 0.516$

$z = 0.9d = 0.9 \times 520 = 468\,\text{mm}$

$$\therefore V_{d,\max,i} = \frac{\alpha_{cw}\nu\phi_c f_{ck}t_i z}{\cot\theta + \tan\theta} = \frac{1.0 \times 0.516 \times 0.65 \times 35 \times 127 \times 468}{\cot\theta + \tan\theta} \times 10^{-3}$$
$$= \frac{698}{\cot\theta + \tan\theta}\,\text{kN}$$

$V_{d,\max,i}$와 $V_{u,i}$가 같은 값을 가질 때 θ를 구하면,

$$\frac{698}{\cot\theta + \tan\theta} = 186 \qquad \therefore \cot\theta = 3.464$$

$1 \le \cot\theta \le 2.5$ 이어야 하므로, $\cot\theta = 1.0\,(\theta = 45°)$로 제한한다.

$$\therefore V_{d,\max,i} = \frac{698}{\cot\theta + \tan\theta} = \frac{698}{1+1} = 349\,\text{kN} > V_{u,i}(=186\text{kN})$$

따라서, 콘크리트 스트럿의 압축파괴는 발생하지 않는다.

4) 비틀림과 전단의 상호작용 검증

스트럿의 경사각 θ를 45°로 가정하고 $T_{d,\max}$를 구하면
$$T_{d,\max} = 2\alpha_{cw}\nu\phi_c f_{ck}t_i A_0 \sin\theta\cos\theta$$
$$= 2 \times 1.0 \times 0.516 \times 0.65 \times 35 \times 127 \times 181{,}000 \times \frac{1}{\sqrt{2}} \times \frac{1}{\sqrt{2}} \times 10^{-6}$$
$$= 270\,\text{kNm}$$

스트럿의 경사각 θ를 45°로 가정하고 $V_{d,\max}$를 구하면

$$V_{d,\max,i} = \frac{\alpha_{cw}\nu\phi_c f_{ck}b_w z}{\cot\theta + \tan\theta} = \frac{1.0 \times 0.516 \times 0.65 \times 35 \times 400 \times 468}{\cot\theta + \tan\theta} \times 10^{-3}$$

$$= 1,099\,\text{kN}$$

속찬 단면(solid section)이므로

$$\left(\frac{T_u}{T_{d,\max}}\right)^2 + \left(\frac{V_u}{V_{d,\max}}\right)^2 = \left(\frac{87.5}{200}\right)^2 + \left(\frac{250}{1099}\right)^2 = 0.157 \le 1.0 \quad \text{O.K}$$

➤ 비틀림 철근량 산정

1) 전단철근

$$\theta = \frac{1}{2}\sin^{-1}\left[\frac{2V_{u,i}}{\alpha_{cw}\nu\phi_c f_{ck}t_i z}\right] = 16.1° < 22°$$

스트럿 경사각은 22~45°이어야 하므로 $\theta = 22°$로 본다.

$$\left(\frac{A_{v,i}}{s}\right)_{req} = \frac{V_{u,i}}{\phi_s f_{vy}z}\tan\theta = \frac{186 \times 10^3}{0.9 \times 400 \times 468}\tan 22 = 0.446\,\text{mm}^2/\text{mm}$$

최소철근비 $\rho_{v,\min} = \dfrac{0.08\sqrt{f_{ck}}}{f_{vy}} = \dfrac{0.08\sqrt{35}}{400} = 0.00118\,\text{mm}^2/\text{mm} \quad \text{O.K}$

$$s_{\max} = \min\left[p_{cp}/8,\ 0.75d,\ \text{단면치수 중 제일 작은 값}\right]$$

$$= \min\left[\frac{2600}{8},\ 0.75 \times 468,\ 600\right] = 325\,\text{mm}$$

단면적 198.6mm²인 D16철근을 폐합 횡방향 철근으로 사용하면 유효 두께에 한 가닥이 작용하므로 소요간격은

$$s_{req} = \frac{A_b}{0.446} = 445\,\text{mm}$$

따라서, 전단철근을 300mm 간격으로 배치한다.

2) 종방향 철근

추가될 종방향철근의 단면적은

$$\sum A_{sl} = \frac{T_u p_0}{2\phi_s f_y A_0}\cot\theta = \frac{87.5 \times 10^6 \times 2,092}{2 \times 0.9 \times 400 \times 181,000}\cot 22 = 3,477\,\text{mm}^2$$

따라서, D22철근 9개(3,484mm²)를 종방향철근으로 추가 배치한다.

전단 및 비틀림 설계

아래 그림과 같이 슬래브 구조에 포함된 직사각형 단면의 보에 계수 전단력 V_u =180kN이 위험 단면에 작용하고, 계수 비틀림 모멘트 T_u =30kN·m가 작용할 때 필요한 철근 배근 상세를 설계하시오.

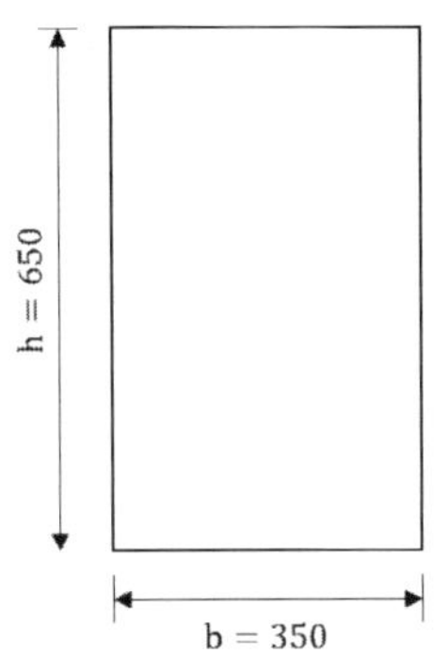

[가정사항]

(1) f_{ck}=27MPa의 보통 중량콘크리트
(2) 철근의 항복강도 f_y=400MPa
(3) 휨 설계로부터 산정된 종방향 휨철근량 A_s=2,400mm²
(4) 외측 스터럽의 피복두께는 40mm
(5) 주철근은 D29(A_s=642.4mm²)
(6) 종방향 비틀림 철근은 D13(A_s=126.7mm²)
(7) 스터럽은 D10(A_s=71.3mm²)

풀 이

▶ 비틀림 철근 필요 여부 판정

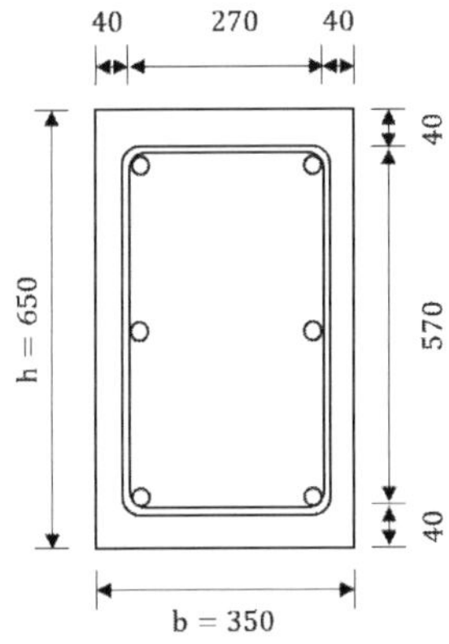

$$A_{cp} = 350 \times 650 = 227,500 \text{mm}^2$$

$$p_{cp} = 2(350 + 650) = 2,000 \text{mm}$$

$$\frac{A_{cp}^2}{p_{cp}} = 25,878,125 \text{mm}^3$$

$$\phi \frac{1}{4} T_{cr} = \phi \frac{1}{12} \sqrt{f_{ck}} \frac{A_{cp}^2}{p_{cp}}$$

$$= \frac{0.75}{12} \times \sqrt{27} \times 25,878,125 \times 10^{-6}$$

$$= 8.40 \text{ kNm} < T_u (=30 \text{ kNm}) \quad \therefore \text{ 보강필요}$$

▶ 비틀림 철근량 산정

$$T_n = \frac{2A_0 A_t f_{yv}}{s} \cot\theta \quad (A_0 = 0.85 A_{oh} = 0.85 x_0 y_0,\ \theta = 45°)$$

$$\therefore \frac{2A_t}{s} = \frac{T_u}{\phi A_0 f_{yt} \cot\theta} = \frac{30 \times 10^6}{0.75 \times (0.85 \times 270 \times 570) \times 400} = 0.7644 \text{ mm}^2/\text{mm}$$

➤ **전단 철근량 산정**

$$V_c = \frac{1}{6}\sqrt{f_{ck}}\,b_w d = \frac{1}{6}\sqrt{27} \times 350 \times 610 \times 10^{-3} = 184.89 \text{ kN}$$

$$V_u(=180kN) \geq \phi V_c(=138.7kN) \qquad \therefore \text{전단철근 보강 필요}$$

$$V_u \leq \phi(V_c + V_s), \quad V_s = \frac{A_v f_y d}{s}$$

$$\frac{A_v}{s} \geq \frac{V_u - \phi V_c}{\phi f_y d} = \frac{(180 - 0.75 \times 184.89) \times 10^3}{0.75 \times 400 \times 610} = 0.2258 \text{ mm}^2/\text{mm}$$

➤ **전단과 비틀림 철근량 산정**

$$\frac{A_{v+t}}{s} = \frac{A_v}{s} + \frac{2A_t}{s} = 0.2258 + 0.7644 = 0.9903 \text{ mm}^2/\text{mm}$$

D10 스터럽 철근 사용 시 $A_s = 71.3\,\text{mm}^2$이며, 2-leg이므로 $A_{v+t} = 2 \times 71.3 = 142.6\,\text{mm}^2$

$$s \leq \frac{142.6}{0.9903} = 144\text{mm} \qquad \therefore \text{Use } s = 125\text{mm}$$

➤ **스트럽의 간격 검토**

$$s_{\max} \leq \min[p_h/8, \ 300mm] = \min[2(270+570)/8, \quad 300] = 210\text{mm} > s_{use} \qquad \text{O.K}$$

➤ **최소철근량 검토**

$$\frac{A_v}{s} + \frac{2A_t}{s}(=0.9903) \geq 0.063\sqrt{f_{ck}}\frac{b_w}{f_{yv}}(=0.286) \geq 0.35\frac{b_w}{f_{yv}}(=0.306) \qquad \text{O.K}$$

➤ **종방향 철근량 산정**

$$p_h = 2(x_0 + y_0) = 2(270 + 570) = 1680\text{mm}$$

$$A_l = \left(\frac{A_t}{s}\right)p_h\left(\frac{f_{yt}}{f_{tl}}\right)\cot^2\theta = \frac{0.7644}{2} \times 1{,}680 \times 1 \times 1 = 642.13\text{mm}^2$$

$s \leq 300mm$이므로, A_l은 3등분하여 상부, 하부, 중간에 배치한다.

$$A_s = \frac{A_l}{3} = 214.04\text{mm}^2$$

$$D_l > (1/24)s = 125/24 = 5.2\text{mm 또는 D10 이상} \qquad \therefore \text{Use D13}(A_s = 126.7\text{mm}^2)$$

종방향 휨철근량 $A_s = 2{,}400\text{mm}^2,$

(하부 휨철근량 + 종방향 철근량) $A_{s(bot)} = 2,400 + 214.04 = 2,614\text{mm}^2$

Use D29 5EA($A_s = 642.4 \times 5 = 3,212\text{mm}^2$)

(상부, 중간 종방향 철근량) $A_{s(mid,\ bot)} = 214.04\text{mm}^2$

Use D13 2EA($A_s = 126.7 \times 2 = 253.4\text{mm}^2$)

➤ **종방향 최소철근량 검토**

$$A_l \geq 0.42\frac{\sqrt{f_{ck}}}{f_{yl}}A_{cp} - \left(\frac{A_t}{s}\right)p_h\frac{f_{yv}}{f_{yl}}, \quad \text{단, } \frac{A_t}{s} \geq 0.175\frac{b_w}{f_{yv}}$$

$$\frac{A_t}{s}(= 0.7644) > 0.175\frac{b_w}{f_{yv}}(= 0.153)$$

$$A_{l(\min)} = 0.42\frac{\sqrt{27}}{400}(350\times650) - \frac{0.7644}{2}\times1,680\times1 = 599.1\text{mm}^2$$

$$< A_{l(use)} = 253.4\times2 + (3,212 - 2,400) = 1318.8\text{mm}^2$$

➤ **사용성 검토**

$$\sqrt{\left(\frac{V_u}{b_wd}\right)^2 + \left(\frac{T_up_h}{1.7A_{oh}^2}\right)^2} \leq \phi\left(\frac{V_c}{b_wd} + \frac{2}{3}\sqrt{f_{ck}}\right) = \phi\frac{5}{6}\sqrt{f_{ck}}$$

$$\sqrt{\left(\frac{V_u}{b_wd}\right)^2 + \left(\frac{T_up_h}{1.7A_{oh}^2}\right)^2} = \sqrt{\left(\frac{180\times10^3}{350\times610}\right)^2 + \left(\frac{30\times10^6\times1,680}{1.7\times(270\times570)^2}\right)^2} = 1.51\ \text{N/mm}^2$$

$$\leq \phi\frac{5}{6}\sqrt{f_{ck}} = 0.75\times\frac{5}{6}\times\sqrt{27} = 3.25\ \text{N/mm}^2 \qquad \text{O.K}$$

➤ **철근의 배치**

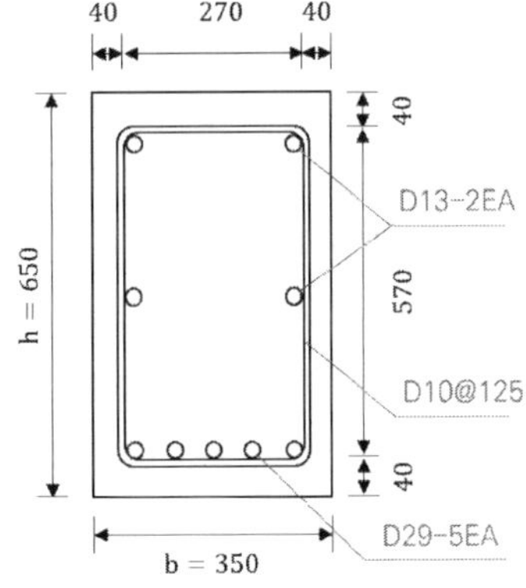

비틀림 설계 (중공단면) : 2017 콘크리트 구조기준

비틀림 모멘트가 작용하는 RC보를 설계하시오(단, 피복두께는 45mm이며, 주어진 조건 외의 설계변수는 가정하라).

$f_{ck} = 35 MPa$, $f_y = 400 MPa$, A16($A_{s1} = 2.0 cm^2$), $E_s = 2.0 \times 10^5 MPa$, $n = 8$

1) 비틀림 모멘트도를 그리시오.

2) 위의 비틀림 모멘트를 받는 RC보에서 철근량을 계산하시오.

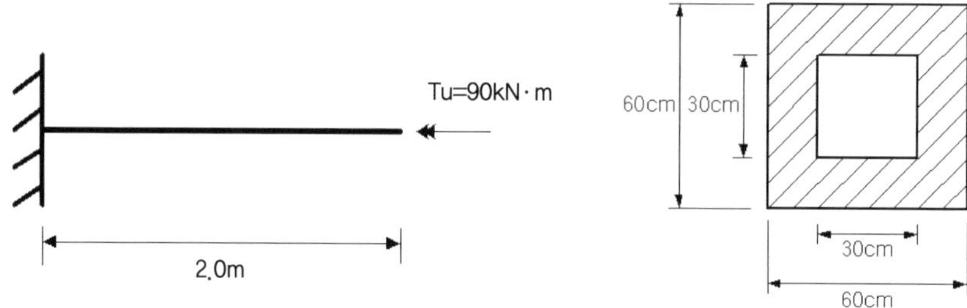

풀 이

▶ 비틀림 모멘트도

전단면에 대해 동일

▶ 비틀림 철근량 산정

1) 비틀림 설계 검토 여부

$$p_{cp} = 4 \times 600 = 2400^{mm^2}, \quad A_{cp} = 600 \times 600 = 360000^{mm^2}$$

$$A_g = 600^2 - 300^2 = 270000^{mm^2}$$

$$\frac{A_g}{A_{cp}} = 0.75 < 0.95 \quad (\text{ACI규정 } A_g / A_{cp} < 0.95 \text{인 경우에는 } A_{cp} \text{ 대신 } A_g \text{를 사용할 수 있다})$$

$$\therefore \phi \frac{1}{4} T_{cr} = \phi \frac{1}{12} \sqrt{f_{ck}} \left(\frac{A_g^2}{p_{cp}} \right) = 0.75 \times \frac{1}{12} \times \sqrt{35} \times \frac{270000^2}{2400} = 11.23^{kNm} < T_u (= 90^{kNm})$$

비틀림 철근 배치 검토 필요!!

2) 비틀림 철근량 산정

$$x_0 = y_0 = 600 - 2 \times 45 - 16 = 494^{mm}$$

$$A_{oh} = 494^2 = 244036^{mm^2}, \quad A_0 = 0.85 A_{oh} = 207431^{mm^2}$$

$$p_h = 4 \times 494 = 1976^{mm}$$

$$T_n = \frac{T_u}{\phi} = 120 \times 10^6 Nmm$$

$$T_n = \frac{2A_0 A_t f_{yv}}{s} \cot\theta \qquad \therefore \frac{2A_t}{s} = \frac{T_n}{A_0 f_{yt} \cot\theta} = 1.446, \quad s = \frac{2 \times 200}{1.446} = 276^{mm}$$

3) 최소 철근량 검토

$$\frac{2A_t}{s} \geq 0.0625 \frac{\sqrt{f_{ck}}}{f_y} bw > 0.35 \frac{b_w}{f_y} \left(= 0.277^{mm^2/mm}\right) \qquad \text{O.K}$$

4) 종방향 철근량 산정

$$A_l = \left(\frac{A_t}{s}\right) p_h \left(\frac{f_{yt}}{f_{tl}}\right) \cot^2\theta = \frac{1.446}{2} \times 1976 = 1428.6^{mm^2}$$

$$A_l \geq 0.42 \frac{\sqrt{f_{ck}}}{f_{yl}} A_{cp} - \left(\frac{A_t}{s}\right) p_h \frac{f_{yv}}{f_{yl}} = 807.6^{mm^2} \qquad \text{O.K}$$

$$\text{D16}(A_{s1} = 200mm^2) \text{ 사용 시 } 1428.1/200 = 7.1^{EA} \qquad \therefore \text{D16 8개 종방향 철근 배치}$$

5) 철근 간격 검토

$$s_{\max} = \min\left[\frac{p_h}{8}, \ 300^{mm}\right] = 247^{mm} < s_{use}\left(= 276^{mm}\right) \qquad \therefore \text{ 간격을 } 240^{mm} \text{ 로 적용}$$

6) 사용성 검토

$$\frac{V_u}{b_w d} + \frac{T_u p_h}{1.7 A_{oh}^2} \leq \phi\left(\frac{V_c}{b_w d} + \frac{2}{3}\sqrt{f_{ck}}\right) = \phi\frac{5}{6}\sqrt{f_{ck}}$$

$$\frac{V_u}{b_w d} + \frac{T_u p_h}{1.7 A_{oh}^2}\left(= 1.757\right) \leq \phi\frac{5}{6}\sqrt{f_{ck}}\left(= 3.69\right) \qquad \text{O.K}$$

➤ 배근도

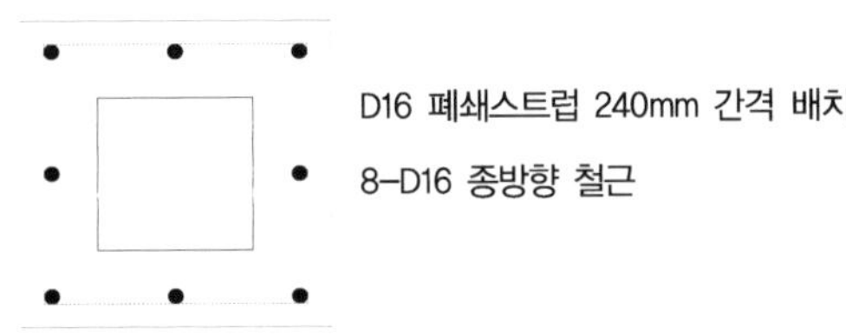

비틀림 설계 : 2017 콘크리트 구조기준

다음 그림과 같은 형태의 보와 슬래브가 일체인 구조물이 있다. 보의 중심선을 따라서 10kN/m의 집중하중이 활하중으로 작용하고 또한 보 및 슬래브 표면에 5kN/m²의 등분포 활하중이 작용한다. 보 및 슬래브의 자중도 따로 고려한다. 보의 유효깊이는 600mm이고 콘크리트 표면에서 스트럽 중심까지의 거리는 40mm이다. 전단 및 비틀림에 대해 보를 설계하라.

$$f_{ck} = 35MPa, \ f_y = 400MPa, \ 콘크리트 \ 자중 \ \gamma_{con} = 24.5kN/m^3$$

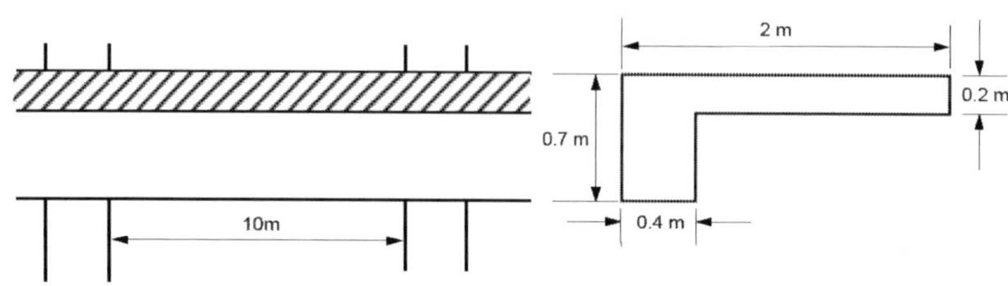

▶ 슬래브 작용하는 하중 산정

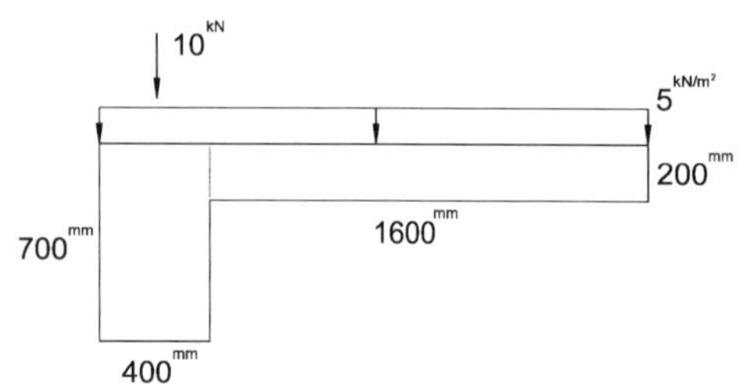

1) 자중
$$w_d = 24.5 \times 0.2 \times (2 - 0.4) = 7.84^{kN/m}$$

2) 활하중
$$w_l = 5 \times (2 - 0.4) = 8^{kN/m}$$

3) Slab 단위길이당 하중
$$\therefore \ w_t = 1.2w_d + 1.6w_l = 22.2^{kN/m}$$

▶ 보에 작용하는 하중 산정

$$w_d = 0.4 \times 0.7 \times 24.5 = 6.86^{kN/m}, \quad w_l = 10 + 5 \times 0.4 = 12^{kN/m}$$

보에 작용하는 단위길이당 하중
$$w_u = 1.2w_d + 1.6w_l = 27.4^{kN/m}$$

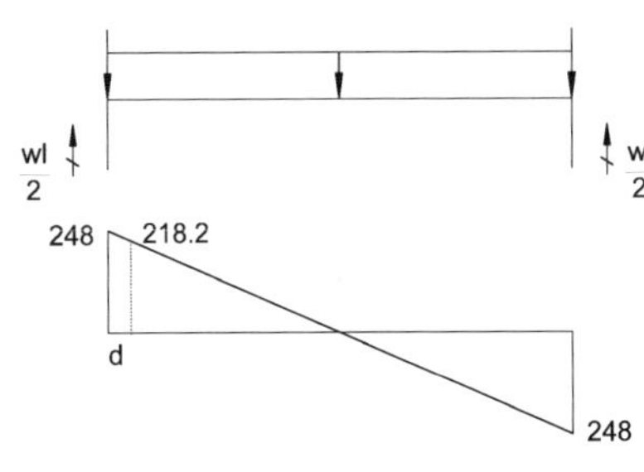

반력 $\dfrac{wl}{2} = \dfrac{1}{2}(22.2 + 27.4) \times 10 = 248^{kN}$

$d = 600^{mm}$

$V_u = 248 - (22.2 + 27.4) \times 0.6 = 218.2^{kN}$

$$\phi V_c = \phi \dfrac{1}{6}\sqrt{f_{ck}}\, b_w d = 0.75 \times \dfrac{1}{6} \times \sqrt{35} \times 400 \times 600 = 177.5^{kN}$$

$$\dfrac{1}{2}\phi V_c = 88.7^{kN}$$

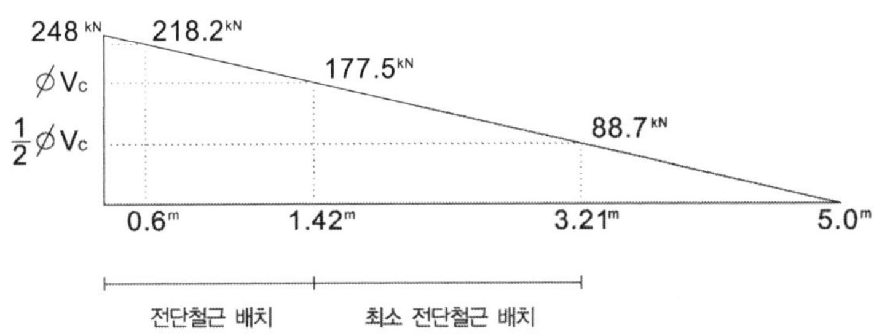

1) 전단철근량 산정

$$\phi V_s = \phi A_v f_y \dfrac{d}{s} = V_u - \phi V_c$$

$$\dfrac{A_v}{s} = \dfrac{V_u - \phi V_c}{\phi f_y d} = \dfrac{(218.2 - 177.5) \times 10^3}{0.75 \times 400 \times 600} = 0.226^{mm^2/mm}$$

반력 $T = \dfrac{1}{2} \times 22.2 \times 10 = 111^{kNm}$

위험단면 d에서의 T_u

$T_u = 111 - 0.6 \times 22.2 = 97.7^{kNm}$

$$\phi\frac{1}{4}T_{cr} = \phi\frac{1}{12}\sqrt{f_{ck}}\frac{A_{cp}^2}{p_{cp}}$$

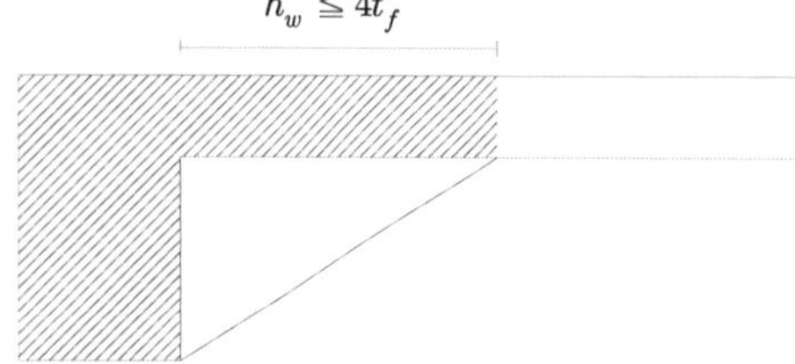

$$\text{Use } h_w = 3t_f = 3\times0.2 = 0.6^m$$
$$A_{cp} = 0.7\times0.4 + 0.2\times0.6 = 0.4^{m^2}$$
$$p_{cp} = (0.7+0.4+0.6)\times2 = 3.4^m$$

$$\phi\frac{1}{4}T_{cr} = \phi\frac{1}{12}\sqrt{f_{ck}}\frac{A_{cp}^2}{p_{cp}} = 0.75\times\frac{1}{12}\times\sqrt{35}\times\frac{(0.4\times10^6)^2}{3400} = 17.4^{kNm}$$

∴ 중앙에서 0.78m까지만 비틀림 철근 배치가 필요 없고 그 외에 구간에서는 배치 필요

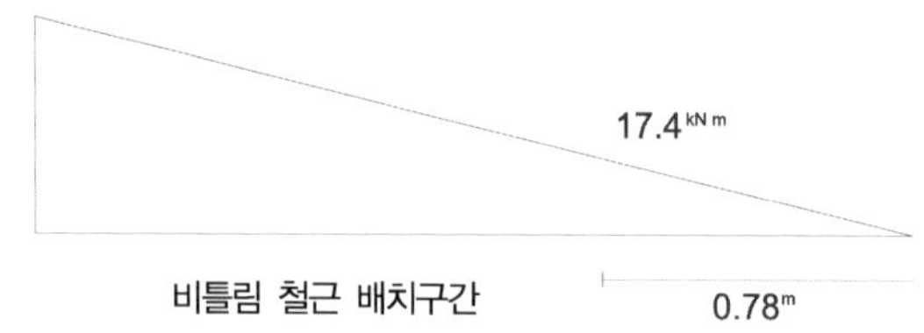

1) 비틀림 철근량 산정

$$T_n = \frac{2A_0 A_t f_{yv}}{s}\cot\theta \quad (A_0 = 0.85A_{oh}) \qquad \therefore \frac{2A_t}{s} = \frac{T_n}{A_0 f_{yt}\cot\theta}$$

$$A_{oh} = 0.62\times0.32 = 198400^{mm^2}$$
$$p_h = 1880^{mm}$$
$$A_0 = 0.85A_{oh} = 168640^{mm^2}$$

$$\frac{2A_t}{s} = \frac{97.7\times10^6}{0.75\times168640\times400} = 1.93^{mm^2/mm}$$

2) 단면의 적정성 검토(Solid Section)

$$\sqrt{\left(\frac{V_u}{b_w d}\right)^2 + \left(\frac{T_u p_h}{1.7A_{oh}^2}\right)^2} \leq \phi\left(\frac{V_c}{b_w d} + \frac{2}{3}\sqrt{f_{ck}}\right) = \phi\frac{5}{6}\sqrt{f_{ck}}$$

$$\sqrt{\left(\frac{V_u}{b_w d}\right)^2 + \left(\frac{T_u p_h}{1.7 A_{oh}^2}\right)^2} = \sqrt{\left(\frac{218 \times 10^3}{400 \times 600}\right)^2 + \left(\frac{97.7 \times 10^6 \times 1880}{1.7 \times 198400^2}\right)^2}$$

$$= 2.89 < \phi \frac{5}{6}\sqrt{f_{ck}}\,(=3.7) \qquad \text{O.K}$$

▶ **전단 및 비틀림 철근량 산정**

$$\frac{A_v}{s} + \frac{2A_t}{s} = 0.226 + 1.93 = 2.156^{mm^2/mm} \geq 0.0625 \frac{\sqrt{f_{ck}}}{f_y} bw > 0.35 \frac{b_w}{f_y} \;(=0.37^{mm^2/mm}) \qquad \text{O.K}$$

$$\text{Use D13}\ (A_s = 127^{mm^2}) \qquad\qquad \text{2-leg}\ A_{v+t} = 253^{mm^2}$$

$$\frac{A_{v+t}}{s} = 2.156^{mm^2/mm} \qquad\qquad \therefore\ s = 117.3^{mm}$$

1) 최소간격 검토

$$① \ \text{전단} \quad \phi V_s = 40.7^{kN} < \frac{1}{3}\sqrt{f_{ck}}\,b_w d \qquad s_{\max} = \min\left[\frac{d}{2},\ 600^{mm}\right] = 300^{mm}$$

$$② \ \text{비틀림}\ s_{\max} = \min\left[\frac{p_h}{8},\ 300^{mm}\right] = 235^{mm} > s_{use} \qquad \text{O.K}$$

▶ **종방향 철근량 산정**

$$A_l = \left(\frac{A_t}{s}\right) p_h \left(\frac{f_{yt}}{f_{tl}}\right)\cot^2\theta = \frac{1.93}{2} \times 1880 = 1814.2^{mm^2}$$

최소 종방향 철근량 검토

$$A_l \geq 0.42 \frac{\sqrt{f_{ck}}}{f_{yl}} A_{cp} - \left(\frac{A_t}{s}\right) p_h \frac{f_{yv}}{f_{yl}} = 670.55^{mm^2} \qquad \text{O.K}$$

$$s \leq 300mm,\, D_l > (1/24)s \quad \text{또는} \quad \text{D10 이상 배치}$$

$$\therefore\ A_l = 1814.2^{mm^2}$$ 의 철근을 휨철근과 별도로 $s \leq 300mm$, $D_l > (1/24)s$ 또는 D10 이상을 만족하도록 배치한다.

비틀림, 전단력, 휨모멘트 조합 : 2017 콘크리트 구조기준

캔틸레버 보를 D10 폐쇄스트럽을 이용하여 설계하라. 단면의 중심축으로부터 250mm 떨어져서
계수 등분포하중 $w_u = 22kN/m$가 작용하고 있다.

보통중량 콘크리트 $f_{ck} = 27MPa$, $f_y = 400MPa$, $w_u = 25kN/m$ $l = 3.5m$,

휨철근량 $A_s = 1,350mm^2$

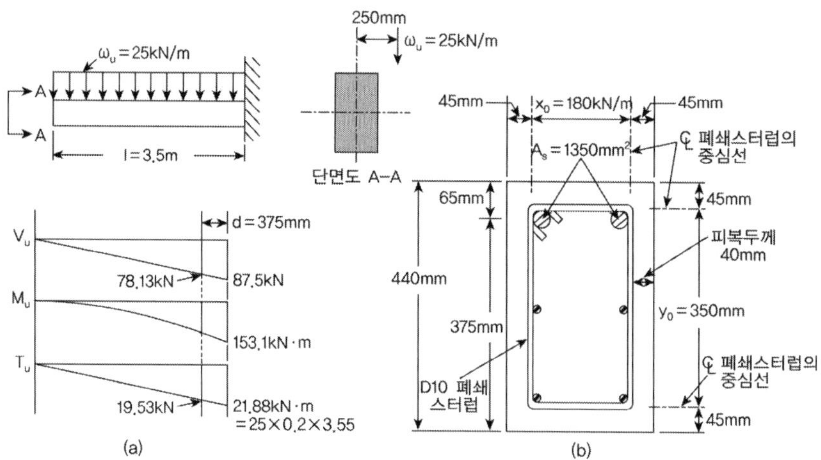

▶ 비틀림 철근 필요 여부 판정

$$T_u < \phi\frac{1}{4}T_{cr} = \phi\frac{1}{12}\sqrt{f_{ck}}\frac{A_{cp}^2}{p_{cp}}, \qquad \frac{A_{cp}^2}{p_{cp}} = \frac{(270\times440)^2}{(270+440)\times2} = 9,939,042mm^3$$

$$\phi\frac{1}{4}T_{cr} = \phi\frac{1}{12}\sqrt{f_{ck}}\frac{A_{cp}^2}{p_{cp}} = \frac{0.75}{12}\times\sqrt{27}\times9,939,042\times10^{-6} = 3.23kNm < T_u(=19.53kNm)$$

$\therefore$ 비틀림 철근 필요

▶ 비틀림 철근량 산정

$$T_n = \frac{2A_0 A_t f_{yv}}{s}\cot\theta \qquad (A_0 = 0.85A_{oh} = 0.85x_0y_0,\ \theta = 45°)$$

$$\therefore \frac{2A_t}{s} = \frac{T_u}{\phi A_0 f_{yt}\cot\theta} = \frac{19.53\times10^6}{0.75\times(0.85\times180\times350)\times400} = 1.2156mm^2/mm$$

▶ 전단 철근량 산정

$$V_c = \frac{1}{6}\sqrt{f_{ck}}\,b_w d = \frac{1}{6}\sqrt{27}\times 270\times 375\times 10^{-3} = 87.7kN$$

$$V_u \le \phi(V_c + V_s), \qquad V_s = \frac{A_v f_y d}{s}$$

$$\frac{A_v}{s} \ge \frac{V_u - \phi V_c}{\phi f_y d} = \frac{(78.13 - 0.75\times 87.7)\times 10^3}{0.75\times 400\times 375} = 0.1098mm^2/mm$$

▶ 전단과 비틀림 철근량 산정

$$\frac{A_{v+t}}{s} = \frac{A_v}{s} + \frac{2A_t}{s} = 0.1098 + 1.2156 = 1.3254mm^2/mm$$

D10 철근 사용 시 $A_s = 71.33mm^2$ 이며, 2-leg이므로 $A_{v+t} = 2\times 71.33 = 142.66mm^2$

$$s \le \frac{142.66}{1.3254} = 108.5mm \qquad \text{Use } s = 100mm$$

▶ 철근의 간격 검토

$$s_{\max} \le \min[p_h/8,\ 300mm] = \min[2(180+370)/8,\quad 300] = 138mm > s_{use} \qquad \text{O.K}$$

▶ 최소철근량 검토

$$\frac{A_v}{s} + \frac{2A_t}{s}(=1.3254) \ge 0.063\sqrt{f_{ck}}\,\frac{b_w}{f_{yv}}(=0.219) \ge 0.35\frac{b_{ws}}{f_{yv}}(=0.236) \qquad \text{O.K}$$

▶ 종방향 철근량 산정

$$p_h = (x_0 + y_0) = 2(180+370) = 1{,}060mm$$

$$A_l = \left(\frac{A_t}{s}\right)p_h\left(\frac{f_{yt}}{f_{tl}}\right)\cot^2\theta = \frac{1.2156}{2}\times 1{,}060\times 1\times 1 = 644.3mm^2$$

$s \le 300mm$ 이므로, A_l 은 3등분하여 상부, 하부, 중간에 배치한다.

$$A_s = \frac{A_l}{3} = 214.8mm^2$$

$D_l > (1/24)s = 100/24 = 4.17mm$ 또는 D10 이상

상부 휨철근량 $A_s = 1{,}350mm^2$

(상부 휨철근량 + 종방향 철근량) $A_{s(top)} = 1{,}350 + 214.8 = 1564.8mm^2$

$$\text{Use D32 2EA}(A_s = 1{,}588mm^2)$$

(하부, 중간 종방향 철근량) $A_{s(mid,\ bot)} = 214.8mm^2$

$$\text{Use D13 2EA}(A_s = 253mm^2)$$

▶ 종방향 최소철근량 검토

$$A_l \geq 0.42 \frac{\sqrt{f_{ck}}}{f_{yl}} A_{cp} - \left(\frac{A_t}{s}\right) p_h \frac{f_{yv}}{f_{yl}}, \quad 단, \ \frac{A_t}{s} \geq 0.175 \frac{b_w}{f_{yv}}$$

$$\frac{A_t}{s}(= 0.6078) > 0.175 \frac{b_w}{s}(= 0.118)$$

$$A_{l(min)} = 0.42 \frac{\sqrt{27}}{400}(270 \times 440) - 0.6078 \times 1,060 \times 1 = 3.90mm^2$$

$$< A_{l(use)} = 253 \times 2 + (1,588 - 1,350) = 744mm^2$$

▶ 사용성 검토

$$\sqrt{\left(\frac{V_u}{b_w d}\right)^2 + \left(\frac{T_u p_h}{1.7 A_{oh}^2}\right)^2} \leq \phi\left(\frac{V_c}{b_w d} + \frac{2}{3}\sqrt{f_{ck}}\right) = \phi \frac{5}{6}\sqrt{f_{ck}}$$

$$\sqrt{\left(\frac{V_u}{b_w d}\right)^2 + \left(\frac{T_u p_h}{1.7 A_{oh}^2}\right)^2} = \sqrt{\left(\frac{78.13 \times 10^3}{270 \times 375}\right)^2 + \left(\frac{19.53 \times 10^6 \times 1,060}{1.7 \times (63,0}00)^2\right)^2} = 3.16N/mm^2$$

$$\phi \frac{5}{6}\sqrt{f_{ck}} = 0.75 \times \frac{5}{6} \times \sqrt{27} = 3.25N/mm^2$$

$$\therefore \sqrt{\left(\frac{V_u}{b_w d}\right)^2 + \left(\frac{T_u p_h}{1.7 A_{oh}^2}\right)^2} \leq \phi \frac{5}{6}\sqrt{f_{ck}} \qquad \text{O.K}$$

▶ 철근의 배치

$$\phi \frac{1}{4} T_{cr} = 3.23kNm > T_u \text{ 인 비틀림 보강 필요없는 위치 } x = 3.23 \times 3.5 / 21.88 = 0.517m$$

보강철근이 더 이상 필요하지 않은 위치 $b_t + d = 270 + 375 = 645mm$

$\therefore$ 전 구간 배치

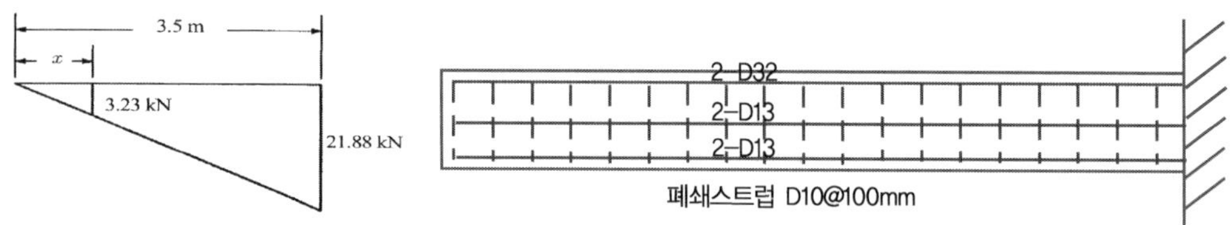

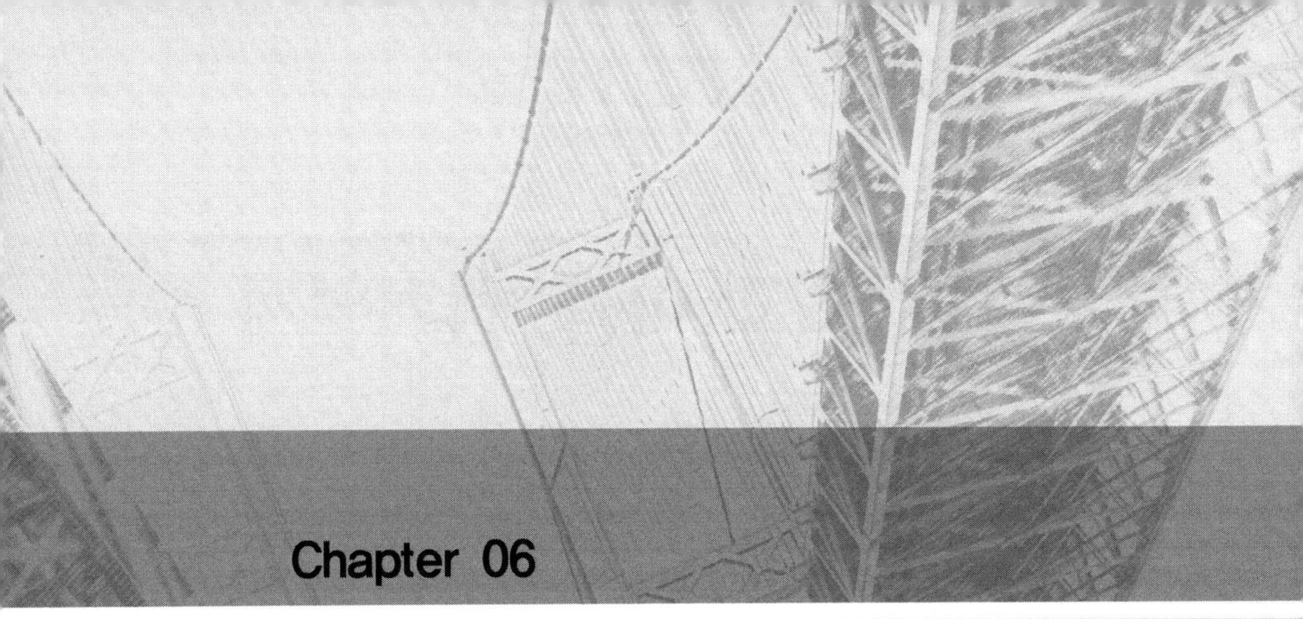

Chapter 06

정착과 이음, 앵커설계

06 정착과 이음, 앵커설계

01 부착과 정착

1. 부착 ^{74회/84회/98회}

【 기출유형 ① 】 정착길이를 정하는 기본원리, 압축정착길이가 인장정착길이보다 짧은 이유
【 기출유형 ② 】 RC구조물에서 철근과 콘크리트의 부착에 영향을 미치는 인자와 부착의 종류

철근 콘크리트가 일체로 거동하기 위해서는 철근과 콘크리트 간 외력에 저항할 수 있도록, 즉 단일재료로 저항할 수 있도록 일체거동한다는 전제조건이 성립하여야 한다. 철근과 콘크리트 간에 서로 응력 및 변위가 상호전달되도록 하기 위해서는 두 재료 간의 정적할 부착 길이를 확보해서 철근과 콘크리트의 경계면에서 철근이 축방향으로 활동하지 않도록 저항하도록 하여야 하며 이러한 철근과 콘크리트의 경계면에서 활동에 저항하는 것은 철근과 콘크리트 간의 부착에 의해서 성립된다.

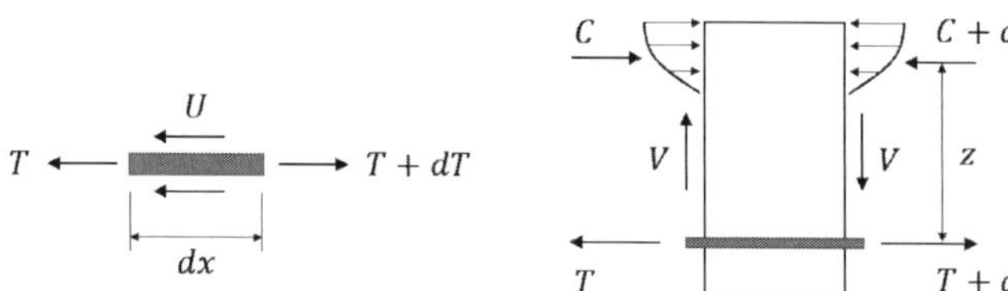

(a) 비대칭 인장력 작용 철근   (b) 비대칭 휨모멘트 작용 부재

U를 단위 길이당 작용하는 부착력이라고 하고, 철근 지름을 d_b, 평균 부착응력을 τ_{avg}, 인장응력의 차이를 df_s라고 하면,

$$Udx = dT, \quad Udx = \tau_{avg}(\pi d_b)dx, \quad dT = df_s \frac{\pi d_b^2}{4} \quad \therefore \tau_{avg} = \frac{d_b}{4}\frac{df_s}{dx}$$

휨모멘트에 의한 차이가 발생한 경우

$$df_s = \frac{dT}{A_s} = \frac{dM}{zA_s} = \frac{4}{\pi d_b^2}\frac{dM}{z} \qquad \therefore \ \tau_{avg} = \frac{1}{\pi d_b z}\frac{dM}{dx} = \frac{V}{\pi d_b z}$$

1) 철근과 콘크리트의 부착작용

① 시멘트 풀과 철근 표면의 교착작용 : 점착성의 시멘트풀이 철근 표면에서 경화함으로써 얻어지는 작용. 다른 작용들에 비해 비교적 작은 편임.

② 철근과 콘크리트 표면의 마찰작용 : 마찰작용은 콘크리트로부터 철근 표면에 걸리는 압력이 클수록, 또 철근 표면이 거칠수록 크다.

③ 이형철근의 요철에 의한 기계적 작용 : 콘크리트와 철근마디와의 맞물림에 의한 기계적 저항력이다.

2) 부착에 영향을 미치는 인자

철근의 정착길이 산정 시에는 철근의 하중상태(압축, 인장) 및 철근의 종류(이형철근, 갈고리철근)에 따라 다르나 일반적으로 기본 산정식에 영향계수(α(철근위치계수), β(에폭시도막계수), γ(철근크기계수) 등)를 고려하여 정착길이를 산정하도록 하고 있다.

① 철근의 표면상태

가. 철근과 콘크리트의 부착은 마찰작용의 영향이 비교적 크다. 따라서 철근의 표면상태의 영향을 크게 받는다.

나. 이형철근이 원형철근보다 부착강도가 크다. 같은 이형철근이라도 직각마디의 이형철근이 경사마디의 이형철근보다 부착강도가 크다.

다. 적당한 녹은 부착에 유리함.

② 콘크리트의 강도

가. 다른 조건이 일정한 경우에는 콘크리트의 강도가 클수록, 재령이 길수록 부착강도가 크다 (부착파괴가 쪼개짐의 형태로 나타나기 때문에 콘크리트 인장강도 표현식과 마찬가지로 $\sqrt{f_{ck}}$ 항을 포함한다).

나. 이형철근을 사용한 경우에는 철근 둘레의 콘크리트에 철근에 평행한 종방향 균열이 발생하며, 이것이 부착파괴를 유발하는 경우가 많은데, 이러한 경우에는 콘크리트의 인장강도가 부착을 좌우한다.

다. 이형철근의 마디 근처의 콘크리트에는 내부균열이 발생하므로 부착은 인장강도와 밀접한 관계가 있다.

③ 철근의 묻힌 위치(Bleeding수 영향)

가. 수평철근의 하면에는 콘크리트의 블리딩으로 인해서 수막이나 공극이 생기기 쉬우므로 수직철근이 수평철근보다 부착강도가 크다.

나. 같은 수평철근이라도 하단철근이 상단철근보다 부착강도가 크다.

④ 피복두께

　가. 피복두께가 클수록 부착강도가 크며, 인장에 더 잘 저항한다.

　나. 피복두께의 할렬파괴의 영향

⑤ 철근의 간격

　가. 철근의 간격이 좁을수록 철근의 배근면을 따라서 발생하는 수평쪼개짐 가능성이 많아진다.

⑥ 횡방향 철근

　가. 스터럽은 구속력을 주므로 쪼갬균열에 대한 저항성을 높여준다.

⑦ 에폭시 도막철근

　가. 에폭시 도막철근(Epoxy-coated bar)은 콘크리트와의 부착강도가 작다.

⑧ 다짐정도

　가. 다지기가 충분해야 부착강도가 제대로 발휘된다.

⑨ 철근의 지름

　가. 지름이 작은 철근을 사용하면 정착길이를 줄일 수 있다. 전체 철근량은 같지만 표면적(둘레)이 커진다.

3) 부착의 종류

① 휨부착

(1) 휨모멘트는 단면에 따라 변화하므로, 철근에 일어나는 인장력도 단면에 따라 변화한다. 그러므로 철근과 콘크리트의 경계면에는 철근의 축방향으로 부착응력이 일어난다. 이를 휨부착응력이라 한다.

(2) 가장 큰 휨부착응력은 철근의 인장응력의 변화가 가장 큰 곳에서 일어난다. 예를 들어 휨모멘트의 변곡점, 단순보의 지점 등이다.

(3) 허용응력 설계법에서는 종래 휨부착을 검사해 왔으나, 이론상의 평균부착응력으로 실제 정확한 부착응력을 나타내는 것이 아니며, 또 높은 휨부착응력으로 인한 국부활동과 인장철근의 정착기능이 감소되었을 때 보의 강도와 상관성이 적다는 이유로 강도설계법에서는 사용되지 않고 있다.

② 정착부착

(1) 휨부재의 단면적은 휨모멘트에 의해 결정되며, 부착력이 철근의 인장력을 전달할 수 있을 만큼 충분히 정착되지 않는다면 철근은 활동을 하게 된다. 그러므로 보의 모멘트 저항능력은 철근의 양끝의 매입길이에도 관계된다.

(2) 매입되는 구간에서의 평균부착응력을 정착부착응력이라고 하며, 이때의 매입길이를 철근의 정착길이라 한다.

(3) 충분한 정착길이를 확보할 수 없는 경우에는 표준갈고리를 사용하기도 한다.

4) 부착의 파괴

① 부착응력이 어떤 값을 초과하면 부착파괴가 일어난다. 부착파괴가 일어날 때 철근에 따라서는 콘크리트에 할렬(Splitting)이 일어난다. 이러한 할렬은 이형철근의 리브가 콘크리트에 대하여 쐐기 작용을 하기 때문이다.

② 할렬이 부착파괴의 일반적인 형태이지만 초기 할렬이 곧 보의 파괴를 가져오지는 않는다. 계속적으로 발전하는 할렬이 부착력 감퇴의 첫 신호이고, 부착붕괴의 원인이 된다.

③ 인장철근을 스터럽이나 나선철근으로 둘러감으면 여러 개의 할렬이 일어날 때까지 부착붕괴를 상당히 지연시킬 수 있다.

④ 휨균열 근처의 휨부착 파괴보다는 정착부 근처의 할렬이 부착파괴에 보다 더 지배적이기 때문에 강도설계법에서는 휨부착의 검토는 폐지하고 정착부착, 즉 철근의 정착만을 검토하도록 되어 있다.

> **TIP** **| 압축철근의 정착에 미치는 요인 |**
>
> ① 압축부는 콘크리트의 균열 발생이 적고, 단부의 지압효과 때문에 인장철근보다 정착길이가 짧다.
> ② 띠철근, 나선철근과 같은 횡구속 철근이 있으면 정착길이는 더욱 감소한다.
> ③ 갈고리는 압축을 받는 경우 철근정착에 유효하지 않으므로 무시한다.
> ④ 정착길이는 200mm 이상이어야 한다(인장철근은 300mm 이상).
> ⑤ 압축철근의 정착 및 이음길이가 인장철근의 정착길이보다 작은 이유는 지압으로 인한 정착효과가 추가로 있기 때문이다.

2. 정착

철근 콘크리트는 철근이 콘크리트 속에 묻혀서 인장력이나 압축력을 부담하고 있으므로, 철근이 그 능력을 충분히 발휘하기 위해서는 철근의 단부가 콘크리트로부터 빠져나오지 않도록 고정해야 하며, 이렇게 고정하는 것을 정착이라고 한다. 철근의 정착은 대부분의 경우 철근과 콘크리트와의 부착에 의해 달성된다. 또 철근 콘크리트에서는 두 개의 철근을 겹이음하여 사용하는 수가 많으며, 이때 겹이음부분의 철근과 콘크리트 부착에 의해서 인장력이나 압축력이 전달된다. 철근의 정착길이(Development Length)는 철근의 강도를 충분히 발휘하기 위해 콘크리트 속에 묻히는 길이를 말한다.

철근이 항복할 때까지 부착파괴가 발생하지 않을 최소길이로 철근의 정착길이를 l_d라고 하면, 부착강도와 철근의 항복력은 힘의 평형으로부터 다음의 관계를 갖는다.

$$(\pi d_b)\tau_{avg,u}l_d = \left(\frac{\pi d_b^2}{4}\right)f_y, \quad \therefore l_d = \frac{d_b f_y}{4\tau_{avg,u}}$$

1) 정착의 방법

① 매입길이에 의한 정착
  (1) 철근을 직선인 채 그대로 콘크리트 속에 충분한 길이만큼 묻어 넣어서 부착에 의해 정착하
      는 방법. 이때 철근의 전강도를 발휘할 수 있도록 묻어 넣는 매입길이를 정착길이라 함.
  (2) 정착길이는 철근의 덮개와 간격에 관계되며, 덮개가 크고 간격이 크면 정착길이는 짧아짐.
② 갈고리에 의한 정착
  (1) 철근 끝에 표준갈고리를 만들어서 갈고리의 기계적 작용과 직선부의 부착과의 조합작용으
      로 정착하는 방법. 갈고리는 정착력을 증가시키는 데 매우 효과적인 수단임.
  (2) 보통의 원형철근의 정착에는 반드시 갈고리를 두어야 하며, 이형철근에서도 고정지점, 부
      재 접합부, 확대기초, 캔틸레버의 고정단과 자유단 등에는 갈고리를 두는 것이 좋음.
③ 기타 방법에 의한 정착
  (1) 정착하고자 하는 철근의 가로방향에 따로 철근을 용접해 붙이는 방법
  (2) 특별한 정착장치를 사용하는 방법

2) 정착의 일반원칙

① 휨철근을 지간 내에서 끝내고자 하는 경우에는 휨을 저항하는 데 더 이상 필요로 하지 않는 점
   을 지나서 유효높이 d 이상, 또 철근지름 db의 12배 이상을 더 연장해야 한다. 단, 단순지지보
   의 받침부와 캔틸레버의 자유단에는 해당하지 않는다.
② 인장구역에서 절단된 철근 또는 절곡된 철근에 인접한 철근으로서 더 연장되는 철근은 휨을
   저항하는 데 더 이상 필요로 하지 않는 점을 지나서 ld 이상의 매입을 가지도록 연장해야 함.
③ 휨철근은 압축구역에서 끝내는 것을 원칙으로 하나 아래 조건 중 하나를 만족할 경우에는 인
   장구역에서 끝내도 됨.
  (1) 끊는 점의 전단력이 복부철근의 전단강도를 포함한 허용강도의 2/3 이하인 경우.
  (2) 전단과 비틀림에 필요로 하는 철근량 이상의 스터럽이 휨철근을 끝내는 점 전후 3/4d 구간
      에 촘촘하게 배치되어 있는 경우.
  (3) D35 이하의 철근에 대하여 연장되는 철근량이 끊는 점에서 휨에 필요한 철근량의 2배가
      되고, 또 전단력이 허용전단강도의 3/4 이하인 경우.

3) 정착길이의 영향인자

① 철근의 표면상태   ② 콘크리트의 압축강도
③ 철근의 항복강도   ④ 철근의 표면적과 단면적의 비율
⑤ 피복두께   ⑥ 철근의 순간격
⑦ 철근의 묻힌 위치   ⑧ 횡방향 철근의 구속효과

⑨ 연직방향 압력의 구속효과　　　　　　　　⑩ 지압효과

⑪ 압축철근의 정착　　　　　　　　　　　　⑫ 콘크리트의 다지기

4) 정착 보정계수의 사용 이유

철근이 콘크리트에 묻히는 필요한 정착길이는 철근의 배근방향과 배근위치, 피복두께 그리고 콘크리트 강도에 큰 영향을 받으므로 철근이 충분한 인장 강도를 발휘하기 위해서는 이러한 여러 경우에 대한 보정계수를 사용하여 정착길이에 대한 안정성과 건전성을 확보하는 데 그 목적이 있다.

5) 인장철근의 정착길이(Development length of tension steel, l_d) : 간략식 [101회]

【 기출유형 ① 】 인장철근의 정착길이를 구하는 식에 대해 설명

(1) 개략 정착길이(l_d) = 기본정착길이(l_{db}) × 보정계수(α, β, γ, λ)

$$기본정착길이(l_{db}) = \frac{0.6 d_b f_y}{\lambda \sqrt{f_{ck}}} \qquad l_d = l_{db} \times \text{보정계수}(\alpha, \beta, \gamma, \lambda) \geq 300mm$$

(2) 보정계수

인장철근의 정착길이는 철근위치 계수, 에폭시 도막계수, 철근크기 계수, 경량콘크리트 계수, 초과철근에 대한 정착길이 감소 등의 보정계수의 영향을 받는다.

종류	구분	보정계수	비고
α	철근위치 계수	1.3	상부철근(철근하부에 30cm 이상 콘크리트가 타설되는 경우)
		1.0	하부철근(이외의 경우)
β	에폭시 도막계수	1.5	피복두께 3db 또는 철근 순간격이 6db 미만인 에폭시 철근
		1.2	기타 에폭시 도막 철근
		1.0	도막되지 않은 철근
γ	철근크기 계수	1.0	D22 이상인 철근
		0.8	D19 이하인 철근
λ	경량콘크리트 계수	0.85	모래경량 콘크리트
		0.75	전경량 콘크리트
		1.0	보통 콘크리트

※ 초과철근에 대한 정착길이 감소 $\left(\times \dfrac{A_{s.req}}{A_{s.used}} \right)$

6) 인장철근의 정착길이(Development length of tension steel, l_d) : 정밀식

$$l_d = \frac{0.9 d_b f_y}{\lambda \sqrt{f_{ck}}} \times \frac{\alpha \beta \gamma}{\dfrac{c + K_{tr}}{d_b}}, \qquad \frac{c + K_{tr}}{d_b} \leq 2.5 \quad \text{(뽑힘파괴 발생하지 않을 조건)}$$

① K_{tr} (횡방향 철근지수) $= \dfrac{40 A_{tr}}{sn}$ (≒0, 설계를 위해 0으로 보아도 좋다)

② c : 철근중심에서 콘크리트 표면까지의 최단거리와 철근의 중심 간 거리의 1/2 중 작은 값

③ A_{tr} : 정착된 철근을 따라 쪼개질 가능성이 있는 면을 가로질러 배근된 간격 s 이내에 있는 횡방향 철근의 전체 단면적

④ s : 정착길이 l_d 구간에서 횡방향 철근의 최대간격

⑤ n : 쪼개지는 면을 따라 정착되거나 이어지는 철근의 수

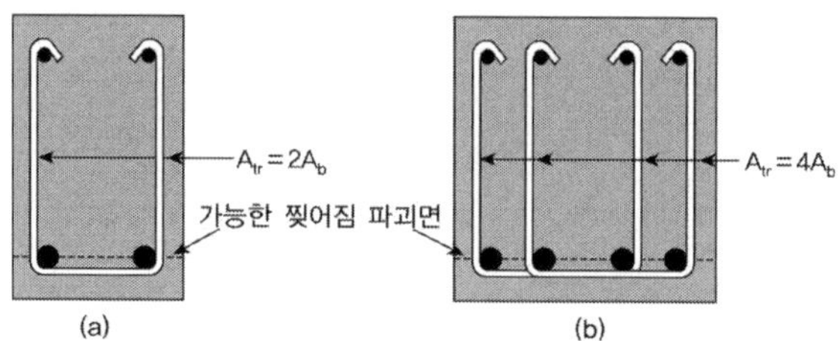

7) 압축철근의 정착길이

① 정착길이(l_{dc}) = 기본정착길이(l_{db}) × 보정계수 ≥ 200mm

$$기본정착길이(l_{db}) = 0.25 \frac{d_b f_y}{\sqrt{f_{ck}}} \geq 0.043 d_b f_y$$

② 보정계수

구분	보정계수	비고
초과철근에 대한 정착길이 감소	$\left(\times \dfrac{A_{s.req}}{A_{s.used}}\right)$	해석결과에 요구되는 철근량을 초과하여 배근한 경우
나선철근이나 띠철근으로 둘러싸인 경우	0.75	지름이 6mm 이상이고 나선간격이 100mm 이하인 나선철근
		중심간격 100mm 이하로 띠철근 배근된 D13으로 둘러싸인 경우

③ 압축정착 길이가 인장정착 길이보다 짧은 이유

정착은 콘크리트와 철근의 부착에 의해서 이루어진다. 이때 철근이 인장을 받는지 또는 압축을 받는지에 따라서 부착응력이 달라지게 된다. 이는 콘크리트가 인장에는 약하고 압축에는 강한 재료이기 때문이다. 그러므로 달라진 부착응력에 따라 인장철근의 경우에는 더 긴 정착길이를 필요로 하게 된다. 그리고 압축철근의 정착은 특별한 보정 없이 간단하게 사용할 수 있으며, 또한 표준갈고리도 유효하지 않다고 정하고 있다. 이는 인장철근과 달리 압축철근의 정착은 철근 단부의 지압저항 부분이 큰 역할을 하기 때문일 것이다.

8) 표준 갈고리 인장철근 : 90°와 180° 표준갈고리를 갖는 인장 주철근

① 정착길이(l_{dh}) = 기본정착길이(l_{hb}) × 보정계수 ≥ $8d_b$, 150mm

$$l_{dh} = \Psi_{hb}l_{hb}, \qquad l_{hb} = \frac{0.24\beta d_b f_y}{\lambda\sqrt{f_{ck}}}$$

② 보정계수

종류	구분	보정계수	비고
β	에폭시 도막계수	1.2	에폭시, 아연-에폭시 이중 도막 철근
		1.0	도막되지 않은 철근
λ	경량콘크리트 계수	0.85	모래경량 콘크리트
		0.75	전경량 콘크리트
		1.0	보통 콘크리트
Ψ_{hb}	콘크리트 피복두께	0.7	갈고리 평면에 수직방향인 측면 피복두께 70mm 이상이며 90° 갈고리에 대해서 갈고리를 넘어선 부분의 철근 피복두께 50mm 이상인 경우
	90° 갈고리 철근의 횡구속 효과	0.8	D35 이하 90° 갈고리 철근에서 정착길이 l_{dh} 구간을 $3d_b$ 이하의 간격으로 띠철근 또는 스트럽을 수직으로 둘러싼 경우, 갈고리 끝 연장부와 구부림부의 전 구간을 $3d_b$ 이하의 간격으로 띠철근 또는 스트럽을 수직으로 둘러싼 경우, 단 $f_y \leq 550\text{MPa}$
	180° 갈고리 철근의 횡구속 효과	0.8	D35 이하 180° 갈고리 철근에서 정착길이 l_{dh} 구간을 $3d_b$ 이하의 간격으로 띠철근 또는 스트럽을 수직으로 둘러싼 경우, 단 $f_y \leq 550\text{MPa}$
	초과철근	$\left(\times \dfrac{A_{s.req}}{A_{s.used}}\right)$	해석결과에 요구되는 철근량을 초과하여 배근한 경우

9) 확대머리 이형철근

KDS 14 20 콘크리트구조 설계기준에서 규정된 확대머리 인장 이형철근의 설계기준은 경량콘크리트에는 적용할 수 없으며 확대머리의 순지압면적 A_{brg}가 철근 지름의 4배, $4A_b$ 이상인 확대머리 철근을 대상(철근지름 d_b의 $\sqrt{5}$ 배 이상)으로 적용한다. 확대머리 철근에 인장력이 작용하면 철근이 연결된 확대머리 안쪽에서 콘크리트가 지압력과 철근의 부착력의 조합으로 힘이 전달되어 정착성능이 발휘된다.

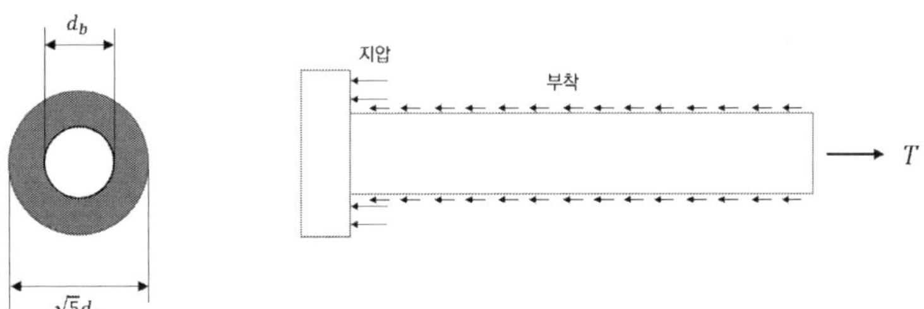

(a) 확대머리의 크기와 확대머리 철근의 정착 저항

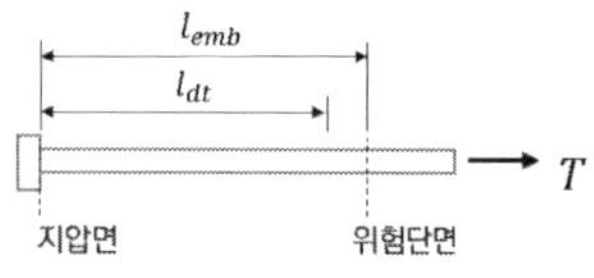
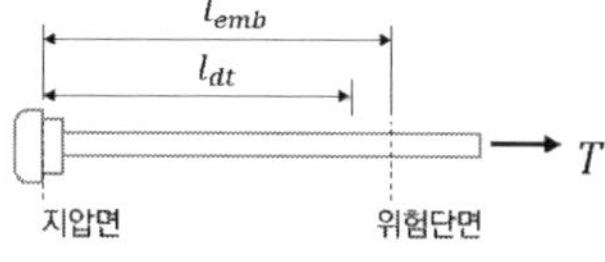

(b) 연결부가 없는 경우   (c) 연결부가 있는 경우

(확대머리 인장 이형철근의 정착길이와 묻힘길이)

① 부재 접합부의 압축 스트럿에 정착된 확대머리 인장 이형철근

$$l_{db} = \frac{0.22\beta d_b f_y}{\Psi \sqrt{f_{ck}}} \geq 8d_b,\ 150\,\text{mm} \qquad (\beta \text{는 에폭시 도막철근 } 1.2,\ \text{기타 } 1.0)$$

여기서, $\Psi = 0.6 + 0.3\dfrac{c_{so}}{d_b} + 0.38\dfrac{K_{tr}}{d_b} \leq 1.375$

c_{so} 철근 표면에서의 측면 피복두께

위의 식을 사용하기 위해서는 아래의 조건을 만족하여야 한다.
 (1) 철근 순피복두께가 $1.35d_b$ 이상
 (2) 철근 순간격이 $2d_b$ 이상
 (3) 확대머리의 뒷면이 횡보강철근 바깥면부터 50mm 이내에 위치
 (4) 확대머리 이형철근이 정착된 접합부가 지진력저항시스템별로 요구되는 전단강도를 가진 경우

② 그 외의 확대머리 인장 이형철근

$$l_{db} = \frac{0.24\beta d_b f_y}{\sqrt{f_{ck}}} \geq 8d_b,\ 150\,\text{mm} \qquad (\beta \text{는 에폭시 도막철근 } 1.2,\ \text{기타 } 1.0)$$

위의 식을 사용하기 위해서는 아래의 조건을 만족하여야 한다.
 (1) 철근 순피복두께가 $2d_b$ 이상
 (2) 철근 순간격이 $4d_b$ 이상
 (3) 횡방향 철근지수 K_{tr} 이 $1.2d_b$ 이상되도록 횡방향 철근을 배치

10) 인장 용접철망의 정착길이

① 인장 용접이형철망의 정착길이

$$l_{ddw} = \Psi_{wd} l_d \geq 200\,\text{mm}$$

(정밀식) $l_d = \dfrac{0.90 d_b f_y}{\lambda \sqrt{f_{ck}}} \alpha\beta \dfrac{\gamma}{\left(\dfrac{c + k_{tr}}{d_b}\right)}$ (간편식) $l_d = \Psi_{tb} l_{db} = \Psi_{tb} \dfrac{0.6 d_b f_y}{\lambda \sqrt{f_{ck}}}$

여기서, $\Psi_{wd} = \max\left[\dfrac{f_y - 245}{f_y}, \dfrac{5d_b}{s_w}\right]$

교차철선이 없거나 위험단면에서 50mm 이내에 1개의 교차철선이 있는 경우 $\Psi_{wd} = 1$

소요철근량을 초과하는 경우 '소요 A_s/배근A_s'의 비율을 곱해 감소시킬 수 있다.

② 인장 용접원형철망의 정착길이

$$l_{dpw} = 3.23 \frac{A_w}{s_w}\left(\frac{f_y}{\lambda\sqrt{f_{ck}}}\right) \times \left(\frac{\text{소요}A_s}{\text{배근}A_s}\right) \geq 150\,\text{mm}$$

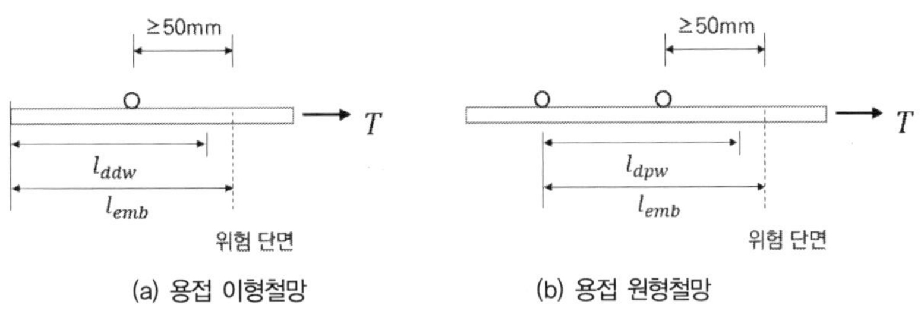

11) 직선 다발철근의 정착길이 [123회]

【 기출유형 ① 】 직경이 큰 철근과 다발철근에 대한 구조적 적용기준 설명

다발철근은 2개나 3개 또는 4개까지의 철근으로 구성한다. 다발철근에서 각각의 철근은 2개를 평행하게 배치하거나 삼각형 또는 L형으로 3개를 배치하거나, 사각형으로 4개를 배치한다. 다발철근의 배치는 콘크리트와 접촉하는 철근의 표면적이 낱개 철근의 경우에 비해 감소되기 때문에 정착성능이 상대적으로 낮다. KDS 14 20 콘크리트구조 설계기준에서는 인장 또는 압축을 받는 철근 3개와 4개로 구성된 다발철근 내 개개 철근의 정착길이 $l_{d,bnd}$로는 단일 철근의 정착길이 l_d를 각각 20%, 33% 증가시킨 값을 적용하도록 규정하고 있다.

(철근 3개) $l_{d,bnd} = 1.2l_d$,　　(철근 4개) $l_{d,bnd} = 1.33l_d$

휨부재의 경간 내에서 다발철근을 절단하고자 할 때에는 다발철근 내 개개 철근을 각각 다른 위치에서 절단하여야 하며 ACI 318 Code는 각각의 절단 위치가 철근지름의 40배 이상 떨어지도록 규정하고 있고 D35철근보다 큰 철근은 보의 다발철근으로 사용하지 못하도록 규정하고 있다.

3. 이음

철근은 이어대지 않는 것을 원칙으로 하나 철근의 길이는 제한이 있으므로 부득이 이어야 할 때가 많다. 철근의 이음부는 구조상 약점이 되는 곳으로, 최대 인장응력이 발생하는 곳에서는 이음을 하지 않는 것이 좋다. 또 이음부를 한 단면에 집중시키지 말고 서로 엇갈리게 두는 것이 좋다. 철근의 이음방법에는 겹이음(Lap splice), 용접이음 또는 슬리이브 너트(Sleeve nut) 등을 사용하는 기계적인 방법 등이 있으며 일반적으로 겹이음이 가장 많이 사용된다.

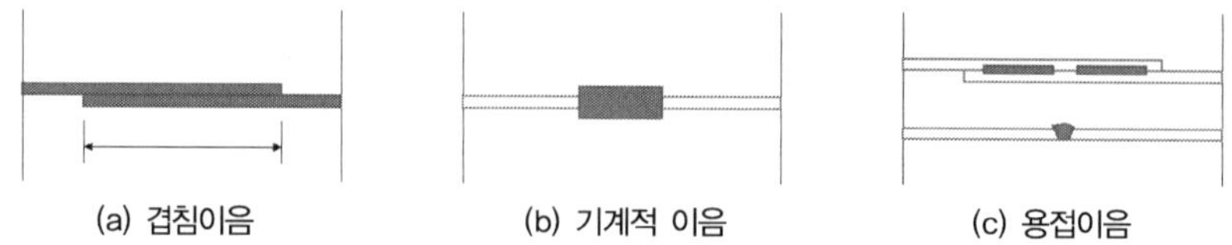

1) 겹이음의 특징

① 겹이음은 이어댈 두 개의 철근의 단부를 겹치고, 콘크리트를 칠 때까지 서로 떨어지지 않도록 하기 위하여 철사로 잡아맨다. 이 상태에서 콘크리트를 치고 콘크리트가 경화한 후에는 부착에 의하여 힘을 전달한다. 그러므로 겹이음의 길이 L은 철근이 전강도를 발휘할 수 있도록 충분한 길이만큼 겹쳐져야 한다.

② 지름이 35mm를 초과하는 철근은 겹이음을 해서는 안 된다. 지름이 너무 큰 철근의 겹이음은 힘의 전달에 여러 가지 문제가 있다. 그래서 지름이 35mm를 초과하는 철근은 용접에 의한 맞댐이음을 한다. 이때 이음부가 항복강도의 125% 이상의 인장력을 발휘할 수 있어야 한다.

2) 기계적 이음의 종류

① 나사식 이음
  (1) 철근 끝단에 나사를 가공하여 커플러를 이용하는 방식
  (2) 제작된 너트 부분을 압착한 후 커플러를 이용하는 방식
② 압착식 이음
  (1) 유압프레스에 의한 보강재 압착
  (2) 다이스 인발에 의한 보강재 압착

3) 기계적 이음의 특징

① 경제성 : 철근량이 감소, 작업인부를 줄일 수 있음.
② 적용처 : 겹이음 길이가 부족한 곳, 철근배치 공간이 부족한 곳, 큰 인장력을 받는 부분, 겹이음이 제한된 경우 등

4) 나사식 이음의 특징

① 배근간격은 2.5D 이상
② 특별한 시공기술이 요구되지 않는다.
③ 시공이음기구의 취급이 용이하다.
④ 시공기간이 짧다(3분/1개소).
⑤ 나사가공을 위한 장비가 필요
⑥ 이음검사 용이 및 재조임 가능
⑦ 배근간격 결정 용이

5) 압착식 이음의 특징

① 3.2D 이상의 배근간격이 필요
② 시공기술이 요구된다.
③ 이음시공기구가 무겁다.
④ 이음검사가 어렵다.

6) A, B급 이음

A급 이음은 겹침이음부 구간에 소요철근 단면적 2배 이상, 겹침이음된 철근 단면적 $A_{s,lap}$이 전체 철근단면적 A_s의 1/2 이하인 경우에 적용한다.

$\dfrac{\text{배근} A_s}{\text{소요} A_s}$	$A_{s,lap}/A_s$	
	50% 이하	50% 초과
2.0 이상	A급 이음	B급 이음
2.0 미만	A급 이음	B급 이음

① A급 이음

(1) $1.0l_d$ 이상 유지

(2) 배근된 철근량이 이음부 전 구간에서 해석결과 요구되는 소요 철근량의 2배 이상이고, 소요 겹침이음 길이 내에 겹침이음 된 철근량이 전체 철근량의 1/2 이하인 경우

② B급 이음

(1) $1.3l_d$ 이상 유지

(2) A급 이음에 해당하지 않는 경우

7) 압축철근과 교번응력을 받는 철근의 이음방법

① 압축철근의 이음 : 압축철근은 겹침, 기계적이음, 용접이음 모두 적용할 수 있으며, 부착거동이 횡방향 인장균열에 의한 복잡한 문제와 관련이 없기 때문에 인장철근 이음과 같은 엄격한 규정은 필요하지 않다.

② 교번응력을 받는 철근의 이음 : 인장과 압축이 반복하는 교번응력은 지진에 저항하는 구조요소이다. 특히 소성힌지구역에서는 축방향 철근이 압축일 때 좌굴이 일어나고 인장일 때 변형률 경화가 발생하기 때문에 축방향 철근의 성능이 매우 중요하다. 때문에 설계기준에서는 소성힌지구역에서는 축방향 철근 겹침이음을 허용하지 않으며 시설물에 따라서는 용접이음도 허용하지 않는다. 소성힌지구역에서 이음을 할 때에는 커플러를 사용하여 기계적 이음을 적용하여야 한다.

KDS 24 14 21 콘크리트교 설계기준(한계상태설계법)에서는 설계부착강도 f_{bd}를 기본으로 인장 및 압축의 하중 종류나 직선과 굽힘 및 갈고리의 정착방법에 상관없이 하나의 식으로 기본정착길이 l_b를 산정한 후 인장 및 압축의 하중 종류, 정착방법, 콘크리트 피복두께, 횡방향 철근에 의한 구속, 횡방향 압력에 의한 구속에 따른 보정계수를 적용하여 설계정착길이 l_{bd}를 산정하도록 하고 있다.

1. 설계부착강도

$$f_{bd} = \phi_c (2.25\eta_1\eta_2 f_{ctk})$$

여기서, $\phi_c = 0.65$

η_1 부착조건에 따른 철근의 위치계수(부착 유리 $1.0(45° \leq \alpha \leq 90°,\ h \leq 250\,\mathrm{mm})$, 불리 0.7)

η_2 철근 지름계수(D32 이하 1.0, D32 이상은 수식으로 결정 $\eta_2 = \dfrac{132 - d_b}{100}$)

f_{ctk} 콘크리트 0.05 분위 기준인장강도,
$$f_{ctk} = 0.7 f_{ctm} = 0.7 \times 0.3\left(f_{cm}\right)^{2/3} = 0.21\left(f_{cm}\right)^{2/3} \leq 3.07\,\mathrm{MPa}$$

2. 기본정착길이

$$l_b = \frac{d_b}{4}\frac{f_{sd}}{f_{bd}}\left(= \frac{d_b f_y}{4\tau_{avg,u}}\right),\quad f_{sd} = f_{yd} = \phi_s f_y$$

3. 설계정착길이

기본 정착길이(l_d)에 철근형상 α_1, 콘크리트 피복두께 α_2, 횡철근 구속효과 α_3, 용접된 횡철근의 영향 α_4, 횡방향 압력에 의한 구속 α_5, 표준갈고리 구속효과 α_6를 고려하여 계수를 적용한다.

$$l_{bd} = \alpha_1\alpha_2\alpha_3\alpha_4\alpha_5 l_b \geq l_{b,min},\quad \alpha_2\alpha_3\alpha_5 \geq 0.7$$

여기서, $l_{b,min} > [$인장측 $Max\left(0.3l_b,\ 15d_b,\ 100^{mm}\right)$, 압축측 $Max\left(0.6l_b,\ 15d_b,\ 100^{mm}\right)]$

영향인자		정착부 형태	철근	
			인장측	압축측
α_1	철근의 형상	직선	$\alpha_1 = 1.0$	$\alpha_1 = 1.0$
		직선 외 형태 ((a),(b),(c))	$C_d > 3d_b \quad \alpha_1 = 0.7$ $C_d \leq 3d_b \quad \alpha_1 = 1.0$	$\alpha_1 = 1.0$

a) 직선 철근 $\quad C_d = \min\left(a/2, c_1, c\right)$

b) 절곡 철근 또는 갈고리 $\quad C_d = \min\left(a/2, c_1\right)$

c) 루프 철근 $\quad C_d = c$

영향인자		정착부 형태	철근	
			인장측	압축측
α_2	콘크리트 피복	직선	$\alpha_2 = 1 - 0.15(C_d - d_b)/d_b$ 여기서 $0.7 \leq \alpha_2 \leq 1.0$	$\alpha_2 = 1.0$
		직선 외 형태 ((a),(b),(c))	$\alpha_2 = 1 - 0.15(C_d - 3d_b)/d_b$ 여기서 $0.7 \leq \alpha_2 \leq 1.0$	$\alpha_2 = 1.0$
α_3	주철근에 용접되어 있지 않은 횡철근에 의한 구속	모든 형태	$\alpha_3 = 1 - K\lambda$ 여기서 $0.7 \leq \alpha_3 \leq 1.0$	$\alpha_3 = 1.0$

여기서 $\lambda = (\Sigma A_{st} - \Sigma A_{st,\min})/A_s$

ΣA_{st} : 설계 정착길이 l_{bd} 내의 횡철근의 단면적

$\Sigma A_{st,\min}$: 최소 횡철근의 단면적(보 : $0.25A_s$, 슬래브 : 0)

A_s : 최대지름을 가진 정착철근 한 개의 단면적

p : l_{bd} 내의 극한상태에서의 횡방향 압력(MPa)

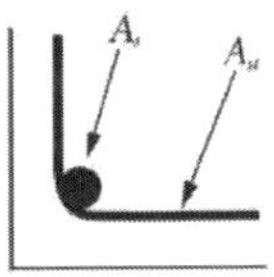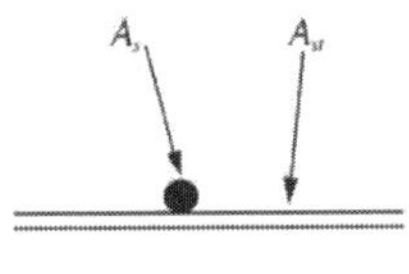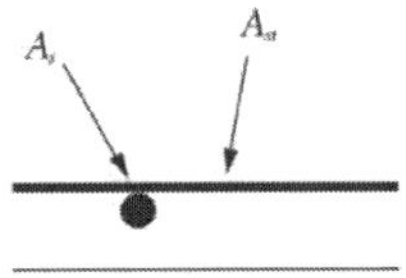

α_4	용접된 횡철근에 의한 구속	모든 형태	$\alpha_4 = 0.7$	$\alpha_4 = 0.7$
α_5	연직방향 압력에 의한 구속	모든 형태	$\alpha_5 = 1 - 0.04p$ 여기서 $0.7 \leq \alpha_3 \leq 1.0$	—

4. 굽힘철근의 직선철근 설계정착길이 적용

철근에 최대 인장력 또는 압축력이 작용하는 위치와 철근 단부 사이의 거리가 직선철근의 설계정착길이 l_{bd}보다 짧아서 정착성능을 못내는 경우 표준갈고리를 갖는 철근으로 정착시키거나 확대머리철근과 같이 기계적 정착장치를 이용하여 정착시킬 수 있다. 또한 철근을 구부려서 직선철근의 설계정착길이를 적용할 수 있으며, 굽힘철근의 직선부 묻힘길이가 직선철근의 설계 정착길이 l_{bd}보다 길게 되면 정착성능이 검증된 것으로 판단한다.

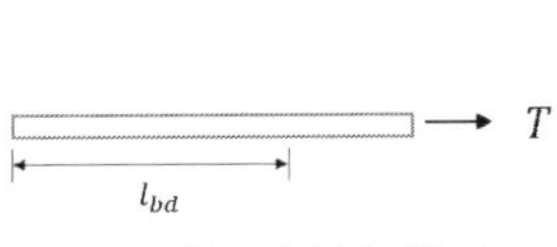

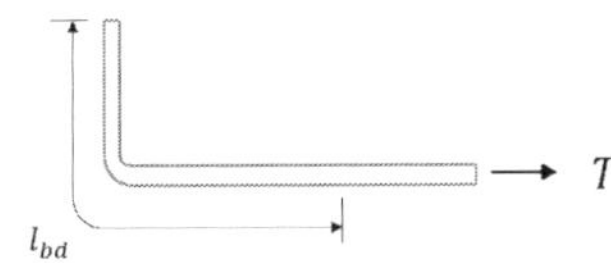

(a) 직선 철근의 설계정착길이   (b) 굽힘 철근의 설계정착길이

철근 이음

철근의 이음종류와 종류별 이음의 상세에 대해 설명하시오.

풀 이

> **개요**

철근은 이어대지 않는 것을 원칙으로 하나 철근의 길이는 제한이 있으므로 부득이 이어야 할 때
가 많다. 철근의 이음부는 구조상 약점이 되는 곳으로, 최대 인장응력이 발생하는 곳에서는 이음
을 하지 않는 것이 좋다. 또 이음부를 한 단면에 집중시키지 말고 서로 엇갈리게 두는 것이 좋다.
철근의 이음방법에는 겹침이음(Lap splice), 용접이음 또는 슬리이브 너트(Sleeve nut) 등을 사용
하는 기계적인 장치를 사용하는 방법이 있으며 일반적으로 겹침이음이 가장 많이 사용된다.

> **겹침이음(도로교설계기준 한계상태설계법, 2015)**

겹침이음은 이어댈 두 개의 철근의 단부를 겹치고, 콘크리트를 칠 때까지 서로 떨어지지 않도록
하기 위하여 철사로 잡아맨다. 이 상태에서 콘크리트를 치고 콘크리트가 경화한 후에는 부착에
의하여 힘을 전달한다. 그러므로 겹침이음의 길이 L은 철근이 전 강도를 발휘할 수 있도록 충분
한 길이만큼 겹쳐져야 한다.

1) 겹침이음의 상세조건

    ① 하나의 철근에서 다른철근으로의 하중전달이 확실하여야 한다.

    ② 이음부 근처에서 콘크리트의 박리가 발생하지 않아야 한다.

    ③ 구조물의 성능에 영향을 주는 커다란 균열은 발생하지 않아야 한다.

    ④ 겹침이음은 서로 엇갈리게 배치하고 응력이 큰 영역에서는 배치하지 않으며 일반적으로 대칭
       으로 배치한다.

    ⑤ 겹침이음의 배치는 두 철근 사이의 횡방향 순거리는 $4d_b$ 또는 50mm 이하이어야 한다. 이를
       만족하지 못할 경우 겹침이음 길이는 $4d_b$ 또는 50mm를 넘는 순간격만큼 동등한 길이로 증가
       시켜야 한다.

    ⑥ 인접한 두 겹침이음의 축방향 거리는 겹침이음 길이(l_0)의 0.3배 이상이 되어야 하며, 인접한
       겹침이음의 경우 철근 사이의 순거리는 $2d_b$ 또는 20mm 이상이 되어야 한다.

    ⑦ ⑤, ⑥의 조건에 부합되는 경우 인장측에서의 철근의 겹침이음 허용비율은 모든 철근이 한층
       에 배치되어 있을 경우 100%로 할 수 있다. 만약, 철근이 여러 층에 배치되어 있는 경우에는

50%로 감소시켜야 한다.

⑧ 압축 측의 모든 철근과 배력철근은 한단면에서 겹침이음이 되어도 된다.

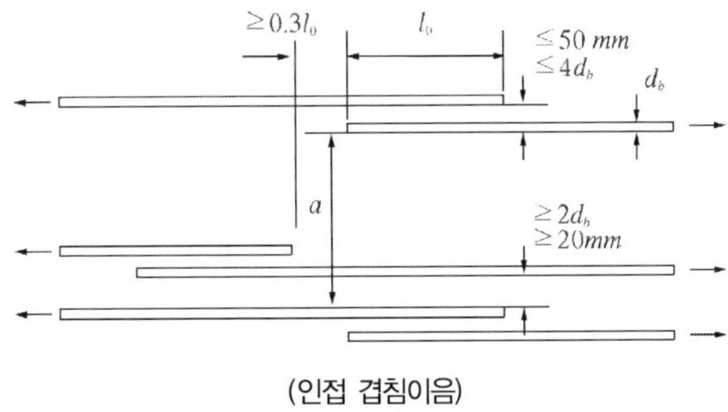

(인접 겹침이음)

2) 겹침이음의 길이

① 설계 겹침이음의 길이는 다음과 같이 계산한다.

$$l_0 = \alpha_1\alpha_2\alpha_3\alpha_5\alpha_6 l_b\left(\frac{A_{s,req}}{A_{s,prop}}\right) \geq l_{0,\min}, \qquad l_{0,\min} > Max\left(0.3\alpha_6 l_b,\ 15d_b,\ 200^{mm}\right)$$

여기서, α_1, α_2, α_3, α_5 의 값은 설계정착길이 영향계수와 같으며,

단 α_3 계산 시 $\sum A_{st,\min}$ 는 $1.0A_s$ 로 한다.

$\alpha_6 = (\rho_1/25)^{0.5} < 1.5$ 로 하며, ρ_1 은 고려하는 겹침길이의 중앙으로부터 $0.65l_0$ 내에 겹침이음된 철근의 비이다.

총 단면적에 대한 겹침이음철근의 비율	<25%	33%	50%	>50%
α_6	1	1.15	1.4	1.5

※ 중간 값은 보간법으로 결정, 아래 그림에서 II번 철근과 III번 철근은 고려하는 단면의 외측에 있으므로 이 경우 겹침이음의 비율은 50%이고 $\alpha_6 = 1.4$이다.

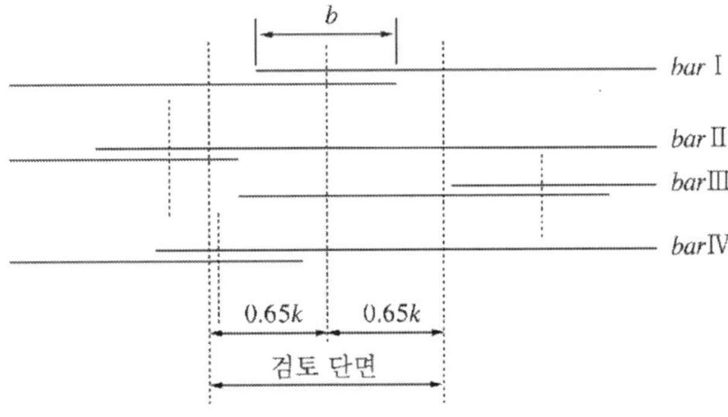

(하나의 단면에서 겹침이음된 철근의 비율)

② 지름이 35mm를 초과하는 철근은 겹이음을 해서는 안 된다. 지름이 너무 큰 철근의 겹이음은 힘의 전달에 여러 가지 문제가 있다. 그래서 지름이 35mm를 초과하는 철근은 용접에 의한 맞댐이음을 한다. 이때 이음부가 항복강도의 125% 이상의 인장력을 발휘할 수 있어야 한다.

➤ **기계적 이음**

1) 기계적 이음의 종류

　① 나사식 이음
　　(1) 철근 끝단에 나사를 가공하여 커플러를 이용하는 방식
　　(2) 제작된 너트 부분을 압착한 후 커플러를 이용하는 방식
　② 압착식 이음
　　(1) 유압프레스에 의한 보강재 압착
　　(2) 다이스 인발에 의한 보강재 압착

2) 기계적 이음의 특징

　① 경제성 : 철근량이 감소, 작업인부를 줄일 수 있음.
　② 적용처 : 겹이음 길이가 부족한 곳, 철근배치 공간이 부족한 곳, 큰 인장력을 받는 부분, 겹이음이 제한된 경우 등

3) 나사식 이음의 특징

　① 배근간격은 2.5D 이상
　② 특별한 시공기술이 요구되지 않는다.
　③ 시공이음기구의 취급이 용이하다.
　④ 시공기간이 짧다(3분/1개소).
　⑤ 나사가공을 위한 장비가 필요하다.
　⑥ 이음검사 용이 및 재조임 가능하다.
　⑦ 배근간격 결정 용이하다.

4) 압착식 이음의 특징

　① 3.2D 이상의 배근간격이 필요하다.
　② 시공기술이 요구된다.
　③ 이음시공기구가 무겁다.
　④ 이음검사가 어렵다.

철근 이음

철근의 이음종류와 종류별 이음의 상세에 대해 설명하시오.

풀 이

▶ 개요

철근은 이어대지 않는 것을 원칙으로 하나 철근의 길이는 제한이 있으므로 부득이 이어야 할 때
가 많다. 철근의 이음부는 구조상 약점이 되는 곳으로, 최대 인장응력이 발생하는 곳에서는 이음
을 하지 않는 것이 좋다. 또 이음부를 한 단면에 집중시키지 말고 서로 엇갈리게 두는 것이 좋다.
철근의 이음방법에는 겹침이음(Lap splice), 용접이음 또는 슬리이브 너트(Sleeve nut) 등을 사용
하는 기계적인 장치를 사용하는 방법이 있으며 일반적으로 겹침이음이 가장 많이 사용된다.

▶ 겹침이음(도로교설계기준 한계상태설계법, 2015)

겹침이음은 이어댈 두 개의 철근의 단부를 겹치고, 콘크리트를 칠 때까지 서로 떨어지지 않도록
하기 위하여 철사로 잡아맨다. 이 상태에서 콘크리트를 타설하고 콘크리트가 경화한 후에는 부착
에 의하여 힘을 전달한다. 그러므로 겹침이음의 길이 L은 철근이 전 강도를 발휘할 수 있도록 충
분한 길이만큼 겹쳐져야 한다.

1) 겹침이음의 상세조건

① 하나의 철근에서 다른 철근으로의 하중전달이 확실하여야 한다.

② 이음부 근처에서 콘크리트의 박리가 발생하지 않아야 한다.

③ 구조물의 성능에 영향을 주는 커다란 균열은 발생하지 않아야 한다.

④ 겹침이음은 서로 엇갈리게 배치하고 응력이 큰 영역에서는 배치하지 않으며 일반적으로 대칭
으로 배치한다.

⑤ 겹침이음의 배치는 두 철근 사이의 횡방향 순거리는 $4d_b$ 또는 50mm 이하이어야 한다. 이를
만족하지 못할 경우 겹침이음 길이는 $4d_b$ 또는 50mm를 넘는 순간격만큼 동등한 길이로 증가
시켜야 한다.

⑥ 인접한 두 겹침이음의 축방향 거리는 겹침이음 길이(l_0)의 0.3배 이상이 되어야 하며, 인접한
겹침이음의 경우 철근 사이의 순거리는 $2d_b$ 또는 20mm 이상이 되어야 한다.

⑦ ⑤, ⑥의 조건에 부합되는 경우 인장측에서의 철근의 겹침이음 허용비율은 모든 철근이 한층
에 배치되어 있을 경우 100%로 할 수 있다. 만약, 철근이 여러 층에 배치되어 있는 경우에는

50%로 감소시켜야 한다.

⑧ 압축측의 모든 철근과 배력철근은 한 단면에서 겹침이음이 되어도 된다.

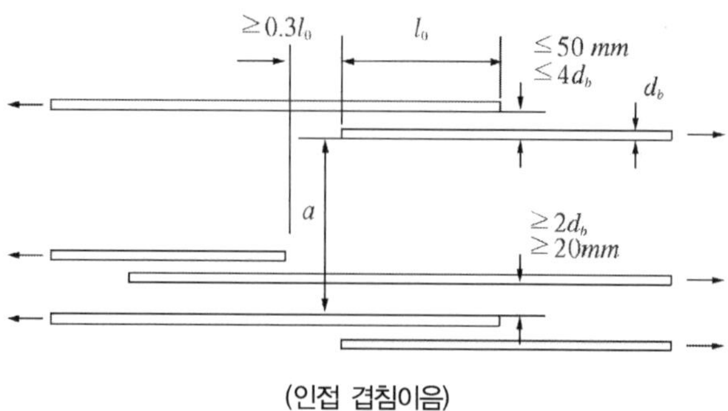

(인접 겹침이음)

2) 겹침이음의 길이

① 설계 겹침이음의 길이는 다음과 같이 계산한다.

$$l_0 = \alpha_1\alpha_2\alpha_3\alpha_5\alpha_6 l_b \left(\frac{A_{s,req}}{A_{s,prop}}\right) \geq l_{0,min}, \qquad l_{0,min} > Max\left(0.3\alpha_6 l_b,\ 15d_b,\ 200^{mm}\right)$$

여기서, α_1, α_2, α_3, α_5 의 값은 설계정착길이 영향계수와 같으며,

단 α_3 계산 시 $\sum A_{st,min}$ 는 $1.0A_s$ 로 한다.

$\alpha_6 = (\rho_1/25)^{0.5} < 1.5$ 로 하며, ρ_1 은 고려하는 겹침길이의 중앙으로부터 $0.65l_0$ 내에 겹침이음된 철근의 비이다.

총 단면적에 대한 겹침이음철근의 비율	<25%	33%	50%	>50%
α_6	1	1.15	1.4	1.5

※ 중간 값은 보간법으로 결정, 아래 그림에서 II번 철근과 III번 철근은 고려하는 단면의 외측에 있으므로 이 경우 겹침이음의 비율은 50%이고 $\alpha_6 = 1.4$ 이다.

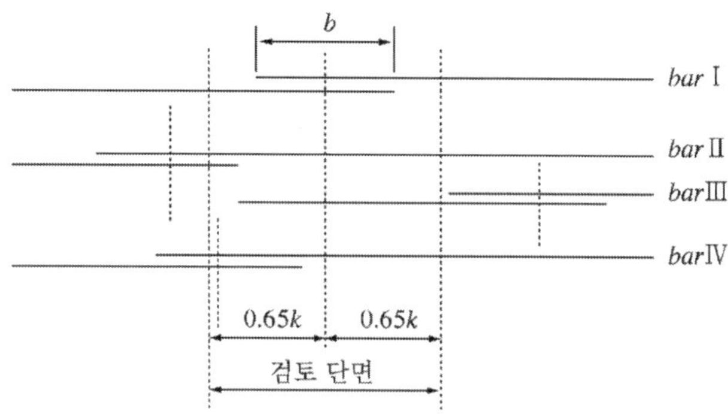

(하나의 단면에서 겹침이음된 철근의 비율)

② 지름이 35mm를 초과하는 철근은 겹이음을 해서는 안 된다. 지름이 너무 큰 철근의 겹이음은 힘의 전달에 여러 가지 문제가 있다. 그래서 지름이 35mm를 초과하는 철근은 용접에 의한 맞댐이음을 한다. 이때 이음부가 항복강도의 125% 이상의 인장력을 발휘할 수 있어야 한다.

▶ 기계적 이음

1) 기계적 이음의 종류

나사식 이음	압착식 이음
(1) 철근 끝단에 나사를 가공하여 커플러를 이용하는 방식 (2) 제작된 너트 부분을 압착한 후 커플러를 이용하는 방식	(1) 유압프레스에 의한 보강재 압착 (2) 다이스 인발에 의한 보강재 압착

2) 기계적 이음의 특징

① 경제성 : 철근량이 감소, 작업인부를 줄일 수 있음.

② 적용처 : 겹이음 길이가 부족한 곳, 철근배치 공간이 부족한 곳, 큰 인장력을 받는 부분, 겹이음이 제한된 경우 등

나사식 이음	압착식 이음
① 배근간격은 2.5D 이상 ② 특별한 시공기술이 요구되지 않는다. ③ 시공이음기구의 취급이 용이하다. ④ 시공기간이 짧다(3분/1개소). ⑤ 나사가공을 위한 장비가 필요 ⑥ 이음검사 용이 및 재조임 가능 ⑦ 배근간격 결정 용이	① 3.2D 이상의 배근간격이 필요 ② 시공기술이 요구된다. ③ 이음시공기구가 무겁다. ④ 이음검사가 어렵다.

정착길이 보정계수

콘크리트구조기준(2012년)에 따른 인장이형철근의 정착 길이 산출 시 적용되는 보정계수

풀 이

> **개요**

콘크리트구조기준(2012년)에서는 기본 정착길이 l_{db}에 보정계수를 고려하는 방법과 정밀한 식에 따라 산정하는 두 가지의 방법으로 구분해서 제시하고 있으며, 이렇게 구한 정착길이 l_d는 항상 300mm 이상이어야 있다.

> **보정계수를 고려한 정착길이 산출**

기존의 콘크리트 설계기준의 내용을 대부분 준용하였다. 다만 보정계수 γ(철근크기 계수)와 λ(경량콘크리트 계수)를 기본 정착길이에 포함시켜 산정토록 계산의 순서만 다소 조정되었다.

정착길이(l_d) = 기본정착길이(l_{db}) $\times$ 보정계수$(\alpha,\ \beta)$

기본정착길이(l_{db}) = $\dfrac{0.6 d_b f_y}{\lambda \sqrt{f_{ck}}}$, $l_d = l_{db} \times$ 보정계수$(\alpha,\ \beta)$ $\geq$ $300mm$

조건	D19 이하	D22 이상
• 정착되거나 이어지는 철근의 순간격이 d_b 이상이고, 피복두께도 d_b 이상이면서 l_d 전 구간에 콘크리트 구조기준에서 제시된 최소 철근량 이상의 스트럽 또는 띠철근을 배치한 경우 • 또는 정착되거나 이어지는 철근의 순간격이 $2d_b$ 이상이고 피복 두께가 d_b 이상인 경우	$0.8\alpha\beta$	$\alpha\beta$
기타	$1.2\alpha\beta$	$1.5\alpha\beta$

종류	구분	보정계수	비고
α	철근 위치계수	1.3	상부철근(철근 하부에 30cm 이상 콘크리트가 타설되는 경우)
		1.0	하부철근(이외의 경우)
β	철근 도막계수	1.5	피복두께 $3d_b$ 또는 철근 순간격이 d_b 미만인 에폭시 철근
		1.2	기타 에폭시 도막 철근
		1.0	아연도금 철근
		1.0	도막되지 않은 철근
λ	경량콘크리트 계수	0.75	f_{sp}가 없는 전경량 콘크리트
		$f_{sp}/\left(0.56\sqrt{f_{ck}}\right) \leq 1.0$	f_{sp}가 있는 경량 콘크리트
		0.85	f_{sp}가 없는 모래 경량 콘크리트

※ 보통 중량콘크리트 $\lambda = 1.0$, $\alpha\beta$는 1.7보다 클 필요는 없다.

직경이 큰 철근과 다발철근의 적용기준

큰 직경(직경 32mm 초과)의 철근과 다발철근에 대한 구조적 적용 기준에 대하여 설명하시오.

풀 이

▶ 개요

도로교설계기준(2016, 한계상태설계법)에서는 지름이 큰 철근과 다발철근에 관한 구조적 적용기준을 별도로 규정하고 있다.

▶ 지름이 큰 철근에 대한 구조적 적용 기준

① 지름이 32mm를 초과하는 철근을 사용하는 경우, 표피철근을 사용하거나 해석을 수행하여 균열을 제어하여야 한다. 사용되는 표피철근의 단면적은 큰 지름 철근의 직각방향으로는 $0.01A_{ct,ext}$, 평행한 방향으로는 $0.02A_{ct,ext}$ 이상이어야 한다.

② 지름이 큰 철근을 사용할 경우 쪼갬 힘은 더욱 커지고 다월 작용도 더욱 커지기 때문에 이러한 철근에는 기계적 정착이 필요하다. 직선 철근으로 정착하는 경우에는 구속철근으로서 갈고리를 가진 횡방향 철근을 사용하여야 한다. 횡방향 압축응력이 존재하지 않는 정착구역에는 전단철근 외에 압축용 횡방향 철근을 추가로 배치하여야 한다. 이때 추가적인 보강철근의 단면적은 다음의 값 이상으로 한다. 추가된 횡방향 철근은 정착구역에서 균일하게 분포되어야 하고 철근의 간격은 주철근 지름의 5배를 넘어서는 안 된다.

(1) 인장면에 평행한 방향으로 $A_{sh} = 0.25A_s n_1$

(2) 인장면에 수직인 방향으로 $A_{sv} = 0.25A_s n_2$

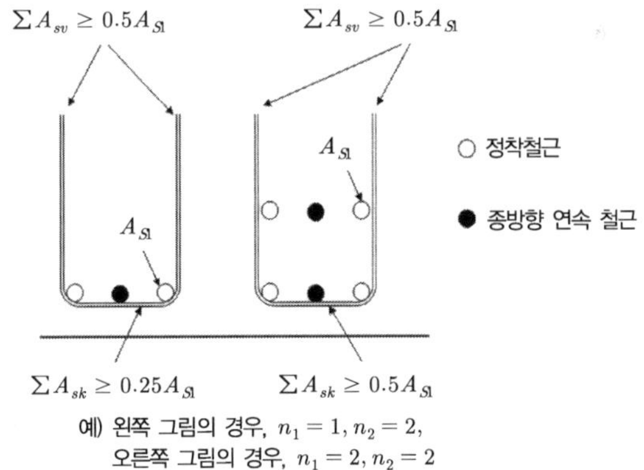

예) 왼쪽 그림의 경우, $n_1 = 1, n_2 = 2$,
오른쪽 그림의 경우, $n_1 = 2, n_2 = 2$

여기서 A_s는 정착철근의 단면적, n_1 부재 내의 같은 위치에 정착된 철근 층의 수, n_2 각 층에서 정착된 철근의 수

③ 일반적으로 지름이 큰 철근은 겹침이음을 하지 않지만, 단면 치수가 1.0m 이상이거나 철근응력이 설계강도의 80%를 넘지 않는 단면에서는 예외로 한다.

▶ 다발철근에 대한 구조적 적용 기준

1) 일반사항

① 여러 개의 철근을 묶어서 단일 철근의 기능을 발휘하게 하는 것을 다발철근이라 한다. 다발로 사용하는 경우 철근의 수는 4개 이하이어야 하며, 휨부재에서 D35를 초과하는 철근은 2개까지 다발로 사용할 수 있다.

② 다발철근에서 철근은 동일한 형태 및 등급을 지녀야 한다. 지름의 비가 1.7을 넘지 않는 경우에는 다른 크기의 철근으로 묶을 수 있다.

③ 설계에서 다발철근은 동일한 면적과 동일한 무게 중심을 가지는 가상의 철근으로 대체한다. 이 가상 철근의 등가지름은 다음과 같다.

$$d_{b,n} = d_b \sqrt{n_b} \le 55mm$$

여기서 n_b는 다발에서 철근의 수

（$n_b \le 4$: 압축영역의 수직철근과 겹침이음 연결부의 철근, $n_b \le 3$: 그 외의 경우）

④ 다발철근은 스터럽이나 띠철근으로 둘러싸여야 한다. 다발철근 내의 각 철근이 지간 내에서 끝날 때에는 적어도 철근 지름의 40배 이상 길이로 서로 엇갈리게 끝내야 한다. 철근 사이의 간격제한이 철근 크기를 기준으로 적용될 경우 다발의 지름은 등가 단면적으로 환산되는 한 개의 철근 지름으로 계산하여야 한다.

2) 다발철근의 정착 및 이음

① 인장 영역의 다발철근은 단부 지점부와 중간 지점부를 넘어 자를 수 있다. 등가 지름이 32mm 미만인 다발은 엇갈리지 않고 지점부 근처에서 자를 수 있다. 지점부 근처에서 정착된 등가 지름이 32mm 이상의 다발철근은 그림과 같이 종방향으로 서로 엇갈리게 배치되어야 한다.

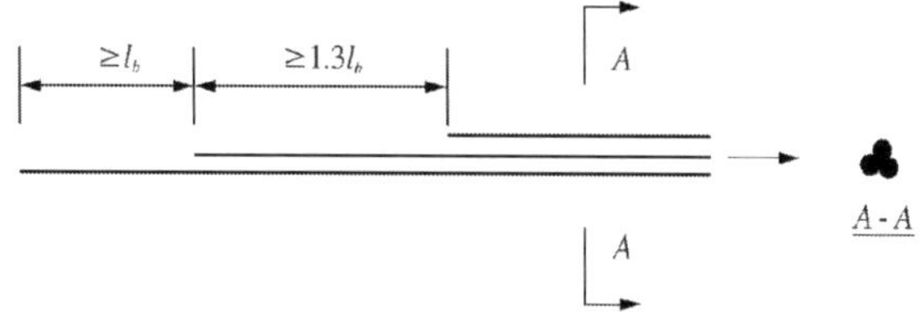

(넓은 폭에 걸쳐 엇갈린 다발철근의 정착)

② 개별 철근이 $1.3l_b$(여기서 l_b는 개별철근의 지름에 따른 값이다)보다 큰 엇갈림 거리로 정착되는 경우, l_{bd}를 산정할 때 철근의 지름을 사용할 수 있다. 그 외의 경우에는 다발철근의 지름

$d_{b,n}$ 을 사용하여야 한다.

③ 압축 영역에 정착되는 다발철근은 엇갈리게 배치할 필요가 없다. 등가 지름이 32 mm 이상인 다발철근은 단부에 지름이 12mm 이상인 횡철근을 4개 이상 배치하여야 한다. 단락된 철근 단부를 바로 넘어서는 영역에는 또 다른 횡철근을 배치하여야 한다.

④ 등가 지름이 32mm 이하인 2개의 철근으로 구성된 다발철근은 개별 철근을 엇갈리지 않고 겹쳐 이을 수 있다.

⑤ 등가 지름이 32mm보다 큰 2개의 철근으로 구성되거나 또는 3개의 철근으로 구성된 다발철근의 경우, 개별 철근은 그림과 같이 종방향으로 최소한 $1.3l_0$ 정도 엇갈리게 배치되어야 한다. 이런 경우 철근 1개의 지름을 l_0의 계산에 사용할 수 있다. 어떠한 겹침이음 단면에서도 4개 이상의 철근이 배치되지 않도록 주의하여야 한다.

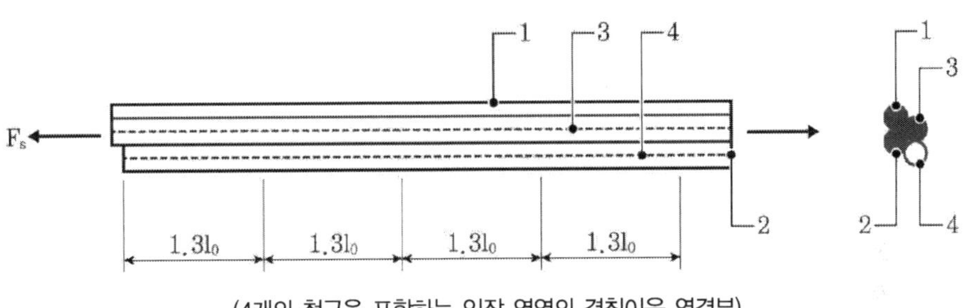

(4개의 철근을 포함하는 인장 영역의 겹침이음 연결부)

인장철근의 절단점

그림의 단순보에서 3개의 종방향 인장철근 중 하나를 절단할 수 있는 위치(지점에서 절단면까지의 거리, x)를 구하시오.

- M_x =116.57kNm
- f_y =400MPa
- f_{ck} =25MPa
- 보통중량 콘크리트
- D13전단철근을 전 구간에 걸쳐 300mm 간격으로 배근
- D25의 d_b =25.4mm
- 강도감소계수는 휨에 대해 0.85, 전단에 대해 0.75
- 정착길이 산정을 위한 보정계수들은 1로 가정

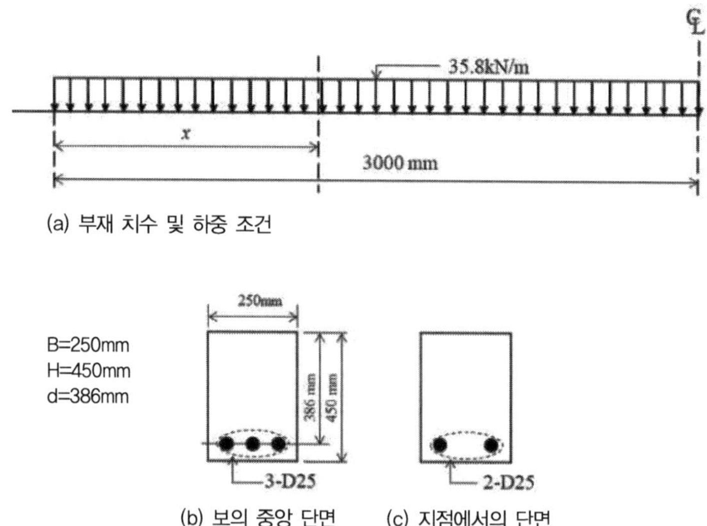

(a) 부재 치수 및 하중 조건

(b) 보의 중앙 단면   (c) 지점에서의 단면

풀 이

▶ 인장철근의 절단

철근 절단 여부 및 위치 결정에 영향을 주는 고려사항은 다음과 같다.

① 인장력이 더 이상 필요하지 않은 곳의 철근은 절단할 수 있다. 불필요한 철근을 절단하는 위치는 휨모멘트에 의한 인장력과 이러한 인장력에 가해지는 전단력의 함수이다.

② 필요한 단면에서 철근의 강도발현을 가능케 하기 위해서는 각 철근의 단면의 양쪽 방향으로 충분히 연장해야 한다. 이는 철근의 정착에 있어서 기본이 된다.

③ 인장철근을 큰 전단력을 받는 부분에서 절단하게 되면 이는 응력집중으로 절단지점에 위험한 경사균열을 발생시킬 수 있다. 일반적으로 인장력을 받는 부분의 설계와 시공을 간소화하기 위해서는 철근의 절단을 최소화하는 것이 바람직하다.

▶ **이론적 절단점 산정**

철근 1개의 단면적을 A_b라고 하면, $3A_b$로 $q(2L)^2/8$의 모멘트에 저항할 수 있고, 이 중 하나를 절단할 경우 $2A_b$로는 $q(2L)^2/8 \times {}^2\!/_3 = qL^2/3$의 저항모멘트를 가지므로

$$wLx - \frac{w}{2}x^2 = \frac{wL^2}{3} \qquad \therefore x = L\left(1 - \frac{1}{\sqrt{3}}\right) = 3000\left(1 - \frac{1}{\sqrt{3}}\right) = 1267.95\,\text{mm}$$

그러나, 실제적으로는 통상 최대 모멘트 M이 발생하는 단면에 실제로 배근되는 철근 단면적 A_s는 계산상 필요로 하는 철근 단면적 이상으로 배근하게 되므로 실제로 배근된 철근의 양만큼 저항하는 공칭 휨강도 M_n을 사용하여 철근의 절단위치를 찾는 것이 바람직하다. n개의 철근이 모두 같은 강도와 직경을 가지고 있으므로 철근 한 개가 견뎌내는 휨강도는 M_n/n으로 표시될 수 있다.

① 중앙점의 공칭 휨강도를 이용한 절단위치 산정

3-D25 철근 사용 시 설계강도는

$$A_{s(c)} = 3 \times 506.7 = 1520.1\,\text{mm}^2$$

$$M_n = \phi A_s f_y\left(d - \frac{1}{2}\frac{A_s f_y}{0.85 f_{ck} b}\right) = 0.85 \times 1520.1 \times 400 \times \left(386 - \frac{1}{2}\frac{1520.1 \times 400}{0.85 \times 25 \times 250}\right)$$

$$= 169.92\ \text{kNm}$$

$$M_{x1} = (2/3)M_n = 113.28\ \text{kNm}, \quad M_x = wLx - \frac{w}{2}x^2, \quad \therefore x = 1.366\ \text{m}$$

콘크리트 구조기준(2012)에는 휨철근의 실제적인 절단지점을 이론적인 절단점의 위치에서부터 유효깊이 d, 또는 철근의 지름 d_b의 12배 중 큰 값만큼 보수적으로 변경시켜야 한다고 규정하고 있으므로, $Max(386,\ 25.4 \times 12) = 386\,\text{mm}$

$$\therefore x = 1366 - 386 = 980\,\text{mm}$$

② 문제에서 주어진 M_x 이용

$$M_x = wLx - \frac{w}{2}x^2 = 116.57\,\text{kNm} \qquad \therefore x = 1.423\,\text{m}$$

$$Max(386,\ 25.4 \times 12) = 386\,\text{mm} \qquad \therefore x = 1423 - 386 = 1037\,\text{mm}$$

주어진 문제의 조건에 따라 ②의 방법으로 적용 $\therefore x = 1037\,\text{mm}$

▶ 전단강도의 영향 검토

$$V_x = wL - wx = 35.8(3.000 - 1.037) = 70.27 \text{ kN}, \quad A_v = 132.7 \text{mm}^2$$

$$\phi V_n = \phi(V_c + V_s) = \phi\left(\frac{1}{6}\lambda\sqrt{f_{ck}}\,b_w d + \frac{A_v f_y d}{s}\right)$$

$$= 0.75\left(\frac{1}{6}\times\sqrt{25}\times 250\times 386\times 10^{-3} + \frac{132.7\times 400\times 386}{300}\times 10^{-3}\right) = 111.53 \text{ kN}$$

$$\therefore \frac{2}{3}\phi V_n\,(=74.35 \text{ kN}) > V_u\,(=70.27 \text{ kN}) \qquad \text{O.K}$$

▶ 정착길이의 산정

$$\text{기본정착길이}(l_{db}) = 0.6\frac{d_b f_y}{\sqrt{f_{ck}}} = 0.6\times 25.4\times \frac{400}{\sqrt{25}} = 1219.2 \text{mm}$$

$$\therefore l_d = l_{db}\times \text{ 보정계수}(\alpha,\ \beta,\ \gamma,\ \lambda) = 1219.2 \text{mm} \geq 300 \text{mm}$$

▶ 절단위치 결정

주어진 조건에서 이론적으로 절단이 가능한 위치는 지점으로부터 1037mm이나, 인장철근이 정착을 위해 필요한 정착길이는 1219.2mm로 절단해서는 안 된다. 또한 주어진 조건에서 단부에서의 전단력 V_u =107.4kN으로 단부 부군에서 전단철근의 간격을 조정하거나 인장철근을 절단하기보다는 굽혀 전단에 저항하도록 하는 것이 바람직하다.

설계정착길이 : 한계상태설계법

다음 그림과 같이 슬래브에 배치되어 벽체에 정착되는 단면 상부 SD 400 D16인장철근에 대하여 KDS 24 14 21 콘크리트교 설계기준(한계상태설계법)에 따라 구부림 후 철근지름의 5배의 연장길이를 갖고 벽체 내에 정착될 때의 설계정착길이 l_{bd}를 구하고 벽체 내에 정착이 가능한지 검증하라. 벽체에는 바력의 작용으로 단위 면적당 8MPa의 압축력이 작용하며 콘크리트의 설계기준압축강도는 40MPa이다.

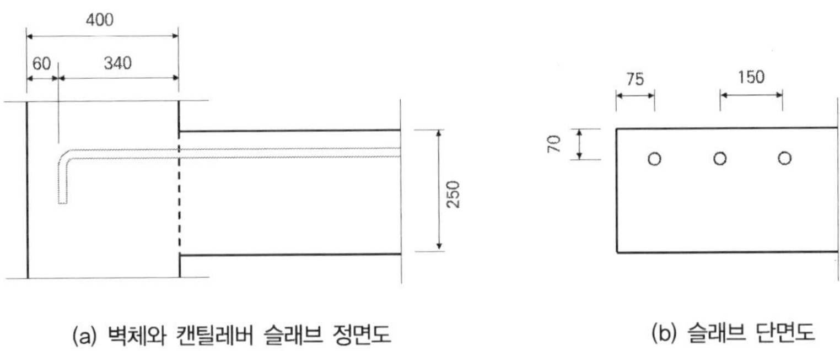

(a) 벽체와 캔틸레버 슬래브 정면도   (b) 슬래브 단면도

▶ 부착강도와 기본정착길이

1) 설계부착강도 산정

① 콘크리트 0.05 분위 기준인장강도

$$f_{cm} = f_{ck} + \Delta f = 40 + 4 = 44\,\text{MPa}$$

$$\therefore f_{ctk} = 0.7 f_{ctm} = 0.7 \times 0.3 \left(f_{cm}\right)^{2/3} = 0.21 \left(f_{cm}\right)^{2/3} = 2.62\,\text{MPa} \leq 3.07\,\text{MPa} \qquad \text{O.K}$$

② 부착조건에 따른 철근의 위치계수, η_1

벽체의 $h \geq 600\,\text{mm}$를 넘을 것으로 보이고 벽체 내 D16 부모멘트 철근은 250mm를 넘어가는 불리한 구역에 서리되므로 $\eta_1 = 0.7$ (부착 유리 1.0, 불리 0.7)

③ 철근 지름계수, η_2

D32 이하이므로, $\eta_2 = 1.0$

$$\therefore f_{bd} = \phi_c \left(2.25 \eta_1 \eta_2 f_{ctk}\right) = 0.65 \times 2.25 \times 0.7 \times 1.0 \times 2.62 = 2.68\,\text{MPa}$$

2) 기본정착길이 산정

$$f_{sd} = f_{yd} = \phi_s f_y = 0.9 \times 400 = 360\,\text{MPa}$$

$$\therefore\ l_b = \frac{d_b}{4}\frac{f_{sd}}{f_{bd}} = \frac{15.9}{4} \times \frac{360}{2.62} = 546\,\text{mm}$$

➤ 설계정착길이

1) 최소 정착길이 산정

$$0.3l_b = 0.3 \times 546 = 164\,\text{mm}, \quad 15d_b = 15 \times 15.9 = 239\,\text{mm}$$

$$\therefore\ l_{b,\min} = [\text{인장측}\ Max(0.3l_b,\ 15d_b,\ 100^{mm})] = 239\text{mm}$$

2) 계수산정

직선철근이고 용접되지 않은 횡방향 철근이나 용접된 횡방향 철근에 의해 구속되지 않으므로
$\alpha_1,\ \alpha_3,\ \alpha_4 = 1.0$

① 콘크리트 피복에 대한 직선철근 보정계수 α_2
측면 피복두께 c_1 및 주철근에 대한 연단 피복두께 c와 함께 철근의 수평 순간격 a의 1/2 중 가장 작은 값을 C_d로 한다.

$$c_1 = 75 - \frac{d_b}{2} = 67.1\,\text{mm}, \quad c = 70 - \frac{d_b}{2} = 62.1\,\text{mm}, \quad \frac{a}{2} = \frac{150 - d_b}{2} = 67.1\,\text{mm}$$

a) 직선 철근 $\therefore\ C_d = 62.1\,\text{mm}$

$C_d = \min(a/2,\, c_1,\, c)$

$$\therefore\ \text{갈고리 철근의 보정계수}\ \alpha_2 = 1 - \frac{0.15(C_d - 3d_b)}{d_b} = 0.864, \quad 0.7 \leq \alpha_2 \leq 1.0 \quad \text{O.K}$$

② 연직방향 압력에 의한 구속 보정계수 α_5

$$\alpha_5 = 1 - 0.04p = 1 - 0.04 \times 8 = 0.68 < 0.7 \quad \therefore\ \alpha_5 = 0.7$$

$$\therefore\ l_{bd} = \alpha_1\alpha_2\alpha_3\alpha_4\alpha_5 l_b = 1.0 \times 0.864 \times 1.0 \times 1.0 \times 0.7 \times 546 = 330\,\text{mm} > l_{b,\min} \quad \text{O.K}$$

$$\therefore\ l_{bd}(= 330\,\text{mm}) < l_{emb}(= 340\,\text{mm}) \quad \text{O.K}$$

따라서 설계정착길이 l_{bd}는 벽체 내의 묻힘길이 l_{emb}보다 작으므로 벽체 내 배치할 수 있다.

02 콘크리트 앵커설계

TIP | Summary |

1. 콘크리트 파괴형태
 (인장파괴) : 강재파괴, 콘크리트 파괴, 앵커 뽑힘, 콘크리트 측면파열, 쪼개짐
 (전단파괴) : 강재파괴, 콘크리트 프라이아웃, 콘크리트 파괴

2. 강도감소계수(ϕ)
 (강재) 인장 : 연성(0.75), 취성(0.65) 전단 : 연성(0.65), 취성(0.60)
 (콘크리트) 인장 : 보조철근 有(0.75), 無(0.70) 전단 : 보조철근 有(0.75), 無(0.70)

3. 인장
① 강재파괴 : $N_{sa} = nA_{se}f_{uta}f_{uta} \leq \max[1.9f_{ya},\ 860\ \text{MPa}]$

② 콘크리트 파괴 : $N_{cb(g)} = \dfrac{A_{Nc}}{A_{Nco}}(\psi_{ec,N})\ \psi_{ed,N}\ \psi_{c,N}\ \psi_{cp,N}\ N_b$ $N_b = k_c\sqrt{f_{ck}}\,h_{ef}^{1.5}(k_c = 10)$

$A_{Nco} = 9h_{ef}^2,\ \psi_{ec,N} = \dfrac{1}{\left(1 + \dfrac{2e'_N}{3h_{ef}}\right)} \leq 1.0,\ \psi_{ed,N} = 0.7 + 0.3\dfrac{c_{a,\min}}{1.5h_{ef}},$

$\psi_{c,N} = 1,\ \psi_{cp,N} = \dfrac{c_{a,\min}}{c_{ac}} > \dfrac{1.5h_{ef}}{c_{ac}}$

③ 뽑힘파괴 : $N_{pn} = \psi_{c,P}N_p$

$N_p = 8A_{brg}f_{ck}(\text{head bolt})$ $N_p = 0.9f_{ck}e_h d_o(\text{hook}),\ 3d_o \leq e_h \leq 4.5d_o$

$\psi_{c,P} = 1(\text{균열 시}),\ 1.4(\text{비균열 시})$

④ 측면파열(갈고리 해당 없음) : $N_{sb} = 13c_{a1}\sqrt{A_{brg}}\,\sqrt{f_{ck}}$

4. 전단
① 강재파괴 :(head stud) $V_{sa} = n\,A_{se}f_{uta}$ (head bolt, hook) $V_{sa} = n\,0.6\,A_{se}f_{uta}$

② 콘크리트 파괴 : $V_{cbg} = \dfrac{A_{Vc}}{A_{Vco}}\psi_{ec,V}\psi_{ed,V}\psi_{c,V}V_b$ $A_{Vc} = (3.0C_{a1})\times(1.5C_{a1}) = 4.5C_{a1}^2$

$V_b = 0.6\left(\dfrac{l_e}{d_o}\right)^{0.2}\sqrt{d_o}\,\sqrt{f_{ck}}\,(c_{a1})^{1.5}$ $V_b = 0.7\left(\dfrac{l_e}{d_o}\right)^{0.2}\sqrt{d_o}\,\sqrt{f_{ck}}\,(c_{a1})^{1.5}(\text{용접된 경우})$

$l_e = h_{ef}(\leq 8d_0),\ A_{Vco} = 4.5\,(c_{a1})^2,\ \psi_{ec,V} = \dfrac{1}{\left(1 + \dfrac{2e'_V}{3c_{a1}}\right)} \leq 1,\ \psi_{ed,V} = 0.7 + 0.3\dfrac{c_{a2}}{1.5\,c_{a1}}$

③ 프라이아웃
$V_{cp} = k_{cp}N_{cb}$ $V_{cpg} = k_{cp}N_{cbg}$ $h_{ef} < 65\ \text{mm}(k_{cp} = 1.0),\ h_{ef} \geq 65\ \text{mm}(k_{cp} = 2.0)$

1. 콘크리트용 앵커 볼트의 파괴 형태 ^{112회/118회/122회/123회/130회}

앵커볼트의 파괴는 앵커의 묻힘 부분과 연관된 강도(콘크리트 파괴) 등에 의해서 발생하는 파괴 모드를 모두 고려하여야 한다.

강재강도와 관계되는 파괴모드는 인장파괴와 전단파괴이나 의도적으로 연성강재요소가 강도를 지배하도록 한 경우를 제외하면 앵커의 묻힘요소와 관련되는 콘크리트 파괴가 주를 이룬다. 앵커의 묻힘요소와 관계되는 파괴모드에는 콘크리트 파괴(Concrete Breakout), 앵커의 뽑힘(Pull-Out), 측면 파열(Side-face blowout), 콘크리트 프라이아웃(Concrete pryout), 쪼개짐(Splitting) 등이 있다.

파괴모드를 앵커에 작용하는 하중상태에서 나타내면,

① 인장하중에 의한 파괴모드 : 강재파괴, 뽑힘파괴, 콘크리트파괴, 콘크리트 측면파괴, 쪼개짐

② 전단하중에 의한 파괴모드 : 강재파괴, 프라이아웃, 콘크리트 파괴

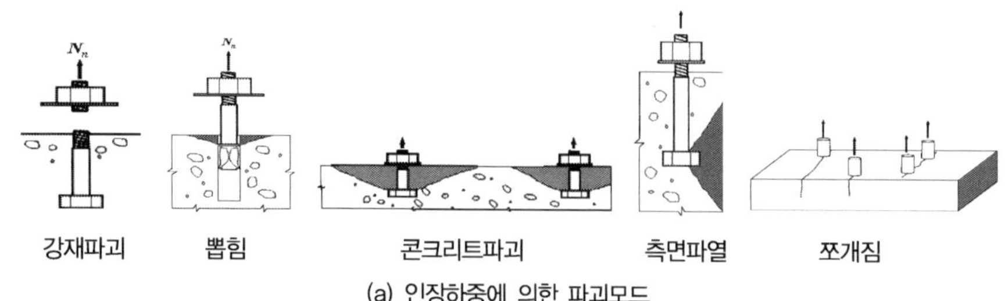

(a) 인장하중에 의한 파괴모드

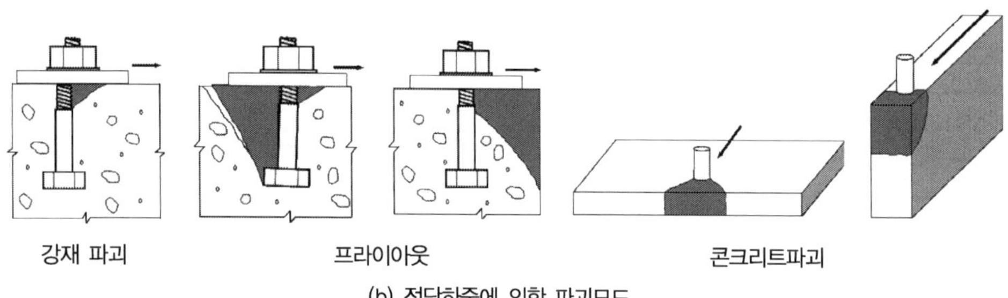

(b) 전단하중에 의한 파괴모드

앵커의 강도에 대한 안전을 확보하기 위해 필요한 강도감소계수(ϕ)는 앵커에 작용하는 하중조건, 앵커의 파괴모드, 시공상태, 앵커의 종류 등 다양한 영향인자를 고려하여 결정한다. 대부분의 앵커강재가 뚜렷한 항복점을 나타내지 않기 때문에 철근 콘크리트 부재의 설계에 사용되는 강재의 항복강도(f_{ya})보다는 극한강도(f_{uta})를 적용하는 것을 기본으로 한다.

2. 강도설계법에 따른 콘크리트 앵커볼트의 강도감소계수

강도설계법에 따라 콘크리트 앵커볼트를 설계할 때에는 다음의 강도감소계수를 적용토록 규정하고 있다.

강재요소의 강도에 의해 지배되는 앵커의 강도감소계수

하중 종류	연성강재요소	취성강재요소
인장하중	0.75	0.65
전단하중	0.65	0.60

앵커의 경우 인장보다는 전단에 대해 작은 강도감소계수를 적용하는데 이는 기본적인 재료 차이를 반영한 것이 아니라 앵커 그룹의 연결부에서 전단이 불균일하게 분포될 가능성을 고려한 것이다.

콘크리트파괴, 측면파열, 앵커 뽑힘 또는 프라이아웃에 의해 지배되는 앵커의 강도감소계수

조건			조건 A(1)	조건 B(2)
i) 전단하중			0.75	0.70
ii) 인장 하중	선설치 헤드스터드, 헤드볼트, 또는 갈고리볼트		0.75	0.70
	별도 시험에 의해 각 범주에 속하는 후설치 앵커	범주 1(낮은 설치 민감도와 높은 신뢰성)	0.75	0.65
		범주 2(중간 설치 민감도와 중간 신뢰성)	0.65	0.55
		범주 3(높은 설치 민감도와 낮은 신뢰성)	0.55	0.45

취성적인 콘크리트파괴(Concrete breakout)나 측면파열(Side-face blowout)에 의해 지배되는 앵커의 경우에는 프리즘 모양의 잠재적인 파괴 영역을 구속할 수 있는 보조철근이 구조 부재 내에 사용되었는지 여부에 따라 각각 다른 강도감소계수를 적용한다. 만약 잠재적인 파괴 영역을 구속할 수 있는 보조철근이 구조 부재 내에 배치되어 있다면(조건 A) 보조철근이 없는 경우(조건 B)보다 더 연성적인 파괴 거동을 보이게 된다. 따라서 조건 A에서의 강도감소계수가 조건 B의 강도감소계수보다 크다. 자유단 쪽으로 전단을 받는 선설치앵커의 보조철근은 머리핀 모양의 보강 철근을 사용함으로써 조건 A를 만족시킬 수 있다. 단일 앵커의 뽑힘강도와 전단을 받는 단일 앵커 또는 앵커 그룹의 프라이아웃 강도 결정에 있어서는 보조철근의 유무에 관계없이 모든 경우에 조건 B를 적용하여야 한다.

3. 인장하중을 받는 앵커의 강도

1) 인장을 받는 앵커의 강재강도

인장을 받는 단일앵커나 앵커그룹의 공칭강도 N_{sa}

$$N_{sa} = n A_{se} f_{uta} \qquad \text{여기서, } f_{uta} \text{는 } 1.9 f_{ya} \text{ 또는 860 MPa 중 작은 값 이하}$$

볼트의 기계적 성질

기계적 및 물리적 성질	등급		
	3.6	4.6	5.6
최소 인장강도, MPa	330	400	500
최소 항복강도, MPa	190	240	300
파단 연신율, %	25	22	20

앵커의 유효 단면적 A_{se} 는 $\qquad A_{se} = \dfrac{\pi}{4} \left(d_o - \dfrac{0.9743}{n_t} \right)^2$

여기서, n_t 는 단위 mm당 나사산 수

2) 인장을 받는 앵커의 콘크리트 파괴강도 N_{cb}, N_{cbg}

단일 앵커의 공칭콘크리트 파괴강도 N_{cb} 및 앵커 그룹의 공칭콘크리트 파괴강도 N_{cbg}

단일앵커 $\qquad N_{cb} = \dfrac{A_{Nc}}{A_{Nco}} \psi_{ed,N} \; \psi_{c,N} \; \psi_{cp,N} \; N_b$

앵커그룹 $\qquad N_{cbg} = \dfrac{A_{Nc}}{A_{Nco}} \psi_{ec,N} \; \psi_{ed,N} \; \psi_{c,N} \; \psi_{cp,N} \; N_b$

① 균열 콘크리트에서 인장을 받는 단일 앵커의 기본 콘크리트 파괴강도 N_b

$h_{ef} \leq 280^{mm} \qquad\qquad N_b = k_c \sqrt{f_{ck}} h_{ef}^{1.5}$ (선설치앵커 $k_c = 10$, 후설치앵커 $k_c = 7$)

$280^{mm} < h_{ef} < 635^{mm} \qquad N_b = 3.9 \sqrt{f_{ck}} h_{ef}^{5/3}$

실험 결과에 따르면 묻힘깊이(h_{ef})가 큰 경우, $N_b = k_c \sqrt{f_{ck}} h_{ef}^{1.5}$ 가 실제 강도를 과소평가하므로, 묻힘깊이가 280mm를 넘는 선설치 헤드스터드와 헤드볼트에 대하여 별도의 식을 사용한다. 또한 묻힘깊이가 635mm를 초과하는 앵커에 대한 실험 결과가 없기 때문에, 최대 묻힘깊이는 635mm로 제한된다.

② 콘크리트 파괴체 투영면적 A_{Nco}, A_{Nc}

앵커로부터 연단거리가 묻힘깊이의 1.5배($1.5h_{ef}$) 이상 떨어진 인장을 받는 단일 앵커의 콘크리트 파괴체를 그림과 같이 가정하면, 투영면적 A_{Nco}는 다음과 같다.

$$A_{Nco} = (2 \times 1.5h_{ef}) \times (2 \times 1.5h_{ef}) = 9h_{ef}^2$$

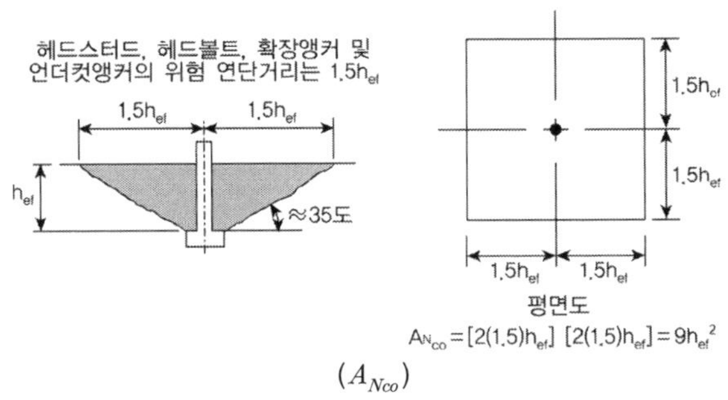

(A_{Nco})

단일 앵커 또는 앵커 그룹이 콘크리트 가장자리 또는 인접한 앵커에 의해 영향을 받는 경우의 투영면적 A_{Nc}은 아래 그림과 같이 산정한다.

- $c_{a1} < 1.5h_{ef}$ $A_{Nc} = (c_{a1} + 1.5h_{ef}) \times (2 \times 1.5h_{ef})$
- $c_{a1} < 1.5h_{ef},\ s_1 < 3h_{ef}$ $A_{Nc} = (c_{a1} + s_1 + 1.5h_{ef}) \times (2 \times 1.5h_{ef})$
- $c_{a1} < 1.5h_{ef},\ c_{a2} < 1.5h_{ef},\ s_1, s_2 < 3h_{ef}$ $A_{Nc} = (c_{a1} + s_1 + 1.5h_{ef}) \times (c_{a2} + s_2 + 1.5h_{ef})$
  단, $A_{Nc} \leq nA_{Nco}$

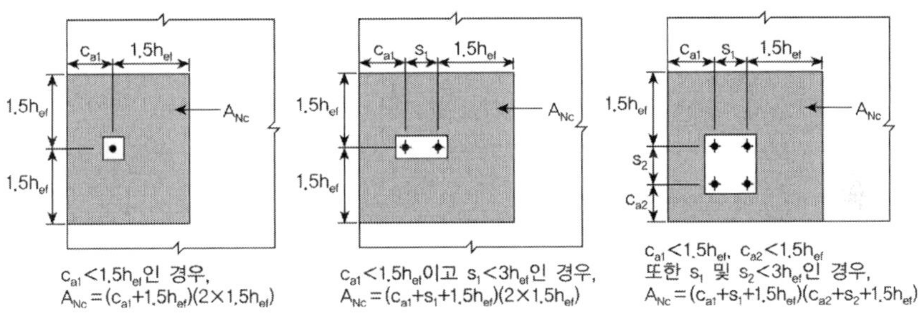

(단일 앵커와 앵커 그룹에서의 투영면적과 A_{Nc})

다수의 앵커, 앵커 간격, 연단 거리가 콘크리트 파괴강도에 미치는 영향은 A_{Nc}/A_{Nco}와 $\psi_{ed,N}$의 수정 계수를 통해 고려된다.

세 개 또는 네 개의 가장자리로부터 $1.5h_{ef}$보다 가까운 곳에 위치한 앵커에 대해 콘크리트 파괴강도를 계산할 경우 과도하게 보수적인 결과를 가져올 수 있으므로 h_{ef}의 값을 $c_{a,\max}/1.5$로 제한하여, A_{Nc}/A_{Nco}의 비율을 높일 수 있다.

즉 실제 h_{ef}보다 작은 값($h_{ef}{}'$)을 사용하여, A_{Nco}을 줄임으로써 강도를 과소평가하는 것을 막는 방법을 사용할 수 있다. 여기서 $c_{a,\max}$는 실제 $1.5h_{ef}$보다 작거나 같은 최대 연단거리이며, 세 개 또는 네 개의 가장자리로부터 $1.5h_{ef}$보다 가까운 곳에 위치한 앵커의 경우, h_{ef}값은 $c_{a,\max}/1.5$ 와 앵커 그룹의 경우 최대 앵커 간격의 1/3 중 큰 값으로 하여야 한다. 앵커 그룹의 경우 수정된 $h_{ef}(h_{ef}{}')$는 최대 앵커 간격의 1/3보다 작아서는 안 된다.

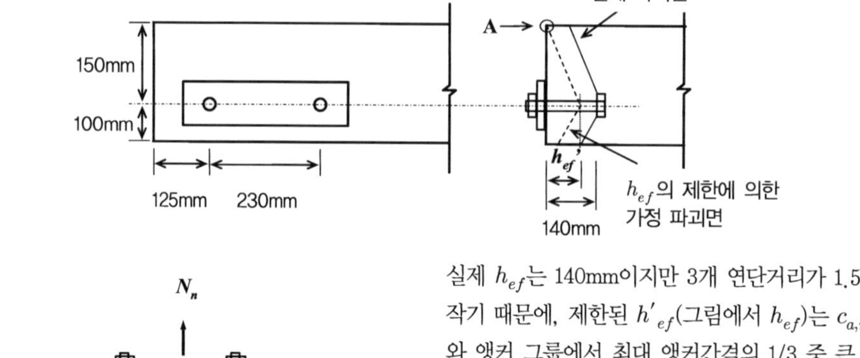

실제 h_{ef}는 140mm이지만 3개 연단거리가 $1.5h_{ef}$보다 작기 때문에, 제한된 h'_{ef}(그림에서 h_{ef})는 $c_{a,max}/1.5$ 와 앵커 그룹에서 최대 앵커간격의 1/3 중 큰 값이 된다. 즉, h'_{ef}=max[(150/1.5), (230/3)] = 100mm이다. A_{Nc} 계산을 포함하여 부록 식 (4.2)부터 (4.9)까지 h_{ef}는 100mm를 사용하여야 한다.

A_{Nc} = (150+100) (125+230+(1.5(100))) = 126,250mm^2. A점은 h_{ef}의 제한에 의한 가정 파괴면이 콘크리트 면과 만나는 점이다.

(폭이 좁은 콘크리트 부재에서 인장을 받는 앵커의 콘크리트 파괴면)

③ 편심이 작용하는 앵커 그룹에 대한 수정계수, $\psi_{ec,N}$

앵커 그룹에서 편심이 작용하는 경우 큰 하중이 작용되는 앵커에서 먼저 파괴가 발생될 수 있고, 따라서 앵커 그룹 전체의 강도가 감소된다. 편심에 대한 수정계수 $\psi_{ec,N}$는 다음과 같이 산정한다.

$$\psi_{ec,N} = \frac{1}{\left(1+\dfrac{2e'_N}{3h_{ef}}\right)} \leq 1.0$$

여기서, 일부의 앵커에만 인장이 가해지는 경우, e'_N과 N_{cbg}의 결정은 인장을 받는 앵커에 대해서만 고려한다.

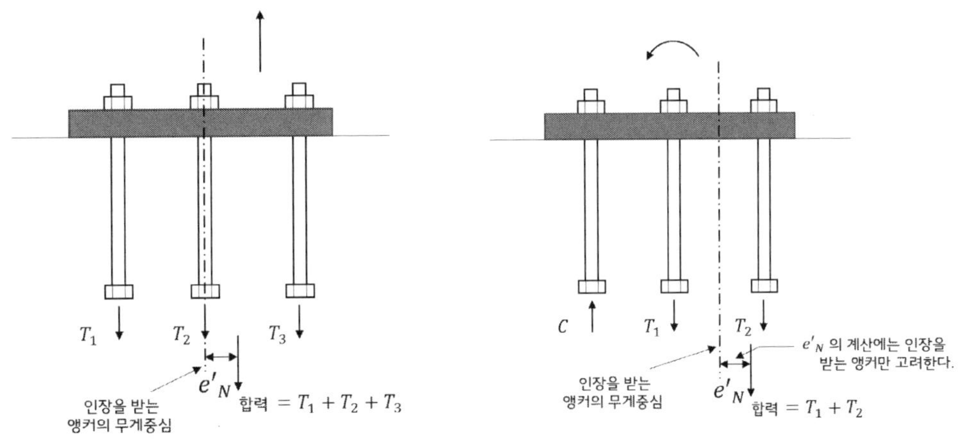

(a) 모든 앵커에 인장력 작용   (b) 앵커 그룹 중 일부 앵커에만 인장력 작용

(앵커 그룹에서 e'_N 의 정의)

두 축에 대하여 편심이 존재하는 경우 수정계수 $\psi_{ec,N}$ 은 각 축에 대하여 독립적으로 계산하고, 이 계수의 곱을 $\psi_{ec,N}$ 로 사용한다. 모든 앵커에 인장력이 작용하며 힘의 합력이 도심과 일치하지 않은 경우 e'_N 의 결정은 인장을 받는 앵커에 대해서만 고려한다.

④ 가장자리 영향에 관한 수정계수, $\psi_{ed,N}$

연단거리가 $1.5h_{ef}$ 보다 작은 경우, 콘크리트의 저항 성능이 저하되므로, 앵커의 하중 전달 능력은 더 감소된다. A_{Nc}/A_{Nco} 의 비는 콘크리트 저항 성능이 일정하다고 가정했을 때, 파괴체의 면적에 따른 앵커 강도의 감소를 반영한 것이므로, 자유단의 응력 교란을 고려하여 콘크리트 저항 성능 자체의 감소하는 경우 $\psi_{ed,N}$ 계수를 적용한다.

- $c_{a,\min} \geq 1.5h_{ef}$ $\psi_{ed,N} = 1$

- $c_{a,\min} < 1.5h_{ef}$ $\psi_{ed,N} = 0.7 + 0.3\dfrac{c_{a,\min}}{1.5h_{ef}}$

⑤ 균열에 대한 수정계수, $\psi_{c,N}$

앵커의 강도는 콘크리트의 균열 유무에 대하여 매우 민감하며 주어진 단일 앵커의 기본 콘크리트 파괴강도 N_b는 0.3mm 폭의 균열이 발생한 콘크리트에서의 강도이다. 사용하중 상태에서 균열이 발생되지 않는다면, 선설치앵커에서는 125%($\psi_{c,N} = 1.25$), 후설치앵커에서는 140%($\psi_{c,N} = 1.4$)로 강도를 증가시킬 수 있다.

사용하중하에서 균열이 발생하는 경우, $\psi_{c,N}$ 은 선설치앵커와 후설치앵커 모두 1.0을 적용한다.

⑥ 콘크리트 쪼갬파괴 방지를 위한 수정계수, $\psi_{cp,N}$

만약 쪼개짐을 제어하기 위해 보조철근이 사용될 경우 및 해석에 의해 사용하중 상태에서 균열이 발생되는 영역에 앵커가 사용될 경우에는, 수정계수 $\psi_{cp,N}$ 는 1.0을 사용하며, 비균열 콘크리트에 사용되는 후설치앵커에 보조철근을 사용하지 않는 경우

- $c_{a,\min} \geq c_{ac}$ $\qquad$ $\psi_{cp,N} = 1$

- $c_{a,\min} < c_{ac}$ $\qquad$ $\psi_{cp,N} = \dfrac{c_{a,\min}}{c_{ac}} > \dfrac{1.5h_{ef}}{c_{ac}}$

$\quad$ c_{ac}(언더컷앵커 $2.5h_{ef}$, 비틀림제어 앵커 $4h_{ef}$, 변위제어 앵커 $4h_{ef}$)

기본 콘크리트 파괴강도 N_b 는 최소 연단거리 $c_{a,\min}$ 가 $1.5h_{ef}$ 이상인 경우에 발현되며, 균열제어를 위한 보조철근이 사용되지 않은 많은 비틀림제어 확장앵커 및 변위제어 확장앵커 그리고 일부 언더컷앵커는, 기본 콘크리트 파괴강도가 발현되기 위해서 최소 연단거리 $1.5h_{ef}$ 이상을 요구하는 것으로 나타났다. 이러한 후설치앵커의 묻힌 단부에는 작용된 인장력에 의해 발생한 응력에 앵커 설치를 위한 응력이 더해져서 작용되므로 콘크리트 파괴강도에 도달하기 전에 쪼개짐 파괴가 발생할 수 있다. 최소 연단거리 $c_{a,\min}$ 이 위험 연단거리 c_{ac}(언더컷앵커 $2.5h_{ef}$, 비틀림제어 앵커 $4h_{ef}$, 변위제어 앵커 $4h_{ef}$ 이상)보다 작은 경우에, 이러한 쪼갬파괴를 고려하기 위해서 기본 콘크리트 파괴강도는 수정계수 $\psi_{cp,N}$ 를 이용해서 감소시켜야 한다. 선설치앵커를 포함한 모든 다른 경우에 $\psi_{cp,N}$ 는 1.0을 적용한다.

3) 인장을 받는 앵커의 뽑힘강도 N_{pn}

앵커의 지압면적이 작은 경우에는 콘크리트파괴를 유발시키기 전에 앵커 주변의 콘크리트가 지압파괴되면서 앵커가 뽑히게 되며 이때 인장을 받는 단일 앵커의 공칭뽑힘강도 N_{pn} 는

$$N_{pn} = \psi_{c,P}\, N_p$$

$\psi_{c,P}$: 균열 콘크리트 수정계수, 균열 발생(1.0), 균열 미발생(1.4)

N_p : 뽑힘강도

- 헤드볼트, 헤드 스터드 $\qquad$: $N_p = 8A_{brg}f_{ck}$
- 갈고리볼트 $\qquad$: $N_p = 0.9f_{ck}e_h d_o$ 단 $3d_o \leq e_h \leq 4.5d_o$
- 후설치 앵커 $\qquad$: 별도 시험법에 따라 뽑힘강도 산정

4) 인장을 받는 앵커의 콘크리트 측면파열강도

단일 앵커에 대해 콘크리트 공칭측면파열 강도 N_{sb}

$$N_{sb} = 13c_{a1} \sqrt{A_{brg}} \sqrt{f_{ck}} \qquad \text{(갈고리볼트는 해당사항 없음)}$$

묻힘깊이가 크고 가장자리 가까이 설치된($c_{a1} < 0.4h_{ef}$) 인장을 받는 앵커나 헤드철근은 정착판에서 큰 지압력이 작용되고, 이 지압력이 앵커의 축과 일치하지 않는 경우 앵커 축과 직각 방향으로 분력인 횡파열하중(Lateral bursting force)이 작용하게 된다. 또한 지압력이 인장재 축과 일치하는 경우에도 포아송 비에 의해 인장재 축의 직각 방향으로 횡파열하중이 작용하게 된다. 횡파열하중과 인장하중의 비(횡하중 비, α)는 정착판의 순지압면적, 인장력, 콘크리트 강도 등에 따라 변하게 되며 최대 0.25이다. 측면파열 파괴는 횡파열하중에 대해 측면으로 충분한 구속이 이루어지지 않은 경우 앵커 단부에서 측면 콘크리트 피복이 파열되는 현상이다.

측면파열에서 인접한 가장자리가 두 개인 경우 또는 앵커 간 간격이 가까운 경우 강도가 감소된다. 그러므로 두 개의 가장자리가 인접한 경우, 즉 c_{a2}가 $3c_{a1}$보다 작은 경우, N_{sb}에 $(1 + c_{a2}/c_{a1})/4$의 값을 곱해서 강도를 감소시켜야 한다(단, $1.0 \leq c_{a2}/c_{a1} \leq 3.0$).

인접 앵커 간 간격이 $6c_{a1}$보다 작은 앵커 그룹의 콘크리트 공칭측면파열강도 N_{sbg}는 단일앵커의 공칭측면파열 강도 N_{sb}를 다음과 같이 수정하여 적용한다.

$$N_{sbg} = \left(1 + \frac{s}{6c_{a1}}\right) N_{sb} \quad (s \text{ 는 앵커 그룹에서 가장자리를 따라 외곽으로 설치된 앵커의 간격})$$

4. 전단하중을 받는 앵커의 강도

1) 전단을 받는 앵커의 강재강도

전단을 받는 앵커의 파괴 형태 중에서 강재강도가 지배적인 경우, 앵커의 강재강도(V_{sa})는 앵커 재료의 성질과 치수에 근거하여 산정한다.

① 헤드스터드　$V_{sa} = n\, A_{se}\, f_{uta}$

② 헤드볼트와 갈고리볼트, 그리고 슬리브가 전단 파괴면까지 연장되어 있지 않은 후설치앵커
　　$V_{sa} = n\, 0.6\, A_{se}\, f_{uta}$

③ 슬리브가 전단 파괴면까지 연장되어 있는 후설치앵커 : $V_{sa} = n\, 0.6\, A_{se}\, f_{uta}$ 또는 별도 산정

여기서, f_{uta}는 $1.9f_{ya}$ 또는 860 MPa 중 작은 값 이하이며, 그라우트로 채워 높인 부위에 사용되는 앵커에 대하여는 공칭강도에 계수 0.80을 곱한다.

2) 전단을 받는 앵커의 콘크리트 파괴강도

전단을 받는 앵커의 파괴 형태 중에서 콘크리트파괴가 지배적인 경우, 전단강도 설계식은 전단에 의한 콘크리트의 원추형 파괴 각도를 약 35°로 가정하였다. c_{a1}은 앵커 샤프트 중심으로부터 콘

크리트 가장자리까지 전단력 방향 연단거리이다. 일반적으로 전단을 받는 앵커에서 가장 불리한 경우는 콘크리트 가장자리에 대하여 직각 방향으로 앵커에 작용하는 전단력이다. 그러나 가장자리에서 멀리 떨어져 있는 앵커에 대해서는 콘크리트파괴가 지배적이지 않으며, 앵커의 강재강도 또는 콘크리트 프라이아웃 강도 등에 의해 지배된다.

전단을 받는 단일 앵커의 공칭콘크리트 파괴강도 N_{cb} 및 앵커 그룹의 공칭콘크리트 파괴강도 N_{cbg}

- 단일앵커 $V_{cb} = \dfrac{A_{Vc}}{A_{Vco}} \psi_{ed,V} \psi_{c,V} \, V_b$

- 앵커그룹 $V_{cbg} = \dfrac{A_{Vc}}{A_{Vco}} \psi_{ec,V} \psi_{ed,V} \psi_{c,V} \, V_b$

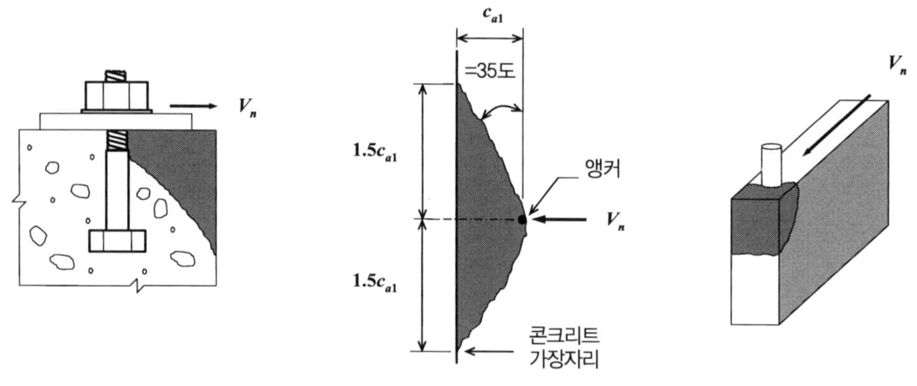

(전단에 의한 콘크리트 원추형 파괴)

이때 전단을 받는 콘크리트의 파괴강도는 모두 균열 콘크리트를 가정한 것이다. 따라서 단일 앵커의 공칭콘크리트 파괴강도(V_{cb})는 기본 콘크리트 파괴강도(V_b)에 콘크리트 파괴 모드에 따른 감소계수와 연단거리의 영향 및 콘크리트의 균열 유무에 관한 수정계수를 곱하여 결정하며 앵커 그룹의 공칭콘크리트 파괴강도(V_{cbg})는 기본 콘크리트 파괴강도에 파괴 모드에 따른 감소계수와 편심, 연단거리, 콘크리트의 균열 유무의 영향에 관한 수정계수를 곱하여 결정한다.

① 기본 콘크리트 파괴강도(V_b)

$$V_b = 0.6 \left(\frac{l_e}{d_o} \right)^{0.2} \sqrt{d_o} \ \sqrt{f_{ck}} \ (c_{a1})^{1.5}$$

여기서 $l_e \, (l_e \leq 8d_0)$는 전단에 대해 앵커가 지압을 받는 길이
- $l_e = h_{ef}$: 단면의 전체 묻힘깊이에 걸쳐 일정한 강성을 갖는 앵커로서 헤드스터드 및 전체 묻힘깊이에 걸쳐 단일 슬리브를 갖는 후설치앵커.

- $l_e = 2d_o$: 간격슬리브가 확장슬리브와 분리된 비틀림제어 확장앵커.

헤드스터드, 헤드볼트 또는 갈고리볼트가 10mm 이상 그리고 앵커 직경의 1/2에 해당하는 최소 두께를 갖는 강재 부속물에 연속 용접된 경우는 강성이 큰 용접으로 인해 앵커와 부속물 간 틈새를 갖는 경우보다 더 효과적으로 지지하므로 기본 콘크리트 파괴강도를 아래 식과 같이 증가시켜 적용할 수 있다. 이 식을 적용하기 위해서는 다음의 조건을 만족하여야만 한다.

$$V_b = 0.7 \left(\frac{l_e}{d_o}\right)^{0.2} \sqrt{d_o} \ \sqrt{f_{ck}} \ (c_{a1})^{1.5}$$

- 앵커 그룹의 강도는 가장자리로부터 가장 멀리 있는 앵커 열의 강도에 근거하여 결정된다.
- 앵커의 중심 간격(s)는 65mm 이상이어야 한다.
- $c_{a2} \leq 1.5h_{ef}$이면, 모서리에 보조철근을 사용한 추가 보강이 필요하다.

여기서, c_{a2}는 c_{a1}과 직각 방향의 앵커 샤프트 중심으로부터 콘크리트 가장자리까지의 거리

② 앵커파괴면의 투영면적 A_{Vco}

A_{Vco}는 전단력에 대한 직각 방향 연단거리가 $1.5c_{a1}$보다 큰 두꺼운 콘크리트 부재에 설치된 단일 앵커 파괴면의 투영 면적이다. 이 면적은 콘크리트 파괴면에서 가장자리와 평행한 측면 길이를 $3c_{a1}$, 깊이를 $1.5c_{a1}$으로 하는, 반으로 절단된 사각뿔 밑면의 면적과 같다.

$$A_{Vco} = 2(1.5c_{a1})(1.5c_{a1}) = 4.5c_{a1}^2$$

A_{Vc}는 단일 앵커 또는 앵커 그룹에 대하여 콘크리트 가장자리 면에 생기는 콘크리트 파괴면의 투영면적이다. 이 면적은 콘크리트 부재의 측면에 투영되는 반으로 절단된 사각뿔의 밑면으로 구할 수 있다. A_{Vc}는 nA_{Vco}를 초과할 수 없다.

구분	$h_a < 1.5c_{a1}$	$c_{a2} < 1.5c_{a1}$	$h_a < 1.5c_{a1},\ s_1 < 1.5c_{a1}$
단일앵커 A_{Vc}	$2(1.5c_{a1})h_a$	$1.5c_{a1}(1.5c_{a1}+c_{a2})$	$[2(1.5c_{a1})+s_1]h_a$
구분	$h_a < 1.5c_{a1}$		
앵커그룹 A_{Vc}	$2(1.5c_{a1})h_a$		

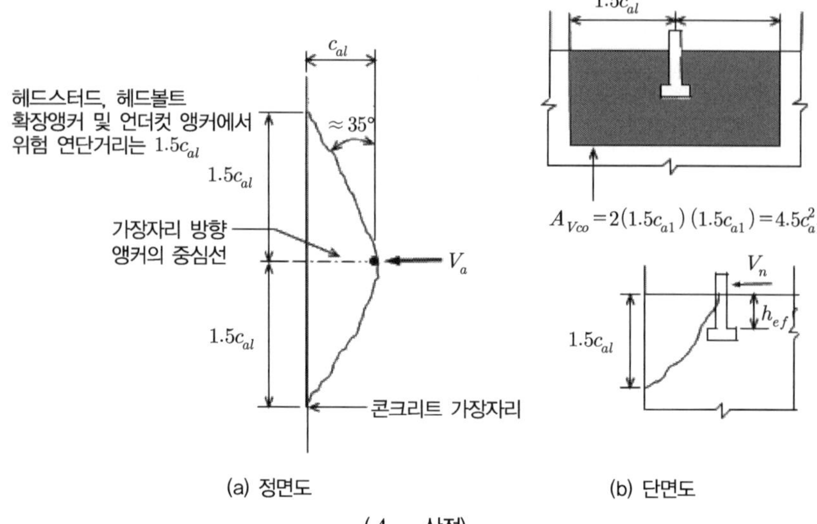

(A_{Vco} 산정)

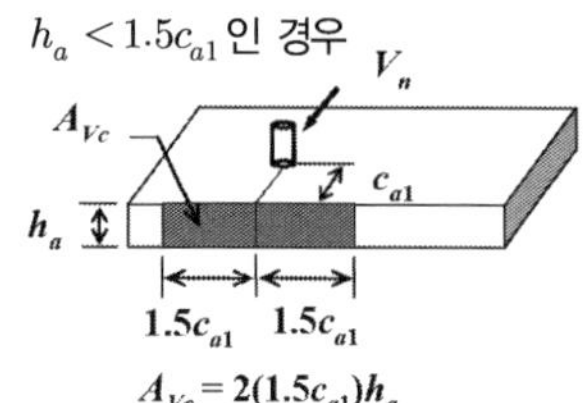

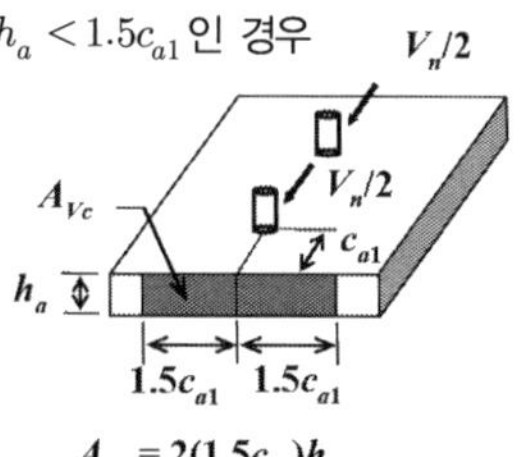

(주) 전단력의 반을 전면 앵커가 저항한다고 가정하는 경우,
전면 앵커가 가장 취약하고, 그림은 이 경우 파괴면의 투영면
적임.

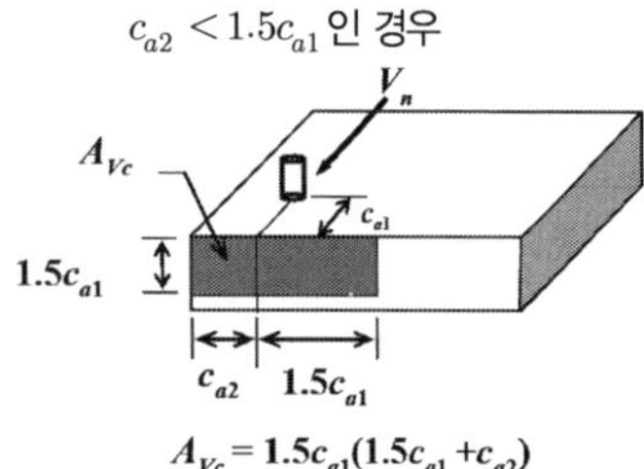

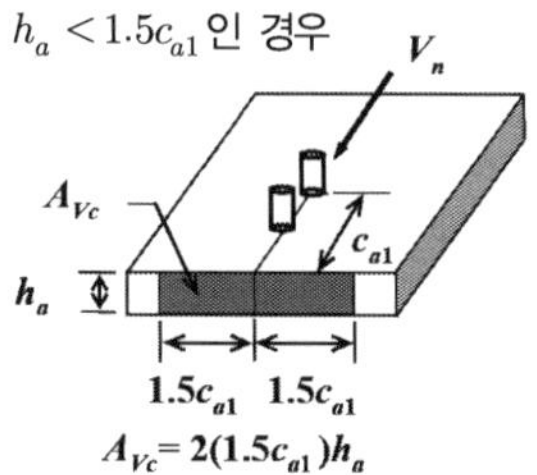

(주) 전단력을 모두 후면 앵커가 저항한다고 가정하는 경우의
투영면적. 앵커가 부속물에 의해 강접되어 있을 때만 적용함.

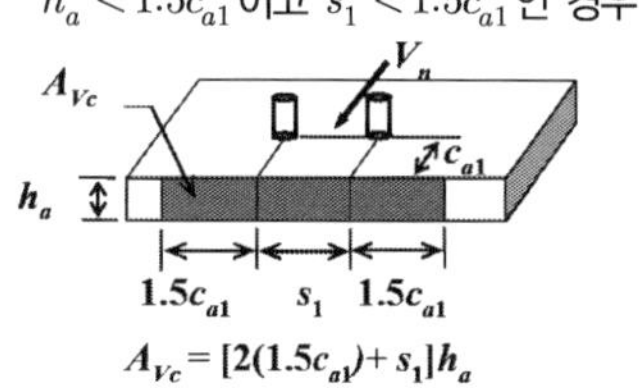

(단일 앵커 및 앵커 그룹의 투영면적과 A_{Vc} 산정)

③ 전단에 대한 편심을 받는 앵커 그룹에서 수정 계수 $\psi_{ec,V}$

$$\psi_{ec,V} = \frac{1}{\left(1 + \dfrac{2\,e'_V}{3\,c_{a1}}\right)} \leq 1$$

e'_V는 앵커 그룹에 작용하는 전단력의 편심이다.

편심에 의하여 일부 앵커에 더 많은 전단력이 가해지고 이에 따라서 이 앵커의 가장자리와 가까운 콘크리트를 쪼개려는 힘이 작용하게 된다. 앵커 그룹에서 일부 앵커만이 같은 방향으로 전단력을 받는 경우, e'_V와 V_{cbg} 계산에는 같은 방향으로 전단을 받는 앵커만을 고려하여야 한다.

④ 전단을 받는 단일 앵커 또는 앵커 그룹의 가장자리 효과에 대한 수정계수 $\psi_{ed,V}$

- $c_{a2} \geq 1.5\,c_{a1}$ $\psi_{ed,V} = 1.0$

- $c_{a2} < 1.5\,c_{a1}$ $\psi_{ed,V} = 0.7 + 0.3\,\dfrac{c_{a2}}{1.5\,c_{a1}}$

⑤ 균열에 대한 수정계수 $\psi_{c,V}$

전단을 받는 앵커 및 앵커 그룹의 콘크리트 파괴강도에 관한 식은 모두 균열 콘크리트를 가정한 것이다. 그러므로 부재의 사용하중 상태에서 콘크리트에 균열이 발생하지 않는다고 해석된 위치에 설치된 앵커에 대해서는 다음의 수정계수를 사용한다.

$$\psi_{c,V} = 1.4$$

사용하중 상태에서 해석상 균열이 발생하는 부분에 위치한 앵커에 대해서는 그 조건에 따라 다음 수정계수를 사용한다.

- $\psi_{c,V} = 1.0$: 보조철근이 없거나 D13 미만의 가장자리 보강근이 배근된 균열 콘크리트에 설치된 앵커
- $\psi_{c,V} = 1.2$: 앵커와 가장자리 사이에 D13 이상의 보조철근이 있는 균열 콘크리트에 설치된 앵커
- $\psi_{c,V} = 1.4$: 앵커와 가장자리 사이에 D13 이상의 보조철근이 있고, 이 보조철근이 100mm 이하 간격의 스터럽으로 둘러싸인 균열 콘크리트에 설치된 앵커

전단을 받는 앵커의 콘크리트 파괴강도는 전단력이 콘크리트 가장자리에 직각 방향으로 작용하는 것으로 가정하여 콘크리트파괴에 가장 취약한 경우를 가정한 것이다. 다음 그림과 같이 콘크리트 가장자리에 평행한 방향으로 작용하는 전단에 대한 단일 앵커 및 앵커 그룹의 콘크

리트 파괴강도는 그 값을 2배로 할 수 있다. 이때 전단력은 가장자리에 직각 방향으로 작용한다고 가정하고 $\psi_{cd,V}$ 는 1.0을 적용한다.

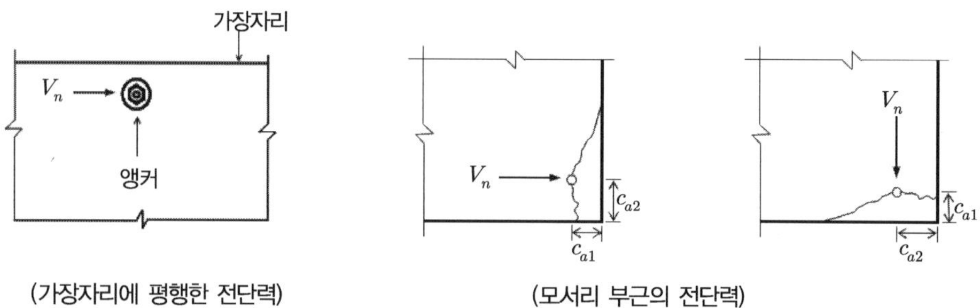

(가장자리에 평행한 전단력)　　　　　(모서리 부근의 전단력)

그림과 같이 모서리에서 가장자리에 평행하게 전단력이 작용하는 특별한 경우에는 모서리에 가까운 단일 앵커에서 가장자리에 평행한 전단력에 대한 규정에 더하여 가장자리에 직각 방향으로 작용되는 전단력에 대한 규정도 검토하여야 한다.

모서리에 위치한 앵커에 대한 공칭콘크리트 파괴강도는 각 가장자리에 대해 구해지는 값 중 최솟값을 사용하도록 제한된다. 모서리에 설치되어 각 가장자리 방향으로 전단력이 작용할 경우 앵커는 각 가장자리 방향의 분력에 대해 독립적으로 검토하는 것이 바람직하다.

세 개 이상의 가장자리에 의해 영향을 받는 앵커의 경우에는 c_{a1} 은 다음 세 가지 중 큰 값을 이하로 한다.

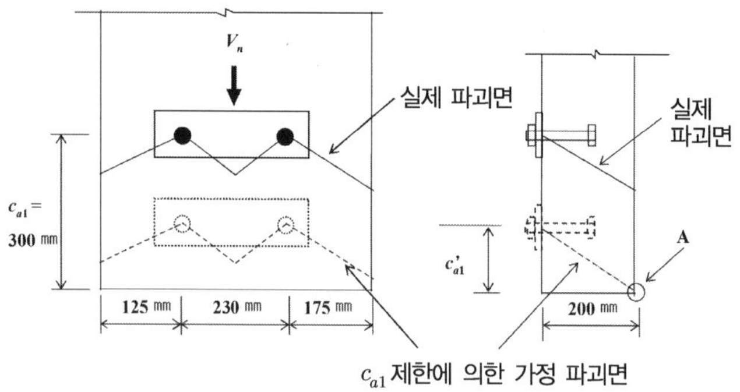

(c_{a1} 제한에 의한 가정 파괴면)

실제 c_{a1} 은 300mm이지만, 마주보는 두 가장자리의 연단거리 c_{a2} 와 부재 두께 h_a 가 $1.5 c_{a1}$ 보다 작기 때문에, c_{a1} (그림에서 c'_{a1})은 $c_{a2,max}/1.5$, $h_a/1.5$ 및 앵커 그룹에서 최대 앵커 간격의 1/3 중 큰 값이 된다. 즉,
c'_{a1} = max[(175/1.5), (200/1.5), (230/3)] = 135mm이다.
A_{Vc} 계산을 포함하여 식 (5.3)부터 (5.9)까지 c_{a1} 값으로 135mm를 사용하여야 한다.
A_{Vc} = (125+230+175) (1.5(135)) = 107,352mm^2
A점은 c_{a1} 의 제한에 의한 가정 파괴면이 콘크리트 면과 만나는 점이다.

(앵커가 세 개 이상의 가장자리에 영향을 받는 경우 전단)

$c_{a1} \leq \max[$적용 가능한 모든 방향에 대하여 $c_{a2}/1.5$, $h_a/1.5$, 앵커 그룹에서 앵커 최대 간격의 $1/3]$

여기서, h_a 는 앵커가 위치한 부재 두께

3) 전단을 받는 앵커의 콘크리트 프라이아웃강도

콘크리트 프라이아웃은 짧고 강성이 큰 앵커가 작용하는 전단력의 반대 방향으로 변위하면서 앵커의 후면 콘크리트를 박리시키는 경우로, 전단을 받는 앵커의 파괴 형태 중에서 콘크리트 프라이아웃강도가 지배적인 경우, 단일 앵커 또는 앵커 그룹의 공칭프라이아웃 강도 V_{cp}와 V_{cpg} 는 다음과 같다.

① 단일 앵커　　$V_{cp} = k_{cp}\, N_{cb}$

② 앵커 그룹　　$V_{cpg} = k_{cp}\, N_{cbg}$

　・$h_{ef} < 65$ mm　　　　　　　　　$k_{cp} = 1.0$

　・$h_{ef} \geq 65$ mm　　　　　　　　　$k_{cp} = 2.0$

5. 인장과 전단의 상호작용

인장과 전단을 동시에 받는 단일 앵커나 앵커 그룹은 다음의 요구조건을 만족시켜야 한다.

1) $V_{ua} \leq 0.2\phi V_n$ 인 경우, 전체 인장강도를 사용　　　　　$\phi N_n \geq N_{ua}$

2) $N_{ua} \leq 0.2\phi N_n$ 인 경우, 전체 전단강도를 사용　　　　　$\phi V_n \geq V_{ua}$

3) $V_{ua} > 0.2\phi V_n$ 이고 $N_{ua} > 0.2\phi N_n$ 인 경우　　$\dfrac{N_{ua}}{\phi N_n} + \dfrac{V_{ua}}{\phi V_n} \leq 1.2$

인장-전단 상관식　　$\left(\dfrac{N_{ua}}{N_n}\right)^{\zeta} + \left(\dfrac{V_{ua}}{V_n}\right)^{\zeta} \leq 1.0$　　　ζ는 1에서 2 사이의 값

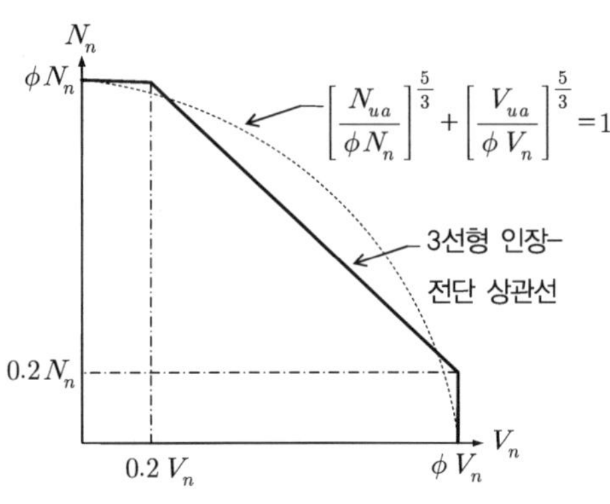

(인장과 전단의 상관식)

콘크리트 앵커설계

콘크리트 구조물에 설치되는 강재 앵커의 종류와 파괴모드에 대하여 설명하시오.

풀 이

▶ 개요

앵커볼트의 파괴는 앵커의 묻힘 부분과 연관된 강도(콘크리트 파괴) 등에 의해서 발생하는 파괴모드를 모두 고려하여야 한다. 강재 강도와 관계되는 파괴모드는 인장파괴와 전단파괴이나 의도적으로 연성강재요소가 강도를 지배하도록 한 경우를 제외하면 앵커의 묻힘요소와 관련되는 콘크리트 파괴가 주를 이룬다.

▶ 강재 앵커의 종류

콘크리트용 앵커는 콘크리트 타설 시 함께 설치하는 선설치 앵커(cast-in anchor)와 콘크리트가 굳은 후에 설치하는 후설치 앵커(post-installed anchor)로 대별된다. 후설치 앵커에는 기계적 앵커와 부착식 앵커로 구분되며, 통상 구조물에 사용되는 기계적 앵커(mechanical anchor)는 크게 콘크리트가 굳은 후에 구멍을 천공하고 앵커를 설치한 후에 앵커 단부를 확장시켜 앵커 단부와 콘크리트의 기계적 맞물림에 의한 앵커 성능을 발휘하는 확장 앵커(expansion anchor), 확장 앵커와 유사하지만 특수한 천공 기구를 사용하여 구멍 하부를 미리 크게 천공한 후 앵커를 설치하는 보다 신뢰성이 높은 언더컷 앵커(undercut anchor)가 주로 활용된다.

▶ 앵커의 파괴모드

앵커의 묻힘요소와 관계되는 파괴모드에는 콘크리트 파괴(Concrete Breakout), 앵커의 뽑힘(Pull-Out), 측면파열(Side-face blowout), 콘크리트프라이아웃(Concrete pryout), 쪼개짐(Splitting) 등이 있으며, 파괴모드를 앵커에 작용하는 하중상태에서 나타내면 다음과 같다.
① 인장하중에 의한 파괴모드 : 강재파괴, 뽑힘파괴, 콘크리트파괴, 콘크리트 측면파괴, 쪼개짐
② 전단하중에 의한 파괴모드 : 강재파괴, 프라이아웃, 콘크리트 파괴

앵커의 강도에 대한 안전을 확보하기 위해 필요한 강도감소계수(ϕ)는 앵커에 작용하는 하중조건, 앵커의 파괴모드, 시공상태, 앵커의 종류 등 다양한 영향인자를 고려하여 결정한다. 대부분의 앵커강재가 뚜렷한 항복점을 나타내지 않기 때문에 철근 콘크리트 부재의 설계에 사용되는 강재의 항복강도(f_{ya})보다는 극한강도(f_{uta})를 적용하는 것을 기본으로 한다.

▶ 콘크리트 구조물 강재 앵커의 설계방법

1) 강도설계법에 따른 콘크리트 앵커볼트의 강도감소계수

강도설계법에 따라 콘크리트 앵커볼트를 설계할 때에는 다음의 강도감소계수를 적용토록 규정하고 있다.

강재요소의 강도에 의해 지배되는 앵커의 강도감소계수

하중 종류	연성강재요소	취성강재요소
인장하중	0.75	0.65
전단하중	0.65	0.60

앵커의 경우 인장보다는 전단에 대해 작은 강도감소계수를 적용하는데 이는 기본적인 재료 차이를 반영한 것이 아니라 앵커 그룹의 연결부에서 전단이 불균일하게 분포될 가능성을 고려한 것이다.

콘크리트파괴, 측면파열, 앵커 뽑힘 또는 프라이아웃에 의해 지배되는 앵커의 강도감소계수

조건			조건 A(1)	조건 B(2)
i) 전단하중			0.75	0.70
ii) 인장 하중	선설치 헤드스터드, 헤드볼트, 또는 갈고리볼트		0.75	0.70
	별도 시험에 의해 각 범주에 속하는 후설치 앵커	범주 1(낮은 설치 민감도와 높은 신뢰성)	0.75	0.65
		범주 2(중간 설치 민감도와 중간 신뢰성)	0.65	0.55
		범주 3(높은 설치 민감도와 낮은 신뢰성)	0.55	0.45

(1) 조건 A는 구조 부재 내에서 콘크리트의 잠재적인 프리즘 형태의 파괴를 구속하기 위하여 설치한 보조철근이 파괴면과 교차될 때 적용 가능하다.
(2) 조건 B는 이와 같은 보조철근이 없거나 뽑힘강도 또는 프라이아웃 강도가 지배적일 때 적용한다.

2) 강도설계법에 따른 앵커의 강도 산정

① 인장하중을 받는 앵커의 강재파괴 강도 : $N_{sa} = nA_{se}f_{uta}f_{uta} \leq \max[1.9f_{ya},\ 860\ \text{MPa}]$

② 인장하중을 받는 앵커의 콘크리트 파괴 강도

$$\text{단일앵커} \quad N_{cb} = \frac{A_{Nc}}{A_{Nco}}\psi_{ed,N}\ \psi_{c,N}\ \psi_{cp,N}\ N_b$$

$$\text{앵커그룹} \quad N_{cbg} = \frac{A_{Nc}}{A_{Nco}}\psi_{ec,N}\ \psi_{ed,N}\ \psi_{c,N}\ \psi_{cp,N}\ N_b$$

③ 인장하중을 받는 앵커의 뽑힘파괴 강도 : $N_{pn} = \psi_{c,P}N_p$

④ 인장하중을 받는 앵커의 측면파열 강도 : $N_{sb} = 13c_{a1}\sqrt{A_{brg}}\ \sqrt{f_{ck}}$ (갈고리볼트는 해당 없음)

⑤ 전단하중을 받는 앵커의 강재파괴 강도 : $V_{sa} = n\,A_{se}\,f_{uta}$(stud), $V_{sa} = n\,0.6\,A_{se}\,f_{uta}$(bolt)

⑥ 전단하중을 받는 앵커의 콘크리트 파괴 강도 :

단일앵커 $\quad V_{cb} = \dfrac{A_{Vc}}{A_{Vco}}\psi_{ed,V}\psi_{c,V}\,V_b$

단일앵커 $\quad V_{cbg} = \dfrac{A_{Vc}}{A_{Vco}}\psi_{ec,V}\psi_{ed,V}\psi_{c,V}\,V_b$

⑦ 전단하중을 받는 앵커의 프라이아웃 강도 :

$\quad V_{cp} = k_{cp}\,N_{cb}\quad V_{cpg} = k_{cp}\,N_{cbg}\quad h_{ef} < 65\text{ mm}(k_{cp}=1.0),\, h_{ef} \geq 65\text{ mm}(k_{cp}=2.0)$

⑧ 인장과 전단을 동시에 받을 경우

   1) $V_{ua} \leq 0.2\phi V_n$ 인 경우, 전체 인장강도를 사용 $\quad \phi N_n \geq N_{ua}$

   2) $N_{ua} \leq 0.2\phi N_n$ 인 경우, 전체 전단강도를 사용 $\quad \phi V_n \geq V_{ua}$

   3) $V_{ua} > 0.2\phi V_n$ 이고 $N_{ua} > 0.2\phi N_n$ 인 경우 $\quad \dfrac{N_{ua}}{\phi N_n} + \dfrac{V_{ua}}{\phi V_n} \leq 1.2$

   인장–전단 상관식 $\left(\dfrac{N_{ua}}{N_n}\right)^{\zeta} + \left(\dfrac{V_{ua}}{V_n}\right)^{\zeta} \leq 1.0 \qquad \zeta$는 1에서 2 사이의 값

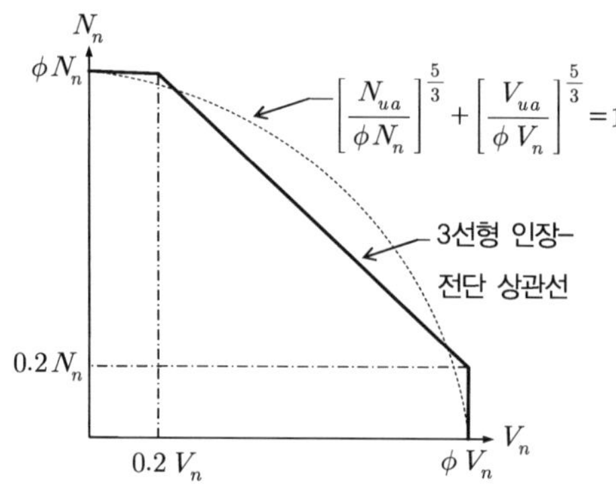

앵커 파괴

철근과 콘크리트의 부착파괴 시 뽑힘파괴와 쪼갬파괴의 파괴양상 및 특성에 대하여 설명하시오.

풀 이

▶ 개요

철근 콘크리트는 콘크리트를 철근으로 보강해서 두 이질적 재료가 완전합성거동하여 극한하중에 도달할 때까지 부재가 박락되지 않는다는 가정을 전제로 하는 부재다. 기본적으로 철근 콘크리트의 성립 이유는 철근과 콘크리트 사이의 부착강도가 크고, 콘크리트에 매입되는 철근은 녹슬지 않으며, 콘크리트와 철근의 열팽창계수가 거의 유사하다는 전제조건에서 유효하다. 그러나 지진하중과 같은 반복하중이나 철근의 부식 등의 문제로 인해서 콘크리트 탈락과 함께 부착이 약해지면서 부착강도가 저감될 수 있고 이로 인해서 휨파괴 이전에 재료의 분리로 인한 부착파괴가 발생할 수 있다.

▶ 뽑힘파괴와 쪼갬파괴의 파괴양상 및 특성

1) 뽑힘파괴(Pull-out failure)

부착된 철근이 콘크리트로부터 뽑혀 나오는 파괴형태로 보통 철근의 끝 부분이나 고정된 앵커에서 나타난다. 콘크리트 내부에서 압축력과 전단력이 작용하며 철근과 콘크리트 사이의 결합이 뽑히는 양상으로 파괴가 나타난다. 이때 발생하는 인장응력이 철근의 인장강도를 초과하면 뽑힘파괴가 발생한다.

① 콘크리트가 결합을 유지하지 못하고 철근이 뽑혀 나오며 파괴면이 대부분 수직으로 형성되고 철근의 표면에 흔적이 남을 수 있다.

② 철근의 인장강도와 콘크리트의 압축강도에 영향을 받는다.

2) 쪼갬파괴(Splitting failure)

쪼갬파괴는 부착된 철근 주의의 콘크리트가 갈라지거나 파쇄되는 형태의 파괴로 일반적으로 철근 주변에 하중이 집중되어 강한 인장응력이 작용할 때 발생한다. 이때 콘크리트의 압축강도를 초과하여 파괴가 발생하며 콘크리트가 불균일하게 갈라지는 특징을 가진다. 통상적으로 부착파괴는 철근을 따라서 콘크리트에 쪼갬파괴(할렬파괴)로 일어나며 이러한 할렬은 이형철근의 리브가 콘크리트에 대하여 쐐기 작용을 하기 때문이다.

① 철근 주변의 콘크리트가 갈라지거나 파쇄되며 파괴면은 대각선을 형성해 콘크리트가 갈라지는 형상을 보인다.

② 철근 주변의 콘크리트가 부착되어 파괴 부분이 불균일하게 발생될 수 있다.

콘크리트 앵커 설계

콘크리트 앵커의 종류, 작용하중에 의해 발생할 수 있는 파괴모드 및 작용하중(강도)별 설계원칙
에 대하여 설명하시오.

풀 이

▶ 개요

앵커볼트의 파괴는 앵커의 묻힘 부분과 연관된 강도(콘크리트 파괴) 등에 의해서 발생하는 파괴모
드를 모두 고려하여야 한다. 강재강도와 관계되는 파괴모드는 인장파괴와 전단파괴이나 의도적으
로 연성강재요소가 강도를 지배하도록 한 경우를 제외하면 앵커의 묻힘요소와 관련되는 콘크리트 파
괴가 주를 이룬다. 앵커의 묻힘요소와 관계되는 파괴모드에는 콘크리트 파괴(Concrete Breakout),
앵커의 뽑힘(Pull-Out), 측면파열(Side-face blowout), 콘크리트프라이아웃(Concrete pryout), 쪼
개짐(Splitting) 등이 있다.

▶ 앵커의 종류

콘크리트용 앵커는 콘크리트 타설 시 함께 설치하는 선설치 앵커(cast-in anchor)와 콘크리트가
굳은 후에 설치하는 후설치 앵커(post-installed anchor)로 대별된다. 후설치 앵커에는 기계적 앵
커와 부착식 앵커로 구분되며, 통상 구조물에 사용되는 기계적 앵커(mechanical anchor)는 크게
콘크리트가 굳은 후에 구멍을 천공하고 앵커를 설치한 후에 앵커 단부를 확장시켜 앵커 단부와
콘크리트의 기계적 맞물림에 의한 앵커 성능을 발휘하는 확장 앵커(expansion anchor), 확장 앵
커와 유사하지만 특수한 천공 기구를 사용하여 구멍 하부를 미리 크게 천공한 후 앵커를 설치하
는 보다 신뢰성이 높은 언더컷 앵커(undercut anchor)가 주로 활용된다.

▶ 앵커의 파괴모드와 설계원칙

1) 앵커의 파괴모드

파괴모드를 앵커에 작용하는 하중상태에서 나타내면,
　① 인장하중에 의한 파괴모드 : 강재파괴, 뽑힘파괴, 콘크리트 파괴, 콘크리트 측면파괴, 쪼개짐
　② 전단하중에 의한 파괴모드 : 강재파괴, 프라이아웃, 콘크리트 파괴

2) 앵커의 설계원칙

KDS 14 20 54(콘크리트용 앵커 설계기준, 2021)는 선설치앵커(헤드볼트, 헤드스터드, 갈고리볼

트)와 후설치앵커(비틀림제어 확장앵커, 변위제어 확장앵커, 언더컷앵커, 부착식 앵커)에 적용되며, 부착식 앵커는 재령 21일 이상 콘크리트에 설치되어야 한다. 특수 삽입물, 관통 볼트, 다수 앵커의 묻힌 단부 쪽에 한 개의 강판에 연결된 앵커, 그라우트 앵커 그리고 화약이나 압축 공기에 의하여 직접 앵커링되는 못 또는 볼트 등은 포함하지 않는다. 매설물의 일부로 사용되는 철근도 별도 규정에 따라 설계하여야 한다. 이 기준에서 계산 용도로 사용하는 콘크리트 설계기준압축강도 f_{ck}는 선설치 앵커의 경우 70MPa, 후설치 앵커의 경우 55MPa을 초과할 수 없다. 후설치 앵커를 사용할 때 콘크리트 설계기준압축강도가 55MPa을 초과하는 경우 시험으로 검증하여야 한다.

① 인장을 받는 앵커의 강재강도 : 앵커 강재의 인장강도가 계수하중보다 커야 한다. 강재의 파괴에 의해 결정되는 앵커의 공칭인장강도 N_{sa}는 앵커의 재질과 앵커의 치수를 근거로 계산하여야 하며 앵커의 공칭강도 N_{sa}는 다음 값 이하로 한다.

$$N_{sa} = A_{se,N} f_{uta}$$

여기서, $A_{se,N}$는 인장에 대한 단일 앵커의 유효단면적이며, f_{uta}는 $1.9 f_{ya}$ 또는 $860\,\mathrm{MPa}$ 중 작은 값 이하이어야 한다.

② 인장을 받는 앵커의 콘크리트 브레이크아웃 강도 : 계수하중이 파괴 각도가 약 35도인 콘크리트 파괴 단면이 발휘하는 강도보다 작도록 설계한다. 계수 하중이 콘크리트 파괴강도보다 클 경우 앵커 철근 보강을 통해 저항하도록 설계한다. 이때 인장력을 받는 단일 앵커 또는 앵커 그룹의 공칭콘크리트 브레이크아웃 강도 N_{cb} 또는 N_{cbg}는 다음 값 이하이어야 한다.

(1) 단일 앵커 $\qquad N_{cb} = \dfrac{A_{Nc}}{A_{Nco}} \psi_{ed,N}\, \psi_{c,N}\, \psi_{cp,N}\, N_b$

(2) 앵커 그룹 $\qquad N_{cbg} = \dfrac{A_{Nc}}{A_{Nco}} \psi_{ec,N}\, \psi_{ed,N}\, \psi_{c,N}\, \psi_{cp,N}\, N_b$

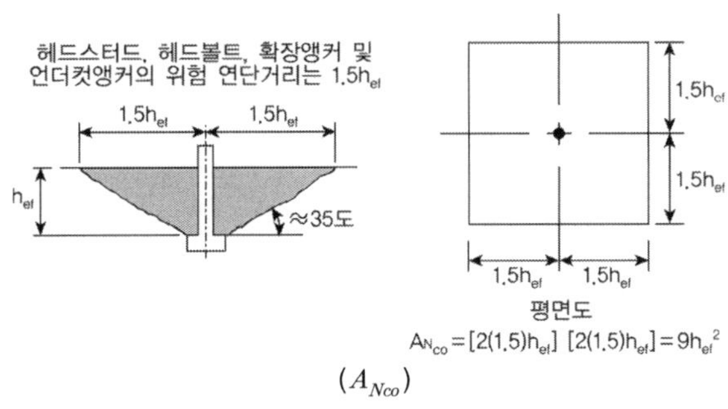

(A_{Nco})

③ 인장을 받는 선설치 앵커, 후설치확장 앵커, 언더컷앵커의 뽑힘강도 : 인장력을 받는 단일 선

설치 앵커, 후설치 확장앵커 및 언더컷앵커의 공칭뽑힘강도 N_{pn}은 다음 값 이하이어야 한다.

$$N_{pn} = \psi_{c,P}\, N_p$$

여기서, $N_p = 8A_{brg}f_{ck}$ (단일 헤드 스터드 또는 헤드볼트), $N_p = 0.9f_{ck}e_h d_a$ (단일 갈고리볼트), 후설치 앵커의 N_p는 별도 시험법에 따라 산정, $\psi_{c,P}$는 균열이 없는 단일 앵커 1.4, 균열이 발생될 경우 1.0

④ 인장을 받는 헤드앵커의 콘크리트 측면 파열강도 : 앵커 묻힘 깊이가 깊고 가장자리에 인접해 연단거리가 짧은 앵커의 경우 정착판에 큰 지압력이 작용되고 앵커 축과 지압력이 일치하지 않을 경우 횡파열하중이 작용해 헤드 주변 콘크리트 측면 파괴가 먼저 발생하므로 계수하중이 측면 파열강도보다 작도록 검토한다.

(1) 묻힘깊이가 깊고 가장자리에 인접해 $h_{ef} \geq 2.5c_{a1}$로 설치된 단일 헤드앵커에 대한 공칭측면파열강도 N_{sb}는 다음 값 이하이어야 한다.

$$N_{sb} = \left(13c_{a1}\sqrt{A_{brg}}\right)\lambda_a \sqrt{f_{ck}}$$

(2) 묻힘깊이가 크고 $h_{ef} \geq 2.5c_{a1}$로 가장자리에 인접해 있으면서 앵커 간격이 $6c_{a1}$보다 작은 값을 가지는 앵커 그룹의 공칭측면파열강도 N_{sbg}는 다음값 이하이어야 한다.

$$N_{sbg} = \left(1 + \frac{s}{6c_{a1}}\right)N_{sb}$$

⑤ 인장을 받는 부착식 앵커의 부착강도 : 인장력을 받는 단일 부착식 앵커의 공칭부착강도 N_a 또는 부착식 앵커 그룹의 공칭부착강도 N_{ag}는 다음 값을 초과할 수 없다.

(1) 단일 부착식 앵커 $\qquad N_a = \dfrac{A_{Na}}{A_{Nao}} \psi_{ed,Na}\psi_{cp,Na}N_{ba}$

(2) 부착식 앵커 그룹 $\qquad N_{ag} = \dfrac{A_{Na}}{A_{Nao}} \psi_{ec,Na}\psi_{ed,Na}\psi_{cp,Na}N_{ba}$

⑥ 전단을 받는 앵커의 강재강도 : 강재에 의해 지배될 때, 전단력을 받는 앵커의 공칭강도 V_{sa}는 앵커의 재료적 특성과 치수에 근거하여 계산하여야 한다. 콘크리트 브레이크아웃 파괴가 예상되는 경우, 앵커에 요구되는 전단강도는 콘크리트 브레이크아웃 파괴에서 가정된 하중 분배를 고려하여 산정하여야 한다. 전단력을 받는 앵커의 공칭강도 V_{sa}는 다음에 규정된 값 이하이어야 한다.

(1) 선설치 헤드스터드 $\qquad V_{sa} = A_{se,V}f_{uta}$

(2) 선설치 헤드볼트, 갈고리볼트, 슬리브가 전단 파괴면까지 연장되어 있지 않은 후설치 앵커

$$V_{sa} = 0.6\,A_{se,V}\,f_{uta}$$

⑦ 전단을 받는 앵커의 콘크리트 브레이크아웃 강도 : 단일 앵커 또는 앵커 그룹의 전단력에 대한 공칭콘크리트 브레이크아웃강도 V_{cb} 또는 V_{cbg} 는 다음 값 이하이어야 한다.

(1) 단일 앵커에서 가장자리에 직각방향으로 작용하는 전단력

$$V_{cb} = \frac{A_{Vc}}{A_{Vco}}\,\psi_{ed,V}\,\psi_{c,V}\,\psi_{h,V}\,V_b$$

(2) 앵커 그룹에서 가장자리에 직각방향으로 작용하는 전단력

$$V_{cbg} = \frac{A_{Vc}}{A_{Vco}}\,\psi_{ec,V}\,\psi_{ed,V}\,\psi_{c,V}\,\psi_{h,V}\,V_b$$

⑧ 전단을 받는 앵커의 콘크리트 프라이아웃 강도 : 짧고 강성이 큰 앵커의 경우 수평방향 변위와 회전으로 인해 앵커 후면의 콘크리트 파괴가 발생한다. 프라이아웃 강도는 인장에 대한 콘크리트 저항력의 1~2배 정도로 전단력과 비교하여 프라이아웃 파괴 여부를 확인한다. 공칭콘크리트프라이아웃 강도 V_{cp} 와 V_{cpg} 는 다음의 값 이하이어야 한다.

(1) 단일 앵커 $\qquad\qquad\qquad V_{cp} = k_{cp}\,N_{cp}$

(2) 앵커 그룹 $\qquad\qquad\qquad V_{cpg} = k_{cp}\,N_{cpg}$

프라이아웃

전단하중을 받는 앵커의 파괴모드 중 프라이아웃(pryout)의 개념도를 그리고 설명하시오.

풀 이

▶ 개요

앵커볼트의 파괴 형태는 강재의 파괴뿐만 아니라 앵커의 묻힘 부분과 연관된 콘크리트 파괴에 대해서도 고려하도록 하고 있다. 강재강도와 관계되는 파괴모드는 인장파괴와 전단파괴이나 의도적으로 연성강재요소가 강도를 지배하도록 한 경우를 제외하면 앵커의 묻힘요소와 관련되는 콘크리트 파괴가 주를 이룬다. 앵커의 묻힘요소와 관계되는 파괴모드에는 콘크리트 파괴(Concrete Breakout), 앵커의 뽑힘(Pull-Out), 측면파열(Side-face blowout), 콘크리트 프라이아웃(Concrete pryout), 쪼개짐(Splitting) 등이 있다.

▶ 콘크리트의 프라이아웃(Concrete pryout)

전단하중을 받는 앵커의 파괴모드는 강재가 파괴되거나 콘크리트가 지압력에 의해 떨어져 나가는 프라이아웃, 단부 등이 파괴되는 콘크리트 파괴의 형태로 구분된다.

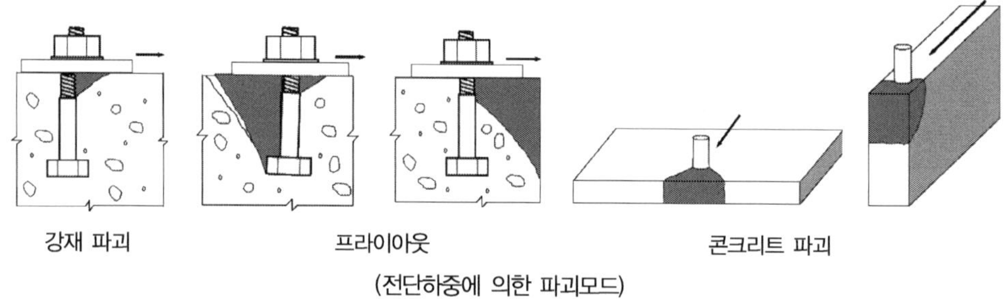

(전단하중에 의한 파괴모드)

1) 프라이아웃의 개념도

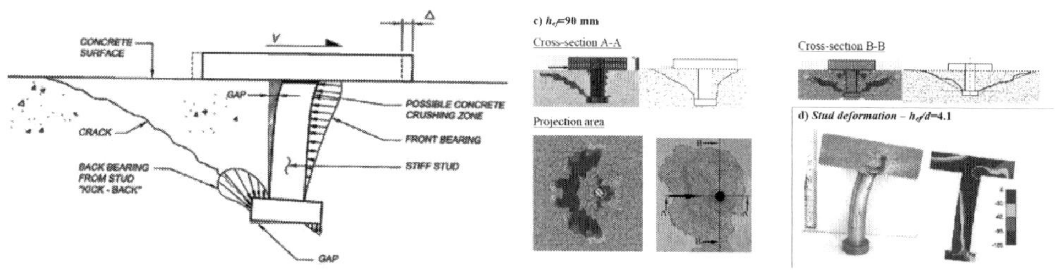

(단일 앵커의 프라이아웃 파괴 개념도)　　(단일 앵커의 프라이아웃 파괴 패턴(FEM과 실험 비교))

앵커가 극한의 전단하중을 받을 때 변위가 발생하게 되고 이로 인해 전단하중을 받는 전면부의 콘크리트에 지압에 저항하는 응력이 발생된다. 또한 앵커의 강성으로 인해 회전하는 지면 하단의 하중방향과 반대 측에 들뜸에 저항하는 응력(kick-back)이 발생되며 이로 인해 하중이 작용하는 주 응력방향으로 콘크리트 두께가 얇아 균열과 함께 콘크리트가 터져 떨어져 나가는 프라이아웃 파괴가 발생된다.

2) 프라이아웃을 고려한 설계강도

콘크리트 프라이아웃은 짧고 강성이 큰 앵커가 작용하는 전단력의 반대 방향으로 변위하면서 앵커의 후면 콘크리트를 박리시키는 경우로, 콘크리트 구조기준에서는 전단을 받는 앵커의 파괴 형태 중에서 콘크리트 프라이아웃 강도가 지배적인 경우 단일 앵커 또는 앵커 그룹의 공칭 프라이아웃 강도 V_{cp}와 V_{cpg}를 다음과 같이 고려하도록 하고 있다.

① 단일 앵커 $V_{cp} = k_{cp} N_{cb}$
② 앵커 그룹 $V_{cpg} = k_{cp} N_{cbg}$
　· $h_{ef} < 65$ mm　　　　$k_{cp} = 1.0$
　· $h_{ef} \geq 65$ mm　　　　$k_{cp} = 2.0$

확장앵커

확장앵커(Expansion Anchor)

풀 이

▶ 개요

콘크리트용 앵커는 콘크리트 타설 시 함께 설치하는 선설치 앵커(cast-in anchor)와 콘크리트가 굳은 후에 설치하는 후설치 앵커(post-installed anchor)로 대별된다.

대표적인 선설치 앵커는 콘크리트와 강재 밑판 연결에 흔히 사용되는 헤드볼트, L형 갈고리볼트, J형 갈고리볼트 및 헤드스터드며, 후설치 앵커인 기계적 앵커(mechanical anchor)는 콘크리트가 굳은 후에 구멍을 천공하고 앵커를 설치한 후에 앵커 단부를 확장시켜 앵커 단부와 콘크리트의 기계적 맞물림에 의한 앵커 성능을 발휘하는 확장앵커(expansion anchor)와 확장앵커와 유사하지만 특수한 천공 기구를 사용하여 구멍 하부를 미리 크게 천공한 후 앵커를 설치하는 보다 신뢰성이 높은 언더컷 앵커(undercut anchor)로 구분된다.

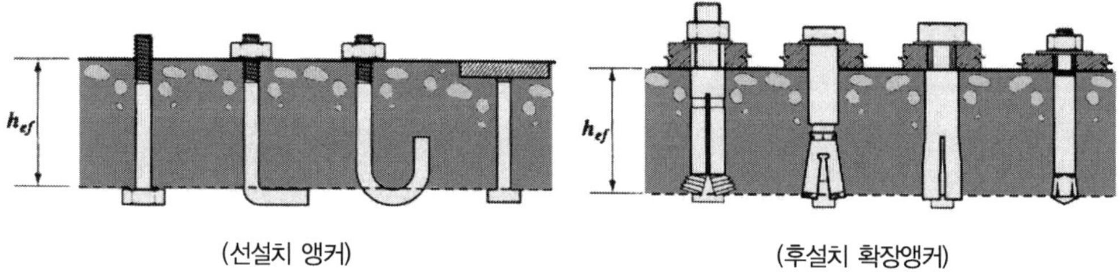

(선설치 앵커)   (후설치 확장앵커)

▶ 콘크리트 앵커의 설계

2012년 콘크리트 구조기준 부록 콘크리트 앵커설계편에서 콘크리트 설계에 대한 내용을 언급하고 있으며, 이 앵커설계법은 1995년 발표된 CCD 방법(Concrete Capacity Design Method)에 근간을 둔 것이다.

CCD 방법은 인장을 받는 단일 앵커에 대한 원추형 파괴면의 수평 투영 면적을 그림과 같이 원형에서 정사각형으로 치환해 서로 인접하게 하여 파괴면이 중복되는 다수 앵커의 성능을 효과적으로 예측할 수 있도록 고안되었고, 인장과 전단 및 인장-전단 상관관계가 고려되어 있으며, 파괴역학에 근거하여 크기효과를 포함한 설계식의 계수를 제시한 것이다. 또한 콘크리트의 균열 여부 및 콘크리트 파괴면을 구속하는 보조 철근의 영향에 대한 수정계수도 제시되어 있다.

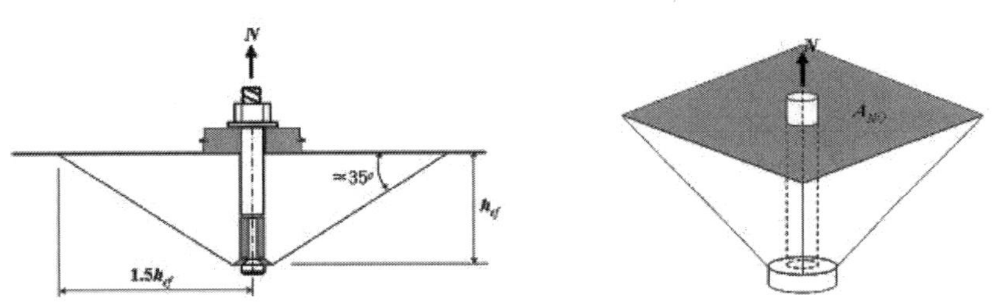

(CCD방법에서 가정된 인장을 받는 앵커의 콘크리트 파괴체 형상)

2012년 콘크리트 구조기준 앵커 설계법은 강도 설계법에 따르므로 인장, 전단, 인장 및 전단의 조합에 대한 앵커(단일 앵커)와 앵커 그룹(서로 인접한 다수의 앵커)의 설계 강도는 콘크리트구조설계기준의 적용 가능한 하중조합에 의해 결정되는 최대 소요강도 이상이 되도록 설계하여야 한다. 앵커 설계법은 지진하중을 받는 콘크리트 구조물의 소성힌지 구간의 설계에 적용하지 않으며, 중진 또는 강진 지역에 있거나, 중진 또는 강진에 저항하는 성능 또는 설계 범주에 포함되는 구조물에 후설치 앵커를 사용하기 위해서는 모의 지진 실험을 통과하여야 한다.

기타 지진하중이 포함된 경우에는 추가 요구사항을 만족하여야 한다.

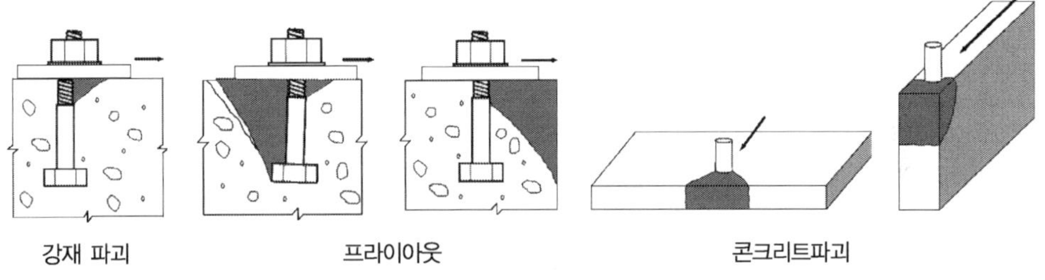

(a) 인장하중에 의한 파괴모드

(b) 전단하중에 의한 파괴모드

▶ 후설치 앵커의 설계법

후설치 앵커의 경우 콘크리트용 앵커 자체에 대한 별도의 시험방법을 필요로 하는데, 이 부분은 구조설계기준 제정 시 반영되지 않았으므로 앞으로도 콘크리트용 앵커에 대한 지속적인 보완이 필요하다.

앵커볼트

후설치 앵커볼트의 종류 및 문제점

풀 이

▶ 개요

콘크리트용 앵커는 콘크리트 타설 시 함께 설치하는 선설치 앵커(cast-in anchor)와 콘크리트가 굳은 후에 설치하는 후설치 앵커(post-installed anchor)로 대별된다.

후설치 앵커에는 기계적 앵커와 부착식 앵커로 구분되며, 통상 구조물에 사용되는 기계적 앵커 (mechanical anchor)는 크게 콘크리트가 굳은 후에 구멍을 천공하고 앵커를 설치한 후에 앵커 단부를 확장시켜 앵커 단부와 콘크리트의 기계적 맞물림에 의한 앵커 성능을 발휘하는 확장 앵커 (expansion anchor), 확장 앵커와 유사하지만 특수한 천공 기구를 사용하여 구멍 하부를 미리 크게 천공한 후 앵커를 설치하는 보다 신뢰성이 높은 언더컷 앵커(undercut anchor)가 주로 활용된다.

▶ 후설치 앵커의 종류

1) 비틀림제어 확장앵커(Torque controlled expansion anchor)

앵커를 콘크리트 구멍 안에서 확장시켜 지지시키는 앵커로 쐐기 확장앵커와 슬리브 확장앵커가 있다. 앵커 머리 부분의 6각 볼트 또는 너트를 토크 렌치로 돌리면 콘크리트에 설치된 앵커의 몸 체가 외부 방향으로 이동하게 되는데 이때 앵커의 웨지가 확장되는 타입이 쐐기 확장앵커이다. 슬리브 확장앵커는 간격슬리브가 이동하여 확장슬리브를 모재인 콘크리트에 확장시킴으로써 지 지력을 발휘하게 되는데 이 부분에서 마찰력과 걸림력이 동시에 작용한다. 슬리브 확장앵커는 주 로 고하중용으로 많이 사용된다.

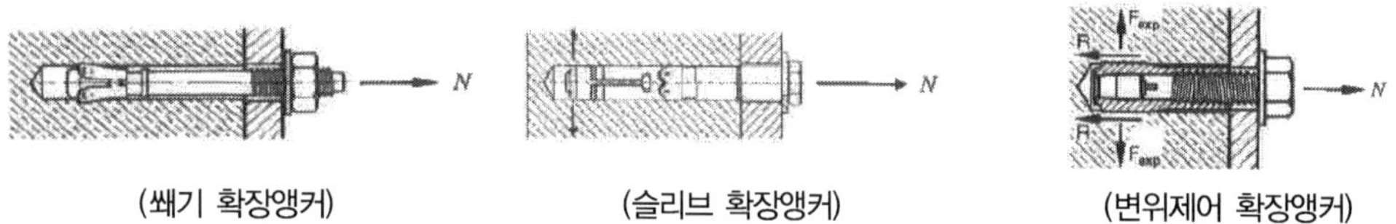

| (쐐기 확장앵커) | (슬리브 확장앵커) | (변위제어 확장앵커) |

2) 변위제어 확장앵커(Displacement controlled expansion anchor)

변위제어 확장앵커는 간격슬리브가 앵커 단부 방향으로 이동하면서 확장슬리브를 콘크리트에 학 장시키는 앵커로 마찰력 R에 의해 모재 안으로 인발 하중 N이 전달된다. 확장력 F_{exp} 는 마찰력 을 발생시키는 데 필요하다.

3) 언더컷 앵커(Undercut anchor)

언더컷 앵커는 원추형의 콘크리트 구멍 안에 앵커가 정착되도록 설계된 점에서 슬리브 확장앵커
와 차이가 있다. 구멍의 단부에서 관을 확장시켜 콘크리트 구멍이 경사진 면에 대해 직접 지지되
도록 고안된 것으로 균일한 지지력(R) 안에서 인반력(N)이 유지된다. 이는 측면 방향의 확장에 의
존하는 확장앵커와는 달리 콘크리트면에 직접 지지되는 형태의 정착 구조를 가지고 있다.

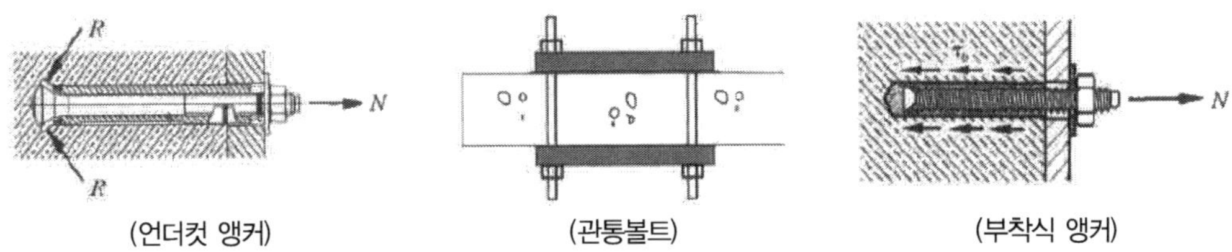

(언더컷 앵커) (관통볼트) (부착식 앵커)

4) 관통볼트(Through bolt)

콘크리트 또는 콘크리트 블록 재료에 부속물을 고정시키기 위하여 사용한다. 드릴로 슬래브나 벽
체를 관통하도록 구멍을 뚫고 볼트를 설치한 후 와셔나 지압판(Bearing plate)을 끼우고 너트를
사용하여 고정시킨다. 콘크리트나 콘크리트 블록 표면에 대한 너트 및 지압판의 지지력에 의하여
하중을 전달한다.

5) 부착식 앵커

굳은 콘크리트에 구멍을 뚫고 금속재 앵커 요소를 삽입하고 접착제를 채워 앵커와 굳은 콘크리트
를 일체화시킨 앵커이다. 접착제의 부착력에 의해 앵커에 작용하는 인장 및 전단력을 콘크리트
구조체로 전달한다. 접착제는 유기성 폴리머 화합물, 무기성 시멘트 모르타르 또는 유기성과 무
기성 화합물의 조합으로 형성된다. 유기성 접착제에는 에폭시뿐만 아니라 폴리우레탄, 폴리에스
테르, 메틸 메사클리레이트, 비닐 에스테르 등도 포함된다.

▶ 후설치 앵커의 문제점

매립형 앵커(선설치 앵커)의 경우 앵커볼트 자체의 항복이나 절단에 의해 파괴가 발생하는 데 비
해, 후 설치 앵커는 콘크리트의 파괴가 주된 파괴 유형이기 때문에 설계 시에 앵커간 간격과 모서
리 거리 등의 많은 제약조건이 발생한다. 또한 기둥이나 보처럼 앵커 설치할 공간이 협소할 경우
설치가 제한될 수 있으며, 앵커당 부담할 수 있는 내력이 유사하더라도 타공 등으로 인해 경제성
이 낮고 설치시에 정밀한 시공이 요구된다는 점에서 콘크리트 타설 전에 매립형으로 시공하는 것
이 구조적으로 바람직하다.

콘크리트앵커 강도설계 · 허용응력설계

현행 콘크리트용 앵커의 강도설계법과 허용응력설계법을 비교하여 설명하시오.

풀 이

▶ 개요

구분	허용응력설계법	강도설계법
기본 가정	가. 변형률 및 응력은 중립축에 비례 나. 콘크리트 탄성계수는 정수 다. 콘크리트의 휨 인장강도는 무시	가. 평형조건과 적합조건을 만족 나. 철근 및 콘크리트의 변형률은 중립축에 비례 다. 콘크리트의 압축변형률은 0.003으로 가정 라. 철근 응력은 항복강도 이하에서는 변형률의 E_s 배로 하지만 항복강도 이상에서는 항복강도와 같다고 가정. 선형탄성-완전소성으로 가정 마. 콘크리트 인장강도는 휨계산에서 무시 바. 콘크리트의 압축응력 분포는 직사각형, 사다리꼴, 포물선 또는 어떤 형상으로든지 가정할 수 있으나 적절한 시험에 의해 알아낼 수 있는 것으로 한다. 사. 압축응력의 분포는 등가직사각형 응력분포로 생각해도 좋다. 즉 콘크리트 압축응력이 $0.85 f_{ck}$로 일정하고 응력이 압축연단에서 $a = \beta_1 c$까지 등분포하다고 가정한다.
설계 개념	가. 하중 : Service Load를 사용 나. 강도 : 허용응력 개념 다. 안전율 : Ultimate Strength / Allowable Strength ≈ 2.5, 획일적인 안전율	가. 하중 : Factored Load 사용 　※ 하중계수 : 설계와 시공 시의 단면치수의 변동, 사용 중에 추가되는 초과 고정하중, 예기치 못한 초과 활하중, 차량의 대형화·중량화에 따른 활하중의 증가 등의 영향을 반영한 계수 나. 설계강도 = 강도감소계수 × 공칭강도 　※ 강도감소계수 : 재료품질의 변동, 구조 및 부재의 중요도, 설계 계산시의 불확실량, 실단면 치수와 제작시공 기술 등에 관련된 다소 불리한 오차들이 개별적으로는 허용 한계 내에 있더라도 총체적으로 결합 시 강도 감소를 초래할 수 있으므로 이에 대비한 1보다 작은 안전계수
특징	가. 설계가 간편하다. 나. 안전성에 검토기준을 둔다. 다. 부재 강도를 알기 어렵다. 라. 파괴에 대한 안전율을 일정하게 하기 어렵다. 마. 서로 성질이 다른 하중의 영향을 반영 어렵다.	가. 파괴에 대한 안전도 확보가 확실하다. 나. 하중계수로 하중의 특성을 설계에 반영한다. 다. 서로 다른 재료의 특성을 설계에 합리적 반영 라. 사용성 확보를 위해 별도의 검토가 필요하다.

현행 콘크리트 구조설계기준(2007)에서 콘크리트용 앵커의 설계는 부록편에 수록되어 있어 강도설계법과 허용응력설계법을 적용할 수 있도록 하고 있다.

허용응력설계법은 구조체를 탄성체로 보고 탄성이론에 의해 구한 응력이 각각 그 허용응력을 넘지 않도록 하는 설계법으로 재료와 단면성질, 사용하중 등에 대해 충분한 여유를 두고 결정되며 일반적으로 항복점 응력을 적당한 안전율로 나눈 값을 최대 허용응력으로 결정한다.

반면 강도설계법은 구조체의 극한강도상태를 기초로 비탄성거동 및 재료 간의 Joint Action을 고려하여 설계하는 방법이다.

▶ 콘크리트용 앵커의 설계법

콘크리트용 앵커의 설계에서는 강도설계법과 허용응력설계법의 방법은 하중조합방법의 차이로 구별하여 적용토록 하고 있다. 일반적으로 콘크리트용 앵커의 설계 시에는 앵커볼트의 파괴를 고려하여 적용토록 하고 있다.

▶ 콘크리트용 앵커 볼트의 파괴 형태

앵커볼트의 파괴는 앵커의 묻힘 부분과 연관된 강도(콘크리트 파괴) 등에 의해서 발생하는 파괴모드를 모두 고려하여야 한다.

강재강도와 관계되는 파괴모드는 인장파괴와 전단파괴이나 의도적으로 연성강재요소가 강도를 지배하도록 한 경우를 제외하면 앵커의 묻힘요소와 관련되는 콘크리트 파괴가 주를 이룬다. 앵커의 묻힘요소와 관계되는 파괴모드에는 콘크리트 파괴(Concrete Breakout), 앵커의 뽑힘(Pull-Out), 측면파열(Side-face blowout), 콘크리트프라이아웃(Concrete pryout), 쪼개짐(Splitting) 등이 있다.

파괴모드를 앵커에 작용하는 하중상태에서 나타내면,

인장하중에 의한 파괴모드 : 강재 파괴, 뽑힘파괴, 콘크리트 파괴, 콘크리트 측면파괴, 쪼개짐

전단하중에 의한 파괴모드 : 강재 파괴, 프라이아웃, 콘크리트 파괴

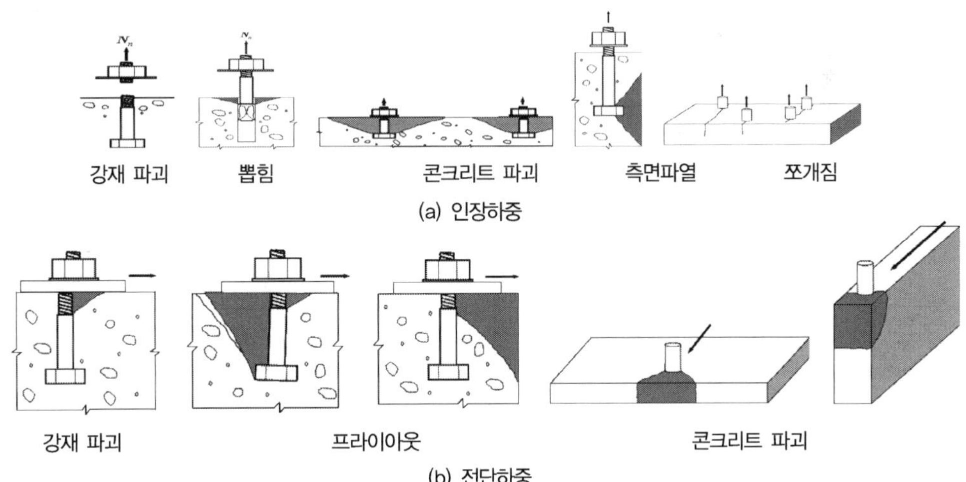

앵커의 강도에 대한 안전을 확보하기 위해 필요한 강도감소계수(ϕ)는 앵커에 작용하는 하중조건, 앵커의 파괴모드, 시공상태, 앵커의 종류 등 다양한 영향인자를 고려하여 결정한다. 대부분의 앵커강재가 뚜렷한 항복점을 나타내지 않기 때문에 철근 콘크리트 부재의 설계에 사용되는 강재의 항복강도(f_{ya})보다는 극한강도(f_{uta})를 적용하는 것을 기본으로 한다.

▶ 강도설계법에 따른 콘크리트 앵커볼트의 강도감소계수

강도설계법에 따라 콘크리트 앵커볼트를 설계할 때에는 다음의 강도감소계수를 적용토록 규정하고 있다.

강재요소의 강도에 의해 지배되는 앵커의 강도감소계수

하중 종류	연성강재요소	취성강재요소
인장하중	0.75	0.65
전단하중	0.65	0.60

앵커의 경우 인장보다는 전단에 대해 작은 강도감소계수를 적용하는데 이는 기본적인 재료 차이를 반영한 것이 아니라 앵커 그룹의 연결부에서 전단이 불균일하게 분포될 가능성을 고려한 것이다.

콘크리트파괴, 측면파열, 앵커 뽑힘 또는 프라이이웃에 의해 지배되는 앵커의 강도감소계수

조건			조건 A[1]	조건 B[2]
i) 전단하중			0.75	0.70
ii) 인장 하중	선설치 헤드스터드, 헤드볼트, 또는 갈고리볼트		0.75	0.70
	별도 시험에 의해 각 범주에 속하는 후설치 앵커	범주 1(낮은 설치 민감도와 높은 신뢰성)	0.75	0.65
		범주 2(중간 설치 민감도와 중간 신뢰성)	0.65	0.55
		범주 3(높은 설치 민감도와 낮은 신뢰성)	0.55	0.45

(1) 조건 A는 구조 부재 내에서 콘크리트의 잠재적인 프리즘 형태의 파괴를 구속하기 위하여 설치한 보조철근이 파괴면과 교차될 때 적용 가능하다.
(2) 조건 B는 이와 같은 보조철근이 없거나 뽑힘강도 또는 프라이아웃 강도가 지배적일 때 적용한다.

취성적인 콘크리트 파괴(Concrete breakout)나 측면파열(Side-face blowout)에 의해 지배되는 앵커의 경우에는 프리즘 모양의 잠재적인 파괴 영역을 구속할 수 있는 보조철근이 구조 부재 내에 사용되었는지 여부에 따라 각각 다른 강도감소계수를 적용한다. 만약 잠재적인 파괴 영역을 구속할 수 있는 보조철근이 구조 부재 내에 배치되어 있다면(조건 A) 보조철근이 없는 경우(조건 B)보다 더 연성적인 파괴 거동을 보이게 된다. 따라서 조건 A에서의 강도감소계수가 조건 B의 강도감소계수보다 크다. 자유단 쪽으로 전단을 받는 선설치앵커의 보조철근은 머리핀 모양의 보강철근을 사용함으로써 조건 A를 만족시킬 수 있다. 단일 앵커의 뽑힘강도와 전단을 받는 단일 앵

커 또는 앵커 그룹의 프라이아웃 강도 결정에 있어서는 보조철근의 유무에 관계없이 모든 경우에 조건 B를 적용하여야 한다.

▶ 허용응력설계법에 따른 콘크리트 앵커볼트의 강도감소계수

허용응력설계법에 따라 콘크리트 앵커볼트를 설계할 때에는 다음의 강도감소계수를 적용토록 규정하고 있다.

강재요소의 강도에 의해 지배되는 앵커의 강도감소계수

하중 종류	연성강재요소	취성강재요소
인장하중	0.80	0.70
전단하중	0.75	0.65

콘크리트파괴, 측면파열, 앵커 뽑힘 또는 프라이아웃에 의해 지배되는 앵커의 강도감소계수

조건			조건 A[1]	조건 B[2]
i) 전단하중			0.85	0.75
ii) 인장 하중	선설치 헤드스터드, 헤드볼트, 또는 갈고리볼트		0.85	0.75
	별도 시험에 의해 각 범주에 속하는 후설치 앵커	범주 1(낮은 설치 민감도와 높은 신뢰성)	0.85	0.75
		범주 2(중간 설치 민감도와 중간 신뢰성)	0.75	0.65
		범주 3(높은 설치 민감도와 낮은 신뢰성)	0.65	0.55

(1) 조건 A는 구조 부재 내에서 콘크리트의 잠재적인 프리즘 형태의 파괴를 구속하기 위하여 설치한 보조철근이 파괴면과 교차될 때 적용 가능하다.
(2) 조건 B는 이와 같은 보조철근이 없거나 뽑힘강도 또는 프라이아웃 강도가 지배적일 때 적용한다.

콘크리트앵커, 단일 갈고리볼트 안전성 평가

다음 그림과 같은 가장자리의 영향을 받지 않는 단일 갈고리볼트가 설치되어 있는 경우에 45kN 의 계수 인장하중이 작용할 때 안전성을 확보할 수 있는 수평매입길이(e_h)를 구하시오(단, 볼트의 인장강도(=400MPa), 콘크리트의 설계기준강도(=30MPa), 갈고리볼트 단면적(A_{se}=384mm²) 그리고 사용 시 앵커가 설치된 기초판에 균열이 발생하고 콘크리트 파괴를 구속하기 위한 별도의 보조철근은 배근하지 않는다고 가정한다. 또한 연성 강재요소를 적용한다).

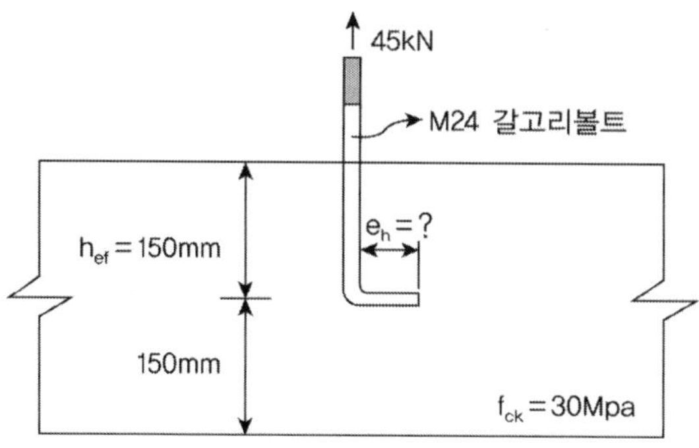

▶ 소요강도

$$N_{ua} = 45kN$$

▶ 설계강도 ≥ 소요강도

$\phi N_n \geq N_{ua}$: 여기서 ϕN_n 은 인장을 받는 앵커의 파괴모드에서 산정된 가장 작은 설계강도

▶ 앵커의 강재강도

$\phi N_{sa} \geq N_{ua}$: 콘크리트 구조설계기준 3.3.2에 따라 하중계수를 사용할 경우 연성강재 요소의 인장에 대한 강도감소계수는 $\phi = 0.75$

$$N_{sa} = nA_{se}f_{uta}$$

$n = 1$: 단일앵커, $A_{se} = 384mm^2$, f_{uta}(인장강도) = 400MPa

$$\phi N_{sa} = 0.75 \times 384 \times 400 = 115.2kN > N_{ua} \qquad O.K$$

▶ 콘크리트의 파괴강도

$\phi N_{cb} \geq N_{ua}$: 콘크리트파괴를 구속하기 위한 별도의 보조철근을 배근하지 않는 경우 강도감소
계수는 $\phi = 0.70$

$$N_{cb} = \frac{A_{Nc}}{A_{Nco}} \times \psi_{ed.N} \times \psi_{e.N} \times \psi_{cp.N} \times N_b$$

여기서 $\dfrac{A_{Nc}}{A_{Nco}} = 1.0$ 가장자리의 영향을 받지 않음

$\psi_{ed.N} = 1.0$ 가장자리의 영향을 받지 않음

$\psi_{e.N} = 1.0$ 사용하중 상태에서 콘크리트에 균열 발생

$\psi_{cp.N} = 1.0$ 선설치앵커

$N_b = k_c \sqrt{f_{ck}}\, h_{ef}^{1.5}$ (선설치앵커 $k_c = 10$, 후설치앵커 $k_c = 7.0$)

$\quad = 10 \times \sqrt{30} \times 150^{1.5}/1000 = 116.2 kN$

$\therefore \phi N_{cb} = 0.70 \times 1.0 \times 1.0 \times 1.0 \times 1.0 \times 116.2 = 81.3 kN > N_{ua}$ O.K

▶ 앵커의 뽑힘강도

$\phi N_{pn} \geq N_{ua}$ 여기서 강도 감소계수는 $\phi = 0.70$

$N_{pn} = \psi_{c.P} N_P$

여기서 $\psi_{c.P} = 1.0$ 사용하중상태에서 콘크리트에 균열 발생

$N_P = 0.9 f_{ck} e_h d_a = 0.9 \times 30 \times e_h \times 24/1000$ 단, $3d_a \leq e_h \leq 4.5 d_a$

$\therefore 0.7 \times 0.648 e_h \geq 45$

$e_h \geq 99.2063 mm\,(3 \times 24 (=72mm) \leq e_h \leq 4.5 \times 24 (=108mm)$

$\therefore 100mm \leq e_h \leq 108mm$ Use $e_h = 108mm$

▶ 콘크리트 측면 파열강도 Check

갈고리볼트는 콘크리트 측면 파열파괴에 대해 고려할 필요가 없다.

▶ 콘크리트 쪼갬파괴 Check

선설치 갈고리볼트에 대해서는 검토할 필요가 없다.

앵커볼트 안전성 평가

가장자리의 영향을 받지 않는 단일 갈고리앵커볼트가 그림과 같이 설치(콘크리트 타설 전 설치)
되어 있다. 상향 인장력 30kN 작용 시 콘크리트 파괴를 구속하기 위한 별도의 보조철근은 배근하
지 않아 기초판에 균열이 발생하였다. 이때 갈고리앵커볼트의 안전성을 콘크리트구조기준(2012)
에 따라 검토하시오.

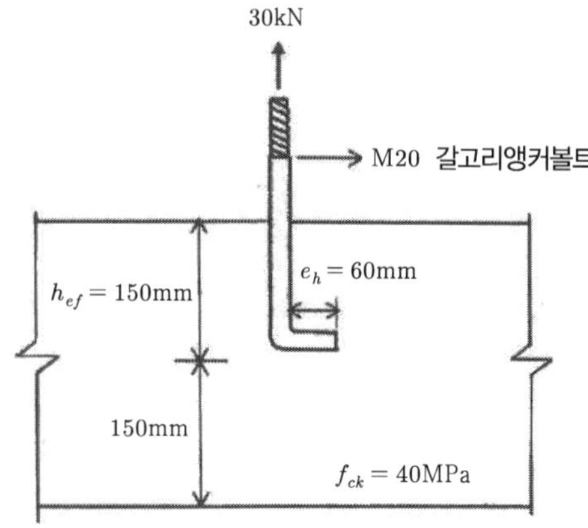

〈가정 조건〉
갈고리앵커볼트(M20)는 연성강재이며,
단면적 A_{se} =245mm², 인장강도 f_{uta} =400MPa
갈고리앵커볼트에 작용하는 계수인장강도
(콘크리트구조기준적용) : 30kN
콘크리트의 설계기준 압축강도 : 40MPa

풀 이

▶ 소요강도

$$N_{ua} = 30kN$$

▶ 설계강도 ≥ 소요강도

$\phi N_n \geq N_{ua}$: 여기서 ϕN_n 은 인장을 받는 앵커의 파괴모드에서 산정된 가장 작은 설계강도

▶ 앵커의 강재강도

$\phi N_{sa} \geq N_{ua}$: 하중계수를 사용할 경우 연성강재 요소의 인장에 대한 강도감소계수는 $\phi = 0.75$

$$N_{sa} = nA_{se}f_{uta}$$

$n = 1$: 단일앵커, $A_{se} = 245mm^2$, f_{uta}(인장강도) = 400MPa

$$\phi N_{sa} = 0.75 \times 245 \times 400 = 73.5kN > N_{ua} = 30kN \quad O.K$$

▶ 콘크리트의 파괴강도

$\phi N_{cb} \geq N_{ua}$: 콘크리트파괴를 구속하기 위한 별도의 보조철근을 배근하지 않는 경우 강도감소 계수는 $\phi = 0.70$

$$N_{cb} = \frac{A_{Nc}}{A_{Nco}} \times \psi_{ed.N} \times \psi_{e.N} \times \psi_{cp.N} \times N_b$$

여기서 $\dfrac{A_{Nc}}{A_{Nco}} = 1.0$ 가장자리의 영향을 받지 않음

$\psi_{ed.N} = 1.0$ 가장자리의 영향을 받지 않음

$\psi_{e.N} = 1.0$ 사용하중 상태에서 콘크리트에 균열 발생

$\psi_{cp.N} = 1.0$ 선설치앵커

$N_b = k_c \sqrt{f_{ck}} \, h_{ef}^{1.5}$ (선설치앵커 $k_c = 10$, 후설치앵커 $k_c = 7.0$)

$ = 10 \times \sqrt{40} \times 150^{1.5}/1000 = 116.2 kN$

$\therefore \ \phi N_{cb} = 0.70 \times 1.0 \times 1.0 \times 1.0 \times 1.0 \times 116.2 = 81.3 kN > N_{ua}$ O.K

▶ 앵커의 뽑힘강도

$\phi N_{pn} \geq N_{ua}$ 여기서 강도감소계수는 $\phi = 0.70$

$N_{pn} = \psi_{c.P} N_P$

여기서 $\psi_{c.P} = 1.0$ 사용하중상태에서 콘크리트에 균열 발생

$N_P = 0.9 f_{ck} e_h d_a = 0.9 \times 40 \times 60 \times 24/1000 = 43.2 kN$

이때, e_h는 $3d_a \leq e_h \leq 4.5 d_a$의 조건을 만족한다.   O.K

▶ 콘크리트 측면 파열강도 Check

갈고리볼트는 콘크리트 측면 파열파괴에 대해 고려할 필요가 없다.

▶ 콘크리트 쪼갬파괴 Check

선설치 갈고리볼트에 대해서는 검토할 필요가 없다.

$\therefore$ 설치된 갈고리볼트는 30kN 계수인장하중 저항에 적합하다.

가장자리에 가까이 설치된 고강도 단일 갈고리볼트의 인장강도

지름 24mm인 단일 갈고리볼트가 그림과 같이 기초판 상부에 설치되어 있다. 갈고리볼트의 묻힘 길이는 400mm이고 볼트의 중심으로부터 콘크리트 가장자리까지 거리는 200mm이다. 또한 갈고리볼트는 강재 KS B 0233 8.8 등급이고(항복강도 $f_{ya} = 640MPa$, 인장강도 $f_{uta} = 800MPa$), 콘크리트의 설계기준 압축강도는 40MPa이다. 갈고리볼트가 저항할 수 있는 최대 계수 인장하중을 결정하라. 단 사용 시 앵커가 설치된 기초판에 균열이 발생하고 콘크리트 파괴를 구속하기 위한 별도의 보조철근은 배근하지 않는다고 가정한다. 단, $e_h = 108^{mm}$, $h_{ef} = 400^{mm}$ 이다.

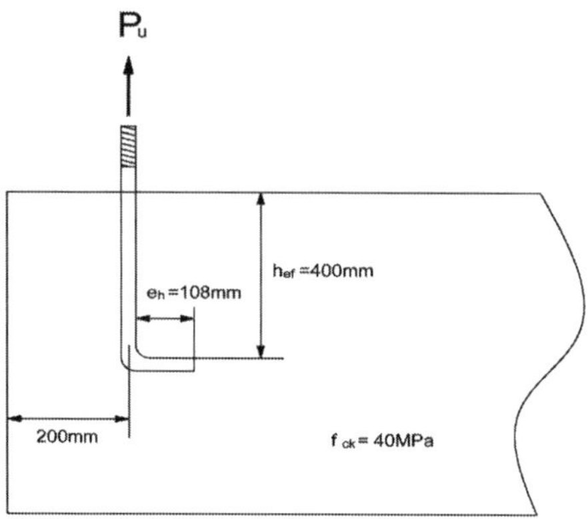

콘크리트용 앵커 설계법 및 예제집(한국콘크리트 학회, 2010.06)

▶ 설계강도 ≥ 소요강도

$\phi N_n \geq N_{ua}$: 여기서 ϕN_n 은 인장을 받는 앵커의 파괴모드에서 산정된 가장 작은 설계강도

$\phi N_n = \min$[앵커의 강재파괴, 콘크리트 파괴, 앵커 뽑힘파괴, 콘크리트 측면 파열]

▶ 앵커의 강재강도

$\phi N_{sa} \geq N_{ua}$

KS B 0233 8.8등급 강재는 단면적 감소 30% 이상이나 연신율이 14% 미만이므로 취성강재 요소 → 강도감소계수는 $\phi = 0.65$

$N_{sa} = n A_{se} f_{uta}$

$$n = 1 : \text{단일앵커}, \ A_{se} = 353mm^2, \ f_{uta}(\text{인장강도}) = 800\text{MPa} \leq \min[1.9f_{ya}, \ 860MPa]$$

$$\phi N_{sa} = 0.65 \times 353 \times 800/1000 = 183kN$$

➤ 콘크리트의 파괴강도

$$\phi N_{cb} \geq N_{ua}$$

콘크리트파괴를 구속하기 위한 별도의 보조철근을 배근하지 않는 경우 강도감소계수는 $\phi = 0.70$

$$N_{cb} = \frac{A_{Nc}}{A_{Nco}} \times \psi_{ed.N} \times \psi_{e.N} \times \psi_{cp.N} \times N_b$$

여기서 앵커의 연단거리(c_{a1})는 200mm로 앵커는 가장자리에 가까이 설치($c_{a1} < 1.5h_{ef}$)로 완전한 파괴 프리즘 발생 안 함

$$A_{Nc} = (c_{a1} + 1.5h_{ef})(2 \times 1.5h_{ef}) = (200 + 1.5 \times 400)(2 \times 1.5 \times 400) = 960,000mm^2$$
$$A_{Nco} = 9h_{ef}^2 = 1,440,000mm^2$$
$$\frac{A_{Nc}}{A_{Nco}} = 0.667$$

$$\psi_{ed.N} = 0.7 + 0.3\left(\frac{c_{a,\min}}{1.5h_{ef}}\right) = 0.7 + 0.3 \times \left(\frac{200}{1.5 \times 400}\right) = 0.80$$

$$\psi_{e.N} = 1.0 \qquad \text{사용하중 상태에서 콘크리트에 균열 발생}$$
$$\psi_{cp.N} = 1.0 \qquad \text{선설치앵커}$$
$$N_b = k_c \sqrt{f_{ck}} h_{ef}^{1.5} \qquad (\text{선설치앵커 } k_c = 10, \ \text{후설치앵커 } k_c = 7.0)$$
$$= 10 \times \sqrt{40} \times 400^{1.5}/1000 = 506kN$$

$$\therefore \ \phi N_{cb} = 0.70 \times 0.667 \times 0.8 \times 1.0 \times 1.0 \times 506 = 189kN$$

➤ 앵커의 뽑힘강도

$$\phi N_{pn} \geq N_{ua}$$

여기서 콘크리트 파괴를 위해 별도의 보조철근은 배근하지 않는 경우 강도감소계수는 $\phi = 0.70$

$$N_{pn} = \psi_{c.P} N_P$$

여기서 $\psi_{c.P} = 1.0$ 사용하중상태에서 콘크리트에 균열 발생

$$N_P = 0.9 f_{ck} e_h d_a = 0.9 \times 40 \times 108 \times 24/1000 = 93.3 kN \quad 3d_a \leq e_h \leq 4.5 d_a$$

$$\therefore \; \phi N_{pn} = 0.70 \times 1.0 \times 93.3 = 65.3 kN$$

➤ 콘크리트 측면 파열강도

갈고리볼트는 콘크리트 측면 파열파괴에 대해 고려할 필요가 없다.

➤ 콘크리트 쪼갬파괴

선설치 갈고리볼트에 대해서는 검토할 필요가 없다.

$\therefore$ 지름 24mm 갈고리볼트의 설계강도는 앵커의 뽑힘파괴 강도에 의해 지배된다.

앵커의 뽑힘파괴 ϕN_{pn} : 65.3kN (Govern)

가장자리 가까이 설치된 편심 인장력을 받는 헤드스터드 그룹

그림과 같이 헤드스터드 사이의 중심간격이 150mm이고 12mm 두께의 베이스플레이트에 용접된 4개의 M12, 묻힘길이 110mm 헤드스터드 그룹이 받을 수 있는 인장력(N_{ua})을 구하라. 베이스 플레이트에 대한 구조 부속물의 중심선은 베이스 플레이트 중심선에서 50mm 떨어져 있으며 이로 인해 50mm의 인장하중 편심이 발생한다. 헤드스터드 그룹의 중심선은 슬래브 자유단으로부터 150mm 떨어진 곳에 위치하며 200mm 두께의 슬래브 하부에 설치되어 있다. 단, 헤드스터드 그룹은 연성강재로 $\phi = 0.75$ 적용하며, $A_{se.N} = 84.3mm^2$, $f_{uta} = 450MPa$이다.

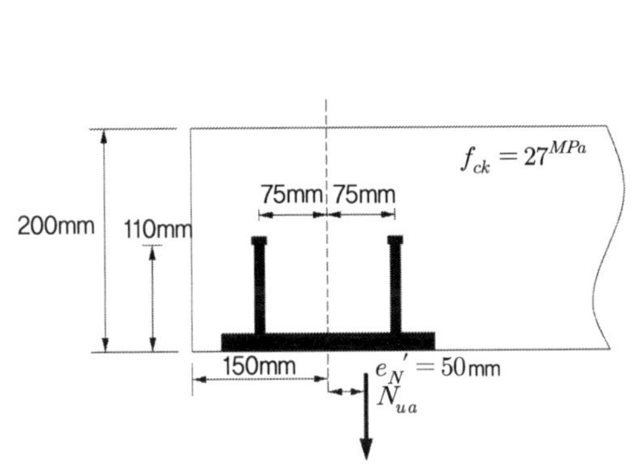

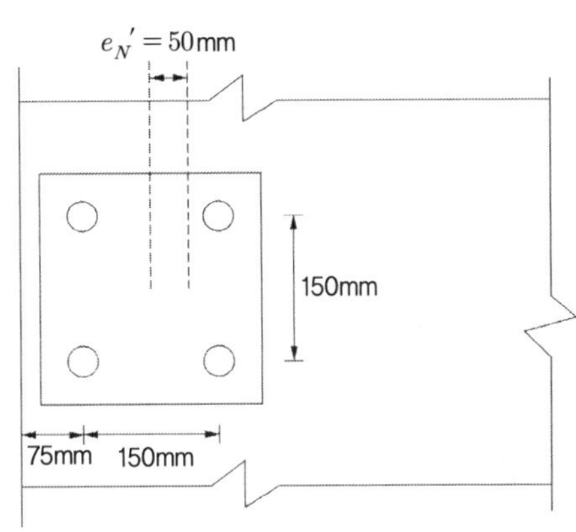

콘크리트용 앵커 설계법 및 예제집(한국콘크리트 학회, 2010.06)

➤ 개요

앵커에 대한 하중의 탄성분포를 가정하면, 인장하중의 편심은 안쪽 열의 스터드에 더 높은 힘을 유발한다. 베이스 플레이트에 용접되어 있으나 베이스 플레이트와의 절점에서 스터드의 휨강성은 베이스 플레이트의 휨강성에 비해 매우 작다. 따라서 베이스 플레이트를 단순지지 조건으로 가정하여 스터드에 작용되는 인장력을 산정한다.

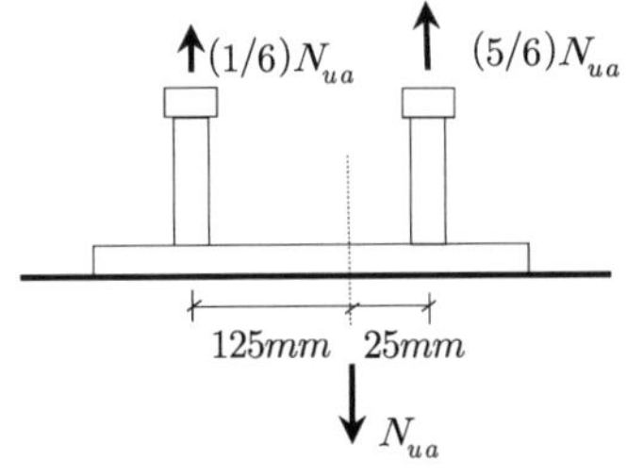

강재강도 ϕN_{sa}와 뽑힘강도 ϕN_{pn}는 안쪽 열의 2개의 스터드에 의해 지배된다($5/6N_{ua}$는 $\phi N_{sa.2studs}$와 $\phi N_{pn.2studs}$보다 작거나 같아야 한다).

$$N_{ua} \leq 6/5\phi N_{sa.2studs} \quad , \quad 6/5\phi N_{pn.2studs}$$

4개 스터드 그룹의 콘크리트 파괴강도 ϕN_{cbg}는 전체 인장력 N_{ua}에 대해 검토한다.

▶ 가장 큰 인장하중을 받는 두 개의 앵커의 설계강재강도(ϕN_{sa}) 결정

$$\phi N_{sa} = \phi n A_{se.N} f_{uta} \qquad \phi = 0.75$$

$n = 2$ (가장 큰 인장하중을 받는 안쪽 열 2개의 스터드)

$A_{se.N} = 84.3mm^2$

$f_{uta} = 450MPa$

$$\phi N_{sa.2studs} = 0.75(2)(84.3)(450)/1000 = 56.9kN$$
$$\phi N_{sa} = (6/5)N_{sa.2studs} = 6/5 \times 56.9 = 68.3kN$$

▶ 인장을 받는 헤드스터드의 콘크리트 파괴강도(ϕN_{cbg}) 결정

앵커그룹의 콘크리트 파괴강도

$$N_{cbg} = \frac{A_{Nc}}{A_{Nco}} \times \psi_{ec.N} \times \psi_{ed.N} \times \psi_{e.N} \times \psi_{cp.N} \times N_b$$

$e_N{}' = 50mm$ (헤드스터드 그룹과 중심섬과 인장력 사이의 거리)

$h_{ef} = 110mm$

$A_{Nc} = (75 + 150 + 165) \times (165 + 150 + 165) = 187,200mm^2$

$A_{Nco} = 9h_{ef}^2 = 9 \times 110^2 = 108,900mm^2$

인장력 편심 수정계수

$$\psi_{ec.N} = \frac{1}{\left(1 + \dfrac{2e_N{}'}{3h_{ef}}\right)} = \frac{1}{\left(1 + \dfrac{2 \times 50}{3 \times 110}\right)} = 0.77$$

인장 헤드스터드 그룹의 가장자리 영향 수정계수

$$\psi_{ed.N} = 0.7 + 0.3\frac{c_{a.min}}{1.5h_{ef}} = 0.7 + 0.3 \times \frac{75}{1.5 \times 110} = 0.84$$

사용하중을 받을 때 콘크리트에 균열이 발생한다고 가정하면, 균열에 대한 수정계수 및 쪼개짐 수정계수는 각각 $\psi_{c.N} = 1.0$ $\psi_{cp.N} = 1.0$

선설치 헤드 스터드 그룹의 기본 콘크리트 파괴강도

$$N_b = 10\sqrt{f_{ck}}(h_{ef})^{1.5} = 10\sqrt{27}\times110^{1.5}/1000 = 59.9kN$$

$$\therefore N_{cbg} = \frac{A_{Nc}}{A_{Nco}}\times\psi_{ec.N}\times\psi_{ed.N}\times\psi_{e.N}\times\psi_{cp.N}\times N_b$$

$$= \frac{187,200}{108,900}\times0.77\times0.84\times1.0\times1.0\times59.9 = 46.4kN$$

▶ 인장을 받는 헤드스터드의 뽑힘강도(ϕN_{pn}) 결정

$$\phi N_{pn.1stud} = \phi\psi_{c.P}N_p = \phi\psi_{c.P}A_{brg}8f_{ck} \qquad \phi = 0.7(\text{선설치 헤드스터드에 대한 조건 B})$$

사용하중상태에서 균열 발생 $\qquad \psi_{c.P} = 1.0$

M12 6각 볼트머리의 지압면적 $\quad A_{brg} = 269mm^2$

$$\phi N_{pn.1stud} = 0.70\times1.0\times269\times8.0\times27/1000 = 40.7kN$$

같은 하중을 받는 안쪽 열 2개의 스터드에 대하여 $\quad \phi N_{pn.2studs} = 2\times40.7 = 81.4kN$

뽑힘강도에 의해 지배되는 헤드스터드 그룹의 설계강도는
$$\phi N_{pn} = 6/5\phi N_{pn.2studs} = 6/5\times81.4 = 97.7kN$$

▶ 인장을 받는 헤드스터드의 콘크리트 측면 파열강도

앵커그룹의 중심선으로부터 가장 가까운 자유단의 연단거리가 $0.4h_{ef}(h_{ef} > 2.5c_{a1})$보다 작을 때 고려하므로 $0.4h_{ef} = 0.4\times110 = 44mm < 75mm$이므로 별도 검토 필요없다.

▶ 쪼갬파괴를 방지하기 위한 소요연단거리, 간격 및 두께

용접되어 있기 때문에 적용되지 않는다.

$\therefore$ 설계강도는 콘크리트의 파괴강도에 의해 지배된다.

콘크리트 파괴강도(ϕN_{cbg}) 46.4kN(Govern)

가장자리 설치된 인장과 전단을 받는 L형 갈고리볼트 그룹

인장하중 40kN 및 바람에 의한 수평하중 20kN(전단하중)을 받고 아래 그림과 같이 접합부에 설치된 4개의 L형 갈고리볼트 그룹을 설계하라. 단, 접합부는 구조물 기초 모서리의 기둥 하부에 위치하고 있다. 콘크리트 설계기준 압축강도는 27MPa, 보조철근은 없고 사용하중하에서 콘크리트 균열이 발생하는 것으로 가정한다. 갈고리볼트는 연성강재로 $\phi = 0.75$ 적용하며 $A_{se} = 125mm^2$, $f_{uta} = 400MPa$이다.

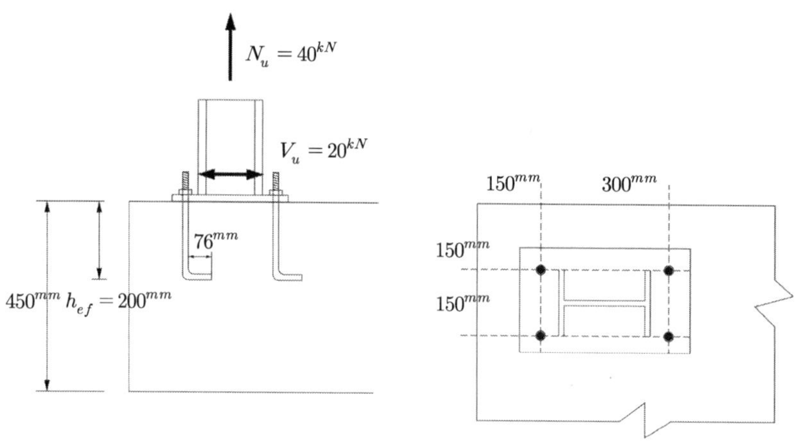

콘크리트용 앵커 설계법 및 예제집(한국콘크리트 학회, 2010.06)

설계 인장강도(ϕN_n) 및 설계전단강도(ϕV_n)에 의한 인장-전단상호작용에 관한 문제로, 인장으로 인한 ϕN_n과 전단으로 인한 ϕV_n을 각각 구하고 인장과 전단의 상호작용에 의한 안정성을 검토한다.

ϕN_n은 인장에 의한 설계강재강도(ϕN_{sa}), 콘크리트 파괴강도(ϕN_{cbg}), 뽑힘강도(ϕN_{pn}), 그리고 측면파열강도(ϕN_{sb}) 중 최솟값이며, ϕV_n은 전단에 의한 설계강재강도(ϕV_{sa}), 콘크리트 파괴강도(ϕV_{cbg}), 프라이아웃 강도(ϕV_{cpg}) 중 최솟값이므로 각각의 경우에 대해 산정한다.

▶ 설계인장강도 ϕN_n

1) 강재강도 ϕN_{sa}

$$\phi N_{sa} = \phi n A_{se} f_{uta}$$

$$\phi = 0.75\,(\text{연성강재}), \quad A_{se} = 125mm^2, \quad f_{uta} = 400MPa,$$

$$\therefore \phi N_{sa} = 0.75 \times 4 \times 125 \times 400/1000 = 150kN$$

2) 앵커그룹의 콘크리트 파괴강도 ϕN_{cbg}

앵커의 간격(150mm) $< 3h_{ef}(=600mm)$ $\therefore$ 앵커그룹으로 취급

$$\phi N_{cbg} = \phi \frac{A_{Nc}}{A_{Nco}} \times \psi_{ec.N} \times \psi_{ed.N} \times \psi_{e.N} \times \psi_{cp.N} \times N_b$$

$\phi = 0.70,$ 보조철근 없음

$A_{Nc} = (150 + 300 + 300)(150 + 150 + 300) = 450,000mm^2$

$A_{Nco} = 9h_{ef}^2 = 9(200)^2 = 360,000mm^2$

앵커그룹 편심하중 수정계수 $\psi_{ec.N} = 1.0\,(\text{편심 없음})$

연단거리 영향의 수정계수 $c_{a.min} = 150mm < 1.5h_{ef}(= 1.5 \times 200 = 300mm)$

$$\psi_{ed.N} = 0.7 + 0.3\frac{c_{a.min}}{1.5h_{ef}} = 0.7 + 0.3 \times \frac{150}{1.5 \times 200} = 0.85$$

균열유무에 따른 수정계수 $\psi_{c.N} = 1.0\,(\text{사용하중하에 균열 발생 가정})$

콘크리트 쪼개짐에 따른 인장강도 수정계수 $\psi_{cp.N} = 1.0\,(\text{선설치 앵커})$

인장을 받는 앵커의 기본 콘크리트 파괴강도

$$N_b = k_c \sqrt{f_{ck}}(h_{ef})^{1.5} = 10\sqrt{27} \times 200^{1.5}/1000 = 146.97kN$$

$$\therefore \phi N_{cbg} = 0.70 \times \frac{450,000}{360,000} \times 1.0 \times 0.85 \times 1.0 \times 1.0 \times 146.97 = 109.309kN$$

3) 뽑힘강도 ϕN_{pn}

$$\phi N_{pn} = \phi \psi_{c.P} N_p$$

$\phi = 0.70$ (뽑힘에 대한 조건 B)

$\psi_{c.P} = 1.0$ (사용하중하에 균열 발생 가정)

갈고리볼트에 대하여 $N_p = 0.9f_{ck}e_h d_a$ (단, $3d_a \le e_h \le 4.5d_a$)

$e_{h.max} = 4.5d_a = 4.5 \times 14 = 63mm$

$e_{h.provided} = 76mm > 63mm$ $\therefore e_h = 63mm$

$$\therefore \phi N_{pn} = \phi \psi_{c.P} N_p = 4 \times 0.7 \times 1.0 \times [0.9 \times 27 \times 63 \times 14] = 60.011kN$$

4) 콘크리트측면 파열강도 ϕN_{sb}

갈고리볼트 적용으로 별도의 측면 파열강도 검토 제외

$\therefore$ 인장에 대한 설계강도는 최솟값인 뽑힘강도에 의해 지배된다.

뽑힘강도 ϕN_{pn} 60.01kN (Govern)

▶ 설계전단강도 ϕV_n

1) 강재강도 ϕV_{sa}

$$\phi V_{sa} = \phi n(0.6)A_{se}f_{uta}$$

$\phi = 0.65$ (연성강재), $A_{se} = 125mm^2$, $f_{uta} = 400MPa$,

$\therefore \phi V_{sa} = 0.65 \times 4 \times 0.6 \times 125 \times 400/1000 = 78kN$

2) 전단을 받는 앵커그룹의 콘크리트 파괴강도 ϕV_{cbg}

$$\phi V_{cbg} = \phi \frac{A_{Vc}}{A_{Vco}} \times \psi_{ec.V} \times \psi_{ed.V} \times \psi_{e.V} \times \psi_{h.V} \times V_b$$

$\phi = 0.70$ 보조철근 없음

$\psi_{ec.V} = 1.0$ 편심 없음

$\psi_{c.V} = 1.0$ 사용하중하에 균열 발생 가정

$\psi_{h.V} = 1.0$ $h_a > 1.5c_{a1}$

콘크리트의 전단파괴는 다음의 두 가지 경우로 구분하여 검토한다.

① 전단력이 작용하는 방향으로 가장자리 가까이에 위치한 전면의 2개 앵커에서 먼저 콘크리트 파괴가 발생하는 경우

② 후면의 2개 앵커로부터 콘크리트 파괴가 발생하는 경우

[경우 ①] 전면 2개 앵커에 의한 콘크리트 전단파괴

A_{Vc} 는 전단력이 작용하는 가장자리 방향으로 콘크리트 전단파괴면의 투영면적으로 앵커중심에서 $1.5c_{a1}(=225mm)$ 떨어진 거리, 콘크리트 면으로부터 $1.5c_{a1}$ 떨어진 깊이, 콘크리트 가장자리 및 콘크리트 면으로 둘러싸인 직사각형이다.

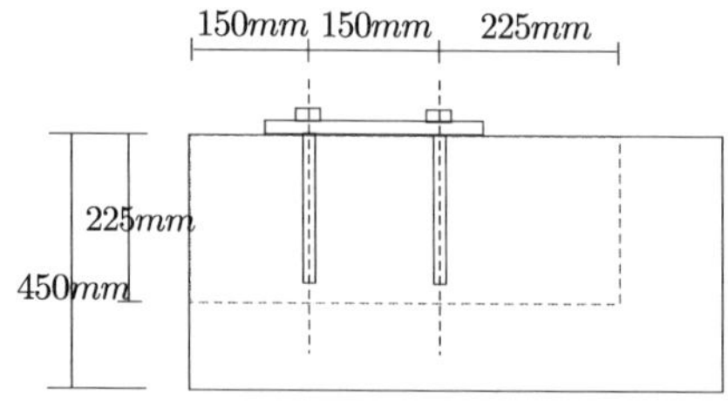

$$A_{Vc} = (150 + 150 + 225) \times 225 = 118,125 mm^2$$

$$A_{Vco} = 4.5 \times (c_{a1})^2 = 4.5 \times 150^2 = 101,250 mm^2$$

$$A_{Vc} \leq n A_{Vco}, \qquad 118,125 < 2 \times 10,1250$$

$$\psi_{ed.V} = 0.7 + 0.3 \frac{c_{a2}}{1.5 c_{a1}} = 0.7 + 0.3 \times \frac{150}{1.5 \times 150} = 0.9$$

기본 콘크리트 파괴강도 V_b

$$V_b = 0.6 \left(\frac{l_e}{d_a} \right)^{0.2} \sqrt{d_a} \sqrt{f_{ck}} (c_{a1})^{1.5} \qquad (l_e (= 200mm) \leq 8d_a (= 8 \times 14 = 112))$$

$$= 0.6 \left(\frac{112}{14} \right)^{0.2} \sqrt{14} \sqrt{27} (150)^{1.5} = 32.483 kN$$

전면 2개 앵커에 의한 콘크리트 파괴 시 후면 2개의 앵커도 전면의 앵커와 동일한 전단력으로 저항하고 있다고 가정하면,

$$\therefore \phi V_{cbg} = 2 \times \left[0.7 \times \left(\frac{118,125}{101,250} \right) \times 1.0 \times 0.9 \times 1.0 \times 1.0 \times 32.483 \right] = 47.750 kN$$

[경우 ②] 후면 2개 앵커로부터 콘크리트 파괴면이 형성되는 경우

A_{V_c} 는 전단력이 작용하는 가장자리 방향으로 콘크리트 전단파괴면의 투영면적으로 c_{a1} 이 후면의 앵커로부터 결정되므로 앵커 중심에서 $1.5 c_{a1} = 1.5 \times (150 + 300) = 675 mm$ 떨어진 거리, 콘크리트 두께($1.5 c_{a1} > t (= 450mm)$이므로 두께), 콘크리트 가장자리 및 콘크리트면으로 둘러싸인 직사각형이다.

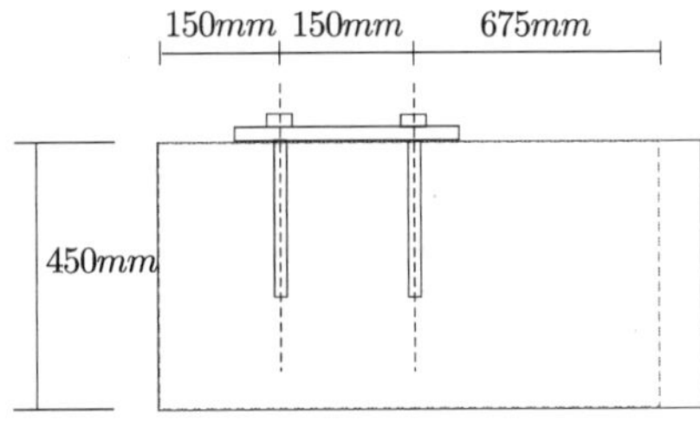

$$A_{Vc} = (150 + 150 + 675) \times 450 = 438,750 mm^2$$

$$A_{Vco} = 4.5 \times (c_{a1})^2 = 4.5 \times 450^2 = 911,250 mm^2$$

$$A_{Vc} \leq n A_{Vco}, \quad 438,750 < 2 \times 911,250$$

$$\psi_{ed.V} = 0.7 + 0.3 \frac{c_{a2}}{1.5 c_{a1}} = 0.7 + 0.3 \times \frac{150}{1.5 \times 450} = 0.77$$

기본 콘크리트 파괴강도 V_b

$$V_b = 0.6 \left(\frac{l_e}{d_a}\right)^{0.2} \sqrt{d_a}\,\sqrt{f_{ck}}\,(c_{a1})^{1.5}\,(l_e(=200mm) \leq 8d_a(=8\times14=112))$$

$$= 0.6\left(\frac{112}{14}\right)^{0.2}\sqrt{14}\,\sqrt{27}\,(450)^{1.5} = 168,785kN$$

$$\therefore \phi V_{cbg} = 0.7 \times \left(\frac{438,750}{911,250}\right) \times 1.0 \times 0.77 \times 1.0 \times 1.0 \times 168.785 = 43.803kN$$

따라서, 4개 앵커 그룹의 전단에 대한 콘크리트 파괴강도는 [경우 ②]에 의해 지배된다.

$$\therefore \phi V_{cbg} = 43.803kN$$

3) 프라이아웃 강도 ϕV_{cp}

$$\phi V_{cpg} = \phi k_{cp} N_{cbg} \qquad\qquad \phi = 0.7(\text{프라이아웃강도에 대해 항상 조건 B 적용})$$
$$k_{cp} = 2.0, \qquad\qquad h_{ef} \geq 65mm$$

강재강도 검토 시 인장을 받는 앵커의 기본 콘크리트 파괴강도로부터

$$N_{cbg} = \frac{450,000}{360,000} \times 1.0 \times 0.85 \times 1.0 \times 1.0 \times 146.97 = 156.155kN$$

$$\therefore \phi V_{cpg} = \phi k_{cp} N_{cbg} = 0.7 \times 2.0 \times 156.155 = 218.617kN$$

$\therefore$ 전단에 대한 설계강도는 최솟값인 콘크리트 파괴강도에 의해 지배된다.

콘크리트 파괴강도 ϕV_{cbg} 43.8kN (Govern)

▶ 인장과 전단의 상호작용

$$V_{ua}(=20kN) > 0.2\phi V_n(=8.76kN)$$
$$N_{ua}(=40kN) > 0.2\phi N_n(=12kN)\ \text{이므로,}$$

$\therefore V_{ua} > 0.2\phi V_n,\ N_{ua} > 0.2\phi N_n$ 이므로 인장–전단 상관식으로 검토
($V_{ua} \leq 0.2\phi V_n$ 이면 인장강도 지배, $N_{ua} \leq 0.2\phi N_n$ 이면 전단강도 지배)

$$\therefore \frac{N_{ua}}{\phi N_n} + \frac{V_{ua}}{\phi V_n} \leq 1.2 \rightarrow \frac{40}{60} + \frac{20}{43.803} = 1.12 < 1.2 \qquad \therefore \text{O.K}$$

방음벽 측단부에 설치된 인장과 전단을 받는 갈고리볼트

M29의 갈고리형 앵커볼트 4개(유효묻힘길이 $h_{ef} = 700mm$)가 방음벽 기초 측단 상부에 설치되어 상부의 H형 지주와 베이스판을 지지하고 있다. 이때 사용된 앵커볼트 강재의 항복 및 인장강도는 각각 240MPa, 400MPa이고 콘크리트의 설계기준강도(f_{ck})는 24MPa이다. 해석 시 콘크리트에 균열이 발생하고 콘크리트 파괴를 구속하기 위한 보조철근이 설치되어 있는 경우 풍하중에 의해 산정된 앵커볼트의 설계인장하중(20kN)과 설계전단하중(6kN)에 대한 갈고리 앵커볼트 상세의 적정성을 검토하라. 갈고리볼트는 연성강재로 $\phi = 0.75$ 적용하며 $A_{se} = 527.4mm^2$, $f_{uta} = 400MPa$이다.

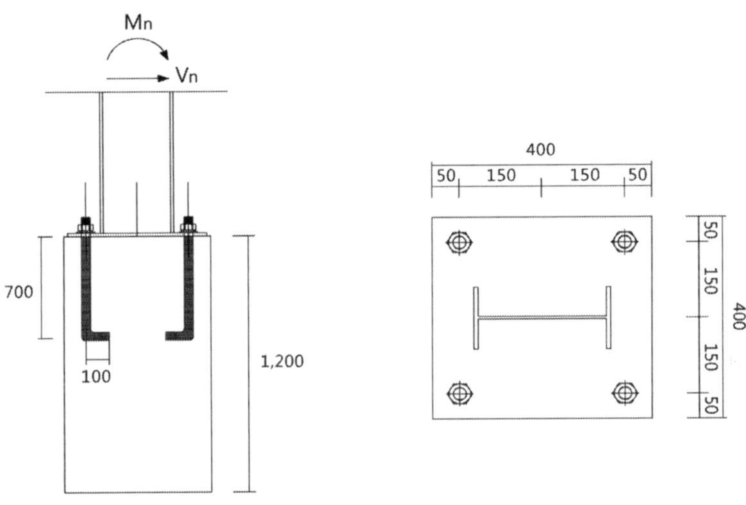

콘크리트용 앵커 설계법 및 예제집(한국콘크리트 학회, 2010.06)

설계인장강도(ϕN_n) 및 설계전단강도(ϕV_n)에 의한 인장-전단상호작용에 관한 문제로, 인장으로 인한 ϕN_n과 전단으로 인한 ϕV_n을 각각 구하고 인장과 전단의 상호작용에 의한 안정성을 검토한다.

ϕN_n은 인장에 의한 설계강재강도(ϕN_{sa}), 콘크리트 파괴강도(ϕN_{cbg}), 뽑힘강도(ϕN_{pn}), 그리고 측면파열강도(ϕN_{sb}) 중 최솟값이며, ϕV_n은 전단에 의한 설계강재강도(ϕV_{sa}), 콘크리트 파괴강도(ϕV_{cbg}), 프라이아웃 강도(ϕV_{cpg}) 중 최솟값이므로 각각의 경우에 대해 산정한다.

➤ 설계하중

$$N_{ua} = 20kN, \ V_{ua} = 6kN$$

1) 앵커강재강도 ϕN_{sa}

$$\phi N_{sa} = \phi n A_{se} f_{uta}$$

$\phi = 0.75\,(\text{연성강재}),\ n = 2,\ A_{se} = 527.4mm^2,\ f_{uta} = 400MPa\,(\,< 1.9 f_{ya},\ 860MPa)$

여기서, $A_{se} = \dfrac{\pi}{4}\left(d_a - \dfrac{0.9743}{n_t}\right)^2,\ n_t = 0.315\,(\text{1mm당 나사산 수})$

$$\therefore\ \phi N_{sa} = 0.75 \times 2 \times 527.4 \times 400/1000 = 316.4kN$$

2) 콘크리트 파괴강도 ϕN_{cbg}

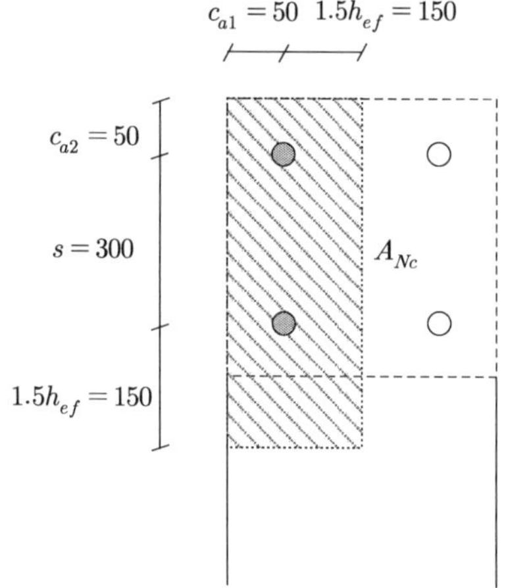

$$\phi N_{cbg} = \phi \frac{A_{Nc}}{A_{Nco}} \times \psi_{ec.N} \times \psi_{ed.N} \times \psi_{e.N} \times \psi_{cp.N} \times N_b$$

$\phi = 0.75$, 보조철근 설치

앵커가 세 개의 가장자리로부터 $1.5 h_{ef}\,(= 1.5 \times 700 = 1050mm)$보다 짧은 거리에 위치하므로 h_{ef}의 값은 $c_{a.max}/1.5$와 앵커그룹의 경우 최대 앵커간격의 1/3 중 큰 값으로 하여야 한다.

$$h_{ef} = \max\left[\frac{c_{a.max}}{1.5}\left(= \frac{50}{1.5} = 33.3mm\right),\quad \frac{s}{3}\left(= \frac{300}{3} = 100mm\right)\right] = 100mm$$

$$A_{Nc} = (50 + 150)(50 + 300 + 150) = 100{,}000mm^2$$

$$A_{Nco} = 9 h_{ef}^2 = 9(100)^2 = 90{,}000mm^2$$

앵커그룹 편심하중 수정계수 $\quad \psi_{ec.N} = 1.0$(편심 없음)

연단거리 영향의 수정계수 $\quad c_{a.min} = 50mm < 1.5h_{ef}(= 1.5 \times 100 = 150mm)$

$$\psi_{ed.N} = 0.7 + 0.3\frac{c_{a.min}}{1.5h_{ef}} = 0.7 + 0.3 \times \frac{50}{1.5 \times 100} = 0.8$$

균열유무에 따른 수정계수 $\quad \psi_{c.N} = 1.0$(사용하중하에 균열 발생 가정)

콘크리트 쪼개짐에 따른 인장강도 수정계수 $\quad \psi_{cp.N} = 1.0$(선설치 앵커)

인장을 받는 앵커의 기본 콘크리트 파괴강도

$$N_b = k_c \sqrt{f_{ck}}(h_{ef})^{1.5} = 10\sqrt{24} \times 100^{1.5}/1000 = 48.99kN$$

$$\therefore \phi N_{cbg} = 0.75 \times \frac{100,000}{90,000} \times 1.0 \times 0.8 \times 1.0 \times 1.0 \times 48.99 = 32.627kN$$

3) 뽑힘강도 ϕN_{pn}

$$\phi N_{pn} = \phi \psi_{c.P} N_p$$

$\phi = 0.70 \qquad$ (뽑힘강도에는 조건 B 적용)

$\psi_{c.P} = 1.0 \qquad$ (사용하중하에 균열 발생 가정)

갈고리볼트에 대하여 $\quad N_p = 0.9f_{ck}e_h d_a$ (단, $3d_a \le e_h \le 4.5d_a$)

$e_h = 100mm$ 이므로 조건 만족

$$N_p = 0.9f_{ck}e_h d_a = 0.9 \times 24 \times 100 \times 29/1000 = 62.640kN$$

$$\therefore \phi N_{pn} = \phi \psi_{c.P} N_p = 2.0 \times 0.7 \times 1.0 \times 62.64 = 87.696kN$$

4) 콘크리트측면 파열강도 ϕN_{sb}

갈고리볼트 적용으로 별도의 측면 파열강도 검토 제외

$\therefore$ 인장에 대한 설계강도는 최솟값인 콘크리트 파괴강도에 의해 지배된다.

콘크리트 파괴강도 $\quad \phi N_{cbg}$ 32.627kN (Govern)

▶ 설계전단강도

1) 앵커강재강도 ϕV_{sa}

$$\phi V_{sa} = \phi n(0.6)A_{se}f_{uta}$$

$$\phi = 0.65\,(\text{연성강재}), \quad n = 4, \quad A_{se} = 527.4mm^2, \quad f_{uta} = 400MPa,$$

$$\therefore \phi V_{sa} = 0.65 \times 4 \times 0.6 \times 527.4 \times 400/1000 = 329.1kN$$

2) 콘크리트 전단 파괴강도 ϕV_{cbg}

4개의 앵커에 전단력이 균등하게 분포한다고 가정하면, 전면 2개의 앵커에 의한 파괴가 발생한다. $c_{a1} = 50mm$

$s\,(= 300mm) > 1.5c_{a1}\,(= 150mm)$ 이므로 전면 2개의 앵커는 각각 파괴면을 형성한다. 따라서 가장 취약한 전면 모서리 앵커에 대해서 검토한다.

$$\phi V_{cb} = \phi \frac{A_{Vc}}{A_{Vco}} \times \psi_{ec.V} \times \psi_{ed.V} \times \psi_{e.V} \times V_b$$

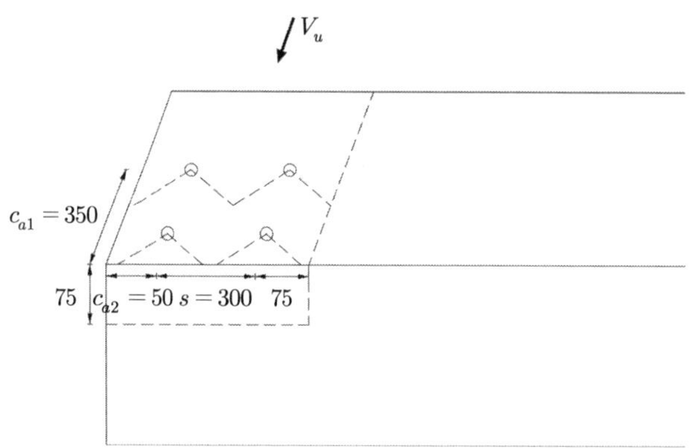

$$\phi = 0.75 \qquad \text{보조철근 설치}$$

$$A_{Vc} = (c_{a2} + 1.5c_{a1})(1.5c_{a1}) = (50 + 75)(75) = 9{,}375mm^2$$

$$A_{Vco} = 4.5c_{a1}^2 = 4.5 \times 50^2 = 11{,}250mm^2$$

$$\psi_{ec.V} = 1.0 \qquad \text{편심 없음(전단력이 균등하게 작용)}$$

$$\psi_{ed.V} = 0.7 + 0.3 \times \left(\frac{c_{a2}}{1.5c_{a1}}\right) = 0.7 + 0.3\left(\frac{50}{75}\right) = 0.9 \qquad (c_{a2} < 1.5c_{a1})$$

$$\psi_{c.V} = 1.0 \qquad \text{사용하중하에 균열 발생 가정}$$

$$V_b = 0.6\left(\frac{l_e}{d_a}\right)^{0.2} \sqrt{d_a}\,\sqrt{f_{ck}}\,(c_{a1})^{1.5} = 0.6 \times \left(\frac{232}{29}\right)^{0.2} \sqrt{29}\,\sqrt{24}\,(50)^{1.5}/1000 = 8.483kN$$

$$(l_e\,(= 8d_a = 232mm) < h_{ef}\,(= 700mm))$$

$$\therefore \; \phi V_{cb} = 0.75 \times \frac{9,375}{11,250} \times 0.9 \times 1.0 \times 8.483 = 4.753kN(\text{단일앵커})$$

3) 콘크리트 프라이아웃 강도 ϕV_{cp}

$$\phi V_{cpg} = \phi k_{cp} N_{cbg}$$

여기서 $\phi = 0.70$ (프라이아웃 강도에서 조건B 적용)

$$k_{cp} = 2.0 \;\; (h_{ef} \geq 65mm \text{인 경우})$$

$$N_{cbg} = \frac{A_{Nc}}{A_{Nco}} \times \psi_{ec.N} \times \psi_{ed.N} \times \psi_{e.N} \times \psi_{cp.N} \times N_b = 43.503kN$$

$$\therefore \; \phi V_{cpg} = 0.70 \times 2.0 \times 43.503 = 60.904kN$$

$\therefore$ 전단에 대한 설계강도는 최솟값인 콘크리트 전단파괴강도에 의해 지배된다.

콘크리트 전단파괴강도 ϕV_{cb} 4.8kN (Govern)

▶ **동시작용 검토**

$$0.2\phi N_n (= 0.2 \times 32.6 = 6.52kN) < N_{ua}(= 20kN)$$

$$0.2\phi V_n (= 0.2 \times 4.8 = 0.96kN) < N_{ua}(= \frac{6}{4^{EA}} = 1.5kN)$$

$N_{ua} > 0.2\phi N_n$ 이고, $\; V_{ua} > 0.2\phi V_n$ 이므로,

$$\frac{N_{ua}}{\phi N_n} + \frac{V_{ua}}{\phi V_n} = \frac{20}{32.6} + \frac{1.5}{4.8} = 0.93 \leq 1.2 \qquad \text{O.K}$$

교대받침 앵커볼트 안정성 평가(기존 시설물 내진성능 평가요령)

다음 교량의 포트받침 앵커볼트의 안정성을 파괴 유형별로 평가하라.

$f_{ck} = 24MPa$, 앵커의 유효단면적 $A_{se,V} = 962.1mm^2$ (앵커소켓의 지름), $d_0 = 35^{mm}$

앵커의 인장강도 $f_{uta} = 410MPa$, 앵커의 유효묻힘길이 $h_{ef} = 110^{mm}$

코핑부의 깊이 $H = 1120^{mm}$ (코핑부 상단 끝단 높이)

평가된 지진력 교축방향 $F_{B,D}^L = 3190^{kN}$, 교축직각방향 $F_{B,D}^T = 1900^{kN}$

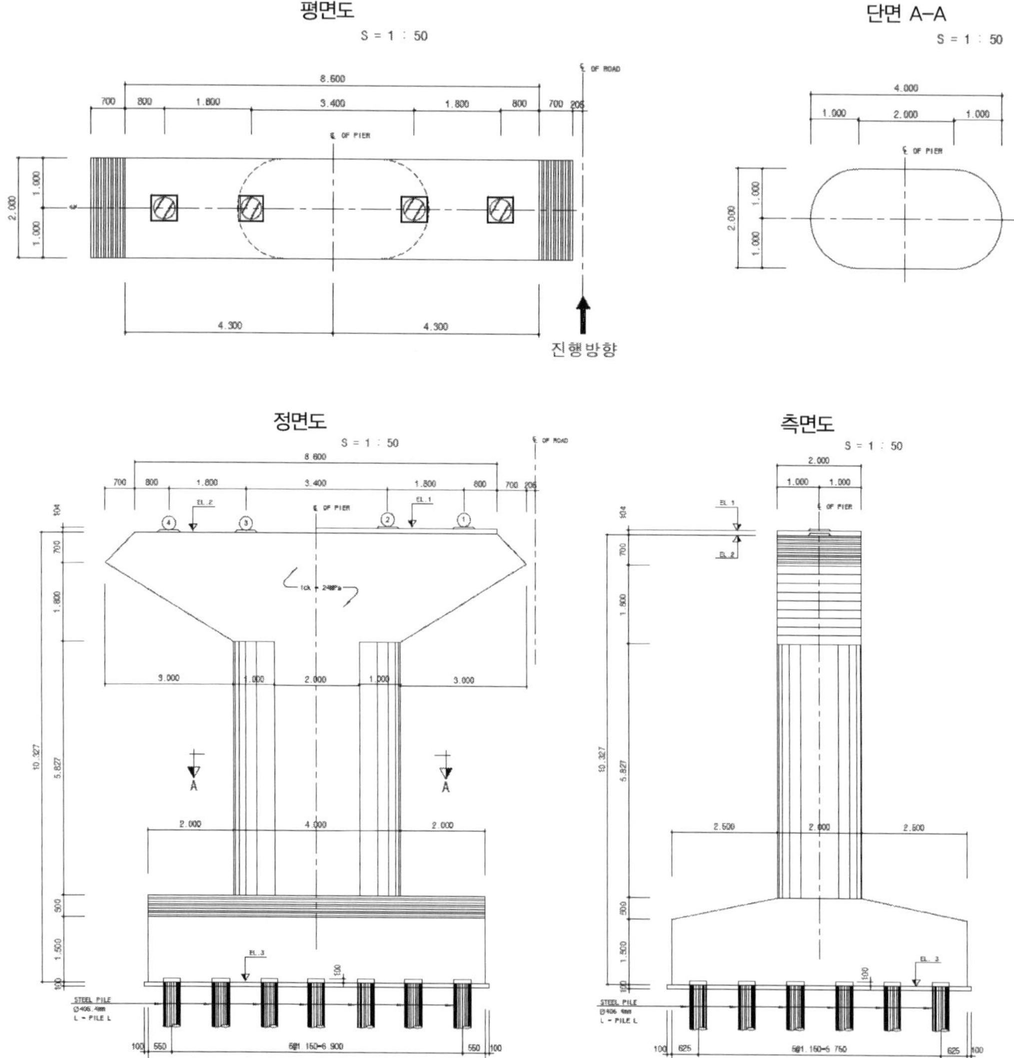

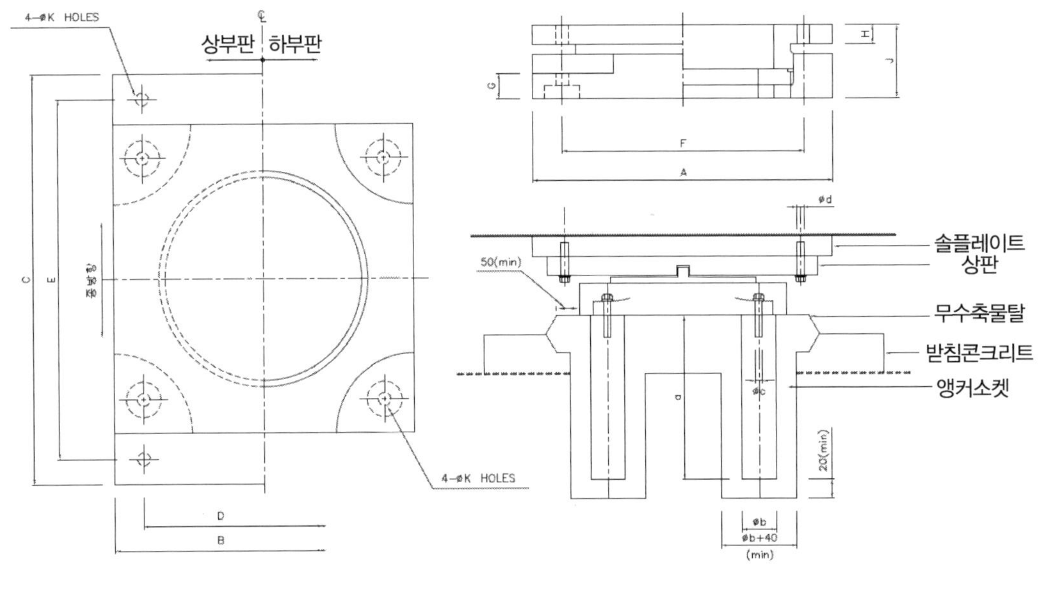

A = 440 mm	$F_{교직}$ = 330mm	J = 87 mm	a = 110 mm
B = 440 mm	$F_{교축}$ = 330mm	K = 14 mm	b = 35 mm
C = 500 mm	G = 20 mm	n = 4 EA	c = 12 mm
	H = 19 mm	= $n^L \times n^T$	d = 12 mm
		= 2 × 2 (교축×교직방향)	

기존시설물 내진성능 평가요령(국토해양부)

▶ 강재의 파괴

1) 공급역량 : 강재강도 V_{sa}

$$V_{sa} = n(0.6A_{se,V})f_{uta} = 4 \times 0.6 \times 962.1 \times 410 = 947^{kN} (교축, 교축직각 방향 동일)$$

2) 소요역량 : 받침 1기당 평가 지진력 $F_{AS,D}$

① 교축방향

$$F_{AS,D}^L = \frac{F_{B,D}^L}{n_B^L} = \frac{3190}{4} = 797^{kN}$$

② 교축직각방향

$$F_{AS,D}^T = \frac{F_{B,D}^T}{n_B^T} = \frac{1900}{1} = 1900^{kN}$$

3) 평가

① 교축방향

$$\frac{V_{sa}^L}{F_{AS,D}^L} = \frac{947}{797} = 1.187 \geq 1.0 \qquad \text{O.K}$$

② 교축직각방향

$$\frac{V_{sa}^T}{F_{AS,D}^T} = \frac{947}{1900} = 0.498 < 1.0 \qquad \text{N.G}$$

▶ 콘크리트의 파괴

1) 공급역량 : 콘크리트 파괴강도 V_{cbg}(앵커그룹)

$$V_{cbg} = \frac{A_{Vc}}{A_{Vco}} \psi_{ec,V} \psi_{ed,V} \psi_{c,V} V_b = \frac{A_{Vc}}{A_{Vco}} \psi_{ed,V} V_b$$

$$A_{Vc} = [2 \times (1.5c_{a1}) + s_1] \times 1.5c_{a1}, \qquad c_{a2} \geq 1.5c_{a1}, \; h_a \geq 1.5c_{a1}$$

$$A_{Vco} = 4.5c_{a1}^2$$

$$\psi_{ed,V} = 1.0(c_{a2} \geq 1.5c_{a1}), \quad 0.7 + 0.3\frac{c_{a2}}{1.5c_{a1}}(c_{a2} < 1.5c_{a1})$$

$$V_b = 0.6\left(\frac{l_e}{d_o}\right)^{0.2} \sqrt{d_o}\ \sqrt{f_{ck}}\ (c_{a1})^{1.5}$$

$$= 0.7\left(\frac{l_e}{d_o}\right)^{0.2} \sqrt{d_o}\ \sqrt{f_{ck}}\ (c_{a1})^{1.5}(\text{헤드스터드, 헤드볼트, 갈고리볼트, 용접된 경우})$$

① 교축방향

$$c_{a1} = 1000 + 330/2 = 1165^{mm}, \; c_{a2} = 800 - 330/2 = 635^{mm}, \; s_1 = 330^{mm}, \; s_2 = 330^{mm}$$

$$h_a = 1120^{mm}$$

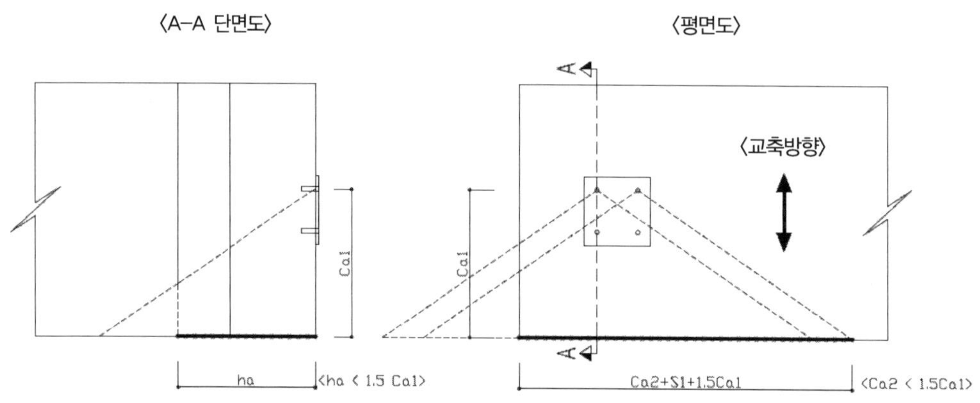

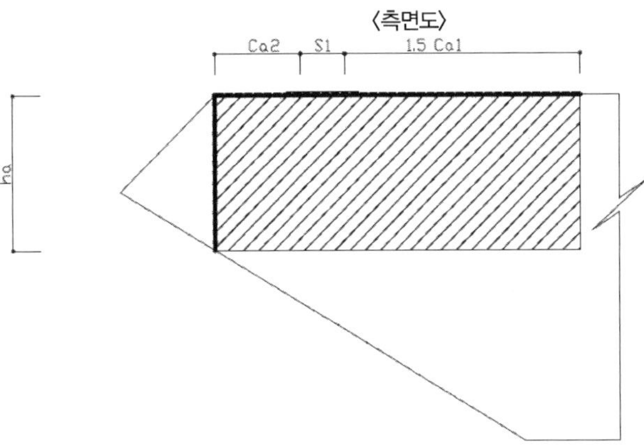

- $A_{Vc} = (c_{a2} + s_1 + 1.5c_{a1}) \times h_a = (635 + 330 + 1.5 \times 1165) \times 1120 = 3{,}038{,}000^{mm^2}$

  $(\because c_{a2} < 1.5c_{a1},\ h_a < 1.5c_{a1})$

- $A_{Vco} = 4.5c_{a1}^2 = 4.5 \times 1165^2 = 6{,}107{,}513^{mm^2}$

  $\therefore A_{Vc}(= 3{,}038{,}000) < nA_{Vco}(= 2 \times 6{,}107{,}513 = 12{,}215{,}025)$

- $\psi_{ed,V} = 0.7 + 0.3\dfrac{c_{a2}}{1.5c_{a1}} = 0.809 \ (c_{a2} < 1.5c_{a1})$

- $V_b = 0.6\left(\dfrac{l_e}{d_o}\right)^{0.2} \sqrt{d_o}\ \sqrt{f_{ck}}\ (c_{a1})^{1.5} = 0.6 \times \left(\dfrac{110}{35}\right)^{0.2} \times \sqrt{35} \times \sqrt{24} \times 1165^{1.5}$

  $= 869.5^{kN} \qquad (\because l_e = \min[h_{ef}(= 110),\ 8d_0(= 280)] = 110^{mm}))$

$\therefore V_{cbg} = \dfrac{A_{Vc}}{A_{Vco}}\ \psi_{ed,V}\ V_b = \dfrac{3{,}038{,}000}{6{,}107{,}513} \times 0.809 \times 869.5 = 349.9^{kN}$

② 교축직각방향

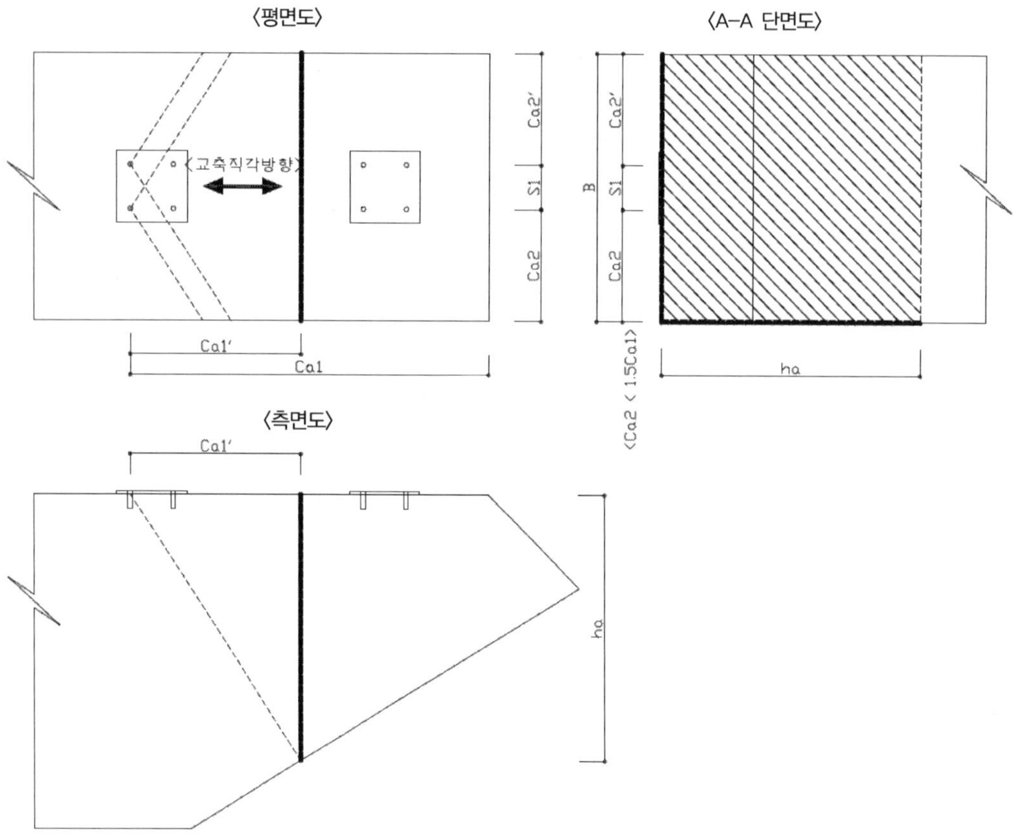

$$c_{a1} = 2600 + 330/2 = 2765^{mm}$$

$$c_{a1}' = \max[c_{a2,\max}/1.5,\ h_a/1.5,\ s_2/3] = \max[557,\ 1323,\ 110] = 1323^{mm}$$

$$c_{a2} = 1000 - 330/2 = 835^{mm}, \quad c_{a2}' = 1000 - 330/2 = 835^{mm}$$

$$s_1 = 330^{mm}, \quad s_2 = 330^{mm}, \quad h_a = 1120^{mm}\,(\text{Given}), \quad B = 2000^{mm}$$

- $A_{Vc} = (c_{a2} + s_1 + c_{a2}) \times h_a = B \times h_a = 2000 \times 1985 = 3{,}970{,}000^{mm^2}$

  $(\because c_{a2} < 1.5c_{a1},\ h_a < 1.5c_{a1},\ c_{a1}' = h_a/1.5)$

- $A_{Vco} = 4.5c_{a1}^2 = 4.5 \times 1323^2 = 7{,}876{,}481^{mm^2}$

  $\therefore A_{Vc}(= 3{,}970{,}000) < nA_{Vco}(= 2 \times 7{,}876{,}481 = 15{,}752{,}961)$

- $\psi_{ed,V} = 0.7 + 0.3\dfrac{c_{a2}}{1.5c_{a1}'} = 0.826 \ (c_{a2} < 1.5c_{a1}')$

- $V_b = 0.6\left(\dfrac{l_e}{d_o}\right)^{0.2}\sqrt{d_o}\sqrt{f_{ck}}\,(c_{a1})^{1.5} = 0.6 \times \left(\dfrac{110}{35}\right)^{0.2} \times \sqrt{35} \times \sqrt{24} \times 1323^{1.5}$

$$= 1052^{kN}(\because l_e = \min[h_{ef}(=110),\ 8d_0(=280)] = 110^{mm}))$$

$$\therefore\ V_{cbg} = \dfrac{A_{Vc}}{A_{Vco}}\ \psi_{ed,V}\ V_b = \dfrac{3{,}970{,}000}{7{,}876{,}481} \times 0.826 \times 1052 = 438.2^{kN}$$

2) 소요역량 : 받침별 평가 지진력 $F_{AS,D}$

    ① 교축방향 $F_{AC,D}^{L} = F_{AS,D}^{L} \times n_B^{L} = 797^{kN} \times 1 = 797^{kN}$

    ② 교축직각방향 $F_{AC,D}^{T} = F_{AS,D}^{T} \times n_B^{T} = 1900^{kN} \times 1 = 1900^{kN}$

3) 평가

    ① 교축방향 $\dfrac{V_{cbg}^{L}}{F_{AS,D}^{L}} = \dfrac{349.9}{797} = 0.439 < 1.0$ N.G

    ② 교축직각방향 $\dfrac{V_{cbg}^{T}}{F_{AS,D}^{T}} = \dfrac{438.2}{1900} = 0.231 < 1.0$ N.G

▶ 콘크리트 프라이아웃 파괴

1) 공급역량 : 콘크리트 프라이아웃 강도 V_{cpg} (앵커그룹)

$$V_{cpg} = k_{cp}N_{cbg}$$

k_{cp} : 콘크리트 프라이아웃 강도 계수 ($h_{ef} < 65^{mm} : k_{cp} = 1.0$, $h_{ef} \geq 65^{mm} : k_{cp} = 2.0$)

$$N_{cbg} = \dfrac{A_{Nc}}{A_{Nco}}\psi_{ec,N}\ \psi_{ed,N}\ \psi_{c,N}\ \psi_{cp,N}\ N_b = \dfrac{A_{Nc}}{A_{Nco}}\ \psi_{ed,N}\ N_b$$

$$A_{Nc} = (2 \times 1.5h_{ef} + s_1) \times (2 \times 1.5h_{ef}) \qquad c_{a1},\ c_{a2} \geq 1.5h_{ef}$$

$$A_{Nco} = 9h_{ef}^2$$

$$\psi_{ed,V} = 1.0(c_{a,\min} \geq 1.5h_{ef}), \qquad 0.7 + 0.3\dfrac{c_{a,\min}}{1.5h_{ef}}(c_{a,\min} < 1.5h_{ef})$$

$$N_b = k_c\sqrt{f_{ck}}\,h_{ef}^{1.5} \qquad (k_c = 10,\ \text{선설치 앵커}),$$

$$= 3.9 \sqrt{f_{ck}}\, h_{ef}^{5/3} \qquad (280^{mm} \leq h_{ef} \leq 635^{mm}\text{인 헤드스터드와 헤드볼트})$$

① 교축방향

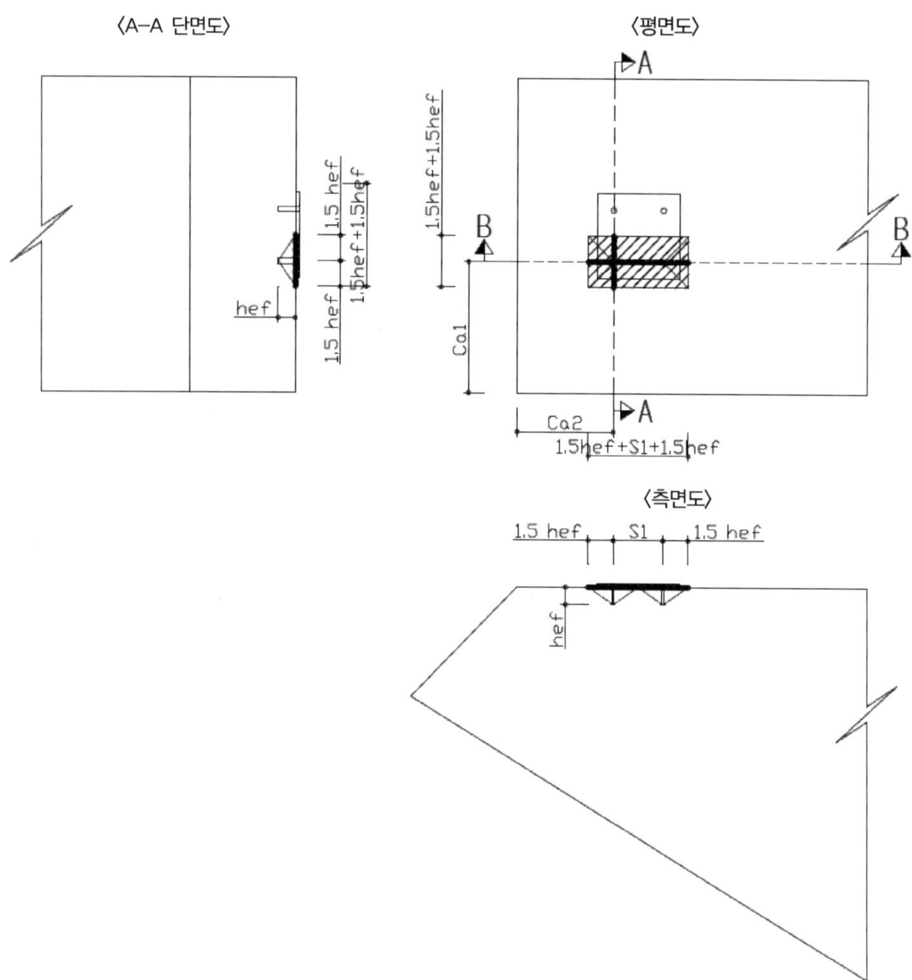

$$c_{a1} = 835^{mm} \geq 1.5 h_{ef}\,(= 1.5 \times 110 = 165^{mm})$$

$$c_{a2} = 635^{mm} \geq 1.5 h_{ef}\,(= 1.5 \times 110 = 165^{mm})$$

- $A_{Nc} = (2 \times 1.5 h_{ef} + s_1) \times (2 \times 1.5 h_{ef}) = (2 \times 1.5 \times 110 + 330) \times (2 \times 1.5 \times 110) = 217,800^{mm^2}$

- $A_{Nco} = 9 h_{ef}^2 = 9 \times 110^2 = 108,900^{mm^2}$

  $\therefore A_{Nc}(= 217,800) \geq nA_{Vco}(= 2 \times 108,900 = 217,800)$

- $N_b = 10\sqrt{f_{ck}}\,h_{ef}^{1.5} = 10 \times \sqrt{24} \times 110^{1.5} = 57^{kN}$

- $\psi_{ed,V} = 1.0(c_{a,\min} \geq 1.5h_{ef})$

$$\therefore N_{cbg} = \frac{A_{Nc}}{A_{Nco}}\,\psi_{ed,N}\;N_b = \frac{217800}{108900} \times 1.0 \times 57 = 113^{kN}$$

$$\therefore V_{cpg} = k_{cp}N_{cbg} = 2.0 \times 113 = 226^{kN}$$

② 교축직각방향

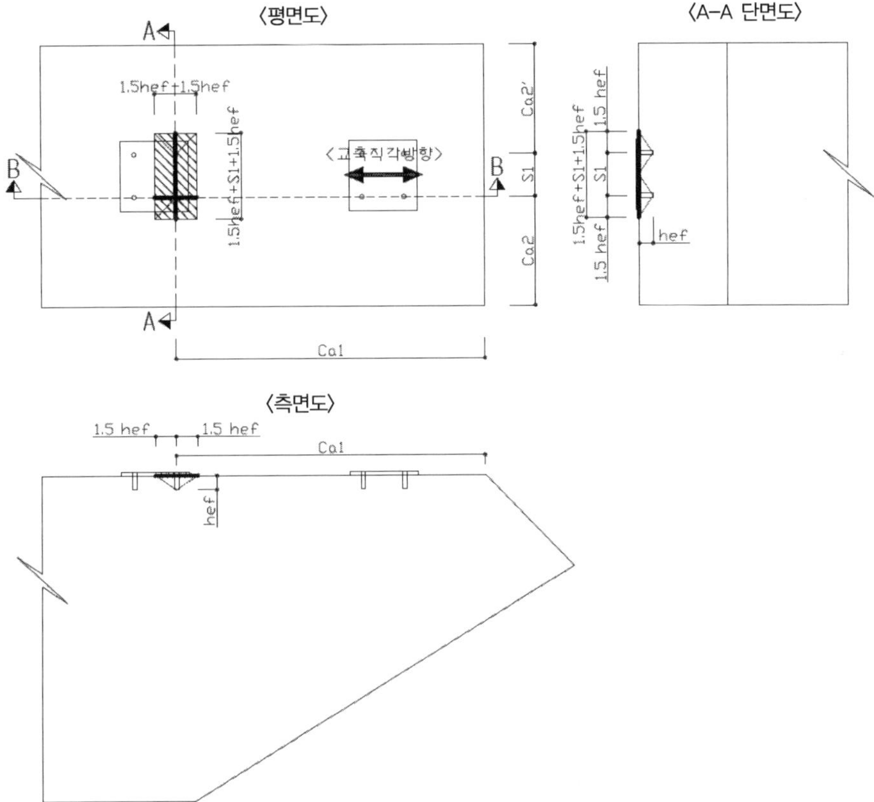

$$c_{a1} = 2435^{mm} \geq 1.5h_{ef}(= 1.5 \times 110 = 165^{mm})$$
$$c_{a2} = 835^{mm} \geq 1.5h_{ef}(= 1.5 \times 110 = 165^{mm})$$

- $A_{Nc} = (2 \times 1.5h_{ef} + s_1) \times (2 \times 1.5h_{ef}) = (2 \times 1.5 \times 110 + 330) \times (2 \times 1.5 \times 110) = 217,800^{mm^2}$

- $A_{Nco} = 9h_{ef}^2 = 9 \times 110^2 = 108,900^{mm^2}$

  $\therefore A_{Nc}(= 217,800) \geq nA_{Vco}(= 2 \times 108,900 = 217,800)$

$$\cdot \; N_b = 10 \sqrt{f_{ck}} \, h_{ef}^{1.5} = 10 \times \sqrt{24} \times 110^{1.5} = 57^{kN}$$

$$\cdot \; \psi_{ed,V} = 1.0 \quad (c_{a,\min} \geq 1.5 h_{ef})$$

$$\therefore \; N_{cbg} = \frac{A_{Nc}}{A_{Nco}} \, \psi_{ed,N} \, N_b = \frac{217800}{108900} \times 1.0 \times 57 = 113^{kN}$$

$$\therefore \; V_{cpg} = k_{cp} N_{cbg} = 2.0 \times 113 = 226^{kN}$$

2) 소요역량 : 받침별 평가 지진력 $F_{AS,D}$

① 교축방향
$$F_{AP,D}^{L} = F_{AS,D}^{L} \times n_B^{L} = 797^{kN} \times 1 = 797^{kN}$$

② 교축직각방향
$$F_{AP,D}^{T} = F_{AS,D}^{T} \times n_B^{T} = 1900^{kN} \times 1 = 1900^{kN}$$

3) 평가

① 교축방향
$$\frac{V_{cpg}^{L}}{F_{AP,D}^{L}} = \frac{226}{797} = 0.284 < 1.0 \qquad \text{N.G}$$

② 교축직각방향
$$\frac{V_{cpg}^{T}}{F_{AP,D}^{T}} = \frac{226}{1900} = 0.119 < 1.0 \qquad \text{N.G}$$

▶ 앵커볼트 평가요약

구분	교축방향			교축직각방향		
	공급역량	소요역량	판정	공급역량	소요역량	판정
강재파괴	947	797	O.K	947	1,900	N.G
			1.187			0.498
콘크리트파괴	350	797	N.G	438	1,900	N.G
			0.439			0.231
프라이아웃파괴	226	797	N.G	226	1,900	N.G
			0.284			0.119

앵커볼트의 내진성능 평가

그림과 같이 배치된 교량받침에 설치된 앵커볼트의 교축방향에 대한 내진성능(강재파괴, 콘크리트 파괴, 콘크리트 프라이아웃 파괴)를 평가하시오(그림의 단위는 mm임).

- 받침 1기당 평가지진력(F=230kN), 콘크리트 설계기준압축강도(f_{ck}=21MPa), 앵커의 유효단면적(A_{se}=1600mm^2), 앵커의 극한인장강도(f_{uta}=400MPa)
- $\psi_{ed.v}$=0.945(연단거리 영향에 대한 전단강도 수정계수)
- V_b=415kN(전단을 받는 단일 앵커의 기본 콘크리트 파괴강도)
- $\psi_{ed.N}$=0.867(연단거리 영향에 대한 인장강도 수정계수)
- N_b=2150kN(인장을 받는 단일 앵커의 기본 콘크리트 파괴강도)
- K_{cp}=2.0(콘크리트 프라이아웃 강도계수)

여기서, C_{a1}(=600mm), C_{a2}(=735mm)는 앵커샤프트 중심에서 콘크리트 가장자리까지의 거리이다.

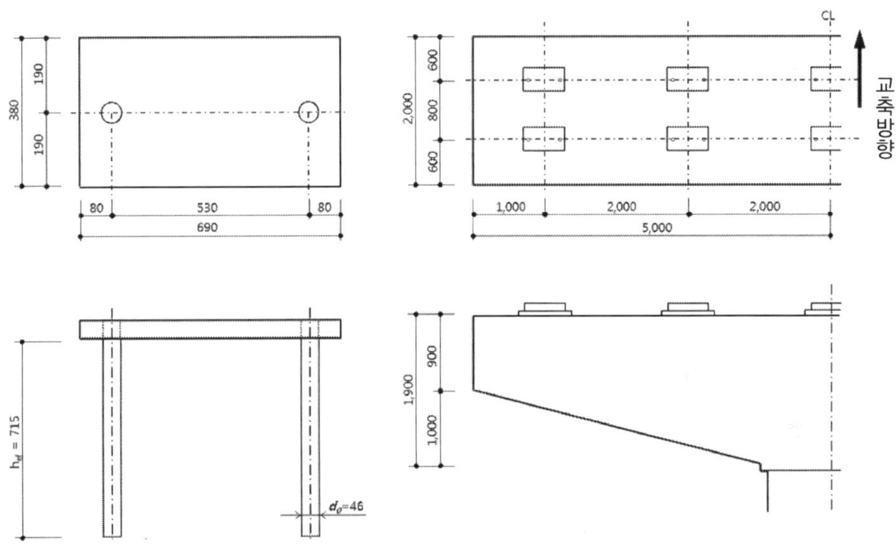

풀 이

▶ 개요

앵커볼트의 파괴는 강재의 파괴(인장, 전단) 또는 콘크리트의 파괴(프라이아웃, 측면파열 등) 등으로 구분된다.

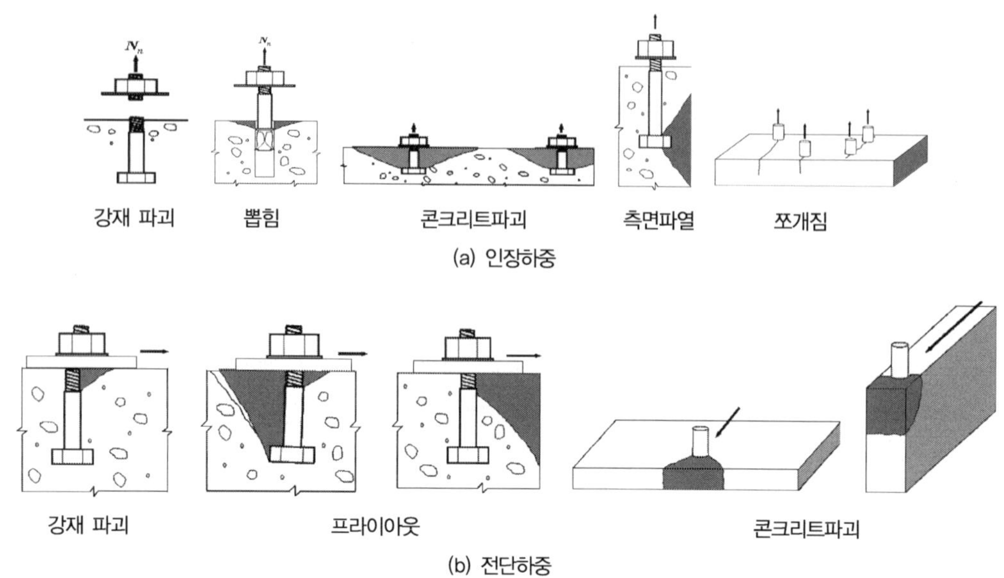

강재요소의 강도에 의해 지배되는 앵커의 강도감소계수

하중 종류	연성강재요소	취성강재요소
인장하중	0.75	0.65
전단하중	0.65	0.60

콘크리트파괴, 측면파열, 앵커 뽑힘 또는 프라이아웃에 의해 지배되는 앵커의 강도감소계수

조건			조건 A[1]	조건 B[2]
i) 전단하중			0.75	0.70
ii) 인장 하중	선설치 헤드스터드, 헤드볼트, 또는 갈고리볼트		0.75	0.70
	별도 시험에 의해 각 범주에 속하는 후설치 앵커	범주 1(낮은 설치 민감도와 높은 신뢰성)	0.75	0.65
		범주 2(중간 설치 민감도와 중간 신뢰성)	0.65	0.55
		범주 3(높은 설치 민감도와 낮은 신뢰성)	0.55	0.45

(1) 조건 A는 구조 부재 내에서 콘크리트의 잠재적인 프리즘 형태의 파괴를 구속하기 위하여 설치한 보조철근이 파괴면과 교차될 때 적용 가능하다.

(2) 조건 B는 이와 같은 보조철근이 없거나 뽑힘강도 또는 프라이아웃 강도가 지배적일 때 적용한다.

▶ 강재의 전단파괴(교축방향, 기존시설물의 내진성능평가 요령 2011. 10)

- 받침 1개당 교축방향 공칭강도 $V_{sa} = n(0.6)A_{se}f_{uta} = 2 \times (0.6) \times 1600 \times 400 = 384^{kN}$

- 보조철근이 잠재적인 파괴면과 교차한다고 가정하면, $\phi = 0.75$

$$\therefore \phi V_{sa} = 288^{kN} > F(= 230^{kN}) \qquad \text{O.K}$$

▶ 콘크리트의 파괴(교축방향)

- 콘크리트의 앵커그룹 파괴강도 $V_{cbg} = \dfrac{A_{v.c}}{A_{v.co}} \times \psi_{ed.v} \times \psi_{c.v} \times V_b$

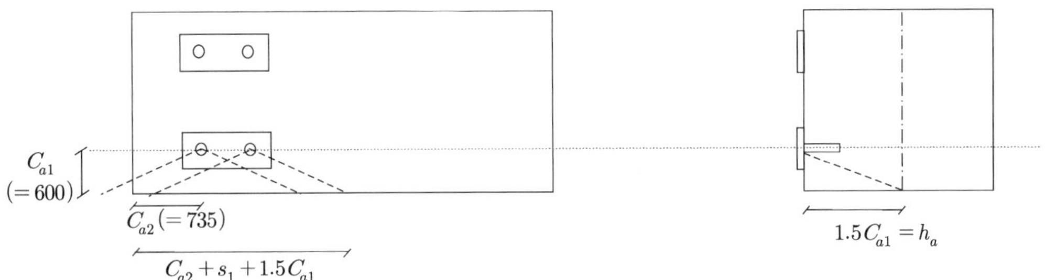

$$A_{v.c} = (C_{a2} + s_1 + 1.5\,C_{a1}) \times h_a = (735 + 530 + 900) \times 900 = 1,948,500^{mm^2}$$

$$A_{v.co} = (2 \times 1.5\,C_{a1}) \times 1.5\,C_{a1} = 4.5\,C_{a1}^2 = 1,620,000^{mm^2} \qquad A_{v.c} \leq nA_{v.co} \quad \text{O.K}$$

$$\psi_{ed.v} = 0.7 + 0.3\frac{C_{a2}}{1.5\,C_{a1}} = 0.7 + 0.3 \times \frac{735}{900} = 0.945 \quad (\because C_{a2} < 1.5\,C_{a1})$$

$$\psi_{c.v} = 1.0 \quad (\because \text{균열 발생})$$

$$V_b = 0.6\left(\frac{l_e}{d_0}\right)^{0.2} \sqrt{d_0}\, \sqrt{f_{ck}}\,(C_{a1})^{1.5}$$

$\qquad l_e$: 앵커의 전단력에 대한 지압 저항길이, $l_e = h_{ef} = 715^{mm} < 8d_0 (= 368^{mm})$

$$\qquad\qquad \therefore l_e = 368^{mm}$$

$$V_b = 0.6 \times \left(\frac{368}{46}\right)^{0.2} \sqrt{46}\, \sqrt{21}\,(600)^{1.5} = 415^{kN}$$

$$\therefore\ V_{cbg} = \frac{1948500}{1620000} \times 0.945 \times 1.0 \times 415 = 471.7^{kN}$$

$$\therefore\ \phi V_{cbg} = 353.8^{kN} > F(= 230^{kN}) \qquad \text{O.K}$$

▶ 콘크리트 프라이아웃 파괴

콘크리트 프라이아웃 파괴 강도 $V_{cpg} = k_{cp} \cdot N_{cbg} \quad [\, k_{cp} = 1.0\,(h_{ef} < 65^{mm}),\ 2.0\,(h_{ef} \geq 65^{mm})\,]$

$$N_{cbg} = \frac{A_{Nc}}{A_{Nco}} \times \psi_{ed.N} \times \psi_{c.N} \times \psi_{cp.N} \times \psi_{ec.N} \times N_b$$

$$1.5h_{ef}(= 1072.5^{mm}) > C_{a.\min}(= C_{a1}(= 600^{mm}),\ C_{a2}(= 735^{mm}))$$

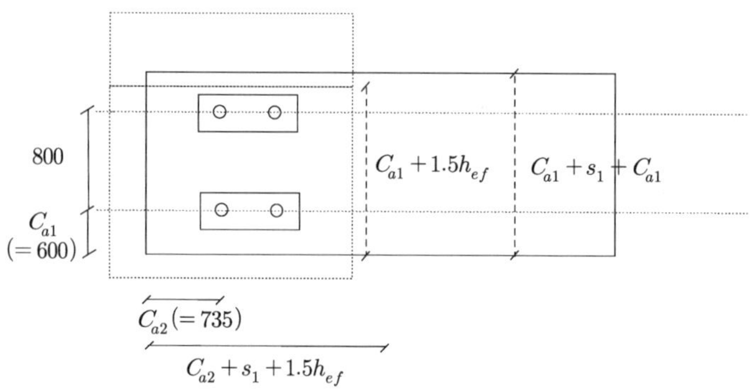

$$A_{N.c} = (C_{a2} + s_1 + 1.5h_{ef}) \times (C_{a1} + 1.5h_{ef})$$
$$= (735 + 530 + 15 \times 715) \times (600 + 1.5 \times 715) = 3,909,470^{mm^2}$$

$$A_{N.co} = (2 \times 1.5h_{ef}) \times (2 \times 1.5h_{ef}) = 9h_{ef}^2 = 4,601,025^{mm^2}$$

$$\psi_{ed.N} = 0.7 + 0.3\frac{C_{a.\min}}{1.5h_{ef}} = 0.7 + 0.3 \times \frac{600}{1.5 \times 715} = 0.867$$

$$\psi_{c.N} = 1.0 \quad (\text{균열 발생})$$

$$\psi_{cp.N} = 1.0 \quad (\text{선설치 앵커})$$

$$\psi_{ec.N} = 1.0 \quad (\text{편심 없음})$$

$$N_b = k_c\sqrt{f_{ck}} \times h_{ef}^{1.5} = 10 \times \sqrt{21} \times 715^{1.5} = 876.13^{kN}$$

여기서 N_b는 묻힘길이가 280^{mm}를 초과하므로 (묻힘길이 $\leq 635^{mm}$)

$$N_b = 3.9\sqrt{f_{ck}}\, h_{ef}^{5/3} = 1021.7^{kN}$$

묻힘길이가 635^{mm} 초과에 대한 N_b값은 시방서상에 따로 주어지지 않고 있으므로 문제에서 주어진 $N_b = 2150^{kN}$을 사용!

$$\therefore N_{cbg} = \frac{3909470}{4601025} \times 0.867 \times 1.0 \times 1.0 \times 1.0 \times 2150 = 1583.87^{kN}$$

$$\therefore V_{cpg} = k_{cp}N_{cpg} = 2 \times 1583.87 = 3167.75^{kN}$$

$$\therefore \phi V_{cpg} = 2375.81^{kN} > F(= 230^{kN}) \quad \text{O.K}$$

▶ 앵커볼트의 교축방향 내진성능 평가

주어진 구조체의 앵커볼트의 교축방향 내진성능은 안정하다.

Chapter 07

옹벽과 기초

옹벽과 기초

01 확대기초

1. 기초판에 작용하는 지반 반력의 분포

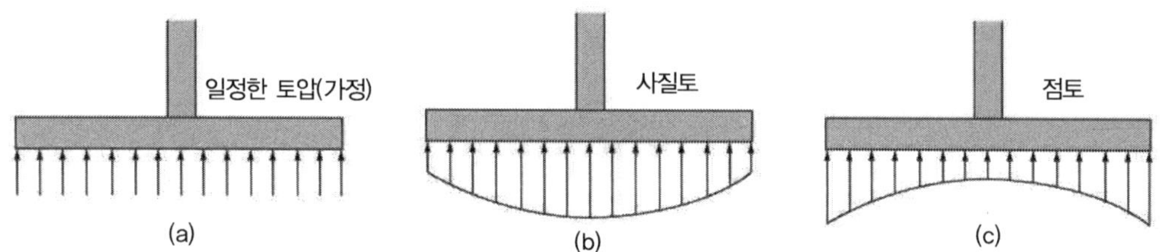

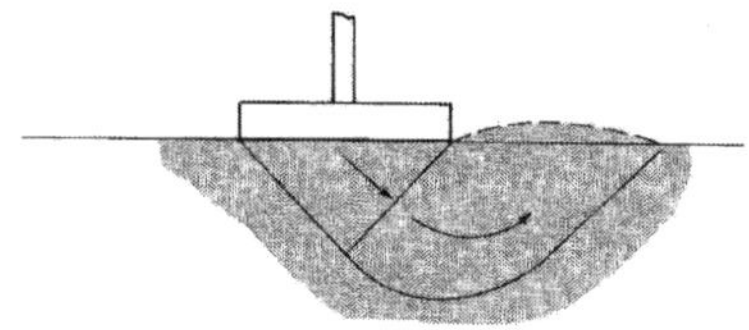

① 연결확대기초에서 반력이 기초판에 등분포하중으로 작용하도록 한다. → 하중합력과 확대기초 도심 일치
② 캔틸레버확대기초에서 휨모멘트의 일부 또는 전부는 연결보가 받고 확대기초는 연직하중만 받는다.

1) 지반의 허용지지력(q_a)과 기초판의 크기

기초판의 넓이 산정 시 이용. 지반의 허용지지력 q_a 는 사용하중을 기준으로 한다.
이때 하중에는 기초판의 자중 및 채움 흙 등의 상재하중도 포함한다.

$$A_{req} \times q_a \geq D + L \qquad \therefore A_{req} = \frac{(D+L)}{q_a}$$

허용지지력(q_a)는 극한지지력(q_u)에 안전율 2.5~3.0을 적용해서 산정한다.

CF) 풍하중(W)와 지진하중(E)도 같이 고려하는 경우

$$A_{req} = \frac{(D+L+W(\text{or } E))}{1.33 q_a} = \frac{0.75(D+L+W(\text{or } E))}{q_a}$$

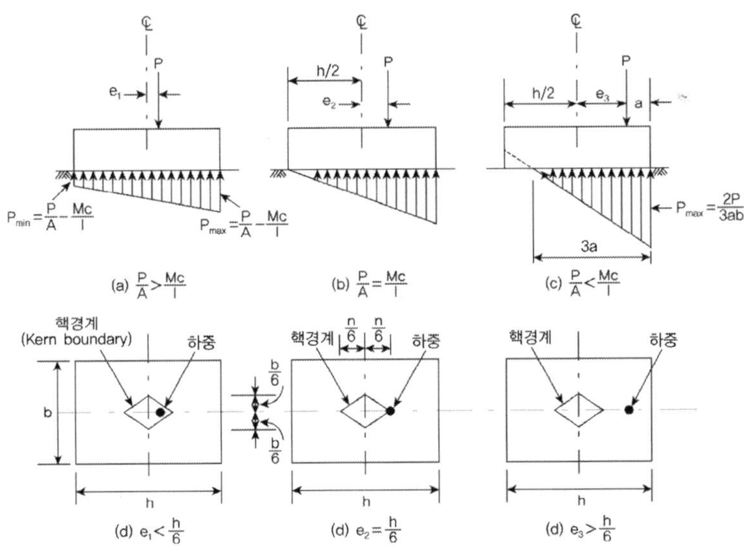

지반반력은 편심에 의한 모멘트를 고려하여 다음과 같이 계산한다(let, $B=1$).

$$q_{\text{max,min}} = \frac{P}{A} \pm \frac{Mc}{I} = \frac{P}{L} \pm \frac{Pe}{\dfrac{1 \times L^3}{12}} \times \frac{L}{2} = \frac{P}{L}\left(1 \pm \frac{6e}{L}\right)$$

2) 편심하중이 작용하는 기초판에서의 토압

$$f_c = \frac{P}{A} - \frac{Pec}{I} = 0 \ : \ e = \frac{I}{Ac} = \frac{\dfrac{bh^3}{12}}{bh\left(\dfrac{h}{2}\right)} = \frac{h}{6} \ \rightarrow \text{핵경계 산정}$$

토압의 인장응력의 발생은 없으므로 $\dfrac{P}{A} < \dfrac{Mc}{I}$ 인 경우의 응력분포에서 연직하중이 작용하는 점은 토압의 도심이다(토압의 작용 총 길이는 $3a$).

$$\frac{p_{max}}{2}(3a)b = P \ \rightarrow \ p_{max} = \frac{2P}{3ab}, \ \ a = \frac{h}{2} - e \ \ : B = 1m \text{ 기준 시 } \ p_{max} = q_{max} = \frac{2P}{3a}$$

3) 지반반력 검토

① KDS 14 20 강도설계법

$$q_s (\text{지반반력}) \leq q_a (\text{허용지지력}), \ \ q_s = \frac{P_D + P_L}{A} \ ; \text{사용하중상태의 고정하중과 활하중}$$

② KDS 24 14 51 한계상태설계법

$$q_u (\text{지반반력}) \leq q_R (\text{설계지지력}), \ \ q_R = \phi q_n = \phi q_{ult}$$

q_n, q_{ult} 는 공칭지지력과 극한지지력으로 지반공학에 따른 이론적 방법, 반경험적 방법, 재하시험을 통한 방법으로 결정할 수 있다. ϕ 는 저항계수로 지지력과 활동에 대해 다음과 같이 규정한다.

		방법/흙/조건	저항계수
지지력	ϕ_b	이론적 방법(Munfakh), 점성토	0.50
		이론적 방법(Munfakh), 사질토, CPT	
		이론적 방법(Munfakh), 사질토, SPT	0.45
		반경험적 방법(Meyerhof), 모든 지반	
		암반 위에 설치된 기초	
		평판재하시험	0.55
활동	ϕ_r	사질토 위에 설치된 프리캐스트 콘크리트	0.90
		사질토 위에 설치된 현장타설 콘크리트	0.80
		점성토 위에 설치된 프리캐스트 혹은 현장타설 콘크리트	0.85
		흙 위에 흙이 존재하는 경우	0.90
	ϕ_{cp}	활동에 저항하는 수동토압	0.50

이때 q_u 는 계수 휨모멘트와 계수 전단력을 대상으로 결정하고, 기둥이나 벽체에 계수축압축력 P_u 만 작용할 때는 다음과 같이 산정한다.

$$q_u = \frac{P_u}{A} = \frac{\gamma_D P_D + \gamma_L P_L}{A}$$

2. 확대기초의 파괴거동과 위험단면

1) 확대기초의 파괴거동

확대기초의 파괴형태는 전단지간비(a/d)에 따라 다음의 4가지로 구분할 수 있다. 이때 전단경간 a는 계수휨모멘트와 계수전단력의 비 M_u/V_u 로도 표현할 수 있으므로 a/d는 $M_u/(V_u d)$로 표현될 수 있다.

① 전단압축 파괴(shear compression failure) : 전단경간 비가 작은 확대기초는 전단압축 파괴가 발생될 수 있다. 전단압축 파괴는 인장연단에서부터 경사균열(inclined crack)이 형성된 후 압축부로 발달하여 압축구역을 감소시킴으로써 압축응력과 전단응력의 합성에 의해 파괴된다.

② 경사균열 후의 휨파괴(flexural failure after inclined cracks form) : 전단균형비가 작은 확대기초에서는 사인장 균열 후의 휨파괴도 발생할 수 있다. 이 파괴 형태는 인장 연단에서부터 경사균열이 형성된 후 압축부로 발달하기 전에 인장철근이 항복하여 휨파괴에 이르는 형태로 나타난다.

③ 뚫림전단파괴(punching shear failure) : 확대기초의 뚫림전단파괴는 사인장파괴(diagonal tension failure)라고도 하며 전단경간비가 중간 정도인 보통의 확대기초에서 발생할 수 있다. 이 파괴형태는 집중하중 주변에서 경사균열이 발생함으로써 뚫리는 형태로 발생한다.

④ 경사균열 전의 휨파괴(flexural failure before inclined cracks form) : 전단경간비가 큰 확대기초에서 경사균열이 발생하기 전에 인장철근이 항복하여 휨파괴에 이르는 형태다. 전단경간비가 큰 보와 마찬가지로 전단과 관련한 거동을 보이지 않고 휨강도에 도달하여 파괴되는 형태이다.

2) 확대기초의 위험단면

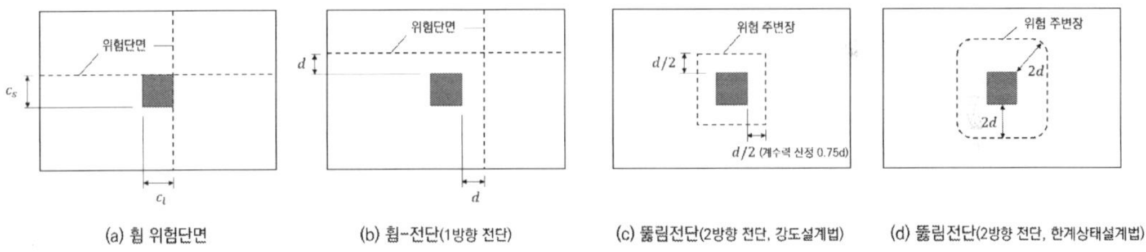

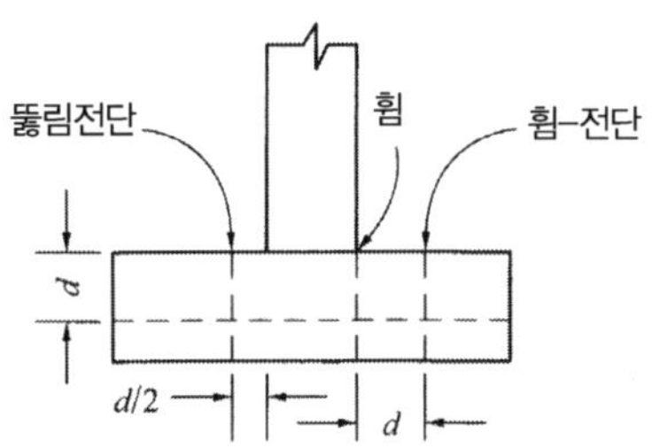

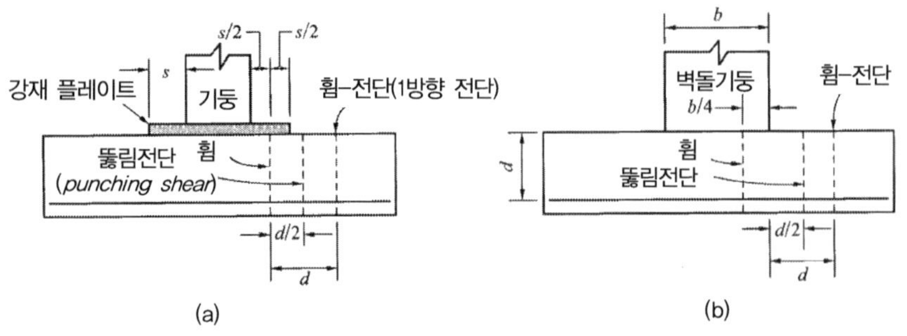

(위험단면 : 강재베이스 플레이트 배치된 경우)　　　(위험단면 : 조적조 벽체, 벽돌기둥)

3) 휨에 대한 위험단면

① 베이스플레이트나 조적조 벽돌 기초를 제외하고 통상의 휨에 대한 위험단면은 기둥경계부로 한다. 또한 두께가 균일한 구조용 슬래브와 기초판에 대해서는 경간방향으로 보강되는 인장철근의 최소철근량은 수축온도 철근의 규정에 따른다.

$$A_{s(\min)}/m = 0.002bh \ (f_y \leq 400MPa)$$
$$= 0.002bh \times \frac{400}{f_y} \geq 0.0014bh \ (f_y > 400MPa)$$
$$A_{s(\min)}/m \leq 1,800mm^2, \ s_{\max} \leq 3t_{slab}, \quad 450mm$$

② 휨강도 검토(l: 장변, s: 단변)

$$M_{ul} = \frac{q_u l_s}{2}\left[\frac{1}{2}(l_l - c_l)\right]^2 = \frac{1}{8}q_u l_s (l_l - c_l)^2$$
$$M_{us} = \frac{q_u l_l}{2}\left[\frac{1}{2}(l_s - c_s)\right]^2 = \frac{1}{8}q_u l_l (l_s - c_s)^2$$

③ 휨철근의 배치

(1) 1방향으로만 휨모멘트가 작용하는 연속기초와 정사각형 독립기초는 휨모멘트가 작용하는 방향으로 기초판 전체 폭에 걸쳐 휨인장철근을 균등하게 배치한다.

(2) 직사각형 확대기초(2방향 기초)의 경우 KDS 14 20 강도설계법에서는 장변방향으로의 철근은 폭 전체에 균등히 배치하고, 단변방향으로의 철근은 아래 식으로 산출한 철근량을 유효폭 내에 균등히 배치하고 나머지 철근량을 유효폭 이외의 부분에 균등히 배치시킨다.

$$(유효폭 \ 내 \ 배치 \ 철근량) = (단변방향의 \ 전체 \ 철근량) \times \frac{2}{\beta+1} \ \ \beta = L(장변)/B(단변)$$

(3) KDS 24 14 21 한계상태설계법에서는 단변방향 전체 철근량의 2/3을 중앙부 c+3d의 폭에 집중배치하도록 권장하고 있다. 원형 확대기초판은 주철근을 직교 방향으로 배치하고 기초판 지름의 50%±10%폭에 해당하는 기초판 중앙부에 집중 배치하도록 규정한다.

기초의 종류	정사각형 기초	직사각형 기초
1방향 기초		
2방향 기초		$A_{s1} = \gamma_s A_{sL}$ $A_{s2} = \dfrac{(1-\gamma_s)A_{sL}}{2}$ $\beta = \dfrac{L}{B}$ $\gamma_s = \left(\dfrac{2}{\beta+1}\right)$

4) 전단에 대한 위험단면

1방향 전단파괴와 2방향 전단파괴(punching shear)는 파괴양상이 다르므로 전단에 대한 위험단면의 위치도 다르다.

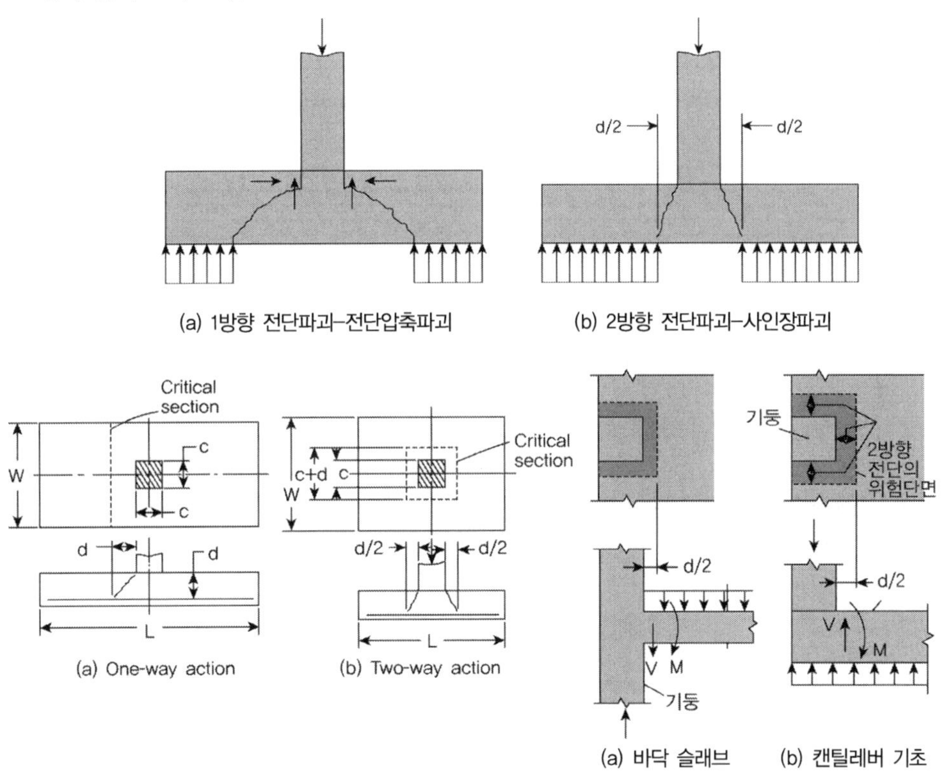

① 1방향 전단(휨−전단, Flexure shear, Beam shear)

1방향 전단에 대해서는 두 방향으로 설계검증을 수행한다. 설계전단강도는 설계기준에 따라 산정하고 각 방향으로의 설계전단강도가 계수전단력 이상임을 검증한다. 슬래브 또는 기초판이 폭이 넓은 보와 같이 휨거동을 할 때 설계 위험단면은 전체 폭으로 이루어진 단면으로 하고 설계는 다음과 같이 한다.

$$\phi V_n = \phi(V_c + V_s) \geq V_u, \quad V_c = \frac{1}{6}\lambda\sqrt{f_{ck}}\,b_w d, \quad V_u = (\text{영향면적})\times q_u, \quad \phi = 0.75$$

$$V_{ul} = q_u l_s\left(\frac{l_l}{2} - \frac{c_l}{2} - d\right), \quad V_{us} = q_u l_l\left(\frac{l_s}{2} - \frac{c_s}{2} - d\right)$$

② 2방향 전단(뚫림전단, Punching shear)

2방향 뚫림전단은 위험단면에 대해 설계검증을 수행한다. 설계기준에 따라 위험단면을 산정하지만 계수전단력은 설계기준에 따라 계산하는 방법에 차이가 있다. KDS 14 20 콘크리트 구조 설계기준은 기둥 경계에서 d/2만큼 떨어진 위치를 위험단면으로 하고 있으나 계수 전단력은 기둥 경계로부터 0.75d 떨어진 위치에서 산정한다.

KDS 14 20 강도설계법 $\quad V_{u,pun} = q_u\left[BL - (c_l + 1.5d)(c_s + 1.5d)\right], \quad BL = l_l \times l_s$

KDS 24 14 21 한계상태설계법 $\quad V_{u,pun} = q_u(BL - A_{crt}), \quad A_{crt}$ 위험단면의 면적

$$V_n = V_c + V_s \leq 0.58 f_{ck} b_0 c_u, \quad \phi V_n \geq V_u \qquad \text{이때 강도감소계수 } \phi = 0.75$$

$$V_c = v_c b_0 d, \qquad v_c = \lambda k_s k_{bo} f_{te}\cot\psi\left(\frac{c_u}{d}\right)$$

여기서, λ : 경량 콘크리트 계수 (일반콘크리트 1.0)

$$k_s = (300/d)^{0.25} \leq 1.1$$

$$k_{bo} = \frac{4}{\sqrt{\alpha_s(b_0/d)}} \leq 1.25$$

$$f_{te} = 0.2\sqrt{f_{ck}}$$

$$\cot\psi = \frac{\sqrt{f_{te}(f_{te} + f_{cc})}}{f_{te}}$$

$$c_u = d\left[25\sqrt{\frac{\rho}{f_{ck}}} - 300\left(\frac{\rho}{f_{ck}}\right)\right]$$

$$f_{cc} = \frac{2}{3}f_{ck},$$

$\alpha_s = 1.0$(내부기둥), 1.33(외부기둥), 2.0(모서리기둥)

$\rho \geq 0.005$

5) 기둥으로부터 기초판으로의 하중전달(지압강도)

기둥의 바닥과 기초판의 표면에서의 지압강도의 제한

KDS 14 20 강도설계법 $\phi(0.85f_{ck}A_1)\sqrt{\dfrac{A_2}{A_1}} \leq \phi(0.85f_{ck}A_1)(2),\ \phi = 0.65$

KDS 24 14 21 한계상태설계법 $\phi_c(0.85f_{ck})A_{co}\sqrt{\dfrac{A_{c1}}{A_{co}}} \leq \phi_c(0.85f_{ck})A_{co}(3.0),\ \phi = 0.75$

기둥, 벽체 또는 받침대 저면에서 힘과 모멘트는 콘크리트의 지압과 다우얼철근(dowel bar) 및 기계적 연결장치에 의해서 지지 받침대 또는 기초판에 전달시켜야 된다.

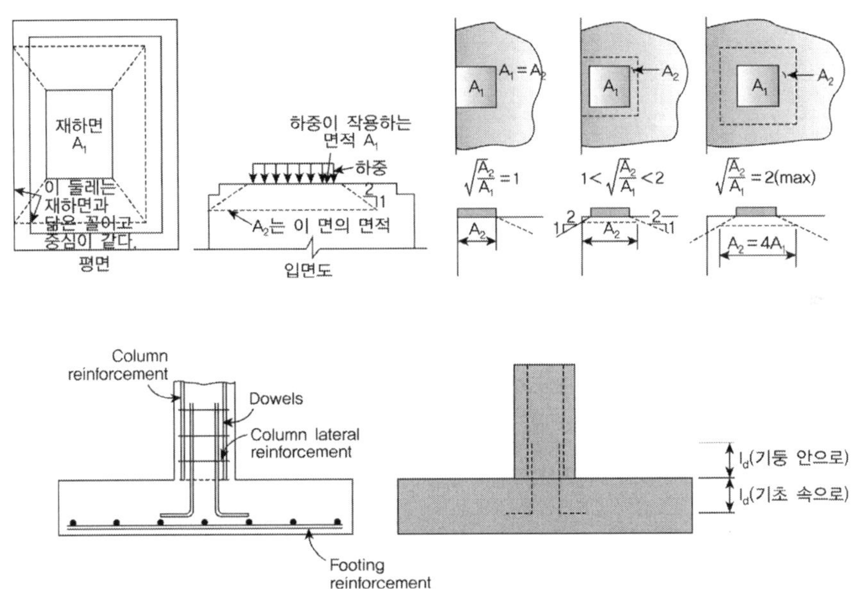

① 현장치기(기둥)

$$A_{s(dowel)} \geq 0.005A_g$$

② 현장치기(벽체) :

$$A_{s(\text{최소 수직철근})} = \begin{cases} f_y \geq 400MPa\text{에 } D16\text{ 이하 이형철근} : & 0.0012bh \\ \text{기타이형철근} : & 0.0015bh \\ \text{지름 } 16mm \text{ 이하의 용접철망} : & 0.0012bh \end{cases}$$

6) 1방향기초 설계 flow

① 소요 기초폭 결정 : $b_{req} = (D+L)/q_a$

② d의 결정

③ 계수 순토압 $p_u(q_u)$ 결정

④ 1방향 전단 검토(d지점)

⑤ 휨모멘트 소요 철근 단면적 계산(최소철근량(수축, 온도철근) 고려)

⑥ 정착길이 검토

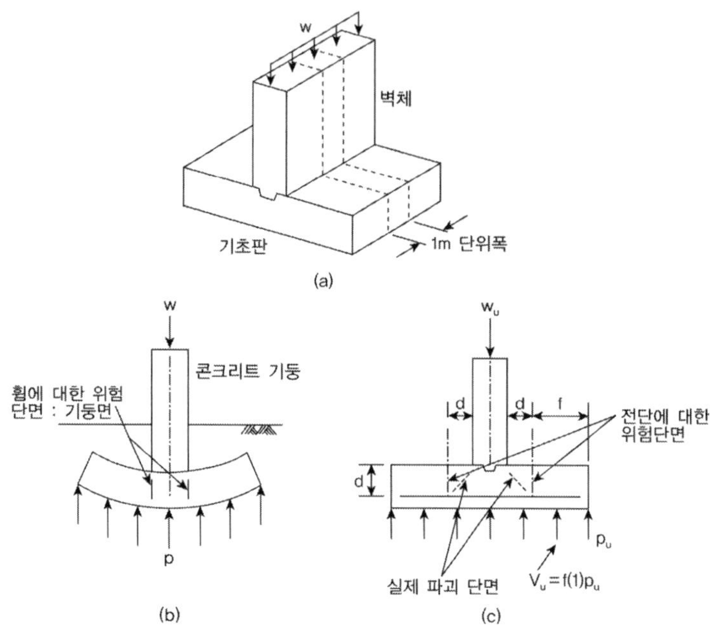

7) 2방향기초 설계 flow

① 소요 기초면적 결정 : $A_{req} = (D+L)/q_a$

② d의 결정

③ 계수 순토압 $p_u(q_u)$ 결정

④ 2방향 전단검토($d/2$ 지점), 1방향 전단검토(d 지점)

⑤ 휨모멘트 소요 철근 단면적 계산(최소철근량(수축, 온도철근) 고려)

⑥ 정착길이 검토

직사각형 확대기초 전단강도 : KDS 14 20 콘크리트구조 설계기준(강도설계법)

그림과 같이 5.0×2.4m의 직사각형 확대기초가 지지하고 있는 500mm 크기의 정사각형 단면기둥에 계수 축압축력 P_u =3,000kN이 작용하고 있다. 이 기초판의 장변방향과 단변방향에 작용하는 최대 계수 휨모멘트와 1방향 계수 전단력을 구하라. 단 기초판 바닥의 피복두께는 75mm이고, 콘크리트 설계기준압축강도 f_{ck}=35MPa이다. SD 400 D19 인장철근을 사용해 장변으로 23개, 단변으로는 13개를 배치할 때 철근 배치도를 그리시오.

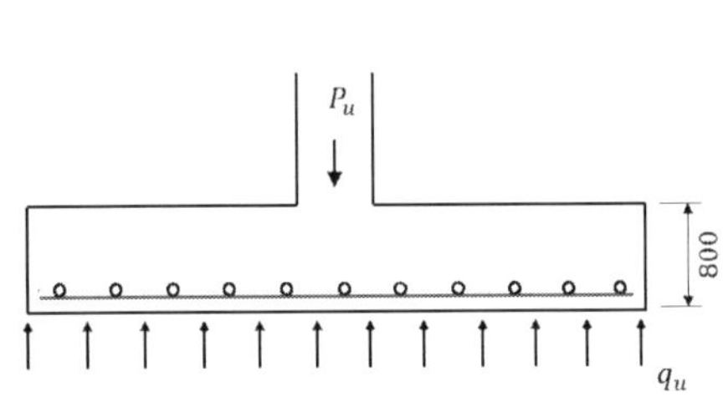

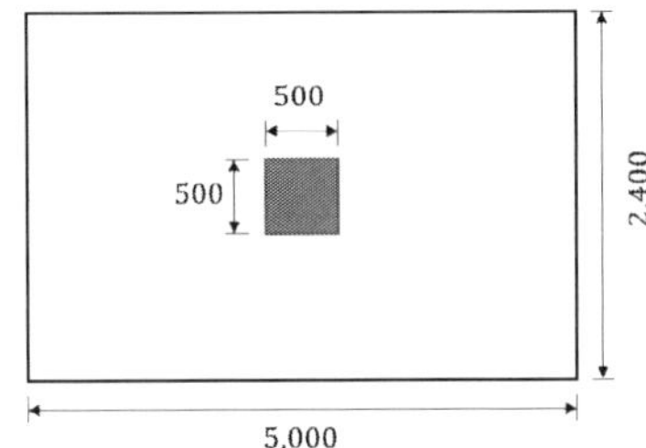

➤ 계수 하중 산정

1) 지반반력 산정

장변 $l_l = 5.0\,\mathrm{m}$, 단변 $l_s = 2.4\,\mathrm{m}$이므로 기둥에서 전달되는 계수축압축력 3,000kN으로 인한 지반반력 q_u는

$$q_u = \frac{P_u}{l_l \times l_s} = \frac{3,000}{5.0 \times 2.4} = 250\,\mathrm{kN/m^2}$$

2) 계수 휨모멘트

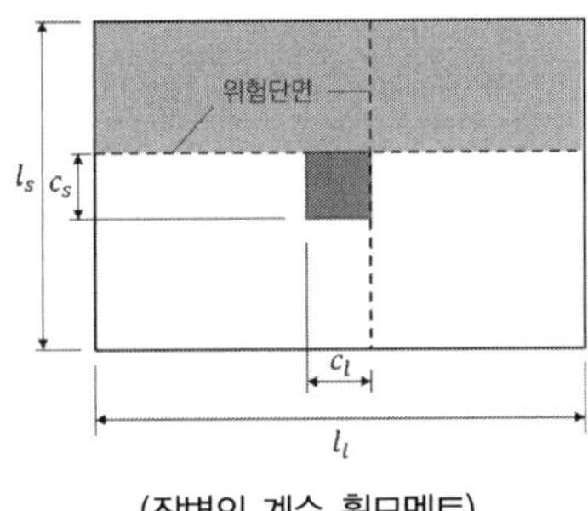

(장변의 계수 휨모멘트)

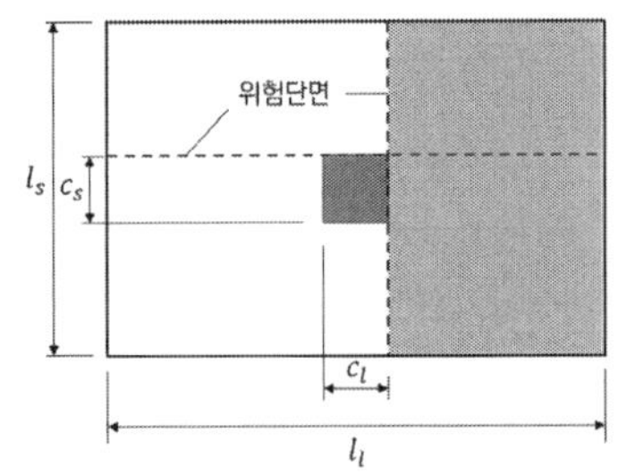

(단변의 계수 휨모멘트)

① 장변

$$M_{ul} = \frac{q_u l_s}{2}\left[\frac{1}{2}(l_l - c_l)\right]^2 = \frac{1}{8}q_u l_s (l_l - c_l)^2 = \frac{1}{8}\times 250 \times 2.4 \times (5 - 0.5)^2 = 1,520\,\text{kNm}$$

② 단변

$$M_{us} = \frac{q_u l_l}{2}\left[\frac{1}{2}(l_s - c_s)\right]^2 = \frac{1}{8}q_u l_l (l_s - c_s)^2 = \frac{1}{8}\times 250 \times 5.0 \times (2.4 - 0.5)^2 = 564\,\text{kNm}$$

3) 1방향 계수 전단력

피복두께 75mm, D19철근의 지름이 19.1mm이므로

$$d_l = 800 - 75 - 19.1/2 = 715\,\text{mm}$$
$$d_s = 800 - 75 - 19.1 - 19.1/2 = 696\,\text{mm}$$

① 장변

$$V_{ul} = q_u l_s\left(\frac{l_l}{2} - \frac{c_l}{2} - d_l\right) = 250 \times 2.4 \times \left(\frac{5.0}{2} - \frac{0.5}{2} - 0.715\right) = 921\,\text{kN}$$

② 단변

$$V_{us} = q_u l_l\left(\frac{l_s}{2} - \frac{c_s}{2} - d\right) = 250 \times 5.0 \times \left(\frac{2.4}{2} - \frac{0.5}{2} - 0.696\right) = 318\,\text{kN}$$

▶ 설계 강도 산정

1) 휨 검토

① 장변 : 인장철근이 항복한다고 가정한다.

$$\text{C=T} : \eta(0.85 f_{ck})\beta_1 c b_w = A_s f_y \quad \therefore c = \frac{A_s f_y}{0.85\eta\beta_1 b_w f_{ck}}$$

$$M_u = \phi M_n = \phi A_s f_y\left(d - \frac{a}{2}\right) = \phi A_s f_y\left(d_l - \frac{1}{2}\frac{A_s f_y}{0.85\eta l_l f_{ck}}\right)$$

$$1,520 \times 10^6 = 0.85 A_s \times 400\left(715 - \frac{1}{2}\frac{400 A_s}{0.85 \times 1.0 \times 5000 \times 35}\right) \quad \therefore A_s = 6,327.8\,\text{mm}^2$$

$$\therefore c = \frac{A_s f_y}{0.85\eta\beta_1 b_w f_{ck}} = \frac{6,327.8 \times 400}{0.85 \times 1.0 \times 0.80 \times 5000 \times 35} = 21.27\,\text{mm}$$

$$\text{From } \epsilon_t = \epsilon_{cu}\left(\frac{d_t}{c} - 1\right) = 0.0033\left(\frac{715}{21.27} - 1\right) = 0.107 \geq \epsilon_y,\ 0.005 \quad \text{O.K}$$

$$\therefore \text{D19}(A_s = 286.5\,\text{mm}^2)\ 23개를 배근한다. \quad A_{s(use)} = 23 \times 286.5 = 6,589.5\,\text{mm}^2$$

② 단변 : 인장철근이 항복한다고 가정한다.

$$C=T : \eta(0.85f_{ck})\beta_1 cb_w = A_s f_y \quad \therefore c = \frac{A_s f_y}{0.85\eta\beta_1 b_w f_{ck}}$$

$$M_u = \phi M_n = \phi A_s f_y\left(d - \frac{a}{2}\right) = \phi A_s f_y\left(d_s - \frac{1}{2}\frac{A_s f_y}{0.85\eta l_s f_{ck}}\right)$$

$$564\times10^6 = 0.85A_s\times400\left(715 - \frac{1}{2}\frac{400A_s}{0.85\times1.0\times2400\times35}\right) \quad \therefore A_s = 2,341.5\,\mathrm{mm^2}$$

$$\therefore c = \frac{A_s f_y}{0.85\eta\beta_1 b_w f_{ck}} = \frac{2,341.5\times400}{0.85\times1.0\times0.80\times5000\times35} = 16.40\,\mathrm{mm}$$

$$\text{From } \epsilon_t = \epsilon_{cu}\left(\frac{d_t}{c} - 1\right) = 0.0033\left(\frac{696}{16.40} - 1\right) = 0.136 \geq \epsilon_y,\ 0.005 \quad \mathrm{O.K}$$

$$\therefore \text{D19}(A_s = 286.5\mathrm{mm^2})\ 13\text{개를 배근한다.} \quad A_{s(use)} = 13\times286.5 = 3,724.5\,\mathrm{mm^2}$$

2) 전단검토

① 장변 $V_c = \dfrac{1}{6}\lambda\sqrt{f_{ck}}\,b_w d = \dfrac{1}{6}\times1.0\sqrt{35}\times5000\times715\times10^{-3} = 3,525\,\mathrm{kN} > V_{ul} \quad \mathrm{O.K}$

② 단변 $V_c = \dfrac{1}{6}\lambda\sqrt{f_{ck}}\,b_w d = \dfrac{1}{6}\times1.0\sqrt{35}\times2400\times696\times10^{-3} = 1,647 > V_{us} \quad \mathrm{O.K}$

3) 지압검토

① 기둥

$$A_1 = 500\times500 = 250,000\,\mathrm{mm^2}$$

$$\phi(0.85f_{ck}A_1) = 0.65\times(0.85\times35\times250,000)\times10^{-3} = 4,834.4\,\mathrm{kN} > P_u \quad \mathrm{O.K}$$

② 기초판

기초판 상부 하중 재하면 테두리로부터 수평방향 수직하중으로 2:1 비율로 경사선을 연장하면

$$A_2 = 2400\times2400 = 5.76\times10^6\,\mathrm{mm^2}$$

$$\sqrt{\frac{A_2}{A_1}} = 4.8 > 2.0$$

$$\therefore \phi(0.85f_{ck}A_1)\sqrt{\frac{A_2}{A_1}} = \phi(0.85f_{ck}A_1)(2) = 9,668.8\,\mathrm{kN} > P_u \quad \mathrm{O.K}$$

▶ 철근 배근도

① 장변방향 : 23개의 철근을 100mm 간격으로 배치하면 최 외측에 배치되는 철근의 중심에서 측

면 콘크리트 표면까지의 거리가 100mm이 되어 최소피복두께를 만족하므로 장변방향 철근은 중심간격 100mm로 배치한다._콘크리트

② 단변방향 : 장변과 단변의 비율 $\beta = 5.0/2.4 = 2.08$이고, $\gamma_s = \dfrac{2}{\beta+1} = 0.649$이므로, 전체 철근 수 n은 13이고 $\gamma_s n = 8.4$이므로 13개 철근 중 9개는 400mm 간격으로 유효폭 2,400mm 내에 배치하고 폭 600mm 간격으로 좌우로 2개씩 배치하면 측면 콘크리트 표면까지의 거리가 100mm이 되어 최소피복두께를 만족한다.

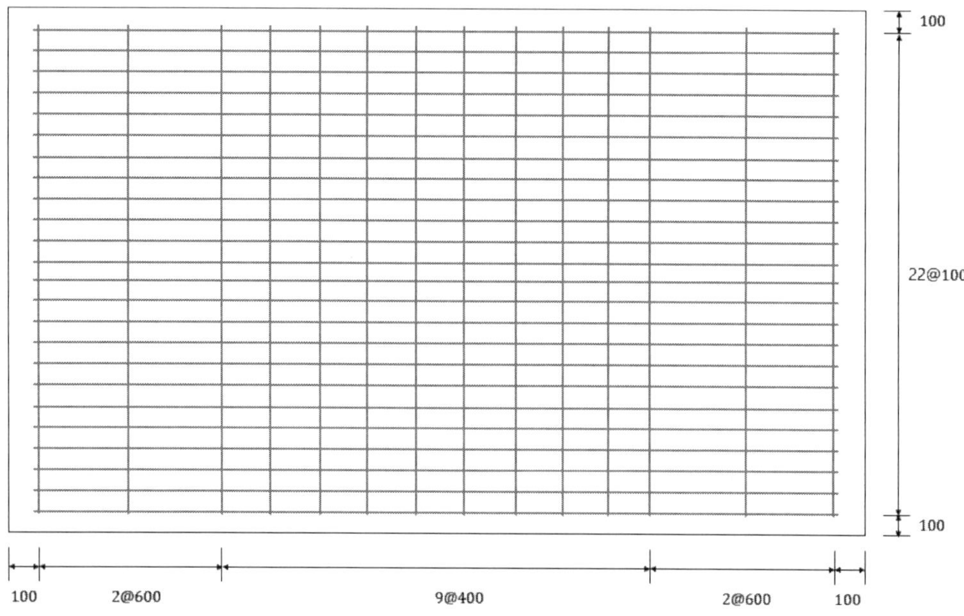

전단철근이 배치된 슬래브 전단강도 : 2012 콘크리트 구조기준

500mm×500mm 정사각형 단면기둥에 지지되는 플랫 슬래브의 크기가 $l_1 = l_2 = 6.4\,\text{m}$이고, $h = 200\,\text{mm}$, $d = 160\,\text{mm}$일 때 전단강도를 구하라. 설계기준을 만족하지 못하면 주철근비 또는 설계기준압축강도 f_{ck}를 상향조정 또는 지판을 설치하거나 전단철근 배치를 고려하라. 상재분포하중 $w_u = 8kN/m^2$, 슬래브 콘크리트의 설계기준 압축강도 $f_{ck} = 27MPa$, $f_y = 400MPa$이다.

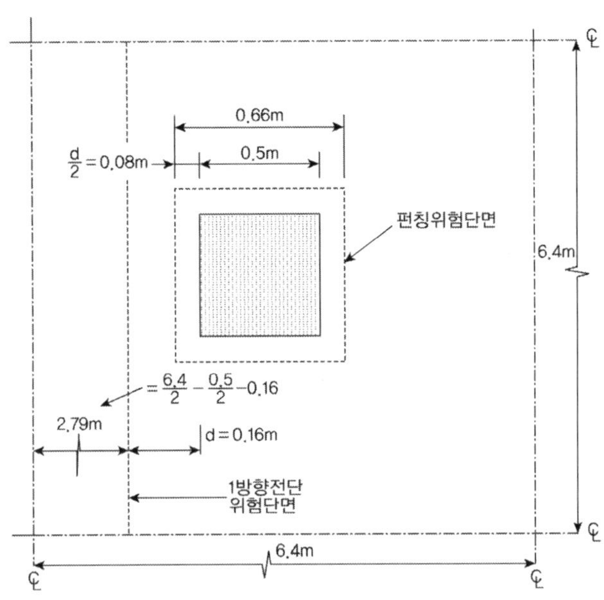

▶ 전단강도 검토

1) 하중산정

자중 : $0.2 \times 25kN/m^3 = 5kN/m^2$

등분포 하중 : $1.2 \times 5 + 8 = 14kN/m^2$

2) 1방향 전단 검토

기둥지지면에서 거리 d만큼 떨어진 위험단면에서 전단강도

$$V_u = 14 \times 2.79 \times 6.4 = 249.98kN$$

$$\phi V_c = \phi \frac{1}{6}\sqrt{f_{ck}}\,b_w d = 0.75 \times \frac{1}{6}\sqrt{27} \times 2.79 \times 0.16 \times 10^3 = 289.94 kN$$

$$V_u < \phi V_c \qquad \text{O.K}$$

3) 2방향 전단 검토

기둥지지면에서 거리 $0.5d$만큼 떨어진 위험단면에서 전단강도

$$V_u = 14\left(6.4^2 - (0.5 + 2 \times 0.08)^2\right) = 567.34 kN$$

$$V_c = v_c b_0 d, \quad v_c = \lambda k_s k_{ba} f_{te}(\cot\psi)(c_u/d)$$

λ : 경량 콘크리트 계수 (일반콘크리트 1.0) $\qquad b_0 = 2(0.5 + 0.5 + 0.16 \times 2) = 2.64\,\text{m}$

$$k_s = (300/d)^{0.25} = (300/160)^{0.25} = 1.17 > 1.0 \quad \therefore\ k_s = 1.0$$

$$k_{ba} = \frac{4}{\sqrt{\alpha_s(b_0/d)}} = \frac{4}{\sqrt{1 \times (2640/160)}} = 0.98 \le 1.25 \quad (\alpha_s : \text{내부기둥}(=1.0))$$

$$f_{te} = 0.21\sqrt{f_{ck}} = 0.21\sqrt{27} = 1.09 MPa$$

$$\cot\psi = \frac{\sqrt{f_{te}(f_{te} + f_{cc})}}{f_{te}} = \frac{\sqrt{1.09(1.09 + 18)}}{1.09} = 4.185 \quad \left(f_{cc} = \frac{2}{3}f_{ck} = 18 MPa\right)$$

$$c_u = d\left[25\sqrt{\frac{\rho}{f_{ck}}} - 300\left(\frac{\rho}{f_{ck}}\right)\right] = 160\left[25\sqrt{\frac{0.005}{27}} - 300\left(\frac{0.005}{27}\right)\right] = 45.54\,\text{mm}, \quad \rho \ge 0.005$$

$$\therefore\ v_c = \lambda k_s k_{ba} f_{te}(\cot\psi)(c_u/d) = 1 \times 1 \times 0.98 \times 1.09 \times 4.185 \times (45.54/160) = 1.27 MPa$$

$$\phi V_c = 0.75 \times 1.27 \times 2.64 \times 10^3 \times 0.16 = 403.1 kN < V_u(= 567.34 kN)$$

전단강도 증가 필요

4) 전단강도 증가 방법

① 주철근비 증가 $\qquad\qquad\qquad$ ② 콘크리트 설계기준압축강도 f_{ck} 증가

③ 기둥 지지점에서 슬래브 두께 증가 $\qquad$ ④ 전단철근 배치

⑤ 기둥단면 크기의 증가

▶ 전단강도 증가 : 주철근비(ρ) 증가 방법

주철근비를 $\rho = 0.025$로 증가

$$c_u = d\left[25\sqrt{\frac{\rho}{f_{ck}}} - 300\left(\frac{\rho}{f_{ck}}\right)\right] = 160\left[25\sqrt{\frac{0.025}{27}} - 300\left(\frac{0.025}{27}\right)\right] = 77.27\,\text{mm}, \quad \rho \ge 0.005$$

$$v_c = \lambda k_s k_{ba} f_{te}(\cot\psi)(c_u/d) = 1 \times 1 \times 0.98 \times 1.09 \times 4.185 \times (77.27/160) = 2.16 MPa$$

$$\therefore\ \phi V_c = 0.75 \times 2.16 \times 2.64 \times 10^3 \times 0.16 = 683.9 kN > V_u(= 567.34 kN) \qquad \text{O.K}$$

주철근비 증가에 따라서 전단강도에 대해서는 만족하지만 실제 설계에 사용되기 위한 주철근 비 0.025는 비경제적임

▶ 전단강도 증가 : 콘크리트 설계기준 압축강도(f_{ck}) 증가 방법

$$V_u \leq \phi[\lambda k_s k_{ba} f_{te}(\cot\psi)(c_u/d)]b_0 d = \phi\lambda b_0 d k_s k_{ba}[f_{te}(\cot\psi)(c_u/d)]$$
$$= 0.75 \times 1 \times 2.64 \times 10^3 \times 160 \times 1.0 \times 0.98[f_{te}(\cot\psi)(c_u/d)]$$
$$= 310,464 \times [f_{te}(\cot\psi)(c_u/d)]$$

$\therefore f_{ck}$ 콘크리트의 설계기준 압축강도의 증가는 한계가 있으며 비경제적임.

▶ 전단강도 증가 : 지판(기둥 지지점에서 슬래브) 두께 증가 방법

슬래브 두께 $t_s = 0.2m$

드롭패널 두께 $t_d = (1.25 \sim 1.5)t_s$ =0.25~0.3m   Use 0.3m

지판패널 $d_d = 0.27m$

지판패널 크기 $2.2m \times 2.2m$

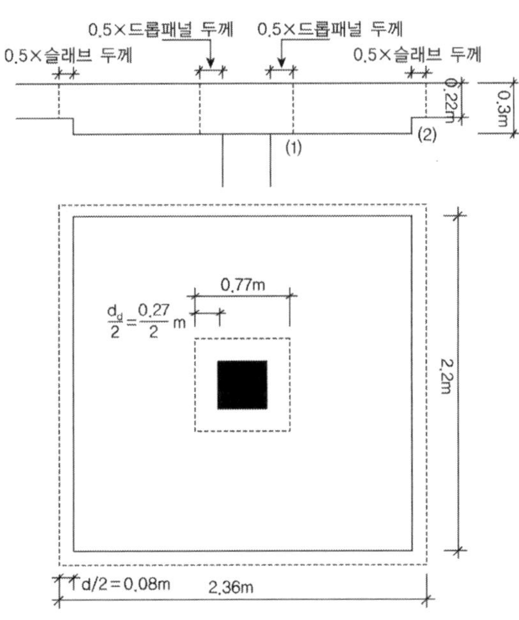

1) 기둥지지면에서 드롭패널 두께(0.5d)에서 검토

$$t_d = 1.5 \times 0.2 = 0.3m, \quad d_d = t_d = 0.03 = 0.3 - 0.03 = 0.27m$$

$$\rho = \frac{0.22}{0.27} \times 0.005 = 0.0041$$

$$V_c = v_c b_0 d, \quad v_c = \lambda k_s k_{ba} f_{te}(\cot\psi)(c_u/d)$$

λ : 경량 콘크리트 계수 (일반콘크리트 1.0) $\quad b_0 = 2(0.5 + 0.5 + 0.27 \times 2) = 3.08m$

$$k_s = (300/d)^{0.25} = (300/270)^{0.25} = 1.03 > 1.0 \quad \therefore k_s = 1.0$$

$$k_{ba} = \frac{4}{\sqrt{\alpha_s(b_0/d)}} = \frac{4}{\sqrt{1 \times (3080/160)}} = 1.18 \leq 1.25 \quad (\alpha_s : \text{내부기둥}(=1.0))$$

$$f_{te} = 0.21\sqrt{f_{ck}} = 0.21\sqrt{27} = 1.09 MPa$$

$$\cot\psi = \frac{\sqrt{f_{te}(f_{te} + f_{cc})}}{f_{te}} = \frac{\sqrt{1.09(1.09 + 18)}}{1.09} = 4.185 \quad \left(f_{cc} = \frac{2}{3}f_{ck} = 18MPa\right)$$

$$c_u = d\left[25\sqrt{\frac{\rho}{f_{ck}}} - 300\left(\frac{\rho}{f_{ck}}\right)\right] = 270\left[25\sqrt{\frac{0.005}{27}} - 300\left(\frac{0.005}{27}\right)\right] = 76.86mm, \quad \rho \geq 0.005$$

$$\therefore v_c = \lambda k_s k_{ba} f_{te}(\cot\psi)(c_u/d) = 1 \times 1 \times 1.18 \times 1.09 \times 4.185 \times (76.86/270) = 1.53MPa$$

$$\phi V_c = 0.75 \times 1.53 \times 3.08 \times 10^3 \times 0.27 = 955.7kN > V_u(= 567.34kN) \quad \text{O.K}$$

2) 지판끝 면에서 슬래브 두께(0.5d)에서 검토

$$d = 0.16m, \, V_u = 14(6.4^2 - 2.36^2) = 495.5kN$$

$$V_c = v_c b_0 d, \, v_c = \lambda k_s k_{ba} f_{te}(\cot\psi)(c_u/d)$$

λ : 경량 콘크리트 계수 (일반콘크리트 1.0) $\quad b_0 = 2(2.2 + 2.2 + 0.16 \times 2) = 9.44m$

$$k_s = (300/d)^{0.25} = (300/160)^{0.25} = 1.17 > 1.0 \quad \therefore k_s = 1.0$$

$$k_{ba} = \frac{4}{\sqrt{\alpha_s(b_0/d)}} = \frac{4}{\sqrt{1 \times (9440/160)}} = 0.52 \leq 1.25 \quad (\alpha_s : \text{내부기둥}(=1.0))$$

$$f_{te} = 0.21\sqrt{f_{ck}} = 0.21\sqrt{27} = 1.09MPa$$

$$\cot\psi = \frac{\sqrt{f_{te}(f_{te} + f_{cc})}}{f_{te}} = \frac{\sqrt{1.09(1.09 + 18)}}{1.09} = 4.185 \quad \left(f_{cc} = \frac{2}{3}f_{ck} = 18MPa\right)$$

$$c_u = d\left[25\sqrt{\frac{\rho}{f_{ck}}} - 300\left(\frac{\rho}{f_{ck}}\right)\right] = 160\left[25\sqrt{\frac{0.005}{27}} - 300\left(\frac{0.005}{27}\right)\right] = 45.54mm, \quad \rho \geq 0.005$$

$$\therefore v_c = \lambda k_s k_{ba} f_{te}(\cot\psi)(c_u/d) = 1 \times 1 \times 0.52 \times 1.09 \times 4.185 \times (45.54/160) = 0.68MPa$$

$$\phi V_c = 0.75 \times 0.68 \times 9.44 \times 10^3 \times 0.16 = 770.33 kN \;>\; V_u(= 567.34 kN) \quad \text{O.K}$$

▶ 전단강도 증가 : 전단철근 배치 방법

D10 전단철근 사용 $A_s = 71.33 mm^2$, $\;s = 70 mm$ (d/2 이하 적용)

$$V_u = 14(6.4^2 - (0.5 + 2 \times 0.08)^2) = 567.34 kN \le \phi(V_c + V_s)$$

$$\le \phi 0.34 f_{ck} b_0 c_u = 0.75 \times 0.34 \times 27 \times 2.64 \times 45.54 = 827.75 kN$$

$$\phi V_c = 0.75 \times 1.27 \times 2.64 \times 10^3 \times 0.16 = 403.1 kN$$

$$A_v = \frac{(V_u - \phi V_c)s}{\phi f_y d} = \frac{(567.34 - 403.1) \times 10^3 \times 70}{0.75 \times 400 \times 160} = 240 mm^2$$

여기서 A_v는 기둥 4면에 대해 필요한 양이므로 1면에 대한 철근량은 A_v(1면) =240/4 =60mm^2

지반여건이나 현장조건이 각 기둥에 대한 독립기초의 배치가 어려운 경우에 두 기둥 또는 그 이상의 기둥을 연결하는 연결 확대기초를 배치한다. 연결 확대기초는 한 방향으로는 보와 같이 거동하고 반대방향으로는 기초판같이 거동한다.

부등침하를 피하고 균등한 침하를 유도하기 위해서 설계자는 연결확대기초의 도심이 기둥에 의해 전달되는 사용하중의 합력 작용점에 위치하도록 하여야 한다.

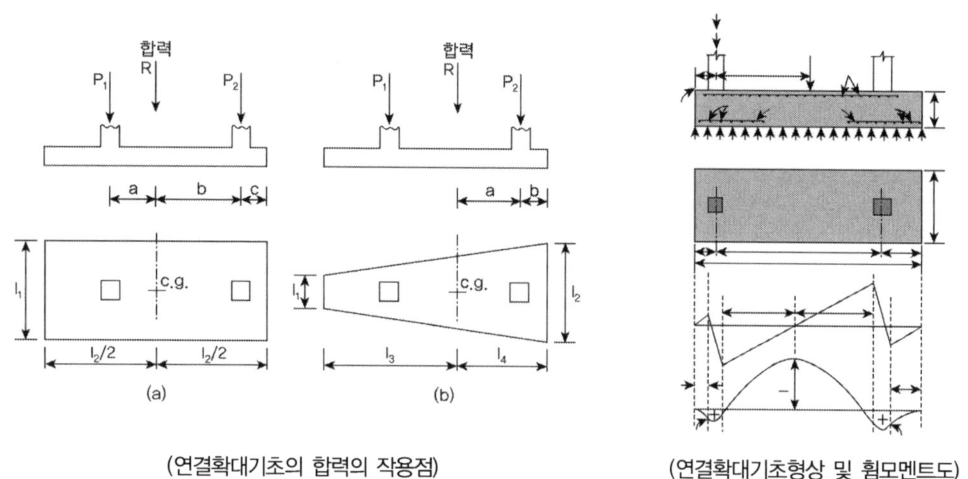

(연결확대기초의 합력의 작용점)   (연결확대기초형상 및 휨모멘트도)

1. 연결 확대기초의 설계

1) 지반의 허용지지력을 기준으로 기초판의 넓이를 정한다.

2) 두 기둥의 하중의 합력의 작용점을 계산하고 그 속을 기초판의 도심이 놓이도록 기초판의 크기를 결정한다.

3) 계수 기둥하중을 이용하여 지반반력을 구한다.

4) 위험단면에서의 휨모멘트를 계산한다.

5) d를 가정하여 1방향과 2방향 전단에 대해 검토한다.

6) 정모멘트의 최댓값이 기둥 위치에서 나타나면 기둥의 전면이 위험단면이 된다. 부모멘트의 최댓값이 나타나는 위치에서 휨에 대한 설계를 한다(상부배근). 정착길이 검토

7) 최소 휨철근 검토

8) 단변에 대한 전단과 휨에 대해 설계한다.

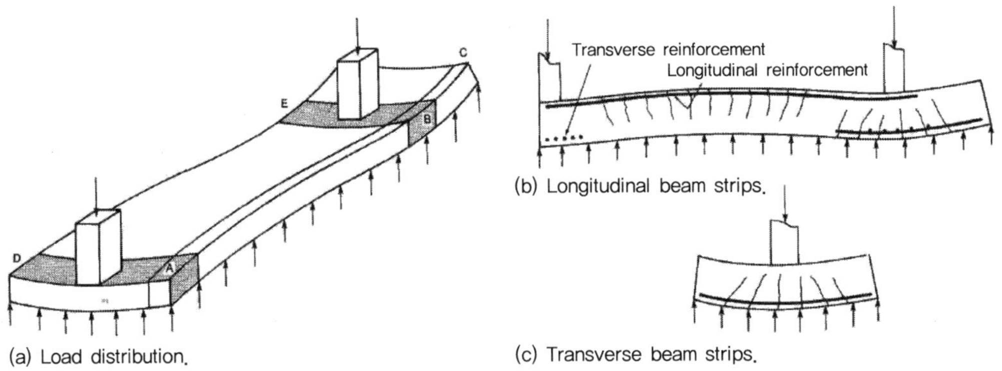

2. 캔틸레버 확대기초

1) 캔틸레버 확대기초에서 연결보는 지반반력은 직접받지는 않고 전단력과 휨모멘트를 받는 보로 작용한다.

2) 내측기초와 외측기초에 작용하는 전 지반반력의 합력과 기둥하중의 합력의 위치를 일치

3) 외측기초는 벽의 확대기초로 보고 설계한다(외부기둥과 연결보 전체를 벽체로 보고 설계).

4) 내측기초는 독립확대기초로 설계, 단 연결보가 있어서 펀칭전단은 일어나지 않는다.

5) 연결보 설계

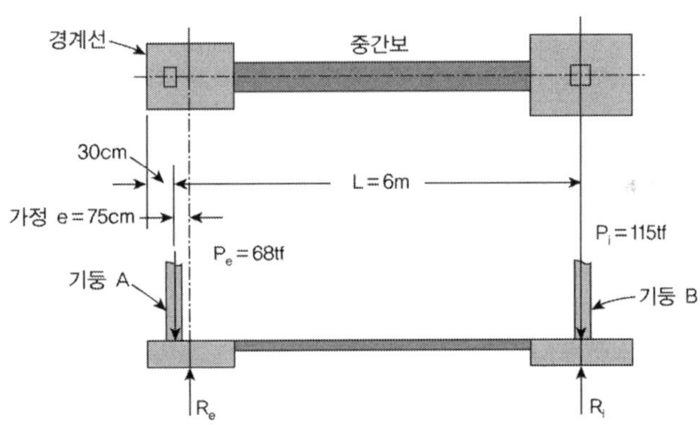

3. 말뚝기초

1) 기초판에 발생하는 반력은 등분포하중이 아닌 말뚝위치에 작용하는 집중하중으로 본다.

2) 하중이 모든 말뚝에 고루 분포되도록 하기 위해서 기초판의 강성이 크도록 깊이를 크게 해야 한다.

3) 말뚝 한 개당 허용지지력(R_a), $W_f =$ (판의중량+채움 흙+상재하중+기타)/말뚝개수

말뚝 한 개당 소요지지력(R_e) $R_e = R_a - W_f$
필요한 말뚝개수 $\qquad\qquad\qquad n = (D+L)/R_e$

4) 최대 말뚝반력 $R_{\max} = \dfrac{P}{n} + \dfrac{Mc}{I_p}$ (I_p : 휨이 일어나는 중심축을 기준으로 한 전 말뚝의 I)

5) 말뚝의 간격은 말뚝 직경의 3배 정도이고 75cm 이상이다.

6) 말뚝 하나의 반력

$R_u = \dfrac{1.2D + 1.6L}{n}$ 로 계산하여 기초판 설계 시 기초판의 설계강도 수준에서는 파일은 그 지지

능력에 도달하지 못한다. 이는 파일개수가 정수로 필요량보다 많기 때문이다.
따라서, 말뚝의 허용지지력과 기초판의 설계강도를 일치시키기 위해서

$R_u = R_e \times 평균하중계수 \left(= \dfrac{1.2D + 1.6L}{D + L} \right)$

7) 독립확대기초처럼 두께는 전단력에 의해 결정된다.

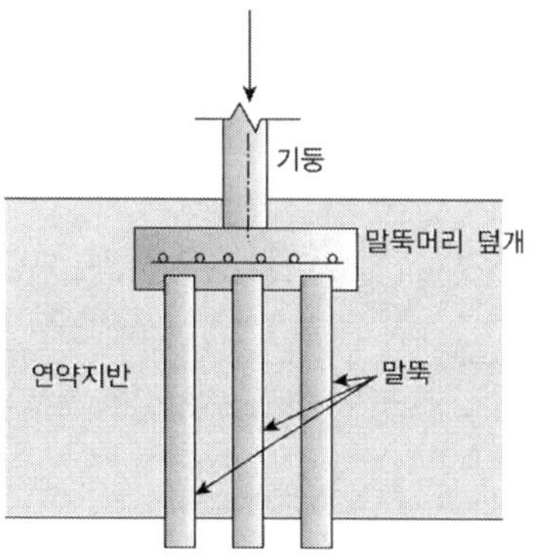

 | 말뚝기초의 STM |

말뚝기초의 설계

$P_D = 3700kN$, $P_L = 1700kN$, 말뚝지름 $d_{pile} = 400\,\text{mm}$, 말뚝의 허용지지력 $R_a = 700kN$,
$f_{ck} = 24MPa$, $f_y = 400MPa$, 기둥크기는 700mm×700mm.

1) 기초판의 전단검토
2) 휨철근량 산정
3) 정착 및 배근 스케치

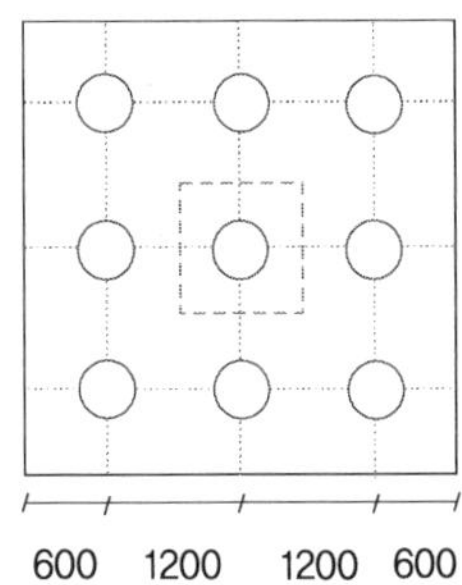

풀 이

▶ 말뚝의 지지력 검토(사용하중)

기초의 자중과 기초 위 흙과 상대하중을 기둥축력의 10%로 가정한다.

$$R = 1.1 \times (3700 + 1700)/9 = 660^{kN} < R_a\,(= 700^{kN}) \qquad \text{O.K}$$

▶ 말뚝의 반력(계수하중)

$$P_u = 1.2P_D + 1.6P_L = 7160^{kN},\ R_u = P_u/9 = 796^{kN}$$

▶ 기초 판의 전단검토

1) 1방향 전단

분담면적 안에 3개의 말뚝이 존재하므로 $V_u = 796 \times 3 = 2388^{kN}$

① 기초판의 소요깊이 산정

$$\phi V_c = \phi \frac{1}{6} \sqrt{f_{ck}}\, b_w d = 0.75 \times \frac{1}{6} \times \sqrt{24} \times 3600 \times d = V_u \qquad \therefore d_{req} = 1083.2^{mm}$$

전단검토 단면을 말뚝의 중심으로 하기 위해서는 $d = 1200 - \dfrac{700}{2} = 850^{mm}$

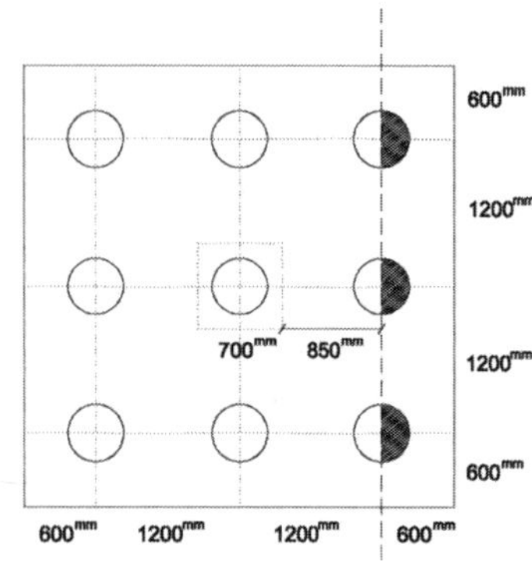

$$V_u = \frac{1}{2} \times 2388 = 1194^{kN}$$

$$\phi V_c = \phi \frac{1}{6}\sqrt{f_{ck}}\,b_w d = 0.75 \times \frac{1}{6} \times \sqrt{24} \times 3600 \times 850$$

$$= 1873.8^{kN} > V_u \, \text{O.K}$$

2) 2방향 전단검토

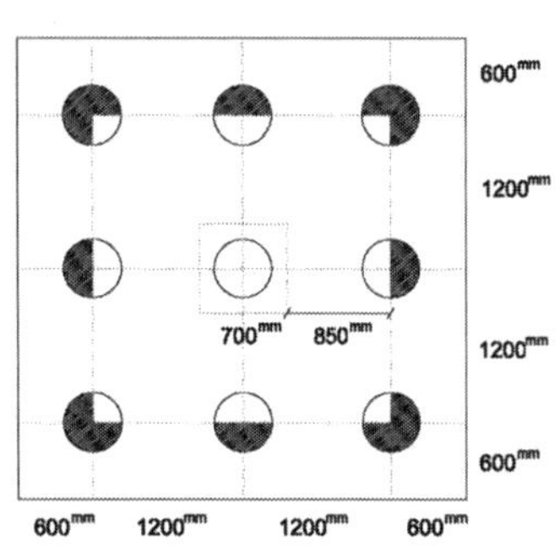

$\dfrac{d}{2}$ 위험단면 내에 말뚝 8^{EA}

$$V_u = 8 \times 796 = 6368^{kN}$$

$$b_0 = 4(700 + 850) = 6200^{mm}, \ \beta = 1$$

$$\phi V_c = \phi \frac{1}{3}\sqrt{f_{ck}}\,b_0 d = 0.75 \times \frac{1}{3} \times \sqrt{24} \times 6200 \times 850$$

$$= 6454^{kN} > V_u \, \text{O.K}$$

3) STM 검토

$$\frac{a}{h} < 2, \ \text{Assume } 0.8h = 800^{mm}$$

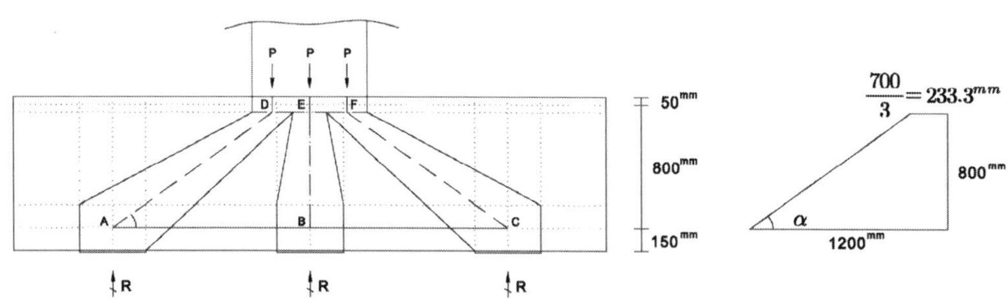

$$R = 3 \times 796 = 2388^{kN}, \alpha = \tan^{-1}\left(\frac{800}{1200 - 233.3}\right) = 39.6°$$

① 작용력

TieAB = BC = $R/\tan\alpha = 2886.6^{kN}$

Strut AD = CF = $R/\sin\alpha = 3746.3^{kN}$

Strut BE = 2386^{kN}

Strut DE = EF = $ADcos\alpha = 2886.6^{kN}$

② 인장타이 검토

$$T = \phi A_s f_y \qquad \therefore A_s = \frac{2886.6}{0.85 \times 400} = 8490^{mm^2}$$

③ 압축스트럿

$$\phi F_{ns} = \phi(0.85\beta_{n(s)}f_{ck})b_s w_s$$

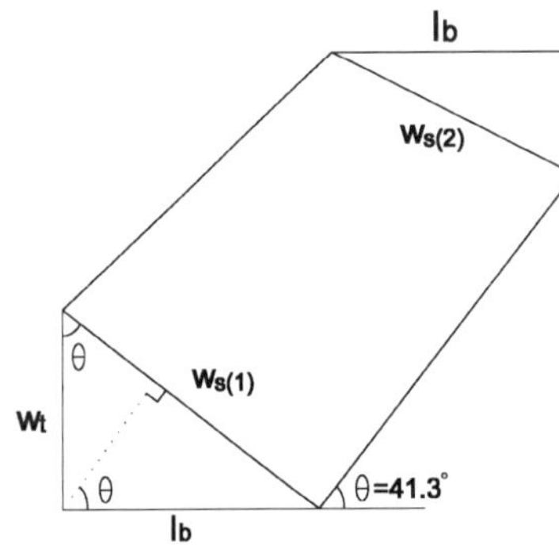

① $w_{s(1)} = l_b\sin\alpha + w_t\cos\alpha = 486.124^{mm}$

② $w_{s(2)} = l_b\sin\alpha + w_t\cos\alpha = 225.76^{mm}$ (Govern)

$$\therefore w_s = 225.76^{mm}$$

$$\phi F_{ns} \geq F_u \qquad \therefore w_{s(req)} = \frac{F_u}{\phi(0.85\beta_{s(n)}f_{ck})b_s}$$

요소	β_s	β_n	F_u	$w_{s(req)}$	w_{use}	판정
AD(CF)	0.75	0.8	3746.3	90.69	225.76	O.K
BE	0.75	1.00	2388.0	57.81	233.33	O.K
DE(EF)	1.00	1.00	2886.6	52.41	100.00	O.K

> **휨철근 산정**

$$M_u = 3 \times 796 \times 0.85 = 2029.8^{kNm}$$

$\phi = 0.85$ 로 가정하면, $f_{ck} = 24MPa$, $f_y = 400MPa$, $d = 850^{mm}$

$A_s f_y \left(d - \dfrac{1}{2} \dfrac{A_s f_y}{0.85 f_{ck} b} \right) = \dfrac{M_u}{\phi}$ A_s 에 관한 2차 방정식을 풀이하면

$$\therefore A_s = 7189.12^{mm^2}$$

C=T로부터 $a = 39.16^{mm}$, $c = 46.07^{mm}$, $\epsilon_t = \epsilon_{cu} \left(\dfrac{d_t}{c} - 1 \right) = 0.052 > 0.005$ $\therefore$ 가정사항 O.K

$$A_{s(\max)} = 0.85 \beta_1 \dfrac{f_{ck}}{f_y} \left(\dfrac{\epsilon_{cu}}{\epsilon_{cu} + \epsilon_{t.\min}} \right) b_w d = 56850^{mm^2} > A_s \qquad \text{O.K}$$

$$A_{s(\min)} = 0.002 bh = 0.002 \times 3600 \times 1000 = 7200^{mm^2}$$

$$\therefore A_{s(use)} = 7200^{mm^2}$$

▶ 철근의 정착 검토

$$l_d = \dfrac{0.6 d_b f_y}{\sqrt{f_{ck}}} = \dfrac{0.6 \times 22 \times 400}{\sqrt{24}} = 1077^{mm}$$

$$l = \dfrac{(3600 - 700)}{2} - 80 = 1370^{mm} > l_d \qquad \text{O.K}$$

말뚝기초의 설계 : 2012 콘크리트 구조기준

다음 기초부재를 x방향 철근에 대하여 Strut–Tie모델을 이용하여 인장철근을 산정하고 휨모멘트에 의하여 산정된 철근량과 비교하라(단, x축 단면에 대하여 STM선정할 때 타이의 위치는 기초하단부에서는 150mm 떨어진 곳에 위치시키고 스트럿의 위치는 기둥 측면에서 150mm 안쪽으로 기초 상부에서 50mm 하부에 위치하는 것으로 한다. 파일의 내력 및 스트럿 및 절점영역에서의 강도는 충분한 것으로 간주하고 이에 대한 검토는 생략한다).

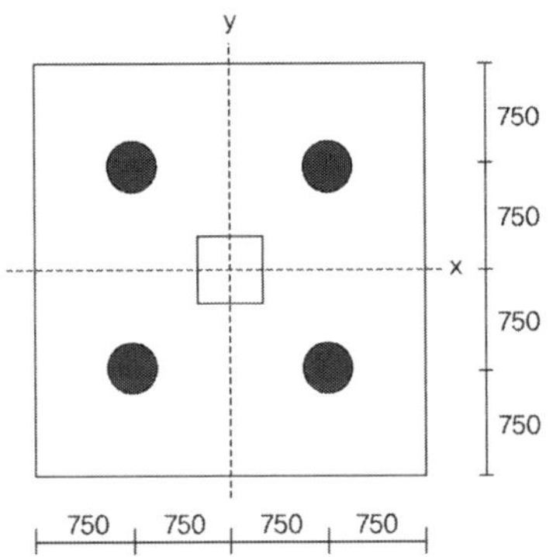

설계하중 : 축하중 $P_u = 4000kN$(압축력)

y축 모멘트 $M_{uy} = 450kNm$

기초 두께 : 1000mm

기둥의 크기 600×600mm

콘크리트 강도 30MPa

철근의 강도 400MPa

풀 이

▶ 말뚝의 지지력 검토(사용하중)

말뚝의 허용지지력이 주어지지 않았으므로 검토 생략

▶ 말뚝의 반력(계수하중)

$$P_u = 1.2P_D + 1.6P_L = 4000kN, \quad R_u = P_u/4 = 1000kN$$

▶ 기초 판의 전단검토(STM)

$$\frac{a}{h} = \frac{750}{1000} < 2 \quad \text{Deep beam} \quad \text{O.K}$$

▶ 휨모멘트에 의한 철근량 산정

$$M_{uy} = 450kNm, \quad d = 1000 - 150 = 850^{mm}$$

$\phi = 0.85$ 로 가정하면, $f_{ck} = 30^{MPa}$, $f_y = 400^{MPa}$, 주어진 조건에서 $d = 850^{mm}$

$$A_s f_y \left(d - \frac{1}{2} \frac{A_s f_y}{0.85 f_{ck} b} \right) = \frac{M_u}{\phi} \qquad A_s \text{에 관한 2차 방정식을 풀이하면}$$

$$\therefore A_s = 1564.62 mm^2$$

C=T로부터 $A_s f_y = 0.85 f_{ck} ab$ $\qquad \therefore a = 8.18^{mm}$,

$\beta_1 = 0.85 - 0.007(30 - 28) = 0.836 \qquad c = a/\beta_1 = 11.5128^{mm}$

$$\epsilon_t = \epsilon_{cu} \left(\frac{d_t}{c} - 1 \right) = 0.218 > 0.005 \quad \therefore \text{가정사항 O.K}$$

$$A_{s(\max)} = 0.85 \beta_1 \frac{f_{ck}}{f_y} \left(\frac{\epsilon_{cu}}{\epsilon_{cu} + \epsilon_{t.\min}} \right) b_w d = 58,243^{mm^2} > A_s \qquad \text{O.K}$$

$$A_{s(\min)} = 0.002 bh = 0.002 \times 3000 \times 1000 = 6,000^{mm^2}$$

$$\therefore A_{s(use)} = 6,000^{mm^2}$$

➤ STM 검토

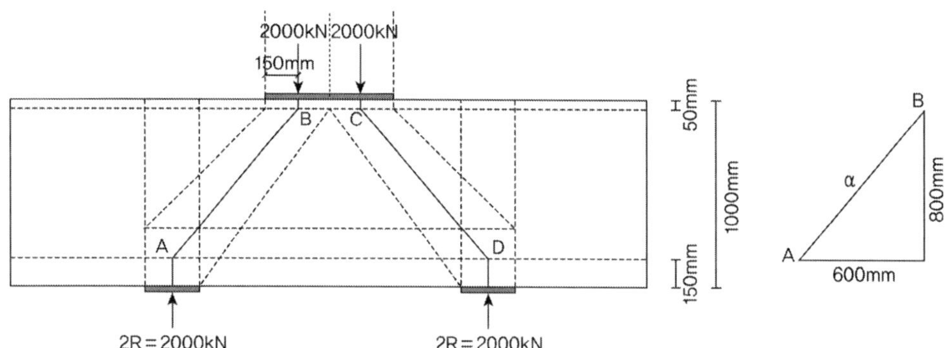

$$\alpha = \tan^{-1} \left(\frac{800}{600} \right) = 53.13°$$

① 작용력

Tie AD $= 2R/\tan\alpha = 1500^{kN}$

Strut AB $=$ CD $= 2R/\sin\alpha = 2500^{kN}$

Strut BC $= AB\cos\alpha = 1500^{kN}$

② 인장타이 검토

$$T = \phi A_s f_y \therefore A_s = \frac{1500}{0.85 \times 400} = 4411.76^{mm^2}$$

③ 압축스트럿

말뚝의 크기가 주어지지 않았으므로 생략한다. 산정방법은 위의 예제 참조

▶ 철근의 정착 검토

D22 철근 사용 시

$$l_d = \frac{0.6 d_b f_y}{\sqrt{f_{ck}}} = \frac{0.6 \times 22 \times 400}{\sqrt{30}} = 964^{mm}$$

$$l = \frac{(3000 - 600)}{2} - 80 = 1120^{mm} > l_d \qquad \text{O.K}$$

▶ 철근량 비교

STM모델과 휨철근량의 비교 시 STM모델이 약 281%(=4411.76/1564.62) 더 많게 나타난다. 따라서 휨철근량에 비해 STM모델이 더 안정적임을 알 수 있으며, 두 철근량 모두 온도철근량 이하이므로 온도철근량에 따라 배치하도록 한다.

확대기초 : 2012 콘크리트 구조기준

다음 그림과 같이 2개의 기중을 지지하고 있는 확대기초를 설계하고자 한다.

1) 확대기초 설계를 위한 해석방법과 지반반력을 검토하시오.

2) B기둥 중심으로 전단설계와 C단면에 대한 휨설계를 하고 인장철근 배치도를 그리시오(단, 콘크리트 전단강도 계산은 근사식을 이용하고 철근 배치도는 긴 변 철근과 짧은 변 철근 위치를 나타내는 원칙을 제시하시오).

〈조건〉

- 콘크리트 단위중량 $= 24\ kN/m^3$ · $f_{ck} = 24MPa$
- 허용지반반력 $= 150\ kN/m^2$ · 지반반력계수 $= 500\ kN/m^3$
- 기초 특성치 $\beta = \sqrt[4]{\dfrac{3k_v}{Eh^3}}$ · λ : 중앙지간/2 사용
- 철근 SD40, H22 사용하고, H22 1개당 면적은 $A_s = 387.1mm^2$
- 부재력 계산시는 1)항에서 구한 지반반력의 평균값이 등분포하중으로 작용한다고 가정하고, 이때의 지반반력에 대한 등가하중계수 1.4를 사용하고, 기중하중과 기초자중의 하중계수는 활하중 1.6, 고정하중을 1.2로 계산

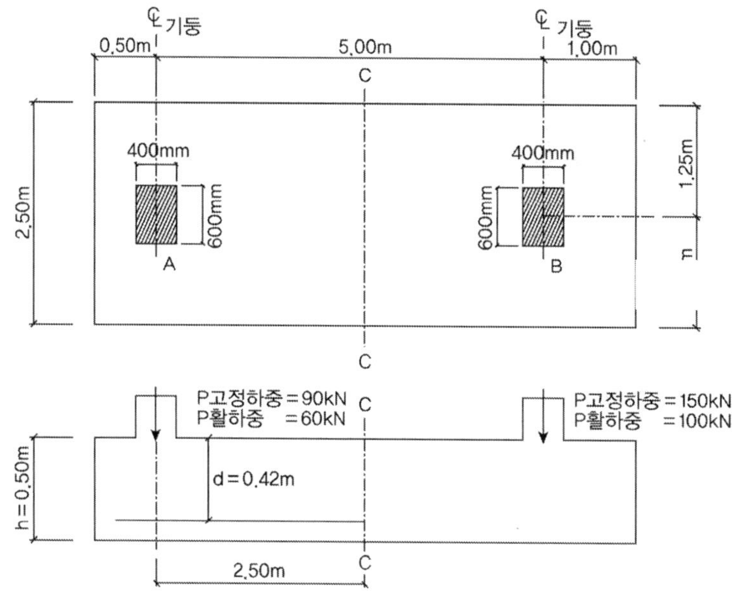

▶ 확대기초 설계를 위한 해석방법과 지반반력(도로교 설계기준 2010, 5.4.5.2)

1) 확대기초 해석방법 및 검토

확대기초는 휨모멘트와 1방향 및 2방향 전단력에 충분한 강도를 발휘할 수 있도록 부재로서 필요한 두께를 확보함과 동시에 강체로서 취급되는 두께를 가져야 함을 원칙으로 하고 있다. 하부구조에 대한 규정은 말뚝, 기둥, 벽체 등이 확대기초에 고정지지되어 있다는 전제에서 설계기준이 정의되므로 확대기초는 말뚝이나 또는 기둥, 벽체에 비해 큰 강성도를 가져야 한다. 따라서 확대기초는 강체로서 취급되는 두께를 갖도록 하여야 하며, 확대기초의 강체로서의 취급여부는 지반반력 및 말뚝반력에 미치는 확대기초의 강성의 영향을 고려하여 판정하기 위해 설계기준에서는 다음 식을 만족할 때 강체로서 취급하도록 하고 있다.

$$\beta\lambda \leq 1.0$$

k_v : 직접기초인 경우 연직방향 지반반력계수 $\quad k_v = k_{v0}\left(\dfrac{B_v}{30}\right)^{-3/4} = 500^{kN/m^3}$

E : 확대기초의 탄성계수(kPa) $\quad E = 8500\sqrt[3]{f_{cu}} = 26,956 MPa$

h : 확대기초의 평균두께(m) $\quad h = 0.5^{m}$

$$\therefore \beta = \sqrt[4]{\frac{3k_v}{Eh^3}} = \sqrt[4]{\frac{3\times 500^{kN/m^3}}{26,956\times 10^{3kN/m^2}\times 0.5^{3m^3}}} = 0.1452$$

$$\lambda = \frac{a(\lambda'^2 + e^2)}{\lambda' + e} \ (\text{연속확대기초의 경우}), \quad a = 1.3, \quad \lambda' = \max(l,\ b) = (5-0.4)/2 = 2.3^{m}$$

$$\therefore \lambda = \frac{1.3\times(2.3^2 + 0.95^2)}{2.3 + 0.95} = 2.477 \approx \text{중앙지간}/2 = 2.5$$

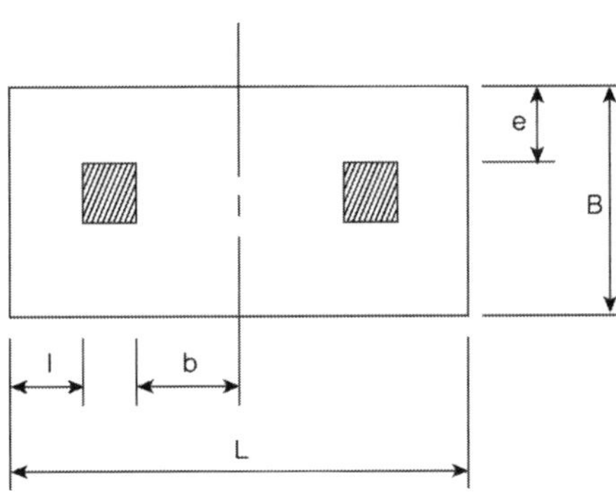

$$\therefore \beta\lambda = 0.363 \leq 1.0 \ \text{강성만족}$$

2) 지반반력 산정

기초의 위치를 확대기초의 폭과 같다고 가정하고 상재하중을 $10kN/m^2$이라고 가정하면 순 허용 지내력은

$$q_n = 허용지내력 - (흙과 콘크리트의 평균중량 + 상재하중) = 150 - (24 \times 0.5 + 10) = 128kN/m^2$$

▶ 전단설계와 휨설계

1) 합력의 위치결정

A기둥의 중심으로부터 떨어진 거리를 $\overline{x}$라 정의하면,

$$P_A = 90 + 60 = 150^{kN}, \quad P_B = 150 + 100 = 250^{kN}, \quad P_{all} = 150 + 250 = 400^{kN}$$

$$\sum M_A = 0 : \overline{x} = \frac{250 \times 5}{400} = 3.125^m$$

2) 기초크기의 적정성 검토

$$A_{req} = \frac{P_{all}}{q_n} = \frac{400}{128} = 3.125^{m^2} < A_{use} = 2.5 \times 6.5 = 16.25^{m^2} \qquad \text{O.K}$$

3) 종방향 기초의 전단력 및 휨모멘트(계수하중)

기초를 계수하중이 작용하는 보로 생각하고 설계한다. 각 기둥에서 고정하중에 대한 활하중의 비율이 다르므로 계수하중의 합력의 위치는 사용하중의 합력의 위치와 틀리게 된다. 따라서 모든 하중에 대하여 총 계수하중의 비로 구한 동일한 평균 하중계수를 이용하여 계수하중이 작용할 때 균등한 토압이 유지되는 것으로 가정해서 구한다.

$$평균 등가하중계수 : \frac{1.2D + 1.6L}{D + L} = \frac{1.2 \times (90 + 150) + 1.6 \times (60 + 100)}{400} = 1.36 \approx 1.4$$

$$P_{u(A)} = 1.4 \times 150 = 210^{kN}, \quad P_{u(B)} = 1.4 \times 250 = 350^{kN}$$

$$\therefore P_u = 210 + 350 = 560^{kN}$$

$$p_u(계수토압) = \frac{P_u}{A} = \frac{560}{2.5 \times 6.5} = 34.46kN/m^2$$

$$w_u(\text{m당 작용하는 계수하중}) = \frac{560}{6.5} = 86.15kN/m$$

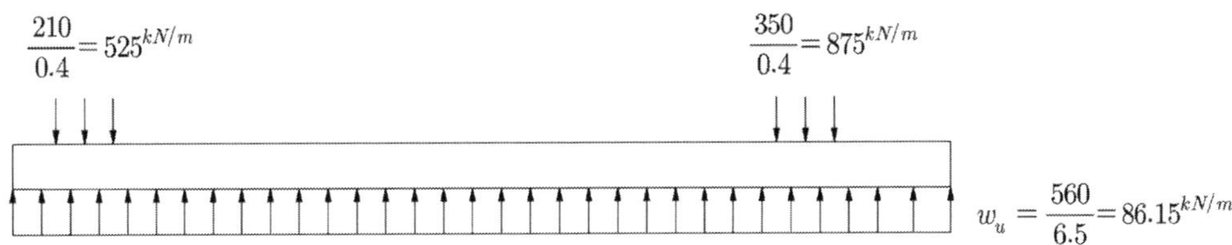

주어진 조건을 이용하여 SFD, BMD를 작성하면

$$M = 525 \times 0.4 \times (0.2 + 1.74) + 86.15 \times \frac{(0.3 + 0.4 + 1.74)^2}{2} = 663.85^{kNm}$$

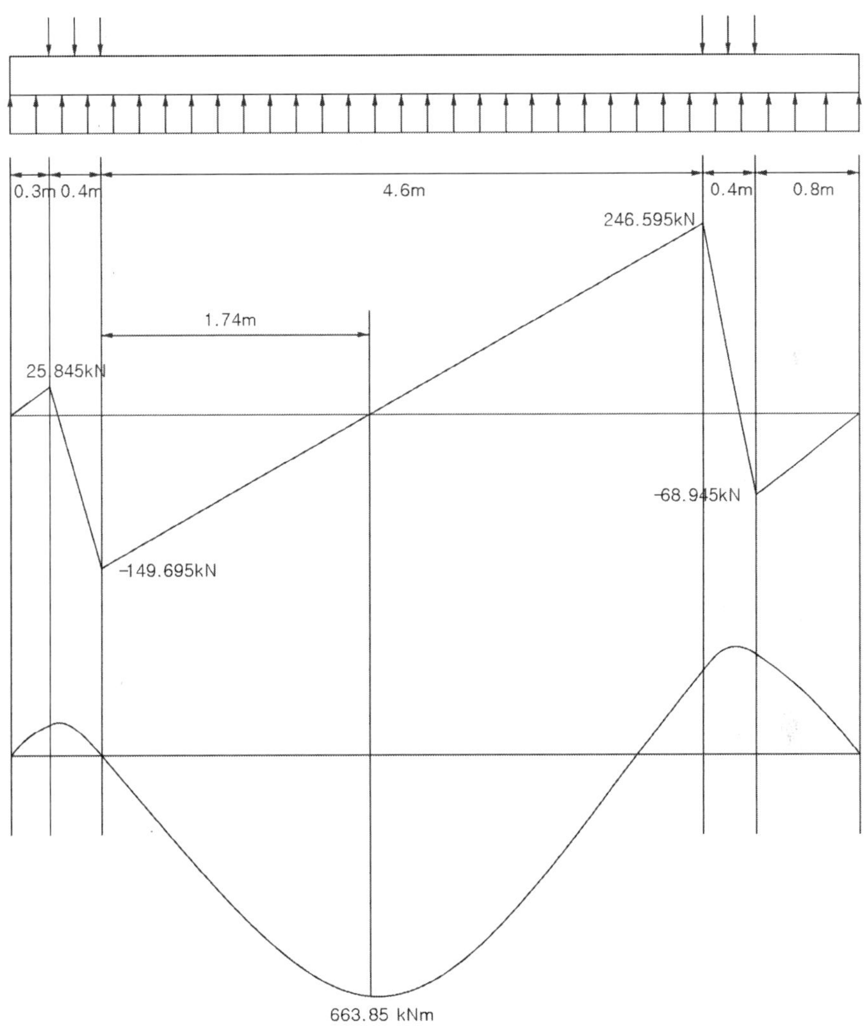

전단력도와 휨모멘트도로부터, $M_u(\max) = 663.85 kNm$ 이므로,

$$M_u \le \phi A_s f_y (d - \frac{1}{2}\frac{A_s f_y}{0.85 f_{ck} b}), \text{ 인장지배단면이기 위해서 } \epsilon_s = 0.005 \text{로 가정하면,}$$

$$\rho_{max} = 0.85\beta \times \frac{f_{ck}}{f_y} \times \frac{0.003}{0.003 + \epsilon_{t.max}} = 0.85 \times 0.85 \times \frac{24}{400} \times \frac{0.003}{0.008} = 0.01625$$

$$M_u \le \phi A_s f_y (d - \frac{1}{2}\frac{A_s f_y}{0.85 f_{ck} b}) = 0.85 \times (0.01625bd) \times 400 \times (d - \frac{1}{2} \times \frac{(0.01625bd) \times 400}{0.85 f_{ck} b})$$

$b = 2500mm$ 이므로

$$\therefore d \ge 239.2mm \;\; \rightarrow \;\; h_{use} = 500mm, \; d_{use} = 420mm \qquad \text{O.K}$$

① B점의 전단설계

콘크리트 전단강도 계산은 근사식을 이용하여 검토한다.

가. 2방향 전단검토

$$V_u = 350 - (0.4 + 0.42)(0.6 + 0.42) \times 34.46 = 321.2kN$$

$$\frac{1}{2}d = 210^{mm} \therefore b_0 = 2(400 + 420) + 2(600 + 420) = 3680mm$$

$$\phi V_c = \phi \frac{1}{3}\sqrt{f_{ck}} b_0 d = 0.75 \times \frac{1}{3} \times \sqrt{24} \times 3680 \times 420 \times 10^{-3} = 1893kN > V_u \qquad \text{O.K}$$

나. 1방향 전단검토

$$V_u = 246.595 - 0.42 \times 86.15 = 210.412kN$$

$$\phi V_c = \phi \frac{1}{6}\sqrt{f_{ck}} bd = 0.75 \times \frac{1}{6} \times \sqrt{24} \times 2500 \times 420 \times 10^{-3} = 643kN < V_u \qquad \text{O.K}$$

다. 전단철근 설계

$$\frac{1}{2}\phi V_c = 321.5^{kN} < V_u \therefore \text{ 전단철근 배근 필요없다.}$$

② 종방향(장변) 상단 휨철근 설계

주어진 조건에서 A점 중앙에서 2.5m 떨어진 지점의 휨모멘트를 기준으로 계산하여야 하나 BMD
로부터 A점 중앙에서 2.14m 떨어진 지점의 휨모멘트가 최대이므로 이를 기준으로 산정한다.

$$M_u \le \phi A_s f_y (d - \frac{1}{2}\frac{A_s f_y}{0.85 f_{ck} b}), \text{ 인장지배단면 위해서 } \epsilon_s = 0.005 \text{로 가정하면, } \phi = 0.85$$

$$663.85 \times 10^6 = 0.85 \times A_s \times 400 \times (420 - \frac{1}{2} \times \frac{A_s \times 400}{0.85 \times 24 \times 2500}) \qquad \therefore A_s = 4870mm^2$$

$$a = \frac{A_s f_y}{0.85 f_{ck} b} = 38.19mm \rightarrow c = \frac{a}{0.85} = 44.94mm$$

$$\therefore \epsilon_t = 0.003 \times (\frac{d-c}{c}) = 0.025 > 0.005 \qquad \text{O.K}$$

$$A_{s(min)} = 0.002bh = 0.002 \times 2500 \times 500 = 2500mm^2 \quad < A_s$$

$$A_{s(min)}/m = 2500/2.5 = 1000mm^2 < 1800mm^2 \qquad \text{O.K}$$

$$\therefore A_{s(use)} = D22 \times 13^{EA} = 13 \times 387.1 = 5032.3mm^2 > A_{s(req)}$$

③ 횡방향(단변) 휨철근 설계

$$w_u = 86.15kN/m, \ l_e = (2500 - 600)/2 = 950mm$$

캔틸레버부의 휨모멘트 $M_u = w_u \dfrac{l_e^2}{2} = 86.15 \times \dfrac{0.95^2}{2} = 38.88kNm$

$$M_u \leq \phi A_s f_y (d - \frac{1}{2} \frac{A_s f_y}{0.85 f_{ck} b}),$$ 인장지배단면으로 부재를 설계하기 위해서 $\epsilon_s = 0.005$로

가정하면, $\phi = 0.85$

$$38.88 \times 10^6 = 0.85 \times A_s \times 400 \times (420 - \frac{1}{2} \times \frac{A_s \times 400}{0.85 \times 24 \times 5000}) \quad \therefore A_s = 272.6mm^2$$

$$\therefore A_{s(min)} = 0.002bh = 0.002 \times 5000 \times 500 = 5000mm^2 \quad > A_s$$

$$A_{s(min)}/m = 5000/5.0 = 1000mm^2 < 1800mm^2 \qquad \text{O.K}$$

온도철근으로 배근한다.

$$\therefore A_{s(use)} = D22 \times 13^{EA} = 13 \times 387.1 = 5032.3mm^2 > A_{s(min)}$$

④ 종방향(장변) 하단 휨철근 배근

부모멘트 최대지점은 우측끝단으로부터 $0.8 + \dfrac{68.945}{875} = 0.88^m$

$$M_u = \frac{1}{2} \times 68.945 \times 0.88 = 30.34^{kNm}$$ 상단 휨철근 산정방법과 동일하게 산정한다.

$$M_u \leq \phi A_s f_y (d - \frac{1}{2} \frac{A_s f_y}{0.85 f_{ck} b}),$$ 인장지배단면 위해서 $\epsilon_s = 0.005$로 가정하면, $\phi = 0.85$

$$30.34 \times 10^6 = 0.85 \times A_s \times 400 \times (420 - \frac{1}{2} \times \frac{A_s \times 400}{0.85 \times 24 \times 5000}) \qquad \text{find } A_s$$

$$\therefore A_{s(min)} = 0.002bh = 0.002 \times 5000 \times 500 = 5000mm^2 \quad > A_s$$

$$A_{s(\min)}/m = 5000/5.0 = 1000mm^2 < 1800mm^2 \qquad \text{O.K}$$

온도철근으로 배근한다.

$$\therefore A_{s(use)} = D22 \times 13^{EA} = 13 \times 387.1 = 5032.3mm^2 > A_{s(\min)}$$

4) 철근의 정착길이 검토

길이방향 상단철근 보정계수 $\alpha = 1.3$(상부철근), $\beta = \lambda = 1.0$이라고 가정하면

$$l_{db} = \frac{0.6 d_b f_y}{\sqrt{21}} = \frac{0.6 \times 22 \times 400}{\sqrt{24}} = 1,078\text{mm}$$

$$l_d = l_{db} \times \text{보정계수} = 1,078 \times 1.3 \times 1.0 = 1401\text{mm}$$

5) 철근의 배근

2방향의 직사각형 기초에서의 장변과 단변의 철근 배근은

① 장변방향으로의 철근은 폭 전체에 균등히 배치하고

② 단변방향으로의 철근은 아래 식에 의한 철근량을 유효폭 내에 균등히 배치하고 나머지 철근은 철근량을 이 유효폭 이외의 부분에 균등히 배치하도록 규정한다.

$$\text{유효폭 내에 배치하는 철근량} = \text{단변방향의 전체 철근량} \times \frac{2}{\beta+1}, \ \beta = \frac{L}{B}$$

여기서 유효폭은 기둥폭에 대해 $d/2$의 범위로 한다.

$$\beta = 2, \ \text{유효폭 내에 배치 철근량} = 5032.3 \times \frac{2}{3} = 3354.87mm^2 \ \text{(철근 9개 배치)}$$

잔여 철근 4개는 유효폭(단변폭) 양측면으로 균등하여 2개씩 배치한다.

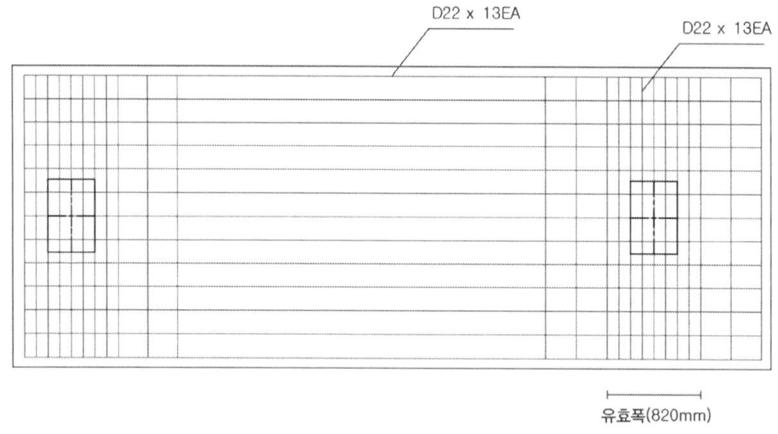

(철근 배치)

포켓기초 장단점

요철 유무에 따른 포켓기초(Pocket Foundation)의 장단점에 대해 설명하시오.

풀 이

▶ 개요

포켓기초는 프리캐스트 기초와 기둥부재를 연결하기 위한 부재로 기둥부재를 삽입하기 위한 Pocket 속에 기초부재를 삽입한 후 기초와 기둥을 일체화 시키는 구조를 말한다.

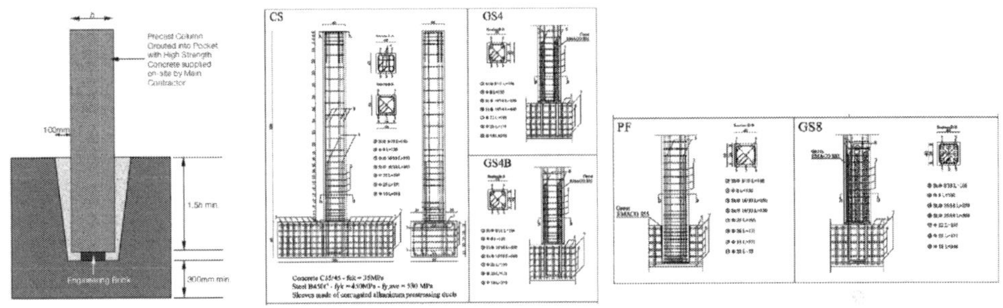

▶ 포켓기초의 특징

포켓기초는 Precast 부재를 활용함으로써 시공속도의 향상 및 공장제작으로 제품의 품질성능의 확보 등의 일반적인 Precast 부재의 시공적 특성을 가진다.

일반적으로 Precast 부재로 Pocket 기초에는 고강도의 콘크리트를 사용하며 포켓형상, 압축력 도입여부에 따라 그 특성이 달라질 수 있다.

포켓형식은 프리캐스트 바닥판과 강거더의 합성 시에도 사용되고 있으며 이러한 포켓형식은 시공의 합리성 및 단순성, 시공성능 향상 등의 특성을 위해서 많이 사용하고 있는 추세이다.

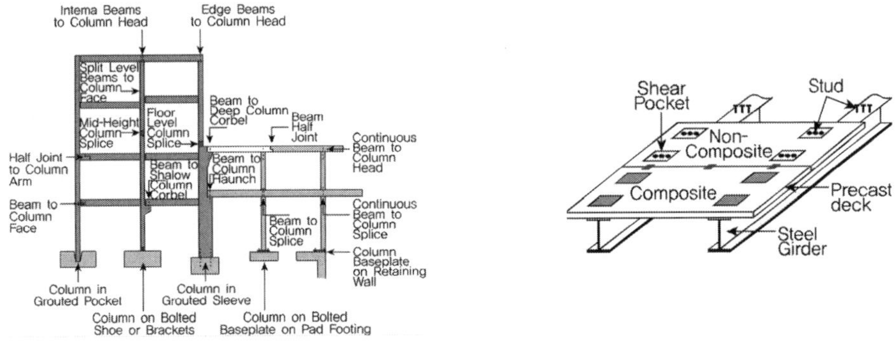

(포켓기초)

(프리캐스트 바닥판과 강거더의 합성 시 전단포켓)

03 옹벽

흙이 무너져 내리는 것을 방지하기 위한 구조물로

중력식 옹벽 : 자중에 의해 지지

캔틸레버 옹벽 : 뒤채움 흙의 자중과 벽체의 자중에 의해 지지

뒷부벽식 옹벽 : 캔틸레버 옹벽의 높이가 커져 벽체의 모멘트 저항을 위해 뒷부벽 이용

앞부벽식 옹벽 : 앞부벽을 사용하여 콘크리트 부벽이 압축을 받기 때문에 역학적으로 효율적이나
앞부분 공간 활용에 제약

L형 옹벽 : 토지소유권 문제로 경계부분에 사용

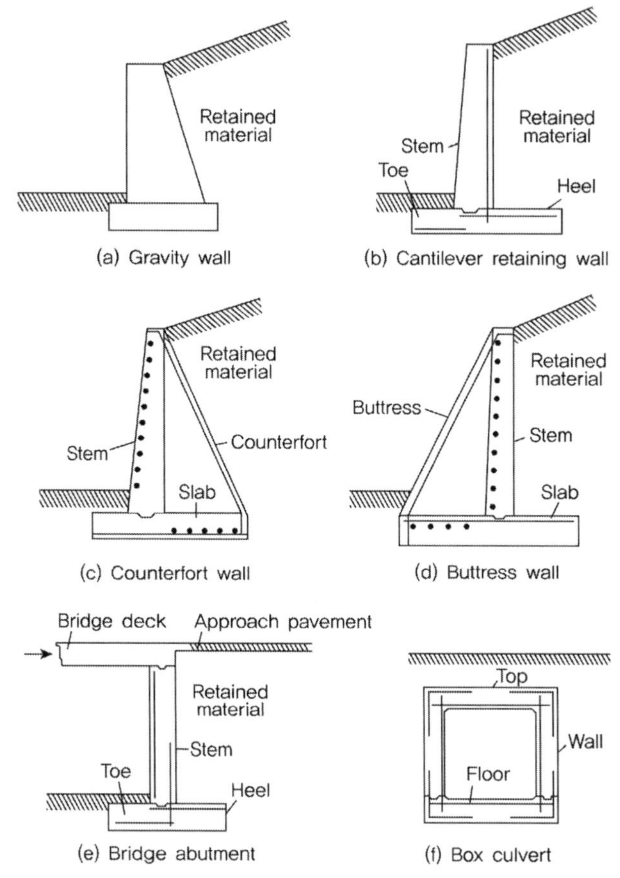

1. 토압

흙의 깊이에 비례한다.

$$P_h = K_0 \gamma_s h \quad (K_0 : \text{정지토압계수})$$

1) 주동토압과 수동토압

흙이 주체가 되어 옹벽에 압력을 가하는 토압을 주동토압이라 하고 흙이 옹벽으로부터 압력을 받는 토압을 수동토압이라 한다.

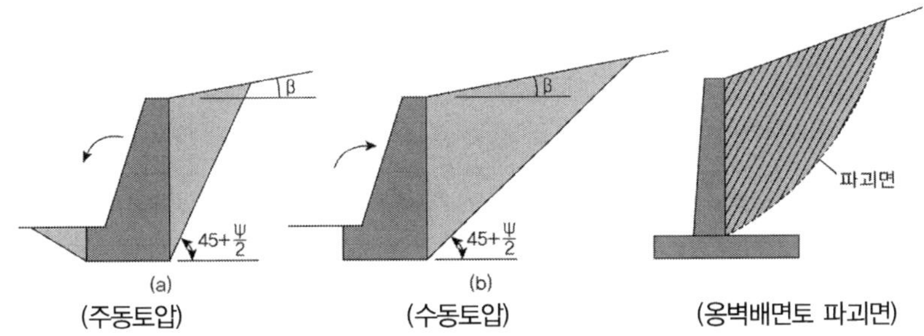

2) Rankine의 토압계수

배면토 상면이 수평인 경우 $(\beta = 0)$

주동토압계수 $\quad K_a = \dfrac{1 - \sin\phi}{1 + \sin\phi} = \tan^2\left(45 - \dfrac{\phi}{2}\right)$

수동토압계수 $\quad K_p = \dfrac{1 + \sin\phi}{1 - \sin\phi} = \tan^2\left(45 + \dfrac{\phi}{2}\right)$

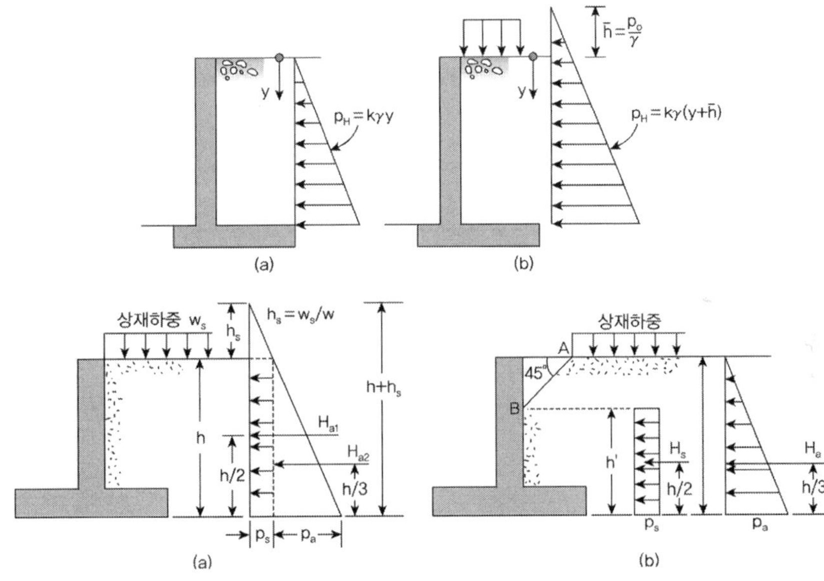

2. 옹벽의 안정성

1) 외적 안정성(External stability)

① 활동(sliding) ② 침하(settlement) ③ 전도(overturning) ④ 지지력(bearing capacity)

2) 내적 안정성(Internal stability)

① 전단(shear force) ② 휨모멘트(bending moment)

3) 콘크리트 설계기준(2007) 안정조건

① 활동에 대한 저항력은 옹벽에 작용하는 수평력의 1.5배 이상

② 전도 및 지반지지력에 대한 안정조건은 만족하지만 활동에 대한 안정조건을 만족시키지 못할 경우 전단키(활동방지벽)나 횡방향 앵커 등을 설치하여 활동저항력 증가

③ 전도에 대한 저항휨모멘트는 횡토압에 의한 전도휨모멘트의 2.0배 이상

④ 지반에 유발되는 최대 지반반력이 지반 허용지지력을 초과하지 않아야 한다.

⑤ 지반의 침하에 대한 안정성 검토는 다음의 두 가지 중 하나로 검토할 수 있다.

    (1) 지반반력의 분포경사가 비교적 작은 경우에는 최대 지반반력 q_{max} 이 지반의 허용지지력 q_a 이하가 되도록 한다.

    (2) 지반의 지지력은 지반공학적 방법 중 선택 적용할 수 있으며 지반의 내부마찰각, 점착력 등과 같은 특성으로부터 지반의 극한지지력을 추정할 수 있다. 이 경우 허용지지력 q_a 는 $q_u/3$ 로 취하여야 한다.

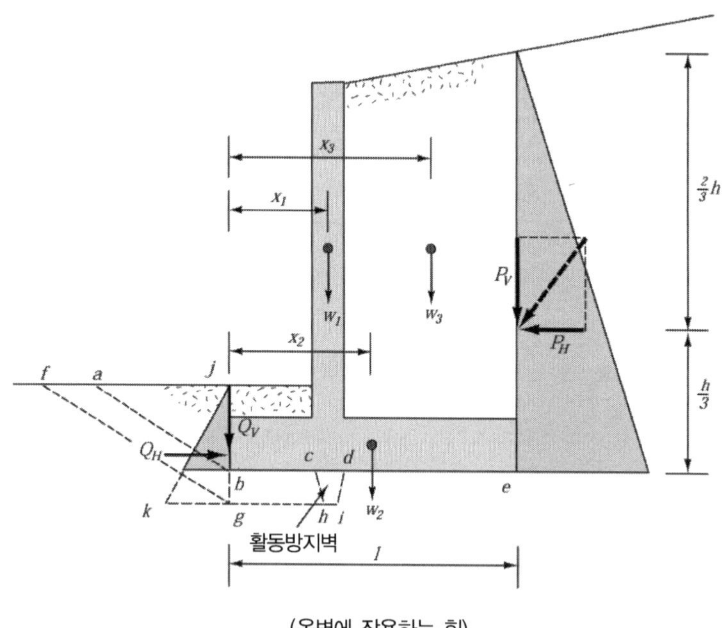

(옹벽에 작용하는 힘)

3. 활동(sliding)

$$W = w_1 + w_2 + w_3$$

$$f(W + P_V) \geq 1.5 P_H \quad (f: \text{저판과 지반 사이의 마찰력})$$

$$\text{또는 } H_0 = \sum H, \quad H_r = \mu \sum W, \quad S.F = H_r / H_0 \geq 1.5$$

(전단키 설치 시) 그림의 abe 대신에 fghde를 따라서 파괴가 발생한다. 이 경우 저판 앞부분(앞판, toe)의 수동토압 Q_H의 값이 커지고 또한 gh의 수평성분에 해당하는 부분의 마찰저항력은 바닥슬래브와 흙 사이의 마찰저항력보다 크다.

1) 전단키가 없는 경우 be면을 따라서 활동이 일어날 수 있다. 이때의 마찰은 콘크리트와 흙의 마찰계수 f가 사용된다.

2) 전단키가 있는 경우 ghide를 따라서 활동이 일어나며 이때 hide 구간은 앞에서와 마찬가지로 콘크리트와 흙의 마찰계수 f를 사용하고 gh구간에서는 흙과 흙 사이의 마찰이므로 흙의 내부마찰각 ϕ를 이용하여 $\mu = \tan\phi$를 사용한다.

4. 침하(settlement)에 대한 안정과 허용지지력

지반의 반력이 지반의 허용지지력을 넘지 않으면 침하에 안전하다.

$$q_{\max} \leq q_a$$

옹벽설계의 허용지지력은 지반극한 지지력의 안전율 3.0을 적용한다.

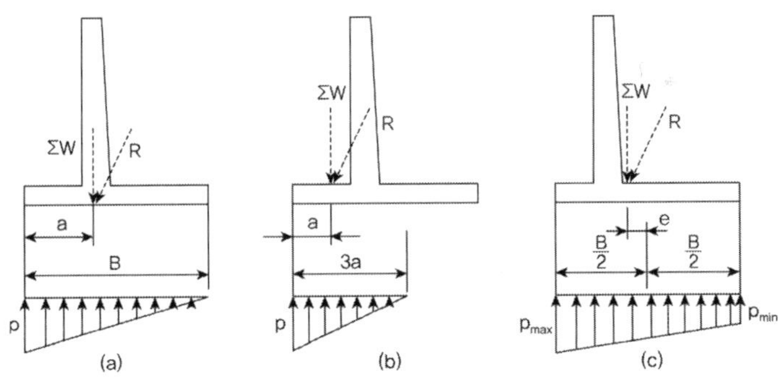

$$\text{기초저판의 반력} \quad \begin{matrix} p_{\max} \\ p_{\min} \end{matrix} = \frac{P}{A} \pm \frac{M}{I}y = \frac{\sum W}{B \times 1} \pm \frac{(\sum W)e}{\dfrac{1 \times B^3}{12}} \times \frac{B}{2} = \frac{\sum W}{B} \pm \frac{6e(\sum W)}{B^2}$$

$$= \frac{\sum W}{B}\left(1 \pm \frac{6e}{B}\right)$$

5. 전도(overturning)

합력의 작용점이 앞굽의 가장자리 O 위로 지나면 반시계방향 모멘트가 작용하므로 옹벽이 넘어
가려는 전도가 발생한다.

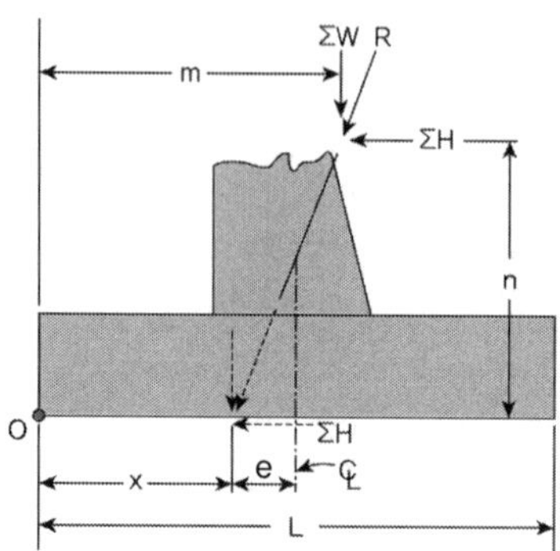

$$M_r - M_0 = \sum W \times m - \sum H \times n = \sum W \times x$$

$$\therefore x = \frac{\sum W \times m - \sum H \times n}{\sum W} \quad (M_r : \text{저항모멘트}, \ M_o : \text{전도모멘트})$$

$$S.F = 2.0, \quad M_r \geq 2.0 M_0 : \sum W \times m \geq 2.0 \left(\sum H \times n \right), \quad S.F = \frac{M_r}{M_0}$$

6. 캔틸레버 옹벽설계를 위한 개략 치수

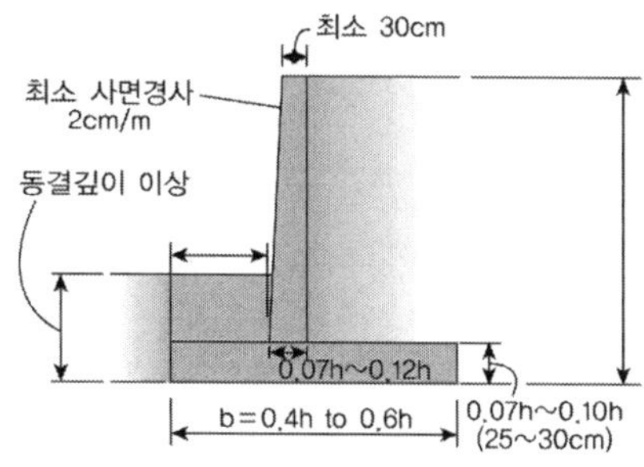

1) 기초저판 폭은 옹벽높이(기초저판과 벽체를 합한 총 높이)의 1/2~2/3

2) 기초저판의 두께는 옹벽높이의 7~10%

3) 앞굽(toe)의 길이는 기초저판 폭의 1/4~1/3

4) 벽체하부의 두께는 옹벽높이의 10~12% 또는 저판폭의 12~16%

5) 벽체상부의 두께는 25~30cm

2012 개정콘크리트구조기준(슬래브와 기초판의 전단설계, 2012 콘크리트 학회지)

1) 슬래브 및 기초판과 기둥의 접합부는 대표적인 응력교란구역으로 구조거동이 복잡하며 취성적인 파괴양상을 보인다. 특히 슬래브–기둥 외부 접합부의 경우 내부 접합부와 달리 위험단면이 비대칭적이므로 중력하중에 의해서도 편심 전단력과 불균형 모멘트가 발생하며 횡하중에 보다 취약하다.

2) 이러한 이유로 국내외 대부분의 설계기준에서는 슬래브와 기초판의 2방향 펀칭전단설계 시 설계의 안전측을 최우선으로 하고 있다. : 실험결과에 의존한 경험적 강도식 사용

3) 개정된 콘크리트 구조기준에서는 경험적 설계식의 한계를 극복하고 슬래브와 기초판의 펀칭전단강도를 정확하게 평가하기 위해서 펀칭전단파괴면에 작용하는 전단과 휨의 복합거동을 고려하는 이론모델(변형률 기반 전단강도 모델)을 도입하였다. 이 모델은 직접전단 또는 편심 전단을 재하하는 슬래브–기둥접합부, 기초판–기둥 접합부에 함께 사용할 수 있다.

4) 개정된 직접뚫림전단강도 : $V_c = v_c b_0 d$, $v_c = \lambda k_s k_{ba} f_{te} \cot\psi (c_u/d)$

5) 종전의 구조설계기준에서는 2방향으로 휨을 받는 슬래브와 기초판에서 뚫림전단강도는 콘크리트 압축강도만을 고려하여 경험적으로 $v_c \approx 1/3 \sqrt{f_{ck}}$ 로 정의하였으나 슬래브에 대한 정밀해석과 뚫림전단 실험결과에 의하면 콘크리트의 압축강도만의 함수로는 강도를 정확하게 예측하지 못하고 특히 슬래브의 주철근비가 낮을 경우 종전의 구조설계기준은 뚫림전단강도를 과대평가하며 안전측이지 못한 것으로 밝혀졌다. 이는 주철근비가 낮을수록 전단파괴 시 균열의 폭이 증가하므로 콘크리트 압축대가 대부분 전단저항을 발휘하며 또한 압축대의 깊이가 주철근비의 감소에 따라 줄어들기 때문이다.

6) 슬래브 압축대의 전단강도를 정확하게 평가하기 위해서는 압축대에 작용하는 전단과 휨의 복합응력을 고려해야 하며, 식 $v_c = \lambda k_s k_{ba} f_{te} \cot\psi (c_u/d)$ 에서 압축대의 기본 뚫림전단응력강도 $f_{te}\cot\psi$ $(= \sqrt{f_{te}(f_{te}+f_{cc})}$ 는 Rankine의 콘크리트 인장 파괴기준으로부터 유도되었다.

개정된 뚫림전단강도는 Rankine 파괴기준에 의한 콘크리트 압축대의 뚫림전단파괴면에 대하여 정의하였다. 일반적인 설계범위에서는 콘크리트 압축대의 뚫림전단파괴면의 면적과 설계 위험단면의 면적($b_0 d$)이 서로 큰 차이가 나지 않으며, 따라서 설계의 편의를 위하여 구조기준의 7.12.1에 제시된 설계 위험단면을 사용하였다. 한편 기초판–기둥 접합부의 경우에는 슬래브의 강성에 따라서 슬래브에 작용하는 토압의 분포가 달라지는데, 일반적으로 기둥 바로 아래에 작용하는 토압이 기둥에서 떨어진 위치의 토압보다 크며, 이 기둥 바로 아래 토압은 기둥에 직접 전달될 수 있다. 이러한 점을 고려하여 개정 구조기준에서는 기초판에 대한 직접뚫림전단 검토 시에는 기둥면 또는 집중하중면의 경계로부터 0.75d 이내의 영역에 작용하는 분포하중은 뚫림전단력 산정 시에 고려하지 않도록 하였다.

7) 2방향 슬래브와 기초판에 대한 개정 구조기준의 지속적인 개선을 위해서는 1m 이상 두께의 기초판과 대형기둥에 대한 크기 효과계수, 위험단면 둘레계수에 대한 추가 연구가 필요하다.

옹벽

중력식 옹벽과 기대기 옹벽의 차이점에 대하여 설명하시오.

풀 이

▶ 개요

중력식과 기대기 옹벽은 동일하게 무게(중력)를 이용한 옹벽 형식이라는 점에서 유사하나, 자립이 가능한 중력식 옹벽에 비해 기대기 옹벽은 자립이 불가능한 특징을 가진다.

▶ 중력식 옹벽과 기대기 옹벽의 차이점

1) 중력식 옹벽 : 자중으로 토압을 지지하는 무근 콘크리트 구조 옹벽으로 벽체 내에 콘크리트 저항력 이상의 인장력이 생기지 않도록 구성되어 있다. 콘크리트 옹벽 중에서 시공이 가장 용이하며, 4m 내외의 적용되어 옹벽의 높이가 낮고 기초 지반이 양호한 경우에 주로 적용한다.

2) 기대기 옹벽 : 주로 땅깍기부에 사용되며, 자립이 불가능한 중력식 옹벽으로 원지반 또는 뒤채움재에 기대어서 자중으로 토압에 저항하는 형식으로 8m 내외에 적용되는 옹벽이다.

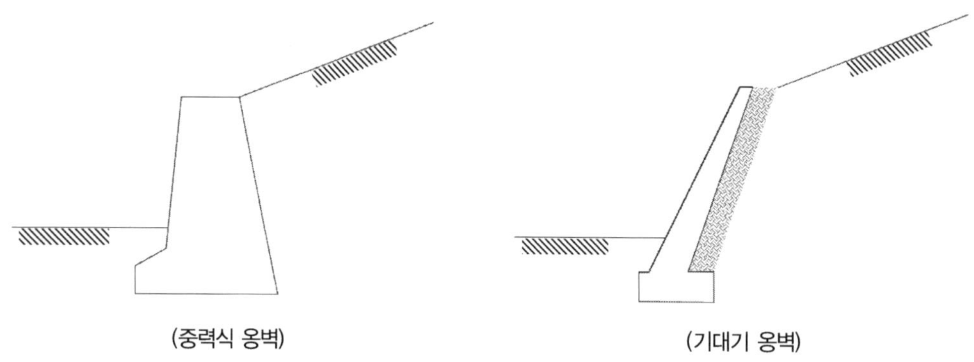

(중력식 옹벽)   (기대기 옹벽)

▶ 옹벽의 안정조건

옹벽구조물은 외적 안정성(활동, 침하, 전도, 지지력)과 내적 안정성(전단, 휨모멘트) 모두 확보해야 하며, 일정 규모 이상의 안전율을 확보할 수 있도록 설계하여야 한다.

지중구조물의 토압 : 2012 콘크리트 구조기준

지중구조물 설계에서 연직토압과 수평토압이 상쇄되지 않아서 과대 설계되는 문제점을 개선하기 위해 콘크리트 구조기준(2012년)에서 개정한 내용에 대하여 설명하시오.

풀 이

▶ 개요

2012년 콘크리트 구조기준에서는 지중구조물 설계에서 연직토압과 수평토압이 상쇄되지 않아서 과대 설계되는 문제점을 개선하기 위해 재하방법을 명시하고 하중계수를 조정하여 개정하였다.

▶ 개정내용

2007 콘크리트 구조설계 기준(소요강도)		2012 콘크리트 구조 기준(소요강도)
$U = 1.4(D+F+\underline{H_v})$	$\cdots (3.3.1)$	$U = 1.4(D+F)$
$U = 1.2(D+F+T)+1.6(L+\alpha_H H_v+H_h)$		$U = 1.2(D+F+T)+1.6(L+\alpha_H H_v+H_h)$
$\quad +0.5(L_r$ 또는 S 또는 R$)$	$\cdots (3.3.2)$	$\quad +0.5(L_r$ 또는 S 또는 R$)$
$U = 1.2D+1.0E+1.0L+0.2S$	$\cdots (3.3.5)$	$U = 1.2(D+\underline{H_v})+1.0E+1.0L+0.2S$
		$\quad +(\underline{1.0H_h}$ 또는 $\underline{0.5H_h})$
$U = 1.2(D+F+T)+1.6(L+\alpha_H H_v)+0.8H_h$		$U = 1.2(D+F+T)+1.6(L+\alpha_H H_v)+0.8H_h$
$\quad +0.5(L_r$ 또는 S 또는 R$)$	$\cdots (3.3.6)$	$\quad +0.5(L_r$ 또는 S 또는 R$)$
$U = 0.9D+1.3W+\underline{1.6(\alpha_H H_v+H_h)}$	$\cdots (3.3.7)$	$U = 0.9(D+\underline{H_v})+1.3W+(\underline{1.6H_h}$ 또는 $\underline{0.8H_h})$
$U = 0.9D+1.0E+\underline{1.6(\alpha_H H_v+H_h)}$	$\cdots (3.3.8)$	$U = 0.9(D+\underline{H_v})+1.0E+(\underline{1.0H_h}$ 또는 $\underline{0.5H_h})$

여기서, α_H는 토피의 두께에 따른 연직방향 하중 H_v에 대한 보정계수로 토피의 두께가 얇은 아파트 지하주차장 등은 토피의 두께에 따른 분산 정도가 크고, 지하철 구조물과 같이 토피의 두께가 큰 구조물은 분산정도가 작은 것을 고려하기 위한 보정계수이다. α_H = 1.0(h≤2m), 1.05−0.025h(h>2m, 단 0.875보다 작지 않아야 한다.)

1) (3.3.1)에서 H_v의 영향을 무시한 것은 지중구조물에서 H_v가 작용하는 경우 반드시 H_h가 작용하므로 H_h를 무시할 수 없으므로 (3.3.1)은 일반적인 구조물에 대해서 적용하도록 하고, H_h의 영향을 고려하는 지중 구조물의 경우 (3.3.2)로 고려하도록 구분하였다.

2) 종전의 기준에서는 지진의 영향을 지중구조물에 적용할 때 H_h와 H_v의 재하방법을 명시하지 않아 설계자의 혼선을 초래하였기 때문에 (3.3.5)와 (3.3.8)에 H_h와 H_v의 재하방법을 명시하였다. 또한 H_h의 하중 계수가 1.0 또는 0.5의 두 경우를 모두 고려하도록 하여 안전 측의 설계가 되도록 하였다.

3) (3.3.6)은 횡압력을 작게 산정할 때 안전 측인 설계가 되는 경우에 대한 검토를 위해서 제시된

식으로 토압의 경우 연직 방향력보다 수평 방향력의 불확실성이 크기 때문에 이를 고려하기
위한 것이다.

4) (3.3.7)에서 H_h와 H_v의 불확실성을 고려하여 하중계수 값을 수정하고, H_h의 하중계수를 1.6
과 0.8 두 경우를 모두 고려하여 안전 측의 설계가 되도록 하였다.

옹벽설계

옹벽설계 시 활동, 전도, 지지력의 설계조건(안전율)을 설명하고, 설계조건이 만족되지 못하는 경우 대책 방안에 대하여 설명하시오.

풀 이

▶ 개요

옹벽의 안전성에 대한 검토는 외적 안정성(External stability)과 내적 안정성(Internal stability)에 대해 수행하며 외적 안정성 검토 항목으로는 ① 활동(sliding) ② 침하(settlement) ③ 전도(overturning) ④ 지지력(bearing capacity), 내적 안정성 검토항목으로는 ① 전단(shear force) ② 휨모멘트(bending moment)에 대해 수행한다.

▶ 옹벽의 외적 안정성 설계조건과 안전율

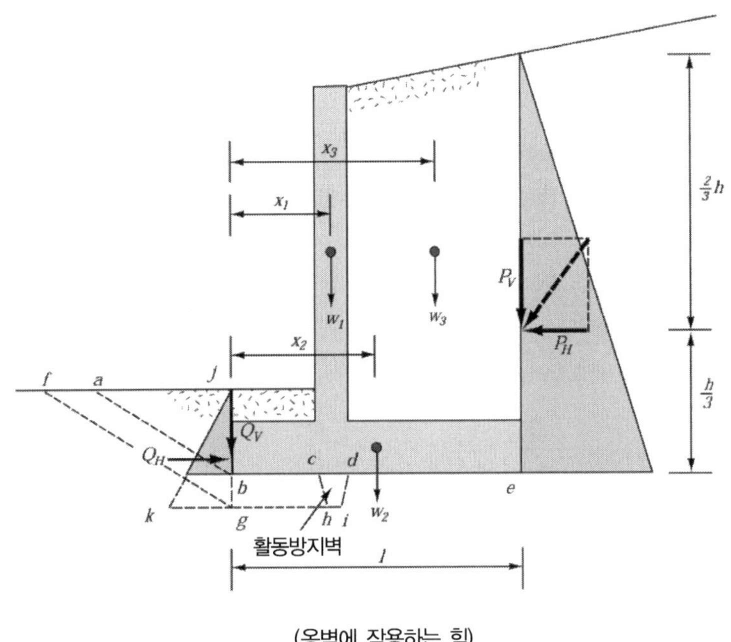

(옹벽에 작용하는 힘)

1) 콘크리트 설계기준의 외적 안정성 설계조건

① 활동에 대한 저항력은 옹벽에 작용하는 수평력의 1.5배 이상

② 전도 및 지반지지력에 대한 안정조건은 만족하지만 활동에 대한 안정조건을 만족시키지 못할

경우 전단키(활동방지벽)나 횡방향 앵커 등을 설치하여 활동저항력 증가

③ 전도에 대한 저항휨모멘트는 횡토압에 의한 전도휨모멘트의 2.0배 이상

④ 지반에 유발되는 최대 지반반력이 지반 허용지지력을 초과하지 않아야 한다.

⑤ 지반의 침하에 대한 안정성 검토는 다음의 두 가지 중 하나로 검토할 수 있다.

    (1) 지반반력의 분포경사가 비교적 작은 경우에는 최대 지반반력 q_{max} 이 지반의 허용지지력 q_a 이하가 되도록 한다.

    (2) 지반의 지지력은 지반공학적 방법 중 선택 적용할 수 있으며 지반의 내부마찰각, 점착력 등과 같은 특성으로부터 지반의 극한지지력을 추정할 수 있다. 이 경우 허용지지력 q_a 는 $q_u/3$ 로 취하여야 한다.

2) 활동(sliding)

$$W = w_1 + w_2 + w_3$$

$$f(W + P_V) \geq 1.5 P_H \quad (f : \text{저판과 지반 사이의 마찰력})$$
$$\text{또는는 } H_0 = \sum H, \quad H_r = \mu \sum W, \quad S.F = H_r / H_0 \geq 1.5$$

① 전단키가 없는 경우 be면을 따라서 활동이 일어날 수 있다. 이때의 마찰은 콘크리트와 흙의 마찰계수 f 가 사용된다.

② 전단키 설치 시 그림의 abe 대신에 fghde를 따라서 파괴가 발생한다. 이 경우 저판 앞부분(앞판, toe)의 수동토압 Q_H 의 값이 커지고 또한 gh의 수평성분에 해당하는 부분의 마찰저항력은 바닥슬래브와 흙 사이의 마찰저항력보다 크다.

③ 전단키가 있는 경우 ghide를 따라서 활동이 일어나며 이때 hide 구간은 앞에서와 마찬가지로 콘크리트와 흙의 마찰계수 f 를 사용하고 gh구간에서는 흙과 흙 사이의 마찰이므로 흙의 내부마찰각 ϕ 를 이용하여 $\mu = \tan\phi$ 를 사용한다.

3) 침하(settlement) 및 지지력(bearing capacity)

지반의 반력이 지반의 허용지지력을 넘지 않으면 침하에 안전하다.

$$q_{max} \leq q_a$$

옹벽설계의 허용지지력은 지반극한 지지력의 안전율 3.0을 적용한다.

기초저판의 반력
$$\begin{matrix} p_{max} \\ p_{min} \end{matrix} = \frac{P}{A} \pm \frac{M}{I}y = \frac{\sum W}{B \times 1} \pm \frac{(\sum W)e}{\dfrac{1 \times B^3}{12}} \times \frac{B}{2} = \frac{\sum W}{B} \pm \frac{6e(\sum W)}{B^2}$$

$$= \frac{\sum W}{B}\left(1 \pm \frac{6e}{B}\right)$$

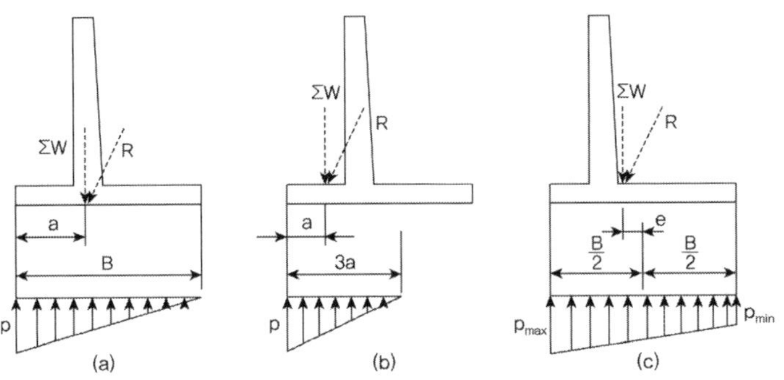

4) 전도(overturning)

합력의 작용점이 앞굽의 가장자리 O 위로 지나면 반시계방향 모멘트가 작용하므로 옹벽이 넘어가려는 전도가 발생한다.

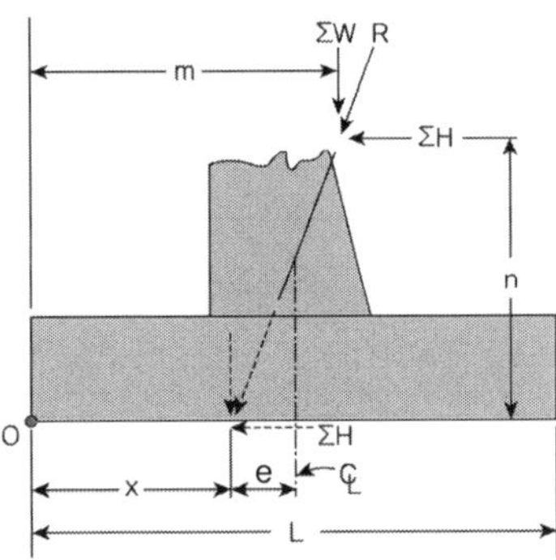

$$M_r - M_0 = \sum W \times m - \sum H \times n = \sum W \times x$$

$$\therefore x = \frac{\sum W \times m - \sum H \times n}{\sum W} \quad (M_r : \text{저항모멘트}, \ M_o : \text{전도모멘트})$$

$$S.F = 2.0, \quad M_r \geq 2.0 M_0 : \sum W \times m \geq 2.0(\sum H \times n), \quad S.F = \frac{M_r}{M_0}$$

▶ 옹벽이 설계조건을 만족하지 못하는 경우 대책

① 활동 : 전단키 설치를 통해 마찰저항성능 향상

② 침하 및 지지력 : 지반지지력을 향상시키도록 다짐 등을 실시하거나 기초 저판의 크기를 늘려 하중이 분배되도록 조정한다.

③ 전도 : 저항모멘트가 크게 되도록 옹벽의 형상을 변경하거나 앞굽의 크기를 늘리는 것을 검토한다.

옹벽의 안전성 검토 방법

철근 콘크리트 뒷부벽식 옹벽의 각 부재별(부벽, 전면벽, 저판) 안전성 검토 방법에 대하여 설명하시오.

풀 이

▶ 개요

옹벽의 안전성 검토는 외적 안전성과 내적 안전성을 구분해 검토하며 외적 안전성은 ① 활동(sliding) ② 침하(settlement) ③ 전도(overturning) ④ 지지력(bearing capacity)에 대해서, 내적 안전성은 하중 등에 의해 발생하는 ① 전단(shear force) ② 휨모멘트(bending moment) 등에 대한 검토를 수행한다.

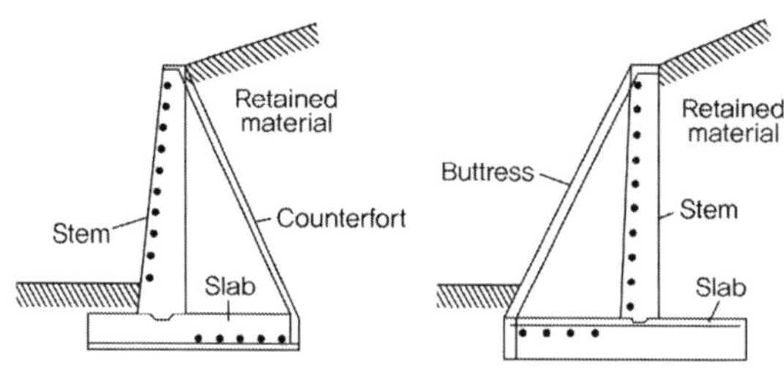

(부벽식 옹벽(뒷부벽식, 앞부벽식))

▶ 뒷부벽식 옹벽의 부재별 안전성 검토

1) 외적 안정성(External stability)

옹벽의 외적 안전성 확보를 위해 다음의 한계상태별 안전성 검토를 수행한다.
① 활동파괴(sliding failure)
② 전도파괴(overturning failure)
③ 지지력 파괴(bearing capacity failure)
④ 전체안정성(overall stability)
⑤ 기초지반의 침하(settlement)

2) 내적 안정성(Internal stability)

뒷부벽식 옹벽은 캔틸레버 옹벽의 높이가 커져 벽체의 모멘트 저항을 위해 뒷부벽 이용하는 옹벽 형태로 각 부재별 안전성 검토방법은 다음과 같다.

① 벽체는 뒷부벽으로 지지된 연속판이 토압의 수평분력에 저항하도록 설계해야 한다.

② 뒷부벽은 저판에 고정된 변단면 T형 캔틸레버 보로 간주하여 벽체에 작용하는 전 토압의 수평분력에 저항할 수 있도록 설계해야 한다.

③ 기초 슬래브는 뒷부벽으로 지지된 연속판으로서 저판 위의 흙의 중량, 토압의 연직분력, 지표면의 상재하중, 판의 중량 및 지반반력을 고려하여 설계해야 한다.

④ 기초 슬래브의 앞판 설계는 캔틸레버식 옹벽과 같은 방법으로 설계한다.

⑤ 벽체 및 기초 슬래브의 양쪽 단부는 부벽에 지지된 캔틸레버 보로 설계해야 한다.

옹벽설계

아래 그림과 같은 역T형 옹벽을 설계할 때 아래 사항에 대하여 설명하시오(단, 토압은 Rankine식 적용).

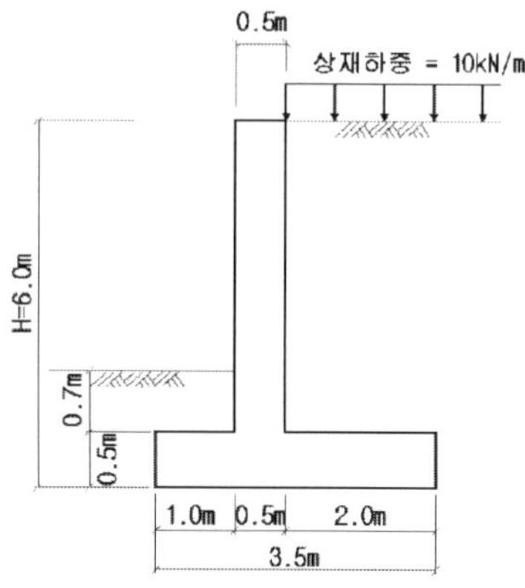

〈설계 조건〉
- 뒷채움흙 내부마찰각 $\phi=30°$
- 흙의 단위중량 $\gamma_t=18\text{kN/m}^3$
- 콘크리트의 단위중량 $\gamma_c=25\text{kN/m}^3$
- 콘크리트와 지반과 마찰계수 $\mu=0.4$
- 재료강도 - 콘크리트 $f_{ck}=24\text{MPa}-$ 철근 $f_y=300\text{MPa}$
- 지반허용지지력 $q_a=200\text{kN/m}^2$

1) 안전성을 검토하고, 안전성 검토항목 중 안정성을 만족하지 않은 경우에 대한 대책을 설명하시오(단, 전면 수동토압 영향은 무시한다).

2) 뒷굽판에 대하여 휨강도 및 전단강도를 검토하시오(단, 강도 설계법 적용, 모든 하중에 대한 하중계수는 1.5로 하며, 주철근 도심에서 콘크리트 최외측까지의 거리는 100mm, 주철근 D22 $A_s=380\text{mm}^2$).

3) 구성 부재별 주철근 배치도를 그리시오.

풀 이

▶ 개요

옹벽의 외적 안정성(External stability) 검토는 ① 활동(sliding) ② 침하(settlement) ③ 전도(overturning) ④ 지지력(bearing capacity)에 대해 수행하며, 외적 안정성 검토 시 토압계수는 배면토 상면이 수평이므로 Rankine의 토압계수식을 활용한다.

▶ 전도 검토

1) 토압계수

$\phi=30°$이므로, 주동토압계수 $K_a = \dfrac{1-\sin\phi}{1+\sin\phi} = \tan^2\!\left(45-\dfrac{\phi}{2}\right) = \dfrac{1}{3}$

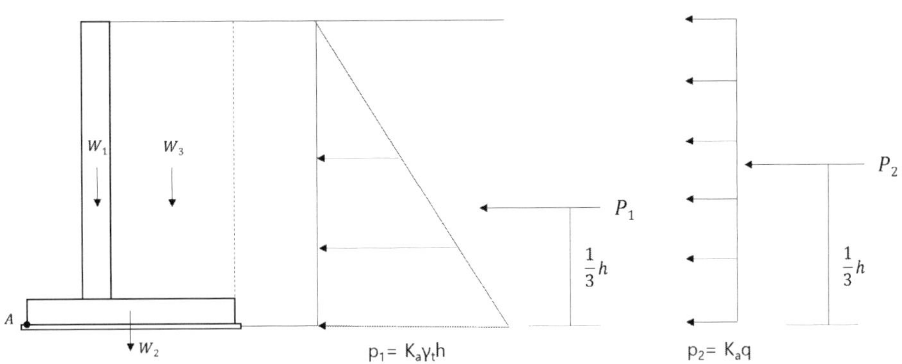

2) 회전모멘트 산정

① 토압에 의한 작용력

$$P_1 = \frac{1}{2}(K_a\gamma_t h) \times (h) = \frac{1}{2}K_a\gamma_t h^2 = \frac{1}{2} \times \frac{1}{3} \times 18 \times 6.0^2 = 108 \text{ kN}$$

② 상재하중에 의한 작용력

$$P_2 = (K_a q) \times h = K_a q h = \frac{1}{3} \times 10 \times 6.0 = 20 \text{ kN}$$

③ 회전모멘트

$$M = P_1 \times \frac{1}{3}h + P_2 \times \frac{1}{2}h = 108 \times \frac{6}{3} + 10 \times \frac{6}{2} = 246 \text{ kNm}$$

3) 저항모멘트 산정

① 옹벽 벽체

$$W_1 = A_1 \times \gamma_c = 0.5 \times 5.5 \times 25 = 68.75 \text{ kN}$$

② 옹벽 기초

$$W_2 = A_2 \times \gamma_c = 0.5 \times 3.5 \times 25 = 43.75 \text{ kN}$$

③ 뒷판 상부 흙 무게

$$W_3 = A_3 \times \gamma_t = 2.0 \times 5.5 \times 18 = 198 \text{ kN}$$

④ 저항모멘트

옹벽기초 저판 최좌측 A점 기준 저항모멘트 산정하면,

$$M_r = W_1 \times \left(1.0 + \frac{0.5}{2}\right) + W_2 \times \frac{3.5}{2} + W_3 \times \left(1.5 + \frac{2.0}{2}\right) = 657.5 \text{ kNm}$$

4) 전도에 대한 인전율 S.F $= \dfrac{M_r}{M} = 2.67 > 2.0 \qquad$ O.K

모든 외력의 합력 R의 작용선이 기초 저면과 만나는 점과 저판 중심과의 편심거리 e는

$$e = \frac{B}{2} - \frac{M_r - M}{W} = \frac{3.5}{2} - \frac{657.5 - 246}{68.75 + 43.75 + 198} = 0.425 \text{ m}$$

$\dfrac{B}{6} = 0.583 > e$ 이므로 (b)와 같이 저판 밑에 일어나는 압력은 사다리꼴 모양이다.

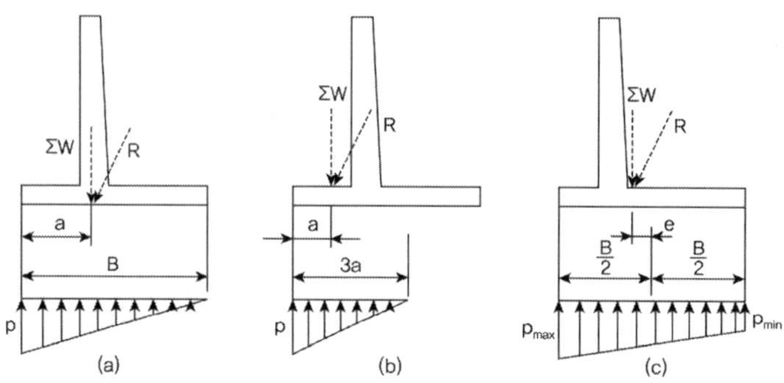

기초저판의 반력 $\quad \begin{aligned} p_{max} \\ p_{min} \end{aligned} = \frac{P}{A} \pm \frac{M}{I}y = \frac{\sum W}{B \times 1} \pm \frac{(\sum W)e}{\dfrac{1 \times B^3}{12}} \times \frac{B}{2} = \frac{\sum W}{B} \pm \frac{6e(\sum W)}{B^2}$

$$= \frac{\sum W}{B}\left(1 \pm \frac{6e}{B}\right)$$

지반의 허용지지력 $q_a = 200 \text{ kN/m}^2$

$$\therefore p_{max} = \frac{\sum W}{B}\left(1 + \frac{6e}{B}\right) = \frac{310.5}{3.5}\left(1 + \frac{6 \times 0.425}{3.5}\right) = 153.3 \text{ kN/m}^2 < q_a \quad \text{O.K}$$

$$p_{min} = \frac{\sum W}{B}\left(1 - \frac{6e}{B}\right) = \frac{310.5}{3.5}\left(1 - \frac{6 \times 0.425}{3.5}\right) = 24.08 \text{ kN/m}^2$$

➤ **활동 검토**

콘크리트와 기초지반의 마찰계수 $f = \tan\phi_b = \mu = 0.4$

$$\therefore \text{ 활동에 대한 안전율 S.F} = \frac{f\sum W}{\sum P_i} = \frac{(W_1 + W_2 + W_3) \times 0.4}{P_1 + P_2} = \frac{124.2}{128} = 0.97 < 1.5 \quad \text{N.G}$$

➤ **허용 안전율을 만족하지 않는 경우에 대한 설계상의 대책**

주어진 조건에서 활동에 대해 허용안전율을 만족하지 못하므로 고려할 수 있는 방법은 크게 ①

전단키를 설치해 마찰계수를 증가시키고 활동면의 면적을 높이는 방법과 ② 구조물의 형태나 크기를 변화시켜서 자중을 증가시켜서 저항하도록 하는 방법, 지반과 접하는 기초를 경사지게 설치하는 방법, ③ 본 문제에서는 고려되지 않았으나 수동토압의 크기를 높이도록 전면부 토압을 증가시키는 방법 등을 고려할 수 있다. 구조물의 형태나 크기를 변경하지 않는다는 조건에서는 전단키를 설치하도록 설계를 변경하는 것이 가장 바람직할 것으로 사료된다. 전단키의 높이는 일반적으로 저판높이의 2/3배 이상, 기초폭의 10~15%로 하는 것이 바람직하다.

▶ 뒷 굽판의 휨강도 및 전단강도

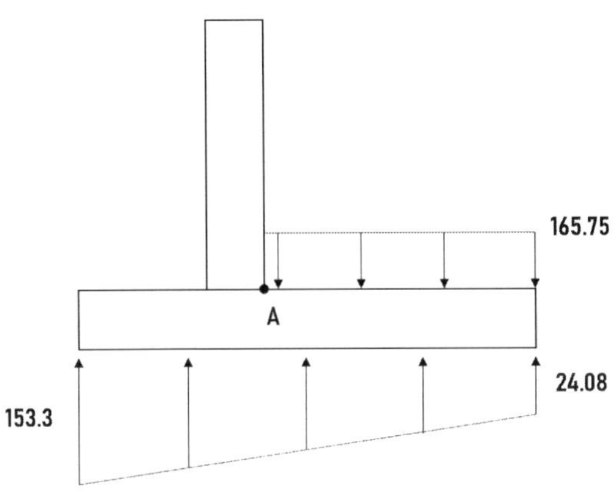

1) 극한 하중 산정

벽체의 배면(A점)을 고정지점으로 하고 지간 2.0m, 폭 1m의 캔틸레버로 보고 설계한다.

① 뒤판의 자중

$25 \times 0.5 \times 1 = 12.5\text{kN/m}$

② 뒤판 위의 흙의 무게

$18 \times (6 - 0.5) \times 1 = 88\text{kN/m}$

③ 상재하중(활하중)

10kN/m

④ 계수하중

$$w_u = 1.5D + 1.5L = 1.5(12.5 + 88) + 1.5 \times 10 = 165.75 \text{ kN/m}$$

$$\therefore V_{u(A)} = 165.75 \times 2 = 331.5 \text{ kN}$$

$$\therefore M_{u(A)} = \frac{w_u L^2}{2} = \frac{165.75 \times 2^2}{2} = 331.5 \text{ kNm}$$

2) 강도 검토

   d=500-100=400mm

① 전단강도 검토

전단철근 없이 콘크리트만으로 부담할 수 있는 전단강도는

$$\phi V_c = \phi \frac{1}{6}\sqrt{f_{ck}}\,bd = 0.75 \times \frac{1}{6} \times \sqrt{24} \times 1000 \times 400 \times 10^{-3} = 244.95\ \text{kN} < V_u \qquad \text{N.G}$$

D13($A_s = 126.7\,\text{mm}^2$) 수직 스터럽 배치를 검토한다.

$$s \leq \frac{\phi A_v f_y d}{V_u - \phi V_c} = \frac{0.75 \times 126.7 \times 300 \times 500}{(331.5 - 244.95) \times 10^3} = 164.69\text{mm}$$

∴ D13 스터럽을 150mm 간격으로 배치한다.

② 휨강도 검토

$$\text{C=T} \ ; \ a = \frac{A_s f_y}{0.85 f_{ck} b}$$

$$\therefore \ \phi A_s f_y\left(d - \frac{a}{2}\right) = \phi A_s f_y\left(d - \frac{1}{2}\frac{A_s f_y}{0.85 f_{ck} b}\right) \geq M_u$$

A_s에 관한 2차 방정식을 풀이하면, $A_{s(req)} = 2{,}707.83\,\text{mm}^2$

∴ D22 주철근을 8개 배치($A_s = 3{,}040\,\text{mm}^2$)한다.

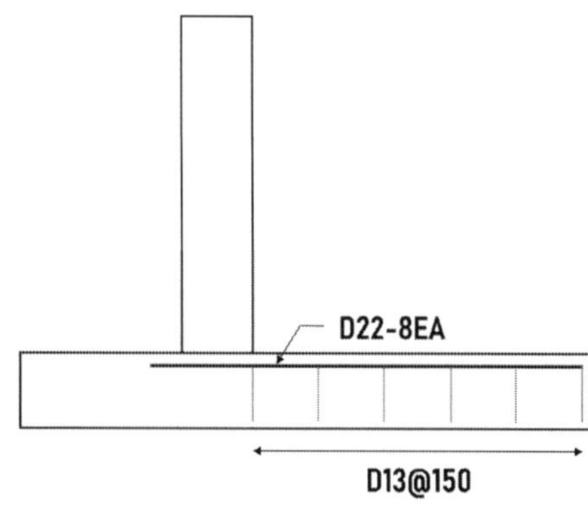

옹벽 안정성 검토

아래 그림과 같이 뒷채움 토사가 옹벽 상단과 수평으로 형성된 역T형 옹벽에 대한 다음 사항을 설명하시오.

1) 옹벽의 외적 안정성에 대한 안전율 계산 및 허용안전율과 비교

2) 외적 안정성 검토항목 중 허용안전율을 만족하지 않는 경우에 대한 설계상의 대책

3) 옹벽구조 시공 상세

〈조건〉

- 뒷채움 토사의 내부 마찰각 : $\phi = 30°$
- 흙의 단위중량 : 18.0 kN/m^3
- 철근 콘크리트의 단위 중량 : 25.0 kN/m^3
- 콘크리트와 기초지반의 마찰계수 : $\mu = 0.4$
- 기초지반의 허용지지력 : 200 kN/m^2
- 안정계산 시 옹벽 전면부의 상재토 영향과 수동토압 무시

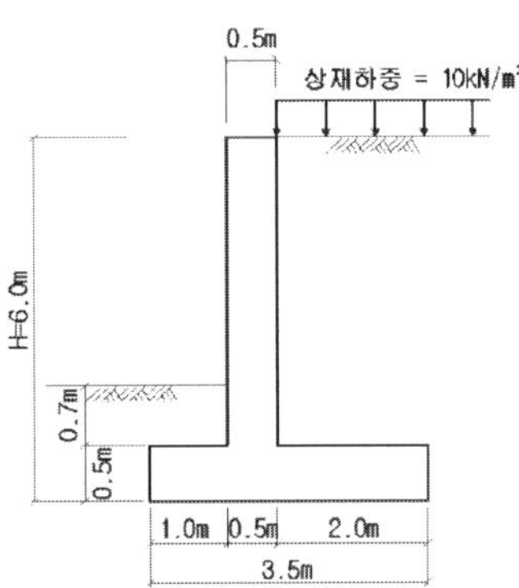

풀 이

> ▶ 개요

옹벽의 외적 안정성(External stability) 검토는 ① 활동(sliding) ② 침하(settlement) ③ 전도(overturning) ④ 지지력(bearing capacity)에 대해 수행하며, 외적 안정성 검토 시 토압계수는 배면토 상면이 수평이므로 Rankine의 토압계수식을 활용한다.

> ▶ 전도 검토

1) 토압계수

$\phi = 30°$이므로, 주동토압계수 $K_a = \dfrac{1 - \sin\phi}{1 + \sin\phi} = \tan^2\left(45 - \dfrac{\phi}{2}\right) = \dfrac{1}{3}$

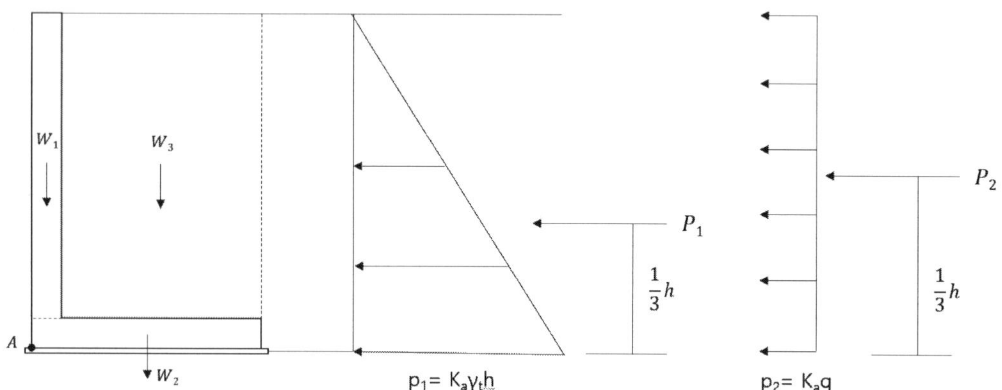

2) 회전모멘트 산정

① 토압에 의한 작용력

$$P_1 = \frac{1}{2}(K_a \gamma_t h) \times (h) = \frac{1}{2} K_a \gamma_t h^2 = \frac{1}{2} \times \frac{1}{3} \times 18 \times 6.0^2 = 108 \text{ kN}$$

② 상재하중에 의한 작용력

$$P_2 = (K_a q) \times h = K_a q h = \frac{1}{3} \times 10 \times 6.0 = 20 \text{ kN}$$

③ 회전모멘트

$$M = P_1 \times \frac{1}{3}h + P_2 \times \frac{1}{2}h = 108 \times \frac{6}{3} + 10 \times \frac{6}{2} = 246 \text{ kNm}$$

3) 저항모멘트 산정

① 옹벽 벽체

$$W_1 = A_1 \times \gamma_c = 0.5 \times 5.5 \times 25 = 68.75 \text{ kN}$$

② 옹벽 기초

$$W_2 = A_2 \times \gamma_c = 0.5 \times 3.5 \times 25 = 43.75 \text{ kN}$$

③ 뒷판 상부 흙 무게

$$W_3 = A_3 \times \gamma_t = 2.0 \times 5.5 \times 18 = 198 \text{ kN}$$

④ 저항모멘트

옹벽기초 저판 최좌측 A점 기준 저항 모멘트 산정하면,

$$M_r = W_1 \times \left(1.0 + \frac{0.5}{2}\right) + W_2 \times \frac{3.5}{2} + W_3 \times \left(1.5 + \frac{2.0}{2}\right) = 657.5 \text{ kNm}$$

4) 전도에 대한 안전율 $\text{S.F} = \dfrac{M_r}{M} = 2.67 > 2.0$ O.K

➤ **지지력 검토**

모든 외력의 합력 R의 작용선이 기초 저면과 만나는 점과 저판 중심과의 편심거리 e는

$$e = \frac{B}{2} - \frac{M_r - M}{W} = \frac{3.5}{2} - \frac{657.5 - 246}{68.75 + 43.75 + 198} = 0.425 \text{ m}$$

$\dfrac{B}{6} = 0.583 > e$ 이므로 (b)와 같이 저판 밑에 일어나는 압력은 사다리꼴 모양이다.

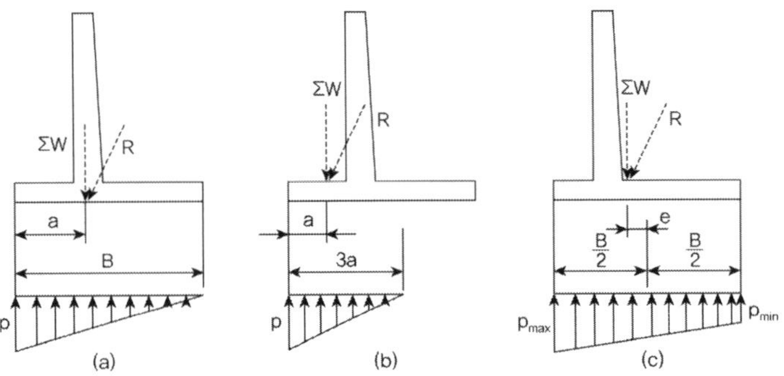

기초저판의 반력 $\begin{matrix} p_{\max} \\ p_{\min} \end{matrix} = \dfrac{P}{A} \pm \dfrac{M}{I}y = \dfrac{\sum W}{B \times 1} \pm \dfrac{(\sum W)e}{\dfrac{1 \times B^3}{12}} \times \dfrac{B}{2} = \dfrac{\sum W}{B} \pm \dfrac{6e(\sum W)}{B^2}$

$$= \frac{\sum W}{B}\left(1 \pm \frac{6e}{B}\right)$$

지반의 허용지지력 $q_a = 200 \text{ kN/m}^2$

$$\therefore p_{\max} = \frac{\sum W}{B}\left(1 + \frac{6e}{B}\right) = \frac{310.5}{3.5}\left(1 + \frac{6 \times 0.425}{3.5}\right) = 153.3 \text{ kN/m}^2 < q_a \quad \text{O.K}$$

➤ **활동 검토**

콘크리트와 기초지반의 마찰계수 $f = \tan\phi_b = \mu = 0.4$

$$\therefore \text{활동에 대한 안전율 S.F} = \frac{f\sum W}{\sum P_i} = \frac{(W_1 + W_2 + W_3) \times 0.4}{P_1 + P_2} = \frac{124.2}{128} = 0.97 < 1.5 \quad \text{N.G}$$

➤ **허용 안전율을 만족하지 않는 경우에 대한 설계상의 대책**

주어진 조건에서 활동에 대해 허용안전율을 만족하지 못하므로 고려할 수 있는 방법은 크게 ① 전단키를 설치해 마찰계수를 증가시키고 활동면의 면적을 높이는 방법과 ② 구조물의 형태나 크

기를 변화시켜서 자중을 증가시켜서 저항하도록 하는 방법, 지반과 접하는 기초를 경사지게 설치하는 방법, ③ 본 문제에서는 고려되지 않았으나 수동토압의 크기를 높이도록 전면부 토압을 증가시키는 방법 등을 고려할 수 있다. 구조물의 형태나 크기를 변경하지 않는다는 조건에서는 전단키를 설치하도록 설계를 변경하는 것이 가장 바람직할 것으로 사료된다. 전단키의 높이는 일반적으로 저판높이의 2/3배 이상, 기초폭의 10~15%로 하는 것이 바람직하다.

▶ 옹벽 구조 상세

1) 배근

① 피복두께는 벽의 노출면에서는 50mm 이상, 콘크리트가 흙에 접하는 면에서는 50mm 이상, 직접 흙 중에 묻히는 기초 슬래브에서는 80mm 이상으로 해야 한다.

② 철근 콘크리트에서는 수축 및 온도변화에 의한 균열을 방지하기 위하여 벽의 노출면에 가깝게 수평방향으로 벽의 높이 1m당 $5cm^2$ 이상의 단면적을 가진 철근을 중심간격 300mm 이하로 배치해야 한다. 이 철근은 가는 것을 좁은 간격으로 배치하는 것이 좋다.

③ 뒷부벽식 옹벽에서는 전면벽과 기초 슬래브에 의해 부벽에 전달되는 응력을 지지하기 위해 필요한 철근을 부벽에 배근해야 한다. 또 전면벽과 기초슬래브에는 인장철근의 20% 이상의 배력철근을 두어야 한다.

④ 앞부벽식 옹벽의 전면벽에는 인장철근의 20% 이상의 배력철근을 두어야 한다.

⑤ 수평철근의 콘크리트 총 단면적에 대한 최소철근비는 ①~④ 같아야 한다.

  (1) 설계기준항복강도 400MPa 이상으로서 지름이 16mm 이하인 이형철근: 0.0020

  (2) 기타 이형철근 : 0.0025

  (3) 지름이 16mm 이하인 용접강선망 : 0.0020

  (4) 수평철근의 간격은 벽체 두께의 3배 이하 또는 450mm 이하

2) 연결부

① 시공이음부에는 시공이음, 수축변형의 영향을 줄이기 위한 수축이음, 전단면에 걸쳐 일정간격으로 신축이음을 두어야 한다. 다만 옹벽의 길이가 짧거나 콘크리트의 수화열, 온도변화, 건조수축 등 부피변화에 대한 별도의 구조해석을 수행한 경우, 종방향 철근을 연속으로 배근하여 신축, 수축이음을 두지 않을 수 있다. 또한 응력집중이 발생하는 모서리에는 이음을 두지 않아야 한다.

② 시공이음(construction joint) : 중력식 옹벽의 시공이음에는 가외철근을 사용하고 시공이음은 계산상 요구되지 않더라도 흙막이벽에서 배근된 만큼 가외 철근을 배근해야 한다.

③ 수축이음(contraction joint)

  (1) 벽체의 전면에 수축이음부를 두면 콘크리트의 수축변형에 의한 영향을 줄일 수 있다. 일반적으로 폭 6~8mm, 깊이 12~16mm인 수축이음부의 홈을 9m 이하의 간격으로 만들며 옹벽

기초 슬래브 상부에서 벽체 상단까지 연속시킨다. 이때 철근을 끊지 않아야 한다.

(2) 부벽식 옹벽의 경우에는 수평방향의 철근량이 많으므로 수축이음을 설치하지 않아도 좋다.

④ 신축이음

(1) 길이가 긴 옹벽의 경우 온도변화나 지반의 부등침하가 콘크리트 구조물에 미치는 영향에 대비하여 길이방향으로 유연성 재료의 신축이음을 설치해야 한다.

(2) 신축이음 설치 간격은 중력식 옹벽의 경우는 10m 이하, 캔틸레버식 및 부벽식옹벽에서는 15~20m 이하의 간격으로 설치하여야 한다. 신축이음에서는 철근이 끊겨야 한다.

(3) 신축이음부 양측의 일체성을 유지하기 위하여 강철봉을 사용하여 벽체(stem)를 가로지르는 방향으로 보강을 실시해야 한다. 강철봉이 콘크리트에 강하게 부착되면 신축이음의 효과가 상실될 수 있으므로 강철봉 표면에 윤활유를 바르는 방법 등을 적용해야 한다.

3) 본체

① 노선에 접해 있는 벽체의 전면은 미관 및 주행상 통상 1:0.02 이상의 경사를 설치해야 한다.

② 옹벽 상단에는 소단을 설치하는 것이 좋다. 소단의 길이(l)는 설치장소에 따라 다르지만 일반적으로 0.7m를 적용해야 한다.

③ 연속된 옹벽에서 옹벽의 상단 또는 저면의 높이가 변하는 경우 설치위치, 구조형식 등을 고려하여 접속시켜야 한다. 일반적으로 설치위치에 의해 정해지는 근입깊이를 기준으로 1블록의 길이를 결정하며 저판은 수평으로 시공하는 것이 좋다.

④ 옹벽저면에 배수시설, 배수관 등을 설치하거나 저판 앞면에 U형 측구, 우수받이 등을 설치함으로써 유효단면의 감소가 있을 때에는 다음 사항에 주의해야 한다.

(1) 가정하는 단면에서 옹벽 블록사이의 단면감소의 합계가 1블록길이 L의 6% 이하로 되게 하고 가능한 한 균등하게 분포시킨다. 이와 같이 하면 철근간격을 조절하는 등의 조치만으로 충분하며 별도로 보강할 필요는 없다.

(2) (1)의 제한을 넘을 경우에는 단면 감소가 있는 부분의 응력을 계산하여 필요시 철근으로 보강해야 한다.

4) 활동방지 벽(Shear key)

① 활동에 대한 효과적인 저항을 위하여 저판에 활동방지벽을 적용하는 경우 저판과 일체로 설치해야 한다.

② 활동방지 벽의 형상은 돌출부의 깊이, 토질상태 등에 따라 구조물 굴착선에 맞는 형상으로 설치해야 한다.

③ 사질토 지반에서는 유효하나 점성토 지반에서는 점성토의 비배수 전단강도에 의하여 활동에 대한 저항력이 결정되기 때문에 효과가 적을 수 있으므로 세부검토를 통해 적용 여부를 결정해야 한다.

옹벽 안전성 검토

다음과 같은 L형 옹벽에 대하여 주어진 조건으로 평상시 안정(활동, 전도, 지지력)을 검토하시오
(단, 상재하중이 재하될 때로 검토하되, 옹벽전면 흙에 대한 수동토압은 고려하지 않음).

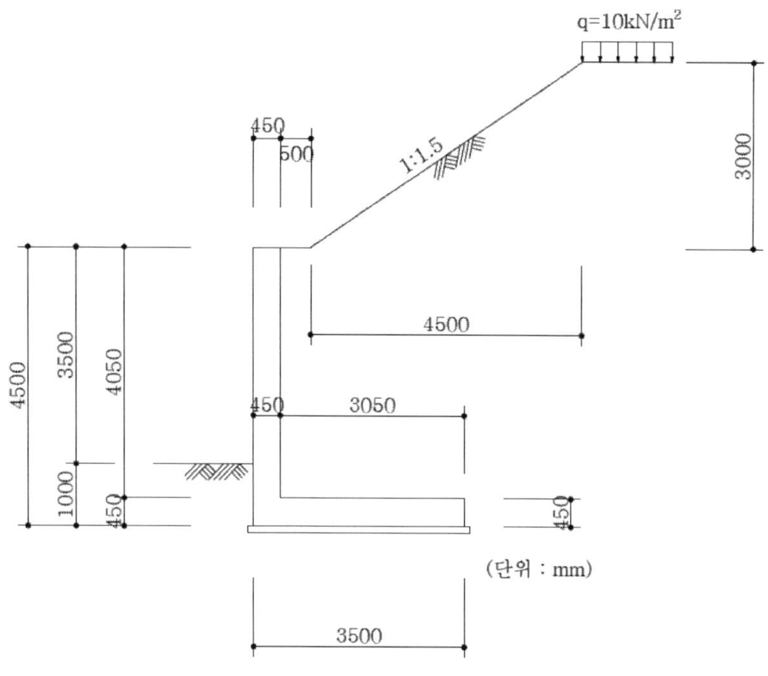

〈조건〉

- 콘크리트의 단위 중량(γ_c) : 25.0 kN/m^3
- 뒷채움 흙의 내부마찰각(ϕ) : 30.0°
- 지지지반의 마찰각(ϕ_b) : 28.0°
- 상재하중(q) : 10.0 kN/m^2
- 평상시 주동토압계수(K_a) : 0.225

- 뒷채움 흙의 단위중량(γ_t) : 19.0 kN/m^3
- 뒷채움 흙의 경사각(α) : 0.0°
- 지지지반의 점착력(c) : 0.0 kN/m^3
- 지반의 극한지지력(q_u) : 700.0 kN/m^2

풀 이

▶ 개요

주어진 문제에서 뒷채움 흙의 경사각 α = 0.0°이므로, 뒷채움 흙은 옹벽과 수평한 것으로 보고 풀
이한다.

▶ 전도 검토

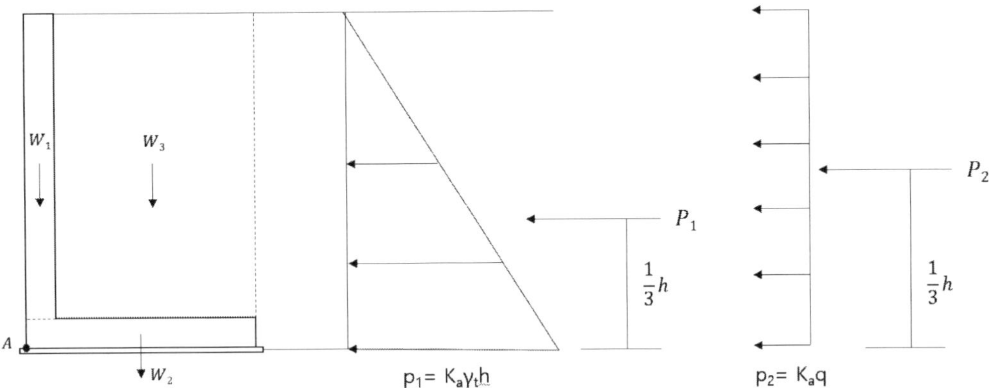

1) 회전모멘트 산정

① 토압에 의한 작용력

$$P_1 = \frac{1}{2}(K_a \gamma_t h) \times (h) = \frac{1}{2} K_a \gamma_t h^2 = \frac{1}{2} \times 0.225 \times 19 \times 4.5^2 = 43.284 \text{ kN}$$

② 상재하중에 의한 작용력

$$P_2 = (K_a q) \times h = K_a q h = 0.225 \times 10 \times 4.5 = 10.125 \text{ kN}$$

③ 회전모멘트

$$M = P_1 \times \frac{1}{3}h + P_2 \times \frac{1}{2}h = 43.284 \times \frac{4.5}{3} + 10.125 \times \frac{4.5}{2} = 87.707 \text{ kNm}$$

2) 저항모멘트 산정

① 옹벽 벽체

$$W_1 = A_1 \times \gamma_c = 0.45 \times 4.05 \times 25 = 45.5625 \text{ kN}$$

② 옹벽 기초

$$W_2 = A_2 \times \gamma_c = 0.45 \times 3.5 \times 25 = 39.375 \text{ kN}$$

③ 뒷판 상부 흙 무게

$$W_3 = A_3 \times \gamma_t = 3.05 \times 4.05 \times 19 = 234.6975 \text{ kN}$$

④ 저항모멘트

$$M_r = W_1 \times \frac{0.45}{2} + W_2 \times \frac{3.5}{2} + W_3 \times \left(0.45 + \frac{3.05}{2}\right) = 542.685 \text{ kNm}$$

3) 전도에 대한 안전율 S.F $= \dfrac{M_r}{M} = 6.187 > 2.0$ O.K

▶ 활동 검토

지지기반의 마찰각 ϕ_b = 28.0°이므로 마찰계수 $f = \tan\phi_b$

$\therefore$ 활동에 대한 안전율 S.F $= \dfrac{f\sum W}{\sum P_i} = \dfrac{(W_1 + W_2 + W_3)\tan\phi_b}{P_{1} + P_{2}} = \dfrac{169.953}{53.409} = 3.18 > 1.5$ O.K

▶ 지지력 검토

모든 외력의 합력 R의 작용선이 기초 저면과 만나는 점과 저판 중심과의 편심거리 e 는

$$e = \frac{B}{2} - \frac{M_r - M}{W} = \frac{3.5}{2} - \frac{542.685 - 87.707}{45.5625 + 39.375 + 234.6975} = 0.327 \text{ m}$$

$\dfrac{B}{6} = 0.583 > e$ 이므로 (b)와 같이 저판 밑에 일어나는 압력은 사다리꼴 모양이다.

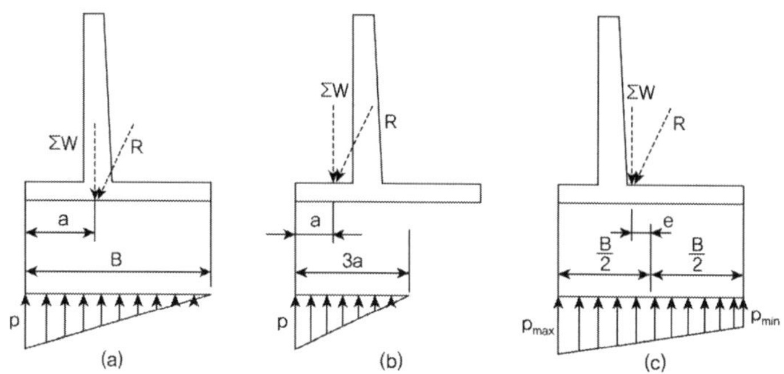

기초저판의 반력 $\dfrac{p_{max}}{p_{min}} = \dfrac{P}{A} \pm \dfrac{M}{I}y = \dfrac{\sum W}{B \times 1} \pm \dfrac{(\sum W)e}{\dfrac{1 \times B^3}{12}} \times \dfrac{B}{2} = \dfrac{\sum W}{B} \pm \dfrac{6e(\sum W)}{B^2}$

$$= \frac{\sum W}{B}\left(1 \pm \frac{6e}{B}\right)$$

지반의 극한지지력 $q_u = 700.0 \text{ kN/m}^2$, 안전율을 약 3.0으로 보면 허용지지력 $q_a = 233.3 \text{ kN/m}^2$

$$\therefore p_{max} = \frac{\sum W}{B}\left(1 + \frac{6e}{B}\right) = \frac{319.635}{3.5}\left(1 + \frac{6 \times 0.327}{3.5}\right) = 142.52 \text{ kN/m}^2 < q_a \quad \text{O.K}$$

RC옹벽 안정성

다음 그림과 같은 RC옹벽의 안정성을 콘크리트구조기준(2012년)을 적용하여 검토하시오.

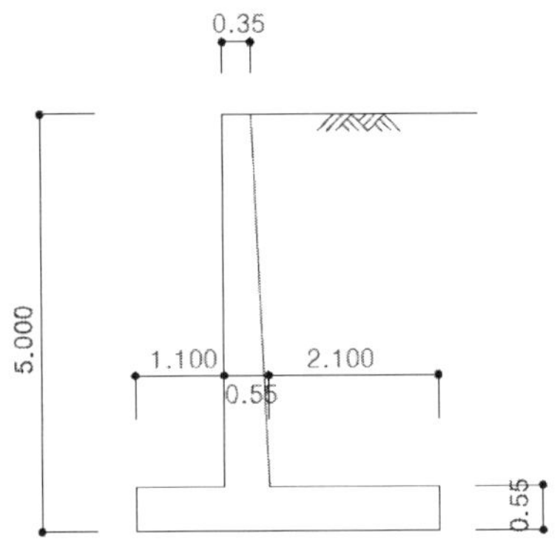

콘크리트 단위 중량 25kN/m³
뒷 채움 토사 단위 중량 16kN/m³
뒷 채움 토사 내부마찰각 35°
마찰계수 0.5
상재 활하중 10kN/m²
허용 지지력 190kN/m²
지진 시 미고려

(단위 : m)

풀 이

▶ 개요

콘크리트 구조기준에 따른 옹벽의 안정성 검토는 외적 안정성(External stability)에 대해서는 ① 활동(sliding) ② 침하(settlement) ③ 전도(overturning) ④ 지지력(bearing capacity)에 대한 검토를 수반하며, 내적 안정성(Internal stability)에 대해서는 ① 전단(shear force) ② 휨모멘트(bending moment)에 대한 검토를 수행한다.

콘크리트 구조기준(2012)에서 규정하는 안정조건은 다음과 같다.

① 활동에 대한 저항력은 옹벽에 작용하는 수평력의 1.5배 이상

② 전도 및 지반지지력에 대한 안정조건은 만족하지만 활동에 대한 안정조건을 만족시키지 못할 경우 전단키(활동방지벽)나 횡방향 앵커 등을 설치하여 활동저항력 증가

③ 전도에 대한 저항휨모멘트는 횡토압에 의한 전도휨모멘트의 2.0배 이상

④ 지반에 유발되는 최대 지반반력이 지반 허용지지력을 초과하지 않아야 한다.

⑤ 지반의 침하에 대한 안정성 검토는 다음의 두 가지 중 하나로 검토할 수 있다.

  (1) 지반반력의 분포경사가 비교적 작은 경우에는 최대 지반반력 q_{max} 이 지반의 허용지지력 q_a 이하가 되도록 한다.

  (2) 지반의 지지력은 지반공학적 방법 중 선택 적용할 수 있으며 지반의 내부마찰각, 점착력 등과 같은 특성으로부터 지반의 극한지지력을 추정할 수 있다. 이 경우 허용지지력 q_a 는 $q_u/3$로 취하여야 한다.

➤ RC옹벽의 안정성 검토

주어진 조건에 따라 RC옹벽의 외적 안정성에 대해서만 검토하며, Rankine 토압을 고려한다.

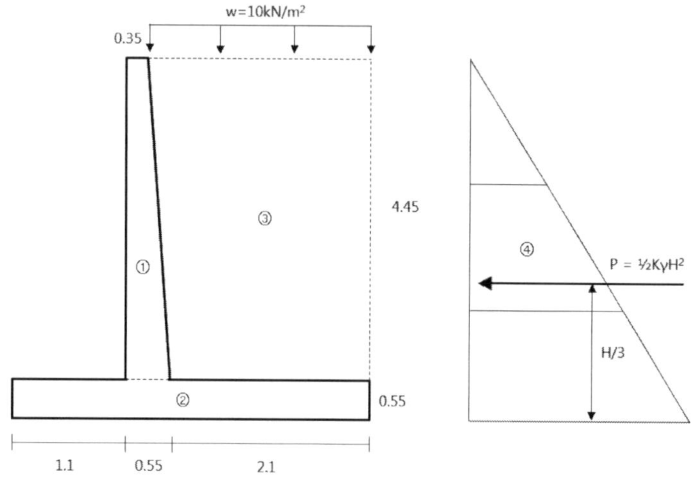

1) 자중 및 하중 산정

$$K = \frac{1-\sin\phi}{1+\sin\phi} = 0.271, \quad \sigma_h = K\gamma H = 21.68, \quad P_H = \frac{1}{2}K\gamma H^2$$

구분		면적	단위하중(kN/m³)	지중 및 하중(kN)
옹벽 ①	w1	$(0.35+0.55)\times4.45\times\frac{1}{2} = 2.0025$	25	50.063
옹벽 ②	w2	$0.55\times3.75 = 2.0625$	25	51.563
토사 ③	w3	$(2.3+2.1)\times4.45\times\frac{1}{2} = 9.79$	16	156.640
토압 ④		$\frac{1}{2}\times5\times21.68$	16	54.200
상재하중		$(0.55-0.35)+2.1$	10	23.000

2) 활동(sliding) 안정성 검토

$$W = w_1 + w_2 + w_3 = 258.266 \text{ kN}$$
$$P_H = 54.2 \text{ kN}$$

$$\mu(W + P_V) \geq 1.5 P_H \quad (\mu: \text{저판과 지반 사이의 마찰력})$$
$$\text{또는 } H_0 = \Sigma H, \quad H_r = \mu\Sigma W, \quad S.F = H_r/H_0 \geq 1.5$$

$$\therefore S.F = \frac{\mu W}{P_H} = 2.38 > 1.5 \qquad O.K$$

3) 전도(overturning) 안정성 검토

합력의 작용점이 앞굽의 가장자리 O 위로 지나면 반시계방향 모멘트가 작용하므로 옹벽이 넘어
가려는 전도에 대해 검토한다.

$$M_r - M_0 = \sum W \times m - \sum H \times n = \sum W \times x$$

$$\therefore x = \frac{\sum W \times m - \sum H \times n}{\sum W} \quad (M_r : \text{저항모멘트}, \ M_o : \text{전도모멘트})$$

$$\text{S.F} = 2.0, \quad M_r \geq 2.0 M_0 : \sum W \times m \geq 2.0(\sum H \times n), \quad S.F = \frac{M_r}{M_0}$$

$$\sum W \times m = 50.063 \times (1.1 + 0.45/2) + 51.563 \times 3.75/2 + 156.640 \times (1.1 + 0.45 + 2.2/2)$$
$$+ 23 \times (1.1 + 0.35 + 2.3/2) = 637.91 \ \text{kNm}$$

$$\sum H \times n = 54.2 \times 5/3 = 90.33 \ \text{kNm}$$

$$x = \frac{\sum W \times m - \sum H \times n}{\sum W} = 2.12\text{m}$$

$$\therefore S.F = \frac{\sum Wm}{\sum Hn} = 7.06 > 2.0 \qquad \text{O.K}$$

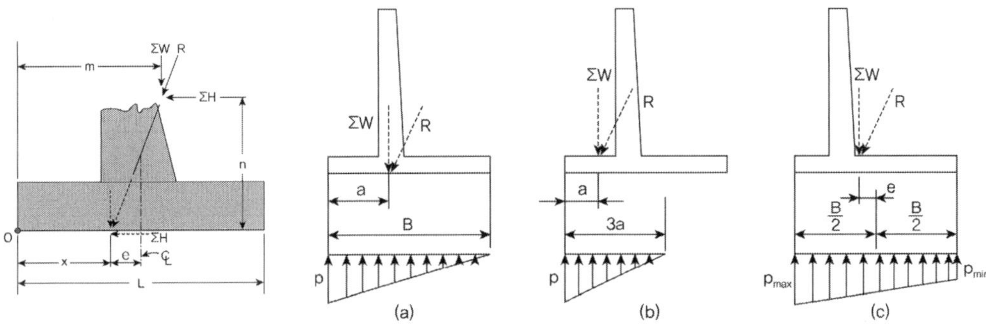

4) 지지력(bearing capacity) 안정성 검토

$$e = B/2 - x = -0.245$$

$$\text{기초저판의 반력} \quad \begin{matrix} \sigma_{\max} \\ \sigma_{\min} \end{matrix} = \frac{P}{A} \pm \frac{M}{I}y = \frac{\sum W}{B \times 1} \pm \frac{(\sum W)e}{\dfrac{1 \times B^3}{12}} \times \frac{B}{2} = \frac{\sum W}{B} \pm \frac{6e(\sum W)}{B^2}$$

$$= \frac{\sum W}{B}\left(1 \pm \frac{6e}{B}\right) = 95.87 \, \text{kN/m}^2 < \sigma_a = 190 \text{kN/m}^2 \qquad \text{O.K}$$

옹벽 해석

여름철 집중호우로 인해 옹벽이 전도되면서 무너지는 사고가 발생하고 있다. 다음 물음에 답하시오.

1) 그림 1에서 옹벽 하단 A점에서의 전도모멘트를 구하시오.

2) 그림 2와 같이 지하수위가 지표면까지 올라왔을 때 옹벽하단 A점에서의 전도모멘트를 구하시오.

3) 옹벽의 설계 및 시공 시 유의할 사항을 설명하시오(단, 흙의 내부마찰각 $\phi=30°$, 흙의 단위중량 $\gamma=18kN/m^3$, 흙의 포화단위중량 $\gamma_{sat}=20kN/m^3$, 물의 단위중량 $\gamma_w=10kN/m^3$).

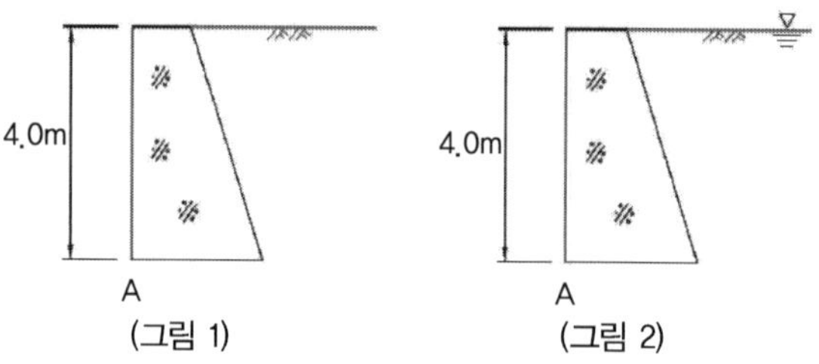

▶ 전도모멘트 산정

1) 그림 1

벽체의 자중을 W라고 하고, A점에서 W 중심까지 거리를 d라고 한다.

$$K = \frac{1-\sin\phi}{1+\sin\phi} = \frac{1}{3}, \quad \sigma_h = K\gamma H = 24 \text{ kN}, \quad P_H = \frac{1}{2}K\gamma H^2 = 48 \text{ kN}$$

$$\therefore M_A = P_H \times \frac{H}{3} - W \times d = 64 - Wd$$

2) 그림 2

벽체의 자중을 W라고 하고, A점에서 W 중심까지 거리를 d라고 한다. 지하수위가 지표면까지 상승하여 포화되었고, 지하수는 배수되지 않아서 구조체에 수압이 작용하는 것으로 가정한다.

$$\sigma_h = K\gamma_{sat}H = 26.67 \text{ kN}, \quad P_H = \frac{1}{2}K\gamma_{sat}H^2 = 53.33 \text{ kN}, \quad P_w = \frac{1}{2}\gamma_w H^2 = 80 \text{ kN}$$

$$\therefore M_A = (P_H + P_w) \times \frac{H}{3} - W \times d = 151.1 - Wd$$

► **옹벽의 설계 및 시공 시 유의할 사항**

옹벽은 내적인 안정성(Internal stability)인 구조물의 전단(shear force), 휨모멘트(bending moment)에 대한 안정성 확보와 함께, 활동(sliding) 침하(settlement) 전도(overturning) 지지력(bearing capacity)에 대한 외적 안정성(External stability) 확보도 만족되어야 한다. 주어진 문제에서 옹벽 주변에 충분한 배수가 되지 않을 경우에는 단위중량의 상승으로 옹벽이 전도되는 사고가 발생될 수 있으며, 설계 시에는 전도 휨모멘트의 2배 이상 저항하도록 규정하고 있으나, 배수시설이 적절하게 설치될 수 있도록 검토하여야 하며, 시공 시에도 배수시설 주변에 뒷채움재 등이 충분히 배수가 될 수 있도록 처리하고 배수시설 주변이 막히지 않도록 주의해서 시공하여야 한다.

중력식 옹벽 : 주동토압계수(시행쐐기법)

다음 그림과 같은 중력식옹벽의 벽면에 작용하는 토압에 저항할 수 있는 P_a를 쐐기법을 이용하여 구하시오(단, 흙의 내부마찰각은 ϕ, 벽면경사각은 α, 배면 흙 경사각은 β, 콘크리트와 흙의 벽면마찰각은 δ, 흙 쐐기의 활동각은 ω).

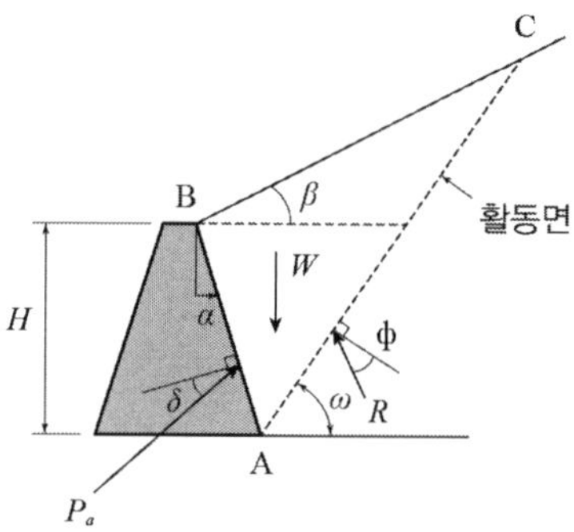

풀 이

> **시행쐐기법**

시행쐐기법(Trial Wedge Method)은 Coulomb 토압 유도 시와 같이 흙 쐐기부분에 수평면과 임의의 경사를 이루는 여러 개의 활동 파괴면을 가정하여 이 파괴면에 대한 흙 쐐기 힘의 균형에서 토압을 시행적으로 구하고 그 중 최대치를 주동토압으로 하는 토압계산방법이다.

1) 가상파괴면 $\omega = 45 + \dfrac{\phi}{2}$를 기준으로 내·외측으로 2~3°씩 가감하여 여러 활동면을 가정한다.

2) 토압계산은 시행쐐기에 의거 최대되는 토압을 구한다.

3) 도해법 계산 시 W는 힘과 방향을 알고 있으며, R, P_a는 힘은 모르나 방향은 알고 있는 것으로 한다.

일반적으로 도로교설계기준에서는 Coulomb의 방법을 이용하여 산정하며, 다만 강널말뚝과 같이 변형하기 쉬운 구조물에 작용하는 토압은 Coulomb의 방법을 사용하지 않는다. 역 T형 옹벽 또는 부벽식 옹벽과 같이 토압이 뒷굽에서부터 위로 연직하게 세운 가상면에 작용할 때에는 Rankine의 방법을 사용하는데 이는 옹벽구조물이 회전하거나 밀려나는 경우에도 이 가상면을 따라서 전단이 일어나지 않기 때문이다. 시행쐐기법은 Rankine이나 Coulomb의 토압방법보다 실제 작용토압에 근사한 것으로 알려져 있으며, 옹벽 배면지표의 경사가 불규칙한 경우나 배면의 지층이 토사와 암 등으로 구분 혼재된 층의 토압도 구할 수 있다는 장점이 있다. 배면경사각이 전단저항각(ϕ)에 근접하면 Rankine 또는 Coulomb 토압이 과대해지므로 시행쐐기법을 적용한다. 다만 가

상배면에서의 토압 작용각으로 내부마찰각을 적용하고 있고 뒷굽을 가지는 구조물에서 벽면을 향하는 제2활동면을 고려하지 않았기 때문에 뒷굽길이에 따른 영향은 정확하게 고려할 수 없다. 시행쐐기법은 도로·철도 등의 성토부 옹벽이나 뒷채움공간이 좁은 지하철, 건물의 벽체, 절토부옹벽, 터널갱문 옹벽에 많이 적용한다.

Rankine Theory

Conceptual diagram	Lateral earth pressure
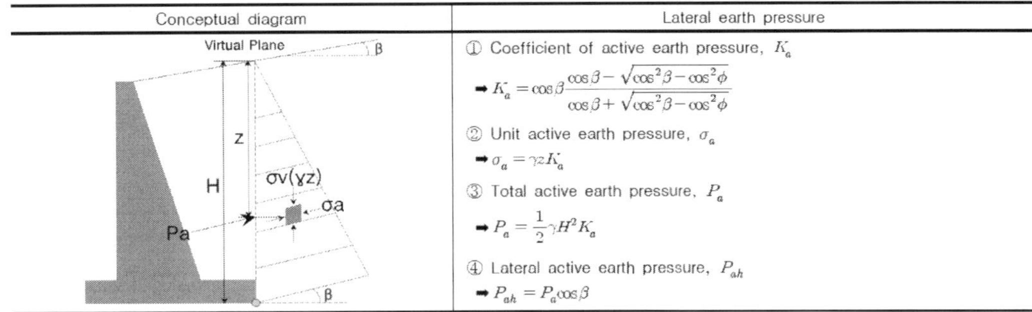	① Coefficient of active earth pressure, K_a ➡ $K_a = \cos\beta\dfrac{\cos\beta - \sqrt{\cos^2\beta - \cos^2\phi}}{\cos\beta + \sqrt{\cos^2\beta - \cos^2\phi}}$ ② Unit active earth pressure, σ_a ➡ $\sigma_a = \gamma z K_a$ ③ Total active earth pressure, P_a ➡ $P_a = \dfrac{1}{2}\gamma H^2 K_a$ ④ Lateral active earth pressure, P_{ah} ➡ $P_{ah} = P_a\cos\beta$

Coulomb Theory

Conceptual diagram	Lateral earth pressure
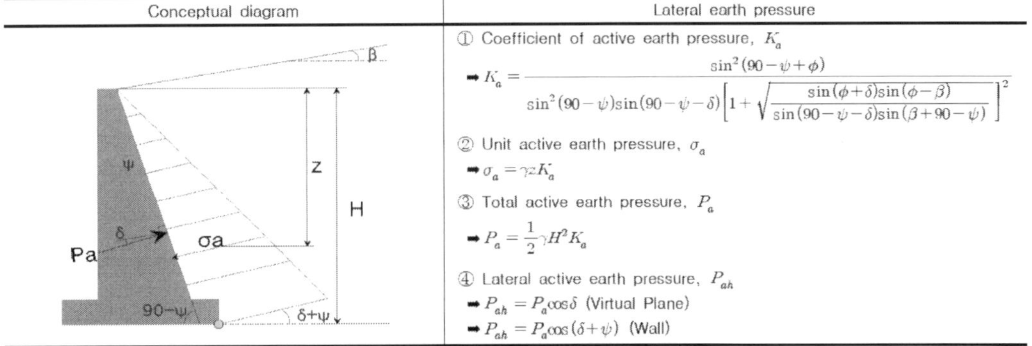	① Coefficient of active earth pressure, K_a ➡ $K_a = \dfrac{\sin^2(90 - \psi + \phi)}{\sin^2(90 - \psi)\sin(90 - \psi - \delta)\left[1 + \sqrt{\dfrac{\sin(\phi + \delta)\sin(\phi - \beta)}{\sin(90 - \psi - \delta)\sin(\beta + 90 - \psi)}}\right]^2}$ ② Unit active earth pressure, σ_a ➡ $\sigma_a = \gamma z K_a$ ③ Total active earth pressure, P_a ➡ $P_a = \dfrac{1}{2}\gamma H^2 K_a$ ④ Lateral active earth pressure, P_{ah} ➡ $P_{ah} = P_a\cos\delta$ (Virtual Plane) ➡ $P_{ah} = P_a\cos(\delta + \psi)$ (Wall)

Trial wedge theory

Conceptual diagram	Lateral earth pressure
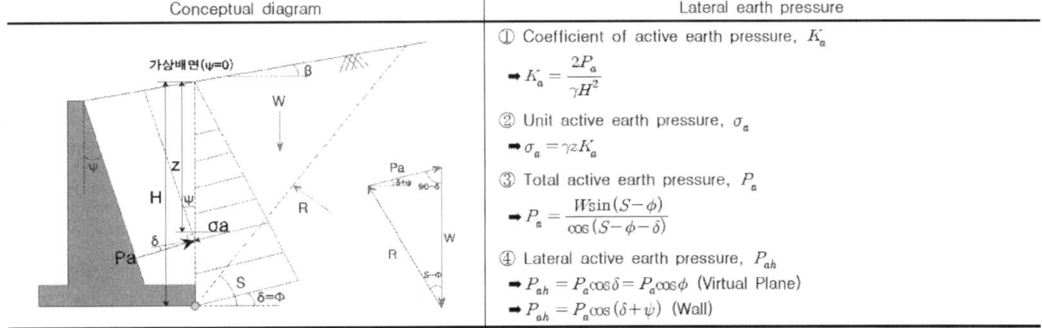	① Coefficient of active earth pressure, K_a ➡ $K_a = \dfrac{2P_a}{\gamma H^2}$ ② Unit active earth pressure, σ_a ➡ $\sigma_a = \gamma z K_a$ ③ Total active earth pressure, P_a ➡ $P_a = \dfrac{W\sin(S - \phi)}{\cos(S - \phi - \delta)}$ ④ Lateral active earth pressure, P_{ah} ➡ $P_{ah} = P_a\cos\delta = P_a\cos\phi$ (Virtual Plane) ➡ $P_{ah} = P_a\cos(\delta + \psi)$ (Wall)

➤ **주동토압계수**

$$P_a = \frac{1}{2}\gamma H^2 K_a \qquad \therefore\ K_a = \frac{2P_a}{\gamma H^2}$$

주어진 그림으로부터 힘의 다각형을 그려보면,

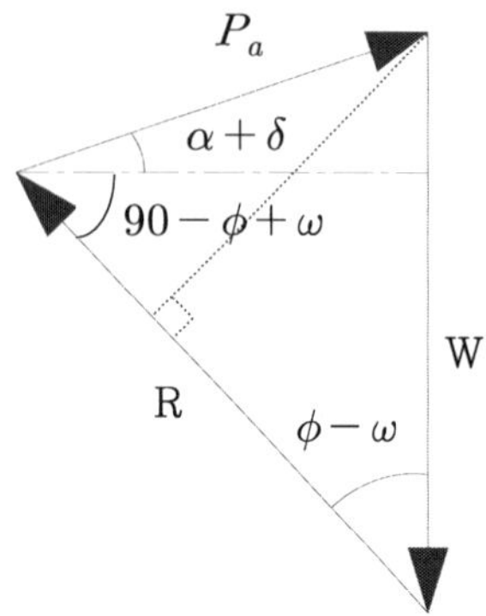

$$W\sin(\phi - \omega) = P_a\sin(90 - \phi + \omega + \alpha + \delta)$$
$$\because\ \sin(90 - \theta) = \cos\theta,\ \alpha \approx 0\text{이므로}$$

$$W\sin(\phi - \omega) = P_a\cos(\phi - \omega - \delta)$$

$$\therefore\ P_a = \frac{W\sin(\phi - \omega)}{\cos(\phi - \omega - \delta)},\quad K_a = \frac{2}{\gamma H^2} \times \frac{W\sin(\phi - \omega)}{\cos(\phi - \omega - \delta)}$$

돌망태 옹벽의 안정성

돌망태 옹벽(KDS 11 80 15)의 설계 시 안전율 기준과 내적안정해석(돌망태 자체의 안정해석), 외적안정해석에 대하여 설명하시오.

풀 이

▶ 개요

옹벽의 안전성 검토는 외적 안전성과 내적 안전성을 구분해 검토하며 외적 안전성과 내적 안전성을 검토한다. 돌망태 옹벽의 특성상 외적 안정은 돌망태 옹벽 자체의 파괴에 대해 검토하고, 내적 안정성은 수평토압에 대해 각 돌망태 층 사이의 저항력을 검토하도록 규정하고 있다.

▶ 돌망태 옹벽 안전성 검토

1) 설계 시 안전율 기준

구분	검토항목	평상시	지진 시
외적 안정	활동	1.5	1.1
	전도	1.5	1.1
	지지력	2.5	2.0
	전체 안정성	1.5	1.1
돌망태 옹벽 자체의 파괴		2.0	1.1

2) 내적안정해석

돌망태 자체의 안정해석은 각 돌망태 높이에서 옹벽배면에서 작용하는 수평 토압보다 각 돌망태 층 사이의 저항력이 커야 한다. 본체의 안정해석에서 사용하는 토압은 가상배면에 작용하는 주동 토압을 사용한다.

3) 외적안정해석

돌망태 옹벽의 외적안정해석은 콘크리트 옹벽의 설계와 동일하게 ① 활동에 대한 검토, ② 전도에 대한 검토, ③ 지지력에 대한 검토, ④ 전체안정성에 대한 검토를 하고, 돌망태 옹벽의 자중은 돌망태 채움재에 사용하는 채움돌의 단위중량을 토대로 계산한다. 자중은 옹벽단면의 도심에 수직으로 작용하는 것으로 한다.

옹벽의 해석방법

옹벽의 구조형식(연속체 : 철근 및 무근콘크리트 옹벽, 불연속체 : 보강토, 석축, 자연석, 산석벽 등)에 따른 구조 메커니즘과 해석방법에 대해 설명하시오.

풀 이

> **개요**

옹벽은 일반적으로 토압에 대해 저항하는 구조체로 그 구조형식에 따라 해석하는 방법이 조금씩 차이가 있다. 일반적으로 RC구조물로 되어 있는 옹벽과 같은 구조물의 경우에는 외부 토압하중에 대해서 구조물 자체의 강성으로 저항하는 개념으로 설계하지만, 보강도 옹벽과 같은 구조물에서는 보강재에 의해 보강된 지반도 보강토 옹벽의 일부로서 외부 토압에 대해 저항하는 구조체 형식으로 보고 설계하도록 하고 있다.

> **연속체 형식의 옹벽구조물의 구조 메커니즘과 해석방법**

일반적으로 옹벽구조물 자체에 대해서 검토하기 전에 옹벽 구조물의 외적 안정성 검토를 위해 전도, 활동, 지지력, 사면안정, 침하 등에 대해 검토를 수행하며, 옹벽구조물 자체에 대해 설계할 때에는 주동토압에 대해 내적 안정성을 확보하도록 검토한다. 내적 안정성 검토 시 주동토압은 구조체와 토사 간의 이질적 물질로 이루어짐을 고려하여 Rankine토압보다는 Columb토압을 고려한다.

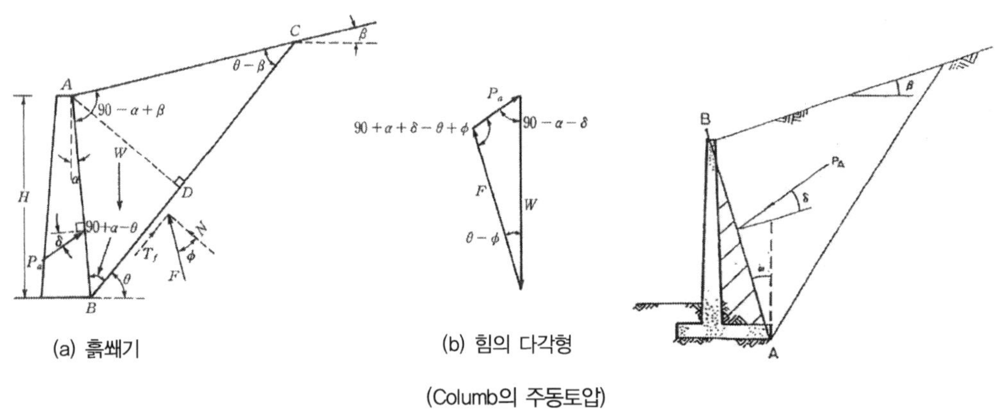

(a) 흙쐐기

(b) 힘의 다각형

(Columb의 주동토압)

> **불연속체 형식의 옹벽구조물의 구조 메커니즘과 해석방법**

보강토와 같은 불연속체 형식의 구조물의 경우에는 토압과 같은 외력에 대해 구조물이 저항하는 개념보다는 보강재를 토사 내에 관입하여 다짐함으로써 토사의 c, ϕ값을 증가시켜 종국적으로 전단강도(τ_f)를 증가시키는 개념으로 외부 토압에 대해 토사 자체가 중력식 옹벽과 같이 저항할 수 있도록 보강하는 개념을 담고 있다. 주동토압으로 인해서 흙의 이동을 보강재가 변위 억제하는 역할을 함으로써 토사의 이동을 억제시키는 개념이다.

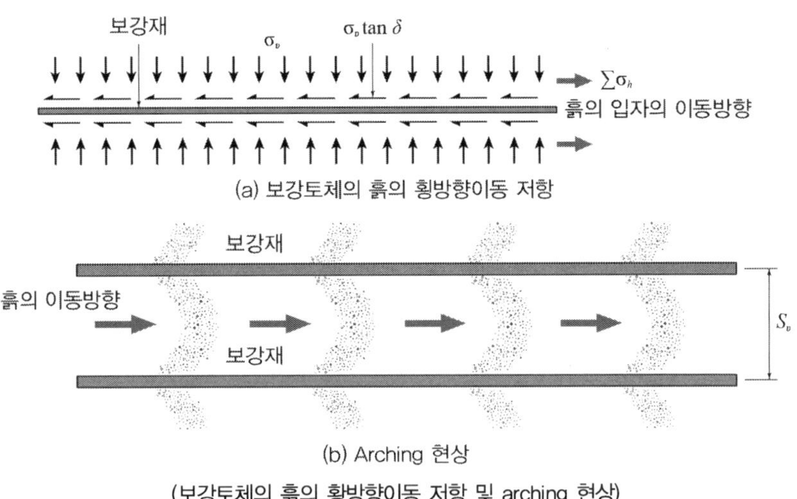

(보강토체의 흙의 횡방향이동 저항 및 arching 현상)

불연속체 형식의 옹벽구조물은 외력에 대해 저항하는 개념보다는 토사를 보강해서 자체적으로 저항하도록 하는 개념이므로 내적 안정성 검토 시에는 보강된 재료가 파손되거나 파단되지 않는 범위에서 유지되도록 검토한다. 따라서 보강토 같은 형식의 구조물에서는 보강재 파단에 대한 안정성과 보강재 인발에 대한 안정성을 검토하도록 하고 있다.

▶ 결론

연속체 개념의 옹벽구조물은 외부하중에 대해 구조물 자체가 견디도록 설계하는 개념인 데 반해 불연속체 개념의 옹벽구조물은 토사의 변위가 유발되지 않도록 하고 이로 인해서 외부 하중이 발생되지 않도록 하는 데 주안점을 두고 있으며, 변위 발생의 억제를 위해서 토사 내에 보강재를 두는 등의 방법을 통해 안정성을 확보하도록 하고 있어 두 설계방법의 개념적인 차이가 있다.

옹벽의 내진설계

옹벽설계 시 내진설계를 수행해야 하는 경우와 내진해석 방법에 대하여 설명하시오.

풀 이

▶ 내진설계 대상 옹벽구조물

시설물의 안전관리에 관한 특별법에 따라 저면에서 노출된 높이가 5m 이상으로 연장이 100m 이상인 옹벽은 2종 시설물로 분류되고 있으며, 1,2종 시설물로 분류된 시설물에 경우에는 내진설계를 수행하도록 규정하고 있다. 2종 시설물로 분류된 옹벽 이외에도 옹벽의 파괴범위 내에 주 구조물이 위치하고 있는 경우이거나 옹벽의 중요도와 복구 난이도에 따라 필요한 경우에는 내진설계를 수행하여야 한다.

▶ 옹벽구조물의 내진해석 방법

옹벽의 내진해석은 ① 유사정적해석(pseudo static analysis), ② 강성블록해석(rigid block analysis), ③ 수치해석 등이 있으며, 옹벽구조물의 중요성에 따라 설계자의 판단에 의하여 해석방법을 선택할 수 있다. 주로 유사정적해석방법이 사용되며, 해석방법은 다음과 같다.

1) 지진 시 토압

① 지진 시 토압을 고려하는 경우, 흙쌓기부 옹벽 설계에 쓰는 토압은 mononobe-okabe 공식을 쓰는 것이 좋다. 벽의 단위 폭 주위에 작용하는 지진 시 주동토압 P_{AE}는 다음 식에 의하여 기초된다. 이 공식은 옹벽 배면의 경사가 완만한 경우에 주로 쓰인다.

$$P_{AE} = \frac{1}{2} K_{AE} \gamma H^2$$

$$K_{AE} = \frac{\cos^2(\phi - \theta - \alpha)}{\cos\theta\cos^2\alpha\cos(\beta + \alpha + \theta)\left[1 + \dfrac{\sqrt{\sin(\phi + \alpha)\sin(\phi - \theta - \delta)}}{\cos(\beta + \alpha + \theta)\cos(\delta t - \alpha)}\right]^2}$$

K_{AE} : 지진 시 주동타압계수

θ : 지진 합성각 $\theta = \tan^{-2}K_h/(1 - K_v)$

α : 옹벽 배면과 연직면이 이루는 각

K_h : 설계 수평 가속도 계수

② 옹벽 배면의 지표면 경사가 급한 경우 등, 뒤채움재 중의 활동면이 계산상 커질 것으로 생각되

는 경우에는 실제적인 유한범위의 활동면을 설정하는 등의 검토를 해도 좋다. 이 경우 편의상 그림에 나타낸 방법도 생각할 수 있다.

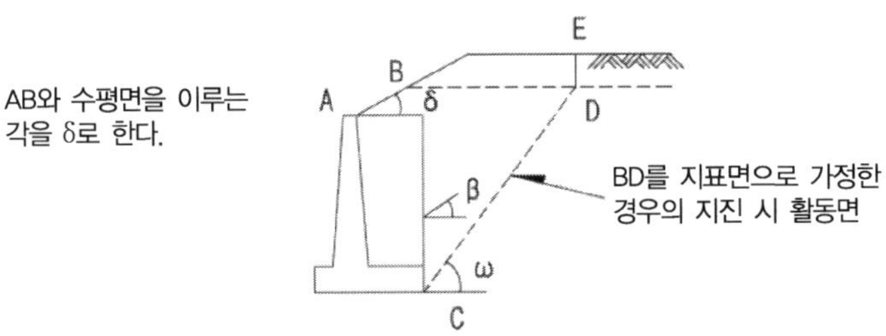

2) 지진 시 관성력

설계 수평진도를 K_h, 옹벽의 자중(저판 상의 흙의 중량 포함)을 W라 하면, 옹벽의 지진 시 관성력은 옹벽의 중심 G를 통해서 수평방향으로 $K_h \cdot W$가 작용하는 것으로 한다. 또, 안정계산에 쓰는 옹벽의 자중은 그림처럼 사선 부분을 취한다.

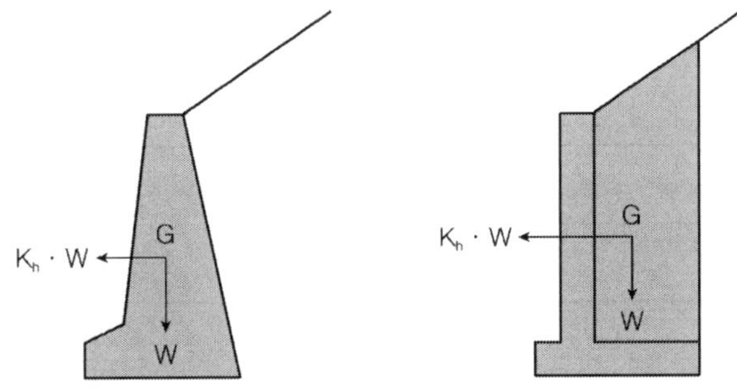

옹벽의 가동이음

콘크리트 구조물의 가동이음 형태를 열거하고, 그 이음의 기능적 고려사항에 대하여 설명하시오.

풀 이

▶ 개요

콘크리트의 이음형태는 시공이음, 신축이음, 수축줄눈, 균열유발줄눈 등이 있으며 가동이 가능한 이음은 신축이음(Expansion Joint)이다. 콘크리트에서 가동이 가능한 이음 형태는 온도변화로 인한 수축과 팽창으로 구조물의 거동제한으로 인해 발생하는 균열을 제어하고 기초가 침하할 경우 등에 대비하기 위해서 콘크리트 벽체 등에 많이 사용되는 방식이다.

▶ 콘크리트의 가동이음

1) 옹벽 등 벽체 : 신축 등에 자유롭게 가동이 가능하도록 하는 구조로 주로 지수판을 많이 이용한다. PVC지수판, 동지수판, 수팽창 고무지수판 등이 있으며 주로 PVC지수판을 가장 많이 사용한다. 지수판과 다웰바, 백업재 등을 이용해 연결된다.

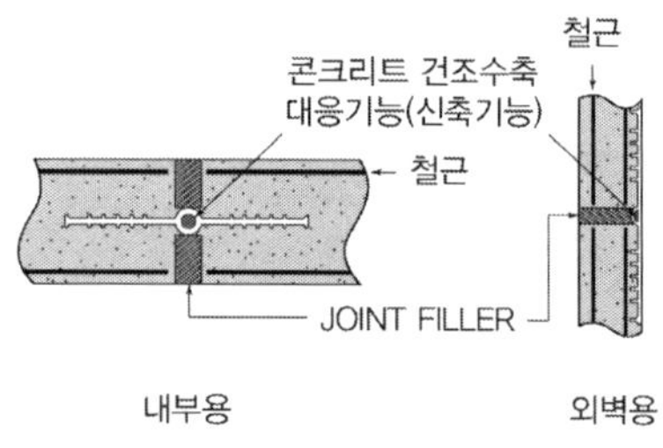

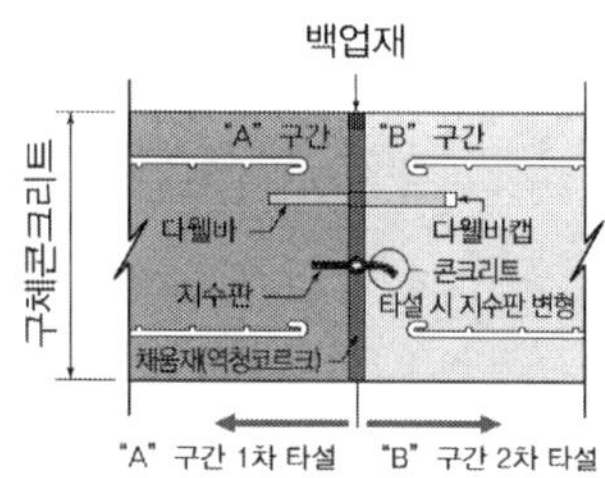

2) 지하차도 등 : 하중이 재하되는 지하차도와 같은 구조물의 바닥은 온도로 인한 신축과 함께 표층에서의 파손이 없도록 내구성과 신축성이 필요하다. 교량에서 많이 사용되는 신축이음장치 이외에도 최근에는 탄성 폴리머와 철판을 이용해 강화된 신축이음도 많이 사용된다. 벽체와 비교해 하중 전달 구간에 철판을 통해서 강화하고 탄성신축재료 등을 이용해 표층처리를 해 가동이 가능하면서 차량 하중 등에 저항할 수 있는 구조형식이다.

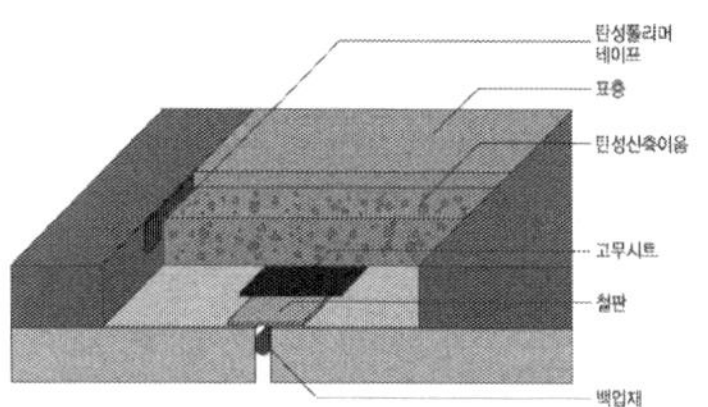

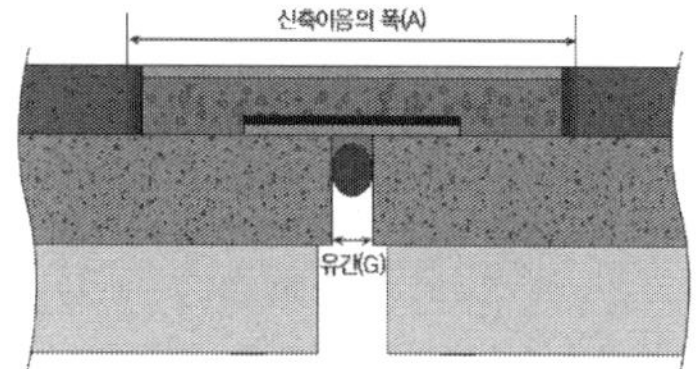

사용성 설계

사용성 설계

01 사용한계상태

구조물의 사용성능(Serviceability)은 해당 구조물이 설계수명 동안 그 용도에 따라 사용자가 불편하지 않게 이용하도록 기능을 유지하는 성능을 말한다. 철근 콘크리트 부재에 대한 사용한계상태의 설계검증은 휨응력, 균열, 처짐이며, 휨응력은 설계기준에 따라 제외되기도 한다.

1. 사용한계상태의 하중조합 일반

고정하중과 활하중의 일부 또는 전부를 더한 하중조합을 대상으로 하여 구조물의 용도와 특성을 고려해 설계기준에 따라 규정하고 있다.

① 지속하중(sustained load) $\qquad D + \alpha_{st}L, \quad 0 \le \alpha_{st} \le 1$

② 부분 사용하중(partial service load) $\qquad D + \alpha_p L$ $\qquad$ KDS 24 12 11

③ 완전 사용하중(full serice load) $\qquad D + L$ $\qquad$ KDS 14 20

2. 설계법에 따른 하중조합

KDS 14 20 콘크리트구조 설계기준(강도설계법)에서는 사용한계상태의 하중조합에 대해 명시적으로 규정하고 있지는 않지만, 완전 사용하중(full serice load)을 이용해 설계검증을 수행한다. 이에 반해 KDS 24 14 21 콘크리트교 설계기준(한계상태설계법)에서는 사용한계상태 하중조합 I~V 중 강구조물에 적용하는 하중조합 II를 제외한 4가지 조합을 적용한다.

1) KDS 24 14 21 한계상태설계법 사용한계상태 하중조합 I

정상적으로 교량을 사용하는 상태에서 작용할 가능성이 있는 모든 사용하중을 포함하는 하중조합으로 표준하중조합의 의미를 갖는다. 교량의 설계수명 동안 발생할 확률이 매우 작은 조합이다.

$$L_{sI} = (D+PS+CR+SH)+(L+I)+0.3W$$

2) KDS 24 14 21 한계상태설계법 사용한계상태 하중조합 III

설계수명 동안 종종 발생할 수 있는 하중조합으로 빈번하중조합의 의미를 갖는다. 차량하중의 80%만 고려하고 환경적인 변동하중은 포함하지 않는다. 80%는 통계학적으로 2차로 교량에 대해 1년에 한 번, 3차로 이상의 교량에서는 덜 자주, 1차로 교량에서는 하루에 한 번 정도 일어나는 사건을 의미한다.

$$L_{sIII} = (D+PS+CR+SH)+0.8(L+I)$$

3) KDS 24 14 21 한계상태설계법 사용한계상태 하중조합 IV

교량의 설계수명 동안 종종 발생 가능한 하중조합으로 교량 특성상 하부구조는 연직하중보다 수평하중에 노출될 때 더 위험하기 때문에 연직 활하중 대신에 수평 풍하중을 고려한 하중조합이다. 이 조합은 부착된 프리스트레스 강재가 배치된 하부구조의 사용성 검증에 사용한다. 풍하중에 대한 하중계수 0.7W는 135km/h 풍속의 바람으로 10년 평균 재현주기 풍하중에 대하여 프리스트레스트 콘크리트 기중의 인장응력이 0이 되는 수준이다.

$$L_{sIV} = (D+PS+CR+SH)+0.7W$$

4) KDS 24 14 21 한계상태설계법 사용한계상태 하중조합 V

구조물의 설계수명 동안 항상 작용하는 고정하중과 설계수명의 약 50%의 기간 동안 지속해서 작용하는 변동하중들의 조합으로 지속하중조합의 의미를 갖는다. 그러나 교량에서는 차량이 정체되는 기간이 매우 짧아서 활하중으로 작용하는 설계트럭의 무게가 지속하중으로 작용한다고 볼 수 없으므로 영구하중만으로 조합한다.

$$L_{sV} = D+PS+CR+SH$$

철근 콘크리트 휨부재를 대상으로 사용한계상태 설계검증 시에는 I과 V의 두 가지 하중조합을 적용한다. 이때 프리스트레싱과 크리프는 부정정 프리스트레스트 콘크리트 구조물에서의 부정정력에 따른 단면력으로 작용하는 힘이고, 콘크리트 수축과 풍하중을 무시한다면 다음과 같이 간단하게 정리되어 적용할 수 있다.

$$L_{sI} = D+(L+I)$$
$$L_{sV} = D$$

1. 사용하중하의 균열 [102회/108회]

【 기출유형 ① 】 콘크리트 부재의 비구조적 및 구조적 균열
【 기출유형 ② 】 콘크리트 부재의 비구조적인 균열의 발생원인 및 제어대책, 미치는 영향

콘크리트의 균열을 일으키는 2가지 근본적인 원인은 다음과 같다.

① 작용하중에 의한 응력

② 구속된 조건에서 건조수축(shrinkage)이나 온도변화(temperature differentials)에 의한 응력과 부등침하(differential settlements)

1) 균열의 종류

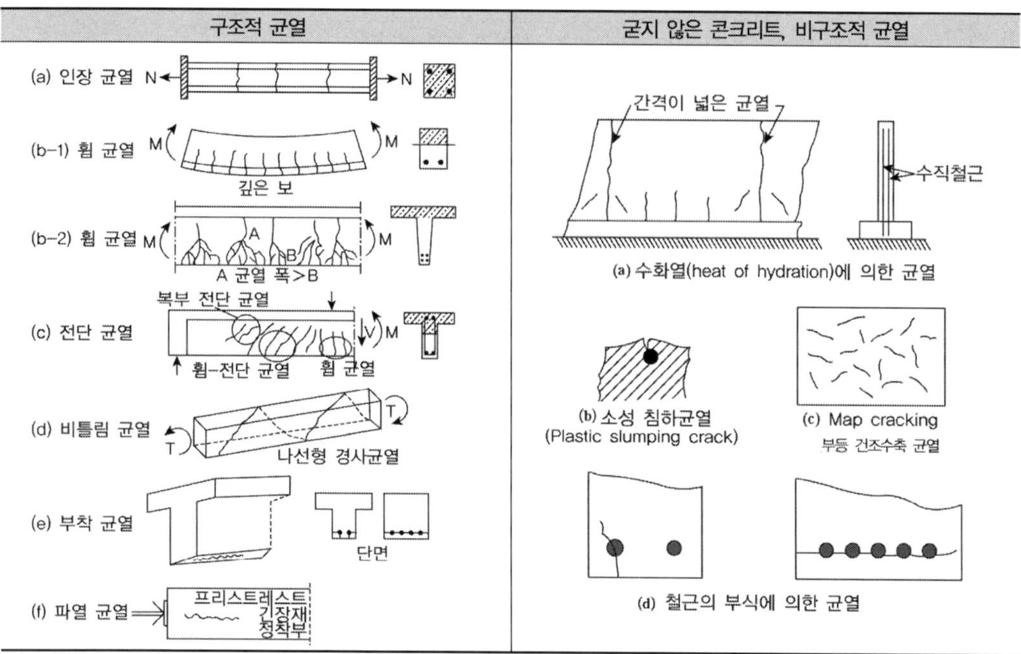

① 굳지 않은 콘크리트, 비구조적 균열

  (1) 수화열 균열(heat of hydration cracking) : 콘크리트 경화 시의 수화열을 발생시켜서 수화열 때문에 부재가 팽창하여 균열 발생

  (대책) 2종 중용열 포틀랜드 시멘트나 4종 저발열 포틀랜드 시멘트 사용

    → ⓐ 시멘트 종류와 양의 조절(2종, 4종, 고로slag, 플라이애쉬 시멘트, 팽창시멘트 사용)

    ⓑ 서서히 냉각하도록 냉각속도 조절하여 균열 발생 억제

→ 사용재료를 사전냉각(냉각수, 얼음, 찬바람, 살수, 진공냉각 등에 의한 골재 및 시멘트 냉각)

파이프쿨링(pipe-cooling)과 같은 방법으로 콘크리트 타설후 온도상승 억제하는 사후냉각방법

ⓒ 한 번에 치는 단면의 길이를 제한하거나 건조수축 철근 배치

→ 콘크리트 재료특성이나 시공순서나 단계에 따른 과도한 온도차이 않도록 시공관리 또는 설계관리

(2) 침하균열(settlement cracks) : 새로 타설된 콘크리트가 블리딩을 일으키고 표면이 건조되면서 소성수축(plastic shrinkage) 및 슬럼핑(slumping) 때문에 철근을 따라 발생

(3) Map균열 : 불규칙한 균열형상으로 배합설계를 적절하게 하고 타설 후 처음 한 시간 동안에 표면이 너무 빨리 건조되는 것을 방지한 경우 발생하거나 알칼리 골재반응(alkali-silica reaction, ASR)에 의해서 발생

(알칼리 골재반응 대책)

ⓐ 시멘트에 Na_2O로 표현되는 알카리 양을 줄인다(저알칼리형 포틀랜드 시멘트 사용)

ⓑ 반응에 무해한 골재를 사용하거나 고로시멘트, 플라이애쉬시멘트로 반응 억제

ⓒ 구조체를 최대한 건조하게 유지하거나 염분의 침투를 방지하기 위해 방수성 마감을 한다(해수에 용해된 알칼리가 ASR반응을 촉진시킨다).

(4) 보강철근의 부식(corrosion) : 보강철근의 부식으로 녹이 발생하면 본래 체적의 2~3배의 체적팽창이 일어나서 철근 위치에 쪼갬균열이 발생 피복이 떨어져 나간다.

(5) 부등침하와 건조수축, 온도차이 등에 의한 변형에 의한 균열

2. 균열폭에 대한 제한 ^{97회}

【 기출유형 ① 】 콘크리트의 균열폭에 영향을 미치는 요인 및 제어방법

균열폭에 제한이유는 외관(apperance), 누수(leakage), 부식(corrosion) 때문이다. 균열의 제한은 균열폭을 직접 계산하여 검토하는 방법과 인장철근의 허용간격 및 최대지름을 기준으로 간접적으로 검토하는 방법으로 구분되며, KDS 설계법에서는 두 가지 모두 제시하고 있다. 강도설계법(KDS 14 20)에서는 간접 검증법을 규정하고 부록을 통해 직접 검토방법을 제시하고 있으며, 한계상태설계법(KDS 24 14 21)에서는 두 방법 중 설계자가 선택하도록 규정하고 있다.

간접 제어하는 방식은 2007 콘크리트 구조설계기준 이후부터는 적용되고 있으며, 콘크리트의 균열은 이전에 균열폭이 크면 철근의 부식이 빨리 진행되어진다는 생각에서 근래 실험을 통해 철근의 부식이 일반적인 사용하중하에서 발생하는 표면 균열폭과 직접적인 관계가 없음을 알게 되었

고, 따라서 철근의 적절한 배치를 통해서 균열폭보다는 콘크리트의 품질, 적절한 다짐, 충분한 피복 등이 콘크리트의 표면에 균열보다 더 중요하다고 여겨 피복두께를 고려하여 철근간격을 검토함으로써 간접적으로 균열을 제어하도록 하고 있다(균열폭 0.3mm 기준).

이는 실험적 연구에 따라 사용하중이 작용할 때 균열폭은 철근의 응력에 따라 직접적으로 변화하며 인장영역에 잘 분포된 굵기가 가는 여러 개의 철근을 배치하는 것이 굵은 몇 가닥의 철근을 배치하는 것보다 균열을 조정하는 데 더 효과적으로 나타났기 때문이다.

그러나 특별히 수밀성이 요구되거나 미관상 중요한 구조물의 균열검토와 시공 중 또는 시공 후 균열이 발생한 구조물에 대하여 균열 발생의 원인 및 유해성에 관한 검토가 필요할 경우에는 허용균열폭과 비교할 수 있도록 별도의 검토방법을 두었다.

1) 균열폭 제어방법 (KDS 14 20 강도설계법)

① 균열 간접 제어방법 : 보 또는 한 방향으로만 휨응력을 저항하도록 철근이 배근된 1방향 슬래브에 적용하며, 콘크리트 인장연단의 철근의 중심간격 s를 다음 식 값 이하로 배치하여 간접적으로 균열제어하는 방법이다(기준 콘크리트 균열폭 0.3~0.4mm).

$$s_a \leq \min\left[\ 375\left(\frac{\chi_{cr}}{f_s}\right) - 2.5c_c\ ,\quad 300\left(\frac{\chi_{cr}}{f_s}\right)\ \right]$$

χ_{cr} : 건조 환경 노출 280, 그 외의 환경 노출 210

C_c : 인장철근이나 긴장재의 표면과 콘크리트 표면 간의 최소 두께

f_s : 사용하중 상태에서 인장연단에서 가장 가까이 있는 철근의 응력($\fallingdotseq 2/3f_y$)

(1) 균열제어를 위한 플랜지 인장철근의 배치

인장철근이 배치된 복부의 상단은 균열폭이 상대적으로 작지만 인장응력에 저항하는 인장철근이 존재하지 않는 플랜지 부분은 큰 폭의 균열이 발생한다. KDS 14 20 콘크리트구조 설계기준에서는 이러한 현상을 제어하기 위해서 인장응력이 작용하는 플랜지에는 인장철근을 플랜지폭에 넓게 분포시켜 균열을 제어하도록 하고 있다. T형 보의 플랜지가 인장을 받을 경우, 다음의 값 중 작은 폭에 휨인장철근(종방향 철근)을 분포시킨다.

(a) 경간의 1/10

(b) 플랜지의 유효폭

대칭 T형 보의 유효폭	비대칭 T형 보의 유효폭
b_e = min[①, ②, ③]	b_e = min[①, ②, ③]
① 양측 내민플랜지 두께의 8배 + b_w, $16h_f + b_w$	① 내민플랜지 두께의 6배 + b_w, $6h_f + b_w$
② 양쪽 슬래브 중심 간 거리, $(x_1 + x_2)/2 + b_w$	② 인접보와의 내측거리, $x/2 + b_w$
③ 보경간의 1/4, $l/4$	③ 보의 경간의 1/12 + b_w, $l/12 + b_w$

(2) 균열제어를 위한 복부 표피철근의 배치

휨모멘트가 작용하는 부재에서 중립축과 인장연단 사이의 변형률이 중립축 거리에 비례하므로 균열폭도 그에 비례하여 증가한다. 그러나 휨모멘트에 효율적으로 저항하도록 인장철근을 인장연단에 집중배치하면 중립축과 인장철근 사이에 큰 폭의 균열이 발생할 수 있다. 이는 중립축과 인장철근 사이의 인장응력을 콘크리트가 모두 부담하여 철근이 배치된 위치보다 인장변형률이 더 크게 발생하기 때문이다. 이러한 균열을 제어하기 위해 중립축과 인장철근 사이에 종방향으로 철근을 복부의 양쪽 표면 가까이 배치하여야 하며 이러한 철근을 표피철근(skin reinforcement)이라고 한다.

KDS 14 20 콘크리트구조 설계기준에서는 복부의 깊이 h가 900mm 초과하는 깊은 보이거나 장선 부재에서는 인장연단의 h/2지점까지 부재 양쪽 측면을 따라 종방향 표피철근을 균일하게 배치하도록 규정하고 있다.

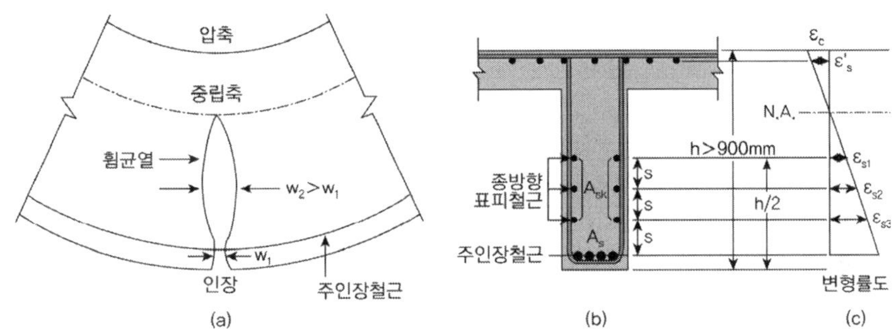

② 균열폭의 직접 계산

$$\omega_d \leq \omega_a, \qquad \omega_d = \chi_{st}\omega_m = \chi_{st}l_s(\epsilon_{sm} - \epsilon_{cm})$$

χ_{st} : 균열폭의 변동성을 고려하는 균열폭 평가계수, 최대 균열폭 계산 시 1.7, 평균 1.0

l_s : 평균 균열 간격(mm), 강재의 중심간격의 크기에 따라 결정

ϵ_{sm} : 균열 간격 내 강재의 평균 변형률

ϵ_{cm} : 균열 간격 내 콘크리트의 평균 변형률

(1) 평균 균열 간격 l_s

  (a) 강재의 중심간격 $\leq 5(c_c + d_b/2)$ $l_s = 2c_c + \dfrac{0.25k_1k_2d_b}{\rho_e}$

  (b) 강재의 중심간격 $> 5(c_c + d_b/2)$ $l_s = 0.75(h - x)$

  여기서, k_1 부착강도 계수, 이형철근 0.8, 원형철근과 긴장재 1.6

k_2 부재의 하중작용에 따른 계수

(휨부재 0.5, 직접 인장력 받는 부재 1.0, 편심을 가진 직접 인장받는 부재, 국부적 균열 검증 시 $(\epsilon_1 + \epsilon_2)/(2\epsilon_1)$, 표면의 인장변형률 $\epsilon_1 \geq \epsilon_2$)

d_b 철근, 긴장재의 지름 또는 다발철근의 등가지름

ρ_e 콘크리트 유효인장면적에 대한 강재비

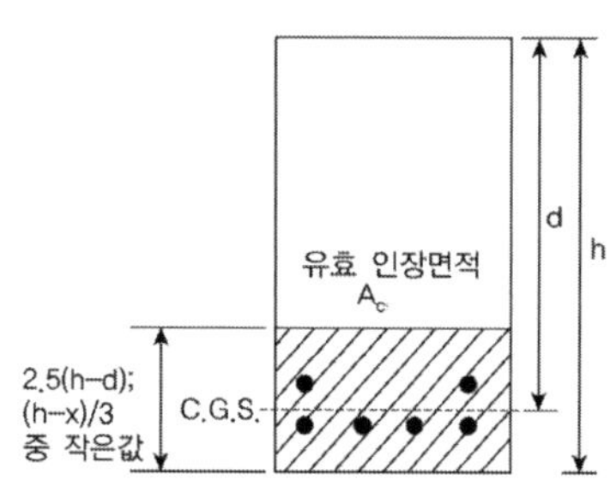

$$\rho_e = \frac{A_s}{A_{cte}} = \frac{A_s}{bd_{cte}}$$

$$d_{cte} = \min\left[2.5(h-d),\ (h-x)/3\right]$$
x 는 중립축

(2) 철근과 콘크리트의 변형률 차이 $\epsilon_{sm} - \epsilon_{cm}$

$$\epsilon_{sm} - \epsilon_{cm} = \frac{f_{so}}{E_s} - 0.4\frac{f_{cte}}{E_s\rho_c}(1+n\rho_e) \geq 0.6\frac{f_{so}}{E_s}$$

여기서, f_{so} : 균열면에서 계산한 철근 인장응력

f_{ctc} : 첫 균열이 발생할 때 유효한 콘크리트 인장강도, $f_{ctm} = 0.3(f_{cm})^{2/3}$

n : 탄성계수비 (E_s/E_c)

균열폭 해석 모델의 하중―변형률 관계에서 철근과 콘크리트의 평균 변형률 차이 $\epsilon_{sm} - \epsilon_{cm}$ 이 균열단면의 철근변형률 f_{so}/E_s 에서 인장강화효과를 뺀 값임을 알 수 있다.

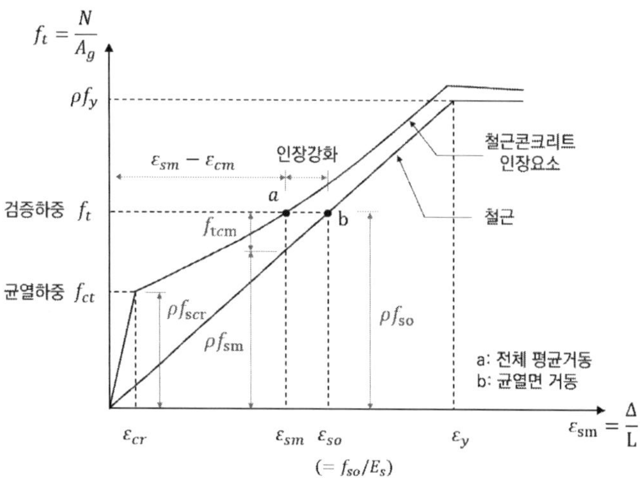

(3) 콘크리트 구조물의 허용균열폭 ω_a

강재의 종류	강재의 부식에 대한 환경조건			
	건조환경	습윤환경	부식성 환경	고부식성
철근	0.4mm, $0.006c_c$ 큰 값	0.3mm, $0.005c_c$ 큰 값	0.3mm, $0.004t_c$ 큰 값	0.3mm, $0.0035c_c$ 큰 값
PS 긴장재	0.2mm, $0.005c_c$ 큰 값	0.2mm, $0.004c_c$ 큰 값	–	–

CF) 수처리 구조물의 허용균열폭

	휨인장 균열(mm)	전 단면 인장균열(mm)
오염되지 않은 물	0.25	0.20
오염된 액체	0.20	0.15

2) 균열폭에 영향을 미치는 요인

① 콘크리트의 피복두께 ② 철근의 응력 ③ 콘크리트의 크리프
④ 콘크리트의 건조수축 ⑤ 철근과 콘크리트의 부착강도
⑥ 콘크리트의 강도 ⑦ 하중

TIP | 2015 도로교설계기준 한계상태설계법 : 콘크리트교 | 사용한계상태

1. 노출환경과 한계기준

부재가 충분한 기능을 발휘할 수 있도록 사용 중의 응력한계, 균열폭 제한 및 처짐제한에 관련된 사용한계상태의 검증 시 구성요소별로 노출환경을 구분하여 설계토록 규정한다. 부재에 발생하는 균열폭은 노출환경상태에 따라 정해진 한계균열폭을 초과하지 않아야 하며, 노출환경에 따른 응력과 균열폭 제한 규정은 시공 중인 임시상황뿐 아니라 운용중인 정상상황에서 예측되는 하중조합을 적용하여야 한다. 부재 설계에 적용되는 영(0)응력과 균열폭 한계기준은 아래의 값으로 하며, 영응력 한계기준과 균열폭 한계기준을 동시에 만족시켜야 한다(영응력상태란 인장측 연단 콘크리트가 압축인 상태를 의미).

철근 콘크리트의 경우 노출 환경에 관계없이 항상 최소설계등급이 E이어야 하며, 설계등급 E의 요구조건은 영응력 한계상태에 대한 조건이 없으며 사용한계상태 하중조합-V에서 표면 균열폭이 0.3mm 이하여야 한다.

노출 환경에 따라 요구되는 최소 설계 등급

노출 환경	최소 설계 등급	
	부착 프리스트레싱	비부착 프리스트레싱 또는 철근 콘크리트
건조 또는 영구적 수중 환경 (E0, EC1)	D	E
부식성 환경 (습기 또는 물과 장기간 접촉 환경; EC2, EC3, EC4)	C	E
고부식성 환경 (염화물 또는 해수에 노출된 환경; ES1, ES2, ES3, ES4)	B	E

설계등급에 따른 사용한곗값

설계등급	한계상태 검증을 위한 하중조합		한계균열폭(mm)
	영(0)응력 한계상태	균열폭 한계상태	
A	사용하중조합 I	–	–
B	사용하중조합 III, IV	사용하중조합 I	0.2
C	사용한계상태 하중조합 V	사용하중조합 III, IV	0.2
D	–	사용하중조합 III, IV	0.3
E	–	사용한계상태 하중조합 V	0.3

2. 균열

구조물의 기능과 내구성을 손상시키거나 외관상 수용할 수 없을 정도의 균열폭을 제한하도록 하고 있으며 제한되는 균열폭(한계균열폭)은 구조물의 기능과 환경에 따라 최소설계등급에 따라 결정한다.

균열폭의 제한은 직접계산을 통해서 확정하거나 철근 지름과 간격에 따라 제한하는 간접적인 방법을 제시하고 있으며, 간접적인 균열폭 제한방법은 프리스트레스트 부재의 경우 0.2mm, 철근 콘크리트 부재의 경우 0.3mm 한계균열폭을 만족시키는 기준이다.

1) 최소철근량

인장응력이 유발되는 영역에서 균열제어가 필요한 부재에는 최소 철근량을 배치하여야 하며, 이때 소요 최소철근량은 균열 직전의 콘크리트 인장력과 균열 직후의 철근 인장력이 같다는 평형조건으로 산정할 수 있다. 상세계산으로 보다 작은 최소철근량이 요구되지 않는 경우에는 콘크리트 인장영역 내에 최소철근량 $A_{s,\min}$ 은 다음의 식으로 산정한다.

$$A_{s,\min} = k_c k A_{ct} \frac{f_{ct}}{f_s}$$

여기서, A_{ct} : 첫 균열 발생 직전상태에서 계산된 콘크리트의 인장영역 단면적

f_s : 첫 균열 발생 직후에 허용하는 철근의 인장응력

f_{ct} : 첫 균열이 발생할 때 유효한 콘크리트 인장강도

k_c : 균열 발생 직전의 단면 내 응력 분포상태를 반영하는 계수

　– 순수인장을 받는 경우 　1.0

　– 휨과 축력을 받는 부재 복부 　$0.4\left[1 - \dfrac{f_n}{k_1(h/h^*)f_{ct}}\right] \leq 1$

　– 박스형이나 T형단면 부재 플랜지 　$0.9\dfrac{N_{cr}}{A_{ct}f_{ct}} \geq 0.5$

f_n : 단면에 작용하는 평균 법선응력($=N_u/bh$)

N_u : 단면에 작용하는 축력 (압축 +)

h^* : 단면기준 높이

$- h < 1.0m \quad h(m)$

$- h \geq 1.0m \quad 1.0m$

k_1 : 축력이 응력분포에 미치는 영향을 반영하는 계수

$\quad - N_u$가 압축 $\quad 1.5$

$\quad - N_u$가 인장 $\quad 2h^*/3h$

N_{cr} : 플랜지에 균열이 처음 발생하기 직전에 부재 전 단면에 작용하는 휨모멘트와 축력으로 계산한 플랜지의 인장력

k : 간접하중영향에 의해 부등 분포하는 응력의 영향을 반영하는 계수

$\quad$ - 단면 깊이 또는 복부 폭을 포함한 플랜지 너비가 300mm 이하인 경우 $\quad 1.0$

$\quad$ - 단면 깊이 또는 복부 폭을 포함한 플랜지 너비가 800mm 이상인 경우 $\quad 0.65$

$\quad$ - 중간값은 보간하여 사용

2) 간접 균열제어

① 균열이 직접하중에 의해 주로 발생하는 부재 : 최소철근량 조건을 만족하고 아래의 균열 제어를 위한 최대철근 지름과 최대 철근간격 중 하나를 만족하면 균열폭이 허용 한곗값 이내에 있다고 간주

② 균열이 간접하중이 변형구속에 지배되는 부재 : 최소철근량 조건을 만족하고 적합한 하중조합과 균열단면을 기준으로 계산한 철근응력에서 아래의 균열 제어를 위한 최대철근 지름을 초과하지 않는 철근을 배치하면 균열폭이 허용 한곗값 이내에 있다고 간주

균열제어를 위한 최대철근 지름

철근응력 (MPa)	최대철근 지름(mm)	
	철근 콘크리트	프리스트레스트
160	32	25
200	25	16
240	16	13
280	14	8
320	10	6
360	8	5

균열제어를 위한 최대철근 간격

철근응력 (MPa)	최대철근 간격(mm)		
	철근 콘크리트 순수휨 단면	철근 콘크리트 순수인장 단면	프리스트레스트 콘크리트 단면
160	300	200	200
200	250	150	150
240	200	125	100
280	150	75	50
320	100	–	–
360	50	–	–

깊이가 1000mm 이상인 보에서 주철근이 단면의 인장영역 일부에 집중 배치된 경우 복부 측면의 균열을 제어하기 위한 표피철근을 배치하여야 하며 상이한 철근지름을 혼합하여 사용한 단면은 평균지름 $d_{b,m} = \sum d_{b,i}^2 / \sum d_{b,i}$ 를 사용할 수 있다.

3) 균열폭의 직접 계산

$$\omega_k \leq \omega_a, \qquad \omega_k = l_{r.\max}(\epsilon_{sm} - \epsilon_{cm})$$

여기서, $l_{r,\max}$ 는 최대 균열간격

ϵ_{sm}은 적합한 하중조합에 의해 발생된 철근 평균변형률로 인장강화효과를 고려한 값

ϵ_{cm}은 인접된 균열 사이 콘크리트의 평균변형률

① 변형률 차이 $\epsilon_{sm} - \epsilon_{cm} = \dfrac{f_{so}}{E_s} - 0.4\dfrac{f_{cte}}{E_s\rho_c}(1+n\rho_e) \geq 0.6\dfrac{f_{so}}{E_s}$

여기서, f_{so} : 균열면에서 계산한 철근 인장응력

f_{cte} : 첫 균열이 발생할 때 유효한 콘크리트 인장강도, 28일 이후의 f_{ctm}

k_t : 단기하중(0.6), 장기하중(0.4)

n : 탄성계수비(E_s/E_c)

ρ_e : 유효 철근비 $\rho_e = \dfrac{A_s + \xi_1^2 A_p}{A_{cte}}$

$-\ A_{cte}$: 콘크리트 유효 인장면적으로 d_{cte} 의 크기 결정

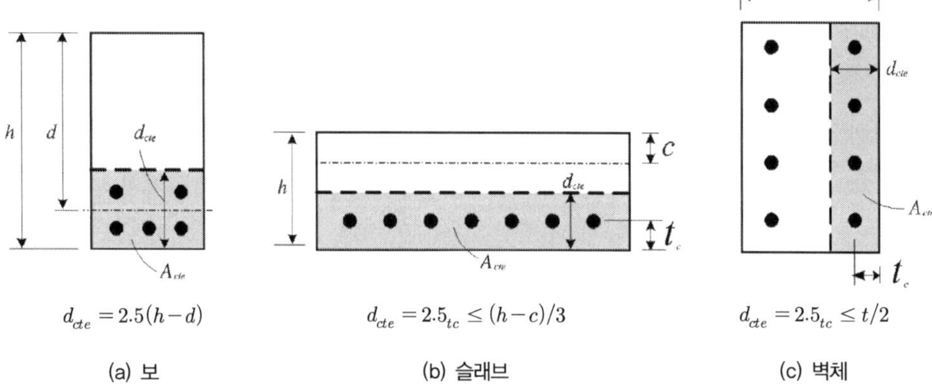

② 최종균열 최대간격

(부착된 강재의 중심간격이 $5(c_c + d_b/2)$ 이하인 경우) $l_{r,\max} = 3.4c_c + \dfrac{0.425k_1k_2d_b}{\rho_e}$

(부착된 강재의 중심간격이 $5(c_c + d_b/2)$ 초과하거나 부착된 강재가 배치 안 된 경우) $l_{r,\max} = 1.3(h-c)$

여기서, c_c : 최외단 인장철근이나 긴장재의 표면과 콘크리트 표면 사이의 최소피복두께

k_1 : 부착강도에 따른 계수, 이형철근(0.8), 원형철근과 긴장재(1.6)

k_2 : 부재의 하중작용에 따른 계수, 휨모멘트 부재(0.5), 직접인장력받는 부재(1.0)

ρ_e : 콘크리트의 유효인장면적을 기준으로 한 강재비

d_b : 철근 콘크리트나 긴장재와 철근이 같이 사용된 프리스트레스트 콘크리트의 경우에는 가장 큰 인장철근의 지름을 긴장재만 사용된 프리스트레스트 콘크리트의 경우 프리스트레싱 강재의 등가지름$(d_{p,eq})$을 적용

균열제어 철근의 검증 : KDS 14 20 콘크리트구조 설계기준(강도설계법)

다음 그림과 같이 폭 400mm인 복부에 SD400 4-D25의 인장철근이 배치된 부재가 습윤 환경에 노출된 경우 KDS 14 20 콘크리트구조 설계기준(강도설계법)에 따라 다음의 각각의 방법에 따라 균열을 검증하라.

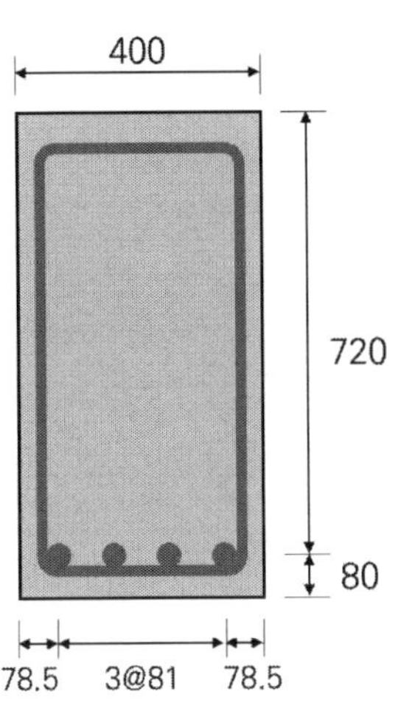

1) 철근의 간격을 기준으로 한 간접 제어방법 검증
   단, 단면 해석결과 균열은 사용하중보다 작은 하중에서 발생하고 탄성응력 해석결과 사용하중 상태에서의 철근 응력은 238MPa이다.

2) 균열폭 직접 계산을 통한 직접 검증방법
   단, 단면해석 결과 균열은 사용하중보다 작은 하중에서 발생하고 탄성응력 해석결과 중립축의 깊이 $x = 220\,\text{mm}$, 지속하중 상태에서 철근의 응력은 188MPa, 콘크리트의 설계기준압축강도는 30MPa이다.

3) KDS 24 14 21 콘크리트교 설계기준(한계상태설계법)에 따라 직접 균열폭을 산정하고 2)의 결과와 비교하라. 단, 조건은 2)의 경우와 같다.

▶ 간접 제어 방법

1) 인장철근의 최대 허용간격

$$c_c = 80 - \frac{d_b}{2} = 67.3\,\text{mm}$$

습윤환경에 노출된 상태이므로 $\chi_{cr} = 210$, $f_s = 238\text{MPa}$

$$\therefore s_a = \min\left[375\left(\frac{\chi_{cr}}{f_s} - 2.5c_c\right) = 163,\ 300\left(\frac{\chi_{cr}}{f_s}\right) = 265\right] = 163\text{mm}$$

2) 인장철근 최대 허용 간격을 기준으로 한 균열 검증

$$s\,(=81\text{mm}) \leq s_a\,(=163\text{mm}) \qquad \text{O.K}$$

➤ KDS 14 20 강도설계법에 따른 직접 검증 방법

1) 허용균열폭

$$w_a = \max[0.3\,\mathrm{mm},\ 0.005c_c\,(=0.34\,\mathrm{mm})] = 0.34\,\mathrm{mm}$$

2) 설계균열폭

① 평균 균열 간격 l_s

$$2.5(h-d) = 2.5(800-720) = 200\,\mathrm{mm}, \quad \frac{h-x}{3} = \frac{800-220}{3} = 193\,\mathrm{mm}$$

$$\therefore d_{cte} = \min\left[2.5(h-d),\ \frac{(h-x)}{3}\right] = \min[200,\ 193] = 193\,\mathrm{mm}$$

$$\therefore \rho_e = \frac{A_s}{A_{cte}} = \frac{A_s}{bd_{cte}} = \frac{4 \times 506.7}{400 \times 193} = 0.0263\,\mathrm{mm}^2$$

강재의 중심간격$(s=80\mathrm{mm}) \leq 5(c_c + d_b/2) = 5(67.3 + 25.4/2) = 400\,\mathrm{mm}$

$$\therefore l_s = 2c_c + \frac{0.25k_1k_2d_b}{\rho_e} = 2 \times 67.3 + \frac{0.25 \times 0.8 \times 0.5 \times 25.4}{0.0263} = 231\,\mathrm{mm}$$

② 철근과 콘크리트의 변형률 차이 $\epsilon_{sm} - \epsilon_{cm}$

$f_{so} = 188\mathrm{MPa}$

$f_{cm} = f_{ck} + \Delta f = 30 + 4 = 34\,\mathrm{MPa},\ f_{ctm} = 0.3(f_{cm})^{2/3} = 3.15\,\mathrm{MPa}$

$E_c = 8500\sqrt[3]{f_{cm}} = 27{,}500\,\mathrm{MPa}$

$n = E_s/E_c = 200{,}000/27{,}500 = 7.3$

$$\therefore \epsilon_{sm} - \epsilon_{cm} = \frac{f_{so}}{E_s} - 0.4\frac{f_{cte}}{E_s\rho_c}(1 + n\rho_e)$$

$$= \frac{188}{200{,}000} - \frac{0.4 \times 3.15}{200{,}000 \times 0.0263}(1 + 7.3 \times 0.0263) = 0.654 \times 10^{-3}$$

$$\epsilon_{sm} - \epsilon_{cm} \geq 0.6\frac{f_{so}}{E_s}\left(= \frac{0.6 \times 188}{200{,}000} = 0.564 \times 10^{-3}\right)\ \mathrm{O.K}$$

$$\therefore \omega_d = \chi_{st}\omega_m = \chi_{st}l_s(\epsilon_{sm} - \epsilon_{cm}) = 1.7 \times 231 \times 0.645 \times 10^{-3} = 0.26\,\mathrm{mm}$$

3) 균열 검증

$$\therefore \omega_d(=0.26\mathrm{mm}) \leq \omega_a(=0.34\mathrm{mm}) \qquad \mathrm{O.K}$$

➤ **KDS 24 14 21 한계상태설계법에 따른 직접 검증 방법**

1) 허용균열폭

　철근 콘크리트 부재는 KDS 24 14 21에서 노출 환경에 관계없이 항상 최소설계등급이 E이다. 설계등급 E의 균열폭 한계, 즉 허용균열폭은 0.3mm이다.

$$w_a = 0.3\,\text{mm}$$

2) 균열폭 산정

$$c_c = 80 - \frac{d_b}{2} = 67.3\,\text{mm}$$

$$2.5(h-d) = 2.5(800-720) = 200\,\text{mm}, \quad \frac{h-x}{3} = \frac{800-220}{3} = 193\,\text{mm}$$

$$\therefore d_{cte} = \min\left[2.5(h-d),\ \frac{(h-x)}{3}\right] = \min[200,\ 193] = 193\,\text{mm}$$

$$\therefore \rho_e = \frac{A_s}{A_{cte}} = \frac{A_s}{bd_{cte}} = \frac{4\times506.7}{400\times193} = 0.0263\,\text{mm}^2$$

$$f_{so} = 188\,\text{MPa}$$

$$f_{cm} = f_{ck} + \Delta f = 30 + 4 = 34\,\text{MPa}, \quad f_{ctm} = 0.3(f_{cm})^{2/3} = 3.15\,\text{MPa}$$

$$E_c = 8500\sqrt[3]{f_{cm}} = 27{,}500\,\text{MPa}$$

$$n = E_s/E_c = 200{,}000/27{,}500 = 7.3$$

$$\therefore \epsilon_{sm} - \epsilon_{cm} = \frac{f_{so}}{E_s} - 0.4\frac{f_{cte}}{E_s\rho_c}(1 + n\rho_e)$$

$$= \frac{188}{200{,}000} - \frac{0.4\times3.15}{200{,}000\times0.0263}(1 + 7.3\times0.0263) = 0.654\times10^{-3}$$

$$\epsilon_{sm} - \epsilon_{cm} \geq 0.6\frac{f_{so}}{E_s}\left(= \frac{0.6\times188}{200{,}000} = 0.564\times10^{-3}\right) \quad \text{O.K}$$

$$\text{강재의 중심간격}(s=80\text{mm}) \leq 5(c_c + d_b/2) = 5(67.3 + 25.4/2) = 400\,\text{mm}$$

$$\therefore l_{r,\max} = 3.4c_c + \frac{0.425k_1k_2d_b}{\rho_e} = 3.4\times67.3 + \frac{0.425\times0.8\times0.5\times25.4}{0.0263} = 393\,\text{mm}$$

$$\therefore \omega_d = l_{r,\max}(\epsilon_{sm} - \epsilon_{cm}) = 393\times0.654\times10^{-3} = 0.26\,\text{mm} \leq \omega_a(=0.3\text{mm}) \quad \text{O.K}$$

　강도설계법과 한계상태설계법에 따라 산정된 균열폭은 같다. 다만 허용균열폭에 대해 규정하는 바가 다르나, 두 설계법 모두 조건을 만족한다.

균열제어 철근의 검증 : KDS 24 14 21 콘크리트교 설계기준(한계상태설계법)

다음 그림과 같이 2개의 복부와 상하 플랜지로 구성된 박스거더교의 시공 중 시공하중으로 인하여 복부당 4,960kN의 전단력이 작용할 것으로 예상된다. 이 시공하중이 작용할 때 박스거더 복부의 전단균열 발생여부를 검토하고, 전단균열이 발생할 것으로 예상된다면 발생할 전단균열의 각도와 균열폭을 계산하라. 복부의 폭 $b_w = 440$mm이고 복부의 순 높이 $h_w = 2,000$mm이며 복부에 측면 피복두께 50mm의 D25@100의 U형 수직 전단철근과 양 측면에 측면 피폭두께 75.4mm의 D19@150 수평철근이 배치되어 있다. 또 프리스트레싱 강재에 의한 긴장력으로 복부에 평균 4.16MPa의 종방향 압축응력이 작용하고 있으며 콘크리트 설계기준 압축강도 f_{ck}=40MPa이다.

(a) 박스 거더 단면

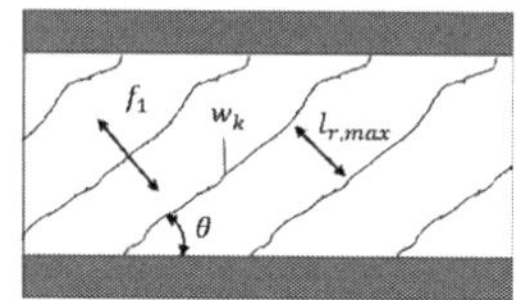

(b) 복부 균열

▶ 균열 발생 여부 판정

1) 콘크리트 평균 인장강도

$$f_{cm} = f_{ck} + \Delta f = 40 + 4 = 44\,\text{MPa}, \quad \therefore f_{ctm} = 0.3\,(f_{cm})^{2/3} = 3.74\,\text{MPa}$$

2) 콘크리트의 주 인장응력

① 긴장력에 의해 복부에 평균 4.16MPa 압축력 작용하므로 법선응력 f는

$$f = 4.16\,\text{MPa}$$

② 복부에 4,860kN의 전단력이 작용하므로

$$v = \frac{V}{A_w} = \frac{4,960 \times 10^3}{440 \times 2000} = 5.64\,\text{MPa}$$

③ 주인장 응력

자중에 대한 휨응력은 주어진 조건에서 산정하기 어려우므로 무시한다.

$$f_1 = \sqrt{\left(\frac{f}{2}\right)^2 + v^2} - \frac{f}{2} = \sqrt{\left(\frac{4.16}{2}\right)^2 + 5.64^2} - \frac{4.16}{2} = 3.93\,\text{MPa} > f_{ctm} \quad \therefore \text{균열 발생}$$

복부에 균열이 발생할 때 부재의 축과 균열 사이의 각도 θ는

$$\theta = \frac{1}{2}\tan^{-1}\left(\frac{2v}{f}\right) = 34.9°$$

➤ 유효철근비

1) 종방향 유효 철근비

① 종방향 유효 인장깊이 : 복부 관통 균열로 인장부재와 같은 거동으로 볼 수 있으므로 철근의 중심에서 콘크리트 표면까지 거리 t_c의 2.5배를 취한다.

$$t_{cl} = c_{cl} + \frac{d_{bl}}{2} = 75.4 + \frac{19.1}{2} = 84.95\,\text{mm}$$

$$2.5t_{cl} = 2.5 \times 84.95 = 212\,\text{mm} < b_w/2 = 220\,\text{mm} \qquad \therefore d_{cte,l} = 212\,\text{mm}$$

② 종방향 유효 철근비 : D19 한 개당 $A_s = 286.5\,\text{mm}^2$, 설치간격 150mm이므로

$$\therefore \rho_{el} = \frac{A_{vl}}{s_l d_{cte,l}} = \frac{286.5}{150 \times 212} = 0.00901$$

2) 횡방향 유효 철근비

① 횡방향 유효 인장깊이 : 횡방향 측면 피복두께 50mm, D25@100 U형 스트럽이 양측 배치되므로

$$t_{ct} = c_{ct} + \frac{d_{bt}}{2} = 50.0 + \frac{25.4}{2} = 62.7\,\text{mm}$$

$$2.5t_{ct} = 2.5 \times 62.7 = 157\,\text{mm} < b_w/2 = 220\,\text{mm} \qquad \therefore d_{cte,t} = 157\,\text{mm}$$

② 횡방향 유효 철근비 : D25 한 개당 $A_s = 506.7\,\text{mm}^2$, 설치간격 100mm이므로

$$\therefore \rho_{et} = \frac{A_{vt}}{s_t d_{cte,t}} = \frac{506.7}{100 \times 157} = 0.03227$$

3) 주인장방향 유효 철근비

$$\rho_e = \rho_{el}\sin^4\theta + \rho_{et}\cos^4\theta = 0.00901\sin^4(34.9°) + 0.03227\cos^4(34.9°) = 0.01557$$

➤ 최대 균열폭 산정

1) 최대 균열간격

① 종방향 강재의 중심간격$(s = 150\text{mm}) \leq 5\left(c_c + d_b/2\right) = 5(75.4 + 19.1/2) = 424.75\,\text{mm}$

$$\therefore l_{rl,\max} = 3.4c_c + \frac{0.425k_1k_2d_b}{\rho_e} = 3.4 \times 75.4 + \frac{0.425 \times 0.8 \times 0.5 \times 19.1}{0.00901} = 977\,\text{mm}$$

② 횡방향 강재의 중심간격$(s=100\text{mm}) \leq 5(c_c + d_b/2) = 5(50 + 25.4/2) = 313.5\,\text{mm}$

$$\therefore l_{rt,\max} = 3.4c_c + \frac{0.425k_1k_2d_b}{\rho_e} = 3.4 \times 50.0 + \frac{0.425 \times 0.8 \times 0.5 \times 25.4}{0.03227} = 438\,\text{mm}$$

③ 주응력방향 최대 균열간격

$$l_{r,\max} = \frac{1}{\left(\dfrac{\sin\theta}{l_{rl,\max}}\right) + \left(\dfrac{\cos\theta}{l_{rt,\max}}\right)} = \frac{1}{\left(\dfrac{\sin 34.9°}{977}\right) + \left(\dfrac{\cos 34.9°}{438}\right)} = 407\,\text{mm}$$

2) 평균 변형률 차이

$$E_c = 8500\sqrt[3]{f_{cm}} = 30,000\,\text{MPa} \qquad \therefore n = E_s/E_c = 200,000/30,000 = 6.7$$

① 종방향 철근비 $\rho_{wl} = \dfrac{2A_{vl}}{s_l b_w} = \dfrac{2 \times 286.5}{150 \times 440} = 0.00868$

② 횡방향 철근비 $\rho_{wt} = \dfrac{2A_{vt}}{s_t b_w} = \dfrac{2 \times 506.7}{100 \times 440} = 0.02303$

③ 주응력방향 복부철근비

$$\rho_{w\theta} = \rho_{wl}\sin^4\theta + \rho_{wt}\cos^4\theta = 0.00868\sin^4(34.9°) + 0.02303\cos^4(34.9°) = 0.01135$$

따라서, 복부철근의 응력 f_{so} 는

$$f_{so} = \frac{f_1}{\rho_{w\theta}} = \frac{3.93}{0.01135} = 346\,\text{MPa}$$

$$\therefore \epsilon_{sm} - \epsilon_{cm} = \frac{f_{so}}{E_s} - 0.4\frac{f_{cte}}{E_s\rho_c}(1 + n\rho_e)$$

$$= \frac{346}{200,000} - \frac{0.4 \times 3.74}{200,000 \times 0.01557}(1 + 6.7 \times 0.01557) = 1.199 \times 10^{-3}$$

$$\epsilon_{sm} - \epsilon_{cm} \geq 0.6\frac{f_{so}}{E_s}\left(= \frac{0.6 \times 346}{200,000} = 1.038 \times 10^{-3}\right) \ \text{O.K}$$

3) 균열폭 산정

$$\omega_d = l_{r,\max}(\epsilon_{sm} - \epsilon_{cm}) = 407 \times 1.199 \times 10^{-3} = 0.49\,\text{mm}$$

따라서, 복부에 부재 종방향과 34.9°의 각도로 균열폭 0.49mm가 발생할 수 있다.

균열폭 제한 철근의 중심간격 : 2012 콘크리트 구조기준

휨균열 제어를 위해 콘크리트 인장연단에 가장 가까이 배치되는 철근의 중심 간격에 대하여 설명하시오.

풀 이

▶ 개요

국내 설계기준은 인장연단의 적절한 철근 배치를 통해 간접적으로 균열을 제어하도록 규정하고 있다. 이는 콘크리트의 균열은 이전에 균열폭이 크면 철근의 부식이 빨리 진행된다는 생각에서 근래 실험을 통해 철근의 부식이 일반적인 사용하중하에서 발생하는 표면 균열폭과 직접적인 관계가 없음이 밝혀졌기 때문이다. 따라서 철근의 적절한 배치를 통해서 균열폭보다는 콘크리트의 품질, 적절한 다짐, 충분한 피복 등이 콘크리트의 표면에 균열보다 더 중요하다고 고려되었으며, 피복두께를 고려하여 철근간격을 검토함으로써 간접적으로 균열폭 0.3mm 기준 내에서 제어하도록 하였다.

▶ 인장연단 철근의 중심간격

실험적 연구에 따라 사용하중이 작용할 때 균열폭은 철근의 응력에 따라 직접적으로 변화하며 인장영역에 잘 분포된 굵기가 가는 여러 개의 철근을 배치하는 것이 굵은 몇 가닥의 철근을 배치하는 것보다 균열을 조정하는 데 더 효과적으로 나타났다.

그러나 특별히 수밀성이 요구되거나 미관상 중요한 구조물의 균열검토와 시공 중 또는 시공 후 균열이 발생한 구조물에 대하여 균열 발생의 원인 및 유해성에 관한 검토가 필요할 경우에는 허용균열폭과 비교할 수 있도록 별도의 검토방법을 두고 있다.

1) 인장 연단 철근의 중심간격 규정

콘크리트 인장연단의 철근의 중심간격 s를 다음 식 값 이하로 배치하여 간접적으로 균열을 제어한다.

$$s \;\leq\; \min\left[\; 375\left(\frac{210}{f_s}\right) - 2.5C_c \;,\quad 300\left(\frac{210}{f_s}\right) \;\right]$$

C_c : 인장철근이나 긴장재의 표면과 콘크리트 표면 간의 최소 두께

f_s : 사용하중 상태에서 인장연단에서 가장 가까이 있는 철근의 응력($\fallingdotseq 2/3 f_y$)

2) 깊은 보의 표피철근(Skin reinforcement for deep beam)

복부 깊이 h가 900mm 초과하는 깊은 보의 경우에 보의 측면에 발생할 수 있는 균열을 억제하고
자 인장영역에 추가적인 종방향 표피철근(longitudinal skin reinforcement)을 보의 양쪽 측면에
배치한다.

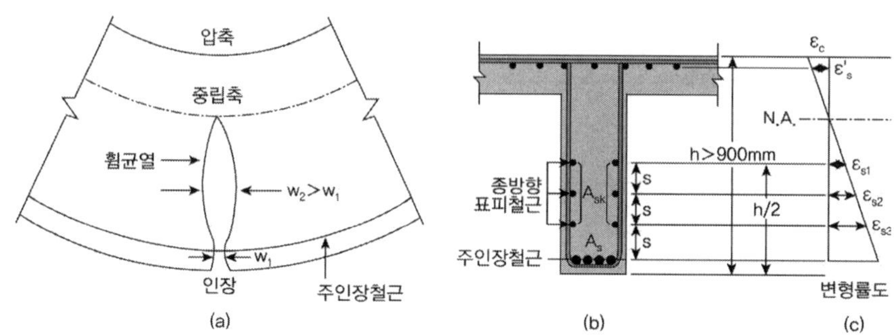

휨균열 : 2012 콘크리트 구조기준

보의 폭원이 500mm이고 소요철근량(A_s)이 1,500mm²인 보에서 휨균열을 제어하기 위한 철근의 배근을 결정하고 그리시오(단, 보는 습윤환경에 노출되어 있으며 철근의 항복강도(f_y)는 400MPa 이다. 또한 순피복은 40mm, 스트럽 철근은 D13을 사용한다).

A_s : D13(126.7mm²), D16(198.6mm²), D19(286.5mm²), D22(387.1mm²), D25(506.7mm²), D29(642.4mm²), D34(974.2mm²)

풀 이

▶ 콘크리트 구조기준 철근 간격 제한(균열)

$$s = \min\left[375\left(\frac{\kappa_{cr}}{f_s}\right) - 2.5c_c,\ 300\left(\frac{\kappa_{cr}}{f_s}\right)\right] \quad \kappa_{cr} : 280(건조환경),\ 210(습윤환경)$$

f_s : 사용하중하에서 인장연단에 가장 가까이 위치한 철근의 응력($≒ \frac{2}{3}f_y$)

$$\kappa_{cr} = 210,\quad f_s = \frac{2}{3} \times 400 = 266.7^{MPa},\quad c_c = t(피복) + d_b(스트럽) = 40 + 13 = 53^{mm}$$

$$\therefore s_{\max} = \min\left[375\left(\frac{210}{266.7}\right) - 2.5 \times 53,\ 300 \times \left(\frac{210}{266.7}\right)\right] = 162.78^{mm}$$

▶ 철근의 배근

$$A_{s(req)} = 1,500mm^2$$

1) D29 철근 배근 검토

$$n = \frac{1500}{642.4} = 2.33 ≒ 3^{EA}\ A_{s(use)} = 3 \times 642.4 = 1927.2mm^2 > A_{s(req)}$$

$$s = \left[500 - 2\left(40 + 13 + \frac{29}{2}\right)\right]/(3-1) = 182.5^{mm} > s_{\max} \qquad \text{N.G}$$

2) D25 철근 배근 검토

$$n = \frac{1500}{506.7} = 2.96 ≒ 3^{EA}\ A_{s(use)} = 4 \times 506.7 = 1520.1mm^2 > A_{s(req)}$$

$$s = \left[500 - 2\left(40 + 13 + \frac{25}{2}\right)\right]/(3-1) = 184.5^{mm} > s_{\max} \qquad \text{N.G}$$

3) D22 철근 배근 검토

$$n = \frac{1500}{387.1} = 3.87 ≒ 4^{EA} \quad A_{s(use)} = 4 \times 387.1 = 1548.4 mm^2 > A_{s(req)}$$

$$s = \left[500 - 2\left(40 + 13 + \frac{22}{2} \right) \right] / (4 - 1) = 124^{mm} < s_{max} \qquad\qquad O.K$$

휨균열을 제어하기 위해서는 4-D22철근을 124mm 간격으로 배근할 수 있다. 주철근의 크기를 더 줄이는 경우에는 6-D19 또는 8-D16으로 배근할 수도 있다. 다만 주어진 문제에서 보의 높이는 알 수 없으므로 표피철근을 배근하지 않았지만, 보의 높이가 900mm 이상이 되는 보인 경우에는 인장영역에 추가적인 종방향 표피철근(longitudinal skin reinforcement)을 보의 양쪽 측면에 배치하여야 한다. 종방향 표피철근은 일반적으로 D10~D16철근을 1m 깊이당 280mm^2 이상의 용접철망을 배치한다.

표피철근 : 2012 콘크리트 구조기준

폭 b=500mm, 깊이 D=1400mm의 보 중앙부의 하부에 12-HD25가 위치하였고 스트럽은 HD13@200
으로 설계된 보 단면의 균열제어용 표피철근의 간격 및 위치를 도시하시오.

단, $f_{ck} = 27MPa$, $f_y = 400MPa$, $f_s = \dfrac{2}{3}f_y$

풀 이

▶ 콘크리트 구조기준 철근 간격 제한(균열)

$$s = \min\left[375\left(\frac{\kappa_{cr}}{f_s}\right) - 2.5c_c,\ \ 300\left(\frac{\kappa_{cr}}{f_s}\right)\right]\quad \kappa_{cr} : 280(건조환경),\ 210(습윤환경)$$

f_s : 사용하중하에서 인장연단에 가장 가까이 위치한 철근의 응력($≒ \dfrac{2}{3}f_y$)

습윤환경으로 가정하고 피복두께를 40mm로 가정하면,

$$\kappa_{cr} = 210,\ \ f_s = \frac{2}{3} \times 400 = 266.7^{MPa},\ \ c_c = t(피복) + d_b(스트럽) = 40 + 13 = 53^{mm}$$

$$\therefore s_{\max} = \min\left[375\left(\frac{210}{266.7}\right) - 2.5 \times 53,\ \ 300 \times \left(\frac{210}{266.7}\right)\right] = 162.78^{mm}$$

▶ 주철근 배근간격 검토

> **TIP** | 철근배근간격의 제한 | (콘크리트 구조기준, 5.3.2 간격제한)
>
> '동일평면에서 평행한 철근 사이의 수평간격은 25mm 이상, 철근의 공칭지름 이상으로 하여야 하며,
> 철근배근간의 3/4가 굵은 골재의 최대공칭치수를 넘지 않아야 한다.'
> '상단과 하단에 2단 이상으로 배치된 경우 상하철근은 동일 연직면 내에 배치되어야 하고, 이때 상하
> 철근의 순간격은 25mm 이상으로 하여야 한다.'

1) 3열 배근 검토(1열에 4개 철근 배근)

$$s = \frac{1}{3}[500 - 2 \times 40(피복) - 2 \times 13(스트럽) - 25] = 123^{mm} < s_{\max} \qquad \text{O.K}$$

2) 2열 배근 검토(1열에 6개 철근 배근)

$$s = \frac{1}{5}[500 - 2 \times 40(피복) - 2 \times 13(스트럽) - 25] = 73.8^{mm} < s_{\max} \qquad \text{O.K}$$

$\therefore$ 시공성을 고려하여 3단으로 배근으로 한다. 상하단 간 배근간격은 60mm로 한다.

➤ 종방향 표피철근 배근

보나 장선의 깊이 h 가 900mm를 초과하면 종방향 표피철근을 인장연단부터 $h/2$ 지점까지 부재 양쪽 측면을 따라 균일하게 배치하여야 한다. 이때 표피철근의 간격 s 는 콘크리트 구조기준의 철근간격제한에 따라 결정한다.

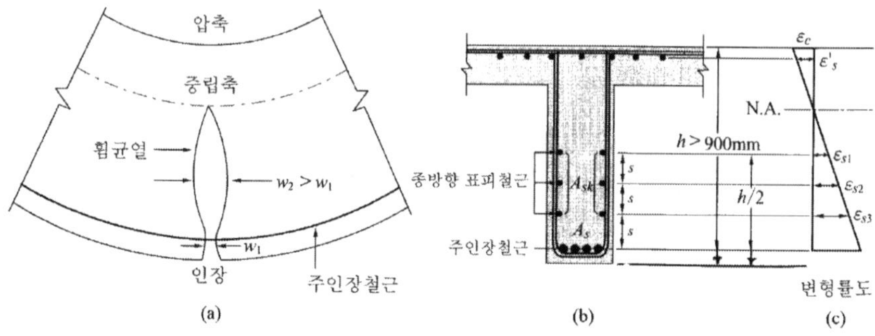

주어진 보는 $h > 900^{mm}$ 이므로, 종방향 표피철근을 배근하며 1.에서 산정된 $s_{\max}$ 이하로 배근한다. 통상적으로 표피철근은 D10~D16철근을 1m 깊이당 $280mm^2$ 이상을 배근하며 토목구조물에서는 통상 D13, 건축구조물에서는 D10철근을 사용하는 것을 고려하여 배치한다.

$D/2 = 700^{mm}$ 이며, 주철근이 배근된 높이는

$$40^{mm} + 13^{mm} + \frac{25^{mm}}{2} + 2 \times 60 = 185.5^{mm}$$

$$\frac{700 - 185.5}{162.78} \fallingdotseq 4$$

∴ 주철근 이외에 D10를 4EA를 추가 배근한다.

$$\therefore s = \frac{700 - 185.5}{4} = 128.6^{mm} \text{ 이므로}$$

120mm 간격으로 배근하고 마지막 철근은 154.5mm 로 배근하거나 추가표피철근을 128.6mm 간격으로 모두 배근한다.

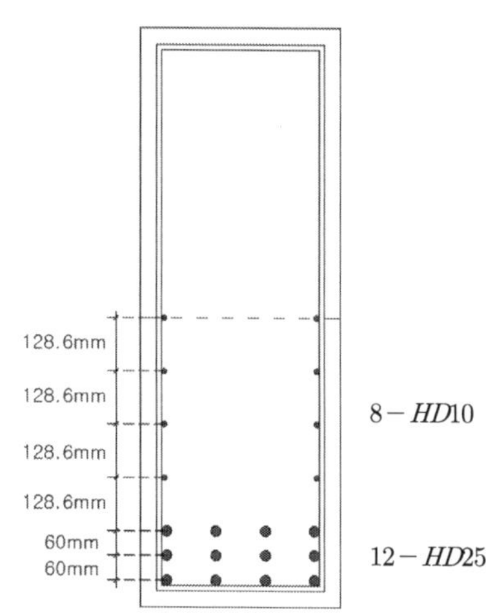

콘크리트 균열폭 산정 : 2012 콘크리트 구조기준

T형단면, D13 철근의 U형 스터럽 사용 $f_{ck} = 27MPa$, 4-D32 인장철근 사용, $f_y = 400MPa$, 75년간 건조수축이 진행되었을 때 $\epsilon_{sh} = -0.495 \times 10^{-3}$ 이고 크리프 계수 $\phi(t, t') = 2.57$ 이다.

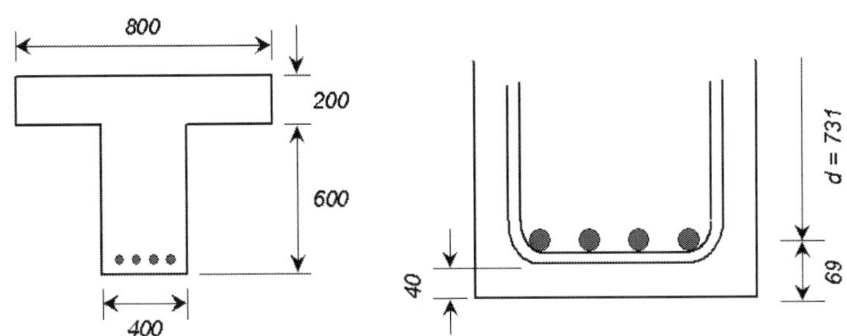

고정하중 휨모멘트 $M_d = 300kNm$, 활하중 휨모멘트 $M_l = 200kNm$

1) 75년 동안 건조수축이 진행된 후 사용(단기)하중으로 휨모멘트 500kNm가 작용하는 경우 균열폭을 구하라(건조수축만 고려하고 크리프의 영향은 무시).

2) 75년 동안 고정하중과 활하중의 20%rk 지속(장기)하중으로서 휨모멘트 340kNm가 작용하는 경우 균열폭을 구하라(건조수축과 크리프의 영향 모두 고려).

풀 이

▶ 단기 사용하중으로 인한 균열폭

1) 재료상수 및 철근의 단면적

$$E_s = 200,000MPa \qquad\qquad f_{cu} = f_{ck} + 8 = 35MPa$$

$$E_c = 8500 \sqrt[3]{f_{cu}} = 27,800MPa \qquad E_{ci} = E_c/0.85 = 32,700MPa$$

$$f_r = 0.63 \sqrt{f_{ck}} = 3.27MPa$$

4-D32 인장철근 $A_s = 3,177mm^2$, $d_b = 31.8mm$

2) 사용하중(단기하중) 휨모멘트

$$M_s = M_d + M_l = 500kNm$$

3) 단기하중에 대한 전단면 2차 모멘트

$$\text{탄성계수비 } \alpha_e = \frac{E_s}{E_{ci}} = \frac{200,000}{32,700} = 6.1$$

철근의 환산단면적 $\alpha_e A_s = 6.1 \times 3,177 = 19,400 mm^2$

비균열 환산단면에 대한 해석으로 단면 상단으로부터 중립축까지 거리 $y_0 = 355^{mm}$

전단면 2차 모멘트 $I_g = 2.549 \times 10^{10} mm^4$

4) 단기하중에 대한 균열단면 2차 모멘트

균열 환산단면에 대한 해석으로 단면 상단으로부터의 중립축까지 거리 $y_0 = 166^{mm}$

균열단면 2차 모멘트 $I_{cr} = 0.743 \times 10^{10} mm^4$

5) 균열모멘트

단면의 전체 깊이 $h_t = 800^{mm}$

$$M_{cr} = \frac{f_r I_g}{h_t - y_0} = \frac{3.27 \times 2.549 \times 10^{10}}{(800 - 355) \times 10^6} = 187^{kNm} < M_s \qquad \therefore \text{ 균열 발생}$$

6) 철근의 응력산정

$$f_{s2} = \alpha_e \frac{M_s}{I_{cr}}(d - y_0) = 6.1 \times \frac{500 \times 10^6}{0.743 \times 10^{10}} \times (731 - 166) = 232^{MPa}$$

7) 콘크리트의 유효 인장면적

$$h_{c,ef} = \min\left[2.5(h-d) = 2.5(800-731) = 172.5, \ \frac{(h-x)}{3} = \frac{(800-166)}{3} = 211.3\right] = 172.5^{mm}$$

$$A_{c,ef} = h_{c,ef}b = 69,000 mm^2$$

8) 균열상태 판정

$$\rho_{s,ef} = \frac{A_s}{A_{c,ef}} = \frac{3,177}{69,000} = 0.046 \qquad\qquad \rho_{s,ef} f_{s2} = 0.046 \times 232 = 10.7^{MPa}$$

$$f_r(1 + \alpha_e \rho_{s,ef}) = 3.27 \times (1 + 6.1 \times 0.046) = 4.2^{MPa}$$

$$\therefore \rho_{s,ef} f_{s2} > f_r(1 + \alpha_e \rho_{s,ef}) \text{이므로 안정균열상태}$$

9) 균열폭 산정

$$l_{s,\max} = \frac{d_b}{3.6\rho_{s,ef}} = \frac{31.8}{3.6 \times 0.046} = 192^{mm}$$

$$\epsilon_{s2} = \frac{f_{s2}}{E_s} = \frac{232}{200,000} = 1.16 \times 10^{-3}$$

$$\epsilon_{sr2} = \frac{f_r(1 + \alpha_e \rho_{s,ef})}{\rho_{s,ef} E_s} = \frac{4.2}{0.046 \times 200,000} = 0.4565 \times 10^{-3}$$

사용(단기)하중이고 안정균열상태이므로 $\beta = 0.6$

$$\epsilon_{sm} - \epsilon_{cm} = \epsilon_{s2} - \beta\epsilon_{sr2} = [1.16 - 0.6 \times 0.4565] \times 10^{-3} = 0.886 \times 10^{-3}$$

주어진 조건에서 $\epsilon_{cs} = \epsilon_{sh} = -0.495 \times 10^{-3}$

$$\therefore \ 균열폭 \ w_k = l_{s.\max}(\epsilon_{sm} - \epsilon_{cm} - \epsilon_{cs}) = 192(0.886 + 0.495) \times 10^{-3} = 0.27^{mm}$$

▶ 장기 지속하중으로 인한 균열폭

1) 재료상수 및 철근의 단면적

$$E_s = 200,000 MPa \qquad\qquad f_{cu} = f_{ck} + 8 = 35 MPa$$

$$E_c = 8500\sqrt[3]{f_{cu}} = 27,800 MPa \qquad\qquad E_{ci} = E_c/0.85 = 32,700 MPa$$

$$f_r = 0.63\sqrt{f_{ck}} = 3.27 MPa$$

4-D32 인장철근 $A_s = 3,177 mm^2$, $d_b = 31.8 mm$

$$\therefore \ E_{c,ef}(t,t') = \frac{E_{ci}}{1 + \phi(t,t')} = \frac{32,700}{1 + 2.5} = 9,340 MPa$$

2) 지속하중(장기하중) 휨모멘트

$$M_{sus} = M_d + 0.2 M_l = 340 kNm$$

3) 장기하중에 대한 전단면 2차 모멘트

$$탄성계수비 \ \alpha_e = \frac{E_s}{E_{c,ef}(t,t')} = \frac{200,000}{9,340} = 21.4$$

철근의 환산단면적 $\alpha_e A_s = 21.4 \times 3,177 = 68,000 mm^2$

비균열 환산단면에 대한 해석으로 단면 상단으로부터 중립축까지 거리 $y_0 = 395^{mm}$

전단면 2차 모멘트 $I_g = 3.164 \times 10^{10} mm^4$

4) 단기하중에 대한 균열단면 2차 모멘트

균열 환산단면에 대한 해석으로 단면 상단으로부터의 중립축까지 거리 $y_0 = 282^{mm}$

균열단면 2차 모멘트 $I_{cr} = 1.964 \times 10^{10} mm^4$

5) 균열모멘트

단면의 전체 깊이 $h_t = 800^{mm}$

$$M_{cr} = \frac{f_r I_g}{h_t - y_0} = \frac{3.27 \times 3.164 \times 10^{10}}{(800 - 395) \times 10^6} = 255^{kNm} \; < \; M_{sus} \qquad \therefore \text{균열 발생}$$

6) 철근의 응력산정

$$f_{s2} = \alpha_e \frac{M_{sus}}{I_{cr}}(d - y_0) = 21.4 \times \frac{340 \times 10^6}{1.964 \times 10^{10}} \times (731 - 282) = 166^{MPa}$$

7) 콘크리트의 유효 인장면적

$$h_{c,ef} = \min\left[2.5(h-d) = 2.5(800 - 731) = 172.5, \; \frac{(h-y_0)}{3} = \frac{(800 - 282)}{3} = 172.7 \right] = 172.5^{mm}$$

$$A_{c,ef} = h_{c,ef}\,b = 69{,}000 mm^2$$

8) 균열상태 판정

$$\rho_{s,ef} = \frac{A_s}{A_{c,ef}} = \frac{3{,}177}{69{,}000} = 0.046, \qquad \rho_{s,ef}f_{s2} = 0.046 \times 166 = 7.6^{MPa}$$

$$f_r(1 + \alpha_e \rho_{s,ef}) = 3.27 \times (1 + 21.4 \times 0.046) = 6.5^{MPa}$$

$$\therefore \; \rho_{s,ef}f_{s2} > f_r(1 + \alpha_e \rho_{s,ef}) \text{이므로 안정균열상태}$$

9) 균열폭 산정

$$l_{s,\max} = \frac{d_b}{3.6\rho_{s,ef}} = \frac{31.8}{3.6 \times 0.046} = 192^{mm}$$

$$\epsilon_{s2} = \frac{f_{s2}}{E_s} = \frac{166}{200{,}000} = 0.83 \times 10^{-3}$$

$$\epsilon_{sr2} = \frac{f_r(1 + \alpha_e \rho_{s,ef})}{\rho_{s,ef}E_s} = \frac{6.5}{0.046 \times 200{,}000} = 0.7065 \times 10^{-3}$$

장기(지속)하중이고 안정균열상태이므로

$$\beta = 0.38$$

$$\epsilon_{sm} - \epsilon_{cm} = \epsilon_{s2} - \beta\epsilon_{sr2} = [0.83 - 0.38 \times 0.7065] \times 10^{-3} = 0.562 \times 10^{-3}$$

주어진 조건에서

$$\epsilon_{cs} = \epsilon_{sh} = -0.495 \times 10^{-3}$$

$$\therefore \ 균열폭 \ w_k = l_{s.\max}(\epsilon_{sm} - \epsilon_{cm} - \epsilon_{cs}) = 192(0.562 + 0.495) \times 10^{-3} = 0.20^{mm}$$

사용한계상태 검토 : 2016 도로교설계기준 한계상태설계법

두께가 250mm인 교량 바닥 슬래브에서 표준하중조합으로 경간 중앙에서 85kNm/m의 휨모멘트가 발생한다. 이 휨모멘트의 15%는 자중을 포함한 지속하중에 의한 것이고, 나머지 85%는 통행 트럭 하중인 활하중에 의해 유발된 것이다. 극한한계상태 검증에 의해 D16 철근은 100mm 간격 (A_s=1,986mm²/m)이며, 유효깊이는 192mm로 배치된 상태이다. 사용된 콘크리트의 설계기준 압축강도 f_{ck}=30MPa이다. 주어진 조건으로 바닥 슬래브의 사용 한계응력 제한을 검토하고, 바닥 슬래브의 균열폭을 구하시오.

〈조건〉

최종 크리프계수 $\phi = 2.2$

중립축 깊이비 $k = \sqrt{(n\rho)^2 + 2n\rho} - n\rho$

압축연단 콘크리트응력 $f_c = \dfrac{2M}{k(1-k/3)bd^2}$

설계균열간격 $S_k = 3.4t_c + 0.425k_1k_2\dfrac{d_b}{\rho_e}$

철근표면 상태에 따른 계수 $k_1 = -0.8$

콘크리트 탄성계수 $E_c = 27,500MPa$

철근의 응력 $f_s = \dfrac{M}{A_s(1-k/3)d}$

유효탄성계수 $E_{ce} = \dfrac{(M_D+M_L)E_c}{M_L+(1+\phi)M_D}$

인장응력 분포 형태에 따른 계수 $k_2 = 0.5$

▶ 사용한계상태에서 응력한계

도로교설계기준(2016, 5.8.2)에서는 사용한계상태에서 구조물의 정상적 기능 발휘에 영향을 주는 균열 또는 큰 크리프 변형을 방지, 철근의 비탄성 변형과 부재의 과도한 균열이나 변형을 방지하기 위해 콘크리트의 압축응력과 철근의 응력의 크기를 제한하고 있다. 사용한계상태 하중조합 I (철근 콘크리트)에 의한 콘크리트 압축응력이 $0.6f_{ck}$를 초과하지 않아야 하며, 철근의 인장응력은 $0.8f_y$를 초과하지 않아야 한다.

$$n = \frac{E_s}{E_c}(1+\varphi) = \frac{2.0 \times 10^5}{27500} \times (1+2.2) = 23.3$$

$$\rho = \frac{A_s}{bd} = \frac{1986}{1000 \times 192} = 0.0103$$

$$\therefore k = \sqrt{(n\rho)^2 + 2n\rho} - n\rho = 0.493 \qquad x = kd = 0.493 \times 192 = 94.79mm$$

1) 콘크리트 응력

$$f_c = \frac{2M}{k(1-k/3)bd^2} = \frac{2\times85\times10^6}{0.439\times(1-0.439/3)\times1000\times192} = 11.18\,\text{MPa} < 0.6f_{ck} \quad \text{O.K}$$

2) 철근 응력

철근의 f_y=400MPa로 가정한다.

$$f_s = \frac{M}{A_s(1-k/3)d} = \frac{85\times10^6}{1986\times(1-0.493/3)\times192} = 266.83\text{MPa} < 0.8f_y \quad \text{O.K}$$

($\because f_y$=400MPa로 가정)

▶ 바닥 슬래브의 균열폭 검토

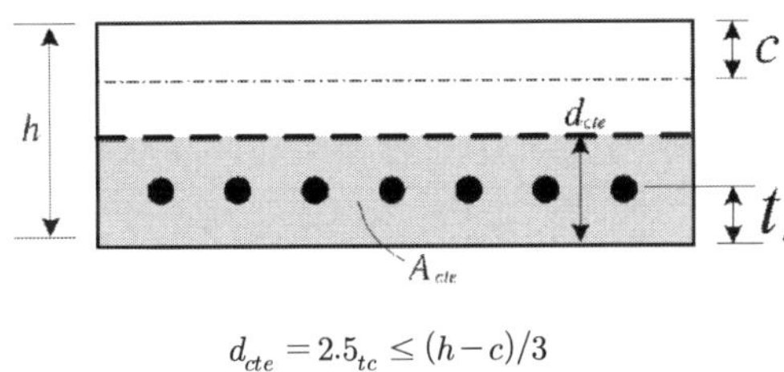

$$d_{cte} = \min[2.5(h-d),\ (h-c)/3,\ h/2]$$
$$= \min[145,\ 51.737,\ 125]$$
$$= 51.737\text{mm}$$
$$A_{cte} = 1000\times51.737 = 51,737\text{mm}^2$$
$$\therefore \rho_e = \frac{A_s + \zeta_1^2 A_p}{A_{cte}} = \frac{1986}{51737} = 0.0384$$

$$c_c = 250 - 192 + d_b/2 = 66\text{mm}$$
$$f_r = 0.63\sqrt{f_{ck}} = 3.45\,\text{MPa}$$
$$f_{so} = f_s = 266.83\,\text{MPa}$$

$$\epsilon_{sm} - \epsilon_{cm} = \frac{f_{so}}{E_s} - 0.4\frac{f_{cte}}{E_s\rho_e}(1+n\rho_e) = 0.0009936 \geq 0.6\frac{f_{so}}{E_s} = 0.0008$$

$$l_{r.\max} = 3.4c_c + 0.425\frac{k_1k_2d_b}{\rho_e} = 3.4\times66 + 0.425\times\frac{0.8\times0.5\times16}{0.0384} = 240.83\text{mm}$$

$$\therefore w_k = l_{r.\max}(\epsilon_{sm} - \epsilon_{cm}) = 0.239\text{mm} < w_a = 0.3\text{mm} \quad \text{O.K}$$

건조수축철근, 온도철근 : 2015 도로교설계기준 한계상태설계법

일상의 온도변화에 노출되는 콘크리트 표면부분에서의 건조수축철근과 온도철근을 더한 총 철근량에 대하여 도로교설계기준(2015년)을 근거하여 설명하시오.

풀 이

▶ **개요**

도로교설계기준(2015년)에서는 일상의 온도변화에 노출되는 콘크리트 표면과 매스콘크리트에 대해 건조수축 및 온도변화에 대한 총 철근량의 최솟값에 대해 두께에 따라서 2가지로 구분하여 제시하고 있다.

▶ **건조수축 및 온도 철근**

도로교설계기준(2015년)에서는 매스콘크리트의 특성을 반영하기 위해 부재의 두께에 따라 최솟값을 달리 적용하였다. 이로 인해 이전 규정에 비해 건조수축 및 온도철근은 두께가 300mm 이상의 부재에서는 철근량이 상당히 증가되게 되며, 300mm 이하의 부재에서는 감소하는 특성을 갖는다.

부재 두께에 따른 건조수축 및 온도철근 규정(도로교설계기준, 2015)

구분	두께 1200mm 이하 부재	두께 1200mm 초과 부재
철근량	$A_s \geq 0.75 A_g / f_{yd}$ 여기서, A_g는 부재 총단면적, f_{yd}는 철근의 설계기준 항복강도	$\sum A_b \geq \dfrac{s(2d_c + d_b)}{100}$ 여기서, A_b는 최소철근 단면적, s는 철근간격, d_c는 부재표면에서 가장 근접한 철근의 콘크리트 피복두께, d_b 철근지름 단, $2d_c + d_b < 75mm$
제한규정	① 단면의 양면에 균등배치 　(단, 두께 150mm 미만은 1열 배치 가능) ② 철근간격 ≤ 부재두께 3배, 450mm ③ 구조물 벽체와 기초에는 양방향 간격 300mm 　이하로 배치하되 $\sum A_b \leq 0.0015 A_g$	① 단면의 양면에 균등배치 ② D19 이상 철근 사용 ③ 철근간격 ≤ 450mm

1. 철근 콘크리트 휨부재의 강성과 처짐

1) 철근 콘크리트의 강성과 처짐

철근 콘크리트 휨부재는 하중이 작용하여 탄성처짐이 발생한 후 하중이 유지되면 시간 경과에 따라 처짐이 증가한다. 탄성처짐을 단기처짐(short-term deflection)이라 하며, 크리프와 건조수축에 의해 시간 경과 후 추가 처짐을 장기처짐(long-term deflection)이라고 한다.

단면의 휨강성 EI가 일정하면 처짐은 하중의 크기와 정비례하지만 철근 콘크리트 휨부재는 균열의 영향으로 휨 강성이 변화하는 특성을 가진다. 균열 발생 전에는 단면의 강성이 $E_c I_g$로 일정하지만 균열 후에는 휨모멘트의 작용 시 곡률의 증가가 더 큰 비선형 거동을 보이며 인장철근이 항복한 후에는 곡률이 급격히 증가하는 거동을 보인다. 부재의 강성은 균열이 발생한 발생한 위치에서는 $E_c I_{cr}$에 근접한 값을 가지지만, 균열과 사이에서는 $E_c I_g$와 $E_c I_{cr}$ 사이에서 변화하는 강성 분포를 가진다. 이러한 강성을 유효강성(effective stiffness) $E_c I_e$로 적용하며 설계기준에서는 다음의 두 가지 형태로 유효 단면2차 모멘트를 표현한다.

① KDS 14 20 콘크리트구조 설계기준(강도설계법), ACI 318

$$I_e = \alpha I_g + (1 - \alpha) I_{cr}$$

② KDS 24 14 21 콘크리트교 설계기준(한계상태설계법), Eurocode 2

$$I_e = \frac{I_g I_{cr}}{\zeta I_g + (1 - \zeta) I_{cr}}$$

2) 철근 콘크리트 보의 처짐 거동

RC보의 하중-변위 곡선에서

(OA구간) : 하중이 작은 초기에 보에 균열이 없어 기울기가 가파르게 유지

(AB구간) : 하중이 증가하고 단면에 발생하는 휨모멘트가 균열 모멘트를 초과하면 인장연단에 균열이 발생, 단면에 균열 발생으로 단면이 감소하고 단면2차 모멘트가 감소하여 보의 강성이 감소로 기울기 감소

(BC구간) : 보 중앙 하부에 균열이 발생하여 강성이 더욱 감소

(D, E점) 지점과 보 중앙에서 철근이 항복하여 작은 하중의 증가에도 처짐이 상당히 증가

$\phi = M/EI$로부터, EI가 일정하면 ϕ는 일률적이나 RC에서 균열로 인하여 3종류의 EI를 고려하여야 한다. 처짐 검토 시에는 사용하중 상태에서 EI값이 EI_g와 EI_{cr} 사이에서 변하기 때문에 유효단면 2차 모멘트(Effective Moment of Inertia, EI_e)를 사용해서 구할 수 있다.

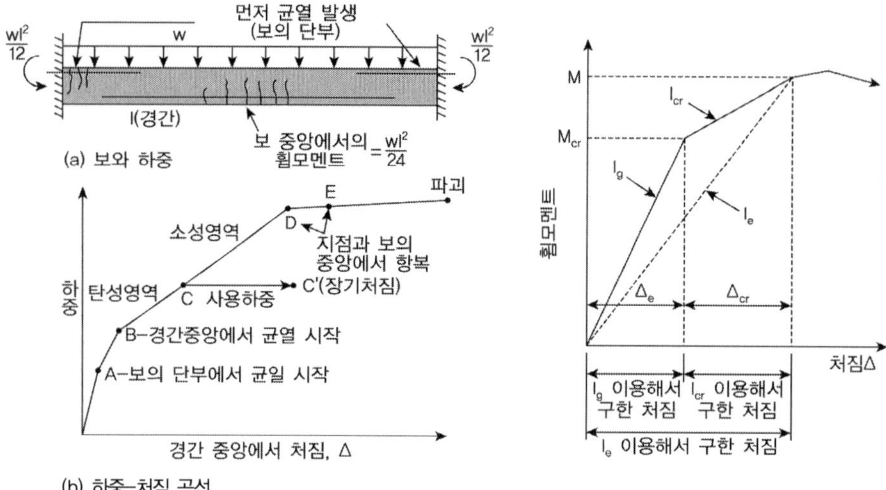

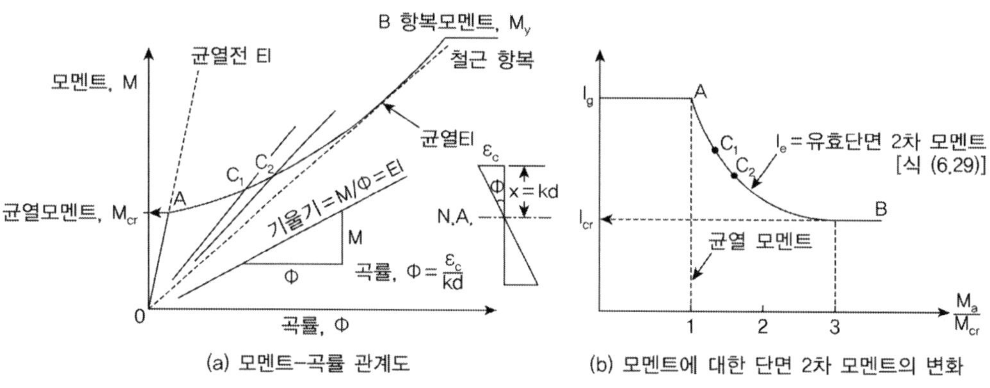

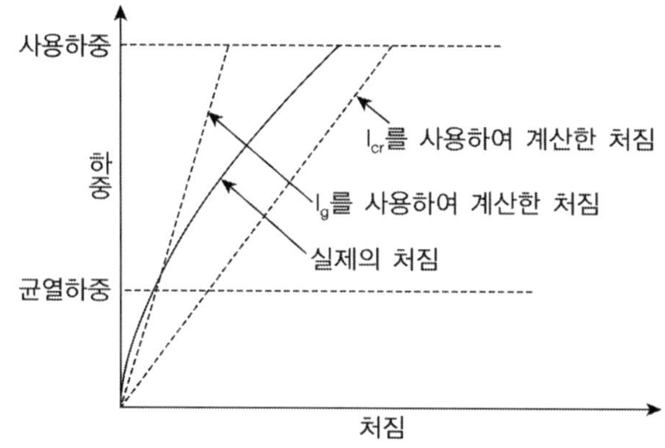

① KDS 14 20 강도설계법 $I_e = \left(\dfrac{M_{cr}}{M_a}\right)^3 I_g + \left[1 - \left(\dfrac{M_{cr}}{M_a}\right)^3\right] I_{cr} \leq I_g \ (I_{cr} \leq I_e \leq I_g)$

② KDS 24 14 21 한계상태설계법 $I_e = \dfrac{I_g I_{cr}}{\zeta I_g + (1-\zeta)I_{cr}}, \quad \zeta = 1 - \beta\left(\dfrac{f_{sr}}{f_{so}}\right)^2 = 1 - \beta\left(\dfrac{M_{cr}}{M_a}\right)^2$

β : 편균 변형률에 미치는 하중의 반복 지속기간 반영 계수

단기하중(1.0), 장기하중 또는 반복하중(0.5)

2. 균열 후 탄성해석

1) 균열 모멘트 M_{cr}

$$f_b = f_r = 0.63\lambda\sqrt{f_{ck}} = \dfrac{M_{cr}}{Z_b} \qquad \therefore M_{cr} = f_r Z_b = f_r\dfrac{I_g}{y_b}$$

(y_b : 균열 전 단면 중립축에서 인장연단까지 거리)

2) 환산단면적

① 단철근보

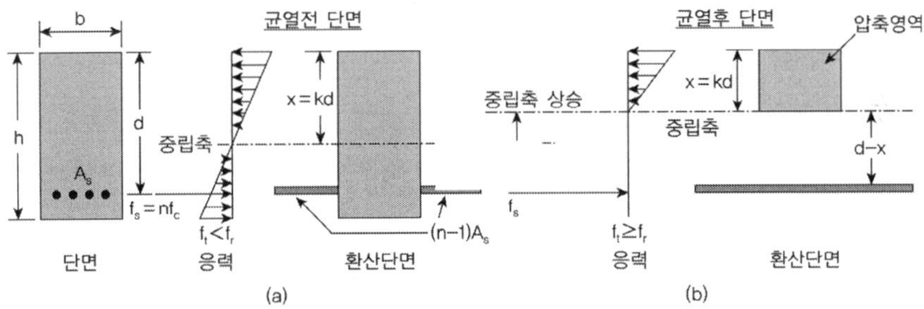

(1) 중립축 C = T : $bx(x/2) = nA_s(d-x)$ → x의 2차 방정식

(2) 균열단면의 단면 2차 모멘트 I_{cr}

$$I_{cr} = \dfrac{bx^3}{12} + bx\left(\dfrac{x}{2}\right)^2 + nA_s(d-x)^2 = \dfrac{bx^3}{3} + nA_s(d-x)^2$$

② 복철근보

(1) 중립축

$\text{C=T} : bx(x/2) + (n-1)A_s(x-d') = nA_s(d-x)$

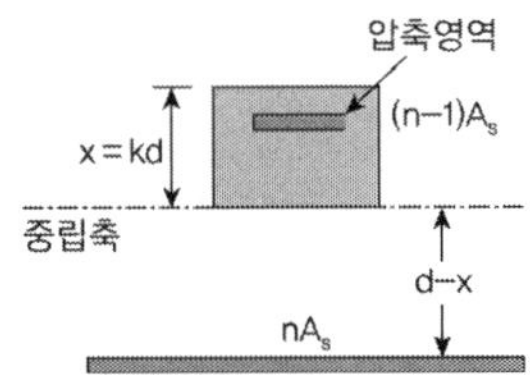

(2) 균열단면의 단면 2차 모멘트 I_{cr}

$$I_{cr} = \dfrac{bx^3}{3} + nA_s(d-x)^2 + (n-1)A_s{'}(x-d')^2$$

3. 즉시처짐(탄성처짐)

하중이 재하되자마자 일어나는 처짐으로 사용하중하에서 부재는 탄성거동을 하며 역학적으로 쉽게 구할 수 있다.

1) 균열 발생 전 2차 모멘트 : 인장측 콘크리트에 균열이 발생하지 않으면 전단면을 유효하다고 보고 총 단면에 대한 2차 모멘트 I_g를 사용한다. 이때 철근은 보통 무시한다.

2) 균열 발생 후 2차 모멘트 : 시방서에서는 위에서 산정된 유효단면 2차 모멘트로서 처짐을 산정하도록 되어 있다.

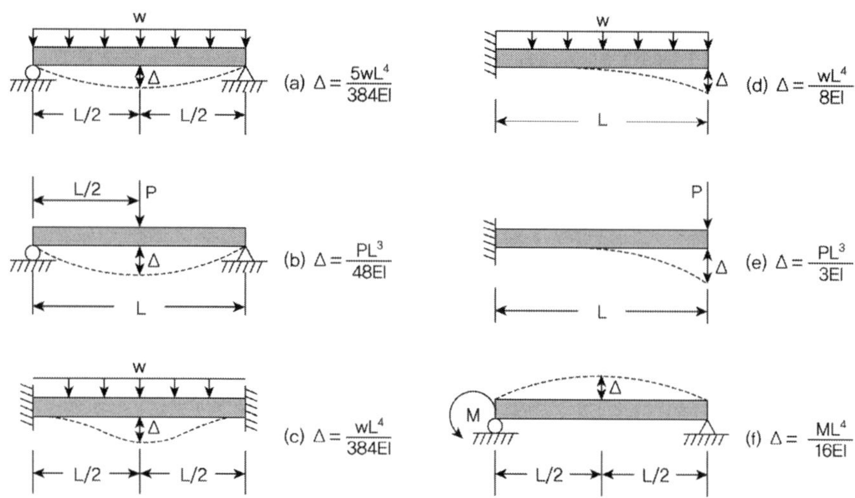

3) 하중 작용형태에 따른 유효단면 2차모멘트와 처짐 해석

철근 콘크리트 부재의 처짐 거동은 하중이 계속 증가하는 단조증가하중(monotonically increasing load)이 작용할 때와 하중이 가해지고 제거되는 과정이 반복되는 반복하중(cycling load)이 작용할 때가 다르게 나타난다. 단조증가하중이 작용할 때 구조물에 항상 존재하는 고정하중에 의한 처짐 Δ_D는 고정하중에 의한 휨모멘트 M_D가 작용할 때의 유효단면 2차 모멘트 $I_{e,D}$를 이용해 계산한다. 활하중에 의한 처짐 $\Delta_L = \Delta_{D+L} - \Delta_D$를 이용해 산정한다. 이때 균열이 발생하지 않는다면 I_g를 사용한다.

4. 장기처짐

장기적인 처짐은 주로 콘크리트의 Creep과 건조수축으로 인하여 시간의 경과와 더불어 진행되는 처짐이다. 비대칭으로 보강철근이 배치된 철근 콘크리트 보의 건조수축은 일정하지 않은 기울기를 갖는 변형률 분포 때문에 건조수축곡률(ϕ)을 갖게 된다. 단철근 보의 곡률이 복철근 보보다 크게 나타나는데 이는 압축철근이 배치되지 않아 압축영역에서 건조수축을 구속하지 않기 때문이다. 휨부재에서 보강철근이 인장영역에만 배치되는 경우에 건조수축 곡률은 연직하중이 일으키는 곡률과 같은 방향으로 나타나서 처짐을 증가시키게 된다. 또한 건조수축이 콘크리트에 추가적으로 발생시키는 인장응력이 추가적인 균열을 발생시키게 된다.

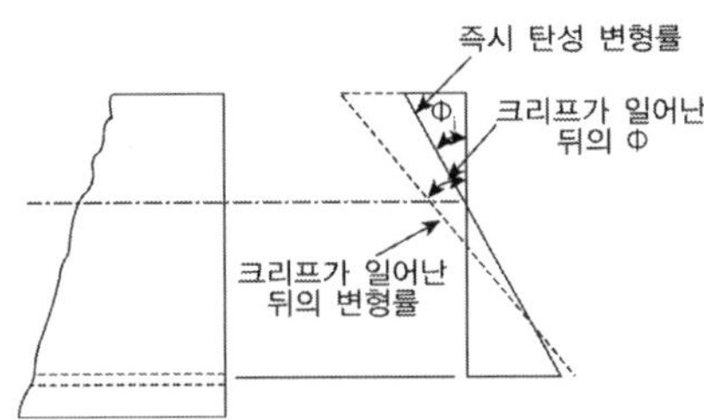

압축철근 이외에도 장기처짐은 상대습도, 온도, 양생조건, 하중이 작용할 때의 콘크리트 재령과 하중의 지속기간, 강도에 대한 응력의 비(지속하중의 크기), 부재의 크기 등의 여러 가지 요인들에 영향을 받는다.

$$\Delta_{long} = \Delta_{cp+sh} = \Delta_{cp} + \Delta_{sh}$$

1) 콘크리트 크리프에 의한 장기처짐

크리프에 의한 처짐 해석은 정밀해석과 단순해석으로 구분할 수 있다. 정밀해석은 재령에 따른 크리프 계수를 이용하여 시간 증분에 따른 콘크리트의 압축강도와 탄성계수의 증가, 압축응력의 감소, 콘크리트 변형률의 증가를 정밀하게 계산하는 방법이다. 그러나 정밀한 해석을 하더라도 변동성이 커 실제 발생하는 크리프에 의한 처짐을 정확히 예측하기 어렵기 때문에 통상 단순해석을 이용한다.

① 단순해석(KDS 14 20 콘크리트구조 설계기준, 강도설계법) : 탄성해석에 크리프 효과 반영한 계수 λ_{cp} 적용, 크리프와 건조수축을 모두 고려한 계수를 적용한다.

$$\Delta_{cp} = \lambda_{cp}\Delta_e = \lambda_{cp}(\Delta_i)_{sus}$$

$$\Delta_{long} = \lambda_\Delta(\Delta_i)_{sus}, \qquad \lambda = \frac{\xi}{1+50\rho'} \qquad \therefore \Delta_t = \Delta_i + \lambda(\Delta_i)_{sus} \quad (\text{탄성} + \text{장기처짐})$$

ξ(시간경과계수)

기간(월)	1	3	6	12	24	36	5년 이상
ξ	0.5	1.0	1.2	1.4	1.7	1.8	2.0

② 콘크리트 유효탄성계수 이용(KDS 24 14 20, 한계상태설계법) : 유효탄성계수를 이용해 장기 단면2차 모멘트를 결정하고 탄성해석에 장기 단면2차 모멘트를 적용해 처짐을 산정한다.

$$E_{ce} = \frac{E_c}{1+\phi(t,t_0)}$$

2) 콘크리트의 수축에 의한 장기처짐

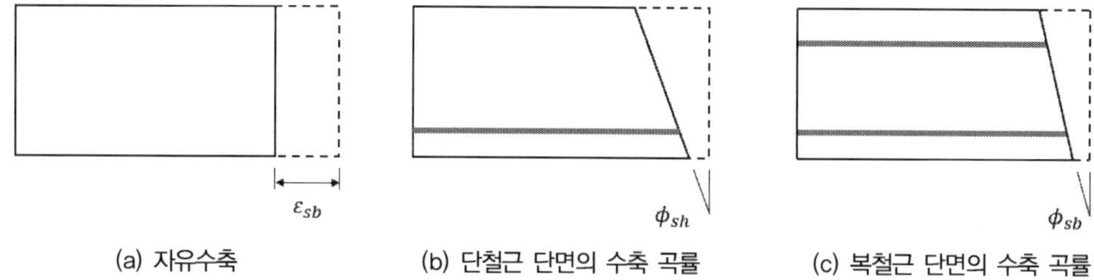

콘크리트의 수축할 때 축방향 철근의 영향으로 상·하단의 수축변형률이 달라지면 곡률에 의한 처짐이 발생할 수 있다. 이때의 곡률과 강성은 다음과 같은 관계식을 갖는다. KDS 14 20 강도설계법에서는 크리프와 건조수축을 동시에 고려한 계수 λ로 함께 고려하며, KDS 24 14 20 한계상태설계법에서는 아래의 식의 곡률을 부재의 회진 반지름의 역수로 표현해 이용한다.

$$\phi_{sh} = \frac{1}{r_{sh}} = \frac{M_{sh}}{E_{ce}I_g} = \frac{E_s \epsilon_{sh} S}{E_{ce}I_g} = n_e \epsilon_{sh} \frac{S}{I_g}$$

5. 콘크리트 부재의 처짐 제어

철근 콘크리트 구조물의 설계과정에서 처짐을 제외하는 방식은 다음의 두 가지로 고려될 수 있다.

① 처짐 해석을 수행하는 방법 : 처짐한계를 설정하고 처짐을 계산해 예측되는 처짐 값이 처짐 한계를 넘지 않도록 설계하는 방법

② 부재의 최소 두께 이상으로 설정하는 방법 : 처짐한계를 넘지 않을 정도의 부재의 최소두께를 설정하고 부재를 그 두께 이상으로 설계하는 방법

1) KDS 14 20 콘크리트구조 설계기준, 강도설계법

① 허용처짐 : 계산된 처짐이 제한값 초과하지 않도록 하는 규정

KDS 14 20 일반구조에 대한 허용처짐

구분	처짐	처짐한계
활하중에 의한 탄성처짐	과도한 처짐에 의해 손상되기 쉬운 비구조 요소를 지지 또는 부착하지 않은 평지붕구조	$l/180$
	과도한 처짐에 의해 손상되기 쉬운 비구조 요소를 지지 또는 부착하지 않은 바닥구조	$l/360$
지속하중 장기처짐+ 활하중 탄성처짐 (전체 처짐)	과도한 처짐에 의해 손상되기 쉬운 비구조 요소를 지지 또는 부착하지 않은 지붕 또는 바닥구조	$l/480$
	과도한 처짐에 의해 손상되기 어려운 비구조 요소를 지지 또는 부착하지 않은 지붕 또는 바닥구조	$l/240$

KDS 14 20 동하중을 받는 구조물의 허용처짐

구분	부재 형태	보행자 이용 여부	처짐한계
활하중과 충격에 의한 처짐	단경간 또는 연속경간 부재	보행자가 이용하지 않는 구조물	$l/800$
		보행자가 이용하는 구조물	$l/1,000$
	캔틸레버	보행자가 이용하지 않는 구조물	$l/300$
		보행자가 이용하는 구조물	$l/370$

② 균열이 발생한 부재의 유효단면 2차 모멘트

$$I_e = \left(\frac{M_{cr}}{M_a}\right)^3 I_g + \left[1 - \left(\frac{M_{cr}}{M_a}\right)^3\right] I_{cr} \leq I_g, \quad M_{cr} = \frac{f_r I_g}{y_t}, \quad f_r = 0.63\lambda \sqrt{f_{ck}}$$

③ 단순부재와 연속부재의 유효단면 2차 모멘트

(1) 양단 연속 : $I_e = 0.7 I_{em} + 0.15(I_{e1} + I_{e2})$ or $I_e = 0.5(I_{em} + 0.5(I_{e1} + I_{e2}))$

(2) 일단 연속 : $I_e = 0.85 I_{em} + 0.15 I_{e1}$

④ 장기처짐

$$\Delta_{long} = \lambda_{cp}(\Delta_i)_{sus}, \quad \lambda = \frac{\xi}{1 + 50\rho'}$$

ξ(시간경과계수)

기간(월)	3	6	12	5년 이상
ξ	1.0	1.2	1.4	2.0

⑤ 처짐해석을 수행하지 않아도 되는 부재의 최소 두께

	최소두께 t_{min}			
	단순지지	1단 연속	양단 연속	켄틸레버
1방향슬래브	$l/20$	$l/24$	$l/28$	$l/10$
보	$l/16$	$l/18.5$	$l/21$	$l/8$

※ $f_y \neq 400MPa$인 경우에는 t_{min}에 $\lambda_{sts} = (0.43 + f_y/700)$을 곱한다.

2) KDS 24 14 20 콘크리트교 설계기준, 한계상태설계법

① 허용처짐 : 처짐해석에 적용하는 하중은 충격의 영향을 포함한 차량 활하중이며, KDS 14 20의 동하중을 받는 구조물의 허용처짐과 같다.

구분	부재 형태	보행자 이용 여부	처짐한계
활하중과 충격에 의한 처짐	단경간 또는 연속경간 부재	보행자가 이용하지 않는 구조물	$l/800$
		보행자가 이용하는 구조물	$l/1,000$
	캔틸레버	보행자가 이용하지 않는 구조물	$l/300$
		보행자가 이용하는 구조물	$l/370$

② 균열이 발생한 부재의 유효단면 2차 모멘트

$$\Delta_e = \zeta\Delta_{crack} + (1-\zeta)\Delta_{uncrack}, \quad \phi_e = \zeta\phi_{cr} + (1-\zeta)\phi_{uc}, \quad \Delta_e = \Delta_g$$

$$M_{cr} = \frac{f_{ctm}I_g}{y_t}, \quad f_{ctm} = 0.3(f_{cm})^{2/3}$$

$$\zeta = 1 - \beta\left(\frac{f_{sr}}{f_{so}}\right)^2, \quad f_{sr} = \frac{M_{cr}y_t}{I_{cr}}, \quad f_{so} = \frac{M_a y_t}{I_{cr}} \qquad \therefore \zeta = 1 - \beta\left(\frac{M_{cr}}{M_a}\right)^2$$

$$\left(\frac{M_a}{E_c I_e}\right) = \zeta\left(\frac{M_a}{E_c I_{cr}}\right) + (1-\zeta)\left(\frac{M_a}{E_c I_g}\right) \qquad \therefore I_e = \frac{I_g I_{cr}}{\zeta I_g + (1-\zeta)I_{cr}}$$

여기서 Δ_e : 부재 전 경간에 걸친 평균 유효 변형량(처짐, 곡률, 축변형량 등 포함)

$\Delta_{uncrack}$: 비균열 상태일 때의 변형량

Δ_{crack} : 완전균열상태일 때의 변형량

ζ : 분포계수 $\zeta = 1 - \beta\left(\dfrac{f_{sr}}{f_{so}}\right)^2, \quad 1 \leq \zeta \leq 1$(비균열부재 $\zeta = 0$)

　－ β : 평균 변형률에 미치는 하중의 반복 지속 기간을 반영하는 계수, 단기하중(1.0), 장기 또는 반복하중(0.5)

　－ f_{so} : 균열단면을 기준으로 계산한 인장철근 응력

　－ f_{sr} : 첫 균열이 발생한 직후에 균열면에서 계산한 철근 인장응력

③ 장기처짐

(1) 콘크리트 크리프 $E_{ce} = \dfrac{E_c}{1 + \varphi(\infty, t_0)}$

여기서, $\varphi(\infty, t_0)$는 하중과 지속기간에 맞는 크리프 계수로 양생온도가 20°C이고 하중이 작용하는 동안의 대기온도 20°C인 경우를 기준으로 한 값

$$\varphi(t,t') = \varphi_0 \beta_c(t-t')$$

$$\varphi_0 = \varphi_{RH}\beta(f_{cm})\beta(t'), \quad \varphi_{RH} = 1 + \frac{1-0.01RH}{0.10\sqrt[3]{h}}, \quad \beta(f_{cm}) = \frac{16.8}{\sqrt{f_{cm}}}, \quad \beta(t') = \frac{1}{0.1 + (t')^{0.2}}$$

$$\beta_c(t-t') = \left[\frac{(t-t')}{\beta_H + (t-t')}\right]^{0.3}, \quad \beta_H = 1.5[1 + (0.012RH)^{18}]h + 250 \le 1500(\text{일})$$

h : 개념부재치수(mm) $2.4A_c/u$

u : 단면적 A_c 둘레 중 수분이 외기로 확산되는 둘레길이

RH : 상대습도(%)

(2) 콘크리트 건조수축 $\quad \dfrac{1}{r_{sh}} = n_e \epsilon_{sh} \dfrac{S}{I_g}$

여기서, $\quad 1/r_{sh}$: 건조수축에 의해 유발된 곡률

$\qquad n$: 콘크리트 유효탄성계수를 적용한 탄성계수비 E_s/E_{ce}

$\qquad \epsilon_{sh}$: 건조수축 변형률

$\qquad S$: 단면도심에 대한 철근 면적의 1차 모멘트

$\qquad I$: 단면2차 모멘트

④ 처짐해석을 수행하지 않아도 되는 부재의 최소 유효깊이

(1) $\rho \le \rho_0$; $\quad \left(\dfrac{l}{d}\right)_{\max} = k\left[11 + 1.5\sqrt{f_{ck}}\dfrac{\rho_0}{\rho} + 3.2\sqrt{f_{ck}}\left(\dfrac{\rho_0}{\rho} - 1\right)^{3/2}\right]$

(2) $\rho > \rho_0$; $\quad \left(\dfrac{l}{d}\right)_{\max} = k\left[11 + 1.5\sqrt{f_{ck}}\dfrac{\rho_0}{\rho - \rho'} + \dfrac{1}{12}\sqrt{f_{ck}}\sqrt{\dfrac{\rho'}{\rho}}\right]$

여기서, k : 부재의 지지조건을 반영하는 계수

구조계	k	높은 콘크리트 응력 $\rho = 1.5\%$	낮은 콘크리트 응력 $\rho = 0.5\%$
단순지지보, 1방향 또는 2방향 단순지지 슬래브	1.0	14	20
연속보의 외측지간, 1방향 또는 2방향 단순지지 슬래브의 외측판	1.3	18	26
보와 슬래브의 내측지간	1.5	20	30
플랫슬래브(지지보 없이 기둥만으로 지지되는 슬래브)	1.2	17	24
캔틸레버	0.4	6	8

$\rho_0 = \sqrt{f_{ck}} \times 10^{-3}$: 기준철근비

ρ : 지간중앙(캔틸레버의 경우 지지단)의 인장 철근비

ρ' : 지간중앙(캔틸레버의 경우 지지단)의 압축 철근비

주어진 식은 단순지지된 슬래브에 대해 적용한 결과를 단순화 한 것으로 부재의 중앙 단면이나 캔딜레버의 경우 지지단의 철근 인장응력이 철근의 인장강도 500MPa의 약 60%인 310MPa라고

가정하여 유도된 값이다. 철근 인장응력 수준이 가정값과 다른 경우 위 식에서 얻은 값에 $310/f_s$ 를 곱하여 보정하여야 한다. 이 보정값은 다음 식으로 산정된 값으로 취하면 안전한 설계가 된다.

$$\frac{310}{f_s} = \frac{500}{f_y(A_{s,req}/A_s)}$$

여기서, f_s : 사용하중에서 지간 중앙의 인장 철근 응력

$A_{s,req}$: 극한한계상태에서 중앙단면에 필요한 철근량

A_s : 지간 중앙단면(캔틸레버의 경우 지지단)에 배치된 철근량

플랜지를 갖는 단면에서 플랜지 폭이 복부판을 3배 이상 초과한다면, 위 식으로 구한 l/d값에 0.8을 곱해야 한다. 지간이 7m를 초과하며 과도한 처짐에 의한 지지시설 손상가능성이 있는 보와 슬래브에서는 위 식에서 계산한 l/d값에 $7/l_e$(l_e는 미터단위)를 곱하여야 한다.

사용성능 검증

철근 콘크리트 구조물에서 사용성(serviceability)을 확보하여야만 하는 사유와 사용하중에 의한 휨응력이 콘크리트와 철근의 허용응력을 초과하는 경우에 발생하는 현상을 설명하시오.

풀 이

▶ 개요

구조물의 사용성능(serviceability)은 해당 구조물의 설계수명 동안 그 용도에 따라 사용자가 불편하지 않게 이용할 수 있도록 기능을 유지하는 성능을 말한다.

▶ RC 구조물의 사용성 검증

1) 허용응력설계법에서의 사용성 검증

일반적으로 콘크리트 부재에 대한 사용성능 설계검증은 휨 응력, 균열, 처짐이며 설계기준에 따라서는 휨응력이 설계검증에서 제외되기도 한다. 허용응력설계법에서는 사용하중 상태에서의 응력 검증만으로 설계가 이루어졌으며, 이는 사용하중조합에 의하여 발생하는 응력이 허용응력을 초과하지 않으면 균열이나 처짐이 크게 발생하지 않았기 때문이다.

2) 강도설계법과 한계상태설계법의 사용성 검증

강도설계법과 한계상태설계법에서는 허용응력설계법과 달리 사용성 검증을 별도로 수행한다. 이는 계수하중상태에서 부재강도를 만족하도록 설계하면 허용응력설계법으로 설계한 경우보다 콘크리트와 철근의 단면적이 더 작아지는 것이 일반적이어서 사용하중상태에서 작용하는 응력이 더 커지기 때문에 구조물에서 균열과 처짐이 크게 발생하는 현상이 자주 발생하기 때문이다.

3) 사용하중에 의한 휨 응력이 허용응력을 초과하는 경우

사용하중에 의한 응력이 증가한다고 해서 철근 콘크리트 부재가 직접적으로 파괴에 이르지는 않는다. 다만 콘크리트와 철근에 과도한 응력이 작용하면 인장응력을 받는 콘크리트에 폭이 큰 균열이 발생하고 부재의 처짐이 크게 발생하여 구조물의 기능과 외관을 크게 해칠 수 있다.

부정정구조물, 처짐 : 한계상태설계법

다음 그림과 같은 연속보에 대한 답을 구하시오(단, EI는 일정함).

1) 중앙경간에서의 최대 모멘트(M_s)를 구하시오.

2) 한계상태법에 의하여 중앙경간에서의 처짐(직접 처짐계산은 생략)을 검토하시오.

$f_{ck} = 30MPa$, 탄성계수비 n=7.0, $f_y = 400MPa$, $A_s = 3380\,mm^2$, 폭 B=1000mm, 유효깊이 d=584.0mm, 부재의 지지조건 반영계수 k=1.3

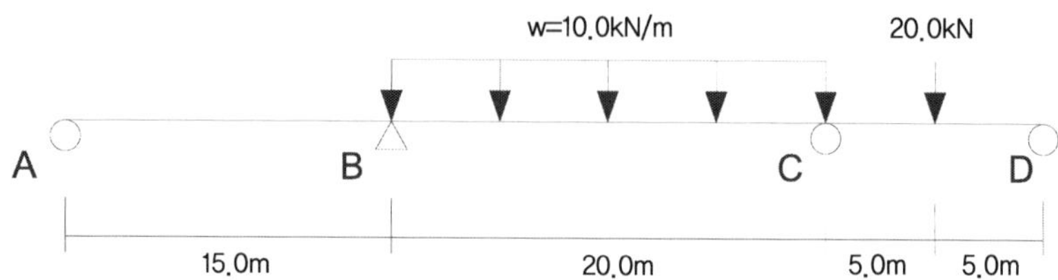

풀 이

> **개요**

구조물의 변형이 원래 기능 또는 외관의 심각한 영향을 주지 않도록 구조물의 특성, 부대시설, 고정장치 및 기능 등을 고려하여 적절한 처짐의 한곗값을 설정하도록 하여야 한다. 도로교 설계기준에서는 단순 및 연속경간일 때 사용하중과 충격에 의한 처짐은 지간의 1/800, 보행자가 사용하는 도시지역 교량의 경우 지간의 1/1,000으로 제한하고 있다(캔틸레버구간은 지간의 1/300, 도시지역교량은 1/375). 개정된 도로교설계기준(한계상태설계법)에서는 교량의 처짐한계상태를 직접 계산된 처짐값과 한곗값을 비교하는 방법과 함께 지간/깊이비를 제한하는 방법을 제시하고 있다.

> **직접 처짐계산을 생략할 수 있는 경우 : 도로교설계기준 한계상태설계법**

도로교설계기준에서 제시하는 아래의 한계 지간/깊이의 비보다 부재를 작게 설계할 경우에는 그 구조물의 처짐은 처짐의 한곗값을 초과하지 않는 것으로 간주하도록 규정하고 있다.

$$\rho \leq \rho_0 \quad ; \quad \frac{l}{d} = k\left[11 + 1.5\sqrt{f_{ck}}\,\frac{\rho_0}{\rho} + 3.2\sqrt{f_{ck}}\left(\frac{\rho_0}{\rho} - 1\right)^{3/2}\right]$$

$$\rho > \rho_0 \quad ; \quad \frac{l}{d} = k\left[11 + 1.5\sqrt{f_{ck}}\,\frac{\rho_0}{\rho - \rho'} + \frac{1}{12}\sqrt{f_{ck}}\sqrt{\frac{\rho'}{\rho}}\right]$$

여기서, k : 부재의 지지조건을 반영하는 계수

구조계	k	높은 콘크리트 응력 $\rho=1.5\%$	낮은 콘크리트 응력 $\rho=0.5\%$
단순지지보, 1방향 또는 2방향 단순지지 슬래브	1.0	14	20
연속보의 외측지간, 1방향 또는 2방향 단순지지 슬래브의 외측판	1.3	18	26
보와 슬래브의 내측지간	1.5	20	30
플랫슬래브 (지지보 없이 기둥만으로 지지되는 슬래브)	1.2	17	24
캔틸레버	0.4	6	8

$$\rho_0 = \sqrt{f_{ck}} \times 10^{-3} : \text{기준철근비}$$

ρ : 지간중앙(캔틸레버의 경우 지지단)의 인장 철근비

ρ' : 지간중앙(캔틸레버의 경우 지지단)의 압축 철근비

주어진 식은 단순지지된 슬래브에 대해 적용한 결과를 단순화 한 것으로 부재의 중앙 단면이나 캔딜레버의 경우 지지단의 철근 인장응력이 철근의 인장강도 500MPa의 약 60%인 310MPa라고 가정하여 유도된 값이다. 철근 인장응력 수준이 가정값과 다른 경우 위 식에서 얻은 값에 $310/f_s$ 를 곱하여 보정하여야 한다. 이 보정값은 다음 식으로 산정된 값으로 취하면 안전한 설계가 된다.

$$\frac{310}{f_s} = \frac{500}{f_y(A_{s,req}/A_s)}$$

여기서, f_s : 사용하중에서 지간 중앙의 인장 철근 응력

$A_{s,req}$: 극한한계상태에서 중앙단면에 필요한 철근량

A_s : 지간 중앙단면(캔틸레버의 경우 지지단)에 배치된 철근량

플랜지를 갖는 단면에서 플랜지 폭이 복부판을 3배 이상 초과한다면, 위 식으로 구한 l/d값에 0.8을 곱해야 한다. 지간이 7m를 초과하며 과도한 처짐에 의한 지지시설 손상가능성이 있는 보와 슬래브에서는 위 식에서 계산한 l/d값에 $7/l_e$ (l_e 는 미터단위)를 곱하여야 한다.

▶ 중앙경간의 최대모멘트 산정

2차 부정정 구조물로 매트릭스법이나 3연모멘트법으로 풀이할 수 있다. 3연모멘트를 이용하여 풀이하면,

$$M_L\frac{L_L}{I_L} + 2M_C\left(\frac{L_L}{I_L} + \frac{L_R}{L_R}\right) + M_R\frac{L_R}{I_R} = -\frac{1}{I_L}\left(\frac{6A_L\overline{x_L}}{L_L}\right) - \frac{1}{I_R}\left(\frac{6A_R\overline{x_R}}{L_R}\right)$$

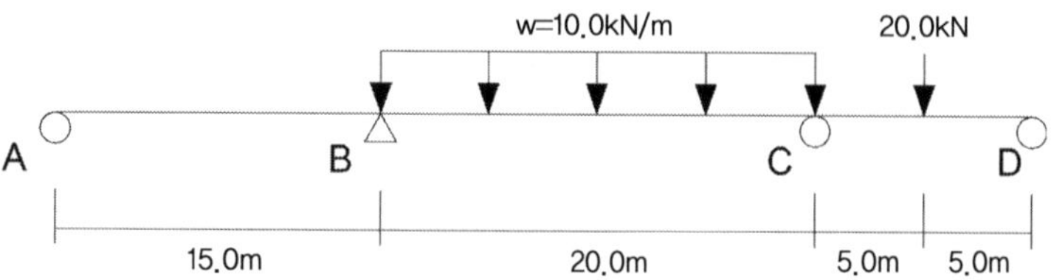

1) 부재 ABC

$$M_A = 0, \quad 2M_B(15+20) + M_C(20) = -\frac{10 \times 20^3}{4}$$

$$\therefore 7M_B + 2M_C = -2000$$

2) 부재 BCD

$$M_D = 0, \quad M_B(20) + 2M_C(20+10) = -\frac{10 \times 20^3}{4} - \frac{20 \times 5 \times 5 \times (10+5)}{10}$$

$$\therefore 2M_B + 6M_C = -2075$$

$$\begin{bmatrix} 7 & 2 \\ 2 & 6 \end{bmatrix} \begin{bmatrix} M_B \\ M_C \end{bmatrix} = \begin{bmatrix} -2000 \\ -2075 \end{bmatrix} \quad \therefore M_B = -206.5kNm, \ M_C = -276.9kNm$$

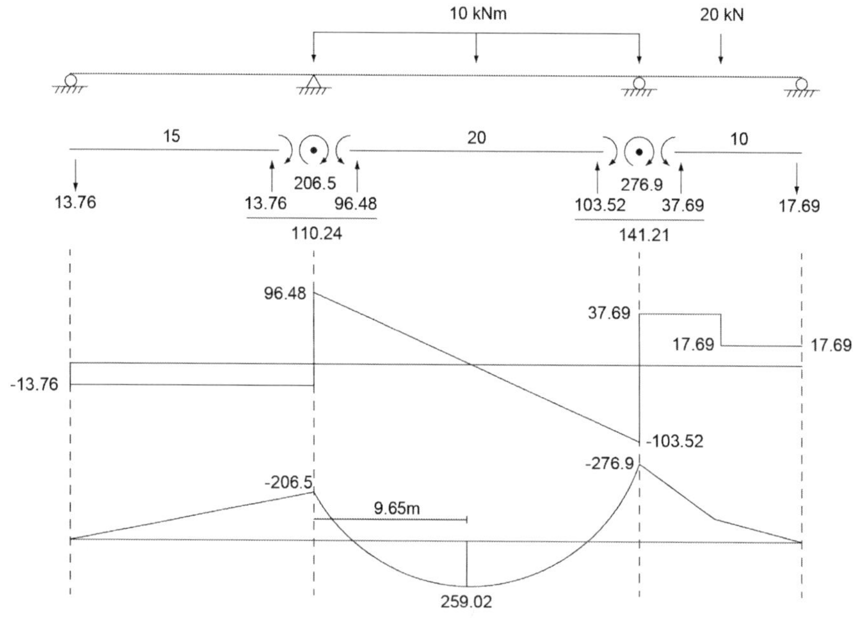

∴ 중앙 경간에서의 최대 모멘트는 B점에서 9.65m 떨어진 점에서 (정모멘트) 259.02kNm

C점에서 (부모멘트) −276.9 kNm

➤ **도로교설계기준 한계상태설계법에 따른 처짐검토**

$$\rho_0 = \sqrt{f_{ck}} \times 10^{-3} = 0.005477 \; : \; 기준철근비$$

$$\rho = \frac{A_s}{bd} = 0.005788 \; : \; 지간중앙(캔틸레버의 경우 지지단)의 인장 철근비$$

$$\rho' = 0$$

$$\rho - \rho_0 = 0.000311 \; > \; 0$$

지지조건 k=1.3

$$\therefore \; \rho > \rho_0 \quad ; \quad \frac{l}{d_{lim}} = k \left[11 + 1.5 \sqrt{f_{ck}} \frac{\rho_0}{\rho - \rho'} + \frac{1}{12} \sqrt{f_{ck}} \sqrt{\frac{\rho'}{\rho}} \right] = 24.41$$

$$\therefore \; \left(\frac{l}{d} \right)_{used} = \frac{20}{0.584} = 34.246 \; > \; \left(\frac{l}{d} \right)_{lim} = 24.41 \qquad \text{N.G}$$

∴ 도로교설계기준에서 제시하는 아래의 한계 지간/깊이의 비보다 부재를 작게 설계할 경우에만
　그 구조물의 처짐은 처짐의 한곗값을 초과하지 않는 것으로 간주하도록 규정하고 있으므로 별
　도의 직접처짐을 검토하거나 지간/깊이의 비 조정이 필요하다.

RC의 처짐 : 2012 콘크리트 구조기준

지간이 12m인 균일단면을 갖는 콘크리트 단순보에서 사용 고정하중에 의한 집중하중 45kN과 사용 활하중에 의한 집중하중 85kN이 지간 중앙에 작용하고 있으며 보의 자중은 5.25kN/m이다. 단면은 강도설계법으로 설계되었을 때 다음을 구하시오.

(1) 지간 중앙에서 발생하는 즉시처짐
(2) 지간 중앙에서 발생하는 5년 후의 장기처짐(단, 고정하중만을 지속하중으로 본다)

b=350mm, h=600mm, d=546mm, A_s=5,746mm^2, $f_{ck} = 30MPa$, $f_y = 400MPa$,

$E_c = 27,500MPa$, $E_s = 2.0 \times 10^5 MPa$, 탄성계수비 $n = 7$, 5년 후의 장기처짐의 계수

$$\lambda = \frac{\xi}{1 + 50\rho'} = 2.0$$

풀 이

> **개요**

사용하중하의 최대모멘트와 균열모멘트를 비교하여 RC보의 유효단면2차 모멘트를 산정한다.

> **사용하중에 의한 모멘트 산정**

1) 고정하중에 의한 모멘트

보의 자중 $w_d = 5.25 kN/m$, 추가 자중에 의한 집중하중 $P_d = 45 kN$

보의 중앙에서의 최대 모멘트는

$$M_d = \frac{P_d l}{4} + \frac{w_d l^2}{8} = \frac{45^{kN} \times 12^m}{4} + \frac{5.25^{kN/m} \times (12^m)^2}{8} = 229.5^{kNm}$$

2) 활하중에 의한 모멘트

활하중에 의한 집중하중 $P_l = 85^{kN}$

$$M_l = \frac{P_d l}{4} = \frac{85^{kN} \times 12^m}{4} = 255^{kNm}$$

3) 사용하중에 의한 모멘트

$$M = M_d + M_l = 229.5 + 255 = 484.5^{kNm}$$

▶ **균열모멘트 M_{cr} 산정**

$$f_r = 0.63\sqrt{f_{ck}} = 0.63 \times \sqrt{30} = 3.45^{MPa}$$

$$I_g = \frac{bh^3}{12} = \frac{350 \times 600^3}{12} = 6.3 \times 10^9 mm^4, \; y = \frac{h}{2} = 300mm$$

$$f_r = \frac{M_{cr}}{I_g}y \text{ 로부터}, \; M_{cr} = f_{cr}\frac{I_g}{y} = 3.45 \times \frac{6.3 \times 10^9}{300} = 72.45^{kN}$$

▶ **균열단면 2차 모멘트 I_{cr} 산정**

1) 중립축 산정

$$bx \times \frac{x}{2} = nA_s(d_t - x)$$

$$\frac{1}{2} \times 350 \times x^2 - 7 \times 5746 \times (546 - x) = 0 \;\; \therefore x = 257.5^{mm}$$

2) 균열단면 2차 모멘트 산정

$$I_{cr} = \frac{1}{3}bx^3 + nA_s(d_t - x)^2 = \frac{1}{3} \times 350 \times 257.5^3 + 7 \times 5746 \times (546 - 257.5)^2$$

$$= 5.34 \times 10^{9(mm^4)}$$

▶ **유효단면 2차 모멘트 I_e 산정 및 즉시처짐량 산정**

1) 고정하중에 의한 즉시처짐(Δ_d)

$$M_{cr} > M_d \;\; \therefore I_e \text{ 사용}$$

$$\frac{M_{cr}}{M_d} = 0.3157$$

$$I_e = \left(\frac{M_{cr}}{M_a}\right)^3 I_g + \left[1 - \left(\frac{M_{cr}}{M_a}\right)^3\right]I_{cr} = 0.3257^3 \times I_g + (1 - 0.3257^3)I_{cr}$$

$$= 5.367 \times 10^{9(mm^4)} \leq I_g$$

$$\Delta_d = \frac{P_d l^3}{48 E_c I_{e(d)}} + \frac{5 w_d l^4}{384 E_c I_{e(d)}}$$

$$= \frac{45 \times 10^3 \times (12 \times 10^3)^3}{48 \times 27500 \times 5.367 \times 10^9} + \frac{5 \times 5.25 \times (12 \times 10^3)^4}{384 \times 27500 \times 5.367 \times 10^9} = 20.57^{mm}$$

2) 전체하중에 의한 즉시처짐($\Delta_{(d+l)}$)

$$M_{cr} > M_d \quad \therefore \ I_e \ \text{사용}$$

$$\frac{M_{cr}}{M_d} = 0.1495$$

$$I_e = \left(\frac{M_{cr}}{M_a}\right)^3 I_g + \left[1 - \left(\frac{M_{cr}}{M_a}\right)^3\right] I_{cr} = 0.1495^3 \times I_g + (1 - 0.1495^3) I_{cr}$$

$$= 5.343 \times 10^{9\,(mm^4)} \leq I_g$$

$$\Delta_{d+l} = \frac{(P_d + P_l)l^3}{48 E_c I_{e\,(d+l)}} + \frac{5 w_d l^4}{384 E_c I_{e\,(d+l)}}$$

$$= \frac{(45+85) \times 10^3 \times (12 \times 10^3)^3}{48 \times 27500 \times 5.343 \times 10^9} + \frac{5 \times 5.25 \times (12 \times 10^3)^4}{384 \times 27500 \times 5.343 \times 10^9} = 41.50^{mm}$$

3) 활하중에 의한 즉시처짐

$$\Delta_l = \Delta_{(d+l)} - \Delta_d = 41.5 - 20.57 = 20.93^{mm} < \Delta_{allow} = \frac{l}{180} = 66.67^{mm} \quad \text{O.K}$$

▶ 장기처짐 산정

$$\Delta_{sus} = \Delta_d = 20.57^{mm} \qquad \lambda = \frac{\xi}{1 + 50\rho'} = 2.0$$

$$\therefore \ \Delta_{long} = \lambda \times \Delta_{sus} = 41.14^{mm}$$

▶ 총 처짐량 검토

$$\Delta_t = \Delta_{long} + \Delta_l = 62.07^{mm} > \Delta_{allow} = \frac{l}{240} = 50^{mm} \quad \text{N.G}$$

콘크리트 설계기준에서의 처짐값 제한기준보다 처짐량이 크게 산정된다.
또한 도로교 설계기준의 처짐 제한값($l/800$)보다 처짐량이 크게 산정된다.
부재의 사용성 만족을 위해서는 단면의 깊이를 증가시키거나 압축철근을 배치하여 건조수축이나
크리프에 의한 장기처짐량을 감소시키는 방향으로 재검토될 수 있으며, 추가적으로 단면에
Camber를 주어서 처짐량을 만족시킬 수도 있다.

켄틸레버 보의 처짐 : 2012 콘크리트 구조기준

켄틸레버 보 자유단에서 발생하는 순간 처짐과 10년 후의 최종 처짐을 구하시오.

$$f_{ck} = 27MPa, \ f_y = 400MPa, \ \rho_c = 2550kg/m^3$$

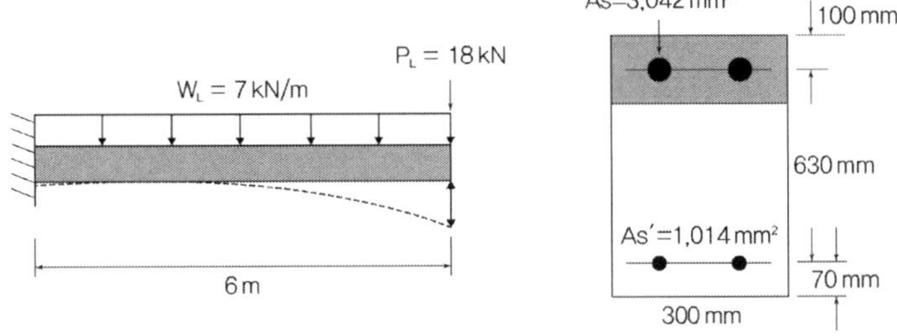

▶ 최소두께 규정

$$\text{캔틸레버} \ t_{\min} = \frac{L}{8} = 750^{mm} < 800^{mm} \qquad \text{O.K(처짐에 대해 검토할 필요 없다)}$$

▶ 하중의 산정

$$w_d = 2550 \times 800 \times 300 \times 9.81 = 6.12^{kN/m} \qquad \therefore \ M_{d(\max)} = \frac{w_d l^2}{2} = 108^{kNm}$$

$$w_l = 7^{kN/m}, \ P_l = 18^{kN} \qquad \therefore \ M_{l(\max)} = \frac{w_l l^2}{2} + P_l l = 234^{kNm}$$

$$\therefore \ M_{d+l} = 342^{kNm}, \ M_{(sus)} = M_d = 108^{kNm}$$

▶ 단면 상수

$$I_g = \frac{bh^3}{12} = 1.28 \times 10^{10} mm^4 \qquad E_c = 8500 \sqrt[3]{f_{cu}} = 2.78 \times 10^4 MPa$$

$$n = \frac{E_s}{E_c} = 7.0$$

➤ M_{cr} 및 I_{cr}

$$f_r = 0.63\sqrt{f_{ck}} = 3.27 MPa \qquad\qquad M_{cr} = f_r \frac{I_g}{y} = 104.64^{kNm}$$

균열 후의 중립축 산정

$$bx\left(\frac{x}{2}\right) + (n-1)A_s{}'(x-d') = nA_s(d-x) \quad \therefore \ x = 241.8^{mm}$$

$$I_{cr} = \frac{bx^3}{3} + (n-1)A_s{}'(x-d')^2 + nA_s(d-x)^2 = 6.064\times10^9 mm^4$$

➤ 즉시처짐

1) 고정하중, 지속하중 $M_d > M_{cr}$

$$I_e = \left(\frac{M_{cr}}{M_a}\right)^3 I_g + \left[1 - \left(\frac{M_{cr}}{M_a}\right)^3\right]I_{cr} = 1.22\times10^{10\,(mm^4)} \leq I_g$$

2) 사용하중

$$I_e = \left(\frac{M_{cr}}{M_a}\right)^3 I_g + \left[1 - \left(\frac{M_{cr}}{M_a}\right)^3\right]I_{cr} = 6.26\times10^{9\,(mm^4)} \leq I_g$$

➤ 탄성처짐(즉시처짐)

$$\Delta_d = \frac{w_d l^4}{8EI_e} = 2.92^{mm}$$

$$\Delta_{d+l} = \frac{w_l l^4}{8EI_e} + \frac{w_d l^4}{8EI_e} + \frac{P_l l^3}{3EI_e} = 19.66^{mm}$$

$$\Delta_l = \Delta_{d+l} - \Delta_d = 16.74^{mm} < \frac{L}{180}(= 33.33^{mm}) \qquad\qquad \text{O.K}$$

➤ 장기처짐을 포함한 최종처짐

$$\Delta_{sus} = \Delta_d$$

$$\lambda = \frac{\xi}{1 + 50\rho'} = 1.611$$

$$\therefore \ \Delta < \frac{L}{240}(= 25^{mm}) \qquad\qquad \text{O.K}$$

처짐산정 절차 : 2012 콘크리트 구조기준

그림과 같은 구조물의 균열단면 검토, 단기처짐, 장기처짐 등의 계산식을 전개하고 해석절차를 설명하시오(단, 범용적인 기호를 사용하고 필요시 임의의 가정조건을 사용할 수 있다).

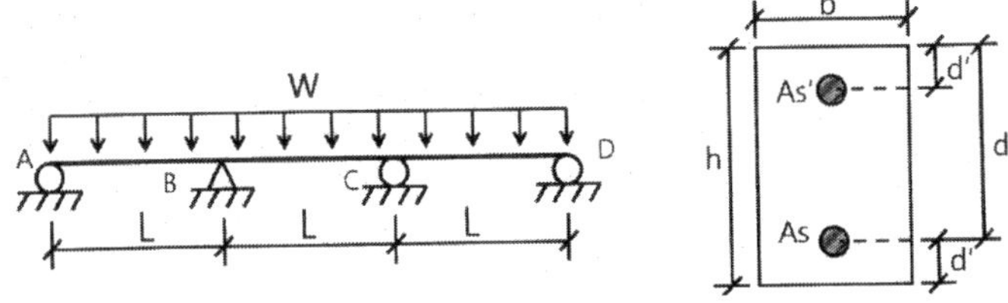

풀 이

▶ 개요

구조물의 사용성 검토를 위하여 균열단면에 대한 검토, 단기, 장기처짐에 대한 계산을 수행하기 위해서는 구조물에 작용하는 하중에 의해서 발생하는 하중모멘트와 균열모멘트와의 비교한다. 균열이 발생되어졌다고 판단될 경우 유효단면 2차 모멘트를 이용하여 처짐을 산정할 수 있다.

▶ 구조물의 모멘트 산정

고정하중과 활하중에 의한 모멘트를 각각 w_D, w_L이라고 하고 그 값의 합을 $w = w_D + w_L$이라고 가정하면, 주어진 조건에서의 3경간 연속교의 $M_B = M_C$이므로 3연 모멘트 방정식을 이용하여 각각의 M_D와 M_L이 산정될 수 있다.

$$2M_B(2L) = \frac{wL^3}{12} \times 2 \quad \therefore M_B = \frac{wL^2}{24}, \ R_a = R_d = \frac{11}{24}wL(\uparrow), \ R_b = R_c = \frac{25}{24}wL(\uparrow)$$

$$정모멘트 : (AB구간, CD구간) \ M_{\max} = \frac{5wL^2}{48}, \quad (BC구간) \ M_{\max} = \frac{wL^2}{12}$$

$$부모멘트 : (B,C점) \ M_{\max} = -\frac{wL^2}{24}$$

▶ 균열 모멘트 M_{cr} 및 유효 단면 2차 모멘트 산정

$$f_r = 0.63\sqrt{f_{ck}} \ \text{및} \ M_{cr} = f_r\frac{I_g}{y} \ 로부터 \ 균열 \ 모멘트를 \ 산정할 \ 수 \ 있으며, \ 처짐이 \ 발생하는 \ 구간$$

에 대해 검토를 수행할 때 자중에 의한 모멘트와 전체 하중에 의한 모멘트를 각각 균열 모멘트와 비교하여 전체 단면 2차 모멘트를 사용하거나 유효 단면 2차 모멘트를 사용할 것인지 결정한다.

1) 사용하중 $M_a > M_{cr}$ 일 경우 $\quad I_e = \left(\dfrac{M_{cr}}{M_a}\right)^3 I_g + \left[1 - \left(\dfrac{M_{cr}}{M_a}\right)^3\right] I_{cr} \leq I_g$ 사용

2) 사용하중 $M_a < M_{cr}$ 일 경우 $\quad I = I_g$

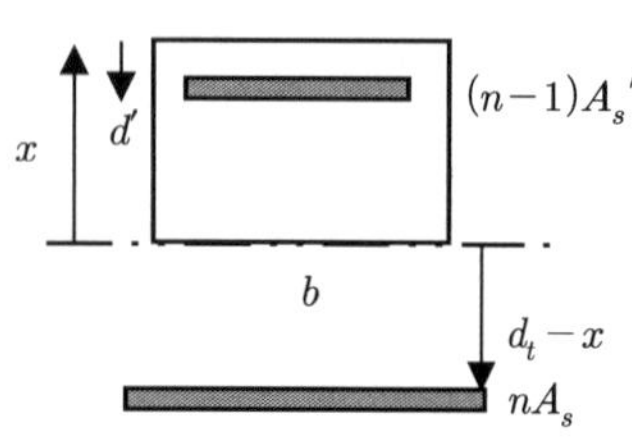

여기서 복철근보의 균열 중립축(x)는 다음과 같이 산정한다.

$$bx\left(\frac{x}{2}\right) + (n-1)A_s'(x-d') = nA_s(d-x)$$

$$I_{cr} = \frac{bx^3}{3} + (n-1)A_s'(x-d')^2 + nA_s(d-x)^2$$

3) 연속교에서의 평균가중치 이용한 단면 2차 모멘트

중앙부와 지점부의 단면2차 모멘트가 다른 경우에는 평균 가중치를 이용하여 산정한다.

양단 연속 : $I_e = 0.7I_{em} + 0.15(I_{e1} + I_{e2})$ 또는 $I_e = 0.5(I_{em} + 0.5(I_{e1} + I_{e2}))$

▶ **즉시처짐량 산정**

즉시처짐량의 산정은 유효 단면 2차 모멘트를 이용하여 처짐량을 산정하도록 하고 산정된 처짐량
은 지속하중과 활하중에 의한 하중을 구분하여 산정토록 한다.

Δ_d(고정하중, 지속하중에 의한 처짐)

Δ_t(전체 사용하중에 의한 처짐)

$\Delta_l = \Delta_t - \Delta_d$(사용하중에 의한 처짐)

▶ **장기처짐량 산정**

장기적인 처짐은 주로 콘크리트의 Creep과 건조수축으로 인하여 시간의 경과와 더불어 진행되는
처짐이므로 압축철근에 의한 영향을 고려한다. 장기처짐은 지속하중에 의한 탄성처짐에 비례한다.

$$\Delta_a = \lambda \times (\Delta_d)_{sus}, \lambda = \frac{\xi}{1 + 50\rho'}$$

$$\Delta_t' = \Delta_t + \lambda(\Delta_d)_{sus} (\text{탄성처짐 + 장기처짐})$$

ξ(시간경과계수)

기간(월)	1	3	6	12	24	36	60 이상
ξ	0.5	1.0	1.2	1.4	1.7	1.8	2.0

단순보의 처짐 산정 : 2012 콘크리트 구조기준

그림과 같은 보에 고정하중 $w_d = 20kN/m$(자중 미포함), 활하중 $w_l = 12kN/m$가 작용할 때, 현형 기준의 규정에 따라 순간처짐과 5년 뒤의 장기처짐을 계산하고 허용처짐의 조건을 만족하는지 검토하시오.

단, 순간처짐에 대해서는 외부 지붕구조로 보고 장기처짐에 대해서는 큰 처짐에 의해서 손상받을 염려가 없는 비구조 요소들을 지지하고 있다.

활하중의 40%를 지속하중으로 고려한다.

경량콘크리트 $m_c = 2,150kg/m^3$, $f_{ck} = 24MPa$, $f_y = 400MPa$

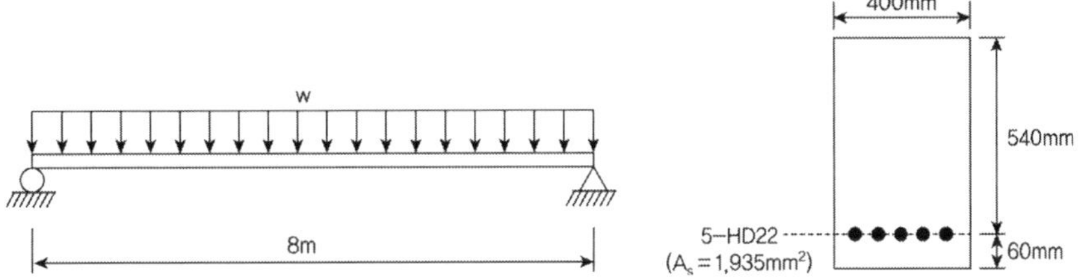

풀 이

▶ 개요

사용하중하의 최대모멘트와 균열모멘트를 비교하여 RC보의 유효단면2차 모멘트를 산정한다.

구분	처짐	처짐한계
외부환경	활하중에 의한 탄성처짐	$l/180$
내부환경		$l/360$
처짐에 의해 손상되기 쉬운 지붕구조 또는 바닥구조	지속하중 장기처짐+ 활하중 탄성처짐 (전체 처짐)	$l/480$
처짐에 의해 손상되기 어려운 지붕구조 또는 바닥구조		$l/240$

▶ 사용하중에 의한 모멘트 산정

1) 고정하중에 의한 모멘트

고정자중 $w_{d1} = 20kN/m$, 보의 자중에 의한 $w_{d2} = 2150 \times 9.8 \times 0.4 \times 0.6 = 5.06kN/m$

보의 중앙에서의 최대 모멘트는

$$M_d = \frac{(w_{d1} + w_{d2})l^2}{8} = \frac{20.506^{kN/m} \times (8^m)^2}{8} = 200.45^{kNm}$$

2) 활하중에 의한 모멘트

활하중에 의한 $w_l = 12kN/m$

$$M_l = \frac{w_l l^2}{8} = \frac{12^{kN} \times (8^m)^2}{8} = 96^{kNm}$$

3) 사용하중에 의한 모멘트

$$M_a = M_d + M_l = 200.45 + 96 = 296.45^{kNm}$$

▶ **균열모멘트 M_{cr} 산정**

$$f_r = 0.63\sqrt{f_{ck}} = 0.63 \times \sqrt{24} = 3.086^{MPa}$$

$$I_g = \frac{bh^3}{12} = \frac{400 \times 600^3}{12} = 7.2 \times 10^9 mm^4, \ y = \frac{h}{2} = 300mm$$

$$f_r = \frac{M_{cr}}{I_g} y \ \text{로부터,} \ M_{cr} = f_{cr}\frac{I_g}{y} = 3.086 \times \frac{7.2 \times 10^9}{300} = 74.07^{kNm} \ < M_a$$

▶ **균열단면 2차 모멘트 I_{cr} 산정**

$$E_c = 8500\sqrt[3]{f_{cu}} = 26{,}985.82 MPa, E_s = 2.1 \times 10^5 MPa, \ n = E_s/E_c = 7.78$$

1) 중립축 산정

$$bx \times \frac{x}{2} = nA_s(d_t - x)$$

$$\frac{1}{2} \times 400 \times x^2 - 7.78 \times 1935 \times (540 - x) = 0$$

$$\therefore x = 167.457^{mm}$$

2) 균열단면 2차 모멘트 산정

$$I_{cr} = \frac{1}{3}bx^3 + nA_s(d_t - x)^2$$

$$= \frac{1}{3} \times 400 \times 167.457^3 + 7.78 \times 1935 \times (540 - 167.457)^2 = 2.715 \times 9^{9(mm^4)}$$

▶ **유효단면 2차 모멘트 I_e 산정 및 즉시처짐량 산정**

1) 고정하중에 의한 즉시처짐(Δ_d)

$$M_{cr} > M_d \;\therefore\; I_e \text{ 사용}$$

$$\frac{M_{cr}}{M_d} = 0.37$$

$$I_e = \left(\frac{M_{cr}}{M_a}\right)^3 I_g + \left[1 - \left(\frac{M_{cr}}{M_a}\right)^3\right] I_{cr} = 0.37^3 \times I_g + (1 - 0.37^3) I_{cr} = 2.9426 \times 10^{9(mm^4)} \leq I_g$$

$$\Delta_d = \frac{5 w_d l^4}{384 E_c I_{e(d)}} = \frac{5 \times 20.506 \times (8 \times 10^3)^4}{384 \times 26{,}975.8 \times 2.9426 \times 10^9} = 13.777^{mm}$$

2) 사용하중에 의한 즉시처짐($\Delta_{(d+l)}$)

$$M_{cr} > M_d \;\therefore\; I_e \text{ 사용}$$

$$\frac{M_{cr}}{M_{d+l}} = 0.2498 \quad I_e = \left(\frac{M_{cr}}{M_a}\right)^3 I_g + \left[1 - \left(\frac{M_{cr}}{M_a}\right)^3\right] I_{cr} = 0.2498^3 \times I_g + (1 - 0.2498^3) I_{cr}$$

$$= 2.7854 \times 10^{9(mm^4)} \leq I_g$$

$$\Delta_{d+l} = \frac{5 (w_d + w_l) l^4}{384 E_c I_{e(d+l)}} = \frac{5 \times (20.506 + 12) \times (8 \times 10^3)^4}{384 \times 26{,}975.8 \times 2.7854 \times 10^9} = 23.07^{mm}$$

3) 활하중에 의한 즉시처짐

$$\Delta_l = \Delta_{(d+l)} - \Delta_d = 23.07 - 13.77 = 9.30^{mm} < \Delta_{allow} = \frac{l}{180} = 44.44^{mm} \qquad \text{O.K}$$

▶ **장기처짐 산정**

활하중의 40%가 지속하중일 때의 처짐산정

$$M_a = M_d + 0.4 M_l = 200.45 + 0.4 \times 96 = 238.85^{kNm} < M_{cr}$$

$$\frac{M_{cr}}{M_{d+0.4l}} = 0.31$$

$$I_e = \left(\frac{M_{cr}}{M_a}\right)^3 I_g + \left[1 - \left(\frac{M_{cr}}{M_a}\right)^3\right] I_{cr} = 0.31^3 \times I_g + (1 - 0.31^3) I_{cr} = 2.849 \times 10^{9(mm^4)} \leq I_g$$

$$\Delta_{d+0.4l} = \frac{5 (w_d + 0.4 w_l) l^4}{384 E_c I_{e(d+0.4l)}} = \frac{5 \times (20.506 + 0.4 \times 12) \times (8 \times 10^3)^4}{384 \times 26{,}975.8 \times 2.849 \times 10^9} = 17.561^{mm}$$

$$\therefore \Delta_{sus} = \Delta_{(d+0.4l)} - \Delta_d = 17.56 - 13.77 = 3.79^{mm}$$

$$\xi = 2.0, \ \rho' = 0 \ \ \therefore \lambda = \frac{\xi}{1+50\rho'} = 2.0$$

$$\therefore \Delta_{long} = \lambda \times \Delta_{sus} = 7.583^{mm}$$

▶ 총 처짐량 검토

$$\Delta_t = \Delta_{long} + \Delta_l = 7.583^{mm} + 9.30^{mm} = 16.883^{mm} \ < \ \Delta_{allow} = \frac{l}{240} = 33.33^{mm} \quad \text{O.K}$$

RC 처짐 : 2012 콘크리트 구조기준

아래와 같은 가정조건에서 경간 8m의 직사각형(300mm×600mm) 단순보의 단기처짐과 재령 3개월과 재령 5년에 대한 장기처짐을 콘크리트구조기준(2012)에 따라 계산하시오.

(가정조건)

1) 콘크리트 f_{ck}=21 MPa, 철근 f_y=300 MPa, 탄성계수 E_s=200,000 MPa, E_c=24,900 MPa

2) 직사각형보에 사용된 철근의 인장철근비 ρ=0.0072, 압축철근비 ρ'=0.0023

3) 전체단면의 단면2차모멘트 I_g=5.4×10^9 mm^4, 균열단면의 단면2차모멘트 I_{cr}=1.77×10^9 mm^4

4) 고정하중(자중포함)=6.16 kN/m, 활하중=4.35 kN/m(50%가 지속하중으로 작용)

5) 장기추가처짐계수 λ_Δ = ξ / (1+50ρ'), 시간경과계수 ξ (3개월=1.0, 5년=2.0)

풀 이

▶ 개요

사용하중하의 최대모멘트와 균열모멘트를 비교하여 RC보의 유효단면2차 모멘트를 산정한다.

▶ 사용하중에 의한 모멘트 산정

1) 고정하중에 의한 모멘트

보의 자중 w_D = 6.16 kN/m

보의 중앙에서의 최대 모멘트는 $M_D = \dfrac{w_d l^2}{8} = \dfrac{6.16 \times 8^2}{8} = 49.28$ kNm

2) 활하중에 의한 모멘트

활하중 w_L = 4.35 kN/m

보의 중앙에서의 최대 모멘트는 $M_L = \dfrac{w_L l^2}{8} = \dfrac{4.35 \times 8^2}{8} = 34.8$ kNm

3) 모멘트 산정

$M_D = 49.28$ kNm, M_{D+L}=49.28+34.8=84.08 kNm, M_{sus}=49.28+0.5×34.8=66.68 kNm

▶ 균열모멘트 M_{cr} 산정

$$f_r = 0.63\sqrt{f_{ck}} = 0.63 \times \sqrt{21} = 2.887 \text{ MPa}$$

$$I_g = \frac{bh^3}{12} = \frac{300 \times 600^3}{12} = 5.4 \times 10^9 \ \text{mm}^4, \ y = \frac{h}{2} = 300 \ \text{mm}$$

$$f_r = \frac{M_{cr}}{I_g}y \ \text{로부터,} \quad \therefore M_{cr} = f_{cr}\frac{I_g}{y} = 2.887 \times \frac{5.4 \times 10^9}{300} = 51.97\text{kNm}$$

$$\therefore M_{D+L}, \ M_{sus} > M_{cr} \ \text{이므로 균열 발생}$$

▶ 유효단면 2차 모멘트 I_e 산정 및 처짐량 산정

$$E_c = 8500 \sqrt[3]{(21+4)} = 24854.2 \ \text{MPa}, \quad n = E_s/E_c \fallingdotseq 8, \quad I_{cr} = 1.77 \times 10^9 \ \text{mm}^4$$

1) 고정하중에 의한 즉시처짐(Δ_D)

$$M_{cr} < M_d \qquad \therefore I_g \ \text{사용}$$

$$\therefore \Delta_D = \frac{5w_D l^4}{384 E_c I_g} = \frac{5 \times 6.16 \times 8000^4}{384 \times 24854.2 \times 5.4 \times 10^9} = 2.45 \ \text{mm}$$

2) 전체하중 재하 시

$$M_{D+L} > M_{cr} \qquad \therefore I_e \ \text{사용}$$

$$\frac{M_{cr}}{M_{D+L}} = 0.618$$

$$I_e = \left(\frac{M_{cr}}{M_{D+L}}\right)^3 I_g + \left[1 - \left(\frac{M_{cr}}{M_{D+L}}\right)^3\right] I_{cr} = 2.63 \times 10^9 \ \text{mm}^4$$

$$\therefore \Delta_{D+L} = \frac{5w_{D+L} l^4}{384 E_c I_e} = \frac{5 \times 10.51 \times 8000^4}{384 \times 24854.2 \times 2.63 \times 10^9} = 8.58 \ \text{mm}$$

3) 지속하중 재하 시

$$M_{sus} > M_{cr} \qquad \therefore I_e \ \text{사용}$$

$$\frac{M_{cr}}{M_{D+L}} = 0.78$$

$$I_e = \left(\frac{M_{cr}}{M_{sus}}\right)^3 I_g + \left[1 - \left(\frac{M_{cr}}{M_{sus}}\right)^3\right] I_{cr} = 3.49 \times 10^9 \ \text{mm}^4$$

$$\therefore \Delta_{sus} = \frac{5w_{sus} l^4}{384 E_c I_e} = \frac{5 \times 8.335 \times 8000^4}{384 \times 24854.2 \times 3.49 \times 10^9} = 5.13 \ \text{mm}$$

4) 활하중에 의한 즉시 처짐 확인

$$\Delta_l = \Delta_{(d+l)} - \Delta_d = 8.58 - 2.45 = 6.13 \text{ mm} < \Delta_{allow} = \frac{l}{180} = 44.44 \text{ mm} \qquad \text{O.K}$$

➤ 장기처짐 산정

장기추가처짐계수 $\lambda_\Delta = \xi / (1+50\rho')$, 시간경과계수 ξ (3개월=1.0, 5년=2.0)
직사각형보에 사용된 철근의 인장철근비 ρ=0.0072, 압축철근비 ρ'=0.0023

1) 3개월 후

$$\lambda_\Delta = \xi / (1+50\rho') = 0.897$$
$$\Delta_{sus} \times \lambda_{3m} = 5.13 \times 0.897 = 4.6$$

$$\therefore \Delta = \Delta_L + \Delta_{sus} \times \lambda_{3m} = 6.13 + 4.6 = 10.73 \text{ mm}$$

2) 5년 후

$$\lambda_\Delta = \xi / (1+50\rho') = 1.794 \text{ mm}$$
$$\Delta_{sus} \times \lambda_{5y} = 5.13 \times 1.794 = 9.20 \text{ mm}$$

$$\therefore \Delta = \Delta_L + \Delta_{sus} \times \lambda_{5y} = 6.13 + 9.20 = 15.33 \text{ mm}$$

➤ 총 처짐량 검토

$$\Delta_t = \Delta_{long} + \Delta_l = 15.33 \text{ mm} > \Delta_{allow} = \frac{l}{240} = 33.33 \text{ mm} \quad \text{O.K}$$

04 피로

피로는 일시적인 과재하중보다는 계속되는 반복하중으로 인해 구조 재료의 누가 손상을 통해 급격한 취성파괴 양상을 보이며 피로 파괴위험을 유발한다. 철근 콘크리트 부재의 피로파괴는 철근의 피로에 의해 발생하며 콘크리트의 피로는 거의 영향이 없다. 콘크리트의 피로는 미세균열(micro-crack)의 진전으로 발생하며 $0.55f_{ck}$ 이하의 압축응력이나 인장응력을 받는 경우 1,000만 회까지 피로파괴가 발생하지 않는다. 휨모멘트에 의하여 압축응력을 받는 콘크리트는 변형률 경사효과(strain gradient effect)로 피로저항성능이 15~20% 더 증가한다.

ACI의 콘크리트 피로에 대한 피로응력범위 제안식 $f_{c,rg} = 0.4f_{ck} + 0.47f_{min}$

1. 피로설계

1) KDS 14 20 26 콘크리트구조 설계기준(강도설계법)

① 피로검토를 위한 철근의 응력 산정

(1) 최대응력의 산정 : 사하중과 충격을 포함한 활하중으로 인한 모멘트

(2) 최소응력의 산정 : 사하중으로 인한 모멘트

(3) 탄성계수비를 이용한 응력산정 방법

$n = E_s / E_c \rightarrow$ 중립축 및 균열단면 2차 모멘트 산정 $\rightarrow$ 응력산정

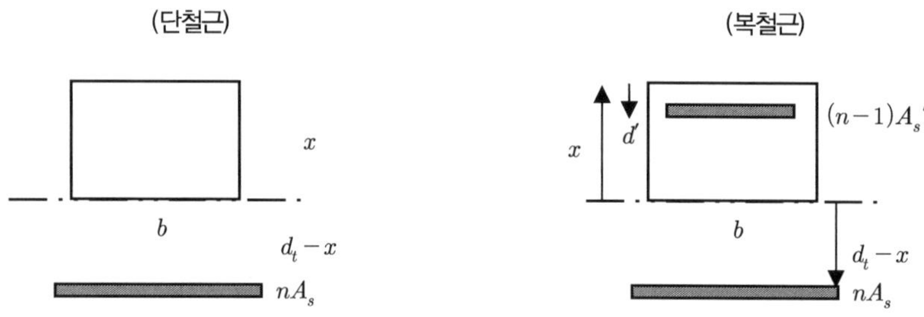

중립축 $bx \times \dfrac{x}{2} = nA_s(d_t - x)$

$I_{cr} = \dfrac{1}{3}bx^3 + nA_s(d_t - x)^2$

중립축 $bx\left(\dfrac{x}{2}\right) + (n-1)A_s{}'(x - d') = nA_s(d - x)$

$I_{cr} = \dfrac{bx^3}{3} + (n-1)A_s{}'(x - d')^2 + nA_s(d - x)^2$

(4) 간략식을 이용한 응력산정 방법

$$f_{s.\max(\min)} = \frac{M_{\max(\min)}}{A_s\left(d - \dfrac{x}{3}\right)} \quad : \text{힘의 삼각형의 중심간 거리 이용}$$

② 피로를 고려하지 않아도 되는 철근과 긴장재의 응력범위

강재의 종류	설계기준항복강도 또는 위치	철근 또는 긴장재의 응력범위
이형철근	SD300	130MPa
	SD350	140MPa
	SD400 이상	150MPa
긴장재	연결부 또는 정착부	140MPa
	기타 부위	160MPa

③ 동하중이 작용하는 경우에는 활하중과 함께 충격의 영향도 포함하여 응력범위를 계산한다.

④ 사용하중하에서 활하중의 반복작용에 의하여 발생되는 피로현상을 감소하기 위한 제한으로 피로검토가 필요한 구조부재의 높은 응력을 받는 부분은 철근을 구부리는 것을 피해야 한다.

⑤ 피로검토가 필요한 경우 보 및 슬래브의 피로는 휨 및 전단에 대해 검토한다.

2) KDS 24 14 21 콘크리트교 설계기준(한계상태설계법)

교량설계 일반사항에 따라 피로한계상태를 검증하는 데 적용하는 하중은 차량 활하중, 충격, 원심하중의 3가지이며, 하중계수로는 0.75를 적용한다. 규칙적인 교번하중이 작용하는 구조요소와 부재에 대해 피로한계상태를 검증하도록 규정하고 있으며 이때에는 고응력 영역에 배치된 휨철근에 대해서만 수행한다. 그러나 다중 거더 구조를 가지는 상부고조의 콘크리트 바닥판에서는 피로를 검증할 필요가 없다. 또한 교번응력이 작용하지 않거나 현저하지 않은 다음의 경우에는 피로한계상태를 검증하지 않는다.

① 피로한계상태를 검증하는 않는 경우

  (1) 풍하중에 매우 민감한 경우를 제외한 보도교

  (2) 교면 아래의 흙 속에 묻힌 아치 또는 골조(라멘) 구조로 최소 토피 높이가 1.0m인 도로교나 최소 토피 높이가 1.5m인 철도교

  (3) 기초

  (4) 상부구조와 강결되지 않은 교각과 기둥

  (5) 도로와 철로로 쓰이는 제방의 옹벽

  (6) 슬래브와 중공 교대를 제외한 상부구조에 강결되지 않은 도로교와 철도교 교대

  (7) 주기하중(frequency load)하에서 콘크리트 연단에 압축응력만 작용하는 영역의 철근과 프리스트레싱 강재 및 연결장치

  (8) 설계등급 A 또는 B에 따라 설계된 교량에서 커플러 또는 용접 연결이 없는 프리스트레싱 강재와 종방향 철근

② 피로를 고려하지 않아도 되는 철근의 응력범위

  (1) 고응력영역에 있는 직선철근과 가로방향 용접이 없는 직선 용접철근의 피로하중조합 유발된 응력 f_{fat} : $f_{fat} = 166 - 0.33 f_{min}$

(2) 고응력영역에 있는 가로방향 용접이 있는 직선 용접철근의 피로하중조합 유발된 응력 f_{fat}

: $f_{fat} = 110 - 0.33 f_{\min}$

여기서, f_{fat} : 피로응력범위

$f_{\min}$: 피로하중조합에 의한 최소 활하중 응력 (인장 +)

휨철근에 대한 고응력 영역은 최대모멘트 발생단면에서 좌우로 지간의 1/3을 취하여야 한다.

③ 피로를 고려하지 않아도 되는 프리스트레싱 긴장재의 응력범위

(1) 곡률반경이 9000mm 이상인 긴장재 : 125MPa 이하(피로응력범위)

(2) 곡률반경이 3600mm 이하인 긴장재 : 70MPa 이하(피로응력범위)

(3) 곡률반경 3600~9000mm인 긴장재는 선형보간법 이용

4. 피로

규칙적인 교번하중이 작용하는 부재에 대해 피로한계상태를 검증하여야 하며 이 검증은 해당 부재를 구성하는 철근에 대해서 수행하여야 한다. 다중거더 구조를 가지는 상부구조의 콘크리트 바닥판에서는 검증할 필요가 없다. 하중계수를 곱하지 않은 고정하중 및 프리스트레스 및 피로하중의 1.5배가 조합된 하중에 의해 유발된 응력이 인장이면서 그 크기가 $0.25\sqrt{f_{ck}}$ 를 초과하는 경우에는 균열단면 성질을 사용하여 피로한계상태를 검증하여야 한다.

1) 철근

① 고응력영역에 있는 직선철근과 가로방향 용접이 없는 직선 용접철근의 피로하중조합 유발된 응력 f_{fat} : $f_{fat} = 166 - 0.33 f_{\min}$

② 고응력영역에 있는 가로방향 용접이 있는 직선 용접철근의 피로하중조합 유발된 응력 f_{fat} :

$f_{fat} = 110 - 0.33 f_{\min}$

여기서, f_{fat} : 피로응력범위

$f_{\min}$: 피로하중조합에 의한 최소 활하중 응력(인장 +)

휨철근에 대한 고응력 영역은 최대모멘트 발생단면에서 좌우로 지간의 1/3을 취하여야 한다.

2) 프리스트레싱 긴장재

① 곡률반경이 9000mm 이상인 긴장재 : 125MPa 이하(피로응력범위)

② 곡률반경이 3600mm 이하인 긴장재 : 70MPa 이하(피로응력범위)

③ 곡률반경 3600~9000mm인 긴장재는 선형보간법 이용

피로검토 : 2012 콘크리트 구조기준

직사각형 단면의 단순보(폭 b=300mm, 유효깊이 d=540mm, 인장부 단철근량 A_s= D25-3ea =1,520mm²)가 사용 고정하중모멘트 50kNm, 충격을 포함한 사용 활하중 모멘트 90kNm을 받고 있다. 콘크리트구조기준(2012)에 따라 피로에 대하여 검토하시오(단, 콘크리트 설계기준 압축강도 f_{ck}=24MPa, 철근 항복강도 f_y=400MPa, n=8).

풀 이

▶ 개요

콘크리트구조기준(2012) 피로검토 규정은 충격을 포함한 활하중에 의해서 철근에 발생하는 응력의 범위가 다음의 규정한 응력의 범위를 초과하는 경우에 한해 검토하도록 하고 있다.

① SD300 : 130 MPa 이하   ② SD350 : 140 MPa 이하   ③ SD400 : 150 MPa 이하

▶ 콘크리트의 응력범위 산정

$$E_c = 8500\sqrt[3]{f_{cu}} = 8500\sqrt[3]{24+4} = 25{,}811\text{MPa}, \quad \text{given} \quad n = 8$$

1) 중립축 산정

$$bx \times \frac{x}{2} = nA_s(d_t - x)$$

$$\frac{1}{2} \times 300 \times x^2 - 8 \times 1520 \times (540 - x) = 0 \qquad \therefore x=172.58\text{mm}$$

2) 간략식 이용 응력 범위 산정

$$f_{s.\max} = \frac{M_{\max}}{A_s\left(d - \dfrac{x}{3}\right)} = \frac{90 \times 10^6}{1520 \times \left(540 - \dfrac{172.58}{3}\right)} = 122.72\text{MPa}$$

$$f_{s.\min} = \frac{M_{\min}}{A_s\left(d - \dfrac{x}{3}\right)} = \frac{50 \times 10^6}{1520 \times \left(540 - \dfrac{172.58}{3}\right)} = 68.18\text{MPa}$$

$$\therefore f_{s.\max} - f_{s.\min} = 54.54\text{MPa} \; < \; 150\text{MPa} \qquad \text{O.K(피로에 대해 검토할 필요 없다)}$$

RC의 피로강도

철근 콘크리트의 피로강도 특성과 피로강도의 저하 요인에 대하여 설명하시오.

풀 이

▶ 개요

교통량의 증가나 반복하중은 구조물의 피로 강도에 저하를 가져온다. 피로는 일시적인 과재하중 보다는 계속되는 반복하중으로 인해 구조 재료의 누가 손상을 통해 급격한 취성파괴 양상을 보이며 피로파괴 위험을 유발한다.

▶ RC 구조물의 피로강도 특성

철근 콘크리트에서 반복적인 하중에 의한 피로는 규칙적인 교번하중에 의해 발생되며, 취성파괴 양상을 방지하기 위해서는 콘크리트의 영향보다는 매립된 철근의 피로거동의 특성이 보다 중요한 요소이다. 때문에 강도설계법이나 한계상태설계법 모두 콘크리트 균열단면에 대해 철근의 응력의 범주를 검토하는 방식으로 피로강도를 확보하도록 규정하고 있다.

1) 강도설계법에 따른 피로강도 검토

① 충격을 포함한 활하중에 의해서 철근에 발생하는 응력의 범위가 다음의 규정한 응력의 범위를 초과하는 경우에 대해 피로 검토가 필요하다.

　(1) SD300 : 130 MPa 이하,　(2) SD350 : 140 MPa 이하,　(3) SD400 : 150 MPa 이하

② 피로검토가 필요한 경우 보 및 슬래브의 피로는 휨 및 전단에 대해 검토한다.

③ 사용하중하에서 활하중의 반복작용에 의하여 발생되는 피로현상을 감소하기 위한 제한으로 피로검토가 필요한 구조부재의 높은 응력을 받는 부분에서 철근을 구부리는 것을 피해야 한다.

④ 피로검토를 위한 철근의 응력 산정

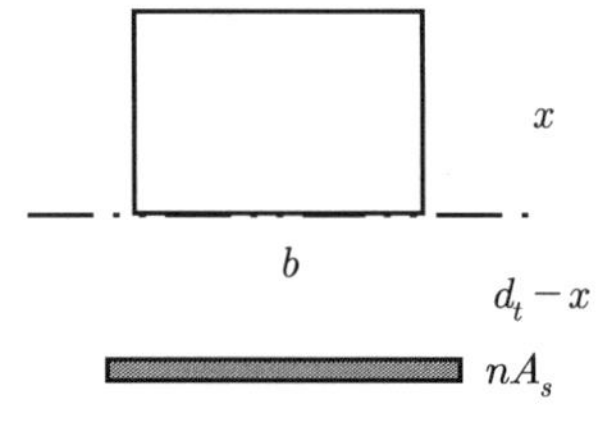

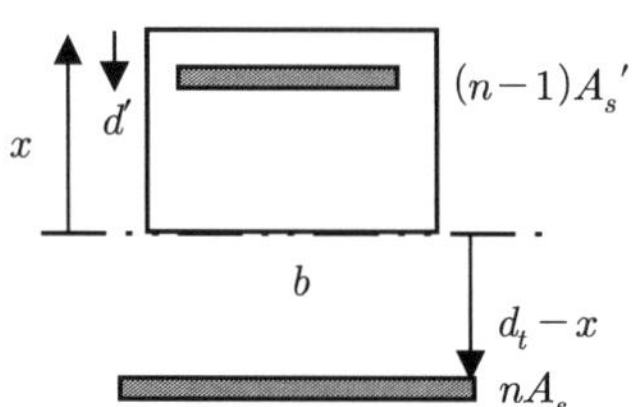

중립축 $bx \times \dfrac{x}{2} = nA_s(d_t - x)$　　　　중립축 $bx\left(\dfrac{x}{2}\right) + (n-1)A_s{'}(x - d') = nA_s(d - x)$

$I_{cr} = \dfrac{1}{3}bx^3 + nA_s(d_t - x)^2$　　　　$I_{cr} = \dfrac{bx^3}{3} + (n-1)A_s{'}(x - d')^2 + nA_s(d - x)^2$

(1) 최대응력의 산정 : 사하중과 충격을 포함한 활하중으로 인한 모멘트

(2) 최소응력의 산정 : 사하중으로 인한 모멘트

(3) 탄성계수비를 이용한 응력산정 : n값 → 중립축 및 균열단면 2차 모멘트 산정 → 응력산정

(4) 간략식을 이용한 응력산정 방법

$$f_{s.\max(\min)} = \frac{M_{\max(\min)}}{A_s\left(d - \dfrac{x}{3}\right)} \quad : 힘의 삼각형의 중심간 거리 이용$$

2) 한계상태설계법에 따른 피로강도 검토

① 규칙적인 교번하중이 작용하는 부재에 대해 피로한계상태를 검증하여야 하며 이 검증은 해당 부재를 구성하는 철근에 대해서 수행하여야 한다. 다중거더 구조를 가지는 상부구조의 콘크리트 바닥판에서는 검증할 필요가 없다.

② 하중계수를 곱하지 않은 고정하중 및 프리스트레스 및 피로하중의 1.5배가 조합된 하중에 의해 유발된 응력이 인장이면서 그 크기가 $0.25\sqrt{f_{ck}}$를 초과하는 경우에는 균열단면 성질을 사용하여 피로한계상태를 검증하여야 한다.

③ 피로검토를 위한 철근의 응력 산정

(1) 고응력영역에 있는 직선철근과 가로방향 용접이 없는 직선 용접철근의 피로하중조합 유발된 응력 f_{fat} : $f_{fat} = 166 - 0.33f_{\min}$

(2) 고응력영역에 있는 가로방향 용접이 있는 직선 용접철근의 피로하중조합 유발된 응력 f_{fat}
: $f_{fat} = 110 - 0.33f_{\min}$
여기서, f_{fat} : 피로응력범위
$f_{\min}$: 피로하중조합에 의한 최소 활하중 응력 (인장 +)
휨철근에 대한 고응력 영역은 최대모멘트 발생단면에서 좌우로 지간의 1/3을 취하여야 한다.

▶ RC 구조물의 피로강도 저하요인

RC구조물의 피로강도의 저하에 대한 외적요인으로는 반복적인 외적하중이 원인이 되며, 피로 강도를 저하시키는 내적요인으로는 철근의 피로특성에 따라 변화될 수 있다. 특히 고강도 철근의 사용이 늘면서 철근의 특성이 피로강도에 큰 영향을 줄 수 있다.

① 철근의 S–N선도

MC–90보고서에 따르면

(1) 표면이 매끄러운 철근에 비해 리브나 홈이 있는 철근의 피로강도가 낮다.

(2) 철근의 지름이 증가할수록 피로강도가 감소하는 경향이 있다.

(3) 굽은 철근이 직선철근에 비해 피로강도가 낮으며, 반경이 작을수록 피로강도가 떨어진다.

(4) 철근의 용접이 정적강도에는 영향이 없으나 피로강도는 상당히 감소시킨다.

(5) 유해한 환경에서의 부식은 철근 피로강도 저하를 유발한다.

② 콘크리트의 피로강도 영향

콘크리트에 매립된 철근의 특성피로강도(Characteristic fatigue strength)는 재료의 피로강도에 비해서 40~70%이며 이는 매립된 철근에 점진적 부식의 영향 때문이다.

피로검토 : 2012 콘크리트 구조기준

철근 콘크리트 휨부재의 균열안전성과 피로안전성을 검토하시오. b=40cm, d=60cm
인장철근 As=6-D25=30.4cm²(2단배근)인 단철근 직사각형보에서 시방서에서 허용되는 최대균열
폭을 계산하고 환경조건별로 허용균열폭과 비교하시오(콘크리트의 설계기준강도 $f_{ck} = 24MPa$,
사용철근은 SD35이며, 작용모멘트는 $M = M_d + M_l$=70+140=210kN·m, 최하단 철근의 피복두
께 d_{c1} =5cm인 것으로 가정한다).

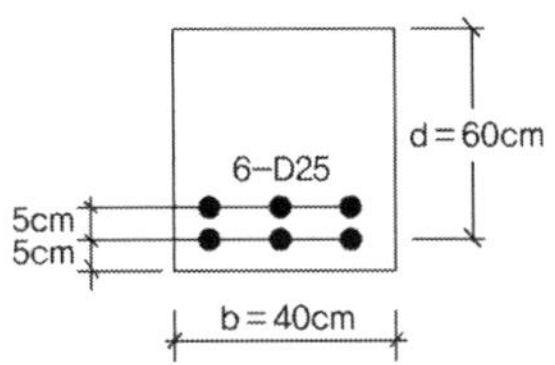

풀 이

▶ 균열폭 제한을 위한 철근 간격 검토

1) 재료상수 및 철근의 단면적

$$E_c = 8500 \sqrt[3]{f_{cu}} = 8500 \sqrt[3]{24+8} = 26986MPa$$

$$n = \frac{E_s}{E_c} = 7.4$$

2) 중립축 및 균열단면 2차 모멘트 산정

$$bx \times \frac{x}{2} = nA_s(d_t - x)$$

$$\frac{1}{2} \times 400 \times x^2 - 7.4 \times 3040 \times (600 - x) = 0 \quad \therefore x = 209.6^{mm}$$

$$I_{cr} = \frac{1}{3}bx^3 + nA_s(d_t - x)^2 = \frac{1}{3} \times 400 \times 209.6^3 + 7.4 \times 3040 \times (600 - 209.6)^2$$

$$= 4.656 \times 10^{9(mm^4)}$$

$$f_s = \frac{2}{3}f_y = 233.33MPa$$

스트럽을 D13으로 가정하면,

$$c_c = t(\text{피복}) + d_b(\text{스트럽}) = 50 + 13 = 63^{mm}$$

$$s = \min\left[375\left(\frac{\kappa_{cr}}{f_s}\right) - 2.5c_c,\ 300\left(\frac{\kappa_{cr}}{f_s}\right)\right], \qquad \kappa_{cr} : 280(\text{건조환경}),\ 210(\text{습윤환경})$$

$$\kappa_{cr} = 210 \qquad \therefore\ s_{\max} = \min\left[375\left(\frac{210}{233.33}\right) - 2.5 \times 63,\ 300 \times \left(\frac{210}{233.33}\right)\right] = 180^{mm}$$

$$\text{철근간격}\ s = \frac{1}{2}[400 - 2 \times 13 - 2 \times 50 - 3 \times 25] = 99.5^{mm} < s_{\max} \qquad \text{O.K}$$

▶ 피로안정성 검토

$i = 0.3$ 이라고 가정하면,

$$M_{l+i} = 1.3 \times 140 = 182kNm \qquad M_{\max} = M_d + M_{l+i} = 252kNm$$

$$f_{s.\max} = n\frac{M_{\max}}{I}y = 7.4 \times \frac{252 \times 10^6}{4.656 \times 10^9} \times (600 - 209.6) = 156.36^{MPa}$$

$$M_{\min} = M_d = 70kNm$$

$$f_{s.\min} = n\frac{M_{\min}}{I}y = 7.4 \times \frac{70 \times 10^6}{4.656 \times 10^9} \times (600 - 209.6) = 43.43^{MPa}$$

$$f_{s.\max} - f_{s.\min} = 112.9^{MPa} < 140^{MPa} \qquad \text{O.K(피로에 대해 검토할 필요 없다)}$$

▶ 간략식을 통한 피로안정성 검토

$$f_{s.\max} = \frac{M_{\max}}{A_s\left(d - \dfrac{x}{3}\right)} = \frac{252 \times 10^6}{3040 \times \left(600 - \dfrac{209.6}{3}\right)} = 156.36^{MPa}$$

$$f_{s.\min} = \frac{M_{\min}}{A_s\left(d - \dfrac{x}{3}\right)} = \frac{70 \times 10^6}{3040 \times \left(600 - \dfrac{209.6}{3}\right)} = 43.43^{MPa}$$

$$f_{s.\max} - f_{s.\min} = 112.93^{MPa} < 140^{MPa} \qquad \text{O.K(피로에 대해 검토할 필요 없다)}$$

공칭강도와 사용성 검토 : 2007 콘크리트 구조기준

아래 그림과 같은 하중조건에 있는 철근 콘크리트 보에 대해 A점에서의 단면력을 산출하고 콘크리트 구조설계기준(2007)에 의거하여 A점에서의 공칭강도 및 사용성 검토를 수행하시오(단, 재하하중은 활하중이고, 충격은 무시, 탄성계수비는 7, 단위중량은 25kN/m³, U=1.3D+2.15L 적용, $f_{ck} = 27MPa$, $f_y = 400MPa$).

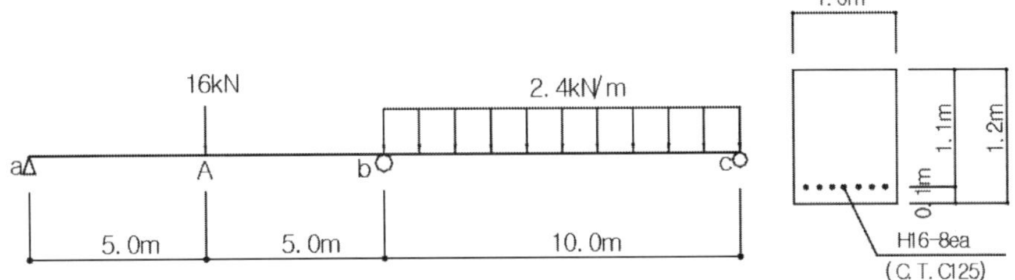

풀 이

▶ 개요

1차 부정정 구조물 2경간 연속보에 대해서 3연 모멘트 법을 이용하여 풀이한다. 공칭강도 계산을 위해 계수하중 산정을 하여야 하므로 사하중과 활하중에 대해서 각각 산정한다.

$$w_d = 25^{kN/m^3} \times 1.0 \times 1.2 = 30^{kN/m}$$

▶ 반력 산정

1) 자중에 의한 반력

$$M_A(10) + 2M_B(10+10) + M_C(10) = -\frac{wl^3}{4} \times 2 \quad \therefore M_B = -375^{kNm}$$

$$\sum M_B = 0 : R_A \times 10 - 30 \times 10 \times 5 + 375 = 0 \qquad \therefore R_A = R_C = 112.5^{kN}, \ R_B = 375^{kN}$$

$$\therefore M_{A(D)} = R_A \times 5 - w_d \times \frac{5^2}{2} = 187.5^{kNm}$$

2) 활하중에 의한 반력

$$M_A(10) + 2M_B(10+10) + M_C(10) = -\frac{P_L ab^2}{l^2} - \frac{w_L l^3}{4} \qquad \therefore M_B = -30^{kNm}$$

$$\sum M_B' = 0 : R_A' \times 10 - 16 \times 5 + 30 = 0 \qquad \therefore R_A' = 5^{kN}$$

$$\therefore M_{A(L)} = R_A{}' \times 5 = 25^{kNm}$$

$$\sum M_B{}' = 0 : R_C{}' \times 10 - 2.4 \times 10 \times 5 + 30 = 0 \qquad \therefore R_C{}' = 9^{kN},\ R_B{}' = 26^{kN}$$

➤ 공칭강도 검토

1) M_u

$$M_u = 1.3 M_D + 2.15 M_L = 1.3 \times 187.5 + 2.15 \times 25 = 297.5^{kNm}$$

2) M_d

$$a = \frac{A_s f_y}{0.85 f_{ck} b} = \frac{1588 \times 400}{0.85 \times 27 \times 1000} = 27.68^{mm},\ c = \frac{a}{\beta_1} = 32.56^{mm}$$

$$M_n = A_s f_y \left(d - \frac{a}{2} \right) = 1588 \times 400 \times \left(1100 - \frac{27.68}{2} \right) = 689.93^{kNm}$$

$$\epsilon_t = \epsilon_{cu} \left(\frac{d_t}{c} - 1 \right) = 0.098 > 0.005 \qquad \therefore \phi = 0.85$$

$$\phi M_n = 0.85 \times 689.93 = 586.44^{kNm} > M_u \qquad \text{O.K}$$

➤ 사용성 검토

1) 처짐검토

$$\text{최소두께 규정 } h_{\min} = \frac{l}{18.5} = 541^{mm} < h(=1200^{mm}) \qquad \therefore \text{처짐검토가 필요없다.}$$

2) 균열검토

$$f_s = \frac{2}{3} f_y = 266.7^{MPa}$$

$$c_c = 100 - \frac{16}{2} = 92^{mm}$$

$$s_{\max} = \min \left[375 \left(\frac{210}{f_s} \right) - 2.5 c_c (= 65.3^{mm}),\ 300 \left(\frac{210}{f_s} \right)(= 236.2^{mm}) \right] = 65.3^{mm}$$

$$s = \frac{1}{7} \left[1000 - 2 \times 40 - 2 \times 13 - 8 \times 16 \right] = 109^{mm} > s_{\max} \qquad \text{N.G}$$

$$\therefore \text{철근의 규격을 조정하여 개수를 늘이고 간격을 좁힌다.}$$

$$\text{H16-8EA}(A_s = 1588.8mm^2) \ \rightarrow \ \text{H13-13EA}(A_s = 1647.1mm^2)$$

$$s = \frac{1}{12} \left[1000 - 2 \times 40 - 2 \times 13 - 13 \times 13 \right] = 60.4^{mm} < s_{\max} \qquad \text{O.K}$$

3) 피로검토

A점에서의 $M_d = 187.5^{kNm}$, $M_l = 25^{kNm}$

$i = 0.3$ 이라고 가정하면, $M_{\max} = M_d + 1.3M_l = 220^{kNm}$

$E_c = 8500\sqrt[3]{f_{cu}} = 8500\sqrt[3]{27+8} = 27804MPa$, $n = \dfrac{E_s}{E_c} = 7.2$

$$bx \times \frac{x}{2} = nA_s(d_t - x)$$

$$\frac{1}{2} \times 1000 \times x^2 - 7.2 \times 1588.8 \times (1100 - x) = 0$$

$$\therefore \ x = 147.612^{mm}$$

$$f_{s.\max} = \frac{M_{\max}}{A_s\left(d - \dfrac{x}{3}\right)} = \frac{220 \times 10^6}{1588.8 \times \left(1100 - \dfrac{147.612}{3}\right)} = 131.776^{MPa}$$

$$f_{s.\min} = \frac{M_{\min}}{A_s\left(d - \dfrac{x}{3}\right)} = \frac{187.5 \times 10^6}{1588.8 \times \left(1100 - \dfrac{147.612}{3}\right)} = 112.31^{MPa}$$

$$f_{s.\max} - f_{s.\min} = 19.47^{MPa} < 140^{MPa} \quad \text{O.K(피로에 대해 검토할 필요 없다)}$$

피로검토 : 2007 콘크리트 구조기준

다음 그림과 같은 단철근 직사각형 단면을 갖는 단순보의 피로에 대하여 검토하시오.

단, $M_d = 50 kNm$, $f_{ck} = 24 MPa$, 충격계수 $i = 1.2$, $M_l = 75 kNm$, $f_y = 400 MPa$, $n = 7$

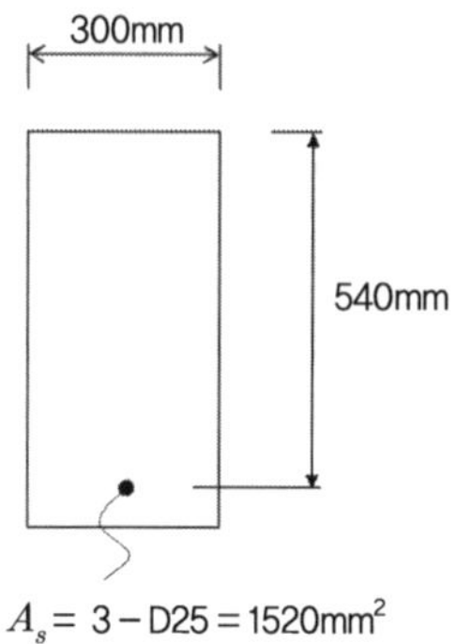

풀 이

▶ 중립축 및 균열단면 2차 모멘트 산정

$$E_c = 8500 \sqrt[3]{f_{cu}} = 8500 \sqrt[3]{24 + 8} = 26986 MPa$$

$$n = \frac{E_s}{E_c} = 7.4 \qquad \text{Use } n = 7$$

$$bx \times \frac{x}{2} = nA_s(d_t - x)$$

$$\frac{1}{2} \times 300 \times x^2 - 7 \times 1520 \times (540 - x) = 0 \qquad \therefore x = 163.44^{mm}$$

$$I_{cr} = \frac{1}{3}bx^3 + nA_s(d_t - x)^2 = \frac{1}{3} \times 300 \times 163.62^3 + 7 \times 1520 \times (540 - 163.62)^2$$

$$= 1.945 \times 10^{9(mm^4)}$$

▶ 피로안정성 검토

$$i = 0.2, \quad M_{l+i} = 1.2 \times 75 = 90 kNm, \quad M_{\max} = M_d + M_{l+i} = 140 kNm$$

$$f_{s.\max} = n\frac{M_{\max}}{I}y = 7 \times \frac{140 \times 10^6}{1.945 \times 10^9} \times (540 - 163.44) = 189.61^{MPa}$$

$$M_{\min} = M_d = 50kNm$$

$$f_{s.\min} = n\frac{M_{\min}}{I}y = 7 \times \frac{50 \times 10^6}{1.945 \times 10^9} \times (540 - 163.62) = 67.72^{MPa}$$

$$f_{s.\max} - f_{s.\min} = 121.89^{MPa} < 150^{MPa} \quad \text{O.K(피로에 대해 검토할 필요 없다)}$$

➤ 간략식을 통한 피로안정성 검토

$$f_{s.\max} = \frac{M_{\max}}{A_s\left(d - \dfrac{x}{3}\right)} = \frac{140 \times 10^6}{1520 \times \left(540 - \dfrac{163.44}{3}\right)} = 189.70^{MPa}$$

$$f_{s.\min} = \frac{M_{\min}}{A_s\left(d - \dfrac{x}{3}\right)} = \frac{50 \times 10^6}{1520 \times \left(540 - \dfrac{163.44}{3}\right)} = 67.75^{MPa}$$

$$f_{s.\max} - f_{s.\min} = 121.95^{MPa} < 150^{MPa} \quad \text{O.K(피로에 대해 검토할 필요 없다)}$$

내구성 설계

내구성 설계

01 콘크리트의 열화

1. 콘크리트의 열화 요인 [108회/124회]

【 기출유형 ① 】 철근 콘크리트 구조물의 열화 원인
【 기출유형 ② 】 콘크리트 교량의 내구성 지배인자, 내구성 우수 교량 축조 시 고려 사항

1) 중성화(탄산화), 염화물에 의한 열화   2) 화학적 부식에 의한 열화

3) 동결융해(백화)에 의한 열화   4) 알칼리골재반응에 의한 열화

5) 기타요인에 의한 열화   6) 각종 균열

열화의 기원			열화 원인
선천적	재료품질 이상	물	알칼리량, 염화물량, 유기불순물, 현탁물질, 황화물질
		시멘트	알칼리량, 석고첨가물, 유리석회, 연소부족, 혼합시멘트의 혼합과오, 풍화
		골재	유해광물, 반응성, 유기불순물, 점토덩어리, 염화물, 점토광물, 크링커광물, 저비중, 저강도
		혼화재료	혼합과오, 비율, 미연탄소량
	제조이상	계량혼합과오	시멘트부족, 물시멘트비 증대, 혼화제 과잉첨가
	시공이상		재료분리, 콜드조인트, 피복 부족, 배근과오, 철근량 부족, 양생불량
후천적	환경작용 품질이상		해수, 해염입자, 황산염, 산성비, 지하수 부식성분 포함 탄산가스에 의한 탄산화, 동결융해, 건습반복 고온, 열사이클, 화재, 피로, 충격, 부등침하 마모, 침식성 화학물질, 전류누전 부식

2. 콘크리트의 내구성 저하 요인과 대책 [123회]

내구성이란 콘크리트가 사용되는 곳에서 여러 가지 환경오염에 변하지 않고 저항하는 성질을 말한다. 또한 장기간 사용기간 동안 초기의 성능을 그대로 유지할 수 있는 성능을 말한다. 내구성에 대한 저항을 증가시키기 위해서는 설계, 시공 단계에서 내구성 저하 원인을 사전에 제거하고, 구조물 준공 후 내구성 저하를 방지하기 위한 유지관리가 필요하다.

1) 콘크리트 내구성 저하 원인

① 기상작용에 의한 내구성 저하

    가. 콘크리트 내부의 수분의 동결 융해의 반복으로 인하여 균열 발생

    나. 온도 및 함수량의 변화에 의한 콘크리트의 체적변화로 인하여 수축균열 발생

② 화학물질에 의한 내구성 저하

    가. 황산, 염산, 초산 등의 무기산에 의한 침식

    나. 해수 중의 황산마그네슘, 염화마그네슘, 중탄산 암모니아에 의한 침식

③ 물의 침식 작용 및 마모에 의한 내구성 저하

    가. 물 속의 모래 및 자갈에 의한 표면 마모

    나. 차량하중과 같은 반복하중에 의한 표면 마모

    다. 공동현상에 의한 콘크리트 파손

④ 중성화 및 철근부식에 의한 내구성 저하 : 탄산가스, 이산화탄소, 산성비, 산성토양의 접촉으로 콘크리트의 알칼리 성분이 $pH11$ 이하로 떨어지게 되면 철근이 부식되고, 철근 부식에 의한 체적 팽창으로 균열 발생

    콘크리트 중성화 : $Ca(OH)_2 + CO_2 \quad \rightarrow \quad CaCO_3 + H_2O$

                        ($pH\ 12 \sim 13$)   ($pH\ 8.5 \sim 9.5$)

    「콘크리트 중성화 → 철근부식 → 체적팽창 → 균열 발생 → 내구성 저하」

⑤ 알칼리 골재 반응에 의한 내구성 저하 : 시멘트 중의 알칼리 성분과 골재의 실리카 성분이 반응하여 생성된 물질(실리카 겔)이 수분을 흡수 체적 팽창하여 균열 발생

⑥ 전류의 작용에 의한 내구성 저하 : 철근 콘크리트의 경우 고압직류가 흐르는 경우 철근과 콘크리트 사이의 부착력이 저하되어 구조적인 붕괴 초래

⑦ 염해에 의한 내구성 저하 : 잔골재로 해사 사용, 경화촉진제로 염화칼슘 사용, 제설제로 염화칼슘 사용하는 경우 철근이 부식하고, 부식에 의한 체적 팽창으로 균열 발생

2) 단계별 내구성 저하 원인 및 대책

구분	원인	대책
설계 단계	① 설계하중의 산정 부적절 ② 철근 피복두께 부족	① 설계하중의 적절한 산정 ② 철근 피복두께 확보 ③ 신축이음 설계
재료 선정 시	① 풍화된 시멘트 사용 ② 해사 또는 염분을 허용치 이상 함유 골재 사용 ③ 알칼리 골재 반응성 재료 사용 ④ 혼화재료의 과다 사용	① 풍화된 시멘트 사용 금지 ② 화학적 저항성 향상을 위해, 포졸란, 고로슬래 　그를 함유한 혼합 시멘트 사용 ③ 기상작용에 대한 저항성 향상을 위해 AE제 사용 ④ 해사 또는 염분을 허용치 이상 함유한 골재 사 　용 금지 ⑤ 알칼리 골재 반응성 재료 사용 금지 ⑥ 적정 혼화재료 사용 ⑦ 내구성이 크고, 고비중의 양질 골재 사용 ⑧ 미분이 적고, 투수성이 적은 골재 사용
배합 시	① 단위수량 과다	① 사용목적에 따른 W/C비 결정 ② 가능한 치밀한 콘크리트 ③ 소정의 슬럼프 확보, 소정의 공기량을 포함.
시공 시	① 재료분리 ② Cold joint ③ 양생 부족 ④ 거푸집 변형 ⑤ 조기 탈형 ⑥ 동바리 침하 ⑦ 온도응력 및 건조수축에 의한 균열 ⑧ 표면의 평활도 부족	① 동바리 침하를 방지하기 위한 지반 정리 ② 거푸집 변형 방지 및 세밀한 거푸집 제작 ③ 충분한 피복두께 확보 ④ 콘크리트 수급계획 철저, Cold joint 발생 방지 ⑤ 타설 이음부 처리에 주의 ⑥ 다짐 철저 ⑦ 충분한 습윤양생 ⑧ 거푸집 탈형 시 온도응력 고려 탈형 ⑨ 필요에 따라 콘크리트 표면의 라이닝 실시
유지 관리 시	① 산성비, 산성토양, 탄산가스, 이산화탄소 노출 ② 화학 물질, 우수, 고압직류, 해수에 노출 ③ 제염제 사용 과다 ④ 유지관리 및 보수, 보강 실시 미비	① 콘크리트 표면의 방수처리 ② 고압직류 침투 방지 ③ 제염제 사용 억제 ④ 유지관리 철저 ⑤ 즉각적인 보수, 보강 실시

3) 콘크리트의 내구성 저하는 물리적, 화학적, 기상작용에 의하여 발생되며, 내구성 저하에 의한 구조
　물의 파손 및 붕괴를 유발할 수 있으므로 내구성 저하방지를 위하여 설계, 시공 및 유지관리 단계에
　서 충분한 검토를 하여 제작, 유지 관리하여야 한다.

3. 콘크리트 구조물의 성능저하

최근 국내에서 생산되는 콘크리트는 천연골재의 고갈로 인한 쇄석골재 및 해사의 불가피한 사용, 설계기술 발달로 인한 상대적인 부재단면 감소, 특수한 환경에 처하게 되는 구조물 건설의 증대 등의 이유로 인해 성능저하의 발생확률이 날로 높아가고 있으며, 이러한 콘크리트의 성능저하는 아무리 국부적인 것이라도 시간이 경과되면 구조물에 치명적인 손상을 입힐 수 있어 성능저하에 대한 내구성의 중요도가 점차 높아지고 있는 실정이다.

1) 성능저하의 원인

콘크리트 구조물의 성능저하 증상은 기본적으로 균열(crack), 박리(spalling), 표면붕괴(disintegration)로 나눌 수 있다. 이들 각각의 증상은 분명하고 뚜렷하게 구별되지만 실제적으로는 복합적으로 동시에 발생하므로 그 증상에 대한 원인 규명은 용이하지 않다. 그러나 일반적으로 발생 가능한 성능저하의 원인은 다음과 같이 분류할 수 있다.

① 시공불량 : 하부구조의 침하, 거푸집의 변형, 공사 중 발생되는 진동, 동바리의 변형, 부적절한 거푸집의 탈형시기

② 건조수축 및 온도변화에 의한 균열 및 콘크리트의 수분흡수

③ 철근의 부식 : 화학작용에 의한 부식, 전기적 작용에 의한 부식

④ 화학반응 : 알칼리-골재반응, 중성화, 염에 의한 화학작용

⑤ 동결융해의 반복 및 마모(침식)

⑥ 설계상의 오류

2) 화학반응에 의한 성능저하

① 알칼리-골재반응

알칼리-골재반응이란 골재 속의 실리카 무기물과 시멘트 속의 알칼리가 반응하여 알칼리-실리카 겔이 형성되고 주변의 수분을 흡수하여 골재의 체적팽창이 일어난다. 그 결과 콘크리트에 균열, 박리, 표면붕괴 등의 현상이 일어나게 된다. 이러한 알칼리-골재반응에 영향을 주는 요인은 활성 실리카의 성질, 활성 실리카의 양, 활성재료입자의 크기, 시멘트 내의 알칼리 양 등이며 이러한 현상의 방지대책은 다음과 같다.

(1) 반응성 골재를 사용하지 않는다.

(2) 콘크리트 중의 알칼리량을 감소시킨다.

(3) AAR(Alkali-Aggregate Reaction) 억제효과가 있는 포졸란(고로슬래그, fly ash 등)을 사용한다.

(4) 수분의 침투나 이동방지를 위해 콘크리트 표면을 방수성이 있는 마감재로 피복

② 중성화 현상

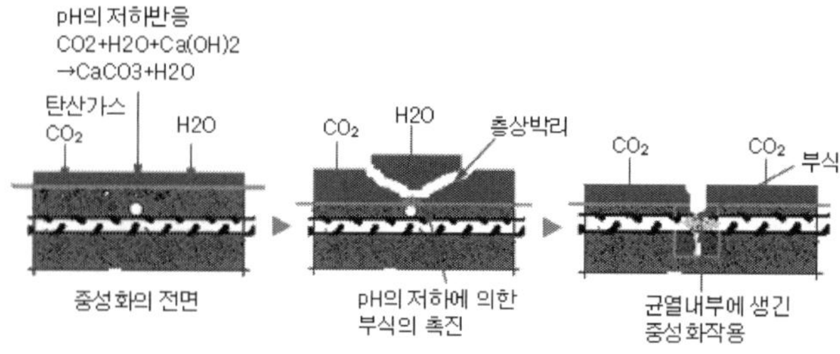

$$Ca(OH)_2 + CO_2$$
$$\rightarrow \quad CaCO_3 + H_2O$$

철근 부식 방지를 위해 pH11 이상이 필요하나 시멘트 페이스트의 알칼리성이 없어지면서 중성화되어 철근의 부동태 피막 $FeOH_2$가 파괴되어 부식 발생

콘크리트 속에 묻혀 있는 철근은 콘크리트의 염기성에 의해서 부식환경으로부터 보호되고 있으나, 콘크리트가 공기 중의 이산화탄소에 의해 표면으로부터 산화되기 시작하여 점차 염기성을 상실하게 되고, 그 결과 철근이 부식되어 그 체적이 팽창하므로 콘크리트 내부에 균열을 발생시킨다. 이러한 현상의 결과 철근의 부착강도의 감소, 철근의 피복, 콘크리트의 박리, 철근 단면적 감소로 인한 저항모멘트의 저하 등 제반 문제점 등이 야기되며 이의 방지대책은 다음과 같다.

(1) 콘크리트 품질이 치밀하게 되도록 하기 위해 고비중의 골재를 사용하고, 물시멘트비, 공기량, 세공량이 낮아지도록 한다.
(2) 충분한 피복두께를 유지한다.
(3) 표면마감재를 사용한다.

③ 염화물 및 해수의 화학작용

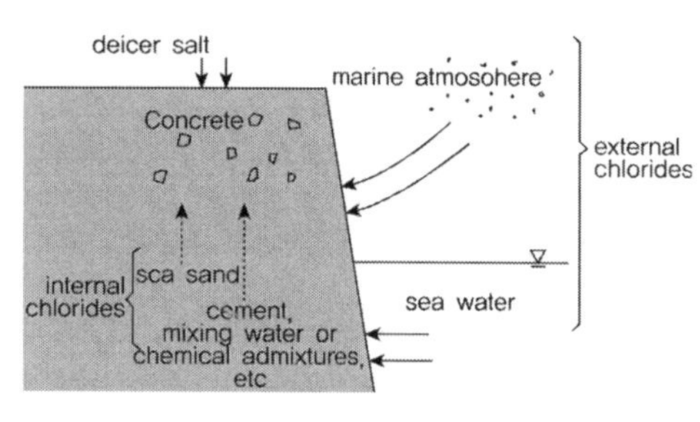

(염해 유발원인)

(염해피해)

콘크리트의 염해를 유발하는 염화물은 내부적인 원인(해사, 시멘트, 배합수, 화학혼화제 등)과 외부 침투 염화물(해양환경의 해수, 해수방울, 해염입자, 제설제 환경)로 인해서 발생된다. 이러한 환경의 구조물은 염에 의한 성능저하 현상인 콘크리트 성능저하와 철근의 부식이 발생할 수 있으며 해수의 주성분인 황산염은 시멘트수화물에 있는 수산화칼슘과 반응하여 석고를 만들고 이에 따라 체적팽창이 수반되며, 더욱이 석고는 시멘트를 구성하는 알미늄산삼석회와 반응하여 에트린가이트를 생성하고 이 에트린가이트는 솔리드의 체적을 증가시켜서 결국 균열

및 표면붕괴 등의 현상을 유발시키게 된다. 이와 동시에 염화물은 철근을 부식시키게 되어 이로 인한 박리 등의 성능저하 현상이 발생된다.

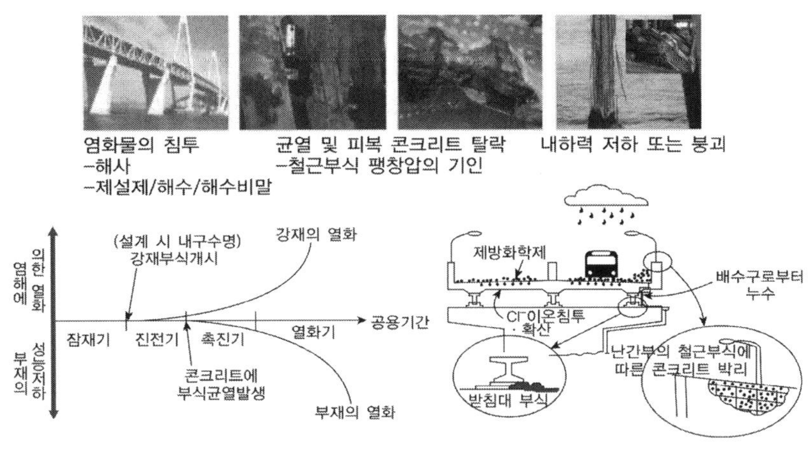

(염해에 의한 열화과정)

④ 염해 방지대책

　가. 내황산염 시멘트를 사용한다.

　나. 해사 내에 함유된 염분이 허용치 이하가 되도록 수세제염한다.

　다. 물시멘트비를 작게 하여 밀실한 콘크리트가 되도록 하고 피복두께를 충분히 증가시키고,
　　　수밀성이 높은 표면마감을 한다.

　라. 철근에 방청처리를 한다.

4. 중성화와 탄산화 ^{72회/82회/98회/133회}

【 기출유형 ① 】 탄산화현상 메커니즘과 영향인자와 대책방안
【 기출유형 ② 】 탄산화 평가방법
【 기출유형 ③ 】 콘크리트 중성화 발생원인과 제어대책

콘크리트 고알칼리 성질을 가지고 있어 철근 주위에 부동태 피막을 형성함으로써 철근을 부식 환경으로부터 보호하고 있으나, 이산화탄소, 산성비, 산성토양의 접촉 및 화재의 원인으로 공기 중의 콘크리트 내의 pH 12~13 정도의 알칼리성이 pH 8.5~10 이하로 낮아지는 현상을 중성화라고 한다. 중성화가 진행되면 철근표면에 형성되어 있는 부동태의 피막이 파손되어 철근이 부식되기 쉬운 환경에 노출된다. 철근 부식은 체적팽창을 일으켜 콘크리트에 균열 및 탈락이 발생한다.

구분	중성화	탄산화
정의	시멘트경화체의 알칼리량이 저하하는 현상	시멘트의 수화물이 이산화탄소와 반응하여 탄산화합물 등으로 변질하는 현상
발생원인	이산화탄소 침입, 산성물질 침입, 화재에 의한 온도 상승	이산화탄소 침입

일반적으로 중성화 탄산화는 알칼리성인 콘크리트가 오랜 시간 동안 공기 중에 있거나 콘크리트 표면에서 공기 중의 CO_2(탄산가스), SO_2(아황산가스)의 작용을 받아 서서히 중성화, 탄산화된다고 알려져 있으며, 많은 연구자들은 중성화와 탄산화를 엄밀하게 구분하지 않고 총괄적으로 하나로 사용한다.

① $Ca(OH)_2 + CO_2 \rightarrow CaCO_3 + H_2O$: 알칼리성 수산화칼슘($Ca(OH)_2$)이 CO_2와 반응하여 탄산칼슘($CaCO_3$)을 생성

② $(CaO)_3(SiO_2)_2(H_2O)_3 + 3CO_2 \rightarrow 3CaCO_3 + 2SiO_2 + 3H_2O$: 알칼리성이 있는 시멘트 겔[$(CaO)_3(SiO_2)_2(H_2O)_3$]이 CO_2와 반응하여 탄산칼슘을 생성(탄산화)

③ $2Ca(OH)_2 + 2SO_2 + 2H_2O + O_2 \rightarrow 2(CaSO_4 \cdot 2H_2O)$: 알칼리성이 있는 수산화칼슘이 중화되어 중성의 이수석고를($CaSO_4 \cdot 2H_2O$) 생성(중성화)

1) 탄산화

시멘트 수화반응에 의하여 생성된 화합물이 이산화탄소와 반응하여 탄산화합물로 분해되는 현상으로, 콘크리트의 물성에 영향을 미친다.

시멘트수화물이 대기 중의 이산화탄소의 작용으로 탄산칼슘과 다른 물질로 변화하는 현상

탄산화는 표면에서부터 내부로 진행, 탄산화된 부분이 회복되는 일은 없다.

① 탄산화 영향요소 : 물시멘트비와 콘크리트내의 알칼리량이 클수록 탄산화는 급속히 진행됨.

  (1) 내적요인

    가. 물리적 요인 : W/C비, 물결합재비, 혼화재의 치환율, 공기량, 초기양생조건

    나. 화학적 요인 : 시멘트의 알칼리량, 혼화재의 종류, 배합 조건, 초기 양생조건, 환경조건

  (2) 외적요인 : 온도, 습도, 우수

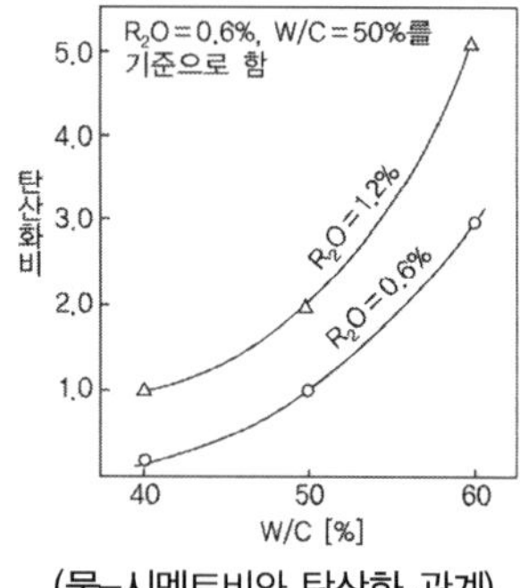

(물–시멘트비와 탄산화 관계)

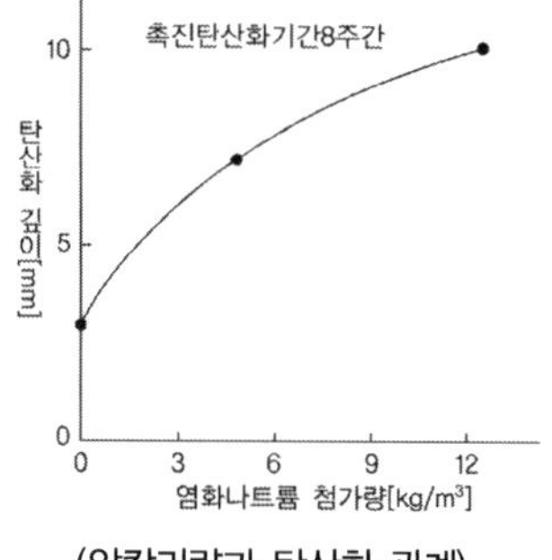

(알칼리량과 탄산화 관계)

2) 중성화

시멘트 경화체의 알칼리성이 저하하는 현상, 콘크리트 내의 수산화칼슘이 대기 중의 이산화탄소가 콘크리트 내부로 확산됨에 따라 탄산칼슘을 생성하여 알칼리성을 상실하는 현상

① 중성화 발생원인 : 대기 중 탄산가스의 콘크리트 내 확산(콘크리트의 탄산화), 산성비, 산성토양. 물과의 접촉, 화재에 의한 영향

② 화학반응식 : $CO_2 + H_2O + Ca(OH)_2 = CaCO_3 + 2H_2O$

③ 탄산화정도 확인방법
 (1) 페놀프탈레인 용액에 의한 착색반응
 (2) 편광현미경 관찰, 열분석시험, 육안 확인방법

④ 중성화속도에 영향을 미치는 요인
 (1) 외적요인 : 환경조건(대기 중의 탄산가스 농도, 온도, 습도, 마감재)
 (2) 내부요인 : 콘크리트 자체의 성능. 품질

⑤ 중성화로 인한 피해
 (1) 탄산화 수축 : 건조수축의 1/2 정도, 구조물에 균열
 (2) 콘크리트 강도 저하
 (3) 철근 부식, 콘크리트와 철근의 부착력 저하
 (4) 팽창압에 의한 피복 콘크리트에 균열
 (5) 백태 및 유리석회 발생

3) 중성화 실험

① 1% 페놀프탈레인 용액을 살포하여 깊이 측정
② 정밀 분석을 위해서는 X-ray 회절분석이나 시차중량분석 시험을 실시한다.

4) 대책

① 재료 및 배합인자 : 내구성이 큰 골재, 가능한 치밀한 콘크리트 사용, 조강, 보통 포틀랜드 시멘트 사용, 양질 골재 사용, W/C비·공기량·세공량은 되도록 낮게, AE제·감수제·유동화제 사용

② 시공인자 : 충분한 초기 양생, 충분한 피복두께 확보, 세밀한 거푸집 제작, 다짐 철저, 필요에 따라 콘크리프 표면의 라이닝 실시, 타설 이음부 처리에 주의

③ 표면 마감재 사용 : 에폭시와 같은 고분자 계통 이용, 모르타르, 페인트 및 타일에 의한 마감

5. 염화물에 의한 열화 ^{113회/115회/123회}

콘크리트 내의 염분은 콘크리트 강도에는 큰 영향을 주지 않으나 철근을 부식시키는 결과를 초래하여 내구성이 저하하게 된다. 염해란 콘크리트 구조물 중에 염화물이 존재하여 강재가 부식함으로써 콘크리트 구조물에 손상을 미치는 현상으로 강재의 부식으로 생긴 녹에 의해 체적 팽창이 발생하고 강재를 따라서 콘크리트에 균열이 발생한다.

1) 발생원인 : 콘크리트에 도입된 염소이온은 시멘트 중의 미수화 C_3A와 반응하여 프리델씨염으로 고정화됨. 이 양은 시멘트 중의 C_3A의 양으로부터 좌우되나 보통 시멘트 중량대비 0.4% 정도임, 이 프리델씨염은 CO_2의 작용으로 용해됨.

2) 내부염해와 외부염해

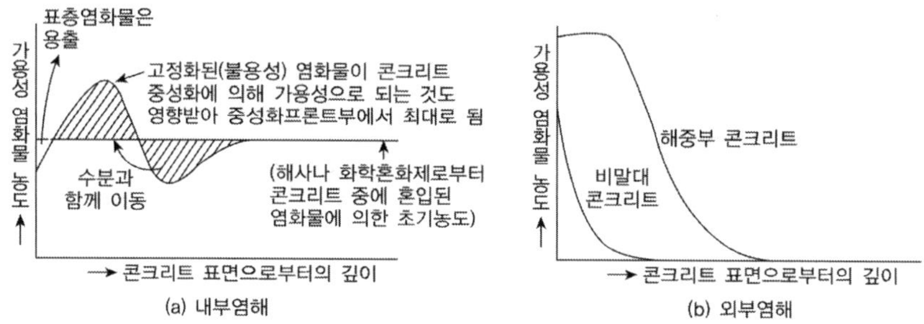

3) 염분의 침투경로

대부분이 미세정 바다모래를 사용함으로써 염분이 혼입되고 있으며, 염분의 침투경로를 살펴보면 다음과 같다.
① 깨끗이 세척하지 않은 바다모래의 사용
② 경화촉진제로서 염화칼슘의 사용
③ 염화칼슘을 주체로 한 조강형 AE제 사용
④ 혼화수로서 해수 사용
⑤ 제설제로 염화칼슘 사용

4) 대책

① 재료 선정 시 : 에폭시 철근 사용, 해사 사용할 때 제염대책 강구, 해수 사용 금지
② 밀실한 콘크리트 타설

단계	방법
배합 시	① W/C비를 저하(55% 이하)　②단위수량을 줄이고 단위 시멘트량 증가 ③ 슬럼프 8cm 이하　④ s/a ↑, 굵은 골재 최대치수↓, 양질의 감수제와 AE제 사용
설계 시	① 충분한 부재 두께 및 피복두께를 확보
타설 시	① 시공이음이 생기지 않도록 시공계획 수립 ② 시공이음을 둘 때는 레이탄스나 재료분리 부분을 제거하고 지수판 설치
양생 시	① 양생 시 습윤 양생

③ 피복두께를 충분히 취해 균열폭을 작게 한다.

④ 내염설계 실시(철근위치까지 임계염화물량이 도달하는 데 100년이 걸리도록 설계)

5) 보수보강 방법

① 단면보수 및 표면 피복 확보

② 전기 방식 및 표면도장

③ 시공, 유지관리 시 피복두께 확보 및 균열 발생 억제

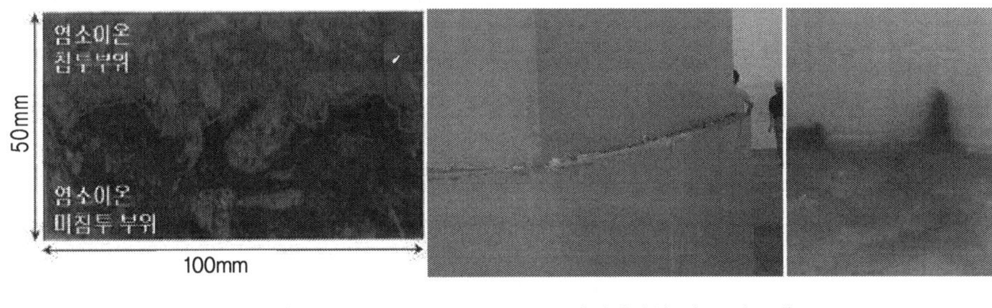

(내염피해 시험)　　　　　　(전기방식 및 표면도장)

1. 내염설계 : 염화물이 콘크리트 내부로 침투, 철근 위치에서 임계염화물량에 도달하는 데까지 걸리는 기간을 100년으로 설정, 주요 영향인자로는 표면염화물량, 확산계수, 콘크리트 재료/배합, 피복두께, 임계염화물량 등이다. 일종의 성능기반설계(Performance Based Design : PBD)의 일종으로 구조물이 위치할 지역적 특성을 고려하여 요구성능에 맞추어 구조물을 설계한다.

2. 국내 설계 도입 : 인천대교(일본의 설계법 적용), 거가대교 및 침매터널(유럽 Duracrete 모델 적용)

3. 국내 염해 내구성평가 방법 : 가장 보수적이고 안전측인 일본의 내염설계법을 국내에 맞게 개정 중

$$\gamma_p C_d \leq \phi_K C_{\lim}$$

γ_p : 염해에 대한 환경계수(일반적으로 1.11)

ϕ_K : 염해에 대한 내구성 감소계수(일반적으로 0.86)

$C_{\lim}$: 철근부식이 시작될 때의 임계 염화물이온 농도(일반적 $1.2kg/m^3$)

C_d : 철근위치에서 염화물이온 농도의 예측값

4. 전기방식법 : 부식환경에서 금속이 갖는 전위를 외부에서 전류를 흘려보내 강제적으로 변화시킴으로써 부식이 발생하지 않은 영역으로 이행 부식반응을 정지키시는 전기화학적 공법

구분	전기방식 시스템	장점	단점
외부전원 방식	전도성 도료시스템	외관·미관 양호, 재보수용이, 저렴	전원 필요, 손상 쉬움, 바닥판 상부면 적용 불가
	망상양극 시스템	염소가스 발생 안 함, 적용범위 넓음, 양극재 내구성이 좋음	전원 필요, 오버레이 시공 시 유의, 하중 증가
유전양극 방식	아연 시트판 시스템	전원설비 불필요, 관리작업 저감, 과방식 우려 없음	적용개소 제한, 전류조절 불가, 내구성에 한계

6. 동결융해에 의한 열화 [96회/102회]

콘크리트에 함유되어 있는 수분이 동결하면 팽창함으로써 콘크리트의 파괴를 가져온다. Fresh 콘크리트가 초기에 동해를 입으면 강도, 내구성, 수밀성이 현저하게 저하되기 때문에 반드시 제거한 후 재타설하여야 한다.

1) 발생원인 : 물이 얼어 얼음으로 변화할 때 체적은 약 9% 팽창

① 비중이 작은 골재 사용 : 기공이 많은 골재 사용, 흡수율이 큰 경우
② 초기 동해 : 굳지 않은 콘크리트
③ 콘크리트가 수분 함유
④ 동결온도 지속

2) 발생모식도

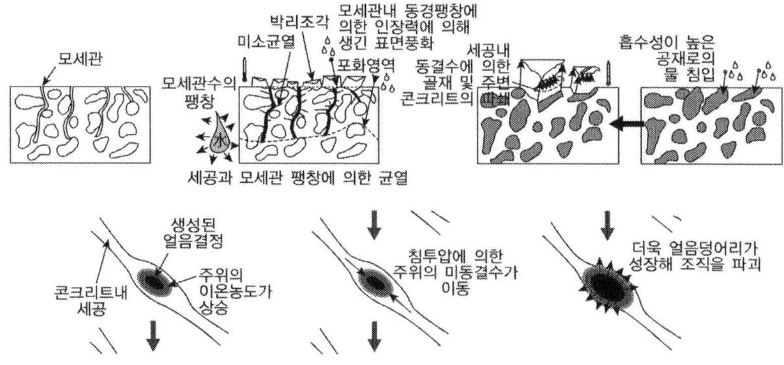

3) 동결융해촉진 메커니즘 : 세공용액 내의 일부에서 얼음이 형성되면 그 공극에 존재하는 미동결수의 이온농도가 상승하게 되어, 주위의 공극수와 침투압이 발생해 미동결수가 유입해 온다.

4) 동결융해에 의한 열화의 특징

① 기둥이나 보에서는 축방향 균열을 일으킨다.
② 슬래브나 벽체에서는 거북등상 균열을 일으킨다.
③ 균열 진전에 따라 콘크리트 내부의 취약화와 강도저하를 초래한다.
④ 스케일링(scaling), 팝아웃(pop-out), 들뜸이나 박락을 일으킨다.
⑤ 구조물의 돌출부 등 수분이 많은 개소와 동결융해 온도조건이 심한 개소에서 상기의 열화가 현저하다.

5) 대책

동결융해에 의한 균열의 발생형태는 종방향 및 국부적인 콘크리트의 파손으로 나타나게 되는데, 이를 방지할 수 있는 방안은 다음과 같다.

① AE제, AE감수제, 고성능 AE감수제 사용 : 적정한 공기량(3~6%)을 확보할 수 있으며, 이에 따라 응력의 흡수능력이 증대
② 물/시멘트비 저감, 흡수성 작은 골재 사용 : 콘크리트의 매트릭스를 밀실한 조직으로 구성
③ 단위수량 저감 : 동결이 가능한 수분함량을 최소화
④ 균일한 시공 및 양생 철저
⑤ 구조적인 대책 수립 : 균열 발생을 억제하기 위하여 표면수의 신속한 배수(물끊기 설치) 및 철근의 피복두께 확보, 철저한 양생·다짐
⑥ Polymer 등으로 표면 덧씌움
⑦ 단계별 처리 대책

단계	방법
재료선정 시	① 비중이 크고 강도가 높은 골재 사용 ② 다공질의 골재 사용금지 : 수분을 다수 함유 ③ 혼화제(AE제) 사용
배합 시	① 물-시멘트(w/c)비는 가능한 낮게 ② 단위 수량은 필요 범위 내에서 최솟값
치기/다지기 시	① 골재 분리 방지 ② 진동 다짐 및 구석구석 다짐 실시
양생 시	① 동해방지 보온 및 급열 양생 실시
유지관리 시	① 수분 접촉 억제, 방수처리

7. 알칼리-골재반응에 의한 열화

1) 발생 메커니즘(반응성 골재 : 휘석안산암, 잠정질 석영 등)

① 알칼리 골재 반응이란 알칼리-실리카 반응, 알칼리-탄산연암 반응 및 알칼리-실리케이트 반응을 총칭한다.

② 시멘트 속의 알칼리 성분이 골재 중에 있는 실리카와 화학반응을 일으켜 팽창성 겔을 생성시킨다.

③ 알칼리 반응의 골재를 사용하면 골재 주변에는 팽창성 압력이 작용하게 되어 콘크리트 구조물에 거북 등과 같은 균열이 발생된다.

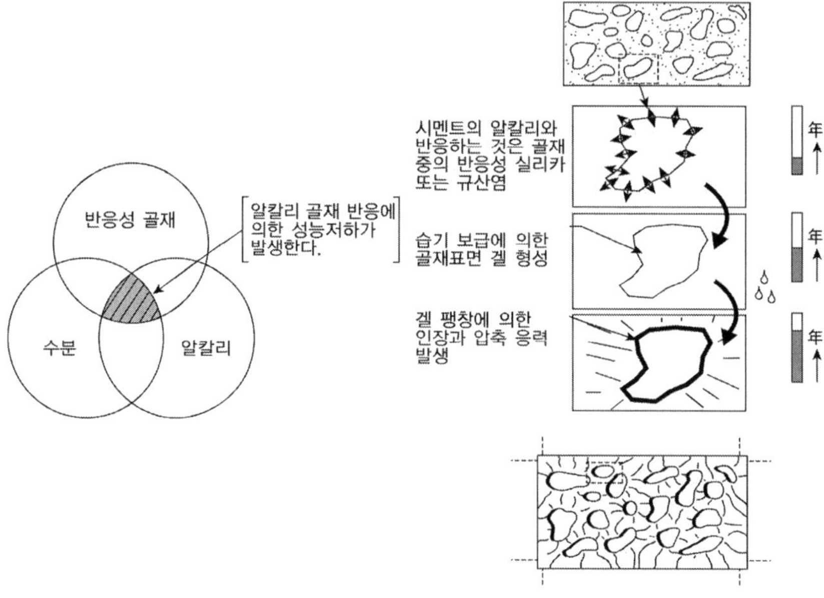

2) 알칼리 골재 반응 발생조건

① 알칼리 반응성 골재가 존재할 것 : 화산암, 규질암, 미소석영, 변형된 석영

② 시멘트 페스트의 세공 중에 충분한 수산화 알칼리 용액이 존재할 것

③ 콘크리트가 다습 또는 습윤 상태일 것

3) 알칼리 골재 반응에 의한 열화의 특징

① 기둥이나 보에서는 축방향 균열을 일으킨다.

② 벽체에서는 거북등상 균열을 일으킨다.

③ 반응성 골재 주위에 반응림이나 백색겔을 생성한다.

4) 대책

① 지금까지 사용한 적이 없는 부순돌, 자갈 등을 사용할 때는 반응성이 있는지를 조사

② 반응성 골재를 사용하는 경우 전 알칼리성을 0.6% 이하로 규제

③ 콘크리트 1m^3당의 알칼리 총량은 Na_2O 당량으로 3kg 이하로 한다.

④ 양질의 포졸란 사용

⑤ 지수 공사

⑥ 균열은 주입 및 코팅 등에 의한 방수처리

⑦ 콘크리트 표면에 방수성의 마감재로 피복

8. 건조수축에 의한 균열 [132회]

【 기출유형 ① 】 내구성 저하시키는 건조수축의 정의, 분류, 영향요인 및 방지대책

건조수축균열은 경화한 콘크리트 구조물의 구속체 부재에서 콘크리트 조직 내부의 모세관 공극으로 건조환경에 의해 콘크리트 배합의 잉여수 등이 빠져 나감에 따라 조직수축이 이루어져 발생하는 인장응력이 콘크리트의 인장강도를 초과할 때 발생한다. 건조수축은 콘크리트의 배합, 양생조건, 환경, 부재의 크기 등에 의해 영향을 받는다.

1) 건조수축균열 발생 메커니즘

① 자유수축 : 콘크리트 부재 자체의 내부에서의 내부구속으로 인해 부재 내의 건조 정도의 차이가 발생하며 수축량의 차이가 발생하며 이로 인해서 부재 표면부분의 요소에서는 인장력이 내부는 압축력을 받게 된다. 이러한 표면과의 거리차로 인해 건물의 바닥의 긴 방향으로 인장력이 강하게 나타나게 되어 건조수축 균열의 형상이 나타난다.

② 외부구속 : 콘크리트 부재가 자유롭게 수축되지 못하며 이로 인해 부재 내에 균일한 인장응력 분포가 발생하며 이 응력이 부재의 인장강도를 넘으면 균열이 발생한다.

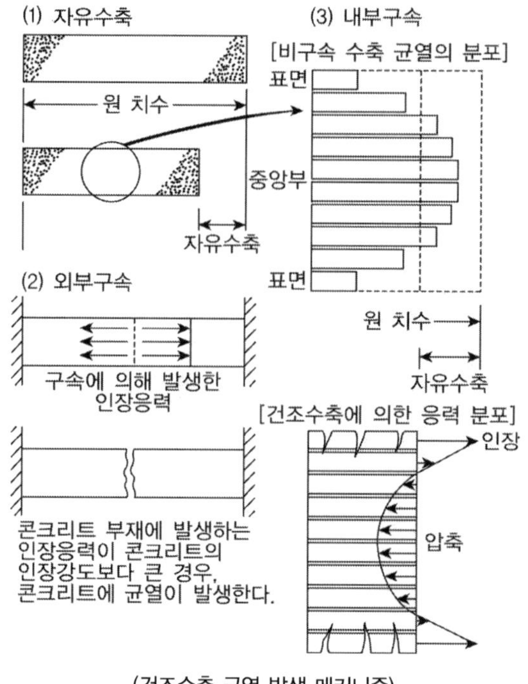

2) 대책

① fly ash, 중용열시멘트, 내황산염포틀랜드 시멘트가 비교적 건조수축이 작다.

② 흡수율이 작고 탄성계수가 크고 입형이 좋고 크기가 큰 골재 사용

③ 단위수량을 감소하고 배합 시 AE감수제 등을 사용한다.

④ 습윤양생 실시

⑤ 철근 배근

9. 수화열에 의한 균열

콘크리트의 수화열에 의한 균열은 내외부 구속에 의해서 발생하게 되며

1) 내부 구속응력 균열 : 부분적인 내부 온도 상승 차이로 인해 변형의 차이가 서로를 구속하여 발생하는 응력으로 발생되며 콘크리트 타설 후 수화열에 의해 내부 온도가 높아지는 반면 콘크리트 표면은 외부공기와의 접촉 등으로 인해 내부보다 빠르게 냉각되어 부분별 온도상승의 차이가 발생하게 되고 이로 인해 콘크리트 표면부는 내부에 비해 상대적으로 변형률이 작기 때문에 인장응력이 발생하여 균열이 생성된다.

2) 외부 구속응력 균열 : 매스콘크리트와 기초 또는 기 타설된 부분의 온도차이로 인해 타설된 매스콘크리트의 변형이 구속됨으로써 응력이 발생하게 되고 이로 인해 발생한 외부 구속응력은 콘크리트 타설 후 시간경과에 따라 수축될 때 기초 및 기 타설된 부분에 구속되어 매스콘크리트 하부가 인장응력을 받게 됨에 따라 균열이 발생된다.

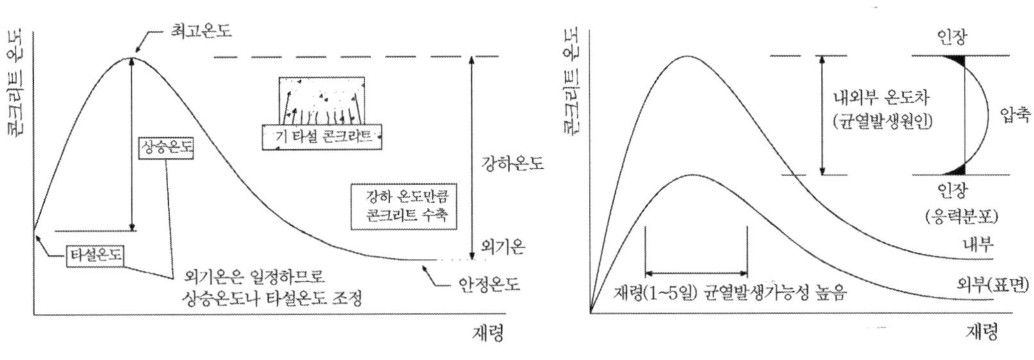

(a) 내부구속응력에 의한 균열   (b) 외부구속응력에 의한 균열

3) 대책

단계	방법		
배합	발열량 저감	시멘트량 저감	저발열 시멘트 사용
			양질의 혼화재료 사용
			슬럼프 작게
			골재치수 크게
			양질의 골재 사용
			강도 판정시기의 연장
시공	온도변화 최소화		양생온도의 제어
			보온 가열 양생 실시
			거푸집 존치기간 조절
			콘크리트 타설시간 간격 조절
	시공 시 온도상승저감		재료 쿨링
			계획온도 관리
설계	설계상 배려		균열유발줄눈 설치
			철근 배근(균열 분산)
			별도 방수 보강

10. 화학적 부식에 의한 열화

1) 발생 메커니즘

- 하수중의 유기물 분해 등에 의해 하수중의 용존산소가 소비됨.
- 무산소상태(혐기(嫌氣)상태)에서 하수에 포함되는 황산이온은 황산염 환원세균에 의해 환원되어 황화수소를 생성

⇩

- 공기중 호기(好氣)성 박테리아인 황산화세균에 의해 황화수소를 산화시켜 황산을 생성

⇩

- 콘크리트에 황산작용, 황산칼슘 생성

$$Ca(OH)_2 + H_2SO_4 \rightarrow CaSO_4 + 2H_2O$$

⇩

- 황산칼슘이 콘크리트 중의 알루민산칼슘 수화물과 화학반응해서 황산칼슘의 3~4배의 체적을 갖는 침상결정의 에트린가이트 생성

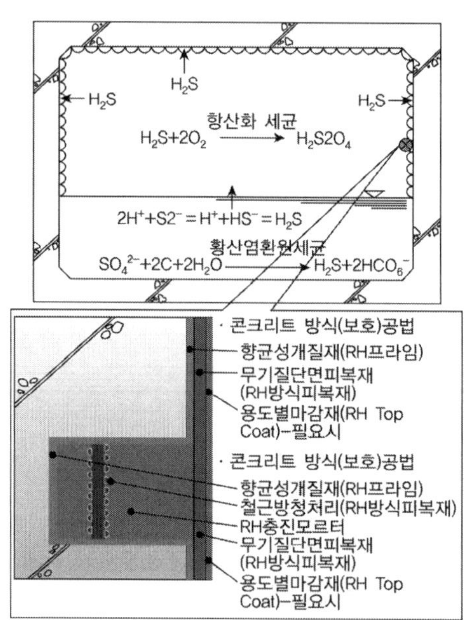

11. 철근 콘크리트의 부식 [115회]

일반적으로 철근은 알칼리성 상태에서는 부식을 막는 보호막(Passive Film)을 표면에 형성한다. 콘크리트는 이러한 부식을 막는 알칼리를 만드는데 이것은 포틀랜드 시멘트가 수화하고 굳어지면서 발생하는 많은 양의 칼슘 수화물 때문이다. 그러므로 콘크리트 속의 철근은 콘크리트 자체가 손상되지 않고 높은 pH가 유지되는 경우 산소와 습기가 철근에 도달하더라도 부식되지 않는다. 그러나 콘크리트의 중성화, 염화물의 출현, 균열, 수분공급, 표층콘크리트의 박리 및 기타요인에 의해 철근의 보호막이 파괴되고 부식이 발생한다.

1) 콘크리트의 중성화(탄화작용) 및 대책

콘크리트가 알칼리성을 잃고 중성화되는 현상은 탄산화 작용을 통하여 일어난다. 공기 중의 CO_2 가 콘크리트 속의 알칼리와 반응해서 콘크리트를 탄산염으로 환원시킨다. 시간이 지남에 따라 탄화피복은 점차 콘크리트 속으로 확대되고, 탄화작용이 철근에 도달하게 되면 철근은 부식한다.

2) 중성화 제어대책

① 적정한 시멘트의 사용

② 염화물, 점토분 등 유해물이 적은 골재 사용

③ 피복두께 증가

④ W/C를 작게 한다.

⑤ 단위수량을 적게 한다.

⑥ 양생을 좋게 한다.

3) 염화물의 영향 및 대책

철근보호막을 파괴하는 또 다른 원인으로는 할로겐, 황산 그리고 황화이온 등이 있다. 이들 중 염화이온이 피막파괴 및 부식작용을 심하게 일으키는데 콘크리트 배합 시 물, 골재, 혼화재 등에 포함되거나 시공 후 균열을 통해 스며든다.

4) 염화물 제어대책

① 해사의 염화물 함유량을 허용치 이하로 한다. 모래중량에 대해 NaCl 0.04% 이하

② 양질의 콘크리트로 시공한다.

③ 피복두께 증가

④ 콘크리트 표면보호

⑤ 양질의 POZOLAN 사용

철근 콘크리트 구조물에 필요한 각종 성능이 계획사용기간 내에 구조물의 입지환경하에서 적절한 안전율을 가지고 요구수준 이상의 상태로 유지될 수 있도록 사용재료(시멘트, 혼화재료, 골재, 철근 등) 및 콘크리트의 배합, 부재 구성요소의 치수, 형상, 배치(피복두께, 철근직경, 배근상세, 단면 등)를 각종 규준과 경제성을 고려하여 적절히 선정, 설계하는 광의적 신 개념의 내구성 설계방식을 채택

1. 내구지수 및 환경지수 산정방식에 의한 콘크리트 구조물의 내구성 설계 ^{95회/114회}

【 기출유형 ① 】 구조물의 내구성 설계개념과 RC 내구성 설계 시 고려해야 할 주요 인자
【 기출유형 ② 】 콘크리트 구조물의 내구수명 결정요인과 목표내구수명

1) 내구성 설계의 기본절차

설계내용연수 설정 → 환경지수 E_r 산정(E : environment) → 설계조건 설정
→ 기본사양 검토 → 내구한계연수 D_r 산정(D : durable) → 설계의 적합성 검토($E_r \leq D_r$)
※ $E_r \leq D_r$ 을 만족하지 않으면 다시 시작.

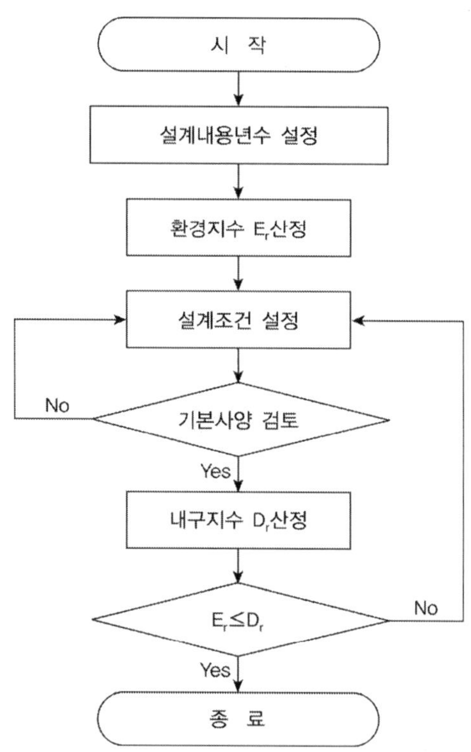

2) 외부환경조건 콘크리트 열화현상으로 고려된 주인자 : 염해·탄산화·동해·황산염

3) 기본검토항목

① 재료·배합분야

② 시공분야 – 계량 / 비빔 / 타설 / 양생

③ 설계분야 – 이음 / 철근배근 / 거푸집·동바리 / 품질관리 / 균열제어 / 피복

4) 내구지수와 환경지수 산정방법

① 환경지수

구조물이 놓여 있는 환경조건 및 요구되는 Maintenance free 기간을 고려하여 정하는 지수로써, 표준환경지수와 환경지수 증분치의 합으로 나타낸다.

$$환경지수(E_T) = 표준환경지수(E_S) + 환경지수 증분치(\Sigma \Delta E_T)$$

여기서, 표준환경지수 E_S 는 50년간 Maintenance free인 경우 85

100년간 Maintenance free인 경우 128

$\Sigma \Delta E_T$ 는 염해, 탄산화, 동해, 황산염 침해 및 복합열화에 대한 환경지수 증분치.

② 내구지수

재료, 설계, 시공의 각 분야에서 세부 항목으로 나누어 내구성에 미치는 정도를 정량적으로 평가하는 것으로 재료분야, 설계분야, 시공분야로 구성되어 있으며, 내구지수는 기본내구지수와 내구지수 증분치의 합으로 나타낸다.

$$내구지수(D_T) = 기본내구지수(D_0) + 내구지수 증분치(\Sigma \Delta D_T)$$

③ 내구성 검토

콘크리트 구조물의 내구성에 대한 검토는 부재 각 부분에서 내구지수(D_T)가 환경지수(E_T) 이상인 것을 확인하는 절차에 의해 실시된다.

$$D_T \geq E_T$$

2. 콘크리트 구조물의 내구성 평가 [128회]

KDS 14 20 40 콘크리트 구조 내구성 설계기준(강도설계법)에서는 부록편을 통해 내구성 평가방법에 대해 규정하고 있다. 콘크리트구조 설계기준(KDS 14 20 40) 부록편에서 제시하고 있는 내구성 평가는 콘크리트 구조물의 공사 착공단계에서 내구성을 평가하기 위한 것으로서 내구성 평가원칙, 설계에 따라 시공될 콘크리트 구조물에 대한 내구성 평가 방법, 시공에 사용되기 위해 배합설계된 콘크리트의 재료자체에 대한 내구성 평가 방법에 대한 표준을 규정하고 있다. 내구성 평가는 성능저하환경에 놓여 있는 콘크리트 구조물의 주된 성능저하 인자인 염해, 탄산화, 동결융해, 화학적 침식, 알칼리 골재반응에 대하여 검토한다. 검토할 때에는 내구성능 예측값에 환경계수를 적용한 소요 내구성능 특성값에 내구성 감소계수를 적용한 설계 내구성값과 비교하며 수행한다.

$$\gamma_P A_P \leq \phi_K A_K$$

여기서, γ_P : 콘크리트 구조물에 관한 환경계수, ϕ_K : 콘크리트 구조물에 관한 내구성 감소계수
A_P : 콘크리트 구조물의 내구성능 예측값, A_K : 콘크리트 구조물의 내구성능 특성값

1) 염해에 관한 내구성 평가

염소이온 침투에 의한 콘크리트 구조물의 내구성 평가로 염해를 받을 수 있는 환경에 놓인 콘크리트 구조물의 환경조건은 국내 해안선으로부터의 거리에 따라 계측한 콘크리트 표면의 염소이온 농도 C_S (kg/m³)를 설정하여야 한다.

$$\gamma_P \, C_d \leq \phi_K \, C_{\lim}$$

여기서, γ_P : 염해에 대한 환경계수로서 일반적으로 1.11
ϕ_K : 염해에 대한 내구성 감소계수로서 일반적으로 0.86
$C_{\lim}$: 철근부식이 시작될 때의 임계염소이온 농도, $C_{\lim} = 0.004\,C_{\text{bind}}$

염해에 대한 콘크리트 구조물의 내구성 평가를 위한 염소이온 농도는 콘크리트 중의 염소이온의 확산에 관한 기초방정식인 피크(Fick)의 제2법칙을 유한요소법 또는 유한차분법을 통해 구하거나 다음의 식을 이용해 구할 수 있다.

$$C_d - C_i = (C_S - C_i)\left(1 - erf\left(\frac{x}{2\sqrt{D_d\,t}}\right)\right)$$

여기서, C_d : 위치   (cm), 시간   (년(y), 또는 초(s))에서 염소이온 농도의 설곗값(kg/m³)
C_i : 초기 염소이온 농도로서 최댓값으로 0.3 kg/m³

C_S : 표면 염소이온 농도

erf : 오차함수, $erf(s) = \dfrac{2}{\pi^{1/2}} \displaystyle\int_0^s e^{-\lambda^2} d\lambda$

D_d : 염소이온의 유효확산계수(m^2/y, 또는 m^2/s), $D_d = \gamma_c D_k$

γ_c : 콘크리트의 재료계수로서 일반적으로 1.0이 사용되며, 구조물의 최상부에는 1.3

D_k : 콘크리트 염소이온 확산계수의 특성값(m^2/y, 또는 m^2/s, $1.0 \times 10^{-12}\ m^2/s$ = $0.31536 \times 10^{-4}\ m^2/y$)

2) 탄산화에 관한 내구성 평가

목표내구수명에 도달하였을 때의 철근부식이 발생하는 탄산화 한계깊이와 구조물의 성능저하에 따른 예측 탄산화 깊이에 각각 내구성 감소계수와 환경계수를 곱하여 비교한다. 탄산화에 대한 허용 성능저하 한도는 탄산화 침투깊이가 철근의 깊이까지 도달한 상태를 탄산화에 대한 허용 성 능저하 한계상태로 정하도록 한다.

$$\gamma_P \ y_p \leq \phi_K \ y_{\lim}$$

여기서, γ_P : 탄산화에 대한 환경계수로서 일반적으로 1.1

ϕ_K : 탄산화에 대한 내구성 감소계수로서 일반적으로 0.92

$y_{\lim}$: 철근부식이 발생할 수 있는 탄산화 한계깊이(mm), $y_{\lim} = c - c_k$

c : 설계피복두께(mm)

c_k : 한계 탄산화 깊이 여윳값, 자연환경에서는 10mm, 심한 염해환경에서는 25mm

y_p : 탄산화 깊이의 예측값(mm), $y_p = \gamma_{cb}\ \alpha_d\ \sqrt{t}$

γ_{cb} : 탄산화 깊이 예측식의 변동성 고려 안전계수, 일반적 1.15, 고유동화 콘크리트 1.1

α_d : 설계 탄산화 속도계수($mm/\sqrt{y}$), 여기서, y는 재령(년) $\alpha_d = \alpha_k\ \beta_e\ \gamma_c$

α_k : 특성 탄산화 속도계수($mm/\sqrt{y}$), 여기서, y는 재령(년)

β_e : 환경작용의 정도를 나타내는 방향계수, 건조되기 어려운 북향한 면 1.0, 건조되기 쉬운 환경, 남향 면에서는 1.6

γ_c : 콘크리트의 재료계수, 일반적 1.0, 구조물의 상면 부위 1.3, 구조물의 콘크리트와 표준양생공시체 간에 품질의 차이가 생기지 않는 경우에는 1.0

t : 재령(y)

3) 동해에 관한 내구성 평가

동결융해 저항성 시험을 통하여 얻어지는 상대동탄성계수와 콘크리트의 질량감소율을 지표로 동해에 관한 내구성을 평가한다.

$$\gamma_P \ F_d \leq \phi_K \ F_{\lim}$$

여기서, γ_P : 동해에 대한 환경계수로서 일반적으로 1.0

ϕ_K : 동해에 대한 내구성 감소계수, 구조물의 종류와 위치에 따라 결정

구분	보통부위	구조물의 상부
일반 구조물	1.0	0.8
중요 구조물	0.9	0.7

F_d : 상대동탄성계수의 예측값의 역수, $F_d = \dfrac{1}{E_d}$

E_d : 상대동탄성계수의 예측값(%)

$F_{\lim}$: 상대동탄성계수의 최솟값의 역수, $F_{\lim} = \dfrac{1}{E_{\min}}$

$E_{\min}$: 동결융해작용에 대하여 소요 성능을 만족하기 위한 상대동탄성계수의 최소 한 겟값(%)으로서 일반적으로 표에 따름.

기상조건		기상작용이 심하고 동결융해가 자주 반복될 때		기상작용이 심하지 않고 온도가 동결점 이하로 지는 경우가 드물 때	
단면		얇은 경우[2]	보통 경우	얇은 경우	보통 경우
구조물의 노출상태	(1) 연속해서 또는 반복해서 물에 포화되는 경우[1]	85	70	85	60
	(2) 일반적인 노출상태로 (1)에 속하지 않는 경우	70	60	70	60

주 1) 수로, 물탱크, 교각의 받침대, 교각, 옹벽, 터널 복공 등과 같이 수면 가까이에서 포화된 부분 및 이 구조물들 외에 보, 슬래브 등에 수면에서 떨어져 있지만 융설, 유수, 물방울 때문에 물에 포화된 부분 등
2) 단면의 두께가 0.2m 이하인 구조물

4) 화학적 침식에 관한 내구성 평가

산, 황산염, 염류, 강알칼리, 동·식물성 기름, 당류, 부식성 가스에 의한 침식에 대한 평가

$$\gamma_P \; Z_p \leq \phi_K \; Z_{\lim}$$

여기서, γ_P : 화학적 침식에 대한 환경계수로서 일반적으로 1.1

ϕ_K : 화학적 침식에 대한 내구성감소계수로서 일반적으로 0.92

$Z_{\lim}$: 화학적 침식 한계깊이(mm), $Z_{\lim} = c - c_k$

c : 설계피복두께(mm)

c_k : 한계 화학적 침식 깊이 여웃값으로서, 일반적으로 철근의 직경을 사용함

Z_p : 화학적 침식 깊이의 예측값(mm)

5) 알칼리-골재반응에 관한 내구성 평가

알칼리-골재 반응에 대한 콘크리트 구조물의 평가

$$\gamma_P \ R_p \leq \phi_K \ R_{\lim}$$

여기서, γ_P : 알칼리 골재반응에 대한 환경계수로서 일반적으로 1.1

ϕ_K : 알칼리 골재반응에 대한 내구성감소계수로서 일반적으로 0.92

$R_{\lim}$: 알칼리 골재반응의 화학적 한계 안정성

R_p : 알칼리 골재반응의 화학적 안정성 예측값

3. KDS 14 20 콘크리트구조 설계기준에 따른 내구성 설계기준 [136회]

【 기출유형 ① 】 내구성 설계기준, 노출범주별 등급 결정방법

1) 노출등급

KDS 14 20 콘크리트구조 설계기준과 KCS 14 20 콘크리트공사 표준시방서의 내구성에 관한 기준은 다음과 같이 노출범주를 5가지로 구분하고 노출정도에 따라 노출등급을 나누도록 하고 있다.

① 일반노출 범주(E0) : 강재의 부식이나 유해물질의 침투에 따른 위험이 없는 노출등급

② 탄산화 노출범주(EC1~4) : 탄산화에 의한 강재의 부식과 관련된 노출등급, EC1~EC4

③ 염화물 노출 범주(ES1~4) : 해수와 제빙화학제 등 염화물에 강재의 부식과 관련된 노출등급

④ 동결융해 노출범주(EF1~4) : 콘크리트의 동결융해 작용과 관련된 노출등급

⑤ 황산염 노출범주(EA1~3) : 토양 내의 수용성 황산염의 질량비(%)와 물속에 용해된 황산염으로 구분되는 화학적 침식과 관련된 노출등급

노출등급	환경조건	해당노출 등급이 발생할 수 있는 사례
1. 부식이나 침투위험 없음		
E0	• 철근이나 매입금속이 없는 콘크리트 : 동결융해, 마모나 화학적 침투가 있는 곳을 제외한 모든 노출 • 철근이나 매입금속이 있는 콘크리트 : 매우 건조	• 공기 중 습도가 매우 낮은 건물 내부의 콘크리트
2. 탄산화에 의한 부식		
EC1	• 건조 또는 영구적으로 습윤한 상태	• 공기 중 습도가 낮은 건물의 내부 콘크리트 • 영구적 수중 콘크리트
EC2	• 습윤, 드물게 건조한 상태	• 장기간 물과 접촉한 콘크리트 표면 • 대다수의 기초
EC3	• 보통의 습도인 상태	• 공기 중 습도가 보통이거나 높은 건물의 내부 콘크리트 • 비를 맞지 않은 외부 콘크리트
EC4	• 주기적인 습윤과 건조상태	• EC2 노출등급에 포함되지 않는 물과 접촉한 콘크리트 표면

노출등급	환경조건	해당노출 등급이 발생할 수 있는 사례
3. 염화물에 의한 부식		
ED1	• 보통의 습도	• 공기 중의 염화물에 노출된 콘크리트 표면
ED2	• 습윤, 드물게 건조한 상태	• 염화물을 함유한 물에 노출된 콘크리트 부재
ED3	• 주기적인 습윤과 건조상태	• 염화물을 함유한 물보라에 노출된 교량부위 • 포장
4. 해수의 염화물에 의한 부식		
ES1	• 해수의 직접적인 접촉없이 공기 중의 염분에 노출된 해상 대기중	• 해안 근처에 있거나 해안가에 있는 구조물
ES2	• 영구적으로 침수된 해중	• 해양 구조물의 부위
ES3	• 간만대 혹은 물보라 지역	• 해양 구조물의 부위
5. 동결융해작용		
EF1	• 제빙화학제가 없는 부분포화상태	• 비와 동결에 노출된 수직 콘크리트 표면
EF2	• 제빙화학제가 있는 부분포화상태	• 동결과 공기 중 제빙화학제에 노출된 도로 구조물의 수직 콘크리트 표면
EF3	• 제빙화학제가 없는 완전포화상태	• 비와 동결에 노출된 수평 콘크리트 표면
EF4	• 제빙화학제나 해수에 접한 완전포화상태	• 제빙화학제에 노출된 도로와 교량 바닥판 • 제빙화학제를 함유한 비말대와 동결에 직접 노출된 콘크리트 표면 • 동결에 노출된 해양 구조물의 물보라 지역
6. 화학적 침식		
EA1	• 조금 유해한 화학환경	• 천연 토양과 지하수
EA2	• 보통의 유해한 화학환경	• 천연 토양과 지하수
EA3	• 매우 유해한 화학환경	• 천연 토양과 지하수

2) 최소 설계기준 압축강도

KDS 14 20 콘크리트구조 설계기준에서는 콘크리트 구조의 내구성을 확보하기 위해 노출등급에 따라 콘크리트의 최소 설계기준 압축강도를 규정하고 있다. 콘크리트 재료 및 배합은 노출등급에 따라 KCS 14 20 콘크리트공사 표준시방서에서 규정하는 물–결합재비, 결합재 종류, 연행공기량, 염화물 함량 등에 대한 요구조건을 만족해야 한다.

노출등급	일반	탄산화(EC)				염화물(ES)				동결융해(EF)				황산염(EA)		
	E0	EC1	EC2	EC3	EC4	ES1	ES2	ES3	ES4	EF1	EF2	EF3	EF4	EA1	EA2	EA3
최소콘크리트기준 압축강도(MPa)	21	21	24	27	30	30	30	35	35	24	27	30	30	27	24	30

KDS 24 14 21 콘크리트교 설계기준(한계상태설계법)에서도 유사한 규정을 준용하고 있으며 이에 함께 노출등급을 고려해 철근과 프리스트레싱 강재에 대한 최소피복두께를 규정하고 있다.

3) 최소피복두께

KDS 14 20 콘크리트구조 설계기준에서는 탄산화(EC)와 염화물(ES) 노출등급의 경우 다음의 최소피복두께 이상을 확보하도록 규정하고 있다.

구분	최소피복두께(mm)
1. 수중에서 치는 콘크리트	100
2. 흙에 접하여 콘크리트를 친 후 영구히 흙에 묻혀 있는 콘크리트	75
3. 흙에 접하거나 옥외의 공기에 직접 노출되는 콘크리트	–
① D19 이상 철근	50
② D16 이하 철근, 지름 16mm 이하의 철선	40
4. 옥외의 공기나 흙에 직접 접하지 않는 콘크리트	–
① 슬래브, 벽체, 장선(D35 초과 철근)	40
② 슬래브, 벽체, 장선(D35 이하 철근)	20
③ 보, 기둥	40 ($f_{ck} \geq 40\text{MPa}$면 10mm 저감)
④ 쉘, 절판 부재	20

4. KDS 24 14 21 콘크리트교 설계기준에 따른 내구성 설계기준 ^{116회/120회/133회}

【 기출유형 ① 】 한계상태설계법에 따라 콘크리트 구조물의 철근피복두께 결정 방법
【 기출유형 ② 】 콘크리트 교량의 노출환경 등급에 따른 콘크리트 기준 압축강도

콘크리트교 한계상태설계법에서는 노출등급을 고려해 최소 설계기준 압축강도와 함께 최소피복두께에 대한 규정을 두고 있으며, A~E의 5가지 설계등급을 정의하고 부재의 종류와 노출 환경에 따라 최소한의 설계등급을 규정하고 있다. 철근 콘크리트의 경우 노출환경에 관계없이 항상 E등급 이상을 요구하고 있으며 E등급의 경우 영응력 한계상태에 대한 조건이 없으며 사용한계상태 하중조합 V에서 표면 균열폭이 0.3mm 이하를 만족해야 한다.

1) 최소 설계기준 압축강도

노출환경	부식									
	탄산화에 의한 부식				염화물에 의한 부식			해수의 염화물에 의한 부식		
	EC1	EC2	EC3	EC4	ED1	ED2	ED3	ES1	ES2	ES3
최소콘크리트기준 압축강도(MPa)	21	24	30		30		35	30	35	

노출환경	콘크리트의 손상							
	위험 없음	동결융해 침투				화학적 침투		
	E0	EF1	EF2	EF3	EF4	EA1	EA2	EA3
최소콘크리트기준 압축강도(MPa)	18	24		30		30		35

2) 노출환경에 따른 최소 설계등급

구분	최소 설계등급	
	부착 프리스트레싱	비부착 프리스트레싱 철근 콘크리트
① 건조 또는 영구적 수중 환경(E0, EC1)	D	E
② 부식성 환경(습기 또는 물과 장기간 접촉되는 환경, EC2, EC3, EC4)	C	E
③ 고부식성 환경(염화물 또는 해수에 노출되는 환경, ES1, ES2, ES3, ES4)	B	E

3) 최소피복두께

피복두께는 철근을 감싸고 있는 콘크리트의 두께로 철근과 콘크리트 표면 사이의 거리를 말한다. 피복은 콘크리트 구조물의 성능에 매우 중요한 요소로 다음의 4가지 역할을 수행한다.

① 철근의 부식방지 : 콘크리트는 평균 pH12.8의 알칼리성으로 이 성질을 유지한다면 철근은 부식되지 않는다. 그러나 다양한 환경에 노출되면서 콘크리트 표면에서부터 서서히 알칼리성이 약화되는 중성화 반응이 일어날 수 있다. 따라서 피복이 두꺼울수록 철근의 부식방지에 유리하다.

② 철근의 부착 및 정착 : 콘크리트의 피복은 철근이 힘을 받을 때 철근을 구속하여 정착파괴가 발생하지 않게 하는 역할을 수행한다. 피복두께가 얇으면 철근이 구속되지 않아 충분한 부착강도를 발현되지 못하기 때문에 철근이 항복 이전에 정착파괴가 발생할 수 있다.

③ 철근 콘크리트 구조의 내화성능 : 철근 콘크리트 구조물은 높은 온도에서 강도가 저하된다. 일반적으로 100°C 이하에서는 압축강도가 저하되지 않고 200°C에서 5%의 압축강도 저하가 발생한다. 콘크리트 피복은 화재 등으로 인한 열이 전달되는 시간을 늦추는 역할을 하기 때문에 내화설계에 중요한 요소이다.

④ 휨철근의 장부작용(dowel action) : 철근 콘크리트의 전단강도는 전단철근과 함께 균열이 없는 부분의 콘크리트의 전단 균열면에서의 골재 맞물림과 휨철근의 장부작용(dowel action)으로 발휘된다. 장부작용은 균열이 발생한 인장연단 영역에서 균열을 가로지르는 인장철근은 지점과 균열 사이를 지나는 부분이 콘크리트 피복을 받침점으로 하여 균열면에서 꺾이면서 전단력에 저항하는 것을 말한다. 따라서 휨철근의 정부작용에 의한 전단저항성능은 휨철근의 양과 함께 콘크리트의 피복두께가 중요한 변수가 된다.

⑤ KDS 24 14 21에 따른 최소피복두께

(1) 공칭 피복두께 $t_{c,nom} = t_{c,\min} + \Delta t_{c,dev}$

(2) 최소피복두께 $t_{c,\min}$

$$t_{c,\min} = \max\left[t_{c,\min,b}, \quad t_{c,\min,dur} + \Delta t_{c,dur,\gamma} - \Delta t_{c,dur,st} - \Delta t_{c,dur,add}, \quad 10mm\right]$$

여기서, $t_{c,\min,b}$: 부착에 대한 요구사항을 만족하는 최소피복두께(mm)

강재 종류	$t_{c,\min,b}$ (공칭 최대골재치수가 32mm보다 크면 5mm 증가)
일반	철근지름
다발	등가지름
포스트텐션 부재	· 원형덕트 : 덕트의 지름 · 직사각형 덕트 : 작은 치수 혹은 큰 치수의 1/2배 중 큰 값으로서 50mm 이상 단, 두 종류의 덕트에 대해 피복두께가 80mm 이하
프리텐션 부재	· 강연선 및 원형 강선 : 지름의 2배 · 이형 강선 : 지름의 3배

$t_{c,\min,dur}$: 환경조건에 대한 요구사항을 만족하는 최소피복두께(mm)

강재 종류	노출등급에 따른 $t_{c,\min,dur}$						
	E0	EC1	EC2/EC3	EC4	ED1/ES1	ED2/ES2	ED3/ES3
철근	20	25	35	40	45	50	55
프리스트레싱 강재	20	35	45	50	55	60	65

(3) $\Delta t_{c,dur,\gamma}$ 은 고부식성 노출환경에서 아래 규정에 의한 피복두께 증가값(mm)으로 염화물 또는 해수에 노출되는 고부식성 환경에 대한 추가적인 안전을 확보하기 위하여 최소피복 두께를 다음의 $\Delta t_{c,dur,\gamma}$ 만큼 증가시켜야 한다.

$\Delta t_{c,dur,\gamma}$ = 5mm (ED1/ES1), 10mm (ED2/ES2), 15mm (ED3/ES3)

(4) 환경조건에 따른 최소피복두께 $t_{c,\min,dur}$ 은 다음의 조건일 때 최소피복두께를 각각 5mm 감소시킬 수 있다.

  (a) 최소 설계기준 압축강도보다 다음의 환경등급에서의 강도가 주어진 조건만큼 높은 경우
  • E0 등급이나 탄산화에 노출된 경우(EC등급) : 최소 설계기준 압축강도보다 5 MPa 높은 강도
  • 염화물이나 해수에 노출된 경우(ES등급) : 최소 설계기준 압축강도보다 10 MPa 높은 강도
  (b) 철근 위치의 변동이 없는 슬래브 형상의 부재인 경우
  (c) 콘크리트를 제조할 때 특별한 품질관리방안이 확보되었다고 승인 받은 경우

(5) $\Delta t_{c,dur,st}$ 는 스테인레스 철근을 사용하거나 다른 특별한 조치를 취한 경우에는 최소피복 두께를 감소시킬 수 있다. $\Delta t_{c,dur,st}$ 는 일반적으로 0mm을 적용하되, 실험 데이터와 신뢰 할 수 있는 내구성 예측 기법에 따른 타당한 근거를 제시한 경우에는 0mm보다 큰 값을 적 용할 수 있다.

(6) $\Delta t_{c,dur,add}$ 는 코팅과 같은 추가 표면처리를 한 콘크리트의 경우 최소피복두께를 감소시킬 수 있다. $\Delta t_{c,dur,add}$ 는 일반적으로 0mm을 적용하되, 실험 데이터와 신뢰할 수 있는 내구성 예측 기법에 따른 타당한 근거를 제시한 경우에는 0mm보다 큰 값을 적용할 수 있다.

(7) 설계 편차 허용량 $\Delta t_{c,dev}$

   (a) 설계 편차 허용량 $\Delta t_{c,dev}$ 는 10mm를 적용한다.

   (b) 특정 상황에 따라 설계 편차 허용량 $\Delta t_{c,dev}$ 는 감소시킬 수 있다.

     • 모니터링 항목에 콘크리트의 피복두께 측정을 포함하는 품질보증 시스템을 적용하는 경우, 다음과 같이 감소시킬 수 있다. $10\ mm \geq \Delta t_{c,dev} \geq 5\ mm$

     • 모니터링에 매우 정밀한 측정 장치를 사용하는 프리캐스트 부재 등은 설계 편차 허용량을 다음과 같이 감소시킬 수 있다. $10\ mm \geq \Delta t_{c,dev} \geq 0\ mm$

   (c) 울퉁불퉁한 표면에 타설한 콘크리트의 최소피복두께는 일반적으로 증가시켜야 한다. 최소피복두께는 요철 메우기 등 미리 준비된 지면에 타설한 콘크리트에 대하여는 20 mm, 토양에 직접 타설한 콘크리트에 대하여는 50 mm이다. 요철 마감과 골재가 노출된 경우와 같은 표면 상태에서는 피복두께를 증가시켜야 한다.

(8) 경량콘크리트의 최소피복두께는 일반 콘크리트에 대해 정해진 콘크리트 최소피복두께에 5 mm를 더해야 한다.

TIP | 도로교설계기준 한계상태설계법에 따른 노출등급 및 최소 콘크리트 강도 적용예 |

1. 노출등급 및 최소콘크리트강도 적용검토(한국도로공사(안))

부재		부위	노출환경등급			최소 콘크리트 강도(MPa)			사용 강도(MPa)	
			탄산화	염화물	동결/융해	탄산화	염화물	동결/융해	현행	개선
바닥판 (라멘상부)	상면	아스팔트계 교면포장	EC4	ED2	EF4	30	30	30	27, 30	30
		콘크리트계 교면포장	EC3			30				30
	하면	하부 차도로부터 6m 이내	EC4	ED3	EF4	30	35	30		35
		하부 차도로부터 6m 이상 이격	EC4	ED1	EF2	30	30	24		30
거더		하부 차도로부터 6m 이내	EC4	ED3	EF4	30	35	30	40~60	40~60
		하부 차도로부터 6m 이상 이격	EC4	ED1	EF2	30	30	24		
교각 (코핑, 기둥)		신축이음장치 하부	EC4	ED3	EF4	30	35	30	40	40
		차도로부터 수평 혹은 수직으로 6m 이내 부위	EC4	ED3	EF4	30	35	30		
		일반부위	EC3	ED1	EF2	30	30	24		
교대벽체 (라멘벽체)		신축이음장치 하부(흉벽과 받침 하부 1.5m)	EC4	ED3	EF4	30	35	30	24 (27)	35
		차도로부터 수평 혹은 수직으로 6m 이내 부위	EC4	ED3	EF4	30	35	30		35
		일반부위	EC3	ED1	EF2	30	30	24		30
교각기초 (일반토양)		확대기초	EC2			24			27	27
		말뚝기초	EC2			24				
교대기초 (일반토양)		확대기초	EC2			24			24	24
		말뚝기초	EC2			24				
방호벽, 중앙분리대			EC4	ED3	EF4	30	35	30	24, 30	35

2. 노출등급 및 최소피복두께 적용검토(한국도로공사(안))

부재	부위		노출환경등급		최소피복두께(mm)					사용피복두께(mm)	
			탄산화	염화물	$t_{c,min,b}$	$t_{c,min,dur}$ 탄산화	$t_{c,min,dur}$ 염화물	$\Delta t_{c,dur,\gamma}$	$t_{c,min}$	현행	개선
바닥판	상면	아스팔트계 교면포장	EC4	ED2	19	40	50	10	60	60, 70	70
		콘크리트계 교면포장	EC3		19	35			35		45
	하면	하부 차도로부터 6m 이내	EC4	ED3	19	40	55	15	70	40, 50	80
		하부 차도로부터 6m 이상 이격	EC4	ED1	19	40	45	5	50		60
거더	하부 차도로부터 6m 이내		EC4	ED3	19	40	55	15	70	40	80
	하부 차도로부터 6m 이상 이격		EC4	ED1	19	40	45	5	50		60
교각 (코핑, 기둥)	신축이음장치 하부		EC4	ED3	32	40	55	15	70	100	110
	차도로부터 수평 혹은 수직으로 6m 이내 부위		EC4	ED3	32	40	55	15	70		110
	일반부위		EC3	ED1	32	35	45	5	50		90
교대 벽체	신축이음장치 하부 (흉벽과 받침하부 1.5m)		EC4	ED3	32	40	55	15	70	100	90
	차도로부터 수평 혹은 수직으로 6m 이내 부위		EC4	ED3	32	40	55	15	70		90
	일반부위		EC3	ED1	32	35	45	5	50		70
라멘	슬래브 (상면)	아스팔트계 교면포장	EC4	ED2	32	40	50	10	60	80	80
		콘크리트계 교면포장	EC3		32	35			35		55
	슬래브(하면), 벽체(전면)	하부 차도로부터 6m 이내	EC4	ED3	32	40	55	15	70	60, 80	90
		하부 차도로부터 6m 이상 이격	EC4	ED1	32	40	45	5	50		70
기초 (교각, 교대, 라멘)	확대기초		EC2		32	35			35	100	55
	말뚝기초	상면	EC2		32	35			35	100	55
		하면								150	150
방호벽, 중앙분리대			EC4	ED3	19	40	55	15	70	50 (기계:70)	80

RC구조물의 열화

철근 콘크리트 구조물의 열화 원인에 대하여 설명하시오.

풀 이

▶ 개요

열화는 철근 콘크리트 구조물이 내구성이 저하현상으로 원인은 구조물이 해풍, 해수, 제빙화학제, 황산염 및 기타 유해물질에 노출됨으로 인해서 중성화(탄산화) 및 염화물에 의한 열화, 화학적 부식에 의한 열화, 동결융해(백화)에 의한 열화, 알칼리 골재반응에 의한 열화, 기타 요인에 의해 열화로 발생될 수 있다.

▶ 열화 발생 원인

1) 발생 기원별 원인

열화의 기원			열화 원인
선천적	재료품질 이상	물	알칼리량, 염화물량, 유기불순물, 현탁물질, 황화물질
		시멘트	알칼리량, 석고첨가물, 유리석회, 연소부족, 혼합시멘트의 혼합과오, 풍화
		골재	유해광물, 반응성, 유기불순물, 점토덩어리, 염화물, 점토광물, 크링커광물, 저비중, 저강도
		혼화재료	혼합과오, 비율, 미연탄소량
	제조이상	계량혼합과오	시멘트 부족, 물시멘트비 증대, 혼화제 과잉첨가
	시공이상		재료분리, 콜드조인트, 피복부족, 배근과오, 철근량 부족, 양생불량
후천적	환경작용 품질이상		해수, 해염입자, 황산염, 산성비, 지하수 부식 성분 포함 탄산가스에 의한 탄산화, 동결융해, 건습반복 고온, 열사이클, 화재, 피로, 충격, 부등침하 마모, 침식성 화학물질, 전류누전 부식

2) 발생 요인별 원인

① 기상작용에 의한 내구성 저하

가. 콘크리트 내부의 수분의 동결 융해의 반복으로 인하여 균열 발생

나. 온도 및 함수량의 변화에 의한 콘크리트의 체적변화로 인하여 수축균열 발생

② 화학물질에 의한 내구성 저하

가. 황산, 염산, 초산 등의 무기산에 의한 침식

나. 해수 중의 황산마그네슘, 염화마그네슘, 중탄산 암모니아에 의한 침식

③ 물의 침식 작용 및 마모에 의한 내구성 저하

   가. 물속의 모래 및 자갈에 의한 표면 마모

   나. 차량하중과 같은 반복하중에 의한 표면 마모

   다. 공동현상에 의한 콘크리트 파손

④ 중성화 및 철근부식에 의한 내구성 저하 : 탄산가스, 이산화탄소, 산성비, 산성토양의 접촉으로 콘크리트의 알칼리 성분이 $pH11$ 이하로 떨어지게 되면 철근이 부식되고, 철근 부식에 의한 체적 팽창으로 균열 발생

   콘크리트 중성화 : $Ca(OH)_2 + CO_2 \quad \rightarrow \quad CaCO_3 + H_2O$

                         $(pH\ 12 \sim 13)$ $(pH\ 8.5 \sim 9.5)$

   「콘크리트 중성화 → 철근부식 → 체적팽창 → 균열 발생 → 내구성 저하」

⑤ 알칼리 골재 반응에 의한 내구성 저하 : 시멘트 중의 알칼리 성분과 골재의 실리카 성분이 반응하여 생성된 물질(실리카 겔)이 수분을 흡수 체적 팽창하여 균열 발생

⑥ 전류의 작용에 의한 내구성 저하 : 철근 콘크리트의 경우 고압직류가 흐르는 경우 철근과 콘크리트 사이의 부착력이 저하되어 구조적인 붕괴 초래

⑦ 염해에 의한 내구성 저하 : 잔골재로 해사 사용, 경화촉진제로 염화칼슘 사용, 제설제로 염화칼슘 사용하는 경우 철근이 부식하고, 부식에 의한 체적 팽창으로 균열 발생

3) 시공 단계별 발생 원인

구분	원인	대책
설계 단계	설계하중의 산정 부적절, 철근 피복두께 부족	설계하중의 적절한 산정, 철근 피복두께 확보, 신축이음 설계
재료 선정 시	- 풍화된 시멘트 사용 - 해사 또는 염분을 허용치 이상 함유 골재 사용 - 알칼리 골재 반응성 재료 사용 - 혼화재료의 과다 사용	- 풍화된 시멘트 사용 금지 - 화학적 저항성 향상을 위해, 포졸란, 고로슬래그를 함유한 혼합 시멘트 사용 - 기상작용에 대한 저항성 향상을 위해 AE제 사용 - 해사 또는 염분을 허용치 이상 함유한 골재 사용 금지 - 알칼리 골재 반응성 재료 사용금지 - 적정 혼화재료 사용 - 내구성이 크고, 고비중의 양질 골재 사용 - 미분이 적고, 투수성이 적은 골재 사용
배합 시	단위수량 과다	- 사용목적에 따른 W/C비 결정 - 가능한 치밀한 콘크리트 - 소정의 슬럼프를 확보하고, 소정의 공기량을 포함

구분	원인	대책
시공 시	재료분리, Cold joint, 양생부족, 거푸집 변형, 조기 탈형, 동바리 침하, 온도응력 및 건조수축에 의한 균열, 표면의 평활도 부족	– 동바리 침하를 방지하기 위한 지반 정리 – 거푸집 변형 방지 및 세밀한 거푸집 제작 – 충분한 피복두께 확보 – 콘크리트 수급계획 철저, Cold joint 발생 방지 – 타설 이음부 처리에 주의 – 다짐 철저 – 충분한 습윤양생 – 거푸집 탈형 시 온도응력 고려 탈형 – 필요에 따라 콘크리트 표면의 라이닝 실시
유지 관리 시	– 산성비, 산성토양, 탄산가스 및 이산화탄소에 노출 – 화학 물질, 우수, 고압직류, 해수에 노출 – 제염제 사용 과다 – 유지관리 및 보수, 보강 실시 미비	– 콘크리트 표면의 방수처리 – 고압직류 침투 방지 – 제염제 사용 억제 – 유지관리 철저 – 즉각적인 보수, 보강 실시

콘크리트 구조물의 내구성

도로에 건설되는 콘크리트 구조물의 내구성 확보를 위해 고려해야 할 사항에 대하여 설명하시오.

풀 이

▶ 개요

콘크리트 구조물의 내구성 확보를 위한 주요 고려 인자는 중성화(탄산화), 염화물에 의한 열화, 화학적 부식에 의한 열화, 동결융해(백화)에 의한 열화, 알칼리골재반응에 의한 열화, 기타요인에 의한 열화, 각종균열 등이 고려되어 진다. 현행 설계기준에서는 도로구조물의 노출등급에 따라 최소 콘크리트강도, 설정, 최소피복두께 선정 등을 통해 내구성을 확보하도록 하고 있으며, 내구 성능이 중요한 시설물에 대해서는 별도의 내구성 설계를 통해 만족하도록 하고 있다.

▶ 내구성 확보를 위해 고려해야 할 사항

1) 내구성능 저하의 주요 원인

콘크리트 구조물의 성능 저하 증상은 기본적으로 균열(crack), 박리(spalling), 표면붕괴(disintegration) 로 구분될 수 있다. 이들 각각의 증상은 분명하고 뚜렷하게 구별되지만 실제적으로는 복합적으로 동시에 발생하므로 그 증상에 대한 원인 규명은 용이하지 않다. 그러나 일반적으로 발생 가능한 성능저하의 원인은 다음과 같이 분류할 수 있다.

① 시공불량 : 하부구조의 침하, 거푸집의 변형, 공사 중 발생되는 진동, 동바리의 변형, 부적절한 거푸집의 탈형시기

② 건조수축 및 온도변화에 의한 균열 및 콘크리트의 수분흡수

③ 철근의 부식 : 화학작용에 의한 부식, 전기적 작용에 의한 부식

④ 화학반응 : 알칼리-골재반응, 중성화, 염에 의한 화학작용

⑤ 동결융해의 반복 및 마모(침식)

⑥ 설계상의 오류

2) 내구성능 확보를 위한 설계 시 대책

① 내구성 설계 : 내구지수와 환경지수를 산정해 콘크리트 구조물이 요구수준 이상의 성능을 확보할 수 있도록 설계하는 방법

② 콘크리트 구조기준에 따라 노출 범주(E, EC, ED, ES, EF, EA) 및 등급(0~3)에 따른 요구조건에 맞게 콘크리트 강도, 최소피복두께 등 설정

3) 구조물의 단계별 내구성 저하 원인과 대책

구분	원인	대책
설계 단계	설계하중의 산정 부적절, 철근 피복두께 부족	설계하중의 적절한 산정, 철근 피복두께 확보, 신축이음 설계
재료 선정 시	– 풍화된 시멘트 사용 – 해사 또는 염분을 허용치 이상 함유 골재 사용 – 알칼리 골재 반응성 재료 사용 – 혼화재료의 과다 사용	– 풍화된 시멘트 사용 금지 – 화학적 저항성 향상을 위해, 포졸란, 고로슬래그를 함유한 혼합 시멘트 사용 – 기상작용에 대한 저항성 향상을 위해 AE제 사용 – 해사 또는 염분을 허용치 이상 함유한 골재 사용 금지 – 알칼리 골재 반응성 재료 사용 금지 – 적정 혼화재료 사용 – 내구성이 크고, 고비중의 양질 골재 사용 – 미분이 적고, 투수성이 적은 골재 사용
배합 시	단위수량 과다	– 사용목적에 따른 W/C비 결정 – 가능한 치밀한 콘크리트 – 소정의 슬럼프를 확보하고, 소정의 공기량을 포함.
시공 시	재료분리, Cold joint, 양생부족, 거푸집 변형, 조기 탈형, 동바리 침하, 온도응력 및 건조수축에 의한 균열, 표면의 평활도 부족	– 동바리 침하를 방지하기 위한 지반 정리 – 거푸집 변형 방지 및 세밀한 거푸집 제작 – 충분한 피복두께 확보 – 콘크리트 수급계획 철저, Cold joint 발생 방지 – 타설 이음부 처리에 주의 – 다짐 철저 – 충분한 습윤양생 – 거푸집 탈형 시 온도응력 고려 탈형 – 필요에 따라 콘크리트 표면의 라이닝 실시
유지 관리 시	– 산성비, 산성토양, 탄산가스 및 이산화탄소에 노출 – 화학 물질, 우수, 고압직류, 해수에 노출 – 제염제 사용 과다 – 유지관리 및 보수, 보강 실시 미비	– 콘크리트 표면의 방수처리 – 고압직류 침투 방지 – 제염제 사용 억제 – 유지관리 철저 – 즉각적인 보수, 보강 실시

콘크리트 내구성 평가

철근 콘크리트 구조물의 내구성 저하 원인과 콘크리트 표준 시방서상의 내구성 평가 원칙에 대하여 설명하시오.

풀 이

▶ 개요

내구성이란 콘크리트가 사용되는 곳에서 여러 가지 환경오염에 변하지 않고 저항하는 성질을 말한다. 또한 장기간 사용기간 동안 초기의 성능을 그대로 유지할 수 있는 성능을 말한다. 내구성에 대한 저항을 증가시키기 위해서는 설계, 시공 단계에서 내구성 저하 원인을 사전에 제거하고, 구조물 준공 후 내구성 저하를 방지하기 위한 유지관리가 필요하다.

▶ 내구성 저하원인 및 대책

콘크리트 구조물은 해풍, 해수, 제빙화학제, 황산염 및 기타 유해물질에 노출됨으로 인해서 중성화(탄산화) 및 염화물에 의한 열화, 화학적 부식에 의한 열화, 동결융해(백화)에 의한 열화, 알칼리 골재반응에 의한 열화, 기타 요인에 의해 열화되어 내구성이 저하될 수 있다. 이때문에 콘크리트 구조설계기준에서는 구조물의 중요도, 환경조건, 구조거동, 유지관리방법 등을 고려해 구조물의 내구성능을 확보하도록 규정하고 있다.

1) 콘크리트 내구성 저하원인

  ① 기상작용에 의한 내구성 저하

    가. 콘크리트 내부의 수분의 동결 융해의 반복으로 인하여 균열 발생

    나. 온도 및 함수량의 변화에 의한 콘크리트의 체적변화로 인하여 수축균열 발생

  ② 화학물질에 의한 내구성 저하

    가. 황산, 염산, 초산 등의 무기산에 의한 침식

    나. 해수 중의 황산마그네슘, 염화마그네슘, 중탄산 암모니아에 의한 침식

  ③ 물의 침식 작용 및 마모에 의한 내구성 저하

    가. 물 속의 모래 및 자갈에 의한 표면 마모

    나. 차량하중과 같은 반복하중에 의한 표면 마모

    다. 공동현상에 의한 콘크리트 파손

  ④ 중성화 및 철근부식에 의한 내구성 저하 : 탄산가스, 이산화탄소, 산성비, 산성토양의 접촉으

로 콘크리트의 알칼리 성분이 $pH11$ 이하로 떨어지게 되면 철근이 부식되고, 철근 부식에 의한 체적 팽창으로 균열 발생

콘크리트 중성화 : $Ca(OH)_2 + CO_2 \quad \rightarrow \quad CaCO_3 + H_2O$
$$\qquad\quad (pH\ 12 \sim 13) \qquad\qquad (pH\ 8.5 \sim 9.5)$$
「콘크리트 중성화 → 철근부식 → 체적팽창 → 균열 발생 → 내구성 저하」

⑤ 알칼리 골재 반응에 의한 내구성 저하 : 시멘트 중의 알칼리 성분과 골재의 실리카 성분이 반응하여 생성된 물질(실리카 겔)이 수분을 흡수 체적 팽창하여 균열 발생

⑥ 전류의 작용에 의한 내구성 저하 : 철근 콘크리트의 경우 고압직류가 흐르는 경우 철근과 콘크리트 사이의 부착력이 저하되어 구조적인 붕괴 초래

⑦ 염해에 의한 내구성 저하 : 잔골재로 해사 사용, 경화촉진제로 염화칼슘 사용, 제설제로 염화칼슘 사용하는 경우 철근이 부식하고, 부식에 의한 체적 팽창으로 균열 발생

2) 단계별 내구성 저하 원인 및 대책

구분	원인	대책
설계 단계	설계하중의 산정 부적절, 철근 피복두께 부족	설계하중의 적절한 산정, 철근 피복두께 확보, 신축이음 설계
재료 선정 시	– 풍화된 시멘트 사용 – 해사 또는 염분을 허용치 이상 함유 골재 사용 – 알칼리 골재 반응성 재료 사용 – 혼화재료의 과다 사용	– 풍화된 시멘트 사용 금지 – 화학적 저항성 향상을 위해, 포졸란, 고로슬래그를 함유한 혼합 시멘트 사용 – 기상작용에 대한 저항성 향상을 위해 AE제 사용 – 해사 또는 염분을 허용치 이상 함유한 골재 사용 금지 – 알칼리 골재 반응성 재료 사용금지 – 적정 혼화재료 사용 – 내구성이 크고, 고비중의 양질 골재 사용 – 미분이 적고, 투수성이 적은 골재 사용
배합 시	단위수량 과다	– 사용목적에 따른 W/C비 결정 – 가능한 치밀한 콘크리트 – 소정의 슬럼프를 확보하고, 소정의 공기량을 포함.
시공 시	재료분리, Cold joint, 양생 부족, 거푸집 변형, 조기 탈형, 동바리 침하, 온도응력 및 건조수축에 의한 균열, 표면의 평활도 부족	– 동바리 침하를 방지하기 위한 지반 정리 – 거푸집 변형 방지 및 세밀한 거푸집 제작 – 충분한 피복두께 확보 – 콘크리트 수급계획 철저, Cold joint 발생 방지 – 타설 이음부 처리에 주의 – 다짐 철저 – 충분한 습윤양생 – 거푸집 탈형 시 온도응력 고려 탈형 – 필요에 따라 콘크리트 표면의 라이닝 실시

구분	원인	대책
유지 관리 시	– 산성비, 산성토양, 탄산가스 및 이산화 탄소에 노출 – 화학 물질, 우수, 고압직류, 해수에 노출 – 제염제 사용 과다 – 유지관리 및 보수, 보강 실시 미비	– 콘크리트 표면의 방수처리 – 고압직류 침투 방지 – 제염제 사용 억제 – 유지관리 철저 – 즉각적인 보수, 보강 실시

▶ 내구성 평가원칙

시공될 콘크리트 구조물에 사용될 콘크리트에 대한 내구성 평가는 내구성능 예측값에 환경계수를
적용한 소요 내구성값을 내구성능 특성값에 내구성 감소계수를 적용한 설계 내구성값과 비교하여
평가를 수행한다.

$$\gamma_P A_P \leq \phi_K A_K$$

γ_P : 콘크리트 구조물에 관한 환경계수
ϕ_K : 콘크리트 구조물에 관한 내구성 감소계수
A_P : 콘크리트 구조물의 내구성능 예측값
A_K : 콘크리트 구조물의 내구성능 특성값

중성화와 탄산화

철근 콘크리트 구조물의 탄산화 속도계수와 탄산화 상태평가에 대하여 설명하시오.

풀 이

➤ 개요

철근 콘크리트 구조물의 탄산화는 시멘트 수화반응에 의하여 생성된 화합물이 이산화탄소와 반응하여 탄산화합물로 분해되는 현상으로, 콘크리트의 물성에 영향을 미친다. 시멘트수화물이 대기 중의 이산화탄소의 작용으로 탄산칼슘과 다른 물질로 변화하는 현상으로 탄산화는 표면에서부터 내부로 진행되며 탄산화된 부분이 회복되지 않는다.

➤ 탄산화의 영향요소

물시멘트비(w/c)와 콘크리트 내의 알칼리량이 가장 큰 영향요소이며 물시멘트비와 알칼리량이 클수록 탄산화는 급속히 진행된다.

① 내적요인

  (1) 물리적 요인 : W/C비, 물결합재비, 혼화재의 치환율, 공기량, 초기 양생조건

  (2) 화학적 요인 : 시멘트의 알칼리량, 혼화재의 종류, 배합 조건, 초기 양생조건, 환경조건

② 외적요인 : 온도, 습도, 우수

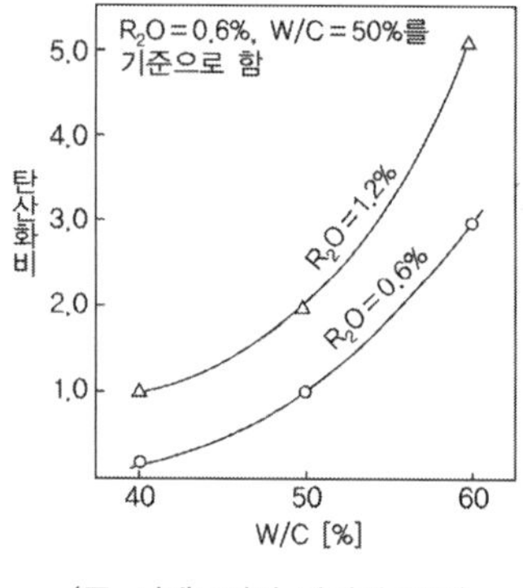

(물-시멘트비와 탄산화 관계)

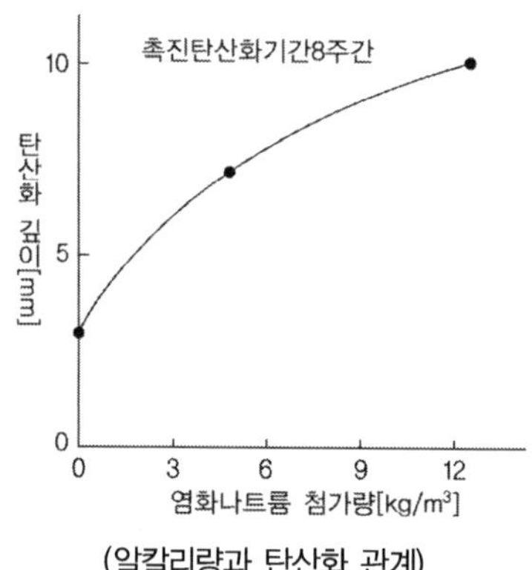

(알칼리량과 탄산화 관계)

▶ 탄산화의 속도계수와 상태평가

1) 탄산화 속도계수

탄산화 속도계수의 예측값 α_p는 평가대상 콘크리트에 대해 실제 실험이나 실측자료를 통해 구하며, 실험을 통해 탄산화 속도계수를 도출하는 경우에는 유효 PS 강재비에 따른 탄산화 속도계수는 다음 식으로 구할 수 있다.

$$\alpha_p = a + b \ (W/B)$$

여기서, W/B : 유효 물-결합재비

a, b : 시멘트(결합재)의 종류에 따라 정해지는 상수

2) 탄산화 상태평가

콘크리트 구조물의 탄산화에 대한 내구성 평가는 목표 내구수명에 도달하였을 때의 철근부식이 발생하는 탄산화 한계 깊이와 구조물의 성능저하에 따른 예측 탄산화 깊이에 각각 내구성 감소계수와 환경계수를 곱하여 비교함으로써 계산되며 탄산화 깊이에 대한 예측 시에 탄산화 속도계수를 이용해 산정한다.

$$\gamma_P \ y_p \leq \phi_K \ y_{\lim}$$

여기서, γ_P : 탄산화에 대한 환경계수로서 일반적으로 1.1

ϕ_K : 탄산화에 대한 내구성 감소계수로서 일반적으로 0.92

$y_{\lim}$: 철근부식이 발생할 수 있는 탄산화 한계깊이(mm) $y_{\lim} = c - c_k$

c : 설계피복두께(mm)

c_k : 한계 탄산화 깊이 여유값, 자연환경에서는 10mm, 심한 염해환경에서는 25mm

y_p : 탄산화 깊이의 예측값(mm) $y_p = \gamma_{cb} \ \alpha_d \ \sqrt{t}$

γ_{cb} : 탄산화 깊이 예측식의 변동성 고려 안전계수,

일반적으로 1.15, 고유동화 콘크리트의 경우는 1.1

α_d : 설계 탄산화 속도계수(mm/$\sqrt{y}$), 여기서, y는 재령(년) $\alpha_d = \alpha_k \ \beta_e \ \gamma_c$

α_k : 특성 탄산화 속도계수(mm/$\sqrt{y}$), 여기서, y는 재령(년)

β_e : 환경작용의 정도를 나타내는 방향계수

건조되기 어려운 환경인 북향한 면 1.0, 건조되기 쉬운 환경, 남향 면 1.6

γ_c : 콘크리트의 재료계수

일반적 1.0, 구조물의 상면 부위 1.3이나 구조물의 콘크리트와 표준양생공시체 간에 품질의 차이가 생기지 않는 경우 1.0

t : 재령(y)

염해 내구성 설계방법

염해를 받는 콘크리트 구조물에 대한 확률론적 내구성 설계방법의 개념을 설명하시오.

풀 이

▶ 개요

콘크리트의 염해를 유발하는 염화물은 내부적인 원인(해사, 시멘트, 배합수, 화학혼화제 등)과 외부 침투 염화물(해양환경의 해수, 해수방울, 해염입자, 제설제 환경)로 인해서 발생된다. 이러한 환경의 구조물은 염에 의한 성능저하 현상인 콘크리트 성능저하와 철근의 부식이 발생할 수 있다.

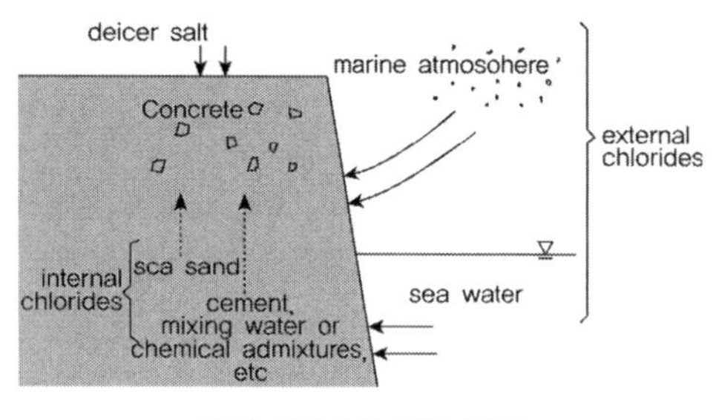

(염해 유발요인 침투 경로)

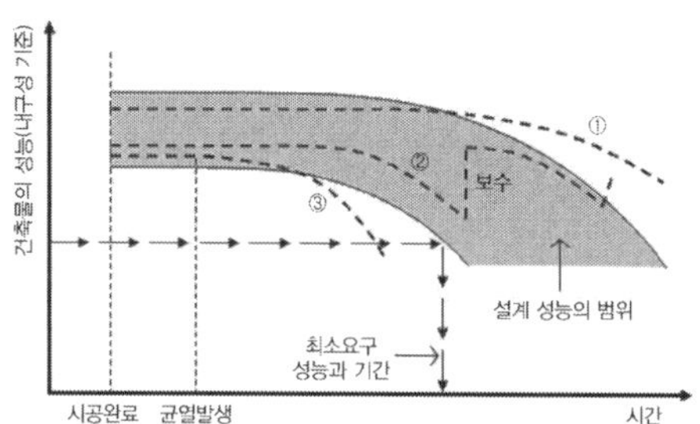

(시간에 따른 콘크리트 성능저하 패턴)

▶ 확률론적 염해 내구성 설계방법

CEB-FIP New Approach(1997)에서 처음 제시된 방법으로 내구 한계상태에 대한 정량화 및 확률론적으로 접근한 방법이다. 콘크리트 구조물의 내구설계를 위한 한계상태(Durability limit State)로서 의도된 사용 기간 개념(Intended service period concept)과 수명 개념(Life time concept)의 두 가지를 제시하여 의도 사용기간 개념에 의한 조건은 설계 사용기간(T) 중에 일정한 신뢰성을 가지고 극한 상태로 도달하지 않도록 하는 개념이다.

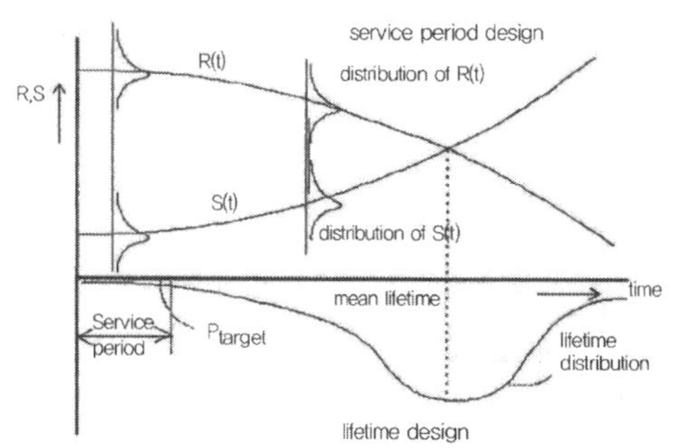

(Service period design과 Life time design)

$$P_{f,t} = P[R(t) - S(t) < 0] \langle P_{target}$$

여기서,

$P_{f,t}$는 O~T기간 안에 구조물이 파괴될 확률

이때 환경의 정의와 내구수명 설계과정에 따라 콘크리트의 품질, 지배환경의 설정, 한계상황의 설정을 설계특성으로 반영할 수 있다. 기본적인 설계개념은 일반적인 구조 설계과정과 마찬가지로 성능기반의 하중저항계수설계법(LRFD)에 근거하고 있다. 이러한 개념하에 특정 사용기간, 즉 목표 내구 수명 동안에 구조물이 각종 열화 요인에 대해 성능을 유지할 수 있도록 재료 배합 및 구조 상세를 적용하게 된다.

콘크리트 50년 사용 수명에 대한 허용규준

보수 비용에 대한 위험도 완화 비용 수준	신뢰 수준	파괴 확률
낮음	3.72	0.0001
보통	2.57	0.005
높음	1.28	0.10

▶ 국내 염해 내구성 설계기준

콘크리트 구조 내구성 설계기준(2016, 국토부)에서 노출 범주 및 등급에 따라 내구성 허용기준을 제시하고 있으며, 콘크리트의 내구성 평가 시에 내구성능 예측 값에 환경계수를 적용한 소요 내구성 값을 내구성능 특정 값에 내구성 감소계수를 적용한 설계 내구성 값과 비교하는 방식으로 평가하도록 하고 있다.

1) 콘크리트 내구성 평가 원칙 : $\gamma_P A_P \leq \phi_K A_K$

    여기서 γ_P는 콘크리트 구조물에 관한 환경계수, ϕ_K는 내구성 감소계수,

        A_P는 내구성능 예측값, A_K는 내구성능 특성값

2) 염해 내구성 평가 : $\gamma_p C_d \leq \phi_K C_{lim}$

    여기서 γ_P는 염해의 환경계수로 일반적으로 1.11, ϕ_K는 내구성 감소계수로 일반적으로 0.86

        C_d는 철근 위치에서 염소이온 농도의 예측값

        C_{lim}는 철근부식이 시작될 때의 임계염소이온 농도로(= $0.004 C_{bind}$)

염해 : 염화물 이온 확산계수, 내구수명 평가

염해 환경하에 있는 콘크리트 구조물의 내구수명을 산정하기 위한 염화물이온 확산계수, 표면염
화물량, 임계염화물량 및 내구수명 평가에 대하여 설명하시오.

풀 이

> **개요**

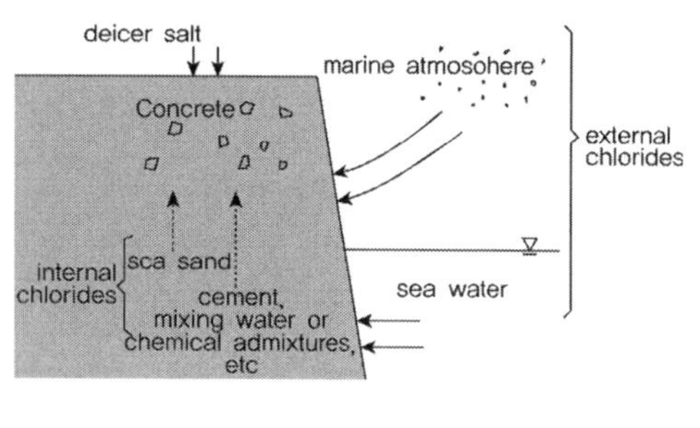

(염해 유발원인)

(염해피해)

콘크리트의 염해를 유발하는 염화물은 내부적인 원인(해사, 시멘트, 배합수, 화학혼화제 등)과 외
부 침투 염화물(해양환경의 해수, 해수방울, 해염입자, 제설제 환경)로 인해서 발생된다. 이러한
환경의 구조물은 염에 의한 성능저하 현상인 콘크리트 성능저하와 철근의 부식이 발생할 수 있으
며 해수의 주성분인 황산염은 시멘트수화물에 있는 수산화칼슘과 반응하여 석고를 만들고 이에
따라 체적팽창이 수반되며, 더욱이 석고는 시멘트를 구성하는 알미늄산삼석회와 반응하여 에트린
가이트를 생성하고 이 에트린가이트는 솔리드의 체적을 증가시켜서 결국 균열 및 표면붕괴 등의
현상을 유발시키게 된다. 이와 동시에 염화물은 철근을 부식시키게 되어 이로 인한 박리 등의 성
능저하현상이 발생된다.

> **염해 환경하의 콘크리트 구조물의 내구수명 평가**

내염설계는 염화물이 콘크리트 내부로 침투, 철근위치에서 임계염화물량에 도달하는 데까지 걸리
는 기간을 100년으로 설정하고, 주요영향인자로는 표면염화물량, 확산계수, 콘크리트 재료/배합,
피복두께, 임계염화물량 등이다. 일종의 성능기반설계(Performance Based Design : PBD)의 일
종으로 구조물이 위치할 지역적 특성을 고려하여 요구 성능에 맞추어 구조물을 설계한다.

1) 콘크리트 구조물의 내구성 평가 : 염화물 이온의 침투에 의한 콘크리트 구조물의 철근 부식에

대한 평가로 다음과 같이 평가하도록 구성하고 있다.

$$\gamma_p C_d \leq \phi_K C_{lim}$$

여기서, γ_p : 염해에 대한 환경계수로 일반적으로 1.11

ϕ_k : 염해에 대한 내구성 감소계수로 일반적으로 0.86

C_{lim} : 철근부식이 시작될 때의 임계 염화물이온 농도로 일반적 1.2 kg/m^3

C_d : 철근위치에서 염화물이온 농도의 예측 값

염화물 이온 농도의 예측은 다음과 같이 콘크리트 구조물의 설계내구기간 t, 콘크리트 표면에서의 염화물이온농도 C_0, 염화물 이온 확산계수 D_p를 활용하여 평가한다.

$$C(x,t) - C_i = (C_0 - C_i)\left(1 - exf\left(\frac{x}{2\sqrt{D_d t}}\right)\right)$$

$C(x,t)$는 위치 x(cm), 시간 t(year)에서의 염화물 이온 농도(kg/m^3), exf는 오차함수이며 $exf(s) = \dfrac{2}{\pi^{1/2}} \int_0^s e^{-\eta^2} d\eta$, D_d는 염화물이온의 유효확산계수($m^2/year$)

2) 콘크리트 구조물의 설계내구기간 t : 염해에 대한 내구성 설계에서는 먼저 염해를 받는 구조물의 설계내구기간을 설정한다. 일반적으로 철근 콘크리트 구조물의 설계내구기간은 구조물의 사용에 지장이 있는 내용한계에 도달하기까지의 기간으로 물리적 내용한계, 사회적 내용한계, 의장적 내용한계로 구분할 수 있다. 물리적 내구수명은 다수 부재가 보수·보강을 필요로 하는 수준까지 열화되고 구조물 외부에서 반수 이상이 철근 부식에 의한 균열이나 피복 콘크리트가 박락한 상태이다. 사회적 내구수명은 경제성과 구조물의 중요성에 따라 결정된다. 일반적으로 철근 콘크리트 구조물의 설계내구기간은 다음과 같다.

구조물 등급	구조물의 내용	설계내구기간
1등급	특별히 고도의 내구성이 요구되는 구조물	100년
2등급	일반 구조물	70년
3등급	비교적 짧은 내구수명을 갖는 구조물	40년

3) 콘크리트 표면에서의 염화물 이온농도 C_0 : 설계내구기간을 설정에 따라 주변의 환경조건(구조물의 콘크리트 표면에서의 염화물이온 농도(kg/m^3)를 적용하며, 해안선으로부터의 거리에 따라 콘크리트 구조물의 콘크리트 표면에서의 염화물 이온농도를 의미한다.

비말대	해안선으로부터의 거리(km)				
	해안선 근처	0.1	0.25	0.5	1.0
13.0	9.0	4.5	3.0	2.0	1.5

4) 염화물 이온 확산계수 D_d : 콘크리트 염해에 대한 내구성 평가를 위해 염화물 이온의 확산계수를 평가하도록 하고 있다.

$$\gamma_p D_p \leq \phi_k D_k$$

여기서, γ_p : 염해에 대한 환경계수로 일반적으로 1.11

ϕ_k : 염해에 대한 내구성 감소계수로 일반적으로 0.86

D_k : 콘크리트의 염화물 이온 환산계수의 특성값(cm^2/year)

D_p : 콘크리트의 염화물 이온 환산계수의 예측값(cm^2/year)

콘크리트 염화물 이온 확산계수의 예측값 D_p는 평가 대상 콘크리트에 대한 실제 시험이나 실측된 자료를 통해 산출한다. 실험을 통해 산출하는 경우 물-시멘트 비 또는 물-결합재 비에 따른 확산계수 예측값은 다음과 같이 나타내어진다.

$$\log D_p = a(W/C)^2 + b(W/C) + c$$

5) 임계염화물 농도

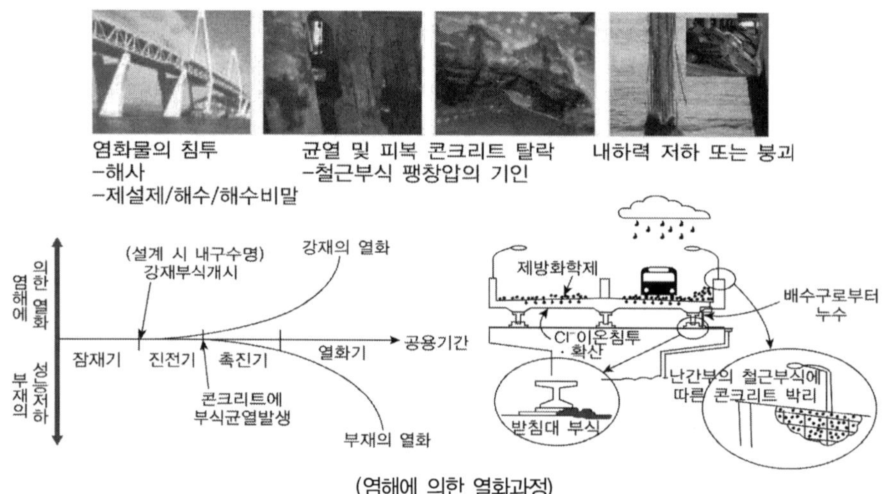

(염해에 의한 열화과정)

염해를 받는 철근 콘크리트구조물의 성능저하에 대한 각 기간에 대해 구분하면, 철근 부식이 개시하기까지의 잠복기, 부식개시에서 부식균열 발생까지의 진전기, 부식균열의 영향으로 부식속도가 대폭으로 증가하는 가속기 및 부재의 대폭적인 단면감소에 의해 내하력 등의 성능이 본격적으로 저하하는 열화기로 기간을 구분할 수 있다.

철근 위치에서의 염화물이온 농도가 철근 부식을 일으키는 한계농도에 도달하는 기간까지를 내구수명이라 정의하고, 이에 대한 철근부식 임계염화물량의 농도는 실험 등을 통해 1.2~1.4kg/m³의 값을 가지는 것으로 알려졌으며 철근부식 임계염화물이온 농도(C_{lim})를 하한치인 1.2kg/m³를 기준으로 한다.

염해 : 염화물이온 확산계수, 열화등급

콘크리트 구조물의 염해 및 염화물이온 확산계수를 정의하고, 외관상의 열화상태 등급에 대하여 설명하시오.

풀 이

▶ 염해 개요

콘크리트의 염해를 유발하는 염화물은 내부적인 원인(해사, 시멘트, 배합수, 화학혼화제 등)과 외부 침투 염화물(해양환경의 해수, 해수방울, 해염입자, 제설제 환경)로 인해서 발생된다. 이러한 환경의 구조물은 염에 의한 성능저하 현상인 콘크리트 성능저하와 철근의 부식이 발생할 수 있으며 해수의 주성분인 황산염은 시멘트수화물에 있는 수산화칼슘과 반응하여 석고를 만들고 이에 따라 체적팽창이 수반되며, 더욱이 석고는 시멘트를 구성하는 알미늄산삼석회와 반응하여 에트린가이트를 생성하고 이 에트린가이트는 솔리드의 체적을 증가시켜서 결국 균열 및 표면붕괴 등의 현상을 유발시키게 된다. 이와 동시에 염화물은 철근을 부식시키게 되어 이로 인한 박리 등의 성능저하현상이 발생된다.

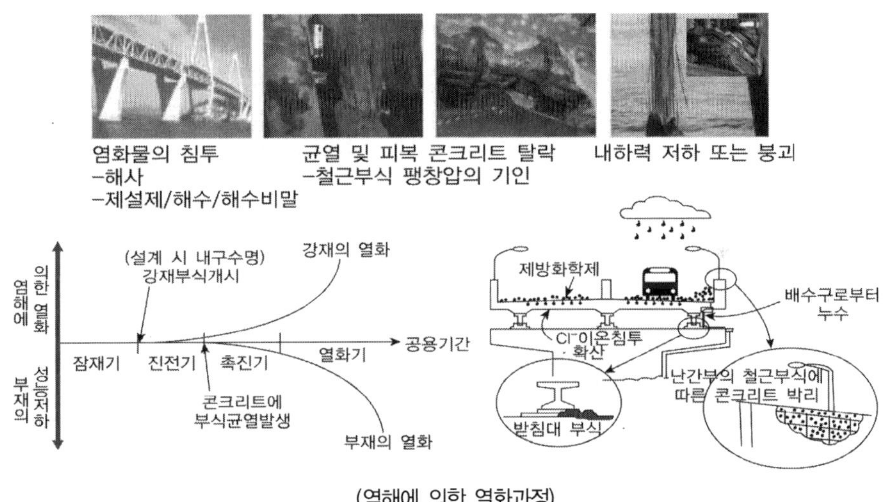

(염해에 의한 열화과정)

▶ 염화물이온 확산계수

염화물이온 확산계수는 염화물 이온의 위치에 따른 농도 차이로 인해 콘크리트 내부로 침투하는 속도를 나타내는 계수로 국내설계기준(KDS 14 20 40)에서는 내구성평가를 위해 사용하고 있으

며, 피크(Fick)의 제2법칙을 유한요소법 또는 유한차분법을 이용해서 구하거나 아래의 식을 사용
해 산정할 수 있도록 규정하고 있다.

① 콘크리트 구조설계기준에 따른 콘크리트 구조물의 염해 내구성 평가 : $\gamma_p C_d \leq \phi_K C_{lim}$

  γ_p : 염해에 대한 환경계수 (일반적으로 1.11)

  ϕ_K : 염해에 대한 내구성 감소계수 (일반적으로 0.86)

  C_{lim} : 철근부식이 시작될 때의 임계 염화물이온 농도 (일반적 $1.2 kg/m^3$)

  C_d : 철근위치에서 염화물이온 농도의 예측값

② 콘크리트 구조설계기준에 따른 내구성 평가를 위한 염소 이온 농도

  (1) 콘크리트 구조설계기준 제시식 : $C_d - C_i = (C_s - C_i)\left(1 - erf\left(\dfrac{x}{2\sqrt{D_d t}}\right)\right)$

  $C_d^{'}$: 위치 x(cm), 시간 t(년(y), 또는 초(s))에서 염소이온 농도의 설곗값(kg/m^3)

  C_i : 초기 염소이온 농도로서 최댓값으로 0.3kg/m^3

  C_S : 표면 염소이온 농도

  erf : 오차함수, $erf(s) = \dfrac{2}{\pi^{1/2}} \displaystyle\int_0^s e^{-\lambda^2} d\lambda$

  D_d : 염소이온의 유효확산계수(m^2/y, 또는 m^2/s) $D_d = \gamma_c D_k$

  γ_c : 콘크리트의 재료계수로서 일반적으로 1.0이 사용되며, 구조물의 최상부에는 1.3

  D_k : 콘크리트 염소이온 확산계수의 특성값(m^2/y, 또는 m^2/s) (다만, 1.0×10^{-12} m^2/s $= 0.31536 \times 10^{-4}$ m^2/y)

  (2) 유한요소법 또는 유한차분법을 이용한 피크(Fick)의 제2법칙 확산계수 산정 방법

$$\frac{\partial C}{\partial t} = D \frac{\partial^2 C}{\partial x^2}$$

  C : 염화물 이온농도, t : 시간, D : 염화물 이온 확산계수, x : 노출표면으로부터 거리

【 예 콘크리트의 염소이온 확산계수의 시간의존성에 관한 실험적 고찰, 최두선 외 1 '09토목학회 】

염화물 이온 확산 계수 : $D_{acc}(t) = \alpha t^{-\beta} \times D_{28}$,

  여기서, D_{28}은 재령 28일에 측정된 염화물이온 확산계수

Type of Equation	콘크리트 종류
$D(t) = \alpha e^{-\beta t}$	TYPE 1
$D(t) = \alpha t^{-\beta}$	TYPE 2
$\log D(t) = \alpha \sqrt{t} + \beta$ 또는 $D(t) = \alpha e^{\beta \sqrt{t}}$	TYPE 3
$D(t) = \zeta + 1(1-\zeta)\sqrt{28/t}$ 또는 $D/t = \alpha + \beta/\sqrt{t}$	TYPE 4

③ 콘크리트 구조설계기준에 따른 염소이온 확산계수에 대한 평가 : $\gamma_p D_p \leq \phi_K D_k$

  γ_p : 염해에 대한 환경계수로서 일반적으로 1.11

ϕ_K : 염해에 대한 내구성감소계수로서 일반적으로 0.86

D_k : 콘크리트의 염소이온 확산계수의 특성값(m^2/y, 또는 m^2/s)

D_p : 콘크리트의 염소이온 확산계수의 예측값(다만, $1.0 \times 10^{-12}\ m^2/s = 0.31536 \times 10^{-4}\ m^2/y$)

④ 콘크리트 구조설계기준에 따른 염소이온 확산계수 예측식

콘크리트의 염소이온 확산계수의 예측값 D_p는 평가 대상 콘크리트에 대해 실제 실험이나 실측된 자료를 통해 구한 확산계수 D_R에 물-결합재비 또는 PS 강재비에 따른 보정을 한 아래의 식에 따라 계산할 수 있다.

(1) $t < t_c (=30$년$)$
$$D_p = \frac{D_R}{1-m}\left(\frac{t_R}{t}\right)^m$$

(2) $t \geq t_c (=30$년$)$
$$D_p = \frac{D_R}{1-m}\left[(1-m)+m\frac{t_c}{t}\right]\left(\frac{t_R}{t_c}\right)^m$$

D_R : 기준 시간(t_R)에서 염소이온 확산계수

t_R : 기준 시간(일반적으로 28일≒0.077년)

t_c : 확산계수 감소한계(일반적으로 30년)

m : 재령계수로서, 재령에 대한 영향을 나타내는 상수

콘크리트의 염소이온 확산계수 예측식에서 재령계수 m은 평가대상 콘크리트에 대해 실제 실험이나 실측 재료들을 통해 구하여야 한다. 기준 조건에서 측정된 확산계수 D_R은 구조물에 사용될 콘크리트에 대해 실제 실험이나 실측된 자료를 통해 구할 수 있으며, 실험을 통해 확산계수를 도출하는 경우에는 물-결합재비에 따른 확산계수 예측값을 다음의 식으로 나타낼 수 있다.

$$\log D_R = a + b(W/B)$$

a, b : 실험으로부터 정해지는 상수, W/B : 물-결합재비

▶ 외관상의 열화등급 상태

① 잠재기 : 외관상 변화형상은 볼 수 없고 임계 염화물 이온 농도 이하인 상태
② 진전기 : 외관상 변화형상은 볼 수 없고 임계 염화물 이온 농도 이상으로 부식이 시작되는 상태
③ 가속기 : 부식 균열과 들뜸 현상이 발생되고 피복 콘크리트는 부분 박락과 박리가 관찰되는 상태
④ 열화기 : 콘크리트의 대규모 박락과 박리가 발생되고 강재의 현저한 단면감소가 발생되는 상태

▶ 열화대책

① 재료 선정 시 : 에폭시 철근 사용, 해사 사용할 때 제염대책 강구, 해수 사용 금지

② 밀실한 콘크리트 타설

단계	방법
배합 시	– W/C비를 저하(55% 이하) – 단위수량을 줄이고 단위 시멘트량 증가 – 슬럼프 8cm 이하 – S/a를 키우고, 굵은 골재 최대치수를 줄이며, 양질의 감수제와 AE제 사용
설계 시	충분한 부재 두께 및 피복두께를 확보
타설 시	– 시공이음이 생기지 않도록 시공계획 수립 – 시공이음을 둘 때는 레이탄스나 재료분리 부분을 제거하고 지수판 설치
양생 시	양생 시 습윤 양생

③ 피복두께를 충분히 취해 균열폭을 작게 한다.

④ 내염설계 실시(철근위치까지 임계염화물량이 도달하는 데 100년이 걸리도록 설계)

▶ 열화 시 보수보강 방법

① 단면보수 및 표면 피복 확보

② 전기 방식 및 표면도장

③ 시공, 유지관리 시 피복두께 확보 및 균열 발생 억제

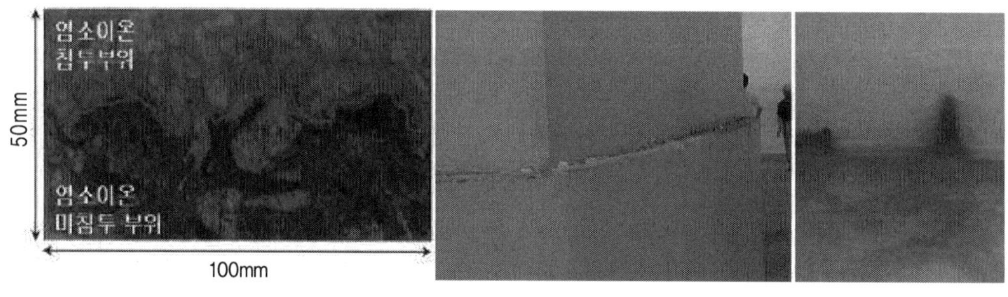

(내염피해 시험)　　　　　　　　(전기방식 및 표면도장)

동결융해

콘크리트의 동결융해 발생 메커니즘과 동결융해 현상으로 인해 발생되는 열화손상형태에 대하여 형태별로 나열하고 각각 설명하시오.

풀 이

토목학회논문집

▶ 개요

콘크리트는 다공질이기 때문에 습기나 수분을 흡수하며, 결빙점 이하의 온도에서는 흡수된 수분이 동결하면서, 수분의 동결팽창(9%)에 따른 정수압으로 콘크리트 조직에 미세한 균열이 발생하게 된다. 또한, 이러한 동결·융해의 반복으로 콘크리트의 내구성이 저하되기 때문에, 사용재료·배합설계 등에 유의하여야 한다.

동결의 진행 및 형태로 먼저 표면의 공극수가 동결되면 체적이 약 9.1% 증대하기 때문에 팽창력이 발생하여 동결부의 주위에 응력상태를 형성하게 된다. 이러한 작용이 내부로 진전되면서 철근부식 및 중성화 촉진 등과 같은 복합적인 내구성의 저하요인이 된다.

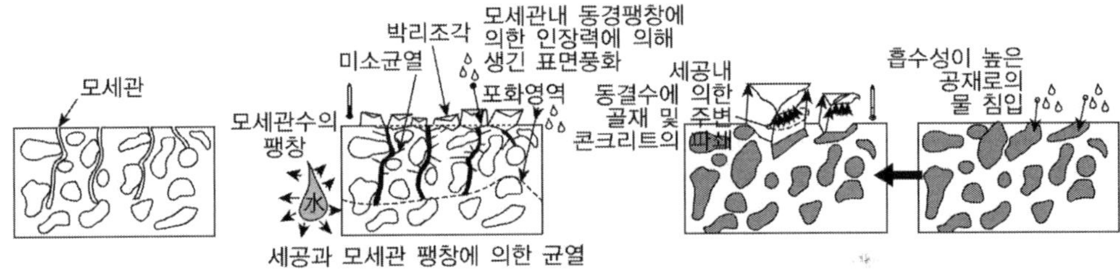

▶ 동결융해 발생 메커니즘

콘크리트의 내구성(열화) 문제 중 동결융해에 대한 열화손상은 콘크리트 내의 미세관수의 동결로 인해서 주변의 미세관수가 삼투압 및 모세관현상에 의해 응집되고 응집된 미세관수가 다시 동결되어 그 크기가 확장됨으로 인해서 균열이 발생한다.

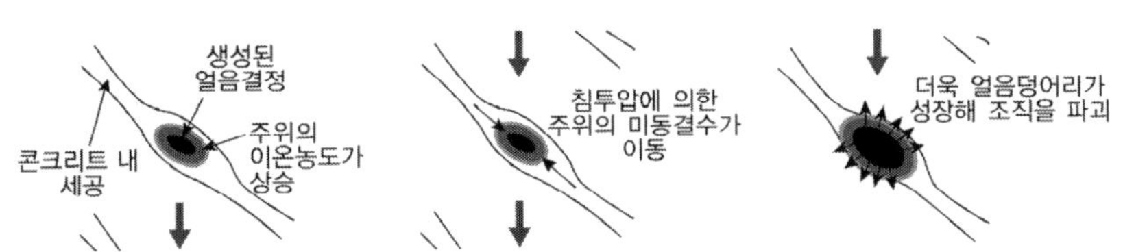

▶ 동결융해의 영향인자

1) 물/시멘트비 : 시멘트–페이스트는 Gel 미세공극, 모세관 공극, 공기포로 구성되어 있는데, 모세공극은 500Å으로 물/시멘트비가 클수록 증대되며, 동결융해에 나쁜 영향을 미친다.

2) 공기량 : 공기포는 모세공극의 물이 동결될 때, 발생하는 압력을 완화하는 스폰지 역할을 한다. 따라서, 기포간격이 적을수록 압력을 완화시키는 효과가 증대하며, 기포간극 계수가 200μ 이하일 때 저항성이 현저해진다.

3) 잔골재율(S/a) : 블리딩에 의해 굵은 골재 입자의 하부에 형성되는 水膜은 동결융해에 나쁜 영향을 준다. 따라서, 잔골재율이 클수록 동결융해 저항성이 증대한다.

▶ 열화손상형태

1) 균열확대형

균열확대형은 다양한 요인에 따라 발생되는 균열이 동결융해작용에 의한 콘크리트 팽창으로 크게 확대되어 스케일링을 거의 발생하지 않는 중에 콘크리트가 박락 붕괴하는 경우가 해당된다.

2) 스케일링형

스케일링형은 콘크리트 표면부터 단면결함이 서서히 진행한다. 동결융해작용에 의해 표피가 열화되기 시작하여 잔골재가 씻겨나가고 굵은 골재가 노출되게 된다. 또한 미세한 균열도 동시에 진행되고 특히 골재와 시멘트 계면에서 현저하며 굵은 골재도 포함하여 콘크리트가 박락 붕괴한다.

▶ 동결융해 대책

동경융해에 의한 균열의 발생형태는 종방향 및 국부적인 콘크리트의 파손으로 나타나게 되는데, 이를 방지할 수 있는 방안은 다음과 같다.

1) AE제, AE감수제, 고성능 AE감수제 사용 : 적정한 공기량(3~6%)을 확보할 수 있으며, 이에 따라 응력의 흡수능력이 증대

2) 물/시멘트비 저감, 흡수성작은 골재사용 : 콘크리트의 매트릭스를 밀실한 조직으로 구성

3) 단위수량 저감 : 동결이 가능한 수분함량을 최소화

4) 균일한 시공 및 양생 철저

5) 구조적인 대책 수립 : 균열 발생을 억제하기 위하여 표면수의 신속한 배수(물끊기 설치) 및 철근의 피복두께 확보, 철저한 양생·다짐

6) Polymer 등으로 표면 덧씌움

건조수축

콘크리트 교량의 내구성을 저하시키는 건조수축에 대한 정의, 분류, 영향요인 및 방지대책에 대하여 설명하시오.

풀 이

> **개요**

콘크리트의 건조수축은 단위시멘트량과 단위수량의 영향을 크게 받으며, 그 밖에 골재의 종류와 최대치수, 시멘트의 종류와 품질, 다지기 방법과 양생상태, 부재의 단면치수 등의 영향을 받는다.

$\epsilon_{sh} \fallingdotseq 800 \times 10^{-6}$ (습윤양생한 최종 건조수축 변형률)

습윤양생한 콘크리트의 건조수축량 $\epsilon_{sh.t} = \dfrac{t}{35+t} \epsilon_{sh.u}$ 여기서, $t(day)$

> **건조수축의 영향인자**

① 재령에 따른 영향 : 콘크리트의 건조수축은 재령 1년의 수축량이 12년 간의 수축량의 80%임.

② 부재의 치수 : 일반적으로 건조가 이루어지는 부분은 표면으로부터 극히 몇 cm 이내의 부분이고 그 이상의 깊이에서는 건조하지 않는다.

③ W/C비, 단위 시멘트량의 영향

　가. W/C비가 클수록 건조수축량은 증대한다.

　나. 단위 시멘트량이 증가할수록 수축량은 증대한다.

④ 노출면적에 따른 영향

　가. 가상두께 : 콘크리트의 체적/노출표면적으로서 가상 두께가 얇다는 것은 공기 중에 노출되는 면적이 크다는 것이다. 공기 중에 노출되는 면적이 클수록 수축량은 증가한다.

　나. 가상두께의 크기에 따라 장기 건조수축량을 보면 가상두께가 두꺼울수록 장기수축량이 증가하고 얇을수록 장기 수축량이 감소하게 된다.

⑤ 상대습도의 영향

　가. 상대습도가 50%와 70%에 있는 건조수축률의 비는 2:1이라는 보고가 있다.

　나. 상대습도가 10% 이하가 되는 경우 건조수축량은 급격히 증가한다.

⑥ 양생 조건에 따른 영향

　가. 습윤 양생기간이 길어질수록 건조 수축량은 감소한다.

　나. 양생 중 풍속이 클수록 증가한다.

⑦ 거푸집 존치기간의 영향 : 존치기간이 길수록 건조수축량은 감소한다.

⑧ 장기하중 작용일수에 의한 영향 : 하중의 지속시간이 길수록 건조수축량은 증가한다.

⑨ 철근구속에 의한 영향 : 철근량이 증가할수록 구속의 효과가 커 건조수축량은 감소한다.

▶ 건조수축의 피해

① 콘크리트가 건조할 때 표면에서부터 건조되므로 표면은 인장응력, 내부는 압축응력이 발생되며 표면의 인장응력이 인장강도를 초과하면 균열이 발생한다.

② 건조가 계속되어 철근 주변까지 도달하면 철근이 건조수축을 방해하여 콘크리트에는 인장응력, 철근에는 압축응력을 유발하여 균열이 발생된다.

③ 슬래브와 같은 넓은 면적의 구조체는 대부분 표면 균열로 발생된다.

④ 벽체와 같은 구조물은 대부분 관통균열로 발생된다.

▶ 건조수축 방지대책

① 골재 : 될 수 있는 한 굵은골재 최대치수를 크게 하고 입도분포를 양호하게 한다.

② 배합설계 : W/C비, W, C, S/a를 작게 한다.

③ 철근배근 : 이형철근을 등간격으로 하되, 철근개수와 철근량을 증가한다.

④ 양생 : 철저한 습윤양생 기간의 증대, 수분증발을 방지하기 위한 봉함 양생을 실시한다.

철근의 부식

콘크리트 구조물에서 내구성 저하에 따른 철근 부식 발생 메커니즘과 방지대책에 대하여 설명하시오.

풀 이

▶ 개요

일반적으로 철근은 알칼리성 상태에서는 부식을 막는 보호막(Passive Film)을 표면에 형성한다. 콘크리트는 이러한 부식을 막는 알칼리를 만드는데 이것은 포틀랜드 시멘트가 수화하고 굳어지면서 발생하는 많은 양의 칼슘 수화물 때문이다. 그러므로 콘크리트 속의 철근은 콘크리트 자체가 손상되지 않고 높은 pH가 유지되는 경우 산소와 습기가 철근에 도달하더라도 부식되지 않는다. 그러나 콘크리트의 중성화, 염화물의 출현, 균열, 수분공급, 표층콘크리트의 박리 및 기타요인에 의해 철근의 보호막이 파괴되고 부식이 발생한다.

▶ 철근 부식 발생 메커니즘과 방지대책

1) 철근 부식 발생 메커니즘

중성화 및 철근부식에 의한 내구성 저하 : 탄산가스, 이산화탄소, 산성비, 산성토양의 접촉으로 콘크리트의 알칼리 성분이 pH 11 이하로 떨어지게 되면 철근이 부식되고, 철근 부식에 의한 체적 팽창으로 균열이 발생한다.

$$콘크리트\ 중성화\ :\ Ca(OH)_2 + CO_2 \quad \rightarrow \quad CaCO_3 + H_2O$$
$$(pH\ 12 \sim 13) \qquad\qquad (pH\ 8.5 \sim 9.5)$$

「콘크리트 중성화 → 철근부식 → 체적팽창 → 균열 발생 → 내구성 저하」

철근의 부동태를 파괴하는 유해한 성분에는 할로겐이온(Cl^-, Br^-, I^-), 황산이온($SO4^{2-}$), 황화물이온(S^{2-}) 등의 음이온이 있다. 이들 중에 염화물이온은 그 작용이 가장 강하고 더구나 콘크리트 속의 철근 부식에 대한 가장 유해한 이온이다. 염화물이온은 부동태 피막의 약점에 흡착하여 피막을 국부적으로 파괴하므로 철근 표면에 공식(孔蝕, pitting)을 일으키는 원인이 된다.

철(Fe)은 주로 산소와 결합하여 광석중의 안정한 상태로 존재하나, 여기에 전기에너지와 열에너지를 가하여 열역학적으로 불안정한 상태로 된 것이 금속철이다. 따라서 금속철은 그 환경 중의 물, 공기 등과 반응하여 원래의 안정한 상태로 되돌아가려는 성질을 갖는데 이러한 특성을 부식 현상이라 할 수 있다. 일반적으로 금속의 부식은 건식(dry corrosion)과 습식(wet corrosion)으로 대별할 수 있다. 건식은 금속이 고온에서 산소, 유황, 할로겐 등의 가스에 접하여 그 금속의 산화물, 유화물, 할로겐물 등의 반응물을 생성시키는 것이고, 습식은 수분이 존재하는 상태에서 금속이 부식되는 경우에 일어나는 것으로 상온에서 발생하는 통상의 부식은 거의 습식이다. 콘크리트 내부의 철근에 발생하는 부식도 습식의 하나로서 이 부식현상은 다음과 같은 전기화학적 반응으로 설명할 수 있다.

$$Fe \rightarrow Fe^{2+} + 2e^-$$

$$O2 + 2H_2O + 4e^- \rightarrow 4OH^-$$

$$2Fe + O^2 + 2H_2O \rightarrow 2Fe^{2+} + 4OH^- \rightarrow 2Fe(OH)_2$$

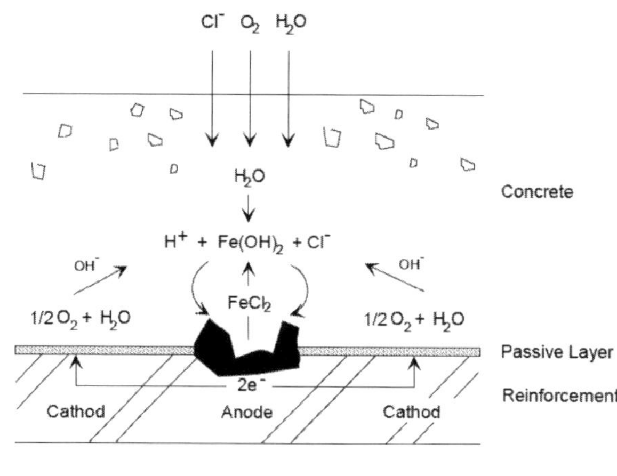

(염화물 이온에 의한 철근의 부식반응)

2) 철근 부식 방지대책

① 콘크리트의 중성화(탄화작용) 제어대책 : 적정한 시멘트의 사용, 염화물, 점토분 등 유해물이 적은 골재 사용, 피복두께 증가, 물-시멘트비(W/C)를 작게, 단위수량을 적게, 양생을 좋게 한다.

② 염화물 제어대책 : 해사의 염화물 함유량을 허용치 이하로 제어(모래중량에 대해 NaCl 0.04% 이하), 양질의 콘크리트로 시공, 피복두께 증가, 콘크리트 표면보호, 양질의 POZO-LAN을 사용한다.

내구성 설계

콘크리트 구조물의 내구수명 결정요인과 목표내구수명

풀 이

▶ 목표내구수명의 개요

콘크리트 구조물의 목표내구수명(intended service life)이란 해당 콘크리트 구조물의 중요도, 규모, 종류, 사용기간, 유지관리수준 및 경제성 등을 고려하여 설정된 구조물이 내구성능을 유지해야 하는 기간을 의미하며, 국내 콘크리트 표준시방서 내구성편(2004)에서는 목표내구수명을 3등급으로 구분하여 정하고 있다.

콘크리트 표준시방서 내구성편(2004) 목표내구수명

구조물 내구등급	구조물의 내용	목표내구수명
1등급	특별히 높은 내구성이 요구되는 구조물	100년
2등급	높은 내구성이 요구되는 구조물	65년
3등급	비교적 낮은 내구성이 요구되는 구조물	30년

▶ 내구수명 결정요인

내구성 평가에는 염해, 탄산화, 동결융해, 화학적 침식, 알칼리 골재반응 등 주된 성능저하원인을 고려하며, 환경지수와 내구지수를 비교하여 목표 내구 수명에 내구성이 확보되는지 여부를 검토한다.

1) 내구성 설계의 기본절차

설계내구수명 설정 $\rightarrow$ 환경지수 E_r 산정(E : environment) $\rightarrow$ 설계조건 설정 $\rightarrow$ 기본사양 검토 $\rightarrow$ 내구한계연수 D_r 산정(D : durable) $\rightarrow$ 설계의 적합성 검토($E_r \leq D_r$)

※ $E_r \leq D_r$을 만족하지 않으면 다시 시작

2) 외부환경조건 콘크리트 열화현상으로 고려된 주 인자 : 염해·탄산화·동해·황산염

3) 기본 검토항목

① 재료·배합분야

② 시공분야 – 계량 / 비빔 / 타설 / 양생

③ 설계분야 – 이음 / 철근배근 / 거푸집·동바리 / 품질관리 / 균열제어 / 피복

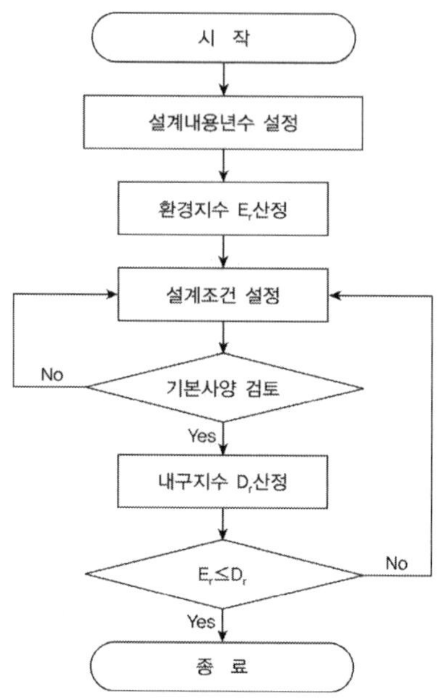

4) 내구지수와 환경지수 산정방법

① 환경지수 : 구조물이 놓여 있는 환경조건 및 요구되는 Maintenance free 기간을 고려하여 정하는 지수로써, 표준환경지수와 환경지수 증분치의 합으로 나타낸다.

환경지수(E_T) = 표준환경지수(E_S) + 환경지수 증분치($\Sigma \Delta E_T$)

여기서, 표준환경지수 E_S 는 50년간 Maintenance free인 경우 85

100년간 Maintenance free인 경우 128

$\Sigma \Delta E_T$ 는 염해, 탄산화, 동해, 황산염 침해 및 복합열화에 대한 환경지수 증분치.

② 내구지수 : 재료, 설계, 시공의 각 분야에서 세부 항목으로 나누어 내구성에 미치는 정도를 정량적으로 평가하는 것으로 재료분야, 설계분야, 시공분야로 구성되어 있으며, 내구지수는 기본내구지수와 내구지수 증분치의 합으로 나타낸다.

내구지수(D_T) = 기본내구지수(D_0) + 내구지수 증분치($\Sigma \Delta D_T$)

③ 내구성 검토 : 콘크리트 구조물의 내구성에 대한 검토는 부재 각 부분에서 내구지수(D_T)가 환경지수(E_T) 이상인 것을 확인하는 절차에 의해 실시된다.

$$D_T \geq E_T$$

내구성 설계 : 내구성 평가

콘크리트 구조물의 내구성 평가 적용 범위 및 평가 항목에 대하여 설명하시오.

풀 이

▶ 개요

콘크리트구조 설계기준(KDS 14 20 40) 부록편에서 제시하고 있는 내구성평가는 콘크리트 구조물의 공사 착공단계에서 내구성을 평가하기 위한 것으로서 내구성 평가 원칙, 설계에 따라 시공될 콘크리트 구조물에 대한 내구성 평가 방법, 시공에 사용되기 위해 배합 설계된 콘크리트의 재료 자체에 대한 내구성 평가 방법에 대한 표준을 규정하고 있다.

▶ 내구성 평가 적용 범위 및 평가 항목

1) 내구성 평가 적용 범위

① 콘크리트 구조물의 목표내구수명은 구조물을 특별한 유지관리 없이 일상적으로 유지관리 할 때 내구적 한계상태에 도달하기까지의 기간으로 정하여야 한다. 시공될 콘크리트 구조물의 내구등급 결정은 구조물을 설계할 때 설정된 콘크리트 구조물의 목표 내구수명에 따라 정하여야 한다.

② 시공에 착수할 콘크리트 구조물은 목표내구수명 동안에 내구성을 확보하도록 시공착수 전 시공계획단계에서 내구성을 평가한다.

③ 내구성 평가에는 염해, 탄산화, 동결융해, 화학적 침식, 알칼리 골재 반응 등을 주된 성능저하 원인으로 고려하며, 시공할 구조물이 갖게 될 성능저하환경을 조사하여 이에 따라 성능저하원인별 내구성 평가 항목을 선정하여야 한다.

④ 콘크리트 구조물이 복합성능저하가 지배적인 특수한 환경에 시공되는 경우는 각각의 성능저하 인자에 대하여 내구성 평가를 수행하여 가장 지배적인 성능저하인자에 대한 내구성 평가결과를 적용하여야 한다.

2) 내구성 평가 항목 : 콘크리트 구조물

내구성 평가는 성능저하환경에 놓여 있는 콘크리트 구조물의 주된 성능저하 인자인 염해, 탄산화, 동결융해, 화학적 침식, 알칼리 골재반응에 대하여 검토한다. 검토할 때에는 내구성능 예측값에 환경계수를 적용한 소요 내구성능 특성값에 내구성 감소계수를 적용한 설계 내구성값과 비교하며 수행한다.

$$\gamma_P A_P \leq \phi_K A_K$$

여기서, γ_P : 콘크리트 구조물에 관한 환경계수,　ϕ_K : 콘크리트 구조물에 관한 내구성 감소계수
　　　A_P : 콘크리트 구조물의 내구성능 예측값,　A_K : 콘크리트 구조물의 내구성능 특성값

① 염해에 관한 내구성 평가 : 염소이온 침투에 의한 콘크리트 구조물의 내구성 평가

$$\gamma_P \, C_d \leq \phi_K \, C_{\lim}$$

여기서, γ_P : 염해에 대한 환경계수로서 일반적으로 1.11
　　　ϕ_K : 염해에 대한 내구성 감소계수로서 일반적으로 0.86
　　　$C_{\lim}$: 철근부식이 시작될 때의 임계염소이온 농도, $C_{\lim} = 0.004\,C_{\mathrm{bind}}$
　　　C_d : 철근 위치에서 염소이온 농도의 예측값, $C_d - C_i = (C_S - C_i)\left(1 - erf\left(\dfrac{x}{2\sqrt{D_d\,t}}\right)\right)$

② 탄산화에 관한 내구성 평가 : 목표내구수명에 도달하였을 때의 철근부식이 발생하는 탄산화 한계깊이와 구조물의 성능저하에 따른 예측 탄산화 깊이에 각각 내구성 감소계수와 환경계수를 곱하여 비교

$$\gamma_P \, y_p \leq \phi_K \, y_{\lim}$$

여기서, γ_P : 탄산화에 대한 환경계수로서 일반적으로 1.1
　　　ϕ_K : 탄산화에 대한 내구성 감소계수로서 일반적으로 0.92
　　　$y_{\lim}$: 철근부식이 발생할 수 있는 탄산화 한계깊이(mm), $\quad y_{\lim} = c - c_k$
　　　c : 설계피복두께(mm)
　　　c_k : 한계 탄산화 깊이 여윳값으로서, 자연환경에서는 10mm, 심한 염해환경에서는 25mm
　　　y_p : 탄산화 깊이의 예측값 (mm), $\quad y_p = \gamma_{cb}\,\alpha_d\,\sqrt{t}$

③ 동해에 관한 내구성 평가 : 동결융해 저항성 시험을 통하여 얻어지는 상대동탄성계수와 콘크리트의 질량감소율을 지표로 동해에 관한 내구성을 평가

$$\gamma_P \, F_d \leq \phi_K \, F_{\lim}$$

여기서, γ_P : 동해에 대한 환경계수로서 일반적으로 1.0
　　　ϕ_K : 동해에 대한 내구성 감소계수, 구조물의 종류와 위치에 따라 아래 표의 값

구분	보통부위	구조물의 상부
일반 구조물	1.0	0.8
중요 구조물	0.9	0.7

　　　F_d : 상대동탄성계수의 예측값의 역수, $\quad F_d = \dfrac{1}{E_d}$
　　　E_d : 상대동탄성계수의 예측값(%)

$F_{\lim}$: 상대동탄성계수의 최솟값의 역수, $F_{\lim} = \dfrac{1}{E_{\min}}$

$E_{\min}$: 동결융해작용에 대하여 소요 성능을 만족하기 위한 상대동탄성계수의 최소 한 곗값(%)으로서 일반적으로 표에 따름.

기상조건		기상작용이 심하고 동결융해가 자주 반복될 때		기상작용이 심하지 않고 온도가 동결점 이하로 지는 경우가 드물 때	
단면		얇은 경우2)	보통 경우	얇은 경우	보통 경우
구조물의 노출상태	(1) 연속해서 또는 반복해서 물에 포화되는 경우1)	85	70	85	60
	(2) 일반적인 노출상태로 (1)에 속하지 않는 경우	70	60	70	60

주 1) 수로, 물탱크, 교각의 받침대, 교각, 옹벽, 터널 복공등과 같이 수면 가까이에서 포화된 부분 및 이 구조물들 외에 보, 슬래브 등에 수면에서 떨어져 있지만 융설, 유수, 물방울 때문에 물에 포화된 부분 등
    2) 단면의 두께가 0.2 m 이하인 구조물

④ 화학적 침식에 관한 내구성 평가 : 산, 황산염, 염류, 강알칼리, 동·식물성 기름, 당류, 부식성 가스에 의한 침식에 대한 평가

$$\gamma_P \ Z_p \le \phi_K \ Z_{\lim}$$

여기서, γ_P : 화학적 침식에 대한 환경계수로서 일반적으로 1.1

ϕ_K : 화학적 침식에 대한 내구성감소계수로서 일반적으로 0.92

$Z_{\lim}$: 화학적 침식 한계깊이(mm), $Z_{\lim} = c - c_k$

c : 설계피복두께(mm)

c_k : 한계 화학적 침식 깊이 여웃값으로서, 일반적으로 철근의 직경을 사용함

Z_p : 화학적 침식 깊이의 예측값(mm)

⑤ 알칼리-골재반응에 관한 내구성 평가 : 알칼리-골재 반응에 대한 콘크리트 구조물의 평가

$$\gamma_P \ R_p \le \phi_K \ R_{\lim}$$

여기서, γ_P : 알칼리 골재반응에 대한 환경계수로서 일반적으로 1.1

ϕ_K : 알칼리 골재반응에 대한 내구성감소계수로서 일반적으로 0.92

$R_{\lim}$: 알칼리 골재반응의 화학적 한계 안정성

R_p : 알칼리 골재반응의 화학적 안정성 예측값

내구성 설계 : KDS 14 20 콘크리트구조 설계기준, 강도설계[뻡]

콘크리트 교량의 사용수명 동안 내구성을 확보하기 위한 방법과 노출환경 등급에 따른 콘크리트의 기준압축강도에 대하여 설명하시오.

풀 이

▶ 개요

콘크리트 구조는 주어진 주변 환경조건에서 설계 공용기간 동안에 안전성, 사용성, 내구성, 미관을 갖도록 설계, 시공, 유지관리하여야 하며, 국내설계기준에서는 이러한 조건을 만족할 수 있도록 내구성 설계를 하도록 규정하고 있다. 내구성이란 콘크리트가 사용되는 곳에서 여러 가지 환경오염에 변하지 않고 저항하는 성질을 말하며, 장기간 사용기간 동안 초기의 성능을 그대로 유지할 수 있는 성능을 말한다. 내구성에 대한 저항을 증가시키기 위해서는 설계, 시공 단계에서 내구성 저하 원인을 사전에 제거하고, 구조물 준공 후 내구성 저하를 방지하기 위한 유지관리가 필요하다.

▶ 노출환경 등급에 따른 콘크리트의 기준압축강도

콘크리트 내구성 확보를 위해 책임기술자가 구조용 콘크리트 부재가 예측되는 노출 정도를 고려해 노출등급을 정하고 노출등급에 따라 최소 기준 압축강도 이상 적용하도록 규정하고 있다. 노출범주는 일반적인 조건(E)과 탄산화(EC), 염해(ES), 동결융해(EF), 황산염(EA) 노출조건으로 구분되며, 노출되는 조건에 따라 등급을 구분해서 적용하도록 하고 있다.

범주	등급	조건	예
일반	E0	물리적, 화학적 작용에 의한 콘크리트 손상의 우려가 없는 경우 철근이나 내부 금속의 부식 위험이 없는 경우	• 공기 중 습도가 매우 낮은 건물 내부의 콘크리트
EC (탄산화)	EC1	건조하거나 수분으로부터 보호되는 또는 영구적으로 습윤한 콘크리트	• 공기 중 습도가 낮은 건물 내부의 콘크리트 • 물에 계속 침지되어 있는 콘크리트
	EC2	습윤하고 드물게 건조되는 콘크리트로 탄산화의 위험이 보통인 경우	• 장기간 물과 접하는 콘크리트 표면 • 외기에 노출되는 기초
	EC3	보통 정도의 습도에 노출되는 콘크리트로 탄산화 위험이 비교적 높은 경우	• 공기 중 습도가 보통 이상으로 높은 건물 내부의 콘크리트 • 비를 맞지 않는 외부 콘크리트
	EC4	건습이 반복되는 콘크리트로 매우 높은 탄산화 위험에 노출되는 경우	• EC2 등급에 해당하지 않고, 물과 접하는 콘크리트(예를 들어 비를 맞는 콘크리트 외벽, 난간 등)

범주	등급	조건	예
ES (해양 환경, 제빙 화학제 등 염화물)	ES1	보통 정도의 습도에서 대기 중의 염화물에 노출되지만 해수 또는 염화물을 함유한 물에 직접 접하지 않는 콘크리트	• 해안가 또는 해안 근처에 있는 구조물 • 도로 주변에 위치하여 공기중의 제빙화학제에 노출되는 콘크리트
	ES2	습윤하고 드물게 건조되며 염화물에 노출되는 콘크리트	• 수영장 • 염화물을 함유한 공업용수에 노출되는 콘크리트
	ES3	항상 해수에 침지되는 콘크리트	• 해상 교각의 해수 중에 침지되는 부분
	ES4	건습이 반복되면서 해수 또는 염화물에 노출되는 콘크리트	• 해양 환경의 물보라 지역(비말대) 및 간만대에 위치한 콘크리트 • 염화물을 함유한 물보라에 직접 노출되는 교량 부위 • 도로 포장 • 주차장
EF (동결 융해)	EF1	간혹 수분과 접촉하나 염화물에 노출되지 않고 동결융해의 반복작용에 노출되는 콘크리트	• 비와 동결에 노출되는 수직 콘크리트 표면
	EF2	간혹 수분과 접촉하고 염화물에 노출되며 동결융해의 반복작용에 노출되는 콘크리트	• 공기 중 제빙화학제와 동결에 노출되는 도로구조물의 수직 콘크리트 표면
	EF3	지속적으로 수분과 접촉하나 염화물에 노출되지 않고 동결융해의 반복작용에 노출되는 콘크리트	• 비와 동결에 노출되는 수평 콘크리트 표면
	EF4	지속적으로 수분과 접촉하고 염화물에 노출되며 동결융해의 반복작용에 노출되는 콘크리트	• 제빙화학제에 노출되는 도로와 교량 바닥판 • 제빙화학제가 포함된 물과 동결에 노출되는 콘크리트 표면 • 동결에 노출되는 물보라 지역(비말대) 및 간만대에 위치한 해양 콘크리트
EA (황산염)	EA1	보통 수준의 황산염이온에 노출되는 콘크리트	• 토양과 지하수에 노출되는 콘크리트 • 해수에 노출되는 콘크리트
	EA2	유해한 수준의 황산염이온에 노출되는 콘크리트	• 토양과 지하수에 노출되는 콘크리트
	EA3	매우 유해한 수준의 황산염이온에 노출되는 콘크리트	• 토양과 지하수에 노출되는 콘크리트 • 하수, 오·폐수에 노출되는 콘크리트

콘크리트 설계기준압축강도는 노출등급에 따라 아래 규정하는 값 이상으로 적용하도록 규정하고 있다. 다만, 별도의 내구성 설계를 통해 입증된 경우나 성능이 확인된 별도의 보호 조치를 취하는 경우에는 규정하는 값보다 낮은 강도를 적용할 수 있다.

항목	노출등급															
	−	EC(탄산화)				ES(해양, 염해)				EF(동결융해)				EA(황산염)		
	E0	EC1	EC2	EC3	EC4	ES1	ES2	ES3	ES4	EF1	EF2	EF3	EF4	EA1	EA2	EA3
최소 설계기준 압축강도 f_{ck}	21	21	24	27	30	30	30	35	35	24	27	30	30	27	30	30

내구성 설계 : 철근피복두께, 한계상태설계법

도로교설계기준(한계상태설계법, 2016)에 따라 철근 콘크리트 구조물의 철근피복두께를 결정하는 방법을 설명하시오.

풀 이

▶ 개요

도로교설계기준(한계상태설계법, 2016)에서는 RC구조물의 철근의 부식방지와 내구성 확보를 위해서 최소 철근피복두께를 규정하고 있다. 피복두께는 클수록 철근과의 부착강도가 크며, 인장에 더 잘 저항할 수 있다. 이로 인해서 피복두께는 할렬파괴에 영향을 주며, 설계기준에서는 균열폭에 대한 제한을 철근 피복두께를 고려해 철근 간격을 검토하도록 하는 간접적 제어방식을 채택하고 있다.

▶ 구조물의 철근피복두께 결정방법

1) 콘크리트 피복두께는 철근의 표면과 그와 가장 가까운 콘크리트 표면 사이의 거리로 공칭피복두께 $(t_{c,nom})$는 최소피복두께$(t_{c,min})$와 설계편차 허용량$(\Delta t_{c,dev})$의 합으로 나타낸다. 부착과 환경조건에 대한 요구사항을 만족하는 $t_{c,min}$ 중 큰 값을 설계에 사용하여야 한다.

$$t_{c,min} = \max\left[t_{c,min,b}, \quad t_{c,min,dur} + \Delta t_{c,dur,\gamma} - \Delta t_{c,dur,st} - \Delta t_{c,dur,add}, \quad 10mm\right]$$

여기서, $t_{c,min,b}$: 부착에 대한 요구사항을 만족하는 최소피복두께(mm)

강재종류	$t_{c,min,b}$ (공칭 최대골재치수가 32mm보다 크면 5mm 증가)
일반	철근지름
다발	등가지름
포스트텐션부재	• 원형덕트 : 덕트의 지름 • 직사각형 덕트 : 작은 치수 혹은 큰 치수의 1/2배 중 큰 값으로서 50mm 이상 　단, 두 종류의 덕트에 대해 피복두께가 80mm 이하
프리텐션부재	• 강연선 및 원형 강선 : 지름의 2배 • 이형 강선 : 지름의 3배

$t_{c,min,dur}$: 환경조건에 대한 요구사항을 만족하는 최소피복두께(mm)

강재 종류	노출등급에 따른 $t_{c,min,dur}$						
	E0	EC1	EC2/EC3	EC4	ED1/ES1	ED2/ES2	ED3/ES3
철근	20	25	35	40	45	50	55
프리스트레싱 강재	20	35	45	50	55	60	65

2) $\Delta t_{c,dur,\gamma}$은 고부식성 노출환경에서 아래 규정에 의한 피복두께 증가값(mm)으로 염화물 또는 해수에 노출되는 고부식성 환경에 대한 추가적인 안전을 확보하기 위하여 최소피복두께를 다음의 $\Delta t_{c,dur,\gamma}$ 만큼 증가시켜야 한다.

$$\Delta t_{c,dur,\gamma} = 5\text{mm (ED1/ES1)}, \quad 10\text{mm (ED2/ES2)}, \quad 15\text{mm (ED3/ES3)}$$

3) 노출등급에 따른 최소 콘크리트 압축강도보다 다음의 값 이상 큰 강도를 사용하는 경우 시공과정에서 철근 위치의 변동이 없는 슬래브 형상의 부재인 경우 콘크리트를 제조할 때 특별한 품질관리방안이 확보되었다고 승인받은 경우에는 최소피복두께를 각각 5mm 감소시킬 수 있다.

- E0 등급이나 탄산화에 노출된 경우(EC 등급) : 5 MPa
- 염화물이나 해수에 노출된 경우(ED, ES 등급) : 10 MPa

3) 스테인레스 철근을 사용하거나 다른 특별한 조치를 취한 경우에는 $\Delta t_{c,dur,st}$만큼 최소피복두께를 감소시킬 수 있다. 다만 이러한 경우 부착강도를 비롯한 모든 관련된 재료적 특성에 의한 영향을 고려하여야 한다. $\Delta t_{c,dur,st}$는 일반적으로 0mm을 적용하되, 실험 데이터와 신뢰할 수 있는 내구성 예측 기법에 따른 타당한 근거를 제시한 경우에는 0mm보다 큰 값을 적용할 수 있다.

5) 코팅과 같은 추가 표면처리를 한 콘크리트의 경우 $\Delta t_{c,dur,add}$만큼 최소피복두께를 감소시킬 수 있다. $\Delta t_{c,dur,add}$는 일반적으로 0mm을 적용하되, 실험 데이터와 신뢰할 수 있는 내구성 예측 기법에 따른 타당한 근거를 제시한 경우에는 0mm보다 큰 값을 적용할 수 있다.

6) 프리캐스트나 현장 타설 콘크리트와 같은 다른 콘크리트 부재에 접하여 콘크리트를 타설할 경우 철근에서 표면까지의 최소피복두께는 다음 요구조건을 만족하면 아래 표의 부착에 대한 최소피복두께 값으로 감소시킬 수 있다.

- 콘크리트 강도가 25 MPa 이상이다.
- 콘크리트 표면이 외기에 노출된 시간이 짧다(28일 미만).
- 접촉면이 거칠게 처리되어 있다.

강재의 종류	최소피복두께 ($t_{c,\min,b}$)
일반	철근지름
다발	등가지름
포스트텐션 부재	• 원형덕트 : 덕트의 지름 • 직사각형 덕트 : 작은 치수 혹은 큰 치수의 1/2배 중 큰 값으로 50mm 이상인 값, 단 두 종류의 덕트에 대하여 피복두께가 80mm보다 큰 경우는 없음
프리텐션 부재	• 강연선 및 원형강선 : 지름의 2배 • 이형강선 : 지름의 3배

7) 노출 골재 등과 같은 요철 표면의 경우 최소피복두께는 적어도 5mm를 증가시켜야 한다.

8) 방수처리나 표면처리를 하지 않은 노출 콘크리트 바닥판의 피복두께는 마모에 대비하여 최소 10mm 만큼 증가시켜야 한다.

노출등급	환경조건	해당노출 등급이 발생할 수 있는 사례
1. 부식이나 침투위험 없음		
E0	• 철근이나 매입금속이 없는 콘크리트 : 동결융해, 마모나 화학적 침투가 있는 곳을 제외한 모든 노출 • 철근이나 매입금속이 있는 콘크리트 : 매우 건조	• 공기중 습도가 매우 낮은 건물 내부의 콘크리트
2. 탄산화에 의한 부식		
EC1	• 건조 또는 영구적으로 습윤한 상태	• 공기중 습도가 낮은 건물의 내부 콘크리트 • 영구적 수중 콘크리트
EC2	• 습윤, 드물게 건조한 상태	• 장기간 물과 접촉한 콘크리트 표면 • 대다수의 기초
EC3	• 보통의 습도인 상태	• 공기중 습도가 보통이거나 높은 건물의 내부 콘크리트 • 비를 맞지 않은 외부 콘크리트
EC4	• 주기적인 습윤과 건조상태	• EC2 노출등급에 포함되지 않는 물과 접촉한 콘크리트 표면
3. 염화물에 의한 부식		
ED1	• 보통의 습도	• 공기 중의 염화물에 노출된 콘크리트 표면
ED2	• 습윤, 드물게 건조한 상태	• 염화물을 함유한 물에 노출된 콘크리트 부재
ED3	• 주기적인 습윤과 건조상태	• 염화물을 함유한 물보라에 노출된 교량부위 • 포장
4. 해수의 염화물에 의한 부식		
ES1	• 해수의 직접적인 접촉없이 공기 중의 염분에 노출된 해상 대기중	• 해안 근처에 있거나 해안가에 있는 구조물
ES2	• 영구적으로 침수된 해중	• 해양 구조물의 부위
ES3	• 간만대 혹은 물보라 지역	• 해양 구조물의 부위
5. 동결융해작용		
EF1	• 제빙화학제가 없는 부분포화상태	• 비와 동결에 노출된 수직 콘크리트 표면
EF2	• 제빙화학제가 있는 부분포화상태	• 동결과 공기중 제빙화학제에 노출된 도로 구조물의 수직 콘크리트 표면
EF3	• 제빙화학제가 없는 완전포화상태	• 비와 동결에 노출된 수평 콘크리트 표면
EF4	• 제빙화학제나 해수에 접한 완전포화상태	• 제빙화학제에 노출된 도로와 교량 바닥판 • 제빙화학제를 함유한 비말대와 동결에 직접 노출된 콘크리트 표면 • 동결에 노출된 해양 구조물의 물보라 지역
6. 화학적 침식		
EA1	• 조금 유해한 화학환경	• 천연 토양과 지하수
EA2	• 보통의 유해한 화학환경	• 천연 토양과 지하수
EA3	• 매우 유해한 화학환경	• 천연 토양과 지하수

내구성 설계 : 공칭 피복두께 산정, 한계상태설계법

콘크리트의 최소피복두께를 산정할 때 고려해야 하는 사항을 모두 기술하고, 다음과 같은 조건에서 직경 32mm 이형철근이 배근된 노출 콘크리트 바닥판(슬래브)의 공칭 피복두께를 구하시오.
- 노출등급 EC3(노출등급에 대한 콘크리트의 최소피복두께 35mm, 기준 최소 압축강도 30MPa)
- 사용된 콘크리트 강도 50MPa
- 콘크리트에 표면처리 및 피복에 대한 품질보증 시스템 미적용

풀 이

▶ 콘크리트의 피복두께 개요

기존 설계기준에는 구조물의 주변 환경에 따라 최소피복두께가 수치로 제시되어 있다. 그러나 한계상태설계법에는 철근 또는 덕트의 지름에 따른 부착에 대한 최소피복두께, 구조물의 노출등급에 따른 내구성을 고려한 최소피복두께 등을 고려하야여 하며, 설계편차 허용량을 추가로 고려하도록 하고 있어 피복두께 산정 시 기존 설계기준보다 세분화되어 있다. 공칭피복두께 $t_{c,nom}$ 은 최소피복두께 $t_{c,\min}$ 와 설계편차 허용량 $\Delta t_{c,dev}$ 의 합으로 나타난다.

▶ 최소 철근피복두께 규정

1) 콘크리트 피복두께는 철근의 표면과 그와 가장 가까운 콘크리트 표면 사이의 거리로 최소피복두께는 부착과 환경조건에 대한 요구사항을 만족하는 $t_{c,\min}$ 중 큰 값을 사용하여야 한다.

$$t_{c,\min} = \max\left[t_{c,\min,b}, \quad t_{c,\min,dur} + \Delta t_{c,dur,\gamma} - \Delta t_{c,dur,st} - \Delta t_{c,dur,add}, \quad 10mm\right]$$

여기서, $t_{c,\min,b}$: 부착에 대한 요구사항을 만족하는 최소피복두께(mm)

강재종류	$t_{c,\min,b}$ (공칭 최대골재치수가 32mm보다 크면 5mm 증가)
일반/다발	철근지름 / 등가지름
포스트텐션부재	• 원형덕트 : 덕트의 지름 • 직사각형 덕트 : 작은 치수 혹은 큰 치수의 1/2배 중 큰 값으로서 50mm 이상 단, 두 종류의 덕트에 대해 피복두께가 80mm 이하
프리텐션부재	• 강연선 및 원형 강선 : 지름의 2배 • 이형 강선 : 지름의 3배

$t_{c,\min,dur}$: 환경조건에 대한 요구사항을 만족하는 최소피복두께(mm)

강재종류	노출등급에 따른 $t_{c,\min,dur}$						
	E0	EC1	EC2/EC3	EC4	ED1/ES1	ED2/ES2	ED3/ES3
철근	20	25	35	40	45	50	55
프리스트레싱 강재	20	35	45	50	55	60	65

2) $\Delta t_{c,dur,\gamma}$은 고부식성 노출환경에서 아래 규정에 의한 피복두께 증가값(mm)으로 염화물 또는 해수에 노출되는 고부식성 환경에 대한 추가적인 안전을 확보하기 위하여 최소피복두께를 다음의 $\Delta t_{c,dur,\gamma}$ 만큼 증가시켜야 한다.

$$\Delta t_{c,dur,\gamma} = 5mm\ (ED1/ES1),\quad 10mm\ (ED2/ES2),\quad 15mm\ (ED3/ES3)$$

3) 노출등급에 따른 최소 콘크리트 압축강도보다 다음의 값 이상 큰 강도를 사용하는 경우 시공과정에서 철근 위치의 변동이 없는 슬래브 형상의 부재인 경우 콘크리트를 제조할 때 특별한 품질관리방안이 확보되었다고 승인받은 경우에는 최소피복두께를 각각 5mm 감소시킬 수 있다.
   - E0 등급이나 탄산화에 노출된 경우(EC 등급) : 5 MPa
   - 염화물이나 해수에 노출된 경우(ED, ES 등급) : 10 MPa

4) 스테인레스 철근을 사용하거나 다른 특별한 조치를 취한 경우에는 $\Delta t_{c,dur,st}$ 만큼 최소피복두께를 감소시킬 수 있다. 다만 이러한 경우 부착강도를 비롯한 모든 관련된 재료적 특성에 의한 영향을 고려하여야 한다. $\Delta t_{c,dur,st}$는 일반적으로 0mm을 적용하되, 실험 데이터와 신뢰할 수 있는 내구성 예측 기법에 따른 타당한 근거를 제시한 경우에는 0mm보다 큰 값을 적용할 수 있다.

5) 코팅과 같은 추가 표면처리를 한 콘크리트의 경우 $\Delta t_{c,dur,add}$ 만큼 최소피복두께를 감소시킬 수 있다. $\Delta t_{c,dur,add}$는 일반적으로 0mm을 적용하되, 실험 데이터와 신뢰할 수 있는 내구성 예측 기법에 따른 타당한 근거를 제시한 경우에는 0mm보다 큰 값을 적용할 수 있다.

6) 프리캐스트나 현장 타설 콘크리트와 같은 다른 콘크리트 부재에 접하여 콘크리트를 타설할 경우 철근에서 표면까지의 최소피복두께는 다음 요구조건을 만족하면 아래 표의 부착에 대한 최소피복두께 값으로 감소시킬 수 있다.
   - 콘크리트 강도가 25MPa 이상이다.
   - 콘크리트 표면이 외기에 노출된 시간이 짧다(28일 미만).
   - 접촉면이 거칠게 처리되어 있다.

강재종류	$t_{c,\min,b}$ (공칭 최대골재치수가 32mm보다 크면 5mm 증가)
일반/다발	철근지름 / 등가지름
포스트텐션부재	• 원형덕트 : 덕트의 지름 • 직사각형 덕트 : 작은 치수 혹은 큰 치수의 1/2배 중 큰 값으로서 50mm 이상 단, 두 종류의 덕트에 대해 피복두께가 80mm 이하
프리텐션부재	• 강연선 및 원형 강선 : 지름의 2배 • 이형 강선 : 지름의 3배

7) 노출 골재 등과 같은 요철 표면의 경우 최소피복두께는 적어도 5mm를 증가시켜야 한다.

8) 방수처리나 표면처리를 하지 않은 노출 콘크리트 바닥판의 피복두께는 마모에 대비하여 최소 10mm 만큼 증가시켜야 한다.

▶ 주어진 조건에서의 피복두께 산정

1) 최소피복두께

① $t_{c,min,b}$ = 철근지름 = 32mm, $t_{c,min,dur}$ =35mm

⑧ 방수처리나 표면처리 안 함 +10mm

따라서, 최소피복두께는

$$t_{c,min} = \max [t_{c,min,b},\ t_{c,min,dur} + \Delta t_{c,dur,\gamma} - \Delta t_{c,dur,st} - \Delta t_{c,dur,add},\ 10mm] = 35+10 = 45\text{mm}$$

2) 설계편차 허용량

① 설계편차 허용량 $\Delta t_{c,dev}$ =10mm (모니터링 항복에 품질보증 시스템 미적용)

3) 공칭 피복두께 산정

$$\therefore t_{c,nom} = t_{c,min} + \Delta t_{c,dev} = 45+10 = 55\text{mm}$$

TIP | 2015 도로교설계기준 한계상태설계법 : 콘크리트교 | 사용한계상태

5) 노출등급 및 최소피복두께 적용검토(한국도로공사(안))

부재	부위		노출환경등급 탄산화	노출환경등급 염화물	최소피복두께(mm) $t_{c,min,b}$	최소피복두께(mm) $t_{c,min,dur}$ 탄산화	최소피복두께(mm) $t_{c,min,dur}$ 염화물	최소피복두께(mm) $\Delta t_{c,dur,\gamma}$	최소피복두께(mm) $t_{c,min}$	사용피복두께(mm) 현행	사용피복두께(mm) 개선
바닥판	상면	아스팔트계 교면포장	EC4	ED2	19	40	50	10	60	60, 70	70
바닥판	상면	콘크리트계 교면포장	EC3		19	35			35	60, 70	45
바닥판	하면	하부 차도로부터 6m 이내	EC4	ED3	19	40	55	15	70	40, 50	80
바닥판	하면	하부 차도로부터 6m 이상 이격	EC4	ED1	19	40	45	5	50	40, 50	60
거더	하부 차도로부터 6m 이내		EC4	ED3	19	40	55	15	70	40	80
거더	하부 차도로부터 6m 이상 이격		EC4	ED1	19	40	45	5	50	40	60
교각 (코핑, 기둥)	신축이음장치 하부		EC4	ED3	32	40	55	15	70	100	110
교각 (코핑, 기둥)	차도로부터 수평 혹은 수직으로 6m 이내 부위		EC4	ED3	32	40	55	15	70	100	110
교각 (코핑, 기둥)	일반부위		EC3	ED1	32	35	45	5	50	100	90
교대 벽체	신축이음장치 하부 (흉벽과 받침하부 1.5m)		EC4	ED3	32	40	55	15	70	100	90
교대 벽체	차도로부터 수평 혹은 수직으로 6m 이내 부위		EC4	ED3	32	40	55	15	70	100	90
교대 벽체	일반부위		EC3	ED1	32	35	45	5	50	100	70
라멘	슬래브 (상면)	아스팔트계 교면포장	EC4	ED2	32	40	50	10	60	80	80
라멘	슬래브 (상면)	콘크리트계 교면포장	EC3		32	35			35	80	55
라멘	슬래브(하면), 벽체(전면)	하부 차도로부터 6m 이내	EC4	ED3	32	40	55	15	70	60, 80	90
라멘	슬래브(하면), 벽체(전면)	하부 차도로부터 6m 이상 이격	EC4	ED1	32	40	45	5	50	60, 80	70
기초 (교각, 교대, 라멘)	확대기초		EC2		32	35			35	100	55
기초 (교각, 교대, 라멘)	말뚝기초	상면	EC2		32	35			35	100	55
기초 (교각, 교대, 라멘)	말뚝기초	하면	EC2		32	35			35	150	150
방호벽, 중앙분리대			EC4	ED3	19	40	55	15	70	50 (기계:70)	80

내구성 설계 : 공칭 피복두께 산정, 강도설계법

지하차도를 설계할 때 콘크리트구조 내구성 설계기준(KDS 14 20 40)에서 규정하는 다음의 내구성 설계 항목에 대하여 설명하시오.

(1) 내구성 설계기준에 대하여 설명하시오.

(2) 아래의 표를 참고하여 노출 범주별 등급을 결정하시오.

범주	등급	조건
일반	E0	물리적, 화학적 작용에 의한 콘크리트 손상의 우려가 없는 경우 철근이나 내부 금속의 부식 위험이 없는 경우
EC (탄산화)	EC1	건조하거나 수분으로부터 보호되는 또는 영구적으로 습윤한 콘크리트
	EC2	습윤하고 드물게 건조되는 콘크리트로 탄산화의 위험이 보통인 경우
	EC3	보통 정도의 습도에 노출되는 콘크리트로 탄산화 위험이 비교적 높은 경우
	EC4	건습이 반복되는 콘크리트로 매우 높은 탄산화 위험에 노출되는 경우
ES (해양환경, 제빙화학제 등 염화물)	ES1	보통 정도의 습도에서 대기 중의 염화물에 노출되지만 해수 또는 염화물을 함유한 물에 직접 접하지 않는 콘크리트
	ES2	습윤하고 드물게 건조되며 염화물에 노출되는 콘크리트
	ES3	항상 해수에 침지되는 콘크리트
	ES4	건습이 반복되면서 해수 또는 염화물에 노출되는 콘크리트
EF (동결융해)	EF1	간혹 수분과 접촉하나 염화물에 노출되지 않고 동결융해의 반복작용에 노출되는 콘크리트
	EF2	간혹 수분과 접촉하고 염화물에 노출되며 동결융해의 반복작용에 노출되는 콘크리트
	EF3	지속적으로 수분과 접촉하나 염화물에 노출되지 않고 동결융해의 반복작용에 노출되는 콘크리트
	EF4	지속적으로 수분과 접촉하고 염화물에 노출되며 동결융해의 반복작용에 노출되는 콘크리트
EA (황산염)	EA1	보통 수준의 황산염이온에 노출되는 콘크리트
	EA2	유해한 수준의 황산염이온에 노출되는 콘크리트
	EA3	매우 유해한 수준의 황산염이온에 노출되는 콘크리트

(3) 아래의 표를 참조하여 설계기준강도를 제안하고, 그 제안 사유와 그 밖에 내구성 확보를 위한 요구조건에 대하여 설명하시오.

항목	노출등급																
	−	EC				ES				EF				EA		
	E0	EC1	EC2	EC3	EC4	ES1	ES2	ES3	ES4	EF1	EF2	EF3	EF4	EA1	EA2	EA3
최소 설계기준 압축강도 f_{ck} (MPa)	21	21	24	27	30	30	30	35	35	24	27	30	30	27	30	30

▶ 개요

철근 콘크리트 구조물에 필요한 각종 성능이 계획사용기간 내에 구조물의 입지환경하에서 적절한 안전율을 가지고 요구수준 이상의 상태로 유지될 수 있도록 사용재료(시멘트, 혼화재료, 골재, 철근 등) 및 콘크리트의 배합, 부재 구성요소의 치수, 형상, 배치(피복두께, 철근직경, 배근상세, 단면 등)를 각종 규준과 경제성을 고려하여 적절히 선정해 설계하여야 하며 이러한 개념을 기반으로 해풍, 해수, 제빙화학제, 황산염 및 기타 유해물질에 노출된 콘크리트에 대해 내구성 설계를 하도록 규정하고 있다.

▶ 내구성 설계기준

KDS 14 20 40(콘크리트구조 내구성 설계기준)에 따라 콘크리트의 노출범주 및 등급에 따라 설계자가 판단하여 콘크리트 구조기준에서 제시하는 최소한의 내구성 확보 요구조건을 만족하는 콘크리트를 사용할 수 있으며, 특별히 내구성 검토가 필요한 경우에는 별도의 내구성 설계를 수행할 수 있다. 내구성 설계 시에는 다음의 사항을 고려해야 한다.

① 해풍, 해수, 제빙화학제, 황산염 및 기타 유해물질에 노출된 콘크리트는 노출등급에 따라 내구성 확보 요구 조건을 만족하는 콘크리트를 사용하여야 한다.

② 설계자는 구조물의 내구성을 확보할 수 있는 적절한 설계기법을 결정하여야 한다.

③ 설계 초기단계에서 구조적으로 환경에 민감한 구조 배치를 피하고, 유지관리 및 점검을 위하여 접근이 용이한 구조 형상을 선정하여야 한다.

④ 구조물이나 부재의 외측 표면에 있는 콘크리트의 품질이 보장될 수 있도록 하여야 한다. 다지기와 양생이 적절하여 밀도가 크고, 강도가 높고, 투수성이 낮은 콘크리트를 시공하고 피복 두께를 확보하여야 한다.

⑤ 구조물의 모서리나 부재 연결부 등의 건전성 확보를 위한 철근 콘크리트 및 프리스트레스트콘크리트 구조요소의 구조 상세가 적절하여야 한다.

⑥ 고부식성 환경조건에 있는 구조는 표면을 보호하여 내구성을 증진시켜야 한다.

⑦ 설계자는 내구성에 관련된 콘크리트 재료, 피복 두께, 철근과 긴장재, 처짐, 균열, 피로 및 기타 사항에 대한 제반 규정을 모두 검토하여야 한다.

KDS 14 20 40(콘크리트구조 내구성 설계기준)에 따른 노출등급별 내구성 확보 요구조건은 다음과 같다.

항목	노출등급															
	−	EC (탄산화)				ES (해양환경, 제설제 등 염화물)				EF (동결융해)				EA (황산염)		
	E0	EC1	EC2	EC3	EC4	ES1	ES2	ES3	ES4	EF1	EF2	EF3	EF4	EA1	EA2	EA3
최소 설계기준 압축강도 f_{ck} (MPa)	21	21	24	27	30	30	30	35	35	24	27	30	30	27	30	30
최대 물−결합재비	−	0.60	0.55	0.50	0.45	0.45	0.45	0.40	0.40	0.55	0.50	0.45	0.45	0.50	0.45	0.45
최소 단위 결합재량(kg/m³)	−	−	−	−	−	KCS 14 20 44 (2.2)				−	−	−	−	−	−	−
최소 공기량(%)	−	−	−	−	−	−	−	−	−	골재치수에 따라 4.5~7.5				−	−	−
수용성 염소 이온량 — 철근	1.0	0.30				0.15				0.30				0.30		
수용성 염소 이온량 — PSC	0.06	0.06				0.06				0.06				0.06		
추가 요구조건	−	KDS 14 20 50 (4.3) 피복두께 규정								결합재 사용비율 제한				결합재 사용비율 제한		

▶ 지하차도 노출 범주별 등급 결정

1) 적용기준

콘크리트 구조물 내구성설계 및 시공기준 적용 가이드라인(국토부, '23)에 따라 부재별 제시된 노출등급 및 등급적용방안은 다음과 같다.

부재	상세 노출조건	노출등급[3]	최소 설계기준압축강도[3](MPa)
기초 교각, 주탑 외부기둥(필로티) 외벽	흙에 묻힌 부분	EC2	24
	흙에 묻힌 부분, 염화물을 포함한 지하수에 노출	EC2, ES2	30
	흙에 묻힌 부분, 황산염을 포함한 흙 또는 지하수에 노출	EC2, EA1~3	27 또는 30 (EA등급에 따라 다름)
	외기 노출(습윤)	EC2, EF1	24
	외기 노출(습윤), 대기중 제설염 영향지역[1] 또는 해양 대기중[2]	EC2, ES1, EF2	30
	외기 노출(건습반복)	EC4(EC3), EF1	30(27)
	외기 노출(건습반복), 대기중 제설염 영향지역[1] 또는 해양 대기중[2]	EC4(EC3), ES1, EF2	30
	바닷물에 노출(비말대, 간만대) 또는 제설염이 녹은 물에 직접 노출	EC4(EC3), ES4, EF4, EA1	35
외부에 노출된 슬래브, 옥상	외기 노출(습윤)	EC2, EF3(EF1)	30(24)

부재	상세 노출조건		노출등급[3]	최소 설계기준압축강도[3](MPa)
외부에 노출된 슬래브, 옥상	외기 노출(습윤), 대기중 제설염 영향지역[1] 또는 해양 대기중[2]		EC2, ES1, EF4(EF2)	30
	외기 노출(건습반복)		EC4(EC3), EF3(EF1)	30(27)
	외기 노출(건습반복), 대기중 제설염 영향지역[1] 또는 해양 대기중[2]		EC4(EC3), ES1, EF4(EF2)	30
교량 바닥판	–		ES4, EF4(EF2)	35
주차장 바닥	–		ES4, EF4(EF2)	35
수영장	–		ES2	30
건물 내부	습윤		EC2	24
	건조		EC1	21
	항상 습도가 매우 낮게 유지되는 경우(건조실 등)		E0	21
무근 콘크리트	바닷물에 노출(비말대, 간만대)		EF4, EA1	30
	외기 노출(습윤 또는 건습 반복	수직면	EF1	24
		수평면	EF3(EF1)	30(24)
	외기 노출(습윤 또는 건습반복), 대기중 제설염 영향지역[1] 또는 해양 대기중[2]	수직면	EF2	27
		수평면	EF4(EF2)	30(27)

1) 도로(차도) 가장자리로부터 수평 10m, 수직 5m 이내
2) 일반적으로 해안선으로부터 250m 이내로 볼 수 있으나, 특별히 해풍의 영향이 심한 곳은 최소 1km 정도까지 영향을 고려해야 할 수 있음
3) ( )안은 방수처리한 경우

2) 지하차도 적용

적용되는 지하차도는 내륙에 설치되고 양방향 분리되어 있다고 가정한다. 구조물을 내벽과 외벽으로 구분하고 차량이 통행하는 바닥구간과 상부 구간으로 구분해 적용 검토한다.

① 외벽 : 흙에 묻힌 부분으로 지하수에 노출되므로 EC2, EF3~4, EA1~3 적용
② 내벽 : 대기중 제설염 영향지역에 위치하므로 EC2, ES1, EF1 적용
③ 바닥 : 교량 바닥판과 유사, 제설제 등에 노출되고, 동결융해의 영향을 받으므로 ES4, EF4 적용
④ 상부 : 대기중 제설염 영향지역에 위치하므로 EC2, ES1, EF1 적용

구분	노출등급				최소설계기준 압축강도(MPa)
	EC(탄산화)	ES (염화물)	EF(동결융해)	EA(황산염)	
외벽(박스)	EC2(24)	–	EF3~4(30)	EA1~3(30)	30
내벽	EC2(24)	ES1(30)	EF1(24)	–	30
바닥	EC2(24)	ES4(35)	EF4(30)	–	35
상부	EC2(24)	ES1(30)	EF1(24)	–	30

노출등급에 따라 콘크리트 최소압축강도 이외에도 노출등급별 최소피복두께, 최대 물–결합재비, 최소 공기량, 수용성 염소 이온량 등의 규정을 만족시켜야 한다. 최소피복두께를 결정할 때에는 철근의 표면과 그와 가장 가까운 콘크리트 표면사이의 거리로 공칭피복두께($t_{c,nom}$)는 최소피복두께($t_{c,min}$)와 설계편차 허용량($\Delta t_{c,dev}$)을 고려해야 하며, 부착과 환경조건에 대한 요구사항을 만족하는 $t_{c,min}$ 중 큰 값을 설계에 사용하여야 한다.

$$t_{c,min} = \max\left[t_{c,min,b}, \quad t_{c,min,dur} + \Delta t_{c,dur,\gamma} - \Delta t_{c,dur,st} - \Delta t_{c,dur,add}, \quad 10mm\right]$$

여기서, $t_{c,min,b}$: 부착에 대한 요구사항을 만족하는 최소피복두께(mm)

$t_{c,min,dur}$: 환경조건에 대한 요구사항을 만족하는 최소피복두께(mm)

강재종류	노출등급에 따른 $t_{c,min,dur}$						
	E0	EC1	EC2/EC3	EC4	ED1/ES1	ED2/ES2	ED3/ES3
철근	20	25	35	40	45	50	55
프리스트레싱 강재	20	35	45	50	55	60	65

Chapter 10

유지관리 및 기타

유지관리 및 기타

01 콘크리트 구조물의 유지관리 및 내구성 기타

1. 콘크리트 구조물의 균열 원인과 보수보강 대책 73회/94회/99회/108회/

【 기출유형 ① 】 굳지않은 콘크리트의 균열 발생 원인과 제어대책
【 기출유형 ② 】 콘크리트 구조물에 발생하는 온도균열의 원인
【 기출유형 ③ 】 콘크리트 타설 시 구조물에 발생하는 온도균열 유형과 방지대책

콘크리트 구조물에 발생하는 균열은 많은 문제를 일으킬 수 있다. 이 균열들은 단순히 외관을 해치는 정도에서 머무를 수 있지만 구조적 문제나 내구성의 문제를 가져올 수 있다. 균열은 심각한 손상의 정도를 나타내며 차후의 문제에 대한 징후를 나타낼 수 있다. 이러한 균열의 심각성은 구조물의 형태에 따라 다르고 균열의 성격에 따라서도 다르게 된다. 따라서 균열의 보수는 균열의 원인을 정확히 판단하여 그에 대한 적절한 보수절차를 세움으로써 성공적으로 수행될 수 있다.

1) 경화 전 균열의 종류 및 방지대책

① 소성 수축균열 : 콘크리트가 타설된 후 슬래브나 판에서처럼 갑자기 낮은 습도의 대기나 바람에 노출됨으로써 일어나는 균열. 노출된 표면에서 수분증발이 콘크리트의 블리이딩보다 빠르게 일어날 경우 발생하므로 표면의 수분증발을 막아 방지

(1) 발생원인 및 제어대책

가. 소성수축균열은 물의 증발량이 블리딩수보다 많은 경우에 콘크리트 표면이 건조되면서 콘크리트 표면에 발생되는 균열을 말함

나. 발생위치 : 대기에 노출되는 표면

다. 발생원인

– 증발량이 블리딩수보다 많은 조건에서 콘크리트 표면에 발생

– 단위 시멘트량의 과다로 인한 수화열의 증대

– 콘크리트 표면이 바람 및 직사광선에 노출되어 증발

– 콘크리트의 온도가 높아 증발 촉진

라. 균열 제어대책

– 배합설계 시 단위시멘트량을 최소화

– 바람막이를 설치하여 수분증발량을 최소화

– 표면보호 및 습윤양생 작업은 콘크리트 타설 후 되도록 빨리 실시

– 양생 시 표면보호에 의한 보습대책(피막양생제 및 비닐 씌움)을 실시

– 직사광선에 직접 노출되지 않도록 함

– 콘크리트의 온도를 줄이도록 골재를 사전 냉각

② 침하균열 : 콘크리트를 타설하고 다짐한 후에도 콘크리트는 계속하여 압밀하는데 이러한 압밀은 균열을 유발한다. 철근직경이 클수록, 슬럼프가 클수록, Cover가 작을수록 침하균열을 증가시킨다. 방지대책으로는 거푸집의 정확한 설계, 충분한 다짐, 슬럼프의 최소화 등이 있음

(1) 발생원인 및 제어대책

가. 침하균열은 굳지 않은 콘크리트의 품질 차이, 타설 두께 차이 및 콘크리트 내의 매설물에 의하여 발생되는 균열을 말함

나. 발생위치 : 배근위치 및 매설물 위치, 타설 두께 변화 위치

다. 발생원인

– W/C비 과다사용 및 다짐불량

– 매설물 및 철근에 의한 콘크리트 침하구속

– 타설 두께 차이에 의한 침하량 차이

라. 균열 제어대책

– 배합설계 시 블리딩수가 최소화되도록 함

– 콘크리트 시공이음부 위치 선정 후 타설

– 벽, 기둥, 보 콘크리트 타설 후 슬래브 타설

– 부재별 타설 간격은 1~2시간 정도 간격을 둔다.

– 균열 발생 직후 재다짐 또는 표면처리와 같은 후속조치를 실시

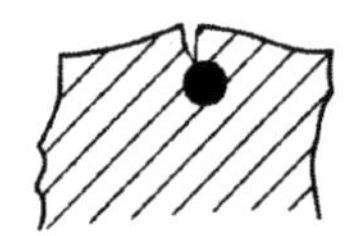

(a) 소성 침하균열
(plastic slumping crack)

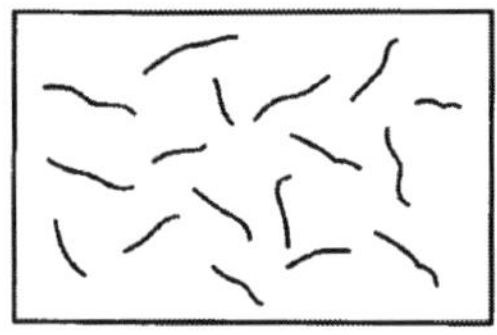

(b) Map cracking

2) 경화 후 균열

① 건조수축으로 인한 균열 : 콘크리트가 건조하기 시작하면 건조된 외부는 수축하려고 하나 내부의 구속으로 인해 인장응력이 발생 균열을 일으키는 현상으로 단위수량이 클수록 크게 발생
   방지대책 : 수축Joint 설치, 철근 배치
② 열응력으로 인한 균열 : 콘크리트의 수화작용이나 대기의 온도변화로 인해 콘크리트에 부등의 체변화가 생겨 균열 발생
   방지대책 : 내부 온도증가 억제
③ 화학적 반응으로 인한 균열 : 알칼리-실리카 반응이나, 알칼리-탄소골재 반응으로 인해 발생
   방지대책 : 저알칼리 시멘트 및 포조란 사용
④ 자연의 기상작용으로 인한 균열 : 동결융해, 온도의 상승하강, 구조물이 젖었다가 말랐다가 하는 것 등으로 인해 발생
⑤ 철근의 부식으로 인한 균열 : 철근의 부식으로 인해 발생되는 체적 변화로 유발
   방지대책 : Cover 증가
⑥ 시공불량으로 인한 균열 : Workability를 증가시키기 위해 물을 추가한 경우, 거푸집이 제대로 지지 못하는 경우, 충분치 못한 양생, 응력집중되는 곳에 시공 Joint 설치 등
   방지대책 : 시공 및 품질관리
⑦ 시공 시의 초과하중 : 프리캐스트 부재의 운반 설치 시에 예상치 못한 하중이나 충격, 재료의 과적, 건설장비의 가동 등의 건설 시 하중으로 발생
⑧ 설계 잘못으로 인한 균열 : 철근의 상세오류, 응력집중부에 대한 검토 누락, 기초의 설계오류
⑨ 사용하중으로 인한 균열 : 설계 시 예측 못한 초과하중의 재하, 지진하중과 기초의 부등침하 등

3) 균열의 평가

보수에 앞서 균열의 위치와 범위, 균열의 원인, 보수의 필요성에 대한 평가가 이루어져야 한다. 이때 도면이나 특별시방서 또는 시공과 유지관리 기록도 검토하여 보수계획 수립에 이용하도록 한다.

① 균열의 위치와 크기 결정 : 균열의 위치와 크기 등을 알아내기 위한 검사방법은 다음과 같다.
   (1) 육안검사 : 휴대용 균열폭 측정기를 이용하여 균열폭 측정
   (2) 비파괴 검사 : 초음파 탐상법, X선 투과법 등을 이용하여 콘크리트 구조물의 기능에 손상을 주지 않고 균열의 위치를 찾는다.
   (3) 코아검사 : 의심이 가는 부분의 코아를 채취하여 결함을 알아내거나 균열의 크기 및 깊이 등을 조사
② 설계도면 및 시공자료의 검토 : 균열의 발생원인을 조사하기 위해서는 배근된 철근량이 주어진 하중에 대해 충분한지 여부와 설계하중과 실제하중과의 차이점 조사
③ 보수 절차의 선정 : 상기와 같은 방법에 따라 균열의 크기와 원인을 분석한 뒤 보수방법을 선

정해야 한다. 보수의 목적은 강도의 회복이나 증진, 구조물 기능의 개선, 방수성의 개선, 외관 개선, 내구성 개선 등으로 한다.

4) 균열의 보수, 보강 방법

① 표면 처리 공법 : 균열폭이 0.2mm 이하이고 구조적인 강도회복을 요하지 않는 경우에 쓰이는 방법으로 균열을 따라 콘크리트 표면에 에폭시 수지계의 피막을 만듦으로써 철근의 부식을 방지하는 방법

② 봉합 수지 방법 : 발생된 균열이 멈추어 있거나 구조적으로 중요하지 않을 경우 균열에 봉합재를 채워넣음으로써 보수하는 방법으로 계속 진전되고 있는 균열에는 효과를 발휘하기 어렵다. 봉합재로는 에폭시 복합재나 우레탄 등이 있다.

③ 주입공법 : 균열의 표면뿐만 아니라 내부까지 충진시키는 방법으로 주입용 재료로는 일반적으로 저점성 에폭시 수지가 사용된다. 균열선을 따라 주입용 파이프를 설치하여 적당한 압력과 주입속도로 주입재를 균열 속으로 주입시키는 공법으로 구조부재의 강도 회복을 요하는 경우에 사용한다.

④ 짜깁기 방법 : 꺽쇠형의 앵커를 균열직각방향으로 설치하여 균열을 꿰매는 방법으로 주로 보강을 겸한 목적으로 사용된다.

⑤ 외부 프리스트레싱에 의한 방법: 균열에 직각 방향으로 PC 강재를 설치하고 프리스트레스를 도입하여 인장력을 상쇄시키고 균열을 아물게 하는 방법으로 강도회복의 목적으로 사용된다.

⑥ 기타 보강 방법 : 균열이 발생한 부분의 콘크리트를 제거하고 철근을 배치하여 새로운 콘크리트를 치는 방법과 균열이 발생한 부분의 표면에 강판을 수지계 접착제로 접착시켜서 보강하는 방법, 물-시멘트 비가 아주 작은 모르터를 손으로 채워 넣는 방법(드라이 패팅) 등이 있다.

2. 콘크리트의 비파괴 검사 방법

1) 강도 측정법

① 슈미트 해머법 : 콘크리트 표면의 반발경도를 측정하여 압축강도를 측정, 측정은 간단하지만 오차가 커서 실제 강도로는 부적합하고 부재위치별 강도비교에 유효

② 초음파법 : 콘크리트의 압축강도를 측정, 콘크리트 속을 전파하는 음속을 측정하여 이로부터 강도를 추정, 오차가 크다.

③ 인발법 : 인발내력의 측정으로 콘크리트의 압축강도 측정

④ 공명진동 방법 : 콘크리트 부재를 진동시키면 $ED = CWf^2$(ED 동탄성 계수, C 정수, W 공시체 중량, f 1차진동수)의 관계가 있다는 데 착안하여 동탄성 계수를 구하여 강도와의 상관관계에서 강도 추정, 오차가 크다.

2) 결함 탐사법

① 초음파법 : 콘크리트의 내부 균열, 공동
② 전기법 : 콘크리트 중의 철근의 부식 정도
③ 방사선법 : 콘크리트의 내부 균열, 공동
④ 적외선법 : 균열, 공동 및 장식용 타일 등의 들뜸
⑤ 화학시험 : 중성화시험, 염분함유량 시험

3) 형상측정 방법

① AE법 : 진행성 결함(균열 등)
② 초음파법 : 콘크리트 두께 측정
③ 방사선법 : 철근위치 및 지름

02 콘크리트 구조물의 온도 영향 : 수화열

1. 매스콘크리트의 수화열 해석 _{92회/99회/108회/134회}

【기출유형 ①】 수화열에 의한 균열 제어대책
【기출유형 ②】 콘크리트 타설 시 구조물에 발생하는 온도균열의 유형과 방지대책
【기출유형 ③】 매스콘크리트 수화열에 의한 온도균열 설명, 수화열 감소 방법 및 균열억제방법

콘크리트 구조물의 대형화, 복잡화에 의한 대량 급속 공사 시 시멘트 수화열에 의한 온도균열이 구조물 내구성에 영향을 일으키므로 수화열에 의한 균열과 온도제어가 필요한 구조물은 매스 콘크리트로 취급해야 한다. Mass 콘크리트의 치수는 대체로 슬래브에서 80~100cm 이상, 하단이 구속된 벽에서는 50cm 이상을 일컫는다. 매스콘크리트에서는 구조물에 필요한 기능 및 품질을 손상시키지 않도록 온도균열을 제어하기 위해 적절한 콘크리트의 품질 및 시공방법의 선정, 균열 제어철근의 배치 등에 대한 조치를 강구해야 한다.

1) 온도 구배 및 온도균열 발생원인

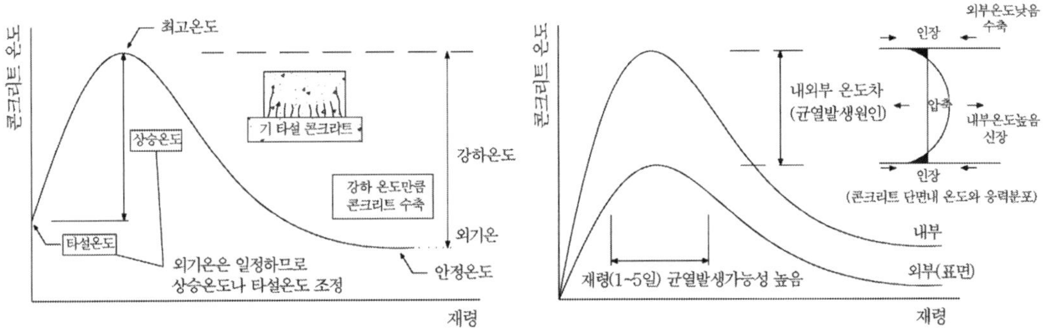

(a) 내부구속응력에 의한 균열　　　　　　　(b) 외부구속응력에 의한 균열

① 내부구속 : 수화열에 의한 콘크리트 내부 온도와 대기온도에 의한 표면온도의 차에 의해 콘크리트 표면에 발생되는 인장응력이 인장강도를 초과함으로 인해 온도균열이 발생
② 외부구속 : 단단한 물체 위에 콘크리트를 타설하는 경우 하단부의 구속에 의해 초기에 팽창된 콘크리트가 수축하려는 것을 구속함으로 인해 하단에 인장응력이 발생하여 균열 발생

2) 수화열 해석방법

콘크리트의 시간에 따른 온도해석은 열전달 해석에 속하며 유한 차분법과 유한요소법으로 수행한다.

① 유한 차분법

편미분의 해를 구한다. 대류나 복사 등의 경계조건 변경으로 차분식이 변경되어 문제마다 새로운 차분식 구성이 필요하다.

② 유한요소법

유한요소를 통해 각 절점별 형상함수 정의로 표현된다. 행렬식 구성으로 적절한 경계조건을 대입한다. 다양한 형태의 문제에 적용이 가능하다.

③ 열흐름 평형방적식의 경계조건

(1) 초기온도 설정

(2) 외기 대류조건 고려

(3) 외기와 대상 구조물의 접하는 면적

④ 수화열의 기본 미분방정식(열전도 평형방정식, Fourier법칙을 이용한 열전도 구성방정식)

$$q_x = -k_x \frac{\partial T}{\partial x}, \qquad q_y = -k_y \frac{\partial T}{\partial y}, \qquad q_z = -k_z \frac{\partial T}{\partial z}$$

$$q_{x+dx} = q_x + \frac{\partial q_x}{\partial x} dx, \qquad q_{y+dy} = q_y + \frac{\partial q_y}{\partial y} dy, \qquad q_{z+dz} = q_z + \frac{\partial q_z}{\partial z} dz$$

$$\frac{\partial}{\partial x}\left(k_x \frac{\partial T}{\partial x}\right) + \frac{\partial}{\partial y}\left(k_y \frac{\partial T}{\partial y}\right) + \frac{\partial}{\partial z}\left(k_z \frac{\partial T}{\partial z}\right) + q^B = 0 \qquad (q^B : 발열량)$$

3) 온도균열 제어방법

① 설계 시

(1) 콘크리트의 타설량, 균열 발생을 고려하여 균열유발줄눈 설치 : 구조물의 기능을 해치지 않는 범위에서 균열유발줄눈 설치. 줄눈의 간격은 4~5m 기준. 단면감소는 20% 이상

(2) 균열제어철근 배근 : 온도해석을 실시하여 균열제어 철근배근

② 배합 시

(1) 설계기준강도와 소정의 Workability를 만족하는 범위에서 콘크리트의 온도상승이 최소가 되도록 재료 및 배합을 결정한다.

(2) 최소단위 시멘트량 사용(단위시멘트량 10kg/m³에 대해 1°C의 온도상승)

(3) 중용열, 고로, 플라이애쉬, 저열시멘트를 사용한다.

(4) 굵은골재 최대치수를 크게 하고 입도분포를 양호하게 한다.

(5) S/a를 작게 한다.

③ 비비기 시 및 치기 시 온도조절

(1) 냉각한 물, 냉각한 굵은 골재, 얼음을 사용(Pre Cooling)

(2) 각 재료의 냉각은 비빈 콘크리트의 온도가 현저하지 않도록 균등하게 시행

(3) 얼음을 사용하는 경우 얼음은 콘크리트 비비기가 끝나기 전에 완전히 녹아야 함

(4) 비벼진 온도는 외기온도보다 10~15°C 낮게

(5) 굵은 골재의 냉각은 1~4℃ 냉각공기와 냉각수에 의한 방법

(6) 얼음 덩어리는 물의 양의 10~40%

④ 타설 시

(1) 콘크리트 타설의 블록분할 : 발열조건, 구속조건과 공사용 플랜트의 능력에 따라 블록 분할

(2) 신, 구 콘크리트 타설시간 간격 조정 : 구조물의 형상과 구속조건에 따라 결정

⑤ 거푸집 재료, 구조 및 존치기간 조정

(1) 발열성 재료 : 온도상승을 작게 하기 위한 경우(하절기)

(2) 보온성 재료 : 치기 후 큰 폭의 온도저하 예상되는 경우, 콘크리트 내부온도와 외부온도의 차가 크다고 예상되는 경우(동절기)

(3) 존치기간 : 보온성 재료를 사용하는 경우 존치기간을 길게

(4) 거푸집 제거 후 콘크리트 표면이 급냉하는 것을 방지하기 위하여 시트 등으로 표면보호 실시.

⑥ 콘크리트 양생 시

(1) 온도강하속도가 크지 않도록 콘크리트 표면 보온 및 보호 조치

(2) 온도제어대책으로 파이프 쿨링 실시

4) 시공관리 및 검사

① 온도균열 발생의 검토

(1) 온도균열지수에 의한 방법 : 주로 사용되는 방법

콘크리트 수화열의 화학반응으로 발생되는 온도응력을 제어하는 지수를 온두균열지수라 한다. 수화열에 대한 제어대책으로 온도균열지수를 적용한다.

가. 일반적으로 매스콘크리트에서 균열 발생 검토 시 쓰이는 것으로 통상 '콘크리트 인장 강도(f_{sp})/온도응력($f_t(t)$)'로 표기되며 타설 위치에 따라 다르다.

구분	매스콘크리트 타설	연질지반 타설	암반위 타설
온도균열지수 $I_{cr}(t)$	$I_{cr} = \dfrac{f_{sp}}{f_t(t)}$	$I_{cr} = \dfrac{15}{\triangle T_i}$	$I_{cr} = \dfrac{10}{R\triangle T_0}$

나. 균열지수와 균열관계

  – 온도균열지수가 클수록 균열 발생이 어렵다.

  – 온도균열지수가 작을수록 균열 발생, 개수, 균열폭이 커진다.

  설계기준 ① 균열방지($I_{cr} \geq 1.5$), ② 균열 발생제한($I_{cr} = 1.2 \sim 1.5$), ③유해한 균열제한($0.7 \sim 1.2$)

(2) 실적 평가법

② 시공관리

(1) 콘크리트를 친 후부터 콘크리트의 온도가 외기 온도와 거의 같을 때까지 계속 온도 측정

(2) 예측온도와 각 부위의 온도가 크게 다른 경우 양생방법, 치기시간 간격 등에 대해 재검토

③ 균열검사

(1) 검사시기는 일반적으로 구속조건을 고려하여 결정

(2) 거푸집을 떼어낼 때

(3) 부재의 평균온도가 외기온도와 평행을 이루는 시간

(4) 겨울철 부재의 평균온도가 최저가 되는 시기

5) 보수

① 균열유발 줄눈의 보수 : 탄성실링재에 의한 충진공법, 수지재료에 의한 충전공법

② 온도균열의 보수 : 수지재료에 의한 표면처리. 수지재료의 주입공법

6) 매스콘크리트 시공에 있어서는 콘크리트 구조물이 소요의 품질과 기능을 만족할 수 있도록 사전에 시멘트의 수화열에 의한 온도응력 및 온도균열에 대한 충분한 검토를 한 후에 시공계획을 세워야 하며, 시공 중 온도균열을 억제하기 위하여 철저한 품질관리를 하여야 하며, 온도균열이 발생하는 경우 내구성의 저하를 막기 위하여 보수를 실시하여야 한다.

2. 매스콘크리트의 온도균열 지수

온도응력의 검토를 필요로 하는 구조물의 경우 균열 발생에 대한 안전성의 척도로서 온도균열지수를 이용한다.

1) 온도균열 지수

① 매스 콘크리트

$$온도균열지수 : I_{cr}(t) = \frac{f_t(t)}{f_x(t)} \ (응력지수)$$

여기서, $f_x(t)$: 재령 t에서 수화열에 의해 생긴 부재 내부의 온도응력 최댓값

$\quad f_t(t)$: 재령 t에서 콘크리트의 인장강도

② 연질의 지반 위에 슬래브를 타설하는 경우(외부구속응력이 작은 경우)

$$온도균열지수 : I_{cr}(t) = \frac{15}{\Delta T_i} \ (온도지수)$$

여기서, ΔT_i : 내부온도가 최대일 때 내부와 표면과의 온도차(℃)

③ 암반이나 매시브한 콘크리트 위에 타설된 슬래브(외부구속응력이 큰 경우)

$$\text{온도균열지수} : I_{cr}(t) = \frac{10}{R\,\Delta T_o} \ (\text{온도지수})$$

여기서, ΔT_o : 부재평균최대온도와 외기온도와의 균형 시의 온도차이(℃)

  R : 외부구속정도를 나타내는 지수

   – 비교적 연약한 암반 위에 콘크리트를 칠 때 　　　　　R = 0.5
   – 중간정도의 경도를 가진 암반 위에 콘크리트를 칠 때　R = 0.65
   – 경암 위에 콘크리트를 칠 때 　　　　　　　　　　　　R = 0.8
   – 이미 경화한 콘크리트 위에 칠 때 　　　　　　　　　　R = 0.6

2) 온도균열지수와 균열

온도균열지수가 클수록 균열이 생기기 어렵고, 작을수록 균열이 생기기 쉽고 균열의 수도 많고
폭도 커짐.

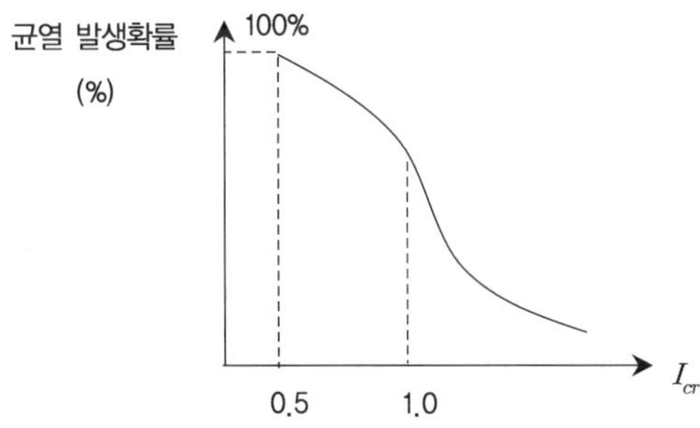

3) 온도균열지수의 설계기준

  ① 균열을 방지할 경우 : 1.5 이상
  ② 균열 발생을 제한할 경우 : 1.2 이상 1.5 미만
  ③ 유해한 균열을 제한할 경우 : 0.7 이상 1.2 미만

3. 수화열에 의한 균열 제어 대책

1) 수화열에 의한 균열제어 검토방법

① 매스콘크리트 구조물이 소요의 품질과 기능을 만족하기 위해서는 사전에 시멘트의 수화열에 의한 온도응력 및 온도균열에 대한 충분한 검토를 실시하고, 시공계획을 수립한 후 시공해야 한다.

② 매스콘크리트의 균열방지 또는 균열이 발생하는 위치와 그 폭을 제한하는 것을 포함한 균열제어 방법으로서는 설계, 사용재료의 선정, 시공방법 등 여러 가지 대책을 생각할 수가 있다. 이들의 여러 가지 조건이 균열 발생에 미치는 영향을 정량적으로 파악하여 균열제어에 주는 효과를 평가하는 방법이 최근의 연구에서 거의 확립되었다.

③ 균열 발생을 검토할 때는 구조물의 소정의 품질 및 기능을 만족시킬 수 있는 적절한 재료 및 시공 방법을 선정하여, 이들 조건하에서 검토를 실시해야 한다. 만약 만족스럽지 않는 경우에는 재료 및 시공방법의 개선뿐만이 아니라 설계상의 재검토도 실시하여 만족할 수 있는 방법을 정할 필요가 있다. 설계상의 검토는 균열의 방지 및 제어뿐만 아니라, 구조물의 기능을 만족시키기 위한 보수 방법 등을 검토할 필요가 있다.

2) 균열 발생 평가방법 및 대상 구조물

① 기존 콘크리트 구조물의 시공실적에 의한 평가

  (1) 높이가 낮은 옹벽과 같이 중요성이 적은 구조물로서 기존 콘크리트 시공실적으로 균열 발생도 적고, 또한 균열이 발생하더라도 기능상 거의 문제가 되지 않는 대상의 구조물

  (2) 철근 콘크리트 고가교량과 같이 많은 콘크리트 시공 사례가 있는 경우는 현장여건에 맞는 적절한 시공을 하면 균열이 발생하지 않는다는 사실이 기존 콘크리트 시공실적에 의해 증명되고 있는 구조물

② 온도균열지수에 의한 평가

  (1) 중요한 구조물에서 균열 방지 또는 제어가 요구되는 경우에는 온도균열지수에 의하여 균열 발생 여부를 평가하도록 규정하고 있다.

  (2) 온도균열지수에 근거한 방법을 사용할 경우에는 매스콘크리트 내부의 온도분포를 계산한 후, 이 온도값을 사용하여 균열지수를 계산하는 약산방법이 있고, 정확한 매스콘크리트 온도균열지수를 계산하기 위하여 온도응력해석 프로그램을 이용하는 방법이 있다.

3) 수화열에 의한 온도균열의 제어방법

① 일반사항

  (1) 매스콘크리트에서는 구조물에 필요한 기능 및 품질을 손상시키지 않도록 온도균열을 제어하기 위해 적절한 콘크리트의 품질 및 시공방법의 선정, 균열제어철근의 배치 등에 대한

조치를 취해야 한다.

(2) 매스콘크리트의 설계 및 시공시의 유의사항은 온도균열의 제어에 있다. 이것은 건설되는 구조물의 용도, 필요한 기능 및 품질에 대응하도록 균열 발생방지 또는 균열 폭, 간격, 발생위치에 대한 제어를 실시하는 데 있다. 이와 같은 목적을 달성하기 위해서는 사용하는 시멘트의 종류, 혼화재료, 골재 등을 포함한 재료 및 배합의 적절한 선정, 블록분할과 이음 위치, 콘크리트치기의 시간간격 선정, 거푸집 재료와 구조, 콘크리트의 냉각, 양생 방법의 선정 등 시공 전반에 걸친 검토가 필요하다. 또 구조물의 종류에 따라서는 균열유발줄눈에 따라 발생 위치의 제어를 하는 것이 효과적인 경우도 있다.

(3) 그 밖의 균열방지 및 제어방법으로서는 콘크리트의 프리쿨링(pre-cooling), 파이프쿨링 (pipe-cooling) 등에 의한 온도저감 또는 제어대책, 팽창콘크리트의 사용에 의한 균열방지 방법 또는 균열제어철근의 배치에 의한 방법 등이 있다.

(4) 이 가운데 균열제어철근은 제어 목적에는 충분한 효과가 있지만, 일반적으로 상당한 양의 철근 배치를 요하므로 설계의 측면에서나 경제성의 측면에서의 검토뿐만 아니라 콘크리트 치기에 장해가 되지 않도록 시공 측면에서의 검토도 필요하다.

② 배합

(1) 매스콘크리트의 재료 및 배합을 결정할 때에는 설계기준강도와 소정의 워커빌리티를 만족 하는 범위 내에서 콘크리트의 온도상승이 최소가 되도록 해야 한다.

(2) 콘크리트의 발열량은 단위시멘트량에 대략 비례하므로 콘크리트의 온도상승을 감소시키는 데에는 소요의 품질을 만족시키는 범위 내에서 될 수 있는 대로 단위시멘트량이 적어지도 록 배합을 선정할 필요가 있다.

(3) 일반적으로 콘크리트의 온도 상승량은 단위시멘트량 $10kg/m^3$에 대하여 대략 $1°C$ 정도의 비율로 증감된다. 또 매스콘크리트에서는 중용열 포틀랜드시멘트, 고로시멘트, 플라이애 쉬시멘트 등의 저발열시멘트를 사용하는 것이 바람직하다.

(4) 저발열시멘트는 장기재령의 강도증진이 보통포틀랜드시멘트에 비하여 크므로 설계기준 강 도에 도달하기까지의 기간에 부재에 발생하는 응력을 조사한 뒤, 91일 정도의 장기재령을 설계기준강도의 기준 재령으로 하는 것이 좋다.

(5) 포틀랜드시멘트에 고로 슬래그미분말, 플라이애쉬 등을 혼합하여 보다 저발열형 시멘트를 얻는 방법이 있다. 이와 같은 시멘트는 아직 실적도 많지 않으므로 사용할 경우 충분히 실 험을 하여 그 특성을 확인해 놓을 필요가 있다.

(6) 또 고로시멘트는 칠 때의 콘크리트 온도가 높을 경우 발열상태가 변동할 경우도 있으므로 사용할 때에는 미리 시험 등에 의하여 발열성상을 확인해 두는 것이 바람직하다.

③ 균열유발줄눈

(1) 온도균열을 제어하기 위하여 균열유발줄눈을 둘 경우에는 구조물의 기능을 해치지 않도록 그 구조 및 위치를 정해야 한다. 균열유발줄눈에 발생한 균열이 내구성 등에 유해하다고

판단될 때에는 보수를 해야 한다.

(2) 일반적으로 매시브한 벽 모양의 구조물 등에 발생하는 온도균열을 재료 및 배합만에 의한 대책으로서는 제어하기 어려운 경우가 많다. 이러한 경우 구조물의 길이 방향에 일정 간격으로 단면감소부분을 만들어 그 부분에 균열을 유발시켜 기타 부분에서의 균열 발생을 방지함과 동시에 균열 개소에서의 사후 조치를 쉽게 하는 방법이 있다. 예정 개소에 균열을 확실하게 유도하기 위해서는 유발줄눈의 단면 감소율을 20% 이상으로 할 필요가 있다.

(3) 균열유발줄눈의 간격은 4~5m 정도를 기준으로 하지만, 필요한 간격은 구조물의 치수, 철근량, 치기온도, 치기방법 등에 의해 큰 영향을 받으므로 이들을 고려하여 정할 필요가 있다. 균열유발 후 균열유발부로부터의 누수, 철근의 부식 등을 방지할 경우에는 적당한 보수를 해야 한다.

(4) 이와 같은 방법을 사용할 경우 벽체형상의 구조물 등에서는 비교적 쉽게 균열제어가 가능하지만, 구조상의 약점부가 될 수 있으므로 그의 구조 및 위치 등은 면밀한 검토를 통하여 정할 필요가 있다. 균열유발줄눈을 설치하여 효과를 얻을 수 있는 구조물로서는 벽체상 형식인 지하철에서의 개착식 터널, 옹벽 등을 들 수 있다.

④ 블록분할 및 이음

(1) 매스콘크리트의 치기구획의 크기와 이음의 위치 및 구조는 온도균열의 제어 및 1회 콘크리트 치기능력 등 시공상의 여러 조건을 고려하여 정해야 한다. 매스콘크리트에서는 일반적으로 대량의 콘크리트를 몇 개의 구획으로 나누어 콘크리트를 치므로 이음이 필요하게 된다.

(2) 구획의 크기(수평방향의 블록 분할과 연직방향의 리프트분할의 크기) 및 이음의 위치와 구조는 온도균열제어를 하기 위한 방열조건, 구속조건과 공사용 콘크리트 플랜트의 능력으로부터 정해진다. 즉, 1회의 콘크리트 치기 가능량 등 시공상의 여러 조건을 종합적으로 판단하여 결정할 필요가 있다.

(3) 매트식 구조형식을 취하고 있는 구조물에서는 블록분할에 의한 온도균열 제어 방식이 효과적이며, 대표적인 것으로서는 여러 층으로 분할 시공하는 대형구조물 기초 등을 들 수 있다.

⑤ 콘크리트 치기시간 간격

(1) 매스콘크리트의 치기시간 간격은 균열제어의 관점으로부터 구조물의 형상과 구속조건에 따라서 적절히 정해야 한다.

(2) 매스콘크리트를 몇 개의 평면블록 또는 수평리프트로 나누어 칠 경우, 새로 치는 콘크리트는 먼저 친 콘크리트에 의해 구속을 받아서 온도변화에 의한 응력이 발생한다. 이 응력은 콘크리트를 치는 시간간격이 길수록 신구 콘크리트의 유효탄성계수 및 온도차가 클수록 커지므로 콘크리트 치기를 장기간 중지하는 일은 피하는 것이 좋다.

(3) 또, 암반 등 구속 정도가 큰 것 위에 몇 층으로 나누어 콘크리트를 이어 쳐서 나갈 경우, 치기시간 간격을 너무 짧게 하면 앞서 친 리프트로부터 새로 친 리프트에 온도영향을 주게 되므로 결국 콘크리트 전체의 온도가 높아져서 균열 발생의 가능성이 커질 경우도 있다.

⑥ 거푸집

  (1) 매스콘크리트의 거푸집에 대하여는 온도균열제어의 관점으로부터 그 재료 및 구조의 선정, 존치기간의 결정 등을 해야 한다.

  (2) 매스콘크리트의 거푸집은 온도균열제어를 하기 위한 콘크리트 온도관리를 생각하여 그 재료 및 구조를 선정하는 것이 바람직하다. 즉, 온도 상승을 작게 하는 데는 방열성이 높은 거푸집이 좋으나, 치기가 끝난 뒤에 큰 폭으로 기온의 저하가 예상될 때 또는 겨울철에 콘크리트 내부와 표면 부근의 온도차가 커지는 경우에는 보온성이 좋은 거푸집을 사용하는 것이 효과적이다.

  (3) 특히, 보온성의 거푸집을 쓸 경우에는 보통 거푸집의 존치기간보다 길게 하는 것을 원칙으로 하고, 탈형 후의 콘크리트표면의 급냉을 방지하기 위하여 양생시트 등으로 콘크리트 표면을 계속하여 보온시켜 주는 것이 좋다.

⑦ 콘크리트 치기온도

  (1) 매스콘크리트의 치기온도는 온도균열을 제어하기 위한 관점에서 될 수 있는 대로 저온으로 해야 한다. 치기온도가 높은 경우에는 특히 꼼꼼한 계획을 세워 시공할 필요가 있다.

  (2) 콘크리트의 치기온도를 낮추는 것은 부재 내부의 온도차와 최고온도를 줄여 주므로 온도균열을 제어하는 데 매우 효과가 있다. 이를 위한 방법으로서는 물, 골재 등의 재료를 미리 냉각시키는 pre-cooling 방법이 있다. 각 재료의 온도가 비빈 직후 콘크리트 온도에 미치는 영향은 대략 골재는 ±2°C에 대해 ±1°C, 물은 ±4°C에 대해 ±1°C, 시멘트는 ±8°C에 대해 ±1°C 정도이다.

  (3) Pre-cooling방법에는 냉수나 얼음을 따로따로 또는 조합해서 사용하는 방법, 냉각한 골재를 사용하는 방법, 액체질소를 사용하는 방법 등이 있다. 얼음을 사용할 경우에는 콘크리트 치기 전에 콘크리트 속의 얼음이 완전히 녹았는지를 확인해야 한다. 또, 액체질소를 사용하는 경우에는 사용개소 주변의 산소농도관리 등 안전에 충분한 주의를 기울여야 한다.

⑧ 양생 시의 온도제어

  (1) 매스콘크리트의 양생은 콘크리트의 온도변화를 제어하기 위하여 적절한 방법에 따라 실시해야 한다. 매스콘크리트의 양생에서는 콘크리트 부재 내외부의 온도차가 커지지 않도록, 또 부재 전체의 온도강하속도가 커지지 않도록, 콘크리트 온도를 될 수 있는 대로 천천히 외기 온도에 가까워지도록 하기 위해 필요에 따라 콘크리트 표면의 보온 및 보호조치 등을 강구해야 한다.

  (2) 매스콘크리트 치기 후의 온도제어대책으로서 pipe cooling은 가장 유효한 방법이다. pipe cooling을 할 때에는 소정의 효과를 거둘 수 있도록 파이프의 지름, 간격, 통수의 온도와 양 및 기간 등에 대하여 충분히 검토하여 결정해야 한다.

  (3) 통수의 방법(냉각속도, 냉각기간, 냉각순서의 조합)이 부적당하면 오히려 부재 사이 또는 부재 내부에서의 온도차, 즉 온도경사가 커져 균열 발생을 도와주는 경우가 있으므로 세심한 주의가 필요하다.

1. 콘크리트의 내화특성(폭렬현상) ^{96회}

【 기출유형 ① 】 고강도 콘크리트의 내화특성
【 기출유형 ② 】 화재 시 발생하는 콘크리트의 폭열현상(Spalling Failure)

압축강도가 40MPa 이상인 고강도 콘크리트는 일반 콘크리트보다 다공성이 매우 낮기 때문에 화재와 같은 열팽창에 의해 매우 민감하여 큰 피해를 발생시킬 수 있다. 일반적으로 콘크리트가 갑작스럽게 높은 온도를 받는 경우 거동형상은 어떤 종류의 골재를 사용하였는지에 따라 열팽창계수(α_c)가 다르기 때문에 그에 따라 거동형상도 달라진다.

1) 화재로 인한 콘크리트의 영향

① 콘크리트의 강도변화

(1) 온도상승에 의한 콘크리트의 강도에 미치는 영향은 300℃ 이하에서는 적고 그 이상에서는 확실히 강도의 감소가 발생한다. 불연재료인 콘크리트는 가열에 의해 시멘트 경화물과 골재와는 각각 다른 팽창 수축거동을 일으키며, 또한 단부의 구속에 의해 생긴 열응력에 따라 균열이 발생된다. 이러한 균열과 열로 인한 시멘트 경화물의 변질 및 골재 자체의 열적 변화에 의하여 콘크리트 강도와 탄성계수는 저하된다. 그 저하강도는 사용재료 종류, 배합, 재령 등에 따라 다르다.

(2) 즉, 500℃ 이상의 열을 받으면 콘크리트의 강도 저하율은 50% 이하가 되고 탄성계수도 약 80% 저하된다. 또한 저하된 강도는 화재 후 어느 정도의 기간이 경과되면 강도가 자연 회복되며, 수열온도가 500℃ 이내이면 어느 정도로 재사용이 가능한 상태로 회복된다.

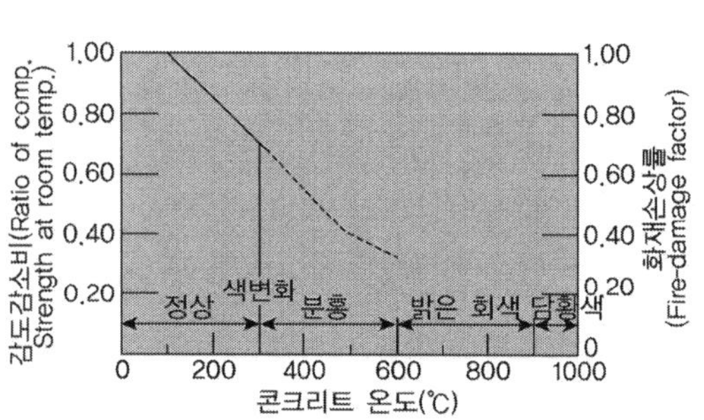

(콘크리트의 노출 온도에 따른 색상 변화)

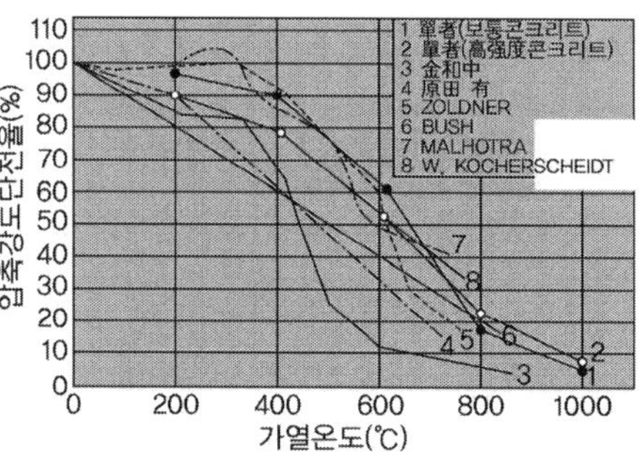

(가열온도에 따른 압축강도 잔존율)

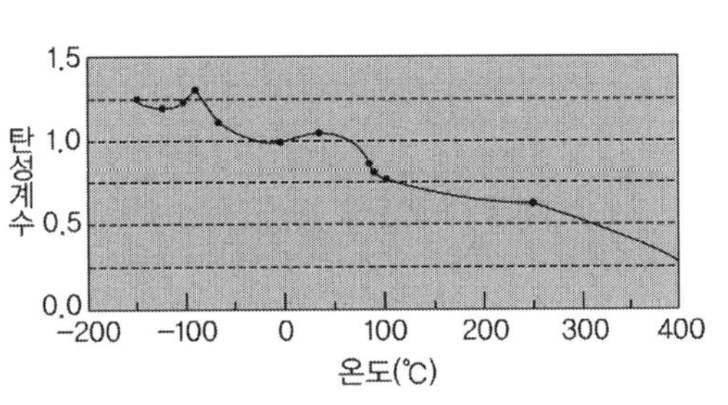

(콘크리트의 탄성계수에 미치는 온도의 영향)

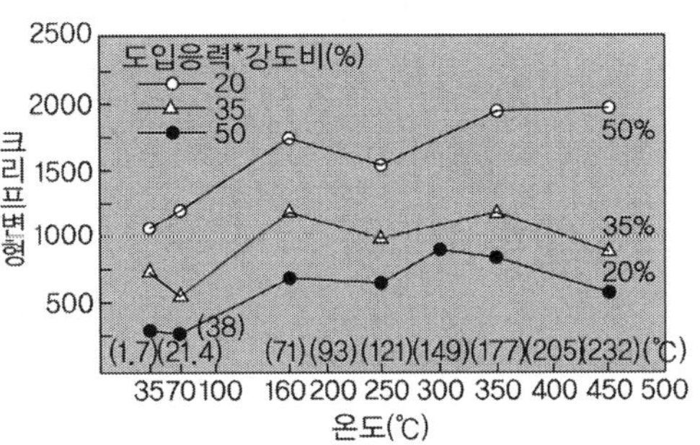

(크리프 변형과 온도와의 관계)

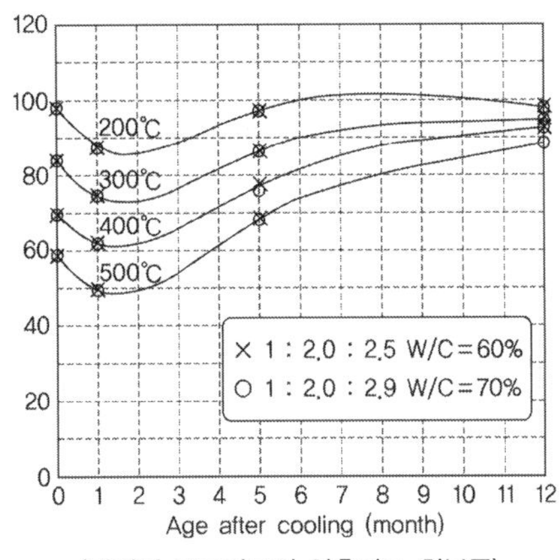

(가열된 콘크리트의 압축강도 회복률)

② 강성(Stiffness) 변화 : 콘크리트의 탄성계수에 미치는 온도의 영향을 일반적으로 150~400℃ 사이에서는 탄성계수가 현저히 감소됨을 알 수 있다. 이것은 콘크리트 중의 모세관 수와 겔 수의 증발과 수화생성물의 흡착수가 탈수되면서 시멘트 페이스트와 골재의 부착경감이 원인이라 할 수 있다.

③ 건조수축(Shrinkage)과 크리프(Creep) 증가

④ 콘크리트 색상 변화 : 콘크리트의 온도가 상승하면 콘크리트의 색이 변하게 되는데 300℃까지는 색의 변화가 없고 300~600℃까지는 분홍색 또는 적색을 나타내며, 600℃ 이상에서는 회색과 황갈색을 나타낸다.

⑤ PSC 부재의 피해 : PSC 콘크리트가 고온의 영향을 받는 경우에는 프리스트레스가 되지 않은 콘크리트에 비하여 강도의 감소가 적다는 연구보고도 있다.

⑥ 강재의 피해 : 철과 강은 고온 강도가 매우 복잡하게 변화한다. 항복점과 탄성계수는 온도의 상승에 따라 대체적으로 직선적으로 감소한다. 특히, 강재의 탄성계수는 500℃ 이하에서는 선형적으로 완만하게 감소하고 500℃ 이상에서는 급격히 감소한다. 일반적으로 온도가 증가함

에 따라서 강재의 강도는 감소하지만, 온도가 약 200℃ 정도까지 상승하여도 구조용 강재나 PSC 강재는 초기 강도의 90% 이상을 보유하고 있다.

⑦ 철근과의 부착력 저하 : 고온에서 시멘트 풀은 탈수하여 수축하고 골재는 팽창하기 때문이다.

⑧ 인공 경량골재의 경우 강도저하가 작다.

⑨ 60~70℃ 정도의 온도에서는 거의 영향을 받지 않는다.

2) 고강도 콘크리트의 내화특성

콘크리트 부재가 화재로 인해서 고온에 노출되면 상당한 시간 동안은 잘 견디지만 화재 동안의 큰 온도차이가 발생하기 때문에 표면의 콘크리트가 팽창해서 화재가 진압되고 온도가 떨어지면 균열이나 박리현상이 일어날 수 있다.

또한 높은 온도의 화재에 노출된 경우에는 처음 10~20분간 폭발적인 박리(Explosive Spalling) 현상이 발생할 수 있으며, 이러한 현상은 콘크리트의 함수량과 다공성 및 작용하중의 크기와 열 팽창에 대한 구속 등의 요인에 의해서 좌우된다. 고강도 콘크리트(High Strength Concrete, HSC)는 다공성이 매우 낮으며 열팽창에 대한 구속이 크기 때문에 보통의 콘크리트에 비해서 폭 렬현상이 나타날 가능성이 크며 이로 인하여 박리 등으로 구조물에 심각한 영향을 미칠 수 있다.

※ 폭렬현상의 주요 영향인자 – 함수율(함수율이 높을수록 증가), 골재종류(선팽창계수가 높은 골 재일수록 증가), 가열속도(가열속도가 빠를수록 증가), 구속조건(양단구속일수록 표층부 압축 응력 발생으로 폭렬발생 증가), 단면크기(단면의 크기가 클수록 완화), 콘크리트의 배합(세공분 포상태에 따라서 공극량이 작을수록 폭렬위험 증가)

열의 침투 및 수증기 이동 → 수증기 축척 → Moisture Clog 형성 및 수증기 압력증대 → 폭렬 발생

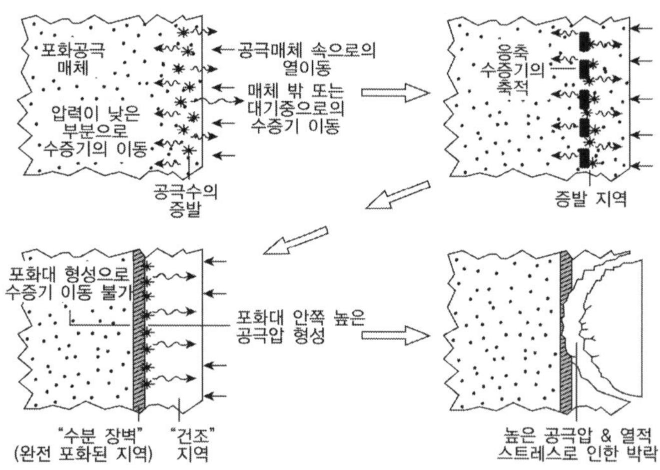

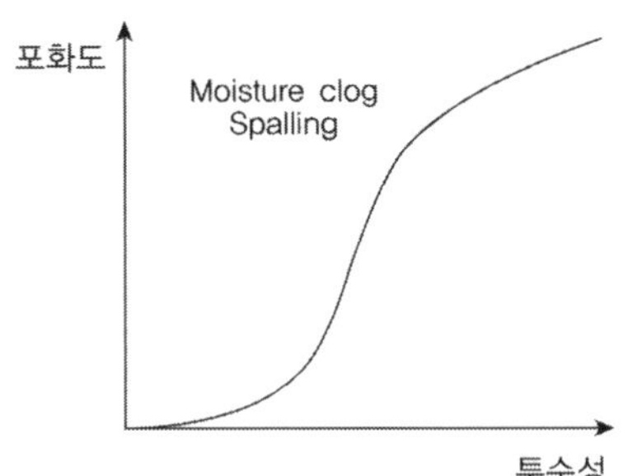

→ 투수성이 낮을수록(고강도 콘크리트) 압력증대로 폭렬현상 발생

3) 고강도 콘크리트 내화성능 향상방법

고강도 콘크리트는 투수성이 낮아 화재 시 압력증대로 인한 폭렬현상과 같은 박리가 발생할 수 있으며 이로 인하여 부재의 강도 및 강성 저하, 내력감소, 처짐 및 성능 저하로 인한 붕괴의 위험까지 발생할 수 있어 이에 대한 대책이 필요하다. 일본의 경우 고강도 콘크리트(60MPa 이상)의 경우 초고층 건물 건축 시에 폴리프로필렌 섬유를 섞어서 폭력현상을 방지하도록 규정하고 있으며 미국에서도 내화도료 및 내화패널 등을 덧대 고강도 콘크리트를 화재로부터 보호하도록 권고하고 있다(2005.02 스페인 마드리드 32층 건물 대형화재로 전소). 국내에서도 내화성능확보를 위한 방안이 활발히 연구 중에 있으며 대체적인 확보방안은 아래와 같다.

① 내화피복재, 내화도료의 사용(PP섬유판) : 일시적으로 급격한 온도상승 저감

② 폭렬저감 재료(PP섬유) 혼입, 강관 사용으로 내부 수증기압 배출

③ 철근 온도상승 제어를 위한 소정의 피복두께 확보

④ 내화피복 보호재, 내화 패널 등의 사용으로 콘크리트 비산물 억제

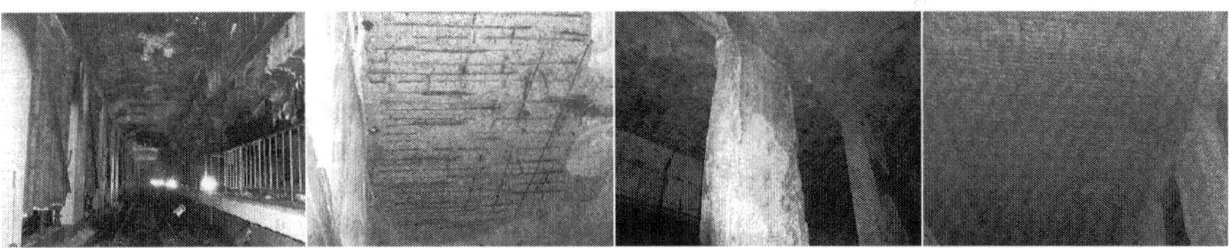

(대구지하철 1호선 화재로 인한 폭열 및 철근노출, 기둥부 화상 및 폭열, 슬래브 폭열 및 철근노출)

2. 화재에 의한 손상 및 조사방법 ^{95회/97회}

콘크리트 및 철근 콘크리트는 현재 사용되고 있는 구조재료 중에서 가장 내화성이 풍부한 재료에 속한다. 따라서 지금까지 여러 종류의 콘크리트 구조물에 화재가 발생한 적이 있으나 화재에 의해 전체적인 구조적 안전성을 잃는 경우는 거의 없는 것으로 알려져 있다. 그러나 화재 시에는 온도가 거의 1000℃ 정도까지 올라가게 되며, 콘크리트가 일시적으로나마 이러한 고온에 노출되는 경우 콘크리트 및 강재의 재료 특성이 변한다. 일반적으로 콘크리트가 갑작스럽게 높은 온도를 받는 경우 거동형상은 어떤 종류의 골재를 사용하였는지에 따라 열팽창계수(α_c)가 다르기 때문에 그에 따라 거동형상도 달라진다.

1) 콘크리트의 손상평가 방안

콘크리트 경화물의 화재로 인한 열손상 여부를 확인하기 위하여, 화재부위의 콘크리트 시편을 채취하여 시차열분석법을 이용하여 열손상 정도(화재온도)를 분석하고, 주사전자현미경에 의한 미세구조의 관찰, X-Ray회절분석으로부터 반응생성물 등을 분석하여 화재로 인한 열손상정도(화재온도)를 평가할 수 있다.

구분	화재손상구간 조사 및 분석내용
1. 콘크리트 내구성 조사	비파괴 조사와 코어채취에 의한 조사 실시
– 비파괴 조사	측정장비를 사용하여 콘크리트 강도, 품질, 균열 깊이 및 중성화 상태, 철근배근조사 실시
– 코어채취조사	채취된 코어는 실내시험을 실시하여 콘크리트 강도, 염화물 함유량시험 등 콘크리트 품질에 관한 시험을 실시
2. 화재손상조사	화재 손상 조사를 위해 콘크리트 코어 및 시편을 채취하여 실내시험 실시
– 시차열 분석	화상으로 인한 시차열 분석은 건전한 부위와 화상부위의 시차열에 따른 결과를 상호비교하여 수열온도를 분석
– X-ray 회절분석	XRD를 통해 화상으로 인한 콘크리트 재료의 성분변화를 조사하여 수열온도 분석
– SEM(주사현미경)	주사현미경을 통해 화상으로 인한 콘크리트 세부 조직변화 조사
3. 강재인장시험	강재시편을 채취하여 실내에서 인장시험 실시
4. 재하시험	부재의 내력 및 강성저하 정도를 판단하기 위해 재하시험 실시

조사분석기법의 적용성

구분	화재피해	콘크리트			강재특성	부재	
		압축강도	탄성계수	수열온도		내력	강성
육안(외관)조사	○			○	△		
탄산화 시험				◎			
반발경도시험		◎		△			
코어/샘플 채취에 의한 실내분석		◎	◎	◎			
인장시험					◎		
재하시험						◎	
진동시험							◎

① X-Ray에 의한 반응생성물 분석

콘크리트 경화물의 반응생성물은 복잡한 시멘트 수화생성물의 복합체로 구성되어 있어서 정확한 분석이 곤란하나, X-Ray 회절분석과 시차열분석이 잘 일치하는 4.93Ao 부근의 Portlandite [Ca(OH)$_2$]와 3.03Ao 부근의 Calcite[CaCO$_3$] 등, 이 두 가지 반응생성물의 분석으로 열손상정도(화재온도)를 추정할 수 있다.

즉 콘크리트의 알칼리성과 강도발현을 주도하는 수산화칼슘[Ca(OH)$_2$)]은 약 500°C 정도의 고온을 받게 되면 CaO와 H$_2$O로 분해되며, 시멘트의 주성분인 탄산칼슘[CaCO$_3$]은 약 800°C 부근에서 CaO와 CO$_2$로 분해되는 것으로 알려져 있다. 따라서 화해를 입은 콘크리트의 X-Ray 회절분석에 의해 콘크리트 중의 시멘트수화물(CaO)의 변화를 정량적으로 추정하면 화재온도와 온도의 작용시간을 추정할 수 있다.

시멘트수화물[CaO]을 확인하는 방법은 손상을 받은 각 부위별 표면에서부터 깊이별로 채취한 콘크리트 시편을 가능한 시멘트 부분만을 채취하여 미분말로 분쇄하고, X-Ray회절분석기를 이용하여 2θ를 5~70° 범위에서 콘크리트의 열손상(화재온도) 정도에 따른 반응생성물에 대한 회절강도의 변화추이를 분석 평가한다.

② 시차열분석(DSC: differential scanning calorimetry)에 의한 화재온도 분석

콘크리트는 시멘트의 수화반응에 의해 많은 수화생성물을 함유하고 있으며 이들 수화생성물은 온도의 변화에 따라 결정구조가 변화되며, 변화할 때에 에너지를 흡수 또는 방출한다. 또한 수화물의 결합수와 흡착수 등이 이탈하는 과정에서도 열변화 등을 일으키기 때문에 미리 열변화를 일으킨 시료를 열분석할 경우 그 온도에서는 특별한 에너지의 흡수나 방출은 발생하지 않는다. 따라서 열변화를 일으키지 않은 시료를 열분석하고 열변화를 일으킨 시료를 열분석하여 비교 분석함으로써 콘크리트의 화재온도를 추정할 수 있다. 일반적으로 Portlandite[Ca(OH)$_2$] 는 열에 의해 500°C 부근에서 CaO와 H$_2$O로 또한 Calcite[CaCO$_3$]는 800°C 부근에서 CaO와 CO$_2$로 분해하는 것으로 알려져 있다. 이 두 가지 물질에 대하여 각 시편을 R.T~1,000°C까지

의 열적변화를 추적 비교 분석한다.

③ 주사전자 현미경에 의한 미세구조 분석

주사형 현미경에 의한 콘크리트의 열화상태의 판정은 콘크리트 미세조직의 치밀성, 다공성, 모세관 및 겔공극의 분포정도, 미세균열의 발생현황, 팽창성 물질의 생성에 의한 균열 발생 등을 관찰함으로써 콘크리트의 건전성을 평가할 수 있다. 특히 화재에 의한 콘크리트의 열화 정도를 고찰하기 위해서는 고온에 의한 수화생성물의 분해정도에 따른 균열 발생 정도를 관찰하는 것이 중요하다.

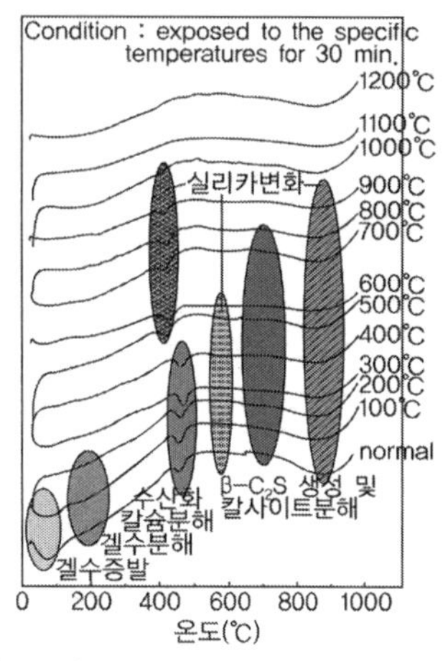

(콘크리트의 DSC 분석결과)
(지속시간 30분, 건전부위)

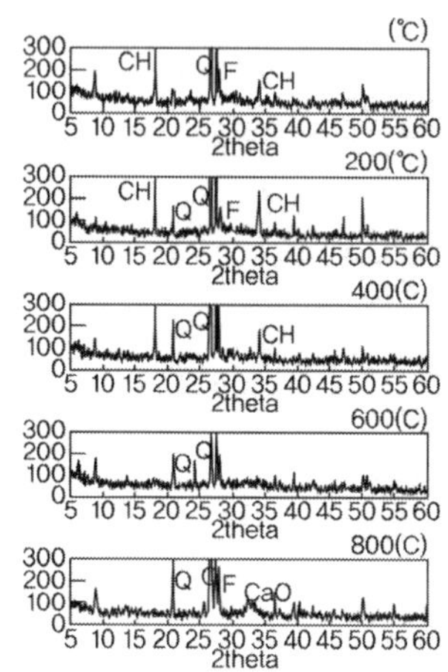

(콘크리트 시료의 XRD 분석 결과)

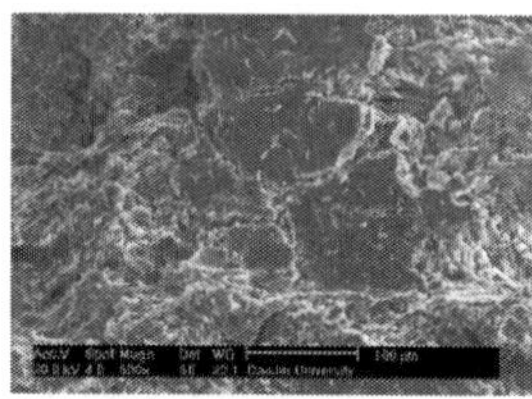

(건전부위의 SEM사진)

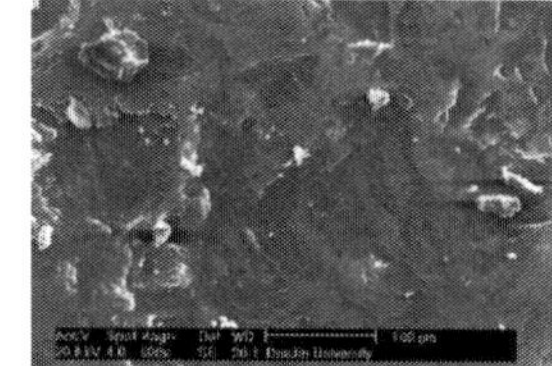

(열화부위의 SEM사진)

3. 터널 내화지침 ^{128회/135회}

터널은 폐쇄 공간이기 때문에 내부 화재 발생 시 사용자의 대피를 위한 시간과 경로 확보를 통해 안전을 보장하는 방안이 고려되어져야 한다. 또한 화재로 인해 구조물 자체의 손상이 발생할 경우에는 기능 상실로 인해 복구하는 데 막대한 사회적 비용이 발생하기 때문에 도로터널 내화 지침은 이러한 터널 시설물의 손상과 붕괴를 방지하고 사용자의 안전을 확보하기 위해 마련되었다.

1) 터널의 한계온도

도로터널의 한계온도는 화재 시 이용자의 피난시간과 소화 구조활동에 대응시간을 확보하고 화재 시 구조물의 손상을 최소화하기 위해 고려되어야 한다. 터널 화재 시 터널부재의 최대온도를 한계온도 이내로 유지해 각 부재의 성능을 유지할 수 있도록 한다. 내화처리를 위해 증가된 두께를 제외한 콘크리트 면의 온도는 380℃, 내화가 필요한 프리캐스트 세그먼트 부재는 250℃, 철근은 250℃ 이내로 한계온도를 설정하도록 규정하고 있다. 콘크리트의 압축강도는 약 600℃에 노출될 경우 상온 강도의 약 50% 수준인 것으로 알려져 있다. 온도가 약 200℃까지는 강도의 감소가 거의 없지만 750℃ 이상에서는 설계에 반영할 수 있는 강도의 수준이 아니다. 일반적으로 설계 시 적절한 수준의 화재 규모에 대해 구조 부재의 허용강도는 콘크리트 압축강도의 30~50% 범위 내에 있는 것으로 가정한다. 따라서 구조물의 하중지지능력을 유지하기 위해서는 콘크리트의 온도가 350~400℃ 수준 이내이어야 한다.

① 콘크리트 부재 한계온도 : 콘크리트 부재는 표면을 기준으로 한계온도인 380℃ 이내로 보호해야 한다. 이 경우 내화처리된 콘크리트 부재는 내화처리를 위해 증가된 두께(내화 보드 및 뿜칠, 콘크리트 피복 등을 포함한다)를 제외한 콘크리트면이 온도기준면이다.

② 고강도 프리캐스트 세그먼트 콘크리트 부재의 한계온도 : 내화가 필요한 프리캐스트 세그먼트 콘크리트 부재는 표면을 기준으로 한계온도인 250℃ 이내로 보호해야 한다. 이 경우 내화처리된 세그먼트 부재는 온도기준면을 내화처리를 위해 증가된 두께(내화 보드 및 뿜칠, 콘크리트 피복 등을 포함한다)를 제외한 콘크리트면이 온도기준면이다.

③ 철근의 한계온도 : 철근은 한계온도인 250℃ 이내로 보호해야 한다.

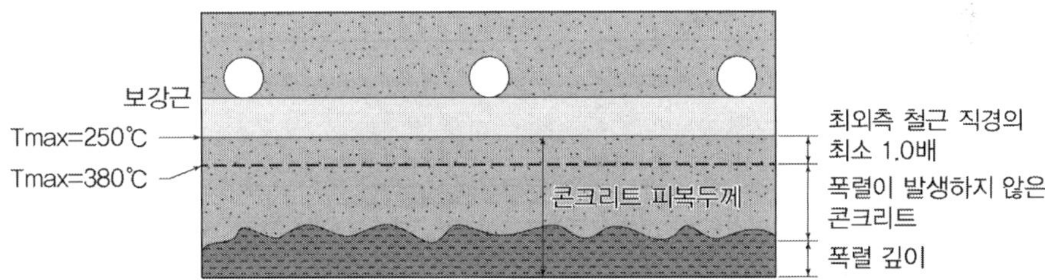

2) 콘크리트의 내화공법

만약 콘크리트가 1,000~1,350℃까지의 고온에 노출될 경우에는 설계단계에서부터 구조물의 하중지지능력의 감소에 대한 고려를 해야 하고, 차폐재료의 사용 등을 고려해야 한다. 터널 내화 방법을 3가지로 분류할 수 있다.

① 콘크리트 자체 내화공법: 혼화재, 섬유 등 콘크리트 내부에 내화재료가 혼입된 공법

② 콘크리트 외부 내화공법 : 내화 보드, 뿜칠 등 콘크리트 외부에 내화재료가 부착되는 공법

③ 그 외의 기타 내화공법

구분	유기섬유 혼입 콘크리트	2차 라이닝	내화뿜칠
개요	저융점 유기섬유를 콘크리트에 혼입해 화재열에 섬유가 녹아 콘크리트 안에 있는 수증기를 비산시켜 폭렬 방지	콘크리트가 본래 지닌 내화성을 기대	펄라이트, 버미큘라이트, 시멘트를 주성분으로 한 재료를 분사, 일반적으로 박락방지 스테인레스 메쉬를 설치한 뒤 습식 시공
장점	• 현장시공이 불필요, 타 내화공법에 비해 저렴 • 설비기기와 접합 문제없음 • 복공 표면 상시 육안점검 가능	• 2차 라이닝 지수성 확보 용이 • 자중이 늘어 지진 시 들뜸 억제 • 2차 라이닝 표면 상시 육안점검 가능	• 시공속도 빠름 • 설비 기기와 접합 용이 • 비정형 구조물에 적합
단점	• 철근 노출 주의 필요 • 열변형이 내화피복보다 커짐 • 두께가 두꺼워짐 • 복구 시 장기 통행 규제 필요	• 2차 라이닝으로 굴착단면 커짐 • 2차 라이닝으로 공사기간 증가 • 별도 시공으로 비용상승 • 복구 시 장기 통행 규제 필요	• 표면에 평활성과 경도 떨어짐 • 리브 구조의 강철제 세그먼트에 부적합
내구성	• 화재 입지 않을 경우 콘크리트 내구성과 동일	• 콘크리트 내구성과 동일	• 해외에서 30년 정도 실적 • 일본에서 10년 정도 실적
유지관리	• 평시와 같이 육안·타음 점검가능 • 화재 후 중성화 부분 제거 후 유기섬유 분사모르타르 등으로 보수	• 평시와 같이 육안·타음 점검가능 • 화재 후 중성화 부분 제거 후 유기섬유 분사모르타르 등으로 보수	• 표면 육안 확인 불가, 타음 점검에 제약이 있음 • 화재 후 손상 범위 교환

구분	내화보드	내화담요	내화도료
개요	규산 칼슘계 또는 알루미나 시멘트계를 주성분으로 한 판상형 내화피복을 직접 또는 띄워 부착 시공	실리카를 주성분으로 한 담요형태의 소재를 스터드나 나사로 고정하고 표면은 SUS판 등으로 보호	폴리인산암모늄, 다가 알코올류, 수지바인더 등으로 구성된 도료재료를 여러 층으로 시공, 표면은 탑코트로 보호하며 화재 시 열로 발포하여 단열층을 형성
장점	• 띄어서 부착 가능 • 표면 평활성과 경도 뛰어남 • 내장 기능 부여 가능	• 신축성, 가요성 지님 • 매우 경량	• 매우 얇음 • 페인트와 동등한 시인성 기대
단점	• 설비기기에 대한 거푸집 처리 번잡	• 표면 경도가 떨어져 보호필요 • 내수성 취약	• 다층 칠을 위한 공사기간 필요 • 건축분야에 주로 적용되며 터널 적용사례 적음
내구성	• 해외에서 30년 정도 실적 • 일본에서 10년 정도 실적	• 재료 자체 내구성은 높으나 표면 보호 재료에 따라 다름	• 탑코트의 주기적 도장을 통해 내구성 유지 가능
유지관리	• 표면 육안 확인 불가, 타음 점검에 제약이 있음 • 화재 후 손상 범위 교환	• 표면 육안 확인 불가, 타음 점검에 제약이 있음 • 화재 후 손상 범위 교환	• 매우 얇아 도장상태에 따라 육안점검 가능 • 본체의 타음 점검에 제약 있음

콘크리트 균열 원인과 대책 : 비구조적 균열

콘크리트 구조물에서 비구조적인 균열의 발생원인 및 제어대책, 그리고 균열 발생이 구조물에 미치는 영향에 대하여 설명하시오.

풀 이

▶ 개요

콘크리트의 균열을 일으키는 2가지 근본적인 원인은 ① 작용하중에 의한 응력, ② 구속된 조건에서 건조수축(shrinkage)이나 온도변화(temperature differentials)에 의한 응력과 부등침하(differential settlements)로 구분할 수 있으며 구조적인 균열과 비구조적인 균열로 구분할 수 있다. 비구조적 균열에는 대부분 굳지 않은 콘크리트에서부터 발생되며, 크게 건조수축에 의한 균열, 수화열 균열, 소성 침하균열, Map 균열 등이 있으며, 구조물에 사용성과 안정성에 영향을 미칠 수 있어 관리가 필요하다.

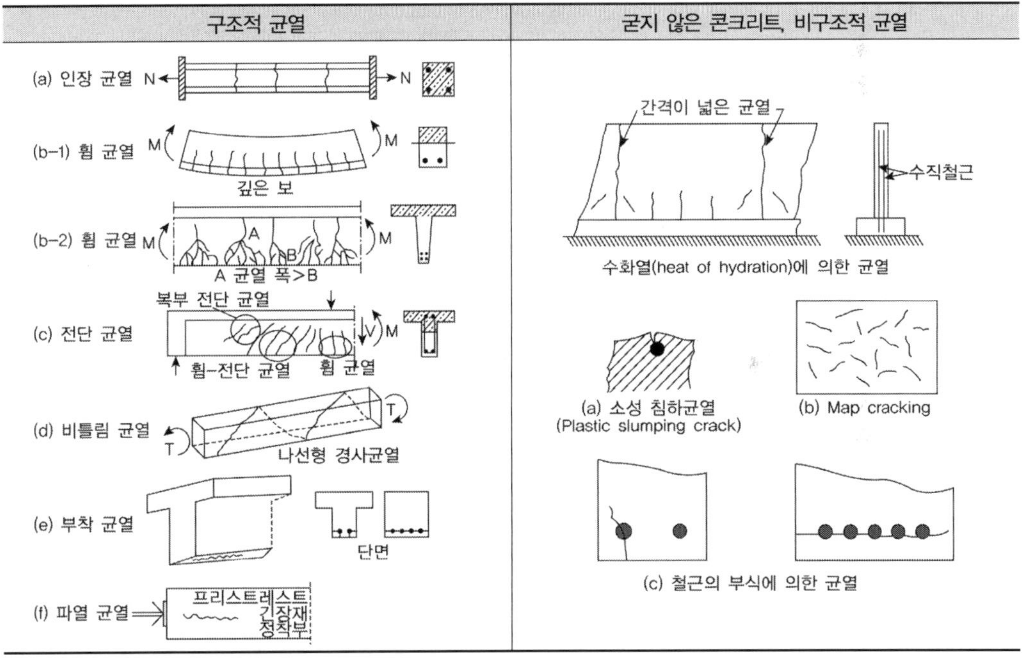

▶ 비구조적 균열 : 건조수축 균열

1) 건조수축 균열 원인 : 건조수축 균열은 경화한 콘크리트 구조물의 구속체 부재에서 콘크리트 조직

내부의 모세관 공극으로 건조환경에 의해 콘크리트 배합의 잉여수 등이 빠져 나감에 따라 조직수축이 이루어져 발생하는 인장응력이 콘크리트의 인장강도를 초과할 때 발생한다. 건조수축은 콘크리트의 배합, 양생조건, 환경, 부재의 크기 등에 의해 영향을 받는다.

2) 건조수축 균열 발생 메커니즘

① 자유수축 : 콘크리트 부재 자체의 내부에서의 내부구속으로 인해 부재 내의 건조정도의 차이가 발생하며 수축량의 차이가 발생하여 이로 인해서 부재 표면부분의 요소에서는 인장력이 내부는 압축력을 받게 된다. 이러한 표면과의 거리차로 인해 건물의 바닥의 긴 방향으로 인장력이 강하게 나타나게 되어 건조수축 균열의 형상이 나타난다.

② 외부구속 : 콘크리트 부재가 자유롭게 수축되지 못하여 이로 인해 부재 내에 균일한 인장응력 분포가 발생하며 이 응력이 부재의 인장강도를 넘으면 균열이 발생한다.

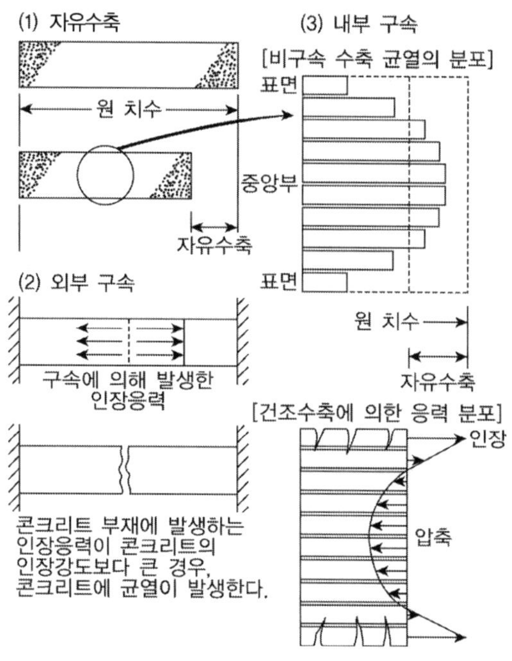

(건조수축 균열 발생 메커니즘)

(건조수축 균열의 형상)

3) 건조수축균열에 대한 대책

　① 배합방법 개선 : 골재량이 많을수록 구속이 커져 건조수축이 작아지는데, 골재의 최대 크기를 가능한 한 크게 하고 강도는 높게 하며 흡수율은 낮고 입도분포가 양호한 골재를 사용한다. 과도한 슬럼프는 줄이고 물–시멘트비도 최소범위를 사용한다.

　② 철근 보강 : 적당한 양의 철근으로 보강하면 균열의 양을 감소시키고 큰 균열 대신 미세한 균열을 고르게 분포시킬 수 있어 안전성과 사용성을 동시에 확보할 수 있다.

　③ 팽창시멘트의 사용 : 초기 경화 시 콘크리트를 팽창시켜 수축이 보상되어 균열을 억제할 수 있으므로 콘크리트의 수축균열을 최소화하거나 제거하는 데 많이 사용하고 있다.

　④ 유발줄눈 설치 : 적당한 간격으로 유발줄눈을 설치하면 부재 두께 변화에 의한 응력의 집중으로 균열을 의도된 위치에 발생하도록 하여 보수하는 데 경제적이다.

▶ 비구조적 균열 : 수화열 균열(heat of hydration cracking)

1) 수화열 균열 원인 : 콘크리트 경화 시 내부 수화열이 발생하여 부재의 내·외부 온도차에 의해 균열이 발생하는 현상으로 내·외부의 구속이 주요인이다. 내부 구속응력으로 인한 균열은 부분적인 내부 온도 상승 차이로 인해 변형의 차이가 서로를 구속하여 발생하는 응력으로 생기며 콘크리트 타설 후 수화열에 의해 내부 온도는 높아지는 반면 콘크리트 표면은 외부공기와의 접촉 등으로 인해 내부보다 빠르게 냉각되어 부분별 온도상승의 차이가 발생하게 되고 이로 인해 콘크리트 표면부는 내부에 비해 상대적으로 변형률이 작기 때문에 인장응력이 발생하여 균열이 생성된다.

외부 구속응력 균열은 매스콘크리트와 기초 또는 기 타설된 부분의 온도 차이로 인해 타설된 매스콘크리트의 변형이 구속됨으로써 응력이 발생하게 되고 이로 인해 발생한 외부 구속응력은 콘크리트 타설 후 시간경과에 따라 수축될 때 기초 및 기 타설된 부분에 구속되어 매스콘크리트 하부가 인장응력을 받게 됨에 따라 균열이 발생된다.

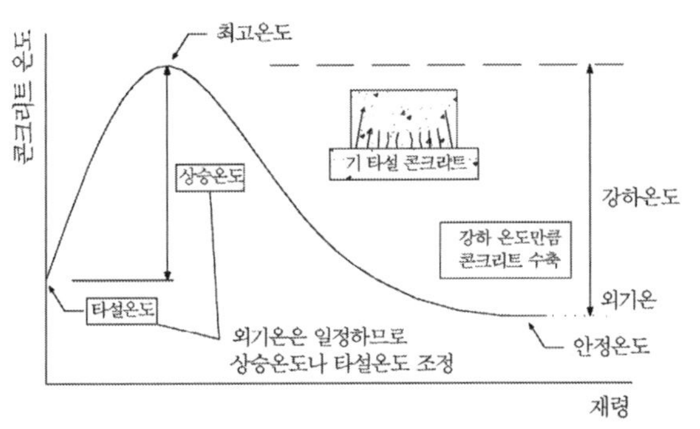

(a) 내부구속응력에 의한 균열

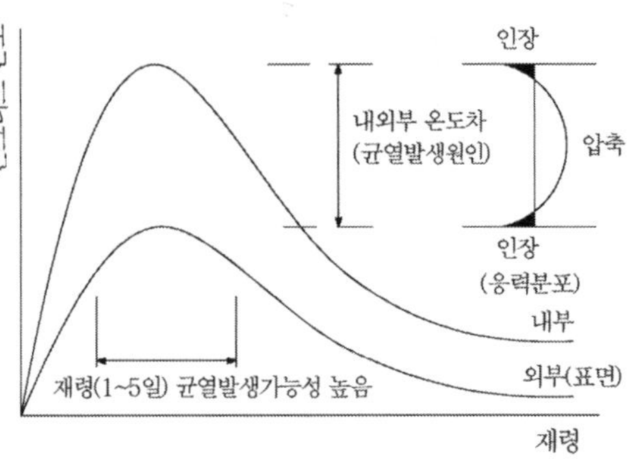

(b) 외부구속응력에 의한 균열

2) 수화열 균열 대책 : 수화열에 의한 콘크리트 균열은 설계, 배합, 시공단계별로 조정을 통해 최소화할 수 있다.

단계	방법		
배합	발열량 저감	시멘트량 저감	저발열 시멘트 사용
			양질의 혼화재료 사용
			슬럼프 작게
			골재치수 크게
			양질의 골재 사용
			강도 판정시기의 연장
시공	온도변화 최소화		양생온도의 제어
			보온 가열 양생 실시
			거푸집 존치기간 조절
			콘크리트 타설시간 간격 조절
	시공 시 온도상승저감		재료 쿨링
			계획온도 관리
설계	설계상 배려		균열유발줄눈 설치
			철근 배근(균열 분산)
			별도 방수 보강

➤ 비구조적 균열 : 침하균열(settlement cracks)

1) 침하균열 원인 : 새로 타설된 콘크리트가 블리딩을 일으키고 표면이 건조되면서 소성수축(plastic shrinkage) 및 슬럼핑(slumping) 때문에 철근을 따라 균열이 발생한다.

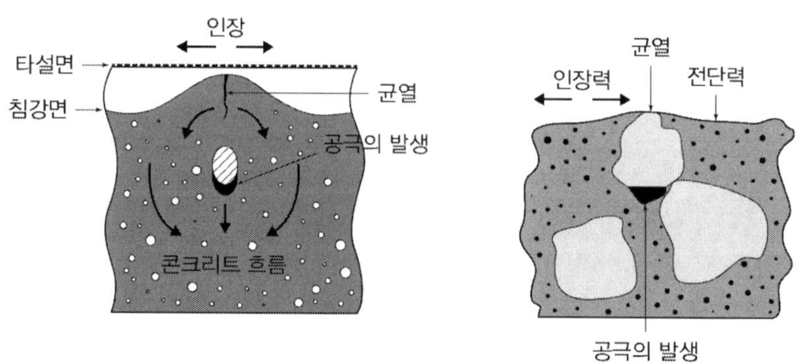

(침하균열 발생 모식도(철근, 굵은골재))

2) 침하균열에 대한 대책

① 단위수량 및 슬럼프치를 작게 배합설계

② 블리딩의 양이 적은 배합으로 설계

③ 가능한 한 경화속도가 빠르거나 접착력 혹은 점도가 우수한 시멘트 및 혼화제를 사용

④ 타설속도를 늦추고 1회 타설 높이를 낮게 시공

⑤ 철근의 피복두께는 충분히 하고 배근된 철근이 허용오차 이상 이격되지 않도록 철근 배근 시 충분히 결속

⑥ 표면부는 잘 다짐하고 보의 밑부분은 충분히 콘크리트가 침하될 수 있도록 시간적 여유를 주고 슬래브와 일체로 상부를 타설하는 등 시공방법에 주의

⑦ 침하균열이 발생하였는지 수시로 검사하고 발생 시 가재 등으로 두드리거나 흙손으로 눌러 균열을 제거한다.

▶ **비구조적 균열 : Map 균열**

1) Map 균열 원인 : 불규칙한 균열형상으로 배합설계를 적절하게 하고 타설 후 처음 한 시간 동안에 표면이 너무 빨리 건조되는 것을 방치한 경우 발생하거나 알칼리골재반응(alkali-silica reaction, ASR)에 의해서 발생한다.

2) Map 균열(알칼리골재반응) 대책

① 시멘트에 Na_2O로 표현되는 알칼리 양을 줄인다(저알칼리형 포틀랜드 시멘트 사용).

② 반응에 무해한 골재를 사용하거나 고로시멘트, 플라이애쉬 시멘트로 반응 억제

③ 구조체를 최대한 건조하게 유지하거나 염분의 침투를 방지하기 위해 방수성 마감을 한다(해수에 용해된 알칼리가 ASR반응을 촉진시킨다).

콘크리트 타설 시 균열

넓은 면적의 철근 콘크리트 타설 시 발생할 수 있는 콘크리트의 균열과 그 관리방안에 대하여 설명하시오(단, 운반시간 지연, 타설 불량 등의 시공적 요인은 제외).

풀 이

▶ 개요

넓은 면적에서 콘크리트 타설 시에 발생될 수 있는 콘크리트 균열은 경화 전에는 소성수축균열, 침하균열 등이 발생될 수 있으며, 경화 후에는 건조수축, 열응력, 화학적 반응, 기상작용, 철근부식, 시공분량 등에 의해서 발생될 수 있다. 콘크리트 구조물에 발생하는 균열은 많은 문제를 일으킬 수 있다. 이 균열들은 단순히 외관을 해치는 정도에서 머무를 수 있지만 구조적 문제나 내구성의 문제를 가져올 수 있다. 균열은 심각한 손상의 정도를 나타내며 차후의 문제에 대한 징후를 나타낼 수 있다. 이러한 균열의 심각성은 구조물의 형태에 따라 다르고 균열의 성격에 따라서도 다르게 된다. 따라서 균열의 보수는 균열의 원인을 정확히 판단하여 그에 대한 적절한 보수절차를 세움으로써 성공적으로 수행될 수 있다.

▶ 콘크리트 타설 시 균열과 관리방안

1) 경화 전 균열의 종류 및 방지대책

① 소성 수축균열 : 콘크리트가 타설된 후 슬래브나 판에서처럼 갑자기 낮은 습도의 대기나 바람에 노출됨으로써 일어나는 균열. 노출된 표면에서 수분증발이 콘크리트의 블리이딩보다 빠르게 일어날 경우 발생하므로 표면의 수분증발을 막아 방지

　(1) 발생원인 및 제어대책

　　가. 소성수축균열은 물의 증발량이 블리딩수보다 많은 경우에 콘크리트 표면이 건조되면서 콘크리트 표면에 발생되는 균열을 말함

　　나. 발생위치 : 대기에 노출되는 표면

　　다. 발생원인

　　　– 증발량이 블리딩수보다 많은 조건에서 콘크리트 표면에 발생

　　　– 단위 시멘트량의 과다로 인한 수화열의 증대

　　　– 콘크리트 표면이 바람 및 직사광선에 노출되어 증발

　　　– 콘크리트의 온도가 높아 증발 촉진

　　라. 균열 제어대책

　　　– 배합설계 시 단위시멘트량을 최소화

- 바람막이를 설치하여 수분증발량을 최소화
- 표면보호 및 습윤양생 작업은 콘크리트 타설 후 되도록 빨리 실시
- 양생 시 표면보호에 의한 보습대책(피막양생제 및 비닐 씌움)을 실시
- 직사광선에 직접 노출되지 않도록 함
- 콘크리트의 온도를 줄이도록 골재를 사전 냉각

② 침하균열 : 콘크리트를 타설하고 다짐한 후에도 콘크리트는 계속하여 압밀하는데 이러한 압밀은 균열을 유발한다. 철근직경이 클수록, 슬럼프가 클수록, Cover가 작을수록 침하균열을 증가시킨다. 방지대책으로는 거푸집의 정확한 설계, 충분한 다짐, 슬럼프의 최소화 등이 있음

(1) 발생원인 및 제어대책

가. 침하균열은 굳지 않은 콘크리트의 품질 차이, 타설 두께 차이 및 콘크리트 내의 매설물에 의하여 발생되는 균열을 말함

나. 발생위치 : 배근위치 및 매설물 위치, 타설 두께 변화 위치

다. 발생원인
- W/C비 과다사용 및 다짐불량
- 매설물 및 철근에 의한 콘크리트 침하구속
- 타설 두께 차이에 의한 침하량 차이

라. 균열 제어대책
- 배합설계 시 블리딩수가 최소화되도록 함.
- 콘크리트 시공이음부 위치 선정 후 타설.
- 벽, 기둥, 보 콘크리트 타설 후 슬래브 타설.
- 부재별 타설 간격은 1~2시간 정도 간격을 둔다.
- 균열 발생 직후 재다짐 또는 표면처리와 같은 후속조치를 실시.

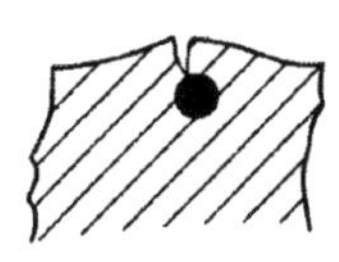

(a) 소성 침하균열
(plastic slumping crack)

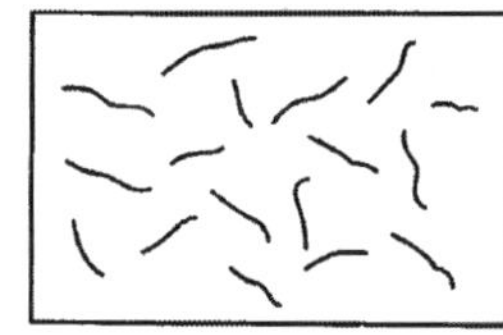

(b) Map cracking

2) 경화 후 균열

① 건조수축으로 인한 균열 : 콘크리트가 건조하기 시작하면 건조된 외부는 수축하려고 하나 내부의 구속으로 인해 인장응력이 발생 균열을 일으키는 현상으로 단위수량이 클수록 크게 발생
방지대책 : 수축Joint 설치, 철근 배치

② 열응력으로 인한 균열 : 콘크리트의 수화작용이나 대기의 온도변화로 인해 콘크리트에 부등의
체변화가 생겨 균열 발생
　　방지대책 : 내부 온도증가 억제
③ 화학적 반응으로 인한 균열 : 알칼리-실리카 반응이나, 알칼리-탄소골재 반응으로 인해 발생
　　방지대책 : 저알칼리 시멘트 및 포조란 사용
④ 자연의 기상작용으로 인한 균열 : 동결융해, 온도의 상승하강, 구조물이 젖었다가 말랐다가 하
는 것 등으로 인해 발생
⑤ 철근의 부식으로 인한 균열 : 철근의 부식으로 인해 발생되는 체적 변화로 유발.
　　방지대책 : Cover 증가
⑥ 시공불량으로 인한 균열 : Workability를 증가시키기 위해 물을 추가한 경우, 거푸집이 제대로
지지 못하는 경우, 충분치 못한 양생, 응력집중되는 곳에 시공 Joint 설치 등
　　방지대책 : 시공 및 품질관리
⑦ 시공 시의 초과하중 : 프리캐스트 부재의 운반 설치 시에 예상치 못한 하중이나 충격, 재료의
과적, 건설장비의 가동 등의 건설 시 하중으로 발생
⑧ 설계 잘못으로 인한 균열 : 철근의 상세오류, 응력집중부에 대한 검토 누락, 기초의 설계오류
⑨ 사용하중으로 인한 균열 : 설계 시 예측못한 초과하중의 재하, 지진하중과 기초의 부등침하

콘크리트의 균열관리 : Crack Ratio

철근 콘크리트 슬래브의 균열률(Crack Ratio).

풀 이

▶ 개요

균열률은 콘크리트 슬래브나 바닥판의 상태평가를 위한 기준으로 균열폭과 함께 많이 사용된다.
상태평가 시에 손상항목은 정량적 평가(균열폭, 균열률, 손상면적비)와 정성적인 평가(손상정도)
로 구분되며, 균열률의 경우 균열이 발생한 길이당 0.25m의 폭을 차지하는 것으로 하여 조사단위
면적으로 나눈 값으로 정의한다.

▶ RC 균열률 산정방법

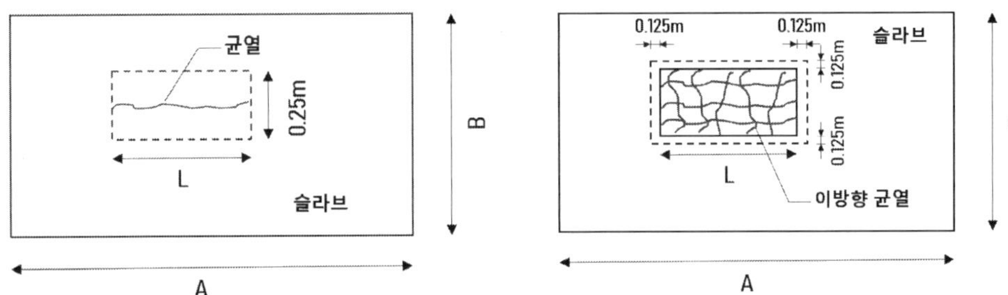

1) 1방향 균열의 경우

균열 발생 면적은 길이당 0.25m의 폭을 차지하는 것으로 하며, 균열의 개수가 2개 이상일 경우는
각 균열길이에 0.25m의 폭을 곱해서 합산하여 구한다.

$$\text{균열(면적)률} = \frac{\text{균열발생면적}}{\text{조사단위면적}} \times 100 = \frac{L \times 0.25}{A \times B} \times 100$$

2) 2방향 균열의 경우

균열 발생 면적은 균열 발생 부위를 가로, 세로의 최외측 균열을 경계로 하여 사각형 형태로 구획
한 후, 점선내면 면적인 (가로길이+0.25m)×(세로길이+0.25m)로 구한다.

$$\text{균열(면적)률} = \frac{\text{균열발생면적}}{\text{조사단위면적}} \times 100 = \frac{\text{균열발생면적}}{A \times B} \times 100$$

콘크리트의 균열관리 : 균열유발줄눈

철근 콘크리트 벽체형 구조물 시공 시 균열유발줄눈(Control Joint)의 역할과 설치방법에 대하여 설명하시오.

풀 이

▶ 개요

균열유발줄눈(Control Joint)은 콘크리트의 균열을 콘크리트 타설 전 미리 정해진 위치에서 집중시킬 목적으로 소정의 간격으로 콘크리트 구조체에 단면 결손부를 만들고 균열을 인위적으로 발생하도록 한 것이다.

▶ 균열유발줄눈(Control Joint)의 역할과 설치방법

1) 균열유발줄눈의 역할 : 콘크리트에서의 균열 발생을 저감하기 위한 여러 가지 조치 이후에도 발생하는 최소한의 균열은 일정한 지점으로 유도하여 보수 가능하도록 하는 것이 현실적으로 바람직하다. 이를 위해서 균열유발줄눈(Control Joint)은 콘크리트 타설 전 미리 정해진 위치에서 균열을 유발하도록 하고 있다. 균열유발줄눈을 둘 경우에는 구조물의 기능을 해치지 않도록 그 구조 및 위치를 정해야 하며, 균열유발줄눈에 발생한 균열이 내구성 등에 유해하다고 판단될 때에는 보수를 해야 한다.

2) 설치 방법 : 일반적으로 Massive한 벽 모양의 구조물 등에 발생하는 온도균열을 재료 및 배합 만에 의한 대책으로서는 제어하기 어려운 경우가 많다. 이러한 경우 구조물의 길이 방향에 일정 간격으로 단면감소부분을 만들어 그 부분에 균열을 유발시켜 기타 부분에서의 균열 발생을 방지함과 동시에 균열 개소에서의 사후 조치를 쉽게 하는 방법이 있다. 예정 개소에 균열을 확실하게 유도하기 위해서는 유발줄눈의 단면 감소율을 20% 이상으로 할 필요가 있다.

국내 콘크리트표준시방서(1997)의 균열유발줄눈 설치 규정은 단면감소율은 20~30% 이상, 간격은 부재높이의 1~2배 또는 4~5m 정도를 기준으로 하고 있다. 하지만, 필요한 간격은 구조물의 치수, 철근량, 치기온도, 치기방법 등에 의해 큰 영향을 받으므로 이들을 고려하여 정할 필요가 있다. 균열유발 후 균열유발부로부터의 누수, 철근의 부식 등을 방지할 경우에는 적당한 보수를 해야 한다. 이와 같은 방법을 사용할 경우 벽체형상의 구조물 등에서는 비교적 쉽게 균열제어가 가능하지만, 구조상의 약점부가 될 수 있으므로 그의 구조 및 위치 등은 면밀한 검토를 통하여 정할 필요가 있다. 균열유발줄눈을 설치하여 효과를 얻을 수 있는 구조물로서는 벽체상 형식인 지하철에서의 개착식 터널, 옹벽 등을 들 수 있다.

콘크리트의 균열관리 : 가동이음

콘크리트 구조물의 가동이음 형태를 열거하고, 그 이음의 기능적 고려사항에 대하여 설명하시오.

풀 이

> **개요**

콘크리트의 이음형태는 시공이음, 신축이음, 수축줄눈, 균열유발줄눈 등이 있으며 가동이 가능한 이음은 신축이음(Expansion Joint)이다. 콘크리트에서 가동이 가능한 이음 형태는 온도변화로 인한 수축과 팽창으로 구조물의 거동제한으로 인해 발생하는 균열을 제어하고 기초가 침하할 경우 등에 대비하기 위해서 콘크리트 벽체 등에 많이 사용되는 방식이다.

> **콘크리트의 가동이음**

1) 옹벽 등 벽체 : 신축 등에 자유롭게 가동이 가능하도록 하는 구조로 주로 지수판을 많이 이용한다. PVC지수판, 동지수판, 수팽창 고무지수판 등이 있으며 주로 PVC지수판을 가장 많이 사용한다. 지수판과 다웰바, 백업재 등을 이용해 연결된다.

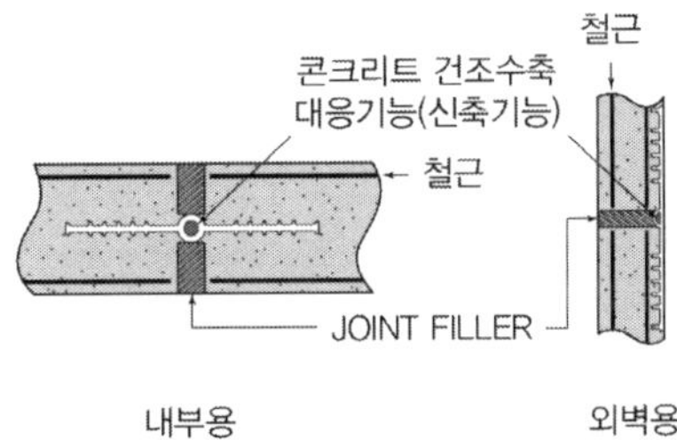

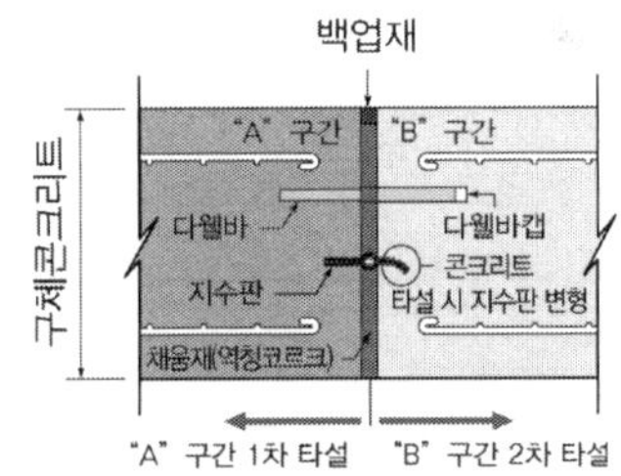

2) 지하차도 등 : 하중이 재하되는 지하차도와 같은 구조물의 바닥은 온도로 인한 신축과 함께 표층에서의 파손이 없도록 내구성과 신축성이 필요하다. 교량에서 많이 사용되는 신축이음장치 이외에도 최근에는 탄성 폴리머와 철판을 이용해 강화된 신축이음도 많이 사용된다. 벽체와 비교해 하중 전달 구간에 철판을 통해서 강화하고 탄성신축재료 등을 이용해 표층처리를 해 가동이 가능하면서 차량 하중 등에 저항할 수 있는 구조형식이다.

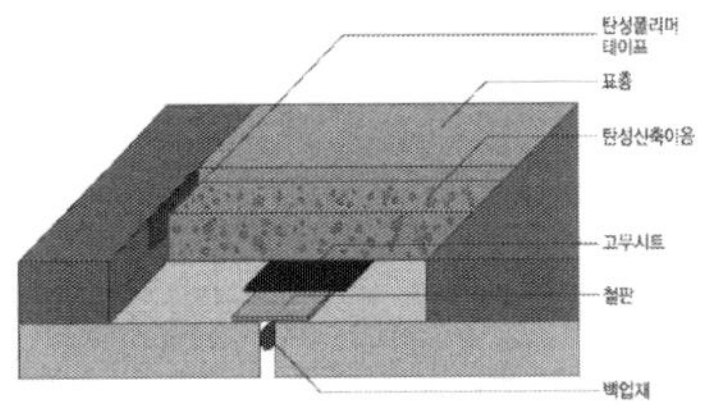

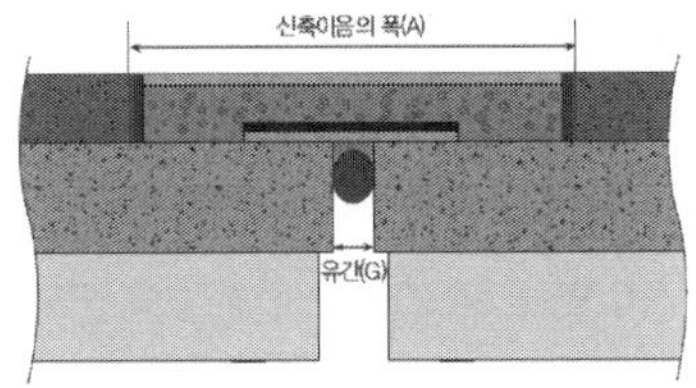

콘크리트의 균열의 보수·보강 : 보수용 모르타르

노후 열화된 콘크리트의 보수용 모르타르 선정 시 고려사항에 대하여 설명하시오.

풀 이

▶ 개요

일반적으로 콘크리트 보수는 여러 가지 성능 저하 요인에 의하여 균열이 발생하거나 박리·박락 또는 철근 부식 등의 형태로 손상된 콘크리트 구조물의 기능을 회복시키는 것을 목적으로 콘크리트의 초기 요구 성능을 유지 혹은 향상시켜 구조물의 사용기간 중 문제점이 발생하지 않도록 콘크리트의 성질을 회복시키는 행위를 의미한다.

▶ 열화 콘크리트 보수용 모르타르 선정 시 고려사항

보수공법은 송상 부위를 처리하는 형태에 따라 표면 피복공법, 주입공법, 충전공법과 기타 보수공법으로 구분되며, 사용되는 재료는 공법에 따라 달라진다. 보수재료로는 시멘트 페이스트 및 그라이팅 등 무기계 재료와 에폭시계 및 우레탄 등 유기계 재료를 대부분 사용되고 있다.

무기계 시멘트 재료는 초기 부착력에 문제가 있으며, 유기계 재료는 초기 접착력 및 내약품성이 우수하나 콘크리트와 물성이 상이해 장기적으로 문제가 발생할 소지가 있다. 따라서 무기계 시멘트 재료와 유기계 합성고분자 재료는 각각 매우 다른 특성을 가지므로 그 특성을 정확히 파악하고 사용해야 구조물의 안전성을 도모할 수 있다.

보수 용도 및 공법별 주요 재료

용도	공법	주요재료
균열보수	저압 수지 주입공법	경질형 에폭시수지, 연질형(유연형) 에폭시수지, 탄성부여 에폭시수지
철근 노출보수	피복 복구 공법	경량 에폭시수지 모르타르
표면 피복·도장	콘크리트 보호 공법	우레탄수지, 에폭시수지, 불소수지, 폴리부타디엔고무
	콘크리트 방식 공법	비닐에스테리수지, 에폭시수지, 에폭시수지 모르타르
오염방지	오염방지 공법	실리콘수지, 아크릴실리콘수지, 불소수지
단면복구	단면 복구 공법	프리팩트 콘크리트

노후 열화된 콘크리트의 균열 보수용 모르타르 선정 시에는 보수용 모르타르의 경화시간, 접착강도, 경화수축률, 가열변화, 인장강도, 유동성 등에 대한 고려가 필요하며, 단면 복구용 모르타르의 경우 기존의 콘크리트와 유사하거나 이상의 강도와 열팽창계수를 가지며 경화될 때 수축이 발생하지 않고 콘크리트와 접착 성능이 우수한 재료를 선정하여야 한다.

내후성시험

콘크리트 촉진 내후성시험

풀 이

▶ 개요

촉진 내후성시험은 재료의 물성변화를 파악하기 위하여 인위적으로 특정 조건에 노출시켜 영향여부를 판단하는 시험으로 특히 기후의 영향으로 변형여부를 판단하는 시험을 말한다. 내후성시험의 기본요소는 빛 에너지(태양광), 온도, 물이며, 기본요소와 함께 오염물질, 생화학적 현상, 산성비, 염분 등의 이차적인 효과들이 재료의 노화를 일으키며 상승작용을 하게 된다.

▶ 콘크리트 촉진 내후성시험

콘크리트 분야에서는 낮은 휨강도와 인장강도, 동결융해, 중성화, 염화 등의 다소 취약한 분야에 적용될 수 있으며, 근래에 폴리머 콘크리트나 광촉매를 사용한 콘크리트 블록 등 다양한 혼합콘크리트의 물성변화를 파악하기 위해 실시되기도 한다.

옥외 폭로시험은 실사용 조건과 유사한 조건에서 제품의 내후성을 확인할 수 있다는 점에서 이상적인 방법이지만 적합한 장소를 물색하는 과정에서부터 내후성시험 결과를 얻기까지 비용과 시간이 많이 필요하다. 따라서, 원하는 환경을 모사하여 단기간에 결과를 얻어내는 시험 방법이 이 실험실 내후성시험(Laboratory weatheritest) 또는 촉진 내후성시험이다.

1) 폴리머콘크리트 촉진 내후성시험 사례 : 고분자의 폴리머 수지를 이용한 혼합콘크리트의 자외선 노출에 따른 노화영향을 확인하기 위해서 태양복사량, 온도, 수분의 영향을 확인한 결과 좌외선 노출에 따라 강도가 변화함을 알 수 있다.

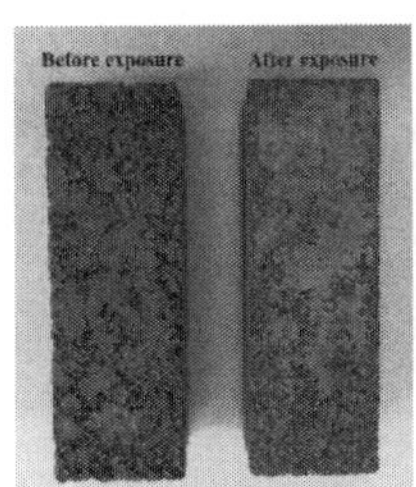
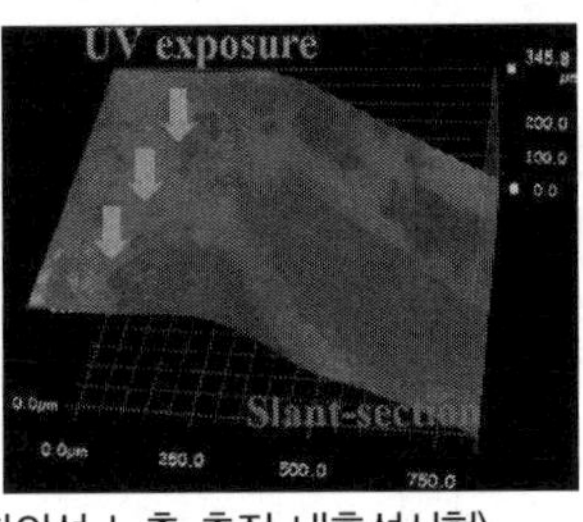

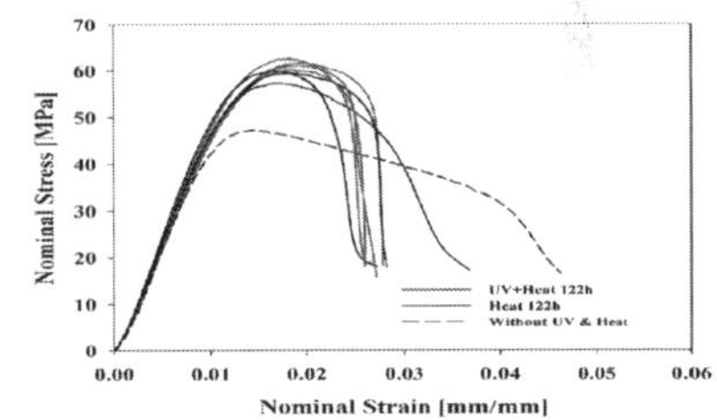

(폴리머 콘크리트 자외선 노출 촉진 내후성시험)　(자외선 촉진내후성 실험에 따른 폴리머 콘크리트 강도변화)

2) 슬러지와 광촉매제를 이용한 콘크리트 보도블록 기온변화에 따른 백화, 대기정화 성능실험 : 태양복사량, 온도, 수분의 변화에 따른 촉진 내후성 시험에 따라 형태변화 유무 등에 대한 실험을 통해 영향 파악, 일부 백화현상 발생

콘크리트 비파괴 검사 : 강도 추정

안전진단 시 콘크리트의 강도 추정 방법

풀 이

▶ 개요

기존 구조물의 콘크리트의 강도를 추정하기 위해서는 직접 코어 채취를 통해 강도를 추정하거나 반발경도시험, 초음파전달속도 측정 등을 통해 간접적으로 확인하는 방법으로 구분할 수 있다.

▶ 콘크리트의 강도 추정 방법

1) 콘크리트 코어 시험

채취한 코어의 시험은 콘크리트 상태평가에 대한 가장 신뢰할 수 있는 시험 방법이나, 콘크리트 구조물에서 코어를 광범위하게 채취하지 못하는 현장 여건의 어려움으로 대표적인 부분에 대해서 코어를 채취하고 광범위하게 실시한 비파괴시험 결과의 모체로서 콘크리트 강도 및 내구성 평가에 이용되고 있다. 현장에서 채취한 코어로부터 압축강도를 추정하는 방법은 국부파괴시험으로 비파괴시험과는 구별되지만, 구조물의 실제 강도를 추정한다는 관점에서 비파괴적인 방법과 함께 실시한다. 그러나 내하 콘크리트 구조물에 있어 휨 부재에 대한 적용은 제한적이며, 구조물에 한정적으로만 적용이 가능하다는 단점이 있다.

2) 반발 경도 시험

반발경도시험은 콘크리트의 압축강도를 비파괴로 추정하는 방법의 하나로 경화된 콘크리트 표면을 타격할 때, 측정 반발도(R)와 콘크리트의 압축강도(F_c)와의 사이에 특정 상관관계가 있다는 실험적 경험을 기초로 한다. 반발경도시험 결과로 분석된 콘크리트 비파괴강도는 콘크리트 표면 상태에 국한되고 콘크리트 내부의 강도를 추정할 수 없다는 단점을 가지고 있기 때문에 콘크리트 비파괴강도 추정 시의 유일한 지표로 사용하기에는 문제점을 내포하고 있다.

$$F_c = k_1 R_o + C \text{ (MPa)} \qquad R_o : 반발도 R의 평균값, \ k_1, \ C 상수$$

3) 초음파 전달속도 시험

콘크리트에서의 초음파전달속도시험은 음향적 측정방법인 음속법의 하나로 초음파의 투과속도가 콘크리트의 밀도 및 탄성계수에 따라서 변화하는 것을 이용하며, 초음파가 콘크리트를 통과하는 시간(Pulse Velocity)을 측정하여 이로부터 콘크리트의 비파괴강도, 결함의 유무, 균열 및 콘크리트의 내부 분리, 공동현상 등을 추정하는 비파괴적인 방법에 이용한다. 일반적으로 점검과 진단에서 사용하는 콘크리트 초음파측정기는 측정대상 콘크리트에 동일한 사용목적을 가지며, 초음파 전달속도는 콘크리트의 구성 성분, 다짐 정도, 숙성도, 콘크리트 제품과 구조물 내에 본래부터 존재하는 자유수의 함유량에 따라 결정된다.

$$F_c = k_1 V_d + C \text{ (MPa)} \qquad V_d : \text{초음파 전달속도,} \quad k_1, \text{ C 상수}$$

콘크리트의 비파괴 검사 : 초음파 탐사

초음파 탐상기를 이용한 콘크리트 균열깊이 측정방법 중 T법, Tc-To법, BS법의 측정방법 및 적용 가능한 조건에 대하여 설명하시오.

풀 이

안전점검 및 정밀안전진단 세부지침 해설서(한국시설안전공단, 2011)

▶ 초음파 측정 개요

초음파를 이용한 콘크리트 균열깊이 측정방법은 경화된 콘크리트의 건전부와 균열부에서 측정되는 초음파의 전달시간의 차이가 있어 전달속도가 다른 점을 이용하여 균열의 깊이를 평가하는 방식이다. 전달시간을 기초로 균열깊이를 추정하는 방법은 일반적으로는 T법, Tc-To법, BS법이 주로 이용된다 이들 방법은 송신 탐촉자로부터 발신된 초음파가 균열선단을 향해 직진하여 균열선단에서 회절한 후 수신 탐촉자를 향해 직진하는 경로를 밟는 것으로 가정하고, 그 기하학적 조건(직각 삼각형의 피타고라스 정리)으로부터 균열깊이를 역산해 구하는 것이다. 따라서, 초음파 측정이 적용되기 위해서는 다음 조건을 만족해야 한다.
(1) 전파시간이 정확하게 측정 가능할 것
(2) 균열깊이를 추정할 때 가정한 전파경로를 따라 초음파를 포착하는 것이 만족되어야 한다.

▶ 균열깊이 측정 평가방법

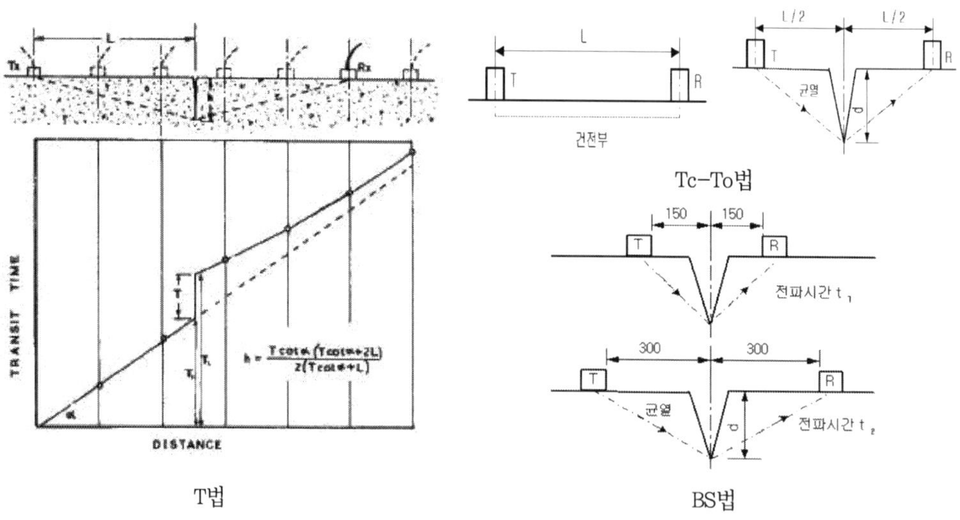

1) T법 : T-법은 발진자(Tx)를 고정하고, 수신자(Rx)를 10~15cm 간격으로 이동시켜 전파거리와 전달 시간의 관계(주시곡선)로부터 균열 위치의 불연속 시간 T를 도면상에서 다음 식을 이용하여 균열 깊이를 구한다.

$$h = \frac{t\cos\alpha\,(t\cot\alpha + 2L)}{2\,(t\cot\alpha + L)} \quad \text{또는} \quad h = \frac{L}{2}\left(\frac{T_2}{T_1} - \frac{T_1}{T_2}\right)$$

2) Tc-To법 : 수신자와 발신자를 균열의 중심으로 등간격 x로 배치한 경우의 전파시간 Tc와 균열이 없는 부근 $2x$에서의 전파시간 Ts로부터 균열 깊이 h를 추정하는 방법으로 균열면이 콘크리트의 표면과 직각으로 발생되어 있으며, 균열 주의의 콘크리트는 어느 정도 균질한 것이라고 가정하여 유도한 것이다. 이 방법의 균열깊이 탐사 결과는 15% 정도의 오차를 가지고 있으며, 균열에서 발·수신자까지의 거리 x는 탐촉자까지의 거리이다.

$$h = x\sqrt{\left(\frac{T_c^2}{T_s^2} - 1\right)}$$

3) BS법 : BSI 1881 Part No. 203에 규정된 방법으로 발·수신자를 균열 개구부에서 a1=15cm인 경우의 전파시간 T1, a2=30cm로 배치했을 때 전파시간 T2를 이용하여 균열깊이 d를 추정하는 방법으로 콘크리트 내부에 존재하는 철근의 영향으로 측정 결과의 오류를 나타낼 수 있으므로 주의가 요구된다.

$$d = 150\sqrt{\left(\frac{4\,T_1^2 - T_2^2}{T_2^2 - T_1^2}\right)}$$

▶ 균열깊이 측정의 제약조건

1) 균열깊이가 1,000mm 이상이 되면 수신하는 초음파전달속도가 현저하게 쇠퇴하기 때문에 일반적인 초음파측정기로는 측정이 곤란하다.

2) 표층부 철근의 배근깊이가 100mm 이하가 되면 철근 배근깊이 이상인 표면균열의 깊이를 측정하는 것이 곤란하다.

3) 콘크리트의 품질불량 및 콘크리트 내부에 곰보나 공동(구멍) 등 다짐불량의 가능성이 있으면 정확한 측정이 곤란하다.

4) 균열 내부에 물, 이물질이 있는 대상이나, 미세균열이 밀집되어 있는 경우 측정이 곤란하다.

5) 발생된 균열이 개폐되는 경향을 나타내고 있으면 측정이 곤란하다.

6) 측정 대상과 측정 정밀도
   - 평탄한 측정면에 직각한 균열깊이 : 200mm 이하의 경우 ±5%
   - 평탄한 측정면에 직각한 균열깊이 : 1,000mm 이하의 경우 ±3%
   - 경사균열의 균열깊이 길이 : ±15%

콘크리트의 비파괴 검사 : 철근 탐사

철근 콘크리트 교량의 유지관리에서 철근위치와 부식상태를 조사하는 방법과 특징을 설명하시오.

풀 이

▶ 개요

철근 콘크리트 구조물에서 철근의 위치와 배근 상태, 부식상태의 조사는 구조물의 안전성 평가에 영향을 크게 미치는 중요한 요소이다. 철근 위치를 조사하는 방법은 주로 구조체를 깨내고 철근을 노출시켜 직접조사하거나 비파괴검사를 실시하는 방법으로 구분된다. 철근의 부식은 콘크리트 구조물의 외부환경 또는 구조물 자체의 원인으로 인해 발생되는 콘크리트 내의 철근 부식의 유무를 평가하기 위해 실시되며 자연전위측정법이 가장 널리 사용된다.

▶ 철근 위치 조사 방법

철근탐사 방법에는 전자기 유도, 전자파레이더, 자기 유도, 방사선을 이용한 탐사방식이 있으며 현재 사용되고 있는 철근 탐사방식은 보편적으로 전자기유도(자기감응) 방식과 전자파레이더 방식이 있다. 전자기유도 및 전자파레이더 방식에 의한 철근탐사 장비를 사용하여 철근 콘크리트 구조물에 배근된 철근의 위치, 지름, 콘크리트 피복 두께의 탐사하는 데 사용된다. 철근의 위치, 지름, 콘크리트 피복 두께는 철근 콘크리트 구조물의 내력을 평가하는 데 이용될 수 있으며, 콘크리트 강도, 품질 및 내구성 조사에 앞서 철근의 위치를 탐사하는 예비시험 방법으로 사용될 수 있다. 탐사한 철근 위치, 지름, 그리고 콘크리트 피복 두께는 콘크리트 타설 후의 각 부재 배근의 적절성 여부를 판단하는 근거로 활용할 수 있다.

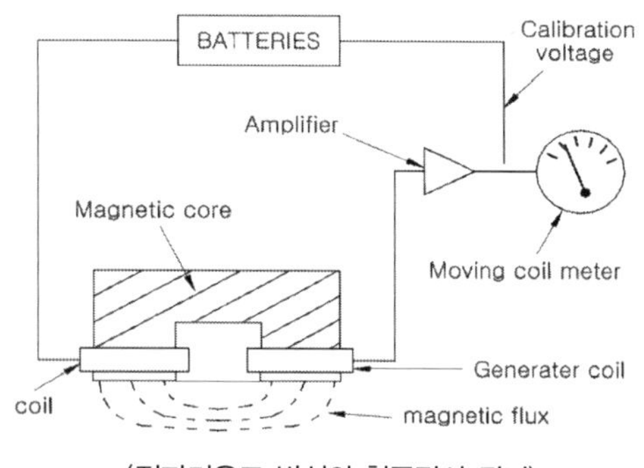

(전자기유도 방식의 철근탐사 장비)

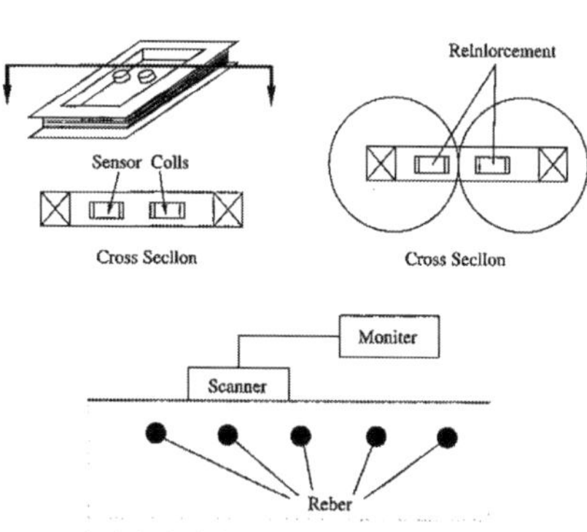

(전자파레이더 방식의 철근탐사 장비)

1) 전자기유도 방식 : 전자기유도 방식을 이용한 장비는 기본적으로 평행 공진(共振)회로의 전압진폭 감소에 기초를 두고 있으며, Probe나 Scanner에서 만들어진 코일에 전류를 흘려 교류자장을 만들어 내고, 코일 전압의 변화는 자장 내 자성체의 특성 및 거리에 의해 변하기 때문에 콘크리트 내부에 철근의 위치 및 직경 등을 구하는 방법으로 이용되고 있다.

2) 전자파레이더 방식 : 해당 물체 내의 송신된 전자파가 전기적 특성(유전율 및 전도율)이 다른 물질(철근, 매설물, 공동 등)의 경계에서 반사파를 일으키는 성질을 이용해 콘크리트 표면으로부터 내부를 향해 전자파를 안테나로부터 방사하여 목표물에서 반사해 온 신호를 안테나로 수신한 후 콘크리트 내부의 상태를 수직 단면도로 본체 표시기에 나타내어 준다. 이 방식은 철근 배근 간격 및 피복두께는 비교적 정확하게 구할 수 있으나 철근의 직경은 정확하게 측정하기 곤란한 특성을 가진다.

▶ 철근 부식상태 조사

철근 콘크리트에 매입되어 있는 철근부식은 전기화학적 반응에 의거하여 진행하므로 철근부식시험은 전기화학적 방법을 적용한다. 정상적인 콘크리트는 강알칼리성으로 철근은 부동태로 전위는 -100~-200mV(CSE)를 나타내지만, 염화물의 침투와 탄산화(중성화)로 철근이 활성상태로 되어 부식이 진행하면 전위는 부(-)방향으로 진행한다. 철근의 전위는 철근부식 장소의 검출과 상태를 파악하는 데 효과적이나, 현장 구조물에서 철근부식은 위치와 진행 속도 등 불균일하게 발생하기 쉬워 현장시험 상의 제약으로 시험방법과 결과의 분석에서 여러 가지의 곤란한 문제가 따른다는 것을 유의해야 한다. 철근의 부식진단을 위한 전기화학적 비파괴시험 방법은 자연전위법, 표면전위차법, 분극저항법이 있으며 주로 자연전위법이 사용된다.

조사방법	측정내용	적용성		부식의 유무
		실험실	현장	
자연전위법	자연전위 측정으로 철근 부식상태 판정	높음	높음	정성적
표면전위차법	전위 기울기의 측정으로 철근 부식상태 판정	높음	높음	정성적
분극저항법	미소 직류의 인가로 분극저항 측정으로 철근부식 속도 측정	높음	보통	정량적

1) 자연전위측정법 : 가장 널리 이용되는 콘크리트 속의 철근부식진단법의 하나로 콘크리트 구조물 내에 강재가 부식하는 경우에는 부식전지가 형성되어 양극반응을 나타내는 부분(부식부)과 음극반응을 나타내는 부분(비부식부)으로 구분되지만, 이때 자연전위도 변화하므로 이 전위를 계측함으로써 콘크리트 내에 함유된 강재의 부식 유무를 판정하는 원리다. 자연전위법은 조사지점에서 부식 가능성을 진단하는 것으로 구조물 내에서 철근 부식 가능성이 높은 장소를 찾아내며, 공용 중에 내부철근이 부식되고 이로 인해 콘크리트에 균열이 발생할 때까지 철근이 부식하는 초기 단계를 파악하는 것에 유효하다. 보다 정확한 철근부식의 진단을 위해서는 철근의 피복두께, 콘크리트 중의 염화물 함유량, 콘크리트의 탄산화(중성화) 깊이, 콘크리트의 저항률 측정, 콘크리트 구조물의 균열상황 등

의 관찰 등을 종합하여 철근의 부식정도를 판정하는 것이 바람직하다.

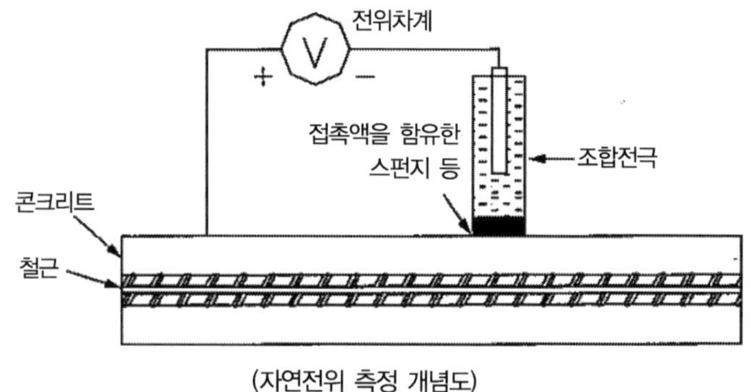

(자연전위 측정 개념도)

매스콘크리트의 해석

구조재료공사 표준시방서(국토교통부) 중 '매스콘크리트 표준시방서(KCS 14 20 42)'에 따라 매스콘크리트 구조물의 시공 시 콘크리트의 온도해석에 사용되는 경계조건, 콘크리트의 인장강도, 콘크리트의 유효탄성계수, 온도응력 해석 시 고려사항에 대하여 설명하시오.

풀 이

▶ 개요

일반적으로 매스콘크리트는 두께 0.8m 이상, 하단이 구속된 벽체의 경우 0.5m 이상인 콘크리트 구조물을 말하며 시멘트의 수화열에 의해 온도응력과 온도균열이 발생하기 때문에 이에 대한 관리를 하도록 규정하고 있다. 온도균열의 경우 시간에 따라 변화되는 값을 온도균열지수 $I_{cr}(t)$ 을 통해 평가하도록 하고 있으며 온도균열지수는 임의 재령에서의 콘크리트의 인장강도 $f_{sp}(t)$ 와 수화열에 의한 온도응력 $f_t(t)$ 의 비로 나타낸다.

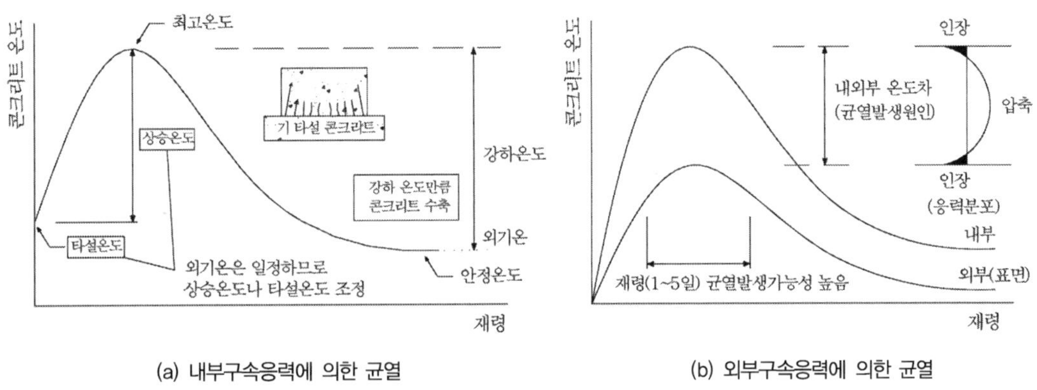

▶ 매스콘크리트 온도해석 변수

1) 온도해석에 사용되는 경계조건

   콘크리트의 온도해석은 구조물의 종류 및 형상 등에 따라 적절한 방법으로 실시하여야 한다. 콘크리트의 온도해석에 사용되는 경계조건, 즉, 열전달경계, 단열경계, 고정온도경계는 구조물의 형상, 방열조건 등을 고려하여 적절히 정하여야 한다. 특히, 열전달률(외기대류계수)은 콘크리트 표면부의 온도에 큰 영향을 미치며, 부재 두께가 비교적 작은 경우에는 내부온도 상승에도 영향을 미치므로 거푸집의 유무, 종류, 두께, 존치기간, 양생 방법, 주위의 풍속 등을 고려하여 그 값을 정해야 한다.

2) 콘크리트의 인장강도와 유효탄성계수

① 인장강도 : 콘크리트의 인장강도는 사용하는 시멘트의 종류, 물-결합재비, 골재의 종류, 온도 이력, 재령 등의 영향을 고려한 시험에 의해 정할 수 있으며, 근사적으로 인장강도를 구하고자 할 때에는 압축강도를 통해 인장강도의 근삿값을 구할 수 있다.

$$f_{sp}(t) = c\sqrt{f_{cm}(t)}$$

여기서, $f_{sp}(t)$: 재령 t 일에서 콘크리트의 쪼갬인장강도(MPa)
c : 콘크리트의 건조의 정도에 따라 다르지만 0.44를 표준으로 함.
$f_{cm}(t)$: 재령 t 일에서 콘크리트의 평균압축강도(MPa)

② 유효탄성계수 : 유효탄성계수는 콘크리트 부재단면 내의 평균탄성계수에 크리프, 응력이완 등에 의한 강성저하를 고려한 것으로 재령의 영향을 고려한 유효탄성계수를 산정하여야 한다. 평균압축강도를 이용해 근삿값을 사용할 수 있다.

$$E_e(t) = \psi(t) \times 8{,}500\sqrt[3]{f_{cm}(t)}$$

여기서, $E_e(t)$: 재령 t 일에서 유효탄성계수(MPa)
$\psi(t)$: 온도가 상승할 때 크리프 영향이 커짐에 따른 탄성계수의 보정계수
㉠ 재령 3일까지 : $\psi(t) = 0.73$　　㉡ 재령 5일 이후 : $\psi(t) = 1.0$
㉢ 재령 3일에서 5일까지는 직선보간법으로 구함

3) 온도응력 해석 시 고려사항

① 온도응력 산정 시 구조물에서의 균열 발생 가능성이 가장 큰 위치와 재령에서 계산한다.
② 온도응력은 새로 타설한 콘크리트 블록 내의 온도 차이만으로 발생하는 내부구속응력과 새로 타설한 콘크리트 블록의 온도에 의해 변형이 외부적으로 구속되어 발생하는 외부구속응력이 있으며, 외부구속체가 경화 콘크리트 또는 암반 등인 경우, 구속체와 새로 타설한 콘크리트와의 경계면에서 활동이 발생하지 않는 것으로 간주해 그 구속효과를 산정하는 것을 원칙으로 한다.
③ 중요한 구조물을 유한요소법으로 계산할 경우 필요한 정밀도가 얻어지도록 요소분할의 정도, 해석영역, 경계조건의 설정, 구속체 및 피구속체의 물성값의 선택 등에 충분히 주의하여야 한다. 또한 부재 크기가 매우 큰 부재의 경우 최종안전온도에 도달했을 때의 응력도 고려하여야 한다.
④ 일반적인 구조물에 대하여 더 간편히 온도응력을 계산하고자 할 때에는 근사계산방법도 채택할 수 있다.

수화열, 온도균열

매스콘크리트의 수화열에 의한 온도균열에 대하여 설명하고, 수화열의 발생을 감소시킬 수 있는 방법 및 균열 발생 억제방법에 대하여 설명하시오.

풀 이

▶ 개요

매스콘크리트는 대체로 슬래브에서 80~100cm 이상, 하단이 구속된 벽에서는 50cm 이상을 일컫는다. 그러나 콘크리트 구조물의 대형화, 복잡화에 의한 대량 급속 공사 시 시멘트 수화열에 의한 온도균열이 구조물 내구성에 영향을 일으키므로 수화열에 의한 균열과 온도제어가 필요한 구조물은 매스콘크리트로 취급해서 검토해야 한다. 콘크리트의 수화열에 의한 온도균열은 크게 내부 및 외부 구속에 의해서 발생하며 각각의 특성은 다음과 같다.

1) 내부 구속응력 균열 : 부분적인 내부 온도 상승 차이로 인해 변형의 차이가 서로를 구속하여 발생하는 응력으로 발생되며 콘크리트 타설 후 수화열에 의해 내부 온도가 높아지는 반면 콘크리트 표면은 외부공기와의 접촉 등으로 인해 내부보다 빠르게 냉각되어 부분별 온도상승의 차이가 발생하게 되고 이로 인해 콘크리트 표면부는 내부에 비해 상대적으로 변형률이 작기 때문에 인장응력이 발생하여 균열이 생성된다.

2) 외부 구속응력 균열 : 매스콘크리트와 기초 또는 기 타설된 부분의 온도차이로 인해 타설된 매스콘크리트의 변형이 구속됨으로써 응력이 발생하게 되고 이로 인해 발생한 외부 구속응력은 콘크리트 타설 후 시간경과에 따라 수축될 때 기초 및 기 타설된 부분에 구속되어 매스콘크리트 하부가 인장응력을 받게 됨에 따라 균열이 발생된다.

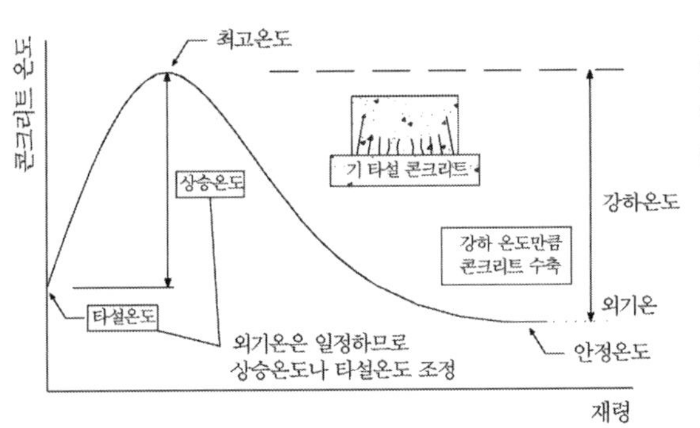

(a) 내부구속응력에 의한 균열

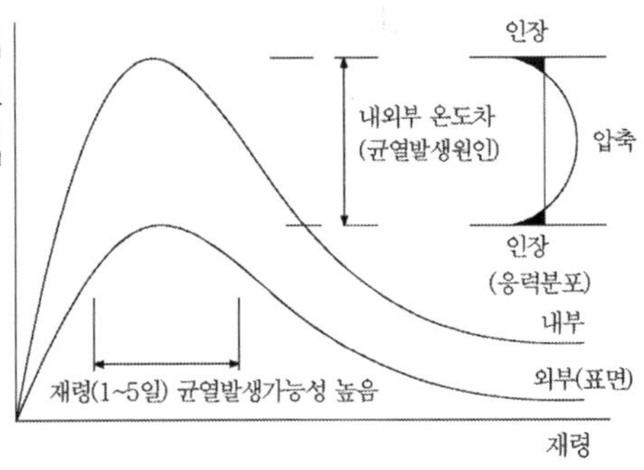

(b) 외부구속응력에 의한 균열

➤ **수화열 균열 대책**

수화열 발생을 감소시키거나 균열 발생을 억제하기 위해서는 설계 시, 배합 시, 시공 시의 단계별로 아래와 같은 대책을 고려할 수 있다.

단계	방법		
설계	설계상 배려	균열유발 줄눈 설치	
		철근 배근(균열 분산)	
		별도 방수 보강	
배합	발열량 저감	저발열 시멘트 사용	
		시멘트량 저감	양질의 혼화재료 사용
			슬럼프 작게
			골재치수 크게
			양질의 골재 사용
			강도 판정시기의 연장
시공	온도변화 최소화	양생온도의 제어	
		보온 가열 양생 실시	
		거푸집 존치기간 조절	
		콘크리트 타설시간 간격 조절	
	시공 시 온도상승저감	재료 쿨링	
	계획온도 관리		

1) 설계 시

(1) 콘크리트의 타설량, 균열 발생을 고려하여 균열유발 줄눈 설치 : 구조물의 기능을 해치지 않는 범위에서 균열유발 줄눈 설치. 줄눈의 간격은 4~5m 기준. 단면감소는 20% 이상
(2) 균열제어철근 배근 : 온도해석을 실시하여 균열제어 철근배근

2) 배합 시

(1) 설계기준강도와 소정의 Workability를 만족하는 범위에서 콘크리트의 온도상승이 최소가 되도록 재료 및 배합을 결정한다.
(2) 최소단위 시멘트량 사용(단위시멘트량 10kg/m³에 대해 1℃의 온도상승)
(3) 중용열, 고로, 플라이애쉬, 저열시멘트를 사용한다.
(4) 굵은골재 최대치수를 크게 하고 입도분포를 양호하게 한다.
(5) 잔골재율(s/a)을 작게 한다.

3) 비비기 시 및 치기 시 온도조절

  (1) 냉각한 물, 냉각한 굵은 골재, 얼음을 사용(Pre-cooling)
  (2) 각 재료의 냉각은 비빈 콘크리트의 온도가 현저하지 않도록 균등하게 시행
  (3) 얼음을 사용하는 경우 얼음은 콘크리트 비비기가 끝나기 전에 완전히 녹아야 함
  (4) 비벼진 온도는 외기온도보다 10~15℃ 낮게
  (5) 굵은 골재의 냉각은 1~4℃ 냉각공기와 냉각수에 의한 방법
  (6) 얼음 덩어리는 물의 양의 10~40%

4) 타설 시

  (1) 콘크리트 타설의 블록분할 : 발열조건, 구속조건과 공사용 플랜트의 능력에 따라 블록 분할
  (2) 신·구 콘크리트 타설시간 간격 조정 : 구조물의 형상과 구속조건에 따라 결정

5) 거푸집 재료, 구조 및 존치기간 조정

  (1) 발열성 재료 : 온도상승을 작게 하기 위한 경우(하절기)
  (2) 보온성 재료 : 치기 후 큰 폭의 온도저하 예상되는 경우, 콘크리트 내부온도와 외부온도의 차
      가 크다고 예상되는 경우(동절기)
  (3) 존치기간 : 보온성 재료를 사용하는 경우 존치기간을 길게
  (4) 거푸집 제거 후 콘크리트 표면이 급냉하는 것을 방지하기 위하여 시트 등으로 표면보호 실시

6) 콘크리트 양생 시

  (1) 온도강하 속도가 크지 않도록 콘크리트 표면 보온 및 보호 조치
  (2) 온도제어대책으로 파이프쿨링 실시

▶ 수화열 균열 발생 시 보수

매스콘크리트 시공에 있어서는 콘크리트 구조물이 소요의 품질과 기능을 만족할 수 있도록 사전
에 시멘트의 수화열에 의한 온도응력 및 온도균열에 대해 충분히 검토를 한 후에 시공계획을 세
워야 하며, 시공 중 온도균열을 억제하기 위하여 철저한 품질관리를 하여야 한다. 또한, 온도균열
이 발생하는 경우 내구성의 저하를 막기 위하여 보수를 실시하여야 한다.
 1) 균열유발 줄눈의 보수 : 탄성 실링재에 의한 충전공법, 수지재료에 의한 충전공법
 2) 온도균열의 보수 : 수지재료에 의한 표면처리. 수지재료의 주입공법

온도균열지수

온도균열지수에 의한 매스콘크리트의 온도균열 발생 가능성 평가 및 균열제어 대책에 대하여 설명하시오.

풀 이

▶ 개요

콘크리트 수화열의 화학반응으로 발생되는 온도응력을 제어하는 지수를 온도균열지수라 한다. 수화열에 대한 제어대책으로 온도균열지수를 적용한다. 일반적으로 매스콘크리트에서 균열 발생 검토 시 쓰이는 것으로 통상 '콘크리트 인장강도(f_{sp})/온도응력$(f_t(t))$'로 표기되며 타설 위치에 따라 다르다.

구분	매스콘크리트 타설	연질지반 타설	암반위 타설
온도균열지수 $I_{cr}(t)$	$I_{cr} = \dfrac{f_{sp}}{f_t(t)}$	$I_{cr} = \dfrac{15}{\triangle T_i}$	$I_{cr} = \dfrac{10}{R \triangle T_0}$

▶ 매스콘크리트에서 온도균열 지수를 이용한 균열 가능성 평가

온도균열지수가 클수록 균열이 생기기 어렵고, 작을수록 균열이 생기기 쉽고 균열의 수도 많고 폭도 커지는 특성이 있다. 온도응력의 검토를 필요로 하는 구조물의 경우 균열 발생에 대한 안전성의 척도로서 온도균열지수를 이용하며 이때 설계기준은 다음과 같이 구분된다.

① 균열을 방지할 경우 : 1.5 이상
② 균열 발생을 제한할 경우 : 1.2 이상 1.5 미만
③ 유해한 균열을 제한할 경우 : 0.7 이상 1.2 미만

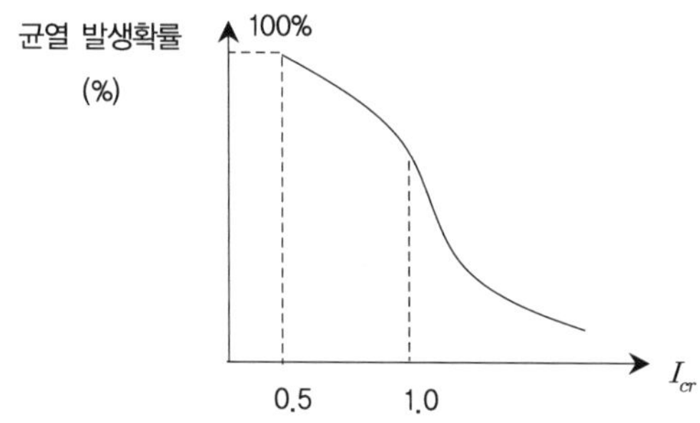

1) 구조물별 온도균열 지수

① 매스 콘크리트

$$온도균열지수 : I_{cr}(t) = \frac{f_t(t)}{f_x(t)} \ (응력지수)$$

여기서, $f_x(t)$: 재령 t에서 수화열에 의해 생긴 부재 내부의 온도응력 최댓값

$f_t(t)$: 재령 t에서 콘크리트의 인장강도

② 연질의 지반 위에 슬래브를 타설하는 경우(외부구속응력이 작은 경우)

$$온도균열지수 : I_{cr}(t) = \frac{15}{\Delta T_i} \ (온도지수)$$

여기서, ΔT_i : 내부온도가 최대일 때 내부와 표면과의 온도차(℃)

③ 암반이나 매시브한 콘크리트 위에 타설된 슬래브(외부구속응력이 큰 경우)

$$온도균열지수 : I_{cr}(t) = \frac{10}{R \Delta T_o} \ (온도지수)$$

여기서, ΔT_o : 부재평균최대온도와 외기온도와의 균형 시의 온도차이(℃)

R : 외부구속정도를 나타내는 지수
- 비교적 연약한 암반위에 콘크리트를 칠 때　　　　　　　R = 0.5
- 중간 정도의 경도를 가진 암반 위에 콘크리트를 칠 때　R = 0.65
- 경암 위에 콘크리트를 칠 때　　　　　　　　　　　　　R = 0.8
- 이미 경화한 콘크리트 위에 칠 때　　　　　　　　　　R = 0.6

▶ 매스콘크리트 균열제어대책

1) 설계 시

① 콘크리트의 타설량, 균열 발생을 고려하여 균열유발줄눈 설치 : 구조물의 기능을 해치지 않는 범위에서 균열유발줄눈 설치. 줄눈의 간격은 4~5m 기준. 단면감소는 20% 이상
② 균열제어철근 배근 : 온도해석을 실시하여 균열제어 철근배근

2) 배합 시

① 설계기준강도와 소정의 Workability를 만족하는 범위에서 콘크리트의 온도상승이 최소가 되도록 재료 및 배합을 결정한다.
② 최소단위 시멘트량 사용(단위시멘트량 10kg/m³에 대해 1℃의 온도상승)
③ 중용열, 고로, 플라이애쉬, 저열시멘트를 사용한다.

④ 굵은골재 최대치수를 크게 하고 입도분포를 양호하게 한다.

⑤ 잔골재율(s/a)을 작게 한다.

3) 비비기 시 및 치기 시 온도조절

① 냉각한 물, 냉각한 굵은 골재, 얼음을 사용(Pre Cooling)

② 각 재료의 냉각은 비빈 콘크리트의 온도가 현저하지 않도록 균등하게 시행

③ 얼음을 사용하는 경우 얼음은 콘크리트 비비기가 끝나기 전에 완전히 녹아야 함

④ 비벼진 온도는 외기온도보다 10~15℃ 낮게

⑤ 굵은 골재의 냉각은 1~4℃ 냉각공기와 냉각수에 의한 방법

⑥ 얼음 덩어리는 물의 양의 10~40%

4) 타설 시

① 콘크리트 타설의 블록분할 : 발열조건, 구속조건과 공사용 플랜트의 능력에 따라 블록 분할

② 신·구 콘크리트 타설시간 간격 조정 : 구조물의 형상과 구속조건에 따라 결정

5) 거푸집 재료, 구조 및 존치기간 조정

① 발열성 재료 : 온도상승을 작게 하기 위한 경우(하절기)

② 보온성 재료 : 치기 후 큰 폭의 온도저하 예상되는 경우, 콘크리트 내부온도와 외부온도의 차가 크다고 예상되는 경우(동절기)

③ 존치기간 : 보온성 재료를 사용하는 경우 존치기간을 길게

④ 거푸집 제거 후 콘크리트 표면이 급냉하는 것을 방지하기 위하여 시트 등으로 표면보호 실시

6) 콘크리트 양생 시

① 온도강하속도가 크지 않도록 콘크리트 표면 보온 및 보호 조치

② 온도제어대책으로 파이프 쿨링 실시

철근 콘크리트 폭렬현상

화재로 인한 철근 콘크리트의 성능저하와 고강도 콘크리트의 폭렬현상에 대하여 설명하시오.

풀 이

▶ 개요

압축강도가 40MPa 이상인 고강도 콘크리트는 일반 콘크리트보다 다공성이 매우 낮기 때문에 화재와 같은 열팽창에 의해 매우 민감하여 큰 피해를 발생시킬 수 있다. 일반적으로 콘크리트가 갑작스럽게 높은 온도를 받는 경우 거동형상은 어떤 종류의 골재를 사용하였는지에 따라 열팽창계수(α_c)가 다르기 때문에 그에 따라 거동형상도 달라진다.

▶ 화재로 인한 콘크리트의 영향, 성능 저하

① 콘크리트의 강도변화 : 온도상승에 의한 콘크리트의 강도에 미치는 영향은 300℃ 이하에서는 적고 그 이상에서는 확실히 강도의 감소가 발생한다. 불연재료인 콘크리트는 가열에 의해 시멘트 경화물과 골재와는 각각 다른 팽창 수축거동을 일으키며, 또한 단부의 구속에 의해 생긴 열응력에 따라 균열이 발생된다. 이러한 균열과 열로 인한 시멘트 경화물의 변질 및 골재 자체의 열적 변화에 의하여 콘크리트 강도와 탄성계수는 저하된다. 그 저하강도는 사용재료 종류, 배합, 재령 등에 따라 다르다.

즉, 500℃ 이상의 열을 받으면 콘크리트의 강도 저하율은 50% 이하가 되고 탄성계수도 약 80% 저하된다. 또한 저하된 강도는 화재 후 어느 정도의 기간이 경과되면 강도가 자연 회복되며, 수열온도가 500℃ 이내이면 어느 정도로 재사용이 가능한 상태로 회복된다.

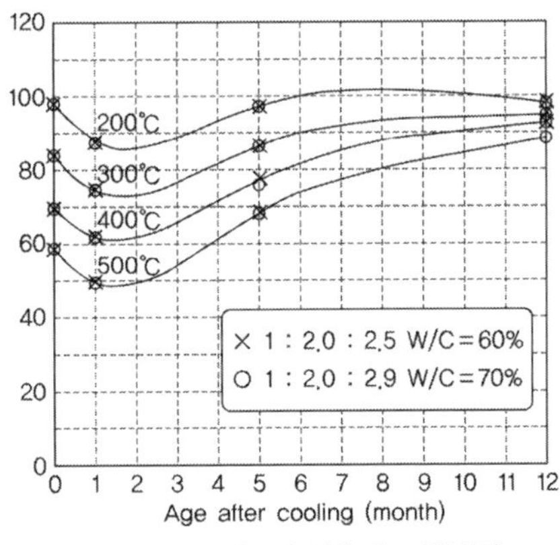

(가열된 콘크리트의 압축강도 회복률)

② 강성(Stiffness) 변화 : 콘크리트의 탄성계수에 미치는 온도의 영향을 일반적으로 150~400°C 사이에서는 탄성계수가 현저히 감소됨을 알 수 있다. 이것은 콘크리트 중의 모세관 수와 겔 수의 증발과 수화생성물의 흡착수가 탈수되면서 시멘트 페이스트와 골재의 부착경감이 원인이라 할 수 있다.

③ 건조수축(Shrinkage)과 크리프(Creep) 증가

④ 콘크리트 색상 변화 : 콘크리트의 온도가 상승하면 콘크리트의 색이 변하게 되는데 300°C까지는 색의 변화가 없고 300~600°C까지는 분홍색 또는 적색을 나타내며, 600°C 이상에서는 회색과 황갈색을 나타낸다.

⑤ PSC 부재의 피해 : PSC 콘크리트가 고온의 영향을 받는 경우에는 프리스트레스가 되지 않은 콘크리트에 비하여 강도의 감소가 적다는 연구보고도 있다.

⑥ 강재의 피해 : 철과 강은 고온 강도가 매우 복잡하게 변화한다. 항복점과 탄성계수는 온도의 상승에 따라 대체적으로 직선적으로 감소한다. 특히, 강재의 탄성계수는 500°C 이하에서는 선형적으로 완만하게 감소하고 500°C 이상에서는 급격히 감소한다. 일반적으로 온도가 증가함에 따라서 강재의 강도는 감소하지만, 온도가 약 200°C 정도까지 상승하여도 구조용 강재나 PSC 강재는 초기 강도의 90% 이상을 보유하고 있다.

⑦ 철근과의 부착력 저하 : 고온에서 시멘트 풀은 탈수하여 수축하고 골재는 팽창하기 때문.

⑧ 인공 경량골재의 경우 강도저하가 작다.

⑨ 60~70°C 정도의 온도에서는 거의 영향을 받지 않는다.

▶ 고강도 콘크리트의 폭렬현상

콘크리트 부재가 화재로 인해서 고온에 노출되면 상당한 시간 동안은 잘 견디지만 화재 동안의 큰 온도 차이가 발생하기 때문에 표면의 콘크리트가 팽창해서 화재가 진압되고 온도가 떨어지면 균열이나 박리현상이 일어날 수 있다.

또한 높은 온도의 화재에 노출된 경우에는 처음 10~20분간 폭발적인 박리(Explosive Spalling) 현상이 발생할 수 있으며, 이러한 현상은 콘크리트의 함수량과 다공성 및 작용하중의 크기와 열팽창에 대한 구속 등의 요인에 의해서 좌우된다. 고강도 콘크리트(High Strength Concrete, HSC)는 다공성이 매우 낮으며 열팽창에 대한 구속이 크기 때문에 보통의 콘크리트에 비해서 폭렬현상이 나타날 가능성이 크며 이로 인하여 박리 등으로 구조물에 심각한 영향을 미칠 수 있다.

※ 폭렬현상의 주요 영향인자 - 함수율(함수율이 높을수록 증가), 골재 종류(선팽창계수가 높은 골재일수록 증가), 가열속도(가열속도가 빠를수록 증가), 구속조건(양단구속일수록 표층부 압축응력발생으로 폭렬발생 증가), 단면크기(단면의 크기가 클수록 완화), 콘크리트의 배합(세공분포상태에 따라서 공극량이 작을수록 폭렬위험 증가)

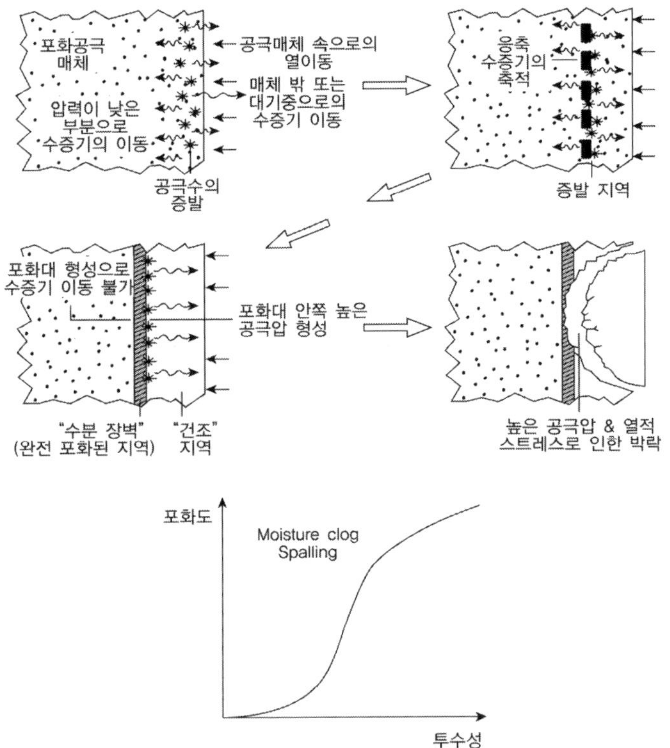

→ 투수성이 낮을수록(고강도 콘크리트) 압력증대로 폭렬현상 발생

폭렬, 화재손상 평가방법

폭렬(Spalling)현상에 의한 고강도 콘크리트 구조물의 성능저하 및 화재손상 평가방법에 대하여 설명하시오.

풀 이

▶ 개요

콘크리트 부재가 화재로 인해서 고온에 노출되면 상당한 시간 동안은 잘 견디지만 화재 동안의 큰 온도차이가 발생하기 때문에 표면의 콘크리트가 팽창해서 화재가 진압되고 온도가 떨어지면 균열이나 박리현상이 일어날 수 있다. 또한 높은 온도의 화재에 노출된 경우에는 처음 10~20분간 폭발적인 박리(Explosive Spalling) 현상이 발생할 수 있으며, 이러한 현상은 콘크리트의 함수량과 다공성 및 작용하중의 크기와 열팽창에 대한 구속 등의 요인에 의해서 좌우된다. 고강도 콘크리트(High Strength Concrete, HSC)는 다공성이 매우 낮으며 열팽창에 대한 구속이 크기 때문에 보통의 콘크리트에 비해서 폭렬현상이 나타날 가능성이 크며 이로 인하여 박리 등으로 구조물에 심각한 영향을 미칠 수 있다.

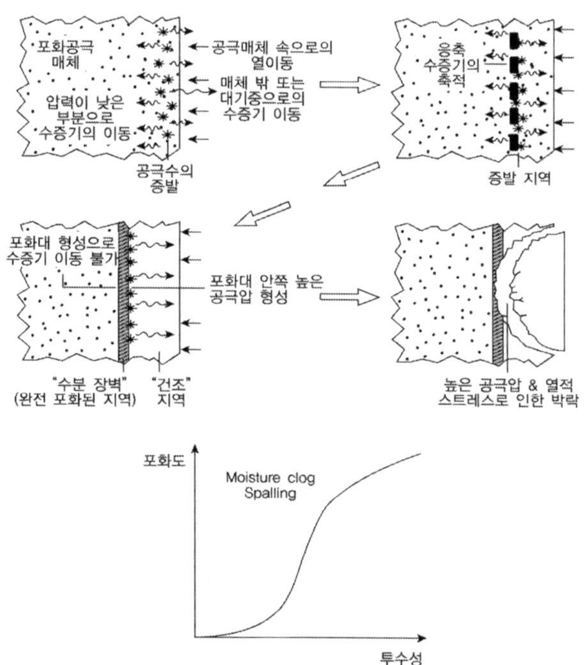

※ 폭렬현상의 주요 영향인자 - 함수율(함수율이 높을수록 증가), 골재 종류(선팽창계수가 높은 골재일수록 증가), 가열속도(가열속도가 빠를수록 증가), 구속조건(양단구속일수록 표층부 압축응력 발생으로 폭렬 발생 증가), 단면크기(단면의 크기가 클수록 완화), 콘크리트의 배합(세공분포상태에 따라서 공극량이 작을수록 폭렬위험 증가)

① 콘크리트의 강도변화 : 온도상승에 의한 콘크리트의 강도에 미치는 영향은 300°C 이하에서는 적고 그 이상에서는 확실히 강도의 감소가 발생한다. 불연재료인 콘크리트는 가열에 의해 시멘트 경화물과 골재와는 각각 다른 팽창 수축거동을 일으키며, 또한 단부의 구속에 의해 생긴 열응력에 따라 균열이 발생된다. 이러한 균열과 열로 인한 시멘트 경화물의 변질 및 골재 자체의 열적 변화에 의하여 콘크리트 강도와 탄성계수는 저하된다. 그 저하강도는 사용재료 종류, 배합, 재령 등에 따라 다르다.

즉, 500°C 이상의 열을 받으면 콘크리트의 강도 저하율은 50% 이하가 되고 탄성계수도 약 80% 저하된다. 또한 저하된 강도는 화재 후 어느 정도의 기간이 경과되면 강도가 자연 회복되며, 수열온도가 500°C 이내이면 어느 정도로 재사용이 가능한 상태로 회복된다.

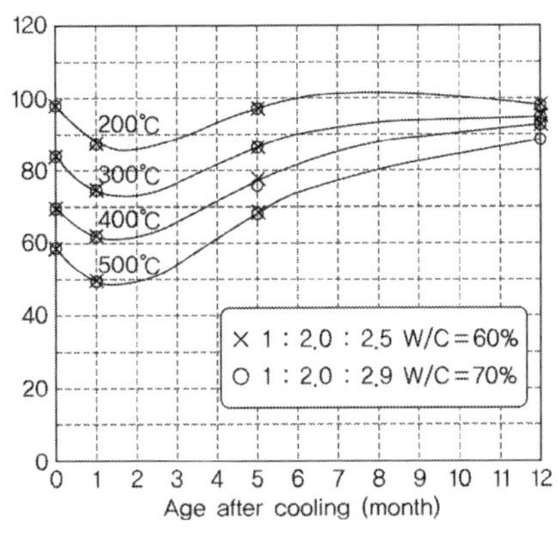

(가열된 콘크리트의 압축강도 회복률)

② 강성(Stiffness) 변화 : 콘크리트의 탄성계수에 미치는 온도의 영향을 일반적으로 150~400°C 사이에서는 탄성계수가 현저히 감소됨을 알 수 있다. 이것은 콘크리트 중의 모세관 수와 겔 수의 증발과 수화생성물의 흡착수가 탈수되면서 시멘트 페이스트와 골재의 부착경감이 원인이라 할 수 있다.

③ 건조수축(Shrinkage)과 크리프(Creep) 증가

④ 콘크리트 색상 변화 : 콘크리트의 온도가 상승하면 콘크리트의 색이 변하게 되는데 300°C까지는 색의 변화가 없고 300~600°C까지는 분홍색 또는 적색을 나타내며, 600°C 이상에서는 회색과 황갈색을 나타낸다.

⑤ PSC 부재의 피해 : PSC 콘크리트가 고온의 영향을 받는 경우에는 프리스트레스가 되지 않은 콘크리트에 비하여 강도의 감소가 적다는 연구보고도 있다.

⑥ 강재의 피해 : 철과 강은 고온 강도가 매우 복잡하게 변화한다. 항복점과 탄성계수는 온도의 상승에 따라 대체적으로 직선적으로 감소한다. 특히, 강재의 탄성계수는 500°C 이하에서는 선

형적으로 완만하게 감소하고 500°C 이상에서는 급격히 감소한다. 일반적으로 온도가 증가함에 따라서 강재의 강도는 감소하지만, 온도가 약 200°C 정도까지 상승하여도 구조용 강재나 PSC 강재는 초기 강도의 90% 이상을 보유하고 있다.

⑦ 철근과의 부착력 저하 : 고온에서 시멘트 풀은 탈수하여 수축하고 골재는 팽창하기 때문이다.

⑧ 인공 경량골재의 경우 강도저하가 작다.

⑨ 60~70°C 정도의 온도에서는 거의 영향을 받지 않는다.

▶ 화재손상 평가방법

1) 콘크리트 표면의 변색상황 : 변색상황으로 개략적 수열온도 추정

온도범위	300°C 미만	300~600°C	600~950°C	950~1200°C	1200°C 이상
변색상황	그을음	핑크색	회백색	담황색	용융상태

2) 페놀프탈레인 용액에 의한 중성화 깊이 : 중성화되지 않은 부분은 500°C 이하로 추정

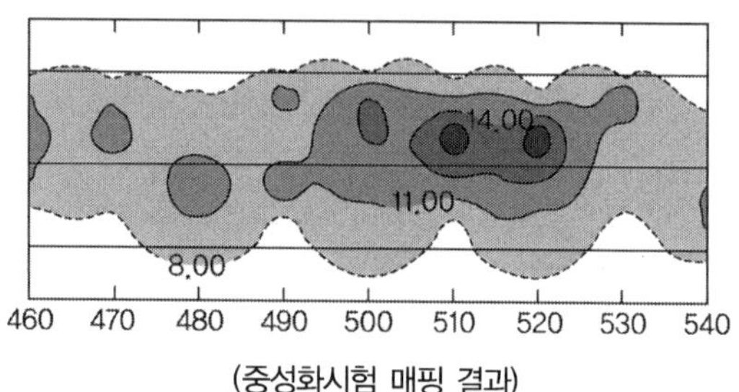

(중성화시험 매핑 결과)

3) 중성화 깊이와 탄산가스량 : 화재에 의한 중성화의 경우 가열에 의해 $CaCO_3$가 CO_2를 방출하게 되므로, 화재현장에서 채취한 중성화부분의 시료의 CO_2가 15% 이상이면 화재피해를 받은 것으로 추정

4) 탄산가스 재흡수량

$Ca(OH)_2 + CO_2 \rightarrow CaCO_3 + H_2O(\uparrow)$ 온도별 탄산가스 재흡수량 측정량과 비교하여 수열온도 추정

5) X-Ray에 의한 반응생성물 분석

콘크리트 경화물의 반응생성물은 복잡한 시멘트 수화생성물의 복합체로 구성되어 있어서 정확한 분석이 곤란하나, X-Ray 회절분석과 시차열분석이 잘 일치하는 4.93Ao 부근의 Portlandite [Ca(OH)₂]와 3.03Ao 부근의 Calcite[CaCO₃] 등, 이 두 가지 반응생성물의 분석으로 열손상정도 (화재온도)를 추정할 수 있다. 즉 콘크리트의 알칼리성과 강도발현을 주도하는 수산화칼슘

[Ca(OH)$_2$)]은 약 500°C 정도의 고온을 받게 되면 CaO와 H$_2$O로 분해되며, 시멘트의 주성분인 탄산칼슘[CaCO$_3$]은 약 800°C 부근에서 CaO와 CO$_2$로 분해되는 것으로 알려져 있다. 따라서 화재를 입은 콘크리트의 X-Ray 회절분석에 의해 콘크리트 중의 시멘트수화물(CaO)의 변화를 정량적으로 추정하면 화재온도와 온도의 작용시간을 추정할 수 있다. 시멘트수화물[CaO]을 확인하는 방법은 손상을 받은 각 부위별 표면에서부터 깊이별로 채취한 콘크리트 시편을 가능한 시멘트 부분만을 채취하여 미분말로 분쇄하고, X-Ray 회절분석기를 이용하여 2θ를 5~70° 범위에서 콘크리트의 열손상(화재온도) 정도에 따른 반응생성물에 대한 회절강도의 변화추이를 분석 평가한다.

6) 시차열분석(DSC : differential scanning calorimetry)에 의한 화재온도 분석

콘크리트는 시멘트의 수화반응에 의해 많은 수화생성물을 함유하고 있으며 이들 수화생성물은 온도의 변화에 따라 결정구조가 변화되며, 변화할 때에 에너지를 흡수 또는 방출한다. 또한 수화물의 결합수와 흡착수 등이 이탈하는 과정에서도 열변화 등을 일으키기 때문에 미리 열변화를 일으킨 시료를 열분석할 경우 그 온도에서는 특별한 에너지의 흡수나 방출은 발생하지 않는다. 따라서 열변화를 일으키지 않은 시료를 열분석하고 열변화를 일으킨 시료를 열분석하여 비교 분석함으로써 콘크리트의 화재온도를 추정할 수 있다.

일반적으로 Portlandite[Ca(OH)$_2$]는 열에 의해 500°C 부근에서 CaO와 H$_2$O로 또한 Calcite[CaCO$_3$]는 800°C 부근에서 CaO와 CO$_2$로 분해하는 것으로 알려져 있다. 이 두 가지 물질에 대하여 각 시편을 R.T~1000°C까지의 열적변화를 추적 비교 분석한다.

7) 주사전자 현미경(SEM : Scanning Electron Microscope)에 의한 미세구조 분석

주사형 현미경에 의한 콘크리트의 열화상태의 판정은 콘크리트 미세조직의 치밀성, 다공성, 모세관 및 겔공극의 분포정도, 미세균열의 발생현황, 팽창성 물질의 생성에 의한 균열 발생 등을 관찰함으로써 콘크리트의 건전성을 평가할 수 있다. 특히 화재에 의한 콘크리트의 열화정도를 고찰하기 위해서는 고온에 의한 수화생성물의 분해 정도에 따른 균열 발생 정도를 관찰하는 것이 중요하다.

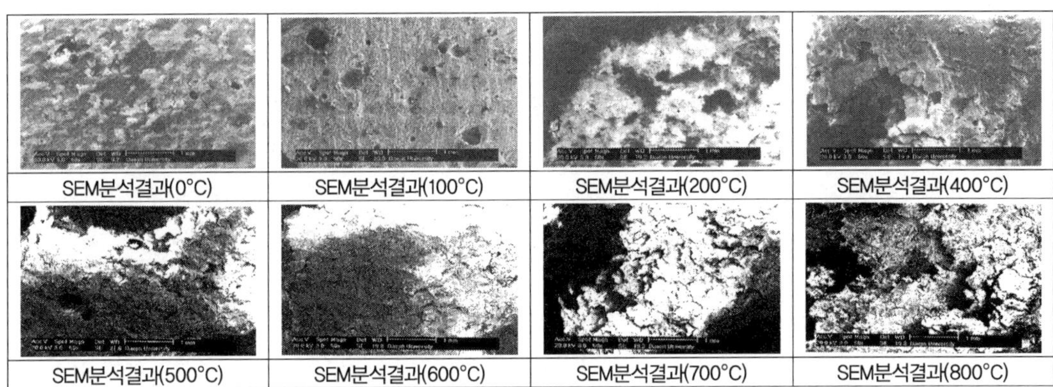

| SEM분석결과(0°C) | SEM분석결과(100°C) | SEM분석결과(200°C) | SEM분석결과(400°C) |
| SEM분석결과(500°C) | SEM분석결과(600°C) | SEM분석결과(700°C) | SEM분석결과(800°C) |

콘크리트 화재(열전도계수와 수열온도)

콘크리트 구조물의 화재 시 열전도계수와 수열온도에 대하여 설명하시오.

풀 이

2003 한국화재 · 소방학회 추계학술논문발표–화재피해를 입은 콘크리트 구조물의 수열온도 평가에 관한 문헌적 고찰

▶ 열전도 계수

열전도(heat conduction)란 열이 전달되는 것 중 온도가 높은 물체에서 그에 접하고 있는 온도가 낮은 물체로 또는 같은 물체에서도 고온의 곳에서 저온의 곳으로 열이 전해지는 현상을 말하며, 그림(a)와 같이 물질 속을 전하는 열은 $I = k(A/l)\theta$ [W]가 되며, 여기서 k는 그 물질의 열전도율$[W/m \cdot K]$이라고 한다. 그림(b)와 같이 표면으로부터의 열전도는 $I = \alpha A\theta$ [W]가 되며 α를 열전도 계수$[W/m^2 \cdot K$: 물질에 의하여 전하여지는 열량을 그 물질의 표면 온도변화로 나눈 값]라고 한다.

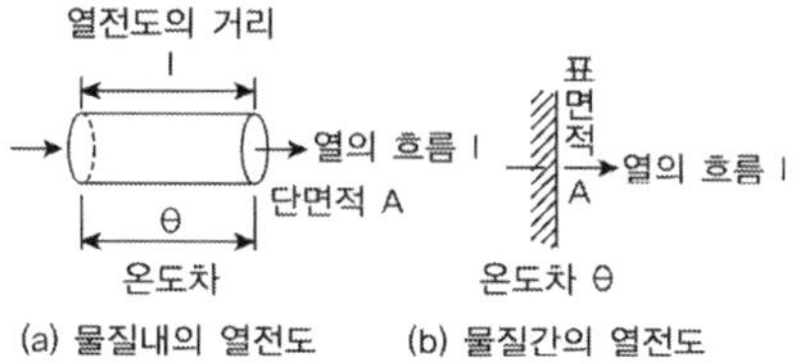

일반적으로 콘크리트의 열전도는 Fourier법칙을 이용한 열전도 구성방정식과 물체 내부에서의 전도에 관한 열전도 평형방정식을 구성하여 정리하면 다음과 같은 식을 얻을 수 있다.

$$\frac{\partial}{\partial x}(k_x \frac{\partial T}{\partial x}) + \frac{\partial}{\partial y}(k_y \frac{\partial T}{\partial y}) + \frac{\partial}{\partial z}(k_z \frac{\partial T}{\partial z}) + q^B = 0$$

▶ 수열온도

화재피해를 입은 콘크리트구조물의 수열온도 평가는 화재피해를 입은 콘크리트 구조물의 보수 보강 판정 및 재사용 여부 결정을 위한 기본적인 자료로 콘크리트 구조물의 화재 피해 진단과 직결된 중요한 문제이다.

1) 화재피해를 입은 철근 콘크리트 구조물의 열화 메커니즘

콘크리트가 고온을 받으면 열팽창계수가 상이한 시멘트 경화물과 골재는 각각 다른 팽창수축거동을 하여 콘크리트 조직이 연화되고 단부의 구속 등에 의해 열응력과 공극수의 증기압에 따라 균열과 박락이 발생하며 이로 인하여 철근이 직접적인 노출도 발생된다. 이로 인하여 RC구조물의

구조적 기능의 결함을 초래하고 구조시스템의 손상 및 최종적으로 붕괴에 이를 수 있다.

2) 수열온도에 따른 콘크리트 열화 메커니즘

콘크리트는 비연소성재료로 낮은 전도율을 가지고 있어 열에 접한 구조물의 온도상승을 억제하는 역할을 하게 되고, 콘크리트 부재의 전단면이 동시에 고온에 도달하는 경우는 거의 없으며 수열온도는 표면이 가장 높고 깊이방향으로 서서히 저하하는 온도구배를 가지게 된다.

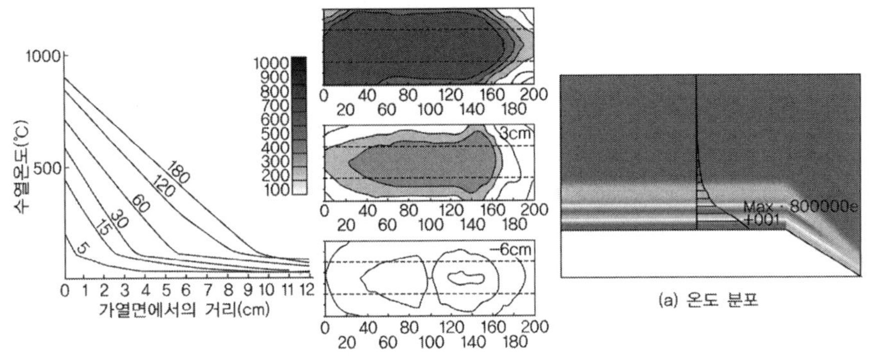

(화재 시 콘크리트 내부의 온도 일례)

콘크리트는 수열온도 상승에 따라
- 100℃ 이상 : 자유공극수 방출
- 100~200℃ : 물리적 흡착수 방출, 분리 소실로 인하여 수축
- 300℃ 이상 : 콘크리트 중의 시멘트 수화물이 화학적으로 변질
- 400℃ 이상 : 화학적 결합수 방출
- 500℃ 이상 : 가열에 의하여 압축강도 저하가 50%까지 발생
- 500~580℃ : 콘크리트 내의 수산화칼슘($Ca(OH)_2$)이 열분해되어 알칼리성 소실하는 화학적 피해 발생 및 철근의 방식능력 저감으로 RC의 내구성 저하
- 600℃ : 시멘트 페이스트가 수축하고 골재는 팽창하는 상반거동 발생
- 600~800℃ : 파열하여 손상
- 1150~1200℃ : 용융 시작

▶ 수열온도 추정방법

1) 콘크리트 표면의 변색상황 : 변색상황으로 개략적 수열온도 추정

온도범위	300℃ 미만	300~600℃	600~950℃	950~1200℃	1200℃ 이상
변색상황	그을음	핑크색	회백색	담황색	용융상태

2) 페놀프탈레인 용역에 의한 중성화 깊이 : 중성화되지 않은 부분은 500℃ 이하로 추정

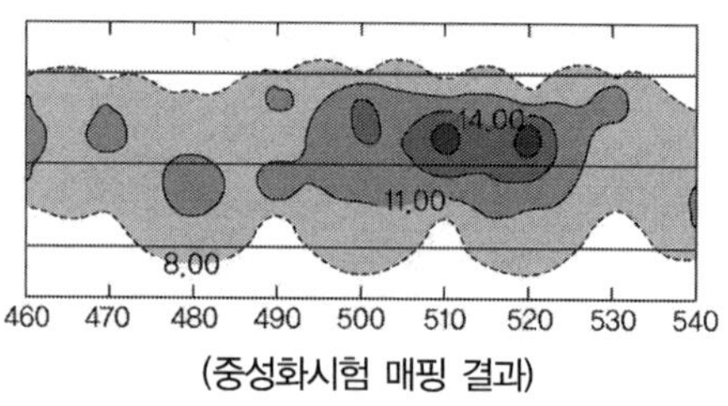

(중성화시험 매핑 결과)

3) 중성화 깊이와 탄산가스량 : 화재에 의한 중성화의 경우 가열에 의해 $CaCO_3$가 CO_2를 방출하게 되므로, 화재현장에서 채취한 중성화부분의 시료의 CO_2가 15% 이상이면 화재피해를 받은 것으로 추정

4) 탄산가스 재흡수량

$Ca(OH)_2 + CO_2 \rightarrow CaCO_3 + H_2O(\uparrow)$ 온도별 탄산가스 재흡수량 측정량과 비교하여 수열온도 추정

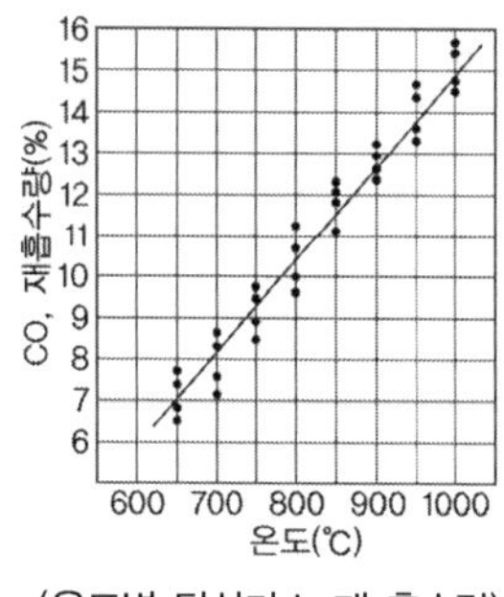

(온도별 탄산가스 재 흡수량)

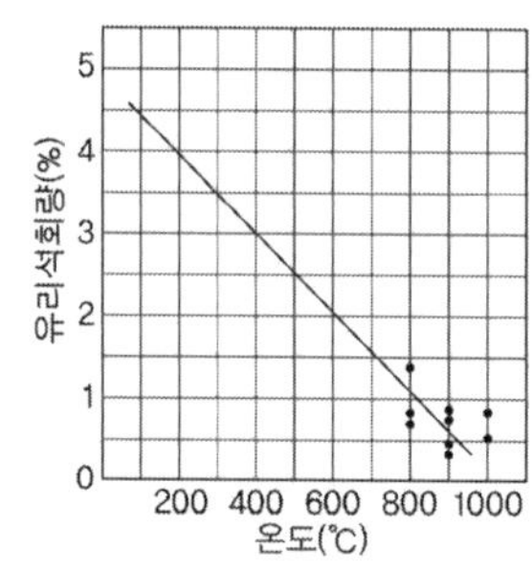

(온도별 유리석회량)

5) X-Ray에 의한 반응생성물 분석

콘크리트 경화물의 반응생성물은 복잡한 시멘트 수화생성물의 복합체로 구성되어 있어서 정확한 분석이 곤란하나, X-Ray 회절분석과 시차열분석이 잘 일치하는 4.93Ao 부근의 Portlandite [Ca(OH)2]와 3.03Ao 부근의 Calcite[CaCO3] 등, 이 두 가지 반응생성물의 분석으로 열손상정도 (화재온도)를 추정할 수 있다. 즉 콘크리트의 알칼리성과 강도발현을 주도하는 수산화칼슘 [Ca(OH)2)]은 약 500℃ 정도의 고온을 받게 되면 CaO와 H2O로 분해되며, 시멘트의 주성분인 탄산칼슘[CaCO3]은 약 800℃ 부근에서 CaO와 CO2로 분해되는 것으로 알려져 있다. 따라서 화해를 입은 콘크리트의 X-Ray 회절분석에 의해 콘크리트 중의 시멘트수화물(CaO)의 변화를 정량적으로 추정하면 화재온도와 온도의 작용시간을 추정할 수 있다. 시멘트수화물[CaO]을 확인하는 방법은 손상을 받은 각 부위별 표면에서부터 깊이별로 채취한 콘크리트 시편을 가능한 시멘트 부분만을 채취하여 미분말로 분쇄하고, X-Ray 회절분석기를 이용하여 2θ를 5~70° 범위에서 콘크리트의 열손상(화재온도) 정도에 따른 반응생성물에 대한 회절강도의 변화추이를 분석 평가한다.

6) 시차열분석(DSC: differential scanning calorimetry)에 의한 화재온도 분석

콘크리트는 시멘트의 수화반응에 의해 많은 수화생성물을 함유하고 있으며 이들 수화생성물은 온도의 변화에 따라 결정구조가 변화되며, 변화할 때에 에너지를 흡수 또는 방출한다. 또한 수화물의 결합수와 흡착수 등이 이탈하는 과정에서도 열변화 등을 일으키기 때문에 미리 열변화를 일으킨 시료를 열분석할 경우 그 온도에서는 특별한 에너지의 흡수나 방출은 발생하지 않는다. 따라서 열변화를 일으키지 않은 시료를 열분석하고 열변화를 일으킨 시료를 열분석하여 비교 분석함으로써 콘크리트의 화재온도를 추정할 수 있다.

일반적으로 Portlandite[$Ca(OH)_2$]는 열에 의해 500°C 부근에서 CaO와 H_2O로 또한 Calcite[$CaCO_3$]는 800°C 부근에서 CaO와 CO_2로 분해하는 것으로 알려져 있다. 이 두 가지 물질에 대하여 각 시편을 R.T~1000°C까지의 열적변화를 추적 비교 분석한다.

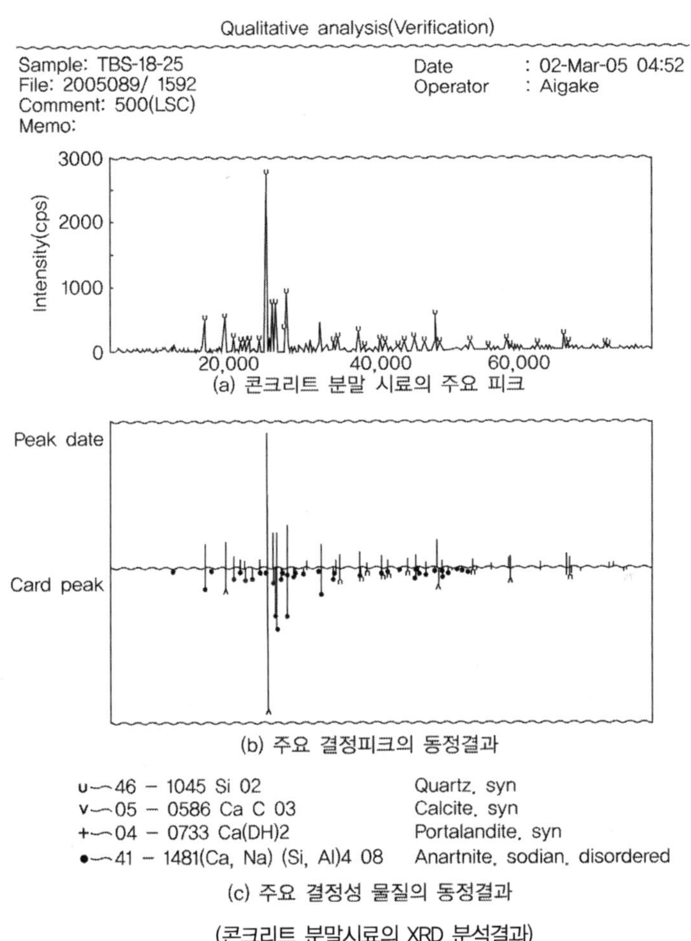

(a) 콘크리트 분말 시료의 주요 피크

(b) 주요 결정피크의 동정결과

(c) 주요 결정성 물질의 동정결과

(콘크리트 분말시료의 XRD 분석결과)

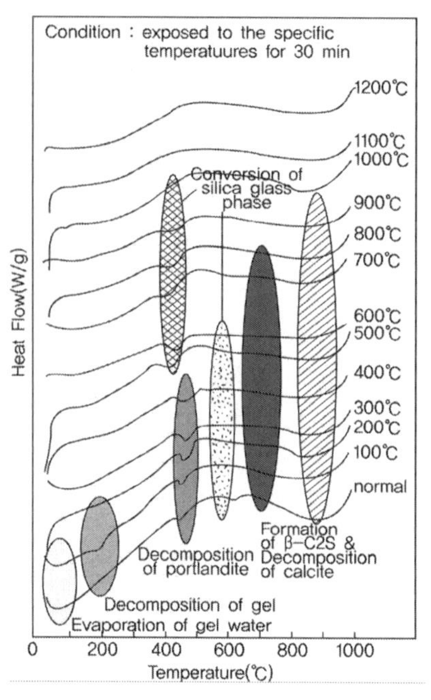

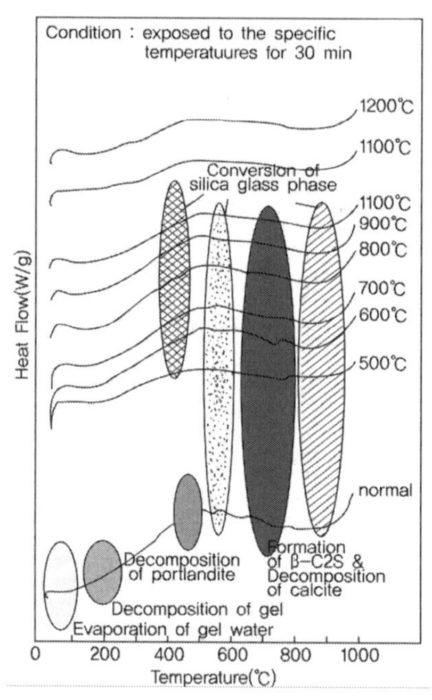

(표준시료의 DSC 분석결과(지속시간 30분, 건전부위))　　　(표준시료의 DSC 분석결과(지속시간 30분, 중성화부위))

7) 주사전자 현미경(SEM : Scanning Electron Microscope)에 의한 미세구조 분석

주사형 현미경에 의한 콘크리트의 열화상태의 판정은 콘크리트 미세조직의 치밀성, 다공성, 모세관 및 겔공극의 분포정도, 미세균열의 발생현황, 팽창성 물질의 생성에 의한 균열 발생 등을 관찰함으로써 콘크리트의 건전성을 평가할 수 있다. 특히 화재에 의한 콘크리트의 열화정도를 고찰하기 위해서는 고온에 의한 수화생성물의 분해 정도에 따른 균열 발생 정도를 관찰하는 것이 중요하다.

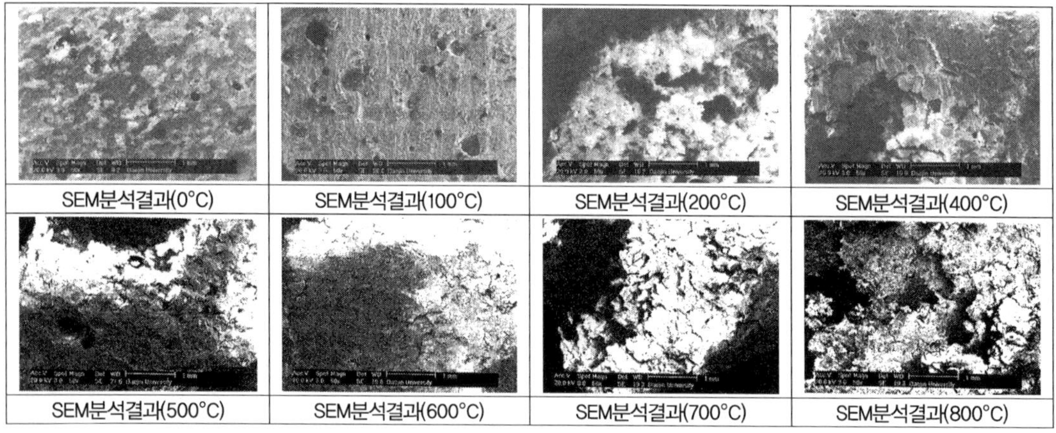

터널 내화지침

도로터널 내화지침(국토교통부)에 의거한 지하도로(터널) 설계 시 고려해야 하는 내화설계기준에 대하여 설명하시오.

풀 이

▶ 개요

터널은 폐쇄 공간이기 때문에 내부 화재 발생 시 사용자의 대피를 위한 시간과 경로 확보를 통해 안전을 보장하는 방안이 고려되어야 한다. 또한 화재로 인해 구조물 자체의 손상이 발생할 경우에는 기능 상실로 인해 복구하는 데 막대한 사회적 비용이 발생하기 때문에 도로터널 내화 지침은 이러한 터널 시설물의 손상과 붕괴를 방지하고 사용자의 안전을 확보하기 위해 마련되었다.

▶ 지하도로 설계 시 고려해야 할 내화 설계기준

1) 터널의 한계온도

도로터널의 한계온도는 화재 시 이용자의 파난시간과 소화 구조활동에 대응시간을 확보하고 화재 시 구조물의 손상을 최소화하기 위해 고려되어져야 한다. 터널 화재 시 터널부재의 최대온도를 한계온도 이내로 유지해 각 부재의 성능을 유지할 수 있도록 한다. 내화처리를 위해 증가된 두께를 제외한 콘크리트 면의 온도는 380°C, 내화가 필요한 프리캐스트 세그먼트 부재는 250°C, 철근은 250°C 이내로 한계온도를 설정하도록 규정하고 있다. 콘크리트의 압축강도는 약 600°C에 노출될 경우 상온 강도의 약 50% 수준인 것으로 알려져 있다. 온도가 약 200°C까지는 강도의 감소가 거의 없지만 750°C 이상에서는 설계에 반영할 수 있는 강도의 수준이 아니다. 일반적으로 설계 시 적절한 수준의 화재 규모에 대해 구조 부재의 허용강도는 콘크리트 압축강도의 30~50% 범위 내에 있는 것으로 가정한다. 따라서 구조물의 하중지지능력을 유지하기 위해서는 콘크리트의 온도가 350~400°C 수준 이내이어야 한다.

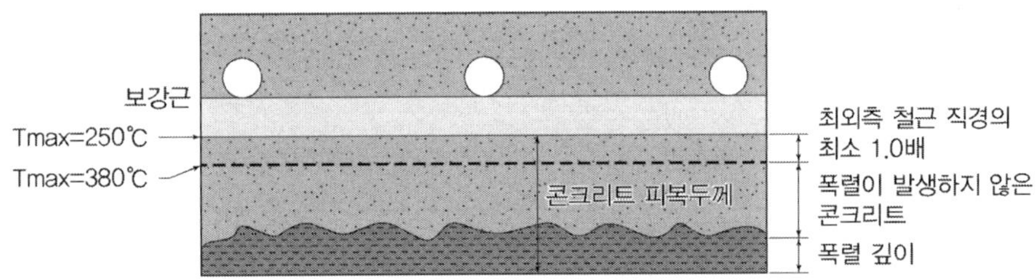

2) 터널의 내화설계

터널을 이용하는 차량의 유형, 지반특성 및 터널 유형을 고려해 내화시험의 화재 조건을 만족할수 있는 성능을 확보하도록 설계해야 한다. 이때 터널 부재는 내화시험 시 한계온도 이내이어야하며 이를 초과하는 경우 내화공법을 적용해야 한다.

3) 콘크리트의 내화공법

만약 콘크리트가 1,000~1,350℃까지의 고온에 노출될 경우에는 설계단계에서부터 구조물의 하중지지능력의 감소에 대한 고려를 해야 하고, 차폐재료의 사용 등을 고려해야 한다. 터널 내화 방법을 3가지로 분류할 수 있다.

① 콘크리트 자체 내화공법 : 혼화재, 섬유 등 콘크리트 내부에 내화재료가 혼입된 공법
② 콘크리트 외부 내화공법 : 내화 보드, 뿜칠 등 콘크리트 외부에 내화재료가 부착되는 공법
③ 그 외의 기타 내화공법

구분	유기섬유 혼입 콘크리트	2차 라이닝	내화뿜칠
개요	저융점 유기섬유를 콘크리트에 혼입해 화재열에 섬유가 녹아 콘크리트 안에 있는 수증기를 비산시켜 폭렬 방지	콘크리트가 본래 지닌 내화성을 기대	펄라이트, 버미큘라이트, 시멘트를 주성분으로 한 재료를 분사, 일반적으로 박락방지 스테인레스 메쉬를 설치한 뒤 습식 시공
장점	• 현장시공이 불필요, 타 내화공법에 비해 저렴 • 설비기기와 접합 문제 없음 • 복공 표면 상시 육안점검 가능	• 2차 라이닝 지수성 확보 용이 • 자중이 늘어 지진 시 들뜸 억제 • 2차 라이닝 표면 상시 육안점검 가능	• 시공속도 빠름 • 설비 기기와 접합 용이 • 비정형 구조물에 적합
단점	• 철근 노출 주의 필요 • 열변형이 내화피복보다 커짐 • 두께가 두꺼워짐 • 복구 시 장기 통행 규제 필요	• 2차 라이닝으로 굴착단면 커짐 • 2차 라이닝으로 공사기간 증가 • 별도 시공으로 비용 상승 • 복구 시 장기 통행 규제 필요	• 표면에 평활성과 경도 떨어짐 • 리브 구조의 강철제 세그먼트에 부적합
내구성	• 화재 입지 않을 경우 콘크리트 내구성과 동일	• 콘크리트 내구성과 동일	• 해외에서 30년 정도 실적 • 일본에서 10년 정도 실적
유지관리	• 평시와 같이 육안·타음 점검 가능 • 화재 후 중성화 부분 제거 후 유기섬유 분사모르타르 등으로 보수	• 평시와 같이 육안·타음 점검 가능 • 화재 후 중성화 부분 제거 후 유기섬유 분사모르타르 등으로 보수	• 표면 육안 확인 불가, 타음 점검에 제약이 있음 • 화재 후 손상 범위 교환

구분	내화보드	내화담요	내화도료
개요	규산 칼슘계 또는 알루미나 시멘트계를 주성분으로 한 판상형 내화피복을 직접 또는 띄워 부착 시공	실리카를 주성분으로 한 담요 형태의 소재를 스터드나 나사로 고정하고 표면은 SUS판 등으로 보호	폴리인산암모늄, 다가 알코올류, 수지바인더 등으로 구성된 도료 재료를 여러 층으로 시공, 표면은 탑코트로 보호하며 화재 시 열로 발포하여 단열층을 형성
장점	• 띄어서 부착 가능 • 표면 평활성과 경도 뛰어남 • 내장 기능 부여 가능	• 신축성, 가요성 지님 • 매우 경량	• 매우 얇음 • 페인트와 동등한 시인성 기대
단점	• 설비기기에 대한 거푸집 처리 번잡	• 표면 경도가 떨어져 보호필요 • 내수성 취약	• 다층 칠을 위한 공사기간 필요 • 건축분야에 주로 적용되며 터널 적용사례 적음
내구성	• 해외에서 30년 정도 실적 • 일본에서 10년 정도 실적	• 재료 자체 내구성은 높으나 표면 보호 재료에 따라 다름	• 탑코트의 주기적 도장을 통해 내구성 유지 가능
유지관리	• 표면 육안 확인 불가, 타음 점검에 제약이 있음 • 화재 후 손상 범위 교환	• 표면 육안 확인 불가, 타음 점검에 제약이 있음 • 화재 후 손상 범위 교환	• 매우 얇아 도장상태에 따라 육안점검 가능 • 본체의 타음 점검에 제약 있음

REFERENCE

1	KDS 14 20 콘크리트구조 설계기준	국토교통부 2022.
2	KDS 24 14 20 콘크리트교 설계기준, 극한강도설계법	국토교통부 2018.
3	KDS 24 14 21 콘크리트교 설계기준, 한계상태설계법	국토교통부 2021.
4	도로교 설계기준 해설	대한토목학회 2008.
5	도로교 설계기준(한계상태설계법) 해설	한국교량 및 구조공학회 2015.
6	콘크리트 구조기준	국토해양부 2012.
7	콘크리트 구조설계기준 해설	한국콘크리트학회 2007.
8	도로설계편람	국토해양부 2008.
9	한국콘크리트학회지	한국콘크리트학회
10	대한토목학회지	대한토목학회
11	콘크리트 구조설계기준 예제집	한국콘크리트학회 2010.
12	콘크리트 구조부재의 스트럿-타이모델 설계예제집	한국콘크리트학회 2007.
13	콘크리트용 앵커 설계법 및 예제집	한국콘크리트학회 2007.
14	기존시설물 내진성능 평가요령	국토해양부 2011.
15	철근콘크리트	변동균 동명사 2008.
16	철근콘크리트공학	민창식 구미서관 2009.
17	콘크리트구조 한계상태설계	김우 동화기술 2015.
18	철근콘크리트 강도설계법과 한계상태설계법	이재훈 동명사 2023.
19	철근콘크리트 역학 및 설계	운영수 씨아이알 2022.
20	국민대학교 RC 강의노트	
21	Structural stability : theory and implementation	Wai-Fah Chen.
22	도로교설계기준(한계상태설계법)을 적용한 도심지 교량의 비교 설계집 및 매뉴얼 1단계 보고서	한국토지주택공사 2015.

저자 소개

안시준

• 학력 및 경력

고려대학교 토목환경공학과 학사

고려대학교 구조공학 공학석사

The University of Sheffield 도시공학 공학석사

토목구조기술사(99회, 2013년)

• 활동 조직 및 단체

행정안전부 재난안전관리본부 과학기술서기관

한국토지주택공사 과장

국토교통부 중앙건설기술심의위원

해양수산부 설계심의분과위원

충청남도 · 대전광역시 · 경상북도 · 인천광역시 지방건설기술심의위원

국가철도공단 설계심의분과위원 · 기술자문위원

한국수자원공사 · 경기주택도시공사 기술심의위원 등

최성진

• 학력 및 경력

고려대학교 토목공학과 학사

한양대학교 공학대학원 첨단건설구조 공학석사

토목구조기술사(57회, 1999년)

• 활동 조직 및 단체

한국토지주택공사 신도시계획처장

국토교통부 중앙건설기술심의위원

한국토지주택공사 기술심사평가위원

대한토목학회 편집위원 · 평위원

부산지방국토관리청 기술자문위원

서울시설공단 · 한국수자원공사 · 한국철도공사 기술자문위원

국토안전원 국토안전자문위원

국토교통과학기술진흥원 건설신기술 심사위원 등

토목구조기술사 합격 바이블 2권 제3판

철근 콘크리트

1판 발행 2014년 9월 5일
2판 발행 2017년 2월 1일
3판 발행 2026년 1월 26일

지 은 이 안시준, 최성진
펴 낸 이 김성배
펴 낸 곳 (주)에이퍼브프레스

책임편집 신은미
디 자 인 윤지환
제   작 김문갑

출판등록 제25100-2021-000115호(2021년 9월 3일)
주   소 (04626) 서울특별시 중구 필동로8길 43(예장동 1-151)
전   화 02-2274-3666(대표) | 팩스 02-2274-4666
홈페이지 www.apub.kr

I S B N 979-11-94599-17-3 (94530)
          979-11-94599-14-2 (세트)